中国轻工业“十三五”规划教材

国家级精品资源共享课程配套教材

食品工艺学

（第四版）

主编 张 民 陈 野

中国轻工业出版社

图书在版编目（CIP）数据

食品工艺学/张民，陈野主编. —4版. —北京：中国轻工业出版社，2025.9

ISBN 978-7-5184-3811-2

Ⅰ. ①食… Ⅱ. ①张… ②陈… Ⅲ. ①食品工艺学—高等学校—教材 Ⅳ. ①TS201.1

中国版本图书馆CIP数据核字（2021）第277345号

责任编辑：巩孟悦
策划编辑：马 妍 责任终审：白 洁 封面设计：锋尚设计
版式设计：砚祥志远 责任校对：宋绿叶 责任监印：张京华

出版发行：中国轻工业出版社（北京鲁谷东街5号，邮编：100040）
印 刷：北京君升印刷有限公司
经 销：各地新华书店
版 次：2025年9月第4版第3次印刷
开 本：787×1092 1/16 印张：43.25
字 数：981千字
书 号：ISBN 978-7-5184-3811-2 定价：88.00元
邮购电话：010-85119873
发行电话：010-85119832 010-85119912
网 址：http://www.chlip.com.cn
Email：club@chlip.com.cn

251614J1C403ZBQ

本书编委会

主　　编　张　民　天津科技大学
　　　　　陈　野　天津科技大学

副 主 编　隋文杰　天津科技大学
　　　　　李书红　天津科技大学
　　　　　刘　锐　天津科技大学
　　　　　王稳航　天津科技大学

参编人员（排名以编写章篇作者出现先后为序）
　　　　　赵　征　天津科技大学
　　　　　阮美娟　天津科技大学
　　　　　赵国忠　天津科技大学
　　　　　吴　俊　中国人民解放军陆军勤务学院
　　　　　吴　涛　天津科技大学
　　　　　胡爱军　天津科技大学
　　　　　李红娟　天津科技大学
　　　　　李文钊　天津科技大学
　　　　　杨　瑞　天津科技大学
　　　　　王丽霞　天津科技大学
　　　　　汪建明　天津科技大学
　　　　　李昌模　天津科技大学
　　　　　陈雪峰　陕西科技大学
　　　　　王昌禄　天津科技大学
　　　　　刘会平　天津科技大学
　　　　　路　飞　沈阳师范大学
　　　　　励建荣　渤海大学
　　　　　郑　捷　天津科技大学
　　　　　程永强　中国农业大学
　　　　　胡宏海　中国农业科学院

第四版前言 Preface

近年来，我国食品科学技术和食品产业取得了巨大的发展，高等教育思想和理念也有了突飞猛进的发展，尤其是全国教育大会的召开为高等教育指明了方向，“六卓越一拔尖”计划2.0、“四新”建设、国家级一流本科专业建设和一流本科课程建设的提出为高等教育改革提出了具体的行动方案。高等学校食品科学与工程类专业同时肩负着“新工科”和“新农科”建设的重任，必须进一步加强教材建设，改变专业教材之间内容脱节，教材与学科和产业发展之间脱节，不同学科间知识融合度不够的问题，为食品科学与工程类专业高水平本科人才培养提供高质量的教材支撑。基于此，本书将《食品技术原理（第二版）》（赵征、张民主编）与《食品工艺学（第二版）》（赵晋府主编）的内容进行融合，使原理与工艺的结合更加紧密，以提高学生理解原理和运用原理的能力，提高学生对于基础知识的掌握和创新能力。同时，根据近年来食品科学与工程类学科和产业的发展，对部分内容进行了更新和修改。

在食品技术原理部分，根据食品科学理论研究进展，增加玻璃态理论和分子移动性理论及其在食品加工与贮藏中的应用；由于无菌加工技术的发展、成熟与广泛应用，预包装产品热杀菌技术中拓展更新了无菌包装的高温杀菌内容；根据食品物理加工技术的发展现状，在新型食品物理加工技术中介绍超微粉碎技术、微波技术、超声波技术、高压技术、挤压技术、气相爆破技术和脉冲电场技术的原理与应用，而没有包括膜技术、挤压熟化技术等内容；根据国家标准的制（修）订情况，对上一版教材中引用的旧版国家标准进行了更新与补充。

在食品加工工艺部分，本书以介绍食品加工工艺过程为主，注重对单元操作的讲述，强调工艺条件控制的分析与讨论，每个单元的操作都精选了典型事例，易于学生学习分析与解决食品加工、制造中的主要问题。更新国家标准或行业标准，删除或修改每章中已经不常见的产品或过时的工艺技术。此外，还增加了新技术在食品加工中的应用；特别是增加了中央厨房产品生产工艺设计，以及3D打印食品工艺设计的内容。

本书绪论由赵征、张民、陈野编写，第一篇由张民、阮美娟、赵国忠、刘锐、吴俊、隋文杰编写，第二篇由李书红、王稳航、吴涛编写，第三篇由胡爱军、李红娟编写，第四篇由吴俊编写，第五篇由李文钊、杨瑞编写，第六篇由阮美娟、王丽霞编写，第七篇由汪建明、李昌模编写，第八篇由陈雪峰、王昌禄编写，第九篇由刘会平、王稳航、胡爱军、郑捷编写，第十篇由陈野、李书红、李文钊编写，第十一篇由路飞、李文钊编写，第十二篇由励建荣、王稳航、刘会平、郑捷编写，第十三篇由郑捷、胡爱军、程永强编写，第十四篇由陈野、胡宏海编写，全书由张民、陈野审定统稿。

在本书的编写过程中，得到了各位编者所在单位的大力支持，特别是得到了赵征教授和上一版作者的支持与帮助，在此表示衷心感谢。

由于编者水平所限，书中不当之处，请读者予以指正，编者将不胜感激。

编者

2022 年 3 月

目录 | Contents

第二篇 化学技术对食品的处理

第三篇 生物技术对食品的处理

第四篇 食品包装

第五篇 食品货架期及其预测技术

第六篇　饮料加工工艺

第七篇 乳制品加工工艺

第八篇 果蔬制品加工工艺

第九篇 肉制品加工工艺

第十篇 粮谷食品加工工艺

第十一篇 糖果加工工艺

第十二篇 罐藏食品加工工艺

第十三篇 调味品工艺

第十四篇 中央厨房设计和3D打印食品

INTRODUCTION

绪论

人类文明的进化和食物密切相关。从远古至今，人类的食物不断发展，人们对于食物的认识不断加深，对食品的研究越来越深入。物理、化学、生物领域的科学和工程技术的发展，给食品不断注入新的内容，现代信息技术对知识的传播和对数据的加工使食品技术呈现出迅速更新的态势。

一、食品的定义、功能与特征

(一)食品的定义

可供人类食用或具有可食性的物质被称为食物。我国在 GB/T 15091—1994《食品工业基本术语》中规定："食品是可供人类食用或饮用的物质，包括加工食品、半成品和未加工食品，不包括烟草或只作药品用的物质"。在这个概念中，食品包含了食物和食品，广义上食品的概念包括了可直接食用的制品以及食品原料、食品配料、食品添加剂等一切可食用的物质，同时也界定了食品的范围。如果细分食品和食物的概念，食物是指可供食用的物质，不一定进入流通领域。食品是指经加工和处理，作为商品可供流通的食物。

(二)食品的功能

人类的饮食不仅是为了饱腹，而且具有更多的作用。食品对于人类所发挥的作用称为食品的功能。食品的功能如下：

1. 营养功能

食品是为满足人体营养需求的最重要的营养源，提供了人体活动的化学能和生长所需要的化学成分。保持人类的生存是食品的第一功能——营养功能，也是最基本的功能。

食品中营养成分主要有蛋白质、碳水化合物（糖）、脂肪、维生素、矿物质、膳食纤维，此外，水也是人体新陈代谢过程中必不可少的物质，一般在营养学中被列入营养素，但在食品加工过程中不视其为营养素。

一种食品最终营养价值不仅取决于营养素的全面和均衡，而且体现在食品原料的获得、加工、贮藏、生产和流通过程中的稳定性和保持率，以及体现在营养成分能否以在代谢中被利用的形式存在，即营养成分的生物利用率。

2. 感官功能

消费者不仅满足于吃饱的需求，还要求饮食的过程中要同时满足视觉、触觉、味觉、听觉等感官方面的需求，消费者都存在爱好或嗜好，这是人类对食品的物理、化学、生理和心理的反应。食品的感官功能不仅出于消费者对食物享受的需求，也助于促进人体对食品的消化吸收。食品的感官功能通常体现在以下三个方面。

（1）外观　通常食品的外观包括大小、形状、色泽、光泽等。一般要求食品应大小适宜，造型美观，便于携带拿取，色泽悦目等。

（2）质构　质构是食品的内部组织结构，食品的质构指标包括硬度、黏性、韧性、弹性、酥脆度、稠度等。食品质构直接影响到食品入口后消费者的感受，进而影响消费者的接受程度。不同的消费者对食品质构的喜好有所不同，通常食品的质构针对特定的食品消费人群而定。

（3）风味　风味广义上是指摄入口腔的食物给人的感觉器官，包括味觉、嗅觉、痛觉、触觉和温觉等所产生的感觉印象，即食物客观性使人产生的感觉印象的总和。这里的风味是指气味和滋味，气味有香气、臭味、水果味、腥味等，滋味有酸、甜、苦、辣、咸、麻、鲜以及多种滋味的复合滋味等。消费者对食品风味的需求具有很强的地域性。各种食物或食品具有各自本身的特定风味。

3. 保健功能

食物的成分中除通常已知的大量营养素外，还含有少量或微量的生理活性物质如黄酮类、多酚、皂苷类化合物、肽类、低聚糖、多价不饱和脂肪酸类等，这些成分一般不属于营养素的范畴，但是有助于人体调节机体功能，被称为功能因子。这些成分有助于糖尿病、心血管病、肥胖患者等调节机体、增强免疫功能和促进康复或具有预防慢性疾病发生的功能，这就是食品的保健功能。这样的食品扩展了食品功能，适于特定人群食用，但不能治疗疾病。为了规范保健食品的制造和使用，我国国家卫生健康委员会目前批准可以申报增强免疫力、抗氧化、辅助改善记忆等27项保健功能。

（三）食品的特性

从食品科学与工程专业的角度来看，食品要能大规模工业化生产并进入商业流通领域，必须具有下列三个特性。

1. 安全性

食品的安全性是食品最重要的特性。食品安全性是指食品必须无毒、无害、无副作用，应当防止食品污染和有害因素对人体健康的危害以及造成的危险性，不会因食用食品而导致食源性疾病、中毒和产生任何危害作用。在食品加工中，食品安全除与我国常用名词“食品卫生”为同义词外，还包括因食用而引起任何危险的其他因素，如果冻体积过小会引起婴幼儿咽噎、干燥食品包装中放有的干燥剂包被消费者误食等。

食品卫生学意义的指标反映导致食品不安全的微生物、化学、物理因素。微生物指标主要有细菌总数、致病菌、霉菌等；化学污染指标有重金属如铅、砷、汞等；农药残留和药物残留如抗生素类和激素类药物；物理性因素包括食品在生产加工过程中吸附、吸收外来的放射性元素，或混入食品的杂质超标，或食品形状引起食用危险等安全问题。此外，还有其他不安全因素，如疯牛病、禽流感、假冒伪劣食品、非法添加剂、食品添加剂的不合理使用以及对转基因食品存在的疑虑等。

世界各国政府均十分重视食品安全性的问题，并以立法的形式保障食品安全性。2009年6月我国政府为保证食品安全，保障公众身体健康和生命安全，颁布了《中华人民共和国食品安全法》，对食品的生产、包装、保藏、运输、销售提出了明确的卫生要求，为消费者的健康和权益提供了根本的法律保证。2013年启动修订的《中华人民共和国食品安全法》，于

2015 年 10 月 1 日起正式施行。2018 年、2021 年又分别进行修正。

2. 保藏性

为了保证持续供应和地区间流通以及保持最重要的食品品质和安全性，食品必须具有一定的保藏性，在一定的时期内，食品应该保持原有的品质或加工时的品质或质量。食品货架期或货架寿命定义为食品的品质降低到不能被消费者接受的程度所需要的时间，货架期就是商品仍可销售的时间，又称保藏期或保存期。

一种食品的货架期取决于加工方法、包装和贮藏条件等许多因素，如牛乳在低温比室温贮藏的货架期长；超高温杀菌并无菌包装的牛乳可在室温下贮藏，比低温贮藏的巴氏杀菌牛乳货架期长。食品货架期的长短可依据需要而定，应有利于食品贮藏、运输、销售和消费。

食品货架期是生产商和销售商必须考虑的指标以及消费者选择食品的依据之一，这是商业化食品所必备的要求。

3. 方便性

食品作为日常的快速消费品，具有方便性，便于食用、携带、运输、保藏及再加工。食品通过加工可以提供方便性，如液体食物的浓缩、干燥可以节省包装，为运输和贮藏提供方便性。从包装容器和外包装的发展上反映了方便性这一特性，易拉罐、易拉盖、易开包装袋等方便了消费者的开启；大型散货包装的开发与应用，使制造企业降低了食品配料的运输成本，方便了制造过程，适应了大规模食品加工与制造的需求。净菜和半成品菜、速冻食品、罐头食品等则为家庭消费者和餐饮企业提供了方便，为家务劳动社会化和餐饮企业的发展提供了条件；快餐店、超市、便利店销售的快餐食品为家庭外的餐饮提供了快捷便利。这些类型的食品对制备供应速度、保藏条件和包装容器都有专门的要求。食品的方便性充分体现了食品人性化的一面，直接影响食品消费者的接受程度。

这一特性与保藏性是食品工业或食品科学与工程专业中所称为的“食品”与餐饮企业或家庭所制作的“食品”的区别所在。需要指出的是，目前餐饮企业越来越多地使用食品工业的预制食品、配料和食品添加剂，提高了加工的方便性和多样性。食品工业也从餐饮企业的需求和传统技艺中获得了开发产品的动力，这两类食品企业出现了相互融合，互相促进的趋势。

食品技术原理从基本原理的角度展现了食品技术为食品安全性、保藏性和方便性所做出的贡献。

二、食品加工技术发展简史

食品加工起源于原始社会的明火加热，熟制肉类、果实、根茎和植株，使之适于食用。当时的食物难以满足社会成员的需求，因此，没有任何形式的保藏。进入农耕社会，食物开始需要储存和保藏了。公元前 3000 至公元前 1500 年，埃及人发现了一些加工食物的方法，如干藏鱼类和禽类、酿造酒类、磨面、烘焙面包等。公元前 1500 年世界各地种植了今天多数的主要食用作物。公元 2 世纪在欧洲，罗马出现了第一台水磨和最早的商业烘焙作坊。

从公元 1000 年开始，欧洲迅速发展的贸易和连绵不断的战争促进了食品加工技术的交流。例如，奥斯曼帝国的征战把咖啡带到欧洲大陆。食品加工技术出现了专业化分工，出现了磨面作坊、干酪制造作坊、酿造作坊和蒸馏酒作坊等。许多加工业成为今日食品工业的前驱。在这个阶段，水力和畜力驱动的机械设备缩短了生产时间，减少了人力需求。城镇和城市的增加和扩展促进了食品保藏技术的发展，延长了食品的存储寿命，能保证食品从乡村地区运输到城市，从而满足城市居民的需求。

食品加工的规模由于18世纪的工业革命而迅速扩大，1700年，氯净化水、柠檬酸调味和保藏食品成为早期的科学发现。1795年，法国人最先用热空气干燥食品。1795年，尼古拉·阿佩尔（Nicolas Appert）发明了罐头加工方法，给前线征战的法国军队提供了不易变质的食品。1842年，美国注册了鱼的商业化冷冻专利。19世纪20年代，柏宰（C. F. Birdseye）开发了将食品温度迅速降低到冰点以下的冷冻技术，开启了速冻食品的先河。19世纪60年代，路易斯·巴斯德（Louis Pasteur）在研究啤酒和葡萄酒时发明了巴氏灭菌法。比奇洛（W. D. Bigelow）和鲍尔（C. O. Ball）在1920年、1923年运用数学计算罐藏食品的杀菌温度和时间，1948年，斯坦博（C. R. Stumbo）和希克斯（E. W. Hicks）进一步提出了评价罐藏食品杀菌效果的 F 值，使预包装食品杀菌理论和技术更加完善。Dole、Tetra Pak等企业在20世纪40~50年代开发推广了无菌加工和包装系统，科学家在20世纪80年代开始建立描述无菌加工连续杀菌的数学模型，进而促进了流体食品的大规模加工。在19世纪末，科学发现改变了小规模技艺型食品加工业的面貌，进入20世纪，人们在世界范围内，建立了我们今天所知道的食品工业。

20世纪下半期，随着科学技术的发展，挤压、微波、超高压、电脉冲等物理技术、生物技术、化学技术等为食品加工提供更多的加工手段。进入21世纪后，工业云、大数据、物联网等新一代信息技术在食品工业研发设计、生产制造、流通消费等领域得到了应用，正在转化为食品产业的新产品、新技术和新业态。

我国食品加工和保藏的历史悠久，数千年来，人们创造了许多食品品种和食品加工方法，为世界食品加工技术做出了重要的贡献。世界公认豆腐、豆浆、豆芽、豆酱是我国食品史上的四大发明。我国发明的豆腐、面条和馒头的加工技术传播到日本，并普及到了全世界。我国在唐代开元年间（713—741年）已能制作火腿，在公元13世纪，火腿的制作方法流传到了欧洲。我国北魏至东魏时期贾思勰所著的《齐民要术》（533—544年），总结了在此以前中国北方的农业科学技术，记载了许多食品加工方法如干制、腌制、酿造及如何制造干酪，对我国古代农业的发展产生了重大影响。明末清初的宋应星（1587—约1666年）所著的《天工开物》对中国古代的各项技术进行了系统地总结，构成了当时完整的农产品加工技术体系。该书在食品方面记载了谷物加工、制盐、榨油、制曲、制糖等多种方法。书中记述的许多生产技术，一直被沿用到近代。我国各地都有传统名特优产品，很多有几百年的历史，一些民族和特色传统食品在当今我国人民的生活中还占有重要的位置，形成了相应的文化和历史。

我国食品加工技术由于封建统治的桎梏，长期停留在技艺传承的水平，没有跟上工业革命的步伐。我国的食品产业在改革开放以后取得了巨大的进步，发展成为我国国民经济中的第一大产业。

三、我国食品工业的概况

现代的食品加工不再是传统的农副产品初级加工的概念范畴，而是指对可食资源的技术处理，以保持和提高其可食性和利用价值，开发适合人类需求的各类食品和工业产品。实际上，本书所指的食品加工包括了食品加工与制造，即所有各类食品的工业生产过程，由农业的种植业、养殖业、捕捞业、饲料业、食品加工、制造业、物流业、餐饮业和相关产业（如信息、机械、化工、包装、医药等）和部门（如进出口、监督、检测、教育、科研等）等所组成的农业生产—食品工业—流通体系，被称为食品产业链，即我国现代化的食品体系。食品工业在这个体系中发挥着重要的作用。

我国自从改革开放以来，随着农业的不断增产和快速发展，一些大宗农产品（除乳制品外）的产量和人均占有量位于世界前列，食品工业总产值持续增长，食品工业企业生产集中度进一步提高。“十三五”以来，围绕食品产业发展的新趋势和新需求，中共中央国务院发布了《“健康中国2030”规划纲要》和《健康中国行动（2019—2030年）》等文件，提出依靠科技创新引领现代食品产业技术转型升级，以实现我国食品工业科技领域向营养、安全、高效、节能等方面战略性转变的要求。科技部出台了《“十三五”食品科技创新专项规划》，国家重点研发计划中重点安排了“现代食品加工及粮食收储运技术与装备”等专项项目，有力增强了我国食品产业的自主创新能力和国际竞争力，整体缩小了我国食品加工技术与国际先进水平的差距，部分领域达到了国际领先水平。我国食品产业集群呈现出了良好的发展态势，产业规模不断壮大，产业结构持续优化，2020年已实现全国规模以上食品企业主营业务收入突破15万亿元，实现利润总额6206.6亿元，并形成了一批具有较强国际竞争力的知名品牌、跨国公司和产业集群，推动了食品产业从注重数量增长向提质增效的全面转变。食品产业成为经济发展新的增长点，食品科技创新成为实施乡村振兴战略、提高产业竞争力、实现跨越式发展的重要推动力。

四、食品工艺学的研究内容和范围

1. 根据食品原料的特性，研究食品的加工与保藏技术原理

（1）食品原料的类别　食品加工原料的来源广泛、品种众多，有植物性原料、动物性原料、微生物来源的原料以及矿物性原料和化学合成原料，如食品配料或食品添加剂等。这些原料又包括活体食品原料、季节性和地区性食品原料、复杂性食品原料和易腐性食品原料等。

（2）引起食品变质的原因　食品变质主要包括食品外观、质构、风味等感官特征，营养价值、安全性和审美感觉下降等。在食品加工中引起食品变质的原因主要有下列三个方面，这是食品加工保藏原理的出发点。

①生物因素：生物因素包括微生物的作用、害虫和鼠害的作用。食品在加工、贮藏、运输过程中，有害微生物会生长繁殖引起食品的腐败变质或产生质量危害。常见的污染食品的细菌有假单胞菌、微球菌、葡萄球菌、芽孢杆菌、芽孢梭菌、肠杆菌、弧菌、黄杆菌、嗜盐杆菌、嗜盐球菌、乳杆菌等。霉菌对食品的污染多见于南方多雨地区，目前已知的霉菌毒素约200种，与食品质量安全关系较为密切的有黄曲霉毒素、赭曲霉毒素、杂色曲霉毒素等。霉菌及毒素对食品污染后可导致人体中毒或降低食品的食用价值。害虫和鼠害是引起食品变质的另一个生物因素，害虫和鼠害不仅是食品损耗加大的直接原因，而且害虫和鼠类繁殖迁移，以及它们排泄的粪便、分泌物、蜕变的皮壳和尸体还会污染食品，甚至引发传染疾病，损害食品的卫生质量，使其丧失商品价值，造成巨大的经济损失。

②酶的因素：绝大多数食品来源于生物界，尤其是鲜活食品和生鲜食品，在其体内存在

着具有催化活性的多种酶类，食品在加工和贮藏过程中，由于酶的作用，特别是由于氧化酶类、水解酶类的催化会发生多种多样的酶促反应，造成食品色、香、味和质地的变化。另外，微生物也能够分泌导致食品发酵、酸败和腐败的酶类，与食品本身的酶类一起作用，加速食品变质腐败。常见的与食品变质有关的酶包括脂肪酶、蛋白酶、果胶酶、淀粉酶、过氧化物酶、多酚氧化酶等。酶的作用引起的食品腐败变质现象中较为常见的有果蔬的褐变和软烂、脂质的水解和氧化、虾的黑变、水产类的自溶作用等。

③物理化学因素：食品在热、冷、水分、氧气、光以及时间的条件下会发生物理化学变化，如在空气和光的条件下，由氧化反应引起油脂的氧化酸败、色素氧化变色、维生素氧化变质等。由于热、酸碱化合物或长时间的存放会发生一些影响食品质量的变化，如蛋白质变性、淀粉的老化、沉淀及破乳等。食品中有蛋白质和糖类化合物存在时，在受热时易发生美拉德反应引起褐变。挥发性风味物质易受热丧失。食品在失水和复水时会发生外观和质构的变化。

几乎所有的物理化学变化都是随时间的延长而发生更大的变化，即食品质量随时间而下降。有些食品如干酪、香肠、葡萄酒和其他发酵食品在加工之后经成熟陈化可改善风味和质地，但成熟陈化后的食品在贮藏过程中质量同样下降。

（3）食品保藏的途径　食品加工要针对引起食品腐败变质的原因，采取合理可靠的技术和方法来控制腐败变质的情况，以保证食品的质量并让食品达到相应的保藏期。对于由化学变化引起的食品变质，如氧化、褐变，则可以根据化学反应的影响因素选择化学和物理的方法，对于生物类食品或活体食品加工与保藏主要有五类途径。

①运用无菌原理：即杀灭食品中腐败菌、致病菌以及其他微生物或减少微生物的数量到能使食品长期保存所允许的最低细菌限度。这样的方法最经典的就是加热杀菌处理的罐藏技术。一般来说，凡是能将微生物杀死的条件就可以使酶失活。此外，还有辐照杀菌、过滤除菌、利用高压、电磁、脉冲、熏蒸等杀菌手段，其中一些方法由于没有热效应，又称冷杀菌。如果杀菌条件充足，食品也将获得预期的货架期。

②抑制微生物活动：利用某些物理、化学因素抑制食品中微生物和酶的活动，这是一种暂时性的保藏方法，如降低温度（冷冻）、脱水降低水分活度、利用渗透压、添加防腐抗氧剂等手段均属于这类保藏方法。这样的保藏期比较有限，如要延长货架期，需要包装和贮藏条件的配合。

③利用发酵原理：发酵保藏又称生物化学保存，是用某些有益微生物的活动产生和积累的代谢产物，如酸和抗生素来抑制其他有害微生物的活动，从而延长食品保藏期。食品发酵必须控制微生物的类型和环境条件，同时由于食品本身有微生物存在，其相应的保藏期不长，且对贮藏条件的控制有比较高的要求。

④维持食品最低生命活动：新鲜果蔬是有生命活动的有机体，当保持其生命活动时，果蔬本身则具有抗拒外界危害的能力，因此必须创造一种恰当的贮藏条件，使果蔬采后尽可能降低其物质消耗的水平，如降低呼吸作用，使其正常衰老的进程抑制到最缓慢的程度，以维持最低的生命活动，减慢变质的进程。温度是影响果蔬贮藏质量最重要的因素，同时，控制储藏期中果蔬储藏环境中适当的氧和二氧化碳等气体成分的组分是提高储藏质量的有力措施。这种在低温下调节果蔬储藏中气体成分的方法简称气调储藏，目前常用的有气调冷藏库储藏法和薄膜封闭气调法。

⑤栅栏技术：1995 年，洛萨尔·莱斯特（Lothar Leistner）提出了栅栏效应（hurdle effect）。它的作用机制是利用食品中各种控制因子的交互作用控制腐败菌的生长繁殖，从而提高食品的安全性、品质和储藏性。这些控制因子被称为栅栏因子。国内外已确定的栅栏因子包括温度、pH、水分活度、氧化还原电位、气调、包装、压力、辐照、物理加工法、微结构、竞争性菌群、防腐剂等。栅栏因子及其共同作用的统一称为栅栏技术。栅栏技术包括了上述四种食品保藏途径。它的应用逐年增加，目前已经成为现代食品工业具有重要意义的保藏技术。

2. 根据食品产品的品类，研究食品的加工过程与方法

在食品化学、食品微生物学和食品工程原理等学科基础上，探讨食品生产中的物理、化学、生物学之间的变化关系，将生产过程中发生的变化和工艺技术参数联系到一起，主动地进行控制，可使食品工艺达到工艺控制上的高标准。随着食品产业的发展，其众多门类中每一类的产品均可形成自身的工艺学，如果蔬加工工艺学、罐藏食品工艺学、乳与乳制品工艺学等，所以，作为以食品生产加工原理、过程及其方法为主要研究对象的工艺学，其内容庞大繁杂，包括了各类食品的工业生产过程以及过程中每个环节的具体方法，几乎涵盖了开发、加工、制造运合人类需求的各类食品和工业产物的全过程。

在这个全过程中，通过对可食资源的技术处理，可保持和提高可食资源的可食性与利用价值，从而创造经济效益。并且，在对可食资源进行技术处理时，还应遵循技术先进的原则，使工艺控制达到高水平，以保证品质的优良。例如，超临界 CO_2 流体萃取技术，现已成功应用于食品工业中了，人们利用它萃取天然色素、萃取天然香料、萃取动植物油、萃取啤酒花和脱咖啡因等；再如电磁杀菌技术，以它不可替代的优点，被广泛用于果蔬汁饮料、牛乳加工、鸡蛋加工、酿造食品加工中，也广泛用于果品、蔬菜、粮食类农产品贮藏保鲜，以及鱼类、肉类等鲜活产品保鲜等诸多方面；还有食品高压加工技术，正越来越多地被应用于食品加工过程中，人们用它进行食品加工、改善食品的冷冻、储藏质量、改变食品的特性等，其例不胜枚举。

除了遵循经济上合理和技术上先进两大原则外，还应保护环境。对任何生产所引起的环境污染都必须加以治理，尤其要做好食品工业的三废处理。食品加工过程中产生的这些废弃物中有机物含量高，若处理不当，直接排放到环境中，则会造成环境污染，破坏生态平衡，影响人体的身体健康，甚至会危害人类的生存。食品技术工作者和生产食品的企业，应注意以下几点。第一，要履行保护环境的义务，遵守和执行规章制度。第二，选用不产生污染或少产生污染的工艺路线；对可能造成的污染，坚决采取有效的措施加以处理，做到废弃物达标排放。第三，不断提高技术水平，改进生产工艺和设备，最大限度地利用原料，降低用水量及物资消耗，减少三废排放量。第四，不断开发和应用新技术，回收、利用三废，变废为宝。第五，利用生物技术及物理和化学方法，对最终排放的废弃物进行处理，使之达到国家规定的三废排放标准。

3. 研究加工对食品质量的影响

（1）加工对食品质量的有利影响　加工可以增强食品安全性、保藏性、营养和感官质量，例如，肉制品腌制是用食盐、硝酸盐、亚硝酸盐、糖及其他辅料对原料肉进行处理的工艺过程，提高了肉制品的风味、色泽、持水性以及保藏性。大豆中含有抗营养因子，经加工除去，可提高食用大豆的安全性。果蔬及其汁液经脱水处理后可以提高固形物含量或浓度，

提高保藏性和使用的方便性。食品蛋白质经酶水解可以增加消化吸收性并具有保健功能。

（2）加工对于食品质量的不利影响　加工过程对食品有很大的影响。一方面可以改善食品的质量，增强其保藏性，另一方面，若加工不当，则会出现相应的质量问题，如牛乳经过长时间高温加热会引起美拉德反应，对产品的色泽产生不利影响，高温处理或煮沸时，在与牛乳接触的加热面上会形成乳石。乳石的形成不仅影响热效率，影响杀菌效果，而且会造成乳固体量的损失，因此，加热会破坏营养素和生理活性物质。

食品的加工就是要使营养素在加工和贮藏过程中损失最小，提高稳定性，当营养成分损失不可避免而且很大时，允许加入一定量的营养成分以达到营养强化的目的。

食品加工对食品质量的影响是典型的复杂工程问题，选择加工工艺、技术和设备，需要综合考虑多方面因素。这就需要深入研究食品在加工过程中的生物、化学和物理变化，以及这些变化所带来的对消费者生理和心理的影响，从而加工出安全、营养、令人愉悦的食品。计算热杀菌的动力学方法已经用于评价和预测加热和其他加工技术造成的营养物质和风味物质的损失。1962 年，曼菲尔德（Mansfield）提出了加热值（cooking value）的概念，加热值和杀菌值偶联使用可以优化热加工参数。

五、食品工艺学的学习方法

食品工艺学课程要阐明食品加工中使用的物理、化学和生物技术，控制微生物、保证食品安全的机制；研究在控制微生物的同时，如何尽可能多地保存食品营养，尽可能创造人类所认知的良好食品感官品质的途径；并研究不同包装、储存条件对产品安全性、稳定性的影响。在此基础上，重点阐明饮料、乳制品、果蔬制品、肉制品、粮谷食品、糖果、罐藏食品、调味品等典型食品加工工艺过程，注重单元操作叙述并精选典型事例，强调工艺条件控制分析和讨论，尽可能使学生掌握分析与解决食品加工、制造中的主要问题。由此可见，学习食品工艺学应该站在培养学生解决复杂工程问题的能力的高度。

食品加工的技术原理是食品工艺学的基础，它是科学和工程学的紧密结合。由于它主要阐述食品技术的原理，不像食品工艺学那样涉及具体产品，因此，这些原理对每一种具体的食品开发、工程设计都会发挥重要的基础性作用。食品加工工艺学论述了各类食品产品的制造工艺，如果蔬加工工艺学、肉类加工工艺学、乳制品工艺学、饮料工艺学等。每个具体的工艺流程都必不可少地包括保藏技术的内容，因此，食品技术原理是设计食品工艺的重要理论依据，食品工艺学又提供了食品技术原理具体应用各种保藏技术的途径。两部分内容在教学上相辅相成，互为支撑。

食品工艺学是食品科学与工程专业的基础学科，学习食品加工工艺及其技术原理，需要有数学、物理、化学、生物学方面的基础知识，也需要有工程方面的基础知识。它具有很强的理论性和实践性，与生产实际联系紧密，所以也是一门应用学科。学生需要在实验、实习和课外科技实践活动中消化理解并掌握食品加工的主要技术原理和典型产品的加工工艺，让学生发挥自主学习的主动性，注意学习和积累食品产品加工方法和实际经验，以培养解决问题能力及创新意识。教师需要在自主学习的框架下，重视实验、实习、课程设计等实践环节，通过基础性实验、综合性实验和设计性实验等来提高学生的分析能力和动手能力，为学生创造解决复杂工程问题的环境，指导学生在理论基础上进行创造性的应用，使学生的思维想象具体化，从而提高实践能力。

十几年来，网络技术和教学技术的发展，使教学和学习的模式发生着深刻的变化。食品科学与工程专业已就“食品工艺学”“食品技术原理”“食品保藏原理与技术”等课程建设了多门国家级精品课程和国家级精品资源共享课程，本书是国家精品课程和国家级精品资源共享课程——“食品工艺学”的配套教材，目前进一步配合线上课程进行线上线下同时传播。互联网学术期刊数据库和电子专业书籍为学习者提供了大量的学习资源。互联网上的科技视频几乎可以覆盖“食品工艺学”的教学内容，帮助学习者建立食品加工与制造的形象思维。目前食品工艺学的教学正在向课堂学习、实践活动、网络学习的综合式自主教学的方向发展。

第一篇
物理技术对食品的处理

CHAPTER 1

第一章 食品的低温处理

[学习指导]

本章应重点掌握食品物料产后的生理变化过程，以及食品冷藏、气调贮藏、冻藏和冷链的基本概念、基本原理；熟悉冷却、冷藏、气调贮藏、冻藏和冷链的常用方法；了解玻璃态和分子移动性理论在食品低温处理和保藏中的应用。

第一节 植物采后生理

一、果蔬采收后的生长表现

果蔬收获后具有休眠特性的鳞茎、块茎和块根等蔬菜便转入休眠阶段。但对于没有休眠特性的果蔬，其生长旺盛的分生组织并未停止活动，条件适宜时，仍可利用自身营养物质进行代谢，这对于果蔬贮藏非常不利。果蔬采后的生长现象包括叶子的持续生长、幼茎的伸长、种子的发育、抽薹开花。

二、果蔬原料的采后生理

采收后的果蔬，仍然是有生命的活体，此时以分解代谢为主，即分解高分子化合物，形成简单分子，放出能量，并使果蔬的营养成分、风味、质地发生变化。

（一）呼吸生理

果蔬采收后，光合作用基本停止，呼吸作用是生命代谢活动的主导过程。呼吸与各种生理生化过程密切相关，从而影响果蔬在贮藏中的生理机能、后熟和衰老过程、抗病能力以及贮藏期。

1. 呼吸作用的类型

呼吸作用分为有氧呼吸和无氧呼吸。有氧呼吸是植物的主要呼吸方式。无氧呼吸释放的能量较少，所产生的最终产物对细胞有一定毒性。控制适宜果蔬保存的低温和适度的氧气、二氧化碳含量是防止产生不正常无氧呼吸的关键。

2. 呼吸强度和呼吸熵

水果蔬菜呼吸作用强弱的指标是呼吸强度。呼吸强度通常以1kg水果或蔬菜1h所放出的CO_2的质量（mg）表示，或用吸入O_2的体积（mL）表示。果蔬在贮藏期间的呼吸强度直接影响贮藏期的长短。呼吸强度大，会缩短贮藏期；呼吸强度过低，正常的新陈代谢会受到破坏，也会缩短贮藏期。

衡量水果蔬菜呼吸特性的指标是呼吸熵（RQ）。呼吸熵又称呼吸系数，即水果蔬菜呼吸过程中释放出的二氧化碳（V_{CO_2}）与吸入的氧气（V_{O_2}）的体积比，如式（1-1-1）所示。

$$RQ = \frac{V_{CO_2}}{V_{O_2}} \tag{1-1-1}$$

RQ通常在有氧情况下测定（缺氧时，RQ较大），同一底物，RQ可用来表示呼吸状态（有氧和无氧）。RQ因消耗的底物不同而不同。从呼吸系数可以推测被利用和消耗的呼吸基质。以葡萄糖为呼吸基质时，RQ等于1；以脂肪（硬脂酸）为呼吸基质时，RQ等于0.699（<1）；以有机酸（乙酸）为呼吸基质时，RQ等于4（>1）。

3. 呼吸消耗与呼吸热

呼吸消耗是指农产品在贮藏过程中由呼吸作用造成的干物质的净消耗，可以通过呼吸强度来计算呼吸消耗。

物质在体内氧化所放出的能量有一小部分被利用，其余部分以热的形式被释放，即呼吸热。呼吸热可通过实验测得，也可参考文献数据获得，但由于存在环境差异，文献数据与实际情况往往会有差异。

4. 呼吸途径

果蔬的呼吸途径主要有两条，包括：糖酵解—三羧酸循环—电子传递链（细胞色素系统）途径，即：EMP—TCA—ETC途径；磷酸戊糖途径（HMP）。此外，还有抗氰呼吸和诱导呼吸。

EMP—TCA—ETC途径是果蔬呼吸的主途径。磷酸戊糖途径（HMP）的作用主要有两个，一是提供许多氧化合成反应所必需的还原型辅酶Ⅱ（NADPH）；二是合成核酸、木素、多酚类物质及其衍生物的原料。因此，采后生理更注重研究磷酸戊糖支路途径。

抗氰呼吸是指在电子传递链中，当电子传到细胞色素b以后不再沿原来的方向传递，而是转向另外的方向进行传递。抗氰呼吸可促进果蔬成熟状态的到来，热量的产生可以促使挥发芳香气体的发散。随着果蔬进入成熟阶段，电子传递逐渐由细胞色素途径转移到抗氰途径，当果蔬进入呼吸跃变期，抗氰呼吸所占比例逐渐降低。抗氰呼吸增强的后果之一是生热现象，所以成熟期的果实有发热现象。

伤害可引起果蔬组织的呼吸强度升高，即伤呼吸。将果蔬切片后，伤呼吸使呼吸强度立刻升高几倍，陈化一段时间后，呼吸强度又比新鲜切片的呼吸强度升高几倍，这种在陈化以后发展而来的呼吸被称作诱导呼吸。

诱导呼吸与抗氰呼吸有密切的依赖关系，且诱导呼吸升高的程度基本与完整果实在自然状态下呼吸跃变的高峰接近，因此，果蔬的诱导呼吸可能是在陈化过程中提前发生的呼吸跃变，并能促使果蔬衰老现象的发生和发展。

在呼吸作用进行过程中有时会出现氧化磷酸化的解偶联过程，即在电子传递过程中氧化同磷酸化分开进行，只进行氧化而不进行磷酸化，呼吸底物不断氧化分解，但不形成腺嘌呤核苷三磷酸（ATP），释放的能量可全部转化为呼吸热，造成细胞内 ATP 短缺，调节酶系统活性会失去控制，呼吸底物无限制地以高速度分解氧化，而能量则大量转化为热能被排出体外，这就是无效呼吸。组织衰老常会出现氧化磷酸化解偶联现象，所以果蔬的呼吸加强，呼吸热增多。

5. 呼吸与贮藏运输的关系

（1）有氧呼吸和无氧呼吸　如图 1-1-1 所示，在无氧呼吸消失点以前，呼吸强度（CO_2 释放量）随 O_2 含量的降低而下降，即 O_2 含量的下降可抑制呼吸作用，但此时仍在进行有氧呼吸；但当 O_2 含量降到一个转折点时，CO_2 释放量反而会急速上升，这是由无氧呼吸导致的。这个转折点称为无氧呼吸消失（灭）点。果蔬采后，在贮藏过程中，应尽量使 O_2 含量处于无氧呼吸消失点，这样既可降低呼吸强度，又可防止无氧呼吸的产生。无氧呼吸消失点的 O_2 含量一般为 1%~5%。

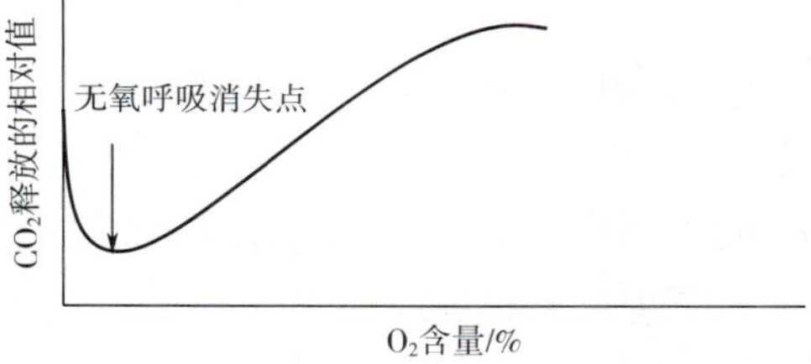

图 1-1-1　果蔬的无氧呼吸消失点

（2）呼吸失调与生理障碍　当细胞或细胞器进入衰老阶段或受到伤害时，各种代谢过程会出现混乱，导致组织破坏或细胞加速衰亡。正常的呼吸代谢过程中，一个反应环节能量转移系统之间是前后协调平衡的。如果上述平衡被打破，则代谢的协调平衡关系被破坏，呼吸反应受挫或中断，氧化不完全的中间产物会积累，并进一步导致细胞中毒或氧化磷酸化解偶联现象的发生。

6. 影响呼吸的因素

（1）内部因素　影响呼吸强度的内部因素包括果蔬的品种及年龄、果蔬所属器官、果蔬的形态及其所处位置、果蔬品种本身的呼吸特点。可将果蔬的呼吸类型分为三种（图 1-1-2）：渐降型（非跃变型）、暂升型（跃变型）和晚峰型。

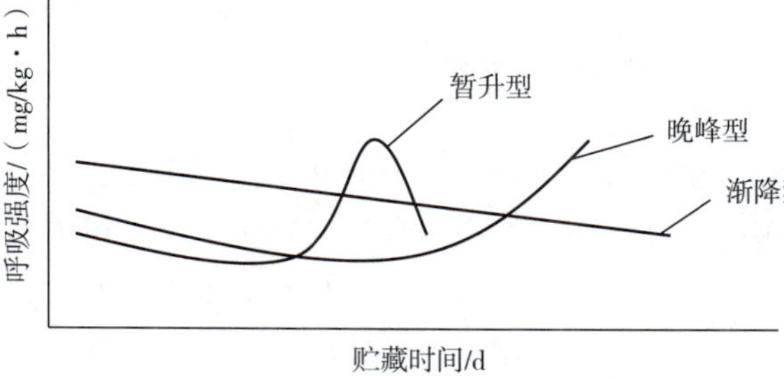

图 1-1-2　果蔬的呼吸类型

呼吸跃变型果蔬有三个特点：①生长过程与成熟过程明显。呼吸高峰标志着果蔬开始进入衰老期，故保藏应在高峰期出现之前进行。②乙烯对其呼吸作用影响明显。乙烯的催熟作用在高峰出现之前才有用，且会使呼吸高峰提前出现。③高峰期的出现可以推迟。通过冷藏、气调等方法可使呼吸高峰期推迟。在呼吸高峰出现前不久的短暂期间，果蔬鲜食为佳。

非跃变型果蔬有如下特点：①生长与成熟过程不明显，生长发育期较长。②多在植株上成熟后收获，没有后熟现象，在成熟后不久的短暂时期间，果蔬鲜食为佳。③乙烯作用不明显，乙烯可能有多次作用，但无明显高峰期。

研究表明，跃变型果实在跃变上升期间，呼吸熵从 1 上升到 1.5 左右。一般，果蔬的呼吸强度规律为：浆果>核果>仁果>柑橘类；叶菜类>果菜类>块茎、鳞茎、根茎类。

（2）外部因素　影响呼吸强度的外部因素包括温度、相对湿度、气体组成、机械损伤和病害、植物激素的应用。

温度是最重要的外界环境因素。正常温度范围内（5~35℃），呼吸强度随温度的上升而提高；温度过高时，呼吸强度经过短暂的提高后迅速下降，直到降为零；温度低于正常范围时，呼吸强度降低，可使跃变型果实的跃变高峰延迟出现，峰高降低，甚至不出现跃变高峰。但过低的温度会导致冷害。

轻微的干燥环境比湿润的环境有利于抑制呼吸。但薯类干燥时反而会提高呼吸强度，因此要求在高湿度条件下贮藏果蔬。

适当降低 O_2 浓度可抑制呼吸强度，但不会引起无氧呼吸，过低的 O_2 含量会引发缺氧障碍。提高空气中的 CO_2 含量，呼吸也会受到抑制，但 CO_2 含量过高又会使细胞中毒。

机械损伤和病害会增加呼吸强度。其原因包括四个方面：一是损伤破坏了细胞结构，增加了酶与反应底物接触的机会，同时加速了组织内外的气体交换；二是损伤会刺激果蔬生成乙烯而影响到呼吸；三是损伤会引起愈伤和修复反应，使磷酸戊糖途径增强，从而增强呼吸；四是损伤会伴随线粒体的生成，损伤与线粒体内和胞质核糖体上的蛋白质合成系统都有关系，二者受伤后会被活化。

虫害与机械伤害基本上相同，病菌侵染激发了呼吸的保卫反应，从而使呼吸强度提高；利用植物激素调节果蔬的采后生理机能，可达到贮藏保鲜的效果。

（二）蒸腾生理

新鲜果蔬含水量高，细胞水分充足，膨压大，组织呈坚挺脆嫩的状态，具有光泽和弹性。果蔬水分蒸发，细胞的膨压降低，可使果蔬发生萎缩现象，失去新鲜感。

1. 失重和失鲜

果蔬水分蒸发引起的最明显的现象是失重和失鲜。失重即“自然损耗”，包括水分和干物质两方面的损失，不同的果蔬具体表现有所不同。失鲜表现为形态、结构、色泽、质地、风味等多方面的变化，会降低食用品质和商品品质。

2. 破坏正常的代谢过程

细胞脱水、细胞液和原生质浓度增高，其中有些物质和离子，如氢离子、NH_3 等，它们的浓度可能会增高到有害的程度，引起细胞中毒。原生质脱水还可能引起一些水解酶活性的加强，从而加速有机物的分解，破坏原生质的正常状态。组织中水解过程的加强，会积累呼吸基质，又会进一步促进呼吸作用。严重脱水会破坏原生质的胶体结构，扰乱正常代谢，改变呼吸途径，并会产生和积累代谢物质，如 NH_3 等，从而引起细胞中毒。

3. 降低耐贮性、抗病性

蒸发作用会破坏正常的代谢作用，水解过程加强，以及由于细胞膨胀压降低而使机械结构特性改变等，从而影响果蔬的耐贮性和抗病性。组织脱水程度越大，抗病性下降越剧烈。

水分蒸发的速度与果蔬的种类、品种、成熟度、表面细胞角质的厚薄、细胞间隙的大小、原生质的特性、比表面积的大小有着密切关系。此外，温度、相对湿度、空气流速、包装情况等外界环境条件也影响水分的蒸发。

4. "出汗"现象及其危害

当环境温度降到露点以下，过多的水汽从空气中析出，在果面上、库顶、库壁、塑料薄膜内壁上凝结成水珠，这种现象称为"出汗"。

造成"出汗"的原因是产品码垛大，不易通风散热，使产品或货堆内外产生温差，垛堆内暖湿空气移动到表层，易使果蔬达到露点而"出汗"；同样，库温不稳，塑料薄膜袋内因产品呼吸产生热量，温度会高于薄膜外，薄膜层处于冷热交界处，易出现"出汗"现象。

出汗会危害产品，如凝结水滴落到产品上，会造成酸害，这在薄膜贮藏过程中多有发生；另外，"出汗"还给有害微生物创造了生存条件，阻碍了薄膜内外水和气的交换，从而导致腐烂现象的增加。

(三)成熟、衰老生理

1. 成熟、衰老中的合成、降解过程

果实成熟时呼吸跃变与相应变化，如图 1-1-3、表 1-1-1 所示。

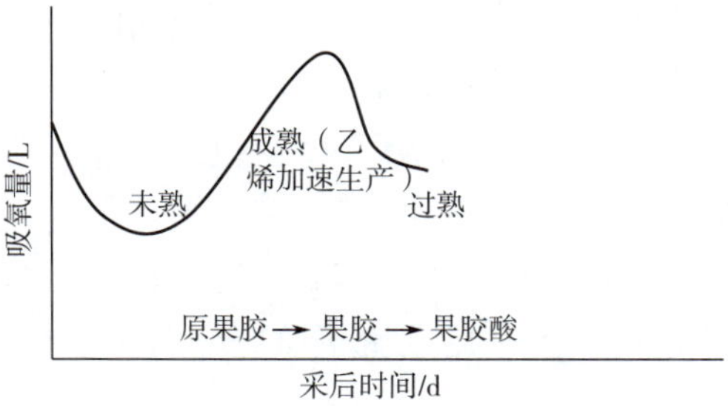

图 1-1-3　果实成熟时呼吸跃变与相应变化

表 1-1-1　与果实成熟有关的代谢过程

降解代谢	合成代谢过程
解聚作用	氨基酸结合进入蛋白质
底物作用	核酸代谢
叶绿体结构消失	维持线粒体的完整性
色素破坏	氧化磷酸化
水解酶、酯酶、脱氢酶、氧化酶、磷酸酯酶、核糖核酸酶的作用	形成磷酸酯
	三羧酸循环和磷酸戊糖代谢途径的合成作用
	乙烯的生成

2. 乙烯的生物合成与作用

乙烯在果实成熟中及其他蔬菜的采后生理中都有着特殊的重要性。

（1）乙烯的生物合成　植物体内乙烯的生物合成如图 1-1-4 所示。

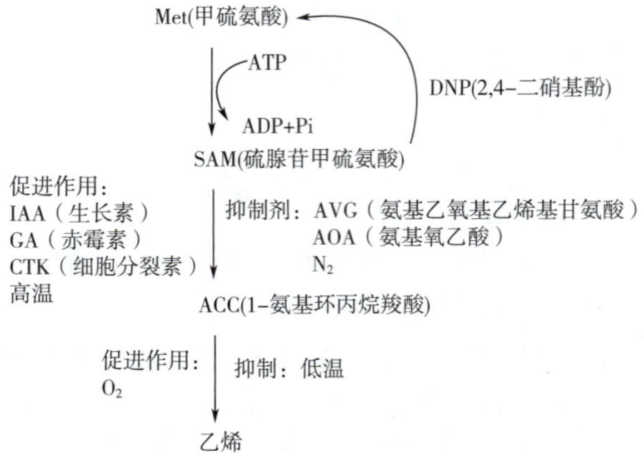

图 1-1-4　乙烯的生物合成

（2）乙烯的作用和机制　乙烯对果蔬具有催熟作用，其作用机制主要有三个方面。一是乙烯作用于果皮细胞酶的活化系统，使酶由吸附状态变为溶液态，转向水解方向，导致呼吸增强，吸收大量氧气，促进果实后熟；二是乙烯加强原生质的透性，使氧气容易进入细胞，加强氧化过程，单宁和有机酸的消失加快，同时透性增加，也可使酶的活性加强，从而使风味降低或风味改进；三是果实中的乙烯从出现呼吸高峰前就作用于果实的细胞膜，从而增加了细胞膜的透性。

3. 成熟、衰老中的结构和生理生化变化

（1）果蔬成熟衰老过程中细胞的变化　果蔬在成熟衰老的过程中，一般随着果实的软化，细胞壁开始变薄，并且许多果蔬细胞发生了质壁分离。随着细胞壁的变薄，其硬度会下降。

（2）果实成熟衰老过程中呼吸作用的变化　器官衰老时，由于线粒体体积变小，内膜折皱，数目减少，可使呼吸速率下降，但下降速度比光合作用慢。衰老时，氧化磷酸化解偶联，不能产生能量，相反，会消耗有机物。但果实成熟时则出现呼吸高峰，以后呼吸速度会下降。

（3）果蔬成熟衰老过程中的生化变化

①蛋白质的合成与降解：果蔬在成熟过程中，蛋白质一方面被不断分解，另一方面其分解生成的氨基酸又不断合成新的蛋白质。在果实呼吸跃变初期，有一个加速蛋白质合成的过程，这被认为是合成有关后熟酶的一种反应。但随着成熟度的增加，合成-水解的相互作用最终向水解加强方向进行。

②核酸的代谢：核酸代谢也与成熟密切相关。果实成熟期间，RNA 合成增加，有新的 mRNA 转录并翻译形成新的蛋白质，这奠定了果实成熟的物质转化基础。利用 RNA 合成抑制剂和蛋白质合成抑制剂可以抑制果蔬成熟的进程。

③磷脂与脂肪酸的代谢：植物组织的衰老与生物膜的降解有关。膜的完整性和功能丧失

是衰老初期的基本特征。在衰老组织中或逆境下，组织中膜脂普遍存在着过氧化作用，这也导致膜脂水平的下降。随着膜脂水平的下降，膜结构遭到破坏，这导致膜丧失选择透性与主动吸收的特性，膜透性增大，细胞内部的原生质会外渗。同时，由于存在膜脂过氧化作用，会产生氢过氧化物和游离自由基。这些脂质经过氧化物和自由基将进一步毒害细胞膜系统、蛋白质和DNA，导致了细胞膜功能的丧失和细胞的降解死亡，促使了果实的成熟衰老和品质下降。

4. 成熟、衰老的调节

（1）乙烯的调节作用　外源乙烯可刺激跃变型果实生成内源性乙烯，所以只在跃变前期提供乙烯才能起到明显提早跃变高峰来临，促进后熟的作用。以后果蔬会产生大量内源乙烯，外源性乙烯的作用不明显。

非跃变型果实也能生成内源乙烯，但量极少，提供外源乙烯也可促进呼吸，并起到脱涩、脱绿作用，但不能诱发内源性乙烯的生成。

（2）其他天然激素的调节作用　脱落酸（ABA）、生长素（IAA）、赤霉素（GA）、细胞分裂素（CTK）等都可起到调节作用。如图1-1-5所示，Ⅰ类激素起促进生长防止衰老的作用，Ⅱ类激素起抑制生长和进入休眠或催衰作用，同类的各种激素间有联动作用，异类激素间有反馈或拮抗作用，正是激素的这种动态平衡调节控制着植物的发芽、生长、成熟、衰老、休眠等过程。

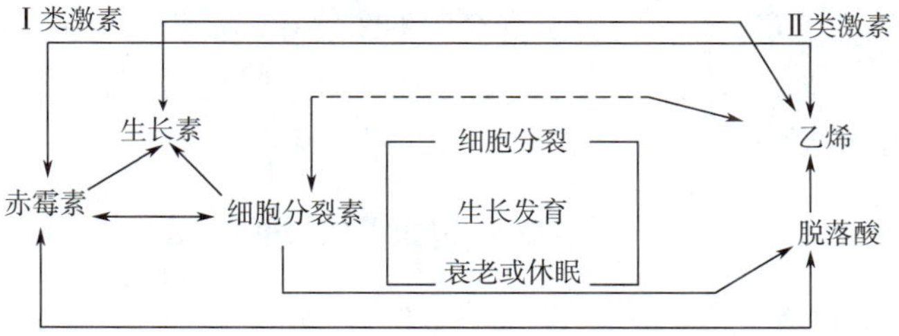

图1-1-5　两类激素在调节生长成熟中的联动和反馈关系

（3）钙在调节成熟、植物衰老中的作用　钙不仅是植物生长发育所需的矿质元素，而且也是重要的生理功能调节物质，组织内钙含量同调节呼吸、推迟衰老、防止某些生理病害方面有着密切关系。

钙（Ca）对植物衰老有重要的影响作用。钙对衰老具有明显的延缓作用。完熟过程中果实的Ca含量与呼吸速率呈负相关，并且Ca能影响呼吸速率高峰出现的早晚进程和呼吸峰的大小。外源Ca处理也同样能延缓果实的成熟与衰老，该方法被广泛应用。

（四）休眠生理

1. 休眠的概念和类型

果蔬休眠是指某些果蔬在结束田间生长时，产品贮藏在一定的时期内停止生长而进入相对静止的状态，是果蔬为了度过不良外界环境（如严寒、酷暑、干旱等）所具有的保护生命力和繁殖力的特性。

果蔬的休眠分生理休眠和被迫休眠两类。生理休眠是在生长发育过程中形成的，并具有遗传性，具有这种休眠特性的果蔬在未渡过休眠期以前即使条件适宜也不可能萌发新芽。强迫休眠是指果蔬处于不适宜的外界条件中而被迫进入休眠的状态，一旦外界条件适合时，则能很快解除休眠状态。

影响休眠的因素包括果蔬的种、品种、熟性（早、中、晚熟）、栽培条件、贮藏条件（温度、湿度、气体组成）等。

2. 休眠-发芽的生理生化特征

（1）休眠的生理特征　休眠期的生理特征包括细胞进入休眠前先有一个原生质脱水的过程，可积聚大量疏水性胶体；休眠中的细胞常出现质壁分离现象、胞间联丝消失，细胞核也有一些变化；原生质几乎不能吸水膨胀，电解质也很难通过，因此大大降低了休眠期细胞内外的物质交换，包括气体交换，所以果蔬在休眠期呼吸和其他代谢活性都极度下降；休眠中的细胞呈凸形质壁分离，非休眠期细胞呈凹形质壁分离，正在进入或脱离休眠的细胞呈混合型质壁分离。

（2）休眠的生化特征　处于休眠中的果蔬几乎看不到碳水化合物的变化，当休眠结束前，果蔬体内的水解作用明显增强，抗坏血酸含量也明显增加；休眠到发芽之间的这个过渡阶段称为“休眠苏醒期”。苏醒期的呼吸和水解作用加强，为以后果蔬的发芽生长做了能量和物质准备。

（3）休眠-发芽的调节　休眠对贮藏有利，因此应尽可能延长产品的休眠期，并且在休眠解除后应继续保持在强制休眠状态。常见的延长休眠期的方法有：根据激素平衡调节机理，人工提供抑制剂类激素，改变内生激素平衡而延长休眠期，如用马来酰肼（MH）和萘乙酸甲酯或乙酯；冷藏是最有效、方便、安全的抑制发芽的措施，对强度休眠的效果尤其明显；低 O_2 和适当的高 CO_2 也有抑制发芽的效应；应用 γ 射线辐照能有效地抑制块茎、鳞茎类果蔬发芽，且所需剂量很低。

三、果蔬的采后处理

（一）采收成熟度的确定

水果多以果实供人们食用，根据果实的成熟特征，一般可分为三个阶段，即采收成熟度、加工成熟度和生理成熟度。蔬菜的采收成熟度难一致，一般多采用以下方法来判断蔬菜的成熟度：蔬菜表面色泽的显现和变化、坚实度、糖和淀粉含量等。

（二）果蔬采收后的必要处理

1. 预冷

高温对蔬菜采收后保持品质是有损害的，所有蔬菜采收后要经过预冷以除去田间热，减少水分的损失。

最方便的预冷方法是放在阴凉通风的地方，使其自然散热。叶菜类用水喷淋冷却是有利的，不仅降温速度快，还可保持组织的新鲜度。用高速鼓风机吹冷风也能很快降温。

2. 果蔬的分级

果蔬分级的主要目的是为了便于贮藏、销售和包装，使之达到商业标准化。分级后的果蔬其品质、色泽、大小、成熟度、风味、营养成分、清洁度、损伤程度等基本上一致，便于加工工艺的确定和保证加工产品的质量。分级处理对于提高商品果蔬的市场价值极为重要。

3. 催熟

某些果蔬，如番茄，为了提早应市、远销，或夏季温度过高，果实在植株上很难变红，或为了避免秋季冷害，都要在绿熟期采收，所以加工前要进行人工催熟。催熟后不但果蔬的色泽变红，而且品质也有一定的改进，但不能达到在植株上自然成熟那样的风味。催熟最好用乙烯处理，应在一定温度和湿度的室内进行。

4. 特殊处理

在果实表面涂布一层涂膜剂，在果实表面形成一层薄膜，可抑制果实内外的气体交换，降低呼吸强度，减少营养物质的消耗和水分的蒸发，以达到保持果实饱满新鲜、增加光泽、改善外观、延长果实的贮藏期、提高果实的商品价值的目的。由于果实有一层薄膜保护，也可以减少被微生物污染而发生腐烂造成的损失，但必须注意涂料层的厚度和均匀度要适当。

5. 果蔬的包装

果蔬包装是标准化、商品化、保证安全运输和贮藏的重要措施。合理的包装可以减少果蔬在运输过程中因相互摩擦、碰撞、挤压而造成机械损失；也可降低病害蔓延和水分蒸发。

6. 果蔬的运输

果品在远途运输前需预先进行降温处理。蔬菜运输最好不要混装，因为各种蔬菜所产生的挥发性物质会相互干扰，尤其是能产生乙烯的菜，如番茄。微量的乙烯也可能使其他蔬菜早熟，如辣椒会过早变色。此外，蔬菜运输装置一定要设有通风装置。

四、采收后侵染控制

(一) 低温贮藏

低温贮藏是推迟果蔬腐烂最有效的方法，一方面可以延缓果蔬的成熟和衰老；另一方面可以抑制病原菌的生长。

在低温贮藏过程中，一定要注意避免温度的剧烈波动。温度的波动一方面会缩短果蔬的贮藏期；另一方面会造成贮藏产品表面水分的凝结，也为霉菌的生长提供了有利条件。在低温贮藏的同时要适当提高 CO_2 的浓度，降低 O_2 的浓度，这有利于延长果蔬的贮藏时间。

(二) 电离辐射

γ 射线多采用^{60}Co进行辐射，技术关键在于适宜的辐射剂量，只有在无损果蔬的风味、香气和质地的前提下抑制病原菌，才能获得良好的防腐效果。

(三) 臭氧

臭氧（O_3）具有极强的氧化能力，它能破坏微生物的细胞膜，尤其在低温高湿条件下，对霉菌、酵母菌的抑制能力更显著。但臭氧只能杀灭果蔬表面的病原菌，对已侵入表皮内部的病原菌无抑制作用，对已腐烂部位的防腐作用也不大，略高的浓度还会对果蔬造成伤害。

第二节　动物产品产后生理

一、畜肉和禽肉

(一) 肉的形态学

肉是指屠宰后的畜、禽去除毛、皮、内脏、头、蹄等所得到的胴体。肉由肌肉组织、结缔组织、脂肪组织、骨骼组织组成。食品加工中，动物体主要可利用的部位包括肌肉组织、结缔组织、脂肪组织、骨骼组织。

1. 肌肉组织

肌肉组织是构成肉的主要成分，是肉食原料中最重要的一种组织，也是决定肉质优劣的主要组成。肌肉组织包括横纹肌、平滑肌、心肌。如图 1-1-6 所示。

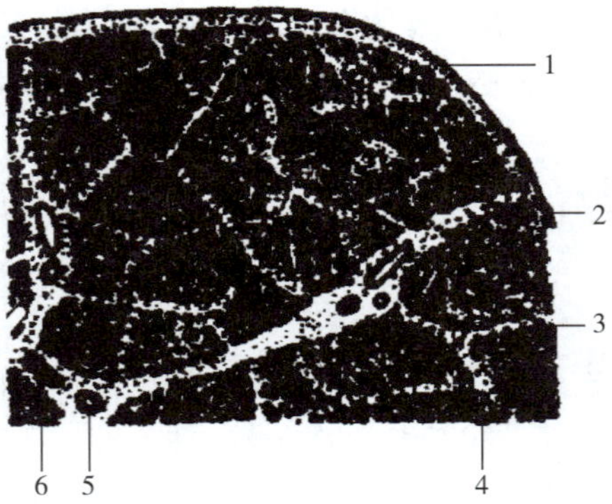

图 1-1-6　横纹肌的断面图

1—外肌束膜　2，3—内肌束膜　4—肌内膜　5—血管　6—神经

2. 结缔组织

结缔组织除形成肌肉的内、外肌束膜外，于骨骼的连接处，畜禽的皮肤、血管等很多部位都存在着结缔组织。结缔组织分疏松结缔组织（又称蜂窝组织）、致密结缔组织和胶原纤维组织。

疏松结缔组织由细胞、无定形基质和纤维三部分组成（图 1-1-7）。致密结缔组织的构成成分和疏松结缔组织是相同的，只是各种成分的量有所不同。在致密结缔组织中，基质少，纤维量多，结构较为紧密。淋巴结也属于结缔组织，在肉制品加工过程中，应除去淋巴结。

图 1-1-7　疏松结缔组织的结构

1—成纤维细胞　2—胶原纤维　3—弹性纤维　4—游走细胞

3. 脂肪组织

脂肪组织是由退化的疏松结缔组织和大量的脂肪细胞组成的（图 1-1-8）。脂肪细胞由

脂肪滴、外围层、原生质及细胞质构成（图 1-1-9）。

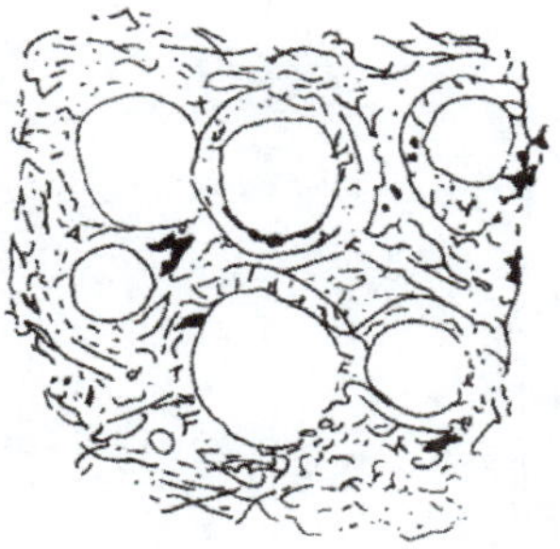

图 1-1-8　皮下脂肪组织脂肪细胞断面

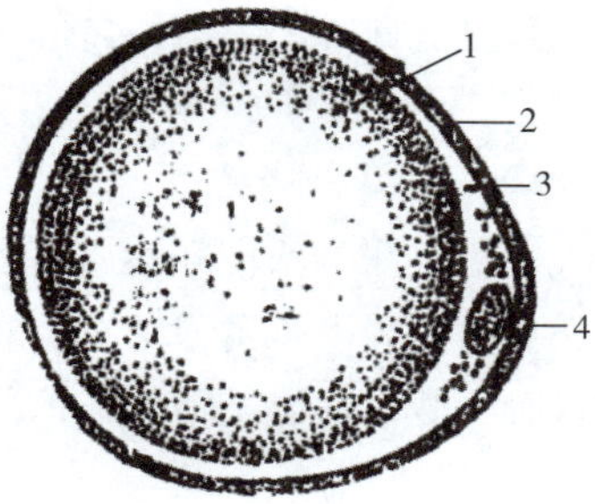

图 1-1-9　脂肪细胞

1—脂肪滴　2—外围层　3—原生质　4—细胞质

脂肪的气味、颜色、密度、熔点等因动物种类、品种、饲料、个体发育状况及脂肪在体内的位置不同而有所差异。各种动物的特有气味，多数是由于脂肪中所含的脂肪酸以及其他脂溶性成分所造成的。

4. 骨骼组织

骨骼组织包括硬骨、软骨和骨髓，是动物机体的支柱组织。构成骨的基本组成是骨松质、骨密质和骨膜（图 1-1-10）。此外，在关节处包有关节囊、关节软骨，骨髓腔中充满骨髓。

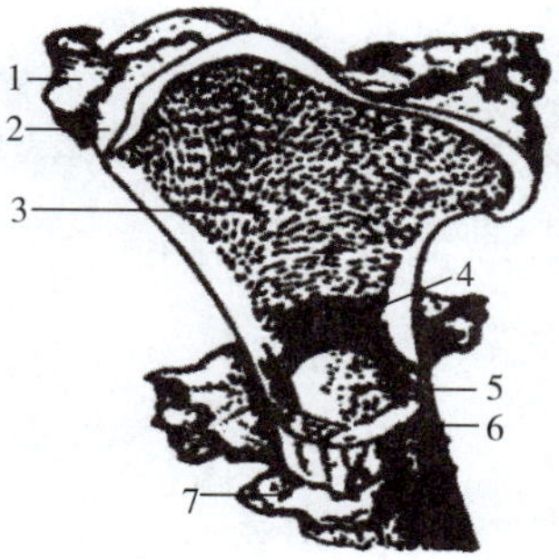

图 1-1-10　管状骨的构造

1—关节囊　2—关节软骨　3—骨松质　4—骨髓腔　5—骨髓　6—骨密质　7—骨膜

骨骼中含有大量胶原纤维，为10%~32%，可从中提取明胶、软骨组织和制取软骨素。骨髓可用来提炼骨油。硬骨中含有很多钙质，将其加工成骨泥、骨粉，可用作钙营养强化剂。

(二) 肉的物理性质

肉的物理性质主要包括密度、比热容、热导率、颜色、气味、坚实度等，部分物理学性质的检验可以用来判定肉的品质优劣。

1. 密度、比热容、热导率

肉的密度随所含脂肪数量而异，脂肪含量越高，密度越小；肉的比热容与其形态组成和化学组成有关；肉在各个方向热导率不同。

2. 颜色

肉的颜色是由肌肉组织和脂肪组织的颜色决定的。屠宰后的肌肉颜色主要取决于肌红蛋白的数量以及肌红蛋白和氧结合的程度，此外，还与畜禽的种类等前述因素以及屠宰加工状况（如放血）、成熟腐败等有关。

3. 气味

各种畜禽肉具有各自独特的气味，气味的浓度和性质随所含的特殊挥发性脂肪酸的含量不同而不同，且因畜禽种类的状况而有差异。家禽宰前饲养在有特殊气味的棚舍中，或饲料带有特殊气味，则肉中也会带有这种气味。在有其他气味的冷冻库房中存放时也会吸附其他气味。

4. 坚实度

肉的坚实度依畜禽的种类、年龄、性别等的不同而有所不同。未阉公牛肉是坚硬的、粗糙的，在肉的切面上呈粗粒状；阉过的公牛肉是致密、柔嫩油润的，在肉的切面上呈细粒状，且有明显的大理石纹。母牛肉很不结实，肉的切面呈很粗的颗粒状。羊肉是致密的，肉的切面呈致密的颗粒状。猪肉柔软而致密，肉的切面呈细密的颗粒状。这些特性在四肢部位的肉中尤为突出。

(三) 肉的化学组成

肉的化学成分主要包括糖类、脂肪、蛋白质、浸出物、矿物质、维生素和水分等。肉的成分组成随动物的脂肪和瘦肉的相对数量而改变，肥度高，则蛋白质和水分的含量就比较低。肉类成分的一般组成，如表1-1-2所示。

表1-1-2　各种肉类的一般组成　单位：%（质量分数）

名称	食用部分组成				
	糖类	蛋白质	脂肪	灰分	水分
牛肉（中等脂肪）		17.1	22.0	0.9	60.0
犊肉（中等脂肪）		18.8	14.0	1.0	66.0
猪肉（中等脂肪）		11.9	45.0	0.6	42.0
羊头（中等脂肪）	1.0	15.7	27.7	0.8	56.0
马肉（中等脂肪）		20.0	4.0	1.0	74.0
鸡肉		22.2	12.6	1.0	66.0
鸭肉		16.2	30.0	1.0	52.8

1. 糖类

糖类在动物组织中含量很少，它以游离或结合的形式广泛存在于动物组织或组织液中。糖原又称动物淀粉，肌肉及肝脏是糖原的主要贮存部位。宰后肌肉中糖原的分解代谢，在肉与肉制品的贮藏与加工过程中有重要意义。

2. 脂类

在动物体内，脂肪分布很广。一般家畜体内脂肪含量为其体重的10%~22%，肥育阶段，家畜体内脂肪含量可高达30%以上。动物脂肪富含硬脂酸、软脂酸和油酸，此外，还有少量其他脂肪酸。动物脂肪内脂肪酸的组成如表1-1-3所示。

表1-1-3　　动物脂肪的脂肪酸构成　　单位:%（质量分数）

脂肪酸	猪脂	牛脂	羊脂
月桂酸	—	0~0.2	—
豆蔻皲	0.7~1.1	2~8	1~4
软脂皲	26~32	24~33	20~26
硬脂酸	12~16	14~29	—
花生酸	—	0.4~1.3	—
肉豆蔻酸	0~0.3	0.4~0.6	—
油酸	41~50	39~50	36~47
亚油酸	3~14	0~5	3~5
亚麻酸	0~1	0~0.5	—
花生四烯酸	0.4~3	0~0.5	—

此外，脂肪中还含有磷脂。磷脂在空气中极易被氧化变色，并产生异味。磷脂变黑时，伴有酸败现象，严重影响产品质量。固醇和固醇酯也广泛存在于动物体内。

3. 蛋白质

哺乳动物的肌肉大约占动物体的40%，肌肉中的蛋白质含量约为20%。肌肉中的蛋白质因其生物化学性质或在肌肉组织中存在的部位不同而不同，可以区分为肌浆蛋白质、肌原纤维蛋白质和间质蛋白质。

（1）肌浆蛋白质　肌浆是指肌细胞中环绕并渗透入肌原纤维的液体和悬浮于其中的各种有机物、无机物以及亚细胞的细胞器，如肌核、肌粒体、微粒体等。肌浆一般占肉蛋白质总量的20%~30%，其中包括肌溶蛋白、肌红蛋白、球蛋白X以及肌粒中的蛋白质等。这些蛋白质易溶于水或低离子强度的中性盐溶液中，故常称为肌肉的可溶性蛋白质。

（2）肌原纤维蛋白质　肌原纤维是骨骼肌的收缩单位，由细丝状的蛋白质凝胶组成。这些细丝平行排列成束，直接参与收缩过程，常称为肌肉的机构蛋白质或肌肉的不溶性蛋白质。肌原纤维蛋白质占肌肉蛋白质总量的40%~60%，它主要包括肌球蛋白、肌动蛋白，肌动球蛋白，此外肌原纤维蛋白还包括原肌球蛋白和2~3种调节性结构蛋白质。肌原纤维中的物质与肉的某些重要品质特性（如嫩度）密切相关。

（3）间质蛋白质　间质蛋白质又称基质蛋白质，主要存在于结缔组织中，它们均属于硬蛋白类，其中主要的是胶原蛋白和弹性蛋白。

①胶原蛋白：胶原蛋白（collagen）在结缔组织中含量特别丰富，在肌腱等胶原纤维组织中占总固体量的85%。胶原纤维广泛分布于皮、骨、腱、动脉壁以及哺乳动物肌肉组织的肌内膜、肌束膜和肌外膜之中，胶原蛋白是机体中含量最丰富的简单蛋白质，相当于机体总蛋白质的20%~25%。

②弹性蛋白：弹性蛋白在很多组织中与胶原蛋白共存，是构成黄色弹性纤维的蛋白质，但在皮、腱、肌内膜、脂肪等组织中含量很少，而在韧带与血管（特别是大动脉壁）中含量最多，约占其弹性组织总固体量的25%。

4. 浸出物

构成活体的物质有水、蛋白质、肽、各种低分子含氮化合物、脂类、糖类、无机物、色素、维生素、酸、醛、酮、醇等，从这些物质中除去蛋白质、脂类、色素等而剩余的肽、游离氨基酸和其他低分子含氮化合物、糖、酸（高分子脂肪酸除外的有机酸）等，易溶于无机或有机溶剂中，即所谓的浸出物成分。无机盐和维生素一般不列入浸出物成分中。

5. 矿物质

肉类中矿物质（灰分）的含量一般为0.8%~1.2%，矿物质含量主要与肉的水分及蛋白质部分有关，因此，瘦肉要比脂肪组织含有更多的矿物质。肉中的锌对肉的持水性有影响。

6. 维生素

肉类中各种维生素含量如表1-1-4所示。

表1-1-4　　100g鲜肉中的维生素含量

种类	维生素A/IU	维生素B_1/mg	维生素B_2/mg	烟酸/mg	泛酸/mg	生物素/μg	叶酸/μg	维生素B_6/mg	维生素B_{12}/μg	维生素C/mg	维生素D/IU
牛肉	微量	0.07	0.20	5	0.4	3	10	0.3	2	0	微量
小牛肉	微量	0.1	0.25	7	0.6	5	5	0.3	0	0	微量
猪肉	微量	1.0	0.20	5	0.6	4	4	0.6	2	0	微量
羊肉	微量	0.15	0.25	5	0.5	3	3	0.4	2	0	微量
肝（牛）	20000	0.30	0.30	13	8	100	100	0.7	50	30	45
鸡肉	微量	0.09	0.09	8.0	0.4	3	3	0.4	1.5	0	微量
鸭肉	微量	0.15	0.15	4.7	0.4	4	4	0.3	1.8	0	微量

7. 水

水是肉中含量最多的组成成分。畜禽越肥，水分的含量越少；老年动物比幼年动物体内的水含量也较少，比如小牛肉含水72%，成年牛肉含水量则为45%。肉的持水性是指肉在冻结、冷藏、解冻、腌制、绞碎、斩拌、加热等加工处理过程中，肉的水分以及添加到肉中的水分的保持能力。持水性的高低直接关系到肉制品的质地，决定持水性的重要因素是凝胶结构和蛋白质所带净电荷的数量。因此，蛋白质的变性与否与肉的持水性有密切关系。

（四）肉的成熟

刚屠宰的动物的肉是柔软的，有很高的持水性，经过一段时间的放置，肉质会变粗糙，持水性也大为降低。继续延长放置的时间，则粗糙的肉又变成柔软的肉，持水性也有所恢复，而且风味也有明显的改善。肉的这种变化过程，称为肉的成熟。在肉的成熟过程中因糖原分解生成乳酸，使肉 pH 降低，故肉的成熟又称排酸。

肉的成熟大致可分为三个阶段，即僵直前期、僵直期、解僵期（僵直后期）。

1. 僵直前期

在此阶段，肌肉组织是柔软的，但是由于血液循环停止，肌肉组织供氧不足，糖原不能再完全氧化成二氧化碳和水，而是通过糖酵解生成乳酸。与此同时，肌肉组织中的腺嘌呤核苷三磷酸（ATP）和磷酸肌酸含量下降。随着乳酸的生成和积累，畜禽肌肉组织的 pH 由原来刚屠宰时的正常生理值 7.0~7.4，逐渐降低到屠宰后的酸性极限值 5.4~5.6。到此 pH 时，一般糖原已耗尽。当 pH 降至 5.4 后，由于糖酵解酶被钝化的原因，即使仍有糖原也不能再被分解。

屠宰后肉的 pH 下降速度和程度受许多因素的影响，如动物的种类、个体的差别、肌肉的部位以及入座前状况、环境温度等。环境温度对牛肉 pH 下降速度的影响如图 1-1-11 所示。

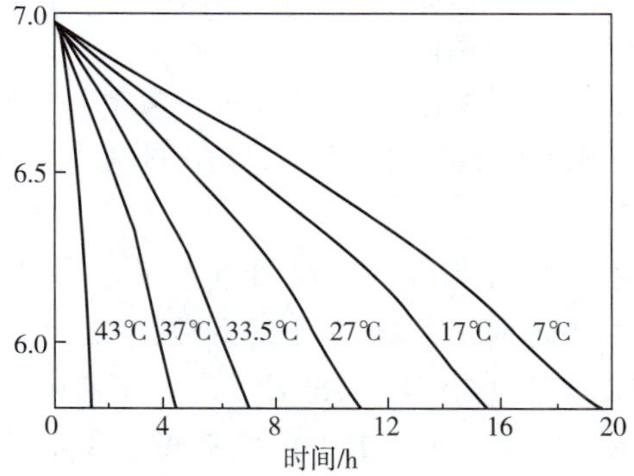

图 1-1-11　环境温度对宰后牛肉 pH 下降速度的影响

动物屠宰前的状况对屠宰后 pH 的下降有明显影响，若宰前处于饥饿状态或经剧烈挣扎处于疲劳状态，则其糖原含量必然降低，糖酵解后所得的乳酸含量较低，极限 pH 较高。这样的肉品质较次，色较暗，组织干燥且紧密，易受微生物作用而腐败。畜肉在僵直形成期间的化学、物理变化如图 1-1-12、图 1-1-13 所示。

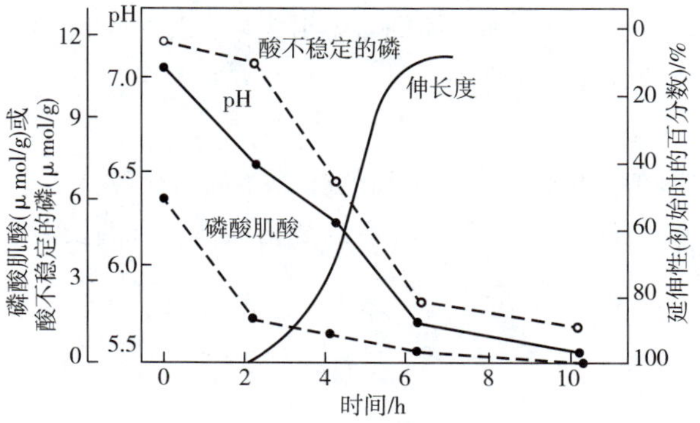

图 1-1-12　僵直形成期畜肉中的化学和物理变化（一）

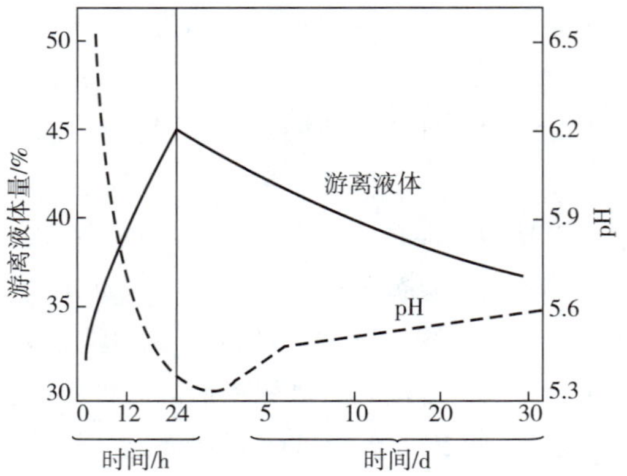

图 1-1-13　僵直形成期畜肉中的化学和物理变化（二）

2. 僵直期

随着糖酵解作用的进行，肌肉 pH 降低，当达到肌原纤维主要蛋白质肌球蛋白的等电点时，因发生酸变性而凝固，导致肌肉硬度增加。此外，由于肌动球蛋白的收缩可导致肌纤维缩短和变粗，肌肉失去伸展性变得僵硬。

在僵直期，肉的持水性差，风味低劣，不宜作为肉制品的原料。僵直状态的持续时间（僵直期）与动物的种类、宰前状态等因素有关。禽肉的僵直期远短于畜肉。

3. 解僵期

解僵期是肉类成熟过程的后期阶段。在僵直期形成的乳酸、磷酸积聚到一定程度后，会导致组织蛋白酶的活化而使肌肉纤维发生酸性溶解，并分解成氨基酸等具有芳香、鲜味的肉浸出物，肌肉间的结缔组织也因酸的作用而膨胀、软化，从而导致肌肉组织重新回软。在僵直期形成的肌苷酸（IMP）经磷酸酶作用后变为肌苷。肌苷进一步被核苷水解酶作用而生成次黄嘌呤，使肉的香味增加。随着僵直的解除，肉的持水性逐渐回升。

（五）肉的腐败

肉类因受外界因素作用而产生大量的人体所不需要的物质时，称为肉类的腐败，包括蛋白质的腐败、脂肪的酸败和糖的发酵几种作用。

1. 导致肉类腐败的因素

肉类的腐败是肉类成熟过程的继续。动物宰后，由于血液循环的停止，吞噬细胞的作用也停止，这就使得细菌有可能繁殖和传播到整个组织中；另外，肉类自身含有的酶所引起的生化反应也是肉类腐败的重要因素之一。

2. 腐败肉的特征

由于腐败，蛋白质和脂肪发生了一系列变化，外观明显改变，色泽变成暗褐甚至黑绿色，表面黏腻，产生腐败臭气，失去弹性，有的放出气体，有的长霉。畜肉和禽肉鲜度感官鉴定的卫生标准如表 1-1-5 和表 1-1-6 所示。

表 1-1-5　鲜猪肉感官指标

	一级鲜度	二级鲜度
色泽	肌肉有光泽，红色均匀，脂肪洁白	肌肉色稍暗，脂肪缺乏光泽
黏度	外表微干或微湿润，不黏手	外表干燥或黏手，新切面湿润
弹性	指压后的凹陷立即恢复	指压后凹陷恢复慢且不能完全恢复
气味	具有猪肉正常气味	稍有氨味或酸味
煮沸后肉汤	透明澄清，脂肪团聚于表面，具有香味	稍有浑浊，脂肪呈小滴形式浮于表面，无鲜味

表 1-1-6　鲜鸡肉感官指标

	一级鲜度	二级鲜度
眼球	眼球饱满	眼球皱缩凹陷，晶体稍浑浊
色泽	皮肤有光泽、因品种不同呈淡黄、淡红、灰白或灰黑色等，肌肉切面发光	肌肉色泽转暗，肌肉切面有光泽
黏度	外表微干或微湿润，不黏手	外表干燥或黏手，新切面湿润
弹性	指压后的凹陷立即恢复	指压后凹陷恢复慢且不能完全恢复
气味	具有鲜鸡肉正常气味	无其他异味，唯腹内有轻度不快味
煮沸后肉汤	透明澄清，脂肪团聚于表面，具特有香味	稍有浑浊，脂肪呈小滴形式浮于表面，香味差或无鲜味

二、蛋　　类

禽蛋是用途最多的一种天然食物。禽蛋从营养角度看是最完美的食品之一，也是世界各地区普遍食用的几种食品之一。

(一) 蛋的构造

蛋由三个主要部分构成，蛋壳（shell）及其膜（membrane）、蛋白（albumen）和蛋黄（yolk），如图 1-1-14 所示。

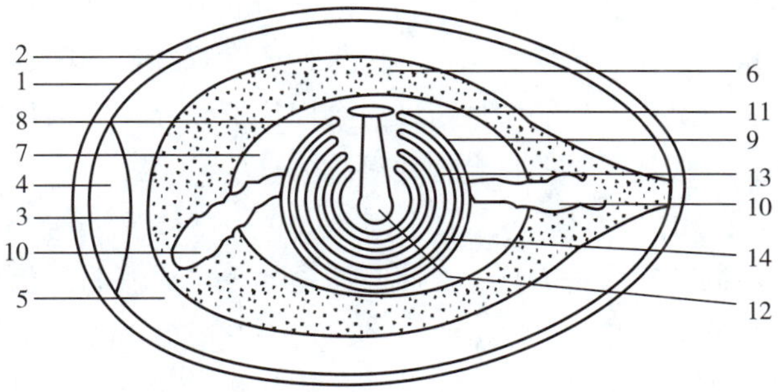

图 1-1-14　蛋的构造

1—蛋壳　2—蛋壳膜　3—蛋白膜　4—气室　5—外稀蛋白　6—外稠蛋白　7—内稀蛋白
8—内稠蛋白　9—蛋黄膜　10—系带　11—胚盘　12—蛋黄芯　13—白色蛋黄　14—黄色蛋黄

蛋壳的主要成分是碳酸钙，外表覆有一层胶质薄层（蛋白质）；蛋壳下面是外壳膜和内壳膜。新生鸡蛋温度较高，其内容物是饱和的，当蛋冷却后，内容物收缩，在内壳膜和外壳膜之间形成一个小空间（气室）。

鸡蛋的蛋白由 4 部分构成，由外向内，分别是外稀蛋白（outer thin albumen）、外稠蛋白（outer firm albumen）、内稀蛋白（inner thin albumen）和系带层（chalaziferou layer）。系带层两端为像绳索一样的由稠蛋白绞成的带状物，称为系带（chalazaes）。系带在蛋黄的两边各有一条，为蛋黄提供了可以绕着旋转的轴，也起到约束蛋黄运动，使蛋黄保持在鸡蛋中心的作用。

（二）蛋的组成

鲜蛋的主要成分列于表 1-1-7 中。

表 1-1-7　　鸡蛋的组成

部位	鸡蛋中占比/%	各成分含量/%			
		水	蛋白质	脂肪	灰分
全蛋	100	65.5	11.8	11.0	11.7
蛋白	58	88.0	11.0	0.2	0.8
蛋黄	31	48.0	17.5	32.5	2.0
		碳酸钙	碳酸镁	磷酸钙	有机质
蛋壳	11	94.0	1.0	1.0	4.0

三、水产原料

（一）水产原料的特性

1. 水产原料的多样性

水产原料来源包括有人工养殖和野生两种。种类包括节足动物、软体动物、棘皮动物、脊椎动物等。水产原料品种复杂，可食部分的组织、成分也不同。同一种类的鱼，由于鱼体大小、年龄、成熟期、渔期、渔场等不同，其组成也不同。

2. 鱼体大小、部位对成分的影响

鱼肉的组成因年龄、性别、大小、部位而异。脂肪一般在腹部和颈部含量多，背部、尾部含量少，水分的含量则相反。鱼体中除普通肉外，还有暗红色的肉称为血合肉。不同种类鱼的血合肉含量不同，一般中上层洄游性鱼的血合肉比例较高，底栖鱼较少。同一鱼体部位血合肉比例也不相同，越接近尾部的血合肉比例越大。

3. 不同季节鱼体成分的变化

鱼体成分因季节不同有很大的变化，风味品质差异也很大。洄游鱼类在索饵洄游时，鱼体肥度增加，脂肪含量增加，味道鲜美；鱼体脂肪含量在产卵后迅速降低，风味也随之变差。贝类中牡蛎的蛋白质和糖原含量也随季节变换而变化，冬季，肉中的蛋白质和糖含量最多时，风味最好。

4. 容易腐败变质

鱼肉比畜肉更容易腐败变质，因为鱼类在渔获时容易造成死伤，鱼体组织比陆上动物脆弱，外皮薄，鳞片易脱落，易感染，鱼类被渔获后不立即清洗处理，鱼体表面被覆的黏液是细菌的良好培养基，且运输时常带着容易腐败的内脏和鳃。

(二)鱼贝类的主要化学成分

1. 蛋白质

鱼类肌肉中的蛋白质含量因种类及年龄的不同而不同，但受季节的影响很小，新鲜鱼肉中含15%~23%的蛋白质。

不同品种的鱼肉中蛋白质的氨基酸组成极其相似。甲壳类、软体动物中贝类和鱿鱼的特定氨基酸的含量与鱼肉间有一定的差异。

2. 脂肪

鱼类组织中有较多的脂肪，存在于皮下组织、肠间膜、脏器间的结缔组织、肝脏、头盖腔中；肝脏中脂肪含量最多；肌肉组织中，一般腹肉比背肉、颈肉比尾肉、表层肉比内层肉、血合肉比普通肉的脂肪含量高。

3. 浸出物

肌肉浸出物的含量一般为2%~5%，分为含氮成分和不含氮成分，一般前者居多。含氮量以红肉鱼类为多；含非蛋白态氮量以鲨、鲼类为多，并随墨鱼和甲壳类、红肉鱼类、白肉鱼类顺序依次减少；软体动物肌肉的浸出物含量为5%~6%。

4. 色素

（1）肌肉色素　红肉鱼中，除鲑、鳟类外，肌肉的红色素由肌红蛋白和血红蛋白构成，白肉鱼几乎不含红色素。鲑、鳟类的肌肉色素为脂溶性的类胡萝卜素类色素，大部分是虾青素。

（2）血液色素　鱼类的血液色素和哺乳动物一样为血红蛋白，软体动物（墨鱼、章鱼等）、节足动物（甲壳类的虾、蟹）的血液色素主要为含铜的血蓝蛋白。还原型的血蓝蛋白为无色，氧化型的血蓝蛋白为蓝色。

（3）皮的色素　鱼皮中主要色素是黑色素、类胡萝卜素、胆汁色素等。有的鱼表皮呈银光色，主要是鸟嘌呤在尿酸中发生沉淀，因光线折射而显现出来的。

(三)鱼贝类的死后变化

鱼贝类死后变化过程大致可分为僵直、自溶和腐败三个阶段。

1. 僵直期

一般鱼死后僵直持续时间比哺乳动物短。由于死亡前经历不同，僵直期从死后1~7h开始，持续到5~22h。疲劳的鱼比钩获的鱼死后僵直时间早，肉质也低劣，因此，对于渔获时疲劳的鱼，应立即处理，进行冰藏或低温贮藏。

2. 自溶期

经过死后僵直期后，肌肉逐渐变软，这是肌肉中酶的作用所导致的。自溶作用是指鱼体自行分解的过程。在自溶过程中，体内蛋白质会逐渐分解成为氨基酸类物质，为腐败菌繁殖提供了有利条件。因此，在自溶阶段，鱼贝类的鲜度就已经在下降了。在低温保藏中，酶的活性受到抑制，这可使自溶作用减缓甚至完全终止。

3. 腐败期

严格地说，鱼体微生物的繁殖分解实际上从死后即缓慢开始，是与死后僵直和自溶同时进行的。但是，僵直和自溶阶段，鱼体微生物的繁殖和含氮物的分解缓慢，微生物数量增加不多，特别在僵直阶段更是如此。到自溶后期，分解产物逐渐增多，微生物繁殖加快，到一定程度即进入腐败阶段。

腐败过程中，肌肉组织中的蛋白质、氨基酸被分解为氨、三甲胺、硫化氢、吲哚及尸胺等，当上述腐败产物积累到一定程度时，鱼体即产生具有腐败特征的臭味，同时鱼体的 pH 也增加，从中性变成碱性。

第三节　食品的冷却与冷藏

一、食品低温保藏的基本原理

食品的腐败变质主要是由于微生物的生命活动、食品中酶所催化的生物化学反应，以及其他非酶因素所造成的。

（一）低温对微生物的影响

1. 低温与微生物的关系

任何微生物都有正常的生长和繁殖温度范围。根据微生物对温度的耐受程度，可将微生物分为嗜冷菌、嗜温菌和嗜热菌。降低温度可减缓微生物生长和繁殖的速度，温度降低到最低生长点时，微生物就停止生长并出现死亡了。不过，低温导致的微生物死亡速度远小于高温导致的死亡速度。食品低温保藏时，细菌总数虽有所下降，但不能替代热处理的杀菌作用，因为低温并非有效的杀菌措施，其作用主要是延缓或阻止食品腐败变质。

食品经冷冻并维持在-18℃以下的条件下贮藏，可以阻止几乎所有微生物的生长，但食品长期处于低温中，微生物能产生新的适应性，微生物会重新生长和繁殖，并导致产品的变质。

2. 低温导致微生物活力减弱和死亡的原因

正常的微生物细胞内各种生化反应是相互协调一致的。但各种生化反应的温度系数各不相同，因此，降温对各种生化反应速度的影响也各不相同，这也破坏了各种反应间的协调性，降温幅度越大，失调程度也越大，从而破坏了微生物的新陈代谢，降低了微生物的生理机能，甚至使微生物的生长繁殖完全终止。

温度下降至冻结点以下时，微生物及其周围介质中的水分被冻结，细胞质黏度增大，电解质浓度增高，pH 和胶体状态改变，蛋白质变性，加之冻结的机械作用使细胞膜受损伤，这可导致微生物代谢活动受阻或死亡。

（二）低温对酶活性的影响

酶是食品腐败变质的主要因素之一。食品中的酶包括食品自身所含有的酶和微生物产生的酶。不同的酶有各自最适的温度范围，一般，在 0～40℃，温度每升高 10℃，酶的作用速度将增加 1～2 倍；当温度高于 60℃时，绝大多数酶的活性急剧下降。当温度低于最适温度范围时，每下降 10℃，酶的活性会削弱 1/3～1/2。当温度降到 0℃时，酶的活性大部分被抑制。但酶对低温的耐受力很强，-20℃的低温并不能完全抑制酶的活性，因此，催化作用实际上也未停止，只是反应非常缓慢，但这足以达到长期贮藏食品的目的。所以商业上一般采用-18℃作为贮藏温度。

对于冻制的植物性食品，在解冻时保持着活性的酶将重新活跃起来，可加速食品变质。为了将冷冻（或速冻）、冻藏和解冻过程中食品内不良变化降低到最低的程度，植物性食品常经漂烫处理，应预先将酶灭活，再行冻制。因过氧化物酶的耐热性比较强，所以，常以过氧化物酶的活性破坏程度作为漂烫所需时间的依据。

（三）低温对其他变质因素的影响

引起食品变质的原因除了微生物及食品中的酶引起的生化反应外，还有其他因素的影响，如氧化作用（油脂的酸败）、生理作用、蒸发作用、机械损害、低温冷害等，而适当的低温处理可以使上述影响大大降低。但低温并不能完全抑制上述反应，食品长期贮藏在冻结点以下的低温条件下，其品质仍然会持续下降。

（四）植物性食品和动物性食品的低温保藏

常见的食品大致可分为两类：贮存期内仍然保持原有生命力的，如生鲜果蔬；已失去生命力的，如肉、禽、鱼以及一些果蔬加工制品。

1. 有生命的食品和无生命的食品的贮藏原理

果蔬被采收后，仍然进行着呼吸作用，断绝了呼吸作用所需营养成分的正常供应，果蔬只能利用自身营养成分维持生命活动，直至营养消耗殆尽。低温保藏主要是保持果蔬的最低生命力，以利用果蔬的自身免疫力防止果蔬出现微生物性腐败变质，并减缓其固有酶的活性，以推迟成熟时间，从而达到延长贮藏时间的目的。但是，果蔬贮藏的温度不是越低越好，当温度低到一定程度时，一些果蔬就会出现品质快速劣变的现象。

无生命的食品比有生命的食品更容易受到微生物的侵袭。为此，低温保藏的工艺要求就是要抑制所有能导致食品腐败变质的微生物的活动。另外，还要控制食品自身存在的酶，其中能催化食品水解和氧化的酶是最重要的控制对象。动物脂肪氧化的结果是食品酸败，酸败常成为影响新鲜或冻制动物性食品贮藏期的主要因素。

2. 食品低温保藏

冷却和冷藏是低温保藏中一种行之有效的食品保藏方法。冷却是冷藏的必要前处理，其本质上是一种热交换过程，冷却的最终温度在食品的冰点以上。冷藏是冷却后的食品在冷藏温度（常在冰点以上）下仍保持食品品质的一个贮藏方法。

果蔬食品的冷藏可尽量延缓它们的生命代谢过程，利用其本身的免疫性可防止微生物的入侵和繁殖，推迟成熟时间，保持其新鲜程度。冷却肉的生产从胴体分割、剔骨、包装、运输、贮藏到销售的全过程应始终处于严格温度（-1~4℃）监控下，尽可能地防止微生物污染。

冷却和冷藏可以减缓食品的变质速度，但对大多数食品并不能像加热、脱水、辐射、发酵或冷冻所能做到的那样长时间地防止食品变质。表 1-1-8 所示为几种食品在不同温度下的一般有效贮藏期。

表 1-1-8　　几种食品在不同温度下的贮藏期　　单位：月

食品种类	贮藏温度/℃			
	-7	-12	-18	-23
猪肉	1.5 以下	4	8~10	12~15
牛肉	2 以下	6~8	16~18	18~24

续表

食品种类	贮藏温度/℃			
	-7	-12	-18	-23
羊肉	—	5.7	14~16	16~18
家禽	—	4	8~10	12~15
高脂鱼	0.8	4	6~8	10~12
低脂鱼	1.5	6	10~12	14~16
鲜虾	—	6	12	16~18
蔬菜：四季豆、青豌豆、花菜	—	4~6	8~12	16~18
甘蓝	0.5~1	6~8	14~16	24 以上
水果（浸在添加维生素 C 的糖水中）	—	3~4	8~10	12~24
橙汁	—	10	27	—

二、食品冷却和冷藏时的变化

（一）食品冷却的目的和温度范围

冷却是水果、蔬菜等植物性食品冷加工的常用方法。水果、蔬菜等植物性食品在贮藏过程中由于存在呼吸作用而产生呼吸热，会使其温度升高而加快衰老，因此必须通过冷却来除去呼吸热。水果、蔬菜的冷却应及时进行，以除去田间热，使呼吸作用自采收后就处于较低水平，以保持水果、蔬菜的品质。果蔬类植物性食品的冷却温度不能低于发生冷害时的界限温度，否则会破坏果蔬正常的生理机能，导致冷害。

水产品的腐败变质是由于水产体内所含的酶及微生物共同作用的结果。鱼类死亡后，其体温处于常温状态。由于其生命活动的停止，组织中的糖原进行无氧分解会放出热量，导致鱼体温度升高 2~10℃，从而加快鱼体的腐败变质。因此，及早冷却与维持低温对水产品的贮藏意义巨大。

食品冷加工的温度范围大致可按表 1-1-9 来划分。

表 1-1-9　　食品冷却和冻结的温度范围

项目	低温保鲜（冷却食品）	冰温保鲜（冰温食品）	微冻保鲜（微冻结食品）	冷冻保鲜（冻结食品）
温度	0~15℃	食品冰点至 0℃	食品冰点至冰点以下 2~3℃	-40~-12℃
备注	冷却但未冻结	冷却但未冻结	部分冻结	冻结比例高

冷却食品的温度范围上限是 15℃，下限是 0~4℃。在此温度范围内，温度越低贮藏期越长的概念只适用于水产类和动物食品。对于植物性食品来说，其温度要求在冷害界限温度之上，否则会引起冷害，造成果蔬的过早衰老或死亡。

微冻是将食品品温降到比冰点温度低 2~3℃，并在此温度下贮藏的一种保鲜方法。与冷却方法相比较，微冻食品的保鲜期是冷却保鲜期的 1.5~2 倍。

(二) 食品的冷却介质

在食品冷却冷藏加工过程中，与食品接触并将食品热量带走的介质，称为冷却介质。冷却介质应满足以下条件：良好的传热能力；不能与食品发生不良作用，不得引起食品质量、外观的变化；无毒、无味；符合食品卫生要求，不会加剧微生物对食品的污染。

冷却介质包括气体冷却介质、液体冷却介质、固体冷却介质。其中，常用的气体冷却介质有空气和二氧化碳；液体冷却介质有水、盐水、一些有机溶剂及液氮；固体冷却介质有冰、冰盐混合物、干冰、金属等。

(三) 食品冷却中的传热

食品在冷却过程中，食品表面与冷却介质之间的传热以对流换热和辐射换热为主，但食品内部的传热是以导热的方式进行的。

1. 食品冷却速率

食品的冷却速度就是食品温度下降的速度。食品内各部位不同，在冷却过程中温度下降的速度也不同，而整个食品的冷却速度只能以平均温度下降速度来表示。

2. 食品降温曲线

食品内部温度的分布是向上方凸的曲线，离表面越近，温度梯度越大，因此，冷却速度也越快。图 1-1-15 表示了平板状食品的表面温度（θ_S）、中心温度（T_C）、表面与中心之间的温度（θ_M）及平均温度（$\bar{\theta}$）的下降情况。由图可知，表面温度下降的速度最快，中心温度下降的速度最慢，特别是冷却的开始阶段，食品中心部位的温度下降得特别缓慢。

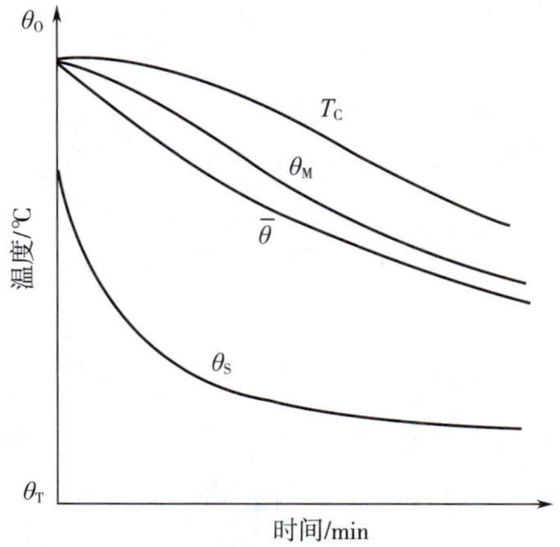

图 1-1-15　平板状食品的降温曲线

食品的冷却速度与冷却介质的温度和食品与冷却介质间的温差大小有关，冷却介质温度越低，食品与冷却介质间的温差越大，冷却速度越大。

3. 食品冷却时间计算公式

食品的冷却速度和时间与许多因素有关，经理论推导，各种形状的食品的计算公式如下。

（1）平板状食品

$$\bar{v} = (T_0 - T_r)\kappa \frac{\mu^2}{\delta^2} e^{-\kappa \frac{\mu^2}{\delta^2} t} \tag{1-1-2}$$

式中 $\bar{v}$——冷却速度，℃/s；

δ——平板状食品的厚度，m；

T_0——平板状食品的初温，℃；

T_r——冷却介质的温度，℃；

t——冷却时间，s；

μ——常数，由$\frac{\alpha}{\lambda}\delta$的值决定；

κ——导温系数，m^2/s。

如果把 κ 看成常数，则可根据上式推导出平板状食品从初始温度 T_0 下降到平均温度 T 所需的冷却时间（t），计算公式，如式（1-1-3）所示。

$$t = \frac{2.3\lg \frac{T_0 - T_r}{T - T_r}}{\kappa \frac{\mu^2}{\delta^2}} \tag{1-1-3}$$

对平板状食品来说，μ^2 可近似地用式（1-1-4）表示。

$$\mu^2 = \frac{10.7\frac{\alpha}{\lambda}\delta}{\frac{\alpha}{\lambda}\delta + 5.3} \tag{1-1-4}$$

式中 α——表面传热系数，$W/(m^2 \cdot K)$；

λ——热导率，$W/(m \cdot K)$。

平板状食品冷却时间的近似计算公式，如式（1-1-5）所示。

$$t = \frac{c\rho}{4.65\lambda}\delta\left(\delta + \frac{5.3\lambda}{\alpha}\right)\lg \frac{T_0 - T_r}{T - T_r} \tag{1-1-5}$$

式中 c——比热容，$J/(kg \cdot K)$；

ρ——密度，kg/m^3。

（2）圆柱状食品　圆柱状食品的圆周面都一样地被冷却，圆柱状食品的冷却与平板状食品不同的是，传热面积随着半径发生变化，它内部的传热面积与半径成正比，其他均相同。圆柱状食品冷却时间的计算公式也可用式（1-1-3）来计算。圆柱状食品的 μ 与平板状食品一样，也是由$\frac{\alpha}{\lambda}\delta$来决定的。

对圆柱状食品，μ^2 可近似地如式（1-1-6）表示。

$$\mu^2 = \frac{6.3\frac{\alpha}{\lambda}R}{\frac{\alpha}{\lambda}R + 3.0} \tag{1-1-6}$$

式中 R——圆柱状食品圆柱面半径，m。

将式（1-1-6）代入式（1-1-3）可得出计算圆柱状食品冷却时间的近似计算公式，如式（1-1-7）所示。

$$T = \frac{c\rho}{2.73\lambda}R(R + \frac{3.0\lambda}{\alpha})\lg\frac{T_0 - T_r}{T - T_r} \tag{1-1-7}$$

（3）球状食品　球状食品的表面都是一样地被冷却，球状食品的冷却与圆柱状食品相同的是，传热面积随着半径变化，它内部的传热面积与半径成正比，其他状况相同。冷却时间的计算公式也与平板状食品相同，只是球状食品的 μ 与 $\frac{\alpha}{\lambda}\delta$ 的关系可近似地如式（1-1-8）表示。

$$\mu^2 = \frac{11.3\frac{\alpha}{\lambda}R}{\frac{\alpha}{\lambda}R + 3.7} \tag{1-1-8}$$

将式（1-1-8）代入式（1-1-3）可得出计算球状食品冷却时间的近似计算公式，如式（1-1-9）所示。

$$t = \frac{c\rho}{4.90\lambda}R(R + \frac{3.7\lambda}{\alpha})\lg\frac{T_0 - T_r}{T - T_r} \tag{1-1-9}$$

（四）食品冷却与冷藏时的变化

1. 水分蒸发

食品在冷却时，其温度下降，汁液浓度增加，表面水分蒸发，可出现干燥现象。食品中水分的减少不但会造成质量损失（俗称干耗），而且会使植物性食品失去新鲜饱满的外观，当减重达到5%时，果蔬会出现明显的凋萎现象。肉类食品在冷却贮藏中也会因水分蒸发而发生干耗，同时肉的表面收缩、硬化，会形成干燥皮膜，肉色也有变化。鸡蛋在冷却贮藏过程中，因水分蒸发而造成气室增大，使蛋内组织挤压在一起而造成质量的下降。为减少果蔬类食品在冷却时的水分蒸发，要根据原料蒸发特性控制适宜的温度、湿度及风速。表1-1-10是根据水分蒸发特性对果蔬类食品进行的分类。

表1-1-10　　水果、蔬菜类食品的水分蒸发特性

水分蒸发特性	水果、蔬菜的种类
A型（蒸发小）	苹果、橘子、柿子、梨、西瓜、葡萄、马铃薯、洋葱
B型（蒸发中）	白桃、栗子、无花果、番茄、甜瓜、莴苣、萝卜
C型（蒸发大）	樱桃、杨梅、龙须菜、叶菜类、蘑菇

动物性食品在冷却贮藏过程中因水分蒸发造成的干耗情况如表1-1-11所示。

表1-1-11　　冷却贮藏中肉类胴体的干耗　　单位：%

时间	牛	小牛	羊	猪	时间	牛	小牛	羊	猪
12h	2.0	2.0	2.0	1.0	48h	3.5	3.5	3.5	3.0
24h	2.5	2.5	2.5	2.0	8d	4.0	4.0	4.5	4.0
36h	3.0	3.0	3.0	2.5	14d	4.5	4.6	5.0	5.0

注：冷却温度1℃，相对湿度80%~90%，冷却速度0.2m/s。

肉类水分蒸发的量与冷却室内的温度、湿度及流速密切相关，并与原料种类、单位质量表面积、表面形状、脂肪含量有关。

2. 冷害

冷却贮藏时，有些果蔬的品温虽然在冻结点以上，但当贮藏温度低于某一界限温度时，果蔬正常的生理机能会遇到障碍而失去平衡，这种现象称为冷害。表 1-1-12 列举了一些果蔬发生冷害的界限温度与症状。

表 1-1-12　　常见水果、蔬菜的冷害界限温度与症状

种类	界限温度/℃	症状
香蕉	11.7~13.8	果皮变黑，催熟不良
西瓜	4.4	凹斑，风味异常
黄瓜	7.2	水浸状斑点，腐败
茄子	7.2	表皮变色，腐败
马铃薯	4.4	发甜，褐变
番茄（熟）	7.2~10	软化，腐烂
番茄（生）	12.3~13.9	催熟果颜色不好，腐烂

有一些果蔬在外观上看不出出现冷害的症状，但冷藏后再放到常温中，就丧失了正常的促进成熟作用的能力，这也是冷害的一种，如香蕉放入低于 11.7℃ 的冷藏室内一段时间，拿出冷藏室后表皮会变黑呈腐烂状，且生香蕉的成熟能力会完全失去。

3. 移臭（串味）

有强烈味道的食品，与其他食品放在一起冷藏时，其味道会传给其他食品。有时，冷藏室存放过具有强烈气味的食品后，室内留下的强烈气味会传给后续贮存的食品。要避免上述情况，需要做到专库专用，或在一种食品出库后严格进行消毒和除味。另外，冷藏库还具有一些特有的臭味，俗称冷藏臭，这种气味也会传给冷却食品。

4. 生理作用

水果、蔬菜在收获后仍是有生命的活体。为了便于运输和贮存，果蔬一般在尚未完全成熟时采收，采收后还有一个后熟过程。在冷却贮藏过程中，果蔬的呼吸作用、后熟作用仍在继续进行，体内各种成分也在不断发生着变化，如淀粉和糖的比例、糖酸比、维生素 C 的含量等，同时还可以看到颜色、硬度等的变化。

5. 脂类的变化

在冷却贮藏过程中，食品中的油脂会发生水解、脂肪酸氧化、聚合等复杂变化，反应生成的低级醛、酮类物质会使食品的风味变差、味道恶化，使食品出现变色、酸败、发黏等现象。

6. 淀粉老化

淀粉老化作用的最适温度是 2~4℃。例如，面包在冷却贮藏时，淀粉迅速老化，质构和味道也会变差；马铃薯在冷藏陈列柜中贮存时，也会有淀粉老化现象的发生。当贮存温度低于-20℃或高于 60℃时，均不会发生淀粉老化现象。

7. 微生物的增殖

食品中的微生物主要有细菌、霉菌和酵母菌，按温度划分可分为低温细菌、中温细菌、

高温细菌。在冷却、冷藏时，细菌，特别是低温细菌的繁殖和分解作用并没有被充分抑制，其总量还是增加的，经过一定的时间仍会使食品腐败。

8. 冷却收缩

宰后的牛肉在短时间内应快速冷却，肌肉会发生显著收缩现象，以后即使经过成熟过程，肉质也不会十分软化，该现象称为冷却收缩。一般，宰后10h内，肉温降低到8℃以下，容易发生冷却收缩。牛的年龄和牛的不同部位的肉冷却收缩的温度不同。

三、食品的冷却

(一) 食品冷却目的

食品冷却的目的是快速排出食品内部的热量，使食品温度在尽可能短的时间内（一般数小时）降低到高于食品冻结温度的预定温度，以及时减缓食品中微生物的生长繁殖和生化反应速度，保持食品的良好品质，延长食品的贮藏期。食品的冷却一般在食品的产地进行。易腐食品在刚采收或屠宰后就开始冷藏最为理想，在运输、堆放、保藏和销售期间也应始终保持在低温环境中。

(二) 食品冷却方法

常用的食品冷却方法有冷风冷却、冷水冷却、碎冰冷却、真空冷却等。具体使用时，应根据食品的种类及冷却要求选择适用的冷却方法。表1-1-13所示为上述冷却方法的一般使用对象。

表1-1-13　　冷却方法与使用对象

冷却方法	肉	禽	蛋	鱼	水果	蔬菜	烹调食品
冷风冷却	○	○	○		○	○	○
冷水冷却		○		○	○	○	
碎冰冷却		○		○	○	○	
真空冷却						○	

1. 冷风冷却法

冷风冷却法是利用低温冷空气流过食品表面使食品温度下降的一种冷却方法。其使用范围较广，常被用于水果、蔬菜、鲜蛋、乳品以及肉类食品。

冷风冷却法可先用冰块或机械制冷使空气降温，然后由冷风机将冷空气从风道中吹出，在冷却间或冷藏间中循环，对食品进行降温。冷风冷却法的工艺效果主要决定于空气的温度、相对湿度和流速。其工艺条件的选择要根据食品的种类、有无包装、是否易干缩、是否快速冷却等来确定。

（1）空气温度　空气温度越低，食品的冷却速度越快。但预冷食品时所采用的温度必须处在允许食品可逆变化的范围内，以便食品回温后仍能恢复它原有的生命力。一般食品预冷时所采用的空气温度不应低于冻结温度，以免食品发生冻结。

（2）空气相对湿度　预冷室内的相对湿度因预冷食品的种类（特别是有无包装）而异。用不透气的容器包装的食品预冷时，相对湿度影响不大。用潮湿容器包装的食品预冷时，预冷室内的相对湿度会上升，只有包装表面自由水分蒸发完成后，室内的相对湿度才会迅速下降。未包装的食品预冷时因其温度和蒸气压较高，预冷初期食品会迅速失去水分，使预冷室内充满雾气，此时应加速空气流动，使食品温度和水蒸气压尽快下降，以免水分损耗过多，造成食品的萎缩。一般，容易干缩的食品预冷时应维持较高的相对湿度，或放在冰水中冷却，以减少水分的损耗。基于相同的原因，鸡蛋有时可先用轻质矿物油浸渍，再进行预冷。还有将食品和冰块混装在一起，在冷库内冷却的处理方法，这样缓慢融化的冰块就能保持食品表面的湿润状态，以免食品过分脱水。

（3）空气流速　加速空气流动有利于及时带走水蒸气，以免食品表面聚积冷凝水。预冷室内空气流速一般为1.5～5.0m/s，而快速冷却时空气流速应超过5m/s。有时也采用空气自然对流进行预冷。

果蔬的冷风冷却可在冷藏库的冷却间内进行。冷风的温度可根据选择的贮藏温度进行调节控制。果蔬冷却初期，空气流速一般在1～2m/s，末期在1m/s以下，空气相对湿度一般为85%～95%。

鲜蛋冷却应在专用的冷却间内完成。蛋箱应码成留有通风道的堆垛，在冷却开始时，冷却空气温度与蛋体温度相差不能太大，一般低于蛋白体温度2～3℃，随后每隔1～2h将冷却间温度降低1℃左右，冷却间空气相对湿度在75%～85%，流速在0.3～0.5m/s。通常情况下经过24h的冷却，蛋体温度可达1～3℃。

畜肉的冷风冷却是在一个冷却间内完成全部冷却过程，冷却空气温度为0℃左右，风速为0.5～1.5m/s。为了减少干耗，风速不宜超过2m/s，相对湿度控制为90%～98%，冷却终了，胴体后腿肌肉最厚处应降至4℃以下，整个冷却过程应在24h内完成。

一般禽肉冷却时，空气温度为2～3℃，相对湿度为80%～85%，风速为1.0～1.2m/s。经7h左右可使禽胴体温度降至5℃以下。若适当降低温度，提高风速，冷却时间可缩短至4h左右。

冷风冷却装置中的主要设备为冷风机。图1-1-16所示为5种不同吸、吹风形式的冷风机，根据冷风机的吸、吹风形式，可布置出不同的冷风冷却室。图1-1-17和图1-1-18为不同冷风冷却系统的布置形式。

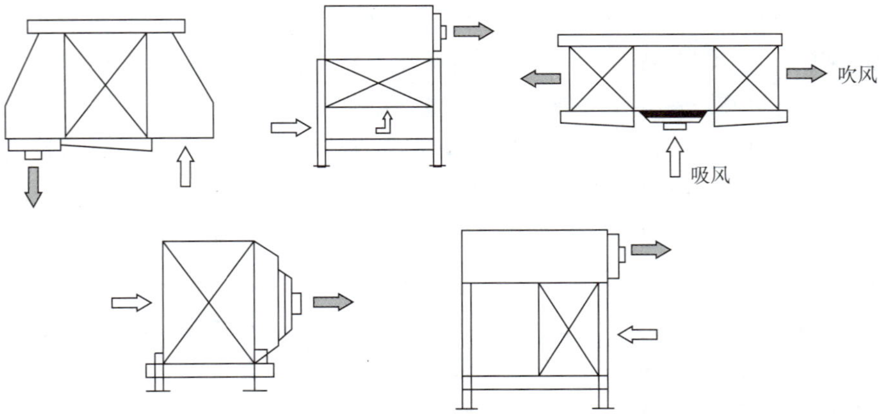

图1-1-16　冷风机示意图

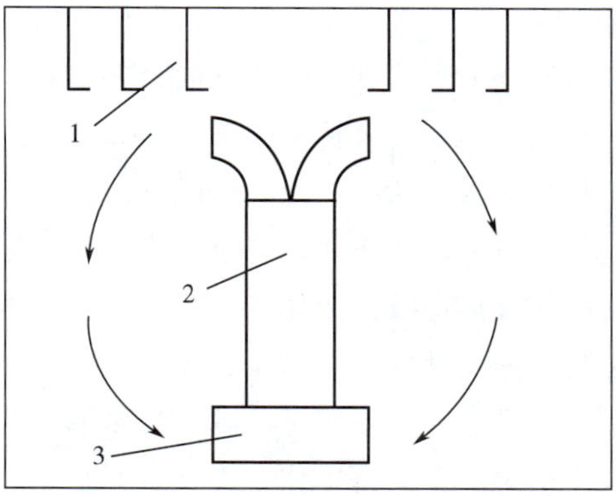

图 1-1-17　肉类冷风冷却装置简图

1—吊钩　2—风道　3—冷风机

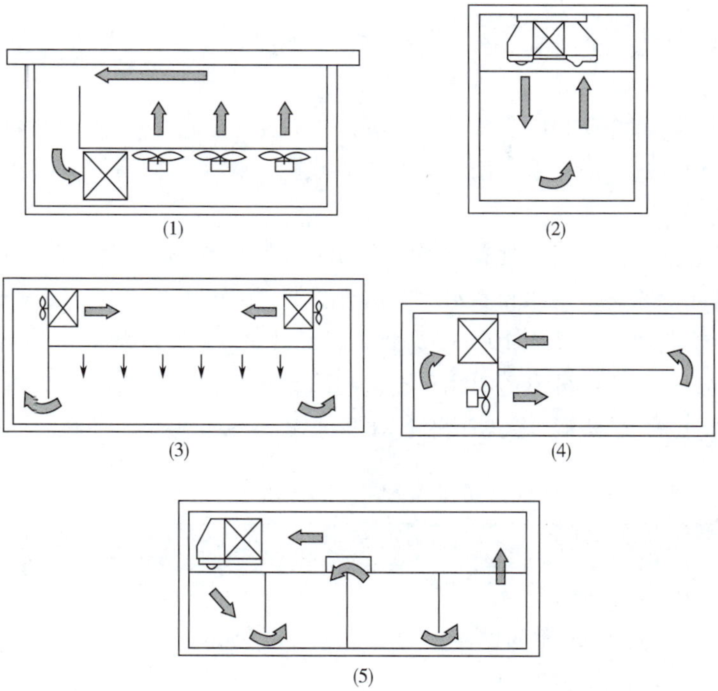

图 1-1-18　冷风冷却系统示意图

肉类的冷却可采用变温快速二段冷却法：第一阶段在快速冷却隧道或冷却间内进行，空气流速为2m/s，空气温度一般为-1~5℃。经过2~4h，胴体表面温度降到-2℃，而后腿中心温度还有16~20℃。然后在-1~1℃的空气自然循环冷却间内进行第二阶段的冷却，经过10~14h，半白条肉内外温度基本趋向一致，达到平衡温度4℃时，即可认为冷却结束。整个冷却过程在14~18h可以完成。二段冷却也可采用更低的温度，第一阶段温度为-35℃，在1h内完成冷却；第二阶段温度为-20℃。在第一阶段，肉类表面形成不大于2mm的冻结层，此冻结层在20h的冷却过程中一直存在。二段冷却法的优点是干耗小（1%）；肉品表面干燥，外观好，肉味佳，在分割时汁液流失量少。

2. 冷水冷却法

冷水冷却法是通过低温水把被冷却的食品冷却到指定温度的方法。冷水冷却可用于水果、蔬菜、家禽、水产品等食品的冷却，尤其适用于一些易变质的食品。冷水冷却时，水在预冷水箱中被制冷系统的蒸发器冷却，然后与食品接触，使之冷却，如不设预冷水箱，可把蒸发器直接设置于冷却槽内，此时冷却池必须设置搅拌器，以使冷却池内温度均匀。

冷水和冷空气相比有较高的传热系数，冷却速度快，不会产生干耗。但在机械制冷降温时，循环水中容易滋长微生物，并受到食品的污染，因此，需要不断补充清洁水；另外，冷水冷却还会造成食品间的交叉感染。冰块冷却时，融化的冰可不断补充水，并让过量水自动外溢。水中的微生物也可以用杀菌剂（如含氧化合物）进行控制。冷水冷却有 3 种形式。

（1）浸渍式　被冷却食品直接被浸在冷水中冷却，冷水被搅拌器不停地搅拌，以使温度均匀。

（2）洒水式　在被冷却食品的上方，由喷嘴把冷却了的有压力的水呈散水状喷向食品，以达到冷却的目的。

（3）降水式　被冷却的水果在传送带上移动，上部的水盘均匀降水，这种形式适用于大量处理食品。

盐水也常用作冷却介质来冷却食品，它不宜和一般食品直接接触，只可用于间接接触的食品冷却过程，但在远洋渔轮上可用海水冷却鱼类。

3. 碎冰冷却法

冰是一种很好的冷却介质，具有很强的冷却能力。碎冰冷却能避免食品的干耗现象。

用于冷却食品的冰有淡水冰和海水冰。一般淡水鱼用淡水冰冷却，海水鱼可用海水冰冷却。淡水冰分为机制块冰（块重 100kg 或 120kg，经破碎后用来冷却食品）、管冰、片冰、米粒冰等多种形式，按冰质可分成透明冰和不透明冰（冰中含有气泡）。单位体积透明冰释放的冷量高于不透明冰。常用碎冰的密度和比体积如表 1-1-14 所示。

表 1-1-14　　常用碎冰密度和比体积

碎冰的规格	密度/（kg/m^3）	比体积/（m^3/t）
大冰块（10mm×10mm×5mm）	500	2.00
中冰块（4mm×4mm×4mm）	550	4.82
细冰块（1mm×1mm×1mm）	560	1.78
混合冰（大冰块和细冰块混合比 0.5~12）	625	1.60

为了提高碎冰冷却的效果，要求冰要细碎，冰与被冷却食物的接触面积要大，冰融化后产生的水应被及时排出。

在海上，渔获物的冷却一般有加冰法（干法）、水冰法（湿法）及冷海水法 3 种。

加冰法要求在容器的底部和凹壁先加上冰，随后层冰层鱼、薄冰薄鱼。最上面的盖冰冰量要充足，冰粒要细，撒布要均匀，融冰水应及时排出以免对鱼体造成不良影响。

水冰法是在有盖的泡沫塑料箱内，以冰加冷海水来保鲜鱼货，海水必须先预冷到-1.5~1.5℃，送入容器或舱中，再加鱼和冰，鱼必须完全被冰浸没，一般鱼与水比例为（2~3）：1。为了防止海水鱼在冰水中变色，用淡水冰时需加盐，如乌贼鱼要加盐 3%。水冰法操作简便，用冰少，冷却速度快，但浸泡后肉质较软弱，易变质，故从冰水中取出后仍需冰藏保鲜。

冷海水法主要以机械制冷的冷海水来冷却保藏鱼，与水冰法相似，水温一般控制在-1~0℃。冷海水法可大量处理鱼，所用劳力少、卸货快、冷却速度快。缺点是有些水分和盐分被鱼体吸收后会使鱼体膨胀、颜色发生变化，蛋白质也容易被损耗。

4. 真空冷却法

真空冷却法又称减压冷却法，它是利用水分在不同的压力下沸点不同，通过降压，使食品中的少量水分蒸发，从食品中带走气化潜热而降低食品温度的方法。

真空冷却装置中配有真空冷却槽、制冷装置、真空泵等设备，如图 1-1-19 所示。设备中的制冷装置，不是直接用来冷却蔬菜的。由于水在 666. 6Pa、1℃下变成水蒸气时，其体积要增大近 20 万倍，此时即使用二级真空泵来抽，也不能使真空冷却槽内的压力维持在 666. 6Pa。制冰装置的作用是让水汽重新凝结于蒸发器上并排出，从而保持了真空冷却槽内压力的稳定。

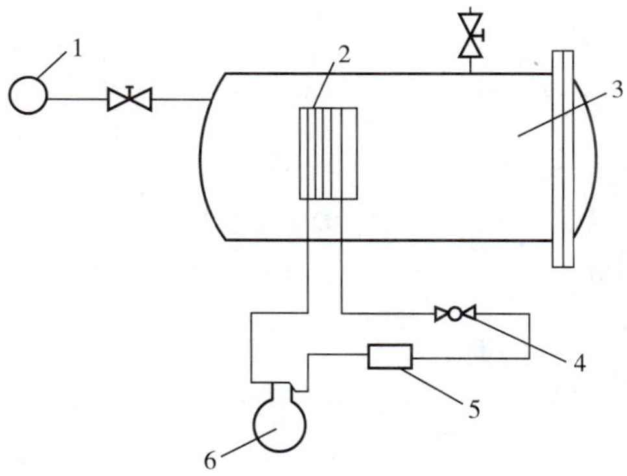

图 1-1-19　真空冷却装置示意图

1—真空泵　2—冷却器　3—真空冷却槽　4—膨胀阀　5—冷凝器　6—压榨机

真空冷却主要用于蔬菜的快速冷却。其优点是冷却速度快、冷却均匀，特别是对叶菜效果最好。某些水果和甜玉米也可用此方法预冷；缺点是能耗大、设备投资和操作费用高。该方法一般用在离冷库较远的蔬菜产地。

四、食品的冷藏

（一）空气冷藏法

空气冷藏法是传统冷藏法，是用空气作为冷却介质来维持冷藏库的低温，在食品冷藏过程中，冷空气以自然对流或强制对流的方式与食品换热，可保持食品的低温状态。

1. 自然空气冷藏法

自然空气冷藏法是利用自然的低温空气贮藏食品的方法。该方法需建立通风贮藏库，借助库内外空气的互换使室内保持一定的低温状态。该方法适用于寒冷季，一般当每年深秋气温下降后，可将贮藏库的门窗打开，放入冷空气，使室温降到所需温度，然后关闭门窗，即可装入果蔬进行贮藏。通风库效果不如冷库，但费用较低。

2. 机械空气冷藏法

机械空气冷藏法是应用最广泛的冷藏法，所用制冷剂有氨、氟利昂、二氧化碳、甲烷等，其中，氨是工业化冷库中最常用的制冷剂。氨适合作为-65℃以上的制冷剂。

（二）空气冷藏工艺

食品冷藏的工艺效果主要决定于贮藏温度、空气相对湿度等。工艺条件应根据食品种类、贮藏期长短和有无包装而有所差异。表 1-1-15 所示为部分食品的冷藏工艺要求。

表 1-1-15　部分食品的冷藏工艺要求

品名	最适条件		贮藏期	冻结温度/℃
	温度/℃	相对湿度/%		
苹果	-1.14~0.4	90	3~8 个月	-1.6
西洋梨	-1.1~0.6	90~95	2~7 个月	-1.5
桃子	-0.6~0	90	2~4 周	-1.6
杏	-0.6~0	90	1~2 周	-0.9
李子	-0.6~0	90~95	2~4 周	-1.0
油桃	-0.6~0	90	2~4 周	-0.8
樱桃	-1.1~0.6	90~95	2~3 周	-0.9
柿子	-1.1	90	3~4 个月	-1.3
杨梅	0	90~95	5~7d	-2.2
甜瓜	-4.4~2.2	85~90	15d	-0.8
西瓜	7.2~10.0	85~90	3~4 周	-0.9
香蕉（绿果）	4.0~10.0	80~85	2~3 周	-0.9
木瓜	13.3~14.4	85	1~3 周	-0.8
菠萝	7.2	85~90	2~4 周	-0.9
番茄（绿熟）	7.2~12.8	85~90	1~3 周	-1.1
黄瓜	7.2~10.0	85~90	10~14d	-0.5
茄子	7.2~10.0	90~95	1 周	-0.5
青椒	7.2~10.0	90	2~3d	-0.8
扁豆	0	90~95	7~10d	-0.6
菜花	0	90~95	2~4 周	-0.6
白菜	0	90~95	2 个月	-0.8
蘑菇	10.0	90	3~4d	-0.6
牛肉	3.3~4.4	90	3 周	-0.6
猪肉	-1.1~0	85~90	3~7d	-0.9
羊肉	0~1.1	85~90	5~12d	-2.2~1.7
家禽	-2.2~1.1	85~90	10d	-2.2~1.7
鲜鱼	0~1.1	90~95	5~20d	-3.9

续表

品名	最适条件		贮藏期	冻结温度/℃
	温度/℃	相对湿度/%		
蛋类	0.5~4.4	85~90	9个月	-1.0~2.0
全蛋粉	-1.7~0.5	尽可能低	6个月	-0.56
蛋黄粉	1.7	尽可能低	6个月	—
奶油	7.2	85~90	9个月	—

1. 贮藏温度

贮藏温度是冷藏工艺条件中最重要的因素。贮藏温度包括冷藏库内空气温度和食品温度，其中后者是主要因素。食品的贮藏期是贮藏温度的函数。在保证食品不冻结的情况下，冷藏温度越接近冻结温度则贮藏期越长，但对于易发生冷害的食品，要防止冷害的发生。

在冷藏过程中，任何温度变化都可能对食品造成不良影响。为了尽可能控制好温度变化，冷藏库应具有良好的绝热层，并配置合适的制冷设备。温度变化对维持冷藏室内的相对湿度也很重要。温差加大，会使食品表面出现冷凝水，并导致发霉。

2. 空气相对湿度

冷藏室内空气的相对湿度对食品的耐贮性有直接的影响。相对湿度既不能过高也不能过低。低温的食品表面如与高湿空气相遇，会在食品表面凝结冷凝水，过多的冷凝水会导致食品发霉、腐烂。空气相对湿度过低，会使食品快速失水，出现萎缩。冷藏时大多数水果适宜的相对湿度为85%~90%。绿叶蔬菜和根菜类蔬菜适宜的相对湿度可高至90%~95%。而坚果适宜的相对湿度为70%。干态颗粒食品（乳粉、蛋粉等），以及吸湿性强的食品（果干等）宜在非常干燥的空气中贮藏（表1-1-15）。

3. 空气流速

冷藏室内的空气流速也极为重要。空气流速越大，食品和空气间的蒸气压差就越大，食品水分的蒸发率也就相应增大。如空气流速倍增，则水分的损耗将增大1/3。在空气湿度较低的情况下，空气流速将对食品干耗产生严重的影响。但过高的相对湿度对食品品质也会造成不利影响。因此，空气流速的确定原则是，保证及时将食品所产生的热量（如生化反应热或呼吸热）和从外界渗入室内的热量带走，保持室内温度均匀的前提下，采用最低的空气流速，以最大限度降低食品的脱水干耗现象。冷藏食品若覆盖有保护层，室内的相对湿度和空气流速就不再是主要影响因素了。

第四节　果蔬产品的气调贮藏

一、气调贮藏原理

（一）气调贮藏的基本原理

气调贮藏是在冷藏的基础上，降低贮藏环境中的 O_2 含量，增加 CO_2 含量，以提高贮藏效果的方法，简称 CA 贮藏。该方法可用于果蔬和肉禽产品的贮藏。后来又出现了 MA 贮藏，是指利用包装等方法，使水果通过自身的呼吸，降低包装内 O_2 含量，提高 CO_2 含量，以改善贮藏效果的方法。

1. 气调贮藏的优缺点

气调贮藏可延长某些果蔬的贮藏期限，改善贮藏效果，其优点包括：

（1）抑制果蔬中叶绿素的分解，保绿效果显著。

（2）抑制果蔬中果胶的水解，保持硬度效果好。

（3）抑制果蔬中有机酸的减少，较好地保持果蔬的酸度。

（4）抑制水果中乙烯的生成和作用，从而抑制水果的后熟。

气调贮藏的缺点包括：

（1）不能适用于所有的果蔬。即使适合气调贮藏的果蔬，因种类、品种不同，最适气体组成也不相同。

（2）气调库对气密性要求高，并需要调整气体组成的装置，因此建筑和设备费用较高，贮藏成本较高。

2. 气调贮藏中低氧浓度的生理作用

气调贮藏中采用低氧浓度可降低果蔬的呼吸强度和底物氧化速度；延缓后熟，延长贮藏期；延缓叶绿素的分解；减少贮藏过程中乙烯的生成量；延缓产品中不溶性果胶物质的分解。但过低的氧浓度会使果蔬进行无氧呼吸，引起果蔬生理病害。

乙烯是果蔬重要的催熟剂。由氨基环丙烷羧酸转变为乙烯必须有氧，因此降低氧浓度就能够减少乙烯的产生。由于乙烯的产生必须有生长素的促进作用，而 CO_2 可通过阻止生长素的积累，抑制乙烯的产生；另外，CO_2 是乙烯的竞争抑制剂，可取代乙烯的受体位置，使乙烯失去作用。

需要说明的是，良好的贮藏效果需要适宜的低 O_2 和高 CO_2 浓度及适宜的低温相互配合。贮藏环境中的 O_2、CO_2 和温度以及其他影响果蔬贮藏效果的因素存在着显著的交互效应，因此适合某种果蔬长期贮藏的气体组合可能有很多个。

（二）气调贮藏的类型

气调贮藏可以分为人工气调贮藏（controlled atmosphere storage，CA）和自发气调贮藏（modified atmosphere storage，MA）。

1. 人工气调贮藏

人工气调贮藏是指根据产品的需要和人们的意愿来调节贮藏环境中的气体成分的浓度并保持气体成分和浓度稳定的一种气调贮藏方法。由于 CA 贮藏中 O_2 和 CO_2 的比例能够得到严格控制，而且能做到与贮藏温度密切配合，技术先进，因此贮藏效果好。

2. 自发气调贮藏

自发气调贮藏是利用果蔬本身的呼吸作用，使贮藏环境中的 O_2 减少，CO_2 增加的一种气调贮藏方法。当 CO_2 浓度过大时，可用气体洗涤器（又称 CO_2 脱除器）将其除去；当 O_2 不足时，可吸入新鲜空气来补充。

气调贮藏经过几十年的不断探索和研究完善，开发出一些有别于传统气调的新方法，如低氧 CA、低乙烯 CA、双维（动态、双变）CA 等，丰富了气调理论和技术，为生产实践提供了更多的选择。

（三）气调贮藏的条件

气调贮藏，在控制贮藏环境中 O_2 和 CO_2 含量的同时，还要控制贮藏温度，并使三者适当配合。实践证明，在对果蔬进行气调贮藏时，在相对较高的温度下，也能够获得较好的贮藏效果。这是因为果蔬的新陈代谢，尤其是呼吸代谢受到了抑制。

任何一种果蔬产品，其抗逆性都有一定的限度。如果进行气调贮藏，果蔬可能因无法同时承受高 CO_2、低 O_2 和低温的影响而出现病症，因此，可适当提高贮藏温度。

在贮藏过程中，低 O_2 能够起到延缓叶绿素分解的作用，配合适量的 CO_2 则保绿效果更好。当贮藏温度升高时，高温的不良影响会抵消低 O_2 及适量 CO_2 的保绿作用。

一些刚采摘的果蔬对高 CO_2 和低 O_2 环境的耐受性强，在气调贮藏前如果用高浓度的 CO_2 处理，对抑制产品的新陈代谢和成熟衰老有良好效果。气调贮藏前对产品用低 O_2 条件进行处理，也有助于果蔬气调贮藏效果的提升。

由于果蔬从健壮向衰老变化的过程中对气体成分的适应性也在不断变化，因此在不同的贮藏阶段，应采用不同的适宜气调指标，这种有效延长贮藏期的方法称为动态气调贮藏（dynamic controlled atmosphere，DCA）。例如，金冠苹果在相对湿度 98%，2℃下，第一个月维持 $V(O_2):V(CO_2)=3:0$，第二个月为 $3:2$，以后均为 $3:5$，贮藏 6 个月，比一直贮藏于 $V(O_2):V(CO_2)=3:5$ 条件下的果实的呼吸强度更低，硬度和含酸量更高，各种营养成分的损耗也更少。

表 1-1-16 列出了部分果蔬的气调贮藏条件。

表 1-1-16 部分果蔬的气调贮藏条件

种类	温度/℃	相对湿度/%	O_2/%	CO_2/%	贮藏期
番茄	12	85~90	2~4	2~4	55~60d
菜花	0	95	2~4	8	3~4 个月
蒜薹	0	95 以上	2~5	0~8	8~9 个月
甜椒	8~12	80~90	2~5	0~5	60~70d
青椒	9	90~95	3	5	2 个月
辣椒	9~10	95	2~5	2~5	30d
芹菜	0	90~95	13~14	7~8	77d
香菜	1	95	13~14	4~5	4 个月
黄瓜	10~13	95	2~5	2~5	30~40d
胡萝卜	1	95	3	5~7	6 个月
生菜	1	95	3	5~7	10d
生姜	13	95	2~5	2~5	6~8 个月
马铃薯	3	85~90	3~5	2~3	8~10 个月
大蒜	0	85~90	3~5	3~5	7~8 个月
豌豆（带荚）	0	95~100	10	3	4 周
莴苣	0	90~95	3~5	2~3	2~3 周

续表

种类	温度/℃	相对湿度/%	O_2/%	CO_2/%	贮藏期
家山药	3	90~95	4~7	2~4	8个月
苹果	0~1	85~95	2~5	2~5	6~8个月
巴梨	0	90~95	0.5~2	0	6~8个月
沙梨	0	90~95	0.5~2	0	6~9个月
香梨	-1	90	3~5	1~1.5	240d
20世纪梨	0	85~92	5	4	9~12个月
丁洋梨	0	95	4~5	7~8	3个月
桃	0	85~90	3	5	6周
猕猴桃	0~1	90~95	5	2	6~7个月
樱桃	0~2	90~95	3	10	4周
栗子	0.5	85以上	2~5	0~5	6~8个月
李子	0	80~95	3~5	2~5	1~1.5个月
柿子	-1	90	3~5	8	3~4个月
葡萄	-1	90	2	3	6个月
草莓	0	95~100	10	5~10	4周
鲜枣	-2	90	3~4	1	2个月
山楂	-1	90	5	3	7个月
哈密瓜	3~4	70~80	3~5	1~1.5	4个月
荔枝	1~3	90~95	5	5	45~60d
龙眼	0	90~95	5	5	3个月
香蕉	12~14	90~95	2~3	0~5	2个月
菠萝	7	85	2	0	40d
芒果	10~12	85	3~5	2.5~10	40d

二、气调库及其设备

（一）气调库

气调贮藏的实施主要有调气和封闭两部分。调气是指创造并维持产品所需求的气体组成。封闭是指杜绝外界空气对所创造的气体环境的干扰破坏。气调贮藏方法按其封闭的设施不同可分为气调贮藏库（简称气调库）贮藏法和塑料薄膜气调贮藏法。

1. 气调库的工作系统

一座完整的气调库应该由库体结构、气调、制冷和加湿系统构成，如图1-1-20所示。

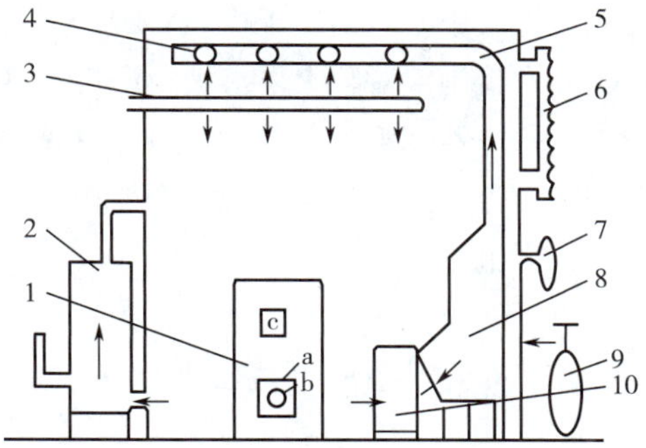

图 1-1-20　气调库系统框图

a—气密筒　b—气密孔　c—观察窗

1—气密门　2—CO_2 吸收装置　3—加热装置　4—冷气出口　5—冷风管　6—呼吸袋

7—气体分析装置　8—冷风机　9—N_2 发生器　10—空气净化器

2. 气调保鲜库的构造及作用

气调贮藏库首先要有机械冷库的作用，具有冷库的保温系统和隔潮系统，另外还必须有密封的特性，以便能够创造一个气密环境，以确保库内气体组成的稳定。

气调保鲜库是气调间和辅助建筑的总称，包含气调间、预冷间、常温穿堂、技术穿堂、月台、整理间、机房、配电室、控制室、值班室、泵房、水循环池等。此外，还有一些辅助设施，比如包装材料库、质检室、办公室、发电机房、车场、道路等。

（1）气调间　气调间是果蔬贮藏保鲜的场所，其作用是在低温高湿的贮藏环境中，适当降低 O_2 的浓度，提高 CO_2 的浓度，以抑制果蔬的呼吸强度，从而更好地延长贮藏期。

（2）预冷间　预冷间是用来对果蔬冷却加工的库房。果蔬产品在进行气调贮藏前，需要在预冷间内去除田间热，逐步降温冷却，以防止某些生理病害。

（3）常温穿堂　常温穿堂是指果蔬进出各个气调间的通道，起到沟通各气调间，便于装卸果蔬的作用。在小型果蔬气调库中，因气调间数量少，可不设常温穿堂，而是与月台或整理间合并，减少总投资。

（4）技术走廊　技术走廊是气调库特有的建筑形式之一，通常设置在常温走廊或整理间的上部。它的主要作用是能让管理人员更加方便地观察库内果蔬贮藏的情况和库内设备运行情况，也是制冷、气调、水电等管道及阀门安装、调试、操作、维修的场所。

（5）月台　气调库月台供装卸货物之用，有铁路与公路月台之分。小型气调库只设公路月台。

（6）整理间　果蔬入库前，需要进行挑选、分级、过磅、装箱，出库时需要挑选、包装、过磅。整理间是果蔬出入库期间的临时堆放场所，整理间一般要靠近气调间，与库内常温穿堂相通，以便货物进出库。

（7）机房　机房包括制冷机房、气调机房和加湿机房。机房内设施的布置必须符合工艺流程，流向应该通畅，连接管路要短，便于安装和操作管理，并应留有适当的面积用作设备部件拆卸检修，尽可能地使设备安装紧凑，并充分利用机房的空间，以节约建筑面积，降低建筑投资的费用。

（8）配电室及控制室　一般小型气调库配电室应尽量靠近机房，库内温度、湿度以及气体成分的检测、控制都在控制室里集中安装，便于操作管理。采用计算机操作和控制时，应在控制室内设置空调器。配电间及控制室对防火要求极为严格，室内通风、采光条件要好。

（9）循环水池　循环水池是用来提供和收集制冷系统、气调设备的冷却水、库房冷风机的冲霜用水。水池通常采用钢筋混凝土结构，在小型气调库中，也可采用玻璃钢水箱。水池或水箱应设补水、溢流和排污口措施。

3. 气调库的设计

（1）气调库的制冷系统设计依据　小型果蔬气调库单位制冷负荷估算如表 1-1-17 所示。

表 1-1-17　　小型果蔬气调库单位制冷负荷估算表

气调间规模	气调间温度/℃	单位制冷负荷/（W/t）	
		冷却设备负荷	机械负荷
100t 以下气调库	—	260	230
300t 气调库	0~2	230	210

（2）气调库气体系统的设计依据　要使气调库内达到所需的气体成分并保持相对稳定，除要求气调库具有一定的气密性能外，还必须具备由相应的设备、管道及阀门等组成的气体调节系统。

①自然降 O_2：在气调库严格的气密条件下，果蔬放入气调库后，库门封闭，果蔬与外界隔离。由于果蔬自身的呼吸作用，库内空气中的 O_2 浓度会逐渐降低。21d 后，基本可使库内 O_2 浓度降至 3%左右。

②快速降 O_2：为了达到良好的气调贮藏效果，要求果蔬入库速度要快，以便能让果蔬在尽可能短的时间内进入气调贮藏状态。一般采用专门制备 N_2 的设备，其特点是降 O_2 速度快，时间短。一般需要 2~3d，甚至只需要 1d 就能把库内气体浓度降至规定范围。

（3）加湿系统的设计依据　与普通果蔬冷库相比，由于气调贮藏的贮藏期较长（通常为普通贮藏的 1.5~2 倍），果蔬水分蒸发较多。为了抑制果蔬贮藏中水分的蒸发，要求气调贮藏环境应有最佳的相对湿度，这对于减少果蔬的干耗和保持果蔬的鲜脆有着重要的意义。

由于气调库的结构具有气密性，同时在整个运行期间不允许随便开门，外界对气调库内的湿度影响非常小。因此，影响库内相对湿度的因素主要有两个：一是果蔬释放的水蒸气；二是库内气体中的水蒸气在风机的冷却表面上发生的冷凝。

4. 气调库的建造

气调库的建筑结构可分为砌筑式（土建）和彩镀夹心板装配式两种。砌筑式气调库的建筑结构基本上与普通冷库相同，是用传统的建筑保温材料砌筑而成的，或者将冷藏库改造而成的。在库房的内表面增加一层气密层，气密层直接敷设在围护结构上。这种砌筑式气调库投资较小，但施工周期长。装配式气调库采用的彩镀夹心保温板由工厂生产，在施工现场进行拼装，建设周期短，投资比砌筑式略高，而气密层施工较砌筑式方便可靠。除砌筑式和装配式之外，还有一种气调库是夹套式的，一般是在原冷藏库内加装一层气密结构，降温冷藏仍用原有的设施，气调则在这层气密结构内进行。

1000t 以上的大中型气调库包括气调间、预冷间、常温穿堂、技术走廊、整理间、制冷和气调机房及控制室、变配电间、泵房及月台等。此外，还有办公室、库房、质检室、道路、围墙等辅助设施。

良好的气密性是气调贮藏的首要条件，满足气密性要求的措施是在气调库房的维护结构上敷设气密层，气密层的设置是气调贮藏库设计和建筑中的关键。气密层所用材料的选择原则是：材质均匀一致，韧性和机械强度大，性质稳定，能够抵抗微生物的侵染，可连续施工，黏结牢固。气调库建筑中作为气密材料的有钢板、铝合金板、铝箔沥青纤维板、胶合板、玻璃纤维、增强塑料及塑料薄膜，各种密封胶、橡皮泥、防水胶布等。

在建成的库房内现场喷涂聚氨酯泡沫（聚氨基甲酸酯），可以获得性能良好的气密结构，并兼有良好的保温性能，因此在生产中得到普遍应用。

气调贮藏库的气密特性使其库房内外容易形成一定的压力差。为保持库内压力的相对平稳，保障气调库的安全运行，库房设计和建造时应设置压力平衡装置。压力调节装置主要有压力平衡器和缓冲气囊（呼吸袋）。

另外，各种管道穿过墙壁进入库内的部位都需加用密封材料，不能漏气。

气调库运行期间，要求气体成分稳定，管理人员不宜经常进入库房对产品、设备及库体状况进行检查。因此，气调库设计和建造时，必须设置取样（产品和气体）孔和观察窗。

（二）气调库的主要设备

1. 制冷设备

气调库设计，一般希望将库内温度波动控制在±0.5℃，所以围护结构要有较大的热阻性，以减小外界对气调库的影响。此外，库内蒸发器的设计也应采用大面积低温差的冷风机方案。蒸发温度与库温之差应控制在5℃之内，以减小蒸发器的结霜量。为使气调过程中制冷机能够经济运行，气调库围护结构的隔热层应比一般高温库厚。

2. 加湿设备

由于气调库内果品的贮藏期长，充入的氮气也很干燥，果品水分蒸发较多，为降低贮藏环境与果品间的水蒸气分压差，抑制水分的蒸发，保持气调库中较高的相对湿度（±95%），减少干耗，一般的气调库需要设置加湿器。加湿器分超声波和离心式两种。

3. 制氮降氧设备

可利用制氮机产生纯度为95%~98%的氮气，置换（稀释）气调库中的气体。目前气调库使用的制氮机有碳分子筛物理吸附式和中空纤维膜分离式两种，都是以空气为原料。前者利用双塔中的碳分子筛对氧、氮分子有不同吸附速率，通过加压来吸附氧，减压解吸氧，不断地在双塔中变压切换制氮。后者利用高分子材料制成的中空纤维膜制氮。它由上万根乃至数十万根直径在50~500μm的中空纤维并列成束，两端均禁锢环氧树脂，而形成膜滤芯。将其放入一外壳内，当有压缩空气通过时，由于氧、水蒸气透过膜的速率快，氧气被排放到大气中，而大部分氮气由于透过膜的速率慢而留在膜内，从而形成较高纯度的成品气。

4. 二氧化碳脱除机

果蔬在气调过程中，一般要求 CO_2 的浓度控制在1%~5%。当库内 CO_2 浓度过高时可用 CO_2 脱除机（又称洗涤器）降低 CO_2 浓度。

CO_2 脱除机采用活性炭作为吸附剂，库内气体由风机抽入活性炭罐内并进行吸附，经数分钟吸附饱和后，用空气脱附使活性炭再生，可循环使用。活性炭吸附 CO_2 的量是温度的函数，并与 CO_2 的浓度成正比。通常以0℃、3%的 CO_2 为标准，将24h内的吸附量作为主要经济技术指标。

5. 乙烯脱除装置

一些果品（猕猴桃、香蕉等）对乙烯非常敏感，贮藏时必须把环境中的乙烯降至阈值以下，一般降至0.02mg/L。对乙烯不敏感的果品，气调贮藏不必安装乙烯脱除装置。

常用高锰酸钾作为强氧化剂来脱除乙烯，以氧化铅、分子筛等多孔性材料做载体，制成一次性使用的复合材料，放入库内、包装箱或闭路循环系统中，将乙烯脱除。

6. 自动控制设备

气调库在整个贮藏期内都必须精确测量和控制库内的气体成分，采用自动控制设备，通过一台计算机可控制几十间气调间，每间气调间都可以按果品的品种设定各自的气调参数，并能够进行自动巡回检测和自动调节，也可通过显示器监控整个气调工艺流程，所有设定和实时测定O_2、CO_2、温度、湿度等数据都具有显示储存、查询、报警、打印等功能。

三、气调贮藏的管理

（一）气体指标

气调贮藏按人为控制气体种类的多少可分为单指标、双指标和多指标。

单指标是指仅控制贮藏环境中的某一种气体（如O_2、CO_2或CO等），而对其他气体不加调节的气调贮藏方法。有些贮藏产品对CO_2很敏感，可采用O_2单指标，就是在气调贮藏中只控制O_2的含量，CO_2被全部吸收。O_2单指标是一个低指标，因为当没有CO_2存在时，O_2影响植物呼吸的阈值大约为7%，O_2单指标必须低于7%才能有效地抑制贮藏产品的呼吸强度。对于多数果品蔬菜，单指标难以达到理想的贮藏效果。但这一方法管理简单，操作简便，容易推广。需要注意的是被调节的气体浓度低于或超过规定指标时，有可能导致生理伤害的发生。

双指标是指对常规气调成分的O_2和CO_2两种气体（也可能是其他的两种气体成分）均加以调节和控制的一种气调贮藏方法。依据气调时O_2和CO_2浓度多少的不同又有三种情况：$O_2+CO_2=21\%$，$O_2+CO_2>21\%$，$O_2+CO_2<21\%$。新鲜果蔬气调贮藏中以第三种的应用最为广泛。我国习惯上把气体含量在2%～5%的称为低指标，气体含量在5%～8%的称为中指标。一般低O_2低CO_2指标的贮藏效果较好。

多指标不仅控制贮藏环境中的O_2和CO_2，同时还对与其他贮藏效果有关的气体成分比如乙烯、CO等进行调节。这种气调方法贮藏效果好，但调控气体成分的难度提高，对调气设备的要求也较高，设备的投资也较大。

（二）气体调节

气调贮藏环境内，从刚封闭时的正常气体成分转变到要求的气体指标的过程，是一个降O_2和升CO_2的过渡期，可称为降氧期。降O_2之后，则是使O_2和CO_2都稳定在规定指标内的稳定期。降O_2期的长短以及稳定期的管理，关系到果蔬贮藏效果的好与坏。

1. 自然降氧法（缓慢降氧法）

自然降氧法是通过封闭贮藏环境，依靠果蔬产品自身的呼吸作用使O_2浓度逐步减少，同时积累CO_2，以达到调整气体环境的目的。

（1）放风法　每隔一定时间，当O_2降至指标的低限或CO_2升高到指标的高限时，应开启贮藏帐、袋或气调库，部分或全部换入新鲜空气，然后再次封闭。

（2）调气法 双指标总和<21%和单指标的气体调节，将超过指标的 CO_2 在降氧期内除去，当 O_2 降至指标范围后，定期或连续输入适量的新鲜空气，同时继续吸除多余的 CO_2，可使两种气体能够稳定在要求的指标内。

2. 快速降氧法

为了克服自然降氧法降氧速度慢的缺点，可通过丙烷气体的燃烧迅速减少氧气含量，增加 CO_2 气体。这个燃烧过程通常在气体发生器内进行。燃烧后生成的气体经冷却水冷却后，再送入库内。这种方法降氧速度快，对库房的气密性要求较低，中途可打开库门进出货。缺点是成本较高，需要消耗大量的燃料与冷却水，操作复杂。

3. 混合降氧法

由于用气体发生器降低 O_2 含量和增加 CO_2 含量要不断供给丙烷等燃料，增加了运行费用。为了降低费用，可在开始时采用快速降氧法，使气调贮藏库内的气体组成迅速达到既定要求，然后再采用自然降氧法进行运行管理。

4. 充气置换降氧法

为了尽快达到水果气调贮藏所需的气体组成，可在贮藏开始时向库内充入 N_2 或 CO_2，同时将含氧气较多的库内气体通过另一管道排出，如此反复充放，可将库内 O_2 含量降至5%左右，然后通过水果自身的呼吸作用继续降低 O_2 浓度，提高 CO_2 浓度，以达到调节库内气体成分的目的。

5. 硅窗气调法

硅窗气调法是指在聚乙烯塑料薄膜帐上镶嵌一定比例面积的硅橡胶薄膜，然后将水果箱放在薄膜帐内。硅橡胶薄膜的透气性能比聚乙烯薄膜大200倍，具有气体透过选择性，O_2 和 CO_2 可在膜的两边以不同速度穿过，使塑料薄膜帐内 O_2 的浓度可自动维持在3%~4%，CO_2 浓度维持在4%~5%，很适合水果气调贮藏的要求。硅窗气调法可在普通的果蔬冷藏室中对水果进行气调贮藏，无须特殊设备，操作管理简单。

（三）气调库的管理

1. 温度、湿度管理

气调贮藏库的温度、湿度管理与机械冷库基本相同，可以借鉴。

塑料薄膜在封闭贮藏时，一方面是袋内部湿度比较高，另一方面产品仍然有较明显的脱水现象。而解决这一问题的关键在于力求保持库温的稳定，尽量减小封闭（帐）内外的温差。

2. 库房管理

库房管理的重点是围护结构气密性的检测和补漏。每年产品入库之前，应对气密性全面检查以便及时修补。在补漏结束后再对气调库进行整体加压实验，直到确认气密性达到工艺要求为止。

3. 安全管理

气调库安全管理主要包括设备安全管理、水电防火安全管理、库体安全管理和操作人员人身安全管理等。

（1）库体安全管理 库体安全管理除防水、防冻、防火之外，重点是防止温度效应。在库体进行降温试运转期间绝对不允许关门封库，因为过早封库，库内温度会出现骤降，这必然会增大库内外压差，当压差达到一定程度时将会造成库体崩裂。正确的做法是在库温稳定在额定范围后再封闭库门，进行正常的气调操作。

（2）人身安全管理　人身安全管理是指操作人员进入气调库的安全管理。进库人员必须戴好 O_2 呼吸器，并确认呼吸畅通后方可入库操作。入库必须二人同行，库外应留人观察库内操作人员的动向，以防万一。果蔬出库前必须打开库门自然通风 2d 以上或强制通风 2h 以上，确认库内 O_2 含量达到 18%以上时方可入库。

第五节　食品的冻结

食品的冻结是指将食品的温度降低到食品冻结点以下的某一预定温度（一般要求食品的中心温度降至-15℃或以下），使食品中大部分水分以非液态的形式（冰晶或玻璃态）存在的一种食品冷加工方式。常见的冻结食品（frozen food）包括初加工品和加工品，前者包括经初加工的新鲜肉、禽、水产品、去壳蛋、水果、蔬菜等，后者包括面食、点心、冰淇淋、果汁以及种类丰富的预制冻结食品（prepared frozen food）和预调理冻结食品（precooked frozen food）等。合理冻结的食品在大小、形状、质地、色泽和风味方面一般不会发生明显的变化。

一、食品冻结技术

食品的冻结是一种冷加工技术，可使食品较长时间的贮藏而不会腐败变质。一般情况下，防止微生物繁殖的临界温度是-12℃，实际经验表明大部分冻结食品当温度为-18℃时能贮藏一年而不失去商品价值，且贮藏温度越低，品质保持越好，贮藏期越长。为了获得高质量的冻结食品，在食品的冻结过程中把由冰结晶及低温造成的影响减小或抑制到最低程度的方法，是冻结工序中必须考虑的技术关键。

（一）食品冻结理论

1. 冻结曲线

在低温介质中，随着冻结的进行，食品的温度逐渐下降。图 1-1-21 表示冻结期间食品的温度与时间的关系曲线。

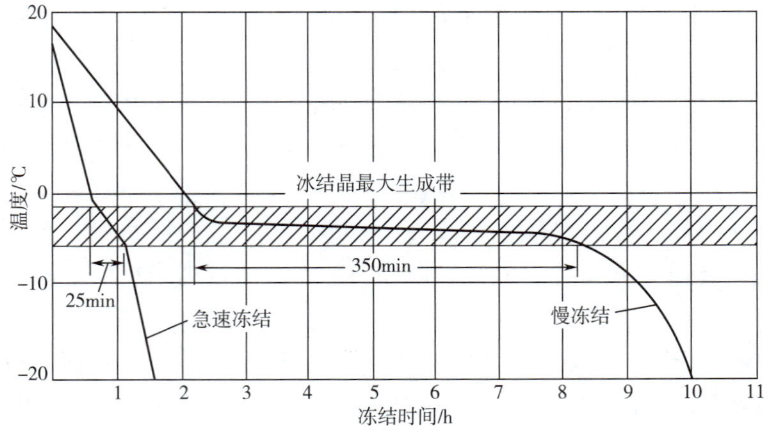

图 1-1-21　冻结曲线与冰结晶生成带

不论何种食品，其冻结曲线的性质都是相似的。曲线分三个阶段：

第一阶段，食品的温度从初温降至食品的冻结点，这一阶段食品放出的热量较小，降温速度快，冻结曲线较陡。

第二阶段，食品的温度从食品的冻结点降低至-5℃左右，这时食品中大部分水已结冰，放出大量热量。整个冻结过程中食品的绝大部分热量在此阶段放出，食品降温速度慢，冻结曲线平坦。

第三阶段，食品的温度从-5℃左右继续下降至终温，此时放出的热量一部分是由于冰的降温而释放出来的，另一部分是由于残余少量的水继续结冰释放出来的。这一阶段的冻结曲线也比较陡峭。

冻结曲线平坦段的长短与传热介质的传热快慢关系很大。传热介质传热快，则第二阶段短。食品在冻结过程中，食品的不同部位温度下降速度不同，同一时刻的温度始终是食品表面温度最低，越接近中心层越高。

在传热介质温度很低、食品表面传热系数很大的情况下，食品表面层中最初的冰晶形成的速度特别快，因此，只有在很薄的食品表面层才会出现过冷现象，且持续时间很短。

计算冻结过程的放热量时，必须知道冻结终温。由于食品的表面、中心和所有中间各点上的冻结终温是不一样的，实际计算时只能采用平均冻结终温。当食品中心温度低于-5℃时，平均冻结终温可用食品表面冻结终温与食品中心冻结终温的算术平均值来表示。

2. 结晶条件和结晶曲线

(1) 结晶条件　多数要进行冻结处理的食品含水量比较高，因此，它们的冻结和水结冰的情况大致接近。但是食品中还含有可溶性溶质，故实际上更复杂。图 1-1-22 所示为牛肉薄片在零下温度的冻结室冻结时，按不同的时间测得的牛肉薄片的温度变化和冻结水量的曲线。

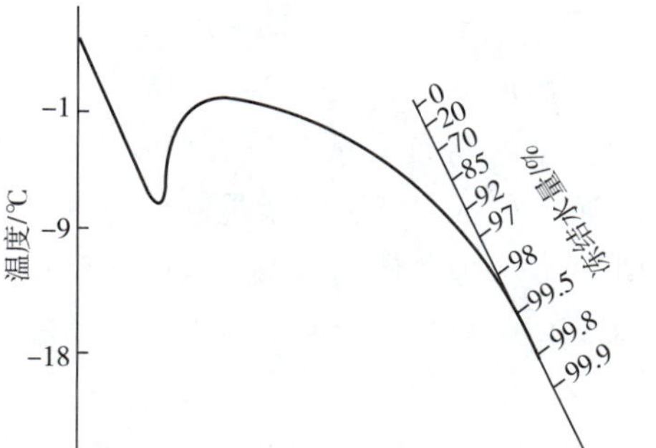

图 1-1-22　牛肉薄片冻结时的过冷状态和冻结水量

牛肉薄片首先从它的初温下降到低于牛肉冻结点的过冷温度。然后，随着热量的散发，开始出现稳定性晶核，或在振动的促进下牛肉薄片中的水分开始冻结形成冰晶体，并放出潜热，促使其温度回升，直到它的冻结点为止。从图 1-1-22 可以看出，即使牛肉薄片的温度降低到-18℃时，也不是全部水分都被冻结，还剩下少量未冻结的高浓度溶液。只有当食品的温度降低到低共熔点时，食品中的水分才会全部冻结成固体。低共熔点就是在降温过程中，食品组织内的溶液浓度增加到一定程度后不再改变（即不再有冰晶体析出），水和它所溶解的盐类共同结晶并冻结成固体时的温度。必须注意的是，食品中溶液的浓度只有递增到低共熔液所要求的浓度时才会在低共熔点冻结固化。食品的低共熔点为-65～-55℃，而冻结食品的温度仅为-30～-12℃，因此，冻结食品中的水分并未完全被冻结。

（2）结晶曲线　水的冻结即是结晶的过程，在这个过程中有两种现象发生：一是晶核的形成，二是以晶核为中心的晶体的成长。冰结晶形成的过程也是这样，随着温度的降低，晶核生成数和晶体的成长有着各不相同的速度。图 1-1-23 为结晶生长曲线，简称结晶曲线。该曲线表明随温度不同，晶核生成数和晶体成长速度的情况。

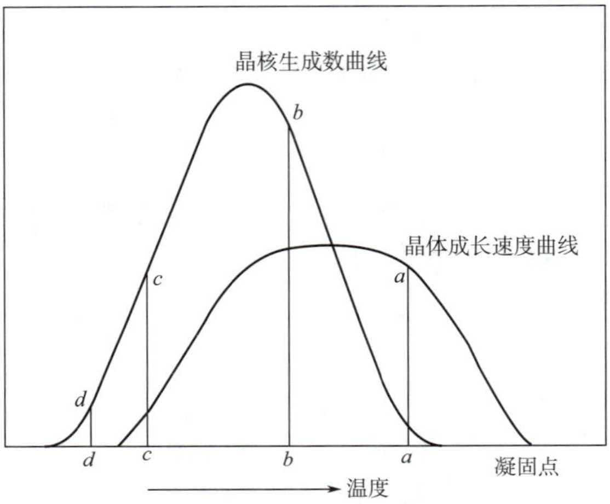

图 1-1-23　结晶生长曲线

当温度比较高时，产生的晶核数少，如在温度为 *a* 时的 *aa* 线上，晶核数少，而结晶成长的速度较快，晶核产生的速度落后于晶体成长的速度。这时的情况是少量的晶核和晶体的大量成长，结果是在这个温度下形成少量的大型结晶。*bb* 线上，晶核生成数很多，晶体成长速度也很快，所以这时的冰结晶状态将是大量的晶核和由晶核生成的大小参差不齐的结晶。*cc* 线上，则是晶核数相当多，而晶体成长慢，结果是较小的冰晶占有较大的数量。*dd* 线上是温度降低到一定的低温后逐渐转变为玻璃体的状态。因此，仅形成极少量的晶核，不存在晶核的成长。结晶曲线作为一个动态的描述，说明了在不同冻结温度下冰结晶的形成和结晶的大小。

3. 冻结水量和冰结晶最大生成带

根据拉乌尔定律，冰点降低与溶质的浓度成正比，浓度每增加 1mol/L，冰点下降 1. 86℃。食品中的水分不是纯水，温度要降到 0℃以下时才产生冰晶，此冰晶开始出现的温度就是食品的冻结点。不同种类食品中溶液的浓度不同，因此其冻结点也不相同。一般食品的冻结点为-3～-0. 6℃，如表 1-1-18 所示。

表 1-1-18　　几种常见食品的冻结点

品种	冻结点/℃	含水率/%	品种	冻结点/℃	含水率/%
牛肉	-1.7~-0.6	71.6	葡萄	-2.2	81.5
猪肉	-2.8	60	苹果	-2	87.9
鱼肉	-2~-0.6	70~85	青豆	-1.1	73.4
牛乳	-0.5	88.6	橘子	-2.2	88.1
蛋白	-0.45	89	香蕉	-3.4	75.5
蛋黄	-0.65	49.5			

食品的水分冻结率是指食品冻结过程中，在某一温度时食品中的水分转化成冰晶体的量与在同一温度时食品内所含水分和冰晶体的总量之比，如式（1-1-10）所示。

$$\omega = m_2/(m_1 + m_2) \tag{1-1-10}$$

式中　ω——食品的水分冻结率,%；

m_1——食品冻结至某一温度时食品内所含水分的量，kg；

m_2——食品冻结至同一温度时食品内所形成的冰晶体的量，kg。

食品的水分冻结量常用经验公式推算，当温度在-30℃以上时，此经验公式如式（1-1-11）所示。

$$\omega = \frac{A}{1 + \dfrac{B}{\lg\{(273 - T) + [1 - (273 - T_d)]\}}} \tag{1-1-11}$$

式中　ω——热力学温度为 T 时食品的水分冻结率,%；

T——冻结食品的热力学温度，K；

T_d——食品的冻结点的热力学温度，K；

A 和 B——常数值，各为 1.105 和 0.31（适用于肉类）。

如果食品的冻结点为-1℃左右，则式（1-1-11）可简化成式（1-1-12）。

$$\omega = \frac{A}{1 + \dfrac{B}{\lg(273 - T)}} \tag{1-1-12}$$

大多数食品的水分含量都比较高，而且大部分水分都在-5~-1℃冻结。这种大量形成冰结晶的温度范围称为冰结晶最大生成带。处于冰结晶最大生成带范围内时，食品放出大量的潜热，这使食品的温度下降得不明显。该阶段的热交换对食品冻结速度的影响很大。一般认为，食品的中心温度在冰结晶最大生成带的温度范围内（-5~-1℃）停留的时间不超过30min 就达到了快速冻结的要求。

4. 冰结晶的形成和分布

食品在冷冻时，不同部位的水分不会同时冻结，外部的液体会首先冻结，而且最初完全是纯水形成的冰晶体。随着冰晶体的不断形成，食品中未冻结部分的溶液浓度会不断提高，最后在食品核心位置上还会有未冻结的高浓度溶液残留下来。当温度降到足够低（达到低共熔点）时，食品也有全部冻结固化的可能。

动植物组织的水分存在于细胞和细胞间隙，或呈结合状态，或呈游离状态。在冻结过程中，当温度降低到食品的冻结点时，那些和亲水胶体结合较弱或存在于低浓度溶液中的部分水分，主要是处于细胞间隙内的水分，就会首先形成冰晶体，使冰晶体附近的溶液浓度增加，与细胞内的汁液形成渗透压力差；同时水结成冰，体积膨胀，会对细胞产生挤压作用；并且由于细胞内汁液的蒸气压大于冰晶体的蒸气压（表 1-1-19），使细胞内的水分不断向细胞外转移，聚积在细胞间隙内的冰晶体周围，从而使细胞间隙内的冰晶体不断增大。

表 1-1-19　几种温度下水与冰的蒸气压

温度/℃	水的蒸汽压/Pa	冰的蒸汽压/Pa	温度/℃	水的蒸汽压/Pa	冰的蒸汽压/Pa
0	610.5	610.5	-20	125.7	103.5
-5	421.7	401.7	-25	80.9	63.5
-10	286.5	260.0	-30	51.1	38.1
-15	191.5	165.5	-40	18.9	12.9

食品的冻结速度对冰结晶的大小、形状、数量和分布状况影响很大，如表 1-1-20、表 1-1-21 所示。

表 1-1-20　龙须菜的冻结速度对冰晶大小的影响

冻结方法	冻结介质的温度/℃	冻结速度顺序	冰结晶的大小/μm		
			长度	宽度	厚度
液氮	-196	（1）	5~15	0.5~5	0.5~5
干冰	-80	（2）	29.2	18.2	6.1
盐水	-18	（3）	29.7	12.8	9.1
平板	-40	（4）	320.0	163.0	87.6
空气	-18	（5）	920.0	544.0	324.4

表 1-1-21　食品的冻结速度对冰晶大小、数量等的影响

冻结速度 -5~0℃通过时间	冰晶体				冰层推进速度 I 与水移动速度 W
	位置	形状	大小（直径×长度）	数量	
5s	细胞内	针状	（1~5）μm×（5~10）μm	极多	$I \gg W$
1.5min	细胞内	杆状	（0~20）μm×（20~50）μm	多数	$I > W$
40min	细胞内	柱状	（50~100）μm×100μm 以上	少数	$I < W$
90min	细胞外	块粒状	（50~200）μm×200μm 以上	少数	$I \ll W$

由表 1-1-21 可以看出，缓慢冻结时，冰结晶大多在细胞的间隙内形成，冰晶量少而粗大。而快速冻结时，冰结晶大多在细胞内形成，冰晶量多而细小。

5. 冻结速度的评价

溶液或液态食品开始冻结时，理论上只有纯溶剂在溶液或液态食品的外层周围冻结，并形成脱盐（或较纯）的冰结晶，这就相应提高了冻结层附近的溶质浓度，在尚未冻结的溶液内产生浓度差和渗透压力差。因此，在浓度差的作用下，溶质就会向溶液中部扩散，而溶剂则在渗透压力差的作用下，逐渐向冻结层附近溶液浓度较高的方向转移。随着冻结过程的进

行，溶液或液态食品内不断进行着扩散渗透平衡。随着溶液温度的不断下降，未冻结层内的溶质浓度不断增加。由于扩散作用是在溶液或液态食品开始冻结后才发生的，冻结层分界面的位移速度$\frac{dX_d}{dt}$必然大于溶质的扩散速度$\frac{dX_t}{dt}$。因此，溶质在冻结溶液内的重新分布或分层化，完全取决于冻结层分界面的位移速度和溶质扩散速度的对比关系。冻结层分界面的位移速度越快，冻结溶液内的溶质分布就越均匀，然而在冻结引起扩散的情况下，即使冻结层分界面高速位移，也难以使冻结溶液内的溶质达到完全均匀分布。冻结层分界面的位移速度越慢，冻结溶液内的溶质分布就越不均匀，同样，即使冻结层分界面非常缓慢地位移，也很难使最初形成的冰晶体达到完全脱盐（或无溶质）的程度。

在食品缓慢冻结的过程中，当温度下降到食品的冻结点时，食品组织细胞间隙内的水分就会首先形成冰结晶，冰结晶附近的溶液浓度将增加，与细胞内的汁液形成渗透压力差；同时由于水结成冰，体积膨胀，会对细胞产生挤压作用；另外，细胞内汁液的蒸气压大于冰晶体的蒸气压，使组胞内的水分不断向细胞外转移，这样就会使细胞内的溶液浓度不断增加，细胞内的原生质脱水后形成的高浓度电解质会引起蛋白质胶体溶液的变性作用。在食品冻结过程中，从细胞内向细胞间隙转移的这部分水分会在细胞间隙内冻结成冰晶体，当食品解冻时，这些汁液很难被原生质重新吸收回去，造成汁液流失。

食品的冻结速度对这些从食品组织细胞内向细胞外转移的水分影响很大。冻结速度快，则食品组织细胞内向细胞外转移的水分少，细胞内那些尚处于原来状态的汁液会迅速形成冰结晶，从而减少了对冷冻食品品质的影响。

大多数冻结食品只有在全部或几乎全部冻结的情况下，才能保证有良好品质。食品内若还有未冻结的核心或部分未冻结区存在，就极易出现色泽、质地和其他方面的变质现象。残留的高浓度的溶液是造成部分冻结食品变质的主要原因。浓缩导致的主要危害，如下所述。

（1）溶液中产生溶质结晶，例如，冰淇淋冻结时就会因为乳糖的浓度太高而产生乳糖结晶，其质地会呈现沙粒感。

（2）在高浓度的溶液中，若仍有大量的溶质未沉淀出来，蛋白质就会因盐析而变性。

（3）有些溶质呈酸性，浓缩后会使 pH 下降到蛋白质的等电点以下，导致蛋白质凝固。

综上所述，对冻结食品而言，大粒冰结晶和浓缩引起的危害都很大，因此，快速冻结是保证冻结食品质量的重要因素。快速冻结的主要优点如下所述。

（1）食品冻结后形成的冰晶体颗粒小，对食品组织细胞的破坏性也小。

（2）食品组织细胞内的水分向细胞外转移较少，因此，细胞内汁液的浓缩程度较小。

（3）食品的温度可以迅速降低到微生物的最低生长温度以下，阻止微生物对食品的分解作用，同时可以迅速降低食品中酶的活性，提高食品的稳定性。

快速冻结对于水果、蔬菜来说特别重要，因为果蔬的细胞壁很脆弱，它们在缓慢冻结时会受到严重损害。动物组织细胞膜的韧性和弹性都比植物组织细胞膜的韧性和弹性好，肉类对冻结速度的敏感性不像水果、蔬菜那么强。缓慢冻结家禽时，其外观容易变成暗黑色的。水产品鱼虾类腐败变质速度较快，因此对家禽和水产品也应尽可能快速冻结。

有些食品本身虽不是由细胞构成的，但冰结晶的形成对其品质同样有影响，例如，冰淇淋的冻结泡沫体。缓慢冻结制成的冰淇淋，冰结晶颗粒大，质地粗糙，不像快速冻结制成的那么细腻，而且大粒冰晶体会破坏冰淇淋内的气泡，使冰淇淋在贮藏过程中出现容积收缩的缺陷。冰结晶颗粒的增大也有一些好处，例如在果蔬汁的冷冻浓缩过程中，重结晶可促进冰晶的成长，有利于冰晶与液相的分离。

（二）食品的玻璃态及其在冷冻食品中的应用

根据热力学观点，水存在着三种稳定状态：液态、固态和气态。一般来说，水在固态时，是以稳定的结晶态存在的。但在某些特定条件下，降温使液态转变为固态时，会出现两种不同的状态——晶态和非晶态（non-crystalline）或者无定形态（amorphous）。无定形态是指物质所处的一种非平衡、非结晶状态，当饱和条件占优势并且溶质保持非结晶时，此时形成的固体就是无定形态。食品处于无定形态时，其稳定性不会很高，但食品却具有优良的食品品质。因此，食品冷冻加工的任务就是在保证食品品质的同时使食品处于亚稳态或处于相对于其他非平衡态来说比较稳定的非平衡态。

复杂的食品与其他生物大分子（聚合物）往往是以无定形态存在的。在食品冻结和冻藏加工过程中，食品中的水溶性成分容易形成镶嵌着冰晶的“玻璃态”。因此，有必要了解食品原料的玻璃态转化现象及其产生的机理。

1. 基本概念

表观黏度>10^{12}Pa·s（水的黏度的10^{15}倍）的物质称为固体。自然界中固体主要有两种存在形式：晶体和玻璃体（也称非晶体）。物质中质点（原子、离子或分子及其基团）呈有序排列或具有格子构造特征的称为晶体。物质中质点不作规则排列或只具有“近程有序”，但不具有晶体“远程有序”结构特征的称为玻璃体。晶体和玻璃体在宏观上都会呈现出固体的特征，具有确定的体积和形状，并对改变体积和形状有阻力。两者的本质区别在于其内部微观质点的排列有无周期性重复现象，在玻璃态固体材料中，原子、离子或分子的排列是无规则的。如图 1-1-24 所示，从微观角度上看，玻璃态物质的 X 射线散射曲线介于晶体曲线与液体曲线之间，并与液体曲线更相似，玻璃态和液态同属“近程有序，远程无序”的结构，只不过玻璃体比液体“近程有序”的程度要高。但玻璃态固体不像液体那样会流动，却像晶体那样能够保持自己的形状。

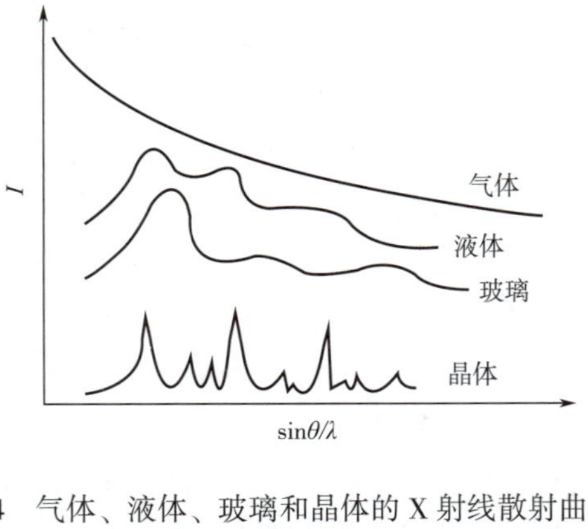

图 1-1-24　气体、液体、玻璃和晶体的 X 射线散射曲线示意图

θ—散射角　λ—X 射线波长　I—散射线强度

液体固化可以通过两种途径实现。图 1-1-25 分别表示了这两条完全不同的固化途径。一是在冷却速率足够低的情况下不连续地固化成晶体，即结晶作用。结晶发生在凝固点（或熔点）温度 T_m，液体向晶体的转化可由晶态固体的体积突然收缩，即冷却速率 V（温度 T）

的不连续来表明，这是经常采用的到达固态的路径；二是在足够高的冷却速率下连续地固化成非晶体（玻璃体），即玻璃化作用。此时液体遵循另一条途径到达固相，即经过 T_m 时并不发生相变，液体保持液相一直到较低的温度 T_g。这种发生在玻璃态转化温度 T_g 附近的液态向玻璃态的转化过程，并不存在体积的不连续性，而代之以 V（T）曲线斜率的减小。几乎所有凝聚态物质，包括水和含水溶液都普遍具有玻璃态的形成能力。

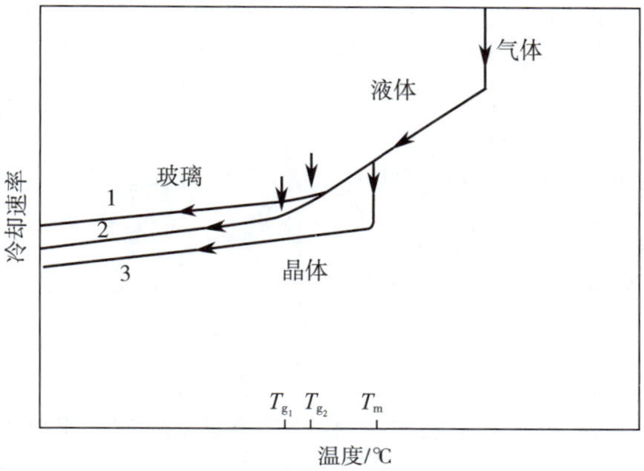

图 1-1-25　两种固化途径

注：1 和 2 是到达非结晶固态的途径，冷却速率：1>2；3 是到达结晶态的途径

因玻璃态转变是一个非平衡的动力过程，所以玻璃态的形成主要取决于动力学因素，即冷却速率的大小。只要冷却速率"足够快"，且达到"足够低"的温度，则几乎所有物质包括水和含水溶液在内的所有凝聚态物质都能从液体过冷到玻璃态固体。这里，"足够低"是指必须冷却到 $T<T_g$，"足够快"是指冷却过程迅速通过 $T_g<T<T_m$ 结晶区的时间必须很短，以至不发生晶化，即冷却速率要快于结晶的成核速率和晶体的成长速率。实现"足够快"是可能的，因为结晶过程需要时间，即首先要形成晶化核心（成核过程），然后沿着晶核和液相的界面向外生长（晶核生长过程）。如果在形成临界晶核所需时间之前，温度能够降低到低于 T_g，或者，冷却速率快于结晶的成核速率和晶体长大速率时，那么过冷液体最终将固化成玻璃体。

如图 1-1-25 所示，当冷却速率 1>2 时，有 $T_{g_2}>T_{g_1}$，即玻璃态转化温度 T_g 随冷却速率的增大而升高。同样加热时玻璃态转化温度 T_g 随加热速率的增快而升高。由此可见，玻璃态转化的动力学特征，不仅表现在非晶态固体的形成取决于"足够快"的冷却速率上，而且还表现在玻璃化温度本身随冷却速率的变化而变化上。因此，玻璃态转化温度是一个既与热力学有关又与动力学有关的参数。

2. 影响食品玻璃化温度的因素

（1）冷却历程对食品玻璃化温度的影响　玻璃化转变温度（T_g）随着冷却速率的变化而变化。冷却速率快，玻璃化转变温度较高，反之，冷却速率慢，则玻璃化转变温度较低。

（2）水对食品玻璃化温度的影响　对亲水性和含无定形区的高聚、低聚和单聚食品，水是一种特别有效的增塑剂。当水增加时，T_g 下降。一般每加入 1%水，T_g 下降 5~10℃，这是由于混合物的平均相对分子质量降低导致的。要注意的是，水的存在并不一定产生增塑作用，水必须被吸收至无定形区时才会起作用。

（3）溶质的类型对食品玻璃化温度（T_g）的影响　食品的玻璃化温度强烈地取决于体系的溶质种类和水分含量。当相对分子质量较小时，食品的玻璃化温度随相对分子质量的提高而提高。当相对分子质量较大时，食品的玻璃化温度与相对分子质量无关。

3. 玻璃化温度与食品稳定性

玻璃态物质的黏度非常高，可以阻止所有分子的流动，控制各种变化。但对于混合组分形成的玻璃态，一些构成玻璃态的小分子物质仍然可以发生扩散作用，不过，由于此时分子的移动速率非常慢，所以大多数化学反应一般可忽略，但有些反应（如脂类的氧化反应），还可以缓慢进行。由于食品在玻璃态时具有很高的黏度，未冻结的水分子被高黏度的食品体系所束缚，因此，这种水分不具有反应活性，使整个食品体系以不具有反应活性的非结晶性固体形式存在。因此，当食品温度在 T_g 以下时具有高度的稳定性。此时，食品的稳定性可用（$T-T_g$）值表示，值越大，则稳定性越小；值越小，则稳定性越大。

冷冻能有效保藏食品主要因低温而不是因冰的形成。对于存在细胞结构的食品和食品凝胶，冷冻将会出现两个非常不利的后果，其一，水转化为冰后，其体积会相应增加 9%；其二，在非冷冻相中非水组分被浓缩。但是，当食品在冷冻操作过程中，如果降温速度足够快，且温度足够低（低于 T_g），则食品中的水就会形成玻璃态，而不会形成冰晶，从而可避免冷冻处理所造成的上述两个问题。因此，在食品的冷冻处理过程中，采用低于食品水分玻璃化转化温度（T_g）的低温对于保持食品的品质至关重要。一些食品的 T_g 值，如表 1-1-22 所示。

表 1-1-22　食品的玻璃化转化温度

食品	T_g/℃	食品	T_g/℃
果汁		热烫甜玉米	-10
柑橘（各种试样）	-37.5±1.0	马铃薯（新鲜）	-12
菠萝	-37	花椰菜（冷冻茎）	-25
梨	-40	豌豆（冷冻）	-25
苹果	-40	青刀豆（冷冻）	-27
梅	-41	冬季花椰菜（茎，冷冻）	-27
白葡萄	-42		
柠檬（各种试样）	-43±1.5	冬季花椰菜（头，冷冻）	-12
水果（新鲜）		菠菜（冷冻）	-17
斯帕克尔草莓（心）	-41	冷冻甜食	
斯帕克尔草莓（边缘部分）	-39 和-33	冰淇淋（香草）	-33～-31
斯帕克尔草莓（中间部分）	-38.5 和-33	冰奶冻（香草，软）	-31～-30
其他品种的草莓	-33 和-41	干酪	
新鲜蓝莓	-41	切达干酪	-24
蓝莓表皮	-41 和-32	意大利波罗伏洛干酪	-13

续表

食品	T_g/℃	食品	T_g/℃
桃	−36	奶油干酪	−33
香蕉	−35	鱼	
红帅苹果	−42	鳕鱼肌肉①②	−11.7±0.6
苹果	−41	鳕鱼肌肉（水不可溶部分）①③	−6.3±0.1
蔬菜（新鲜或冷冻）		鲭鱼肌肉①②	−12.4±0.2
番茄（新鲜，果肉）	−41	鲭鱼肌肉（水不可溶部分）①③	−7.5±0.4
甜玉米（新鲜胚乳）	−15	牛肉肌肉①③	−12.0±0.3
甜玉米（超市新鲜）	−8		

注：①采用 DSC 测定：将试样在−15℃回火 1h 后，以 5℃/min 的速度从−60℃扫描至 25℃。
②4 次重复测定平均值±标准差（*SD*）。
③2 次重复测定平均值±标准差（*SD*）。

（三）食品在冻结时的变化

对冻结食品质量能产生较大影响的工艺条件主要有两个：冻结温度和冻结速度。

冻结食品的温度不能任意选择，对食品进行冻结必须选择一个合适的温度条件，冻结食品终温的确定需要考虑以下几个方面的因素。

食品质量的安全性：有些嗜冷性微生物在−8℃下仍能缓慢生长；有些酶类在−10～−7℃水分没有完全冻结的条件下仍有活性；有些非酶变化在低温下仍能进行。从这些方面考虑，冻结温度越低，食品质量的安全性越有保障。

冻藏、进出货及转运过程中温度波动：正常情况下冷库允许温度波动±1℃，在大批量的出货、进货或者货物转运情况下冷库允许温度波动±5℃，从这些方面考虑，冻结温度越低也同样能防止温度波动造成食品的不耐贮藏。

食品在冻结时由于水结成了冰晶，会引起的变化包括：物理变化、组织变化、化学变化、生物和微生物的变化等。

1. 物理变化

（1）体积膨胀、产生内压　水在 4℃时体积最小，而密度最大，为 1000kg/m³。如果把 4℃时的单位质量的水的体积定为 1，则当高于或低于 4℃时单位质量的水的体积都>1。不同温度时，水和冰的比容，如表 1−1−23 所示。冰的温度每下降 1℃，其体积收缩 0.005%～0.01%。但由于水由液态转变为固态时的膨胀比远大于冰由于温度降低而导致的体积收缩，所以含水分多的食品冻结时体积会膨胀。

表 1−1−23　水和冰在不同温度时的比容

状态	温度/℃	比容/(m^3/kg)	状态	温度/℃	比容/(m^3/kg)
水	100	1.043430×10^{-3}	水	0	1.000132×10^{-3}
	20	1.000273×10^{-3}	冰	0	1.090000×10^{-3}
	4	1.000000×10^{-3}		−185	1.085300×10^{-3}

食品冻结时，首先是表面水分结冰，然后冰层逐渐向内部延伸。当内部的水分因冻结而导致体积膨胀时，会受到外部冻结层的阻碍，于是产生内压，即冻结膨胀压，纯理论计算其数值可高达 8.7MPa。当外层受不了这样的内压时就会破裂，逐渐使内压消失。在采用温度很低的液氮冻结时，食品的厚度较大时，出现的龟裂就是此内压造成的。可以通过降低食品厚度或采用二段式冻结方式防止龟裂的产生。

此外，冻结过程中水变成冰晶后，体积膨胀使体液中溶解的气体从液相中游离出来，加大了食品内部的压力。冻结鳕鱼肉的海绵化，就是由于鳕鱼肉的体液中含有较多的氮气，会随着水分的冻结成为游离的氮气，其体积迅速膨胀产生的压力可将未冻结的水分挤出细胞外，在细胞外形成冰结晶所致。这种细胞外的冻结，会使细胞内的蛋白质变性而失去保水能力，解冻后不能复原，使蛋白质成为富含水分并有很多小孔的海绵状肉质。严重的时候，用刀子切开后其肉的断面像蜂巢，食味变淡。

（2）物理特性的变化

①比热容：比热容是单位质量的物体温度升高或降低 1K（或 1℃）所吸收或放出的热量。在一定压力下水的比热容为 4.18kJ/(kg·K)，冰的比热容为 2.0kJ/(kg·K)。冰的比热容约是水的 1/2。

食品的比热容随含水量而异，含水量多的食品比热容大，含脂量多的食品比热容小。食品比热容的近似计算公式（Siebel 式），如式（1-1-13）、式（1-1-14）所示。

$$c_f=3.35\omega+0.84\text{（冻结点以上）} \quad (1-1-13)$$

$$c_f'=1.26\omega+0.84\text{（冻结点以下）} \quad (1-1-14)$$

式中 ω——食品中水分的含量；

c_f——冻结点以上食品比热容；

c_f'——冻结点以下食品比热容。

该近似计算式的计算值与实测值有很好的一致性。但在食品冻结过程中，随着时间的推移，冻结率在不断变化，会给食品的比热容带来影响。因此，需要根据食品的品温求出冻结率，对比热容进行修正。

②热导率：构成食品主要物质的热导率如表 1-1-24 所示。水的热导率为 0.6W/(m·℃)，冰的热导率为 2.21W/(m·℃)，约为水热导率的 4 倍。其他成分的热导率基本上是一定的，但因为水在食品中的含量是很高的，当温度下降，食品中的水分开始结冰时，热导率变大，食品的冻结速度加快。

表 1-1-24 食品构成物质的密度与热的特性

物质	密度/(kg/m³)	比热容/[kJ/(kg·℃)]	热导率/[W/(m·℃)]	物质	密度/(kg/m³)	比热容/[kJ/(kg·℃)]	热导率/[W/(m·℃)]
水	1000	4.182	0.60	糖类	1550	1.57	0.25
冰	917	2.11	2.11	无机物	2400	1.11	0.33
蛋白质	1380	2.02	0.20	空气	1.24	1.00	0.025
脂肪	930	2.00	0.18				

（3）体液流失　食品经过冻结、解冻后，内部冰晶融化成水，如不能被组织、细胞吸收恢复到原来的状态，这部分水分就将分离出来成为流失液。流失液不仅是水，还包括溶于水的成分，如蛋白质、盐类、维生素类等。体液流失使食品的质量减少，营养成分、风味也受损失。因此，流失液的产生率成为评定冻品质量的指标之一。

解冻时，水分不能被组织吸收，是因为食品中的蛋白质、淀粉等成分的持水能力，因冻结和冻藏过程中存在不可逆变化而丧失，食品由保水性变成脱水性所致。体液的流出是由于食品组织在冻结过程中产生冰结晶受到的机械损伤所造成的。

（4）干耗　食品冻结过程中，食品中的水分从表面蒸发，可造成食品质量的减少，俗称“干耗”。干耗不仅会给企业造成很大的经济损失，还会给冻品的品质和外观带来影响。

干耗发生的原因是冻结室内空气的水蒸气分压小于食品表面的水蒸气分压，在蒸气压差的作用下，食品表面水分将向空气中蒸发，食品表面层水分蒸发后内层水分在扩散作用下将向表面层移动。由于冻结室内的空气连续不断地经过蒸发器，空气中的水蒸气将凝结在蒸发器表面，空气减湿后常处于不饱和状态，所以冻结过程中干耗在不断进行着。

食品冻结过程中的干耗可用式（1-1-15）表示：

$$q_m = \beta A(P_f - P_a) \tag{1-1-15}$$

式中　q_m——单位时间内的干耗量，kg/h；

β——蒸发系数，kg/(h · m^2 · Pa)；

A——食品的表面积，m^2；

P_f——食品表面的蒸气压，Pa；

P_a——空气的蒸气压，Pa。

冻结室中的空气温度和风速对食品干耗也有影响。空气温度低，相对湿度高，蒸气压差小，食品的干耗也小。故降低冻结室的温度可减少食品的冻结干耗。一般风速加大，干耗增加。但如果冻结室内是高湿、低温，加大风速可提高冻结速度，缩短冻结时间，食品也不会过分干耗。

2. 组织变化

蔬菜、水果类植物性食品在冻结前一般要进行烫漂或加糖等前处理工序，因为植物组织在冻结时受到的损伤要比动物组织大。

植物细胞的构造与动物细胞不同。植物细胞内有大的液泡，它能使植物组织保持高的含水量，但结冰时因为含水量高，对细胞的损伤也会很大。植物细胞的细胞膜外还有以纤维素为主的细胞壁，而动物细胞只有细胞膜，细胞壁比细胞膜厚又缺乏弹性，因此，冻结时容易被胀破，使细胞受损伤。此外，植物细胞与动物细胞内的成分不同，特别是高分子蛋白质、碳水化合物含量不同，有机物的组成也不一样。由于存在这些差异，在同样的冻结条件下，冰结晶的生成量、位置、大小、形状不同，造成的机械损伤和胶体损伤的程度也不同。

新鲜的水果、蔬菜等植物性食品是具有生命力的有机体，在冻结过程中，植物细胞会被致死，这与植物组织冻结时细胞内的水分变成冰结晶有关。当植物冻结致死后，因氧化酶的活性增强可使果蔬褐变。为了保持原有的色泽，防止褐变，蔬菜在速冻前一般要进行烫漂处理，而动物性食品因是非活性细胞则不需要此工序。

3. 化学变化

（1）蛋白质冻结变性　鱼、肉等动物性食品中，构成肌肉的主要蛋白质是肌原纤维蛋白质。在冻结过程中，肌原纤维蛋白质会发生冷冻变性，表现为盐溶液蛋白质的溶解度降低、ATP 酶活性减小、盐溶液的黏度降低、蛋白质分子产生凝集使空间立体结构发生变化等。蛋白质变性后的肌肉组织，持水力降低、质地变硬、口感变差，作为食品加工原料时，加工适宜性下降，如用蛋白质冷冻变性的鱼肉作为加工鱼糜制品的原料，其产品缺乏弹性。

蛋白质发生冷冻变性的原因目前尚不十分清楚，但可认为主要是由下述的一个或几个原因共同造成的。

①冻结时，食品中的水分可形成冰结晶，被排除的盐类、酸类及气体等不纯物就向残存的水分移动，未冻结的水分会成为浓缩溶液。当食品中的蛋白质与盐类的浓缩溶液接触后，就会因盐析作用而发生变性。

②慢速冻结时，肌细胞外将产生大冰晶，肌细胞内的肌原纤维被挤压，集结成束，并因冰晶生成时蛋白质分子间失去结合水，肌原纤维蛋白质互相靠近、蛋白质的反应基团互相结合形成各种交联，因此，发生凝集。

③脂类分解的氧化产物对蛋白质变性有促进作用。脂肪水解可产生游离脂肪酸，但很不稳定，其氧化结果可产生低级的醛、酮产物，促使蛋白质变性。脂肪的氧化水解是在磷脂酶的作用下进行的，此酶在低温下活性仍很强。

④鳕鱼、狭鳕等鱼类的体内存在特异的酶的作用，它能将氧化三甲胺分解成甲醛和二甲基苯胺。甲醛会促使鳕鱼肉的蛋白质发生变性。

（2）变色　食品冻结过程中发生的变色主要是冷冻水产品的变色，从外观上看，通常有褐变、黑变、褪色等。水产品变色的原因包括自然色泽的分解和产生新的变色物质两方面。自然色泽被破坏，如红色鱼皮的褪色、冷冻金枪鱼的变色等，产生新的变色物质如虾类的黑变、鳕鱼肉的褐变等。变色不但会使水产品的外观变差，有时还会产生异味，影响冻品的质量。

4. 生物和微生物的变化

（1）生物　生物是指小生物，如昆虫、寄生虫等，经过冻结都会死亡。牛肉、猪肉中寄生的无钩绦虫、有钩绦虫等的胞囊在冻结时都会死亡。猪肉中的旋毛虫的幼虫在-15℃下 20d 后会死亡。大麻哈鱼中的裂头绦虫的幼虫在-15℃下 5d 会死亡。

由于冻结过程对肉类所带有的寄生虫有杀死作用，有些国家和国际组织对肉的冻结状态作出了规定。比如，联合国粮食及农业组织（FAO）和世界卫生组织（WHO）共同建议，肉类寄生虫污染不严重时，须在-10℃下至少贮存 10d。有些国家有吃生鱼片的习惯，为了杀死鱼肉中寄生虫的幼虫，政府相关部门也有相关的规定，例如，荷兰法律规定，用于生吃的鱼，厂商须履行在-20℃条件下冻结 24h 的义务。

（2）微生物　引起食物腐败变质的微生物有细菌、霉菌和酵母，其中与食品腐败和食物中毒关系最大的是细菌。温度对微生物的生长、繁殖有重要影响。食品在冻结状态下贮藏，冻结前污染的微生物会随着贮藏时间的延长逐渐减少，但冻结不能杀死微生物，只要温度一回升，微生物很快就能繁殖起来。所以，食品冻结前要尽可能减少被细菌污染。

食品在-10℃时大部分水已冻结成冰，剩下的溶液浓度将增高，水分活度将降低，细菌不能繁殖。所以，-10℃对冻结食品来说是最高的温度界限。国际制冷学会（IIR）建议为防止微生物繁殖，冻结食品必须在-12℃以下贮藏。为防止酶及物理变化，冻结食品的冻藏品温必须低于-18℃。

冻结阻止了细菌的生长、繁殖，但由于细菌产生的酶和食品自身的酶还有活性，导致了生化过程仍然缓慢进行，降低了食品的品质，所以冻结食品的贮藏仍有一定期限。

(四)食品冻结装置

用于食品的冻结装置多种多样，按使用的冷却介质以及与食品的接触状况可将其分为四类：吹风冻结装置、平板冻结装置、低温液体冻结装置和超低温液体冻结装置。

1. 吹风冻结装置

用冷空气作为冷却介质对食品进行冻结是现在应用最广泛的冻结方法。空气的热导率小，空气与食品之间的对流传热系数也小，因此，食品在冷空气中冻结的时间较长。增大风速能使对流传热系数提高，从而提高冻结速度、缩短冻结时间。吹风冻结装置内的空气温度为-46～-23℃，风速为3～10m/s。吹风冻结装置包括隧道式冻结装置、传送带式冻结装置、螺旋带式冻结装置和流态化冻结装置。

(1) 隧道式冻结装置　这是一种多用途的冻结装置（图1-1-26)，它特别适用于产品繁多的生产单位。典型的产品有纸盒装的全鸡、菠菜和炖肉等包装产品，以及肉馅饼、肉丸等无包装产品。

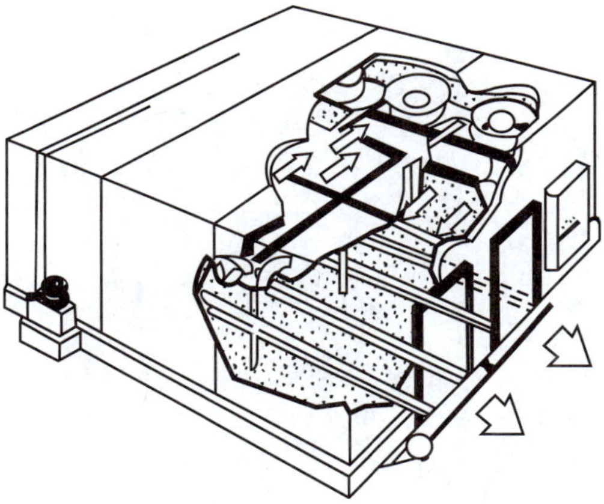

图 1-1-26　隧道式冻结装置

如图1-1-26所示，被冻食品放在托盘内，托盘放在带轮子的搁架车上，每辆车上有2×20个托盘。搁架车由液压推动机构在轨道上依次推进冻结隧道。位于冷却器上的风机使冷空气向下流经搁架车上的食品，与食品热交换过的空气从搁架车上返回到风机处。当搁架车离开冻结隧道后，可将冻好的食品从托盘中取出，把搁架车送回装料站。

(2) 传送带式冻结装置　这是一种连续式的冻结装置（图1-1-27)，适用于场地狭小的工厂，其典型产品是鱼条、鱼块、各种马铃薯制品等。

这种冻结装置利用垂直冷气流强制通过食品，与之进行良好的热交换。从生产线来的食品应被厚薄均匀地加到最上层的传送带上，否则在食品分布较薄处冷空气的阻力较小，大部分气流将由此通过，造成所谓气流短路。冻结装置内的空气温度为-40～-35℃，食品由进料口输入至该装置的最上层传送带，经受冷气流的快速冷却后，到该层末端时跌到第二层传送带上，又往回传送，逐渐冻结，到末端滑入第三层传送带上，直至冻好后从出料滑槽输出。

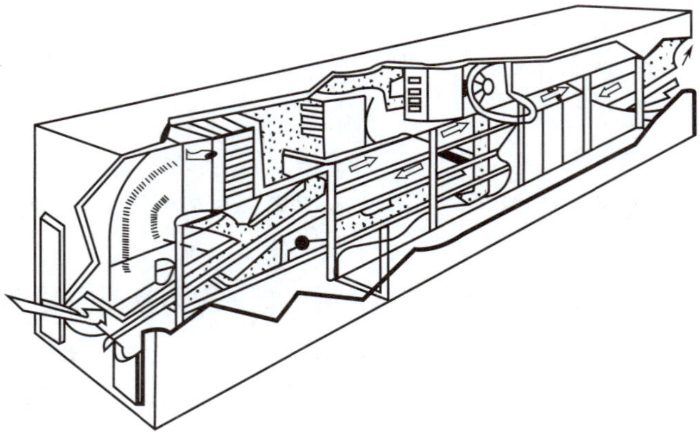

图 1-1-27 传送带式冻结装置

（3）螺旋带式冻结装置 这也是一种连续冻结装置（图 1-1-28），适用于冻结时间在 10~180min 的各种食品，如肉馅饼、鱼糕、鱼条、鸡块、鱼块、盘菜、水果馅饼、汉堡鸡、纸杯冰淇淋等，该装置占地面积小。

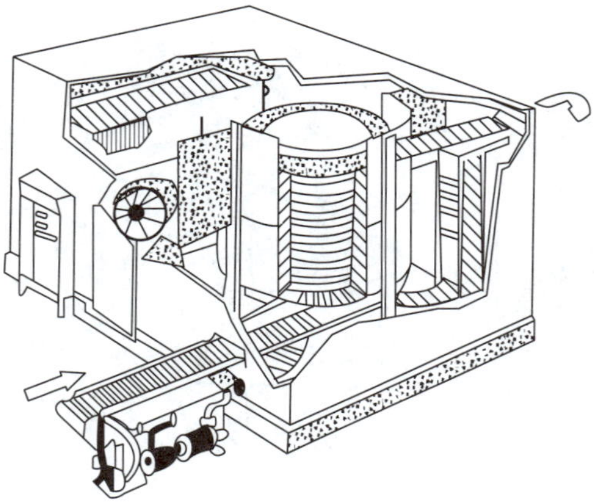

图 1-1-28 螺旋带式冻结装置

如图 1-1-28 所示，被冻食品被直接放在传送带上，根据需要也可采用冻结盘（铝盘、塑料盘或纸盘），食品随着传送带进入冻结装置后，由下盘旋传动而上，并在传送过程中冻结，冻好的食品从出料口输出。由于传送带是连续的，它从出料口又折回到进料口。这种冻结装置的传送带的上升角度为 2°，几乎接近水平。这种冻结装置有一个较好的冷风循环系统，冷风可垂直向下吹过所有各层传送带，且直接从食品表面吹过，其干耗比一般冻结装置减少约 50%。

（4）流态化冻结装置 这是一种专用于食品单体速冻的装置（图 1-1-29），所谓单体速冻是把食品逐一冻结，而不互相冻成一团，冻品的质量好，分装和销售都比较方便。

如图 1-1-29 所示，在隔热的壳体中设置了长条形的金属制槽道，槽道底面开有许多小孔。槽道的侧面或下方设有蒸发器组和离心风机，-30℃左右的冷风以 6~8m/s 的风速从槽底小孔吹出，置于槽道内的待冻食品（形状和大小应比较均匀）被上升的冷气流吹动，悬浮

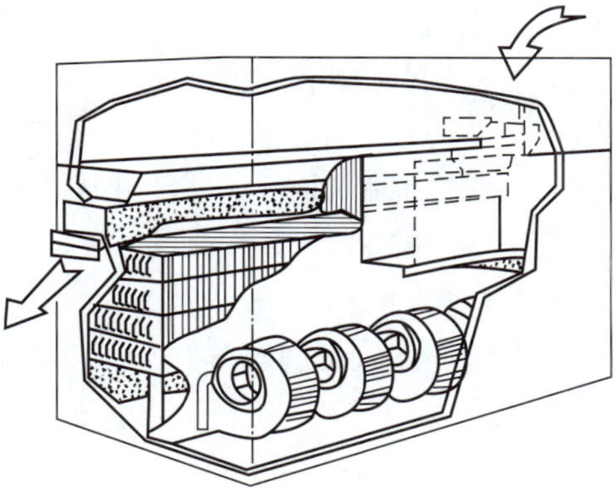

图 1-1-29　流态化冻结装置

在气流中而彼此分离，呈翻滚浮游状态，从而出现流态化现象。在一定的风速下，冷空气形成气垫，悬浮的食品颗粒好像流体般自由流动，当食品从进料口加入到槽道后（槽道向出料口倾斜），就会向低的一端移动，于是食品就在这低温气流中一边移动一边冻结。由于食品在冻结过程中呈悬浮分离状态，因此，实现了单体速冻。

这种冻结装置适用于直径约 40mm 或长约 125mm 的食品，如豌豆、豆角、胡萝卜丁、整蘑菇或蘑菇片以及切成块、片、条状的蔬菜，草莓、蓝莓、无核小红葡萄、苹果片和菠萝片，炸马铃薯条、虾仁、肉丁和米饭等。

2. 平板冻结装置

平板冻结装置是以若干块平板蒸发器为主体组成的冻结设备（图 1-1-30）。它的工作原理是将食品放在各层金属平板之间，并借助油压系统使平板与食品紧密接触，此空心金属平板的通道内流动着低温工质（氨、氟利昂或盐水），由于金属平板有良好的导热性能，被夹紧的食品可被迅速冻结。当食品两面加压时［接触压力一般为（6.865×10^3）~（2.942×10^4）Pa］，其表面传热系数为 92.9~174.3W/（m^2・K）。

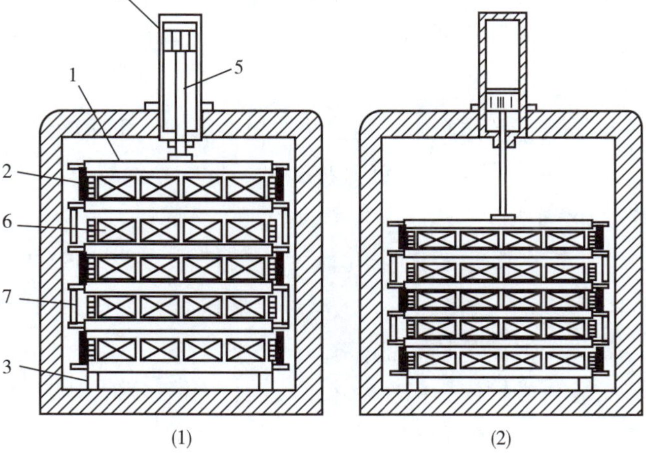

图 1-1-30　卧式平板冻结装置

（1）冻结前　（2）冻结时

1—冷却板　2—螺栓　3—底栓　4—活塞　5—水压升降机　6—包装食品　7—板架

平板冻结装置主要适用于分割肉、鱼类、虾及其他小包装食品等的快速冻结。对厚度<50mm 的食品来说，该装置的冻结速度快、干耗小，冻结质量高。平板冻结装置有卧式和立式两种，卧式平板冻结装置的冻结平板是水平安装的，一般有 6~16 块平板。立式平板冻结装置的平板直立平行排列，一般有 20 块平板。现已研制出各种自动装卸料的平板冻结装置，降低了劳动强度，并提高了劳动生产率。

3. 低温液体冻结装置

低温液体的传热性能很好，液态介质还能和形态不规则的食品，如龙虾、蘑菇等密切接触，冻结速度很快，若对低温液体再加以搅拌，则冻结速度还可进一步提高。常用的低温液体有氯化钠、甘油和丙二醇溶液，如图 1-1-31 所示。

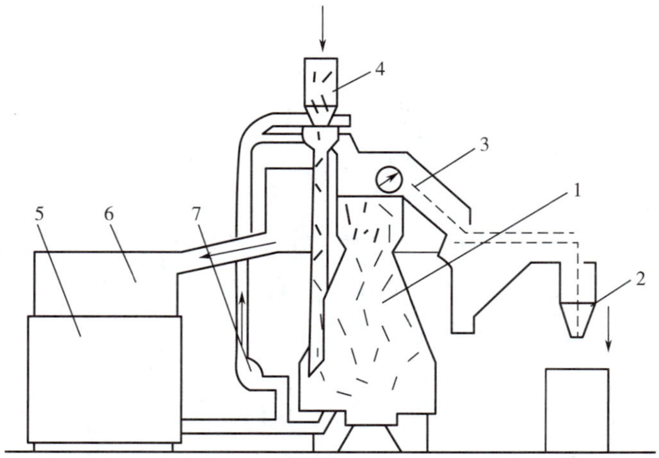

图 1-1-31　连续式盐水冻结装置

1—冻结器　2—冻鱼出料口　3—滑道（分离器）　4—进料口　5—盐水冷却器　6—除鳞器　7—盐水泵

如图 1-1-31 所示，鱼在进料口同输送来的经过盐水冷却器冷却的冷盐水一起进入冻结器的底部，经冻结后的鱼因为相对密度减轻而上浮，随盐水流向冻结器的上部，由出料机器将鱼送至滑道，在这里鱼和盐水分离，冻好的鱼从出料口出去。盐水则进入除鳞器，除去鳞片等杂物后进入盐水冷却器中再冷却。

使用这种盐水冻结装置，鱼体在未冻结前会被盐水渗透，鱼体冻结后冰层会阻止盐的渗透。冻结速度越快，这种渗透就越少，咸味仅在 1~2mm 的表面层。

4. 超低温液体冻结装置

这种方法是采用沸点非常低的液化气体，如采用沸点为-195.8℃的液氮和沸点为-78.9℃的液态二氧化碳对食品进行冻结。液氮冻结装置呈隧道状，中间是不锈钢丝制的网状传送带，隧道外以聚氨酯泡沫塑料隔热（图 1-1-32）。

待冻食品从传送带输入端输入，依次经过预冷区、冻结区和均温区，从另一端输出。在预冷区，搅拌风机使-10~-5℃的氮与食品接触，预冷食品。排气风机则使氮气与食品的移动方向呈逆向流动，以充分利用氮气的冷量。食品进入冻结区后，受到雾化管喷出的雾化液氮喷淋而被冻结。液氮在冻结室外以 34.3kPa 的压力被送入冻结区。在设计时必须保证液氮呈液滴状而不是呈气态和食品接触。食品通过均温区时，其表面和中心温度渐趋均匀一致。

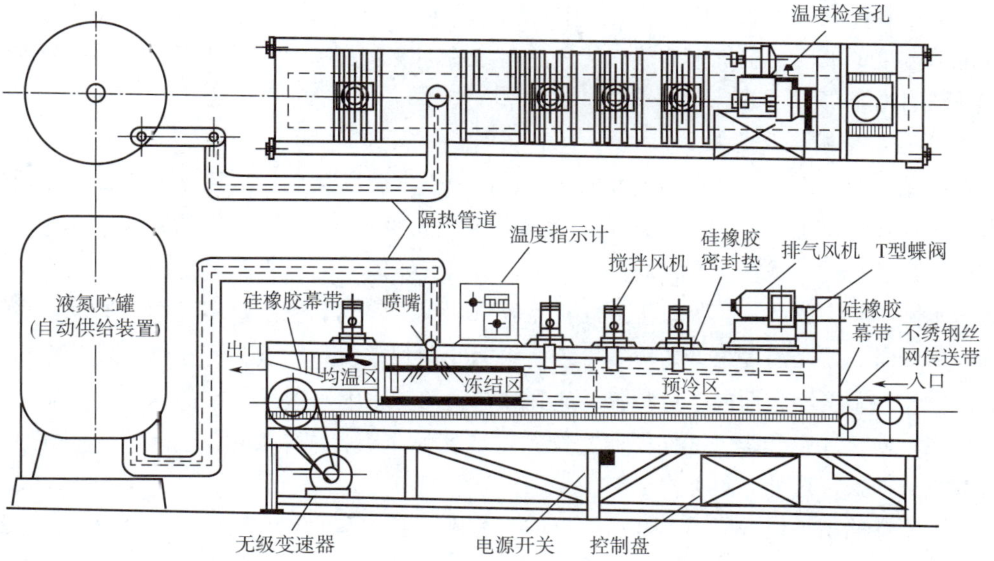

图 1-1-32　喷淋式液氮冻结装置

5cm 厚的食品经 10～30min 即可完成冻结，其表面温度为-30℃，中心温度达-20℃，每千克食品冻结的液氮耗用量为 0.7～1.1kg。液氮的冻结速度极快，在食品表面与中心会产生极大的瞬时温差，过厚的食品易造成龟裂，所以食品厚度一般应<10cm。

液氮冻结装置构造简单、使用寿命长，可实现超快速冻结，而且食品几乎不发生干耗，不发生氧化变色，适宜于冻结个体小的食品，但冻液的成本高。

二、食品的冻藏

食品的冻藏是指将经过冻结的食品放在低于食品的冻结点的某一合适温度下贮藏。

在贮藏期间已失去生命的食品，例如已屠宰的牲畜，属于死体。这类食品已失去免疫力，无法抵抗外界微生物的侵袭；同时，由于机体死亡，组织内的自溶分解酶发挥作用，很容易导致这类食品在短期内分解变质。对于这类食品，冷却冷藏只是短期贮藏的手段。要达到长期贮藏的目的，就必须对这类食品进行冻结冻藏。

(一) 食品冻藏的技术管理

食品冻藏的技术管理主要是根据食品的种类、贮藏期的长短等选择合适的冻藏温度。通常，冻藏室的温度要保持在-18℃以下，温度波动不得超过 1℃，在大批冻藏食品进出冻藏室过程中，冻藏室内的温度升高不得超过 4℃。

食品短期冻藏的适宜温度一般为-18～-12℃，长期冻藏的适宜温度一般为-23～-18℃。含脂肪的食品冻藏时，温度一般宜在-23℃以下。经过冻结的食品进入冻藏室时，其平均温度应与冻藏温度相同，以免冻藏温度的回升。

冻结食品在冻藏时的质量管理，不仅要注意贮藏期（因为贮藏时间越长，冻品的品质降低量的累积也越多），更重要的是要注意冻藏温度及温度波动对冻品质量的影响。从某种意义上来说，冻藏温度及其稳定性对冻品质量的影响不亚于冻结速度对冻品质量的影响。

(二) 食品在冻藏时的变化

经过低温速冻后的食品必须在较低的温度下被冻藏，才能有效保证其冻结时的高品质。

一般，冻结食品在-18℃以下的冻藏室中贮藏。但是在冻藏过程中，由于冻藏条件的变化，比如冻藏温度的波动，空气中的氧气使食品在冻藏过程中发生的一系列变化等，可使冻藏食品的品质有所下降。

1. 干耗与冻结烧

在冻藏室内，由于冻结食品表面的温度、室内空气温度和空气冷却器蒸发管表面的温度三者之间存在着温度差，因此，形成了蒸气压差，冻结食品表面如高于冻藏室内空气的温度，冻结食品将进一步被冷却，同时由于存在水蒸气压差，冻结食品表面的冰结晶升华，这部分含水蒸气较多的空气，吸收了冻结食品放出的热量，空气密度减小且向上运动，当流经空气冷却器时，就在温度很低的蒸发管表面水蒸气达到露点和冰点，可凝结成霜。冷却并减湿后的空气因密度增大而向下运动，当遇到冻结食品时，因水蒸气压差的存在，食品表面的冰结晶继续向空气中升华。这样周而复始，以空气为介质，冻结食品表面会出现干燥现象，并造成质量损失，这种现象称为干耗。

当冻藏室的围护结构隔热不好，外界传入的热量多，冻藏室内收容了品温较高的冻结食品，冻藏室内空气温度变动剧烈，冻藏室内蒸发管表面温度与空气温度之间温差太大，冻藏室内空气流动速度太快等都会加剧冻结食品的干耗现象。

在冻藏过程中，开始仅仅在冻结食品的表面层发生冰晶升华，食品表面出现脱水，多孔层不断加深，造成质量损失，而且冰晶升华后留存的细微空穴大大增加了冻结食品与空气的接触面积。在氧的作用下，食品中的脂肪会氧化酸败，表面发生黄褐变，使食品的外观损坏，风味、质地、营养价值都会变差，这种现象称为冻结烧。冻结烧部分的食品含水率非常低，接近2%~3%，断面呈海绵状，蛋白质脱水变性，并易吸收冻藏库内的各种气味，使食品质量严重下降。

为了减少和避免冻结食品在冻藏中的干耗与冻结烧，在冷藏库的建筑结构上要注意防止外界热量的传入，提高冷库外墙围护结构的隔热效果。国外夹套冷库可以使由外围结构传入的热量在夹套中及时被带走，不再传入库内，从而使冻藏室的温度保持稳定。

对一般冷库来讲，要维护好冷库的外围结构，减少外界热量的传入，将冷库的围护结构外表面刷白，以减少进入库内的辐射热量，维护好冷藏门和风幕，在库门处加挂棉门帘或硅橡胶门帘，以减少从库门进入的热量，应减少开门的时间和次数，应减少不必要进入库房的次数，库内操作人员离开时要随手关灯，以减少外界热量的流入。在冷库内要减少库内温度与冻品温度和空气冷却器之间的温差，合理地降低冻藏室内的空气温度并保持冻藏室有较高的相对湿度，温度和湿度不应有大的波动。

对于食品本身来讲，其性质、形状、表面积大小等对干耗与冻结烧都会产生直接的影响，但很难使它改变。从工艺控制角度出发，可采用加包装或镀冰衣和合理堆放的方法。冻结食品使用包装材料的目的通常有三个方面：卫生、保护表面和便于解冻。

包装通常有内包装和外包装之分，对于冻品的品质保护来说，内包装更为重要。由于包装把冻结食品与冻藏室的空气隔开，可防止水蒸气从冻结食品中移向空气，抑制了冻品表面的干燥。为了达到良好的保护效果，内保护材料不仅应具有防湿性、气密性，还要求在低温下仍保持柔软，具有一定的强度和安全性。常用的内包装材料有聚乙烯、聚丙烯、聚乙烯与玻璃纸复合、聚乙烯与聚酯复合、聚乙烯与尼龙复合、铝箔等。食品包装时，内包装材料要尽量紧贴冻品，如果两者之间有空气间隙，水蒸气蒸发、冰晶升华仍可能在包装袋内发生。

镀冰衣主要用于冻结水产品的表面保护，特别是用于多脂肪鱼类。因为多脂肪鱼类含有大量高度不饱和脂肪酸，所以在冻藏过程中很容易氧化而使产品发生油烧现象。镀冰衣可让冻结水产品的表面附着一层薄的冰膜，在冻藏过程中冰衣的升华可替代冻鱼表面冰晶的升华，使冻品表面得到保护。同时，冰衣包裹在冻品的四周，隔绝了冻品与周围空气的接触，就能防止脂类和色素的氧化，使冻结水产品可被长期贮藏。冻鱼镀冰衣后再进行内包装，可取得更佳的冻藏效果。在镀冰衣的清水中加入糊料或被膜剂，如褐藻酸钠、羧甲基纤维素、聚丙烯酸钠等可以加强冰衣，使附着力增强，不易龟裂。对于贮藏在采用冷风机的冻藏间的商品来说，商品都要包装或镀冰衣。库内气流分布要合理，并要保持微风速（≤0.2m/s）。

干耗主要发生在货堆周围外露部分，使货堆内部空气相对湿度接近饱和，对流传热受到限制，则不易出现干耗。冻藏室内要通过加大堆垛密度，加大堆垛体积来增大冻品的装载量。提高冻藏库装载量也很重要。比如，60t，-10℃的冻藏库贮藏牛肉，装满时每年的干耗量为2%，堆装量为20%时干耗量则增至8.4%。如果在货垛上覆盖帆布篷或塑料布，可减少食品干耗。

2. 冻藏食品的冰结晶的成长

在冻藏阶段，除非起始冷冻条件产生的冰晶总量低于体系热力学所要求的总量，否则在给定温度下，冰晶总量为一定值。同时，冰晶数量将减少，平均尺寸将增大。这是冰晶与未冻结基质间表面能变化的结果，也是晶核生长需求的结果。无论是恒温还是变温条件，表面的冰晶含量均为下降趋势。温度波动（如温度的上升）会使小冰晶的相对尺寸降低幅度比大冰晶的尺寸降低幅度大。在冷却循环过程中，大横截面的冰晶更易截取返回固相的水分子。在冻藏阶段，冰晶尺寸的增大会产生损伤，从而使产品质量受损。再者，在冻藏过程中，相互接触的冰晶聚集在一起，可导致其尺寸增大，表面积减小。当微小的冰晶相互接触时，此过程最为显著，一般情况是相互接触的冰晶会结合成一个较大的冰晶。

重结晶是冻藏期间反复解冻和再结晶后出现的一种结晶体积增大的现象。贮藏室内的温度变化是产生重结晶的原因。通常，食品细胞或肌纤维内汁液浓度比细胞外高，故它的冻结温度也比较低。贮藏温度回升时，细胞或肌纤维内部冻结点较低部分的冻结水分首先融化，经细胞膜或肌纤维膜扩散到细胞间隙内，这样未融化的冰晶体就处于外渗的水分包围中。温度再次下降，这些外渗的水分就在未融化的冰晶体的周围再次结晶，增长了冰晶体的冰晶体积。

重结晶的程度直接取决于单位时间内温度波动的次数和程度，波动幅度越大，次数越多，重结晶的情况也越剧烈。因此，即使冻结工艺良好，冰结晶微细均匀，但是若冻藏条件不好，经过重复解冻和再结晶，就会促使冰晶体颗粒迅速增大，其数量也会迅速减少，以致严重破坏组织结构，使食品解冻后失去弹性，口感风味变差，营养价值下降。

3. 色泽的变化

（1）脂肪的变色　多脂肪鱼类，如大马哈鱼、沙丁鱼、带鱼等，在冻藏过程中因脂肪氧化会发生黄褐变，同时，鱼体发黏，并产生异味，丧失食品的商品价值。

（2）蔬菜的变色　蔬菜在速冻前一般要将原料进行烫漂处理，破坏过氧化酶，使速冻蔬菜在冻藏中不变色。如果烫漂的温度与时间不够，过氧化酶失活不完全，绿色蔬菜在冻藏过程中会变成黄褐色，如果烫漂时间过长，绿色蔬菜也会发生黄褐变。蔬菜叶子因含有叶绿素而呈绿色，当叶绿素变成脱镁叶绿素时，叶子就会失去绿色而呈黄褐色，酸性条件会促使这个变化发生。蔬菜在热水中烫漂的时间过长，蔬菜中的有机酸溶入水中可使水变成酸性的水，促进发生上述变色反应。

（3）红色鱼肉的褐变　红色鱼肉的褐变，最有代表性的是金枪鱼肉的褐变。金枪鱼肉在-20℃下冻藏2个月以上，其肉色由红色向暗红色、红褐色、褐红色、褐色转变，其作为生鱼片的商品价值下降。这是由于肌肉中的亮红色的氧化肌红蛋白在低氧压下被氧化生成褐色的高铁肌红蛋白。

（4）虾的黑变　虾类在冻结贮藏中，其头、胸、足、关节及尾部常会发生黑变，出现黑斑或黑箍，使商品价值下降。产生黑变的原因主要是氧化酶（酚酶）在低温下仍有一定活性，使酪氨酸氧化，生成黑色素。新鲜的虾冻结后，因酚酶无活性，所以在冻藏过程中不会发生褐变；而不新鲜的虾其氧化酶活性化，在冻结贮藏中会发生黑变。

（5）鳕鱼肉的褐变　鳕鱼死后，鱼肉中的核酸系物质经反应生成核糖，然后与氨基化合物发生美拉德反应，聚合生成褐色的类黑精，使鳕鱼肉发生褐变。-30℃以下的低温贮藏可防止核酸系物质分解生成核糖，也可防止发生美拉德反应。鱼的新鲜度对褐变有很大的影响，应选择鲜度好、死后未僵硬的鳕鱼进行冻结。

（6）剑鱼的绿变　冻结剑鱼的肉呈淡红色，在冻结贮藏中其一部分肉会变成绿色。这是由于鱼的鲜度下降，因细菌作用生成的硫化氢与血液中的血红蛋白或肌红蛋白发生反应，生成绿色的硫血红蛋白或硫肌红蛋白。

（7）红色鱼的褪色　含有红色表皮色素的鱼类如红娘鱼，在冻结贮藏过程中常出现褪色现象。这是鱼皮红色色素的主要成分类胡萝卜素被氧化的结果。光照会加速褪色。降低冻藏温度可推迟褪色。用不透紫外光的玻璃纸包装，以0.1%~0.5%的抗坏血酸钠溶液浸渍后冻结，并用此溶液镀冰衣，可以防止出现褪色。

4. 冻藏中的化学变化

（1）蛋白质的冻结变性　食品中的蛋白质在冻结过程中会发生冻结变性。在冻藏过程中，因冻藏温度的变动，冰结晶长大，会挤压肌原纤维蛋白质，使反应基互相结合形成交联，增加了蛋白质的冻结变性程度。冻藏温度低，蛋白质的冻结变性程度小。钙、镁等水溶性盐类会促进鱼类蛋白质冻结变性，而磷酸盐、糖类、甘油等可减少鱼肉蛋白质的冻结变性。

（2）脂类的变化　鱼类脂肪酸大多为不饱和脂肪酸，主要分布在皮下靠近侧线的暗色肉中，即使在很低的温度下也能保持液体状态。鱼类在冻藏过程中，脂肪酸往往因冰晶的压力由内部转移到表层中，很容易在空气中氧的作用下发生自动氧化，产生酸败臭。当与蛋白质的分解产物共存时，脂类氧化产生的羰基与氨基反应，脂类氧化产生的游离基与含氮化合物反应，氧化脂类互相反应，产生褐变，使鱼体的外观恶化，风味、口感及营养价值下降。由于这些变化主要是由脂类氧化引起的，因此可采取降低冻藏温度、镀冰衣等措施加以防止。

5. 溶质结晶及pH变化

经初始冷冻后，许多溶质在未冻结相中均为过饱和溶液，会出现结晶或沉淀。这将改变溶质的相对含量及实际浓度，并最终改变其离子强度，pH也会发生变化。上述变化会影响其他成分的稳定性，因此溶液中成分的特性将随总成分的改变而持续发生变化。

6. 其他因素引起的变化

冻藏对植物组织体系的重要冷冻损伤包括蛋白质沉淀、脂类氧化、聚合物聚集、色素氧化或水解。在贮藏期间，催化反应将继续进行，并产生大量不受欢迎的产物。具有代表性的酶为脂酶、脂肪氧化酶、过氧化物酶、多酚氧化酶以及白芥子中的胱氨酸裂解酶。不充分的漂烫会使酶的活性残留，为了适当控制漂烫过程，有必要鉴别出何种酶使产品的色泽及风味发生变化。在不宜进行漂烫处理的场合，必须采取其他必要的措施抑制有害的酶催化过程。

并非所有的品质下降过程均由酶催化作用产生，因此，根据该过程的化学机理，对于非酶过程的抑制也是很有必要的。可以确信，在冻藏期间，通过使贮藏温度接近或低于玻璃化转变温度，可使产品持续处于玻璃态，还可以使许多重要的品质降级速率被控制至最小化。

(三)冻藏食品的贮存期

1. 冻结食品的冻藏温度和实用贮存期

对于冻结食品，冻藏温度越低，品质保持也越好。但温度越低，成本也越高。另外，考虑到食品原料每年都可以获得，过长的冻藏期也没有太大的意义。-18℃对于大部分冻结食品是最经济的冻藏温度，在此温度下大部分冻结食品经过一年的冻藏而不会失去商品价值。近年来，国际上冻结食品的冻藏温度逐渐趋向低温化，一般都是-30～-25℃，特别是冻结水产品的冻藏温度更低。有学者认为冻结水产品的冻藏温度应在-29℃以下。

冻藏食品使用高品质寿命和实用贮存期两个概念来表示食品在冻藏中的品质保持时间。高品质寿命（high quality life，HQL），是指在所使用冻藏温度下的冻结食品与在-40℃下的冻藏食品相比较，当采用科学的感官鉴定方法刚刚能够判定二者的差别时，此时所经过的时间就是该冻藏温度下的高品质寿命。实用贮存期（practical storage life，PSL），是指经过冻藏的食品，仍保持着对一般消费者或作为加工原料使用无妨的感官品质指标时所经过的冻藏时间。国际制冷学会（IIR）所推荐的各种冻结食品的冻藏温度与实用贮存期如表 1-1-25 所示。

表 1-1-25　　冻结食品的冻藏温度和实用贮存期

冻结食品	贮存期/月			冻结食品	贮存期/月		
	-18℃	-25℃	-30℃		-18℃	-25℃	-30℃
牛白条肉	12	18	24	少脂肪鱼	8	18	24
小牛白条肉	9	12	24	多脂肪鱼	4	8	12
羊白条肉	9	12	24	加糖的桃、杏或樱桃	12	18	24
猪白条肉	6	12	15	不加糖的草莓	12	18	24
加糖的草莓	18	>24	>24	冰淇淋	6	12	18
柑橘类或其他果汁	24	>24	>24	蛋糕	12	24	>24
扁豆	18	>24	>24	菜花	15	24	>24
胡萝卜	18	>24	>24	甘蓝	15	24	>24
虾	6	12	12	带穗芯的玉米	12	18	24
龙虾和蟹	6	12	15	豌豆	18	>24	>24
虾（真空包装）	12	15	18	菠菜	18	>24	>24
牡蛎	4	10	12	鸡（去内脏、包装好）	12	24	24
奶油	6	12	18				

2. 冻结食品的温度-时间容许值

以冻结状态流通的冻结食品，其品质主要取决于四个因素：原料固有的品质，冻结前后的处理和包装，冻结方式，冻结产品在流通过程中所经历的温度和时间。

Arsdel 等总结出了冻结食品的可接受性与冻藏温度、冻藏时间的关系，即冻结食品的温度-时间容许值（time-temperature tolerance，TTT）。由 TTT 概念可知，品质优秀的冻结食品的品质变化主要取决于冻藏温度，冻藏温度越低，则优秀品质保持的时间越长。大多数冻结食品的品质稳定性或实用贮存期是随着冻藏温度的降低而呈指数关系增大的，如图 1-1-33 所示。图中的曲线表示几种冻结食品在可被消费者所接受的前提下，冻藏温度与实用贮存期之间的关系，称为 TTT 曲线。

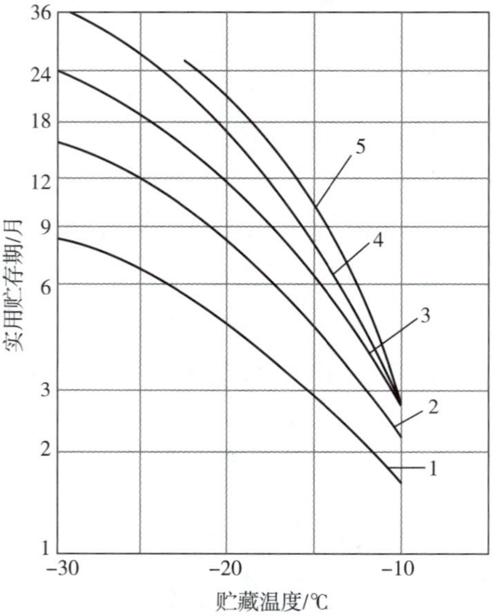

图 1-1-33　冻结食品的 TTT 曲线

1—多脂肪鱼（鲑）和炸仔鸡　2—少脂肪鱼　3—四季豆和汤菜　4—青豆和草莓　5—木梅

假定某冻结食品在某一冻藏温度下的实用贮存期为 A 天，那么在此温度下，该冻结食品每天的品质下降量为$\frac{1}{A}$。当冻品在该温度下实际贮藏了 B 天，则该冻结食品的品质下降量为$\frac{1}{A}\cdot B$。再假定该冻结食品在不同的冻藏温度下贮藏了若干不同的时间，则该冻结食品的累计品质下降量为 $\sum_{i=1}^{n}\frac{1}{A_B}\cdot B_i$。例如有一个冻结食品从生产到消费共经历了七个阶段共 241d 的贮藏，其品质下降量的计算如表 1-1-26 所示。

表 1-1-26　　某冻结食品在流通期间的温度、时间与品质的关系

阶段	流通温度/℃	实用贮存期/d	每天品质降低率	流通时间/d	品质降低量
生产者保管中	-30	435	0.0023	150	0.345
运输中	-25	370	0.0027	2	0.005

续表

阶段	流通温度/℃	实用贮存期/d	每天品质降低率	流通时间/d	品质降低量
批发商保管中	-24	357	0.0028	60	0.168
送货中	-20	250	0.0040	1	0.004
零售商保管中	-18	208	0.0048	14	0.067
搬运中	-9	53	0.0189	1/6	0.003
消费者保管中	-12	110	0.0091	14	0.127
累计				241	0.719

从表中可以看出，某冻结食品从生产到消费共经历了七个阶段不同的温度和时间，累计品质下降量为0.719，这说明该冻结食品还有0.281的剩余冻藏性。当累计品质下降量超过1时，说明该冻结食品已失去商品价值，不能再食用了。冻结食品的贮藏和流通时间不同，质量下降的速度也不同，因此，冻结食品与罐头食品不同，不能以生产日期作为判断品质的依据。

三、食品回热和解冻

（一）冷藏食品的回热

冷藏食品的回热，是指在冷藏食品出冷藏室前，保证空气中的水分不会在冷藏食品表面冷凝的情况下，逐渐提高冷藏食品的温度，最后达到与外界空气温度相同的过程。

如果对冷藏食品不进行回热，就让其出冷藏室，当冷藏食品的温度在外界空气的露点以下时，附有灰尘和微生物的水分就会冷凝在冷藏食品的冷表面上，使冷藏食品受到污染。冷藏食品的温度回升后，微生物特别是霉菌会迅速生长繁殖。同时由于食品温度的回升，食品内的生化反应加速，食品的品质会迅速下降甚至腐烂。

为了保证回热过程中食品表面不会有冷凝水出现，最关键的问题是要求与冷藏食品的冷表面接触的空气的露点温度必须始终低于冷藏食品的表面温度。为了避免冷凝水的出现，回热所用的暖空气的相对湿度不宜过高；但为了减少回热过程中食品的干耗，暖空气的相对湿度也不宜过低。在实际应用时，当食品温度回升到比外界温度低3~5℃即可。

（二）冻藏食品的解冻

解冻就是使冻藏食品内冻结的水分重新变成液态，恢复食品的原有状态和特性的过程。解冻实际上是冻结的逆过程。

1. 食品解冻时应注意的问题

解冻是冻结食品在消费前或进一步加工前必经的步骤。小型包装的速冻食品如速冻蔬菜等的解冻，还常和烹调加工结合在一起同时进行，即，速冻蔬菜不经过专门的解冻过程就可被直接烹调。

大部分食品冻结时，水分或多或少地会从细胞内向细胞间隙转移，因此尽可能恢复水分在食品未冻结前的分布状态是解冻过程中的很值得重视的问题。若解冻不当，极易引起食品的大量汁液流失。

在解冻过程中，随着温度的上升，食品细胞内冻结点较低的冰结晶首先熔化，然后细胞间隙内冻结点较高的冰结晶才熔化。由于细胞外的溶液浓度比细胞内低，水分会逐渐向细胞内渗透，并且按照细胞亲水胶质体的可逆程度进行重新吸收。但是，实际上要使冻结食品的水分恢复到未冻结前的分布状态并非易事。因为：①细胞受到冰晶体的损害后，显著降低了它们原有的持水能力；②细胞的化学成分，主要使蛋白质的溶胀力受到了损害；③冻结使食品的组织结构和介质的 pH 发生了变化，同时复杂的大分子有机物有一部分分解为较简单的和持水能力较弱的物质。

冻结食品解冻时的汁液流失量与诸多因素有关。快速冻结的食品，解冻时汁液流失量少；低温冻藏的食品，解冻时汁液流失量也较少；牲畜、鱼类和家禽的肉的 pH 越接近其蛋白质的等电点，解冻时的汁液流失量越大；食品的解冻速度越慢，解冻时的汁液流失就越少。

缓慢解冻时，食品组织之所以能最大限度地恢复其原来的水分分布状态，是由于细胞间隙内的冰结晶的冻结点较高，解冻过程晚于细胞内的冰解冻过程。缓慢解冻时，细胞间隙的冰结晶可以边缓慢地解冻，边向细胞内渗透，而不至于因全部冰结晶同时解冻而造成汁液的大量外流。

食品冻结时，最浓的溶液总是最后冻结，因此，最先解冻。这样，食品解冻时，食品和高浓度溶液的接触时间就增长，从而加强了浓缩带来的危害，因此，缓慢解冻也存在着对食品品质不利的因素。

动物组织一般不像植物组织那样易受到冻结和解冻的损害。水果最易受到冻结的损害，蔬菜次之。冻鱼解冻时的汁液流失比肉、禽大，而家禽比起牲畜肉易受冻结的损害。牲畜肉只要其 pH 远离其蛋白质的等电点，解冻时就能保持其良好的持水能力。

食品解冻时，温度的升高以及空气中的水分在冻结食品冷表面上的凝结，都会加剧微生物的生长繁殖，加速生化变化，而且这些变化远比未冻结的食品发生的变化强烈得多。这主要是由于食品冻结后，食品的组织结构在不同程度上受到了冰结晶的破坏，这为微生物向食品的内部入侵提供了方便。食品解冻时的温度越高，微生物越容易生长活动并导致食品的腐败变质。因此，在解冻过程中，应设法将微生物活动和食品的品质变化降低到最缓慢的程度。为此，首先必须尽一切可能降低冻结食品的污染程度。其次，在缓慢解冻时，尽可能采用较低的解冻温度。

细胞吸水过程是极快的，所以目前人们已倾向快速解冻。现在已成功对不少冻结食品采用了快速解冻技术，不但缩短了解冻时间，而且缩短了微生物增殖的时间。表 1-1-27 表示了快速解冻的优越性。

表 1-1-27　　解冻对全蛋冻品内微生物的影响

解冻方法		解冻所需时间/h	解冻时微生物增量/%
空气	26.7℃	23	1000
	21.1℃	36	750
	7.2℃	63	225
水	16.6℃流水	15	250
	21.1℃流水	12	300
	15.6℃搅拌水	9	40
微波加热解冻		15min	几乎没有

注：全蛋冻品为 13.6kg 的大包装。

解冻终温取决于冻品的用途。用作加工原料的冻品，使其处于半解冻状态（即中心温度-5℃）就可以了，以能用刀切断为准，此时食品的汁液流失较少。解冻介质的温度不宜过高，一般≤10℃。但是对于高淀粉含量食品，为了防止淀粉老化，对于蔬菜类食品，为防缓慢解冻造成的产品软烂，宜采用蒸汽、沸水、热油等高温解冻方法并且煮熟。冻结前经过加热烹调等处理的方便食品，快速解冻的效果比缓慢解冻的效果好。

2. 食品解冻的方法

从能量的提供方式和传热的情况来看，解冻方法可以分为两大类：一类是采用具有较高温度的介质加热食品物料，传热过程是从食品物料的表面向内部（中心）进行的；另一类是采用介电或微波场加热食品物料，食品物料的受热是向内向外同时进行的。常用的解冻方法有空气解冻法、水或盐水解冻法、冰块解冻法、水蒸气凝结解冻法、板式加热解冻法、微波解冻法、高压静电解冻法等。

（1）空气解冻法　空气解冻法是采用温热的空气作为加热介质，将食品物料置于热空气中加热升温解冻的方法。0~4℃的空气为缓慢解冻，20~25℃则可以达到较快速的解冻。在空气中混入水蒸气可以改善其传热性能，提高解冻的速率，还可以减少食品物料表面的水分蒸发。解冻时的空气可以是静止的，也可以采用鼓风设备。当采用高湿空气进行解冻时，空气的湿度一般≥98%，空气的温度可以在-3~20℃，空气的流速一般为3m/s。

（2）水或盐水解冻法　水和盐水解冻都属于液体解冻法，可以采用浸渍或喷淋的形式进行。水或盐水可以直接和食品物料接触，但应以不影响食品物料的品质为宗旨，否则食品物料应采取包装等形式进行保护。解冻时水或盐水的温度一般在4~20℃，盐水一般为食盐水，浓度一般为4%~5%。盐水解冻主要用于海产品。盐水解冻对物料有一定的脱水作用，如用盐水解冻海胆时，海胆的适度脱水可以防止其出现组织崩溃。

（3）冰块解冻法　冰块解冻法一般是采用碎冰包围欲解冻的食品物料，利用接近水的冻结点的冰使食品物料升温解冻。该法使食品物料在解冻过程中一直保持在较低的温度，减少了质量的下降，但解冻时间较长。

（4）水蒸气凝结解冻法　该法又称真空解冻。在真空状态下水在低温时就沸腾，沸腾时形成的水蒸气遇到更低温度的冻品时就在其表面凝结成水珠，蒸气凝结成水珠时放出相变潜热，使冻结食品解冻。该法适用于鱼、鱼片、各种肉、果蔬、蛋、浓缩状食品，此法比空气解冻法的效率高2~3倍，产品不会发生氧化和干耗，汁液流失也少。

（5）板式加热解冻法　板式加热解冻法与板式冻结法相似，是将食品物料夹于金属板之间进行解冻的方法，此法适合于外形较为规整的食品物料，如冷冻鱼糜、金枪鱼肉等，其解冻速率快，解冻时间短。

第六节　食品的冷链流通

一、食品冷链

食品冷链（food cold chain）是指从生产到销售，用于易腐食品收集加工、贮藏、运输、销售直到消费前的各种冷藏工具和冷藏作业过程的总和。目前，食品冷链由食品的冷冻加工、冷冻贮藏、冷藏运输及配送和冷冻销售4个方面构成。

冷链物流的适用范围包括蔬菜、水果、肉、禽、蛋、水产品等初级农产品，速冻食品、禽、肉、水产等包装熟食，冰淇淋、乳制品和快餐原料等。

1. 食品冷链主要环节

食品冷链中的主要环节有原料前处理环节、预冷环节、速冻环节、冷藏环节、流通运输环节、销售分配环节等。

原料前处理、预冷、速冻是食品冷加工环节，称为冷链中的“前端环节”；冷藏环节，包括冷却物冷藏和冻结物冷藏，是冷链的“中端环节”；销售与分配环节，是冷链的“末端环节”；冷藏运输则贯穿在整个冷链的各个环节中。原料前处理、预冷、速冻，对冷链中冷食品（指冷却和冻结食品）的质量影响很大。因此，前端环节是非常重要的。

2. 食品冷链主要设备构成

贯穿在整个冷链各个环节中的各种装备、设施，主要有原料前处理设备、预冷设备、速冻设备、冷藏库、冷藏运输设备、冷冻冷藏陈列柜（含冷藏柜）、家用冷柜、电冰箱等，如图1-1-34所示。

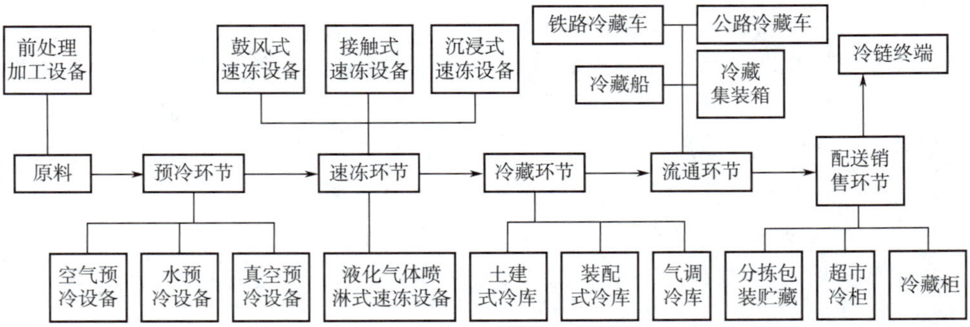

图1-1-34　冷链的组成及其装备、设施

二、食品冷链运输设备

冷冻运输设备是指在保持一定低温的条件下运输冷冻食品所用的设备，是冷藏装置与交通工具相结合的装置，是食品冷链的重要组成部分。从某种意义上说，冷冻运输设备是可以移动的小型冷藏库。运输用冷藏装置目前主要有冷藏汽车、铁路冷藏车、冷藏集装箱、冷藏船等。由于冷冻设备同交通工具相结合，因此运输用冷藏装置具有如下特点。

箱体采用金属结构：运输用冷藏装置的箱体采用金属骨架，内外侧多采用薄钢板或铝合金板，中间填充隔热材料。箱体要有足够的强度和刚度，在装卸货物时要经受重压，同时还要便于叉车或吊车的应用。

装备负荷变化大：运输冷藏装备可以随运输工具昼夜行进，由于白天环境温度高而且箱体还要受到太阳的辐射。因此，在白天，冷藏装置的负荷大，夜晚环境温度低，冷藏装置负荷小，此外，冷藏装置的载货品种与装载量的变化大，货物的热容量也不同，这样也导致装置的负荷变化大。

制冷方式多：运输用冷藏装置可以用于长途运输，也可以用于短途运输。因此其制冷方式多种多样。冷藏装置有采用制冷机的机械制冷式，有采用蓄冷剂的冷板式，有采用冰或盐混合物的冰冷式，也有采用向厢内喷液的一次扩散式等制冷方法。

隔热层具有良好的防潮措施：运输用冷藏装置运载货物的周期短，操作频繁，舱箱内的空气温度易受装卸货物的影响，使得舱箱内空气的温度可能高于隔热层表面的温度，使与此表面接触的空气含水量达到饱和，蒸气分压高于隔热层内部的蒸气分压，这就可能使水蒸气渗入隔热层中，影响隔热层的隔热性能。因此，隔热层必须具有良好的防潮措施。

三、食品冷链销售设备

冷藏陈列柜作为食品冷链销售设备是菜场、副食品商场、超级市场等销售环节的冷藏设施，也是食品冷链建设中的重要一环。随着冷冻食品的发展，冷冻陈列柜已成为展示产品品质、直接和消费者见面的、方便的销售装置。

1. 对商业冷冻陈列销售柜的要求

商业冷冻陈列销售柜应达到如下要求：具有制冷设备，有隔热处理，能保证冷冻食品处于适宜的温度下；能很好地展示食品的外观，便于顾客选购；具有一定的贮藏容积；日常运转与维修方便；安全、卫生、无噪声；动力消耗少。

2. 商业冷冻陈列销售柜的种类

根据陈列销售的冷冻食品，可分为冻结食品用与冷却食品用两类。

根据陈列销售柜的结构形式，可分为卧式敞开式、立式多层敞开式、卧式封闭式、立式多层封闭式。

四、 HACCP在食品冷链流通中的应用

食品的质量、安全风险来源于两方面：一是食品生产过程中原材料和制成品的质量问题，即食品在生产过程中由于技术、工艺使用不当和管理不当而产生的质量问题；二是在食品流通过程中，由于管理不当或流通设施设备与技术水平落后引起的食品安全问题，即食品本身没有质量安全问题，而在流通过程中出现了质量安全问题。为了更好地保证食品的安全与品质，食品工作者提出了危害分析与关键控制点（HACCP）概论。

（一）HACCP质量控制体系概述

危害分析与关键控制点（hazard analysis critical control point，HACCP），是一种保证食品安全、维护人们健康的质量控制系统。近年来，HACCP的应用领域在不断拓宽，从生产和加工企业扩展到了整个供应链，即对从田间到餐桌的整个流通过程实行了有效的监控和预防，将温湿度等品质调控因子的影响以及诱发危害的各因素的影响控制到最小限度。

HACCP体系是以良好操作规范（GMP）为基础的质量保证体系，它首先对原材料（包括加工用水和空气）及整个加工工艺甚至消费者的消费过程进行危险性分析，确定需要控制的关键环节，然后在生产中按照GMP进行重点控制，最后用食品安全性经典检验方法（细菌总数、大肠菌群数及致病菌检验等）对最终产品进行检验，看产品是否能达到国家标准。HACCP体系运行前，首先依据以下七个原则，制订出HACCP体系操作的具体步骤，据此在食品加工过程中进行操作、检查和记录。这七个原则包括进行危害性和危险性分析；确定关键控制点；拟订关键控制限度；拟订监控关键控制限度的程序；拟订在关键控制点发生偏差

时采取的纠正措施；建立 HACCP 制度的档案系统；建立验证 HACCP 系统正常工作的评价程序。

（二）HACCP 在冷链物流中的运用

HACCP 管理体系是指在生产过程中，对原材料、生产工序以及影响产品安全的人为因素进行分析，找出潜在危害并确定关键控制环节，建立并完善监控程序和监控标准，采取规范的纠正措施，将可能发生的食品安全危害消除在生产过程中的管理体系。将 HACCP 提出的预防性思维应用在食品流通过程中，从物流的环节入手来分析食品在物流中可能对食品安全构成威胁的危害，并对关键点予以控制，在危害发生前采取相应的措施来减少危害带来的损失，而不仅通过最终的检验来保证食品安全。

1. 冷链物流的组成

由图 1-1-35 所示，生鲜食品从原供应地开始，经过采购、验收、运输、装卸搬运等一系列操作之后到达工厂进行生产，而后进行运输、配送、分拣、销售等操作，食品经过配送中心、中间商最终到达消费者手中，在整个过程中必须进行严格控温，以保证食品质量。

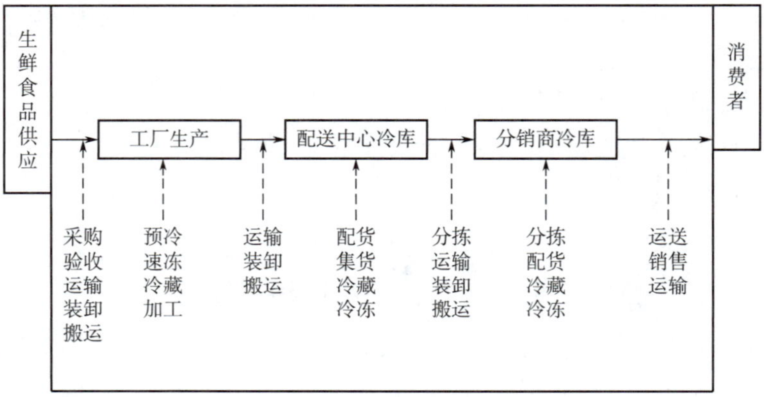

图 1-1-35 生鲜食品全程冷链操作流程

2. 危害分析

根据物流的基本职能现将冷链物流分为以下几个作业环节：采购验收、装卸搬运、运输配送、贮存、分拣、流通加工。从生物性、化学性、物理性 3 种角度对每个环节中的潜在危害进行分析，结果如表 1-1-28 所示。

表 1-1-28 冷链物流的危害分析

作业环节	潜在危害
采购验收	环境污染、动植物病毒感染、农药残留、添加剂及配料问题；操作不当引入杂质；货物数量、品类不符，贮存条件不当
装卸搬运	细菌繁殖，食品变质、变味；操作不当、包装破损、杂质进入引起污染
运输配送	控温不当或在途时间过长导致食品变质；不同质食品集中运输引发的交叉污染，运输设备消毒不净引发的污染，不合理堆放导致货物倾倒、损坏及杂质进入，货物被盗、遗失

续表

作业环节	潜在危害
贮存	贮存区温、湿度不当引发食品变质；不同质食品集中贮存引发的交叉污染，贮存区微生物数量未达标准；不合理堆放导致货物倾倒、损坏及杂质污染
分拣	分拣区控温不合理引发食品变质；作业人员及设备携带有害微生物及化学污染物导致食品污染变质；危险作业导致产品破损及杂质的进入
流通加工	温度、湿度、微生物数量不达标造成食品污染；作业时间过长，货物数量过多引发的食品变质、变味；工作人员及设备携带有害微生物及化学污染物

3. 关键控制点确定

关键控制点（critical control point，CCP）是指确定食品安全与不安全的临界点，只要所有的关键控制点均控制在安全范围内，食品品质将是安全的。而在质量控制过程中，要判定某个环节是否为危害点，可以借助关键控制点决定树（图 1-1-36）并按顺序回答问题来判定。

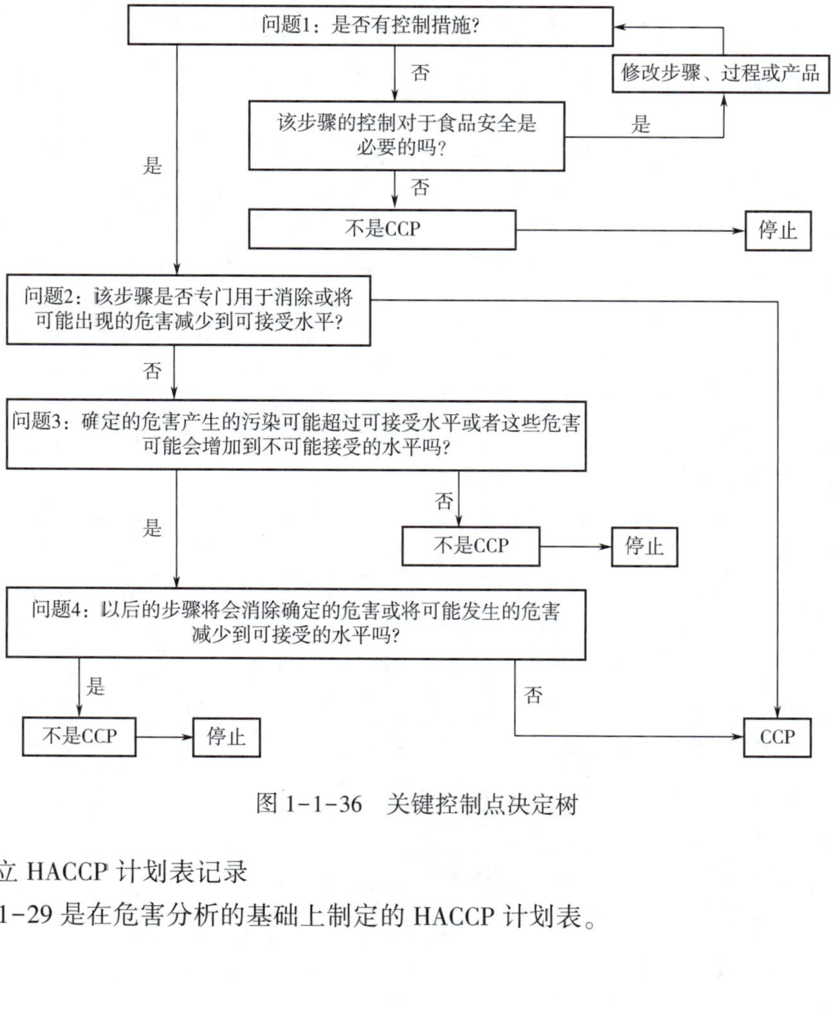

图 1-1-36　关键控制点决定树

4. 建立 HACCP 计划表记录

表 1-1-29 是在危害分析的基础上制定的 HACCP 计划表。

表 1-1-29 HACCP 计划表

关键控制点	显著危害	关键限值	监控				纠偏措施	记录	验证
			对象	方法	频率	人员			
采购验收	食品中的传染病菌、有害菌等	国家相应的标准	传染病菌、有害菌	检查三证	每批商品	商品验收员	拒收、退货	验收监测记录	每日审核、每周抽检
装卸搬运	细菌繁殖、食品变质、变味	温度和作业时间限制	温度时间、作业人员	观察温度、记录时间	每次作业	作业管理人员	调整温度速度	作业记录	每次作业后审核
运输配送	微生物及化学污染	运输工具温度控制标准	微生物化学传染物	采用温度监控仪器	每批商品	操作人员	及时调整温度、更换工具	温度监控记录	食品准确性检测
贮存	细菌繁殖交叉污染	国家贮存标准	细菌贮存特写	保持清洁分区存储	每批商品	仓贮人员	及时清洁、分区存放	贮存记录	区位准确性检测
分拣	微生物及化学污染	作业操作技术规范	温度、速度、作业人员	观察温度记录时间	每批商品	分拣人员	调整温度、提高速度	分拣记录	作业后审核
流通加工	清洗用水或挑拣不干净造成的污染，微生物繁殖	商品质量规范、挑拣技术规范国家标准	商品质量含菌量	肉眼观察食品检测	每批商品	车间质检员	丢弃不合格产品	质检记录	每日审核每批抽检

思考题

1. 简述果蔬采后贮藏保鲜中常用的技术措施及其原理。

2. 跃变型与非跃变型果实在采后生理上有什么区别？在贮藏实践上有哪些措施可调控果蔬采后的呼吸作用。

3. 阐述休眠现象对某些蔬菜贮藏的有利作用。

4. 简述屠宰后肉的生物学变化过程及其机制。

5. 简述鱼贝类的死后变化。

6. 引起食品腐败变质的主要因素有哪些？食品的低温冷藏对这些因素有何影响？
7. 冷却和低温冷藏对食品的品质会产生怎样的影响？
8. 食品冷却方法有哪几种？分别适用于何种食品？
9. 食品冷藏中需要控制的因素有哪些？控制不当会对食品造成哪些影响？
10. 果蔬气调贮藏的原理？
11. 气调贮藏管理中气体指标如何确定？
12. 气调库设计建造过程中应注意的问题？
13. 对气调贮藏的管理提出一些合理化建议。
14. 影响冻制食品最后的品质及其耐藏性的因素有哪些？
15. 速冻和缓冻相比，哪一种更适合用于食品保藏？其优点是什么？
16. 影响冻结速度的因素有哪些？冻结对食品品质有何影响？
17. 食品冻结及冻结食品解冻各有哪些方法？
18. 对解冻后食品品质影响的因素有哪些？
19. 食品物料的冻藏过程应控制的因素有哪些？
20. 什么是冷链？冷链的适用范围是什么？
21. 冷链常用运输设备分为几大类？
22. 举例说明 HACCP 体系在冷链物流中的应用。

主要参考文献

[1] 赵晋府. 食品工艺学 [M]. 北京：中国轻工业出版社，2009.
[2] 曾庆孝. 食品加工与保藏原理 [M]. 北京：化学工业出版社，2007.
[3] 潘永贵. 现代果蔬采后生理 [M]. 北京：化学工业出版社，2009.
[4] 彦启森. 制冷技术及其应用 [M]. 北京：中国建筑工业出版社，2006.
[5] 谢晶. 食品冷冻冷藏原理与技术 [M]. 北京：化学工业出版社，2005.
[6] 华泽钊，李云飞，刘宝林. 食品冷冻冷藏原理与设备 [M]. 北京：机械工业出版社，2002.
[7] 刘宝林. 食品冷冻冷藏学 [M]. 北京：中国农业出版社，2010.
[8] 李延云. 果蔬贮藏实用技术 [M]. 北京：中国轻工业出版社，2010.
[9] 王丽琼. 果蔬贮藏与加工 [M]. 北京：中国农业大学出版社，2008.
[10] 刘新社. 果蔬贮藏与加工技术 [M]. 北京：化学工业出版社，2009.
[11] 陆兆新. 果蔬贮藏加工及质量管理技术 [M]. 北京：中国轻工业出版社，2004.
[12] 张存莉. 蔬菜贮藏与加工技术 [M]. 北京：中国轻工业出版社，2008.
[13] 谢晶. 食品冷藏链技术与装置 [M]. 北京：机械工业出版社，2010.
[14] 关志强. 食品冷冻冷藏原理与技术 [M]. 北京：化学工业出版社，2010.
[15] 赵晋府. 食品技术原理 [M]. 北京：中国轻工业出版社，2007.

第二章 食品的热处理

CHAPTER 2

[学习指导]

明确食品热杀菌的目的和要求，了解食品热处理的类型与特点，熟悉加热对食品品质的影响及加热过程中食品品质的变化动力学；掌握影响食品热处理的因素、*D*值、*F*值、*Z*值及*TRT*值的概念及其实际含义及等效热处理条件的换算与应用；掌握食品热处理（杀菌）合理性的判别方法及其实际应用。

第一节　食品加工中的热处理

一、热处理作用

热处理（thermal processing）是食品加工过程中最重要的处理方法之一，主要用于改善食品品质、获得新型食品、延长食品贮藏期。食品热处理的方法有多种，所采用的热处理参数也各不相同，需要根据实际的需要和预期的目标进行合理选择。热处理过程对微生物、酶和食品成分的作用以及传热的原理和规律有相同或相近之处。在食品加工过程中，热处理的作用主要表现为：

1. 灭菌作用

热处理过程将不同程度地杀死微生物，主要是致病菌与腐败菌等有害的微生物，从而控制由于微生物作用引起的食品变败，以达到保证食品安全、延长食品贮藏期的目的。

2. 钝化酶

热处理过程在杀灭微生物的同时使酶失活，控制由于酶作用引起的食品腐败，从而达到延长食品贮藏期的目的。

3. 改善食品的品质与特性

通过热处理可以达到如下目标：

热处理赋予食品特有的品质，如赋予焙烤制品特有的色泽、膨化食品特有的质地；提高食品中营养成分的可消化性和可利用率；方便后续操作，如猪肉、牛肉的预煮，可以固化蛋白质，方便切片（块）操作；热处理还可起到蒸、煮和调味的作用，使食品在热处理过程中由生变熟，同时完成调味作用。对于一些含有有害成分或不良风味的食品，热处理还能够破坏或去除食品中不需要的或有害的成分或因子，如大豆中的胰蛋白酶抑制因子、新鲜黄花菜中的秋水仙碱等。

在热处理过程中会不可避免地给食品品质带来一些不利的影响，如部分营养成分损失、色泽的变化等，尤其是对于热敏性食品，需要合理选用热处理方法，严格热处理操作。

二、热处理类型与特点

食品热处理的类型很多，分类的方式也有多种，可根据处理方式、处理目的或工艺等不同进行分类。目前，一般按加工工艺进行分类，分为热烫/预煮、热脱水、焙烤、热挤压及热杀菌等。

1. 热烫与预煮

热烫又称烫漂、杀青、预煮。其主要作用是破坏或钝化食品中导致食品质量变化的酶类，以保持食品原有的品质，防止或减少食品在加工和保藏过程中由酶引起的食品色、香、味的劣化和营养成分的损失。热烫处理除破坏酶的活性外还具有一定的杀菌和洗涤作用，可以减少食品表面的微生物数量，降低农药残留量。对于罐装食品，热烫可以排除食品组织中的气体，使食品装罐后可形成良好的真空度并减少氧化作用；热烫还能软化食品组织，方便食品往容器中的装填，保证罐头中的固形物含量；热烫也起到了一定的预热作用，这有利于提高和保证装罐后罐内食品的温度，缩短杀菌升温的时间。此外，一些蔬菜在热烫时加入食盐，不仅可减少溶解氧，而且对蔬菜有一定的护色作用。热烫还可以除去或减少某些蔬菜的不良风味，如菠菜的涩味，芦笋的苦味、菜花的土腥味等，从而可改善产品品质。

热烫处理主要应用于蔬菜和某些水果，这通常是蔬菜和水果冷冻、干燥或罐藏前的一种前处理工序。

预煮处理主要用于肉禽加工过程中，其主要目的是为了方便后续工序的操作。预煮多以热水为介质，预煮温度常采用食品的沸点，以方便对温度的控制，减少设备投资。预煮时间视食品原料的特性、大小及后续操作要求等因素而定。

2. 热杀菌

热杀菌是以杀灭不符合要求的微生物为主要目的的热处理形式，根据热处理温度的不同可分为巴氏杀菌（pasteurization）和商业灭菌（sterilization）。

巴氏杀菌的处理温度通常在100℃以下，典型的巴氏杀菌的条件是62.8℃、30min，达到同样的巴氏杀菌效果，可以有不同的温度、时间组合。

商业灭菌又称热杀菌，通常是将食品加热到一定的温度并维持一定的时间以杀灭不符合要求的微生物，从而使产品达到“商业无菌（commercial sterilization）”的状态。商业无菌是指食品经过适度的热杀菌后，不含有致病的微生物，也不含有在通常温度下能在产品中繁殖的非致病性微生物，这种状态称为商业无菌，商业无菌并未达到绝对无菌。达到商业无菌所需要的热处理条件取决于污染食品原料的微生物的种类、数量、食品的酸度、食品的成分、包装状况以及热杀菌设备的形式等因素。

3. 热挤压

挤压是将食品物料放入挤压机中，物料在螺杆的挤压下被压缩并形成熔融状态，然后在卸料端通过模具出口被挤出的过程。热挤压是指食品在挤压的过程中同时被加热的过程。热挤压又称挤压蒸煮（extrusion cooking）。挤压是结合了混合、蒸煮、揉搓、剪切、成型等几种单元操作的过程。

挤压是一种新的加工技术，挤压可以产生不同形状、质地、色泽和风味的食品。热挤压是一种高温短时的热处理过程，它能够减少食品中的微生物数量和钝化酶，但无论是热挤压还是冷挤压，其产品的保藏主要是靠较低的水分活性和其他条件来完成的。

挤压处理具有下列特点：挤压食品多样化，可以通过调整配料和挤压机的操作条件直接生产出满足消费者要求的各种挤压食品；挤压处理的操作成本较低；在短时间内完成多种单元操作，生产效率较高；便于生产过程中的自动控制和连续生产。

4. 热脱水

热脱水是指在控制条件下运用热能，以蒸发的形式除去食品中通常存在的大部分水分。

脱水的主要目的是通过适度脱水降低产品中的水分活度，以控制微生物的生长和酶的活性，从而延长食品的货架期，如牛乳的脱水，果蔬的脱水等。

有的食品物料经过非水介质加热脱水后，如油炸脱水后具有了食品特有的质地、香气和色泽。油炸脱水根据热介质的使用程度的不同分为油炸和煎炸。油炸是将食品置于热油中进行加热的过程，其表面的温度迅速升高，水分以蒸汽的形式蒸发，随着加热过程的进行，蒸发层向食品内部移动，形成脆性外皮。煎炸是指用少量的油加热食品，使其表面脱水的过程。加热后，煎炸油的温度比沸水的温度高，煎炸食物需时较短。

5. 焙烤和焙烧

焙烤和焙烧本质上是同一种单元操作。二者都是使用热气来改变食品食用品质的。焙烤（baking）应用于主要成分为面粉和谷物的食品，而焙烧（roasting）则应用于肉类和坚果等食物。焙烤和焙烧的第二个目标是通过杀灭微生物和降低食品表面的水分活度来达到防腐的目的。咖啡豆的焙烧不同于二者，其受热温度为165~250℃，要通过焦糖化反应形成咖啡的滋味和气味。

6. 蒸发和蒸馏

蒸发和蒸馏的目的是分离食品中某些特定的成分来提高食品的价值。这两种单元操作都是利用食品中各成分蒸气压（挥发性）的不同，用热量除去其中一种或多种成分，从而取得分离效果的。

蒸发或是沸煮浓缩，是指通过沸煮去掉水蒸气从而除去液态食品中部分水分的方法。蒸发用于食品干燥、冷冻灭菌前的预浓缩以减少其重量和体积。这样可以节省后续工序中的能源消耗及储藏、运输和分销的成本。也可以为消费者或生产者带来方便。蒸发可大幅度增加食品中固形物的含量，降低水分活度，可以取得防腐的效果。通过正确选择设备和操作可以尽量减少剧烈的热处理引起的食品品质变化。蒸发的能源成本比其他浓缩方式和冷冻浓缩高，但可获得较高的浓缩水平。

尽管蒸馏在化学工业中的应用很普遍，但它在食品加工中大多局限于烈性酒的生产及挥发性风味和芳香成分的分离，如蒸汽蒸馏生产精油。含有各种挥发性不同的成分的食品受热时，蒸气压较高的成分首先被分离出来。这些分离出来的成分称为“馏出液”，而那些挥发性较低的成分则称为“底液”或残余物。

第二节　食品热处理原理

一、加热对微生物的影响

(一)微生物与食品的腐败变质

食品中的微生物是导致食品不耐贮藏的主要原因。一般说来，食品原料都带有微生物。在食品的采收、运输、加工和保藏过程中，食品也有可能污染微生物。在一定的条件下，这些微生物会在食品中生长、繁殖，使食品失去原有的或应有的营养价值和感官品质，甚至产生有害和有毒的物质。

细菌、霉菌和酵母都可能引起食品的变质，其中细菌是引起食品腐败变质的主要微生物。细菌中非芽孢细菌在自然界存在的种类最多，污染食品的可能性也最大，但这些菌的耐热性并不强，采用巴氏灭菌法即可将其杀死。细菌中耐热性强的是芽孢菌。芽孢菌分为需氧性芽孢菌、厌氧性芽孢菌和兼性厌氧芽孢菌。需氧和兼性厌氧的芽孢菌是导致罐头食品发生平盖酸败的原因菌，厌氧性芽孢菌中的肉毒梭杆菌常作为罐头杀菌的对象菌。酵母菌和霉菌引起的变质多发生在酸性较高的食品中，一些酵母菌和霉菌对渗透压的耐性也较高。

(二)微生物的生长温度和微生物的耐热性

不同微生物有不同的生长温度，微生物的最适生长温度如表 1-2-1 所示。大多数微生物以常温或稍高于常温的温度为最适生长温度。当温度高于微生物的最适生长温度时，微生物的生长就会受到抑制，而当温度高到足以使微生物体内的蛋白质发生变性时，微生物即会出现死亡现象。

表 1-2-1　　微生物的最适生长温度　　单位:℃

微生物	最低生长温度	最适生长温度	最高生长温度
嗜热菌	30~45	50~70	70~90
嗜温菌	5~15	30~45	45~55
低温菌	-5~5	25~30	30~55
嗜冷菌	-10~-5	12~15	15~25

一般认为，微生物细胞内蛋白质受热凝固而失去新陈代谢的能力是加热导致微生物死亡的原因。因此，细胞内蛋白质受热凝固的难易程度直接关系到微生物的耐热性。无论微生物的营养细胞，还是芽孢，其耐热性有显著的差异，即使耐热性很强的细菌芽孢，其耐热性的变化幅度也相当大。微生物的这种耐热性是复杂的化学性、生理性以及形态方面的性质综合表现的结果。因此，微生物的耐热性首先受到其遗传性的影响，其次，与它所处的环境条件也是分不开的。加热前、加热时和加热后三个阶段对微生物耐热性都有影响，最重要的是加热时的各种条件，如酸、碱、盐、脂肪、水分及温度等，所以，影响微生物耐热性的因素有

很多，主要原因可归纳为三个，即微生物的种类、微生物的数量、微生物所处的环境。

1. 微生物的种类

微生物的菌种不同，耐热性的程度也不同，而且即使是同一菌种，其耐热性也因菌株而异。正处于生长繁殖的微生物营养细胞的耐热性比其芽孢弱。各菌种芽孢的耐热性也不相同，嗜热菌芽孢的耐热性最强，厌氧菌芽孢次之，需氧菌芽孢的耐热性最弱。同一菌种芽孢的耐热性也会因热处理前菌龄、培养条件、贮存环境的不同而异。例如，菌体在其最高生长温度生长良好并形成芽孢时，其芽孢的耐热性通常较高；实验室培养的芽孢都比在大自然条件下形成的芽孢耐热性要低；培养基中的钙、锰离子或蛋白胨都会使芽孢耐热性增强；热处理后残存芽孢经培养繁殖并再次形成芽孢后，新形成芽孢的耐热性就较原来的芽孢强；嗜热菌芽孢的耐热性随贮藏时间增加可能降低，但对厌氧性细菌影响较小，耐热性减弱的速度慢得多；也有多人发现菌龄对细菌的耐热性有影响，但缺乏规律性。

酵母菌和霉菌的耐热性都不高，酵母，包括酵母孢子，在100℃以下的温度容易被杀死。大多数的致病菌不耐热。

表1-2-2是部分微生物的 D 值，D 值是指在一定的处理环境中和一定的热力致死温度下某细菌数群中每杀死90%原有残存活菌数时所需时间。表中数据表明微生物种类不同，其 D 值不同，说明其对热的抵抗能力不同。

表1-2-2　　部分微生物的 D 值

微生物组	耐热性/min
低酸和中酸食品（pH>4.5）	D_{121}
嗜热菌	
平盖酸败类（嗜热脂肪芽孢杆菌）	4.0~5.0
产气腐败类（嗜热解糖芽孢梭菌）	3.0~4.0
致硫臭类（致黑芽孢梭菌）	2.0~3.0
嗜温菌	
厌氧腐败类	
肉毒梭菌（A型和B型）	0.10~0.20
产芽孢类（包括P.A.3679）	0.10~1.5
酸性食品（pH 4.0~4.5）	
嗜热菌	
凝结芽孢杆菌（兼性嗜温菌）	0.01~0.07
嗜温菌	D_{100}
多黏芽孢杆菌和软化芽孢杆菌	0.10~0.50
厌氧丁酸菌（巴氏固氮梭状芽孢杆菌）	0.10~0.50
高酸食品（pH<4.0）	D_{65}
非芽孢嗜温菌	
乳酸杆菌，明串珠菌，酵母和霉菌	0.50~1.00

2. 微生物的数量（原始活菌数）

微生物的耐热性还与微生物的数量密切相关，微生物的数量越多，其对热的抵抗能力越强，在相同的热处理温度下使其全部死亡所需的时间就越长。有人用 184g 蘑菇罐头进行实验，具有不同芽孢浓度的罐头经杀菌后的酸败情况如表 1-2-3 所示，其中杀菌公式是实际杀菌过程中针对具体产品确定的操作参数，以时间、温度表示，时间默认单位 min。

表 1-2-3　　184g 蘑菇罐头经杀菌保温后的酸败情况

杀菌公式	凝结芽孢杆菌芽孢浓度					
	5.8 个/g		63.6 个/g		527 个/g	
	A/B	*C*	*A/B*	*C*	*A/B*	*C*
10~20min/121℃	18/30	60%	24/30	80%	28/28	100%
10~25min/121℃	4/31	13%	24/30	80%	30/30	100%
10~30min/121℃	0/26	0	24/30	80%	30/30	100%

注：*A*—酸败罐数量，*B*—实验罐数量，*C*—酸败率。

从表中数据可见，罐头的酸败率随着罐头所含芽孢数量的增加而增加。

有人在玉米罐头中分别加入 10g 各含有 60 和 2500 个平酸菌芽孢的食糖溶液，在 121℃温度下杀菌 70~90min，观察它们的杀菌效果，含有 60 个芽孢的罐头试样中，没有发现平盖酸败，而含有 2500 个芽孢的试样在 70min、80min、90min 时的败坏率分别为 95.8%、75.0%和 54.2%，即菌数越多，全部死亡时间也随之而增长。由此可见，控制食品杀菌前被污染的菌数可有效缩短食品受热时间，对于食品品质的保存有着极为重要的作用。

3. 微生物所处的环境

食品中含有糖、酸、脂肪、蛋白质、盐分等成分，这些成分对微生物的耐热性有着不同程度的影响。

（1）酸（度）　酸对微生物的耐热性影响很大。食品中酸的存在对微生物耐热性有减弱的作用，而减弱的程度随酸度的不同而不同。一般来说酸度越高，pH 越低，微生物及其芽孢的耐热性越弱。

图 1-2-1 为 pH 与芽孢致死时间的关系。图中结果表明，酸度越大，pH 越低，芽孢致死时间越短。

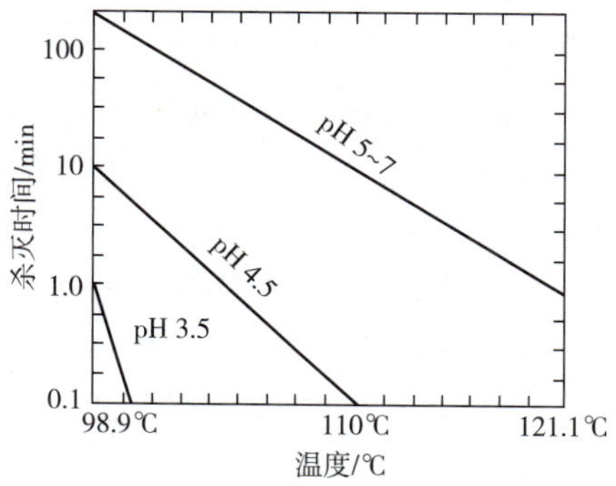

图 1-2-1　pH 与芽孢致死时间的关系

表 1-2-4 为 pH 对三种食品中的肉毒梭菌 62A 芽孢的 *D* 值的影响。表中数据表明三种食品中的肉毒梭菌 62A 芽孢的 *D* 值都随 pH 的减小而缩短，这说明酸度越高，使 90%的芽孢死灭需要的时间越短。

表 1-2-4　　pH 对三种食品在 116℃的肉毒梭菌 62A 芽孢的 *D* 值影响

pH	*D* 值/min		
	番茄酱和奶酪	通心面	西班牙米饭
4.0	0.128	0.127	0.117
4.2	0.143	0.148	0.124
4.4	0.163	0.170	0.149
4.6	0.223	0.223	0.210
4.8	0.226	0.261	0.256
5.0	0.260	0.306	0.266
6.0	0.491	0.535	0.469
7.0	0.515	0.568	0.550

以上实例都表明食品的酸度越高，pH 越低，微生物及其芽孢的耐热性越弱。

酸使微生物耐热性减弱的程度还随酸的种类而异，一般认为乳酸对微生物的抑制作用最强，苹果酸次之，柠檬酸和乙酸稍弱。

因食品的酸度对微生物及其芽孢的耐热性的影响十分显著，所以食品酸度与微生物耐热性这一关系在预包装食品（如罐头、饮料）的热杀菌过程中具有相当重要的意义。在实际生产中一般根据食品的酸度确定热杀菌的温度，平衡 pH<4.6 的酸性食品，可采用常压杀菌，即杀菌温度≤100℃；平衡 pH≥4.6（A_w>0.85）的低酸性食品，应采用高温高压杀菌，即杀菌温度>100℃。这为热敏性食品降低热杀菌温度提供了有效途径——酸化，即在食品加工过程中，通过适当加酸或产酸可提高食品的酸度，以抑制微生物（通常以肉毒梭菌芽孢为主）的生长，降低或缩短杀菌的温度或时间，此即为酸化食品。在酸化时应注意食品酸化的适应性、酸化后口味的接受性及合理酸化方法的选择。美国食品与药物管理局（FDA）2010 年 9 月发布了酸化和发酵食品指南草案，如针对咸菜、调味品和橄榄等食品，提供了有关制造和质量控制的建议。

（2）食品中的糖（碳水化合物）　食品中的糖有增强微生物耐热性的作用。蔗糖浓度很低时，对细菌芽孢的耐热性影响很小，高浓度的蔗糖对受热处理的细菌芽孢有保护作用，例如：大肠杆菌在 70℃加热时，在 10%的糖液中致死时间比在无糖溶液中增长了 5min，而浓度提高到 30%时致死时间要增加 30min。这是由于高浓度的糖液会导致细菌细胞中的原生质脱水。这影响了蛋白质的凝固速度以致增强了芽孢的耐热性。当蔗糖的浓度增加到一定程度时，造成高渗透压的环境，这个环境具有抑制微生物生长的作用。

除蔗糖外，其他的糖如葡萄糖、果糖、乳糖、麦芽糖等的作用并不相同。

（3）食品中的盐　食品中的盐类有时对微生物受热损伤也具有保护作用，有时则又具有相反作用，其作用效果随盐的种类、浓度及菌种等因素的变化而有相当大的差异。这些盐类对微生物可能产生的作用如下：

①盐类透过阻碍层（使微生物自身的酸与外界环境的渗透压保持平衡）的移动性因不同的盐类而有变化，并对细胞内的 pH 有影响。

②可以通过采用不同的添加浓度，将细胞内外的渗透压调节得恰到好处，可减少一些重要成分在加热过程中漏到细胞外。

③NaCl、KCl 等盐，对蛋白质的水合作用影响效果明显。因此，可能对酶及其他重要蛋白质的稳定性产生影响。

④二价阳离子（如 Ca^{2+}、Mg^{2+}等）与蛋白质结合可生成稳定的复合体而有助于耐热性的增强。

⑤高浓度盐类的存在使水分活度降低，从而使细胞的耐热性增强，其原理与干燥作用相同。

食盐是盐类中最重要的一种盐，关于它对微生物耐热性的影响已有较多的研究，其影响效果因菌种、盐液浓度及其他环境条件不同而有变化。一般认为食品中低浓度的食盐（低于4%）对芽孢的耐热性有一定的增强作用，但随着食盐浓度的提高（8%以上），芽孢的耐热性会减弱。浓度高于10%时微生物的耐热性会随着盐浓度的增加而明显降低。当浓度高于14%时，一般细菌将无法生长。盐浓度的这种保护和削弱作用的程度，常随腐败菌的种类而异。例如，在加盐的青豆汤中做芽孢菌的耐热性试验，当盐浓度为1%~2.5%时芽孢的耐热性增强最明显，盐浓度为3%~3.5%时，芽孢的耐热性有增强的趋势，而盐浓度增至4%时，芽孢的耐热性增强较小。其中肉毒梭菌芽孢的耐热性在盐浓度为0.5%~1.0%时，有增强的趋势，当盐浓度增至6%时，耐热性不会减弱。

其他无机盐对细菌芽孢的耐热性增长也有影响。氯化钙对细菌芽孢耐热性的影响较食盐弱一些，而氢氧化钠、碳酸钠或磷酸钠等对芽孢有一定的杀菌力，这种杀菌力常随温度的提高而增强。因此如果在含有一定量芽孢的食盐溶液中加入氢氧化钠、碳酸钠或磷酸钠时，杀死它们所需要的时间可大为缩短。通常认为这些盐类的杀菌力来自未分解的分子而并不来自氢氧根离子。

（4）脂肪　脂肪和油能增强微生物的耐热性。这是因为细菌的细胞是一种蛋白质的胶体溶液，此种亲水性的胶体与脂肪接触时，蛋白质与油脂两相之间很快会形成一层凝结薄膜，这样蛋白质就被脂肪所包围，妨碍了水分的渗入，从而造成蛋白质凝固困难。脂肪又是不良的导热体，可阻碍热的传导，因此增强了微生物的耐热性。例如，大肠杆菌在水中加热至60~65℃即可致死；在油中加热100℃下经30min才能将其杀灭；即使在109℃下也需要10min才能将其杀灭。

Molin 和 Snygg 在大豆油、橄榄油、液态石蜡中对蜡样芽孢杆菌、肉毒梭菌E型芽孢的受热死亡过程进行了研究，发现蜡样芽孢杆菌的芽孢在磷酸盐缓冲液中，100℃时，D 值不超过8min，但在脂类物质中，其耐热性显著增强，121.1℃时，D 值为7~30min，而且因脂类物质种类的不同而差异很大。不过，若在脂类物质中加入微量的水，就能明显地促进微生物受热死亡的速度。山夫顿堡沙门氏菌、鼠伤寒沙门氏菌在巧克力中，大肠杆菌在大豆油中，其耐热性都有显著增强。

Sugiyama 研究了不同链长的脂肪酸对肉毒梭菌的保护作用，证明了长链脂肪酸与短链脂肪酸相比是一种更好的保护剂。

但也有试验结果表明，金黄色葡萄球菌、莓实假单胞菌在牛乳中，其耐热性不受其脂肪含量的影响。而且，嗜热链球菌、生孢梭菌在稀奶油中的死亡率反而比在脱脂乳中高。还有，法兰克福香肠中的假单胞菌、微球菌等在脂类物质中含量为11%~38%时，其耐热性不受任何影响。

从上述结果得知，微生物在脂类物质中的耐热性远比在水系中强，但有时脂类物质对微生物耐热性的影响也可能会因食品成分及其他有关因素的存在而减少。

（5）水分　微生物在发育期的细胞含水量为75%~85%，孢子的含水量为6%~17%。这些水分在细胞中以自由水和结合水的状态存在，它与外界环境中的水分保持着平衡关系。因此，细胞外的水分无论是对细胞内的含水量，还是对细胞内所含水分的物理状态都具有重要的影响。

对于食品来说其含水量不一样，差异更大，从百分之几到百分之几十，含水量范围极广。而在食品加工过程中，容易出问题的食品大部分含水量非常高。因此，无论何种方式的加热，都可以被看作是以湿热的形式作用于微生物。但含水量低的原料，如加盐、加糖食品，干燥食品，浓缩食品，油脂食品等并非处于水分丰富的状态，对此类食品进行加热处理时，就不能将其与湿热的情况同等对待。而含水量介于湿热与干热之间的这个中间水分区域范围很宽。因此，对存在于这一区域中的微生物的耐热性变化要根据试验结果进行研究。

Murrel 和 Scott 研究了气相调湿加热处理，他们从典型的芽孢杆菌属和梭菌属中各选出三种，分别置于各种相对湿度气相中，调节湿度，控制气相中的水分，再进行加热处理。采用110℃下的 D 值对细菌芽孢的受热死亡情况进行了比较，由水分活度（A_w）的变化而引起的细菌芽孢的耐热性反应，可能因不同的菌种而有差异。但无论哪个菌种都会表现出一致的趋势。A_w 在0.2~0.4，经过调湿的芽孢具有最强的耐热性（$D_{110℃}$ 为2~24h），若水分活度（A_w）降到0.2以下，其耐热性就相应减弱，表现为 A_w 为0.0时，$D_{110℃}$ 为30s~30min。A_w 0.4以上时，4个菌种的 D 值都将显著下降，A_w 1.0时最低。但凝结芽孢杆菌、嗜热脂肪芽孢杆菌的芽孢耐热性减弱不显著，耐热性在 A_w 1.0时比 A_w 0.0时的 D 值大，如E型肉毒梭菌的耐热性在0.1s以下，而凝结芽孢杆菌和嗜热脂肪芽孢杆菌的耐热时间则约为40min。E型肉毒梭菌在高湿度下的热敏感性极强，但当 A_w 在0.2~0.4时，其 D_{110} 值几乎与其他菌种无显著性差别。Reves 等用密闭罐在相对湿度0.001%~100%研究了枯草芽孢杆菌黑色变种、蜡样芽孢杆菌、巨大芽孢杆菌、嗜热脂肪芽孢杆菌的耐热性，研究结果认为峰值出现在相对湿度为1.0%~50%。

在液相中较大的水分活度（A_w）范围内研究枯草芽孢杆菌的芽孢时（甘油溶液中），也得出了 A_w 在0.2~0.4时，$D_{95℃}$ 有最高值的结论。用食盐、糖等作为溶质来调节 A_w 时，可调节范围比较窄，但随着水分活度的降低，其耐热性均有增强的趋势，如沙门氏菌属、大肠杆菌、荧光假单胞菌、金黄色葡萄球菌、肠球菌属、乳杆菌属、球形球拟酵母、鲁氏酵母等。

嗜热脂肪芽孢杆菌的芽孢在NaCl、LiCl、葡萄糖、甘油溶液和气相调湿的条件下，对其耐热性进行了比较。结果表明：水分活度的效果因溶质的不同而有变化，溶质为NaCl和葡萄糖时，A_w 在0.8以上，其耐热性变化很小；在LiCl溶液中，A_w 0.5时，D 值最小。相反在甘油溶液中进行气相调湿，当 A_w 在0.2~0.5时，D 值最大。表1-2-5显示出了蛋粉、鱼蛋白浓缩粉和小麦粉的嗜热脂肪芽孢杆菌（*Bacillus stearothermophilus*）芽孢的耐热性与水分活度的关系。

表 1-2-5　　水分活度对嗜热脂肪芽孢杆菌芽孢耐热性的影响

食品材料	水分/%	A_w（20℃）	降低至 10^{-4} 的时间/min
蛋粉	40.3	0.98	15
	9.4	0.68	51
	4.3	0.33	460
	0.1	0	7
鱼蛋白浓缩粉	63.7	0.99	4
	10.7	0.68	32
	7.4	0.38	250
	0.1	0	36
小麦粉	45.6	0.99	9
	14.1	0.68	21
	9.3	0.33	99
	0.1	0	31

表中数据表明蛋粉、鱼蛋白浓缩粉和小麦粉均在 A_w 为 0.33/0.38 时得出了最高的 TRT_4（4*D*）值。

从以上所得结果可见，微生物的细胞水分受到的束缚越多，越不易遭受加热的损伤，但无论是在气相还是在液相条件下，一旦超过某一临界值，其敏感性反而会增强。不过，可能会因菌种、芽孢的形成条件和溶质等因素的影响而有所变化。

芽孢对干热的抵抗能力比湿热的抵抗能力强，如肉毒梭菌的芽孢在干热条件下的杀灭条件是 120℃、120min，而在湿热下为 121℃、4~10min。

这种差异与芽孢在两种不同环境下的破坏机制有关：湿热下的蛋白质变性和干热下的氧化。由于氧化所需的能量高于变性，故在相同的热处理条件下，湿热下的杀菌效果高于干热下的杀菌效果。部分微生物在湿热与干热中的微生物耐热性比较如表 1-2-6 所示。部分微生物芽孢在湿热杀菌时的 *D* 值和 *Z* 值如表 1-2-7 所示。

表 1-2-6　　湿热与干热微生物耐热性的比较

菌种	加热致死条件（温度、*D* 值）	
	湿热	干热
葡萄球菌属（*Staphylococci*） 微球菌属（*Micrococci*） 链球菌属（*Streptococci*）	55℃，30~45min	110℃，30~65min
鼠伤寒沙门氏菌（*Salmonella typhimurium*）	57℃，1.2min	90℃，75min
山夫登堡沙门氏菌 775W（*S. senftenberg 775W*）	57℃，30min	90℃，36min
大肠杆菌（*Escherichia coli*）	55℃，20min	75℃，40min
枯草芽孢杆菌 5230（*Bacillus subtilis* 5230）	120℃，0.48~0.8min	120℃，154~295min
嗜热脂肪芽孢杆菌（*Bacillus stearothermophilus*）	120℃，4~5.14min	120℃，15~19min

续表

菌种	加热致死条件（温度、*D* 值）	
	湿热	干热
生孢梭菌（*Clostridium sporogenes* PA3679）	120℃，0.18~1.4min	120℃，115~195min
芽孢杆菌（*Bacillus*. sp. ATCC 27380）	80℃，61min	125℃，139min
分生孢子（*Aspergillus niger*）	55℃，6min	100℃，100min
厚垣孢子（*Humicola fuscoatra*）	80℃，108min	120℃，30min

表 1-2-7　　部分微生物芽孢在湿热杀菌时的 *D* 值和 *Z* 值

微生物	菌株号	温度/℃	*D* 值/min	*Z* 值/℃
蜡样芽孢杆菌	1	104~121	$D_{121}=0.03$	9.9
	2	116~129	$D_{121}=2.4$	7.9
凝结芽孢杆菌	604	115~125	$D_{120}=2.3$	7.2
圆芽孢杆菌	ATCC23301	85~90	$D_{90}=11$	7.8
冷解糖芽孢杆菌	ATCC23296	81~90	$D_{90}=4.5$	8.5
脂肪嗜热芽孢杆菌	NCIB8923	115~130	$D_{120}=5.8$	13.0
	NCIB8919	115~130	$D_{120}=5.3$	11.0
	NCIB8924	115~130	$D_{120}=1.0$	8.9
	ATCC7953	111~125	$D_{121}=2.1$	8.5
枯草芽孢杆菌	5230	77~121	$D_{121}=0.5$	14.0
	NCIB8054	85~95	$D_{95}=4.8$	9.3
臭气梭菌	NCTC505	80~95	$D_{90}=139$	6.8
肉毒梭菌	62A	104~113	$D_{113}=1.7$	11.0
溶组织梭菌	NCIB503	70~90	$D_{90}=12$	10.0
产气荚膜杆菌	NCTC8238	80~100	$D_{90}=120$	9.0
	NCTC8797	80~100	$D_{90}=15$	12~24
	NCTC8798	80~100	$D_{90}=36$	16.0
	NCTC3181	80~100	$D_{90}=5.0$	6.0
	NCTC8084	80~100	$D_{90}=4.5$	7.0
	NCTC10240	99~116	$D_{104}=1.4\sim5.2$	9.5~12
生孢梭菌	PA3679	104~132	$D_{104}=37$	9.8
	NCTC532	70~90	$D_{90}=34$	13.0

（6）蛋白质　蛋白质对微生物耐热性的影响有不同的报道。有的认为，蛋白质及其有关物质对微生物具有保护作用。例如，有的细菌芽孢在 2%的明胶介质中加热，其耐热性比不加明胶时增强 2 倍。但对其保护作用的机制尚不十分清楚。可以认为，由于蛋白质分子之间或蛋白质与氨基酸之间相互结合，可使微生物蛋白质产生稳定性。虽说这种保护现象是在细胞表面产生的，但也不能忽视在细胞内部也存在着蛋白质对细胞的保护作用。有的报道则认为蛋白质及其有关物质对微生物的耐热性无明显影响，也有认为蛋白质及其有关物质对微生物的耐热性有削弱作用，如有些试验结果表明：蛋白胨、肉膏对产气荚膜梭菌的芽孢有保护

作用；葡萄球菌、链球菌在全脂乳和脱脂乳中比在生理盐水中难以致死；蛋白胨、肉膏、酵母膏对大肠杆菌有保护作用；而且，氨基酸、蛋白胨、大部分蛋白质都对鸭沙门氏菌（*Salmonella anatum*）有保护作用。但也有的研究结果认为半胱氨酸、酪蛋白对鸭沙门氏菌有相反作用，其原因尚不清楚。这也许与微生物的种类、数量，蛋白质及其相关物质的结构、浓度及具体其他的环境条件等因素有关，需要进一步研究。

（7）植物杀菌素　某些植物的汁液和它所分泌出的挥发性物质对微生物具有抑制和杀灭的作用，这种具有抑制和杀菌作用的物质称为植物杀菌素。例如，大蒜、洋葱等均含有植物杀菌素，它们具有一定的灭菌作用。

植物杀菌素的抑菌和杀菌作用因植物的种类、生长期及器官部位等的不同而异。例如，红辣洋葱的成熟鳞茎汁比甜辣洋葱鳞茎汁有更高的活性，经红辣洋葱鳞茎汁作用后的芽孢残存率为4%，而经甜辣洋葱鳞茎汁作用后的芽孢残存为17%。

含有植物杀菌素的蔬菜和调味料很多，如番茄、辣椒、胡萝卜、芹菜、洋葱、大葱、辣根、大黄、胡椒、丁香、茴香、芥末和花椒等。

如果在罐头食品杀菌前加入适量的具有杀菌素的蔬菜或调料，可以降低罐头食品中微生物的污染率，就可以使杀菌条件适当降低，如葱烤鱼的杀菌条件就要比同规格清蒸鱼的低。

除上述成分能影响微生物的耐热性外，介质中的一些其他成分也会影响微生物的耐热性，如 SO_2、抗生素、杀菌剂等抑菌物质的存在对杀菌具有促进和协同作用。

4. 热杀菌温度

杀菌温度与微生物的致死时间有着密切的关系，对于某一浓度的微生物来说，温度和时间都是它们的致死条件。试验证明，微生物的热致死时间随杀菌温度的提高而呈指数关系缩短，如图 1-2-2 所示。

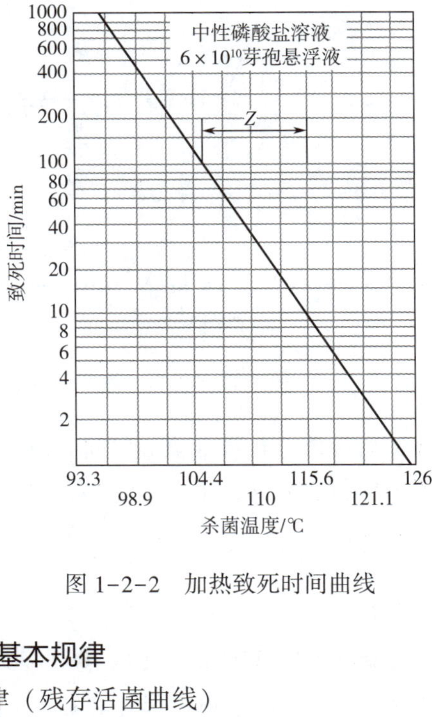

图 1-2-2　加热致死时间曲线

(三) 微生物热致死的基本规律

1. 微生物的热致死规律（残存活菌曲线）

许多科学家曾对微生物及其芽孢的耐热性进行了研究。试验结果一致认为微生物及其芽孢的死亡数随杀菌时间的延长按指数关系递减，即微生物及其芽孢死灭的数量与杀菌时间之间的关系符合化学动力学中的一级反应动力学方程，即微生物的热致死速度遵循化学动力学中的一级反应规律，在某一温度下，微生物及其芽孢的热致死规律的数学表达式，如式（1-2-1）所示。

$$K = \frac{1}{t} \times \lg \frac{a}{b} \tag{1-2-1}$$

式中 K——死灭速度常数；

t——加热杀菌时间，min；

a——热杀菌前的菌数量（芽孢浓度），个；

b——经 t 时间热杀菌后残存的活菌数量（芽孢浓度），个。

微生物及其芽孢的热致死规律也可用曲线表达，即以物料单位值内（如每毫升、每克、每罐等）细胞数或芽孢数为纵坐标，以热处理时间为横坐标，就可以根据一定环境和一定致死温度热处理条件下不同时间所得的残存活菌数（$\lg b$）在半对数坐标图上画出相应的加热致死速率曲线或残存活菌曲线（图 1-2-3）。该曲线为直线，而其斜率为 k，可用直线式表示。

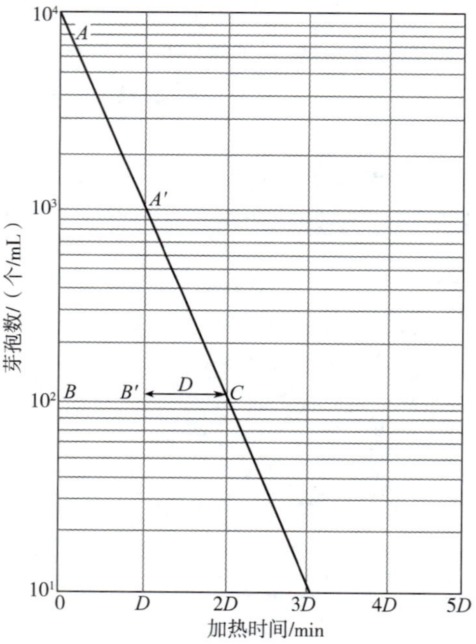

图 1-2-3　微生物的热致死速率曲线

如图 1-2-3 所示，A 点上原始菌数为 $\lg a$，A 点经时间 t（BC 线）热处理后降至 B 点，B 点的残存活菌数为 $\lg b$，如 AC 直线斜率为 $-k$，如式（1-2-2）所示。

$$-k = \frac{\lg a - \lg b}{-t} \text{或} t = \frac{\lg a - \lg b}{k} \text{或} \lg b = -kt + \lg a \tag{1-2-2}$$

这就是残存活菌曲线的方程式。

从图 1-2-3 可见：残存活菌数减少一个对数周（从 10000 减少到 1000 或从 1000 减少到 100），即菌数减少 90%所需要的时间相同。这就是说对于某一种对象菌来说，在一定的热杀菌温度下，杀死 90%所需要的加热杀菌时间是相同的。

2. 微生物耐热性参数 *D* 值

D 值（decimal reduction time）的定义是指在一定的温度条件下，使全部对象菌的 90% 被杀灭所需要的时间。即残存活菌曲线上活菌数减少一个对数周需要的时间，所以 *D* 值在数值上等于残存活菌曲线斜率绝对值的倒数，如式（1-2-3）所示。

$$D = \frac{1}{k} \tag{1-2-3}$$

将式（1-2-3）代入式（1-2-2），并进行整理后得到 *D* 值的计算式，如式（1-2-4）所示。

$$D = \frac{t}{\lg a - \lg b} \tag{1-2-4}$$

式中 t——加热杀菌时间，min；

a——初始芽孢数量，个；

b——经 t 时间热杀菌后残存的活芽孢数量，个。

例 1：110℃时，原始菌数为 1×10^4，热处理 3min 后残存的活菌数为 1×10，求 *D* 值。

$$D = \frac{3}{\lg 10^4 - \lg 10^1} = \frac{3}{3} = 1(\text{min})$$

例 2：从猪肝酱中分泌出来的 F. S 6210 菌，原始菌数为 1.25×10^5，经 121℃、8min 杀菌后，残存的活菌数为 16. 64 个，求该菌在 121℃下的 *D* 值？

$$D = \frac{8}{\lg 1.25 \times 10^5 - \lg 16.64} = 2.06(\text{min})$$

D 值的大小因微生物的种类不同而不同。图 1-2-4 为 A、B 两种不同微生物的热力致死速率曲线，图中曲线表明：*D* 值的大小反映了微生物的耐热性程度，*D* 值越大说明该菌的耐热性越强，在同温同时的条件下，杀死的细菌越少，残存的活菌越多；*D* 值越小说明该菌的耐热性越弱，在同温同时的条件下，杀死的细菌越多，残存的活菌越少。图 1-2-4 曲线还表明 *D* 值的大小不受原始菌数的影响。

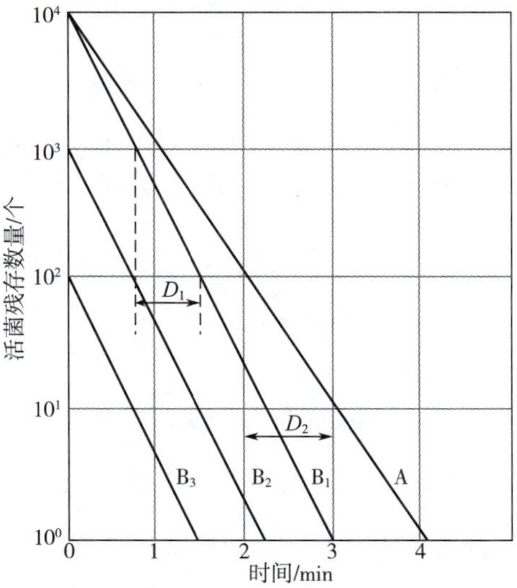

图 1-2-4 微生物的热力致死速率曲线

需特别注意的是 D 值的大小不受原始菌数的影响，但随热杀菌温度而变，温度越高，致死速率越大，D 值则越小，如图 1-2-5 所示。因此，为区别不同热处理温度下的 D 值，须在 D 的右下角标明加热杀菌的温度 T，即 D_T，如为 121.1℃下的 D 值即用 $D_{121.1}$ 表示。

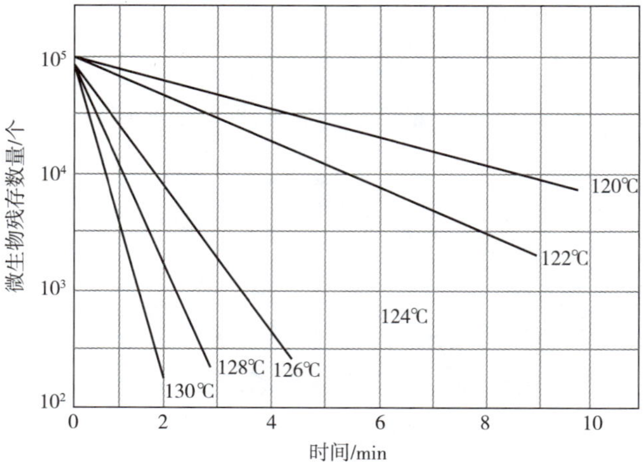

图 1-2-5　不同温度时微生物的热力致死速率曲线

3. 加热致死时间与 TDT 曲线

加热致死时间（thermal death time，TDT）是指在某一恒定加热温度下，将某浓度的细胞或芽孢全部杀死所必需的最短热处理时间，单位为 min，通常习惯用 F 值来表示。由于致死时间随温度而变，所以在表达时也需要在 F 的右下角注明热杀菌的温度，即 F_T。

微生物的加热致死时间随致死温度而异，温度越高，热致死时间越短；温度越低，热致死时间越长，试验结果表明热致死时间随温度的变化规律和加热致死规律一样遵循化学动力学中的一级反应规律。这一关系同样可以用曲线表示，即以杀菌温度为横坐标，以杀菌加热时间为纵坐标绘制得到的曲线，如图 1-2-6 所示。

从图 1-2-6 可知，加热致死时间曲线反映的是某一浓度（N）的微生物被致死所需要的杀菌时间与杀菌温度的关系，所以又称致死温时曲线。

Z 值是使致死时间缩短一个对数周（1/10）所需要提高的温度度数，是反映微生物耐热性的又一个参数。根据 Z 值的实际含义及 TDT 曲线的规律可知，Z 值在数值上等于 TDT 曲线斜率绝对值的倒数。例如，取热致死时间为 τ、热杀菌温度为 T，它们的关系，如式（1-2-5）所示。

$$\lg \frac{\tau}{\tau'} = \frac{T' - T}{Z} \tag{1-2-5}$$

式中　T，T'——不同的热杀菌温度，℃；

τ，τ'——T 和 T'温度时的加热致死时间，min；

Z——$\lg \frac{\tau}{\tau'} = 1$ 时相应 $T'-T$ 值，在图 1-2-5 中为致死时间减少一个对数周时所改变的温度，即直线横过一个对数周时所改变的温度，℃。

通常 T'用 121.1℃作为标准温度，而该温度下的加热致死时间 τ'则用 F 表示，式（1-2-5）就可以用式（1-2-6）表示。

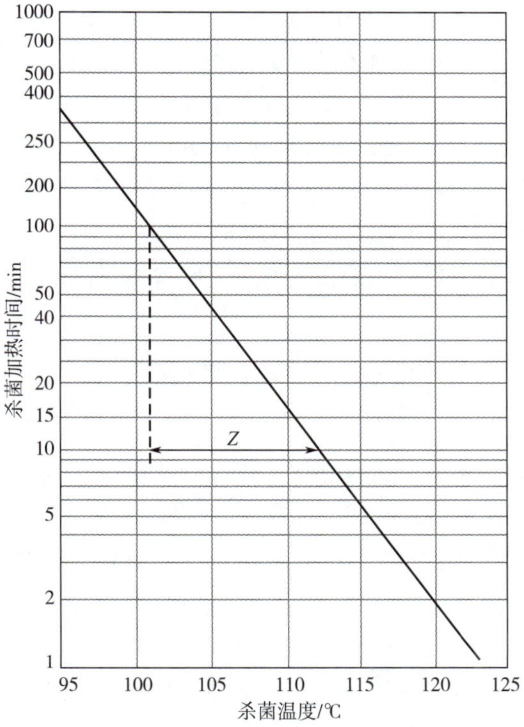

图 1-2-6　加热致死时间曲线

$$\lg \frac{\tau}{F} = \frac{121.1 - T}{Z} \tag{1-2-6}$$

4. 加热减数时间和拟 *TDT* 曲线

加热减数时间是指在某规定的热处理温度下，将对象菌（细菌或芽孢）数减少到某一程度（10^{-n}）所需要的加热杀菌时间（min）。例如，将对象菌减少到原菌数的 1/10，1/100，1/1000……。如前所述，在某一确定温度下，不论对象菌原始菌数为多少，它们减少到原菌数的 1/10 的时间，就是杀灭原菌数 90%的时间，也就是 *D* 值。减少到原菌数的 1/100，即相当于对象菌致死速率曲线通过两个对数周所需要的时间，即为 2*D*；减少到原菌数的 1/1000，即相当于通过 3 个对数周所需要的时间，即为 3*D*。依此类推，由此可知，*TRT* 实际上是 *D* 值的扩大值。

根据 Ball 的建议，通常以递减指数 *n* 来表示菌数减少的程度，并在 *TRT* 的右下角加以标注，以 TRT_n 表示。如将对象菌数减少到原始菌数的百万分之一，所需要的时间即用 TRT_6 表示。如前所述，由加热减数时间的实际含义可知，将对象菌数减少到 10^{-n} 所需要的时间，即为加热减数时间（TRT_n 值），如式（1-2-7）所示。

$$TRT_n = nD \tag{1-2-7}$$

如 $n=1$，即 $TRT_1=D$，而 $n=n$ 时，$TRT_n=nD$。因此，TRT_1 为加热致死速率曲线横过一个对数周所需的加热处理时间，而 TRT_n 为曲线横过 *n* 个对数周所需的热处理时间。这进一步说明了加热减数时间实为 *D* 值的扩大值，与 *D* 值一样 TRT_n 值也不受原始菌数的影响。

如前所述，*TDT* 值或 *F* 值是指在规定的温度下，使某一浓度的对象菌全部死灭所需要的加热杀菌时间，这是建立在“彻底杀灭规定数量的微生物”的基础上的数值，当对象菌的数量变化时，*TDT* 值或 *F* 值也随之改变。而在实际生产中对象菌数多变，正确控制菌数是非常困难的，所以对 *TDT* 值或 *F* 值的实际应用价值就有所限制。而 *TRT* 值是不受原始菌数影响的，如用它作为确定杀菌工艺条件的依据，显然比受原始菌数影响的 *TDT* 值或 *F* 值便利得多。但将 TRT_n 值看作 *F* 值的关键是递减指数 *n* 的取值大小，只要 *n* 值足够大，即残存活菌数足够小，小到能保证食品安全的程度，此时的 TRT_n 值就可以看成是致死时间 *F* 值了。如果以"*m*"为原始菌数的指数，试验结果表明当 *n* 与 *m* 的差值为 2~3 时，此时的 TRT_n 值就可以看成是将原始菌数为 $a=10^m$ 的对象菌全部杀死所需要的致死时间，即：

$$TRT_n = F_T = nD_T$$

当 *n* 足够大时，致死时间是 *nD*，如式（1-2-8）所示。

$$F_T = nD_T \tag{1-2-8}$$

式中　D_T——任意温度 *T* 下的 *D* 值（相当于 TRT_1），min；

F_T——任意温度 *T* 下的致死时间（相当于 TRT_n），min。

例如，某对象菌的原始浓度 $a=1\times10^7$，取 $n=10$，在规定的温度下经过 TRT_{10} 杀菌后残存的活菌数 $b=10^{-3}$，即残存 0.001 菌，此时的 TRT_{10} 就可以被认为是将 $a=1\times10^7$ 的对象菌全部杀死的致死时间 *F*。

由于当 *n* 值足够大时，TRT_n 值就可以被视为致死时间 *F* 或 *TDT* 值，那么，此时的杀菌温度与所需时间的关系同样符合 *TDT* 曲线的规律，故将式（1-2-8）代入式（1-2-6），如式（1-2-9）所示：

$$\lg\frac{nD_T}{nD_{121.1}} = \frac{121.1-T}{Z} \text{或} \lg(nD_T) = -\frac{T}{Z} + \left[\lg(nD_{121.1}) + \frac{121.1}{Z}\right] \tag{1-2-9}$$

这就是加热减数时间 *TRT* 与加热温度 *T* 之间的关系式。

若以加热减数时间的对数值为纵坐标，以加热温度为横坐标作图，得到的曲线就是加热减数时间曲线（*TRT* 曲线）。

当 *n* 值变化时，只是截距项有所变化，而直线的斜率不变，不同的 *n* 可得到一组平行线段。

当 $n=1$ 时，式（1-2-9）可得式（1-2-10）所示。

$$\lg D_T = -\frac{T}{Z} + \left(\lg D_{121.1} + \frac{121.1}{Z}\right) \tag{1-2-10}$$

这是 *D* 值与 *T* 的关系式。若以 *D* 值的对数值为纵坐标，以加热杀菌的温度为横坐标作图，得到的曲线是拟致死温时曲线，如图 1-2-7 所示。它常代替 *TDT* 曲线使用。

5. 微生物热致死规律的实际应用

（1）递减指数 *n* 的实际应用　在实际生产中，热杀菌必须在保证食品安全的基础上使食品受热的时间最短，这一点对热敏性食品更为重要。有时为控制食品受热时间而又必须达到预期的杀菌效果以保证食品的安全就设定递减指数 *n*，实际上就是控制杀菌前食品被污染的菌数。

低酸性食品因其易被肉毒梭菌污染，通常取 $n=12$，这就意味着要保证该食品的杀菌效果，杀菌前食品的原始菌数 *a* 应该控制在 $10^9\sim10^{10}$，此时的致死时间 *F* 应为：

$$F_{121.1} = TRT_{12} = 12D_{121.1} = 12\times0.21 = 2.52(\text{min})$$

也就是说，对于原始菌数 $a<10^{10}$ 的低酸性食品，在 121.1℃下经过 2.52min 的热杀菌既

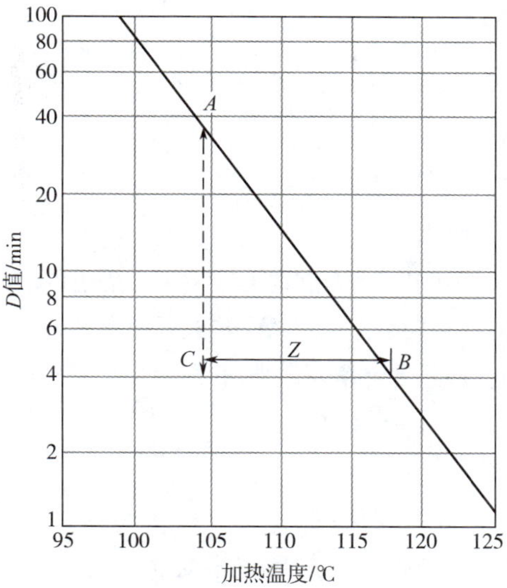

图 1-2-7　拟加热致死时间曲线

能保证食品安全（达到预期杀菌效果），又能保证食品品质（受热时间最短）。

对于易被耐热性强于肉毒梭菌的嗜热脂肪芽孢杆菌污染时，一般取 n 为 4~5。

（2）同效热杀菌条件的换算　对于某一种食品而言，要达到相同的杀菌效果可以采用不同的杀菌条件，而采用不同的热杀菌条件，食品受到热损伤的程度是不同的。在实际生产中会有由于各种原因而需要进行同效热杀菌条件的换算，如为减少热损伤而提高杀菌温度等。下面列举一些换算实例。

例 1：全脂乳粉中的嗜热杆菌芽孢在 121.1℃的 D 值和 Z 值分别为 30s 和 10.5℃，请计算 150℃的 D 值。

解：已知 $D_{121.1}=30\text{s}$，$Z=10.5℃$，

将式（1-2-10）变换形式为：

$$D_T = D_{121.1}10^{\frac{T_{121.1}-T_1}{Z}}$$

将已知条件代入上式，得：

$$D_{150} = D_{121.1}10^{\frac{121.1-150}{10.5}} = 0.000865(\text{min})$$

例 2：若全脂牛乳的杀菌程度要求达到递减指数 n 为 9，那么在 121.1℃下需要加热多长时间，请计算 $F_{121.1}$ 值。

解：已知 $D_{121.1}=30\text{s}$，$n=9$，

将已知条件代入式（1-2-8），得：

$$F_{121.1} = nD_T = 0.5\times 9 = 4.5(\text{min})$$

例 3：设全脂牛乳要求的杀菌强度为 $F_{121.1}=4.5\text{min}$，问若在 100℃、150℃下杀菌，要达到同样的杀菌效果应该持续杀菌多长时间？

解：已知 $F_{121.1}=4.5\text{min}$，$Z=10.5℃$，

将式（1-2-6）变换形式为：

$$F_T = F_{121.1}\times 10\frac{T_{121.1}-T}{Z}$$

将已知条件代入上式得：

$$F_T = F_{121.1} \times 10^{\frac{T_{121.1} - T}{Z}} = 4.5 \times 10^{\frac{121.1-100}{10.5}} = 450(\text{min})$$

$$F_T = F_{121.1} \times 10^{\frac{T_{121.1} - T}{Z}} = 4.5 \times 10^{\frac{121.1-150}{10.5}} = 0.0078(\text{min})$$

6. 温度系数与 Z 值的关系

一般加热处理时，温度对各种化学反应的影响，包括食品中酶的催化反应和食品品质变化在内都是用温度系数来表示。在杀菌时，温度对微生物致死速度的影响也可以用温度系数来表达。

温度系数就是两种不同温度反应速率的比值，用 $Q_{\Delta T}$（℃）表示，一般取温度差 $\Delta T=10℃$，这时的温度系数，如式（1-2-11）所示。

$$Q_{10} = \frac{K_{T+10}}{K_T} \tag{1-2-11}$$

式中 K_{T+10}——加热温度为（T+10）℃时的反应速度常数；

K_T——加热温度为 T℃时的反应速度常数。

在一定温度下，某一种菌的死灭数量和杀灭这种菌的时间遵循化学动力学中的一级反应关系，其反应速度常数，如式（1-2-12）所示。

$$K = \frac{1}{t}\lg\frac{a}{b} \tag{1-2-12}$$

式中 a——加热前的细菌数量，个（初始浓度）；

b——t 时间加热后的残存细菌数量，个（反应结束后浓度）。

因此，温度差 $T_2-T_1=\Delta T$ 时微生物致死温度系数，如式（1-2-13）所示。

$$Q_{\Delta T} = K_2/K_1 = t_1/t_2 \text{ 或 } Q_{\Delta T} = t_1/t_2 \tag{1-2-13}$$

按式（1-2-10），将时间、温度分别以 t_1、t_2 和 T_1、T_2 代入，得式（1-2-14）。

$$\lg\frac{t_1}{t_2} = \frac{T_2 - T_1}{Z} \tag{1-2-14}$$

根据式（1-2-12）和式（1-2-13），可得式（1-2-15）。

$$Q_{\Delta T} = \lg^{-1}\frac{T_2 - T_1}{Z} \tag{1-2-15}$$

因此，温度差为 10℃时温度系数和 Z 值关系如式（1-2-16）所示。

$$\lg Q_{10} = \frac{10}{Z} \text{ 或 } Z = \frac{10}{\lg Q_{10}} \tag{1-2-16}$$

已知嗜热脂肪芽孢杆菌的 $Z=10℃$，$Q_{10}=10$，青豆过氧化物酶 $Z=26℃$，$Q_{10}=2.5$，分别测定嗜热脂肪芽孢杆菌和过氧化物酶在不同温度时的 D 值，就可以拟出 TDT 曲线，如图 1-2-8 所示。

从图 1-2-8 曲线可见，125℃为两条直线的交点。当杀菌温度低于 125℃时，微生物的致死时间比酶完全失活所需的时间长，在这种情况下，杀菌以微生物为对象，可以保证酶完全失活；但温度高于 125℃时，微生物死灭所需的时间比酶钝化所需要的时间短，因此，若仍以微生物为对象进行杀菌，酶就不能完全失活。所以，在采用高温（温度高于 125℃）短时杀菌时，酶的钝化将成为首要问题，需要进行酶的钝化测定，保证食品不发生酶引起的变质。

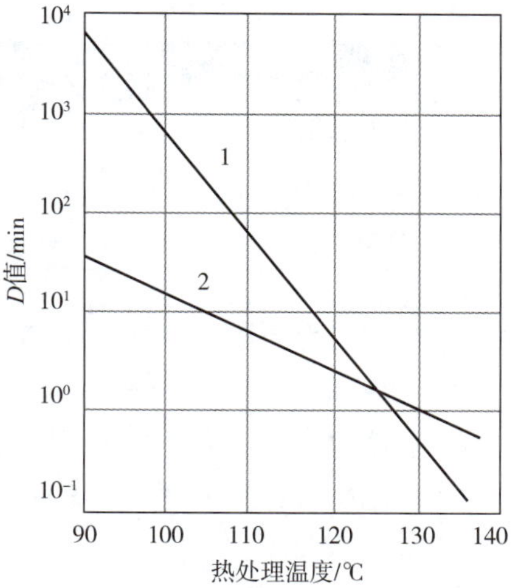

图 1-2-8　嗜热脂肪芽孢杆菌与青豆过氧化物酶的拟加热致死时间曲线

1—嗜热脂肪芽孢杆菌　2—青豆过氧化物酶

二、加热对酶的影响

1. 酶和食品的质量

食品中含有酶类，酶是引起食品品质下降的另一个主要因素。食品在加工和贮藏过程中除了微生物作用引起的腐败变质外，还有酶导致的品质变化。不同的食品所含的酶种类不同，酶的活力与特性也不同，引起食品品质变化的类型及程度也不同，主要体现在食品的感官和营养方面的质量降低。如过氧化物酶能催化维生素 C 氧化而破坏其生理功能；能催化不饱和脂肪酸的过氧化物裂解，产生具有不良气味的羰基化合物；还能催化类胡萝卜素漂白和花青素脱色等；又如莲藕中的多酚氧化酶和过氧化物酶可催化氧化莲藕中的多酚类物质而使莲藕由白色变为粉红色，使其品质下降；脂肪氧合酶氧化不饱和脂肪酸，会引起亚油酸、亚麻酸和花生四烯酸这些必需脂肪酸含量的降低，同时，产生过氧自由基和氧自由基，这些自由基将使食品中的类胡萝卜素（维生素 A 的前体物质）、生育酚（维生素 E）、维生素 C 和叶酸含量等减少。这些酶主要是氧化酶类和水解酶类，包括过氧化物酶、多酚氧化酶、脂肪氧合酶、抗坏血酸氧化酶等。表 1-2-8 列出了部分与食品质量降低有关的酶类及其作用。

表 1-2-8　与食品质量降低有关的酶类及其作用

酶的种类	酶的作用
过氧化物酶类	导致蔬菜变味，水果褐变
多酚氧化酶	导致蔬菜和水果的变色，变味以及维生素的损失
脂肪氧合酶	破坏蔬菜中必需脂肪和维生素 A，导致变味
脂肪酶	导致油脂和含油脂食品、乳和乳制品、肉和肉制品的水解酸败
多聚半乳糖醛酸酶类	破坏和分离果胶物质，导致果汁失稳或果实过度软烂
蛋白酶类	影响鲜蛋和干蛋制品的贮藏，导致水产品组织软烂，影响面团的体积和质构

续表

酶的种类	酶的作用
抗坏血酸氧化酶	破坏蔬菜和水果中的维生素 C
硫胺素酶	破坏肉、鱼中的维生素 B_1
叶绿素酶类	破坏叶绿素，导致绿色蔬菜褪色

不同食品中所含的酶的种类、酶的活力和特性等的差异有时是显著的。以过氧化物酶为例，在不同的水果和蔬菜中酶活力相差很大，其中辣根过氧化物酶的活力最高，其次是芦笋、马铃薯、萝卜、梨、苹果等，蘑菇中过氧化物酶的活力最低。与大多数蔬菜相比，水果中的过氧化物酶活力较低，大豆中的脂肪氧合酶相对活力最高，绿豆和豌豆的脂肪氧合酶活力相对较低。

过氧化物酶在果蔬加工和保藏中备受关注，它可以作为果蔬热烫终点控制的指标酶。这是因为它是导致果蔬变色、变味的主要酶类，它的活力直接影响着果蔬产品的品质，还因为过氧化物酶是最耐热的酶类，以过氧化物酶的钝化程度作为热处理对酶破坏程度的指标，当食品中过氧化物酶在热处理中完全失活时，其他酶的活性也就丧失了。但最近的研究也提出，对于某些食品（蔬菜）的热处理灭酶而言，破坏导致这些食品质量降低的酶，如豆类中的脂肪氧合酶较过氧化物酶与豆类变味的关系更密切，对于这些食品的热处理以破坏脂肪氧合酶为灭酶指标更合理。

2. 酶的最适温度和热稳定性

酶是由生物活细胞所产生的具有高效的催化活性和高度特异性的蛋白质，又称生物催化剂。生物体在新陈代谢过程中，几乎所有的化学反应都是在酶的催化下进行的，生鲜食品也不例外。各种酶促反应要求一定的 pH、温度等温和的条件，而温度对酶反应有明显影响，任何一种酶都有其最适的作用温度，改变温度也将改变酶的活性和酶促反应的速度。

温度与酶的关系从两方面看：一方面，由于温度的提高可以使酶的活性增强从而使酶促反应加速，速率提高与温度之间的关系可用温度系数 Q_{10} 来表示，一般其温度系数 Q_{10} 为 2~3；另一方面，因为酶的化学本质是蛋白质，在热作用下会因变性而失活，酶失活速度与温度之间的关系可用温度系数 Q_{10} 来表示，在临界温度范围内 Q_{10} 可达 100。因此，随着温度的提高，酶催化反应速率和失活速度同时增大，但是由于它们在临界温度范围内的 Q_{10} 的不同，后者速度较大，因此，在某个关键性的温度下，失活的速度将超过催化的速度，此时的温度即酶活性的最适温度。这里需要指出的是任何酶的最适温度都不是固定的，而是受到 pH、共存盐类等因素的影响。

当温度低于其最适作用温度的范围内时，随着温度的升高，酶活性也在增加，而高于其最适作用温度时，酶将失活。酶的这种热失活规律与细菌的热力致死时间曲线相似，我们也可以作出酶的热失活时间曲线。因此，同样可以用 D 值、F 值及 Z 值来表示酶的耐热性。其中，D 值表示在某个恒定的温度下使酶失去其原有活性的 90%时所需要的时间。Z 值是使热失活时间曲线通过一个对数周所需改变的温度。F 值是指在某个恒定温度和环境条件下使某种酶的活性完全丧失所需的时间。

从图 1-2-8 中可见，过氧化物酶的 Z 值大于细菌芽孢的 Z 值，这表明升高温度对酶活力的损害比对细菌芽孢的损害更轻。

对于温度与酶催化反应速率之间的关系还可以用 Arrhenius 方程来定量地描述，如式（1-2-17）所示。

$$k = Ae^{-E_a/RT} \tag{1-2-17}$$

式中　k，E_a——反应速率常数和活化能；

R——摩尔气体常数；

T——热力学温度，K；

A——频率因子或 Arrhenius 因子。

式（1-2-17）两边取对数即得式（1-2-18）。

$$\lg k = \lg A - \frac{E_a}{2.3RT} \tag{1-2-18}$$

尽管 E_a 与温度有关，但是在一个温度变化较小的范围内考察温度对催化反应速率的影响时，lg$k$ 与 $1/T$ 之间呈直线关系。

在酶的热失活研究中发现有些酶的失活具有明显的双相特征。图 1-2-9 为甜玉米中的过氧化物酶在 88℃下的失活曲线。

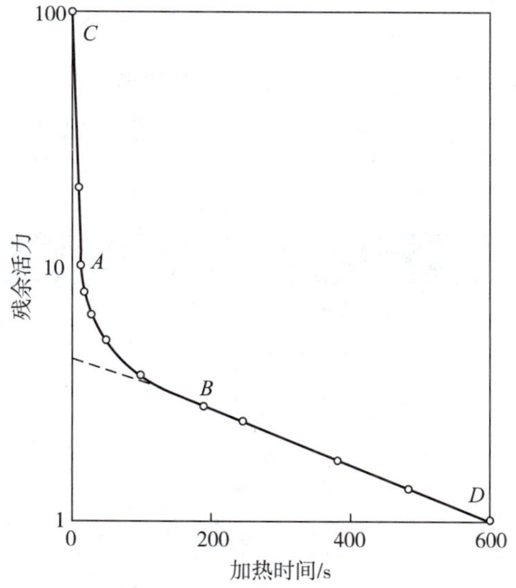

图 1-2-9　甜玉米中的过氧化物酶在 88℃下的失活曲线

从图 1-2-9 可见，甜玉米中的过氧化物酶在 88℃下的失活具有明显的双相特征，其中的每一相都遵循一级反应动力学。图中的前一线性部分（CA）代表酶的热不稳定部分的失活，而后一线性部分（BD）代表酶的热稳定部分的失活。

酶的耐热性受酶的种类和来源、环境（如 pH）及热处理温度等因素的影响。酶的种类及来源不同，耐热性相差也很大，如表 1-2-9 所示。酶对热的敏感性与酶分子的大小和结构复杂性有关，一般来说，酶的分子越大、结构越复杂，它对高温就越敏感。

表 1-2-9　　几种来源不同的氧化酶的耐热性

酶	来源	pH	D_T/min
过氧化物酶	豌豆	自然	（$D_{121.1}$）3.0
	芦笋	自然	（$D_{121.1}$）0.20（不耐热部分） （$D_{121.1}$）350（耐热部分）
	黄豆（带荚）	自然	（D_{100}）1.14
	黄豆（不带荚）	自然	（D_{95}）0.75
脂肪氧合酶	黄豆（带荚）	7.0	（D_{100}）0.32
	黄豆（带荚）	9.0	（D_{100}）0.5
	黄豆（不带荚）	7.0	（D_{95}）0.39
多酚氧化酶	马铃薯	自然	（D_{100}）2.5

食品中绝大多数的酶是耐热性一般的酶，如酯酶和大蒜素酶等，其作用的温度为 0~60℃，最适的温度在 37℃，通常对温度的耐性不超过 65℃。果胶甲酯酶、植酸酶、叶绿素酶、胶原酶等是耐热性适中的酶类，还包括一些真菌酶类，如淀粉酶，作为牛乳和乳制品巴氏杀菌的指示酶的碱性磷酸酶也属此类，这些酶在 40~80℃ 可起作用。食品中的过氧化物酶的耐热性也较高，通常被选作热烫的指示酶。

同一种酶，若来源不同，其耐热性也可能有很大的差异。植物中过氧化物酶活力越高，它的耐热性也越高。不同果蔬中过氧化物酶的耐热性特征，如表 1-2-10 所示。

表 1-2-10　　不同果蔬中过氧化物酶的耐热性

酶的来源	Z/℃	说明
辣根	17	不耐热部分
	27	耐热部分
豌豆	9.8，9.9	两相失活的 Z 值
菠菜	13	pH 6，分离酶
	17.5~18.0	pH 4~8，粗提取液
甘蓝	9.6	丙酮水提取液，不耐热部分占 58%~60%
	14.3	丙酮水提取液，耐热部分占 40%~42%
青刀豆	7.8~15.3	不同的品种；pH 5.8~6.3，温度 105.8~133.6℃ 完全失活
茄子	11.8	pH 5.03；热处理 6s，温度 117.2℃ 完全失活
樱桃	6.8	pH 3.46；均浆；热处理 6s，温度 77.2℃ 完全失活

pH、水分含量、加热速率等热处理的条件参数也会影响酶的热失活。一般食品的水分含量越低，其中的酶对热的耐性越高，谷类中过氧化物酶的耐热性最明显地体现了这一点。这意味着食品在干热的条件下灭酶的效果比较差。加热速率影响到过氧化物酶的再生，加热速率越快，热处理后酶活力再生就越多。采用高温短时（HTST）的方法进行食品热处理时，应注意酶活力的再生情况。食品的成分，如蛋白质、脂肪、碳水化合物等都可能会影响酶的耐热性。

三、加热对食品品质的影响

加热对食品品质的影响具有双重性，有对食品品质有利的作用，也有对食品品质不利的作用。

1. 加热对食品品质的有利作用

热处理可以破坏食品中不需要的成分，如禽类蛋白中的抗生物素蛋白、豆科植物中的胰蛋白酶抑制素。热处理可改善营养素的可利用率，如蛋白质的变性可提高其在体内的可消化性。又如加热可使淀粉糊化，可以改善糖类物质的营养品质，如方便面，其淀粉已经糊化，用开水冲泡后即可食用，既方便，又易于被人体吸收。加热可改善食品的感官品质、如美化口味、改善组织状态、产生悦目的颜色等。

传统加热方式使食物的外部温度较内部的温度高，食物中的热传导的方向由外向内，食物的最高温度发生在表面，而食物表面由于水分的散失以及高温的影响而促进了美拉德反应的进行，所以易于形成香味化合物及色素。在此高温表层上，水蒸气密度在接近食物表面处最高，其压力驱使水蒸气向中心移动，食物仍可保持相当的水分，使得所产生的香味物质保留在食品之中。

2. 加热对食品品质的不利作用

加热对食品成分产生的不良后果也是很明显的，这主要体现在食品中热敏性营养成分的损失和感官品质的劣化。加热处理虽然可以提高蛋白质的可消化性，但蛋白质的变性使蛋白质（氨基酸）易于和还原糖发生美拉德反应而造成损失，进而降低蛋白质的营养特性；某些食品会由于美拉德反应而导致色变，有时候还会产生不良气味或有害物质。热加工会使蛋白质中氢键和某些非共价键（例如离子键、范德华力）断裂，破坏了它的二级或更高级的天然结构，从而形成变性状态。加热还能使蛋白质之间发生共聚形成稳定的聚集物。热加工时，蛋白质也可以超越聚集作用而形成沉淀或明胶化，甚至发生降解。沉淀时，食品中蛋白质保水量下降，但明胶化时，水进入蛋白冻胶的母体，使保水量增加。热降解使肽链水解，氨基酸遭到破坏，所以，过分或不适当的热加工会降低蛋白质的功能性质和可消化性。

对于碳水化合物和脂肪来说，人们一般不考虑它们在热处理中的损失量，而是特别关注其降解反应产物的有关特性，如还原糖焦糖化反应产物的毒性等。

在热加工时，食品中脂类所发生的化学变化与食品的成分和加热的条件有关，缺氧时，主要发生热解反应；富氧时，除了发生非氧化性热解反应外，同时还发生氧化反应。热解产物主要是一些正烷烃、单烯烃，对称的酮类以及脂肪酸、含酰基的甘油等，其中产生相当数量的三碳烷烯烃，并有丙烯醛、CO_2、CO 等。不饱和脂肪酸的氧化反应一般被认为是一种自由基反应。它氧化后所形成的过氧化物作为一种自氧化的原始产物，会进一步经过许多复杂的分解和化合，产生数以万计的化合物，主要包括醇、酮、醛、半醛和酸等，这些产物的相对分子质量不同，有不同的香味阈值和不同的生理学作用。

脂类在超过 200℃时可发生氧化聚合，影响肠道的消化吸收，尤其是高温氧化的聚合物对人体极为有害。在食品加工过程中，高温氧化的聚合物很少出现，那些氧化后足以危害人体健康的油脂和含油食品，大都因为它们的感官性状变得令人难以接受而不再被食用。然而，值得提出的是，在食品加工和餐馆的油炸操作中，由于加工不当，油脂长时间高温加热和反复冷却后再加热使用，会使油脂颜色越来越深，并且越变越稠，这种黏度的增加与油脂的热聚合物含量有关。据检测，经食品加工后抛弃的油脂中常含有高达 25%以上的多聚物，应当引起注意。2002 年 4 月，瑞典国家食品管理局和斯德哥尔摩大学研究人员率先报道，在一些油炸和烘焙的淀粉类食品，如炸薯条、炸马铃薯片、谷物、面包等中检出丙烯酰胺（acrylamide）；之后挪威、英国、瑞士和美国等国家也相继报道了类似结果。由于丙烯酰胺具有潜在的神经毒性、遗传毒性和致癌性，因此，食品中丙烯酰胺的污染引起了国际社会和各国政府的高度关注。

热处理造成营养素的损失研究最多的是维生素。脂溶性维生素一般比水溶性维生素对热更稳定。通常的情况下，食品中的维生素 C、维生素 B_1、维生素 D 和泛酸对热最不稳定。

热处理后食品感官品质的变化，人们也尽可能采用量化的指标加以反映。食品营养成分和感官品质指标对热的耐性主要取决于营养素和感官指标的种类、食品的种类，以及 pH、水分、氧气含量和缓冲盐类等一些热处理时的条件。食品质量属性的大部分变化都可以采用一级动力学来评价。表 1-2-11 列出了一些食品成分及品质的热破坏参数（Z 值和 D 值等）。

表 1-2-11　一些食品成分及品质的热破坏参数

食品成分	来源	pH	Z 值/℃	$D_{121.1}$/min	温度/℃
维生素 B_1	胡萝卜泥	5.9	25	158	109~149
	豌豆泥	天然	27	247	121.1~138
	羊肉糜	6.2	25	120	109~149
维生素 B_2	—	—	31.1	—	—
维生素 C	液态复合维生素制剂	3.2	27.8	1.12d	3.9~70
维生素 B_{12}	液态复合维生素制剂	3.2	27.8	1.94d	3.9~70
维生素 A	液态复合维生素制剂	3.2	40	12.4d	3.9~70
叶酸	液态复合维生素制剂	3.2	36.7	1.95d	3.9~70
D-泛酸	液态复合维生素制剂	3.2	31.1	4.46d	3.9~70
甲硫氨酸	柠檬酸钠缓冲液	6.0	18.6	8.4	81.1~100
赖氨酸	大豆	—	21	786	100~127
肌苷酸（IMP）	缓冲液	3	18.9	—	60~97.8
	缓冲液	4	21.4	—	60~97.8
	缓冲液	5	22.8	—	60~97.8
叶绿素 a	菠菜	6.5	51	13.0	127~149
	菠菜	天然	45	34.1	100~130
叶绿素 b	菠菜	5.5	79	14.7	127~149
	菠菜	天然	59	48	100~130
花青素苷	葡萄汁	天然	23.2	17.8	20~121.1
甜菜苷	甜菜汁	5.0	58.9	46.6	50~100
类胡萝卜素	红辣椒	天然	18.9	0.038	52~65
色泽（-a/b）	青豆	天然	39.4	25.0	79.4~148.9
	芦笋	天然	41.7	17.0	79.4~148.9
	青刀豆	天然	38.9	21.0	79.4~148.9
美拉德反应	苹果汁	天然	25	4.52h	37.8~130
非酶褐变	苹果汁	天然	30.5	4.75h	37.8~130
品尝质量	玉米	天然	31.7	6.0	79.4~148.9
胰蛋白酶抑制素	豆乳	—	37.5	13.3	93.3~121.1

在实际生产中，可以根据食品质量的变化特性，制定热加工条件，从而避免过度加工造成产品质量的下降。

3. 加热过程中食品品质变化动力学

食品的品质除了在贮藏过程中存在一定的损失外，加工过程也会导致损失，尤其是热杀菌工序会导致食品品质的下降。食品品质下降的程度取决于热杀菌的温度和时间的长短，研究食品品质损失的速率及其与影响因素间的关系即动力学研究，对评估、预测和优化产品的热杀菌条件有重要的意义。

（1）加热值（cooking value）

①加热值 C 值的概念：热加工过程中，加热不仅能杀灭微生物，也能降解营养素，引起食品质地变化（通常软化）和酶的失活。因此，罐头产品的最终品质取决于其热处理程度。生物化学反应在本质上比微生物失活速度慢，表现为生物化学反应的 Z 值更高，如表 1-2-12 所示。这些因素的热处理程度与 F 值方程相似的 C 值方程表示，如式（1-2-19）所示。

$$C = \int_0^t 10^{(T-T_{ref})/Z_c}\mathrm{d}t \tag{1-2-19}$$

标准命名法称 Z_c 是类似于微生物热失活的 Z 因子。E 值没有被广泛使用，而且已经被 C 值概念取代。E 值表示酶失活以区别于加热的 C 值。一般的参比温度为 100℃，Z_c 为热敏温度。C 值可以用于描述 Z_c 值（上标）和 T_{ref}（下标），即 $C_{T_{ref}}^{Z_c}$。表 1-2-13 所显示的 F 值和 C 值随温度的变化情况，可以看出，温度每升高 10℃，杀菌值约上升 10 倍。

表 1-2-12　热敏组分与感官因素的 Z 值

热敏组分	Z 值/℃
细菌	7~12
营养细胞	4~8
酶	10~15
蛋白质	25~50
感官因素	**Z 值/℃**
总的感官品质	25~47
质地和软化	25~47
色泽	25~47

表 1-2-13　F 值和 C 值随温度和参比温度的变化情况

温度/℃	$F_{121.1}^{10}$/min	$C_{100}^{33.1}$/min	$C_{121.1}^{33.1}$/min
100	7.76×10^{-3}	1.00	0.23
110	7.76×10^{-2}	2.15	0.46
121.1	1	5.05	1.00
130	7.76	10.00	1.85
140	77.6	21.5	3.71
150	776.00	46.40	7.42

F_C 适用于评价微生物的灭活情况，而该点的参比值应该是总的最适合于评价加热的综

合或质量的平均值，因此，可以定义一个 C_S 值，如式（1-2-20）所示。

$$C_S = D_{ref}\lg(c_0/c) \tag{1-2-20}$$

式中　C_0 和 C——热敏物质在时间 0 和 t 的浓度；

D_{ref}——对应于 Z_c 值的 D 值，如式（1-2-21）所示。

$$\lg\left(\frac{c_0}{c}\right) = \frac{1}{D_{ref}}\int_0^t 10^{(T-T_{ref})/Z_c}\mathrm{d}t \tag{1-2-21}$$

考虑到热敏组分热分布的性质，并指出 Stumbo 热分布方程（$F_\lambda - F_c$）$= mv$ 并不适用于罐外部分，因此，建立一个包括整个容器的关系方程，如式（1-2-22）所示。

$$\ln(1-v) = -m(F_\lambda - F_c) \tag{1-2-22}$$

式中　F_λ——任意 F 值；

F_c——中心 F 值。

在 F_s 方程中，使用该方程，如式（1-2-23）所示。

$$C_S \equiv F_s = F_c + D_r\lg\left[\frac{D_r + A(F_\lambda - F_c)}{D_r}\right] \tag{1-2-23}$$

A 值，即校正系数，取决于罐体的几何形状，如果是圆柱体罐，A 为 10.9，如果是球体，A 为 9.28，如果为立方体，A 为 11.74。

罐头杀菌技术包括时间和温度的合理选择，以达到目标微生物预期的杀灭目标和充分加热的目的，同时不过度损失营养。可见，C 值概念与优化理论相结合应用更加科学。

②加热值的来源与基本原理：加热值源自于 F_o 的定义，如果一个质量因子具有一阶失活动力学，那么在密封系统中，可以得到以下质量因子的方程，如式（1-2-24）所示。

$$x \cdot D_r^c = \int_0^t 10^{\frac{T-T_r}{Z_c}}\mathrm{d}t \tag{1-2-24}$$

式中　D_r——目标属性的引用 D 值；

Z_c——目标属性的对应 Z 值。

正如 F_r 的情况一样，如式（1-2-25）至式（1-2-27）所示：

$$x \cdot D_r^c = C_r \tag{1-2-25}$$

则：

$$C_r = \int_0^t 10\,\frac{T-T_r}{Z_c}\mathrm{d}t \tag{1-2-26}$$

或者以其常见形式表示：

$$C_0 = \int_0^t 10^{\frac{T-100}{Z_c}}\mathrm{d}t \tag{1-2-27}$$

另一种方法，即实际应用上述方程，计算加热值。但是，需要有 Z_c 值，另外还要有对应的 D_r 值。没有 D_r 值，获得的 C_r 值无法解释和理解。根据目标属性（D_r），C_r 值有不同的含义。

显然，在低温点计算加热值（C_r）并不重要，因为它反映了整个食品中最低的加热值。计算加热值，除了温度之外，唯一的要求是 Z_c 值。根据其定义，Z 值表示温度相关性但与给定属性的热阻无关。而 D 值与目标属性的热阻有直接关系，不需要计算加热值。

例如，如何解释 30min（T_r=100℃）的加热值？豌豆泥和青豆的 Z_c 值相同，为 32.5℃，

但 D_r 值不同（121℃分别为4min，115min），得到以下结果：如果耐热性较弱，可以减少0.8个对数周期，15.84%的表面保留率，如果耐热属性高，则可以减少 0.028 个对数周期，93.8%的表面保留率。

③热加工中食品质量保持率：在特定约束条件下评估目标属性的保持率。假设属性退化为一阶动力学，我们可以得到表面保持率方程，如式（1-2-28）所示。

$$表面保持率(\%) = 100e^{\frac{\ln 10}{D_r}\int_0^t 10^{\frac{T_s - T_r}{Z_c}} dt} \tag{1-2-28}$$

并将表面保持率与加热值进行关联，如式（1-2-29）所示。

$$表面保持率(\%) = 100e^{\frac{\ln 10}{D_r} C_r} \tag{1-2-29}$$

表面保持率是直接计算过程对食品产品的表面影响。计算表面保持率必须知道 Z_c 值和 D_r 值。此外，就保持率而言，还可以推导出平均保持率方程，平均质量保持率如式（1-2-30）所示。

$$平均质量保持率(\%) = \frac{100}{V}\int_0^v e^{\frac{\ln 10}{D_r}\int_0^t 10^{\frac{T - T_r}{Z}} dt} dV \tag{1-2-30}$$

（2）食品品质变化动力学　对食品品质在加工贮藏过程中的变化，有许多学者进行了研究，也指出了食品品质降解的分析研究应包括动力学——数学模型。动力学研究可用过程速率表示，并简化为与环境因素与组分因素有关，如式（1-2-31）所示。

$$-\frac{dc}{dt} = kc^n \tag{1-2-31}$$

式中　dc/dt——食品品质成分损失速率；

c——食品品质成分的浓度；

t——时间，min；

k——损失反应速率常数；

n——反应级数。

对于不同的反应，反应速率常数的数值也不同。但对某特定的反应来说，速率常数的值与浓度无关，而受反应温度、反应物的性质和溶剂种类的影响。

反应级数是根据实验结果确定的常数，通常为正整数，如：0，1，2，但也有分数如1/2，3/2，……，甚至负数。反应级数与其对应的动力学方程如表1-2-14所示。

表 1-2-14　营养素损失速率方程

反应级数（n）	动力学方程微分式	动力学方程积分式
0	$-dc/dt=k$	$c=c_0-kt$
1	$-dc/dt=kc$	$c=c_0e^{-kt}$
n（$n\neq1$）	$-dc/dt=kc^n$	$c^{1-n}=c_0^{1-n}+(n-1)kt$

对零级反应，反应速率与浓度无关，将剩余的 c 对时间作图可得到一条直线，其斜率即为 k。典型的零级反应包括非酶褐变及许多冷冻食品的质量损失。必须指出，零级反应并非指反应机理，分子分解与反应物浓度无关，它只表明 c 作为时间函数绘成直线时，相关系数很高，存在统计学意义。

对一级反应，反应的速率与浓度的一次方成正比，将浓度 c 对时间 t 作图可得一曲线，而 $\ln c$ 对 t 标绘则为直线，直线的斜率即为 k，k 的单位是 t^{-1}。对 n 级反应（$n \neq 1$），将 c^{n-1} 对 t 作图为直线，直线的斜率为 k。

反应级数的确定是很重要的，它反映了浓度是怎样影响反应速率的，可通过调整浓度来控制反应速率，而且可以帮助我们探讨反应的机理，了解反应的真实过程。

第三节　食品热处理条件的确定

一、食品热处理条件的制定原则

食品热处理条件视热处理的目的、食品本身的热物性等多种因素而异，但其基本原则是一致的，那就是在达到热处理目的的基础上尽可能减少食品的热损伤。对于热杀菌而言，应遵循在保证食品安全性的基础上，尽可能地缩短加热杀菌的时间，以减少热力对食品品质的影响的原则。所以说，正确合理的热杀菌条件应该是既能杀灭不符合要求的微生物，并使酶失活，又能最大限度地保持食品原有的品质。如包装食品罐头的热杀菌过程，其热杀菌工艺条件的确定，即确定其必要的杀菌温度、杀菌时间。工艺条件制定的原则是在保证罐藏食品达到商业无菌的基础上，尽可能地缩短加热杀菌的时间，以减少热力对食品品质的影响。对于热烫等热处理，应注意在满足热加工要求的基础上要尽可能地减少食品的受热作用。

二、食品热处理条件的确定

1973 年 7 月 24 日，美国食品与药物管理局（FDA）颁布法令《热加工的罐头低酸性食品》，详细规定了所有关于低酸性食品罐头的安全事项，如原料卫生、处理操作、杀菌设备、杀菌操作及记录、卷封检查以及杀菌管理等，各罐头厂要严格遵守。外国向美国出口的罐头厂也同样必须执行这项法令。其中一项就是杀菌操作及记录，上报杀菌的 F 值。自此，其他国家和地区也陆续制定了相关规定，如我国台湾于 1973 年制定并颁发了《低酸性食品罐头杀菌规范》，我国大陆出口厂家也要按规定向出口国提供罐头的杀菌 F 值。用 F 值来说明其杀菌的程度，用 F 值来判定杀菌是否达到了要求，用 F 值来确定热杀菌条件。

（一）热杀菌条件合理性的判别

热杀菌条件的合理性通常是通过热杀菌 F 值的计算来判别的。杀菌值又称杀菌致死值、杀菌强度，它包括安全杀菌 F 值和实际杀菌条件下的 F 值两个内容。实际杀菌 F 值是指在某一实际杀菌条件下的总杀菌效果（在实际杀菌过程中预包装食品罐头的冷点温度是变化的），简称杀菌值，常用 F_0 值表示，以区别于安全杀菌 F_s 值。安全杀菌 F_s 值是指在某一恒定的热杀菌温度下（通常以 121.1℃为标准温度）杀灭一定数量（浓度）的微生物或芽孢所需要的加热时间。安全杀菌 F_s 值又称标准 F 值，它被作为判别某一热杀菌条件合理性的标准值。通过这两个杀菌值的比较，来判定杀菌条件的合理性：若实际杀菌 F（F_0）值小于安全杀菌 F_s 值，说明该热杀菌条件不合理；若热杀菌不足或说杀菌强度不够，在这一热处理条件下进行热处理，处理后的食品达不到预期的杀菌效果，仍存在着由微生物和酶引起的食品变败的危险，存在着不安全因素，热处理条件必须进行修正，应该适当地提高杀菌温度或延长杀菌时间；若实际杀菌 F（F_0）值等于或略大于安全杀菌 F_s 值，说明该热杀菌条件合理，达到了预期的杀菌要求，对于预包装食品罐头来说就是达到了商业灭菌的要求，在规定的保存期内罐头不会出现由微生物或酶引起的变败现象，是安全的；若实际杀菌 F（F_0）值比安全杀菌 F_s 值大很多，说明该热杀菌条件不合理，热杀菌过度或说明杀菌强度过大，使食品遭受了不必要的热损伤，热处理条件必须进行修正，应该适当地降低杀菌温度或缩短杀菌时间，使食品最大限度地减少热损伤，以提高和保证食品品质。

要进行两个杀菌值的比较，首先要计算出这两个 F 值。

(二)热杀菌值计算

1. 安全杀菌 F 值（F_s）计算

各种罐头食品的安全杀菌 F 值随其原料的种类、来源不同及加工方法、加工卫生条件的不同而异。因为罐头食品的种类、来源、加工方法及加工卫生条件等的不同使罐内食品在杀菌前的微生物污染情况不同，即所污染的微生物种类、数量不同。要进行安全杀菌 F 值的计算，首先必须清楚食品在热杀菌前的污染情况，以确定杀灭对象及其菌数。所以，对杀菌前的食品要进行微生物检测，检测出食品中经常被污染的微生物种类及数量，然后从检验出的微生物中选择一种耐热性最强的腐败菌或致病菌作为该食品热杀菌要杀灭的对象，这一对象菌的耐热性就是安全杀菌 F_s 值计算的依据之一。在选择对象菌时，一定要注意其代表性，做到只要杀灭了这一对象菌，就能保证杀灭预包装食品中的所有致病菌和能在容器内环境中生长的腐败菌，以达到商业灭菌的要求。一般来说，pH≥4.6 的低酸性食品，首先应以肉毒梭菌为主要杀菌对象，对于某些常出现耐热性更强的嗜热腐败菌或平酸菌的低酸性罐头食品则应以该菌为对象菌。而 pH<4.6 的酸性食品，则常以耐热性较弱的一般性细菌（如酵母）作为主要杀菌对象。某些酸性食品如番茄及番茄制品中也常出现耐热性较强的平酸菌如凝结芽孢杆菌，此时应以该菌作为杀菌对象。计算安全杀菌 F_s 值的另一个依据是对象菌的数量，所以在选择对象菌的同时，要根据微生物检测的情况（数量）及工厂的实际卫生条件来确定食品在热杀菌前食品中对象菌的数量。

选定对象菌及对象菌在热杀菌前的数量，按式（1-2-32）计算安全杀菌 F 值。

$$F_T = D_T(\lg a - \lg b) \tag{1-2-32}$$

式中　F_T——在恒定的热杀菌温度 T 下杀灭一定浓度的对象菌所需要的加热杀菌时间，min；

D_T——在恒定的热杀菌温度 T 下，使 90%的对象菌死灭所需要的热杀菌时间，min；

a——杀菌前对象菌的菌数（对于预包装罐头食品，也可以是每罐的菌数）；

b——杀菌后残存的活菌数（对于预包装罐头食品，也可以是罐头的允许变败率）。

例 1：甲厂生产 425g 蘑菇罐头，根据工厂的卫生条件及原料的污染情况，通过微生物的检测，选择以嗜热脂肪芽孢杆菌为对象菌，并设每克内容物在热杀菌前含嗜热脂肪芽孢杆菌菌数不超过 2 个。经 121.1℃杀菌、保温、贮藏后允许变败率在 0.05%以下，问在此条件下蘑菇罐头的安全杀菌 F 值为多大？

解：嗜热脂肪芽孢杆菌在蘑菇罐头中的耐热性参数取 $D_{121.1}=4.00$（min）

杀菌前对象菌的菌数：$a=425$（g/罐）×2（个/罐）= 850（个/罐）

允许变败率：$b=5/10000=5\times10^{-4}$

$$F_s = D_{121.1}(\lg a - \lg b) = 4 \times [\lg 850 - \lg(5 \times 10^{-4})]$$
$$= 4 \times (2.9294 - 0.699 + 4) = 24.92\ (\text{min})$$

对于某些热敏性食品，其对热敏感却又必须进行高温杀菌，此时可通过控制对象菌的原始菌数来控制其受热时间，以保证这类食品在热杀菌过程中既能达到杀菌的要求，又能将热损伤控制在可以接受的极限之内。此时的安全杀菌 F 值用式（1-2-33）进行计算。

$$F_T = TRT_T = nD \tag{1-2-33}$$

式中 TRT_T——在热杀菌温度 T（℃）下，将对象菌数减少到原始菌数的 10^{-n} 时所需要的热杀菌时间，min；

n——对象菌的递减指数。

对于某一种具体的对象菌来说，限定 n 值，也就意味着限定了热致死时间 F_T 值。当热致死时间 F_T 值被限定后，要保证安全达到预期的杀菌的效果，只能控制对象菌的原始菌数。如 n 值限定为 5，就意味着原始菌数必须控制在 $<10^7$ 的水平。

由上述 F_s 值的计算公式可知，F_s 值是指在恒定温度下的热杀菌时间，即在瞬间升温、瞬间降温冷却的理想条件下的杀菌时间。而在实际生产中，各种预包装食品罐头的热杀菌不可能做到瞬间升温、瞬间降温冷却，都必须有一个升温、恒温和降温的过程，预包装食品罐头温度是随热杀菌时间延续而变化的，而当食品的温度高于对象菌适宜生长的最高温度时，各温度对微生物都有一定的热致死作用，只是作用大小有差异，温度高，致死作用强，温度低，致死作用弱。通常从 90℃ 开始计算致死作用，90℃ 以下的致死作用很小，可忽略不计，作为安全系数。那么，整个杀菌过程的总杀菌效果就是各个温度下的杀菌效果的总和。因此，只要将理论计算的 F_s 值合理地分配到实际杀菌的升温、恒温和降温三个阶段，就可以制订出合理的热杀菌条件。也可根据理论计算的 F_s 值和现拟用杀菌条件下的实际杀菌值及实际杀菌条件下总的杀菌效果 F_0 值的比较结果来判断目前应用杀菌条件的合理性，来修正现用的热杀菌条件。

2. 实际杀菌 F_0 值的计算

在实际生产过程中，整个热杀菌过程中预包装容器内的食品温度是在不断变化的。在热杀菌初期，食品的温度随杀菌釜温度的升高而升高；在恒温杀菌过程中食品的温度则会继续升高或恒定不变，这取决于食品的状态与传热方式，对于以对流方式传热的食品，如果汁温度与杀菌釜相近，恒定不变，而对于以传导方式传热的食品，如午餐肉，其温度远远低于杀菌釜的温度，因此在恒温杀菌期间，食品的温度仍在继续升高；在冷却阶段，食品的温度则随着冷却的进行而降低。正是由于在热杀菌过程中食品的温度不断变化，所以要计算实际杀菌条件下的杀菌 F_0 值，首先必须测定食品温度，掌握食品在整个热杀菌过程中的温度变化数据。一般用中心温度测定仪进行测定。根据所测得的食品中心温度计算实际杀菌 F_0 值。

实际杀菌 F_0 值的计算有求和法、图解法等多种，需要根据食品温度测定仪器的种类、所测得的中心温度数据等实际情况合理选用计算方法。

（1）求和法　求和是指将所测得的整个杀菌过程的各个温度下的杀菌效果相加，得到整个杀菌过程的总杀菌效果。然而正如前所述，温度不同对微生物的热致死作用不同，其杀菌效果不能比较，也不能求和。所以，对整个热杀菌过程的杀菌效果求和，需要与安全杀菌 F 值进行比较，首先要把各个温度下的杀菌效果换算成同一温度下的杀菌效果。换算公式如式（1-2-34）所示。

$$L_T = \frac{1}{10^{\frac{T-121.1}{Z}}} \tag{1-2-34}$$

式中的 L_T 为致死率值（lethal rate），是换算系数，它表明在 T 温度下经单位时间杀菌相当于在 121.1℃下的杀菌效果。在数值上与通过 $F_{121.1}=1\text{min}$ 这一点的 *TDT* 曲线上各温度下的致死时间 τ 的倒数相当；Z 为对象菌的耐热性参数。

L_T 可以根据对象菌的耐热性参数 Z 值和热杀菌温度 T 用式（1-2-34）计算得到，也可以查表得到。表 1-2-15 为 $F_{121.1}=1\text{min}$ 时，各致死温度的致死率值。表 1-2-16 为 $F_{100}=1\text{min}$ 时，各致死温度的致死率值。

表 1-2-15　$F_{121.1}=1\text{min}$ 时各致死温度的致死率值［$\lg L_T=\lg^{-1}(T-121.1)/Z$］

T/℃	Z 值										
	7.0	7.5	8.0	8.5	9.0	9.5	10.0	10.5	11.0	11.5	12.0
91.0	0.000	0.000	0.000	0.000	0.000	0.001	0.001	0.001	0.002	0.002	0.003
92.0	0.000	0.000	0.000	0.000	0.001	0.001	0.001	0.002	0.002	0.003	0.004
93.0	0.000	0.000	0.000	0.001	0.001	0.001	0.002	0.002	0.003	0.004	0.005
94.0	0.000	0.000	0.000	0.001	0.001	0.001	0.002	0.003	0.004	0.004	0.006
95.0	0.000	0.000	0.001	0.001	0.001	0.002	0.003	0.003	0.004	0.005	0.007
96.0	0.000	0.000	0.001	0.001	0.002	0.002	0.003	0.004	0.005	0.007	0.008
97.0	0.000	0.001	0.001	0.002	0.002	0.003	0.004	0.005	0.007	0.008	0.010
98.0	0.000	0.001	0.001	0.002	0.003	0.004	0.005	0.006	0.008	0.012	0.012
99.0	0.000	0.001	0.002	0.003	0.004	0.005	0.006	0.008	0.010	0.012	0.014
100.0	0.001	0.002	0.002	0.003	0.005	0.006	0.008	0.010	0.012	0.015	0.018
101.0	0.001	0.002	0.003	0.004	0.006	0.008	0.010	0.012	0.015	0.018	0.022
102.0	0.002	0.003	0.004	0.006	0.008	0.010	0.013	0.016	0.019	0.022	0.026
103.0	0.003	0.004	0.006	0.008	0.010	0.013	0.016	0.019	0.023	0.027	0.032
104.0	0.004	0.006	0.007	0.010	0.013	0.016	0.020	0.024	0.028	0.033	0.038
105.0	0.005	0.007	0.010	0.013	0.017	0.021	0.025	0.030	0.035	0.041	0.046
105.5	0.006	0.009	0.012	0.015	0.019	0.023	0.028	0.033	0.039	0.045	0.051
106.0	0.007	0.010	0.013	0.017	0.022	0.026	0.032	0.037	0.043	0.050	0.056
106.5	0.008	0.012	0.015	0.020	0.024	0.030	0.035	0.042	0.048	0.055	0.062
107.0	0.010	0.014	0.018	0.023	0.028	0.034	0.040	0.046	0.053	0.061	0.068
107.5	0.012	0.016	0.021	0.026	0.032	0.038	0.045	0.052	0.059	0.067	0.075
108.0	0.014	0.018	0.024	0.030	0.036	0.043	0.050	0.058	0.068	0.074	0.083
108.5	0.016	0.022	0.027	0.034	0.041	0.048	0.056	0.064	0.073	0.082	0.091
109.0	0.019	0.025	0.032	0.039	0.046	0.055	0.063	0.072	0.081	0.090	0.100
109.5	0.023	0.029	0.037	0.044	0.053	0.062	0.071	0.080	0.090	0.100	0.110
110.0	0.027	0.034	0.042	0.051	0.060	0.070	0.079	0.089	0.100	0.111	0.121

续表

T/℃	Z值										
	7.0	7.5	8.0	8.5	9.0	9.5	10.0	10.5	11.0	11.5	12.0
110.2	0.029	0.036	0.045	0.054	0.063	0.073	0.083	0.094	0.104	0.115	0.126
110.4	0.031	0.039	0.047	0.057	0.066	0.077	0.087	0.098	0.109	0.120	0.131
110.6	0.033	0.041	0.050	0.060	0.070	0.080	0.091	0.102	0.113	0.125	0.136
110.8	0.035	0.044	0.053	0.063	0.074	0.084	0.095	0.107	0.118	0.130	0.141
111.0	0.037	0.046	0.056	0.067	0.077	0.089	0.100	0.112	0.123	0.135	0.147
111.2	0.040	0.049	0.060	0.070	0.081	0.093	0.105	0.117	0.129	0.141	0.153
111.4	0.043	0.052	0.063	0.074	0.086	0.098	0.110	0.122	0.134	0.146	0.158
111.6	0.045	0.056	0.069	0.078	0.090	0.102	0.115	0.127	0.140	0.152	0.165
111.8	0.048	0.059	0.071	0.083	0.095	0.108	0.120	0.133	0.146	0.158	0.171
112.0	0.052	0.063	0.075	0.087	0.100	0.113	0.126	0.139	0.152	0.165	0.178
112.2	0.055	0.067	0.079	0.092	0.105	0.118	0.132	0.145	0.158	0.172	0.185
112.4	0.059	0.071	0.084	0.097	0.111	0.124	0.138	0.152	0.165	0.179	0.192
112.6	0.063	0.076	0.088	0.103	0.117	0.131	0.145	0.158	0.172	0.186	0.200
112.8	0.067	0.083	0.094	0.108	0.123	0.137	0.151	0.169	0.180	0.194	0.207
113.0	0.072	0.086	0.100	0.115	0.129	0.144	0.158	0.173	0.187	0.202	0.215
113.2	0.077	0.091	0.106	0.121	0.136	0.151	0.166	0.181	0.195	0.210	0.224
113.4	0.082	0.097	0.112	0.128	0.143	0.158	0.174	0.189	0.204	0.218	0.233
113.6	0.088	0.103	0.119	0.135	0.151	0.166	0.182	0.197	0.212	0.227	0.242
113.8	0.094	0.110	0.126	0.142	0.158	0.175	0.191	0.206	0.222	0.237	0.251
114.0	0.100	0.117	0.133	0.150	0.167	0.183	0.200	0.215	0.231	0.246	0.261
114.2	0.107	0.124	0.141	0.158	0.176	0.192	0.209	0.225	0.241	0.250	0.271
114.4	0.114	0.132	0.150	0.167	0.185	0.202	0.219	0.235	0.251	0.267	0.282
114.6	0.122	0.140	0.158	0.177	0.194	0.212	0.229	0.246	0.262	0.278	0.293
114.8	0.130	0.149	0.168	0.186	0.205	0.223	0.240	0.257	0.273	0.289	0.304
115.0	0.139	0.158	0.179	0.197	0.215	0.234	0.251	0.268	0.285	0.301	0.316
115.2	0.148	0.169	0.188	0.208	0.227	0.245	0.263	0.280	0.297	0.313	0.329
115.4	0.158	0.179	0.200	0.219	0.239	0.257	0.275	0.293	0.310	0.326	0.341
115.6	0.169	0.191	0.211	0.232	0.251	0.270	0.288	0.306	0.323	0.339	0.355
115.8	0.181	0.203	0.224	0.244	0.264	0.284	0.302	0.320	0.337	0.353	0.369
116.0	0.193	0.215	0.237	0.258	0.278	0.298	0.316	0.334	0.351	0.367	0.383
116.2	0.206	0.229	0.251	0.272	0.292	0.312	0.331	0.349	0.366	0.382	0.393
116.4	0.220	0.244	0.266	0.288	0.208	0.328	0.347	0.365	0.382	0.398	0.414
116.6	0.235	0.259	0.282	0.304	0.324	0.344	0.363	0.381	0.398	0.414	0.430

续表

T/℃	Z值										
	7.0	7.5	8.0	8.5	9.0	9.5	10.0	10.5	11.0	11.5	12.0
116.8	0.261	0.275	0.299	0.320	0.341	0.361	0.380	0.393	0.415	0.431	0.447
117.0	0.268	0.293	0.316	0.338	0.359	0.379	0.398	0.416	0.433	0.449	0.464
117.2	0.287	0.311	0.335	0.357	0.378	0.398	0.417	0.435	0.451	0.467	0.482
117.4	0.306	0.331	0.355	0.377	0.398	0.418	0.437	0.454	0.471	0.486	0.501
117.6	0.327	0.352	0.376	0.398	0.419	0.439	0.457	0.474	0.491	0.506	0.521
117.8	0.349	0.374	0.398	0.420	0.441	0.460	0.479	0.496	0.512	0.527	0.541
118.0	0.372	0.398	0.422	0.444	0.464	0.483	0.501	0.518	0.534	0.548	0.562
118.2	0.398	0.423	0.447	0.468	0.489	0.507	0.525	0.541	0.556	0.571	0.584
118.4	0.425	0.450	0.473	0.494	0.514	0.532	0.550	0.565	0.580	0.594	0.607
118.6	0.454	0.479	0.501	0.522	0.541	0.559	0.575	0.591	0.605	0.618	0.631
118.8	0.485	0.509	0.531	0.561	0.570	0.587	0.603	0.617	0.631	0.644	0.656
119.0	0.518	0.541	0.562	0.582	0.599	0.616	0.631	0.645	0.658	0.670	0.681
119.2	0.553	0.575	0.596	0.615	0.631	0.646	0.661	0.674	0.686	0.697	0.708
119.4	0.591	0.612	0.631	0.648	0.664	0.679	0.692	0.704	0.715	0.726	0.736
119.6	0.637	0.651	0.668	0.684	0.699	0.712	0.724	0.736	0.746	0.756	0.764
119.8	0.674	0.692	0.708	0.722	0.736	0.748	0.759	0.769	0.778	0.786	0.794
120.0	0.720	0.736	0.750	0.762	0.774	0.785	0.794	0.803	0.811	0.819	0.825
120.2	0.769	0.782	0.794	0.805	0.815	0.824	0.832	0.839	0.846	0.852	0.858
120.4	0.827	0.832	0.841	0.850	0.858	0.865	0.871	0.877	0.882	0.887	0.891
120.6	0.877	0.884	0.891	0.897	0.902	0.908	0.902	0.916	0.920	0.923	0.926
120.8	0.936	0.940	0.944	0.947	0.950	0.953	0.955	0.957	0.959	0.961	0.962
121.0	1.000	1.000	1.000	1.000	1.000	1.000	1.000	1.000	1.000	1.000	1.000
121.2	1.068	1.063	1.059	1.056	1.053	1.050	1.047	1.045	1.043	1.041	1.039
121.4	1.141	1.131	1.122	1.114	1.108	1.102	1.096	1.092	1.087	1.083	1.080
121.6	1.218	1.202	1.189	1.176	1.166	1.157	1.148	1.141	1.134	1.127	1.122
121.8	1.301	1.278	1.259	1.141	1.227	1.214	1.202	1.192	1.484	1.174	1.166
122.0	1.389	1.359	1.334	1.299	1.292	1.274	1.259	1.245	1.232	1.222	1.212
122.2	1.484	1.445	1.413	1.384	1.359	1.338	1.318	1.101	1.286	1.272	1.259
122.4	1.585	1.537	1.496	1.461	1.436	1.404	1.380	1.359	1.341	1.324	1.308
122.6	1.693	1.634	1.585	1.542	1.506	1.473	1.445	1.420	1.398	1.378	1.359
122.8	1.808	1.738	1.679	1.628	1.584	1.547	1.541	1.484	1.458	1.434	1.413
123.0	1.931	1.848	1.773	1.719	1.668	1.624	1.585	1.551	1.520	1.492	1.468
123.2	2.062	1.965	1.884	1.815	1.756	1.704	1.660	1.620	1.585	1.553	1.525

续表

T/℃	Z值										
	7.0	7.5	8.0	8.5	9.0	9.5	10.0	10.5	11.0	11.5	12.0
123.4	2.202	2.089	1.955	1.916	1.848	1.789	1.738	1.693	1.652	1.617	1.585
123.6	2.352	2.222	2.113	2.022	1.945	1.878	1.820	1.769	1.723	1.683	1.647
123.8	2.512	2.362	2.239	2.135	2.046	1.971	1.905	1.848	1.777	1.752	1.711
124.0	2.683	2.512	2.371	2.245	2.154	2.069	1.995	1.931	1.874	1.823	1.778
124.2	2.865	2.671	2.512	2.379	2.268	2.172	2.189	2.017	1.954	1.898	1.848
124.4	3.060	2.840	2.661	2.512	2.387	2.280	2.219	2.108	2.037	1.975	1.920
124.6	3.268	3.020	2.818	2.652	2.512	2.393	2.291	2.202	2.125	2.056	1.995
124.8	3.490	3.211	2.985	2.799	2.644	2.512	2.399	2.301	2.215	2.140	2.073
125.0	3.728	3.415	2.162	2.955	2.783	2.637	2.512	2.404	2.310	2.228	2.154
125.2	3.981	3.631	3.350	3.120	2.929	2.768	2.630	2.512	2.401	2.318	2.239
125.4	4.252	3.861	3.548	3.293	3.082	2.905	2.754	2.625	2.512	2.413	2.326
125.6	4.541	4.105	3.785	3.477	3.244	3.049	2.884	2.742	2.619	2.512	2.417
125.8	4.850	4.365	3.981	3.670	3.414	3.201	3.020	2.865	2.731	2.615	2.512
126.0	5.179	4.462	4.217	3.875	3.594	3.359	3.162	2.994	2.848	2.721	2.610

表 1-2-16　F_{100} = 1min 时各致死温度的致死率值［$\lg L_T=(T-100)/Z$］

T/℃	Z值										
	4.0	5.0	6.0	6.5	7.0	7.5	8.0	8.5	9.0	9.5	10.0
74	0.000	0.000	0.000	0.000	0.000	0.000	0.001	0.001	0.001	0.002	0.003
75	0.000	0.000	0.000	0.000	0.000	0.000	0.001	0.001	0.002	0.002	0.003
76	0.000	0.000	0.000	0.000	0.000	0.001	0.001	0.002	0.002	0.003	0.004
77	0.000	0.000	0.000	0.000	0.001	0.001	0.001	0.002	0.003	0.004	0.005
78	0.000	0.000	0.000	0.000	0.001	0.001	0.002	0.003	0.004	0.005	0.006
79	0.000	0.000	0.000	0.001	0.001	0.002	0.002	0.003	0.005	0.006	0.008
80	0.000	0.000	0.000	0.001	0.001	0.002	0.003	0.004	0.006	0.008	0.010
81	0.000	0.000	0.001	0.001	0.002	0.003	0.004	0.006	0.008	0.010	0.013
82	0.000	0.000	0.001	0.002	0.003	0.004	0.006	0.008	0.010	0.013	0.016
83	0.000	0.000	0.001	0.002	0.004	0.005	0.007	0.010	0.013	0.016	0.020
84	0.000	0.001	0.002	0.003	0.005	0.007	0.010	0.013	0.017	0.021	0.025
85	0.000	0.001	0.003	0.005	0.007	0.010	0.013	0.017	0.022	0.026	0.032
86	0.000	0.002	0.005	0.007	0.010	0.014	0.018	0.023	0.028	0.034	0.040
87	0.001	0.003	0.007	0.010	0.014	0.018	0.024	0.030	0.036	0.043	0.050
88	0.001	0.004	0.010	0.014	0.019	0.025	0.032	0.039	0.046	0.055	0.063

续表

T/℃	Z值										
	4.0	5.0	6.0	6.5	7.0	7.5	8.0	8.5	9.0	9.5	10.0
89	0.002	0.006	0.015	0.020	0.027	0.034	0.042	0.051	0.060	0.070	0.079
90	0.003	0.010	0.022	0.029	0.037	0.046	0.056	0.067	0.077	0.089	0.100
91	0.006	0.016	0.032	0.041	0.052	0.063	0.075	0.087	0.100	0.113	0.126
92	0.010	0.025	0.046	0.059	0.072	0.086	0.100	0.115	0.129	0.144	0.158
93	0.018	0.040	0.068	0.084	0.100	0.117	0.133	0.150	0.167	0.183	0.200
94	0.032	0.063	0.100	0.119	0.139	0.158	0.178	0.197	0.215	0.234	0.251
95	0.056	0.100	0.147	0.170	0.193	0.215	0.237	0.258	0.278	0.298	0.316
96	0.100	0.158	0.215	0.242	0.268	0.293	0.316	0.338	0.359	0.379	0.398
97	0.178	0.251	0.316	0.346	0.373	0.398	0.422	0.444	0.464	0.483	0.501
98	0.316	0.398	0.464	0.492	0.518	0.541	0.562	0.582	0.599	0.616	0.631
99	0.562	0.631	0.681	0.702	0.720	0.736	0.750	0.763	0.774	0.785	0.794
100	1.000	1.000	1.000	1.000	1.000	1.000	1.000	1.000	1.000	1.000	1.000
101	1.778	1.585	1.468	1.425	1.389	1.359	1.334	1.311	1.292	1.274	1.259
102	3.162	2.512	2.154	2.031	1.931	1.848	1.778	1.719	1.668	1.624	1.585
103	5.623	3.981	3.162	2.894	2.683	2.512	2.371	2.254	2.154	2.069	1.995
104	10.00	6.310	4.642	4.125	3.728	3.415	3.162	2.955	2.783	2.637	2.512
105	17.78	10.00	6.813	5.878	5.179	4.642	4.217	3.875	3.594	3.360	3.162
106	31.62	15.85	10.00	8.377	7.197	6.310	5.623	5.080	4.642	4.281	3.981
107	56.23	25.12	14.68	11.94	10.00	8.577	7.499	6.661	5.995	5.456	5.012
108	100.0	39.81	21.54	17.01	13.89	11.66	10.00	8.733	7.743	6.952	6.310
109	177.8	63.10	31.62	24.24	19.31	15.85	13.34	11.45	10.00	8.859	7.943
110	316.2	100.0	46.42	34.55	26.83	21.54	17.78	15.01	12.92	11.29	10.00
111	562.3	158.5	68.13	49.24	37.28	29.29	23.71	19.68	16.68	14.38	12.59
112	1000	251.2	100.0	70.17	51.79	39.81	31.62	25.81	21.54	18.33	15.85
113	1778	398.1	146.8	100.0	71.97	54.12	42.17	33.84	27.83	23.36	19.95
114	3162	631.0	215.4	142.5	100.0	73.56	56.23	44.37	35.94	29.76	25.12
115	5623	1000	316.2	203.1	138.9	100.0	74.99	58.17	46.42	37.93	31.62

整个杀菌过程中总的杀菌效果 F_0 值，如式（1-2-35）所示。

$$F_0 = t_p \sum_{n=1}^{n} L_T \tag{1-2-35}$$

式中　F_0——实际杀菌条件下的总杀菌强度；

t_p——各温度下持续的时间间隔，即食品中心温度测定仪测定时各测量点间的时间间隔，min；

n——测定点数；

L_T——致死率值。

注意：用什么温度下的 D 值计算 F_s 值，在计算 F_0 值时也应该用同一温度下的致死率值表。如用 100℃时的 D 值计算的 F_s 值，在计算 F_0 值时就用 $F_{100℃}$ 的致死率表查得各温度下的 L_T 值，或用公式［$\lg L_T=(T-100)/Z$］计算。

（2）图解法　从上述求和公式不难看出通过计算得到的是一个近似值，因为在实际杀菌过程中温度的变化是连续的，而不可能在某个温度下停留。要求精确值就要用定积分计算，当停留时间 t=0 时，对整个杀菌时间求定积分才能得到精确值，如式（1-2-36）所示。

$$F_0 = \int_t^0 L_T \mathrm{d}t \tag{1-2-36}$$

用定积分计算就需要知道函数关系。L_T 是时间 t 的复合函数，但具体的函数关系式还没有建立，所以不能用式（1-2-36）计算精确的杀菌值 F_0，但可以用图解法求得精确的杀菌值 F_0，即根据中心温度测定数据，用式（1-2-34）计算出不同热杀菌时间 t 时的 T 相应的 L_T 值，通过作杀菌值曲线（L_T-t 曲线）用称重法或数格法计算出精确的 F_0 值。

目前采用的中心温度测定仪不管是有线测温系统还是无线测温系统都可在测定温度的同时计算出相应的 F_0 值。

例：甲厂生产 425g 蘑菇罐头，根据计算的 F_s 值制订的两个杀菌公式为 10—23—10min/121.1℃和 10—25—10min/121.1℃，分别进行热杀菌试验，并测得食品中心温度的变化数据如表 1-2-17，试问所拟杀菌条件是否合理？

表 1-2-17　　食品中的温度变化

杀菌公式 1 时间/min	10—23—10min/121.1℃ 食品中心温度/℃	杀菌公式 2 时间/min	10—25—10min/121.1℃ 食品中心温度/℃
0	47.9	0	50
3	84.5	3	80
6	104.7	6	104
9	119	9	118.5
12	120	12	120
15	121.1	15	121.1
18	121.1	18	121.1
21	121.1.2	21	120.5
24	121.1	24	121.1
27	120	27	120.7
30	120.5	30	120.7
33	121.1	33	121.1
36	115	3	120.5
39	108	39	115
42	99	42	109
45	80	45	101
—	—	48	85

解：1. 列出已知条件

对象菌的特征参数 $Z=10$（℃）；$D_{121.1}=4.00$（min）；

时间间隔 $t_p=3$（min）；$F_s=24.92$（min）。

2. 求 F_0 值

（1）求和法计算 F_0 值　根据两种杀菌式测得的食品中心温度，查表 1-2-16，得各中心温度所对应的 L_T 值，并将其代入式（1-2-35）：

$$F_0 = t_p \sum_{n=1}^{n} L_T$$

$$\begin{aligned} F_{01} &= t_p(L_{T_1} + L_{T_2} + L_{T_3} + L_{T_4} + \cdots\cdots + L_{T_n}) \\ &= 3(0 + 0 + 0.0230 + 0.6309 + 0.7943 + 1 + 1 + 1.0490 + 1 + 0.7943 \\ &\quad + 0.8913 + 1 + 0.2512 + 0.0501 + 0.0063 + 0) \\ &= 25.5(\text{min}) \end{aligned}$$

$$\begin{aligned} F_{02} &= t_p(L_{T_1} + L_{T_2} + L_{T_3} + L_{T_4} + \cdots\cdots + L_{T_n}) \\ &= 3(0 + 0 + 0.0200 + 0.5624 + 0.7943 + 1 + 1 + 0.8913 + 1 + 0.9328 \\ &\quad + 0.9328 + 1 + 0.8913 + 0.2512 + 0.0631 + 0.0100 + 0) \\ &= 28.0467 = 28.1(\text{min}) \end{aligned}$$

（2）图解法计算 F_0 值　将各温度下的 L_T 值与时间 t 作致死率曲线（纵坐标为致死率 L_T，横坐标为杀菌时间 t），曲线与横轴所围的面积即为预包装食品罐头整个杀菌过程中总的杀菌效果 F_0 值。两个杀菌式的杀菌值曲线分别如图 1-2-10 所示。

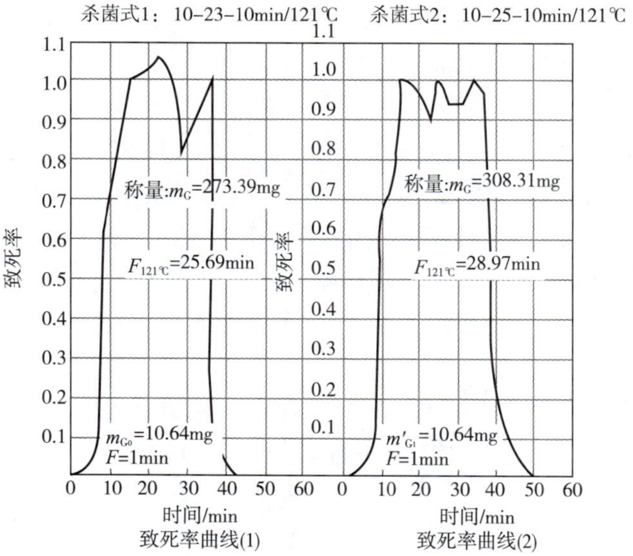

图 1-2-10　425g 蘑菇罐头的致死率曲线

用称重法称得 $F_0=1$ 时的 M_{G_0} 为 10.64mg，两杀菌公式曲线与横轴所围的面积分别为 273.39mg 和 308.31mg，它们所代表的 F_0 值为：

$$F_{01} = M_G / M_{G_0} = 273.39/10.64 = 25.69 \text{（min）}$$

$$F_{02} = m_G / m_{G_0} = 308.31/10.64 = 28.97\ (\text{min})$$

3. 合理性判别

$F_{01} = 25.5$（25.69）$> F_s = 24.92$（min）　所以杀菌式 1 合理。

$F_{02} = 28.1$（28.97）$\gg F_s = 24.92$（min）　所以杀菌式 2 不合理，杀菌过度。

从以上计算结果判定，根据甲厂的卫生条件，微生物污染等情况计算的安全杀菌值 F_s = 24.92min，又根据蘑菇罐头的传热情况等初步制订的两个杀菌公式并测得中心温度，算出实际杀菌条件下的 F_0 值分别为 25.5（25.69）min 和 29.1（28.97）min。按照实际杀菌 F_0 值略大于安全杀菌值为合理的原则，杀菌公式 1 为合理的杀菌工艺条件。确定甲厂生产 425g 蘑菇罐头的热杀菌条件为 10—23—10min/121.1℃。

在制定杀菌工艺条件时，必须注意工厂所在地区的海拔高度，这对于沸水浴杀菌尤为重要。

(三) 巴氏杀菌值

pH<4.5 的产品，即所谓的酸性产品，引起食物中毒肉毒梭菌不能萌发生长，因此只需要灭活霉菌和酵母菌，加热程度可以降低很多，同时 F_0 值也非常低，80℃的致死值为 $7.76\times10^{-5}\text{min}^{-1}$。当参比温度为 65℃时，更加实用的量化致死作用的巴氏杀菌值（pasteurization unit，*PU*）如式（1-2-37）所示。

$$P_{65}^{10} = \int_0^t 10^{(T-65)10} \mathrm{d}t \tag{1-2-37}$$

以啤酒为例，P_{140}^{18}（℉）的巴氏杀菌值 *PU*，也可如式（1-2-38）所示。

$$PU = \exp[2.303(T - 140)/18] \tag{1-2-38}$$

PU_1 定义为标准巴氏杀菌值，即 $Z=7$℃的啤酒腐败菌，在 60℃条件下处理 1min。由此计算，*PU*5.6 为啤酒最佳巴氏杀菌值。研究还发现，当对象菌 *Z* 值为 6.94℃，60℃为参比温度时，啤酒的巴氏杀菌值 *PU* 在 20min 左右。

(四) 无菌加工

无菌包装技术是在被包装物、包装容器或材料、包装机械设备无菌的情况下，在无菌环境中进行充填和封合的包装技术。无菌包装包括：①包装材料的杀菌灭菌；②包装内容物的无菌处理；③包装环境的无菌处理。包装内容物的无菌处理，该过程可以分为三个阶段：第一阶段加热，将食品从初始温度加热到处理温度；第二阶段保温，以持续的温度对食品进行热处理；第三阶段冷却。在保温阶段，食品通常在一个圆柱体同心管的管道内循环，通过热交换器的管壁接收热量。

液体在热处理设备中的停留时间为杀死微生物到理想级数的最短时间。在任何处理设备中的停留时间，都与处理体积 *V*、体积流 *q* 有关，如式（1-2-39）所示。

$$t = \frac{V}{q} \tag{1-2-39}$$

液体食品在加热管中循环流动，停留时间如式（1-2-40）所示。

$$t = \frac{L}{v} \tag{1-2-40}$$

式中　*L*——管长，m；

v——液体直线循环速度，m/min。

在无菌加工过程中有必要通过式（1-2-40）计算加热管长度。在该等式中，速度取决于环流状态和液体类型。对于牛顿流体，在湍流状态下循环时，可以使用平均速度（$v_{平均}$）。然而，如果液体在层流状态下循环（$Re<2100$），最大速度（v_{max}）是平均速度的2倍，如式（1-2-41）所示。

$$v_{max} = 2v_{平均} \tag{1-2-41}$$

在无菌加工过程中，有的液态食品含有颗粒，例如汤类食品，计算会遇到困难。当液体升温到处理温度时，固体颗粒温度则相对较低。因此，为了使其达到充分的热处理程度，计算时应该考虑到其最慢的加热点，该最慢加热点通常为固体颗粒的几何中心。这会导致其在管中的保留时间更长，因为固体颗粒需要更强的热处理条件。同时，固体颗粒也会被损坏。

详细了解加工过程中固体颗粒内部的热传递与其几何中心的温度变化非常重要。这属于不稳定状态的加热过程。因此，我们应该预先评估从液体到固体颗粒的热传递系数。球形颗粒外围的液体热传递系数与努塞尔数（Nu）、雷诺数（Re）、普朗特数（Pr）有关，如式（1-2-42）所示。

$$Nu = 2 + 0.6Re^{0.5}Pr^{1/3} \tag{1-2-42}$$

如果液体和固体颗粒以相同的速度循环流动，应该取消雷诺数，因此 $Nu=2$。

如果该液体为水，等式如式（1-2-43）所示。

$$Nu = 2 + 1.33 \times 10^{-3}Re^{1.08} \tag{1-2-43}$$

该等式在 $287<Re<880$ 有效。

如果固体颗粒外围的液体为淀粉溶液，等式应该如式（1-2-44）所示。

$$Nu = 2 + 2.82 \times 10^{-3}Re^{1.16}Pr^{0.89} \tag{1-2-44}$$

该等式在 $1.2<Re<27$ 和 $9.5<Pr<376$ 有效。

所有这些等式中，雷诺数中的速度为固体颗粒与液体的相对速度。

如果液体中有悬浮颗粒，可以利用等式直接计算处理时间。因此，应该第一时间获得颗粒中的温度分布。F 值与其扩散性，颗粒大小（R），管中位置（r）相关，如式（1-2-45）所示。

$$F(t) = j\exp(-Bt)$$

$$F_0 = \frac{E[A\exp(-Bt_p)]}{B}10^{\frac{T_A - T_R}{Z}}$$

$$A = j2.3\frac{T_A - T_R}{Z} \tag{1-2-45}$$

式中 T_A——颗粒外部温度，℃；

T_R——参考温度，℃；

t_p——处理时间，min；

$E_{(x)}$——指数积分；

j，B——不同颗粒 F 值对应参数。

不同种类固体颗粒的 j 和 B 值如表 1-2-18 所示。其中，a 为固体颗粒的热扩散系数，η_l 为液体黏度。

表 1-2-18　　计算不同颗粒 F 值的参数 j 和 B

固体颗粒几何结构	颗粒位置	j	B
球体 半径 R	中心	2	$\frac{n^2a}{R^2}$
	其他位置	$\frac{2}{\pi}\frac{R}{r}\sin\frac{\pi r}{R}$	
平行六面体 （$2X$）（$2Y$）（$2Z$）	中心	2.0641	
	其他位置	$2.0641\cos\frac{\pi}{2}\frac{x}{X}\cos\frac{\pi}{2}\frac{y}{Y}\cos\frac{\pi}{2}\frac{z}{Z}$	$\frac{n^2a}{4}\left(\frac{1}{X^2}+\frac{1}{Y^2}+\frac{1}{Z^2}\right)$
圆柱体 （$2R$）（$2L$）	中心	2.0397	$\frac{a}{4}\left(\frac{n^2}{L^2}+\frac{\eta_l^2}{R^2}\right)$

1. 停留时间

在管状设备中，液体以平推流循环，液体中微生物的停留时间与平均停留时间相同。但是如果管状设备中液体不按照平推流循环时，停留时间会有所不同。如果在圆柱形管中，液体以层流状态循环，那么微生物将按照抛物线速度运动，这时微生物进入中间流层时的速度远远大于其接近管壁时的速度，而且经过中间流层的停留时间会变短。因此，需要知道最大速度以计算最短停留时间。图 1-2-11 展示了管状设备中的不同循环状态与搅拌槽情况。

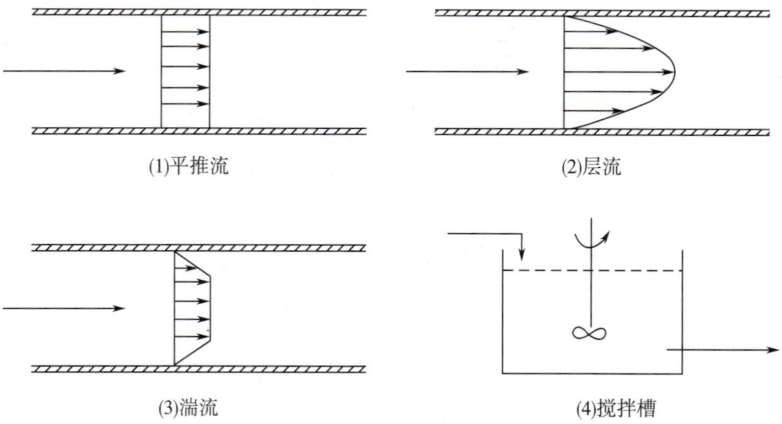

图 1-2-11　液体在管道和搅拌槽的流动状态

2. 停留时间的分布

在实际情况下，同一时间进入热处理设备中的微生物不会停留相同的时间。通过一些参数的设置，可以很方便地计算出分散的停留时间。微生物的停留时间是入口与出口的时间间隔。设置时间段为入口到任意一点的时间。可以用进入内部时间段的分布（I）曲线代表热处理设备中的时间分布，而离开到达外部时间段的分布（E）曲线则代表微生物离开热处理设备的时间，比如停留时间。通过示踪反应实验可以测定停留时间。

示踪剂进入液体中的方式有两种：稳定投放和脉冲投放。稳定投放是在瞬间进入的，对测量没有影响，而脉冲投放则显示了示踪剂一定的浓度（图 1-2-12）。C_t 为投放瞬间 t 示踪剂的浓度，C_0 为总浓度。

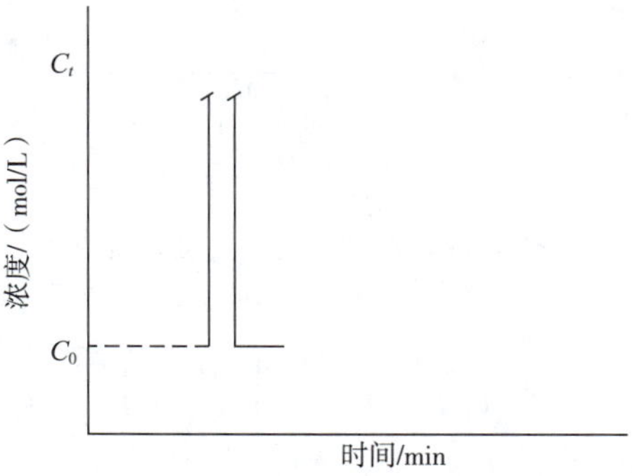

图 1-2-12　示踪剂的脉冲投放

这两种方式的响应函数经过归一化处理后，可以通过 F 值和 C 值表示，如式（1-2-46）至式（1-2-48）所示。

$$I = 1 - F \tag{1-2-46}$$

$$E = C \tag{1-2-47}$$

$$E = \frac{dF}{d\theta} = -\frac{dI}{d\theta} \tag{1-2-48}$$

式中　θ——无因次时间变量，时间 t 与平均停留时间 t_M 的系数。

3. 理想状态下停留时间（E）

理想状态下，无菌加工搅拌槽分布函数，如式（1-2-49）至式（1-2-53）所示。

$$E = \frac{1}{t_M}\exp\left(-\frac{t}{t_M}\right) \tag{1-2-49}$$

$$E_\theta = \exp(-\theta) \tag{1-2-50}$$

管状平推流：

$$E = \delta(t - t_M) \tag{1-2-51}$$

管状层流：

$$E = \frac{t_M^2}{2t^3} \tag{1-2-52}$$

$$E = \frac{1}{2\theta^3} \tag{1-2-53}$$

式中　δ——脉冲函数；

t_M——平均停留时间，min；

t——时间，min。

图 1-2-13 展示出脉冲投放条件下 E 情况。

除了以上情况，非牛顿流体的分布函数，如式（1-2-54）所示。

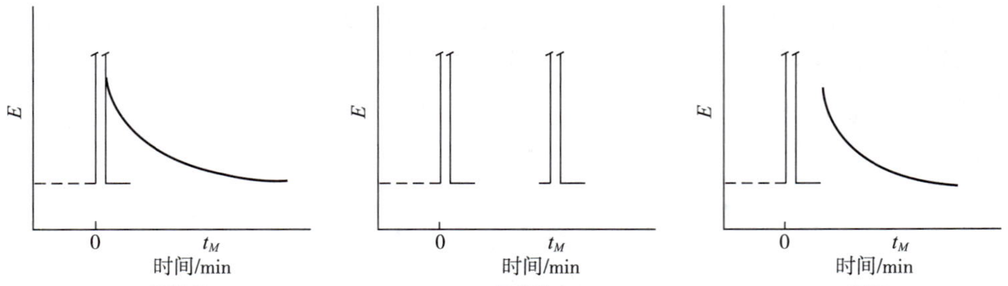

图 1-2-13　脉冲投放示踪剂测定不同类型流体的分布函数 E

$$E = \frac{2n}{3n+1}\frac{t_M^3}{t^3}\left(1 - \frac{n+1}{3n+1}\frac{t_M}{t}\right)^{\frac{n-1}{n+1}} \tag{1-2-54}$$

式中　n——流动状态指数。

宾汉塑性流体在管中循环流动，其速度可以根据平推流状态的中心流计算。其外部流动时间的分布函数，如式（1-2-55）所示。

$$E = \frac{(1-m)t_0 t_M^3}{t^3}\left(1 - m + \frac{m}{\sqrt{1-\sigma_0\frac{t_M}{t}}}\right) \tag{1-2-55}$$

其中：

$$m = \frac{r}{R} = \frac{\sigma_0}{\sigma_{WALL}} \text{和} t_0 = \frac{m^2+2m+3}{6}$$

式中　σ_0——屈服应力值；

σ_{WALL}——管壁剪切力值；

t_0——平推流状态的中心流液体停留时间参数；

r——非牛顿流体颗粒半径，m；

R——管壁半径，m；

m——流体黏稠特性数。

4. 非理想状态下停留时间 E

微生物在热处理装置中的停留时间与容器中流体的路径相关。如果进入热处理装置中的食品的体积流为 q，那么，微生物离开装置的外部时间分布函数如图 1-2-14 所示。为了进一步标准化，把曲线下方区域值设定为 1，如式（1-2-56）所示。

$$\int_0^\infty E\mathrm{d}t = 1 \tag{1-2-56}$$

液体在 t_1 和 t_2 之间，离开加热装置的时间，如式（1-2-57）所示。

$$E\Delta t = a(t_2 - t_1) \tag{1-2-57}$$

式中　a——分布函数时间间隔的平均值。

如果时间<t_1：

$$\int_0^{t_1} E\mathrm{d}t$$

如果时间>t_1：

(1)

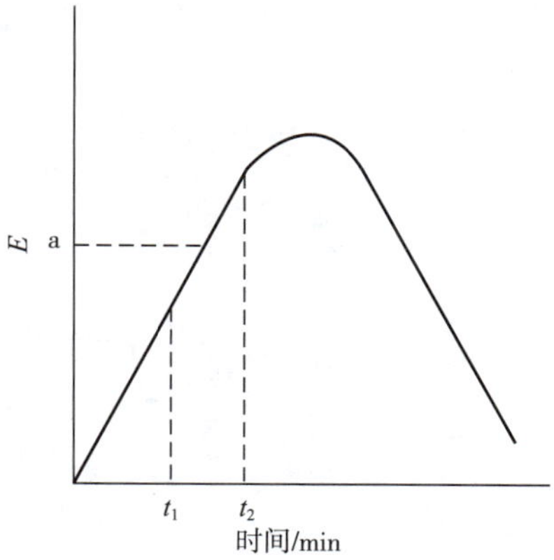

(2)

图 1-2-14　离开热处理设备时间分布曲线

$$\int_{t_1}^{\infty} E\mathrm{d}t = 1 - \int_{0}^{t_1} E\mathrm{d}t$$

如果，V 代表体积流 q，M 代表示踪剂量，C_i 为浓度，则曲线下的区域如式（1-2-58）所示。

$$\int_0^{\infty} C_i\mathrm{d}t = \sum_i C_i\Delta t = \frac{M}{q} \qquad (1-2-58)$$

标准化后的方程，如式（1-2-59）所示。

$$E = \frac{C_i}{\int_0^{\infty} C_i\mathrm{d}t} = \frac{qC_i}{M} \qquad (1-2-59)$$

如果处理的液体食品中包含有固体颗粒，那么其离开装置外部时间的分布曲线具有双重含义，其响应曲线开始出现的时间有时高于纯液体的平均停留时间。

这里，t_M 表示平均停留时间，如式（1-2-60）所示。

$$t_M = \frac{\int_0^{\infty} t_i C_i\mathrm{d}t}{\int_0^{\infty} C_i\mathrm{d}t} \qquad (1-2-60)$$

如果测量值是离散型的，上式中的积分形式将被替换为求和形式，如式（1-2-61）所示。

$$t_M = \frac{\sum_0^{\infty} t_i C_i\Delta t}{\sum_0^{\infty} C_i\Delta t} \qquad (1-2-61)$$

如果离散型测量值具有均等的时间间隔，那么，其离开装置外部时间的分布函数可以用平均值表示，如式（1-2-62）所示。

$$t_M = \int_0^{\infty} t_i E\mathrm{d}t = \sum_0^{\infty} t_i E_i \Delta t \tag{1-2-62}$$

另外，方差可以用式（1-2-63）表示。

$$\sigma^2 = \frac{\int_0^{\infty} t_i^2 C_i \mathrm{d}t}{\int_0^{\infty} C_i \mathrm{d}t} - t_M^2 \tag{1-2-63}$$

如果其值为离散型的，方差如式（1-2-64）所示。

$$\sigma^2 = \frac{\sum_0^{\infty} t_i^2 C_i \Delta t}{\sum_0^{\infty} C_i \Delta t} - t_M^2 \tag{1-2-64}$$

对于连续性曲线或均等时间间隔的离散型曲线，方差都可用式（1-2-65）表示。

$$\sigma^2 = \int_0^{\infty} t_i^2 E\mathrm{d}t - t_M^2 = \sum_0^{\infty} t_i^2 E_i \Delta t_i - t_M^2 \tag{1-2-65}$$

5. 连续热处理条件下分布模型的应用

无菌加工过程中，离开热处理设备的微生物的平均浓度可以表示为式（1-2-66）。

$$C_M = C_0 \int_0^{\infty} \left(\frac{C}{C_0}\right)_t E\mathrm{d}t \tag{1-2-66}$$

式中 C_M——离开热处理设备的液体流中微生物的平均浓度，cfu/L；

C_0——入口浓度，cfu/L；

t——热处理时间，min。

通过热处理设备杀灭微生物的无菌加工过程，属于一级动力学反应，表示为：

$$C = C_0 \exp(-kt)$$

将该公式代入平均值计算公式后，可得式（1-2-67）。

$$C_M = C_0 \int_0^{\infty} \exp(-kt)_t E\mathrm{d}t \tag{1-2-67}$$

如果测量值为离散型则可以表示为式（1-2-68）。

$$C_M = C_0 \sum_0^{\infty} [\exp(-kt)]_t E\Delta t \tag{1-2-68}$$

式（1-2-67）和式（1-2-68）两个等式都可以用来计算连续性循环流体。在搅拌槽流体、管状平推流体、管状层流流体等理想情况下，可以通过式（1-2-67）计算。对于搅拌槽流体，式（1-2-49）与式（1-2-67）积分后，可得式（1-2-69）。

$$C_M = C_0 \int_0^{\infty} \exp(-kt)_t \left[\frac{1}{t_M}\exp\left(-\frac{t}{t_M}\right)\right] \mathrm{d}t \tag{1-2-69}$$

积分处理后，如式（1-2-70）所示。

$$C_M = C_0 \frac{1}{1 + kt} \tag{1-2-70}$$

平推流体积分后的公式，如式（1-2-71）所示。

$$C_M = C_0 \int_0^{\infty} \exp(-kt)_t [\delta(t - t_M)] \mathrm{d}t = \exp(-kt_M) \tag{1-2-71}$$

层流流体积分后的公式，如式（1-2-72）所示。

$$C_M = C_0\int_0^{\infty} \exp(-kt)_t\left(\frac{t_M^2}{2t^3}\right)\mathrm{d}t \tag{1-2-72}$$

思考题

1. 说明食品热处理的作用、要求及影响食品热处理的因素。

2. 微生物热致死的规律，微生物主要耐热性曲线与参数（*D* 值、*F* 值、*Z* 值及 *TRT* 值）的概念及其实际含义。

3. 说明 *D* 值、TRT_n 值两者的关系及其实际意义。

4. 如何进行食品热处理时间的推算？

5. 通过计算说明杀菌温度测量与控制的重要性。

6. 调查食品市场上的热处理食品，归纳总结食品种类、热处理方法、包装及其与保存期间的关系。

7. 选择一种食品进行常压和高压两种热处理，比较这两种热处理方法的差异。

主要参考文献

［1］赵晋府. 食品技术原理［M］. 北京：中国轻工业出版社，2007.

［2］赵征，张民. 食品技术原理［M］. 2 版. 北京：中国轻工业出版社，2014.

［3］曾庆孝. 食品加工与保藏原理［M］. 北京：化学工业出版社，2015.

［4］夏文水. 食品工艺学［M］. 北京：中国轻工业出版社，2017.

［5］李琳. 食品热加工过程安全原理与控制［M］. 北京：化学工业出版社，2017.

［6］秦文，曾凡坤. 食品加工原理［M］. 北京：中国质检出版社，2011.

［7］P. J. Fellaws. 食品加工技术：原理与实践［M］. 北京：中国农业大学出版社，2006.

［8］张慜. 新型食品加工技术［M］. 北京：中国轻工业出版社，2010.

［9］卢晓黎，杨瑞. 食品保藏原理［M］. 北京：化学工业出版社，2014.

［10］宋纪蓉. 食品工程技术原理［M］. 北京：化学工业出版社，2005.

［11］曾名湧. 食品保藏原理与技术［M］. 北京：化学工业出版社，2014.

［12］辛格，赫尔德曼. 许学勤，译. 食品工程导论［M］. 北京：中国轻工业出版社，2006.

［13］Dennis R. Heldman Richard W. Hartel. 食品加工原理（影印版）［M］. 北京：中国轻工业出版社，2007.

［14］高福成. 现代食品工程高新技术［M］. 北京：中国轻工业出版社，2009.

［15］张根生，韩冰. 食品加工单元操作原理［M］. 北京：科学出版社，2013.

［16］Stavros，Y. Solving Problems in Food Engineering［M］. New York：Springer，2008.

［17］Holdsworth，S. Donald and Ricardo Simpson. Thermal Processing of Packaged Foods［M］. Third Edition. New York：Springer，2016.

[18] Albert Ibarz, Gustavo V. Barbosa-Canovas. Unit Operations in Food Engineering (Food Preservation Technology) [M]. Florida: CRC Press, 2002.

[19] Michael J. Lewis, Neil J. Heppell. Continous Thermal Processing of Foods Pasteurization and UHT Sterilization [M]. New York: Springer, 2000.

第三章

CHAPTER 3

食品的干燥

[学习指导]

本章应重点掌握食品干燥过程中的传热与传质、食品干燥过程中所发生的物理化学变化及其与干燥食品品质的关系；熟悉食品干燥主要方法的优缺点，主要的干燥设备及其适用范围。

第一节　食品干燥基础

食品干燥是指利用自然条件或人工控制的方法除去食品中一定数量的水分以抑制食品中微生物的生长繁殖、酶的活性和食品理化成分的变化，增长食品储藏性能的保藏方法。干燥主要包括自然干燥（如晒干、风干等）和人工干燥（如热风、真空、渗透、冷冻干燥等）。干燥食品具有水分活度低，保质期较长，食品质量减轻，体积缩小，节省包装和运输费用，便于携带，有利于商品流通等特点。

一、水分活度与食品的保藏性

食品的腐败变质通常是由微生物作用和生物化学反应所造成的，任何微生物进行正常的生长繁殖以及多数生物化学反应都需要以水作为溶剂或介质。由于微生物种类不同，对环境水分含量的要求也各不相同，但它们所能利用的水分主要是物料中的非结合水分，称为有效水分，只有有效水分才能被微生物、酶和化学反应所触及。

1. 干燥对微生物的作用

微生物生长繁殖与水分活度之间的依赖关系如表 1-3-1 所示。从食品的角度来看，大多数新鲜食品的水分活度在 0.99 以上，适合各种微生物生长。只有当水分活度降至 0.75 以下时，食品的腐败变质才显著减慢，水分活度降到 0.70 以下时，物料才能在室温下进行较长时间的贮存。

表 1-3-1 微生物生长状况与水分活度的关系

A_w	微生物的生长状况
<0.94	大多数细菌不能生长发育
<0.85	大多数酵母菌不能生长发育
<0.7	大多数霉菌生长发育受到限制
<0.62	几乎没有能够生长发育的微生物

目前的干燥方法通常采用的干燥温度不是很高，即使是高温干燥，因脱水时间极短，微生物也只是随着干燥过程中水分活度的降低慢慢进入休眠状态。因此，食品干燥过程不能代替食品必要的消毒灭菌处理，应该在干制工艺中采取相应的措施，如蒸煮、烫漂等，以保证干制品的安全卫生，以延长货架期。

2. 干燥对酶的作用

在通常的干燥过程中，初期酶的活性有所提高，这是由于水分的减少使基质浓度、酶浓度有所提高的缘故。此时，物料仍持有一定水分，且温度并不高，因此酶的作用仍可继续。随着干燥过程的延伸，物料温度升高，水分含量进一步降低，酶的活性会逐渐下降。只有当水分含量降至1%以下时才能完全抑制酶的活性，而通常的干燥很难达到这样低的水分含量。同干燥对微生物的作用一样，食品干燥过程不能替代酶的钝化或失活处理。为了防止干制品中酶的作用，食品在干燥前需要进行酶的钝化或灭酶处理。实际生产中，一般以耐热酶过氧化物酶的残留活性为参考指标，以控制酶的钝化程度。

二、食品物料与干燥介质间的平衡关系

1. 物料的水分活度与空气相对湿度之间的关系

根据水分活度的定义可知，测定水分活度可利用空气与物料的充分接触，达到空气中水蒸气分压和物料表面的水蒸气分压的平衡，此时的水蒸气分压与纯水的饱和蒸气压之比，即为水分活度。

将完全干燥的食品置于各种不同相对湿度的试验环境中，经过一定时间，食品会吸收空间的水蒸气水分，从而逐渐达到平衡。这时食品内所含的水分对应的相对湿度被称为平衡相对湿度（equilibrium relative humidity）。根据水分活度的定义和相对湿度的概念可知，这时的相对湿度即为水分活度。

必须指出，物料的水分活度与空气的平衡相对湿度是不同的两个概念，分别表明物料与空气在达到平衡后双方各自的状态。如果物料与相对湿度及水分活度更大的空气相接触，即：

$$A_w < \varphi$$

$$\frac{P_v}{P_s} < \frac{P_w}{P_s}$$

$$P_v < P_w$$

由于存在蒸气压差的作用，物料将从空气中吸收水分，直至达到平衡，这种现象称为吸湿现象。如果物料与相对湿度值比它的水分活度值小的空气相接触，则物料将向空气中逸出水分，直至达到平衡，这种现象称为去湿现象。

上述过程是物料与空气中的水分始终处于一个动态的相互平衡的过程。

2. 平衡水分

由于存在物料表面的水蒸气分压与介质的水蒸气分压的压差作用，可使两相之间的水分不断进行传递，经过一段时间后，物料表面的水蒸气分压与空气中的水蒸气分压将会相等，物料与空气之间的水分会达到动态平衡，此时物料中所含的水分为该介质条件下物料的平衡水分。平衡水分因物料种类的不同而有很大的差别，同一种物料的平衡水分也因介质条件的不同而不同。

三、食品物料干燥过程分析

食品物料干燥过程的特性曲线，因物料种类的不同而有差异。一般将干燥过程分为两个阶段，典型的干燥速率曲线，如图 1-3-1 所示。图中 *ABC* 段表示干燥的第一阶段，其中 *BC* 段内干燥速率保持恒定，即基本上不随物料湿含量的变化而变化，故称为恒速干燥阶段。而 *AB* 段为物料的预热阶段，它与物料的大小厚薄及初始温度有关，此阶段所需的时间极短，一般并入 *BC* 段内考虑。干燥的第二阶段如图 *CDE* 所示，在此阶段内干燥速率随物料湿含量的减小而降低，故称为降速干燥阶段。两个干燥阶段之间的交点 *C* 被称为临界点。与该点对应的物料湿含量被称为临界湿含量，以 X_c 表示。与点 *E* 对应的物料湿含量为操作条件下的平衡水分，此点的干燥速率为零。

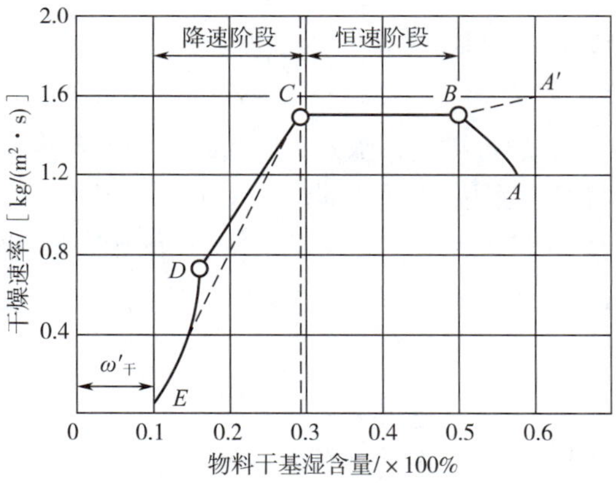

图 1-3-1　典型的干燥速率曲线

1. 恒速阶段

在恒定干燥阶段，食品物料的表面非常润湿，即表面有充足的非结合水分，物料表面的状况与湿球温度计中湿纱布表面的状况相似，如此时的干燥条件恒定（空气温度、湿度、速度及气固的接触方式一定），物料表面的温度等于该空气的湿球温度 T_w（假设湿物料受辐射传热的影响可忽略不计），而当 T_w 为定值时，物料上方空气的湿含量 H_w 也为定值。故单位时间内，空气传递给物料的热量，如式（1-3-1）所示。

$$\frac{dQ}{d\tau} = \alpha A(T - T_w) \tag{1-3-1}$$

式中　Q——空气传递给物料的热量，kW；

τ——干燥时间，s；

α——空气与物料之间的对流传热系数，kW/(m^2·K)；

A——物料与空气的接触面积，m^2；

T——空气的干球温度,℃；

T_w——物料表面温度,℃。

单位时间内，物料表面水分汽化量，如式（1-3-2）所示。

$$\frac{dN}{d\tau} = k_H A(H_w - H) \tag{1-3-2}$$

式中 N——汽化水分的量，kg/s；

τ——干燥时间，s；

k_H——以湿度差为动力的传质系数，kg/(m^2·s)；

A——物料与空气的接触面积，m^2；

H_w——T_w 时空气的饱和湿度，kg 水/kg 绝干气；

H——空气的湿度，kg 水/kg 绝干气。

如上讨论，干燥是在恒定的空气条件下进行的，随空气条件而变的 α 和 k_H 值均保持恒定不变，（$T-T_w$）及（H_w-H）也为定值，湿物料与空气间的传热速率和传质速率均保持不变，即物料水分在恒定温度下进行汽化，汽化的热量全部来自空气，如式（1-3-3）所示。

$$dQ = r_w dN \tag{1-3-3}$$

式中 r_w——在 T_w 下水的汽化潜热，kJ/kg；

Q——空气传递给物料的热量，kW；

N——汽化水分量，kg/s。

应该指出，在整个恒速干燥阶段中，水分从湿物料内部向其表面传递的速率与水分自物料表面汽化的速率平衡，物料表面始终处在润湿状态下。一般来说，此阶段的汽化水分为非结合水分，与自由水分的气化情况无异。显然，恒速干燥阶段的干燥速率的大小取决于物料表面水分的汽化速率，即决定于物料外部的干燥条件，所以恒速干燥阶段又称表面汽化控制阶段。

2. 降速阶段

干燥操作中，当物料的湿含量降至临界湿含量 X_c 后，便转入降速干燥阶段。在此干燥阶段中，水分自物料内部向表面汽化的速率低于物料表面水分的汽化速率，湿物料表面逐渐变干，汽化表面向物料内部移动，温度也不断上升。随着物料内部湿含量的减少，水分由物料内部向表面传递的速率慢慢下降，干燥速率也就越来越低。

降速干燥阶段中，干燥速率的大小主要取决于物料本身的结构、形状和尺寸，而与外部的干燥条件关系不大，所以降速干燥阶段又被称为物料内部迁移控制阶段。产生降速的原因大致有以下四种。

（1）实际汽化表面减小　随着干燥的进行，水分趋于不均匀分布，局部表面的非结合水分已先被除去而成为“干区”。尽管此时物料表面的平衡蒸气压未变，（H_w-H）未变，k_H 也未变，但实际汽化面积减小了，以物料全部外表面计算的干燥速率下降了。对于多孔性物料表面来说，孔径大小不等，在干燥过程中水分会发生迁移，小孔则借毛细管力自大孔中“吸取”水分，因此首先在大孔处出现干区。由局部干区而引起的干燥速率下降如图 1-3-1 干燥速率曲线 CD 段所示，称为第一降速阶段。

（2）汽化表面的内移　当物料全部表面都成为干区后，水分的汽化表面逐渐向物料内部移动。物料内部此时的热、质传递途径加长，造成干燥速率下降，如图 1-3-1 中 DE 段所示，又称第二降速阶段。

（3）平衡蒸气压下降　当物料中非结合水已被除尽，将汽化各种形式的结合水时，平衡蒸气压将逐渐下降，使传质推动力减小，干燥速率也随之降低。

（4）物料内部水分的扩散受阻　某些食品物料如面包等，在加热过程中，表面很快可被硬化，失去了汽化外表面。水分开始在物料内部扩散，该扩散速率极慢，且随含水量的减少而不断下降。此时干燥速率与气体流速无关，与表面气固两相的传质系数 k_H 无关。

有理论推导表明，此时水分的扩散速率与物料厚度的平方成反比。因此，降低物料厚度将有助于提高干燥速率。

3. 临界湿含量

物料在干燥过程中，恒速阶段与降速阶段的转折点称为临界点，此时物料的湿含量为临界湿含量。

若临界含水量 X_c 值越大，便会较早地转入降速干燥阶段，达到物料平衡湿含量所需的干燥时间越长。确定物料的 X_c 值，不仅对干燥速率和干燥时间的计算十分必要，而且由于影响两个干燥阶段的干燥速率的因素不同，确定 X_c 值对于强化具体的干燥过程也有重要意义。

临界湿含量随物料的性质、厚度及干燥条件的不同而不同。例如，非多孔性物料的 X_c 值比多孔性物料的大。在一定的干燥条件下，物料层越厚，X_c 值也越高，在物料的平均湿含量较高的情况下就开始进入降速干燥阶段了。了解影响 X_c 值的因素，可便于控制干燥过程，例如，减小物料厚度、料层厚度，对物料增强搅动，则既可增大干燥面积，又可减小 X_c 值，所以流化干燥设备（如气流和沸腾干燥）中物料的 X_c 值一般较低。

物料的临界湿含量通常由实验来确定的，若无实测数据时，也可查阅有关手册参考。

四、干燥过程中的传热与传质

食品物料的干燥过程，是热量传递和质量传递同时存在的过程，伴随着传热（物料对热量的吸收）传质（水分在物料中的迁移），可使物料达到干燥的目的。热量和质量是通过物料内部和外部传递来实现的。

1. 物料外部的传热与传质

无论何种干燥方式，干燥介质均围绕在物料周围，在靠近物料的表面处形成所谓的界面层。这是因为在介质气流中心，气流速度是均匀的，速度梯度等于零；而在物料的表面处，气体与物料表面的摩擦造成了在离表面某一相当小的距离上气体流速降低，产生速度梯度，即与表面距离越小，气流速度越低。气流速度梯度的方向由物料表面指向介质气流。

从出现速度梯度的那一点到环绕表面这段距离，就是界面层的厚度。界面层厚度主要取决于被环绕表面的状态，与气体黏度成正比，与气体流速成反比。

界面层中，因存在速度梯度，所以在距表面不同的距离处有不同的温度降低，即出现温度梯度，温度梯度与速度梯度的方向一致。温度梯度还受介质导热性影响。

在界面层中还同时存在气体湿含量梯度（或称空气蒸气分压梯度），该湿含量梯度的方向与速度和温度梯度方向相反，这就是说，越接近物料表面，形成界面层的气体湿含量（或气体中的蒸气分压）越大。

干燥过程中，界面层的存在造成了热量传递和质量传递的附加阻力，只有减少界面层厚度，才能提高干燥速率。而降低界面层的厚度，必须综合考虑界面层温度梯度、速度梯度及蒸气分压梯度的影响因素，在干燥的不同阶段，应根据物料的性质和加工要求，适当提高物料温度和介质流速，强化蒸气压差，这是降低界面层厚度，实现物料外部传热与传质的有效途径。

2. 物料内部的传热与传质

在物料干燥过程中，加热介质将热量传于物料表面，使其温度升高，表面的水分吸收热量后动能增加，最后蒸发而脱离物料表面。

物料表面受热的同时，物料本身又将热量自物料表面以传导的形式向温度较低的物料中心传递，并随这种传递的进行，能量逐渐减弱，即温度逐渐降低，这样在物料内部也存在一个由中心指向表面的温度梯度，处在不同温度梯度下的水分，具有不同的迁移势。干燥初期水分均匀分布于物料中，随着干燥的进行，表面水分逐渐减少，从而形成了自物料内部到表面的湿度梯度，可促使水分在物料内部移动，湿度梯度越大，水分移动就越快。

无论采取何种干燥方式，这两种梯度场均存在于物料内部，故水分传递应是两种推动力共同作用的结果。另外，物料本身的导湿性也是影响水分内部扩散的一个重要因素。

干燥过程中，由于物料的温度梯度与湿度梯度方向相反，容易使干燥不彻底或物料发生不理想的变化，常采用升温、降温、再升温、再降温的工艺措施来调节物料内部的温度梯度与湿度梯度的关系，强化水分的内部扩散。

3. 干燥过程的控制

合理地处理好物料内外部的传热与传质的关系能够有效地控制干燥过程的进行。

干燥的目的在于除去物料中的水分，而物料中的水分首先需要通过物料内部扩散移至物料表面，然后再由物料表面汽化脱除，所以表面汽化与内部扩散的速率共同决定了干燥的速率。

当表面汽化速率小于内部扩散速率时，因物料表面有足够的水分，物料表面的温度就可近似认为是干燥介质的湿球温度，水分的汽化也可认为是近于纯水表面的汽化，这时提高介质温度、降低介质湿度、改善介质与物料之间的流动和接触状况都有利于提高干燥速率。这种情况常出现在干燥初期。

当表面汽化速率大于内部扩散速率时，物料的干燥受内部扩散速率的限制，水分无法及时到达表面，造成汽化界面逐渐向内部移动，产生干燥层，使干燥的进行较表面汽化控制更为困难。要强化干燥速率就必须改善内部扩散因素。下述措施有利于提高干燥速率：

（1）减少料层厚度，缩短水分在内部的扩散距离；

（2）使物料堆积疏松，采用空气穿过流料层的接触方式，以扩大干燥表面积；

（3）采用接触加热和微波加热的方法，使深层料温高于表面料温，温度与湿度梯度可同向加快内部水分的扩散。

表面汽化速率与内部扩散速率近于相等的情况在干燥中极其少见，此状态是恒速干燥中力求的目标。

第二节　干燥过程中食品的主要变化

一、物理状态的变化

1. 干缩

任何脱水过程几乎都能造成物料的收缩现象，原因在于水的去除使物料的内压（膨胀压）降低。一般来讲，未失去活性的细胞（如未烫漂的新鲜果蔬等），细胞中水分充盈，则内部膨胀压较大，脱水后细胞壁受力严重，干缩明显；而失去活性的细胞（如煮制过的肉类），已去除部分水分，其细胞壁渗透性有所改变，则内部膨胀压降低，脱水后细胞壁受力较轻，干缩也较小。

在理想的干燥过程中，物料发生的干缩应为线性收缩，即物料大小（长度、面积和体积）均匀地按比例缩小。实际上，食品物料的内部环境十分复杂，各个部位、各个方向的膨胀压大小并不一致，同时外界干燥环境对物料各部位的脱水效果也不同，很难达到完全均匀的干缩。不同的食品物料，干缩的差异更大。物料干缩的程度及均匀性对其复水性有很大的影响，干缩程度小、收缩均匀的物料复水性较好，反之较差。

食品物料在干燥过程中，除发生永久的收缩变形外，还会出现组织干裂或破碎等现象。另外，在食品不同部位上所产生的不等收缩，又往往会造成物料的翘曲变形。

2. 表面硬化

在干燥过程中，造成物料表面硬化的原因主要有两个方面：一是食品干燥过程中，物料内部的溶质随水分向物料表面的不断移动而移动，即在表面积累产生结晶硬化现象，如含糖较高的水果及腌制品的干燥；二是由于干燥初期，食品物料与介质间温差和湿差过大，致使物料表面温度急骤升高，水分蒸发过于强烈，而使物料表面迅速达到绝干状态，从而形成一层干燥的薄膜，造成物料表面的硬化。物料表面出现的硬膜是热的不良导体，且渗透性差，又阻碍了物料内部水分的蒸发，使大部分水分封闭在物料内部，致使干燥速率急剧下降，给进一步干燥造成困难。

避免物料表面发生硬化的方法是调节干燥初期水分的外逸速度，保持水分蒸发的通畅性，一般在干燥初期采用高温含湿较大的介质进行脱水，可使物料表层附近的湿度不致变化太快。

在干燥食品中，表面硬化形成有时是被希望出现的，比如在香料的微胶囊化中，需要快速形成表面结皮以防止风味的损失。表面硬化在膨化中也很重要，高含水量产品经快速干燥，如高温和真空，其表面会产生硬壳，加上极端的干燥条件，会导致水分迅速蒸发并引发较大的内部压力积聚，导致产品膨胀/膨化。

3. 物料内部多孔性的形成

物料内部多孔的产生，是由于物料中的水分在干燥进程中被去除，原来被水分所占据的空间由空气填充，而成为空穴，干制品组织内部就形成一定的孔隙，从而具有多孔性。干制品孔隙的大小及均匀程度对其口感、复水性等有重要影响。

固体物料的加压干燥和减压干燥，使水分外逸迅速，内部能形成均匀的水分外逸通道和孔穴，具有较好的多孔状态；而常压干燥过程，由于水分的去除完全依赖加热蒸发，易于造成物料受热不均匀，使表面形成硬化和不均匀的蒸发通道，从而出现大量的裂缝和孔洞，所以常压脱水对工艺条件及过程的要求非常严格。液体和浆状物料的干燥，多利用搅拌产生泡沫以及使物料微粒化来控制其多孔的形成。泡沫的均匀程度、体积的膨胀程度以及微粒的大小决定了物料多孔性的优劣。

二、化学性质的变化

（一）干制对食品营养成分的影响

1. 蛋白质的变化

通常食品物料较长时间暴露在71℃以上的热空气中会对蛋白质有一些破坏作用。另外，氨基酸中，赖氨酸最不耐热。

2. 脂肪的变化

脱水过程中，食品物料中的油脂（特别是含油脂食品）极易发生氧化，干燥温度升高，脂肪的氧化严重。

3. 维生素的变化

脱水过程中，各种维生素的破坏和损失是非常值得注意的问题，直接关系到脱水食品的营养价值。总的来讲，高温对食品物料中的维生素均有不同程度的破坏。维生素 C 极易氧化损失；维生素 B_1 对热十分敏感；未经酶钝化处理的蔬菜，在脱水时胡萝卜素的损耗量高达80%，如果脱水方法选择适当，损耗可下降至5%。

（二）食品色泽的改变

在干制过程中，由于高温作用，食品原有的色泽发生变化。碳水化合物参与的酶促褐变与非酶促褐变反应，是干制食品变成黄色、褐色或黑色的主要原因。酶促褐变可通过钝化酶活性和减少氧气供给来防止，如氧化酶在71~73.5℃、过氧化物酶在90~100℃的温度下，即可被破坏，所以一般应对原料进行热烫处理或硫处理，以及盐水浸泡等。而非酶引起的褐变包括美拉德反应、焦糖化反应，单宁类物质与铁作用可生成黑色化合物（单宁酸铁）。另外，单宁与锡长时间加热会生成玫瑰色化合物。

其他色素在干燥过程中也会发生或多或少的变化。温度越高，处理时间越长，色素变化量越多。例如，叶绿素在受热条件下，失去一部分镁原子转化成脱镁叶绿素，呈橄榄绿色，通常采用微碱条件可控制镁的流失，来改善食品的品质。

据此，食品的色泽可通过尽量避免长时间高热接触，如高温短时干燥，以及 pH 调节来改善。

第三节　食品干燥方法

食品的干燥过程涉及复杂的化学、物理和生物学的变化，对产品品质和卫生标准要求很高，有些干燥制品还要求具有良好的复水性，使制品恢复到接近原先的外观和风味。因此，要根据物料的性质（黏附性、分散性、热敏性等）和生产工艺要求，并考虑投资费用，操作费用等经济因素，正确合理地选用不同的干燥方法和相应的干燥装置。

在选用合理工艺条件时主要应考虑以下几个方面：

（1）食品干制过程中所选用的工艺条件必须使食品表面的水分蒸发速率尽可能等于食品内部的水分扩散率，同时力求避免在食品内部建立起和湿度梯度方向相反的温度梯度，以免降低食品内部的水分扩散。

（2）在恒速干燥阶段，空气向物料提供的热量全部被用于水分的蒸发，物料表面温度不会高于空气的湿球温度。因此，物料内部不会建立起温度梯度。在这阶段内，应在保证食品表面水分蒸发不超过物料内部导湿性所能提供的扩散水分的原则下，尽可能地提高空气温度，以加速食品的干燥。

（3）干燥过程中，食品表面水分蒸发接近结束时，应降低食品表面的水分蒸发速率，使它能和逐步降低了的内部水分扩散速率一致，以免食品表面层受热过度，导致不良后果。

（4）干燥末期，干燥介质的相对湿度应根据预期干制品的水分加以选用。

人工干制要求在较短的时间内采取适当的温度，通过通风排湿等操作管理，以获得较高质量的产品。要达到这一目的，就要依据果蔬自身的特性，采用恰当的干燥工艺技术来进行干燥。

干燥装置按操作方式的不同，可分为间歇式干燥和连续式干燥；按操作压力的不同，可分为常压干燥和真空干燥；按工作原理的不同，又可分为对流干燥、接触干燥、冷冻干燥和辐射干燥。其中对流干燥在食品工业中应用最多。

一、对流干燥

对流干燥，又称热风干燥，它是以热空气为干燥介质，将热量传递给湿物料，物料表面上的水分立即汽化，并通过表面处的气膜向气流主体扩散的过程；与此同时，由于物料表面上水分的汽化，可使物料内部和表面之间产生水分梯度差，物料内部的水分因此以气态或液态的形式向表面扩散。显然，热空气既是载热体又是载湿体。对流干燥进行的必要条件是物料表面的水蒸气压强必须大于干燥介质（热空气）中的水蒸气分压。

(一) 自然干燥

自然干燥是一种最为简便易行的对流干燥方法，它是指利用自然条件把食品物料平铺或悬挂在晒席、晒架上，直接暴露于阳光和空气中进行干燥的方法。

自然干燥，方法简单，费用低廉，不受场地的局限。我国广大农户多用此法进行粮食谷物的晒干和菜干、果干的制作。由于这种干制品长时间在自然状态下受到干燥和其他各种因素的影响，物理化学性质发生了变化，从而生成了具有特殊风味的制品。我国许多有名的传统土特产品都是用这种方法制成的，例如干枣、柿饼、腊肉、火腿等。

自然干燥的缺点是干燥时间长；制品容易变色、维生素类破坏较大；受气候条件限制，如遇阴雨易使微生物繁殖；容易被灰尘、蝇、鼠等污染；难以规模化生产。

(二) 箱式干燥

箱式干燥设备由框架结构组成，四壁及顶底部都封有绝热材料以防止热量的散失。箱内有多层框架，其上可放置料盘，可将湿物料放在框架小车上推入箱内。箱式干燥根据传热形式的不同又分为真空箱式干燥和对流箱式干燥。真空箱式干燥多为间接加热或辐射加热，适用于干燥热敏性物料、易氧化物料或大气压下水分难以蒸发的物料，以及需要回收溶剂的物料。而对流箱式干燥，主要是以热风通过湿物料表面，达到干燥目的的。热风沿湿物料表面平行通过的称为并流箱式干燥；热风垂直吹向湿物料表面的称为穿流箱式干燥。

1. 并流箱式干燥

图 1-3-2 是典型并流箱式干燥结构示意图。新鲜空气由鼓风机吸入干燥室内，经排管加热和滤筛清除灰尘后，流经载有食品的料盘，直接和食品接触，再由排气孔道向外排出。

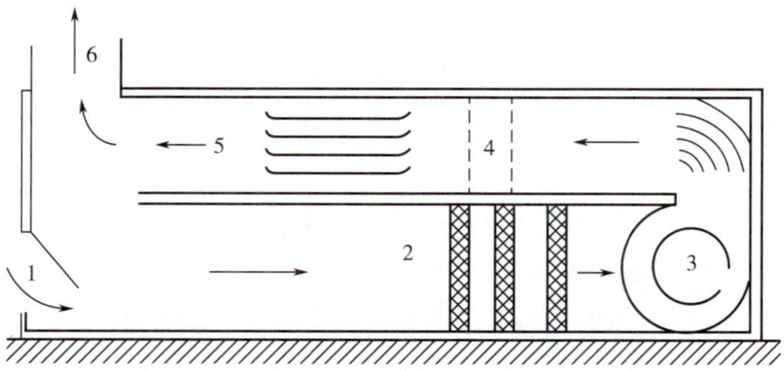

图 1-3-2 并流箱式干燥结构示意图

1—新鲜空气进口 2—排管加热器 3—送风机 4—滤筛 5—料盘 6—排气口

2. 穿流箱式干燥

如图 1-3-3 所示，穿流箱式干燥器的整体结构和主要组成部分与并流式相同，区别在于这种干燥器的底部由金属网或多孔板构成。每层物料盘之间插入斜放的挡风板，可引导热风自下而上（或自上而下）均匀地通过物料层。

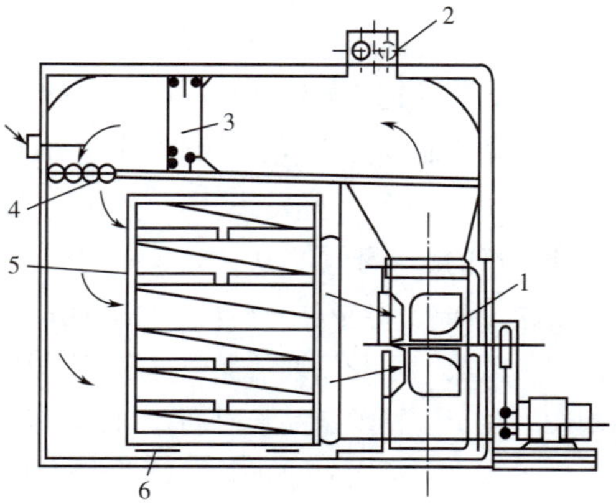

图 1-3-3 穿流箱式干燥结构示意图

1—送风机 2—排风口 3—空气加热器 4—整流板 5—料盘 6—台车固定件

这种干燥器，热空气与湿物料的接触面积大，内部水分扩散距离短，因此，干燥效果较并流式好，其干燥速率通常为并流时的 3~10 倍，图 1-3-4 及表 1-3-2 所示为面筋分别用并流式和穿流式干燥对比。从图中可以看出，穿流式干燥比并流式干燥快 2~4 倍，但穿流式干燥器动力消耗大，对设备密封性要求较高。另外，热风形成穿流气流，容易引起物料飞散，要注意选择适宜风速和料层厚度。

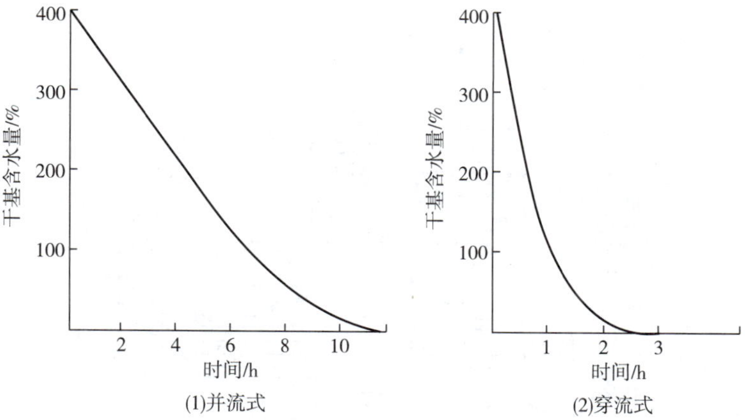

图 1-3-4　面筋用并流式和穿流式干燥时的速度对比

表 1-3-2　　并流式和穿流式干燥对比

项目	气流形式	
	并流式	穿流式
物料厚/mm	30	50
温度/℃	80	80
风速/(m/s)	1.2	0.5

箱式干燥器属间歇性干燥设备，多用于固体食品物料的干燥。热风速度、物料层的间隔和物料层的厚度、风机风量以及是否多次加热空气和废气再利用，对箱式干燥器的热效率影响较大。

（1）热风速度　提高热风速度，加快传热速率，有利于缩短干燥时间，但是风速又必须小于能把物料带走的速度。根据物料物性和形状可在 0.5~3m/s 选取。果蔬干燥的经验数据为 2~2.7m/s。

（2）物料层的厚度和间隔　物料层的厚度是传热传质的阻力因素，可直接影响干品质量和干燥时间，因此，物料层厚度最好通过试验确定，一般为 20~50mm。物料层的间隔，决定了热风流向，影响了风速的大小和热风在物料层中的分配关系，也应认真考虑。支架间的距离一般为 100~150mm，料盘高度多为 40~100mm。

（3）风机的风量　风机的风量是选择风机的依据，也是提供有效供热的保证。风量值要根据理论计算，并考虑箱体结构和泄漏等因素。一般可用式（1-3-4）求风量：

$$L = 3600 \cdot u \cdot A/v \tag{1-3-4}$$

式中　L——热风量，kg/h；

u——热风流速，m/s；

A——干燥室截面积，m^2；

v——湿空气的比容，m^3/kg 绝干空气。

（4）多次加热空气和废气循环再利用　图 1-3-5 为多次空气加热并流箱式干燥器。空气进入箱体经加热管加热后，循箭头方向依次横经框架，和物料接触后成为废气由出口排出。空气出入口处都装有风门，根据需要在操作中可不同程度地开启，使部分废气经处理后返回干燥器进行循环使用。

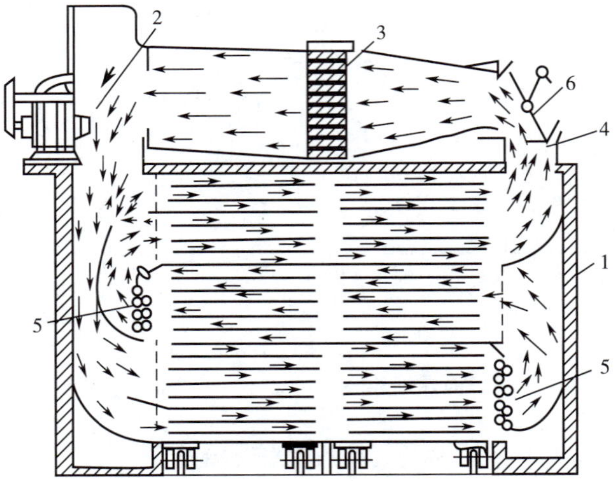

图 1-3-5　多次空气加热并流箱式干燥结构示意图

1—干燥室　2—送风机　3—空气预热器　4—废气出口　5—室内加热器　6—进风口

从图 1-3-6 的分析中，可以发现这种结构的干燥器具有许多优点。如果空气只经过一次预热，在干燥器内不再加热，其过程如图 1-3-6 中的折线 *ABC* 所示。其中，*AB* 为空气的预热过程，*BC* 是空气在干燥室中的变化过程。为了达到最终状态 *C*，进入干燥器的空气（点 *B*）必须被预热到很高的温度。这样做有时会影响后续干燥的稳定性，波及干品的质量，增加预热空气的费用。如果采用多次加热的办法，空气被预热到点 B_1 后，可进入第一层框架与物料接触，沿线 B_1C_1 冷却并增湿到点 C_1，在进入到第二层框架前，再预热到 B_2，然后与其中的物料接触，沿线 B_2C_2 冷却。在进入第三层框架前又预热到点 B_3，最后成为废气排出时，其状态也是点 *C*。这样，与物料接触的空气温度不会太高，干燥速率比较均匀。在相同的初、终条件下，即 *A*、*C* 两点重合，一次预热和多次加热所需的空气量相同，即只与最初最终空气状态有关，而与所经历的途径无关，而且温度低、热损失减少。

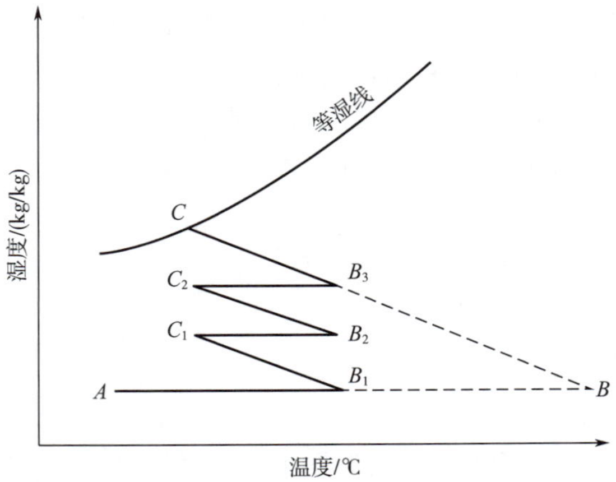

图 1-3-6　具有中间加热的干燥过程

具有废气循环系统的干燥过程，如图 1-3-7 所示。

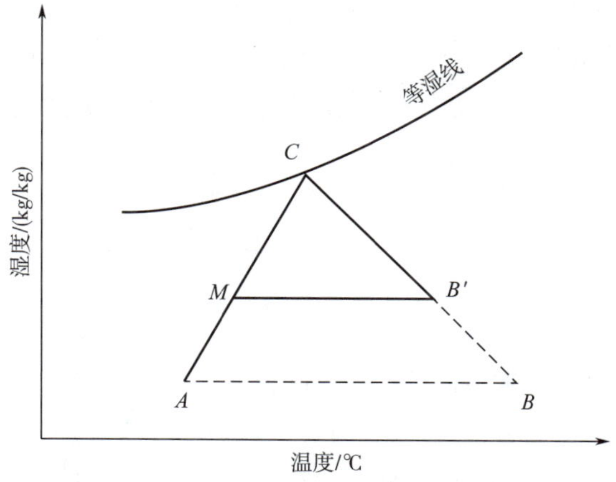

图 1-3-7　具有废气循环系统的干燥过程

状态点 A 的新鲜空气与状态点 C 的废气混合后的状态点为线 AC 上的点 M。点 M 的位置由新鲜空气和废气量的比例决定。根据杠杆定律，废气量越大，则点 M 越靠近点 C，反之，将越靠近点 A。使状态点 M 的混合气加热到点 B'，通过干燥器后达到状态点 C 成为废气。可以看出，利用废气循环可以灵活、准确地控制空气进入干燥器的湿度和温度，使干燥推动力相对均匀，废气的余热利用又可降低能量消耗。

(三) 隧道式干燥

箱式干燥器只能间歇操作，生产能力会受到一定限制。隧道式干燥器是把箱式干燥器的箱体扩展为长方形通道，其他结构基本不变的器具。这样改造增大了物料的处理量，使生产成本降低，小车可以连续或间歇地进出通道，从而实现连续的或半连续的操作。

将被干燥物料装入带网眼的料盘，有序地摆放在小车的搁架上，然后进入干燥室沿通道向前运动，并只经过通道一次。物料在小车上处于静止状态，加热空气可均匀地通过物料表面。高温低湿空气进入的一端称为热端，低温高湿空气离开的一端称为冷端；湿物料进入的一端称为湿端，而干制品离开的一端称为干端。

按物流与气流运动的方向，隧道式干燥器可分为顺流式、逆流式和顺逆流组合式。

1. 顺流式隧道干燥

顺流隧道干燥装置如图 1-3-8 所示。物流与气流方向一致，它的热端就是湿端，而它的冷端则为干端。湿端处，湿物料和高温低湿空气相遇，此时物料水分蒸发异常迅速，空气温度也会急剧降低，因此入口处即使使用较高温度的空气（如 80~90℃），物料也不至于产生过热焦化，但此时物料水分汽化过快，物料内部湿度梯度增大，物料外层会出现轻微收缩现象。进一步干燥时，物料内部容易开裂，并形成多孔性。干端处，使干物料与低温高湿空气接触，水分蒸发极其缓慢，干制品的平衡水分也将相应增加，可延长干燥通道，也难以使干制品水分降到 10%以下。因此，吸湿性较强的食品不宜选用顺流式干燥方法。

2. 逆流式隧道干燥

逆流隧道干燥装置如图 1-3-9 所示，物流与气流方向恰好相反，它的湿端为冷端，而干端则为热端。湿端处，湿物料和低温高湿空气相遇，水分蒸发速度比较缓慢，但此时物料含

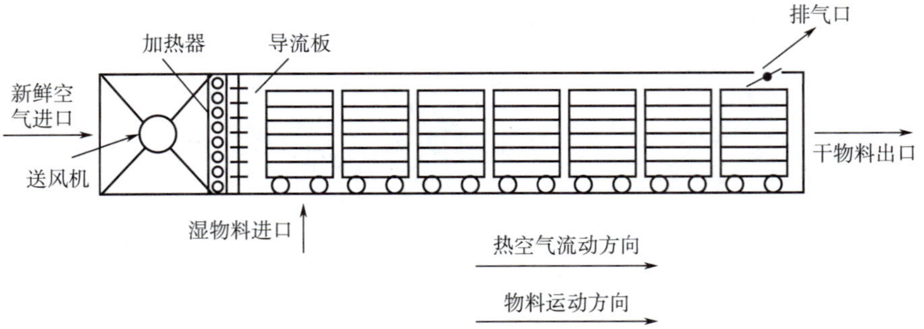

图 1-3-8　顺流隧道干燥装置示意图

有最高水分，尚能大量蒸发。物料内部湿度梯度也比较小，因此，不易出现表面硬化和收缩现象，而中心又能保持湿润状态。这对干制软质水果非常适宜，不会出现干裂流汁现象。干端处，物料与高温低湿空气接触，可加速水分蒸发速度，但物料接近干燥，实际上水分蒸发仍然比较缓慢。此时热空气温度下降不大，而干物料的温度则将上升到和高温热空气相近的程度。因此干端处进口温度不宜过高，一般不超过 77℃，否则停留时间过长，物料容易产生焦化。在高温低湿的空气条件下，干制品的平衡水分也将相应降低，可低于 5%。

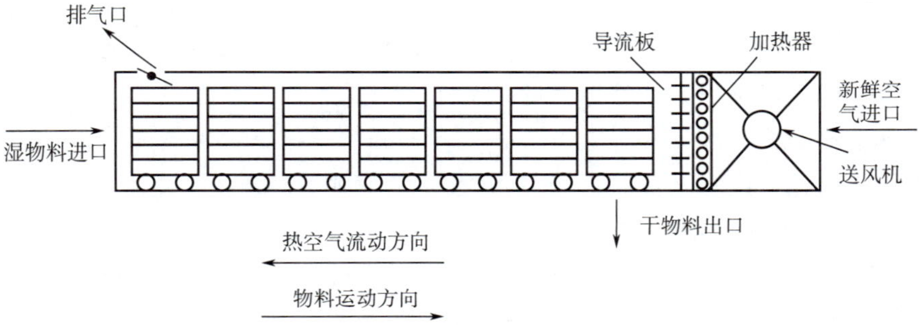

图 1-3-9　逆流隧道干燥装置示意图

逆流干燥，湿物料载量不宜过多。因为干燥初期，水分蒸发速度比较缓慢，如果低温的湿物料载量过多，就会长时间和接近饱和的低温高湿空气接触，就有可能出现物料增湿现象而促进细菌迅速生长，造成物料的腐败变质，甚至发酸发臭。设计和操作时，应该重视这个问题。

3. 顺逆流组合式隧道干燥

这种方式吸取了顺流式湿端水分蒸发速率高和逆流式后期干燥能力强的两个优点，组成了湿端顺流和干端逆流的两段组合方式，如图 1-3-10 所示。

两段的长度可以相等，但一般情况下，湿端顺流段的长度比干端逆流段短。它有两个热空气入口，分布在干湿两端，各干燥段的温度可以分别调节。废气由中央部位排出，尽管在排气口附近的空气流速难以控制，但整个过程均匀一致，传热传质速率稳定，干品质量好。与等长的单一式干燥器相比，生产能力提高，干燥时间缩短，因此，食品工业生产普遍采用这种组合方式，但投资和操作费用高于单一式隧道干燥器。

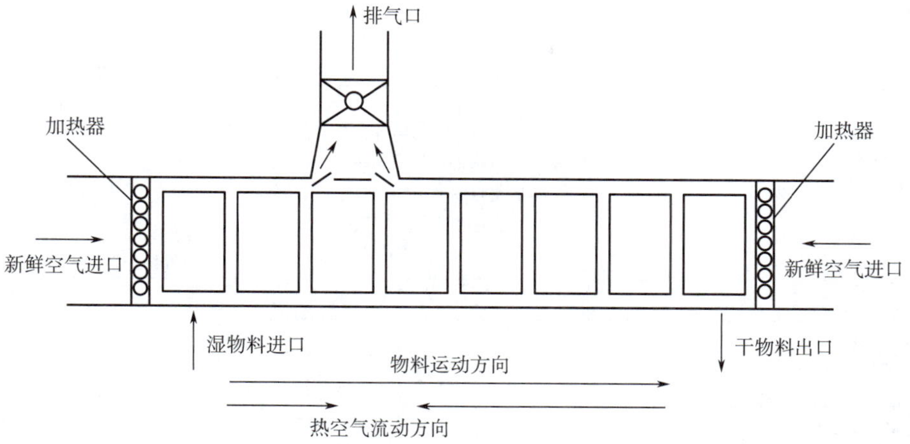

图 1-3-10 顺逆流组合式隧道干燥器装置示意图

（四）输送带式干燥

输送带式干燥设备除载料系统由输送环带取代装有料盘的小车外，其余部分基本上和隧道式干燥设备相同。操作可连续化、自动化，特别适用于单一品种的规模化工业生产。环带常用不锈钢材料制成网带或多孔板铰链带。设备可分为单带式、双带式和多带式。

图 1-3-11 为单带式干燥器示意图。干燥时热风从带子的上方穿过物料层和网孔进入下方，可达到穿流接触的目的。单带式干燥器的带子不可能很长，所以只适用于干燥时间短的物料。

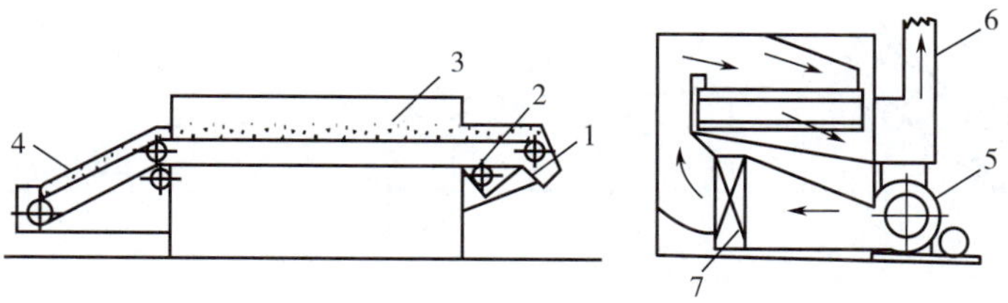

图 1-3-11 单带式干燥器示意图

1—排料口 2—网带水洗装置 3—输送带 4—加料口 5—送风机 6—排气管 7—加热器

图 1-3-12 为双带式干燥器示意图。流经输送带网眼和物料的热空气，在不同区段可被设计成不同方向，可以改善物料干燥的均匀性。但最后一、二区段内的气流则宜自上而下流动，以免将轻质干料吹走。热空气可循环使用，经风门改道进入下一个区域，不足部分由加热的新鲜空气来补充，可以降低能耗，并准确控制热空气的干湿度。干燥过程采用分区干燥，可单独控制不同区域内空气的温、湿度和流速，为提高制品品质提供了方便。两条输送带串联组成，当半干物料从第一输送带末端向第二输送带上卸落时，使物料实现了重新混合，并可进行重新堆积。重新混合可改善干燥的均匀性，重新堆积可以大量节省第二输送带的载料面积。例如堆积在输送带上厚度为 10cm 的条状马铃薯层，待第一阶段干燥结束时，厚度仅为 5cm。若物料重新堆积到 25~30cm，那么在第二条输送带上所占的面积仅为以前的

1/5 或更少。

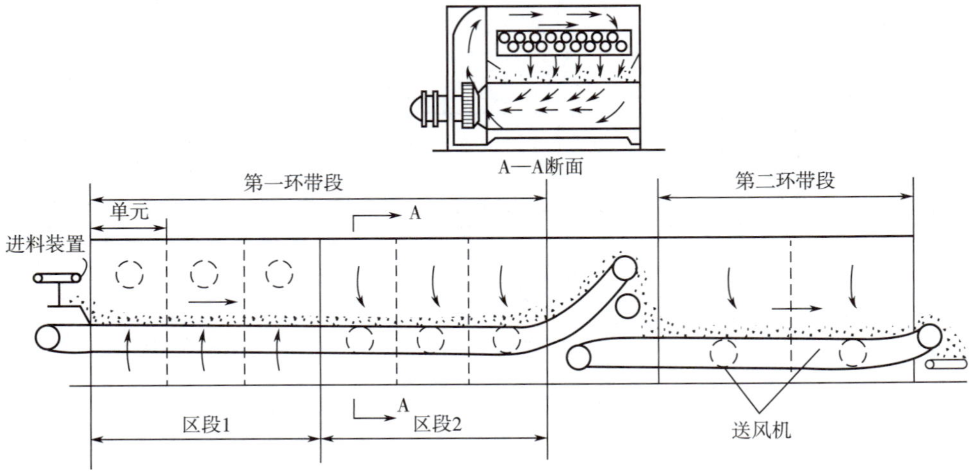

图 1-3-12　双带式干燥器示意图

为了减少带式干燥设备的总长度，节约设备的占地面积，可将多条输送带上下平行放置，设置为多带式干燥器，这种干燥器不仅能使物料多次翻转维持了通气性，还增加了堆积厚度，增大了比表面积，提高了降速阶段的干燥速率。如图 1-3-13 所示。

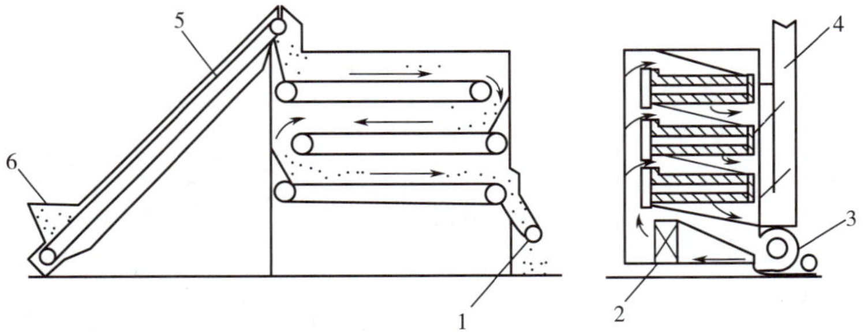

图 1-3-13　多带式干燥器示意图

1—卸料装置　2—热空气加热器　3—送风机　4—排气管　5—输送机　6—加料口

湿物料从最上层带子加入，随着带子的移动，依次落入下一条带子，最后干物料从下部卸出。由图可见，相邻两条带子的运动方向必须相反，各带子的速度可以相等也可以不等。干燥介质从设备的下方引入，自下而上从带子的侧方进入带子上方，并穿流而下，然后排出。为了使干燥介质同时分配到各带，必须有适当的挡风板。

输送带式干燥的特点是，有较大的物料表面暴露于干燥介质中，物料内部水分移出的路径较短，并且物料与空气有紧密的接触，所以干燥速率很高。但是被干燥的湿物料必须事先制成分散的状态，以便减小阻力，使空气能顺利穿过带子上的物料层。

(五)流化床干燥

流化床干燥又称沸腾床干燥，它是流态化原理在干燥器中的应用。图 1-3-14 为流化床干燥示意图。

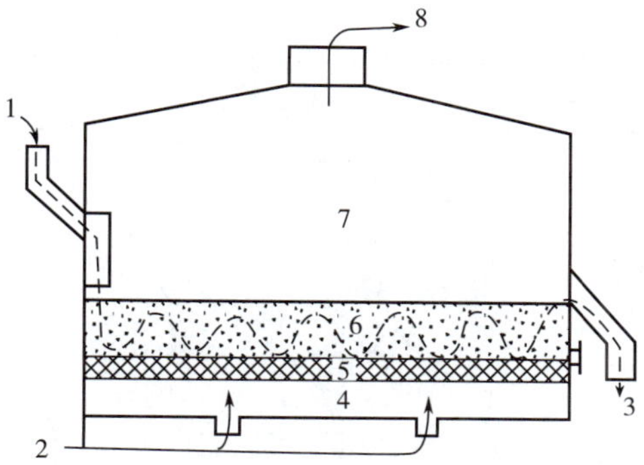

图 1-3-14　流化床干燥示意图

1—湿物料进口　2—热空气进口　3—干物料出口　4—通风室　5—多孔板
6—流化床　7—绝热风罩　8—排气口

气流自物料床层下方向上运动时，当物料颗粒与流体之间的摩擦力恰好与其净重力相平衡，此时形成的床层称为流化床。由固定床转为流化床时的气流速度称为临界流化速度。当气体速度大于颗粒的自由沉降速度时，颗粒就会从干燥器顶部吹出，此时的流速称为带出速度。所以流化床中的适宜气体速度应在临界流化速度与带出速度之间。流化床干燥适宜处理粉粒状食品物料。

由于气固接触方式有区别，可以设计出不同的流化床，食品工业常用的有单层流化床、多层流化床、卧式多室流化床、喷动流化床、振动流化床等。

流化床干燥器结构简单，便于制造，活动部件少，操作维修方便，与气流干燥器相比，气速低阻力小，气体固体较易被分离，物料及设备磨损轻；与箱式干燥器和回转圆筒干燥器相比，具有物料停留时间短，干燥速率快的特点。但由于颗粒在床层中可高度混合，可引起物料的返混和短路，因此，对操作控制要求较高。为了保证物料的干燥均匀，又要降低气流压力，就要根据物料特性，选择不同结构的流化床干燥器。

1. 单层流化床干燥器

单层流化床结构简单，床层内颗粒静止高度不能太高。一般在 300~400mm，否则气流压力将增大。由于床层单一，物料容易返混和短路，会使部分物料未经完全干燥就离开干燥器，而部分物料又因停留时间过长而产生干燥过度现象。因此，它适用于较易干燥，对产品要求又不太高的物料。主要优点是物料处理量大，生产能力高。

如图 1-3-15 所示，被干物料由输送机和加料器送入干燥器，空气经过滤后由送风机送入加热器，加热后的气体进入流化床底部的分布板进行传热传质。干制品经溢流口由卸料管排出，干燥后空气中夹带的干料经旋风分离器分离后回收。

2. 多层流化床干燥器

（1）溢流管式多层流化床干燥器　如图 1-3-16 所示，它由两层构成，物料由上部加入第一层，经溢流管到第二层；热气体由底部送入，经第二层及第一层与物料接触后从干燥器顶部排出。物料在每层内可以自由混合，但层与层之间没有混合。热气流分布比较均匀，热量利用率高，所得制品含水量低。层数多时，可在最上层进行物料预热。

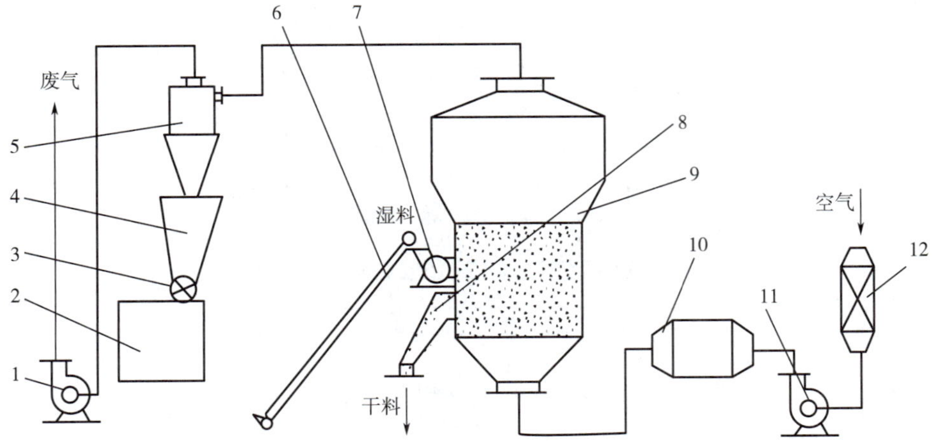

图 1-3-15　单层流化床干燥流程示意图

1—抽风机　2—制品池　3—星形下料器　4—集料斗　5—旋风分离器　6—带式输送机　7—抛料机　8—卸料管　9—流化床　10—空气加热器　11—送风机　12—空气过滤器

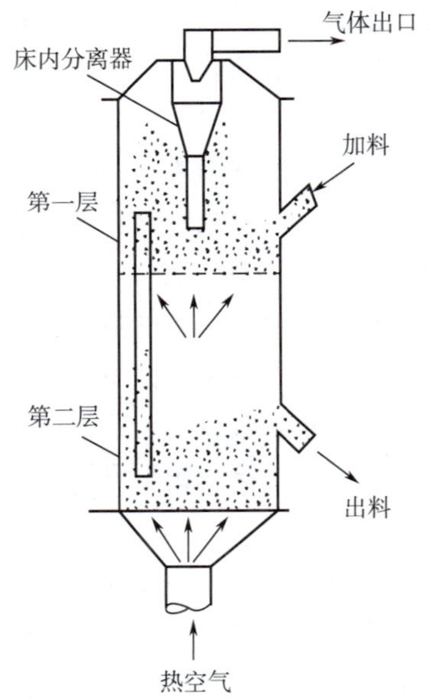

图 1-3-16　溢流管式多层流化床干燥示意图

溢流管干燥器具有逆流干燥特性。用它干燥小麦粉时，若粉粒粒径为 0.07mm，水分含量为 13.6%，热风温度为 130℃，静止床层高度为 0.36m，每层料重为 115kg，则所得制品含水量为 2.4%，生产能力为 350kg/h。

（2）穿流板式流化床干燥器　如图 1-3-17 所示，物料直接从筛板孔由上而下地流动，同时热气体则通过筛板孔由下而上运动，在每块筛板上可形成流化床，故比溢流管式结构简单，但操作控制更为严格。主要问题是如何定量地将物料转入下一层。操作不当会破坏沸腾床层。

为使物料能顺利地从筛板孔流下来，筛板孔径应比物料粒径大 5~10 倍，一般孔径为 10~20mm，开孔率为 30%~45%。颗粒粒径为 0.5~5mm。这种干燥器一般每平方米床层截面可干燥 1000~5000kg/h 的物料。多层干燥器结构复杂，流体阻力也大。

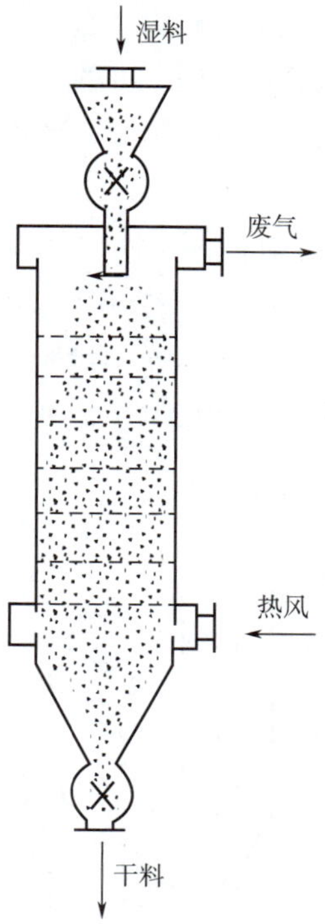

图 1-3-17　穿流板式流化床干燥示意图

3. 卧式多室流化床干燥器

如图 1-3-18 所示。干燥器的横截面为长方形，底部为多孔筛板。筛板开孔率一般为 4%~13%，孔径为 1.5~2mm。筛板上方有垂直挡板把干燥器分隔成多室，一般为 4~8 室，挡板可上下移动，以调节其与筛板的间隙。间距一般取床中静止物料高度的 1/4~1/2。操作时，连续加料于第一室，物料然后沿挡板与筛板的间隙逐室通过，干燥后由卸料口卸出。热空气分别由进气支管通入各室，因此，各室的空气温度、湿度和流量均可被调节。例如，第一室中物料较湿，热空气流量可大些，最后一室可通入冷空气用来冷却干燥产品，便于包装和贮存。

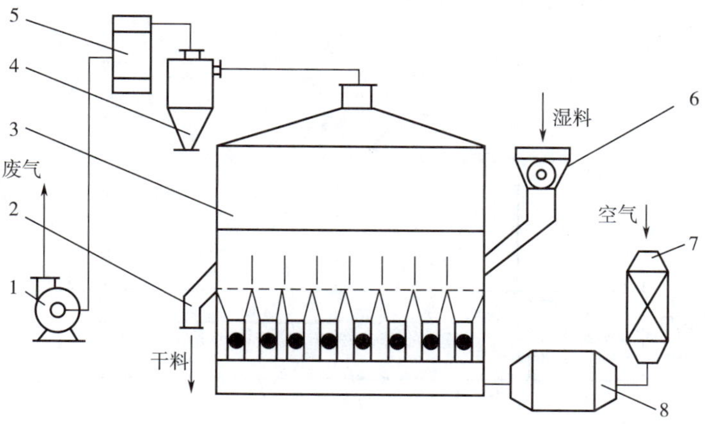

图 1-3-18　卧式多室流化床干燥流程示意图

1—抽风机　2—卸料管　3—干燥器　4—旋风分离器　5—袋滤器　6—加料器　7—空气过滤器　8—空气加热器

卧式多室流化床干燥器对物料的适应性较大，食品工业常用来干燥汤粉、果汁颗粒、干酪素、人造肉等。另外，还可调节物料在不同室内的停留时间，与多层干燥器相比，干燥效果比较均匀，操作稳定可靠，流体阻力较低，但热效率不高。

4. 喷动流化床干燥器

水分含量高的粗颗粒和易黏结的物料，其流动性能较差，可采用喷动流化床干燥法。图 1-3-19 为玉米胚芽喷动流化床干燥器的实际例子。干燥器底部为圆锥形，上部为圆筒形。热气体以 70m/s 的高速从锥底进入，夹带一部分固体颗粒向上运动，形成中心通道。在床层顶部的颗粒好似喷泉一样，从中心向四周散落，落到锥底又被上升的气流喷射上去。如此循环直至达到干燥要求为止。

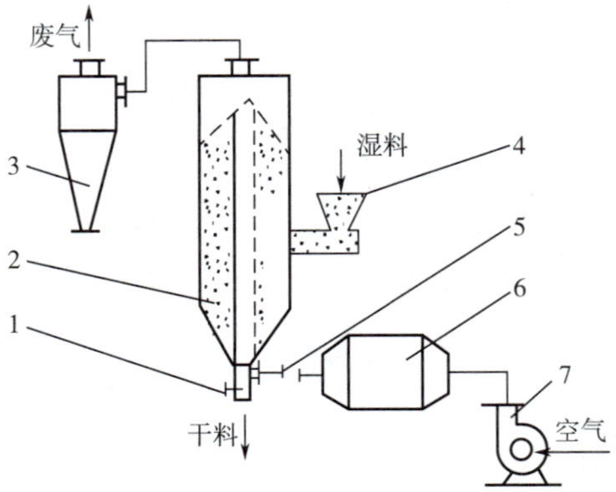

图 1-3-19　玉米胚芽喷动流化床干燥器流程示意图

1—放料阀　2—喷动床　3—旋风分离器　4—加料器　5—蝶阀　6—加热器　7—送风机

湿玉米胚芽水分含量高达 70%，且易自行黏结，采用喷动流化床干燥，效果非常理想。该设备操作为间歇式。

5. 振动流化床干燥器

振动流化床干燥器是一种新型的流化干燥器。它适合于干燥颗粒太大或太小，易黏结，不易流化的物料。此外，还可用于有特殊要求的物料，如砂糖干燥要求晶形完整、晶体光亮、颗粒大小均匀等。用于砂糖干燥的振动流化床干燥器的结构示意图如图 1-3-20 所示。

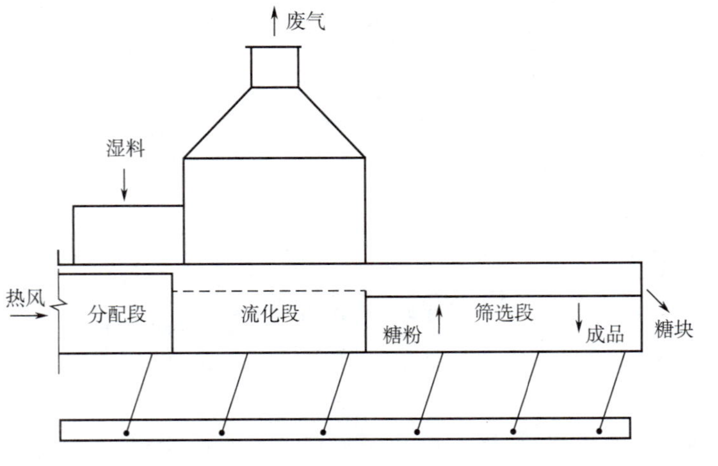

图 1-3-20　振动流化床干燥示意图

干燥器由分配段、流化段和筛选段三部分组成。在分配段和流化段下面都有热空气进入。含水量4%~6%的湿砂糖，由加料器送入分配段，在平板振动的作用下，物料可均匀地进入流化段，湿砂糖在流化段停留12s，就可达到干燥要求，产品含水量为0.02%~0.04%。干燥后，物料可离开流化段进入筛选段，筛选段分别安装不同网目的筛网，将糖粉和糖块筛选掉，中间的物料则为合格产品。干燥器宽1m，长13m，其中分配段长1.2m，流化段长1.8m，筛选段长10m，砂糖在干燥器内的总停留时间为70~80s。生产能力为7.6t/h。

(六)气流干燥

气流干燥是一种连续高效的固体流态化干燥方法。该方法是把湿物料送入热气流中，物料一边呈悬浮状态与气流并流输送，一边进行干燥。显然，这种干燥方法只适用于在潮湿状态下仍能在气体中自由流动的颗粒、粉状、片状或块状物料，如葡萄糖、味精、鱼粉、肉丁、薯丁等。图1-3-21为气流干燥器示意图。

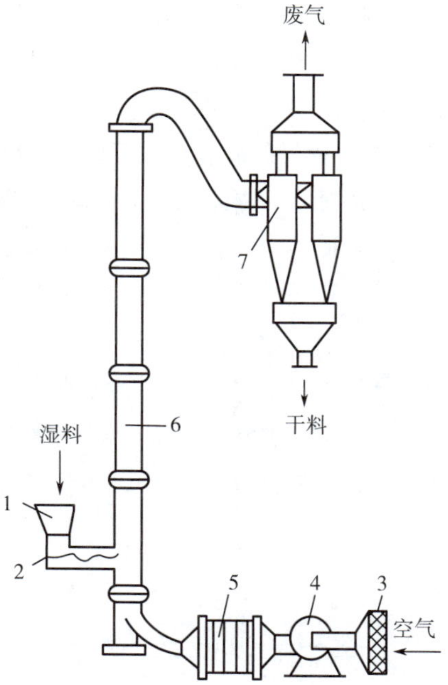

图1-3-21　气流干燥器示意图

1—料斗　2—螺旋加料器　3—空气过滤器　4—送风机　5—加热器　6—干燥管　7—旋风分离器

气流干燥器的主体是一根直立的圆筒（即干燥管）。湿物料经加料器进入干燥管，与进入管内的热空气相遇，由于热气体会作高速向上运动，可使物料颗粒分散并悬浮在气流中。热气流与物料可充分接触，并做激烈的相对运动，进行传热和传质，使物料得以干燥，物料可随气流进入旋风分离器，经分离后由底部排出，废气由顶部放出。气流干燥器稳定操作的关键是可连续而均匀地加料，并将物料分散于气流中。

气流干燥有以下特点：

1. 干燥强度大

干燥时，物料在热风中呈悬浮状态，每个颗粒都被热空气包围，因此能使物料最大限度地与热空气接触。同时，气流速度较高，一般可达20~40m/s，空气涡流的高速搅动，使气固边界层的气膜不断受到冲刷，从而减少传热和传质的阻力。

2. 干燥时间短

大多数物料的气流干燥只需 0.5～2s，最长不超过 5s，而且因为是并流操作，所以即使是热敏性或低熔点物料也不会造成过热或分解而影响品质。

3. 散热面积小

完成一定的传热量所需的干燥器的体积可以大大减小，能实现小设备大生产的目的。而热损失小，最多不超过 5%，因此热效率高，干燥非结合水分时，热效率可达 60%，干燥结合水分也可达 20%左右。

4. 适用范围广

被干燥颗粒直径最大可达 10mm，湿物料含水量为 10%～40%。因操作稳定、连续，故可以把干燥、粉碎、输送、包装等工序在内的整个过程放于密闭条件下进行，以减少物料飞扬，防止污染，不但提高了制品品质，同时又提高了产品得率。

气流干燥的缺点是：气流速度高，对物料有一定的磨损，故对晶体形状有一定要求的产品不宜采用此法；气流速度大，整个系统的阻力大，因此动力消耗大。普通气流干燥器的一个突出缺点是干燥管较长，一般在 10m 或 10m 以上。

要提高气流干燥器的效率或降低干燥管的高度，就应尽量发挥干燥管底部加速阶段的作用、增加颗粒与气体间的相对速度。改进措施之一就是把气流干燥器进行多级串联，这样既增加了加速阶段的数目、提高了干燥速率，又降低了干燥管的总高度，但此方法需要增加气体输送设备和分离设备。目前，国内多采用二级串联和三级串联，干燥含水量较高的物料有口服葡萄糖等。

（七）喷雾干燥

将溶液、浆液或微粒的悬浮液在热风中喷雾成细小的液滴，在其下落的过程中，水分被迅速汽化而成为粉末状或颗粒状的产品，被称为喷雾干燥。喷雾干燥过程复杂，一般分为料液雾化、液滴与热干燥介质接触混合、液滴蒸发干燥、干燥产品与干燥介质分离四个阶段。喷雾干燥原理如图 1-3-22 所示。

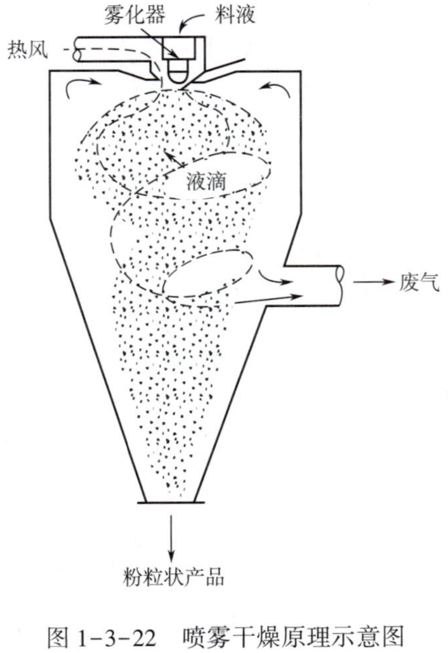

图 1-3-22　喷雾干燥原理示意图

料液由泵送至干燥塔顶，并同时导入热风。料液经雾化装置喷成液滴与高温热风在器内迅速进行热量交换和质量传递。干制品从塔底卸料，热风降温增湿后，作为废气排出。废气中夹带的细微粉粒用分离装置回收。

1. 喷雾干燥的特点

（1）蒸发面积大　料液被雾化后，液体的比表面积非常大。例如，1L 料液可雾化成 146 亿个直径 50μm 的液滴，总表面积可达 5400m^2。这样大的表面积与高温热空气接触，瞬时就可蒸发 95%~98%的水分。因此完成干燥时间很短，一般只需 5~40s。

（2）干燥过程液滴的温度较低　虽然采用较高温度范围的干燥介质（80~800℃），但其排气温度不会很高，因为液滴存在大量水分时，其温度不会超过热空气的湿球温度。对乳粉干燥为 50~60℃。因此非常适合热敏性物料的干燥，能保持制品的营养、色泽和香味。制品纯度高且具有良好的分散性和溶解性。

由于干燥是在密闭的容器中进行的。故不会混入杂质和污染，制品纯度高。根据工艺要求选择适当的雾化器，可将产品制成粉状或保持与液滴相近的球状，故制品的分散性、疏松性好，可以在水中被迅速溶解。

（3）过程简单、操作方便，适宜于连续化生产　喷雾干燥通常适用于湿含量 40%~60% 的溶液，特殊物料即使含水量高达 90%，也可不经浓缩，同样一次干燥成粉状制品。大部分制品，干燥后不需要粉碎和筛选，简化了生产工艺过程。对于制品的粒度、松密度及含水量等质量指标，可通过改变操作条件进行调整，且控制管理都很方便。干燥后的制品连续排料，结合冷却器和气力输送，可形成连续生产线，有利于实现大规模自动化生产。

喷雾干燥的主要缺点是：单位产品耗热量大，设备的热效率低。在进风温度不高时，一般热效率为 30%~40%；介质消耗量大，如用蒸汽加热空气，每蒸发 1kg 水分需要 2~3kg 蒸汽。

2. 按气流方向分类

按喷雾和气体的流动方向分类，干燥器可分为并流式、逆流式和混流式，其工作原理示意图如图 1-3-23、图 1-3-24、图 1-3-25 所示。

（1）并流式喷雾干燥器　在干燥器内，液滴与热风呈同方向流动。由于热风进入干燥室内立即与喷雾液滴接触，室内温度急剧下降，不会使干燥物料受热过度，适用于热敏性物料的干燥，目前乳粉、蛋粉、果汁粉的生产，绝大多数都采用并流操作。图 1-3-23 中（1）、（2）为垂直下降并流型，这种型式塔壁黏粉比较少。图 1-3-23 中（3）为垂直上升并流型，这种型式要求干燥塔截面风速大于干燥物料的悬浮速度，可保证干料能被带走。由于在干燥室内细粒停留时间短，粗粒停留时间长，干燥比较均匀，这种型式动力消耗较大。图 1-3-23 中（4）为水平并流型，热风在干燥室内运动的轨迹呈螺旋状，以便与液滴均匀混合，并延长干燥时间。

（2）逆流式喷雾干燥器　在干燥器内，液滴与热风呈反方向流动。其特点是高温热风进入干燥室内首先与将要完成干燥的粒子接触，使其内部水分含量降到较低程度。物料在干燥室内悬浮时间长，适用于含水量高的物料的干燥。设计这类干燥器时，应注意塔内气流速度必须小于成品粉粒的悬浮速度，以防粉粒被废气夹带。这种干燥器常用于压力喷雾场合。

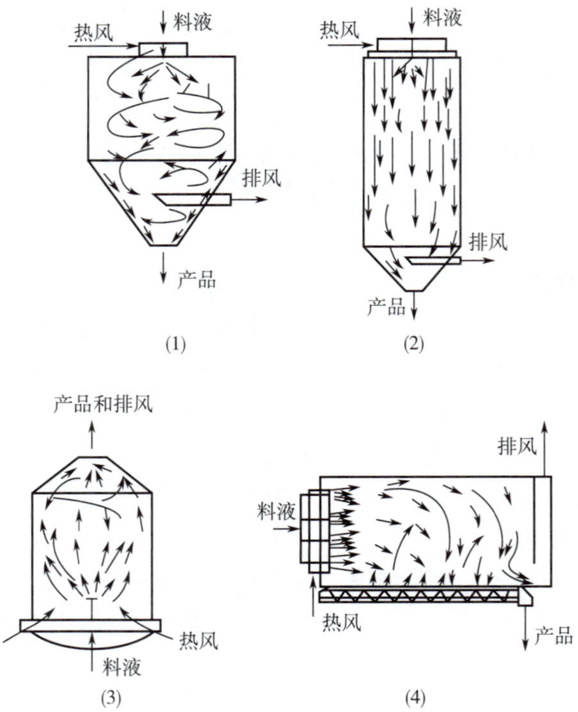

图 1-3-23　并流式喷雾干燥器

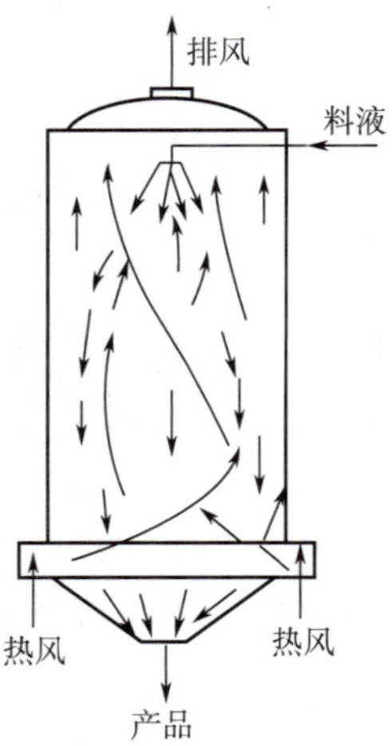

图 1-3-24　逆流式喷雾干燥器

（3）混流式喷雾干燥器　在干燥器内，液滴与热风呈混合交错流动。其干燥特性介于并流和逆流之间。它的特点是液滴运动轨迹较长，适用于不易干燥的物料，在食品工业中也有应用。但如果干燥器设计得不好，容易造成气流分布不均匀及内壁局部黏粉严重的现象。

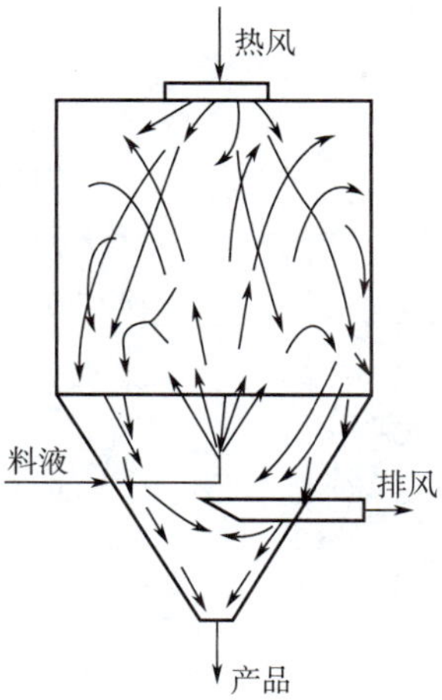

图 1-3-25　混流式喷雾干燥器

二、接触干燥

被干燥的物料与加热面处于密切接触状态，蒸发水分的能量主要以传导方式进行的干燥的方式称为接触干燥。接触干燥多为间壁传热，干燥介质可以选用蒸汽、热油或其他载热体，不像对流干燥那样必须加热大量空气，故热能的利用比较经济，但是被干燥物料的热导率一般很低，如果被干燥物料与加热面接触不良，热导率还会进一步降低。接触干燥的传热特性，决定了它仅适用于液状、胶状、膏状和糊状食品物料的干燥。

典型的接触干燥器是滚筒干燥器，按操作压力又可分为常压滚筒干燥和真空滚筒干燥。

(一)常压滚筒干燥

滚筒干燥器一般由一个或两个中空的金属圆筒组成。圆筒随水平轴转动，其内部由蒸汽或热水或其他载热体加热。当滚筒部分浸没在料浆中或将料浆喷洒到滚筒表面时，滚筒的缓慢旋转会使物料呈薄膜状附在滚筒的外表面。筒体与料膜间壁传热的热阻，使其形成一定的温度梯度，筒内的热量传导至料膜，使料膜内的水分向外转移，当料膜表面的蒸气压力超过环境空气中的蒸气分压时，即产生蒸发和扩散作用。滚筒在连续转动过程中，其传热传质作用，始终由里至外，向同一方向进行。物料干燥到预期程度时，用刮刀将其刮下。

图 1-3-26 为双滚筒干燥生产流程示意图。料膜干燥的全过程可分为预热、等速和降速三个阶段。料液成膜时为预热段，蒸发作用尚不明显。料膜脱离料液主体后，干燥作用开始，膜表面维持恒定的汽化速度。当膜内扩散速度小于表面汽化速度时，即进入降速干燥阶段。随着料膜内水分含量的降低，汽化速度大幅度下降。降速段的干燥时间占总时间的 80%~98%。

滚筒干燥器的加料方式，对料膜的形成、成膜厚度及其干燥特性、干燥制品得率和品质都有直接影响，常用的加料方式如图 1-3-27 和图 1-3-28 所示。

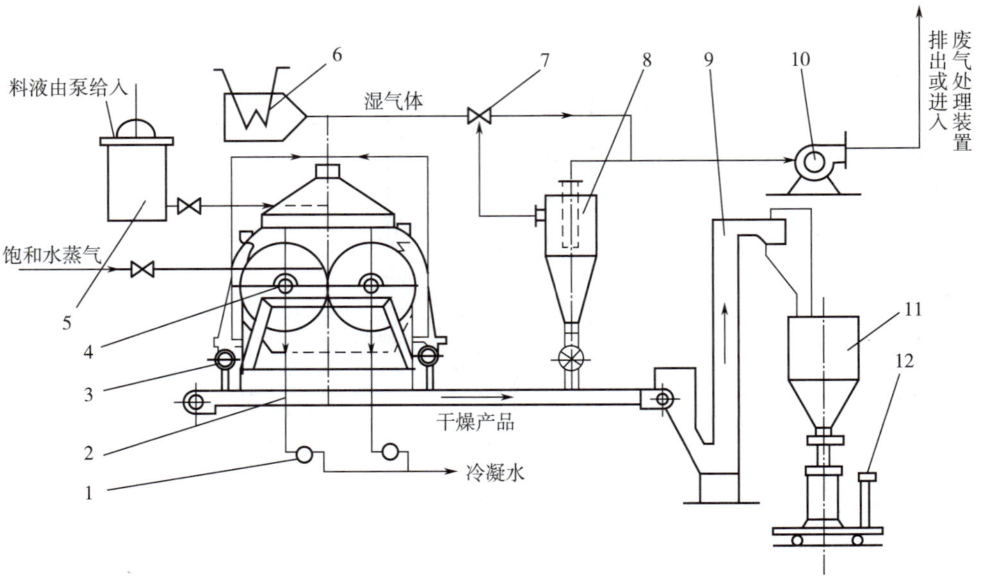

图 1-3-26　双滚筒干燥生产流程示意图

1—疏水器　2—皮带输送机　3—螺旋输送机　4—滚筒　5—料液高位槽　6—湿空气加热器　7—切换阀　8—捕集器　9—提升机　10—引风机　11—成品储斗　12—包装计量

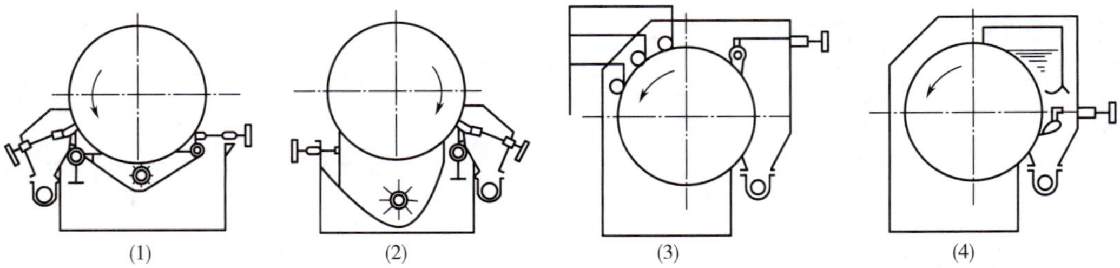

图 1-3-27　单滚筒干燥器的加料方式

（1）浸没加料　（2）洒溅加料　（3）转筒加料　（4）侧向加料

1. 单滚筒干燥器的加料方式

（1）浸没加料　在滚筒底部装有浅碟形液槽，用以供给料液，滚筒部分浸没在料液中，使料液呈膜状附着在滚筒表面上。这种加料方法需借助溢流管使液面保持恒定，而且必须注意的是，浸没深度改变，液膜厚度就随之改变。此外，为了防止料液浓度的变化，在槽内还装有冷却盘管。

（2）洒溅加料　在滚筒底部装有料槽，其中还装有两个带有很多叶片的转筒，借转筒旋转使叶片飞溅料液，附着在滚筒表面上。这种加料方式对黏度高的料液不适用。

（3）转筒加料　在滚筒上部装有 2～3 只转筒，在转筒与滚筒间分别供给料液，转筒的安装位置可以通过滑块机构调节，以使其处于干燥效果最好的位置。这种加料装置对糊状物质的干燥最为合适。

（4）侧向加料　在滚筒的上侧部位装有进料箱，用压紧机构将其压紧在滚筒表面上，在滚筒与进料箱的可动面上装有衬板，使液体密封。这种方式也在进料箱中进行蒸发，所以适

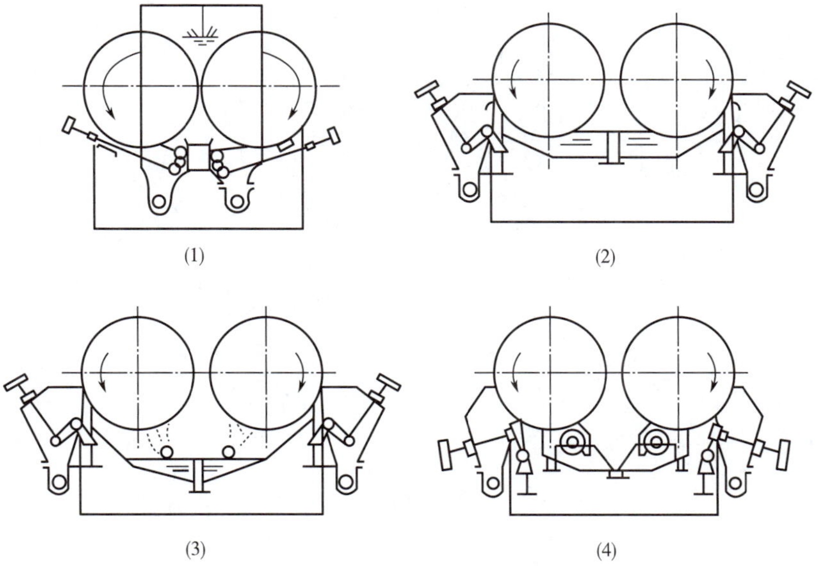

图 1-3-28　双滚筒干燥器的加料方式

（1）中心加料　（2）浸没加料　（3）洒溅加料　（4）转筒加料

用于低浓度和有结晶生成的液体。

2. 双滚筒干燥器的加料方式

浸没加料法和洒溅加料法与单滚筒干燥器相同，其他两种加料方式如下所述。

（1）中心加料　在滚筒上部装有加料箱。对于滚筒的旋转方向为内侧向下的情况，滚筒表面上附着的料液膜厚度由滚筒间的间隙来调节，可以自由控制，一般滚筒间隙控制在 0.5~1mm。当滚筒旋转方向为内侧向上时，其运转时间隙几乎为零，适用浓缩时有结晶析出的液体。

（2）转筒加料　在滚筒底部装有液槽，液槽内安装有两个转筒，转筒浸没在料液中，转筒与滚筒之间保持一定的间隙。当转筒的转速高于滚筒转速时，可在滚筒表面上形成厚的液膜，反之则形成薄的液膜。这种加料方法适用于浓度高、黏度高的料液。

滚筒干燥为筒壁传导加热干燥，滚筒直径一般为 0.5~1.5m，长度为 1~3m，转速为 1~5r/min，滚筒表面薄膜厚度为 0.1~1.0mm。处理物料含水量为 10%~80%，一般可干燥到含水量为 3%~4%，最低可达 0.5%左右。由于干燥时可直接利用蒸汽潜热，故热效率较高，热效率可达 70%~90%。单位加热蒸汽耗用量为 1.2~1.5kg 蒸汽/kg 水。

常压滚筒干燥器，设备结构简单，热能利用经济，但要实现快速干燥，只有提高滚筒表面温度，因此要求被干燥物料在短时间内能够承受高温。滚筒干燥器与喷雾干燥器相比，具有动力消耗低，投资少，维修费用省，干燥温度和时间容易调节（可改变蒸汽温度和滚筒转速）等优点，但在生产能力、劳动强度和操作环境等方面则不如喷雾干燥器。

（二）真空滚筒干燥

为了处理热敏性较强的物料，可将滚筒密闭在真空室内，使干燥过程处在真空条件下，即构成真空滚筒干燥器。如图 1-3-29 所示。

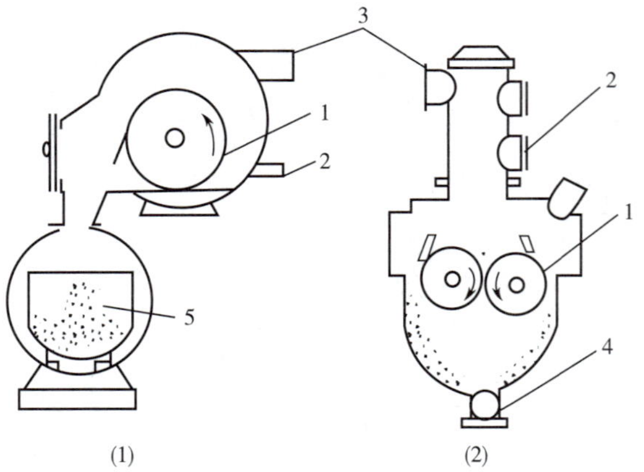

图 1-3-29 真空滚筒干燥器结构示意图

（1）单滚筒式 （2）双滚筒式

1—滚筒 2—加料口 3—通冷凝真空系统 4—卸料阀 5—贮藏槽

真空滚筒干燥器分为单滚筒和双滚筒。真空滚筒干燥器的进料、卸料和刮料等操作都必须在干燥室外部来控制，因此，这类干燥成本比较高。这种干燥器非常适用于果汁、番茄汁浓缩液、咖啡浸出液等具有热黏接性，干燥后不易卸料、粉碎的食品。制品具有一定的速溶性，品质优良。

三、冷冻干燥

冷冻干燥是一种特殊形式的真空干燥方法。一般的真空干燥，物料水分是在液态下转化为水蒸气的；而冷冻干燥法中，物料水分则处于固态下，即从冰晶体直接升华成水蒸气。因此，冷冻干燥又称升华干燥。

1. 冷冻干燥的特点

（1）冷冻干燥时，物料处于低温和真空状态，特别适用于热敏性食品和易氧化食品的干燥，可以保留新鲜食品的色、香、味和维生素 C 以及其他营养成分。

（2）因物料升华脱水之前，先经冻结处理形成了稳定的固体骨架，水分升华后，固体骨架基本维持不变，所以其干制品不会失去原有固体形状。物料中原水分存在的空间，又会使干制品形成多孔结构而具有非常理想的速溶性和快速复水性。

（3）物料中的水分在预冻以后，以冰晶的形态存在，原来溶于水中的无机盐被均匀地分配在物料之中，而升华时，溶于水中的无机盐会逆向反应而析出。这样就避免了一般干燥方法中的因物料内部水分向表面扩散时携带无机盐而造成的表面硬化现象。

（4）物料若处于冻结状态，水分升华所需热源温度不高，采用常温或稍高于常温的加热载体即可满足要求。整个干燥设备往往不需要做绝热处理，不会有很多热损失，所以热能利用率高。

（5）物料在低压下干燥，可使物料中的易氧化成分不致氧化变质，同时因物料处于低压缺氧状态，这种环境能灭菌或抑制某些细菌的活力。

冷冻干燥的主要缺点是，操作要在高真空和低温下进行，投资费用和操作费用都很大，因此产品成本高。但由于冻干后产品质量减轻了，运输费用减少了；长期贮存，减少了物料变质造成的损失；某些农副产品被深加工后，减少了资源的浪费，提高了自身的价值。因此，这些因素使真空冷冻干燥的缺点又得到了部分弥补。

2. 食品冷冻干燥过程的传热和传质

真空冷冻干燥过程是水的物态变化和移动的过程。因这种变化和移动是发生在低温低压下，所以真空冷冻干燥的基本原理就是低温低压下传热传质的原理。

进行冷冻干燥的必要条件是，既要提供冰晶升华所需要的热量，又要及时将升华出来的水蒸气除去，因此包括了传热和传质两个方面。

冷冻干燥时，若传给升华表面的热量等于从升华表面逸出水蒸气扩散所需的热量，则升华表面的温度和压力可达到平衡，升华正常进行。若供给的热量不足，冰的升华夺去了物料自身的热量可使升华表面的温度降低，相应的平衡压力也降低，干燥速率放慢，若升华表面温度降到低于冰晶体的饱和水蒸气压（等于真空干燥室内的压力）相对应的温度，干燥则不能进行。提供足够的热量，可以加速干燥，但过度加热，逸出的水蒸气多于升华的水蒸气，多余的水蒸气便会聚集在升华表面，使压力和温度升高，最终将导致制品熔化，还可能会引起：①物料溶液的自由沸腾，溶液中的挥发性芳香物质的损失增加；②起泡沫或充气膨胀；③液相沸腾的蒸气流带走一些颗粒而造成损失。总之，使干制品品质下降。但有些食品（如草莓）能够承受一定的夹层熔化，这对加快干燥速度是有利的。因此就可以在开始熔解温度和允许熔解温度两个极限温度之间确定一个温度工作带，如图 1-3-30 所示。

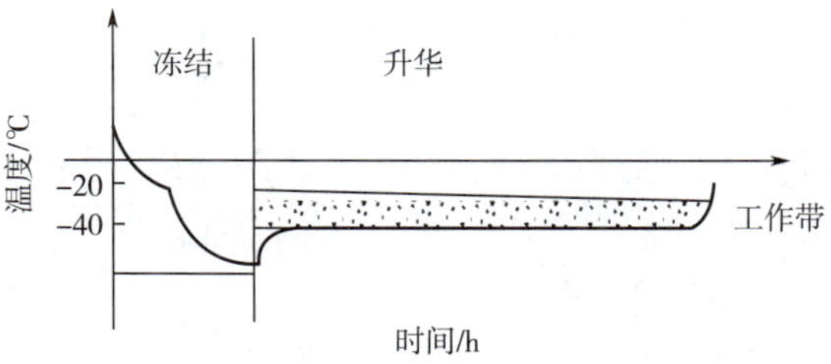

图 1-3-30　草莓冷冻干燥中允许的温度工作带

四、辐射干燥

以辐射能为热源的加热方法，在食品的解冻、焙烤、杀菌和干燥生产中使用非常广泛。辐射热是指物体（辐射源）受热升温后，在其表面发射出的不同波长的电磁波。这些电磁波一部分被制品吸收而转化为热能，使制品升温并产生必要的物理、化学和生物学变化。辐射干燥就是使物料水分逸出的物理变化过程。

食品物料吸收、反射和被辐射线透过的能力与食品物料的性质、种类、表面状况及射线的波长等因素有关。对于一定性质和种类的食品物料，则主要取决于辐射线的波长。

辐射干燥有红外线干燥和微波干燥等方法，它们本质的区别在于选用的波长不同。

1. 红外线干燥

构成物质的分子总以自己固有的频率在振动着，若入射的红外线频率与分子本身固有的振动频率相等，则该物质就具有吸收红外线的能力。红外线被吸收后，产生共振现象，引起原子、分子的振动和转动，从而就产热使物质温度升高。水、有机物和高分子物质具有很强的吸收红外线的能力，特别是水。因此，用红外线进行含水食品的干燥是非常合适的。又因为食品中很多成分在 3~10μm 的远红外区有强烈的吸收，所以食品干燥往往选择远红外线进行加热。

远红外线加热具有加热迅速、吸收均一、加热效率高、化学分解作用小、食品原料不易变性等优点。远红外线加热已用于蔬菜、水产品、面食制品的干燥，产品的营养成分保存率比一般的干燥方法有显著提高，并且干燥时间大大缩短。另外，远红外干燥还兼有杀菌和降低酶活性的作用，产品的货架期明显延长。

2. 微波干燥

微波加热是利用微波作为热源的干燥过程。它是内部加热过程，微波干燥时，食品的最内层首先干燥，最内层的水分蒸发迁移至次内层或次内层的外层，这样就使得外层的水分含量越来越高，因此，随着干燥过程的进行，其外层的传热阻力下降，推动力反而有所提高。因此，在微波干燥过程中，水分由内层向外层的迁移速度很快，特别是在物料的后续干燥阶段，微波干燥显示出了极大的优势。

与一般干燥方法相比，微波干燥有以下特点：

（1）干燥速度快　微波能深入到物料内部加热，而不只靠物料本身的热传导，因此物料内部升温快，所需加热时间短，只需一般干燥方法的 1/100~1/10 的时间就能完成全部干燥过程。

（2）加热比较均匀，制品质量好　物料内部加热，往往可以避免一般外部加热过程出现的表面硬化和内外干燥不均的现象，而且加热时间短，可以保留食品原有的色、香、味，维生素的损失大大减少。

（3）加热易于调节和控制　常规的加热方法，无论是电加热，还是蒸汽加热或热风加热，如要达到一定的温度，往往需要一段时间，但微波加热的惯性小，可立即发热和升温，而且微波输出功率调整和加热温度变化的反应都很灵敏，故便于自动控制。

（4）加热过程具有自动平衡性　当频率和电场强度一定时，物料在干燥过程中对微波的吸收，主要取决于介质损耗因数。水的损耗因数比干物质大，水分吸收微波能量自然也多，水分蒸发就快。因此，微波能量不会集中在已干部分，这避免了干物质的过热现象，所以，微波加热具有自动平衡的性能。

（5）加热效率高　微波加热设备在电源部分及微波管本身，所以微波加热处要消耗一部分热量，但因加热作用始自加工物料本身，基本上不辐射散热，所以热效率高，热效率可达到 80%。同时，微波加热避免了环境高温，改善了劳动条件，也缩小了设备的占地面积。

微波干燥的主要缺点是电能消耗大。若从干燥的成本方面考虑，采用微波干燥与其他干燥方法相结合的方法是可取的。例如，如果采用热风干燥法，将食品的含水量从 80% 干燥到 2%，则所需的加热时间为微波干燥时间的 10 倍。若两种方法结合使用，先用热风干燥把食品的水分降低到 20% 左右，再用微波干燥到 2%，那么既缩短了全部采用热风干燥时间的 3/4，又节约了全部采用微波干燥能耗的 3/4。

思考题

1. 说明食品干燥过程中的传热与传质。
2. 说明干燥过程中食品物料的主要变化。
3. 常用的食品干燥有哪些方法。
4. 说明食品干燥过程中产生干燥速率下降的原因。
5. 说明对流干燥、喷雾干燥和接触干燥的种类。
6. 说明冷冻干燥的原理及其优点。

主要参考文献

[1] 高福成. 现代食品工程高新技术 [M]. 北京：中国轻工业出版社，1997.

[2] 赵晋府. 食品技术原理 [M]. 北京：中国轻工业出版社，2007.

[3] 刘佩如. 化工过程与设备 [M]. 北京：中国轻工业出版社，1994.

[4] 沈再春. 农产品加工机械与设备 [M]. 北京：中国农业出版社，1993.

[5] 涂国材. 食品工厂设备 [M]. 北京：中国轻工业出版社，1991.

[6] 金国淼. 干燥设备设计 [M]. 上海：上海科学技术出版社，1986.

[7] 童景山. 流态化干燥工艺与设备 [M]. 北京：科学出版社，1996.

[8] 华泽钊. 食品冷冻冷藏原理与设备 [M]. 北京：机械工业出版社，1999.

[9] 赵鹤皋. 冷冻干燥技术 [M]. 武汉：华中理工大学出版社，1990.

[10] 张裕中. 食品加工技术装备 [M]. 北京：中国轻工业出版社，1999.

[11] 杨瑞. 食品保藏原理 [M]. 北京：化学工业出版社，2006.

[12] 赵丽芹. 果蔬加工工艺学 [M]. 北京：中国轻工业出版社，2002.

[13] Kenneth, J. Valentas, Enrique Rotstein, R. Paul Singh. Handbook of Food Engineering Practice [M]. New York: CRC Press Boca Raton, 1997.

[14] J. MoN. Dalgleish. Freeze-drying for the Food Industries [M]. New York: The Universities Press Ltd, 1990.

[15] A. S. Mujumdar. Handbook of Industrial Drying [M]. New York: MarceI Dekker, Inc. 1995.

[16] M. A. Rao. Engineering Properties of Foods [M]. 2nd edition. New York: Marecl Dekker Inc. 1995.

[17] Koelet, P. C. Industrial Refrigeration: Principles, Design and Applications [M]. London: The Macmillan Press Ltd, 1996.

[18] Romeo T. Toledo. Fundamentals of Food Process Engineering [M]. 2nd edition. New York: van Nostrand Reinhold, 1991.

[19] R. Heldman and Daryl B. Lund. Handbook of Food Engineering [M]. New York: Marcel Dekker Inc., 1992.

[20] Chen X. D., Mujumdar Arun S. Drying Technologies in Food Processing [M]. West Sussex: Blackwell Publishing Ltd, 2008.

第四章
食品的辐照

CHAPTER 4

[学习指导]

本章介绍了食品辐照技术的概念和特点。从辐射的基本原理、食品辐照的化学效应和生物学效应等方面对食品辐照保藏原理进行了解析。列举了常用食品辐照装置的种类、结构及特点，介绍了食品辐照加工工艺流程，对食品辐照加工工艺参数和工艺剂量进行了解释，并从食品的辐照灭菌、农产品的辐照发芽抑制、粮食虫害的辐照抑制、果蔬成熟的辐照延迟、畜禽肉类的辐照保鲜等方面展示了辐照技术在食品保藏中的应用，对食品辐照技术的安全性进行了评价。

第一节 概　　述

（一）食品辐照技术的概念

食品辐照技术是利用辐射源产生的 γ 射线，以及加速器产生的高能电子束辐照农产品和食品，利用电离辐射在食品中产生的辐射化学和辐射生物学效应，达到抑制发芽、推迟成熟、杀虫灭菌和改进品质等目的的食品储藏保鲜和加工技术。

（二）食品辐照技术的特点

1. 优点

（1）食品辐照技术采用具有较高能量和穿透力强的射线，能够穿透食品的包装材料和食品的深层，具有很强的灭杀害虫的杀菌能力。

（2）食品辐照是一种“冷处理”的物理方法，处理过程中升温极微，能够较好地保持食品的色、香、味，以及食品的新鲜状态和食用品质。

（3）食品辐照加工能耗低，可节约能源。据国际原子能机构的统计分析，冷藏农产品每吨耗能 90kW/h，热处理消毒达 300kW/h，而农产品辐照灭菌保藏只需要 6.3kW/h，辐照巴氏消毒每吨仅为 0.76kW/h，与传统的加热和冷藏处理相比，可节约能耗 70%~90%。

（4）辐照加工不污染食品，无残留、无感生放射性，卫生安全。

（5）辐照技术具有加工成本的比较优势，尽管初期基本建设投入较多，但运行成本较低，能够获得较好的经济回报。

（6）辐照技术加工效率高，可实现精确控制和连续作业，自动化程度高。

2. 缺点

（1）敏感性强的食品和经高剂量照射的食品可能会发生不愉快的感官性质变化，因此，辐照保藏技术不适用于所有的食品，应用时应具有一定的选择性。

（2）一般情况下，辐照不能使酶完全钝化。

（3）能够致死微生物的剂量对人体来说是相当高的，所以必须做好工作人员的安全防护工作，要对辐射源进行充分遮蔽，必须经常对照射区和工作人员进行严格的监测检查。

第二节　食品辐照保藏的原理

一、辐射的基本原理

(一) 电离辐射

在电离辐射中，仅有γ射线、X射线和电子束（EB）辐射用于食品辐照。

1. γ射线和X射线

γ射线和X射线是电磁波谱的一部分，位于波谱中短波长的高能区，具有很强的穿透力。电磁波谱具有波粒二相性。

γ射线是放射性核素，由高能态跃迁到低能态时可放出光子流，在食品辐照过程中采用的放射性核素为^{60}Co和^{137}Cs。X射线由X射线机产生，通常光子能量分布较宽。X射线和γ射线具有非常高的频率（10^{16}~10^{22}Hz），因此能量很大，穿透能力很强。

2. 电子束辐射

电子束辐射由加速到很高速度的电子组成，因此能量很高。电子加速器把电子加速到足够的速度时，电子就获得了很高的动能。高能电子束的穿透能力不如γ射线和X射线，因此适用于进行小包装或比较薄的包装食品的辐照。事实上，其他的基本粒子在加速器的作用下也能达到很高的能量水平，但在食品辐照过程中应用的粒子辐射只有电子束辐射。

(二) 辐照源

用于食品辐照保藏的辐射源有放射性核素、电子加速器和X射线发生器。

1. 放射性核素

在选择放射性核素时，必须考虑半衰期，半衰期越短，在单位时间内放射出的射线越多。放射性核素可以是天然存在的，但绝大多数是人工制造的。最常用的^{60}Co和^{137}Cs都是人工放射性核素（图1-4-1）。

^{60}Co的半衰期为5.25年。在衰变过程中每个原子核放出一个β粒子和两个γ光子，最后变成稳定同位素^{60}Ni。由于β射线能量较低，穿透力弱，因此对受辐射物质的作用很小。

而两个 γ 光子具有中等的能量，穿透力很强。^{137}Cs 的显著特点是半衰期长，但其 γ 射线的能量低，仅为 0.66MeV，穿透力也弱，而且为粉末状化合物，防护安全性不如 ^{60}Co 大，分离的费用也高，因此，使用范围不如 ^{60}Co 广泛。

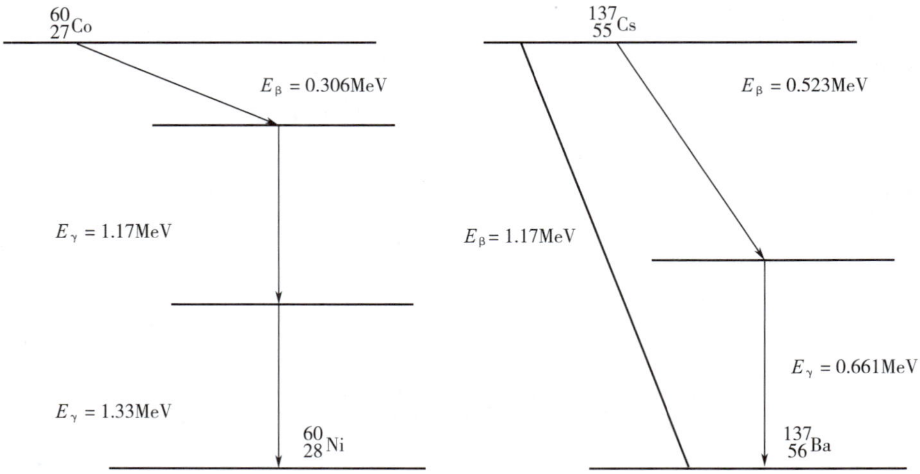

图 1-4-1　^{60}Co 和 ^{137}Cs 辐射源衰变图

2. 电子加速器

电子的静止质量为 9.1×10^{-28}g，而在其速度接近光速时，能量会迅速提高，能达到可利用的程度（表 1-4-1）。

表 1-4-1　电子速度与电子能量

电子速度/(10^8m/s)	电子飞行速度达到光速的理论分率/%	电子能量/MeV
1.1	36.6	0.05
2.6	86.7	0.5
2.82	94.06	1
2.985	99.57	5
2.994	99.869	10

电子加速器是利用电磁场作用，使电子获得较高能量，将电能转变为辐射能，产生高能电子射线的装置。电子射线又称电子流、电子束，其能量越高，穿透能力就越强。电子加速器产生的电子流强度大，剂量率高，聚焦性能好，并且可以调节和定向控制，便于改变穿透距离、方向和剂量率。加速器可在任何需要的时候启动或停机，停机后既不再产生辐射，也没有放射性污染，但加速器装置造价高。辐照加工中，常用的电子加速器产生的电子能量一般在 0.2~10MeV。

电子在密度为 ρ（g/cm^3）的物料中的穿透深度 $I=R/\rho$（cm）。一般以电子射程的 2/3 作为照射的适宜厚度。如进行双侧照射可增加适宜厚度，并能使能量的利用率达到最高。不同能量的电子穿透深度和照射的适宜厚度如表 1-4-2 所示。

表 1-4-2　　不同能量电子穿透深度和照射的适宜厚度

能量/MeV	穿透深度/cm	照射的适宜厚度/cm	
		单侧	双侧
1	0.5	0.3	0.9
2	1.0	0.6	1.7
4	2.0	1.2	3.5
6	3.0	1.9	5.1
8	4.0	2.5	7.0
10	5.0	3.1	8.9

由表可知，即使采用10MeV的电子束，其穿透深度与γ射线相比也是有限的，因此，电子射线一般只作表面处理，大体积物料的内部辐射还需用γ射线进行。

3. X射线发生器

X射线发生器是采用高能电子束轰击重金属靶（如金靶）的过程，电子被吸收，其能量的一小部分可转变为短波长的电磁射线（X射线），剩余部分的能量在靶内被消耗掉。由于能量转换率一般不高，如0.5MeV的电子束转化率仅为1%，2MeV的电子束转化率为5%，3MeV的电子束转化率为14%，而且能量构成中含有大量低能部分，因此，一般认为不宜用于食品辐照。

（三）辐射剂量

1. 照射剂量

照射剂量是指X射线或γ射线在单位质量的空气中产生的全部次级电子被完全阻留在空气中时所产生的同一符号离子的总电荷量，表示X射线或γ射线在空气中电离能力的大小。照射剂量的符号为X，定义为：在质量dm的一个体积元空气中，光子释放出的所有次级电子全部被阻止时，在空气中产生的全种照射剂量的符号电荷总电量的绝对值dQ除以dm而得的商，如图1-4-2所示。

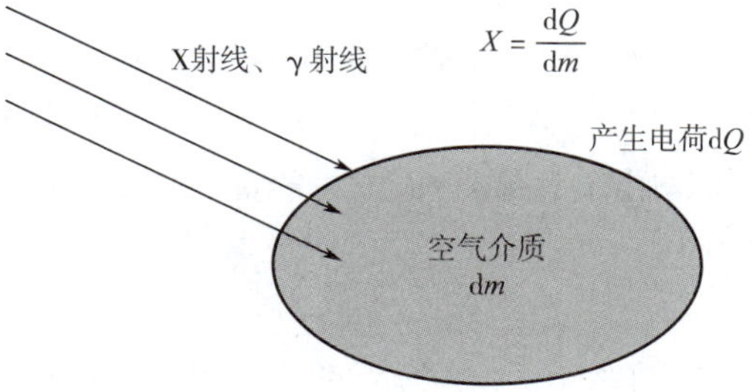

图 1-4-2　照射剂量的定义

照射剂量描述X射线或γ射线在空气中辐射的性质，即辐射场的强度。因此，照射剂量不适于其他类型的辐射，也不适于其他介质。

2. 吸收剂量

吸收剂量是当电离辐射与物质相互作用时，用来表示单位质量物质吸收电离辐射能量大小的物理量，用 D 表示，定义为：电离辐射授予某一体积元物质的平均能量 dE 除以该体积元中物质的质量 dm 所得的商。如图 1-4-3 所示。

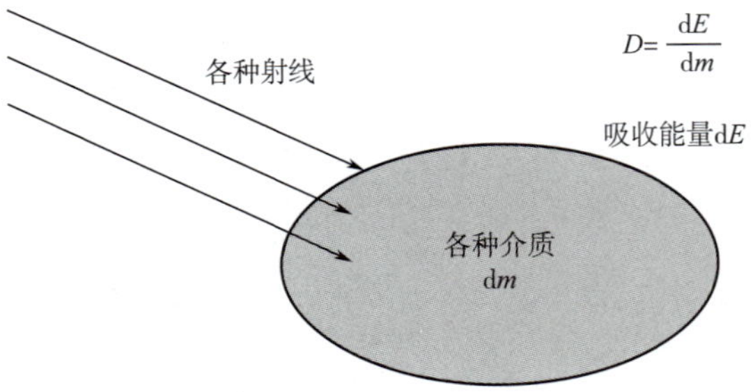

图 1-4-3　吸收剂量的定义

吸收剂量的概念适用于各种电离辐射，包括 X 射线、γ 射线、α 射线、β 射线等，也适用于各种介质，包括空气、生物组织和其他物质。

吸收剂量的国际单位为焦耳/千克（J/kg），国际专用名称为戈瑞（Gy）。1Gy = 1J/kg，表明 1Gy 的吸收剂量就等于 1kg 的受照物质吸收 1J 的辐射能量。吸收剂量的暂时沿用单位为拉德（rad），1Gy = 1J/kg = 100rad。

单位时间内的吸收剂量称为吸收剂量率（$\dot{D}$），即：$\dot{D}=dD/dt$，单位为 Gy/s。

二、食品辐照的化学效应

（一）水的辐照效应

水是生命物质的主要成分，是辐照在机体中引起电离的主要物质。生物分子辐照损伤主要是水辐照产生的自由基与生物分子反应的结果。

在辐射作用下首先是食品中的水分子发生电离作用，生成离子、激发分子和次级电子，主要包括：①水合电子（e^{-aq}）；②羟基自由基（OH·）；③氢自由基（H·）。自由基都具有一个或几个不配对电子，其化学性质极不稳定，容易与周围物质发生作用，形成所谓自由基损伤。自由基很容易与脂肪、蛋白质及其他生物大分子起作用，产生明显的辐射效应，一般把通过水的辐射引起的其他物质的化学变化称为辐照的间接效应或次级效应。正常干燥的食品和配料、脱水食品或通过冰冻而固定水分的食品由于缺少自由水都不会显著产生这种间接的辐照效应，而产生电离作用与食品组分间发生的直接效应。

（二）蛋白质的辐照效应

1. 氨基酸和蛋白质

电离对结晶氨基酸只有直接作用，但对氨基酸溶液则兼有直接和间接作用。采用较大剂量辐照处理食品时，结构简单的 α-氨基酸在水溶液中发生的辐射分解反应主要是脱氨基作用和脱羧作用，产物有 NH_3、CO_2、H_2、胺、醛等。具有巯基或二硫键的含硫氨基酸对辐射更为敏感，可分解产生 H_2S、单质硫或其他硫化物，从而导致大剂量照射后含硫氨基酸食品产生异味。

食品中的蛋白质较纯蛋白质更不易被辐照所影响。蛋白质的生理活性不仅取决于一级结构，同时还取决于高级结构，而维持高级结构的次级键如氢键等的键能较弱，容易被破坏。

不同种类的蛋白质对辐照的敏感性及反应各不相同，食品蛋白质受到辐照会发生脱氨、脱羧、交联、降解、巯基氧化、释放硫化氢等一系列复杂的化学反应，由此可导致蛋白质的结构、功能及物理性质发生改变，例如，溶液黏度、溶解度、电泳性质、吸收光谱、酶促反应、—SH 基团裸露和免疫学特性的变化。

2. 酶

辐照处理可以使酶的分子结构发生一定程度的变化，但在目前采用的剂量范围内进行的辐照处理对食品组分的作用是比较温和的，只会引起酶的轻微失活。含有活性酶的食品，如鲜肉、鱼、禽，需要进行高剂量辐射消毒处理以便长时间常温保存时，必须在辐射消毒之前采用热处理使酶失活。采用辐照处理钝化酶尚不如其他灭酶方法有效。

（三）脂类的辐照效应

辐照引起的脂肪变化可分为自动氧化和非自动氧化。脂肪或脂肪酸照射后会发生脱羧、氧化、脱氢等，产生氢、烃类、不饱和化合物等（图 1-4-4），其主要作用是使脂肪酸长链中的 C—C 键发生断裂。

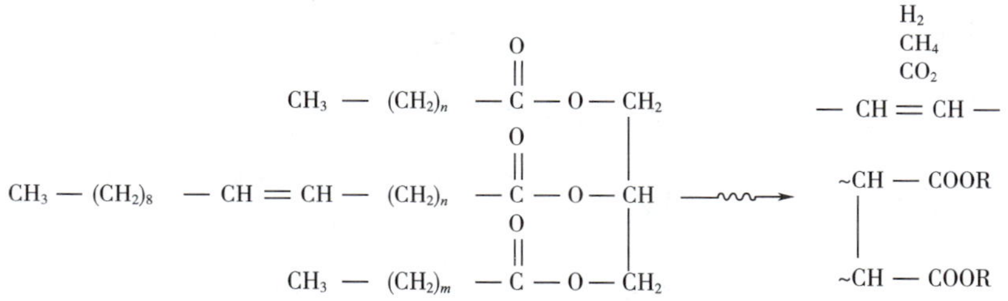

图 1-4-4　脂类的辐照分解

辐照诱导的自动氧化过程与无辐照时的自动氧化非常相同，但是辐照加速了此过程。通常情况下，饱和脂肪对辐照稳定，不饱和脂肪容易发生氧化。自动氧化产生的自由基的类型和衰变速率受到温度的影响。这些自由基在辐照后相当长的时间内会继续与 O_2 发生反应形成过氧化物，进而产生醇、醛、醛酯、酮、含氧酸等十多种分解产物。辐照期间与辐照以后在无氧的环境中将发生非自动氧化反应，分解产物包括 H_2、CO_2、CO、烃和醛等。

（四）糖类的辐照效应

食品物料中的碳水化合物又称糖类。一般而言，碳水化合物对辐照处理相当稳定，只有在大剂量辐照处理下，才引起氧化和分解。

低分子糖类在进行辐照时，不论是固态或液态，随辐照剂量的增加，都会出现旋光度降低、褐变、还原性及吸收光谱变化等现象。水合电子与葡萄糖在水溶液中的反应较慢，OH·与葡萄糖反应是从 α-位置抽氢，在无氧、大剂量照射时，生成的一种酸式聚合物，有氧存在时不产生聚合物。

多糖辐照后会发生糖苷键的断裂，淀粉和纤维素会被降解成较小的单元。在<20kGy 的剂量照射下，淀粉粒的结构几乎没有变化，但直链淀粉、支链淀粉、葡聚糖的分子会断裂，碳链长度会降低。

（五）维生素的辐照效应

在水溶性维生素中，维生素 C 与维生素 B_1 对辐射最敏感，而烟酸对辐射十分稳定；脂溶性维生素中维生素 E 较敏感，而维生素 K 较稳定。维生素的辐射稳定性一般与辐照时食品组成、气相条件、温度及其他环境因素有关。一般而言，食品中的维生素要比单纯溶液中的维生素稳定性强。大部分维生素对热、光、氧和辐射有不同的反应，如表 1-4-3 所示。

表 1-4-3　维生素对各种因素的敏感性

维生素	热	氧	光	电离辐射
水溶性维生素类				
维生素 C	○	++	+	++
维生素 B_1	++	○或+	○或+	++
维生素 B_2	○	○	++	○
烟酸	○	○	○	○或+
泛酸	+	○	○	○
维生素 B_6	○	○或+	+	+
生物素	+	○	○	○
叶酸	+	+	+	○
维生素 B_{12}	○	+	+	++
胆碱	○	+	○	○
脂溶性维生素类				
维生素 A	○或+	+	+	++
β-胡萝卜素	○或+	+	+	+
维生素 D	○	○或+	○	○
维生素 E	○	++		++
维生素 K	○	○	+	○或+

注：○为稳定，+为有较强的敏感性，++为有很强的敏感性。

三、食品辐照的生物学效应

食品中的生物有机体在接受一定剂量的辐照后会表现出辐射效应，包括形态和结构的改变、代谢反应的改变、繁殖作用的改变等。辐射效应与生物细胞体的特性，尤其是与其复杂性有关，不同生物的致死剂量范围，如表 1-4-4 所示。

表 1-4-4　不同生物机体的辐射致死剂量

生物类型	剂量/kGy	生物类型	剂量/kGy
高等动物及人类	0.005~0.010	芽孢细菌	10~50
昆虫	0.1~1	病毒	10~20
非芽孢细菌	0.5~10		

生物演化程度越高，机体组织结构越复杂，对辐射的敏感性就越高，如动物的辐射敏感性高于植物，微生物类更低。昆虫也耐辐射，但比单细胞生物敏感得多。

1. DNA 的辐射损伤

DNA 的辐射损伤主要包括碱基的损伤、核糖的损伤、核酸的交联等。

碱基的损伤主要由辐射的间接作用引起，其中又主要通过 OH·起作用。OH·约有 80% 攻击碱基，20%攻击核糖。对糖基的攻击造成了戊糖开环和磷酸酯键的断裂，引起 DNA 链的断裂，并释放出无机磷酸和碱基。

辐射交联可以发生在 DNA 分子之内，也可以发生在 DNA 分子之间或 DNA 与蛋白质之间，是辐射损伤的又一方式。通常认为 DNA 与蛋白质的交联是 DNA 中的碱基与蛋白质中的氨基酸残基之间形成了共价键。

2. 微生物的辐射效应

微生物在受辐射后将发生以下作用：首先，在受辐射的前期，微生物的 DNA 迅速降解，随后降解速度开始减慢，DNA 降解的程度取决于辐照量，辐照量越高，降解程度越大，在低剂量范围内，DNA 降解的程度与辐照量几乎呈线性关系；其次，辐照后微生物 DNA 的合成受到干扰抑制，有氧存在时的抑制比无氧存在时大；最后，辐射后微生物 DNA 的修复合成会发生错乱，残留未修复的 DNA 和错误修复是导致微生物个体死亡的重要原因。此外，大剂量辐照能使微生物的特异基因非特异地降解，这些降解扰乱了转录过程。

3. 昆虫

昆虫对辐射相当敏感。辐射对昆虫的一般破坏效应是致死、缩短寿命、延迟羽化、不育、减少孵化、发育迟缓、减少进食和呼吸障碍。在昆虫成虫前的各个生命阶段中进行辐照可以引起昆虫不育。由辐照卵发育而来的幼虫，不会发育成蛹。由辐照发育而来的成虫将不育。例如，70Gy 可使果蝇的产卵期推迟 4d，而且大部分不能孵化；0. 14Gy 照射成年果蝇能使产下的卵不能孵化；0. 56Gy 能使果蝇绝育；1. 7Gy 能使成年果蝇致死。不同昆虫的辐射敏感性相差也很大（表 1-4-5）。

表 1-4-5　　部分贮粮害虫的 γ 射线致死剂量和不育剂量

种类	致死剂量/Gy				成虫不育剂量/Gy
	卵	蛹	幼虫	成虫	
谷象	40	112	40	153~205	80~100
四纹豆象	30	50	60	1705	60
玉米象	40		40	112	75~100
锯谷盗	96	145	86	206	100~153
杂拟谷盗	4. 4	145	52	128	100~175
赤拟谷盗	109	250	105	212~345	200

4. 植物

植物性食品物料的辐射效应作用主要体现在以下几个方面：①抑制发芽。电离辐射抑制植物器官发芽的机理在于辐射对植物再生组织的破坏，核酸和植物激素代谢受到干扰，以及核蛋白发生变性。②调节呼吸与后熟。跃变型果实经适当剂量辐照处理后，一般都表现为后熟过程被抑制、呼吸跃变后延等现象。③辐射与乙烯代谢。不论是跃变型或非跃变型果实，辐射都会对乙烯的产量产生瞬时性的促进，从而使呼吸程度加强，释放更多的 CO_2。呼吸增强的程度因果实的种类、成熟度和辐射剂量而异。但这种增强极为短暂，随时可减弱。辐射剂量较低的，乙烯的生成量再次上升，达到顶峰后又下降。乙烯的变化与呼吸的变化基本是吻合的。高剂量辐射后，乙烯不再生成，呼吸也出现紊乱状态。④辐射与组织褐变。植物组织褐变是辐射损伤最明显、最早期表现出来的症状，属于酶褐变，是氧化酶对酚类物质催化的结果。即使在低剂量范围（50～400Gy）内，褐变程度也随剂量的增加而增高，并因植物品种、产地、成熟度等的不同而不同。

5. 动物

不同动物之间的辐射敏感性相差很大，低等动物的敏感性比哺乳动物低得多。表 1-4-6 是某些动物的 $LD_{(50/30)}$ 值。

表 1-4-6　　部分动物的 $LD_{(50/30)}$ 值

动物种类	$LD_{(50/30)}$ /Gy	动物种类	$LD_{(50/30)}$ /Gy
鼠	2.5	麻雀	8.0
狗	3.35	兔	8.0
鹅	3.50	龟	15.0
小鼠	5.2～6.0	鲫鱼	18.0
猴	4.0～6.0	金鱼	23.0
鸡	6.0	蝾螈	30.0
仓鼠	6.1	蜗牛	80.0～200.0
蛙	7.0	变形虫	10^3
大鼠	7.5	豆形虫、草履虫、纤毛虫	3×10^3

注：$LD_{(50/30)}$ 是生物急性照射致死的专用剂量值，在此剂量下照射的生物群体在 30d 内约有 50% 死亡。

第三节　食品辐照保藏的应用

一、食品辐照加工装置

1. γ 射线辐照装置

γ 辐照装置的辐射源通常采用 ^{60}Co 和 ^{137}Cs。目前使用的 γ 辐照装置基本上都是固定源室湿法储源型 γ 射线辐照装置。目前的辐照方式有动态步进和静态分批两种，前者采用产品辐照箱传输系统，产品辐照与进出辐照室时辐射源始终处于辐照位置；而后者采用人工进出辐照室，产品堆码、翻转时，辐射源必须降到贮藏位置。典型的柜式传输多道步进辐射装置如图 1-4-5 所示。

2. 电子束辐照装置

电子束辐照装置是指用电子加速器产生的电子束进行辐照、加工处理产品的装置，包括

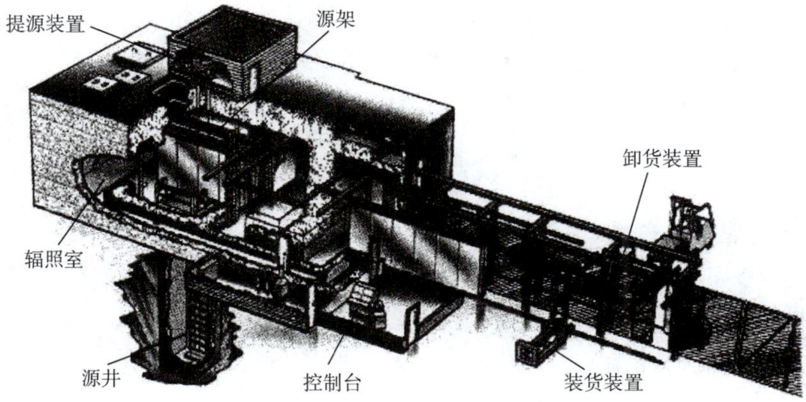

图 1-4-5　柜式传输多道步进辐照装置示意图

电子加速器、产品传输系统、辐射安全连锁系统、产品装卸和贮存区域，供电、冷却、通风等辅助设备，有控制室、剂量测量和产品质量检验室等。辐照加工用加速器主要是指能量>150keV 电子束的直流高压型和脉冲调制型加速器。由于电子加速器产生的电子束具有辐射功率大、剂量率高、加工速度快、产量大、辐照成本低、便于进行大规模生产等优点，越来越受到食品辐照研究领域的关注。

3. X 射线辐照装置

利用加速器产生的高速电子轰击重金属靶可产生高能 X 射线，可以较好地利用加速器的可控性和无放射源的特点，同时，与穿透能力较弱的电子束相比，X 射线更适合应用于体积和密度较大的食品材料的辐照处理。一台 5MeV、200kW 高频高压发生器可作为电子束与 X 射线两用辐照装置，设计示意图如图 1-4-6 所示。

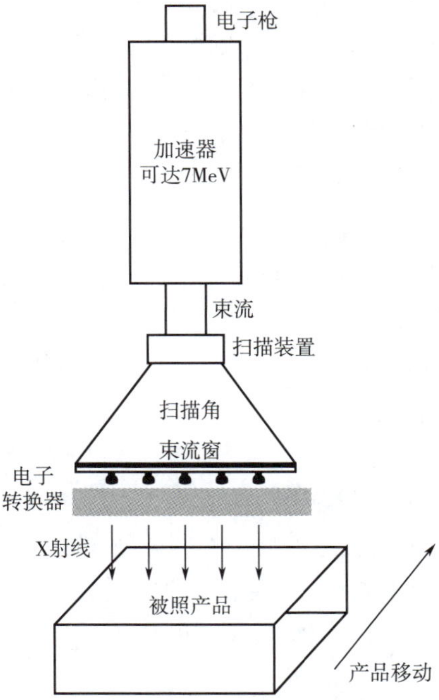

图 1-4-6　X 射线辐照转换系统及传输体系

食品辐照法规规定用于食品辐照的 X 射线的能量不能超过 5MeV，为了提高 X 射线的允许能量，人们研究了用 7.5MeV X 射线辐照食品是否会在食品中产生放射性，结果是否定的。该研究结果有可能导致法规的修改，提高 X 射线辐照食品的能量上限。

二、食品辐照加工工艺

(一) 食品辐照工艺参数

辐照加工中辐照装置的主要工艺参数是加工能力、辐照效率与吸收剂量的不均匀度。

1. 加工能力（Q）

加工能力是指辐照装置在一定时间内能够处理的产品量，可用式（1-4-1）表示：

$$Q = \frac{3600P\varepsilon}{D_e}(\mathrm{kg/h}) \tag{1-4-1}$$

式中 P——辐照功率，kW；

ε——辐照效率，即辐照时的能量利用率；

D_e——实现某种辐照处理所需要的最低有效剂量，但通常采用总体平均剂量，kGy。

2. 辐照效率（ε）

辐照效率是指辐照一定时间间隔内经辐照的全部产品中吸收的产生辐射效应所需的能量（E_0），即 D_0 与所处理产品质量的乘积在辐射源发射的总能量（E_s）中所占的比例。

3. 吸收剂量不均匀度（U）

吸收剂量不均匀度是反映辐照质量的一个指标，为特定工艺辐照下全部产品中最大吸收剂量（D_{max}）与最小吸收剂量（D_{min}）的比值。吸收剂量不均匀度反映产品吸收剂量分布的不均匀程度，U 值越大越不均匀。

辐照效率与剂量不均匀度都取决于辐射源的种类及其穿透能力、辐射源与产品间的几何位置，并与产品组成、大小、密度等相关。为提高辐照效率可以采用多种方法，如增大产品的照射面积，增加产品的厚度或多道传送，提高产品的密度，减少辐射源与产品间的距离。但增加辐射源周围产品的数量和厚度或减少辐射源与产品间的距离常会使 U 值增大，而为降低 U 值只能在水平方向与垂直方向增加产品的层次，在增加照射通道的同时不断换位和换层，才能实现高辐照次序下的均匀照射。

(二) 食品辐照工艺流程

食品辐照加工工艺流程如图 1-4-7 所示。

(三) 食品辐照推荐剂量

国际食品辐照顾问小组（ICGFI）根据食品辐照应用的剂量不同，将剂量划分为低剂量辐照、中剂量辐照和高剂量辐照。

1. 低剂量食品辐照

低剂量辐照用于抑制鳞茎和块茎作物的发芽，以及控制一些寄生虫和害虫。在 20~150Gy，辐照处理可以影响植物组织的生物活性，抑制作物发芽。在 0.1~1kGy 的剂量范围内，辐照可以影响植物组织中酶的活性。在 0.2~1kGy，辐照处理可以防止谷物、豆类、干果、脱水产品等食品害虫危害，可杀灭害虫或阻止害虫生殖和发育。

2. 中剂量食品辐照

中剂量辐照用于降低食品中的微生物群体以延长其货架期，也可用于延迟果蔬的成熟和

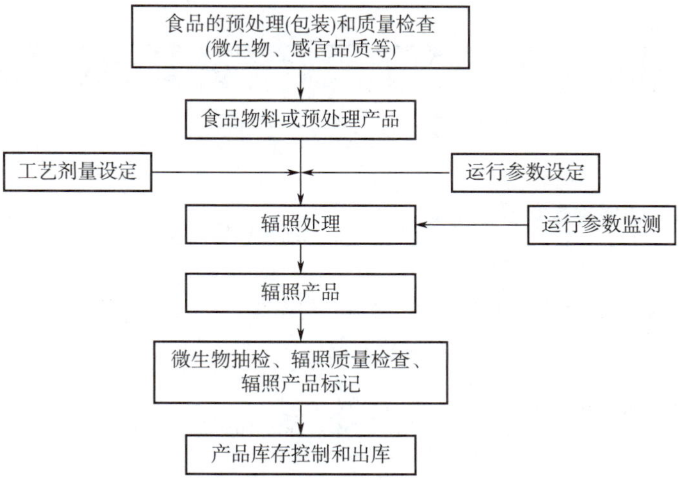

图 1-4-7　食品辐照加工工艺流程

衰老。根据产品的不同，新鲜肉类产品、海产品以及新鲜的蔬菜和水果可以在 1~10kGy 辐照，以延长货架期。

3. 高剂量食品辐照

采用高于 10kGy 的剂量辐照处理，若包装适宜，可使产品在非冷藏条件下长期保存。高剂量辐照不但能杀灭细菌、霉菌和酵母菌，而且可以杀死细菌芽孢。但高剂量辐照会对食品的感官品质或食品中的敏感成分产生影响。

(四)食品辐照工艺剂量

工艺剂量是食品辐照过程中为在产品内产生预期辐射效应、达到辐照质量要求所规定的剂量范围或剂量限值。最低有效剂量（D_e）是指在食品辐照时为达到某种辐照目的所需的最低剂量，即工艺剂量的下限值。最高耐受剂量（D_t）是在食品辐照时不会对食品的品质和功能特性产生危害的最高剂量，即工艺剂量的上限值。

产品中剂量分布因产品而异，原则上都应控制在工艺剂量上限与工艺剂量下限之间。在生产过程中，产品所吸收的剂量应处于工艺剂量限值范围内，而工艺剂量又不能超过法定剂量限值。产品中辐照剂量的分布原则上都应控制在工艺剂量上限与工艺剂量下限之间。国际食品辐照顾问小组（ICGFI）已制定一系列技术文件，规定了食品辐照的推荐剂量范围，成为各国食品辐照主管部门制订食品辐照工艺标准的基本依据。我国已制定的有关食品辐照的法定剂量和辐照工艺剂量范围参数如表 1-4-7 和表 1-4-8 所示。

表 1-4-7　　中国辐照食品卫生标准

产品类别（国标编号）	辐照处理目的	总体平均剂量/kGy
GB 14891. 8—1997《辐照豆类、谷类及其制品卫生标准》	控制生虫	≤0. 2（豆类） ≤0. 4~0. 6（谷类）
GB 14891. 3—1997《辐照干果果脯类卫生标准》	控制生虫、减少损失，延长储藏期	0. 4~1. 0
GB 14891. 1—1997《辐照熟畜禽肉类卫生标准》	灭菌、延长保质期	≤8. 0

续表

产品类别（国标编号）	辐照处理目的	总体平均剂量/kGy
GB 14891.7—1997《辐照冷冻分割畜禽肉类卫生标准》	杀灭沙门氏菌	≤2.5
GB 14891.4—1997《辐照香料类卫生标准》	杀菌、防霉、延长保质期	≤10
GB 14891.5—1997《辐照新鲜水果、蔬菜类卫生标准》	抑制发芽、贮藏保鲜、延缓后熟、延长货架期	≤1.5
GB 14891.2—1994《辐照花粉卫生标准》	保鲜、防霉、延长储存期	≤8
GB 14891.6—1994《辐照猪肉卫生标准》	灭活旋毛虫	≤0.65

表 1-4-8　食品和农产品辐照工艺规范

产品类别（国标编号）	辐照处理目的	最低有效剂量 D_e/kGy	最高耐受剂量 D_t/kGy
GB/T 18525.1—2001《豆类辐照杀虫工艺》	杀虫	0.3	2.5（1）
GB/T 18525.2—2001《谷类制品辐照杀虫工艺》	杀虫	0.3	0.5~1
GB/T 18525.3—2001《红枣辐照杀虫工艺》	杀虫	0.3	1
GB/T 18525.4—2001《枸杞干、葡萄干辐照杀虫工艺》	杀虫	0.75	3（2）
GB/T 18525.5—2001《干香菇辐照杀虫防霉工艺》	杀虫 防霉	0.7 0.3	2 8（5）
GB/T 18525.6—2001《桂圆干辐照杀虫防霉工艺》	杀虫 防霉	0.4 6.0	9
GB/T 18525.7—2001《空心莲辐照杀虫工艺》	杀虫	0.4	4（2）
GB/T 18526.1—2001《速溶茶辐照杀菌工艺》	杀菌	4	9
GB/T 18526.2—2001《花粉辐照杀菌工艺》	杀菌	4.0	8.0
GB/T 18526.3—2001《脱水蔬菜辐照杀菌工艺》	杀菌	4	10
GB/T 18526.4—2001《香料和调味品辐照杀菌工艺》	杀菌含菌 1×10^6（1×10^7）个/g	4.0（6.0）	10
GB/T 18526.5—2001《熟畜禽肉辐照杀菌工艺》	杀菌	4	8
GB/T 18526.6—2001《糟制肉食品辐照杀菌工艺》	杀菌	4	8
GB/T 18526.7—2001《冷却包装分割肉辐照杀菌工艺》	杀虫（杀菌）	1.0（1.5）	4
GB/T 18527.1—2001《苹果辐照保鲜工艺》	保鲜	0.25	0.8

续表

产品类别（国标编号）	辐照处理目的	最低有效剂量 D_e/kGy	最高耐受剂量 D_t/kGy
GB/T 18527.2—2001《大蒜辐照抑制发芽工艺》	抑制发芽 收获后2个月 （5个月）	0.05（0.08）	0.2
GB 18524—2016《食品安全国家标准 食品辐照加工卫生规范》	对各类食品的辐照工艺规定明确的概念和技术要求		

注：带括号的剂量值为设定的工艺剂量上限值。

三、辐照技术在食品保藏中的应用

食品辐照处理的目的主要是杀菌、灭虫、抑制食物原料的生理劣变，辐照剂量的大小取决于食品的种类、辐照目的和要求，过量的辐照会损害食品的品质并产生安全隐患。

（一）食品的辐照灭菌

1. 辐照剂量与灭菌效应

杀灭食品中所有微生物所需的辐射剂量并没有一个绝对的数值，辐射剂量与食品的初始染菌量、食品特性及微生物种类等因素有关。表征辐射灭菌剂量的重要概念是 D_{10} 值，即在某一特定条件（温度、气氛、pH等）下使细菌群体降至10%所需的处理剂量。

D_{10} 值反映了微生物对辐照的敏感性，也称为钝化系数。D_{10} 值越小，细菌对辐射就越敏感。微生物对辐照的敏感性，在同属、同种间乃至不同菌株间变化幅度都非常大，这一点和热力杀菌及药物杀菌的情况相同。一般情况下，细菌芽孢的抗性比营养型细菌强；在不产芽孢的细菌中，革兰氏阴性菌对辐照比较敏感。真菌属于真核细胞，构造比较复杂，酵母的辐照抗性比霉菌强，部分假丝酵母的抗性与细菌芽孢相同，霉菌的辐照抗性接近无芽孢细菌或比芽孢细菌或比无芽孢细菌弱。

2. 影响微生物辐照敏感性的因素

（1）温度　微生物的辐照钝化剂量随照射温度的变化而有较大变化。在常温范围内，对灭菌效果影响不大，如 γ 射线对肉毒梭菌的芽孢在0~65℃辐照，温度对杀菌效果影响不大。如果在低温状态下，钝化剂量随温度降低而增大，菌体更耐辐照，这是因为低温限制了辐照产生的自由基的扩散，减少了与酶分子相互作用的机会。例如，如在-78℃下对金黄色葡萄球菌进行辐照，其 D 值是常温时的5倍；在-96℃下用 γ 射线照射肉毒梭菌时的 D 值是25℃时的2倍。高温下照射由于高温与辐照有协同作用，微生物可加速死亡，例如肉毒梭菌25℃时的 D 值为3.4kGy，95℃时为1.7kGy。需要说明的是，微生物对辐照的敏感性与对热的敏感性无关。

（2）氧　分子态氧的存在对辐照灭菌效果影响显著。一般情况下，灭菌效果因氧的存在而增强，这种现象称为氧效应。纯氧环境下的 D 值与纯氮环境下的 D 值的比称为氧增效比（m），大肠杆菌的 m 为2.9，李氏志贺氏菌 m 为2.92。细菌芽孢在空气环境中对射线的敏感性也大于在真空和含氮环境下的敏感性。但在稀溶液中，氧的增强作用很小，因为氧是自由基的良好清除剂。

（3）水分活度　细胞的含水量对其辐射抗性有很大影响。在干燥状态下，辐照生成的自由基失去了水的连续相而不能移动，辐照的间接作用受到抑制。因此，随着水分活度的下降，*D* 值有增大的趋势。

（4）环境因素　环境酸度对微生物辐照抗性的影响不大，例如，枯草芽孢杆菌的芽孢在 pH 2.2~10.0，蜡样芽孢杆菌在 pH 5.0~8.0，辐照抗性没有明显差异。复杂食品介质中细菌的抗辐照性较强。化学物质对辐照的影响较大，有些对菌体有保护作用，有些可促进其死亡。有机醇类、L-半胱氨酸、抗坏血酸钠、乳酸盐、葡萄糖、氨基酸等食品成分能降低辐照的灭菌效果，一般认为这是因为上述物质消耗了氧而使氧效应消失或捕捉了活性强的自由基的缘故。1-萘酚、马来酸、无机卤素化合物等可增强辐射的灭菌作用。

（5）辐射剂量与方式　对于修复能力强的微生物，低剂量或分次照射会降低致死效率，提高耐辐照能力；对于干燥的细菌及芽孢，剂量分次给予将增加致死效应，这是由于辐照产生的大量自由基和氧效应协同作用所造成的。

（二）农产品发芽的辐照抑制

大蒜、马铃薯、洋葱等鳞茎或块根类植物采收后有休眠的特性，在休眠期生长暂停。休眠过后就会发芽，马铃薯发芽后可产生具有毒性的茄碱（龙葵素）；洋葱一经发芽就会将储存于鳞茎的营养物质转供给叶片生长，致使洋葱营养价值降低，甚至出现大量腐烂；大蒜萌芽后则开始散瓣、干瘪。

采用辐照处理已成为抑制鳞茎和块根类作物发芽的一种非常成熟的技术，而且无化学残留。国际食品辐照顾问小组（ICGFI）于 1991 年制定了《抑制鳞茎与块根类作物发芽的辐照工艺规范》。将鳞茎和块根类作物在收获后和处于休眠期时立即进行辐照，可抑制发芽。0.15kGy 甚至更低的辐照剂量能够有效抑制马铃薯、洋葱、大蒜、生姜和板栗发芽，产品辐照后可以在高于冷藏温度的条件下保藏，不会对产品产生不良的影响。然而，抑制发芽的辐照剂量对微生物的作用很小，不能控制由于微生物腐败等原因造成的损失，需要通过调节温度、湿度和通风条件等因素对其加以控制，以保证产品在储存过程中的良好品质。

（三）粮食虫害的辐照抑制

谷类和豆类害虫的危害可造成粮食储藏期间的损失，并将导致质量安全问题。辐照是控制粮食虫害的有效手段。例如，>1kGy 的中等剂量范围的辐照处理能够立即或在短期内杀死谷物和豆类作物中具有较强辐照抗性的害虫（如蛾、螨和某些甲虫），但较高剂量通常会引起产品质量方面出现问题。采用低于 1kGy 剂量的亚致死剂量辐照，例如 0.5kGy 剂量可使害虫立即丧失生殖能力，除辐照抗性最强的鳞翅目种外，所有害虫都会在几周内死亡。即使对于鳞翅目害虫，在辐照后如果能产生后代，也全部表现为不育。辐照后幸存下来的成虫，其取食能力已被削弱，对粮食产品的危害将大大降低。

通常根据不同害虫对辐照的敏感性决定适宜的辐照剂量。昆虫的辐射敏感性表现为鞘翅目>蜱螨目>鳞翅目。在卵和幼虫期昆虫对辐照敏感，此阶段可以采用较低剂量达到辐照效果，避免过高剂量对粮食品质的影响。小麦、小麦粉辐照杀虫的适宜剂量为 0.15~1.0kGy，大米为 0.1~1.0kGy。根据国内外大量研究结果显示，我国在辐照豆类、谷类及其制品的卫生标准中规定控制豆类生虫的辐照剂量≤0.2kGy，控制谷类生虫的辐照剂量为 0.4~0.6kGy。

(四)果蔬成熟的辐照延迟

辐照处理能够调节果蔬的生理代谢，降低呼吸作用，延缓成熟与衰老。目前新鲜果蔬的辐照处理通常采用低剂量辐照。例如，在水果生理成熟阶段和完熟之前进行低剂量（0.25~1.0kGy）辐照，能够延缓香蕉、芒果、番木瓜、菠萝、草莓等水果的成熟和过熟，并且具有杀灭害虫、控制生理性腐败、延缓衰老的效果，过高的辐射剂量反而会破坏果品的组织而加速果品熟化。芒果和木瓜等转跃期水果要经过临界成熟到成熟之间短暂的过渡，采用0.25~0.5kGy剂量的辐照可以使这种过渡延迟数天。

蘑菇是一种食用真菌，收获后其生理性腐败包括菌盖开裂和褐变，干缩，采用低于1kGy的剂量可将食用蘑菇菌盖开裂、严重变色现象延迟数天；1~2kGy的辐照剂量可抑制蘑菇的破膜与开伞，减少表面锈斑，保持新鲜色泽。辐照后在10℃以下保藏效果更好。

第四节　辐照食品的卫生性与安全性

一、辐照食品的毒理学安全性

辐照食品的毒理学安全性评价遵循食品毒理学评价试验程序。首先采用动物喂养试验的形式，可进行急性毒性试验、遗传毒性试验、亚慢性毒性试验、慢性毒性试验。英国、美国、法国、德国、日本、加拿大、澳大利亚、瑞典等许多国家的相关研究机构进行了25~50kGy的辐照食品喂养动物试验，通过大量长期与短期动物喂养试验，观察分析了试验动物的生长发育、行为能力、血液学、病理学、繁殖与致畸等指标，没有发现辐照食品产生毒性反应及致畸、致癌、致突变现象。此外，用辐照饲料饲养家畜以及用辐照食品长期饲养有免疫缺陷的动物，也未发现有任何病理变化。在动物试验的基础上，中国、美国、英国、法国、丹麦、澳大利亚等世界许多国家进行了较大规模的辐照食品的人体食用试验，结果表明食用辐照食品对人体未产生任何有害影响。1997年，联合国粮食及农业组织、世界卫生组织、国际原子能机构联合专家组（FAO/WHO/IAEA）得出“从毒理学的角度考虑，高于10kGy的辐照剂量将不会导致对人体健康产生危害的食品成分变化”的结论。

二、辐照食品的营养安全性

低剂量（<1kGy）用于食品辐照，营养损失非常微小；在中等剂量范围（1~10kGy），如配合使用抽真空或降氧技术，可以防止辐照所导致的维生素损失；在高剂量辐照范围内（10~50kGy），为防止食品中脂肪的氧化和自氧化过程，以及蛋白质的氧化、脱羧、交联等作用可影响食品的感官质量变化和营养价值，也可配合使用低温技术、抽真空技术或添加抗氧化剂等方法，以尽量降低辐照对食品营养价值的影响。

1997年，FAO/WHO/IAEA联合专家组讨论了高剂量辐照对食品营养和其他方面的影响，得出结论：>10kGy的辐照剂量“将不会使营养损失达到对个人或群体的营养状态产生任何危害影响的程度”。

三、辐照食品的放射性安全性

1. 辐照食品的放射性污染问题

在食品辐照处理过程中，作为辐照源的放射性物质严格密封于辐照装置中，食品接受的是射线的能量，而不是放射性物质。此外，食品通常都在包装后进行辐照，与放射源没有直接接触，因此，食品经过辐照后不存在放射性污染问题。

2. 辐照食品的感生放射性问题

目前用于食品辐照的射线，主要是由^{60}Co和^{137}Cs产生的γ射线，以及能量<10MeV的电子加速器所产生的电子束。在辐照化学中，只有当射线能量达到一定阈值后才能使被照射物质产生感生放射性。国际食品法典委员会（CAC）的《国际食品辐照通用标准》中规定了照射食品的射线能量，其中电子加速器产生的电子束能量≤10MeV，X射线和γ射线<5MeV。目前食品辐照使用的^{60}Co的γ射线能量为1.32MeV和1.17MeV，137Cs的γ射线能量为0.66MeV；低能量电子束辐照能量也在10MeV以下，采用上述辐照能量照射的食品不会产生感生放射性。

四、辐照食品的感官质量安全性

1. 辐照对食品色泽的影响

植物食品在辐照处理过程及贮存过程中极易发生酶褐变，酚类物质在氧化酶作用下，即使在低照射剂量范围内，褐变程度也会随剂量而增高。组织褐变也是植物食品在机械伤害、冷害、病虫害等许多其他情况下的共同症状。

植物色素经辐照处理后仍较稳定，动物性色素则对辐照敏感。辐照处理能加深畜禽肉的色泽。多数研究认为产生上述现象的原因在于，辐照促进了肌肉中肌红蛋白色素的氧化过程，使之形成红色氧合肌红蛋白和棕色的高铁肌红蛋白。水产品中的蛋白质和氨基酸对辐照较敏感，例如，苯丙氨酸羟化反应后可形成酪氨酸异构体，在酶的催化作用下生成二氢苯丙氨酸，发生氧化和多聚反应形成黑色素，使水产品经辐照后产生黑色斑点。

2. 辐照对食品风味的影响

辐照通常会造成食品风味的损失，特别是肉类产品在辐照下会产生令人不愉快的“辐照味”。研究表明，“辐照味”的产生是由脂肪和蛋白质在辐照过程中的分解产物及其化合物形成的。例如，蛋白质中的苯丙氨酸、甲硫氨酸和酪氨酸辐照后能够生成微量的苯、苯酚和含硫化合物等物质，脂肪辐照后其氧化酸败过程加速，从而导致辐照食品产生异味。采取一定措施，如控制辐照剂量、低温辐照、使用抗氧化剂，采取真空包装等方法可有效减少辐照异味。

可以利用辐照对食品风味的影响改善食品品质。例如，柿子含有大量可溶性单宁，食用时使人产生“涩”的感觉，利用辐照处理能够促使单宁降解而使柿子脱涩。再如，辐照能够促进烟草和酒中某些刺激性物质的转化，从而加速烟草和酒类的陈化过程。

3. 辐照对食品质地的影响

低剂量辐照处理不会对食品质地产生明显影响，相反还可抑制食品软化，改善食品的风味和品质，延缓植物食品的后熟作用。高剂量辐照处理会使植物果实发生不同程度的软化作用，主要由食品中的大分子物质在辐照作用下发生降解所引起。

思考题

1. 食品辐照保藏技术的特点是什么？简述食品辐照保藏的基本原理。

2. 举例说明食品辐照保藏的工艺过程。

3. 结合辐照食品的发展历程与国内外研究现状，如何正确认识辐照食品的卫生性与安全性？

主要参考文献

[1] 赵征，张民. 食品技术原理［M］. 北京：中国轻工业出版社，2014.

[2] 汪勋清，哈益明，高美须. 食品辐照加工技术［M］. 北京：化学工业出版社，2005.

[3] 哈益明. 辐照食品及其安全性［M］. 北京：化学工业出版社，2006.

[4] 周家春. 食品工艺学［M］. 北京：化学工业出版社，2008.

[5] Paisan Loaharanu，Paul Thomas. Irradiation for Food Safety and Quality［M］. USA：Technomic Publishing Company Inc，2001.

第五章 处理食品的其他物理技术

CHAPTER 5

[学习指导]

理解超微粉碎技术、微波技术、超声波技术、高压技术、挤压技术、气相爆破技术、脉冲电场技术处理食品的基本原理，认识这些物理方法的优越性和局限性，了解这些装置的结构及其构成食品加工体系的方法。

第一节　超微粉碎技术

一、超微粉碎的基本原理

现代食品粉碎技术的研究主要包括两个方面：一是改变物料尺寸以改变其加工性能，如形态变化、物料重组等；二是通过改变物料尺寸来改变物料的生物价，如易吸收钙剂等。研究与开发超微粉碎技术和相关设备对于食品加工具有重要作用。超微粉碎是基于微纳米技术原理，通过对物料的冲击、碰撞、剪切、研磨等手段，施以冲击力、剪切力或几种力的复合作用，部分地破坏物质分子间的内聚力，来达到粉碎的目的。超微粉碎技术通常可分为微米级粉碎（1～100μm）、亚微米级粉碎（0.1～1μm）、纳米级粉碎（1～100nm），在天然动植物资源中一般达到微米级粉碎即可使其组织细胞结构破坏，获得所需物料特性。在粉碎操作过程中，首先要考虑的是采用何种粉碎方法或设备，这主要取决于被粉碎物料的大小和所要求的粉碎比及物料的物性，而其中物料的硬度和破裂性是最为重要的考虑因素。挤压和冲击力对于特别坚硬的物料很有效，剪切力（或摩擦力）对于韧性物料有效。

在超微粉碎过程中，物料颗粒要承受反复而剧烈的机械应力作用，使形成的超微颗粒比表面积增大、表面能提高；同时，颗粒表面相邻原子化学键的断裂使原子间牢固的结合力被破坏，化学键在粉碎后形成的新断面上将被迅速激活。表面能的增大和机械激活将导致以下几种变化。①晶体结构的变化：表现为被激活的原子发生结构重排，晶格发生变化，表层结构发生变化，甚至形成非晶质结构；②物料在粉碎过程中本身发生化学变化或颗粒之间发生化学反应；③物料的某些理化性质发生变化，如溶解性、吸附性、表面电性。

超微粉碎具有如下技术特点：

（1）速度快，时间短，可低温粉碎　在粉碎过程中不产生局部过热现象，甚至可以在低温状态下进行粉碎，速度快，瞬间即可完成，因而最大限度地保留粉体的生物活性成分，以利于将其制成所需的高质量产品。

（2）粒径小，分布均匀　分级系统的设置，既严格限制了大颗粒，又避免了过碎，可得到粒径分布均匀的超细粉，同时很大程度上增加了微粉的比表面积，使吸附性、溶解性等也相应增大，在制药工业中，超微细粉的新特征是使药物能较好地分散、溶解在胃液里，且与胃黏膜接触面积增大，更易被肠道吸收，大大提高了药物的生物利用度。

（3）节省原料，利用率提高　物料经超微粉碎后，近纳米细粒径的超细粉一般可直接用于制剂的生产，而常规粉碎的产物仍需一些中间环节，才能达到直接用于生产的要求，易造成原料的浪费。因此，该技术尤其适用于珍贵稀少原料的粉碎。

（4）减少污染　超微粉碎是在封闭系统下进行的粉碎，既避免了微粉污染周围环境，又可防止空气中的灰尘污染产品，故在食品及保健品中运用该技术可使微生物含量及灰尘得以控制。

此外，超微粉碎技术还可以与冷冻技术相结合。常温固体的粉碎效果在很大程度上受到常温下物料性质及粉碎机类型的影响。粉碎中所投入能量的大部分因转化为热能，对于热敏性食品极为不利，常造成食品的变质、熔解或黏着，导致生产能力下降。冷冻粉碎是利用物料在低温状态下的“低温脆性”来进行的，在一定温度下，用一个很小的力就能将其粉碎，因而避免了上述问题的发生。物料的“低温脆性”与玻璃态转变的现象密切相关。在橡胶态时，物料的韧性大，变形性强；而在玻璃态时，物料硬度和脆性大，变形能力很小。因为食品的组成结构比较复杂，所以其玻璃态转变过程可能存在多级玻璃化转变过程和反玻璃化转变现象，一般可以认为物料的玻璃化转变温度对应着物料的“脆化温度”。其装置一般由制冷剂供给装置（液氮箱）、原料冷冻箱、供给箱、低温粉碎机、产品收集器和显热回收装置等组成。

二、超微粉碎设备

（一）干法超微粉碎设备

1. 气流式超微粉碎设备

图 1-5-1 是气流粉碎的工作原理图和工艺流程图。气流粉碎机与旋风分离器、除尘器、引风机等组成一整套粉碎系统。压缩空气经过滤干燥后，通过拉瓦尔喷嘴高速喷射入粉碎腔，在多股高压气流的交汇点处物料被反复碰撞、摩擦、剪切而粉碎，粉碎后的物料被上升气流输送至分级区，由水平布置的分级轮筛选出达到粒度要求的细粉，未达到粒度要求的粗粉返回粉碎区继续粉碎。合格细粉随气流进入高效旋风分离器得到收集，含尘气体经收尘器过滤净化后排入大气。气流粉碎有以下特点：①粉碎比大，粉品粒度在几十微米以下；②在粉碎过程中有分级作用，保证了成品粒度均一，对精度、细度要求

高的干粉类物料有显著成效；③由于压缩空气在喷嘴处绝热膨胀会使系统温度降低，因此气流粉碎设备适合于热敏性物料的粉碎分级加工；④易实现多单元联合操作，如可利用热压缩气体同时进行粉碎和干燥处理，或在粉碎时喷入所需的包囊溶液对粉碎颗粒进行包囊处理。

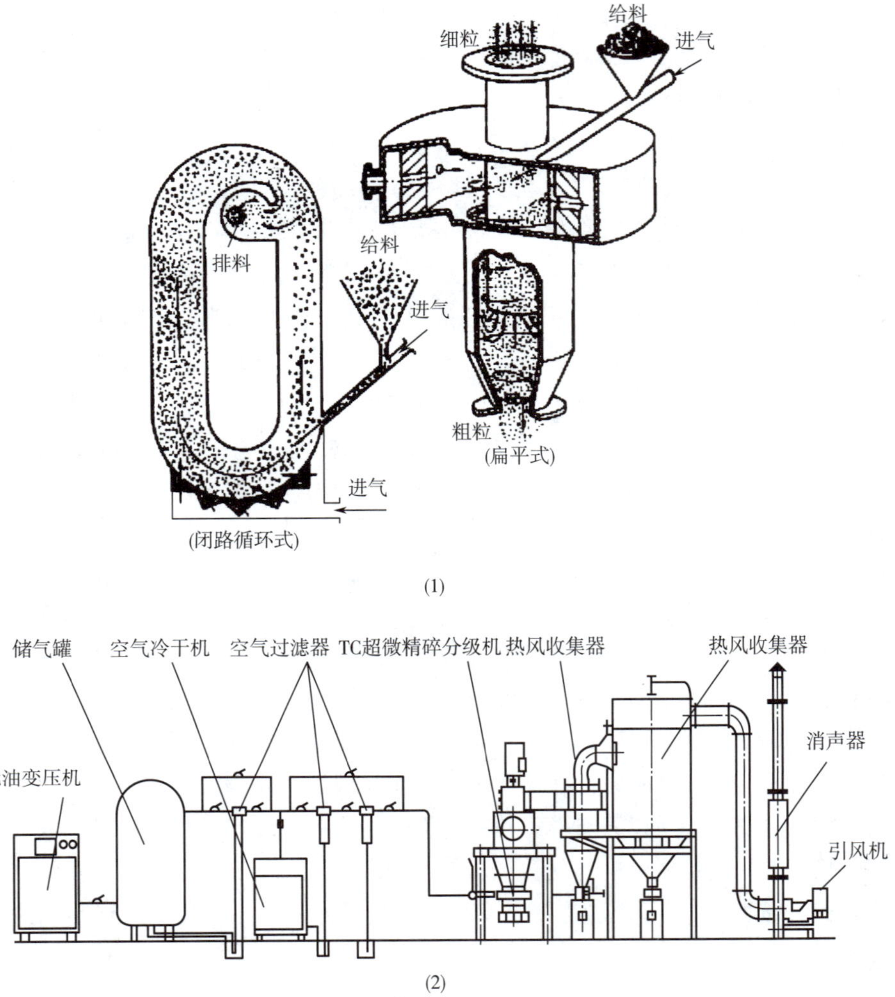

图 1-5-1　气流粉碎的工作原理图（1）和工艺流程图（2）

2. 磨介式超微粉碎设备

磨介式粉碎是借助与运动的研磨介质（磨介）所产生的冲击力，以及非冲击式的弯折、挤压和剪切等作用力，来达到物料颗粒粉碎的过程。其效果取决于磨介的大小、形状、配比、运动方式、物料的填充率、物料的粉碎力学特性等。磨介式粉碎的典型设备有球磨机和振动磨。

球磨机是超微粉碎的传统设备，主要靠冲击进行破碎，产品粒度可达20~40μm。既可用于干法粉碎也可用于湿法粉碎，且湿法粉碎能够得到粒度很细的产品，还可以进行负压操作。球磨机基本结构主要由进料装置、支撑装置、回转部分、卸料装置和传动装置五大部分所组成，其工作原理如图 1-5-2 所示。球磨机是水平放置在两个大型支撑装置上的低速回旋的筒体，依靠电机经减速机驱动筒体以一定的工作转速旋转。筒体内装有直径 25~150mm 的铜球，称为磨介，磨介装入量为筒体有效体积的 25%~45%。筒体内还装有衬板，用以保护筒体并将磨内研磨体提升到一定的高度，然后以一定初始速度的磨介按照抛物线轨迹降落，冲击和研磨从磨机进料端喂入的物料，如此周而复始，使处于研磨介质之间的物料受冲击作用而被粉碎。

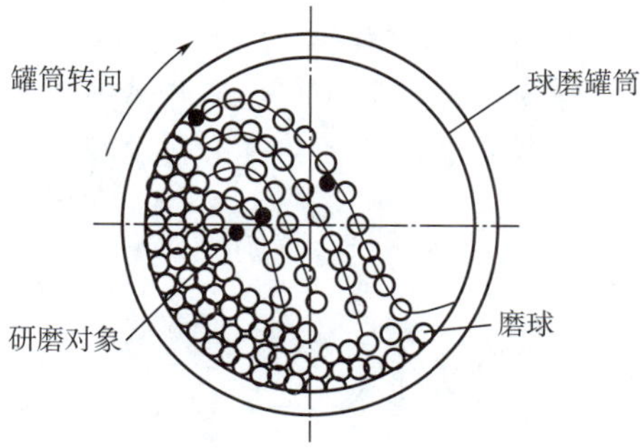

图 1-5-2　球磨机工作原理图

振动粉碎是靠磨机系统的振动，使研磨体得到加速度运动而冲击和研磨物料的一种超细磨过程。振动磨按振动特点分为不平衡重的惯性振动磨和偏心振动的偏旋振动磨。使用普遍的惯性振动磨的结构如图 1-5-3 所示，其主要组成为研磨体（球或短柱体）筒体、振动器、弹簧及支撑架、电动机及弹性联轴器等。电动机通过联轴器带动振动器的轴旋转，振动器在不平衡旋转体的惯性力作用下振动。由于振动，引起了装有一定量研磨体和物料的筒体摇动。而筒体和振动器的这种摇动给研磨体以快速脉冲，使研磨体沿筒体壁滑动做上抛运动，分布在研磨体孔隙间的物料受研磨体的打击和研磨作用而被粉碎。其破碎比高，粉碎时间短；适应性强，可用于任何物料的超细研磨，可以用于干磨或湿磨。

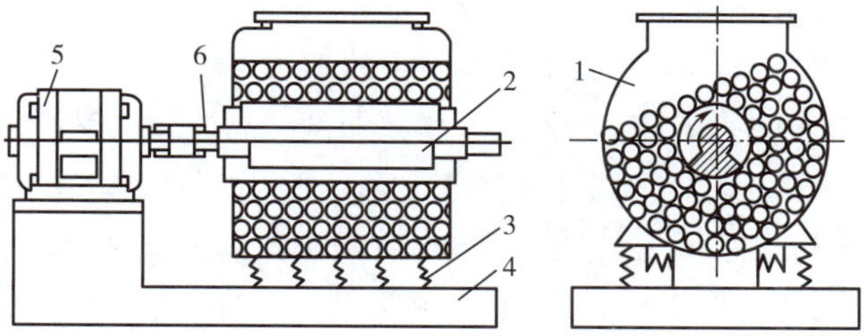

图 1-5-3　惯性振动磨示意图

1—筒体　2—振动器　3—弹簧　4—支撑架　5—电动机　6—弹性联轴器

（二）湿法超微粉碎设备

粉碎操作除了上述所谓干法粉碎外，还有湿法粉碎，即被处理的物料在悬浮于载体液流中被粉碎。常用水作载体，其中水起着硬度降低剂的作用，也可采用其他表面活性剂作硬度和黏度降低剂。实践证明，湿法粉碎操作一般能量消耗比干法粉碎大，同时设备的磨损也严重。但湿法粉碎比干法粉碎易获得更细的制品，在超微粉碎过程中应用广泛。

1. 高压均质机

高压均质主要应用于多组分的液体体系，其设备主要由高压均质腔和增压机构构成。高压均质腔的内部具有特别设计的几何形状，在增压机构的作用下，液料高速流过均质腔狭窄的缝隙而受到强大的剪切力、对金属部件高速冲击而产生的强大撞击力以及因静压力突降或突升而产生的空穴爆炸力等综合力的作用，使原先颗粒比较粗大的乳浊液或悬浮液被加工成颗粒非常细微的稳定的乳浊液或悬浮液。通过高压均质可以将食品原料的浆、汁、液进行细化和混合，从而可以提高食品的匀细度，防止或减少液状食品物料的分层，改善外观、色泽及香度，提高食品质量。高压均质机在乳品、果汁、豆浆等食品加工中有广泛应用，如图 1-5-4 所示。

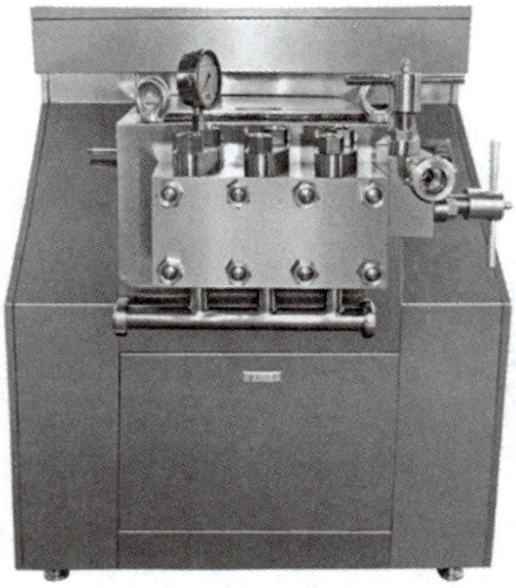

图 1-5-4　高压均质机

2. 胶体磨

胶体磨又称分散磨，是由电动机通过皮带传动带动转齿（或称为转子）与相配的定齿（或称为定子）做相对的高速旋转，其中一个高速旋转，另一个静止，被加工物料通过本身的重量或外部压力（可由泵产生）加压产生向下的螺旋冲击力，透过定、转齿之间的间隙（间隙可调）时受到强大的剪切力、摩擦力、高频振动、高速旋涡等物理作用，使物料被有效地乳化、分散、均质和粉碎，达到物料超微粉碎及乳化的目的（图 1-5-5）。其优点是结构简单，设备保养维护方便，可在短时间内对悬浮液中的固体物进行超微粉碎，适用于较高黏度以及较大颗粒的物料。其缺点是由于做离心运动，其流量是不恒定的，对于不同黏性的物料来说，其流量变化很大；由于转定子和物料间存在高速摩擦，故易产生较大热量，使被处理的物料发生变性；表面较易被磨损，而磨损后，细化效果会显著下降。在线胶体磨是专门为胶体溶液生产所设计的，其研磨速度是普通胶体磨的几倍，特别适用于需要很好乳化和分散效果的胶体生产。在食品工业中，用胶体磨加工的品种有果酱、果汁、食用油、巧克力、牛乳、调味酱料等。

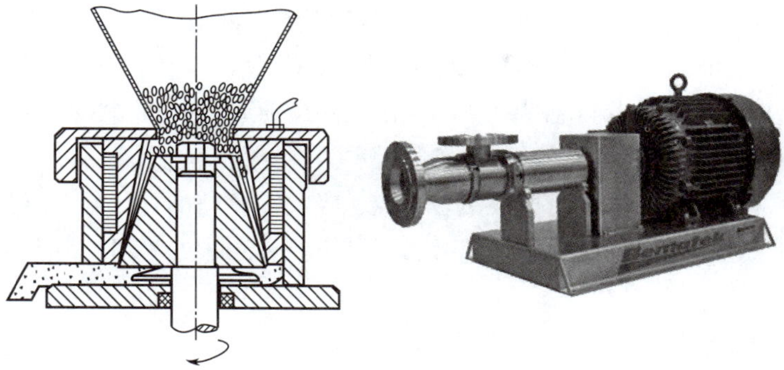

图 1-5-5　立式胶体磨示意图（1）与 Bematek 公司生产在线式胶体磨（2）

三、超微粉碎技术在食品工业中的应用

1. 饮料加工

利用超微粉碎技术，可开发出颗粒微细、易于被人体吸收的软饮料，如速溶茶粉、豆类固体饮料、速溶豆糟等。将茶叶在常温、干燥状态下制成粉茶，使粉体粒径小于 5μm，则茶叶的全部营养成分易被人体肠胃直接吸收，可以即冲即饮。在牛乳加工过程中，利用均质机可使脂肪球显著被细化。当脂肪球直径减小到 2μm 以下时，即可达到优良的均质效果，使产品口感好，易被消化。植物蛋白饮料是以富含蛋白质的植物种子和各种果核为原料，经浸泡、磨浆、均质等操作单元制成的乳状制品。磨浆时用胶体磨将颗粒磨至粒径为 5~8μm，再均质至 1~2μm，可使蛋白质固体颗粒的沉降和脂肪颗粒的上浮速度显著减慢，从而有效提高相关制品的稳定性。

2. 粮油加工

利用超微粉碎技术，可以使面粉、米粉或豆粉的物理化学性能得到很大程度地改善，制品的口感及人体吸收利用率能显著提高。小麦超微粉碎甚至可将其主要成分淀粉和蛋白质分开，从而生产出高蛋白质、中蛋白质、低蛋白质等各种专用面粉。小麦麸皮、米糠等含有丰富的膳食纤维、维生素、微量元素等，具有很好的营养价值。由于常规状态下，小麦麸皮、米糠的纤维粒度大，严重影响食品的口感，因此，多数情况下仅作为动物的粗饲料使用，甚至作为废物抛弃，大大降低了其应用价值。超微粉碎技术，可使食物纤维微细化，能显著改善口感，从而拓宽其应用范围。此外，在油脂加工过程中，如花生仁粉的粒度为 60μm，油脂提取率仅为 73.2%，而粉碎粒度为 10μm 时，油脂提取率可高达 97.9%。

3. 畜骨和水产品加工

各种畜、禽鲜骨中含有丰富的蛋白质和脂肪、磷脂质、酶蛋白，能促进儿童大脑神经的发育。在传统的食用方法中，一般将鲜骨煮熬之后食用，实际上大部分鲜骨的营养成分没有被人体吸收，造成资源浪费。将鲜骨经多级粉碎后加工成超微骨泥或再经脱水制成骨粉，既能保持 95%以上的营养素，又易被人体吸收。骨粉可以作为功能性食品添加剂，被制成高钙高铁的骨粉系列食品，具有独到的营养保健功能。

4. 食品配料与调味品加工

超微粉碎技术在部分功能性食品配料（膳食纤维、脂肪模拟物）的制备方面有重要作用。以蛋白质微粒为基础成分的脂肪替代品，就是利用超微粉碎技术将蛋白质颗粒粉碎至某一粒度的。因为人体口腔对一定大小和性状颗粒的感知程度有阈值，小于阈值时颗粒就不会被感觉出，而呈滑腻的奶油状口感特性。利用湿法超微粉碎技术将蛋白质颗粒的粒径降低至其阈值之下，便可得到代替油脂的功能性食品基料。

超微粉碎食品的巨大孔隙率可造成集合孔腔，吸收并容纳的香气经久不散。这是重要的固香方法之一，因此作为调味品使用的超微粉，其香味和滋味更浓郁、突出。

第二节 微波技术

微波一般是指波长在 1mm~1m（其相应的频率为 300MHz~30GHz）的电磁波。国际上对加热用的微波频率范围有统一的规定，称为工业、科学、医疗用电波频带，常用的频率有 433MHz、915MHz、2375MHz 和 2450MHz，其中食品加工多用 915MHz，家用微波炉多选用 2450MHz，前者的微波穿透深度比后者大。

微波加热是靠电磁波把能量传播到被加热物体的内部，这种加热方法具有以下特点：

（1）加热速度快　微波加热是利用被加热物体本身作为发热体而进行内部加热且不靠热传导作用加热的，因此，可以让物体内部温度迅速提高，所需加热时间短。一般只需常规方法 1/100~1/10 的时间就可完成整个加热过程。

（2）加热均匀性好　微波加热是内部加热，而且往往具有自动平衡的性能，所以与外部加热相比较，容易达到均匀加热的目的，避免了表面硬化及加热不均匀等现象的发生。

（3）加热易于瞬时控制　微波加热的热惯性小，可以立即发热和升温，易于控制，有利于配备自动化流水线。

（4）选择性吸收　某些成分非常容易吸收微波，另一些成分则不易吸收微波，这种微波加热的选择性有利于产品质量的提高。

（5）加热效率高　微波加热设备虽然在电源部分及电子管本身要消耗一部分的能量，但由于加热作用始自加工物料本身，基本上不辐射散热，所以热效率可高达 80%。

一、微波加热的原理

1. 微波加热的基本原理

微波加热不同于其他加热方法。一般的加热方式都是先加热物体的表面，然后热量由表面传到内部，而微波加热则可直接加热物体的内部。

被加热的介质是由许多一端带正电、另一端带负电的分子（称为偶极子）所组成。在没有电场的作用下，这些偶极子在介质中做杂乱无规则的运动，如图 1-5-6（1）所示。当介质处于直流电场作用之下时，偶极分子就重新进行排列。带正电的一端朝向负极，带负电的一端朝向正极，这样一来，杂乱无规则排列的偶极子就变成有一定取向的有规则的偶极子，即外加电场给予介质中偶极子以一定的位能。介质分子的极化越强烈，介电常数越大，介质中储存的能量也就越多，如图 1-5-6（2）所示。

若改变电场的方向，则偶极子的取向也随之改变，若电场迅速交替地改变方向，则偶极

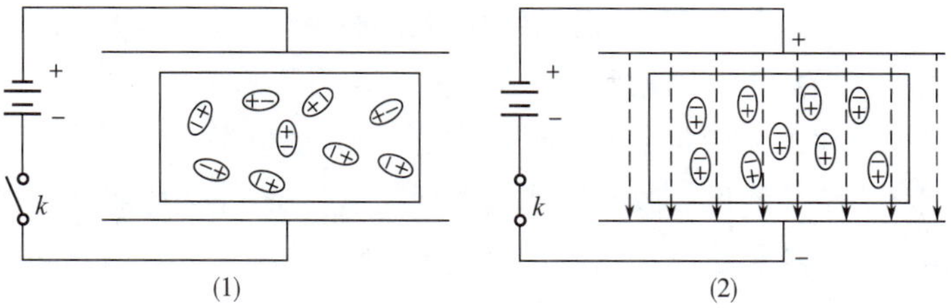

图 1-5-6　介质中偶极子的排列
（1）未加电场　（2）加直流电场

子也随之做迅速摆动。由于分子的热运动和相邻分子间存在相互作用，偶极子随外加电场方向改变而做的规则摆动便会受到干扰和阻碍，即产生了类似摩擦的作用，使分子获得能量，并以热的形式表现出来，表现为介质温度升高。

外加电场的变化频率越高，分子摆动就越快，产生的热量就越多。外加电场越强，分子的振幅就越大，由此产生的热量也越大。用 50Hz 的工业用电作为外加电场，其加热作用有限。为了提高介质吸收功率的能力，工业上就采用超高频交替变换的电场。实际上常用的微波频率为 915MHz 和 2450MHz，1s 内有 9.15×10^8 次或 2.45×10^9 次的电场变化。分子频繁摆动，摩擦产生瞬间集中的热量，从而能迅速提高介质的温度。

2. 微波的特性对加热的影响

对于微波而言，介质具有吸收、穿透和反射作用。介质通常是被加工的物料，它们不同程度地吸收微波的能量，这类物料又称有耗介质。特别是含水和含脂肪的食品，微波进入后，它们不同程度地吸收微波的能量并将其转化为热量，微波的场强和功率就不断地衰弱。物料对微波的吸收衰减能力不同，衰减能力随物料的介电特性而异。衰减能力决定着微波对介质的穿透能力。

穿透深度可以表示物料对微波能衰减能力的大小，一般有两种定义：一是微波功率从物料表面减至表面值的 1/e（36.8%）时的距离，一是微波功率从物料表面衰减到表面值的 1/2 时的距离，即半功率穿透深度。微波的穿透深度随波长的增大而变化，它与频率有关，频率越高，波长越短，其穿透力越弱。微波加热穿透能力强，其可以深入物料内部加热，使物料表里几乎同时升温，整体加热。

电场强度是与微波加热器功率相关联的指标，功率大，场强大，加热速度快。但在食品加工过程中，加热速度不一定越快越好，加热操作应根据加工要求来进行。因此，微波加热器设有功率调节旋钮，以适应不同的加工要求。微波加热操作能迅速加热和无惰性地随输出功率的改变而变化，能够满足不同食品加工阶段的不同加热要求。

3. 物料的性质对微波加热的影响

物料吸收微波的能力主要由其介电性质（包括介电常数和介质损耗角正切）决定。介电常数是介质阻止微波能量通过的能力的度量，介质损耗角正切是介质消耗微波能量的效率。不同的介质一般有不同的介电常数和介质损耗角正切。对于水而言，二者数值比一般介质大，因此，在一般情况下，加工物料的含水量越大，其介质损耗也越大。某些物料在温度上升时，其介质损耗系数降低，这时，就会出现所谓的自动平衡。微波加热的自动平衡作用可使物料的加热更均匀，同时也避免出现过热的缺陷。但是，有些物料在加热时，温度上升，其介质损耗系数也会升高，这时就出现恶性循环。冰的介电常数为 3.2，介质损耗系统为 0.001，而水的介电常数为 80，介质损耗系统为 0.2 左右（在 2450MHz 下）。所以在加热冷冻食品时，如果不把融化的水随时排走，则由于水的介电常数和介质损耗系数都比冰大得多，最后有可能能量主要被水所吸收，而冰得不到加热。在食品解冻时应该注意这个问题。

物料的密度由于影响其单位体积热容量而直接影响微波对物体的加热，而且还影响物料的介电性质，从而间接地影响了微波的热效应。物料的密度大，其升温速度慢。空气是理想的微波透过体，即介质损耗角正切很小，相对介电常数也较小（约为 0.1）。因此，物料中含空气越多，物料的介电常数便越小，而越难被加热。实际上，物料密度增加，介电常数以近似线性关系趋于增加。疏松物料如面包等制品的介电常数较小，吸收微波功率的速度较慢。但由于微波加热具有穿透作用，微波烘烤面包的时间仍只需常用烘烤法的 1/3。

物料的比热容对微波加热也有着重要的影响，比热容小的物质温度升高的速度快。由于食品往往是多组分的混合体系，不同成分具有不同的比热容，因此会有不同的温升速度；不同的组分又呈现出不同的介电特性，故有不同的吸收微波功率的能力。因此，在多组分食品的微波加热研究中，应该很好地对比热容加以控制，以便使各组分的加热速度能达到基本同步的要求。

上述讨论的这些因素有些相互关联，有些还受别的因素影响。例如，物料的介电特性和比热容不仅受温度的影响，而且也与食品中的盐浓度有关。盐含量增加，加热速度便加快，穿透深度便减小。影响微波加热的因素非常复杂，在实际工作中，应审慎考虑选择和掌握各项控制条件。

二、微波加热设备

微波加热设备主要由电源、微波管、连接波导、加热器及冷却系统等几部分组成，如图 1-5-7 所示。

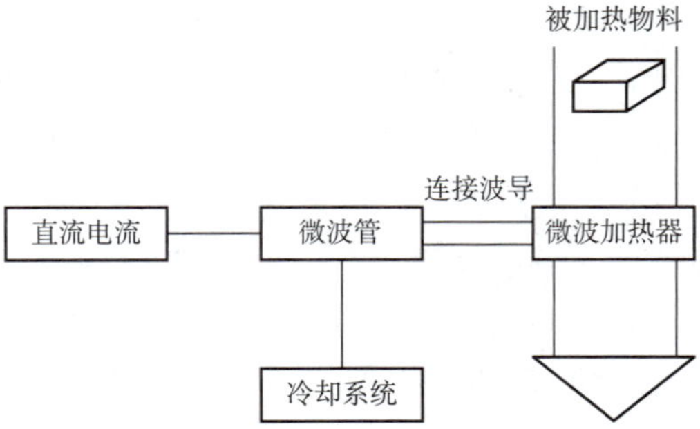

图 1-5-7　微波加热设备方块示意图

微波管由电源提供直流高压电流并将输入能量转换成微波能量。微波能量通过连接波导被传输到加热器上，对被加热物料进行加热。冷却系统用于对微波管的腔体及阴极部分的冷却，冷却方式主要有风冷和水冷两种方式。

微波加热器按被加热物和微波场的作用形式分为驻波场谐振腔加热器、行波场波导加热器、辐射型加热器和慢波型加热器等几大类，也可以根据结构分为箱式、隧道式、平板式、曲波导式和直波导式等几大类，其中箱式和隧道式常用。

1. 箱式微波加热器

箱式微波加热器是在微波加热应用中较为普及的一种，属于驻波场谐振腔加热器。用于食品烹调的微波炉就是典型的箱式微波加热器。箱式微波加热器的结构如图 1-5-8 所示，它由谐振腔、输入波导、反射板和搅拌器等组成。谐振腔为矩形空腔。若每边长度都大于（1/2）λ 时，从不同的方向都有波的反射。因此，被加热物体（食品介质）在谐振腔内各个方面都能受热。微波在箱壁上损失极小，未被物料吸收掉的能量在谐振腔内穿透介质到达壁后，经过反射而又重新回到介质中形成多次反复的加热过程。这样，微波就有可能全部用于物料的加热。由于谐振腔是密闭的，微波能量的泄露很少，不会危及操作人员的安全。这种微波加热器对块状物体加工较适宜，已用于食品的快速加热、快速烹调以及快速消毒等方面。

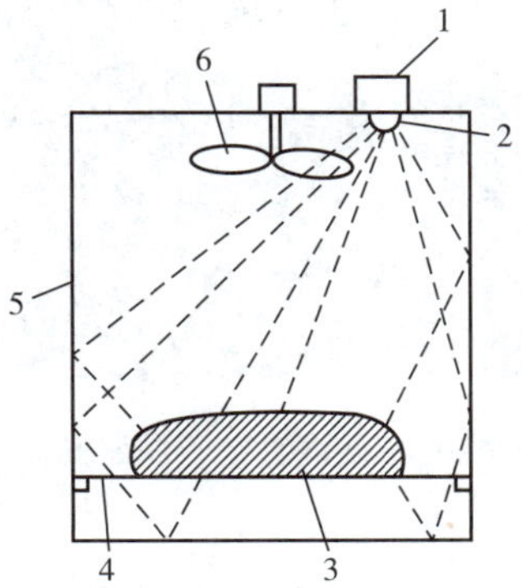

图 1-5-8　箱式微波加热器工作原理图

1—磁控管　2—微波辐射器　3—食品　4—塑料制台面　5—腔体　6—电场搅拌器

2. 隧道式微波加热器

隧道式加热器又称连续式谐振腔加热器，这种加热器可以连续加热物料。被加热的物料通过输送带连续输入，经微波加热后连续输出。由于腔体的两侧有入口和出口，将造成微波能的泄露。因此，在输送带上安装金属挡板，也有的在腔体两侧开口处的波导里安装金属链条，形成局部短路，防止微波能的辐射。由于加热会有水分的蒸发，因此安装了排湿装置。这类加热器应用于米面食品和茶叶的灭酶等。如图 1-5-9 所示。

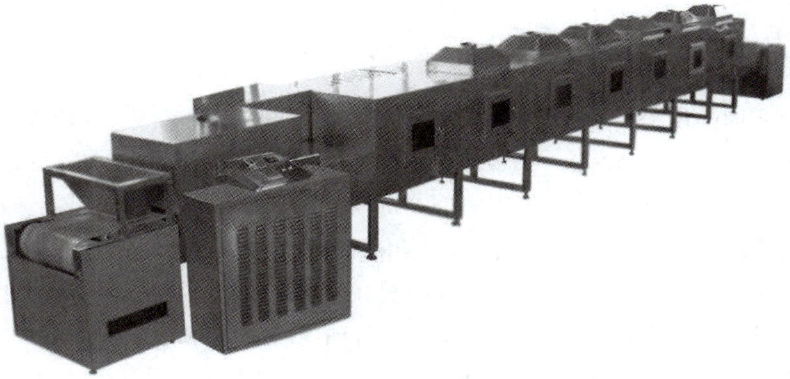

图 1-5-9　隧道式微波加热器

3. 微波真空干燥器

微波加热和真空干燥相结合的方法能加快干燥速度，是食品工业中常采用的干燥方法之一。微波真空干燥器一般为圆筒形，这样器壁能承受较大的压力而不变形。圆筒形器体相当于两头短路的圆形波导管，一般采用 2450MHz 的微波源。图 1-5-10 为微波真空干燥器操作系统。

图 1-5-10　微波真空干燥器操作系统

三、微波加热在食品加工中的应用

1. 食品微波烹调

微波炉烹调食品具有方便、快速、维生素等营养成分损失少，鲜嫩多汁等优点。微波烹调食品主要有两种方式。一种是在家庭和食堂中自己配料烹调的食品，用微波炉可以蒸炖鱼肉、炒肉和蔬菜、蒸制米饭和面食等。采用微波炉完成这些操作，节约时间，而且食品更近原色，营养成分损失更少。另一种方式就是商业预制的微波炉方便食品。微波炉方便食品又分为两大类：一类在常温下流通，经过高温杀菌或采用热灌装，并无菌包装，在常温下可贮藏半年或一年；另一类可在低温下流通，大多数为可用微波炉加热或普通炉加热的容器包装。常温下流通的微波炉食品有肉制品、沙拉、汤料、糖浆、果冻、米饭、酱汁等。低温下流通的微波食品有即食正餐食品、炖牛肉、牛排、馅饼、米饭、比萨、汤等，加水后用微波炉烹调的食品，如速食粥、各类蛋糕等。

2. 食品微波解冻

家用微波炉制品用于解冻食品方便和快捷。工业上可用微波加热解冻的食品有肉、肉制品、水产品、水果和水果制品等。微波解冻用得多的是 915MHz 的微波源的磁控管，功率为 25~40kW，可调。微波解冻过程中，细胞间的水分由于其吸收微波能快，首先升温并融化，然后使细胞内冻结点低的冰晶融化。由于细胞内的溶液浓度比细胞外高，细胞内外存在着渗透压差，水分便向细胞内扩散和渗透，这样既提高了解冻速度又降低了失水率。微波解冻作用是内外一起进行的，因此，速度要比传统的由外向内解冻进行地快得多。微波解冻具有调温作用。调温一般是指冷冻物料在解冻时，从较低温度调节到略低于水的冰点的温度，即 -4℃ ~ -2℃的过程。此时，物料尚处于固态，易于切片、切丁或进行其他加工。

3. 食品微波杀菌

食品微波杀菌是微波热效应和非热生化效应共同作用的结果。其杀菌温度低于常规方法，一般情况下，常规方法杀菌温度为120~130℃，用时约1h，而微波杀菌温度仅为70~105℃，时间为90~180s。在一定强度微波场的作用下，食品中的虫类和菌体会因分子极化现象，使吸收微波能升温，从而使其蛋白质变性，失去生物活性。这种微波的热效应主要起快速升温杀菌作用。微波场还能影响细胞膜周围电子和离子的浓度，从而改变细胞膜的通透性，使细胞的正常代谢功能受到干扰破坏，使微生物生长发育受到阻碍甚至出现死亡。微波灭菌比常规的灭菌方法更能保留产品中具生命活性的营养成分。采用微波杀菌可以在食品包装前进行，也可以在包装后进行。包装好的食品在进行微波加热杀菌时，因食品加热会产生蒸汽，压力过高时可导致胀破包装袋，因此，整个微波加热杀菌过程会在压力下进行，或将包装好的产品置于加压的玻璃器内进行微波处理。

4. 食品微波灭酶

传统果蔬加工过程往往要用沸水煮烫食材以杀死部分微生物和钝化酶，结果会致使大量的水溶性营养成分流失。采用微波加热热烫可克服这个问题。瑞典、英国等均有微波钝化酶活性的设备在生产线上应用，如处理豌豆、蘑菇、胡萝卜、菠菜、蒜片、桃、马铃薯等果蔬。微波灭酶所需时间短，并能利用各种酶的失活温度差异，适当控制温度，以达到使有损于食品风味的酶失活，而保留所需要的酶活性的要求。

5. 食品微波焙烤

微波焙烤的优点主要体现在：焙烤过程内外同时加热，时间较短，焙烤温度低，因此，营养成分损失较小；且由于焙烤一开始就是内部加热，物料内部的水分将迅速汽化并向外迁移，同时形成无数条微小的孔道，使产品的结构蓬松。糕点的微波焙烤已在工业化规模应用，微波焙烤的点心除了营养素可以更好保持外，微波焙烤点心的体积比常规焙烤的体积大25%~30%，微波焙烤的产品中霉菌生长较少。

6. 微波辅助萃取

微波辅助萃取，是根据不同物质吸收微波能力的差异，使得基体物质的某些区域或萃取体系中的某些组分被选择性加热，从而使被萃取物质从基体或体系中分离，进入到介电常数小、微波吸收能力相对差的萃取剂中，从而达到提取目的的。微波辅助萃取的特点主要体现在微波的选择性上，因其可选择性地加热极性分子，并选择性地溶出。由于受溶剂亲和力的限制较小，可供选择的溶剂较多，还减少了溶剂的用量，降低萃取时间。微波辅助萃取一般适用于具有热稳定性的物质。对于热敏性物质来说，微波加热易导致它们变性或失活，且要求物料有良好的吸水性，否则细胞难以吸收足够的微波能产生破壁，产物难以被溶解释放出来。

第三节　超声波技术

超声波为频率高于20kHz以上的有弹性的机械振荡，因其超出人的听觉上限，所以称为超声波，超声波具有多种物理和化学效应。目前常用的超声波分为两类：一类是频率高，能量低的诊断超声波，其频率以MHz为单位；另一类是频率低，能量高的功率超声波，其频率以 kHz 为单位。

一、超声波对于食品作用的基本原理

（一）超声波的发生

超声波的发生主要通过三种方法：通过机械装置产生谐振，频率较低，为 20～30kHz；利用磁性材料的磁致伸缩现象的电—声转换器发出超声波，频率在几 kHz 到 100kHz；利用压电或电致伸缩效应的材料，加上高频电压，使其按电压的正负和大小产生高频伸缩，产生频率为 100MHz 到 GHz 量级。常见超声波设备使用频率为 20kHz～10MHz。超声波频率在 2.5MHz 以上时不能发生空化现象，食品加工使用的超声波频率必须在 2.5MHz 以下，食品加工所使用的超声波频率在 20kHz～1MHz。

（二）超声波作用机制

超声波与食品介质的相互作用包括热机制、机械（力学）机制和空化机制三种。

1. 热机制

超声波在介质中传播时，其振动能量不断被介质吸收转变为热量而使介质温度升高，此种升温方式可达到与其他加热方法相同的效果，因此，这种使介质温度升高的效应称为超声波的热机制。超声波作用于介质，可使介质分子产生剧烈振动，通过分子间的相互作用，引起介质温度的升高。超声波能量在机体或其他介质中产生的热作用主要是组织吸收声能的结果。超声波的不均匀热效应不同于高频及其他物理因子所具有的弥漫性热作用。

2. 机械（力学）机制

超声波的机械机制主要是由辐射压强和强声压强引起的。力学效应主要有搅拌、分散、成雾、凝聚、冲击破碎和疲劳损坏等作用。超声波也是一种机械能量的传播形式，波动过程中的力学量，如原点位移、振动速度、加速度及声压等参数可以表述超声波效应。超声波在介质中传播时，介质质点振动振幅虽小，但频率很高，在介质中可造成巨大的压强变化，超声波的这种力学效应称为机械作用。超声波在介质中传播，介质质点的交替压缩与伸张可形成交变声压，从而获得巨大加速度，介质中的分子因此产生剧烈运动，从而引起组织细胞容积和内溶物移动、变化及细胞原浆环流，这种作用可引起细胞功能的改变，引起生物体的许多反应。由于不同介质质点（例如生物分子）的质量不同，压力变化引起的振动速度会有差别。

3. 空化机制

在液体中，当声波的功率相当大，液体受到的负压力足够强时，介质分子间的平均距离就会增大并超过极限距离，从而将液体拉断形成空穴。在空化泡或空化的空腔激烈收缩与崩溃的瞬间，泡内可以产生局部的高压以及数千度的高温，从而可出现超声波空化现象。空化现象包括气泡的形成、成长和崩溃过程。空化机制是超声波化学的主动力，可加快粒子运动速度，促进乳化、分散、萃取以及其他物理化学和工艺过程。

（三）超声波对于微生物和酶的作用

超声波作用于液体物料时，液体会产生空化效应，空化时产生峰值高达 100MPa 的冲击波和速度达 4×10^5m/s 的射流；当声强达到一定数值时，空化泡瞬间剧烈收缩和崩解，泡内会产生几百兆帕的高压及几千度的高温，这些效应对液体中的微生物会产生粉碎和杀灭作用。根据研究，杀菌所用声强>2W/cm^2，当声强超过一定界限时，空化效应减弱，杀菌效果下降，为获得满意的杀菌效果，一般杀菌强度在 2～10W/cm^2。频率越高，越容易获得较大的声强。但是声频率升高，声波的传播衰减将增大，所以用于杀菌的超声波频率为 20～50kHz。在超声波杀菌过程中，随着振幅和杀菌时间增大，杀菌效果将增强。但进一步延长杀菌时间，杀菌效果会趋于饱和。另外，随着杀菌时间的增加，介质升温增大，不利于对热敏感食品的杀菌效果。

所有微生物对超声波都具有一定的耐受性。超声波对微生物的作用效果与微生物体本身结构和功能状态有关。Piyasena（2003）指出，超声波的作用因微生物的形状、大小、细胞的类型、生理状态而异，例如大细胞比小细胞更加敏感，球菌比杆菌的耐受力更强，革兰氏阳性菌比阴性菌耐受力强，好氧菌比厌氧菌耐受力强，低龄菌比老龄菌更敏感，芽孢比营养细胞更具耐受力。由于超声波在媒介的传播过程中存在衰减现象，随着传播距离的增加而减弱，因此，随着样品处理量的增大，灭菌效果会降低。杀菌时间相同，样品中微生物初始浓度高时比浓度低时杀菌效果略差，以大肠杆菌为例，研究超声波处理时间与菌浓度的关系发现，对 30mL 浓度为 3×10^6 cfu/mL 的样品来说，杀菌过程需用超声波处理 40min，若浓度为 2×10^7 cfu/mL，则需处理 80min。

超声波对酶的作用很复杂，由于超声波处理的条件和强度不同会产生激活或者钝化作用，酶性质的不同也会使超声波处理产生不同的效果。一定的超声波处理会提高酶的活性，但改变处理条件，如频率、功率、处理时间等，则可钝化酶的活性。Raviyan 等（2003）发现超声波对番茄果胶甲基酯酶具有钝化作用，而且人们发现空穴作用强度增大和温度升高能增强对酶的钝化作用。超声波对酶的钝化作用也因酶的种类不同而异。Kashkooli 等（1996）利用 20kHz 的超声波处理过氧化氢酶和苹果酸脱氢酶，发现过氧化氢酶活性未被钝化，而苹果酸脱氢酶被钝化了，而且酶浓度越大，被钝化的程度越高。适宜的超声波处理可提高酶促反应速度。有人将此现象解释为超声波处理暴露了基质的反应位点，进而促进了酶促反应。Vargas 等（2004）利用超声波处理黑曲霉中的转移酶，在振幅 20%和 40%下都能显著地提高转移酶活性，当振幅为 20%时，作用 8min 时酶活力提高最大。

二、超声波实验和工业设备

（一）实验室设备

实验室设备主要有两种：一是超声波水浴，如图 1-5-11 所示，在三角瓶等玻璃器皿中放入要进行超声波处理的溶液，浸没在水浴之中；另一种是超声波探头装置，它把超声波直接引入反应物，如图 1-5-12 所示。

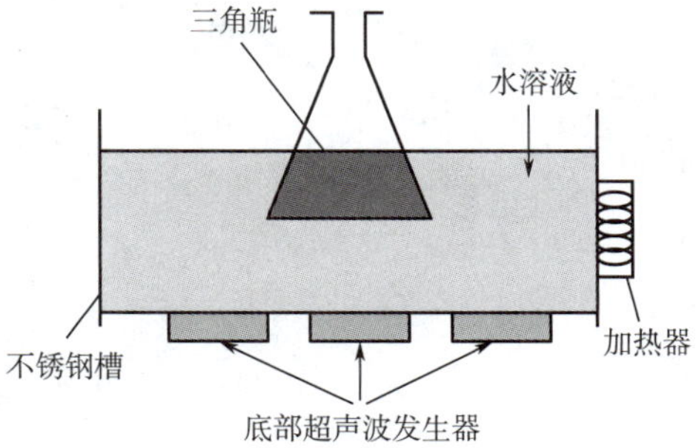

图 1-5-11　超声波水浴

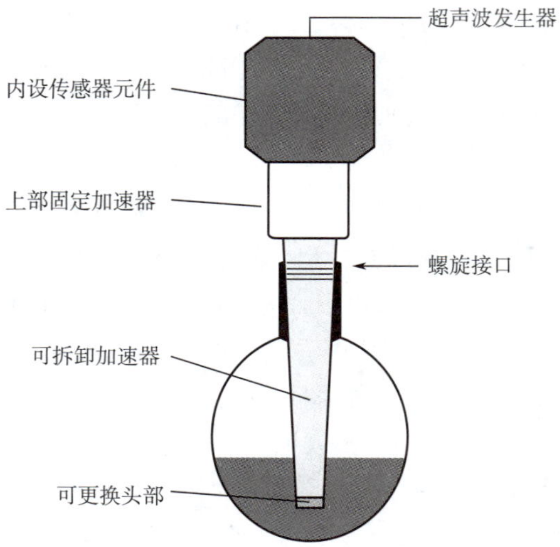

图 1-5-12　超声波探头

(二) 食品加工工业化设备

目前超声波设备已经投入工业应用，英国 Pursuit Dynamics 公司制造“PDX 超声波+蒸汽加工机组”，可以同时进行输送、均质、巴氏杀菌等单元操作，用于加工饮料、牛乳、糖浆、果酱、调味汁、蛋液等多种产品。如图 1-5-13 所示，喷入的蒸汽驱动物料，形成动量传递，超声波对物料进行均质和非热杀菌。该机组没有物料和管壁接触的表面，不会发生过热焦管，加热时间可缩短 90%，节约 CIP 时间为 80%，整个加工过程比传统热过程快 15 倍，该机组已在全球 20 余个工厂被应用。我国上海升立混合机厂的超声波杀菌机组，如图 1-5-14 所示，将超声波乳化均质、加热系统、冷却系统、热超声波杀菌整合而成，操作可实现自动化，可将耐热微生物杀灭至 98%以上，生产能力为 50～2000L/批，适用于液体食品，如果蔬饮料、牛乳、酒类、酱油等食品。

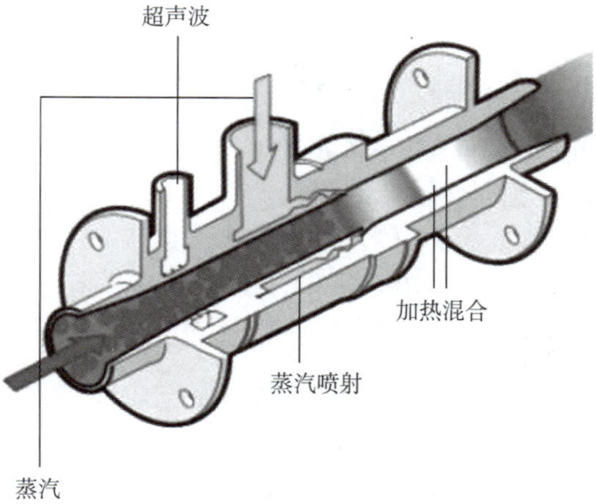

图 1-5-13　Pursuit Dynamics 热超声波杀菌装置

图 1-5-14 上海升立超声波杀菌机组

三、超声波在食品加工中的应用

1. 超声波均质和乳化

超声波均质是利用超声波在遇到物体时会迅速地交替压缩和膨胀的原理实现均质。物料在超声波的作用下，当处在膨胀的半个周期内，料液会受到拉力呈气泡膨胀；当处于压缩半个周期内，气泡则收缩，当压力变化幅度很大且压力振幅低于低压时，被压缩的气泡会急剧崩溃，在料液中会出现“空穴”现象，这种现象又随着振幅的变化和外压的不平衡而消失，在空穴消失的瞬时，液体的内部形成巨大的压力和很高的温度，产生强力的机械搅拌作用，从而达到均质的效果。同时，在空穴产生有密度差的界面，超声波也会反射产生激烈的搅拌。超声波均质机是通过将频率为 20~25kHz 的超声波发生器放入料液中，或应用使料液具有高速流动特性的装置，通过超声波在料液中的搅拌作用使料液实现均质。

超声波乳化用于治疗白内障，超声波可击碎晶体核，使其乳糜化。在食品加工过程中，一般采用低频（20~30kHz）超声波，使牛乳、果汁、番茄酱、人造奶油、巧克力及沙拉酱等物料产生空化作用，空化气泡在崩溃时会产生冲击波和射流作用，使细胞壁破裂，剪切生物大分子或液体中的分散相，进而使物料达到乳化的效果。超声波乳化与一般的乳化工艺相比，具有乳液液滴小、乳液稳定、乳化质量好、生产效率高、能耗少及成本低等优点。

2. 超声波清洗

利用超声波在洗涤液中传播时边产生气泡边消失的现象以及超声波对洗涤剂可产生的乳化作用，可将超声波应用于果蔬及粮食加工过程中的清洗作业，其特点是系统可省去机械运动部件，洗涤效果好，速度快，质量高，操作简单，易于实现自动化。超声波普遍用于实验设备的清洗，还可用于清洗大型的食品加工设备和容器，如清洗葡萄酒贮存用的橡木桶，具有清洗时间短，清洗的桶面光洁的效果。

3. 超声波辅助提取

超声波辅助萃取可促进溶剂提取天然成分。超声波的空化效应、高频振动效应和混合效应，能产生强大的剪切力，破碎植物细胞壁，在空化场的作用下，瞬间的压力增大和减小，将产生胞壁内外的压力差，致使内容物从撕裂处释放，可达到提取内容物的目的。研究结果表明，与常规提取法相比，应用超声波技术提取分离植物中的有效成分具有提取时间短、提取率高、提取温度低、有利于保护植物有效成分不被破坏等优点。目前，我国已有多个厂家制造工业化超声波提取设备。

4. 超声波灭菌

超声波杀菌技术适于果蔬汁饮料、酒类、牛乳、酱油等液体食品。单独使用超声波杀灭食品中的微生物效果有限，超声波经常和压力、热处理或和两者联合使用，从而出现了热超声波（热+超声波）、压力超声波（压力+超声波）以及压热超声波（热+压力+超声波）等技术，这些技术能提高杀菌效果。

5. 超声波干燥

在食品加工过程中，可借助超声波雾化对液体食品进行干燥，使液体蒸发表面积增加。在物料内部，尤其在组织分界面上，超声波大量的能量可转换为热能，造成局部高温，可促进水分的逸出，从而提高了蒸发强度、效率并降低了蒸发温度。超声波干燥具有干燥速度快、温度低、最终含水率低且物料不会被损坏或吹走等优点，适用于药品、食品、种子及热敏性生化制品的干燥。

6. 超声波控制结晶

超声波辐射由于具有强烈的定向效应，具有补充和加强为形成临界晶核所需的波动作用，故能加速起晶过程。目前，超声波控制结晶技术已被用于糖浆的结晶过程，并可得到各种均匀粒度的糖粒，并且在工业生产中，超声波辅助结晶可避免固体沉淀物沉积在冷却管上，以保证系统的冷却速率均匀分布。

7. 超声波消泡

在啤酒、蛋白质加工过程中会产生大量泡沫，通常使用消泡剂加机械搅拌的方法消除泡沫，但是随着对于消泡剂管理的日趋严格，超声波消泡开始受到重视。图 1-5-15（1）和（2）分别是 CAVITUS 超声波装置大罐消泡和传送带上罐头消泡的示意图。前者每分钟消泡 200L，后者每分钟消泡 200 个罐头。

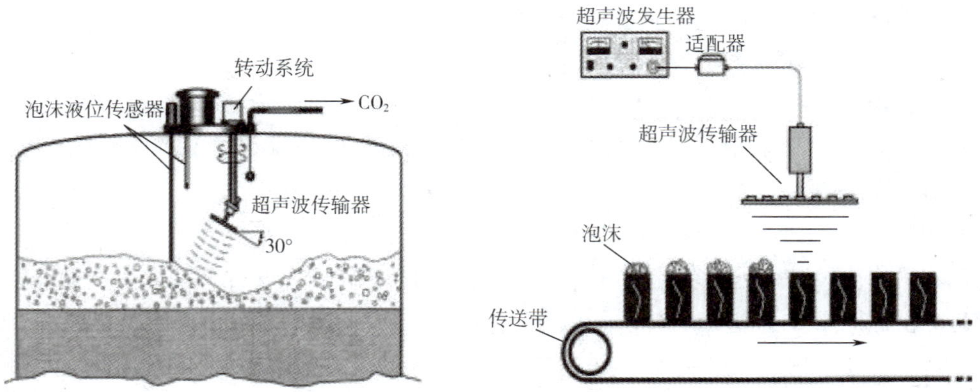

(1)　　　　(2)

图 1-5-15　CAVITUS 超声波消泡装置

（1）大罐消泡　（2）罐头消泡

8. 超声波分析检测

低强度超声波可用于检测食品多种理化特性和组成情况。超声波测定以其过程迅速、非破坏性、精确、自动化以及可用于实验室和在线检测等特点而优于传统分析技术。工业化的应用主要包括固体及液体食品的质地、黏性和含量的检测；蛋类、肉类、蔬菜瓜果类、乳品及其产品的成分检测；加工物料的浓度、流量、液位、温度等的测量；蛋壳及食品包装的无损检测。

第四节　高压技术

一、高压处理的基本原理

高压处理是将食品物料置于高压（10~100MPa）装置中进行加压处理的过程，而超高压处理的压力则达到100MPa以上。高压导致微生物的形态结构、生化反应、基因机制以及细胞壁膜发生多方面的变化，从而会影响微生物原有的生理活动机能，甚至使原有功能被破坏或发生不可逆变化。在食品工业上，高压杀菌技术利用这一原理，使高压处理后的食品得以长期安全保存。

（一）高压对于微生物的作用

大多数细菌能够在20~30MPa下生长，能够在高于40~50MPa压力下生长的微生物称为耐压微生物（*barophiles*），能够在1~50MPa压力下生长的微生物称为宽压微生物（*eurybaric*），耐压微生物能够在50~200MPa下存活，但是不能生长。表1-5-1为陆地微生物受流体静压力作用后的存活状况。

表1-5-1　陆地微生物受流体静压力作用后的存活情况

微生物种类	流体静压力/MPa				
	0.1	30	40	50	60
黏乳产碱杆菌	++++①	+++	++	-②d③	-d
枯草芽孢杆菌	++++	++	+	—	—
大肠杆菌	++++	++	+++	-d	—
黄绿包小球菌	+-++	+++	—	-d	-d
草分枝杆菌	++++	++	++	—	-d
普通变形杆菌	++++	+++	+++	—	—
荧光假单胞菌	++++	—	+	—	-d
黄绿色八叠球菌	++++	++	—	—	—
黏赛菌	++++	++	—	-d	-d
乳酸链球菌	++++	++++	++++	++	+
异常汉逊酵母	++++	++	-d	-d	-d
酿酒酵母	++++	++++	-d	-d	-d
圆酵母	++++	++++	++	-d	-d

注：①+表示相对于大气控制下的浊度。

②-表示无繁殖发生。

③d表示当压力消除后微生物已失去其繁殖能力。

高压对微生物细胞的作用主要体现在以下几个方面。①尽管核酸耐受流体静压力的能力远超过蛋白质，使得 DNA 的结构在高压下比蛋白质更加稳定，但高压会引起由酶中介的 DNA 复制和转录步骤的中断。②细胞膜是压力引起微生物损伤的前沿部位，高压增加了细胞膜的通透性，使细胞成分流出，破坏了细胞的功能。如果压力较低，细胞可以恢复到原来的状态，反之就会导致细胞被破坏。③细胞壁赋予微生物细胞以刚性和形状，20~40MPa 的压力可使较大的细胞因应力作用而致细胞壁发生机械断裂和松解，这可能是压力影响真菌类微生物的主要原因。真核微生物一般比原核微生物对压力更为敏感。

高压可使微生物失活。一般高压可降低微生物的生长和繁殖的速率，超高压可引起微生物的死亡。延缓微生物繁殖或致死的压力阈值依微生物的种类和种属的不同而不同。表 1-5-2 列出了部分微生物高压杀菌的参数和结果。

表 1-5-2　　部分微生物高压杀菌的参数和结果

微生物	压力/MPa	温度/℃	时间/min	变化
牛乳中细菌	200	35	1800	减少 1 个对数周
	500	35	1800	减少 4 个对数周
	1000	35	1800	几乎没有细胞存活
枯草芽孢杆菌	578~680	—	5	杀灭营养细胞
	600	93.6	>240	灭菌
热稳定枯草芽孢杆菌 α-淀粉酶	100	—	1008	90%
大肠杆菌	290	25~30	10	杀灭大多数细胞
	100	30	0	9×10^8 个细胞/mL
	100	30	360	2×10^7 个细胞/mL
	100	30	1440	1×10^2 个细胞/mL
	100	30	1800	4 个细胞/mL
李斯特菌	238~340	—	20	≤10cfu/mL
荧光假单胞菌	204~306	20~25	60	杀灭细胞
沙门氏菌	408~544	—	5	杀灭细胞
金黄色葡萄球菌	290	25~30	10	杀灭大多数细胞
酿酒酵母	574	—	5	杀灭细胞
乳酸链球菌	340~408	20~25	5	杀灭细胞
弧形杆菌	193.5	—	720	杀灭细胞
金黄色葡萄球菌抗毒素	690	65	48	85%变性

高压可使芽孢失活。在低温下，低压可引起发芽，提高了细胞的热敏感性，但是不能杀灭发芽的芽孢。中压造成较多的芽孢发芽并可杀灭大量的发芽芽孢，高压较少引起芽孢发芽，因此只杀灭少量的发芽芽孢。高压杀灭芽孢主要受到温度的影响，其杀灭芽孢的最佳温度因压力而异。环境在接近中性 pH 时可以获得杀灭芽孢的最佳效果；在极端 pH 范围内，效果最差。大多数芽孢缺少无机离子，在高压下不能发芽。无机离子影响高压发芽的顺序

从高到低为 H>K>Mn>Ca>Mg>Na。可变高压和脉冲高压对芽孢的处理比持续高压更加有效。在 60MPa、70℃下，6 个循环（5min/循环）可以使嗜热凝结芽孢杆菌的芽孢从 10^6 个/mL 降至 100 个/mL。脉冲高压有利于缩短高压处理的时间。6 个循环的脉冲高压可以取得降低芽孢数量的一个对数周的效果。6 个循环 60MPa 的高压处理时间只需 6s。增加循环次数可以明显地提高高压杀灭芽孢的效果。

(二) 高压和生物化学反应

1. 高压对于蛋白质的作用

高压导致的蛋白质变性取决于蛋白质结构、压力的范围、pH 和溶剂的成分。蛋白质在较低的压力下（200MPa）下解离，而单链蛋白质在 300MPa 以上压力下发生变性。在压力解除之后经过较长时间，高压变性有时可以恢复。高压导致蛋白质电离基团去质子化，破坏离子键和疏水键，从而改变了蛋白质分子的构象和结构。蛋白质结构的改变随着水合程度不同而明显变化。压力还会影响疏水交互反应。压力小于 100MPa 时，疏水交互反应导致容积增大，以致反应中断。但是超过 100MPa 后，疏水交互反应将引起容积减小，而且压力增大将使反应更加稳定。蛋白质的疏水或亲水程度将决定在任何给定压力下的蛋白质变性程度。

2. 高压对于酶促反应的作用

高压对微生物的抑制作用可能是由于高压引起的主要酶系的失活。压力 100~300MPa 引起的酶蛋白变性一般可逆，超过 300MPa 引起的变化则不可逆。酶的压力失活的机制是：①改变分子内部结构；②活性部位上构象发生变化。这些高压效应又受 pH、底物浓度、酶亚单元结构以及温度的影响。由于压力对同一细胞内部的不同酶促反应所产生的影响不同，因此在有关机制问题上有可能引起混淆。例如，大肠杆菌的甲酸脱氢酶、琥珀酸脱氢酶、苹果酸脱氢酶的活性在相应的压力下并不相同。在 120MPa 和 60MPa 下，甲酸脱氢酶和苹果酸脱氢酶的活性相差不明显，而琥珀酸脱氢酶的活性在常压和 20MPa 之间明显呈线性下降趋势。在 100MPa 下，这三种酶基本上都失去活性。

(三) 高压对食品成分的影响

采用高压技术处理食品，可以在杀菌的同时，较好地保持食品原有的色、香、味和营养成分。高压对食品营养中营养成分的影响主要表现在以下几个方面。

1. 高压对蛋白质加工的影响

高压使蛋白质变性，由于压力使蛋白质天然结构伸展，可改变蛋白质体积。例如，把鸡蛋放在常温的水中加压，当蛋壳破裂，蛋液呈稍许黏稠的状态，它和煮鸡蛋的蛋白质（热变性）一样不溶于水，这种凝固变性现象称为蛋白质的压致凝固。无论是热致凝固还是压致凝固，其蛋白质的消化性都很好。加压鸡蛋的颜色和未加压前一样鲜艳，仍具生鸡蛋味，且维生素含量无损失。

2. 高压对淀粉加工的影响

高压使淀粉改性。常温下加压到 400~600MPa，压力能使淀粉分子的长链断裂，使分子结构发生改变、淀粉糊化、呈不透明黏稠的糊状，且吸水量会改变。

3. 高压对油脂的影响

油脂类的耐压程度低，常温下加压到 100~200MPa，油脂基本上变成固体，但解除压力后固体仍能恢复为液体。另外，高压处理对油脂的氧化有一定的促进作用。

4. 高压对食品中其他成分的影响

高压对食品中的风味物质、维生素、色素及各种小分子物质的天然结构几乎没有影响。

二、高压处理设备

在食品加工中，采用高压处理技术，关键是要有安全、卫生、操作方便的高压装置。食品工业要求高压装置能够耐受 400MPa 以上的压力，并能可靠地使用 100000 次/年。为此，科学工作者不断研究、设计、制造高压处理设备。目前，适用于工业化生产规模的高压处理设备已经应用。

（一）高压处理装置

高压处理装置主要由高压容器、加压装置及其辅助装置构成。

1. 高压容器

食品的高压处理需要数百兆帕的压力，通常压力容器为圆筒形，材料为高强度不锈钢，为了达到必需的耐压强度，容器的器壁很厚。加强型的高压容器外部加装强化线圈，与单层容器相比，线圈强化结构安全可靠，有助于实现轻量化，如图 1-5-16 所示。

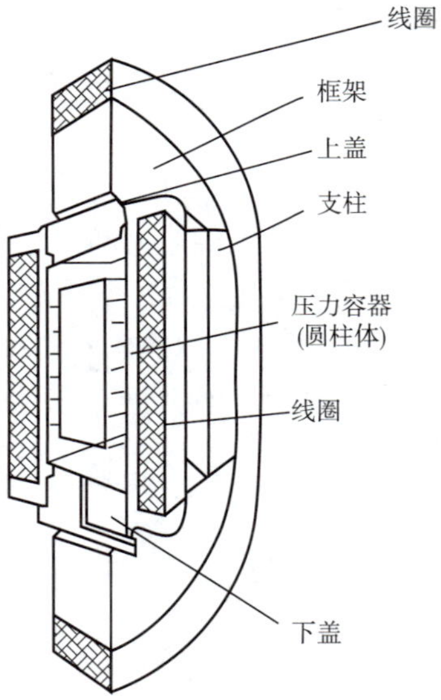

图 1-5-16　线圈强化压力容器结构示意图

2. 辅助装置

高压处理装置系统中有多个辅助装置，如图 1-5-17 所示。主要辅助装置包括：①高压泵系统：不论直接加压还是间接加压，均需采用油压装置产生所需的高压。前者需要高压配管，后者需要加压气缸；②恒温装置：为了提高加压杀菌的效果，可以采用温度与压力共同作用的方式，在高压容器外安装夹套，循环一定温度的水。另外，压力介质也需保持一定温度。因为高压处理时，压力介质的温度会因压力的上升和下降而变化，保持食品的品质必须控制温度；③测量仪器：包括热电偶测温计、压力传感器和记录仪，压力和温度数据可以输入计算机进行自动控制，还可以设置摄像系统，实时观察加工过程中物料组织结构和色泽的变化；④物料的输入和输出装置：由输送带、提升机、机械手等构成。

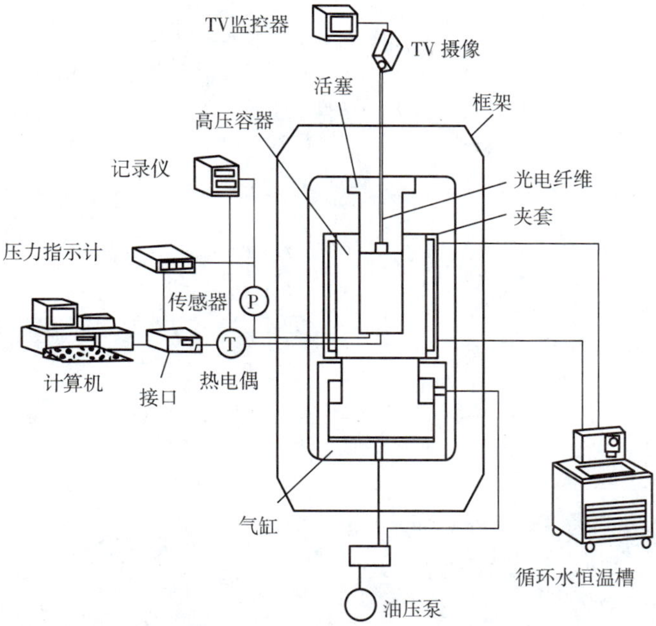

图 1-5-17　高压处理装置示意图

(二)高压处理生产操作简介

由于高压处理的特殊性，难以实现连续操作，工业上采用间歇式和半连续式。间歇式生产食品加压处理周期如图 1-5-18 所示。在该设备中使用高压水切割装置可以把产品切割成多种形状。间歇式加压处理升压需要开动主驱动装置，主驱动装置的开机率低，浪费设备投资，因此将多个高压容器组合使用，可以提高主驱动装置运转率。多个高压容器组合的系统实现了半连续的生产方式，即在同一时间、不同容器内完成了从装料→加压处理→卸料的加工过程，提高了设备利用率，缩短了生产周期。半连续高压处理生产线示意图如图 1-5-19 所示。图 1-5-20 为美国 Avure Technologies 公司开发的型号为 AV-40X-70X 的工业化可扩展超高压处理系统。

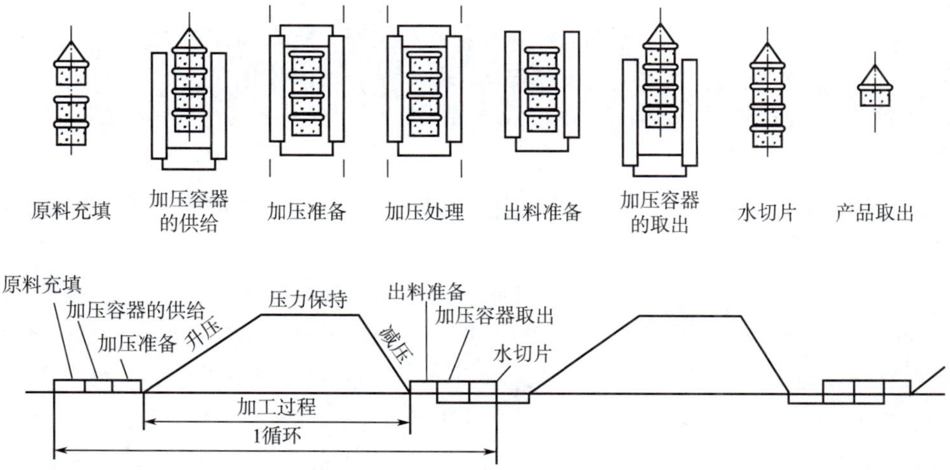

图 1-5-18　间歇式食品高压处理周期示意图

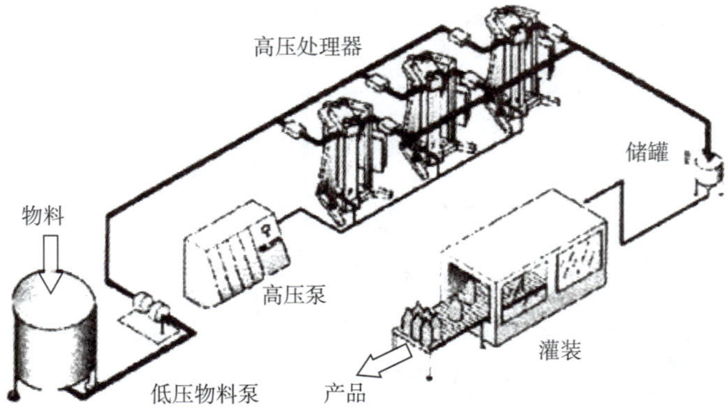

图 1-5-19　半连续高压处理生产线示意图

图 1-5-20　美国 Avure Technologies 公司 AV-40X-70X 可扩展超高压处理系统

三、高压技术在食品加工中的应用

（一）在食品中的应用

1. 肉制品

宰后牛肉需要在低温下进行 10d 以上的成熟，采用超高压技术处理，只需 10min。与常规加工方法相比，经过超高压处理后的肉制品改善了嫩度、色泽和成熟度，增加了保藏性。对廉价质粗的牛肉进行常温 250MPa 的处理，使肉得到一定程度的嫩化。超高压不仅使肌纤维内部结构发生变化，而且导致肌内膜和肌外膜剥离及肌原纤维间隙增大，促进了肌肉的嫩化。超高压处理具有杀菌、杀寄生虫而又保持产品生鲜特征的作用，这为生鲜食品如生肉片和生鱼片的加工提供了一种安全的方法。

2. 乳制品

已发现超高压技术应用于牛乳能改变蛋白质的构象，从而改变系统的功能性质，包括蛋白质的起泡性、乳化性、凝胶性、持水性等都受到影响，使其在乳制品工业中有广泛的应用。在 600MPa 以上处理时，高压可对牛乳脂肪的结晶、凝结等物理化学性质造成影响，包括牛乳的酸凝性，免疫球蛋白的稳定性，乳杆菌、大肠杆菌和李斯特菌的灭活以及干酪的加速熟化和软化。超高压技术用于选择性地去除乳清中的过敏原物质，包括 β-乳球蛋白、α-乳白蛋白和 γ-酪蛋白。利用超高压技术制造出的抗过敏乳粉，是将乳清蛋白调整至 10% 含量，在 708MPa 压力下处理 7min，再酶解 6h，使牛乳中的 β-乳球蛋白含量降低 90%，食后不会导致过敏反应。

3. 水果制品

使用超高压技术制造的葡萄柚汁没有热加工产品的苦味。桃汁和梨汁在410MPa处理30min可以保持5年商业无菌。超高压处理的未经巴氏杀菌的橘汁保持了原有的风味和维生素C，并具有17个月的货架期。日本明治屋采用超高压杀菌技术生产草莓酱。他们把水果、果汁、糖和酸味剂装入塑料软包装中，在室温下以400~600MPa的压力对软包装密封的果酱处理10~30min，所得产品保持了新鲜水果的颜色和风味，简化了生产工艺。有些水果和蔬菜如梨、苹果、马铃薯和甘薯，由于多酚氧化酶的作用，超高压处理后迅速褐变，400MPa、20℃在0.5%柠檬酸溶液中处理15min可以使多酚氧化酶完全失活。

4. 水产品

超高压处理可以保持水产品原有的新鲜风味。例如，在600MPa处理10min，可以使水产品的酶完全失活，对虾等甲壳类水产品细菌量减小，外观呈红色，内部为白色，处于完全变性状态，肉壳分离，但仍保持原有的生鲜味。日本采用400MPa高压处理鳕鱼、鲭鱼、沙丁鱼，制造凝胶的鱼糜制品，高压加工的鱼糜制品的感官质量好于热加工的产品，可以用于黏结碎鱼肉，制造虾蟹仿制品。高压鱼糜产品具有和热加工相似的感官品质，可以在0℃进行加工，鱼糜加工业对此产生巨大兴趣。

5. 谷物

1989年日本林力丸提出：大米加水浸泡后，装入塑料袋中抽出空气，经真空封装，施以500MPa压力，时间30min，温度45℃，然后取出。食用时在沸水中煮5min即可变成米饭。2000年日本越后制果成功地推出了超高压技术加工的方便米饭。超高压方便米饭只需要在微波炉中加热3min即可食用。超高压加工米饭的米粒呈半透明状，香气浓，有弹性，口感好，充分保留了原有的营养成分。生产高压熟米饭的大型生产线已在日本逐步完善。目前，中国、韩国都已经引进了超高压米饭生产线。

6. 蔬菜制品

腌菜向低盐化发展。由于使用化学防腐剂不受欢迎，因此对于低盐、无防腐剂的蔬菜色拉和低盐腌菜，采用高压杀菌更显示出其优越性。超高压处理（300~400MPa）可杀灭酵母和霉菌，既能延长蔬菜色拉和腌菜的保存期又能保持其原有的生鲜特色。

（二）其他加工过程的辅助技术

1. 高压辅助烫漂

室温下高压处理果蔬的效果与热水或蒸汽烫漂处理果蔬的效果相近，但无热损害，还减少了热烫漂的废水排放问题。Kingsly等（2009）报道300MPa高压处理1.0%~1.2%柠檬酸溶液中的桃子可以有效钝化多酚氧化酶。Castro等（2008）观察到冷冻前应用高压预处理青椒，获得了与热烫近似的效果，且更好地保持了营养价值和组织结构。

2. 高压辅助干燥和复水

高压破坏植物的细胞结构，增强细胞的通透性，提高干燥和渗透脱水的传质速率。Eshtiaghi等（1994）报道干燥马铃薯前，使用600MPa、70℃、15min高压处理，提高了干燥速率。Rastogi等（1998）报道在渗透脱水过程中，应用100~800MPa高压处理菠萝，可促进水分的迁移和溶剂的吸收。高压辅助干燥的样品在复水过程中可以有效保持营养素和色素等溶质。

3. 高压辅助油炸

Rastogi 等（1998，2007）发现高压处理的马铃薯片在加压和解压的过程中，由于水分的散失而减少了对油脂的吸收，这可能与油脂传质的机制发生变化有关。

4. 高压辅助萃取

高压处理对于固液萃取具有吸引力。Rastogi 等（2007）使用高压和中温萃取咖啡因，避免了传统萃取方法对于高温的需求。Kinefuchi 等（1994）发现高压处理可以促进从酿酒酵母中提取海藻糖。Yutang 等（2008）应用高压结合微波萃取人参皂苷，其收率好于索氏抽提、超声波辅助萃取和热回流提取等。

5. 高压辅助冻结和解冻

快速冻结虽然可以形成小而多的冰结晶，但是由于初期冷却引起收缩，其后冻结引起膨胀，造成食品出现裂缝。在冻结过程中，应用高压处理使食品整个内部即时成冰均匀可避免这一问题。解冻过程一般慢于冻结过程，可对产品造成进一步的损害。高压辅助解冻可以保持较好的持水性，改进冻结产品的色泽和风味。Fernandez 等（2006）发现了经烫漂和高压处理的冷冻绿菜花比常规处理的绿菜花细胞损害小，汁液流失少，保持了良好的质地。Schubring（2003）证实了高压解冻的鱼肉比浸渍解冻的汁液流失少，微生物质量好。

6. 高压辅助加热

高压辅助加热是最近出现的加工低酸食品的潜力较大的技术。该技术包括同时提高压力（500~600MPa）和提高温度（90~120℃）处理经预热的食品。压力+加热和解压过程的冷却有助于减轻传统加热过程对食品品质的损害。Leadley（2008）比较了压力—加热与传统加热的豆角，前者呈深绿色，硬度是后者的 2 倍。Nguyen 等（2007）报道了经过钙盐硬化，加热和加压处理的胡萝卜，其质地、色泽等质量参数没有显著变化。

第五节　挤压技术

食品挤压加工技术包括挤压膨化技术、挤压蒸煮技术和挤压组织化技术三种。食品挤压加工技术的共同点就是物料被送入挤压机后，在螺杆、螺旋的推动下，物料向前呈轴向移动；同时，物料被强烈地挤压、搅拌、剪切，螺杆与物料、物料与机筒以及物料内部相互摩擦，其结果使物料进一步被细化、混匀；随着机腔内部压力的逐渐增大，温度会不断地升高，在高温、高压、高剪切力的条件下，物料的物性会发生变化，由粉状或粒状变成糊状，淀粉发生糊化、裂解，蛋白质发生变性、重组，纤维发生部分降解、细化，微生物被杀死，酶及其他生物活性物质失活。

三种技术不同的是，挤压膨化技术是当糊状物料在接近模孔时温度达到最高、压力达到最大，由模孔喷出的瞬间，在强大压力差的作用下，水分急骤汽化，物料被膨化，形成疏松、多孔的结构。实现膨化的另一种主要方式是气流膨化。它是靠外部气流加热的方法使体系获得能量而达到高温高压状态，并使物料膨化的过程。膨化还有油炸膨化和微波膨化的方式。挤压蒸煮技术使糊状物料在接近模孔时，温度较低，压力也相应较小，由模孔挤出时，内外压差较小，模孔主要起塑形作用，物料挤出后成为具有一定形状的熟化或半熟化产品。挤压组织化技术主要是对蛋白质含量较高（50%以上）的植物原料，其在挤压机内，由于受到剪切力和摩擦力的双重作用，蛋白质高级结构被破坏，形成了相对呈线性的蛋白质分子链，这些分子链在一定温度和水分含量条件下，受定向前进推动力的作用发生定向排列，产生分子间重组，由模孔挤出后即形成一种类似于肉类组织结构的产品——组织化蛋白。食品挤压机主要完成的功能如图 1-5-21 所示。本节主要介绍食品挤压膨化技术的相关知识内容。

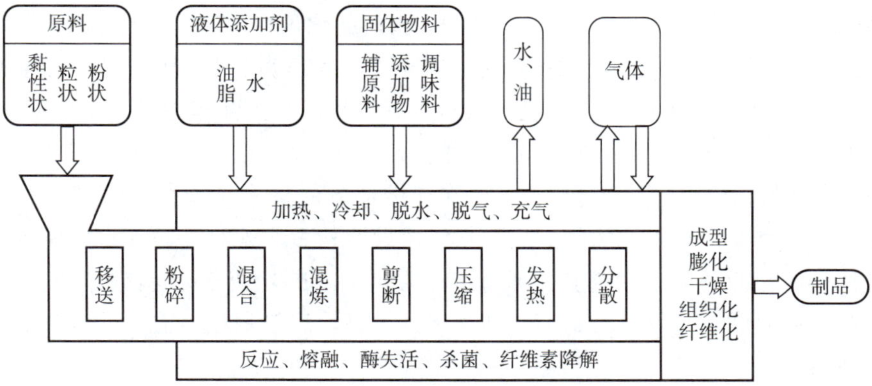

图 1-5-21　食品挤压机的功能

一、挤压膨化的原理

(一) 膨化原理

膨化是利用相变和气体的热压效应原理，通过外部能量的供应，使加工对象——物料内部的液体迅速升温汽化，物料内部压力增加，并通过气体的膨胀力带动组分中高分子物质的结构发生变性，从而使物料成为具有网状组织结构特征、定型的多孔状物质的过程。

挤压式膨化是靠螺旋套杆推动，曲折地向前挤压，在推动和摩擦力的作用下使物料被加压、混合、压缩并获得和积累能量而达到高温高压，成为带有流动性的凝胶状态。此时所有的成分均积累大量的能量，水分呈过热状态，当压力骤然释放至常压时，这两种高能状态体系会朝向混乱度增大即熵值增大的方向进行，进而发生膨化。膨化使过热状态的水分瞬间汽化而发生强烈爆炸，体积约膨胀 2000 倍。物料组织受到强大的爆破伸张作用而形成无数细致多孔的海绵体，体积增大几倍到几十倍，组织结构和理化性质也发生了变化。膨化过程中的高温高压和高旋转作用对物料形成了分子水平的剪切，使蛋白质变性降解，长链淀粉被剪切成短链淀粉、糊精和糖，因此，膨化后的物料处于易被酶水解的状态。

膨化过程分为三个阶段：第一阶段为相变阶段，此时物料内部的液体因吸收了外部提供的能量而发生汽化；第二阶段为增压阶段，随着能量的持续供应，汽化后的气体快速增压并开始带动物料膨胀；第三阶段为固化阶段，当物料内部的瞬间压力达到并超过物料能够承受的内外压力平衡极限时，气体迅速外溢，内部因失水而使温度升高，物料不断干燥并固化，最终形成多孔且疏松的膨化产品。

（二）挤压膨化过程中物料成分的变化

挤压膨化过程是一个物理化学过程，物料在挤压机中被挤出来时由于压力骤降和过热水汽的瞬间发生汽化而爆裂，使得物料在改变物理性状的同时也发生一些化学变化，正是这些变化产生了膨化食品独特的品质，如结构疏松、质地松脆、营养丰富、易于消化等。

1. 淀粉

淀粉含量的高低及其在挤压过程中的变化直接关系到挤压产品的特性，如形状、密度、硬度、吸水性和风味等。在挤压过程中，淀粉一般会发生糊化和降解两种变化。挤压过程中淀粉的糊化是一个在低水分状态下的糊化过程。挤压膨化过程中高温、高压及强大的机械剪切力，很容易使淀粉分子间的氢键断裂，使淀粉发生糊化。其糊化程度与挤压过程中的工艺参数如螺杆转速、喂料速度、加工温度、物料水分含量以及交互作用有着十分密切的关系。淀粉降解程度与淀粉分子所受处理的环境条件有关。研究表明，玉米淀粉或其他支链淀粉含量较高的淀粉原料在加压过程中降解，发生在支链部分的概率显著高于直链部分，挤压对支链淀粉的降解类似于普鲁兰酶的作用。在以木薯淀粉做实验时，发现挤压温度越高、螺杆转速越快，淀粉的裂解产物越多；不同品种的淀粉，其裂解产物也有所不同；裂解的结果使淀粉在较低温度下有较强的水溶性和吸水性，可使淀粉颗粒结构松散，改变了原有淀粉的理化性质。

2. 蛋白质

在膨化过程中，蛋白质作为膨化物料的成分，主要是其中的结构性蛋白质易受外部能量的影响和作用而发生分子结构的改变，如变形、变性等。这种结构性蛋白质的变化通常与其在膨化过程中的功能变化同步发生。含蛋白质的食品原料在挤压机内受到高温、高压、高剪切力的综合作用，蛋白质的二级、三级、四级结构的结合力变弱，蛋白质分子结构伸展、重组，表面电荷重新分布趋向均匀化，分子间氢键、二硫键等部分断裂，可导致蛋白质最终变性。蛋白质经挤压变性后，原先封闭在分子内的疏水性的氨基酸暴露在外，使挤压蛋白质在水合体系中的溶解性降低，蛋白质的分散指数下降。挤压过程中，蛋白质的生物学效价也会发生变化。温和的挤压条件可以引起蛋白质发生适度变性，增加了对蛋白酶的敏感性，从而提高蛋白质的消化率；但在强烈的挤压下，氨基酸可与原料中的一些还原糖或其他碳基化合物发生反应，导致氨基酸出现损失，特别是赖氨酸损失较大，进而引起蛋白质的生物学效价和消化率的下降。

3. 脂肪

在食品的挤压膨化过程中脂肪是一个敏感组分，在挤压过程中既可充当润滑剂，又可调整产品质量。大多数脂类熔融温度为40℃，螺旋杆菌很快地把它们混合到混合物中分散成微粒，并敷于聚合物的外表面。当脂肪含量在10%以下时，它对产品膨化率的影响很小，但含量较高时，会使产品的膨化率下降明显。一般认为，在挤压膨化过程中，原料中绝大多数脂肪与淀粉、蛋白质形成了复合物，降低了挤出物中游离脂肪的含量。例如，玉米经挤压后，游离脂肪含量由 4. 22%下降到了 1. 65%；黍米经挤压后，游离脂肪含量由 3. 11%下降到 0. 98%。这种脂肪复合体的形成使脂肪受到了保护，对降低脂肪氧化速率和氧化程度、延长产品的货架期起到了积极的作用，还会改善产品的质构和口感。脂肪在挤压过程中，除了生成脂肪复合体外，还会产生不饱和脂肪酸的顺-反式异构现象。

4. 纤维素

通常认为挤压可使可溶性膳食纤维的含量显著增加，这主要是高温、高压、高剪切的作用使纤维分子间化学键断裂，导致分子的极性发生变化所致。此外，纤维素也是影响挤压食品膨化效果的主要因素，纤维含量越高，产品的膨化效果越低。不同食品原料中的纤维素对膨化效果的影响也不尽相同，其中以豌豆和大豆纤维的膨化能力较好，它们在以淀粉为重要原料的饲料中添加量达到30%时，对最终产品的膨化效果无显著影响，而燕麦麸及米糠，由于它们含有较高的蛋白质和脂肪，其膨化能力很差。

5. 其他

挤压中高温、高压使物料中的风味成分发生了变化。部分香味物质随水蒸气挥发而被闪蒸，另一方面新风味物质的形成，特别是食品中还原糖与含氮化合物发生的美拉德反应，为物料提供了良好的风味。

在挤压膨化过程中，维生素 B_2、维生素 B_6、维生素 B_{12}、烟酸、泛酸和生物素相对稳定，而维生素 A、维生素 E、维生素 C、维生素 B_1 和叶酸则易被破坏。其损失是由膨化过程中高温高压引起的，其损失程度取决于物料的组成和工艺参数。挤压过程中矿物质基本没有损失。

二、挤压膨化加工系统与组成

1. 食品挤压膨化设备分类

食品挤压膨化机可按挤压机螺杆数量、挤压过程剪切力、加热形式、挤压机使用功能等进行分类。

最为常见的分类方式是按螺杆数量主要分有单螺杆挤压机和双螺杆挤压机。在机筒内只有一根螺杆旋转工作，借螺杆和机筒对物料的摩擦来输送物料的为单螺杆挤压机；双螺杆挤压机在机筒内并排安装有两根螺杆同时进行转动工作，两根相互连续啮合的反向或同向旋转的螺杆靠正位移原理强制输送物料。如图 1-5-22、图 1-5-23、表 1-5-3 所示。

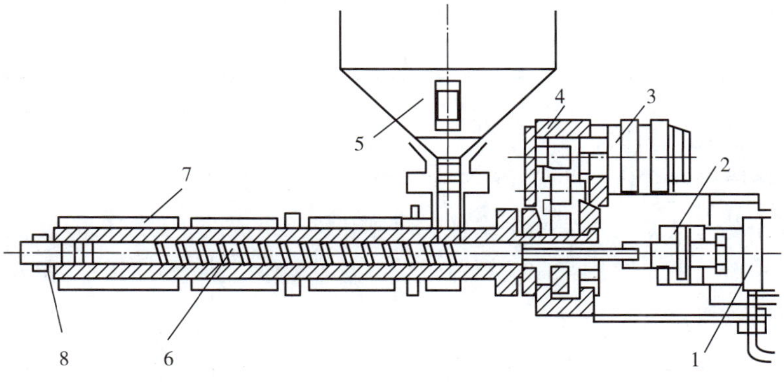

图 1-5-22　典型单螺杆挤压机结构示意图

1—注射油缸　2—轴承　3—液压马达　4—减速箱　5—斗　6—螺杆　7—机筒　8—喷嘴

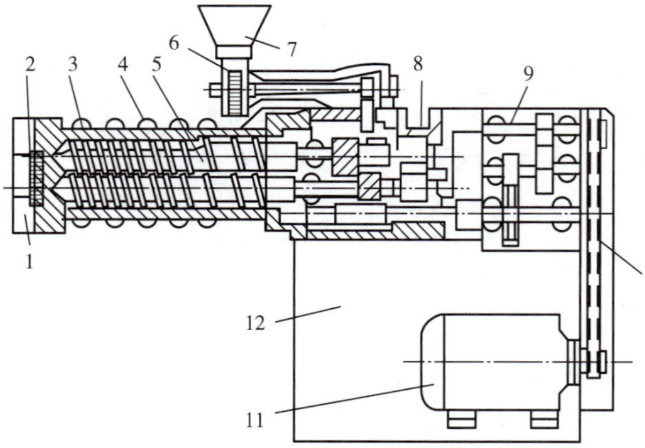

图 1-5-23　典型双螺杆挤压机结构示意图

1—机关连接器　2—模板　3—机筒　4—预热器　5—螺杆　6—下料管　7—料斗
8—进料传动装置　9—止推轴承　10—减速器　11—电动机　12—支撑结构

表 1-5-3　　单螺杆与双螺杆挤压机的主要区别

项目	单螺杆挤压机	双螺杆挤压机
输送原理	摩擦	滑移
加工能力	受物料水分、油脂等限制	一定范围内不受限制
物料允许水分/%	10~30	5~95
物料内热分布	不均匀	均匀
剪切力	强	弱
逆流产生程度	高	低
自治作用	无	有
刚性	高	轴承结构易损
制造成本	低	高
排气	困难	容易

2. 食品挤压膨化机组成

一台食品挤压机（主机）主要由下列 4 个系统组成，如图 1-5-24 所示。

（1）挤压系统　此系统主要是由螺杆、筒体和机座组成的，是主机的核心部分。

（2）传动系统　此系统用来驱动螺杆转动，它主要由电机、减速装置和齿轮箱组成，保证螺杆所需的扭矩和转速。

（3）模头系统　此系统用来保证挤压食品的形状和建立模头前的压力，它主要由能与机筒连接的模座、分流板和成型模头组成。

（4）加热（冷却）系统　此系统通过在夹层筒体内通入蒸汽加热筒体而把热量传递给物料，或通入冷却循环水冷却筒体，也有用电热元件加热筒体的。将螺杆做成中空的，也可用来加热或冷却。

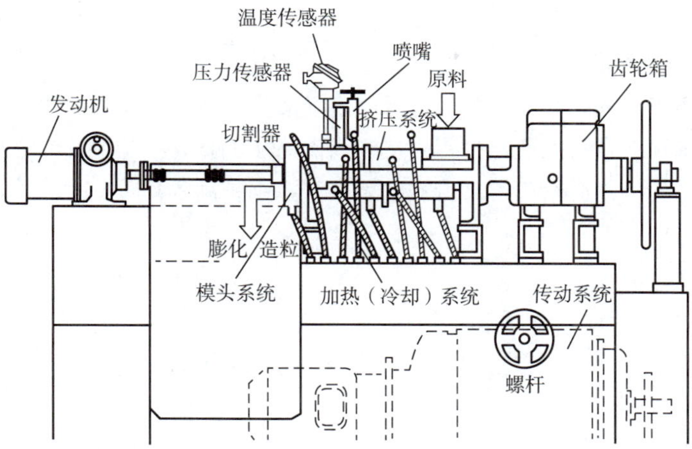

图 1-5-24　挤压机的主体外观图

三、挤压膨化技术在食品加工中的应用

1. 在休闲食品加工中的应用

膨化食品是将挤压技术应用于食品加工中最先获得成功的产品。以大米、玉米等谷物类及薯类为主要原料，经挤压蒸煮后膨化成型成为疏松多孔状产品，再经烘烤脱水或油炸后，在表面喷涂一层美味可口的调味料而成，玉米果、膨化虾条等即属这一类。另一类为膨化夹心小吃食品，是通过共挤压膨化制成的，即谷物类物料在挤压后形成中空的管状物，管中可填充馅料。以酥油及棕榈油为介质，将蛋黄粉、糖粉、乳粉、调味料、香料等各种配料按一定比例加入后，经充分搅拌混匀成为具有较好流动性的夹心料，通过夹心泵及共挤模具，在膨化物挤出的同时将馅料注入管状物中间，可通过改变其中的夹心料的配方，加工出各种营养强化食品、功能食品。

2. 在油脂浸出中的应用

利用挤压技术对浸出前的油料进行膨化预处理，是溶剂浸出提油的一种新技术。这种工艺已在巴西、美国、韩国等国家的油脂生产中被运用，并已见成效。其基本原理是当油料料胚随螺杆的推进被强制输送到挤压腔后，通过压延效应及摩擦、挤压产生高温、高压，油料被剪切、混炼、熔融并产生组织变化。当料胚从高压状态挤出到常压状态时，使内部超沸点水分瞬间蒸发而产生巨大的膨胀力，油料也随之膨化成型，产生许多具有细微孔的条状体（油路），有利于油料的浸出。挤压膨化浸出法与传统的轧胚浸出法相比，在浸出设备的生产能力、油脂浸出速度、能耗、溶剂料胚比以及油品质量等方面有许多优越之处。国外已把挤压膨化机作为油脂浸出厂中的标准设备。

3. 在酿造生产中的应用

谷物膨化后，淀粉及蛋白质等大分子物质发生降解，糊精、还原糖和氨基酸等小分子物质含量增加，脂肪含量大大降低，这样的变化对发酵作用较为有利。同时，可溶性的小分子物质在发酵初期可供给酵母足够的营养成分，加快了发酵进程。据有关资料和实验表明，作为发酵工业的原料，挤压膨化后的谷物原料均优于蒸煮糊化的原料，因为物料经挤压后呈片状或蜂窝状结构，体积膨胀，增大了与酶的接触面积，因此加快了酶和酵母的作用进程，减少了酶及酵母的用量，缩短了发酵周期。利用挤压膨化原料生产食醋，原料出品率可提高40%~50%，酒母和曲的用量减少了，发酵时间比传统工艺缩短了10d左右，经济效益显著增加。膨化工艺用于黄酒和啤酒的生产，可明显缩短发酵周期，减少酵母添加量，提高原料利用率，而且由于物料在挤压膨化过程中受到高温高压的作用，原料中的氨基酸与还原糖发生美拉德反应所产生的物质给酒带来特有的香味，提高了酒的质量。

第六节　气相爆破技术

蒸汽爆破技术（汽爆）被认为是一种最经济高效的生物质预处理技术。它是将固体物料，特别是木质纤维素原料用饱和蒸汽或高压气体处理一定时间后，瞬间降至常压的过程。随着技术的进步发展，在蒸汽爆破的基础上，其爆破介质已由传统的水蒸气拓宽到多种气体介质，可将其统称为气相爆破，包括蒸汽爆破技术、惰性介质气相爆破技术和混合介质气相爆破技术，实现了对物料的梯度温度气相爆破与低温气相爆破。目前，气相爆破技术的应用领域主要是面向食品、农产品及其加工废弃物等生物质原料，并构建了以气相爆破技术为核心的一系列清洁、高效、经济的组合处理技术体系，其目的是实现生物质痕量功能成分和本征结构成分的选择性结构拆分与分级利用，实现生物量利用的最大化。

一、气相爆破过程与原理

气相爆破过程主要是指具有细胞结构的植物原料在高压（0.8~3.4MPa）、高温（180~240℃）介质下的气相蒸煮过程，半纤维素和木质素可产生一些酸性物质，使半纤维素降解成可溶性糖，同时复合胞间层的木质素软化并有部分降解，从而削弱了纤维间的黏结。然后，突然减压，介质和物料共同作用完成物理的能量释放过程。物料内的气相介质在喷出瞬间急速膨胀，同时物料内的高温液态水迅速暴沸形成闪蒸，对外做功，使物料从胞间层解离成单个纤维细胞。

普遍认为气相爆破存在以下几个方面作用。

（1）类酸性水解作用及热降解作用　高压热蒸汽进入植物原料中，并渗入到内部的空隙中。由于水蒸气和热的联合作用可产生纤维原料的类酸性降解以及热降解，低分子物质将溶出，纤维聚合度下降。

（2）类机械断裂作用　在高压蒸汽释放时，已渗入纤维内部的热蒸汽分子以气流的方式从较封闭的空隙中高速瞬间释放出来，纤维内部及周围热蒸汽的高速瞬间流动，使纤维发生一定程度上的机械断裂。这种断裂不仅表现为纤维素大分子中的键断裂，还原端基增加，纤维素内部氢键的碎坏，还表现为无定形区的碎坏和部分结晶区的碎坏。

（3）氢键碎坏作用　在气相爆破过程中，水蒸气渗入纤维各孔隙中并与纤维素分子链上的部分羟基形成氢键。同时高温、高压、含水条件又会加剧对纤维素内部氢键的碎坏，游离出新的羟基，增加了纤维素分子内的氢键。分子内氢键断裂的同时，纤维素被急速冷却至室温，使得纤维素超分子结构被“冻结”，只有少部分的氢键被重组。这样使溶剂分子容易进入片层间，而渗入的溶剂进一步与纤维素大分子链进行溶剂化，引起残留分子内氢键的碎坏，加速了葡萄糖环基的运动，最后导致其他晶区的分子内氢键完全碎坏，直至完全溶解。

（4）结构重排作用　在高温、高压下，纤维素分子内氢键受到一定程度的碎坏，纤维素链的可动性增加，有利于纤维素向有序结构变化。同时，纤维素分子链的断裂，可使纤维素链更容易再排列。

一般认为气相爆破过程中，半纤维素将发生部分自水解作用转化成单糖和低聚物，而木质素则降解成糖类和酚类低聚物。在高温条件下，半纤维素链上水解下来的乙酰基生成乙酸又加剧了半纤维素的糖苷键和木质素上β-酯键的水解。因此，在一定范围内处理强度越大，则半纤维素的水解以及木质素的降解的程度越大，组分分离的效果越明显。

二、气相爆破设备

1. 分批式气相爆破装置

双路进气快开门气相爆破反应罐，包括罐体、端盖、加料口和滑料口。该设备的具体操作流程如下：反应罐体为一顶端带有端盖的双路进气快开门气爆反应罐，原料经加料斗加入到气爆罐内，加料阀门通过推动杆及杆端的小轮和差动式双作用气缸作用开启或关闭，其中气缸动作对推动杆进行推、拉，杆端部有小轮可在阀门的滑槽中滑动，使阀门开启或关闭。饱和蒸汽通过花管和喷管通入罐内，以确保反应体系达到所需反应温度和反应压力。所得爆破料通过泄料口排出，反应中的料渣等废物通过排渣口排出。目前，双路进气快开门气相爆破装置已由实验室 0.5L 规模成功放大到 $1m^3$、$5m^3$ 到 $50m^3$ 的工业应用规模，如图 1-5-25 所示。

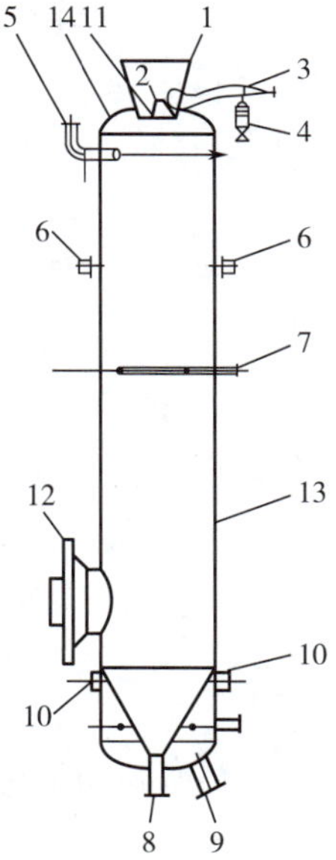

图 1-5-25　双路进气快开门气相爆破装置结构示意图

1—加料斗　2—加料阀门　3—推动杆　4—差动式双作用气缸　5—花管　6—耳座　7—喷管
8—泄料口　9—排渣口　10—吊环　11—小轮　12—人孔　13—罐体　14—端盖

2. 连续式气相爆破装置

Stake Technology 公司对水蒸气爆破法技术相关的主要设备均有深入的研究开发，并拥有多项专利。例如，关键设备喂料系统、防反喷装置、卸料装置等，均有很多独到之处，如图 1-5-26 所示。

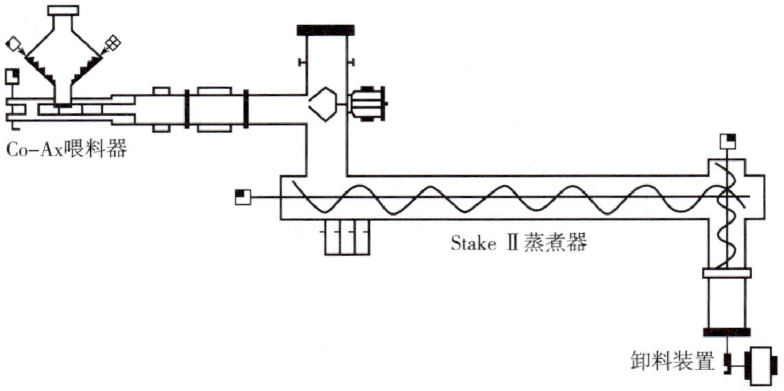

图 1-5-26　Stake Technology 气相爆破系统

Stake Technology 气相爆破系统由共轴喂料器和消化器构成。喂料器有一个大料斗，它位于斜板送料槽的底部。从斜板送料槽滑落下来的生物质，由一个可逆双向螺旋输送机输送到 Co-Ax 喂料器的大料斗中。物料在喂料器中被压缩成塞状硬块，从而将高压消化器密封。压缩物料进入消化器后被可调气门打碎，迅速暴露在消化器的操作温度和压力之下。在消化器的垂直部分有一个变速螺旋输送机将物料输送到消化器的出口处。物料在反应器中的处理时间可通过调节该螺旋输送机的输送速度来调节。饱和蒸汽由位于消化器垂直部分末端、入口附近的进气管输入。消化器末端为出料口，物料通过左右交叉螺旋输送挤压到球阀前，球阀可以定时喷放爆破，将物料由罐内的高压迅速转换为外界常压。通常，球阀设定为每隔 5~10s 开放一次，持续时间为 0.5~1s。

爆破物料可被收集到冲击式回收罐中，在这里蒸汽和固体物料发生分离，蒸汽被蒸汽收集器所回收，罐底部的固体物料直接被可逆螺旋输送机输送到接收罐中。当后续工艺需要不经过抽提的物料时，罐底部的固体物料就直接被可逆螺旋输送机输送到接收罐中；当后续工艺需要经过抽提的物料时，罐底部的固体物料就被可逆螺旋输送机输送到浆罐中进行抽提。浆罐有两个作用，一是作为水蒸气爆破料的贮存罐，二是作为循环液的混合器。水蒸气爆破料先水浸，将其中的戊聚糖溶解，再经过带式滤器，回收滤液。二次真空抽提液则作为循环液进入混合器。

三、气相爆破技术在食品加工中的应用

1. 粮食深加工

针对玉米深加工中湿法脱胚过程复杂，能耗高，污染大的特点，可利用气相爆破技术对玉米脱胚，并且对玉米胚乳进行深加工，提取黄色素和醇溶蛋白，提完的玉米胚乳可以进行正常的乙醇发酵。玉米粒复水后，置于气相爆破罐中，在一定温度和压力下维持数分钟，瞬间减压释放，即可实现胚乳、胚芽和种皮三者的分离。将研磨好的湿态气相爆破玉

米胚乳用一定浓度的乙醇提取，即可得到黄色素与醇溶蛋白的混合物，气相爆破后的胚乳变得松软，黄色素的提取率相比湿法脱胚玉米胚乳的提取率明显提高。通过蒸馏、沉淀等，可以分别得到醇溶蛋白和黄色素的制品。提完醇溶蛋白和黄色素的胚乳可以用来发酵乙醇，发酵效果优于湿法脱胚制得的玉米胚乳，并且还省略了糖化液化前的糊化环节，能降低能耗。

2. 果蔬残渣加工

利用气相爆破对果蔬渣处理的工艺流程如下：通过气相爆破罐快开门将含水量20%~35%的果蔬渣置入罐中，通入饱和蒸汽，使罐中压力达到0.8~1.5MPa，维持1~5min，打开放料球阀，使物料喷放到常压旋风分离器中。在这一过程中，果渣的细胞壁瞬间破壁，果蔬渣中半纤维素降解为可溶性糖游离出来，并将果蔬渣中的细胞壁加工成膳食纤维，可直接烘干粉碎加工膳食纤维功能食品，或提取有机酸后烘干粉碎加工膳食纤维功能食品。

3. 畜禽废弃物加工

通过利用水蒸气爆破的高温蒸煮对鸡肠和麸皮混合物进行消毒处理，同时利用瞬间泄压的爆碎作用对鸡肠进行撕裂，可达到类似粉碎的效果。作为饲料，不仅降低了鸡肠这种废弃物对环境造成的污染，同时减少了蛋白质饲料的使用，提高了经济效益，达到变废为宝的效果。气相爆破鸡肠的流程主要是，预先将鸡肠与麸皮混合，控制含水量，通入蒸汽至150~180℃加热8~10min后瞬间泄压，得到颗粒状或膏状的颜色为淡褐色或黄色的气相爆破产物，烘干后可单独作为蛋白质饲料或与其他饲料进行复配。

将羽毛原料和麸皮混合，利用高温高压蒸煮、瞬间释压的冲击作用，将羽毛角蛋白中二硫键等化学键破坏，以提高羽毛粉中的粗蛋白含量及胃蛋白酶消化率。再辅以乳酸杆菌厌氧固态发酵作用，提高羽毛中原先缺乏氨基酸（赖氨酸、色氨酸等）的比例，平衡羽毛粉中各种氨基酸的含量比，生产高价值的优质羽毛蛋白粉。

4. 海产品加工

Mikiji Shigematsu 等人采用气相爆破技术从蟹壳中提取甲壳素。首先将蟹壳粉碎，然后用乙酸溶液浸泡，再在230℃下保温16min后，瞬间释压爆破。采用改进工艺得到的甲壳素纯化和后处理工艺简单，用水或盐酸洗涤1h即可。得到的甲壳素呈纤维状，与Hackman方法制备的甲壳素相比，该法制备的甲壳素富含*N*-乙酰基团，结晶度稍高，分子质量低。

此外，海藻经气相爆破处理后，海藻的细胞壁（藻胶层）瞬间破壁，待海藻细胞内含物游离出来之后，可直接烘干加工海藻功能食品，或提取琼脂等化工产品。经过气相爆破处理的海藻不必再粉碎，可直接加工烘干成食品，易被吸收消化，且具有独特膨化食品的风味。如没有经过气相爆破的海藻加工成食品需要专门的粉碎，并且细胞内营养物质利用不完全，另需添加风味原料。经过气相爆破处理的海藻，如石花菜、鸡毛菜，提取琼脂可简化原料的酸解预处理过程，比未经气相爆破处理的提高5%~10%的琼脂收率。

第七节　脉冲电场技术

脉冲电场（pulsed electric fields，PEF）处理是一种非热食品杀菌技术，它以较高的电场强度（20~80kV/cm）、较短的脉冲宽度（0~100μs）和较高的脉冲频率（0~2000Hz）对液体、半固体食品进行处理，杀灭微生物。脉冲电场原来用于细胞生物学的电穿刺和电融合。电穿刺是指在电场的作用下改变细胞膜的通透性，以进行基因操作或引入外界的分子；电融合是指在电场的作用下融合细胞。脉冲电场技术已经从细胞生物学领域扩展到了食品加工领域，杀灭微生物，进行食品保藏。脉冲电场技术具有较好的杀菌效果，避免食品因加热而引起的蛋白质变性和维生素损失，但是脉冲电场技术的电路复杂，系统造价高，是推广这一技术的障碍和要解决的问题。

一、脉冲电场杀菌的基本原理

脉冲电场杀菌是将食品物料置于脉冲电场中加以处理，达到杀菌的目的。脉冲电场导致微生物的形态结构、生物化学反应以及细胞壁膜发生多方面的变化，从而可影响微生物原有的生理机能，使其破坏或发生不可逆的变化。食品的成分及组织状态复杂，食品中的微生物所处的环境不同，因此，耐电场作用的程度也不相同。影响脉冲电场杀菌的主要因素包括电场强度、脉冲电场数目、脉冲电场持续时间、脉冲电场形状、介质温度、微生物生长期和介质离子强度等。

1. 脉冲电场处理后微生物会出现结构变化

在电子透射显微镜下观察脉冲电场处理大肠杆菌和金黄色葡萄球菌样品和对照样品，可见对照样品的原生质膜和外层膜相互靠近，脉冲电场处理的样品的原生质膜收缩，可脱离外层膜。处理过的样品外层膜呈锯齿状收缩，表明其丧失了半透性。对照样品可见清晰的原生质组织，脉冲电场破坏了样品的细胞组织。由于双层脂膜表现出了与细胞膜相似的性质，科学家认为脉冲电场引起双层脂膜和细胞膜破裂的主要原因包括：①双电性破裂；②临界跨膜电位和细胞膜的压缩；③细胞膜黏弹性变化；④细胞膜蛋白质和类脂的流体镶嵌排列；⑤膜的结构缺陷；⑥胶体渗透膨胀。细胞暴露在脉冲电场作用下可出现细胞膜失稳并在细胞膜上形成小孔。细胞质膜通透性大幅增加，胞内渗透压高于细胞外，最终导致细胞膜破损。进一步作用使细胞膜产生不可修复的大穿孔，使细胞组织破裂、崩溃，导致微生物失活。

2. 脉冲电场杀灭微生物的作用

应用脉冲电场处理悬浮在 $Na_2HPO_4/NaH_2PO_4 \cdot H_2O$（0.845/0.186mmol/L）缓冲溶液中的短乳杆菌，温度分别为24℃、45℃、60℃和80℃，结果表明较高的电场强度比较多的脉冲电场数目更加有效。当试验菌培养液的温度从24℃上升至60℃时，增加了短乳杆菌的致死速率，缩短了处理时间。在60℃下使用25kV/cm电场处理短乳杆菌10ms，其致死率达到95%。与传统的蒸汽杀菌相比，脉冲电场处理的杀菌效率高，处理时间短，液体食品中营养成分的热变性和热损失可以降低到最低程度。

3. 脉冲电场对酶的影响

脉冲电场抑制酶的活性尚存异议。有的研究机构认为该技术可以抑制某些酶的活性，而其他报道认为它对于酶失活毫无效果。处理条件或酶的不同可能造成效果的差异。脉冲电场处理过程需要控制很多参数，且由于酶的复杂结构和演变种类的多样性，在脉冲电场处理中有些酶比其他的酶更加敏感。脉冲电场技术有可能在某些食品加工过程中有选择性地保持酶的活性。

二、脉冲电场处理设备

为了提高脉冲电场装置的性能及生产应用的可靠性，科技工作者设计、制造了具有良好性能的脉冲电场处理装置，并同其他设备组成了处理系统。

1. 脉冲电场处理系统

脉冲电场处理系统包括电源、电容器、开关、处理室、电压和电流及温度控制仪表和无菌包装设备等。在该系统中，交流电转换成为直流电，直流电源用于电容器的充电，开关用于向置于处理室的食品放电，闸流管、电磁和机械开关均可用作开关，食品可以放在间歇式处理室中或被连续地泵送通过处理室。处理室内有脉冲电场容器、加压装置和辅助设备。间歇式处理室适用于实验室研究，连续式处理室适用于中间性试验或工业化生产。处理后的食品通过无菌系统被包装成消费者包装或送入储罐。由于脉冲电场处理可能产生热量，加工系统还包括冷却处理室的设备。脉冲电场处理系统的示意图，如图 1-5-27 所示。脉冲电场处理设备可以和常规加热冷却设备组合起来，物料先经板式换热器预热，加热再经脉冲电场处理，处理完毕的物料进行分流，符合要求的物料和新物料换热，进行热回收，不符要求的物料经分流阀返回平衡罐。该系统保证了处理要求，提高了杀菌效率，并节省了能源。

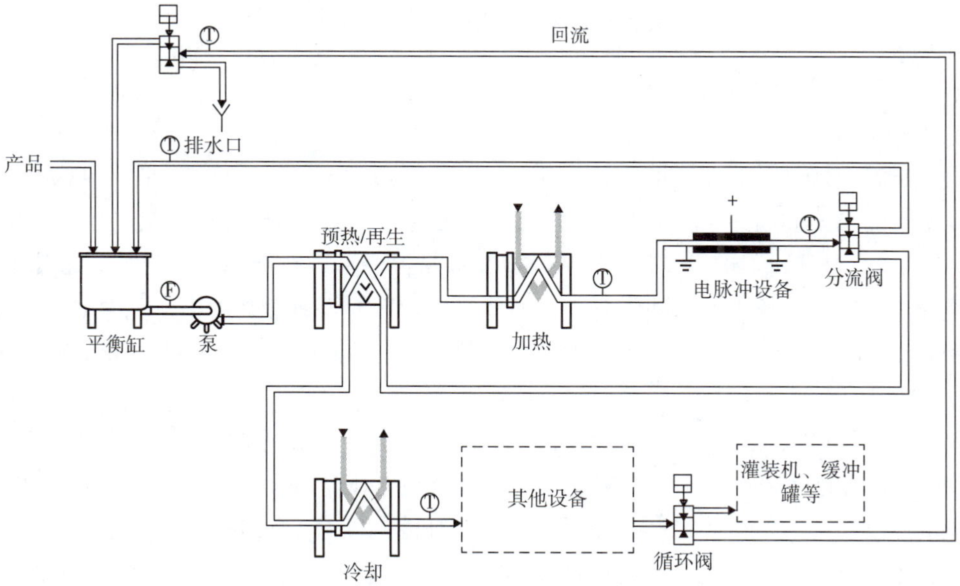

图 1-5-27 脉冲电场处理系统示意图

2. 商业化脉冲电场处理装置

美国 Diversified Technologies 公司（DTI）开发了标准的中试脉冲电场设备，如图 1-5-28 所示，能够处理果汁或其他产品，达到 100～500L/h。这些设备已经用于包括美国、欧洲和澳大利亚在内的食品研究单位。DTI 开发了世界第一台大型商业化设备，处理量达到 10000L/h。尽管这台设备用于处理废水，该设备运行效率高，电极寿命长，可以自动操作，这些特点使其可以作为食品加工装置。

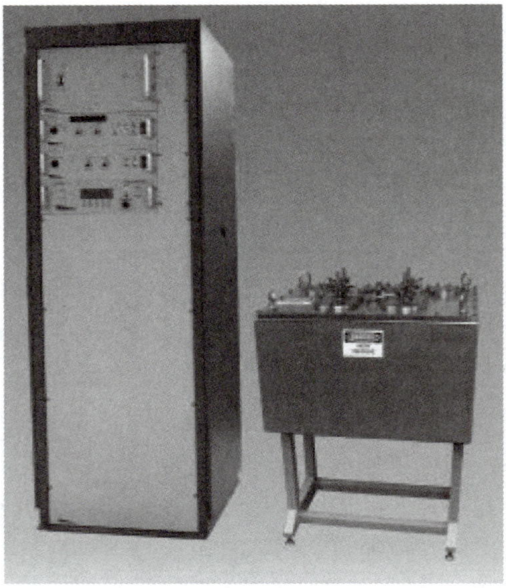

图 1-5-28 高压电场脉冲中试系统

注：电压 25kV，功率 25kW，处理量 100~500L/h

三、脉冲电场技术在食品体系中的应用

（一）在食品加工中的应用

1. 果汁加工

应用脉冲电场处理鲜榨苹果汁和再制苹果汁，在4℃下贮藏3~4周，果汁的总固体、总糖、灰分、蛋白质和脂肪在脉冲电场处理前后均无变化。抗坏血酸在脉冲电场处理后保持不变。pH从4.1上升到4.4，稍有变化。Na^+、K^+、Mg^{2+}和Ca^{2+}在脉冲电场处理后果汁中的浓度显著下降。感官评价表明脉冲电场处理的样品与对照但没有显著差别。美国 Genesis Juice 公司和德国 Berkers Bester 公司已经商业化生产并销售了脉冲电场加工的果汁和饮料。

2. 牛乳加工

脉冲电场处理2%脂肪的牛乳经无菌包装在4℃下贮藏具有2周的货架期。脉冲电场处理没有改变牛乳的理化性质，其产品与热巴氏杀菌的产品没有显著性的感官差异。23个43kV/cm的脉冲电场可以杀灭99%接种在巴氏杀菌乳中的大肠杆菌。36.7kV/cm的脉冲电场可完全杀灭接种在巴氏杀菌乳中的沙门氏菌，在脉冲电场处理的牛乳中其他微生物减少到20cfu/mL。在7~9℃贮藏8d后没有发现沙门氏菌的生长，但是其他微生物上升到400cfu/mL。

3. 鸡蛋加工

无菌包装的脉冲电场处理的蛋液在4℃具有4周的货架期。蛋液的化学成分没有受到影响，但是脉冲电场处理的蛋液黏度下降，色泽变暗。蒸蛋样品的感官评价表明脉冲电场处理的蛋液与新鲜蛋液相比没有显著性差异。

（二）单元操作的辅助技术

1. 辅助脱水

脉冲电场处理可促进植物细胞通透化，提高水果和蔬菜的干燥速率，保持更多的营养成分。Ade-Omowaye 等（2001）证实了脉冲电场处理的椰子样品的干燥速率快于烫漂的和化学处理的样品。预处理胡萝卜、苹果薄片、芒果和辣椒的试验都获得了成功。

2. 辅助萃取

压榨等固液萃取的方法不能破坏所有细胞，在压榨过程中大量的细胞仍然保持完整，不能提取这些细胞里含有的汁液。应用脉冲电场进行预处理可以显著提高得率，改进质量。脉冲电场辅助处理不需要进行热加工或化学处理。较低的电场强度，如 0.5~1.0kV/cm 即可破坏成熟水果和蔬菜的细胞。因此，工业应用脉冲电场萃取具有较大的可行性。Ade-Omowaye 等（2001）用脉冲电场（2.5kV/cm，20 个脉冲电场，575μs）处理椰子，使椰乳的得率提高 20%，蛋白质和脂肪含量分别提高了 50%和 58%。

思考题

1. 简述各种处理技术的基本原理和各种处理装置的基本构成。
2. 简述各种处理技术对于微生物、酶和食品品质的作用。
3. 举例说明各种物理技术对于食品保藏和加工的适用性和局限性。
4. 举例说明各种处理技术与常规物理、化学和生物技术的结合情况。

主要参考文献

[1] 赵征，张民. 食品技术原理［M］. 2 版. 北京：中国轻工业出版社，2014.

[2] 高福成，郑建仙. 食品工程高新技术［M］. 北京：中国轻工业出版社，2011.

[3] Gustavo V Barbosa-Canovas，Maria Soledad Tapia，Maria Pilar Cano. Novel food processing technologies［M］. Florida：CRC Press，2004.

[4] C J Doona. Case studies in novel food processing technologies［M］. London：Woodhead Publishing Limited，2010.

[5] Da-Wen Sun. Emerging Technologies for Food Processing［M］. Amsterdam：Elsevier Academic Press，2005.

[6] 李汴生，阮征. 非热杀菌技术与应用［M］. 北京：化学工业出版社，2004.

[7] Helmar Schubert，Marc Regier. The microwave processing of foods［M］. London：Woodhead Publishing Limited，Abington Hall，Abington，2005.

[8] Hao Feng，Gustavo V. Barbosa-Cánovas. Jochen Weiss. Ultrasound Technologies for Food and Bioprocessing［M］. Berlin：Springer，2011.

[9] Tatiana Koutchma，Larry J. Forney，Carmen J. Moraru. Ultraviolet light in food technology：principles and applications［M］. London：Taylor & Francis Group，LLC，2009.

[10] 石彦国. 食品挤压与膨化技术［M］. 北京：科学出版社，2011.

[11] 尚永彪，唐浩国. 膨化食品加工技术［M］. 北京：化学工业出版社，2007.

[12] 陈洪章. 气相爆破技术与生物质炼制［M］. 北京：化学工业出版社，2013.
[13] 张燕萍，谢良. 食品加工技术［M］. 北京：化学工业出版社，2006.
[14] 张峻，齐崴，韩志慧. 食品微胶囊、超微粉碎加工技术［M］. 北京：化学工业出版社，2005.

第二篇
化学技术对食品的处理

第一章

CHAPTER 1

食品的盐制和糖制

[学习指导]

本章要求掌握食品盐制和糖制原理，理解扩散和渗透的基本原理，掌握食品腌制方法，重点认识果蔬和肉类在腌制过程中发生的变化。

第一节　食品盐制和糖制的基本原理

用盐或盐溶液对肉或蔬菜等食品原料进行处理，称为盐制。而用糖或糖溶液对水果等原料进行处理称为糖制。食品的盐制和糖制可统称为腌制。食品腌制的目的大致有四个方面：增加风味、稳定颜色、改善结构、有利保存。

一、腌制的基本原理

1. 溶液及溶解度

溶液是由溶质和溶剂组成的。盐或糖溶于水后就成为溶液，盐或糖为溶质，水为溶剂。

溶解度是在一定温度和压力下，物质在一定量溶剂中溶解的最大量。固体或液体溶质的溶解度，常用100g溶剂中所溶解的溶质克数表示。物质的溶解度除与溶剂的性质有关外，还与温度、压力等条件有关。

为了达到腌制效果，鱼肉在腌制时一般使用饱和盐溶液。但随着温度的升高（或降低），大多数固体和液体的溶解度会增大（或减小）。因此，在高温时处于饱和状态的溶液冷却后就会有多余的溶质从溶液中晶析出来，应引起注意。

溶解热是指1mol物质溶解于大量溶剂中发生的热量变化（热效应）。可以是正值（放热）也可以是负值（吸热）。与温度、压力以及溶剂的种类和用量都有关系。

2. 扩散

由于微粒（分子、原子）的热运动而产生的物质迁移现象称为扩散，可由一种或多种物质在气、液或固相的同一相内或不同相间进行，主要由于浓度差，也可由于温度差和湍流运动等产生扩散现象。微粒从浓度较大的区域向较小的区域迁移，直到一相内各部分的浓度达到一致或两相间的浓度达到平衡为止。

物质在扩散时，通过单位面积的扩散量和浓度的梯度（即单位距离浓度的变化 $\mathrm{d}c/\mathrm{d}x$）成正比。因此，扩散方程式如式（2-1-1）所示。

$$\mathrm{d}Q = -DF\frac{\mathrm{d}c}{\mathrm{d}x}\mathrm{d}t \tag{2-1-1}$$

式中 Q——物质扩散量，m^3；

$\frac{\mathrm{d}c}{\mathrm{d}x}$——浓度梯度（$c$—浓度，$x$—距离）；

F——面积，m^2；

t——扩散时间，s；

D——扩散系数，m^2/s。

负号表示距离 x 增加时，浓度 c 减少。扩散系数是表示物质扩散能力的物理量。可以理解为沿扩散方向，在单位时间内，物质的浓度降为一单位时，通过单位面积的传递量。扩散系数的确实数值，应该用实验方法求得。扩散系数与温度关系较大，而与压强和浓度的关系较小。在缺少扩散系数试验数据的情况下，可按式（2-1-2）推算。

$$D = \frac{RT}{6N\pi r\eta} \tag{2-1-2}$$

式中 D——扩散系数，m^2/s；

R——摩尔气体常数，8.314J/(K·mol)；

N——阿伏伽德罗常数，6.02×10^{23}；

T——绝对温度，K；

η——介质黏度，Pa·s；

r——溶质微粒（球形）直径（应比溶剂分子大，并且只适用于球形分子），m。

从上式看出，扩散系数随温度升高而增大。温度升高，分子运动加速，溶剂黏度则减小，以致溶质分子易在溶剂分子间通过，扩散速度也就增加。扩散系数与溶质的分子大小有关。溶质分子大，扩散系数小。从该式还可知，黏度的增加会降低扩散系数，也就会降低物质的扩散量。

3. 渗透和渗透压

渗透是指当溶液与纯溶剂（或两种浓度不同的溶液）在半透膜隔开的情况下，溶剂（或较稀溶液中的溶剂）通过半透膜向溶液（或较浓溶液）扩散的现象。半透膜是只允许溶剂或一些物质通过，而不允许另一些物质通过的膜，细胞膜就是一种半透膜。从热力学观点来看，渗透现象与生物的成长过程和生命活动有着密切的关系。渗透压是引起溶液发生渗透的压强。在数值上等于在原溶液液面上施加恰好能阻止溶剂进入溶液的机械压强，也就是等于渗透作用停止时半透膜两边溶液（或一侧为溶剂）上的压力差。溶液越浓，溶液的渗透压强越大。

Van't Hoff 认为理想气体的性质和溶液的渗透压相似，如式（2-1-3）所示。

$$PV = nRT = \frac{G}{M}RT \tag{2-1-3}$$

式中　P——渗透压，Pa；

V——溶液的容积，m^3；

T——绝对温度，K；

M——溶质的分子质量，g/mol；

G——溶质质量，g；

R——摩尔气体常数，8.314J/(mol·K)；

n——气体的物质的量，mol。

该式对高浓度糖溶液不适用，这和理想气体方程式不适用于高压（1.01325×10^5Pa 压力以上）、低温（0℃以下）下气体状态一样，此时难以得出正确的结果。

为便于计算渗透压，上式可以变换为式（2-1-4）。

$$P = \frac{G}{M} \cdot \frac{1}{V} \cdot R \cdot T = C_m \cdot R \cdot T \cdot 1000 \qquad (2-1-4)$$

式中　P——渗透压，Pa；

C_m——溶质摩尔浓度，mol/L；

T——绝对温度，K；

R——摩尔气体常数，8.314J/(mol·K)。

此式对理解食品盐制、糖制以及烟熏等的原理及工艺极为重要。

由于食糖的相对分子质量要比食盐的相对分子质量大，所以，要达到相同的渗透压，糖制时需要的溶液浓度就要比盐制时高得多。不同的糖或不同的盐所建立的渗透压也不相同。因此，如果溶液浓度相同而所用的糖或盐不同，则建立的渗透压也各不相同。

在动植物食品原料盐、糖腌制过程中，在各种溶质所组成的溶液与细胞内部原有溶液之间，可通过渗透和扩散达到溶液均匀化，从而改变食品的结构和贮存性。

二、腌制对微生物的影响

1. 渗透压对微生物的影响

微生物细胞的细胞质膜紧贴在细胞壁上，是具有选择性的半渗透性膜。这种半渗透性膜，不但能吸收营养物质，而且还能调节细胞内外渗透压的平衡。微生物细胞膜的渗透性与微生物的种类、菌龄、内容物、温度、pH、表面张力等因素有关。

等渗透压是溶液中的渗透压与微生物细胞内渗透压相等的溶液，这对微生物来讲是最适宜的环境（渗透压），即溶液中所含的营养物质的浓度最合适。各种微生物都有最适宜的渗透压，一般非海洋、非盐湖的微生物细胞被置于0.85%~0.90% NaCl溶液中，这种浓度的盐水溶液，对微生物细胞来说是等渗的，其渗透压与微生物细胞内的渗透压是一致的。这时，微生物的代谢活动保持正常，微生物细胞也保持原形，不发生变化。

如果将微生物置于低渗透压溶液中，即微生物细胞内的渗透压高于细胞外的渗透压，水分就从低浓度溶液向高浓度溶液转移，使细胞质吸水，最先出现细胞质紧贴在细胞壁上，呈膨胀状态，如果继续吸水造成内压过大，就可导致细胞的破裂和死亡。虽然这种现象在食品保藏中并未得到应用，但在其他技术领域已利用动、植物细胞的这个特点进行物质提取和加工了。

将微生物置于高渗透压的溶液中，即溶液中的渗透压大于微生物细胞内的渗透压。外界的水分不再往细胞内渗透，而细胞内的水分渗透到细胞外，微生物细胞会发生质壁分离，即细胞质收缩、容积减少而与细胞壁分离。细胞壁不与细胞质同时收缩的原因是由于细胞壁较坚硬不易收缩，或是由于细胞壁能使溶质透过。应当注意的是，许多革兰氏阴性菌容易发生质壁分离，而革兰氏阳性菌就难以发生。质壁分离的结果是微生物停止生长活动，甚至死亡。此外，在高渗透压下微生物的稳定性还取决于它们的种类，细胞质中的成分以及细胞质膜的通透性。如果溶质极易通过细胞质膜，使细胞内外的渗透压很快平衡，就不会发生质壁分离现象，微生物照样可以生长。食品腌制以及食品发酵就是利用这种原理进行保藏和加工食品的，如用盐、糖和香辛料进行腌制时，在浓度达到高渗溶液时（如在肉、鱼、黄瓜、卷心菜、干酪中加盐）就可以抑制微生物的生长活动，并赋予食品以独特的风味和结构。

2. 腌制与微生物的耐受性

各种微生物均具有耐受不同盐浓度的能力。一般来说，盐液浓度在0.9%左右时，微生物的生长活动不会受到影响。当浓度为1%～3%时，大多数微生物就会受到暂时性抑制。不过有些微生物，它们能在2%左右甚至更高的盐浓度中生长，这一类的微生物就称为耐盐微生物。多数杆菌在超过10%的盐浓度时不能生长，而有些耐盐性差的微生物，在低于10%盐浓度时，即已停止生长。例如，大肠杆菌、沙门氏菌、肉毒梭菌等在6%～8%的盐浓度下已处于抑制状态。抑制球菌生长的盐浓度在15%。一般霉菌在20%～25%的盐浓度中才受到抑制。当盐液的浓度达到20%～25%时，差不多所有微生物都停止生长，因此，一般认为这样的浓度基本上已能达到阻止微生物生长的目的了。由食盐等导致的高渗透压是可以解释腌制防腐原理的。此外，不同浓度的含盐溶液所对应的水分活度对微生物的抑制作用也是一个原因。但是，需要注意的是，虽然在一定的高盐浓度中多数微生物生长受到抑制，但并不一定死亡，或多或少可以生存一段时间，而且，如再次遇到适宜环境有些仍能恢复生长。

在腌制食品时所用的食盐中，有时有嗜盐菌的存在。另外，有些耐盐菌不论在高浓度或低浓度盐液中都能生长。细菌中的耐盐菌有小球菌（*Micrococcus*）、海洋细菌（*Halobacterium*）、假单胞菌（*Pseudomonas*）、黄杆菌（*Flavobaterium*）和八联球菌（*Sarcina*）。球菌的抗盐性一般较杆菌强。非病原菌抗盐性通常比病原菌强。

各种微生物对不同浓度的糖溶液有不同的耐受性。1%～10%糖液浓度会促进某些菌类的生长；50%糖液浓度就会阻止大多数酵母的生长。通常糖液浓度几乎要达到65%～85%，才能抑制细菌和霉菌的生长。

相同浓度的糖溶液和盐溶液，由于所产生的渗透压不同，因此对微生物的作用也不同。例如，蔗糖大约需比食盐大六倍的浓度，才能达到与食盐相同的抑制微生物的效果。

第二节　食品盐制

一、食品盐制方法

食品盐制是以食盐（NaCl）为主，根据不同食品添加其他盐类，如亚硝酸钠、硝酸钾、多聚磷酸盐，对食品进行的处理。通常食品盐制也称为腌制。

有许多食品可以进行盐制，如肉、鱼、干酪、黄油、蛋类、黄瓜、甘蓝，一方面抑制微生物的生长，另一方面可以使制品具有独特的风味、色泽和结构，这往往与食品发酵联系在一起，在一定的腌制条件下，有害的微生物被抑制，而有利的微生物仍能生长。

1. 湿腌法

湿腌法即用盐水对食品进行腌制的方法。盐腌溶液的配制一般是将腌制剂预先溶解，必要时煮沸杀菌，冷却后使用，然后将食品浸没在腌制液中，通过扩散和渗透作用，使食品组织内的盐浓度与腌制液浓度相同。此法主要用于腌制肉类、鱼类、蔬菜和蛋类。有时也用于腌制水果。此外，为了增加干酪的风味和抑制腐败微生物的生长，将成型压榨后的干酪浸泡在一定浓度的盐水中。

腌肉用的盐液内，除了食盐外，还有亚硝酸盐或硝酸盐，有时也加糖和抗坏血酸，主要起调节风味和助发色作用。根据不同产品的要求，选择不同浓度和成分的腌制液，腌鱼时常用饱和盐溶液腌制。

肉类湿腌时，食盐等腌制剂可向肉组织内渗入。肉中一些可溶性物质也会向腌制液里扩散。盐往肉里扩散，使得肌原纤维膨胀，但是这种膨胀会受到完整的肌纤维膜的限制。在肉的腌制时，肌浆中的低相对分子质量的成分会促进亚硝酸盐与肌红蛋白反应产生一氧化氮肌红蛋白，这是一种能使肉具有特殊的腌肉颜色的色素。还原态的谷胱甘肽就具有这种促进作用，ATP、IMP 和核糖也有助于这个过程。腌肉所用的盐中的某些元素具有促进脂类物质的氧化的作用。金属螯合剂，如聚磷酸盐、维生素 C 却能有效地阻止这个氧化反应。

传统的肉制品，在湿腌时，常有水分、营养物质及风味物质转移到腌制液中，进而可改变腌制剂的浓度及成分比例。为此，可往老卤水中加盐，调整好浓度后再用于腌制鲜肉，以保持传统产品特有的质量。随着卤水越来越陈化，特殊微生物可能会生长。成长的微生物种类和数量取决于许多因素，进而产生新的动态平衡。传统肉制品的湿腌要求是在微生物带来的一系列重要变化下保持基本平衡状态。但是要达到这一要求比较困难，这不仅需要十分熟练的操作技巧，而且还要满足现代社会对传统食品的要求，如低氯化钠含量、延长在常温下保存期等，这是现代化生产传统中式肉制品需要解决的问题。

2. 肌肉注射腌制法

肌肉注射法可用于各种肉块制品的腌制，无论是带骨的还是不带骨的，自然形状的还是分割下的肉块。此法使用针头注射，有单针的，也有多针的。针头上除有针眼外，尚在侧面有多个孔，便于腌制液的外射，如图 2-1-1 所示。

(1)低压注射

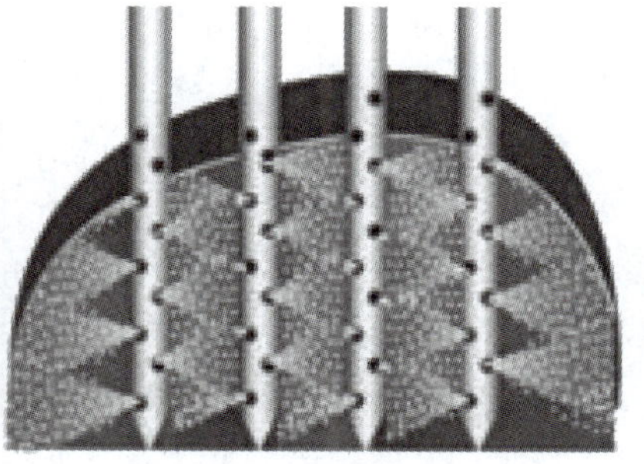
(2)高压注射

图 2-1-1　肌肉注射针的形状及注射

由于注射的盐液一般会过多地聚集在注射部位的四周，因此，需要较长时间的腌制，或者采用机械的方法加速腌制液快速均匀地分散到肉块的每一部分，这样的设备主要是滚揉机和按摩机。

3. 干腌法

该法是将食盐或其他腌制剂干擦在制品表面，然后层层堆叠在容器内，先由食盐的吸水，在制品表面形成极高渗透压的溶液，使得制品中的游离水分和部分组织成分外渗，在加压或不加压的条件下，在容器内逐步形成腌制液，称为卤水。反过来，卤水中的腌制剂又进一步向食品组织内扩展和渗透，最终均匀地分布于食品内。虽然腌制过程缓慢，但腌制剂与食品中的成分以及各成分之间有充分地时间结合和反应，因此，干腌产品一般风味浓烈、颜色美观、结构紧密、贮藏期长。我国许多传统腌制肉品均由此法制作。这类产品往往有固定的消费群体。

干腌时，食盐用量差别很大，一般依产品特点、要求和腌制温度而异。在腌肉时，通常要加入硝酸盐或亚硝酸盐，供发色和调味用。为了降低干腌法制作的蔬菜中的亚硝酸盐含量，还可在蔬菜腌制时放少量维生素 C，主要是阻断亚硝酸盐的生成，而且还能防止酸菜生霉，减少酸败和异味。

4. 真空腌制法

真空腌制技术是食品在真空（负压）下进行腌制处理，腌制液的扩散性和渗透性增强，能快速地渗透到食品的每个细微毛孔和空隙中。使用真空腌制比传统腌制工艺的浸泡时间缩短几十倍，同时也缩短了材料在沥干过程中的时间，直接降低了生产成本，提高了腌制效率。目前，真空腌制技术使用范围广泛，适合各类肉制品、蔬菜水果制品、干果制品、海产品等，肉类的腌制可在真空滚揉机中进行，如图 2-1-2 所示。

图 2-1-2　真空滚揉机

真空腌制果蔬方面，主要用于改变食品的性质（营养、感官性质、货架期和物理特性）和组成成分。真空腌制可以在较短时间内除去果蔬中的水分而不损伤果蔬的组织结构。经过真空处理后的果蔬产品仍具有良好的风味、色泽、质构和营养，与新鲜果蔬几乎有着一样的感官品质，例如，水果和蔬菜可以通过真空腌制实现维生素和矿物质在其组织内的富集而实现提高产品营养价值的目的。

二、腌制过程中的变化

腌制品的成熟是指制品在腌制过程中所发生的一系列的化学、物理及生物化学的变化过程。只有经过成熟的制品，才具有独特的风味和营养价值。

(一)腌肉制品的发色

如前所述，食品腌制的目的之一是为了稳定颜色，对肉制品腌制来讲，又称发色。

1. 肉中的色素物质

肉的颜色主要是由肌红蛋白或血红蛋白及其衍生物组成的。肌红蛋白或血红蛋白在动物体内发挥着类似的作用。血红蛋白存在于血液内，起着向组织内传递氧气的作用，而肌红蛋白存在于肌肉组织内，作为贮存氧气的物质，因此，它的亲氧力比血红蛋白强。动物屠宰放血后，放出体内的大部分血红蛋白，但由于血管中，特别是毛细血管中残留有血液，使得肉的颜色并非完全由肌红蛋白决定。在放血完全的肌肉组织中，肌红蛋白大约占到呈红色色素物质的90%以上。肌肉中肌红蛋白的含量依种类、年龄、性别和活动量而异。肉中还含有其他色素，如细胞色素酶、黄素（flavin）和维生素 B_{12}。

动物屠宰后，有氧呼吸作用停止，但无氧发酵和呼吸酶仍能活动，以使肌肉组织得以保持还原状态，肉中的血红素为紫红色的肌红蛋白。高铁肌红蛋白的形成是血红素氧化的结果（$Fe^{2+}\rightarrow Fe^{3+}$）。如果将包装袋中的氧全部抽走，那么，高铁肌红蛋白的比率就会大大减少。肌肉的表面以及肉中氧的分压处于不断变化之中，也就有不同色素形成比率的变化。因此，暴露在空气中的鲜肉表面因有氧合肌红蛋白存在而呈亮红色。在肉的深处，肌红蛋白处于还原状态，显现紫红色。只要肉内有还原物质存在，肌红蛋白就可以一直处于还原状态。如果还原物质完全消失，则出现呈褐色的高铁肌红蛋白。若有硫化氢（H_2S）存在，则会产生绿色的硫肌红蛋白。

2. 肉色素的形成及变化

亚硝酸盐或硝酸盐是肉类腌制常用的添加剂。在腌制过程中，硝酸盐被还原成亚硝酸盐，因此，实际起作用的是亚硝酸盐。

在腌制肉的环境中，存在着许多可以还原硝酸盐的微生物，这些微生物主要来自于土壤与水。亚硝酸盐在一定条件下可以进一步还原成一氧化氮（NO）。一氧化氮可以与肌红蛋白反应产生一氧化氮肌红蛋白。一氧化氮肌红蛋白在受热力作用后可生成稳定的粉红色素——亚硝基血色原。

肉的发色过程可以用下面一系列的反应式表示：

$$\text{硝酸盐}\xrightarrow{\text{硝酸盐还原菌}}\text{亚硝酸盐}$$

$$\text{亚硝酸盐}\xrightarrow{\text{适宜条件}}\text{NO（一氧化氮）}+H_2O$$

$$\text{NO+Mb}\xrightarrow{\text{适宜条件}}\text{NOMMb（一氧化氮高铁肌红蛋白）}$$

$$\text{NOMMb}\xrightarrow{\text{适宜条件}}\text{NOMb（一氧化氮肌红蛋白）}$$

$$\text{NOMb+热+烟熏}\rightarrow\text{NO—血色原（一氧化氮血色原）}$$

虽然该反应的第三步尚未有确实的证据，但是有迹象表明最初一氧化氮是与氧化的色素，即高铁肌红蛋白和高铁血红蛋白反应。这可以从实际的香肠加工中得到证实。在加入腌制剂后，肉的颜色将变为褐色，而加热后，又呈现粉红色。在这种情况下，肌红蛋白先被氧化成高铁肌红蛋白，但在形成一氧化氮肌红蛋白之前，又先还原成肌红蛋白。不管反应途径如何，最终生成了粉红色的腌肉色素。在加工过程中，还可能存在其他的产生粉红色色素的途径，其中可能产生一氧化氮高铁肌红蛋白。肉中残留的血红蛋白也会以同样的反应途径生成稳定的粉红色。

许多因素会影响到肉中色素的稳定性，这些因素之间的相互反应及其性质，又会给这些问题的解决带来困难。光线、温度、相对湿度、pH、特殊的微生物以及肉本身的成分都会影响到肉的颜色及其稳定。

在缺氧的条件下，肌红蛋白的一氧化氮化合物比较稳定。然而，在有氧情况下，这些色素对光敏感。

通过气调的办法可提高肉的颜色的稳定性。用调气包装（MAP）可较好地解决血红素氧化问题，该技术需要使用低气体透过率的包装膜。在装袋后密封前，要将袋中的空气抽出，并充入有利贮藏的气体。通过对袋中气体成分及比例的调节可达到稳定色泽的目的。鲜肉贮藏在无氧的条件下（100%CO_2）颜色很稳定。

（二）腌制过程中的其他变化

硝酸盐和亚硝酸盐对腌肉制品的风味有很大影响。它们的还原性导致了肉中会产生一系列相应的变化，并防止或延缓肉中脂肪的氧化。在含有牛肉浸出物、Fe^{2+}、Fe^{2+}-EDTA 的添加亚硝酸盐模拟系统中，氧化的速度明显降低，添加 50mg/kg 以上的亚硝酸盐的猪肉，在贮藏时，其陈腐味（rancid off flavors）的形成有显著降低。亚硝酸钠能抑制肉毒梭菌的生长和毒素的产生，Woods 等发现在添加 200mg/kg 的亚硝酸钠和 pH 6.0 的条件下，可以抑制无色杆菌、产气杆菌、大肠杆菌、黄杆菌、小球菌和极毛杆菌等的生长。

在腌制过程中，蛋白质的变化是明显的，并能产生氨基酸、胺和其他成分。在腌制时，肌肉组织中的一部分可溶性物质将溶到盐水中，如肌球蛋白、肌动球蛋白等。这些营养物质即是微生物生长的物质基础，同时，也是成熟腌制品风味的来源。有人曾利用一种芳香细菌的生长活动促使咸鱼获得一般条件下难以形成的香味和滋味，这表明微生物的生长活动在腌制品成熟过程中有重要作用。因此，为了保证产生腌制品的独特风味，就要控制盐液成分和所处环境，以保证特殊的适宜微生物的生长。

脂肪含量对成熟腌制品的风味和感官均有影响。多脂鱼腌制后的风味胜过少脂鱼。有人认为脂肪在弱碱性条件下将分解成甘油和脂肪酸，而后者将与因硝酸盐或亚硝酸盐还原生产的碱类化合物化合和皂化，其结果将减少肉制品的油腻感。少量甘油还可使腌制品润泽，略带甜味。腌制咸猪腿肉面上的脂肪增加了腌肉特有的风味。

第三节　食品糖制

一、食品糖制方法

食品糖制是以糖（一般为蔗糖）为主，通常是配制成糖溶液，对食品原料进行处理，称为食品糖制或糖渍。与食品腌制一样，糖制食品耐藏的原理也是利用渗透压的增加和水分活度的降低，可以抑制微生物的繁殖。人们在日常生活中常见的果酱、果脯、蜜饯、凉果、甜炼乳、栗羊羹等诸多食品之所以有良好的贮藏性，原因在于其中含有大量的糖，所以又称"糖制食品"。

为了便于糖渍和食用，通常要将糖制食品的原料进行整形，包括去皮、去核、划纹、漂洗、热烫与硬化处理后才进行糖渍。糖渍的方法有两种，一是像腌菜一样，在容器中，一层糖一层原料的码放，这有利于加工原料的保存，以便分期分批进行加工；另一种方法是将原料浸在配好的糖液中进行糖渍。有时，为了加快糖渍过程，也采用糖煮方式进行糖渍。真空渗糖工艺，除用于果脯、蜜饯外，酱腌菜加工也采用此法。果蔬在抽空液中处于负压状态，组织中的空气为了维持气相平衡而外逸，恢复常压后，糖液借助外部的大气压力很快进入原料内原先被空气占据的空间，并通过细胞膜，进入细胞内，从而完成糖渍过程。同时，由于原料中的空气被糖液所替代，不但使果实透明有光泽，而且还可减轻氧化和褐变的程度。糖渍后制品经干燥处理即为成品。

二、糖与食品保藏

在糖制时，由于高渗透压下的质壁分离作用使微生物的生长受到抑制，甚至死亡。糖的种类和浓度决定了其所抑制的微生物的种类和数量。糖液浓度为1%~10%，一般不会对微生物起抑制作用。50%糖液浓度会阻止大多数酵母的生长，65%的糖液一般可抑制细菌，而80%的糖液才可抑制霉菌。蔗糖液为60%时，可抑制许多腐败微生物的生长。但自然界却存在许多耐糖的微生物。蜂蜜的腐败往往是耐糖酵母菌所为。

不同糖类发挥抑菌作用所需的浓度不同。例如，抑制引起食物中毒的葡萄球菌所需要的葡萄糖浓度为40%~50%，而蔗糖浓度为60%~70%。

相同重量的糖，其抑菌效果也不一样。葡萄糖和果糖比蔗糖或乳糖有效。糖类之所以具有抑菌作用，是由于糖对微生物细胞有质壁分离作用，而质壁分离的效果又取决于溶液中粒子的数量。葡萄糖和果糖的相对分子质量为180，而蔗糖和乳糖的相对分子质量为342，那么，单位重量下，前者比后者的分子数量就多。糖的抑菌能力随相对分子质量的增加而降低。

40%葡萄糖溶液要比40%蔗糖溶液抑制苹果、葡萄柚等水果中的酵母的作用强。相同浓度下的葡萄糖溶液要比蔗糖溶液抑制啤酒酵母和黑曲霉的作用强。

葡萄糖溶液在100℃加热15min，冷却后使用，其抑制酵母的能力比未加热糖溶液强。但是，热处理糖溶液对霉菌，特别是对黑曲霉菌的作用不明显。

尽管糖在食品加工、营养和防腐方面有重要作用，但糖本身也含有一些微生物，处理不当，会对食品质量产生不利影响。

在高浓度糖液中，有时存在解糖菌，对糖的耐受性极强，许多霉菌和一些酵母菌的耐糖能力比细菌还要强。

甜菜、甘蔗和槭树汁是制糖的主要原料。槭树汁价值高，通常不用于生产普通食糖。原糖中往往含有多种微生物。精制的直接食用的糖虽然除去了一些微生物，但仍然存在耐糖菌。

思考题

1. 影响腌制速度的有哪些因素？
2. 糖制和盐制保藏原理是什么？
3. 腌制对食品品质有何正面和负面影响？如何控制负面影响？
4. 肉类和果蔬有哪些腌制方法？
5. 肉类腌制过程中色泽发生什么变化？

主要参考文献

[1] 赵晋府. 食品技术原理 [M]. 北京：中国轻工业出版社，2007.

[2] 曾庆孝. 食品加工与保藏原理 [M]. 北京：中国轻工业出版社，2002.

[3] 曾名涌. 食品保藏原理与技术 [M]. 北京：中国轻工业出版社，2004.

[4] 夏文水. 食品工艺学 [M]. 北京：中国轻工业出版社，2007.

[5] Peter Zeuthen，Leif Bùgh-Sùrensen. Food preservation techniques [M]. NewYork：CRC Press，2002.

[6] 张文正. 肉制品加工技术 [M]. 北京：化学工业出版社，2007.

第二章

CHAPTER 2

食品的烟熏

[学习指导]

掌握烟熏技术的起源、发烟机理、熏烟的化学成分以及烟熏所具有的功能性，了解烟熏的发烟方法和控制装置以及烟熏对食品品质的影响，探讨烟熏食品的安全性。

第一节　烟熏原理

烟熏是最古老的食物保藏技术之一，很早就在世界各地流传甚广。中国古语中记述的“炮”“燔”“炙”，意指烧烤及同时产生的烟火，另外，从《诗经》中那句“有兔斯首，燔之炙之”可得知古人已开始喜欢烟熏美味了。烟熏技术最早可以追溯到 9 万年前的石器时代，在波兰克拉科夫附近的兹维日涅茨小镇发现了最古老的烟熏室。烟熏技术在现代食品加工行业中主要有两个功能：提升感官特性和防腐保鲜。一方面烟熏技术能够通过增加熏烟与肉制品接触的时间而增强食品特定的感官特性，改善其风味、颜色，从而得到消费者的喜爱。另一方面烟熏能够有效地提高肉类等易腐食品的防腐保鲜性。伴随着食品生产的工业化进程，食品烟熏技术一直在改进和优化，已经成为食品工业上可控的重要的加工保藏技术了。

一、烟熏机理

1. 熏烟与烟熏

熏烟是指植物性材料燃烧不充分导致的不完全氧化所产生的气体、液体和微粒固体的混合物。烟熏即是用这种熏烟对肉制品进行熏烤的工艺过程。食品在烟熏过程中，由于熏烟成分的蓄积和渗透作用会引起食品自身各种性质的变化。

2. 影响因素

影响烟熏效果的因素较多，主要有木材种类及化学组成、烟熏温度、木材及食品水分含量等。

烟熏所使用的木材种类较多，根据地区而异。我国多使用果木，如苹果木，欧美国家主要使用山核桃木，日本常用樱花木等。木材使用形式多为木柴、锯末、木屑。不同的烟熏材料燃烧之前成分差别大，因此熏烟成分差别也很大，可使制品表面呈现不同的色泽。烟熏可采用多种材料来发烟，但最好选择树脂含量少，烟味好，而且防腐物质含量多的材料。因此烟熏材料多以硬木为主，而软木中的树脂含量较多，无法充分燃烧，会产生更多更黑的烟尘，还会产生较多的多环芳烃，因此并不推荐使用。在木材或木屑热分解时，从其外表面到中心存在着温度梯度，不同的温度下会发生不同热解反应。外表面氧化时，内部进行的是氧化前的脱水，因此，木材的组成对烟熏效果十分重要。木材中含有 40%～60%纤维素，20%～30%半纤维素和 20%～30%的木质素。纤维素热解是先分解成葡萄糖，然后再脱水形成1,6-葡糖苷，再进一步加热分解生成乙酸、酚、水和丙酮。半纤维素的主要热解产物是羧酸、呋喃和呋喃衍生物。木质素热分解的主要产物是对肉制品中熏制风味有贡献的酚类化合物，主要包括甲醇、丙酮、各种有机酸，以及大量的酚类和非蒸汽挥发性成分。在高温状态，特别是在缺氧条件下，木质素和纤维素会产生多环烃类。

发烟后产生的化学物质在什么温度下附着在食品上，直接影响到烟熏的风味和质量。根据温度可以将烟熏分为冷熏、温熏、热熏。冷熏通常在 10～25℃，相对湿度在 70%～80%的烟房内进行，房屋外面的温度为±5℃以减少冷凝的形成。采用冷烟处理的产品通常很少需要进行热处理，如冷水鱼、干香肠、发酵香肠和熏肉。冷熏产品通常颜色较浅（呈黄色至中等棕色），而且由于烟熏时间更长（可长达 14d），风味更明显更均匀。温熏条件通常是温度为 23～40℃，相对湿度为 75%～85%，时间为 4～48h。温熏制品比冷熏制品具有更高的水分活度，并且由于温熏发生在食品腐败的危险温度（4～60℃）条件内，因此这些产品需要在熏制之后进行冷藏。温烟熏产品由于烟熏时间更短，熏烟渗透更少，因此，可能具有更厚的熏烟附着。可温熏的产品包括鲑鱼、鲭鱼等鱼类产品。热熏在 40～60℃时可以发生，在 90～100℃的温度下也可以持续进行，相对湿度从 60%到 85%不等，烟熏时间最久可达 4h。由于烟熏时间较短，此产品必须在熏制之后冷藏或完全将它煮熟，否则烟熏不会显著增加食品的储藏时间。热熏制还可以用来增加全熟肉制品中的色泽沉积。

水分含量也是烟熏过程中的一个重要参数，木材和肉制品中的水分都会对烟熏过程产生很大影响。通常来说，烟熏所需的木材含水量在 20%～30%。随着木材中含水量的增加，能够减少多环芳烃的产生，木材燃烧变得缓慢，增加了熏烟对产品表面的黏附。如果木材过于干燥，燃烧速度变快，则不会产生足够的烟雾。如果木材过于潮湿，木材可能会将蒸汽扩散进入烟房中，这将增加肉类表面的水分含量。如果肉的表面太潮湿，熏烟中的水溶性成分会与肉上的冷凝物混合并从肉上滴下，有时会在表面上产生浑浊的色泽或条纹。如果肉的表面过于干燥，熏烟就不能很好地黏附在肉制品上，也不会渗透到肉制品中，使产品不能具有均匀的烟熏味道。在熟制周期结束时，通常会用冷淋的方式快速冷却肉类产品。熏烟必须附着在产品表面，并在冷淋、熟制和包装等加工环节后透过表面进入产品内部以保持产品所需的色泽和烟味。

二、熏烟组成

目前，已经从木材熏烟中分离鉴定出了 300 多种化合物，主要包括酚、有机酸、醇、羰基化合物、烃和一些气体。这些化合物直接关系到食品的风味、货架期和营养价值。

1. 酚类物质

大约有 20 种酚类已从熏烟中分离出来，包括邻甲氧基苯酚、4-甲基愈创木酚、4-乙基愈创木酚、丁子香酚等。酚类物质具有抗氧化性、防腐性，并且是熏烟味道的主要来源，许多研究认为多种酚的作用要比单一酚重要。酚对于肉制品的抗氧化作用最为明显，其中高沸点酚的抗氧化性要强于低沸点酚的抗氧化性。酚对熏烟色泽的形成也有影响。熏烟色泽的深浅与烟雾浓度、温度和肉制品表面的水分含量等有关。因此，在肉制品烟熏时，适当地干燥有利于形成良好的熏烟色泽。烟熏制品的烟熏风味主要是由于熏烟气相中的酚化合物。愈创木酚、4-甲基愈创木酚和 2，6-二甲氧基酚对滋味起主要作用，而气味则主要是由于丁香酚产生的。香草酸令人愉快的气味也与甜味有关。烟熏风味的形成是通过各种物质的混合产生的，而非单一成分产生。

酚具有很强的抑菌能力。高沸点酚的抗菌能力更强。由于熏烟成分吸附在产品表面，因此，只在产品外表面有抑菌作用。此外，由于各种酚对肉制品的颜色和风味所起的作用不一样，总酚量不能完全代表各种酚所起作用的总和，所以用烟熏肉制品的总酚量来评价烟熏肉制品风味时会与感官评价结果不完全一致。

2. 醇类物质

木材在熏烟过程中有许多种醇，其中最常见的是甲醇，而其他醇类如一级、二级和三级醇通常以它们的氧化形式，即以酸的形式存在。熏烟中醇的主要作用是作为挥发性物质的载体。醇对肉制品的滋味和气味影响不大，但有一定的抑菌能力。对食品进行烟熏，醇可能是熏烟中最不重要的成分。

3. 有机酸

熏烟中存在 1~10 个碳的有机酸。通常 1~4 个碳的酸存在于熏烟的气相成分中，而 5~10 个碳的酸常存在于熏烟的微粒成分中。因此，熏烟气相中的酸主要为甲酸、乙酸、丙酸、丁酸和异丁酸；而戊酸、异戊酸、己酸、庚酸、辛酸和壬酸则主要存在于微粒成分中。有机酸对烟熏食品的风味几乎没有影响，而且只有在表面积累到呈现较高酸度时才表现出来微弱的防腐作用。

酸对肉制品表面蛋白质的凝结起重要的作用，表面蛋白质的凝结有利于肠衣的剥除，这对于生产无皮法兰克福香肠十分重要。加热也有助于蛋白质的凝结，挥发性的或蒸馏出的酸也能促进蛋白质凝结。这种蛋白质凝结可在肉制品的外表形成致密、结实、有弹性的外层，可有效地防止肉制品在蒸煮过程中的开裂。

4. 羰基化合物

熏烟中含有大量的羰基化合物，与有机酸类似，其不仅存在于熏烟气相中，而且在熏烟的微粒部分中也大量存在。现已鉴别出的羰基化合物有 20 几种：2-戊酮、戊醛、2-丁酮、丁醛、丙酮、丙醛、巴豆醛（丁烯醛）、乙醛、异戊醛、丙烯醛、异丁醛、联乙酰、3-甲基-2-丁酮、α-甲基一戊醛、顺式-2-甲基-2-丁烯-1-醛、3-己酮、2-己酮、5-甲基-糠醛、糠醛、甲基乙二醛等。虽然，大部分羰基化合物存在于非气相组分内，但是气相组分内的羰基化合物对烟熏制品的气味和色泽形成起到重要作用。应该说，短链的简单的小分子化合物对制品的色泽、滋味和气味最重要。

5. 烃类化合物

从烟熏食品中已分离出许多多环烃类化合物，这包括苯并（a）蒽、二苯并（a，h）蒽、苯并（a）芘、苯并（e）芘以及4-甲基芘。动物实验证明，这当中至少有两种化合物，苯并（a）芘和二苯并（a，h）蒽是致癌物质。喜食熏鱼制品的波罗的海渔民和冰岛人患癌症的比率比其他地区的人高可能是其佐证。不过，这些多环烃对烟熏肉制品的防腐和感官品质无太大影响，并且这些化合物存在于熏烟的微粒相中，可以被有效去除，如烟熏液的成功制备［见本章第二节（三）］。

6. 气体

熏烟中气体主要为二氧化碳、一氧化碳、氧气、氮气、一氧化二氮（N_2O），其具体作用还不十分清楚。二氧化碳和一氧化碳容易吸附在鲜肉表面，形成羧基肌红蛋白、碳氧肌红蛋白，呈现亮红色泽，但尚未发现烟熏肉是否也能发生这些反应。氧能与肌红蛋白反应形成氧合肌红蛋白或高铁肌红蛋白，同样也没有证据说明，这些反应在烟熏食品时一定会发生。

三、烟熏的作用

1. 增进食品色泽和味道

熏制食品的感官特性，主要取决于产品的类型、烟熏前原材料的制备及食品表面和内部各种熏烟成分的分布等因素。烟熏过程中，加热环节会发生美拉德反应，其对食品的色泽和风味有重要影响。美拉德反应是广泛存在于食品工业的一种非酶褐变，是羰基化合物（还原糖类）和氨基化合物（氨基酸和蛋白质）间的反应，经过复杂的历程最终可生成棕色甚至是黑色的大分子物质类黑精。

烟熏食品表面的颜色是沉积的烟雾成分，是加热和储存期间的变化以及它们与产品表面材料的相互作用的共同结果。烟熏增加的色调从浅黄色到深褐色，主要取决于木材的种类、工艺的温度以及产品的类型。木材种类不同，烟熏颜色也多种多样。使用山毛榉木、枫木、白蜡木、梧桐树或椴木刨花有利于金黄色的形成，而橡木、坚果木和桤木烟熏则有利于形成黄褐色，用针叶木材熏制的肉类则会呈现更深的颜色。提高熏烟温度会促使产品颜色变深。美拉德反应虽然可以在较低温度下进行，但随着温度的升高，反应会越来越迅速，从而会产生更黑更重的熏烟。烟熏的着色效果可根据被熏制的肉的类型不同而变化，在许多香肠和其他肉制品中，红色占主导地位，尤其在禽肉和鱼的腹部部分效果最显著。

熏制的产品风味类型是由熏烟成分决定的。其中，从熏烟中沉淀出来的酚类和苯酚类化合物包括丁香醇、4-甲基丁香醇、4-烯丙基丁香酚、愈创木酚、4-甲基愈创木酚和反式异丁香酚等，为肉制品提供了一种浓郁的、刺鼻的、烧焦的特有的烟熏味道。另外，羰基化合物、呋喃和其他烟成分对烟熏风味也会起到一定的作用。

2. 抗菌性

不同的木材在热解时会产生不同含量的酚、羰基化合物和有机酸，其中，酚和有机酸是木材熏烟中主要的活性抗菌化合物，而羰基化合物的作用较小。红树和鸡骨常山属木材能够抑制金黄色葡萄球菌，但不能抑制大肠杆菌，这表明不仅木材的类型影响了液体烟熏剂的抗菌性能，而且致病生物对液体烟熏剂的成分有不同程度的敏感性。

3. 抗氧化性

焦酚和间苯二酚是多羟基酚类化合物。这些混合物是熏肉中最活跃的抗氧化剂。酚类物质能够在维持其结构的同时，将一个电子给氧化自由基，从而降低氧化作用。在木质素热解过程中，甲氧基酚衍生物的抗氧化活性比酚类低，因为它们的羟基较少。

第二节　烟熏的方法及装置

烟熏的方法较多。按烟熏方式可分为直接发烟式、间接发烟式和液态烟熏剂式，其中直接发烟式又可将烟熏炉设计为单层烟熏炉、多层烟熏炉，而间接发烟式又可分为间歇式和连续式。本节将重点阐述按烟熏方式分类的几种烟熏方法的特点和相关设备的基本结构。

一、直接发烟式烟熏

直接发烟式是最简单的烟熏方法。在烟熏房内燃烧烟熏材料可使其产生烟雾，并借助自然空气循环。让熏烟与肉制品接触并吸附在上面，因此，这种直接发烟式也称直火或自然空气循环式。氧气（空气）供应量是用开启炉门（或风门）进行调节的。此烟熏炉发烟材料既可以是木柴，也可以是木屑，有时还可以拌上蔗糖，以增加烟熏的风味和色泽。在熏房内还可加装加热装置，如电炉盘、远红外线电加热管以及蒸汽管、洒水器等，以便完成与烟熏相配套的干燥、加热、蒸熟、烤制等功能。

图 2-2-1 是这种烟熏炉的示意图。

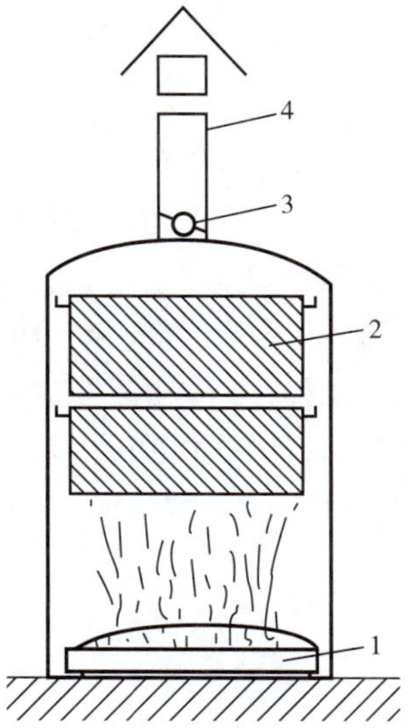

图 2-2-1　简单烟熏炉

1—熏烟发生器　2—食品挂架　3—调节阀门　4—烟囱

但是，直接发烟式存在一些问题，如室内温度分布不均匀，熏烟的循环利用差，熏烟中的有害成分不能被去除，制品的卫生条件不良，产品的烟熏质量在很大程度上取决于操作人员的技术水平，因此只适于小规模生产。不过，对此类烟熏炉略加改造，如安装温度表、湿度计等，也能控制烟熏的效果，提高烟熏的效率。

二、间接发烟式烟熏

目前国内外使用最多的是间接发烟式烟熏室（炉）（图 2-2-2）。这种装置的熏烟发生器放在炉外，通过管道将烟送入烟熏炉。因为送入烟熏室的烟是通过机械来完成的，因此，也称为强制通风式烟熏炉。使用间接烟熏式烟熏炉不仅能控制整个烟熏过程的工艺参数（采用电器或集成电路、电脑控制），而且能控制蒸煮和干燥程度。这种专用的烟熏房可以解决前述的直接发烟式烟熏的缺点，即温度、烟雾分布不均，原材料利用率低及操作方法复杂等问题。此外，这种烟熏炉还能调节相对湿度。

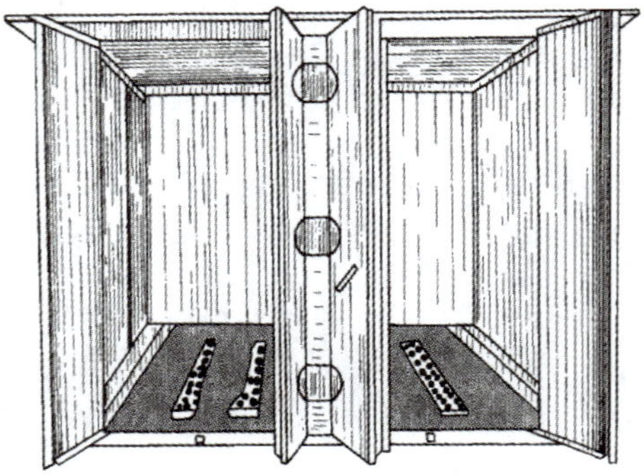

图 2-2-2　间接发烟式烟熏炉

三、液态烟熏剂

液态烟熏剂，又称烟熏液，是通过控制燃烧锯屑或木屑的最小热解温度来制成木材熏烟，再经过冷凝净化产出有烟熏特殊色泽和气味的液体，常以涂抹或喷涂等方式使其附着于食品表面，以代替传统食品烟熏技术。使用烟熏液的优点很多：不需要熏烟发生器，且成分稳定；比传统烟熏过程更环保卫生，质量安全可控性强；液熏剂使用方便并且安全，不会发生火灾，且无空气污染；速度快，劳动效率高，短时间内可生产大量带有熏烟风味的制品。

烟熏液使用前应注意一般要先用水稀释，也可以加少量醋或柠檬酸。使用时熏房里要有加热装置以利于产品形成烟熏色。目前，烟熏液在国内外肉制品工厂中应用得非常普遍，不但可以在乳化型香肠制品中使用，也可通过注射应用到火腿等块状制品中。

第三节　烟熏的安全性

烟熏食品的污染物主要来自于多环芳烃（polycyclic aromatic hydrocarbons，PAH），如苯并（a）芘、二苯并（a，h）蒽等。另外，最近研究也发现烟熏食品中存在 *N*-硝基化合物和 β-咔啉生物碱等污染物。

一、 PAH 形成和污染机制

在熏制肉类产品中，PAH 的形成主要是由于木材的不完全燃烧或热分解而产生的。PAH

可以作为生物质热解过程中形成的第三级焦油产物。生物质中的纤维素、半纤维素和木质素成分的分解可产生初级焦油产品，是大量含氧的可凝结的有机化合物，如酸、糖、醇、酮、醛、酚、愈创木酚、丁香醇、呋喃等。随着温度升高到500℃以上，初级焦油开始重新排列，形成更多的不凝结气体和次级焦油，其中酚类和烯烃是重要成分。三级焦油产物是在温度升高后（大约在750℃）由初级焦油产物裂解而成。由此，可凝结的叔芳烃可构成一系列不含取代基的多环芳烃（PAH）。

但是，值得提出的是，肉类产品中PAH污染的来源可能不止这一种。首先，由于大气污染，原料可能是预先被PAH污染的。动物（猪、牛）和蔬菜（洋葱、大蒜）可以被空气、土壤或水中的多环芳烃（通过沉积）污染。环境中有许多天然和主要人为来源的PAH，包括来自动力源（机动车辆和飞机）的废气、工业厂房、带有开放式壁炉的家庭供暖等。其次，包装、干燥、烘烤和油炸也可以增加肉制品的最终PAH含量。第三，烟熏室中的产品也可能出现交叉污染。比如，产品加热能够造成脂肪外流。一方面，一些脂肪落在或接触到火上，可增加烟气中PAH的含量。另一方面，已经被焦油污染的脂肪落在其他产品上，可增加后者的PAH含量。

二、 PAH污染预防

联合国粮食及农业组织和世界卫生组织建立的国际食品法典委员会（CAC）认识到控制和探讨生产条件以尽量减少熏制肉制品的PAH污染十分重要。目前，液态烟熏剂是一种预防PAH污染的有效方法［见本章第二节（三）］。另外，最近研究者报道了利用水蒸气渗透（WP）袋来提高烟熏鱼制品质量安全的工艺。该工艺在已设定的温度和湿度条件下，将鱼制品在WP袋中同时进行烟熏和盐渍。该工艺不仅使产品的理化性质、感官品质未受到影响，而且提高了产品的安全性，是一种可替代传统冷熏鱼的优良方法。

三、其他潜在有害化合物

各种烟雾成分与食物成分的反应可能导致形成不同种类的有害化合物，如*N*-硝基化合物、杂环胺以及β-咔啉生物碱。热处理后的食品可能含有高达约30ng/g的硝基多环芳烃。大多数*N*-硝基化合物具有致癌性，它们能够通过烟醛与半胱胺和半胱氨酸反应形成，产生各种各样容易被硝化的噻唑烷前体。在各种烟熏肉和家禽产品中，*N*-硝基化合物的含量可达到几百ng/g。在烟熏香肠中，1-硝基芘、2-硝基萘和2-硝基芴的含量在4~20ng/g。

思考题

1. 影响烟熏的主要因素有哪些？
2. 液态烟熏剂及其优点是什么？
3. 烟熏的主要作用有哪些？
4. 常用的烟熏方法主要包括什么？
5. 烟熏食品的主要潜在危害物有哪些？

主要参考文献

[1] 赵晋府. 食品技术原理 [M]. 北京：中国轻工业出版社，2007.

[2] 赵征，张民. 食品技术原理 [M]. 2 版 . 北京：中国轻工业出版社，2014.

[3] Toldrá，F.，Hui，Y. H.，Astiasaran，I.，et al. Handbook of fermented meat and poultry [M]. New York：John Wiley & Sons，2014.

[4] Hui，Y. H.. Handbook of meat and meat processing [M]. New York：CRC press，2012.

[5] Lingbeck，J. M.，Cordero，P.，O'Bryan，C. A.，et al. Functionality of liquid smoke as an all-natural antimicrobial in food preservation [J]. Meat science，2014，97 (2)：197-206.

第三章

CHAPTER 3

食品防腐剂、抗氧化剂、酸化剂和涂膜剂

[学习指导]

理解各种食品保藏剂的应用原理，掌握各种食品保藏剂的应用对象和条件，以及局限性，认识用于食品保藏的常见生物制剂的作用。

保藏食品，可采用罐藏、冷藏、冻藏、干制、腌制或化学保藏等。近年来又出现了一些新的食品保藏方法，如高静压处理、高强脉冲电场技术、微波保藏、超声波、振荡磁场处理等。各种方法都各具特点。但是，有些保藏方法，特别是新的非热保藏方法，尽管能够很好地保持食品的营养价值和质量，环境污染和食用安全的问题较少，但受到设备和成本的限制，尚未进行大规模商业化应用。因此，简便、廉价的化学保藏仍是一个行之有效的手段。

食品化学保藏就是在食品生产、贮藏和运输过程中使用化学和生物制品（食品添加剂）来提高食品的耐藏性并尽可能保持食品原有质量的措施。

第一节　食品防腐剂

食品防腐剂主要是指能防止食品或食品原配料腐败变质，延缓或抑制微生物增殖作用的食品添加剂。因此，从抗微生物的角度出发，可更确切地将此类物质称为抗微生物剂或抗菌剂。

按照抗微生物的作用程度，可以将食品防腐剂分为广义范围的杀菌剂和狭义范围的防腐剂。具有杀菌作用的物质称为杀菌剂，而仅具有抑菌作用的物质称为防腐剂。但是，一种化学或生物制剂的作用是杀菌或抑菌，一般没有严格区分。同一种抗微生物制剂，浓度高时可杀菌（即致微生物死亡），而浓度低时只能抑菌；又如作用时间长可以杀菌，短时间作用只能抑菌；另外，由于各种微生物的生理特性不同，同一种防腐剂对某一种微生物具有杀菌作

用，而对另一种微生物仅具有抑菌作用。所以两者并无绝对严格的界限，在食品保藏和加工过程中往往统称为防腐剂。

既然是食品防腐剂，那就要符合食品添加剂的基本要求。

①不得对消费者产生急性或潜在危害。

②不得掩盖食品本身或加工过程中的质量缺陷，用量不能大于防腐目的要求的数量。

③不得有助于食品假冒或以任何方式欺骗消费者，使用的防腐剂必须在包装中注明。

④不得降低食品的营养价值，防腐剂本身应满足食品级的质量标准而不能用一般工业品。

此外，作为抗微生物剂应该具有显著的杀菌或抑菌作用，而这种作用应只对有害微生物有影响，对人体肠道内有益微生物菌群的活动应没有影响，也不妨碍胃肠道内酶类的作用。

食品防腐剂包括化学（合成）防腐剂和生物（天然）防腐剂两大类。后者是未来食品防腐剂重点发展的方向。

一、化学（合成）防腐剂

化学防腐剂包括有机防腐剂和无机防腐剂两类。下面将讨论几种主要的防腐剂。

（一）有机防腐剂

1. 苯甲酸及其盐、酯

苯甲酸又称安息香酸，可用邻苯二甲酸酐水解、脱羧制得，也可用甲苯氯化、水解制得，还可用甲苯液相氧化制得。苯甲酸分子式为 $C_7H_6O_2$。苯甲酸和它的盐类如苯甲酸钠，以及它的衍生物，如对羟基苯甲酸乙酯、对羟基苯甲酸丙酯为普遍使用的一类化学防腐剂。25%苯甲酸饱和水溶液的 pH 为 2.8。在 pH 低的环境中，苯甲酸对许多微生物有抑制作用，但对产酸菌作用较弱。pH 在 5.5 以上时，弱酸对许多霉菌和酵母没有什么作用。苯甲酸最适抑菌 pH 为 2.5~4.0。

实际使用苯甲酸及苯甲酸钠时，以低于 pH 4.5 为宜。也就是说，食品的酸度是影响苯甲酸防腐效果的重要条件。有报道当 pH 从 7.0 下降到 3.5 时，其防腐的能力可增加 5~10 倍。表 2-3-1 总结了不同苯甲酸盐浓度和 pH 对多态鲁氏酵母菌活力的抑制作用。

表 2-3-1　不同苯甲酸盐浓度和 pH 对多态鲁氏酵母糖利用率的影响

苯甲酸盐浓度/%	糖利用率/%				
	pH 6.0	pH 5.5	pH 5.0	pH 4.5	pH 4.0
0.025	21	29	26	25	12
0.050	23	18	19	13	13
0.075	15	14	7	0	0
0.100	13	9	5	0	0

苯甲酸能非选择性地广泛抑制微生物细胞的呼吸酶系的活性，特别是具有很强的阻止乙酰辅酶 A 缩合反应的作用，此外也是阻碍细胞膜作用的因素之一。

苯甲酸对酵母的影响大于对霉菌的影响，但对细菌效力弱。苯甲酸一般在 0.05%浓度时就有防腐力了，而苯甲酸盐则需 0.07%~0.10%。由于苯甲酸的溶解度低，使用不便，实际生产中大多是使用其钠盐。使用苯甲酸时，一般先用适量乙醇溶解后，再将其添加到食品中去。有的工厂使用苯甲酸时，另加适量碳酸氢钠或碳酸钠，用90℃以上的热水溶解，使其转化成苯甲酸钠后才添加到食品中去。苯甲酸1g相当于苯甲酸钠1.18g，苯甲酸钠1g相当于苯甲酸0.847g。

苯甲酸进入机体后，大部分在9~15h与甘氨酸化合成马尿酸而从尿中排除，剩余部分与葡萄糖醛酸化合而解毒，用示踪C_{14}试验证明，苯甲酸不在机体内积蓄。以上两种解毒作用都在肝脏内进行，因此，苯甲酸对肝功能衰弱的人是不适宜的。

$$C_6H_5COOH+CH_2NH_2COOH \rightarrow C_6H_5CONHCH_2COOH+H_2O$$

（苯甲酸）　（甘氨酸）　（马尿酸）

苯甲酸、苯甲酸钠在果汁、果酱、酱油、醋、酱菜、蜜饯、面酱、山楂糕以及其他酸性食品中广泛使用。配合低温杀菌，防腐效果更好。

苯基烷酸的烷基链增长，其防腐力也随之增强，苯丁酸的抑菌效果则为苯甲酸的四倍。在对位上引入取代的化学基团就会增加苯甲酸的防腐能力。因此，应用对羟基苯甲酸酯作为防腐剂的趋势在增长。苯甲酸的甲基、乙基和丙基酯是普遍使用的防腐剂。

2. 山梨酸及其盐

山梨酸又称花楸酸，即己二烯-（2,4）-酸，分子式$C_6H_8O_2$。以巴豆油醛和酮为原料，以氯化锌、氯化铅为催化剂反应制得。山梨酸微溶于水，在有机溶剂中溶解度较高。山梨酸与山梨酸钾的溶解度，如表2-3-2所示。如果将山梨酸磨细，可以提高其溶解度。有报道称，当山梨酸的颗粒直径为50μm以下时，添加到食品中能马上溶解。但是，这种粉状山梨酸对人体黏膜有很强的刺激作用。由于在磨细过程中具有很大的扩散性，会导致工作环境被污染。

表2-3-2　山梨酸与山梨酸钾的溶解度

溶剂	温度/℃	山梨酸/%	山梨酸钾/%
水	20	0.16	138
水	100	3.8	—
95%乙醇	20	14.8	6.2
丙二醇	20	5.5	5.8
乙醚	20	6.2	0.1
植物油	20	0.52~0.95	—

山梨酸的结构式如下：

$$CH_3—CH═CH—CH═CH—COOH$$

山梨酸能有效地控制肉类中常见的霉菌、肉毒梭菌及一些病原菌（沙门氏菌、金黄色葡萄球菌、产气荚膜杆菌），而且在蛋类制品、果蔬保鲜、饮料、调味品、蜜饯、果冻、氢化植物油、糕点等食品防腐中也普遍使用。贮藏于潮湿环境中的包装干酪，易受霉菌污染，所以使用山梨酸钾防霉效果好。山梨酸也可用于发酵食品生产中，如在腌制黄瓜时可用于控制乳酸发酵。

山梨酸属于酸性防腐剂，其防腐效果随pH的升高而降低，但山梨酸适宜的pH范围比苯甲酸更广。山梨酸及山梨酸钾宜在 pH 5 以下使用。山梨酸 1g 相当于山梨酸钾 1.33g，山梨酸钾 1g 相当于山梨酸 0.746g。

3. 丙酸及其盐

丙酸及其盐类，是人体正常代谢的中间产物，安全无毒。但其抑菌作用较弱，使用量较高，常用于面包点心类食品中。丙酸盐用于控制面包生霉和发黏非常有效。丙酸及其盐类在国内外被广为应用。

含有 1~14 碳原子的脂肪酸为有效的霉菌抑制剂，双键的存在增加了它的防霉能力，但支链则相反会降低它的效力。发酵食品在腌制时添加一定量的丙酸，可以防止腌制食品长霉。温度对丙酸盐的防腐能力有影响，温度越低，丙酸盐的添加量越少，如表 2-3-3 所示。

表 2-3-3　温度对丙酸盐抑制霉菌生长效率的影响

温度/℃	丙酸盐/(g/kg)
<21	0.938
21~26	1.406
26~32	1.875
32	2.188

丙酸盐为白色粉末。用于抑制霉菌生长时，可以将钙盐或钠盐直接拌入干态食品内，又因钠盐易溶于水，故也可将其应用于液态食品中。丙酸盐用于制作面包时，应先和其他配料混合均匀后在和面时加入。麸皮面包比白面包易长霉，因此前者的添加量宜增加。

丙酸盐也可以用于包装材料表面，以防止食品表面长霉。用于包装材料时，为了避免干酪表面长霉，可以将其直接浸入温度为 10℃以下的 10%丙酸钙溶液中。如用 5 份 10%丙酸钙和 1 份 10%丙酸的混合物，可得到更强的抑制效力。丙酸可直接用于处理果蔬，不仅可以控制霉菌生长，还有抑制细菌的作用。

(二) 无机防腐剂

1. 二氧化硫

二氧化硫又称亚硫酸酐，可由硫黄燃烧形成。二氧化硫易溶于水形成亚硫酸。亚硫酸不稳定，即使在常温下，如不密封，也容易分解，当加热时可更迅速地分解而放出二氧化硫。

二氧化硫在空气中浓度较高时，对于眼和呼吸道黏膜有强烈刺激性。二氧化硫是大气环境质量监控指标之一。

二氧化硫主要用于处理植物性食品。二氧化硫为强力的还原剂，可以减少植物组织中氧的含量，抑制氧化酶和微生物的活动，从而能阻止食品腐败变质、变色和维生素 C 的损耗。熏硫就是燃烧硫黄产生二氧化硫，也可用液态亚硫酸对食品进行处理。

很多 4 价硫的化合物都可作为二氧化硫的来源，来源不同，有效的二氧化硫含量也各不相同。

二氧化硫的浓度为 0.01%时，大肠杆菌会停止生长，酵母则在浓度超过 0.3%时，才受到损害。用完好的优质原料制成的果汁如添加0.1%二氧化硫，装瓶条件又适宜，就可以在15℃下保存一年以上。如仅用于阻止氧化，加入量还可降低。在独特风味的蔬菜和果汁中添加少量二氧化硫就能保持其原有的鲜味。

亚硫酸对微生物的毒性强度（防腐作用）与它在食品中存在的状态有关。不离解的亚硫酸分子在防腐方面最为有效。形成离子（HSO_3^-或SO_3^{2-}）或呈结合状态，其作用就降低了。亚硫酸的离解程度决定于食品的酸度，pH 3.5以下时硫酸则保持分子状态。因此，亚硫酸在酸性食品中能较好地发挥它的防腐作用。至于对微生物作用的机理，可能与二硫键的还原，羰基化合物的形成、酮基团的反应以及对呼吸作用的抑制等有关。

可以用熏法、浸渍法和直接加入法对食品进行二氧化硫处理。气熏法常用于果蔬干制或厂房、贮藏库的消毒。浸渍法就是将原料放入一定浓度的亚硫酸或亚硫酸盐溶液中。对于酸度不足的食品应与0.1%~0.2%的盐酸或硫酸合用。直接加入法就是将亚硫酸或亚硫酸盐直接加入酿酒的果汁、保藏的果汁、果泥或其他加工品内的方法。一般用亚硫酸处理的果蔬制品，往往需要在较低的温度下贮藏，以防止二氧化硫有效浓度降低。亚硫酸不能抑制果胶酶的活性，所以有损于果胶的凝聚力。此外，当用二氧化硫残留量高的原料制作罐头时，因简单的加热方法较难除尽二氧化硫，所以铁罐的腐蚀情况会比较严重。

2. 二氧化碳

二氧化碳是一种能影响生物生长的气体之一。高浓度的二氧化碳能阻止微生物的生长，因此能保藏食品。二氧化碳的溶解度在高压下比常压下大。生产碳酸饮料时，二氧化碳可发挥协同的防腐作用。运用二氧化碳保存食品是一种环境友好的方法，具有较大的发展前途。

对于肉类、鱼类产品应采用气调保鲜处理，高浓度的二氧化碳可以明显抑制腐败微生物的生长，而且抑菌效果随CO_2浓度升高而增强。一般地讲，如要求二氧化碳在气调保鲜过程中发挥抑菌作用，浓度应在20%以上。有人曾将肉贮存在可控制二氧化碳气体的环境中从澳大利亚送至英国，这证明二氧化碳确能阻止微生物的生长活动。贮存烟熏肋肉，CO_2的浓度为100%时也可行。至于用二氧化碳贮存鸡蛋，一般认为以2.5%的浓度为宜。

用二氧化碳贮藏果蔬可以降低导致成熟的合成反应；抑制酶的活动；减少挥发性物质的产生；干扰有机酸的代谢；减弱果胶物质的分解；抑制叶绿素的合成和果实的脱绿；改变各种糖的比例。二氧化碳也常和冷藏结合应用，同时用于果蔬保藏过程。通常用于水果气调的二氧化碳含量控制在2%~3%，蔬菜控制在2.5%~5.5%。过高的二氧化碳含量，会对果实产生其他不利的影响。苹果褐变就是由于贮藏环境中二氧化碳聚集过多，引发果蔬窒息而造成细胞死亡的结果。因此，不断调整气体含量是长期气调保鲜果蔬的关键。

二、生物防腐剂

植物和微生物的代谢产物中有些具有抑菌或杀菌作用，因此，可用于食品的保藏过程中。特别是近年来，人们对环境友好的呼声日益增加，不少化学（合成）防腐剂被限制或禁止使用，许多国家都大力开展从植物或微生物中制备食品防腐剂的研究和应用。

1. 植物中的天然防腐剂

人们早就知道有些植物具有抗菌或药用价值。这些植物往往具有独特的风味，因此，它们也用作香料。此外，这些植物的抗氧化性已在许多文献中被讨论过。

植物体本身具有很强的生物合成能力，目前已知的天然化合物有30000多种，其中80%以上是来自于植物。其中有一些具有食品防腐剂或杀菌剂的功能。

植物中的防腐剂大致可以分为四类：植物抗毒素类、酚类、有机酸类和精油类。

植物抗毒素是寄主合成的、低相对分子质量的、广谱抗菌化合物。这些化合物由植物受到微生物侵袭诱导产生的前体合成或由植物被天然的或人造化合物诱导出的前体合成。现在已经采用植物细胞培养技术来生产某些植物抗毒素了。

异类黄酮类（isoflavonoids）化合物是最重要的植物抗毒素中的一种。其他主要的植物抗毒素还有壳质酶等。植物抗毒素是为了防御微生物的侵入和危害，因此，植物抗毒素的杀菌作用具有高度专一性。

从香辛料或者中草药中分离出的精油，有些也能从水果、蔬菜中获得。通过有机溶剂萃取或水蒸气蒸馏是常用的制备植物精油的方法。

精油对细菌的影响已有许多报道，有些也很有意义。例如，从鼠尾草、迷迭香、孜然、藏茴香、丁香和普通麝香草中提取出的精油，对大肠杆菌、荧光极毛杆菌或黏质赛氏杆菌具有敏感性。

柠檬酸、琥珀酸、苹果酸和酒石酸在水果和蔬菜中普遍存在。这些有机酸除了作为酸味剂、抗氧化剂，还具有抗菌能力。它们对细胞壁、细胞膜、代谢酶、蛋白质合成系统以及遗传因子起作用。许多有机酸及其衍生物已用作食品防腐剂。

植物中的酚类化合物分为三类：简单酚和酚酸，羟基肉桂酸衍生物和类黄酮。对橄榄、茶叶和咖啡中的酚类化合物的研究要比其他植物多，这可能是它们具有较高商业价值的缘故。从香辛料中提取出来的一些酚类化合物，如辣椒素，已证明可以抑制细菌芽孢的萌发。天然植物中的酚类化合物是食品防腐的主要因子，具有广谱抗菌能力。

天然植物中存在的抗真菌和抗细菌物质，杀菌有效性和大剂量使用时存在特殊气味是其不能大规模商业化使用的原因。在有效的前提下，产生气味最小的植物杀菌剂是一个要解决的重点问题。

2. 微生物中的天然防腐剂

微生物在生长时能产生一些影响其他微生物生长的物质——抗生素，这是生物“适者生存”的一个特征。金霉素、氯霉素和土霉素都是放线菌的代谢产物。乳酸菌是最重要的能够产生生物防腐剂的微生物。乳酸菌用于食品防腐已有十几个世纪的历史，如干酪、发酵香肠和酸（泡）菜。

乳酸链球菌素（nisin），别名乳链球菌素、乳链菌肽，是由乳酸链球菌产生的小肽，由34个氨基酸组成。表2-3-4所列的是已经使用乳酸链球菌素为抗菌剂的食品和饮料。在美国，已允许乳酸链球菌素用于高水分再制干酪中，以防止可能出现的肉毒梭菌生长，也可用于炼乳中。它是一种对人体无害的抗生素，不会对医用抗生素产生拮抗，在人体消化道内可以被蛋白酶无害分解。它较难溶于水，但能稍溶于酸性水中，对热较稳定。按照GB 2760—2014《食品安全国家标准　食品添加剂使用标准》规定：用于罐头、饮料类、酱油、酱及酱制品、复合调味料，最大使用量为0.2g/kg；用于乳制品、肉制品，最大使用量为0.5g/kg；用于乳制品，如干酪、消毒牛乳和风味牛乳等，用量为1~10mg/kg；用于酒精饮料，如直接加入啤酒发酵液中，控制乳酸杆菌、片球菌等杂菌生长。

表 2-3-4　　　　　已用乳酸链球菌素为抗菌剂的食品和饮料

食品	功能与用途
再制干酪	防止梭状芽孢杆菌的生长
牛乳	延长产品的货架期
番茄汁	满足低热加工的要求
罐装食品	控制由嗜热腐败菌引起的平盖酸败
酸（泡）菜	提供有利于发酵的竞争物
啤酒	抑制由乳酸菌引起的腐败
果汁酒	控制由乳酸菌引起的腐败

ε-聚赖氨酸是一种具有抑菌功效的多肽，这种生物防腐剂在 20 世纪 80 年代首次应用于食品防腐。ε-聚赖氨酸能在人体内分解为赖氨酸，而赖氨酸是人体必需的 8 种氨基酸之一，也是世界各国允许在食品中强化的氨基酸。因此，ε-聚赖氨酸是一种营养型抑菌剂，安全性高于其他化学防腐剂，其急性口服毒性为 5g/kg。ε-聚赖氨酸抑菌谱广，对于酵母属的尖锐假丝酵母菌、法红酵母菌、产膜毕氏酵母、玫瑰掷孢酵母，革兰氏阳性菌中的嗜热脂肪芽孢杆菌、凝结芽孢杆菌、枯草芽孢杆菌，革兰氏阴性菌中的产气节杆菌、大肠杆菌等都有明显的抑制和杀灭作用。ε-聚赖氨酸对革兰氏阳性的微球菌、德氏乳杆菌保加利亚亚种、热链球菌、革兰氏阴性的大肠杆菌、沙门氏菌以及酵母菌的生长有明显抑制效果，ε-聚赖氨酸与乙酸复合制剂对枯草芽孢杆菌有明显的抑制作用。

①ε-聚赖氨酸和甘氨酸混合能延长牛乳保质期。

②对方便米饭和快餐食品等能提高保存期。

③ε-聚赖氨酸与大蒜为主要原料混合可制成食品防腐剂。这种食品防腐剂使用时加入食品中或喷淋到食品表面，均能起到显著的抗菌防腐作用，能杀死或抑制食品内部或表面的致病微生物。

在国际上，抗生素应用于食品的保藏仍然存在不少问题。人们认为抗生素被应用于食品后，可能会引起细菌的抗药性和人体过敏等不良反应。因此，在食品中应用抗生素必须慎重。

第二节　食品抗氧化剂

食品抗氧化剂是指能延缓或阻止食品氧化，提高食品稳定性的物质。

氧化可以使食品中的油脂酸败，也可以使食品发生褐变、褪色、维生素破坏，从而降低食品质量和营养价值，甚至产生有害物质，长期食用严重氧化的食品可引起食物中毒，因此，防止食品氧化是食品科学与技术中的一个重要问题。

防止食品氧化的措施应从多方面加以考虑，例如，加抗氧化剂、避光、排气、充氮、密封、杀菌、降温、脱水等。如果抗氧化剂的效力大，在防止食品氧化过程中可以发挥明显的作用。

因食品氧化的过程复杂多变，所以抗氧化剂的作用机理也存在着多种可能性。食品内部及其周围通常有氧存在着，即使采取充氮或真空包装措施，也仍可能存在着微量的氧。有些抗氧化剂是借助于氧化还原反应，降低食品内部及其周围氧含量的。有些抗氧化剂本身极易被氧化，因此能首先消耗氧，从而保护食品。也有些抗氧化剂可以释放出氢离子将油脂在自动氧化过程中所产生的氧化物破坏分解，使其不能形成醛或酮等产物。还有些抗氧化剂可能与所产生的过氧化物结合，使油脂在自动氧化过程中的连锁反应中断，从而阻止氧化过程的进行。此外，也有一些抗氧化剂能阻止或减弱氧化酶的活动。油脂氧化，特别是食品在实际氧化过程中，其反应机理是相当复杂的。现以油脂自动氧化为例，简单说明抗氧化剂的作用机理。

在第一步中，氧（O_2）与基质（不饱和脂肪酸 RH）作用，生成自由 R·，R·再与氧作用生成过氧化物（ROO·）。

$$RH+O_2 \rightarrow R\cdot + \cdot OH$$

$$R\cdot +O_2 \rightarrow ROO\cdot$$

以 AH 或 AH_2 表示抗氧化剂，则它们可能以下列反应式切断油脂自动氧化的连锁反应，从而防止了油脂继续氧化。

$$R\cdot +AH_2 \rightarrow RH+AH\cdot$$

$$ROO\cdot +AH_2 \rightarrow ROOH+AH\cdot$$

$$ROO\cdot +AH \rightarrow ROOH+A\cdot$$

像没食子酸酯类，BHA 及 BHT 就是以上述反应式破坏反应链。而如生育酚则可能被氧直接氧化，抗氧化剂本身则在诱导期最后消失。上述反应式产生的基团 A·可以以下面两种方式再结合成二聚体和其他产物。

$$A\cdot +A\cdot \rightarrow A_2$$

$$ROO\cdot +A\cdot \rightarrow ROOA$$

食品抗氧化剂的种类较多，结构、来源都较复杂，作用也不一样，本节以其溶解性加以分类阐述。

一、脂溶性抗氧化剂

脂溶性抗氧化剂的主要作用是防止食品的酸败，特别是氧化型酸败。食品酸败是指油脂、含油食品、肉类食品等，由于受到空气、水分、微生物、酶、热、光等的作用而氧化或水解，产生异味的现象。

食品中油脂酸败可以分为三种类型。

①氧化型酸败（油脂自动氧化）；

②酮型酸败（β-型氧化酸败）；

③水解型酸败。

食品油脂中的不饱和脂肪酸暴露在空气中，容易发生自动氧化。氧化产物进一步分解成低级脂肪酸、醛和酮，产生异味。水解型酸败和酮型酸败多数是由于污染的微生物如灰绿青霉、曲霉等在繁殖时产生的酶作用下引起的腐败变质。

通常情况下，脂溶性抗氧化剂能均匀地分散于油脂中，对油脂或含脂肪的食品发挥抗氧化作用。

1. 丁基羟基茴香醚

该抗氧化剂别名叔丁基-4-羟基茴香醚、丁基大茴香醚，简称 BHA。分子式 $C_{11}H_{16}O_2$。这是一种人工合成的抗氧化剂，是国内外常用的抗氧化剂之一。合成的抗氧化剂往往具有廉价、效力高的特点，尽管有不足之处，但现在仍在使用。

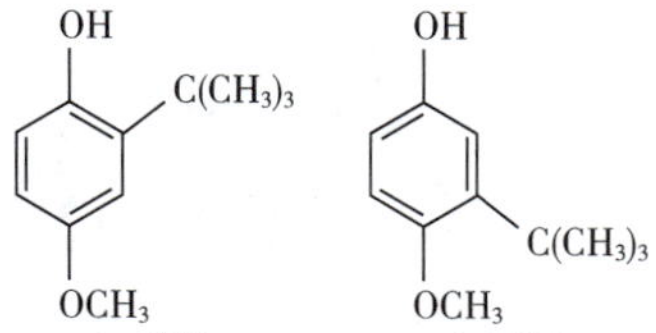

2-BHA　　3-BHA

BHA 为白色或微黄色蜡样结晶性粉末。带有特异的酚类气味。它通常是 2-BHA（2-异构体）和 3-BHA（3-异构体）的混合物。熔点随混合比不同而异，一般为 57~65℃。不溶于水，在几种油脂中的溶解度也不一样，在花生油中为 40%，在棉籽油中为 42%，而在猪脂肪中为 30%。该产品对热相当稳定，即使在弱碱性的条件下也不容易被破坏，这是它在焙烤食品中比较有效的原因之一。此外，BHA 还具有相当强的抑菌能力。

试验证明，BHA 具有良好的抗氧化效果。BHA 是高温季节油脂含量高的饼干常用的抗氧化剂之一。它还是用于延长咸干鱼类贮存期的添加剂。

在饼干中使用 BHA 时，可采取直接添加法，将油脂或奶油加热到 60~70℃ 并充分搅拌，在油脂流动时缓缓地加入规定量的 BHA，再继续搅拌片刻，以保证其分布均匀和充分溶解。在肉类中使用时，可采用浸渍法和拌盐法。在包装材料上使用 BHA 作为抗氧化剂时，可涂抹在包装材料内面，或用喷雾法将抗氧化剂通过喷嘴呈细雾喷洒在包装纸张或纸板上。

酚类抗氧化剂的混合物常常显示协同作用，因此，如果 BHA 与其他酚类型抗氧化剂或金属螯合剂同时使用，效果会更好。

2. 二丁基羟基甲苯

二丁基羟基甲苯又名 2,6-二特丁基对甲酚、3,5-二叔丁基-4-羟基甲苯，简称 BHT。不溶于水及甘油，能溶于许多溶剂。对热相当稳定，与金属离子反应不会着色，具有单酚型特征的升华性，加热时有与水蒸气一起挥发的性质。分子式 $C_{15}H_{24}O$。

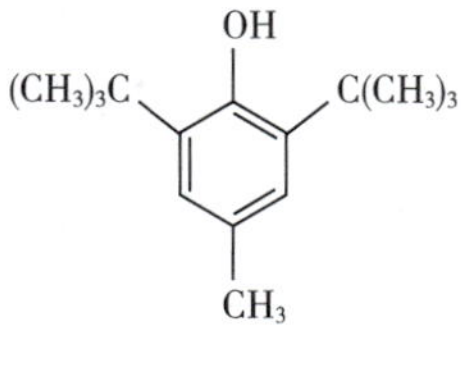

BHT 稳定性高，抗氧化效果好，没有 BHA 所带有的特异的酚类气味（受高热的油更为明显），也没有没食子酸丙酯类那样与金属离子反应着色的缺点，而价格低廉。不过 BHT 与 BHA 一样，其食用安全性也是引起人们关注的一个问题。尽管如此，BHT 和 BHA 仍是国内外大范围使用的合成抗氧化剂。BHT 在豆油（25℃），棉籽油（25℃）和猪油（40℃）中溶解度分别为 30%、20%和 40%。即便是将 BHT 加入到某些富含天然抗氧化剂的植物油中，BHT 也能显示一定的抗氧化能力。在普通烹调温度下，BHT 的抗氧化性仍很出色，用于长期

保存的食品与焙烤食品中也很有效。BHT 也可加入到包装焙烤食品、速冻食品及其他方便食品的纸或塑料薄膜等材料中，延长食品的货架寿命。

3. 没食子酸丙酯

没食子酸丙酯（propyl gallate，PG），化学名称为 3,4,5-三羟基苯甲酸丙酯，分子式 $C_{10}H_{12}O_5$。

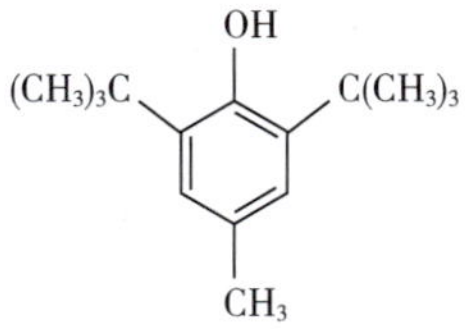

本品也属于酚型抗氧化剂。过去 PG 的制造是从天然植物五倍子中提取，而现在，则由化学合成的方法制取。例如，可用正丙醇与没食子酸反应，以浓硫酸为脱水剂，加热（120℃）酯化。本品易溶于乙醇，难溶于水。在水（20℃）、花生油（20℃）和棉籽油（30℃）中的溶解度分别为 0.35%、0.50% 和 1.2%。其水溶液的 pH 在 5.5 左右。对热比较稳定。但易与铜、铁等金属离子反应呈紫色或暗绿色，因此，在使用时，应避免接触铜、铜器皿。

没食子酸丙酯对猪油的抗氧化作用较 BHA 或 BHT 强些。PG 与增效剂柠檬酸共用时则更好，但不如没食子酸丙酯与 BHA 和 BHT 混合使用时的抗氧化作用强，混合时加柠檬酸则抗氧化效果最好。

4. 生育酚类

生育酚类是自然界中存在广泛的抗氧化剂，是植物油中显示一定自身抗氧化能力的主要成分。此外，动物脂肪中会因饲料不同而含有少量的生育酚。

生育酚即维生素 E。已知的天然维生素 E 有 α-、β-、γ-、δ-等几种同分异构体。作为抗氧化剂使用的天然维生素 E 是生育酚的同分异构体的混合物，因此又称生育酚混合浓缩物。

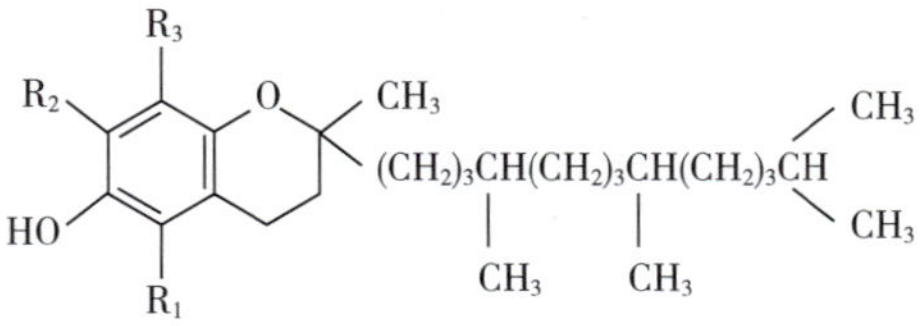

R_1、R_2、$R_3=CH_3$ 为 α-生育酚；R_1、$R_3=CH_3$，$R_2=H$ 为 β-生育酚

R_2、$R_3=CH_3$，$R_1=H$ 为 γ-生育酚；R_1、$R_2=H$，$R_3=CH_3$ 为 δ-生育酚

在工业上以小麦胚芽油、米糠油、大豆油、棉籽油等为原料，将其中的不皂化物，用冷苯处理，除去沉淀，再加乙醇去沉淀，用洋皂地黄苷处理其石油醚可溶成分，除去硬脂，用热乙醇抽提，然后通过真空蒸馏制得。

生育酚混合浓缩物为黄褐色几乎无臭的澄清黏稠的液体。不溶于水，可与油脂自由混合。对热稳定。以大豆为原料的生育酚混合浓缩物中的同分异构体的组成比大致为：α-型 10%~20%，γ-型 40%~60%，δ-型 25%~50%。

与其他的酚型抗氧化剂一样，生育酚靠反应来发挥作用。生育酚（TH_2）与过氧游离基（peroxy radicals）的反应如下：

$$ROO\cdot+TH_2\rightarrow ROOH+TH\cdot$$

由于不成对电子的离域作用，使得α-生育酚游离基（TH·）相当稳定。α-生育酚游离基与过氧游离基结合可产生甲基生育醌（methyltocop heryquinone）。

α-生育酚游离基也可以与另一个α-生育酚游离基反应产生甲基生育醌和一个生育酚：

$$TH\cdot+TH\cdot\rightarrow T+TH_2$$

一般地讲，具有高维生素E活性的生育酚要比低维生素E活性的抗氧化性差一些。此外，不同的生育酚同分异构体的抗氧化活性的比较顺序是：$\delta>\gamma>\beta>\alpha$。不过，这些生育酚的活性与温度和光线关系很大。

在一般情况下，生育酚对动物油脂的抗氧化效果比对植物油的效果大。这是因为动物油脂中天然存在的生育酚比植物油中存在的生育酚少。生育酚对植物油的抗氧化作用有的有效，有的无效，这是由于植物油内天然存在的生育酚的同分异构体的种类和含量不同所致。一般认为，在生育酚含量较低时才能发挥其最大效应，这大约相当于它们天然存在于植物油中的浓度。如添加量过多，超过需要，反而有可能成为助氧化剂。所以，必须添加适量才能达到满意的效果。

除耐高温外，生育酚的耐光、耐紫外线、耐放射线性也较强。这对用透明薄膜包装的食品来讲是很有意义的。因为太阳光、荧光灯等所产生的光能是促进食品氧化变质的因素之一。

生育酚或生育酚混合浓缩物适于各种食品，特别是婴儿食品、疗效食品及其他功能食品等的抗氧化剂，当然也可以作为营养强化剂使用，其应用与限量见GB 2760—2014《食品安全国家标准　食品添加剂使用标准》。

二、水溶性抗氧化剂

水溶性抗氧化剂是能溶于水的一类抗氧化剂，它们的主要功能是在于食品的护色、防止氧化变色，以及保持食品的风味和质量等方面。此外，使用某些水溶性抗氧化剂还能在罐头生产时阻止镀锡铁板被腐蚀。

1. L-抗坏血酸

L-抗坏血酸是抗坏血酸的一种异构体，抗坏血酸是3-酮基-L-呋喃古洛糖酸内酯，具有烯醇式结构，是一种强还原性的化合物。L-抗坏血酸又称维生素C，在生理上，具有防治坏血病的功能。其异构体D-抗坏血酸（异抗坏血酸，erythorbic acid）几乎没有生理活性（约为L-抗坏血酸活性的1/20），但具有L-抗坏血酸的还原能力。自然界存在的抗坏血酸主要是L-抗坏血酸。

除了其具有营养功能外，由于L-抗坏血酸具有还原和抗氧化活性，它又是常用的食品添加剂。它可以还原正醌（ortho-quinone）物质以抑制酶促褐变。此外，还具有以下功能：在面团调理过程中的还原作用；由于其具有还原性，可保护某些化合物免被氧化（如叶酸），是游离基清除剂、氧清除剂；抑制腌肉中亚硝胺的形成；还原金属离子等。

抗坏血酸的抗氧化性具有多方面的功能，抗坏血酸盐抑制脂类氧化有多种途径。这包括清除单线氧（singlet oxygen）；还原中心化的氧和碳（oxygen and carbon centered）游离基，以形成活性较低的半脱氢抗坏血酸的游离基或 L-脱氢抗坏血酸（DHAA）；抗坏血酸盐氧化的同时消耗氧；产生其他的抗氧化剂，如还原生育酚游离基。

L-抗坏血酸是极性很强的化合物，因此易溶于水，而不溶于油。然而，当抗坏血酸分散在油和乳浊液中时，又具有很好的抗氧化能力。抗坏血酸与生育酚混合作用于油基食品中时，其抗氧化性更为有效。

干燥状态下的 L-抗坏血酸比较稳定，但在水溶液中很快被氧化分解，在中性或碱性溶液中尤甚。

抗坏血酸在无脂食品中的抗氧化机理是消耗氧，还原高价金属离子，把食品的氧化还原电势转移到还原电位，并且可减少产生的不良氧化产物。

抗坏血酸在啤酒、无醇饮料、果汁、罐头、冷冻食品等食品中广泛使用。由于抗坏血酸呈酸性，不适于添加酸性物质的食品可使用作用相同的抗坏血酸钠。1g 抗坏血酸钠相当于 0.9g 抗坏血酸。因此，在肉制品、乳制品中一般使用抗坏血酸钠。抗坏血酸钠在肉制品如香肠、火腿、培根等中，作为发色助剂，同时也有利于保持肉制品的风味，增加制品的弹性。此外，抗坏血酸和抗坏血酸钠，在肉制品中有阻止产生亚硝胺的作用，在食品安全上有重要意义。

2. 其他水溶性抗氧化剂

植酸的分子式为 $C_6H_{18}O_{24}P_6$，为淡黄色或淡褐色的黏稠液体，易溶于水，对热比较稳定。

植酸有较强的金属螯合作用，因此，具有抗氧化能力，能防止水产罐头变黑以及产生玻璃状磷酸铵镁结晶（俗称鸟粪石）的情况出现。

一般认为氨基酸既可以作为抗氧化剂，也可以作为抗氧化剂的增效剂来使用，如蛋氨酸、色氨酸、苯丙氨酸、丙氨酸等，均为良好的抗氧化增效剂。氨基酸能螯合促进氧化作用的微量金属。色氨酸，半胱氨酸、酪氨酸等有 π 电子的氨基酸，对食品的抗氧化效果较大。在鲜乳、全脂乳粉中，加入上述的氨基酸，有显著的抗氧化效果。此外，有些肽类也具有抗氧化能力。

近年来，从天然物质，特别是从香辛料中提取抗氧化剂的研究是热门课题，并且有些已经进行商业化生产了。消费者越来越欢迎天然抗氧化剂的产品。今后，合成抗氧化剂的使用将逐渐减少，而天然抗氧化剂的应用将逐渐增加，这是一个趋势。

第三节　食品酸化剂

一、食品酸化剂的作用与分类

1. 酸化剂的作用

酸化剂（acidifiers）是赋予食品酸味的物质，是用以维持或改变食品酸碱度的物质。酸给味觉爽快的刺激，具有增进食欲的作用，有助于纤维素的分解，可促进维生素和矿物质的吸收。酸具有一定的防腐和抑菌作用，有助于食品的保藏。酸化剂在食品体系中还可以发挥螯合剂、缓冲剂、胶凝或凝聚剂的作用，以及发酵用酸类。

（1）用于调节食品体系的酸碱性　酸化剂降低了体系的 pH，可以抑制许多有害微生物的繁殖，直接干预微生物的新陈代谢。抑制不良的发酵过程，有助于提高酸性防腐剂的防腐效果。减少食品高温杀菌温度和时间，可减少高温对食品结构和风味的不良影响。在凝胶、干酪、果冻、软糖、果酱等产品中，为了取得产品的最佳形态和质构，必须恰当地选择酸化剂及其用量，果胶的凝胶、干酪的凝固和拉伸，尤其如此。

（2）用作香味辅助剂　酸化剂广泛应用于调香过程。许多酸化剂都能构成特有的香味，如酒石酸可以辅助葡萄的香味，磷酸可以辅助可乐饮料的香味，苹果酸可以辅助许多水果和果酱的香味。酸化剂能平衡风味，修饰蔗糖或甜味剂的甜味。它们的盐类可以起到缓冲作用进而改变或缓和这些感官特性。

（3）用作螯合剂　某些金属离子如 Nr^{2+}、Cr^{3+}、Cu^{2+}、Se^{2+}等能加速氧化作用，对食品产生不良的影响，如变色、酸败、营养素的损失等。许多酸化剂具有螯合这些金属离子的能力，酸与抗氧化剂、防腐剂、还原性漂白剂复配使用，能起到增效的作用。有些酸是抗氧化增效剂，由于它们具有金属螯合能力，可延缓富含脂肪食品的酸败。酸化剂的这种螯合功能还有助于延缓水果和蔬菜的酶促褐变反应。

（4）酸化剂遇碳酸盐可以产生 CO_2 气体，这是化学膨松剂产气的基础，而酸化剂的性质决定了膨松剂的反应速度。

（5）某些酸化剂具有还原性，在水果、蔬菜制品的加工过程中可以作为护色剂，在肉类加工过程中可作为护色助剂。

（6）当食品含有抗坏血酸时，加入酸化剂可以提高稳定性。必需的营养物质如铁、钙、维生素 D 以及胆碱等经常以多种酸化剂的盐或酯的形式用作食品的补充剂。

2. 食品酸化剂的分类

应用于食品工业的各种各样的酸化剂总体上可以分为两类：有机酸和无机酸。

作为一个整体，有机酸成为食品行业中使用最广泛的酸化剂。有机酸可分为羧酸、氨基酸、脂肪酸、酚酸等。

羧酸依赖于它所携带的羧基数量，可以进一步分为单羧酸、二羧酸或三羧酸，如乙酸、苹果酸、柠檬酸。在食品中广泛使用羧酸。

抗坏血酸和葡萄糖酸 δ-内酯均用作酸化剂。抗坏血酸是一种很好的抗氧化增效剂，它具有螯合金属离子的能力，这些离子会加速富含油脂食品的酸败变质。

在无机酸中，磷酸和它的衍生物是使用最为广泛的食品添加剂之一。盐酸和硫酸的特性使得其很少直接被用于食品酸化剂。然而，它们可间接地用于几种食品级化学品的生产中。

在糖果工业中，大部分的食品酸可用来调味。柠檬酸或苹果酸的酸性能够跟硬糖的风味融合到一起。酒石酸一般只能添加到具备葡萄味的糖果中。

用果胶或琼脂做成的胶冻类食品一般要求有酸度的控制。酸化剂在果冻的 pH 调节中有着非常重要的地位。酸化剂还为这些产品提供了理想的酸味。

玉米淀粉和马铃薯淀粉的磷酸酯，在食品工业中有许多的应用，可以作为糖浆、冰淇淋配料和水油两相乳化液的稳定剂，并可作为不溶物的悬浮剂等。

大多数酸都是食品的天然组成，特别是果蔬和其他传统发酵食品的组成成分，还有些酸是哺乳类动物新陈代谢的中间产物，因此，通过良好的操作规范，可将一些酸化剂作为公认安全（generally regarded as safe，GRAS）食品添加剂使用。

二、几种食品酸化剂

1. 柠檬酸

作为游离酸或是游离酸盐，柠檬酸广泛存在于动植物界中。柠檬酸在三羧酸循环或人体代谢中起着至关重要的作用。它是柑橘类水果中主要的酸性成分，工业上可采用发酵法生产。

柠檬酸酸味纯正，温和芳香，而且有一种令人愉快的酸味，柠檬酸可改善食品的风味，促进食欲。在所有有机酸中柠檬酸是最可口的，并能与多种香料混合产生清爽的酸味，故适用于许多食品。

由于柠檬酸的弱酸性，在一定 pH 范围内能抑制微生物繁殖，起到防腐作用，延长食品保质期。

柠檬酸分子中有三个羧基，是多元酸，因而柠檬酸可作为螯合剂，它能与金属离子相结合形成稳定的环状螯合物，从而使金属离子失去催化能力，延缓油脂的酸败、变味、果蔬的褐变等。

蔬菜、水果在加工时由于品种、产地、收获期、采后贮藏等的不同会使它们的含酸量不同，给加工带来不便，为此常需要在加工过程中加入柠檬酸或柠檬酸盐调节溶液的 pH，用以控制溶液酸度、抑制微生物生长、降低杀菌时间及温度。

在果冻的生产中用柠檬酸调节 pH，柠檬酸羧基的正电荷中和高甲氧基果胶的负电荷，分子不带电荷，分子间斥力下降，水合程度降低，分子间缔合可形成凝胶。

柠檬酸是碳酸饮料中主要的酸化剂之一，它也作为糖浆和饮料产品的防腐剂。柠檬酸钠赋予汽水凉爽的、咸的口味。

柠檬酸可以间接用以改善发酵乳制品的风味和香气。柠檬酸是干酪等乳制品的重要酸化剂。柠檬酸钠也作为再制干酪的乳化盐。

蔗糖液中添加柠檬酸可促使其转化为转化糖，以提高黏度，增大渗透压，从而有效地防止糖制品的返砂，并提高制品的保藏性。

根据我国 GB 2760—2014《食品安全国家标准　食品添加剂使用标准》规定：柠檬酸在婴幼儿配方食品、婴幼儿辅助食品、浓缩果蔬汁（浆）中按生产需要适量使用。

2. 苹果酸

苹果酸是苹果、杏、香蕉、樱桃、葡萄、橘子皮、桃子、梨、李子、菜花、胡萝卜和豌豆中的主要酸类物质。苹果酸是机体三羧酸循环的中间体，可以作为微生物生长的碳源参与微生物的发酵过程。苹果酸口感接近天然苹果的酸味，有特殊愉快的风味，与柠檬酸相比，具有酸度大、味道柔和、滞留时间长等特点，因此广泛用于食品行业。

赋予相同程度的酸性，需要的苹果酸比柠檬酸少。应用苹果酸配制的软饮料爽口，有苹果的酸味。苹果酸具有极好的控制水果褐变的特性。在净菜加工中，苹果酸可以起到降低蔬菜 pH、抑制酚酶活力的作用，可防止褐变。它可以作为抗氧化剂的增效剂来防止食品和油脂的腐败。苹果酸在面食品中可以增强面团的持气性、弹性和韧性。

苹果酸盐，如苹果酸钠，可用于制作咸味食品，减少食盐用量。苹果酸可以用作一些食品的护色剂。我国 GB 2760—2014《食品安全国家标准　食品添加剂使用标准》规定：苹果酸可在各类食品中按生产需要适量使用。

3. 磷酸

磷酸及其磷酸盐是一类广泛使用的无机酸或无机酸盐，商业化磷酸盐中钠盐最为重要，其次是钙盐和钾盐等。

焦磷酸盐是最简单的聚磷酸盐，含有 2 个磷原子，三聚磷酸盐含有 3 个磷原子。焦磷酸盐和三聚磷酸盐都是固体结晶。三聚磷酸钠在水溶液中可水解成焦磷酸盐和正磷酸盐，其水解速率随温度、pH 而异。与其他无机盐相似，磷酸盐过量使用对人体有害。过量的无机盐不仅会扰乱体内矿物质的平衡，而且会影响体液的渗透压。

大部分的磷酸用于碳酸饮料或相似风味的饮料。磷酸不但可用于植物油的提取，也可在制作干酪和酿酒过程中调节 pH。磷酸盐，如磷酸一钙、磷酸二钙等作为生面团中的配料或酵母促进剂，是焙粉（baking powder，碳酸氢钠、酒石酸和淀粉的混合物）和其他混合发酵剂中的成分。

在肉制品中广泛地使用三聚磷酸盐和焦磷酸盐。磷酸盐能提高肉的持水性，增加嫩度，减少肉中营养成分的损失，增加肉制品的出品率。聚磷酸盐在肉制品中所表现出来的抗氧化特性，与其螯合作用有关。

4. 其他酸化剂

抗坏血酸广泛的分布在植物和动物体中。柑橘类的植物水果、蔷薇属浆果和新鲜的茶叶中都含有大量的抗坏血酸。抗坏血酸在食品中经常用作抗氧化剂，也可以作为其他的抗氧化剂的增效剂，例如 BHA 和 BTA。在肉类腌制过程中，抗坏血酸或异抗坏血酸可以还原亚硝酸盐。抗坏血酸和它的钠盐和钙盐常用作营养添加剂用于功能食品的制作过程中。抗坏血酸也可以用作酸化剂调节 pH，抑制多酚氧化酶引起的水果和蔬菜的褐变。

乳酸是自然界分布最广的有机酸之一，天然存在于泡菜、酱菜、酸乳和干酪等食品中。在果酱、果胶、果冻、糕点、饮料以及腌制食品的生产中可以使用乳酸。乳酸也用于一些冷冻点心的制作过程中，以提供温和的酸味。乳酸的衍生物在食品工业中有多种应用。乳酸乙酯用作风味剂。乳酸亚铁在食品中用作营养的补充剂。乳酸钙可抑制水果和蔬菜的褐变。

乙酸广泛用于沙拉酱、蛋黄酱、泡菜、番茄酱、干酪、烘焙食品、肉汁和蔬菜罐头等食品中。乙酸的添加可以降低 pH，使微生物的生长低于最佳的 pH。但是，醋酸菌和某些乳酸菌可以承受乙酸。

酒石酸在食品的制作过程中可用作酸化剂、凝固剂、调味剂、pH 调节剂以及螯合剂。酒石酸可用于果冻、蜜饯、果酱和果汁雪花冰糕的制作过程中。由于酒石酸具有呈味效果，它广泛用在葡萄和橘橙口味饮料中。酒石酸还可用作抗氧化剂的协同剂，用来防止脂肪类食品的酸败。

葡萄糖酸-δ-内酯是葡萄糖的衍生物。葡萄糖酸-δ-内酯可形成葡萄糖酸。葡萄糖酸-δ-内酯在豆腐、肉制品等食品中有所应用。在香肠发酵过程中可用作酸化剂，通过降低 pH 来加速腌制。

丙酸和其钠盐和钙盐主要用于焙烤产品，丙酸主要对霉菌有抑制作用。在用化学疏松剂生产产品的过程中，一般使用丙酸钠，因钙离子会影响疏松剂的作用。在面包中则使用丙酸钙。

琥珀酸几乎是所有植物和动物体内常见的成分。琥珀酸可作为风味增强剂、pH 调节剂。琥珀酸与蛋白质的反应常用于增强面包面团的柔软性。琥珀酸酐是发酵粉中一种理想的膨松剂。

延胡索酸是三羧酸循环中另一种常见的中间产物。延胡索酸酸味很强，能够增加食品的酸味。延胡索酸可应用于果汁饮料、餐后甜点、馅饼馅料、饼干、樱桃酒和葡萄酒。

第四节　食品涂膜剂

为了防止生鲜食品脱水、氧化、变色、腐败、变质等而在其表面进行涂膜的物质被称为涂膜剂。对生鲜食品进行表面涂膜处理并非今日才有，在我国 12、13 世纪就有用蜂蜡涂在柑橘表面，防止其水分损失的记载。英国在 16 世纪就出现了用涂脂来防止食品干燥的方法。20 世纪 30 年代美国、英国、澳大利亚就开始应用天然或者合成的蜡或树脂处理新鲜水果和蔬菜的技术。在 20 世纪 50 年代后期还报道了有关用可食性涂膜剂处理肉制品的方法。此外，将可食性涂膜剂用于糖果食品的技术已不鲜见。

对食品进行涂膜，既可单用涂膜剂，也可将涂膜剂与其他食品添加剂混合后使用，以起到多方面的功能。在食品上使用可食性涂膜（或复合涂膜）有如下目的：

①减少食品的水分散失；

②防止食品氧化；

③防止食品变色；

④抑制生鲜食品表面微生物的生长；

⑤保持食品的风味不散失；

⑥增加食品，特别是水果的硬度；

⑦提高食品外观可接受性；

⑧减少食品在贮运过程中的机械损伤。

涂膜的通透性是膜的主要性质和质量标准。涂膜材料的化学成分影响膜的通透性。非极性材料，如类脂类物质，对水分的阻隔能力强，但易于透过气体，对氧的阻隔能力也差。具有许多氢键、高度极性的材料可降低气体的渗透性，特别是在低温环境中，但对水分的阻隔能力差。离子型的材料对氧的阻隔性强。加入低相对分子质量的塑化剂可以提高薄膜的弹性，减少碎裂和剥落并改变薄膜的渗透性。形成的薄膜结构，环境温度以及相对分子质量均可影响其渗透性。

水分是以气体状态从食品中散失的，因此，食品周围环境中的水蒸气压关系到膜的功能。如果在膜上有裂缝或小孔，那么在这些部位水分就会直接蒸发。此外，亲水性的材料有利于水分的透过。

表面涂层的果蔬由于保护膜具有阻隔作用，可减少擦伤和病菌的入侵。涂蜡柑橘要比不涂蜡柑橘保藏期长。用蜡包裹干酪可防止其在成熟过程中长霉。

涂膜材料，如树脂、玉米醇溶蛋白和蜡的乳胶体等可以使产品带有光泽，提高其商品价值。用虫胶涂成的薄膜产生的光泽较好。

随着国内外对涂膜保鲜作用及机理认识的日益深入，这种方便、廉价、安全且效果明显的果蔬保鲜贮藏手段会有更大的发展和应用前途。

思考题

1. 分别简述食品防腐剂、抗氧化剂、酸化剂和涂膜剂的概念。

2. 列举重要的食品防腐剂、抗氧化剂、酸化剂和涂膜剂说明其使用原则和方法。

3. 说明食品防腐剂、抗氧化剂、酸化剂、和涂膜剂在可能的情况下互相配合的增效作用。

主要参考文献

[1] 赵晋府. 食品技术原理 [M]. 北京：中国轻工业出版社，2007.

[2] 孙平. 新编食品添加剂手册 [M]. 北京：化学工业出版社，2017.

[3] Owen R. Fennema. Food chemistry [M]. 2nd edition. New York：Marcel Dekker，Inc. 1996.

[4] M. Shafiur Rahman. Handbook of Food Preservation [M]. New York：Marcel Dekker，Inc. 1999.

[5] James G. Brennan. Food Processing Handbook [M]. WILEY - VCH Verlag GmbH & Co. KGaA，Weinheim，2006.

[6] Y. H. Hui. Handbook of Food Products Manufacturing [M]. New Jersey：Wiley & Sons，Inc.，Hoboken，2007.

[7] Peter Zeuthen，Leif Bùgh-Sùrensen. Food preservation techniques [M]. New York：CRC Press，2002.

第三篇
生物技术对食品的处理

CHAPTER 1

第一章 食品发酵技术

[学习指导]

本章主要介绍发酵技术的特点及发酵方式、对食品发酵有关因素的控制、典型发酵食品的种类及相关微生物。通过本章的学习，加深对微生物学、生物化学及食品工艺学等课程的认识，扩大对微生物应用技术的理解。在食品加工、贮藏、营养等方面，不仅要采取措施抑制有害微生物，而且要利用有益微生物生产各种发酵食品。

第一节 发酵技术的特点及发酵方式

一、发酵技术的特点

发酵技术是指采用现代工程技术手段，利用微生物的特定功能生产有用的产品，或直接把微生物应用于工业生产的技术，其内容包括菌种选育、培养基配制、灭菌、扩大培养和接种、发酵过程和产品的分离提纯等。微生物是发酵技术的灵魂，通常利用微生物的以下特点进行发酵：①对周围环境的温度、压强、渗透压、酸碱度等有极大的适应能力；②有极强的消化能力；③有极强的繁殖能力。通过变异和菌种选育，可以获得高产的优良菌株并使生产设备得到充分利用，也可以因此获得按常规方法难以生产的产品。发酵所用的原料通常以淀粉、糖蜜或其他农副产品为主，加入少量的有机和无机氮源。发酵过程一般来说都是在常温常压下进行的生化反应，要求条件简单。发酵对杂菌污染的防治至关重要，需在无杂菌条件下进行。生物体本身所具有的反应机制，能够专一并高度选择性地对某些较复杂化合物的特定部位进行氧化、还原等反应，也可以产生比较复杂的高分子化合物。

二、发 酵 方 式

微生物发酵过程复杂，尤其是大规模发酵。发酵方式通常可按如下几种方式分类。

根据微生物种类，发酵可以分为好氧发酵、厌氧发酵和兼性发酵。好氧发酵在发酵过程中需要不断地通入无菌空气，如利用黑曲霉进行柠檬酸发酵、利用棒状杆菌进行谷氨酸发酵、利用黄单孢菌进行多糖发酵。厌氧发酵在发酵时不需要供给空气，如乳酸杆菌引起的乳酸发酵、梭状芽孢杆菌引起的丙酮、丁醇发酵。兼性发酵，如酵母菌是兼性厌氧微生物，它在缺氧条件下进行厌氧发酵可积累乙醇，而在有氧即通气条件下则进行好氧发酵，大量繁殖菌体细胞。

按照设备类型，发酵可分为敞口发酵、密闭发酵、浅盘发酵和深层发酵。一般敞口发酵应用于繁殖快并进行好氧发酵的类型，如酵母生产，由于其菌体迅速而大量繁殖，可抑制其他杂菌生长，所以敞口发酵设备要求简单。相反，密闭发酵是在密闭设备内进行的，所以设备要求严格，工艺也较复杂。浅盘发酵是利用浅盘仅装一薄层培养液，接入菌种后进行表面培养的，在液体上面可形成一层菌膜。在缺乏通气设备时，对一些繁殖快的好氧性微生物可利用此法。深层发酵法是指在液体培养基内部（不仅仅在表面）进行的微生物培养过程。

根据发酵是间歇进行还是连续进行的，分为分批发酵和连续发酵。分批发酵是指在一个密闭系统内投入有限数量的营养物质后，接入少量的微生物菌种进行发酵的过程，整个发酵过程中菌的浓度、营养成分的浓度和产物浓度不断变化，是一种非稳态的发酵方法。该方法操作简单，周期短，染菌机会少，生产过程和产品质量容易被掌握，但是产率低。连续发酵是指在微生物培养到对数生长期时，在发酵罐中不断添加新鲜的培养基，同时不断放出代谢物，使微生物细胞在近似恒定状态下生长的培养和发酵方式。其特点是菌的浓度、产物浓度、限制性基质浓度均处于恒定状态，控制稀释速率可以使发酵过程最优化，发酵周期长，产量高；但是长期连续培养会引起菌种退化，产量降低，染菌机会增加。补料分批发酵是介于分批培养和连续培养之间的操作方法。根据菌体生长和初始培养基的特点，在分批培养的某些阶段适当补加培养基，可使菌体或其代谢产物的生产时间延长。与分批培养相比，该方法解除了底物抑制和葡萄糖的分解阻遏效应，延长了次级代谢产物的生产时间。与连续培养相比，该方法降低了染菌程度，避免了遗传不稳定性；最终产物浓度较高，有利于产物的分离；使用范围广；但是由于没有物料取出，产物的积累最终会导致生产速率的下降；物料的加入也增加了染菌机会。

根据培养基物理性状，分为固态发酵、液态发酵。使用不溶性固体基质来培养微生物的发酵工艺过程，称为固态发酵。固态培养基中水分活度较低，限制了一些杂菌的生长。微生物从湿的固态基质吸收营养物，营养物浓度存在梯度，发酵不均匀，菌体的生长、对营养物的吸收和代谢产物的分泌存在不均匀情况。固态发酵中培养基提供的与气体的接触面积要比液体深层发酵中与气泡的接触面积大得多，供氧更充足，同时，空气通过固体层的阻力较小，能量消耗低。在发酵过程中，糖化和发酵过程同时进行，可简化操作工序，节约能耗。高底物浓度可以产生高的产物浓度。由于产物浓度高，提取工艺简单可控，没有大量有机废液产生，但提取物含有底物成分。液态发酵是指在生化反应器中，将微生物所需的糖类、有机和无机含有氮素的化合物、无机盐以及其他营养物质溶解在水中作为培养基，灭菌后接入菌种，并控制适宜的外界条件，进行微生物大量培养繁殖的过程。

另外，根据发酵位置是表面还是深层，分为表面发酵和深层发酵；根据菌种是否固定，分为游离发酵和固定化发酵；根据所用的菌种是单一或多种，分为单一纯种发酵和混合发酵。实际上，在发酵工业生产中，各种发酵方式往往是结合进行的，选择哪种方式进行发酵，取决于菌种的特性、原料特点、产物的要求、设备的状况、技术的可行性、经济可行性等因素。现代发酵工业大多数发酵方式采用好氧、液体、深层、分批、游离、纯种发酵方式结合进行。

第二节　发酵过程的影响因素及控制

一、温　　度

微生物发酵食品的生产，最基本的是取决于生产菌种的性能，但有了优良的菌种还需要有最佳的环境条件即发酵工艺的配合，才能使其生产能力得以发挥。因此，必须研究发酵食品生产的最佳工艺条件，如营养要求、培养温度、对氧的需求等，设计合理的发酵工艺，使生产菌种处于最佳生长条件下，才能达到理想的效果。

(一) 温度对发酵的影响及控制

由于任何生物化学的酶促反应都与温度变化有关，因此，温度对发酵的影响及其调节控制是影响有机体生长繁殖最重要的因素之一。温度对发酵的影响是多方面且错综复杂的，主要表现在对细胞生长繁殖、产物合成、发酵参数和生物合成方向等方面。

1. 温度影响微生物细胞生长繁殖

从酶促反应的动力学来看，温度升高，反应速度加快，呼吸强度增加，最终导致细胞生长繁殖加快。但随着温度的上升，酶失活的速度也越快，使衰老提前，发酵周期缩短，预期的发酵产物还没有产生，对发酵生产不利。

2. 温度影响产物的生成量及合成方向

很多发酵食品都采用混合菌种发酵，通过调节发酵温度，使不同类型的微生物生长速度得以控制，从而达到理想的发酵效果。

在腌渍菜生产过程中，主要有三种微生物参与将碳水化合物转化成乳酸、乙酸和其他产物的过程。参与发酵的细菌主要有肠膜状明串珠菌、黄瓜发酵杆菌和短乳杆菌。肠膜状明串珠菌产生乙酸、乳酸、乙醇和二氧化碳等产物，当肠膜状明串珠菌消失后，黄瓜发酵乳杆菌继续发酵产生乳酸等代谢产物，黄瓜发酵乳杆菌消失后，则由短乳杆菌继续发酵产生乳酸等物质。在不同时期、不同发酵温度下产生的代谢产物也可发生反应，生成腌渍菜特有的风味，如乙醇和酸合成酯类。不同微生物的生长与温度关系密切，如果在发酵初期温度较高（超过 21℃），则乳杆菌生长很快，同时可抑制能产生乙酸、乙醇和其他产物、适宜较低温度的肠膜状明串珠菌的生长。因此，腌渍菜初期发酵温度较低，有利于风味物质的产生，而在发酵后期可提高发酵温度，以利于乳杆菌的生长。

3. 温度影响发酵体系的物理性质

温度除影响发酵过程中各种反应速率外，还可以通过改变发酵体系的物理性质，间接影响微生物的生物合成。例如，温度对氧在发酵液中的溶解度就有很大影响，随着温度的升高，气体在溶液中的溶解度减小，氧的传递速率也会改变。另外，温度还影响基质的分解速率，例如，菌体对硫酸盐的吸收在 25℃时最小。

（二）最适温度的选择

最适温度是一种相对概念，是指在该温度下最适于微生物的生长或发酵目标产物生成的温度。选择最适温度应该考虑微生物生长的最适温度和目标产物合成的最适温度。最适发酵温度与菌种、物料（培养基）成分、培养条件和菌体生长阶段有关。

在不同发酵过程中，细胞生长和目标代谢产物产生的最适温度往往不同。至于何时应该选择何种温度，要看生长与生物合成以哪一个为主，在生长初期，主要考虑菌体生长，中后期则需要重点考虑目标代谢产物的生成，因此，需要在不同的发酵阶段选择不同的最适温度。

最适发酵温度的选择是相对的，还应根据其他发酵条件进行合理的调整，需要考虑的因素包括菌种、培养基成分和浓度、菌体生长阶段和培养条件等。例如，面团发酵在搅拌阶段，酵母最适生长温度是26~28℃，但面包酵母醒发时产生二氧化碳气体的最适温度是36~42℃，在烘烤阶段，酵母淀粉酶的作用最佳温度是60℃以上。馒头在工业化生产时，面团发酵温度控制在26~32℃，快速发酵时温度控制在30℃，发酵室的温度不宜超过35℃，否则会产气过快，不利于保持气体，还会产生过多的乳酸和乙酸。

工业上使用大容积发酵罐的发酵过程，一般不需要加热，因为释放的发酵热常超过微生物的最适培养温度，需要冷却的情况较多。在各种微生物培养过程中，应综合多方面的因素，确定各发酵阶段的最适温度。

二、pH

发酵过程中物料体系的pH是微生物在一定环境条件下进行代谢的重要发酵工艺参数。它对菌体的生长和产物的积累有很大影响。因此，必须掌握发酵过程中pH的变化规律，及时监测并加以控制，使发酵处于最佳状态。尽管多数微生物能在3~4个pH单位的pH范围内生长，但在发酵工艺中，为达到高生长速率和最佳产物形成，必须使pH在很窄的范围内保持恒定。

1. pH对微生物发酵的影响

微生物生长和生物合成都有其最适和能够耐受的pH范围，大多数细菌生长的最适pH在6.3~7.5，霉菌和酵母生长的最适pH在3~6，放线菌生长的最适pH在7~8。有的微生物生长繁殖阶段的最适pH范围与产物形成阶段的最适pH范围是一致的，但也有许多不一致的情况。

pH影响菌体的形态，影响细胞膜的电荷状态，引起膜的渗透性发生改变，进而影响菌体对营养物质的吸收和代谢产物的形成。

此外，pH对某些生物合成途径有显著影响。为更有效地控制生产过程，必须充分了解微生物生长和产物形成的最适pH范围。

2. 影响发酵pH的因素

发酵过程中，pH的变化是微生物在发酵过程中代谢活动的综合反映，其变化的根源取决于物料体系（培养基）的成分和微生物的代谢特性。

微生物培养开始时，物料体系pH的影响不大，因为微生物在代谢过程中，改变培养基pH的能力很快，在自然发酵环境下，在生长初期糖类等生理酸性物质代谢占主导，pH降低，可以起到防御外来有害菌进入的作用，通过后期生理碱性物质代谢，可提高环境的pH，并维持环境稳定。通气条件的变化，菌体自溶或杂菌污染都可能引起发酵液 pH 的改变，所以，确定最适 pH 以及采取有效的控制措施是使菌种发挥最大生产能力的保证。当外界条件发生较大变化时，菌体就失去了调节能力，发酵液的 pH 将会产生波动。

3. 最适 pH 的选择和调控

选择最适 pH 的原则是既有利于菌体的生长繁殖，又可以最大限度地获得高产量的目标产物。在工业发酵生产中，调节 pH 的方法并不仅仅采用酸碱中和法，因为酸碱中和法虽然可以中和培养基中存在的过量碱或酸，但却不能阻止代谢过程中连续不断发生的酸碱变化。即使连续不断地进行测定和调节，效果也甚微。因为发酵过程中引起 pH 变化的根本原因是微生物代谢营养物质的结果，所以，调节控制 pH 的根本措施主要应该考虑培养基中生理酸性物质与生理碱性物质的配比，其次是通过中间补料进一步对其加以控制。

也可以通过改变发酵环境条件（氧气）来调节 pH，例如在面包发酵过程中，由于内部空气（氧气）逐渐减少，好氧发酵程度降低，厌氧发酵速度加快，可造成有机酸积累，pH 降低；通过增加搅拌，增加氧气供给，减少有机酸产生，提高 pH，可增加目标产物、二氧化碳和风味物质的含量。

三、氧的供应

在好氧微生物培养过程中，氧气的供应是发酵能否成功的重要因素之一。通气效率的改进可减少空气的使用量，从而减少泡沫的形成和杂菌污染的机会。

1. 溶解氧对发酵的影响

溶解氧是需氧微生物发酵控制的重要参数之一。由于氧在水中的溶解度很小，在发酵液中的溶解度也如此，因此需要不断通风和搅拌，才能满足不同发酵过程对氧的需求。溶解氧的大小对菌体生长和产物的形成及产量都会产生不同的影响。不论是调味品发酵还是谷氨酸发酵，在供氧不足时，都会产生过量酸类物质。

需氧发酵并不是溶氧越大越好。溶解氧高虽然有利于菌体生长和产物的合成，但溶解氧含量太大有时反而会抑制产物的形成。为避免发酵处于缺氧条件，需要考查各种微生物进行代谢时的临界氧浓度和最适氧浓度，并使发酵过程保持在最适浓度。

2. 影响微生物需氧量的因素

在需氧微生物发酵过程中，影响微生物需氧量的因素有很多，除与菌体本身的遗转特性有关外，还和物料体系（培养基）组成、菌龄及细胞浓度、培养条件、产物的形成及积累等因素有关。

四、其他因素

1. 二氧化碳

二氧化碳是微生物的代谢产物，也是某些合成代谢的一种基质。在发酵生产中，不同微生物或其某一生长阶段对二氧化碳有着特殊的要求。通常对菌体生长有抑制作用，原因是二氧化碳作用膜脂质核心部位，改变膜流动性及表面电荷密度，影响膜运输效率，从而导致细胞生长受限制，形态改变；二氧化碳也可产生反馈作用，使 pH 下降，与其他物质反应，与生长必需金属离子形成碳酸盐沉淀，过分耗氧，会引起溶解氧下降等情况，从而影响菌体生长和产物合成。二氧化碳可通过改变 pH 而影响发酵生产；二氧化碳含量过高、过低都会使产品产量下降。发酵液中，二氧化碳浓度的影响因素主要有微生物细胞呼吸强度、发酵液流变学特性、通气搅拌程度、发酵罐压大小和设备规模，可通过调节发酵罐罐压、通气量、搅拌速度和补料等方式进行调节和控制。

2. 泡沫

充气、微生物代谢气体均会使发酵培养基中产生泡沫。泡沫的产生与培养基性质有关，蛋白质原料、蜜糖水解原料、淀粉水解不完全时易发泡。泡沫过多会使发酵罐装量减少，或造成跑液，使产量降低；会通过轴封泄漏，污染设备，增加染菌机会，导致菌体黏附罐顶、罐壁，使发酵液中菌体量减少，影响通气搅拌的进行，造成减产或菌体提前自溶；菌体提前自溶会促使更多的泡沫形成，造成恶性循环；如果减风量，则会影响溶解氧浓度，影响微生物的生长和代谢；加消泡剂，又会给提取工艺带来困难。因此，泡沫的消除和防止很重要。可通过改变培养基成分，减少通气，选育新的生产菌种以控制泡沫；也可通过化学法或机械法消泡。化学法应用面广，主要是添加消泡剂（油类等）消泡。由于消泡剂本身的表面张力较低，当其与气泡膜表面接触时，可使气泡膜局部的表面张力降低，从而使气泡破裂。消泡剂是表面活性剂，具有一定的亲水性，溶解度较小，无毒，不会干扰溶氧、pH 等测定仪表的使用，来源广，价廉。但是，添加消泡剂会消耗多种油类或化工原料，使发酵液中氧的吸收量减少。机械法靠机械强烈振动，造成压力的变化，使气泡破裂，或借助机械力将排出气体中的液体加以分离回收。机械消泡节省原料、减少了染菌机会，但不能从根本上消除引起气泡的原因，不如化学消泡迅速可靠，无须设备，可减少耗能。

3. 盐

盐除影响食品风味、口感外，更重要的是对发酵食品中的微生物产生影响。新鲜的蔬菜含有大量的各种微生物菌群，包括许多具有潜在危害的微生物和少量的乳酸菌。但蔬菜在进行发酵时，由于缺氧和高浓度盐等多种因素的存在，可使发酵过程受到影响，微生物类别也趋于减少。当蔬菜在含盐量 8%左右进行腌渍并进行自然发酵生产泡菜时，盐溶液维持了一系列微生物的生长和发酵环境。这一过程可分为发酵起始、主发酵、二次发酵和后发酵等四个阶段，成为主要优势菌的微生物涉及细菌、酵母、霉菌等较多的微生物种属。

4. 发酵剂、菌体浓度和基质

发酵剂（starter culture）是指用于生产发酵食品的单一微生物纯培养物或不同微生物的组合。因各种发酵食品（如酸乳、面包、馒头、葡萄酒、干酪、饲料等）的特性不同，生产上使用的菌种纯培养物也不同，有酵母、霉菌和乳酸菌及其组合。常用的乳酸菌有乳酸球菌，包括嗜热链球菌、乳酸链球菌、乳脂链球菌、明串球菌等；乳酸杆菌包括嗜酸乳杆菌、德氏乳杆菌保加利亚亚种、嗜热乳杆菌、干酪乳杆菌等。当发酵剂接种到不同的发酵食品原料中时，在一定条件下可进行繁殖，其代谢产物可使发酵产品具有一定酸度、滋味、香味和变稠等特性。不仅使产品延长了保藏时间，同时也改善了食品的营养价值和可消化性。例如，利用发酵剂生产酸乳，其主要作用是分解乳糖产生乳酸，产生挥发性物质（如丁二酮、乙醛等），使其具有典型的风味，具有一定的降解脂肪、蛋白质的作用，使酸乳更利于被消化吸收，在酸化过程中可抑制致病菌的生长。

还有一些其他因素可影响发酵过程，如菌体浓度和基质，可依靠调节培养基的浓度来控制菌体浓度。首先确定基础培养基配方中的适当配比，避免产生过浓（或过稀）的菌体量。

然后通过中间补料来控制，如当菌体生长缓慢、菌体浓度太稀时，则可补加一部分磷酸盐，促进菌体生长，提高菌体浓度；但补加过多，则会使菌体过分生长，超过临界浓度，对产物合成产生抑制作用。利用菌体代谢产生的 CO_2 量来控制生产过程的补糖量，可以控制菌体的生长和浓度。基质即培养微生物的营养物质，有碳源、氮源、无机盐等。在工业上，发酵培养基中常采用含迅速和缓慢利用的混合碳源、氮源。有时还要在发酵过程中补加碳源和氮源来控制浓度。磷是微生物菌体生长繁殖所必需的成分，也是合成代谢产物所必需的。磷酸盐浓度的控制，一般是在基础培养基中采用适当的浓度。

第三节　典型的发酵食品及相关微生物

一、啤酒、白酒和葡萄酒及相关微生物

(一) 啤酒及相关微生物

啤酒是大麦或麦芽、大米等谷物经酵母发酵加工而成。大麦为酵母提供了啤酒中用于乙醇发酵的糖，也提供了维持酵母生长所需要的氮源（氨基酸）。啤酒酿造工艺流程基本要通过三个阶段：制麦、糖化和发酵。在啤酒装瓶前，还需要用过滤的方法进行澄清。

1. 啤酒酵母

用于酿造啤酒的酵母在麦汁中25℃培养3d，细胞以长卵形为主，长宽比为1∶2，酵母细胞出芽长大后不脱落，再出芽。由于在酿造过程中，该类酵母易漂浮在泡沫层中，在液面上可进行发酵，所以，这类酵母又称“上面发酵酵母”。啤酒酵母能发酵葡萄糖、麦芽糖、蔗糖，不能发酵蜜二糖和乳糖，棉子糖可被发酵1/3。

2. 葡萄汁酵母

葡萄汁酵母是卡尔斯伯酵母（*S. carlsbergensis*）、娄哥酵母（*S. Logos*）和葡萄汁酵母的合称。该酵母在麦汁中25℃培养3d，细胞为圆形、卵形、椭圆形或长圆形。在发酵结束时，酵母沉于底部，又称“下面发酵酵母”。葡萄汁酵母均能全部发酵棉子糖。

在啤酒界，酵母种的分类通常按发酵特性（对棉子糖发酵）来分，菌株之间按照繁殖速率、增殖倍数、代谢产物中某些物质的多少、凝聚性、耐性、抗性等生产特性来区分，各啤酒厂都有自己独特的菌株，可形成酿造技术和啤酒风味的多样化。

(二) 白酒及相关微生物

白酒主要是用高粱、小麦、玉米等淀粉质原料经蒸煮、糖化、发酵和蒸馏而制成的。根据发酵剂与工艺不同，一般可将蒸馏白酒区分为大曲酒、小曲酒、麸曲白酒及液态白酒四大类。“千年老窖产好酒”是中国传统白酒生产实践的科学总结，能充分说明窖池在曲酒生产中的重要地位。

1. 酒窖窖泥微生物

中国传统白酒生产，窖池是基础，操作是关键。随着对白酒微生物的深入研究，人们认识到老窖泥中含有以细菌为主的多种微生物。酒醅是酿造白酒的术语。一般指固态发酵法酿造白酒时，窖内正在发酵或已发酵好的固体物料。白酒生产以酒醅为营养来源，以窖泥和酒

醅为活动场所，经过缓慢的生化作用，可产生出以各种酯类为主体的香气成分。接近窖底和窖壁的酒醅，蒸出的酒较芳香。老窖和新窖的根本差别是它们所含的产香微生物数量和种类不同。老窖泥中主要有己酸菌、丁酸菌等细菌类微生物以及酵母等。

窖泥微生物的生态分布随窖龄和在窖内所处的位置的不同而不同。老窖的细菌总数一般为新窖菌数的 3 倍左右，是中龄窖的 2 倍左右。嫌气性细菌数也是老窖明显多于新窖，大约为 4 倍。嫌气性芽孢杆菌数，老窖是新窖的 3 倍多。在芽孢细菌中，嫌气性芽孢杆菌明显多于好气性芽孢杆菌，窖龄越老，差别越大。老窖泥是嫌气芽孢杆菌的主要栖息地。浓香型曲酒的酿造离不开老窖泥的原因，就在于窖泥中存在着大量的嫌气性梭状芽孢杆菌和其他厌氧功能菌。

2. 大曲发酵酒醅微生物

大曲发酵酒是用纯小麦或添加部分大麦、豌豆等原料按照传统工艺经自然发酵制成的。酒醅经过清蒸或混蒸，酒醅中的微生物已被杀灭，但在摊凉、下曲或堆集、入窖以后，又会使窖内酒醅中形成混杂的微生物体系。大曲酒发酵是较为粗放的多菌种混合发酵过程，参与发酵的微生物种类很多，数量巨大，它们相互依存、密切配合，可形成一个动态的微生物群系。正是这些复杂的微生物群体进行的生化作用，形成了大曲酒多达 200 多种的风味成分，并且相互协调、烘托、关联，使大曲酒成为独具中国特色的饮料酒。

发酵酒醅的微生物主要来源于酒曲。加曲不但使大量有益的酿酒微生物菌种直接转移到发酵酒醅中，而且还给酒醅提供了以淀粉酶、蛋白酶为主的各种酶类。这些酶的作用，为酒醅微生物的生长繁殖提供了大量营养和能源，特别是在前发酵和主发酵阶段，为以酵母菌等为主的各类微生物的大量增殖和发酵提供了充分的糖类。大曲还给酒醅带来了数量可观的、多种多样的代谢产物，主要是淀粉和蛋白质的分解产物以及它们的转化物质，这些物质在大曲酒的口味和香气方面起着重要作用。

从大曲微生物优势类群变化情况来看，低温期微生物群中以细菌占绝对优势，其次为酵母菌，再次为霉菌。其中，曲皮部分的酵母菌与霉菌数量远高于曲心部分，细菌数量相差不多。

3. 小曲微生物

小曲酒与大曲酒相比，无论在生产方法上还是在成品酒的风格特征上都有所不同，其特点在于用曲量小，发酵期短，出酒率高。

小曲又称药曲，因曲胚形小而取名为小曲，是用米粉、米糠和中草药接入隔年陈曲经自然发酵制成的。近年来，有不少厂家已采用纯种根霉代替传统小曲了。但在名优酒酿造中仍采用传统小曲作为接种剂。而在小曲中加入中草药是为了抑制杂菌的生长。

小曲中的优势微生物种类主要是根霉和少量毛霉、酵母等。此外，还有乳酸菌、醋酸菌以及污染的一些杂菌，如芽孢杆菌、青霉、黄曲霉等。各种小曲中分离得到的根霉菌株其性能各异，糖化力、酒精发酵力和蛋白质分解力等性能依种类不同而异。有些根霉能产生有机酸，如米根霉能产生乳酸，黑根霉能产生延胡索酸和琥珀酸。有些种类则能产生芳香的酯类物质。

小曲在小曲酒的酿造过程中起发酵剂的作用。它为酒醅接入糖化菌种（根霉和毛霉）和发酵菌种（酵母菌）。这就是小曲酿酒用曲量小的原因。用小曲酿造的酒一般香味较淡薄，属于米香型白酒。

4. 麸曲白酒酿造和相关的微生物

采用麸曲加酒母代替传统大曲所酿制的蒸馏白酒称为麸曲白酒。其质量、风味和大曲酒虽有显著区别，但它仍具有传统白酒固有的香气与滋味。各地所产麸曲白酒，因原料品种不同而各有特色。

麸曲又称糖化曲，它是用来进行淀粉糖化的霉菌制品，利用麸曲中的霉菌淀粉酶水解淀粉产生麦芽糖或葡萄糖的生产过程称为糖化过程。麸曲是用麸皮、酒糟及谷壳等原辅材料加水配制成的曲料，经常压蒸汽杀菌后，接入纯菌种培养制得，不需用粮食，生产周期短，又名块曲。麸曲中的糖化菌以曲霉为主，常用的有黑曲霉、米曲霉、黄曲霉及甘薯曲霉等。用麸曲酿酒具有节约粮食，出酒率高，能机械化生产，生产周期短，适用于多种原料酿酒等优点。麸曲白酒风味稍差，不及大曲和小曲酒，但若菌种搭配得当，操作精湛也能制得优质酒。

在普通蒸馏白酒酿造过程中，除使用麸曲外，还需要加入酒母，它是乙醇发酵的发酵剂，其作用是将可发酵性糖转化为乙醇和二氧化碳，酒母是纯种酵母的扩大培养物。近年来，有些厂家常随酿酒酵母一起加入一些产酯能力强的生香酵母，以改善普通蒸馏白酒的风味。

(三)葡萄酒及相关微生物

葡萄酒是用新鲜葡萄或葡萄汁通过酵母发酵作用后经处理而成。

1. 葡萄酒酿造微生物

葡萄酒酿造的微生物主要是葡萄酒酵母。有时还采用苹果酸-乳酸发酵细菌。

（1）葡萄酒酵母　用于葡萄酒酿造的葡萄酒酵母在植物学分类上为子囊菌纲、酵母菌属、啤酒酵母种。啤酒酵母能发酵葡萄糖、果糖、麦芽糖、蔗糖、半乳糖，不能发酵蜜二糖和乳糖，棉子糖发酵 1/3。优良葡萄酒酵母通常具有以下特性。

除葡萄本身的果香外，酵母也能产生果香和酒香，能将糖分全部发酵完，残糖在 4g/L 以下。具有较高的对二氧化硫的抵抗力，具有较高的发酵能力，一般可使酒精含量达到 16% 以上。有较好的凝集力和较快沉降速度。能在低温（15℃）或果酒的适宜温度下发酵，以保持果香和新鲜清爽的口味。

（2）苹果酸-乳酸发酵细菌　苹果酸-乳酸发酵可以使葡萄酒中的苹果酸转化为乳酸和二氧化碳，降低葡萄酒的酸度，改善口味和香气。某些乳酸菌能进行苹果酸-乳酸发酵。

2. 葡萄酒酿造中的主要污染微生物

葡萄酒酿造中的主要污染微生物有葡萄酒醭酵母（*Mycodema Vini*）、醋酸菌、苦味菌（*Bacillus amaracrylus*）和乳酸菌等。

（1）葡萄酒醭酵母　葡萄酒醭酵母俗称酒花菌，大小为（3~10）μm×（2~4）μm，不产生孢子，也不使糖发酵成乙醇和二氧化碳，该菌感染葡萄酒时，酒表面先产生一层灰白色或暗黄色的膜，开始时光滑，随后逐渐增厚，膜上会产生许多皱纹，当膜破裂后，可分成无数白色小片或下沉颗粒使酒混浊，口味变坏。主要防治措施有减少空气接触、充二氧化碳或二氧化硫气体，提高酒精含量等。

（2）醋酸菌　污染葡萄酒的醋酸菌主要是醋酸杆菌。该菌污染葡萄酒时，酒面上将产生一层淡色的薄膜，最初透明，随后变暗，有时会出现皱纹，当薄膜部分沉入桶底时，将形成一种黏性物质，俗称醋蛾或醋母。防治措施有加入较大剂量的二氧化硫、充二氧化碳、杀菌等。

（3）苦味菌　污染葡萄酒的苦味菌为杆状，多枝、多节、互相重叠，该菌污染葡萄酒后，葡萄酒变苦，苦味来源是丙烯醛或没食子酸乙酯。主要防治措施是采用二氧化硫杀菌及防止酒温很快升高。

（4）乳酸菌　污染葡萄酒的乳酸菌为乳酸杆菌和纤细杆菌，大小为（0.5~0.7）μm×（0.7~1.5）μm，单个或链状，污染葡萄酒后可产生沉淀和具有酸白菜和酸牛乳的风味。

二、酸乳和干酪及相关微生物

（一）酸乳及相关微生物

酸乳是以牛乳或乳粉为原料进行有控制的乳酸发酵所制得的产品。用于酸乳制造的乳酸细菌主要有嗜热链球菌、德氏乳杆菌保加利亚亚种、嗜酸乳杆菌、双歧杆菌等，它们具有各自的生理生化特性。

1. 嗜热链球菌（*Streptococcus thermophilus*）

革兰氏阳性菌，微需氧；最适生长温度为40~45℃；能发酵葡萄糖、果糖、蔗糖和乳糖；在85℃下能耐受20~30min；蛋白质的分解能力微弱；对抗生素极敏感；细胞呈卵圆形，可成对或形成长链。细胞形态与培养条件有关。在30℃乳中培养时，细胞成对，而在45℃时呈短链；在高酸度乳中细胞呈长链；液体培养时，细胞呈链状；平板培养时细胞膨胀变粗，有时会呈杆菌状，形成针尖状菌落。嗜热链球菌的某些菌株在平板移接时，如中间不经过牛乳培养，往往得不到菌落。这些菌株是典型的牛乳菌。嗜热链球菌为同型乳酸发酵菌，产生L（+）-乳酸；代谢过程中有风味物质双乙酰产生。

2. 德氏乳杆菌保加利亚亚种（*Lactobacillus delbrueckii* subsp. *Bulgaricus*）

革兰氏阳性菌，微厌氧；最适生长温度为40~43℃；能发酵葡萄糖、果糖、乳糖，但不能利用蔗糖；对热的耐受性差，个别菌株在75℃条件下能耐受20min；蛋白质分解能力弱；对抗生素不如嗜热链球菌敏感；细胞两端钝圆，呈细杆状，单个或成链，频繁传代会变形。培养基和培养温度对细胞形态影响很大。在20℃乳中培养，细胞可成为长的纤维状菌；在50℃下培养，细胞停止生长，如在该温度下继续培养，细胞形状将变得不规则。在冷凉的酸乳中，由于受温度和高酸度的影响，会有异常杆菌出现。在琼脂平板上培养时，细胞形状不规则，属同型乳酸发酵菌，能产生D（-）-乳酸；将嗜热链球菌和德氏乳杆菌保加利亚亚种混合培养时，两者的生长情况都比各自单独培养时好。

3. 嗜酸乳杆菌（*Lactobacillus aciditicphilus*）

革兰氏阳性菌，微厌氧；最适培养温度为35~38℃；能发酵葡萄糖、果糖、蔗糖和乳糖，此外，还能利用麦芽糖、纤维二糖、甘露糖、半乳糖和水杨苷等作为生长的碳源；对热的耐受性差，蛋白质分解力弱，对抗生素比嗜热链球菌更敏感；细胞两端钝圆，呈杆状，单个、成双或成短链；属同型乳酸发酵，产D-乳酸、L-乳酸。嗜酸乳杆菌的最适生长pH为5.5~6.0，对培养基营养成分要求较高。用牛乳培养时，一般都添加酵母膏、肽或其他生长促进物质，使用合成培养基时需添加番茄汁或乳清，能耐胃酸和胆汁，在肠道中可存活。

4. 双歧杆菌（*Bifidobacterium*）

革兰氏阳性菌，专性厌氧，但目前用于生产的菌株有不同程度的耐氧性，有的甚至可以在有氧环境下进行培养，经多次传代后，革兰氏染色反应会转为阴性。最适培养温度为

37℃，能发酵葡萄糖、果糖、乳糖和半乳糖。除两歧双歧杆菌（*B. bifidum*）仅缓慢利用蔗糖外，短双歧杆菌（*B. breve*）、长双歧杆菌（*B. longom*）和婴儿双歧杆菌（*B. infantis*）等均能发酵蔗糖。对热耐受性差，蛋白质分解力微弱，对抗生素敏感。细胞形状多样。不同菌种，不同培养条件，细胞的形态很不一样。有棍棒状、勺状、V 字状、弯曲状、球杆状和 Y 字形等，属异型乳酸发酵。除产生 L（+）-乳酸外，还有乙酸、乙醇和二氧化碳等生成，抗酸性弱，对营养要求复杂。含有水苏糖、棉子糖、乳果糖、异构化乳糖、聚甘露糖和 *N*-乙酰-α-D-氨基葡萄糖苷中的一种或几种的培养基有助于双歧杆菌的生长。在培养基中添加还原剂维生素 C 和半胱氨酸对培养双歧杆菌有好处。

用上述乳酸菌作为酸乳发酵剂时，应采用适当的方法对发酵剂进行调制。用来制作酸乳的发酵剂有两种。一是从市场上购买的冷冻干燥发酵剂。使用这种发酵剂有以下优点：不必进行菌种的保存与管理；省去了逐级扩大和培养的过程；可减少杂菌污染的机会；嗜热链球菌和保加利亚乳杆菌两者的比例固定，这对保持酸乳质量有很大的好处。二是经逐级扩大培养制得的发酵剂。无论制作哪一类发酵剂，所使用的牛乳或复原乳中不得含有抗生素等阻碍乳酸菌生长的物质。制作种子培养基时，一般在 110~115℃条件下将牛乳加热 30min。母发酵剂和工作发酵剂培养基所使用的牛乳，需经 90~95℃加热灭菌 30~35min。牛乳经加热灭菌处理后，在 37℃下空白培养 24h，检查无异常变化后，再进行接种操作。

当嗜热链球菌与德氏乳杆菌保加利亚亚种配合使用时，生产酸乳的凝固时间比使用单一菌株短，因为二者之间存在共生关系，德氏乳杆菌保加利亚亚种能使各种氨基酸从酪蛋白中游离出来，促进嗜热链球菌的生长，在此后的发酵过程中，因受乳酸的影响，乳球菌的生长受到抑制。而在此期间，嗜热链球菌可产生甲酸，可促进德氏乳杆菌保加利亚亚种的生长，菌数接近球菌。当酸乳的滴定酸度为 28°时，嗜热链球菌与德氏乳杆菌保加利亚亚种的菌数之比为 0.18；酸度为 91°时，二者比值为 0.78；而酸度上升到 120°时，二者比值为 1.28。

(二) 干酪及相关微生物

干酪的主要成分是蛋白质和脂肪。它是一种营养丰富、风味独特、较易消化的食品。干酪是由牛乳或其他动物乳的凝块制成的。其制作过程大致如下：在经巴氏杀菌的牛乳中加入乳酸菌和凝乳酶，凝固乳中的酪蛋白而制得凝乳，然后经加热、分离乳清、加压、加盐和存放成熟。不论何种类型的干酪都从制凝乳开始，随后对凝乳或乳清进行各种不同的处理。

根据干酪的质地和成熟的基本方式，可将干酪区分为硬质干酪、半硬干酪和软质干酪三类。它们可用细菌或霉菌将干酪制成熟，或者不经成熟过程。在硬质干酪中，有的细菌产生气体，使干酪形成气孔，如瑞士干酪；有的则不产生气体，因此不形成气孔，如帕弥散。在软质干酪中，林堡干酪主要用细菌成熟，卡门贝尔干酪用霉菌成熟，农家干酪则不经成熟。

1. 干酪微生物次生菌群

大量微生物繁殖生长在成熟干酪的表面和干酪基质的内部，它们随干酪种类和制作工艺的不同而异。大多数情况下会形成复杂的多种微生物的混合体。商业化开发的微生物能够控制和改善干酪的风味及其质构，并可以用巴氏杀菌乳制作出有“生乳”风味的干酪。目前已分离到的一些重要的干酪次生菌群有以下几种。

（1）霉菌　卡门贝尔干酪青霉是霉菌成熟干酪的主要菌种。它分为两个种：产生灰白色表面菌丝的卡门贝尔干酪青霉（*P. camemberti*）和产生纯白表面菌丝的酪生青霉（*P. candidum*）。还有成熟蓝纹干酪的娄地青霉（*P. roqueforti*）

（2）酵母　酵母是许多霉菌成熟干酪的微生物群的重要组成部分，特别是蓝纹干酪、软质霉菌成熟干酪。克鲁维酵母、假丝酵母、德巴利氏酵母和糖酵母是最常见的酵母。

（3）细菌　在干酪次生菌群中特别重要的细菌有微球菌、乳杆菌、片球菌、棒状杆菌和丙酸杆菌。微球链菌是好氧的耐盐细菌，生长温度为10~20℃。在硬、半硬和霉菌成熟的干酪基质中也发现有微球菌的存在。近年的研究表明，微球菌在干酪的成熟过程中发挥着重要作用。另外，也已分离出了具有高蛋白水解和脂类水解活力的菌株。在干酪中发现的微球菌有溶酪微球菌和变异微球菌等。许多硬干酪、半硬干酪的次生菌群中的主导菌是嗜温的乳杆菌。

2. 干酪微生物次生菌群的功能

次生菌群的生长、代谢活性及蛋白质水解酶与脂类水解酶的分泌可以改变干酪的质构和风味。卡门贝尔青霉利用蛋白酶以及肽酶分解酪蛋白，可生成肽和氨基酸，接着氨基酸被降解成一系列的风味成分，如氨、醛、胺、甲硫醇。霉菌对乳中脂肪的水解同样很活跃，5%~20%的甘油三羧酸可以被降解成游离脂肪酸和其他的风味成分如甲基酮。这种水解脂肪的能力远比在大多数干酪中的水解脂肪能力要高。霉菌的脱酸活性以及蛋白水解活性能明显改善成熟干酪的质构，可将成熟干酪从硬实的质构变为典型的霉菌成熟软干酪的半流体质构。硫在风味改进方面也起着重要的作用，特别是在细菌表面成熟的干酪中。这些成分主要由扩展短杆菌（*Brevibacterium linens*）产生。扩展短杆菌产生的蛋白酶和肽酶可强烈地分解酪蛋白，形成高浓度的氨基酸，并继续分解含硫的芳香物质。扩展短杆菌可以分泌出脂肪酶、羧酸酯酶和甘油酯水解酶，具有水解脂肪的能力。

非发酵剂乳酸菌是硬和半硬干酪的主要次生菌群。它们主要是嗜温乳杆菌。目前，非发酵剂乳酸菌的单独应用并没有像霉菌、酵母和短杆菌那样普遍。非发酵剂乳酸菌具有蛋白酶、肽酶，包括氨肽酶、脯氨酸亚氨肽酶和羧肽酶。

三、面包及相关微生物

面包是以小麦面粉为主要原料，与酵母和其他辅料一起加水调制成面团，再经发酵、整形、成型、烘烤等工序加工制成的发酵食品。最简单的面包制作方法是一次发酵法。我国最流行的面包烘焙工艺是二次发酵法，又称中种法。该方法是先将部分面粉（30%~70%）、部分水和全部酵母调成的面团（酵头，sponge），在28~30℃下发酵3~5h，然后与其余原辅料相混合，调制成成熟面团，静置醒发30min，使面团松弛，再分块、成型、醒发和烘烤。中种法生产的面包柔软、蜂窝壁薄、体积大、老化速度慢，不受时间和其他条件的影响，缺点是生产时间较长。

面包生产一个重要的工序是发酵，发酵的目的是除了要产生面包风味物质以外，还要产生气体使面团膨胀，以保证面包的外形体积。控制二氧化碳气体产生的数量、速度以及和面团保持气体的能力相平衡是面团发酵的关键。酵母产气时间和数量最好与面团的保持气体能力相平衡，这样既能保证足够的发酵进程，又能保证有一定量的气体，以保证面包体积。在面包发酵过程中，除纯种接种的面包酵母等微生物之外，操作环境、食品配料中固有的微生物等都有可能进入发酵面团，如面包房里常存在的果实酵母、少孢酵母等。另外，在传统面包制作工艺中，老面团的使用，使微生物种类更加丰富。在面包成品中也能找到假丝球拟酵母等酵母，其数量甚至可以占到酵母菌群的50%。有些菌种成为优势菌种，甚至完全可以取代啤酒酵母在发酵中的作用，如少孢酵母在一些面包生产厂家，已经作为单一菌种或优势菌种被使用了。除酵母菌外，乳酸菌群也是许多面包如黑麦面包中必需的微生物组成部分，但其在数量上并不太多。乳酸菌群主要来源于原料的配料，其对食品风味的形成作用很大。在发酵过程中，乳酸菌通常是3~4种菌依次出现，其中1~2种菌为优势菌，如旧金山乳杆菌、桥乳杆菌、巴伐利亚乳杆菌、戊糖片球菌、植物乳杆菌、约氏乳杆菌、短乳杆菌等，通过产酸降低pH，分泌细菌素，以抑制其他微生物的生长繁殖。

四、调味品及相关微生物

(一)酱油及相关微生物

酱油是一种常用的咸味调味品。它是以蛋白质原料和淀粉质原料为主，经米曲霉、酵母菌、乳酸菌等多种微生物共同发酵而成。酱油中含有多种调味成分，有酱油的特殊香味、食盐的咸味、谷氨酸钠盐的鲜味及其他醇甜物质的甜味、有机酸的酸味、酪氨酸等爽适的苦味，还有天然的红褐色色素，是咸、酸、鲜、甜、苦五味调和，色香俱备的调味佳品。

在酱油酿造过程中，利用微生物产生的蛋白酶将原料中的蛋白质水解成多肽、氨基酸，是酱油的营养成分以及鲜味的来源。另外，部分氨基酸的进一步反应与酱油香气、色素的形成有直接关系。因此，蛋白质原料对酱油色、香、味、体的形成至关重要，是酱油生产的主要原料。酱油酿造一般选择大豆、脱脂大豆作为蛋白质原料，也可选用其他蛋白质含量高的代用原料，例如蚕豆、豌豆、绿豆、花生饼、葵花籽饼、芝麻饼、脱毒的菜籽饼和棉籽饼等。

酱油酿造是半开放式的生产过程，环境和原料中的微生物都可能参与到酱油的酿造中。在酱油酿造的特定工艺条件下，并非所有的微生物都能生长，只有那些人工接种的或适合酱油酿造微生态环境的微生物才能生长繁殖并发挥作用。这些微生物主要有米曲霉、酵母、乳酸菌及其他细菌。它们具有各自的生理生化特性，对酱油品质的形成有重要作用。

1. 米曲霉

米曲霉（*Aspergillus oryzae*）是曲霉的一种。由于它与黄曲霉（*Aspergillus flavus*）十分相似，所以过去很长一段时间归属于黄曲霉群，甚至直接就称为黄曲霉。后来证明，酿造酱油用的黄曲霉不产黄曲霉毒素，为了区分产黄曲霉毒素的黄曲霉，特命名其为米曲霉。

米曲霉可以利用的碳源是单糖、双糖、淀粉、有机酸、醇类等。氮源有铵盐、硝酸盐、尿素、蛋白质、酰胺等。磷，钾、镁、硫、钙等也是米曲霉生长所必需的。由于米曲霉分泌的蛋白酶和淀粉酶是诱导酶，在制备酱油曲时要求配料中有较高的蛋白质和适当的淀粉，以便诱导酶的生成。大豆或脱脂大豆中富含蛋白质，小麦、麸皮中含有淀粉，这些农副产品也含有较丰富的维生素、无机盐等营养物质，以适当的配比混合做制曲的原料，来满足米曲霉繁殖和产酶需要。

用于酱油酿造用的米曲霉菌株应符合如下基本要求：不产黄曲霉毒素；蛋白酶、淀粉酶活力高，有谷氨酰胺酶活力；生长速度快，培养条件粗放、抗菌能力强；不产生异味，酿制的酱油香气好。目前国内常用的菌株有以下几种。AS3.863，其蛋白酶、糖化酶活力强，生长繁殖快速，制曲后生产的酱油香气好。AS3.951（沪酿3.042），以AS3.863为出发菌株，可经紫外线诱变得到，蛋白酶活力比出发菌株高，用于酱油生产的蛋白质利用率可达75%。生长繁殖快，对杂菌抵抗力强，制曲时间短，生产的酱油香气好。但该菌株的酸性蛋白酶活力低。UE328、UE336，以 AS3.951 为出发菌株，用快中子、^{60}Co、紫外线、乙基磺酸甲烷、氧化锂等诱变剂处理得到，酶活力是出发菌株的 170%~180%。UE328 适用于液体培养，UE336 适用于固体培养。UE336 的蛋白质利用率为 79%，但制曲时孢子发芽较慢，制曲时间会延长 4~6h。渝 3.811 是从曲室泥中分离出菌株后经紫外线 3 次诱变得到的新菌株，芽孢发芽率高，菌丝生长快速旺盛，孢子多，适应性强，所制得的曲易管理，酶活力高。酱油曲霉（*Aspergillus sojae*）是日本学者坂口从酱曲中分离出来的，用于酱油生产。酱油曲霉分生孢子表面有小突起，孢子柄表面平滑，与米曲霉相比，其碱性蛋白酶活力较强。在分类上，酱油曲霉属于米曲霉系。

2. 酵母菌

从酱醅中分离出的酵母菌有 7 个属 23 个种。其中，有的对酱油风味和香气的形成有重要作用，它们多属于鲁氏酵母（*Saccharomyces rouxii*）和球拟酵母（*Torulopsis*）。

鲁氏酵母是酱油酿造中的主要酵母菌，是一种耐盐性强的酵母，抗高渗透压。在含食盐 5%~8%的培养基中生长良好，在 18%食盐浓度下仍能生长，在 24%食盐浓度下生长弱。维生素 H、肌醇、胆碱、泛酸能促进它在高盐浓度下生长。在高食盐浓度下，其生长 pH 范围很窄，为 4.0~5.0。酱醅中典型的鲁氏酵母是大豆接合酵母（*Zygosacharomyces*）和酱醪接合酵母（*Zygosaccharomyces major*）的菌株。它们都能利用葡萄糖、麦芽糖及果糖发酵，不能发酵乳糖，不能利用硝酸盐。在酱醅发酵前期，由于酱醅中糖含量高，pH 适宜，酵母的乙醇发酵旺盛，酱醅中乙醇的含量可达到 2.0%以上，同时可生成少量甘油、琥珀酸以及其他多元醇。

球拟酵母在酱醅发酵后期，随着糖浓度降低和 pH 下降，鲁氏酵母能发生自溶，而球拟酵母的繁殖和发酵开始活跃。球拟酵母是酯香型酵母，能生成酱油的重要芳香成分，如 4-乙基苯酚、4-乙基愈创木酚、2-苯乙醇、酯类等，因此，认为球拟酵母与酱醅的香味成熟有关。另外，球拟酵母还能产生酸性蛋白酶，在发酵后期酱醅 pH 较低时，可对未分解的肽链进行水解。

酱醅中重要的球拟酵母有以下几种：①易变球拟酵母（*Torulopsis versatilis*），细胞呈圆形或卵圆形，大小为（2~8）μm×（3~10）μm，生长最适温度 25~30℃。35℃时生长弱，最适 pH 4~4.5，pH>5 时生长弱，食盐浓度 8%~12%以下时生长良好，食盐浓度在 18%时能生长，但需要维生素 B_1、肌醇、胆碱等生长因子，食盐浓度 24%时生长弱。无盐条件下能发酵麦芽糖和乳糖。食盐浓度在 18%时不能发酵乳糖。②埃契氏球拟酵母（*Torulopsis etchellsii*），细胞呈圆形或卵圆形，大小为（2~4）μm×（3~5）μm，最适生长温度为 25~30℃。35℃生长弱，37℃时不生长；最适 pH 4~4.5，pH>5 时生长弱，食盐浓度 8%~12%时生长良好，食盐浓度 18%时能生长，但需要维生素 B_1 作为生长因子，环胺和泛酸也能促进生长。食盐浓度在 18%时不能发酵乳糖。③蒙奇球拟酵母（*Torulopsis mogii*），细胞呈圆形。极少数为卵圆形，适宜生长温度为 30~35℃。在 10%食盐浓度的酱醅中生长旺盛，18%食盐浓度下能生长。在固体培养基上，菌落为乳白色，表面光滑有光泽，边缘整齐。

在发酵后期的酱醅中，由于糖分较少，已生成一定量的乙醇，氨基酸浓度增高，而且有高浓度的食盐存在，球拟酵母不会过度繁殖，但在采用添加人工培养酵母工艺时，增加鲁氏酵母也不会造成不良影响。球拟酵母添加过量，会使酱醅的香味恶化。这是因为球拟酵母能生成过量的乙酸、烷基苯酚等刺激性强的香味物质的缘故。

3. 乳酸菌

酱油酿造过程中的乳酸菌是生长在酱醅这一特定生态环境中的特殊乳酸菌，在该环境中生长的乳酸菌耐盐。有代表性的菌有嗜盐片球菌（*Pediococcuus halophilus*）、酱油微球菌（*Tetracoccus sojae*）、植物乳杆菌（*Lactobacillus plantanum*）。这些乳酸菌耐乳酸的能力不太强，不会因产过量乳酸使酱醅 pH 过低，造成酱醅质量的下降。适量的乳酸是构成酱油风味的重要因素之一。不仅乳酸本身具有特殊的香味而且对酱油有调味和增香作用，与乙醇生成的乳酸乙酯也是一种重要的香气成分。一般酱油中乳酸的含量在 15mg/mL。在发酵过程中，由嗜盐片球菌和鲁氏酵母共同作用生成的糠醇，赋予了酱油独特的香气。酱油乳酸菌的另一个作用是使酱醅的 pH 下降到 5.5 以下，并可促使鲁氏酵母繁殖和发酵。

嗜盐片球菌耐盐性强，在 18%食盐浓度溶液中繁殖良好，在 24%~26%食盐浓度溶液中生长未完全抑制，在高盐浓度时需要维生素 B、胆碱为生长促进因子。硝酸盐还原性、过氧化氢反应、亚甲基蓝还原性为阴性。

植物乳杆菌在含 10%食盐的培养基上生长良好。沪酿 1.08 植物乳杆菌适用于酱油的生产，在固态低盐发酵后期，添加该菌株和沪酿 2.14 蒙奇球拟酵母培养液，由于它们具有协同作用，可使酱油的风味得到明显改善。此外，在酱醅中也存在属于链球菌的乳酸菌，其中耐盐性的菌株也具有增加酱油风味的作用。

4. 其他微生物

在酱油酿造中，除上述优势微生物外，还有其他一些微生物存在，如酱油四联球菌，在耐盐性、所需生长因子和发酵糖类方面与嗜盐片球菌相同。

从酱油曲和酱醅中分离的微生物还有毛霉、青霉、根霉、产膜酵母、圆酵母、枯草芽孢杆菌、小球菌、粪链球菌等。当制曲条件控制不当或种曲质量差时，这些菌会过量生长，不仅消耗曲料营养成分，使原料利用率下降，而且可使成曲酶活力降低，产生异臭，曲发黏，使酱油浑浊、风味不佳。

（二）食醋及相关微生物

食醋是一种国际性的重要调味品，我国人民自古以来就有酿醋和食醋的传统。从总体上讲，食醋的酿造工艺可分为固态发酵和液态发酵两大类。我国的传统食醋多数采用固态发酵法，产品风味好，品质优良，色香味俱佳。但生产周期长、原料利用率低。目前，很多企业采用各种液态发酵法制醋。

食醋的酿造以及风味的形成是各种微生物代谢过程中一系列生物化学反应的结果。食醋酿造工艺就是为这种生命活动创造良好的环境条件，使生化过程朝着人们需要的生产目标进行，以获得最佳结果。

酿造食醋的有关微生物有曲霉、酵母菌和醋酸菌等。曲霉能使淀粉水解成糖，使蛋白质水解成氨基酸。酵母菌将糖在厌氧条件下发酵生成乙醇。醋酸菌将乙醇氧化成乙酸。食醋发酵就是这些微生物参与并协同作用的结果。食醋酿造过程中的主要微生物包括醋酸菌、霉菌和酵母菌等。

1. 醋酸菌

食醋生产中常用和常见醋酸菌如下所述。

（1）奥尔兰醋酸杆菌（*A. orleanense*）　它是法国奥尔兰地区用葡萄酒生产醋的主要菌株。生长最适温度为 30℃。该菌能产生少量的酯。产乙酸能力弱，能由葡萄糖产 5.3%葡萄糖酸，耐酸能力较强。

（2）许氏醋酸杆菌（*A. schutzenbachii*） 它是国外常见的速酿醋菌株，也是目前制醋工业重要的菌种之一。在液体中生长的最适温度为28~30℃，最高生长温度为37℃。该菌产酸高达11.5%。对乙酸无进一步的氧化作用。

（3）恶臭醋酸杆菌（*A. rancens*） 它是我国醋厂使用的菌种之一。该菌可在液面形成菌膜，并沿容器壁上升，菌膜下液体不浑浊。一般能产酸6%~8%。有的菌株产2%的葡萄糖酸，能将乙酸进一步氧化为二氧化碳和水。

（4）攀膜醋酸杆菌（*A. scendens*） 它是葡萄酒、葡萄醋酿造过程中的有害菌，在醋中能被分离出来。最适生长温度为31℃，最高生长温度44℃。在液面易形成破碎的膜，菌膜能沿容器壁上升得很高，菌膜下液体很浑浊。

（5）胶膜醋酸杆菌（*A. xylinus*） 它是一种特殊的醋酸菌，若在酿酒醪液中繁殖，会引起酒的酸败、变黏。该菌生成乙酸的能力弱，又会氧化分解乙酸，因此，是酿醋的有害菌。在液面上，胶膜醋酸杆菌会形成一层皮革状类似纤维样的厚膜。

（6）AS1.41醋酸菌 它属于恶臭醋酸杆菌，是我国酿醋工艺长期使用的菌株之一。该菌细胞呈杆状，常呈链状排列，单个细胞大小为（0.3~0.4）μm×（1~2）μm，无运动性，无芽孢。在不良条件下，细胞会伸长，变成线形或棒形，呈管状膨大。在平板培养时菌落会隆起。表面平滑，菌落呈灰白色；液体培养时则形成菌膜。该菌生长适宜温度为28~30℃，生成乙酸的最适温度为28~33℃，最适pH为3.5~6.0，耐受乙醇浓度为8%（体积分数）。最高产乙酸浓度为7%~9%，产葡萄糖酸能力弱。能氧化分解乙酸为二氧化碳和水。

（7）沪酿1.01醋酸菌 它是从丹东速酿醋中分离得到的，是我国食醋工厂长期使用的菌种之一。该菌细胞呈杆形，常呈链状排列，菌体无运动性，不形成芽孢。在含乙醇的培养液中，常在表面生长，可形成淡青灰色薄层菌膜。在不良条件下，细胞会伸长，变成线形或棒状，有的呈膨大状，有分支。该菌由乙醇产乙酸的平均转化率为93%~95%。

2. 食醋酿造用其他微生物

传统工艺制醋是利用自然界中野生菌制曲、发酵的，涉及的微生物种类繁多，如根霉、曲霉、毛霉、犁头霉；酵母属中有汉逊氏酵母、假丝酵母以及芽孢杆菌、乳酸菌、乙酸菌、产气杆菌等。在众多微生物中，有对酿醋有益的菌种，也有对酿醋有害的菌种。新法酿醋，均采用经人工选育的纯培养菌株，进行制曲、乙醇发酵和乙酸发酵。其优点是酿醋周期短，原料利用率高，可带来显著的经济效益。

（1）曲霉菌 曲霉菌有丰富的淀粉酶、糖化酶、蛋白酶等酶系，因此，常用曲霉菌制糖化曲。糖化曲是水解淀粉质原料的糖化剂，其主要作用是将制醋原料中淀粉水解为糊精，蛋白质被水解为胨肽、氨基酸，有利于下一步酵母菌的乙醇发酵以及以后的乙酸发酵。曲霉菌可分为黑曲霉和黄曲霉两大类群。黑曲霉的分生孢子穗呈炭黑色或褐黑色或紫黑色，因此，菌丛呈黑色，但也有无色的突变种。黑曲霉最适生长温度为30~35℃，除分泌糖化酶、液化酶、蛋白酶、单宁酶外，黑曲霉还有果胶酶、纤维素酶、脂肪酶、氧化酶、转化酶活性。黄曲霉群包括黄曲霉和米曲霉。它们的主要区别在于前者小梗多为双层，而后者小梗多为单层，很少有双层，黄曲霉的分生孢子穗呈黄绿色，在发育过程中菌丛先由白色转为黄色，最后变成黄绿色，衰老的菌落则呈荧褐色，最适生长温度为30~35℃。黄曲霉群的菌株除有丰富的蛋白酶、淀粉酶外，还有纤维素酶、转化酶、菊粉酶、脂肪酶、氧化酶等。黄曲霉中的某些菌株会产生对人体致癌的黄曲霉毒素。为安全起见，必须对菌株进行严格检测，确认无黄曲霉毒素产生者方能使用。米曲霉一般不产生黄曲霉毒素。

（2）酵母菌　在食醋酿造过程中，淀粉质原料经曲的糖化作用产生葡萄糖，通过酵母菌作用将葡萄糖转化为乙醇和二氧化碳，完成酿醋过程中的乙醇发酵阶段。除酒化酶系外，酵母菌还有麦芽糖酶、蔗糖酶、转化酶、乳糖分解酶和脂肪酶等。在酵母菌的乙醇发酵过程中，除生成乙醇外，还有少量有机酸、杂醇油、酯类等物质的生成。这些物质对形成醋的风味有一定作用。酵母菌培养和发酵的最适温度为25~30℃，因菌种不同而稍有差异。

思考题

1. 发酵技术的特点及发酵方式有哪些？
2. 与食品发酵有关的因素有哪些，如何进行控制？
3. 发酵剂中常见的微生物菌群有哪些？
4. 简述微生物发酵产乙醇的原理。
5. 简述与白酒酿造相关的微生物特点。
6. 葡萄酒酿造微生物及主要污染微生物有哪些？
7. 简述与乳制品发酵相关的微生物及工艺特点是什么？
8. 列举通过微生物发酵所得的调味品，简述其相关的微生物及酶系。

主要参考文献

［1］王福源. 现代食品发酵技术［M］. 2版. 北京：中国轻工业出版社，2004.

［2］路秀玲，欧宏宇. 中外传统发酵技术对比［J］. 中国食物与营养，2000（2）：19-20.

［3］马永强. 传统发酵食品工艺学［M］. 北京：化学工业出版社，2010.

［4］敝颜，赵辉. 传统白酒发酵微生物的研究进展［J］. 食品工业科技，2010.

［5］黄持都，鲁绯，纪凤娣. 酱油研究进展［J］. 中国酿造，2009（10）：7-9，28.

［6］李里特，李风娟. 传统发酵食品的机遇与创新［J］. 农产品加工，2009.

［7］张兰威. 发酵食品工艺学［M］. 北京：中国轻工业出版社，2011.

［8］邹晓葵. 发酵食品加工技术［M］. 北京：金盾出版社，2010.

［9］李约瑟. 中国科学技术史［M］. 北京：科学出版社，2008.

［10］Geoffrey Campbell - Platt. Food Science and Technology［M］. New York：WILEY - BLACKWELL，2008.

［11］郝林. 食品生物技术概论［M］. 北京：中国林业出版社，2012.

第二章

CHAPTER 2

酶技术

[学习指导]

本章介绍了酶催化的特点及其催化机制、酶反应的影响因素、酶在食品加工中的应用。要求掌握酶催化的特点及其催化机制，以及酶反应的影响因素，了解酶在粮油食品加工、果蔬食品加工、肉制品和水产制品加工、乳和蛋制品加工中的应用。

第一节　酶催化的特点及其催化机制

一、酶催化的特点

酶是生物催化剂，除少数具有有催化活性的 DNA 分子和 RNA 分子之外，绝大多数酶的化学本质都是蛋白质。生物体内及体外自然环境中的很多化学反应，几乎都是由酶催化的。酶所催化的反应叫酶促反应。酶促反应中被酶作用的物质称为底物。经反应生成的物质称为产物。酶作为生物催化剂，与一般催化剂有相同之处，也有其自身的特点。

酶与一般催化剂相比的共性为：用量少而催化效率高；能催化热力学上允许进行的化学反应，而不能实现那些热力学上不能进行的反应；能缩短反应达到平衡所需的时间，而不能改变平衡点。一般情况下，对可逆反应的正反两个方向的催化作用相同。反应前后没有质和量的改变。酶的催化特点主要是：高效性、特异性、温和性、活性可调节、易变性、多样性。有些酶的催化活性与辅酶、辅基和金属离子有关，若将辅酶、辅基和金属离子除去，酶就失去了催化活性。

二、酶催化的机制

在任何化学反应中，反应物分子必须超过一定的能阈，成为活化的状态，才能发生变化，进行反应，进而形成产物。这种提高低能分子达到活化状态的能量，称为活化能。催化剂的作用即是降低反应所需的活化能，以致相同的能量能使更多的分子活化，从而加速反应的进行。酶能显著地降低活化能，故能表现为高度的催化效率。

众所周知，底物与酶结合能启动催化反应。酶和底物之间可产生大量弱的相互作用而释放自由能，继而转化为结合能。这种结合能既可建立底物特异性，又能增加酶促效率。只有对应的底物才能与酶产生大多数甚至全部酶—底物相互作用，使结合能最大化。这点能够解释很多酶的底物特异性。而且，当底物转化成转化态时，底物与酶之间完全互补。因此，酶和底物之间的相互作用处于稳定转化态，从而可降低反应的活化自由能。结合能对酶分子和底物的结构变化都有促进作用，使它们相互间的匹配度更高（诱导匹配），有助于催化反应的进行。酶通常采用一种或几种策略来催化特定的化学反应。这些策略主要有共价催化、酸碱催化、接近催化、金属离子催化、趋近效应和定向效应、张力作用。

第二节　酶反应的影响因素

酶反应的影响因素主要有温度、抑制剂、激活剂、pH 等。

温度对酶促反应速度的影响有两个方面：①提高温度，加快反应速度；②提高温度，使酶变性失活。这两种因素共同作用，在小于最适温度时，前一种因素为主；在大于最适温度时，后一种因素为主。最适温度就是这两种因素综合作用的结果。

凡是能降低酶促反应速度，但不引起酶分子变性失活的物质统称为酶的抑制剂。使酶变性失活（称为酶的钝化）的因素如强酸、强碱等，不属于抑制剂。很多抑制剂结构类似于底物，可用于研究酶的结构信息，有助于揭示酶的催化机理。按照抑制剂的抑制作用，可将其分为不可逆抑制作用和可逆抑制作用两大类。又可将其分为竞争性抑制、非竞争性抑制、产物抑制、底物抑制。酶的不可逆抑制指抑制剂与酶的活性中心发生了化学反应，抑制剂共价地连接在了酶分子的必需基团上，阻碍了底物的结合或破坏了酶的催化基团，不能用透析或稀释方法使酶的活性恢复。溶液中不可逆抑制剂的作用相当于失活的酶浓度，在酶和不可逆抑制剂作用完全后加入底物，则其动力学行为符合米氏动力学性质。酶的不可逆抑制作用包括专一性抑制和非专一性抑制两种。抑制剂以非共价键与酶分子可逆性结合造成酶活性的抑制，且可采用透析等简单方法去除抑制剂而使酶活性完全恢复的抑制作用就是可逆抑制作用。酶的可逆抑制作用可分为简单的可逆抑制作用、部分抑制作用、底物抑制作用、产物抑制作用。简单的可逆抑制作用包括竞争性、反竞争性和非竞争性抑制几种类型。抑制剂与底物竞争与酶的同一活性中心结合，从而干扰酶与底物的结合，使酶的催化活性降低，这种作用就称为竞争性抑制作用。抑制剂不能与游离酶结合，但可与酶-底物（ES）复合物结合并阻止产物生成，使酶的催化活性降低，即酶的反竞争性抑制。抑制剂既可以与游离酶结合，也可以与 ES 复合物结合，使酶的催化活性降低，即非竞争性抑制。在给定的酶浓度下，酶催化反应的速度随底物浓度的增加而加快至极限速度。有时，在极高的底物浓度下，初速度仍低于最大值，有人认为测定系统与过量底物之间有相互作用，但在有些情况下，的确发现高浓度的底物会抑制自身转化为产物。一般地，当一分子底物与酶的一个位点结合，另一个底物与酶的另一位点结合时，往往会形成死端复合物，对酶产生抑制作用过量的底物分子可视为反竞争性抑制剂。产物对酶反应的抑制作用在生物体中较为常见。在细胞内，酶反应的产物虽然不断地为另外的酶所作用，但底物和产物总是同时存在的。因此，考虑产物对反应速度的影响，可能具有一定的意义。

能使酶活性提高的物质，都称为激活剂，其中大部分是金属或者简单的有机化合物。例如，Mg^{2+}是多种激酶和合成酶的激活剂，动物唾液中的α-淀粉酶则可受Cl^-激活。通常，酶对激活剂有一定的选择性，且有一定的浓度要求，一种酶的激活剂对另一种酶来说可能是抑制剂，当激活剂的浓度超过一定的范围时，它就成为了抑制剂。激活剂作用包括两种情况：一种是由于激活剂的存在，使一些本来有活性的酶活性进一步提高，这一类激活剂主要是离子或简单有机化合物；另一种是激活酶原，使酶由无活性变成有活性，这一类激活剂可能是离子或蛋白质。许多金属离子是酶的辅助因子，是酶的组成成分，参与催化反应中的电子传递。有些金属离子可与酶分子肽链上侧链基团结合，稳定酶分子的活性构象。有的金属离子通过生成螯合物，在酶与底物结合过程中起桥梁作用。无机离子的激活作用具有选择性，不同的离子激活不同的酶；不同离子之间有拮抗作用，如Na^+与K^+、Mg^{2+}与Ca^{2+}，但Mg^{2+}与Zn^{2+}常被替代；激活剂的浓度要适中，过高往往有抑制作用。

大多数酶的活性受pH影响显著，在某一pH下能表现出最大活力，高于或低于此pH，酶活力会显著下降。酶表现最大活力的pH称为酶的最适pH。pH对酶促反应速度的影响机理表现在两个方面。①pH影响酶和底物的解离：酶的活性基团的解离受pH影响，底物有的也能解离，其解离状态也受pH的影响，在某一反应pH下，二者的解离状态最有利于它们的结合，酶促反应表现出最大活力，此时的pH称为酶的最适pH；当反应pH偏离最适pH时，酶促反应速度显著下降。②pH影响酶分子的构象：过高或过低pH都会影响酶分子活性中心的构象，或引起酶的变性失活。

第三节　酶在食品加工中的应用

自古以来，酶和食品就有着天然的联系，人们在生产很多食品时，会有意无意地利用酶。近50年来，酶科学得到了飞速发展，目前人类发现的酶已超过3000种。随着酶技术的发展，酶在食品加工过程中得到了广泛应用。

一、酶在粮油食品加工中的应用

（一）焙烤食品加工中的应用

焙烤食品加工业是一个传统的工业，虽然谷物面粉中含有多种酶，主要是淀粉酶和蛋白酶，它们有助于焙烤，但含量一般仍显不足，必须额外添加酶以利于焙烤食品的加工。淀粉酶和蛋白酶用于焙烤工业已有几百年的历史，近年来，细胞壁分解酶的应用持续增加，而氧化还原酶的添加成为研究的重点。在焙烤过程中，使用酶可以改善面团操作性，增加面包等制品的体积，改良质地结构，还可延长产品储存寿命。

α-淀粉酶在焙烤食品中的应用相当高，其主要功能是把淀粉分解为糊精，这更有助于面粉内源性β-淀粉酶的作用，使面团中酵母可利用的糖增加，促进酵母代谢。同时，由于α-淀粉酶的作用，产生的还原糖有利于增加面包等制品的风味、表皮色泽，并可改善内部组织纹理结构，增大制品体积，还能延缓面包等制品的老化，延长储存期。应用于焙烤业的α-淀粉酶的来源主要有三种：麦芽、真菌和细菌，以真菌α-淀粉酶在焙烤食品中应用最广泛。这三种来源的淀粉酶作用机理并无差异，主要区别在于它们对热的稳定性不同，热稳定性的顺序为细菌α-淀粉酶>麦芽α-淀粉酶>真菌α-淀粉酶。在实际应用时，需根据面粉基质、加工条件及产品要求的不同，可选择一种或几种α-淀粉酶复配使用。

蛋白酶可以分解面筋性蛋白质，切断蛋白质分子肽键，降解蛋白质，弱化面筋，使面团变软，改善面团黏弹性、延伸性、流动性和面团处理性能，从而影响焙烤食品的品质。而且，它还能缩短面团混合时间，有利于利用自动化大规模的生产设备对其进行生产。目前，在焙烤工业中使用的蛋白酶有霉菌蛋白酶、细菌蛋白酶和植物蛋白酶，其中，以霉菌蛋白酶应用最为广泛。面包生产中使用蛋白酶有利于缩短调粉时间，有助于改进面包体积和组织，研究发现蛋白酶还能改善面包的香味，但要注意蛋白酶用量与种类的选择，如植物蛋白酶可使面筋性蛋白质发生严重水解，导致面团变软或发黏，使面包质量变差。此外，蛋白酶已大部分取代亚硫酸钠，用于硬脆饼干的生产，它可改善面团的黏弹性，使面团在不撕裂的情况下被压成很薄的片状，同时，使面团在烘焙时保持平整而不会卷曲。

细胞壁分解酶尤其是半纤维素酶在焙烤食品中的应用日益受到重视，半纤维素酶可水解戊糖聚合物。小麦面粉仅含2%~3%的戊糖聚合物，而全麦面粉或黑麦面粉中半纤维素含量则分别高达5%和8%。戊糖聚合物除会妨碍面筋性蛋白质的伸展性外，还可与相当于自身重量近10倍的水相结合，面粉的保水能力有1/3是由戊糖聚合物获得的，因此，稍稍改变戊糖聚合物的量或组成，就会对面粉的保水性有很大的影响，进而影响面团或面包制品的品质。添加半纤维素酶，可使面团变得更柔软更易操作，可增大面包体积，改进面包心质地，延缓面包老化速度。

对氧化还原酶的研究发现，它可提高面筋蛋白的强度，如脂肪氧合酶、葡萄糖氧化酶。脂肪氧合酶能催化面粉中的不饱和脂肪酸发生氧化，生成芳香的羰基化合物而增加面包的风味，此外，这种酶氧化不饱和脂肪酸产生的氢过氧化物能进一步氧化蛋白质分子中的巯基（—SH），形成二硫键（—S—S—），并能诱导蛋白质分子聚合，使蛋白质分子变得更大，从而增加面团的搅拌耐力，改善面团结构。另外，脂肪氧合酶还能使面粉中的胡萝卜素被氧化而褪色，从而使面包芯变白，这有利于制造白色面包。葡萄糖氧化酶可氧化面筋蛋白中的—SH键，从而加强面筋网状结构，强化面筋，生成更强、更具有弹性的面团，对机械冲力有更强的承受力，更好的入炉急涨特性以及更大的面包体积，从而可提高烘焙质量。葡萄糖氧化酶在面团中起作用，在烘焙过程中失活。对于某些面筋较弱的小麦面粉，如大部分国产小麦粉，其作用更为明显。

在焙烤食品中的应用研究表明，含有TGase的酶制剂可通过共价交联作用使面筋网络结构的冻融稳定性提高，提高冷冻面团制成的面包质量。共价交联能稳定面筋的结构，使网络结构的强度增大，进而降低冰晶损害的敏感度。在某些焙烤工艺中，TGase可以代替乳化剂和氧化剂。含TGase的酶制剂能代替乳化剂改善面团的稳定性，提高焙烤产品的质量，使面包颜色较白，内部结构均一，且面包体积较大。TGase是一种天然的蛋白质，因具有独特的共价交联作用可以代替化学氧化剂，从而降低氧化剂的用量。TGase还可用于其他焙烤制品，例如蛋糕、蓬松油酥点心、饼干和面包糠。通过添加 TGase 可以防止蛋糕在焙烤后出现塌陷情况，可改进蛋糕的体积和质构。

(二) 制糖工业中的应用

酶在制糖工业中的应用历史悠久。约 3000 年前，我国首先开始用淀粉制糖，麦芽水解稻米的淀粉被制成麦芽糖，用作食品甜味料，这就是酶技术的应用。20 世纪 60 年代初期，酶法技术发展，先是酸酶法，之后是双酶法，不同酶法逐步代替了酸法制糖技术。1967 年，人们又采用了异构化酶转变甜度较低的葡萄糖成为甜度更高的果糖，生产果葡糖浆，大大促进了淀粉制糖工业的发展。酶不仅用于生产葡萄糖、麦芽糖、果葡糖浆，还用于生产高麦芽糖浆、麦芽糊精、环状糊精、麦芽糖醇、功能性低聚糖等。在这些产品的酶法生产过程中应用的酶有 α-淀粉酶、β-淀粉酶、葡萄糖淀粉酶、脱支酶和葡萄糖异构酶、环状糊精葡萄糖基转移酶等。21 世纪出现的一些新型糖类如海藻糖也是通过酶转化法生产的。表 3-2-1 列出了应用酶技术生产的低聚糖品种、原料及所应用的酶。

表 3-2-1 低聚糖生产品种、原料及应用的酶

低聚糖	原料	酶
低聚果糖	蔗糖	β-果糖转移酶
低聚乳糖	蔗糖、乳糖	β-果糖转移酶
低聚木糖	蔗糖、木糖	β-果糖转移酶
帕拉金糖	蔗糖	α-杂糖基转移酶
耦合糖	蔗糖、淀粉	环糊精葡萄糖基转移酶（CGTase）
龙胆低聚糖	葡萄糖	β-葡糖苷酶
异麦芽低聚糖	麦芽糖	α-葡糖苷酶
低聚半乳糖	乳糖	β-半乳糖苷酶

(三) 油脂生产中的应用

在油脂生产中应用的酶主要是脂肪酶。脂肪酶是分解天然油脂的酶，水解发生的位置是油脂的酯键。脂肪酶的底物甘油三酸酯的醇部分是甘油，而酸部分是不溶于水的 12 个碳原子以上的长链脂肪酸。脂肪酶催化天然油脂水解制取脂肪酸的方法与高温高压蒸汽裂解方法相比，具有耗能少、设备投资低、脂肪酸色泽浅和质量高、水解率较高等优点。特别是一些含有不饱和键较多，易氧化和产生副反应的油脂采用该方法水解更为适宜。利用各种不同酶可开发不同产品，如无位置选择性的脂酶可完全水解油脂最终得到脂肪酸和甘油，而利用有位置选择的脂酶可部分定向水解得到高含量 β-甘油单酯。用脂肪酶催化油脂的甘油解生产甘一酯是一种非常有效的方法。此方法可以实现连续操作。利用酯交换、合成反应，使用不同底物专一性的脂肪酶和底物可以合成多种结构特点的结构化油脂。利用脂肪酶的催化酯化反应能力，可以合成有生物活性的固醇酯，合成用作食用香料的薄荷醇和香茅醇酯等。也可以利用脂肪酶的底物专一性进行手性合成和旋光拆分。利用脂肪酶可以催化皂角和木焦油中的脂肪酸与脂肪醇酯化合成可生物降解的燃料，代替石油，从而减少污染。在油脂提取过程中，应用细胞壁降解酶（如半纤维素酶、纤维素酶和果胶酶）的混合物可分解细胞壁上的组织结构，可以对油的提取有很大的帮助，特别是能在温和的条件下起作用。另外，磷脂酶与

脂肪氧化酶在油脂生产中也有应用。

二、酶在果蔬食品加工中的应用

很多水果、蔬菜加工，比如苹果汁、猕猴桃汁、黑加仑汁、葡萄汁、山楂汁等果汁和葡萄酒、苹果酒等果酒的生产，都要求在生产过程中提高出汁率，要求加快澄清速度和提高澄清度，以提高设备利用率，改善产品质量。然而，果胶质的存在影响了出汁率，并使汁液浑浊，不易过滤，难以澄清，因此，果胶成了阻碍加工的物质。果胶酶则可以分解这些果胶物质，提高出汁率和澄清效果。因果蔬细胞壁是由果胶质、纤维素和木聚糖等半纤维素组成的网状结构，所以可阻止细胞内容物的渗出。果胶酶与木聚糖酶、纤维素酶的合理搭配、复合使用可更有效地破坏果蔬的细胞结构，更明显地提高出汁率。

在果蔬加工与储藏过程中，经常会发生褐变等变色现象，这些现象许多都是由酶促产生的。绝大多数酶促褐变不利于食品的储藏加工，可影响食品储藏加工的效果和食品质量的稳定。为了保证产品质量，必须抑制酶促褐变。酶促褐变也有一些正面的作用，如酶促褐变是形成红茶、乌龙茶、咖啡、可可的色泽和风味所必需的反应。

三、酶在肉制品和水产制品加工中的应用

肉类食品营养物质丰富，现在的肉制品品种越来越多，其中，不少肉制品的加工过程利用酶的作用来改善产品品质。酶在肉制品中的主要用途是改善组织化肉类及转化废弃蛋白质，使其成为供人类食用或作为饲料的蛋白质浓缩物。

蛋白酶软化肉类的主要作用是分解肌肉结缔组织胶原蛋白。在动物屠宰前，把酶的浓缩液注射到动物颈静脉血管中，使其随着血液循环，使酶在肌肉中得到均匀分布，从而达到嫩化肌肉的效果。从无花果中提取的无花果蛋白酶和从菠萝中得到的菠萝蛋白酶对肉的嫩化作用非常有效。但是粗制木瓜蛋白酶由于其安全和廉价的原因在肉制品行业中应用得最为广泛。利用木瓜蛋白酶，Ca^{2+}作激活剂可嫩化处理牛肉，牛肉的色泽、口感、风味都得到了一定程度的改善。利用菠萝蛋白酶结合一些无机盐来处理猪肉，用此原料生产的火腿肠肉质细嫩、弹性好、风味独特。TGase能利用肉制品蛋白质肽链上的转谷氨酰胺残基的甲酰胺基作为供体，赖氨酸残基的氨基为受体，催化转氨基反应，从而使蛋白质分子内或分子间发生交联，改善蛋白质的凝胶性、持水性、塑性等性质。TGase在肉制品加工中的应用日益广泛。溶菌酶应用于肉制品中，具有防腐效果，可应用于冷却肉保鲜、加工香肠和其他低温软包装肉制品等。

酶在水产品加工过程中也有广泛的应用，例如，用酶法生产水解鱼蛋白，生产鱼露等调味品，用TGase改善鱼糜制品质构，采用酶法富集鱼多不饱和脂肪酸，酶法脱鱼鳞、脱卵膜、脱腥、去异味；采用酶法水解虾、蟹壳，既能得到蛋白质水解液，其滤渣又可成为提取甲壳质、色素的原料，同时又减少了酸、碱的用量，可对环保有利；用双酶水解法水解贻贝，可制备具一定功能的海鲜调味料等。利用酶技术可以提高水产品的质量，改善水产品的营养价值，提升水产品的加工利用率。随着酶技术的发展，酶在水产品精深加工过程中的应用将会越来越广泛。

四、酶在乳、蛋制品加工中的应用

酶在乳品中的应用由来已久。很久以前，人们就利用犊牛皱胃酶来生产干酪。随着酶学

研究的深入，酶在乳品中的应用扩展到了更广的领域。当前在乳制品生产中最常用、最重要的几种酶为蛋白酶（主要为凝乳酶）、乳糖酶、乳过氧化物酶、脂肪酶等。微生物生长周期短，产量大，受气候、地域、时间限制小，生产成本较低、酶提取方便、经济效益高。微生物来源和转基因微生物来源的凝乳酶是干酪生产必不可少的凝结剂，脂肪酶和蛋白酶和脂肪酶可加速干酪成熟速度并可用生产酶改性干酪，使制品缩短成熟时间，更具浓郁的香味。脂肪酶在霉菌成熟干酪中可用于改良风味，使干酪更具辛辣和刺激味。乳糖酶用于乳制品中可提高乳制品的消化性和乳清制品的利用率，减少浓缩乳制品中的乳糖结晶，分解乳糖以提高患有乳糖不耐受症的消费者对乳制品的消化能力等；乳过氧化物酶是天然抑菌剂，在乳品工业中用于原乳的储存和运输，用于处理牛乳来制作不同软硬程度的干酪。乳过氧化物酶作为一种对热稳定的酶，有可能用于食品热加工，以延长货架期。TGase 用于干酪和酸乳的加工，可改善产品的质构、外观和口感。

在干蛋制品的制造和保藏过程中，会发生两种类型的非酶褐变。其一是由葡萄糖和蛋白质中氨基或蛋白质中游离氨基酸通过美拉德反应产生的褐变，产生不良的色泽，同时影响制品所需要的功能性质，如烘烤性、抽打性、溶解性及蛋糕体积等。其二是由于葡萄糖与蛋黄存在脑磷脂反应，不仅会产生褐色产物，而且可带来不良风味。在干制蛋白中发生的非酶褐变会导致产品质量下降。从理论和实际两方面考虑，最理想的防止美拉德反应的方法是除去一个反应物或使一个反应物失活。在食物中，除去美拉德反应的一个反应物——蛋白质，显然不现实，然而消除干制蛋品加工中约占总质量 1%的还原糖，其中大多数为葡萄糖，这样就消除了美拉德反应中的另一个反应物——还原糖。除去了葡萄糖的蛋粉在贮藏性和功能性方面均得到了改善。

思考题

1. 酶催化的特点及其催化机制有哪些？
2. 酶反应影响因素有哪些？
3. 酶在食品加工中主要哪些应用？

主要参考文献

[1] 刘欣. 食品酶学 [M]. 北京：中国轻工业出版社，2007.

[2] John M. deMa. Principles of Food Chemistry [M]. 3rd ed. New York：Aspen Publishers，Inc.，Gaithersburg，Maryland，1999.

[3] 姜锡瑞，段钢. 酶制剂应用技术问答 [M]. 北京：中国轻工业出版社，2008.

[4] 何国庆，丁立孝. 食品酶学 [M]. 北京：化学工业出版社，2006.

[5] 郭勇. 酶工程 [M]. 北京：科学出版社，2009.

[6] Geoffrey Campbell-Platt. Food Science and Technology [M]. New York：A John Wiley & Sons，Ltd，Publication，2009.

[7] P J Fellows. Food processing technology-Principles and practice [M]. 2nd ed. London: Woodhead Publishing Limtted, 2000.

[8] G. A. Tucker, L. F. J. Woods. 李雁群，肖功年，译. 酶在食品加工中的应用 [M]. 2版. 北京：中国轻工业出版社，2002.

[9] 姜锡瑞. 酶制剂应用手册 [M]. 北京：中国轻工业出版社，1999.

[10] 彭志英. 食品生物技术 [M]. 北京：中国轻工业出版社，1999.

[11] 罗贵民. 酶工程 [M]. 北京：化学工业出版社，2002.

[12] 郭勇. 酶的生产与应用 [M]. 北京：化学工业出版社，2003.

[13] 姜锡瑞. 酶制剂应用技术 [M]. 北京：中国轻工业出版社，1997.

[14] 彭志英. 食品酶学导论 [M]. 北京：中国轻工业出版社，2002.

[15] 居乃琥. 酶工程手册 [M]. 北京：中国轻工业出版社，2011.

[16] 梅乐和，岑沛霖. 现代酶工程 [M]. 北京：化学工业出版社，2006.

[17] 胡爱军，郑捷. 食品工业酶技术 [M]. 北京：化学工业出版社，2014.

[18] 王岁楼. 食品生物技术 [M]. 科学出版社，2013.

第三章 现代食品生物技术

CHAPTER 3

[学习指导]

本章主要介绍基因工程、细胞工程概况，基因工程、细胞工程在食品工程中的应用，利用现代食品生物技术生产的典型产品等内容。通过本章的学习，扩大学生对现代生物技术在食品加工、贮藏、营养等方面应用的理解，重视应用基因工程、细胞工程等生物技术进行食品加工与贮藏。

第一节 基因工程

近年来，随着现代生物技术突飞猛进的发展，生物技术在食品工业中的应用日益广泛和深入，食品生物技术的发展对于解决人类食物短缺，缓解人口增长带来的压力，丰富食品种类，满足不同消费需求，开发新型功能性食品具有重要意义。

一、基因工程简介

基因工程（gene engineering）是指在体外将核酸分子插入到病毒、质粒或其他载体分子中，构成遗传物质的新组合，并使其掺入原来没有这类分子的寄主细胞内而能持续稳定地繁殖的技术。基因工程术语还未很好地统一，常用的还有遗传工程（genetic engineering）、基因操作（gene manipulation）、重组 DNA 技术（recombinant DNA technique）、基因克隆（gene cloning）和分子克隆（molecular cloning）等领域。基因工程可以跨越物种间的屏障，把来自任何一种生物的基因转移到另一种生物中去进行表达，这样，人们就有可能按照自己的愿望定向改造某种生物的某一性状了，并能创造出新的生物类型。此外，通过基因工程还可以实现 DNA 小片段的大量扩增，为分子生物学研究创造必要的条件。

DNA 重组（DNA recombination）是指 DNA 分子内或分子间发生遗传信息重新组合的过

程，包括同源重组、特异位点重组和转座重组等类型，广泛存在于各类生物中。通过体外人工 DNA 重组可获得重组体 DNA，是基因工程的关键步骤。目的基因、载体和受体称为基因工程的三大要素。

二、基因重组的主要类型

基因重组是指一个基因的 DNA 序列是由两个或两个以上亲本 DNA 组合起来的，它是遗传的基本现象，病毒、原核生物和真核生物都存在基因重组现象。减数分裂可发生基因重组，其特点是 DNA 双链间进行物质交换。在真核生物中，重组发生在同源染色体的非姐妹染色单体间减数分裂期，细菌可发生在转化或转导过程中，通常称这类重组为同源重组（homologous recombination），即只要两条 DNA 序列相同或接近，重组可在此序列的任何一点发生。但在原核生物中，有时基因重组依赖于小范围的同源序列的联会，重组只限于该范围内，只涉及特定位点的同源区，所以把这类重组称为位点特异性重组（site-specific recombination），此外，还有一种重组方式，完全不依赖于序列间的同源性，使一段 DNA 序列插入到另一段中，在形成重组分子时依赖于 DNA 复制完成重组，称此类重组为异常重组（illegitimate recombination），又称复制性重组（replicative recombination）或非特异重组（general recombination）。

DNA 重组技术的重大突破是基因克隆。这意味着可以单独从生物体的染色体组（生物体的全部基因信息）中提取出某个目的基因。通常，可将一个基因片段转移到载体上进行基因克隆，如图 3-3-1 所示。

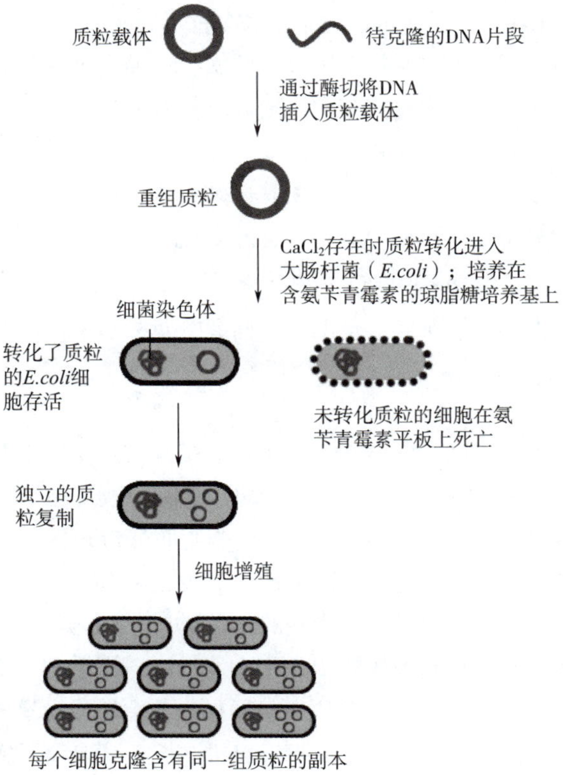

图 3-3-1 将 DNA 片段转移到质粒载体进行基因克隆的过程

载体可以将 DNA 片段从一个生物体转移到另一个生物体。质粒是最常用的载体，它是小的环状双链 DNA，可以在宿主细胞内进行复制。一个质粒载体可以插入到另一个细胞中，则该细胞就含有所需要的目的基因，并能够与其他含非目的基因的细胞相分离。

基因克隆的基本技术是 20 世纪 70 年代中期发展起来的。从一个细菌分离出的基因可以转移到其他的细菌、植物或动物中去。在某些情况下，基因转移很容易；而在另一些情况下（例如将一个基因转移到多细胞动物中）则较为复杂。基因转移的直接产物称为重组体，用特殊的媒介得到的产物称为基因改良生物体（GMO）。

三、基因工程在食品中的应用

运用基因工程技术对动物、植物、微生物的基因进行改良，不仅为食品工业提供营养丰富的动植物原材料、性能优良的微生物菌种以及高活性且价格适宜的酶制剂，而且还可以赋予食品多种功能，优化生产工艺，开发出新型的功能性食品。基因工程正在使食品工业发生着深刻变革。

（一）改良食品原料品质和加工性能

目前，在植物源食品的品质改良上，基因工程技术得到了广泛的应用，并取得了丰硕成果，主要集中于改良蛋白质、油脂及碳水化合物等食品原料的产量和质量。

1. 蛋白质类食品

蛋白质是人类赖以生存的营养素之一，蛋白质原料中有 65%来自植物。与动物蛋白相比，植物蛋白的生产成本低，而且便于运输和贮藏，但其营养较低，特别是谷类蛋白质中赖氨酸（Lys）和色氨酸（Trp），豆类蛋白质中甲硫氨酸（Met）和半胱氨酸（Cys）等一些人类所必需的氨基酸含量较低。通过采用基因导入技术，即通过把人工合成基因、同源基因或异源基因导入植物细胞中，可获得高产蛋白质或高产氨基酸的作物。

植物体中有一些含量较低，但氨基酸组成却十分合理的蛋白质，如能把编码这些蛋白质的基因分离出来，并重复导入同种植物中去使其过量表达，理论上就可以大大提高蛋白质中必需氨基酸含量及其营养价值。小麦中有一富含赖氨酸（Lys）的蛋白质，在其 270 位到 370 位区间有富含赖氨酸片段，Singh 在 1993 年成功克隆了编码该蛋白质的 DNA，并把该基因确定为小麦蛋白质工程的内源目的基因。目前，同源基因的研究工作尚停留在目的基因的分离和鉴定阶段。

2. 油脂类食品

人类日常生活及饮食所需油脂的 70%来自植物。高等植物体内脂肪酸的合成由脂肪合成酶（FAS）的多酶体系控制，因此，改变 FAS 的组成就可以改变脂肪酸的链长和饱和度，以获得高品质、安全及营养均衡的植物油。目前，控制脂肪酸链长的几个酶的基因和控制饱和度的一些酶的基因已被克隆成功，并用于研究改善脂肪的品质。如通过导入硬脂酸-ACP 脱氢酶的反义基因，可使转基因油菜籽中硬脂酸的含量从 2%增加到 40%。而将硬脂酸-CoA 脱饱和酶基因导入作物后，可使转基因作物中的饱和脂肪酸（软脂酸、硬脂酸）的含量下降，而不饱和脂肪酸（油酸、亚油酸）的含量则明显增加，其中油酸含量可增加 7 倍。除改变油脂分子的不饱和度外，基因工程技术在改良脂肪酸的链长上也取得了实效。高油酸含量的转基因大豆及高月桂酸含量的转基因油料作物油菜在美国已经成为商品化生产的基因工程油料作物品种。

3. 碳水化合物类食品

利用基因工程来调节淀粉合成过程中特定酶的含量或几种酶之间的比例，可达到增加淀粉含量的目的或获得独特性质、品质优良的新型淀粉。高等植物体内涉及淀粉生物合成的关键性酶类主要有葡萄糖焦磷酸化酶（ADP glupyrophosphorylase，AGPP）、淀粉合成酶（starch synthase，SS）和分支酶（starch branching enzyme，SBE），其中淀粉合成酶又包括颗粒凝结型淀粉合成酶（granule-bound starch synthase，GBSS）和可溶性淀粉合成酶（soluble starch synthase，SSS）。

对不同作物来说，增加或减少淀粉含量都有价值。增加淀粉含量，就可能增加干物质，使其具有更高的商业价值。减少淀粉含量，减少淀粉合成的碳流，可生成其他贮存物质，如贮存蛋白的增加。目前，在增加或减少淀粉含量的研究方面已有成功的报道。

（二）改善酶及发酵制品的品质并降低成本

酱油风味的优劣与酱油在酿造过程中所生成氨基酸的数量和种类密切相关，而参与此反应的羧肽酶和碱性蛋白酶的基因已克隆并转化成功，在新构建的基因工程菌株中，碱性蛋白酶的活力可提高 5 倍，羧肽酶的活力可提高 13 倍。酱油酿造中，和过滤有关的多聚半乳糖醛酸酶、葡聚糖酶和纤维素酶、果胶酶等的基因均已被克隆，当用高纤维素酶活力的转基因米曲霉生产酱油时，可明显提高酱油产率。另外，在酱油酿造过程中，木糖可与酱油中的氨基酸反应产生褐色物质，影响酱油的风味。而木糖的生成与酿造酱油用曲霉中木聚糖酶的含量与活力密切相关。目前，已经成功克隆了米曲霉中的木聚糖酶基因。利用反义 RNA 技术构建的抑制该酶表达的工程菌株来酿造酱油，可显著地减少这种情况，从而可酿造出颜色浅、口味淡的酱油，适应特殊食品加工的需要。

在正常啤酒酿造过程中，由酿酒酵母细胞产生的 α-乙酰乳酸经非酶促的氧化脱羧反应会产生双乙酰。当啤酒中双乙酰含量超过阈值（0.02~0.10mg/L）时，就会产生一种令人不愉快的馊饭味，严重破坏啤酒的风味与品质。去除啤酒中双乙酰的有效措施之一就是利用 α-乙酰乳酸脱羧酶。但由于酵母细胞本身没有该酶，可利用转基因技术将外源 α-乙酰乳酸脱羧酶基因导入啤酒酵母细胞并使其表达，这是降低啤酒中双乙酰含量的有效途径之一。

（三）开发功能性保健食品配料

目前在保健食品中很多功能性食品配料提取、纯化步骤复杂，成本高，原料容易受产地和季节等的条件限制。利用基因工程技术可以研制特种保健食品的有效成分。通过基因工程手段，将这些有效成分的基因进行异源表达，能够有效降低成本，提高生产效率，如花青素、低聚糖、生物碱、生物活性酮醇等多种功能成分目前都已成功地通过基因工程手段进行了调控和表达。

（四）改进食品加工工艺

利用基因工程技术，可以改进食品原料或者添加剂的功能特性，从而对食品加工工艺进行改进，促进食品品质的改善。例如，牛乳中酪蛋白分子的丝氨酸磷酸化后，将使酪蛋白表面带有大量阴离子，使其易与钙离子结合而发生沉淀。用丙氨酸代替丝氨酸，降低磷酸化作用后，可使酪蛋白不易与钙离子结合，从而提高了牛乳的热稳定性，防止牛乳杀菌后产生沉淀。在利用酵母生产酒精的过程中，利用基因工程技术可将霉菌的淀粉酶基因转入大肠杆菌，再将此基因导入酵母中，就可以直接利用淀粉生产乙醇，省却了将原料高压蒸煮的工序，同原工艺相比，能节约60%能源，缩短生产周期，降低生产成本。另外，还有研究显示在啤酒酵母中导入能够降解多聚糖的酶的表达基因，可使葡萄酒在加工中显著缩短过滤步骤的时间。把糖化酶基因引入酿酒酵母，构建能直接利用淀粉的酵母工程菌并用于酒精工业，能改变传统酒精工业生产中的液化和糖化步骤，实现淀粉质原料的直接发酵，达到简化工艺、节约能源和降低成本的目的。

第二节　细胞工程

细胞工程（cell engineering）是指应用细胞生物学方法，根据人们预先设计，有计划地保存、改变和创造遗传物质的技术，是在细胞水平研究、开发、利用各类细胞的工程。

细胞工程是现代生物技术的重要组成部分，也是现代生物学研究的重要技术工具。细胞工程涉及的范围非常广，按实验操作对象的不同可以分为细胞与组织培养、细胞融合、细胞核移植、染色体操作和转基因生物等；按生物类型的不同可分为动物细胞工程、植物细胞工程及微生物细胞工程。在细胞工程的基础之上，衍生出了不少新的领域如组织工程、胚胎工程、染色体工程等。作为生物工程重要分支的细胞工程，近年来取得了令人瞩目的发展，这不仅由于它在理论上具有重要的意义，而且在工农业生产及食品、医药方面也具有广泛的应用前景。

一、细胞工程基本技术

1. 无菌操作技术

细胞工程的所有实验都必须在无菌条件下进行，无菌操作的概念和意识必须贯穿于整个实验过程之中。实验操作应该在无菌室内进行。无菌室内和超净工作台必须定期进行紫外或/和化学试剂消毒；所有的实验器械都应该以适当的方式进行消毒和灭菌；实验人员必须进行一套严格的消毒和着装程序才能进入无菌试验室。

2. 细胞培养技术

大多数动植物细胞，只要在适宜的条件下，就能够在体外的培养器中成活和分裂，并表现出分化的特征。所谓细胞培养（cell culturing），就是将生物有机体的某部分组织取出一小块，在体外经表面消毒处理，使其分散成单个游离的细胞，并放置在人工配制的培养基中进行培养，使之生长分裂的技术。由于生物体的一种组织往往包含两种或两种以上的细胞，如叶片组织至少包括叶肉细胞、维管束鞘细胞和表皮细胞等，在培养过程中不易被分开，所以细胞培养有时又叫组织培养，或统称为细胞与组织培养。

3. 细胞融合技术

细胞融合（cell fusion）又称体细胞杂交（somatic hybridization）或细胞杂交（cell hybridization），是指在离体条件下用人工方法将不同种生物或同种生物不同类型的单细胞通过无性方式融合成一个杂合细胞的技术。细胞融合是研究细胞间遗传物质和信息传递、基因在染色体上定位、创建具有双亲优良特征的新型细胞的有效手段。

4. 细胞器移植和细胞重建技术

细胞是生命活动的基本单位，其内部有各种功能的细胞器。细胞学家可以对细胞器进行移植，获得远缘杂种，为改造老品种、创造新品种开辟新途径。细胞核、细胞质分离技术与细胞融合技术的联合应用，建立了细胞重建技术，在融合因子的介入下可使细胞质与细胞完全合并，构成核质杂种，即重建后的细胞。这类重建后的新细胞不但能成活，且能继续分裂、繁殖和成长。

二、微生物细胞工程在食品加工中的应用

在食品生物工程领域，可利用各种微生物发酵生产蛋白质、酶制剂、氨基酸、维生素、多糖、低聚糖及食品添加剂等产品。为了使其优质高产，除通过各种化学、物理方法诱变育种外，还可采用细胞融合技术或原生质体融合技术，这也是一种有效的方法。

1. 微生物细胞工程在氨基酸生产菌育种中的应用

在氨基酸生产菌育种研究中，第一个研究的是 L-谷氨酸生产菌。该棒杆菌自 1956 年首次从自然界分离后，经过几十年采用各种方法的人工诱变或多重的营养缺陷型菌株筛选，高产谷氨酸生产菌 FM84-415 已推广应用于我国味精企业。由于该菌仍不太稳定，易被噬菌体感染，赵广铃等选用 FM48-415 和 FM242-4 作为出发菌株进行原生质体融合，共挑取在离渗基本培养基（Hypertonic Minimal Medium，HMM）上生长的菌落 5000 个，点种于完全培养基（Complete Medium，CM）和含噬菌体的双层平板上进行培养，检出了抗性菌株 63 株，融合频率为 1.26×10^{-4}。抗性菌株经初筛后再进行复筛，筛选出的抗性菌株的产酸能力比出发菌株高，而且是对噬菌体有抗性的谷氨酸发酵生产菌株。

2. 微生物细胞工程在酱油曲霉育种中的应用

酱油是利用米曲霉等微生物进行生产的，酱油的品质与曲霉菌所产的蛋白酶、肽酶、谷酰胺酶及其分泌息息相关。据报道，采用原生质体融合技术，在产黄青霉（*P. chrysogenun*）、总状毛霉（*M. racernosus*）等微生物的同一种内或种间进行细胞融合，可选育出蛋白酶分泌能力强，发育速度快的优良菌株。

3. 微生物细胞工程在功能性配料生产中的应用

目前，很多功能性配料是由动植物原料中提纯所得的，提取步骤复杂，产品成本高、纯度低，而利用细胞工程，通过微生物细胞控制技术，可以按照预定要求生产所需的功能性食品配料。例如，黄酮类化合物具有抗衰老、抗氧化等多种生物活性，很多黄酮类化合物是由植物中提取，产品成本高且纯度不够，通过细胞培养技术控制微生物细胞可以生产价廉质优的黄酮类化合物。目前有研究通过筛选黄酮合成酶 FNSⅡ基因表达水平高的水母雪莲细胞系，发现通过调控细胞培养基种类和有机添加物可加快雪莲细胞的生长和黄酮积累。

三、植物细胞工程及其应用

植物细胞工程是以植物组织培养为基础、具有广泛应用前景和实用价值的生物技术。目前，根据人们的需要已经相继完善和发展了一些具有特色的实用技术，包括植物细胞培养技术、无性快繁技术、制备转基因植物、单倍体育种及胚胎培养等。这些技术的发展和应用，使植物细胞工程在人类的现代生活中的地位更加突出，并在经济植物快速繁殖、植物新品种

选育和有用次生代谢产物的生产方面发挥了重要作用。

1. 培养植物细胞获得生物产品

植物次生代谢产物是优良的食品添加剂原料，有些甚至是生物毒素的主要来源，可用于杀虫、杀菌，对环境和人畜无害。植物细胞培养作为重组蛋白的生产系统，集合了微生物发酵、动物细胞培养和完整植株培养系统的很多优点。可利用植物细胞悬浮培养、固定化培养及各种生物反应器实现次生代谢产物尤其是药用植物成分的大量生产。目前，我国的药用植物细胞培养技术取得了很大进展。以细胞培养技术为主要手段的商品化生产药用植物天然产物的工业正在崛起，如人参、洋地黄、萝芙木、紫草、黄连等已实现了工业化生产。但由于技术上的原因，与人类所需相比，仅有少数的物质可用细胞培养的方法来生产，主要困难在于一些培养的组织细胞中，次生代谢产物的含量极低。因此，开展提高药用有效成分的细胞培养及次生代谢调控工作是一项具有应用前景的工作。

2. 植物细胞工程在天然香精香料生产中的应用

利用植物细胞、组织和器官大规模培养技术，可以大量培养香料植物，获得高附加值的香料物质。食用香料植物组织培养在天然香料工业中的研究主要集中在快速繁殖、种植保存、品种改良、新品种培养和脱病毒等方面。在植物组织培养中，从外植体诱导产生愈伤组织，再由愈伤组织产生不定芽后生根壮苗发生突变的可能性较大，可达到改良品种的目的。在以繁殖优良品种为目的时，还可以不经过愈伤组织阶段而由外植体直接出芽并进行试管内扦插。该方法同样适合草本植物和多年生木本植物，且能进行快速繁殖。组织培养的香料及香气分类的分布，如表 3-3-1 所示。

表 3-3-1　　组织培养的香料及香气分类的分布

科名	数量/种	香气分类	数量/种
唇形科	10	花香——清韵	3
芸香科	6	花香——鲜韵	3
伞形科	5	花香——甜韵	2
菊科	3	非花香——蜜甜	3
木兰科	2	非花香——辛香	11
木樨科	2	非花香——豆香	1
姜科	2	非花香——草香	4
蔷薇科	1	非花香——清滋香	4

第三节　现代食品生物技术典型产品

一、氨　基　酸

（一）氨基酸生产概述

用微生物发酵法生产氨基酸具有很高的经济利益。据估算，全世界的氨基酸产品每年至少 166 万 t。氨基酸除作为营养成分外，还有以下功能。

增强风味：谷氨酸作为风味增强剂在食品加工和烹饪中广泛应用。2010 年，我国谷氨酸及其盐产量可达 220 万 t，占世界总产量的 70%以上，位居世界第一。

饲料添加剂：许多动物饲料中的必需氨基酸含量很低，如赖氨酸和甲硫氨酸。微生物发酵法生产的氨基酸作为添加物，是一种可以提高饲料质量的相对廉价可靠的方法。2009 年末全国赖氨酸总产量已达 70 万 t，我国赖氨酸总产量约占全球赖氨酸市场的 40%。甲硫氨酸主要用作动物饲料添加剂，在我国饲养业规模和产量均居全球前列的背景下，2015 年我国甲硫氨酸总需求量增至 24 万 t。

作为配料：阿斯巴甜是饮料加工中一种普遍应用的甜味剂，是由天冬氨酸和苯丙氨酸合成的天冬酰胺甲烷基酯化的化合物。

非消化道营养（如静脉注射）；这已经成为无法摄食的人群获取氨基酸的途径。

利用有机化学方法可以合成氨基酸，但氨基酸以 D 型和 L 型存在，很难合成一种特定立体结构的氨基酸。

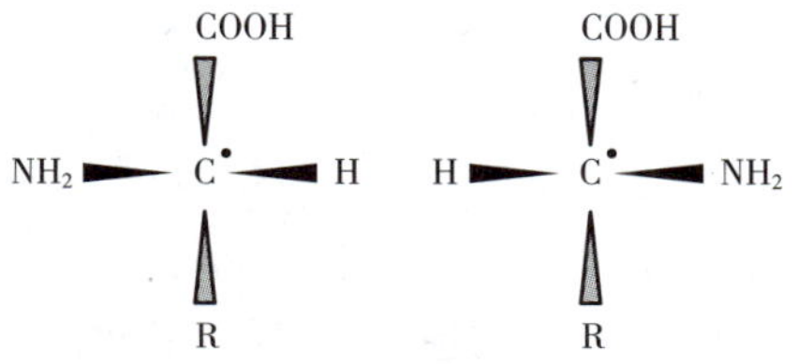

L-氨基酸　　D-氨基酸

D-氨基酸存在于所有细胞中，但不构成蛋白质。在氨基酸作为原料添加或者用于输液时，如果它的最终目的是提供氨基酸给人或动物来合成蛋白质，那必须是 L-氨基酸。氨基酸的立体结构使人产生的味觉也不同，例如，L-谷氨酸是一种有效的风味增强剂，但是 D-谷氨酸完全没有作用。用微生物或者微生物酶可以严格地控制氨基酸的旋光性，更适合用来生产多种氨基酸。

(二)微生物的选择

在发酵过程中，只需提供充足的底物和适宜的环境，微生物就可以产生大量的发酵最终产物（如乙醇）。但用这种方法大量生产氨基酸却遇到一定困难，不同微生物发酵的中间或最终代谢产物既可以通过细胞膜向外扩散，又可以通过营养运输等方式从细胞内流向细胞外，想要从细胞中分离出产物并不难。但在正常情况下，微生物并不能过度积累或产生中间代谢产物的氨基酸，因此，必须严格控制非目的氨基酸的生产。所以，微生物学家必须通过代谢控制或各种育种手段来控制氨基酸的代谢及大量生产。

在氨基酸生产中，微生物菌种的选择至关重要。大肠杆菌是适合大量繁殖的较理想的微生物菌种，但大肠杆菌不适于生产很多种氨基酸（也有例外，如苯丙氨酸）。大肠杆菌生产氨基酸的过程需要控制酶活性，mRNA 的转录和翻译。

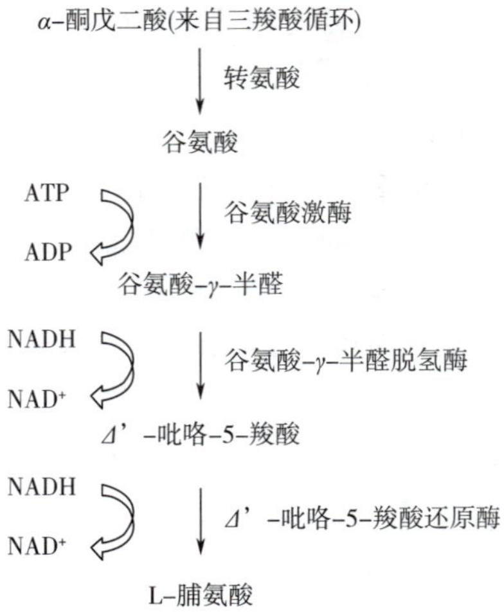

1. 通过反馈抑制来调控酶活性

大多数酶都有一个变构位点，它与酶的活性位点在空间上是分开的，底物与酶的变构位点结合可使酶的构型发生改变即可逆性地灭活酶。酶一般是在反应开始时发生这种变化，这样就可以终止反应，不会产生中间产物。

2. 转录的调控

转录的阻遏作用与抑制反应类似，不同的是酶的活性不受影响，但转录酶的活性受到抑制。氨基酸合成的最终产物常与辅阻遏蛋白连接，这种可逆性连接可使其成为一种有活性的阻遏复合物，并连接到类似于操纵子的操纵单元上。在细菌中，氨基酸合成途径相关基因通常由一个启动子控制，途径中所有酶一起合成，这种基因的排列顺序就是操纵子。只要辅阻遏蛋白与操纵单元结合，操纵子上没有一个基因表达，就没有一种酶合成，当细胞质中的氨基酸含量降低时，阻遏复合物就会脱离，启动子与 RNA 聚合酶就会结合开始转录，如图 3-3-2 所示。

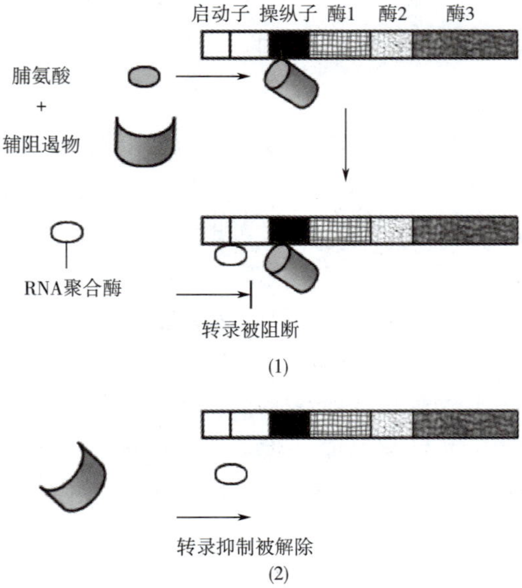

图 3-3-2 氨基酸合成的调控

（1）足量的脯氨酸 （2）低水平的脯氨酸

3. 衰减作用

原核生物中通过翻译前导肽而实现控制 DNA 的转录的调控方式称为衰减作用。这是一种复杂的翻译调控方式。在该机制中，核糖体沿着 mRNA 分子移动的速度决定了转录是进行还是终止。如果某种氨基酸在细胞质中含量很高，那么这种氨基酸的转运 RNA（tRNA）含量也很高，核糖体沿着前导 RNA 移动很快，衰减子序列（启动子与操纵子第一个结构基因间）形成终止子发夹结构，这将特异性地破坏负责该氨基酸合成的操纵子的翻译过程。反之，当缺少某种氨基酸时，前导肽翻译停滞在相应的氨基酸密码子中，可使得衰减子序列形成不同的发夹结构，该氨基酸操纵子转录将继续进行。在大肠杆菌中，只要能控制所有的调控水平，就能实现氨基酸的过量生产，但在很多情况中，用其他菌种可以得到更好的效果。

(三)谷氨酸生产

谷氨酸是比较受关注的氨基酸之一，它是第一个通过发酵方式产生的并用于工业化生产的氨基酸。同时，谷氨酸的经济价值非常重要，作为一种受欢迎的风味调料已广泛地应用于世界各国的食品工业中。

常用谷氨酸棒杆菌（*C. glutamicum*）生产谷氨酸。该微生物的细胞膜可对谷氨酸进行有选择性地渗透，这是微生物缺乏生物素所导致的。生物素是合成脂肪酸的必要条件之一，缺乏生物素就会影响膜的合成。谷氨酸棒杆菌的呼吸方式很特殊，在需氧条件下，糖通过乙醛酸途径完全进入呼吸系统，可改变三羧酸循环；在厌氧条件下，糖进入发酵途径；但在厌氧分压条件下，糖不会发酵（图 3-3-3）。

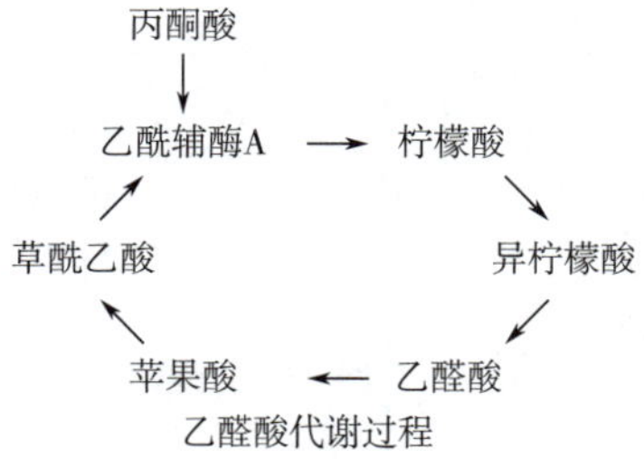

(1)有氧条件下的丙酮酸代谢

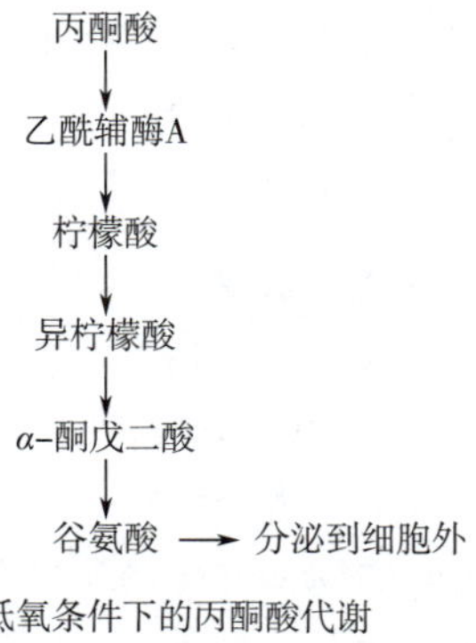

(2)低氧条件下的丙酮酸代谢

图 3-3-3 谷氨酸棒杆菌的糖代谢

（1）在有氧条件下，谷氨酸棒杆菌通过乙醛酸代谢，进行了三羧酸循环

（2）在氧分压低的条件下，糖转变成谷氨酸并分泌到胞外

核苷酸是乙醛酸的正常代谢产物，可能是因为只有很少量的氧不足以氧化核苷酸（如NADN），乙醛酸的转化量很少。大量碳源的转化过程是由乙酰辅酶A到α-酮戊二酸转化成丁二酰辅酶A再产生NADH，但能催化此反应的酶在谷氨酸棒杆菌中的活性很低，故细胞可将α-酮戊二酸转化成谷氨酸并分泌出来。

谷氨酸存在专门通道，提示谷氨酸棒杆菌从分泌谷氨酸的过程中能获得能量。可能在厌氧条件下，没有足够的氧将糖完全氧化成CO_2，但这些氧还是能够去氧化少量的NADH。谷氨酸被分泌的同时，丙酮酸形成乙酰辅酶A，产生NADH。谷氨酸大量产生和分泌的环境条件（如生物素和氧分压低）很容易被控制。培养基和糖蜜含有生物素，但很快会被消耗尽，氧分压很快会降低，所以，普通培养微生物的方法就能提供大量积累谷氨酸的环境。

（四）天冬氨酸生产

阿斯巴甜，是天冬氨酰磷酸的甲烷基酯，在很多食品中作甜味剂。在工业上，将天冬氨酸和苯丙氨酸作为反应物人工合成阿斯巴甜（如不用酶和细胞）。所有这些氨基酸都是利用微生物进行工业化生产的，只不过方法不同。常用大量特殊的土壤微生物来生产苯丙氨酸，获得这些菌的方法与获得脯氨酸生产菌的方法类似（如诱变后分离那些缺失了反馈抑制作用的变种）。

纯化的天冬氨酸酶同样可以固定在载体上（如卡拉胶），固定大肠杆菌的技术更简单，效果也相同。把大肠杆菌细胞放入已熔化的卡拉胶中，然后冷却，以颗粒形式填充到柱子里，一般几天后细胞会自体消化，酶从细胞中释放出来，进入卡拉胶中，再经过几天的稳定，将延胡索酸和氨从柱的上端加入，而在底部收集天冬氨酸。利用该方法工业化生产天冬氨酸的原因有三个：一是原料（延胡索酸和氨）相对便宜；二是生产的天冬氨酸浓度高，便于提纯；三是不需要很复杂的培养基，柱的流出物中没有废物，简化了提纯过程。

工业生产中还用固定化酶法来生产L-丙氨酸、L-半胱氨酸、D-p-甘氨酸、L-二羟基-苯丙氨酸和一些其他的氨基酸及其衍生物。

二、核　酸

核酸（nucleic acids）是存在于动植物细胞中的天然大分子多肽物质。研究证实，核酸是遗传的物质基础，它对控制细胞分裂、生长与代谢过程起重要作用。核酸通常与蛋白质一起形成“核蛋白”。早在1868年，德国生理学家冯·米歇尔博士已从动物细胞中分离出核酸。经米歇尔测定，核酸的主要成分为嘌呤、嘧啶碱、糖苷与磷酸。限于当时的技术条件，米歇尔并未将核酸开发成为产品。

核酸在国外早已被开发成为保健食品（膳食补充剂）。此外，核酸还是被广泛用于基因工程研究的重要工具。正在开发中的核酸疫苗是另一类热门药品。国外正在研制中的核酸疫苗包括，对付钩端螺旋体的疫苗、治疗t淋巴瘤的疫苗、免疫疗法用核酸疫苗以及应对其他一些病毒性疾病的疫苗。核酸与寡核苷作为治疗药的应用范围十分广阔，其中包括作为抗癌药、抗艾滋病药以及其他难治疾病的药物，其市场前景令人乐观。

核酸与寡核苷的生产技术已趋成熟。最早科学家从血液、人或动物胎盘及其他生物器官中制备核酸。近年来从来源易得、价格低廉的酵母中提取核酸的技术已成熟，并已投入工业化生产。据报道，嫩茶叶中含大量的氨基酸，可作为提取核酸的原料。研究人员已从水产品加工业的大量废弃物——虾壳中提取出了可作为食品调味品用的核酸产品。大豆蛋白以及人参、黄芪、山楂等药用植物也可作为提取核酸的原料。关于核酸的医药和保健用途，学者们趋向于一致的观点是核酸具有抑制肿瘤细胞生长的作用；可治疗瘫痪、脑功能衰退和阿尔茨海默病（老年痴呆症）；可减肥、降脂；抗衰老和用于皮肤美容；治疗肝病（尤其因酗酒引起的肝硬化等症），能溶解胆结石。

日本已开发的核酸保健产品包括核酸豆腐、核酸饼干、核酸酱油、核酸冷饮、核酸儿童早餐和核酸牛乳等，形成了核酸类产品“研究—生产—销售”的良性循环。

我国原卫生部在《关于印发核酸类保健食品评审规定的通知》（卫法监发［2002］27号）中指出，核酸类保健食品系指以核酸（DNA或RNA）为原料，辅以相应的协调物质，表明具有特定保健功能的食品。明确增强免疫力是核酸类产品申报的保健功能，规范了核酸类保健食品的生产与销售。

三、有　机　酸

1. 柠檬酸

食用有机酸是很重要的食品添加剂。常用的有柠檬酸、乙酸、乳酸、苹果酸、丙酮酸和酒石酸。这些有机酸都需要通过微生物发酵法获得。其中以柠檬酸的产量和用量最大。柠檬酸在食品工业中的用途广泛，如在饮料、糖果、果酱的生产以及水果保存等方面。我国的柠檬酸年总产量已超过4万t，它是以糖蜜为原料，通过黑曲菌（*Aspergillus niger*）发酵而生产的。其他有机酸分别利用了醋酸杆菌（*Acetobacter*）、德氏乳杆菌（*Lactobacillus delbrukii*）、葡糖杆菌（*Gluconobacter*）、曲霉（*Aspergillus*）和根霉（*Rhizopus*）等发酵而成。

2. L-乳酸

近年来，乳酸工业发展很快，特别是L-乳酸，越来越引起人们的关注。它不仅广泛用于食品工业，而且是可降解塑料的原料，有巨大的商机。研究表明，聚乳酸在空气、水和普通细菌存在下，可完全分解为水和CO_2，形成良好的生态循环，是一种很好的绿色材料。聚乳酸的出现，为目前塑料工业资源的再生和防治白色污染问题，提供了一条较为圆满的解决途径。

3. 丙酮酸

丙酮酸是生物体的重要中间代谢产物，作为一种重要的精细化工中间体，主要应用于医药、农药和日化工业。近年来，丙酮酸的开发应用成了国内外研究的热点，新的用途被不断开发出来，世界上很多领域对其商业需求持续增长。此外，丙酮酸具有乙酸香气和令人愉快的酸味，是很有发展潜力的食品酸味剂，而且，丙酮酸作为饲料和食品添加剂，具有很好的防腐保鲜功能。

4. L-苹果酸

目前，发达国家消费者对化学合成产品普遍持谨慎态度。作为发酵产品的L-苹果酸在食品和医药领域的应用范围不断扩大。苹果酸在生理功能及味觉方面与柠檬酸明显不同。与柠檬酸相比，其产生热量更低，是一种低热量的理想食品添加剂。L-苹果酸酸味刺激缓慢，且在达到最高酸味后可以保留较长时间。利用L-苹果酸配制的软饮料更加酸甜可口，当50%L-苹果酸与20%柠檬酸共用时，可呈现出强烈的天然果实风味，受到食品工业的青睐。

思考题

1. 何为基因工程？基因工程的操作步骤有哪些？
2. 何谓转基因食品？为什么要对转基因食品进行安全性评价？
3. 细胞工程的概念及其分类。
4. 细胞工程的基本操作技术有哪些？
5. 细胞培养的概念是什么？
6. 简述细胞融合技术。
7. 植物细胞工程在香料香精生产中与哪些应用？试举例说明。
8. 简述谷氨酸的生产方法和生产流程。

主要参考文献

[1] 邓毛程. 氨基酸发酵生产技术 [M]. 北京：中国轻工业出版社，2007.

[2] 王镜岩. 生物化学教程 [M]. 北京：高等教育出版社，2008.

[3] P. A. Chapman，A. T. Cerdan Malo，M. Ellin，et al. *Escherichia coli* O157 in cattle and sheep at slaughter，on beef and lamb carcasses and in raw beef and lamb products in South Yorkshire UK [J]. Int. J . Food Microbiol. 64 (1-2)：139-150，2001.

[4] 孙明. 基因工程 [M]. 北京：高等教育出版社，2006.

[5] 普雷斯科特，沈萍，彭珍荣. 微生物学 [M]. 北京：高等教育出版社，2003.

[6] 罗志英. 食品生物技术导论 [M]. 北京：中国轻工业出版社，2008.

[7] 姜毓君，包怡红，李杰. 食品生物技术理论与实践 [M]. 北京：科学出版社，2009.

[8] 王向东，赵良忠. 食品生物技术 [M]. 南京：东南大学出版社，2007.

[9] P. Duncanson，D. R. Wareing and O. Jones. Application of an automated immunomagnetic separation-enzyme immunoassay for the detection of *Salmonella spp*. during an outbreak associated with a retail premises [J]. Letters in Applied Microbiology，2003.

[10] 孙建全，张倩，马建军. 基因工程技术在食品工业中的应用 [J]. 山东农业科学，2008.

[11] Nordlee J. A.，Taylor S. L.，Town J. A.，et al. Investigation of the allerge nicity of Brazil nut 2S seed storage protein in transgenic soybean [J]. Food Safety Evaluation，1996：196-202.

[12] 周卫东. 转基因作物的安全性与发展前景 [J]. 生物学教学，2005，30 (8)：5-7.

[13] Batista R.，Oliveira M. M. Facts and fiction of genetically engineered food [J]. Trends in Biotechnology，2009，27 (5)：277-286.

[14] 庞俊兰. 细胞工程 [M]. 北京：高等教育出版社，2007.

[15] Turner S.，Krauss S. L.，Bunn E.，et al. Genetic fidelity and viability of Anigozanthos viridis following tissue culture，cold storage and cryopreservation [J]. Plant Sci，2001，161：

1099.

［16］ Saarela，M. Functional Dairy Products，Vol. 2 ［J］. Cambridge：Woodhead Publishing，2007.

［17］ 罗云波，生吉萍. 食品生物技术导论 ［M］. 北京：化学工业出版社，2006.

［18］ Kalidas Shetty，Gopinadhan Paliyath，Anthony Pometto. Food Biotechnology ［M］. London：Taylor & Francis Group，2006.

［19］ 王守伟，陈曦，曲超. 食品生物制造的研究现状及展望 ［J］. 食品科学，2017，38（09）：287-292.

［20］ 申梦雅，张永清，王德国，等. 基因工程在食品工业中的应用 ［J］. 广东化工，2016，43（10）：99-100.

第四篇
食品包装

第一章 概述

CHAPTER 1

[学习指导]

本章介绍了食品包装的概念，基于不同角度对食品包装进行分类，阐述了食品包装的主要功能，提出了食品包装的设计要求，解释了食品包装的造型设计与结构设计要求。

第一节　食品包装的概念及分类

一、食品包装的概念

食品包装是指采用适当的包装材料、容器和包装技术，把食品包裹起来，以使食品在运输贮藏流通过程中保持其原有品质状态和价值。通常所指的食品包装是以销售为主要目的的，与食品一起到达消费者手中的销售包装，也包括作为食品工业或其他行业用的工业包装。

食品包装的设计，应掌握被包装食品的生物、化学、物理学特性及其敏感因素，确定其要求的保护条件，才能正确选用包装材料、包装工艺技术进行操作。

食品包装材料种类繁多，性能各异，只有了解各种包装材料和容器的包装性能，才能根据食品包装的防护要求选择既能保护食品风味和质量，又能体现其商品价值，并能使综合包装成本合理的包装材料。

包装设计的内容包括容器形状、耐压强度、结构形态、尺寸、封合方式等，应根据食品所需要的保护性要求、包装成本、包装量等诸方面因素进行合理的包装设计，尽量使包装结构合理、节省材料、节约运输空间，避免过分包装和欺骗性包装。

食品标签是指在食品包装容器上或附于食品包装容器上的一切附签、吊牌、文字、图形、符号及其他说明物。标签必须注有以下内容：食品名称、配料表、净含量及固形物含量、厂名、批号、日期标志和贮藏指南、食用方法、质量等级、产品标准代号、商标等。

二、食品包装的分类

食品包装因分类角度不同可形成多种分类方法。

1. 按流通过程分类

（1）运输包装　运输包装又称大包装，是较大单元的包装形式，具有很好的保护商品、方便贮运及装卸功能，例如纸箱、木箱、桶、各种托盘、中间性散货容器、集装箱等属于运输包装。通常体积较大，外形尺寸标准化程度高，坚固耐用，广泛采用集合包装，表面印有明显的识别标志和贮运注意事项。

（2）销售包装　销售包装又称小包装或商业包装，其特点是包装件一般较小，要求美观、安全、卫生、新颖、易于携带。不具有对商品的保护作用，而且更注重包装的促销和增值功能。瓶、罐、盒、袋及其组合包装一般属于销售包装。

2. 按包装材料和容器性质分类

包装按包装材料和容器分类，如表 4-1-1 所示。

表 4-1-1　包装按包装材料和容器分类

包装材料	包装容器类型
纸与纸板	纸盒、纸箱、纸袋、纸罐、纸杯、纸质托盘、纸浆模塑制品、中间性散货容器等
塑料	塑料薄膜袋、中空包装容器、编织袋、周转箱、片材热成型容器、热收缩膜包装、软管、软塑箱、钙塑箱、中间性散货容器等
金属	镀锡薄板、无锡钢板等制成的金属罐、桶等，铝、铝箔制成的罐、软管、软包装袋、中间性散货容器等
复合材料	纸、塑料薄膜、铝箔等组合而成的复合软包装材料制成的包装袋、复合软管等
玻璃陶瓷	瓶、罐、坛、缸等
木材	木箱、板条箱、胶合板箱、花格木箱等
其他	麻袋、布袋、草或竹制包装容器等

3. 按包装结构形式分类

贴体包装，是将产品封合在用塑料片制成的与产品形状相似的型材和盖材之间的包装形式；泡罩包装，是将产品封合在用塑料制成的泡罩与盖材之间的包装形式；热收缩包装，是将产品用热收缩薄膜裹包或袋装，通过加热、使薄膜收缩而形成产品包装的包装形式；可携带包装，是在包装容器上制有提手或类似装置，以便于携带的包装形式；托盘包装，是将产品或包装件堆码在托盘上，通过捆扎、裹包或黏结等方法固定而形成的包装形式；组合包装，是将同类或不同类商品组合在一起进行适当包装，形成一个搬运或销售单元的包装形式；中间性散货包装（intermediate bulk container，IBC），是柔性的集装运输工具，把装有干式散货或液体散货的集装容器放入集装箱内作为中间媒介以达到多式联运的包装形式。

此外，还有悬挂式包装、可折叠式包装、喷雾式包装等。

4. 按包装技术分类

按包装技术分类，包装可分为真空和充气包装、控制气氛包装、脱氧包装、防潮包装、冷冻包装、软罐头包装、无菌包装、热成型包装、热收缩包装、缓冲包装等。

5. 按销售对象分类

按销售对象分类，包装可分为出口包装、内销包装、军品专用包装和民用包装等。

第二节 食品包装的功能

一、保护商品

食品在贮运、销售、消费等流通过程中常会受到各种不利条件及环境因素的破坏和影响，这些破坏因素通常分为两类：一类是自然因素，包括光线、氧气、温湿度、水分、微生物等，可引起食品氧化、变色、腐败变质和污染；另一类是人为因素，包括冲击、振动、跌落、承压载荷等，可引起内装物的变形、破损和变质，采用科学合理的包装可使食品免受或减少破坏因素的影响。

不同食品、不同流通环境对包装保护功能的要求不同。例如，采用隔气（汽）性能好的密封包装材料或其他防湿包装，可防止干燥或焙烤食品吸收水分而变质；采用隔绝性能好的包装，配合其他杀（抑）菌保藏方法，可限制或抑制包装内残存微生物的生长繁殖；为维持生鲜食品的生鲜状态，要求包装要具有适度的 O_2、CO_2 和水蒸气的透过率；选用隔氧性能高、遮挡光线和紫外线的包装材料，可减缓或防止食品中的营养成分在直射光、高温、有氧环境中发生各种化学反应；通过合理的包装设计并采用合适的包装材料，可以避免或防止食品在贮运、销售过程中发生因摩擦、振动、冲击等机械力所造成的损坏。

二、方便贮运、销售和使用

合理的包装具有多种方便功能，如便于装填密封、方便运输、装卸、堆码、陈列、销售、携带、开启、使用和处理回收等。

1. 便于贮运

食品包装方便食品在物流过程的搬运装卸、存贮保管和陈列销售，也方便消费者的携带、取用和消费。现代包装还注重包装形态的展示方便、自动售货及消费开启和定量取用的方便。

2. 促进销售

包装是提高商品竞争能力、促进销售的重要手段。随着市场竞争由商品内在质量、价格、成本竞争转向更高层次的品牌形象竞争，包装成为了传递商品信息的重要媒介，担负着传达商品牌号、性质、成分、容量、使用方法、生产单位等职能。包装形象将直接反映品牌和企业的形象。食品作为商品，具有普遍和日常消费性特点，包装用来传达和树立企业品牌形象更为重要。

三、提高食品的商业价值

包装是食品生产的继续环节，食品通过包装才能免受各种损害而避免降低或失去其原有的价值。因此，投入包装的价值不但在食品出售时可得到补偿，而且能增加食品的商业价值。包装的增值作用不仅体现在包装直接给商品增加价值上，而且更体现在通过包装塑造名牌所体现的品牌价值上。

第三节 食品包装的设计

食品包装设计是指对食品包装的全盘策划，可分为技术设计和形象设计两大方面。技术设计主要解决保护商品、方便贮运、节省资源与保护环境等问题，例如确定包装技术与方法、选用合适的包装材料、容器和辅助材料，设计合理的技术结构等；商品形象设计主要解决美化商品、传递信息、促进销售等问题。

一、食品包装设计的基本要求

优良的食品包装设计必须考虑食品的性质要求、食品的运输及贮藏要求，食品的市场销售要求。

1. 食品性质的要求

食品的种类很多，从形态上，有固体的、液体的、蓬松的、酥脆的；从包装的保质措施上，有需阻氧的、需透氧的、需气调的、需真空的、需巴氏杀菌或商业灭菌的等；从使用的方式上，有可直接食用的、需进行再加工的等；从封装方式上，有热封的、旋盖的等。因此，食品的包装设计必须首先了解该食品的物理、化学特性，根据食品的易腐性、吸湿性、挥发性、黏结性、脆性以及化学稳定性等性质，选择合适的包装材料和封装方式，才能对产品进行有效的保护和营销宣传。

2. 食品运输及贮藏的要求

食品运输、贮藏过程需确保食品的销售包装不受损坏。食品运输的类型、运输过程控制等级、运输方式、贮运分配、销售过程、机械力与环境气候危害的性质与程度、贮运过程装卸条件及贮藏条件对产品质量的影响，是食品包装容器形态和结构设计、运输包装设计的基本依据。

3. 食品市场销售的要求

食品要在市场上流通销售，包装应具有良好的商业销售宣传和广告功能。食品进入流通环节，需要有严谨、周密的包装策划和设计，策划包括针对特定商品、不同的消费群体、流通环境、销售地域等，应选择不同的包装材料、容器造型、装潢设计、封装开启方式等，以提高产品的市场竞争力。

二、食品包装造型与结构设计

1. 食品包装造型设计

食品包装造型设计是应用艺术手段，使选用的包装材料具有实用功能和符合美学原则的三维立体设计。

食品包装容器与使用目的有直接关系。例如，用玻璃、陶瓷、塑料制作的容器多用于酒、饮料、调味品的包装，这些产品对容器外观造型要求很高。容器造型格调的高低、线条优美与否、与产品内涵配合是否恰当及其使用功能的优劣，都会影响包装食品的销售情况。

包装材料对食品包装造型设计影响显著，不同材料有着不同功能和肌理质感。有的透明，如玻璃和某些塑料；有的圆浑古雅，如陶瓷；有的质朴，如木材；有的光洁富丽，如金属；有的华贵，如丝绸、皮革等。即使同一种材料，施加不同工艺，也将产生不同的功能和质感。因此，设计时要注意及时采用新材料、新技术，要充分利用材料特点和科学原理进行设计。

食品包装造型设计还应考虑当手触包装容器时如何产生舒适感。包装容器的直径一般由所要盛装的容量而决定，但食品消费包装直径最小不应小于 25mm，太小就不便盛装内容物了，当直径超过 90mm 时，在拿取过程中容器很容易从手中滑落。如果容器直径超过手所能承受的范围，就要考虑在容器适当部位留有手握的地方，以方便拿取及开启。由于存在年龄层次的差别，人们抓握的力度也大不相同，故在设计针对不同年龄对象的包装容器时，不可忽视这一点。

在造型设计时，平面上的立体图案与模型尽管尺寸相同，但视觉效果却往往不一致，这就存在错觉问题。因此，设计时要注意避免或利用错觉来达到预期的效果。

2. 食品包装结构设计

食品包装结构设计是根据被包装产品的特征、环境因素和用户要求等，选择一定的材料，采用一定的技术方法，科学地设计出内外结构合理的容器或制品的过程，包括材料结构、工艺结构和容器结构三部分。材料结构指材料的组合方式；工艺结构指为完成某一特定的保护功能或目的而确定的包装形式，如缓冲结构、防震包装结构等；容器结构是指包装容器的形态和性能等。

食品包装结构必须依照包装力学原理和专业技术要求进行设计，以保证包装具有足够强度以抵抗各种外界因素的侵扰，使包装食品在流通贮藏和销售过程中保持完好。食品包装结构应满足以下要求。

（1）容装性　包装必须能够可靠地容装所规定的内装物数量，不得有任何泄漏或渗漏。

（2）保护性　包装必须保证内装物在经过一系列的装卸、运输、仓储、陈列、销售直至消费者在有效期限内启用期间不被破坏。

（3）方便性　包装必须要方便装填（灌装）、方便运输、方便装卸、方便堆码、方便陈列、方便销售、方便携带、方便开封、方便使用、方便处理。

（4）显示性　包装必须具有明显的辨别性。

（5）陈列性　包装必须在充分显示的前提下具有良好的展示效果。

第二章 CHAPTER 2

食品包装的材料及容器

[学习指导]

认识金属、玻璃、陶瓷、纸等传统食品包装材料的特点、性能及其容器制品的应用领域。掌握用于食品包装的塑料材料及其制品的分类、性能，以及食品包装塑料薄膜、复合软包装材料、热收缩和热成型包装的分类、工艺特点及应用领域，学习中型散货食品包装容器的组成、结构与应用。

食品包装材料是指用于制造食品包装容器和构成食品包装的材料的总称，包括木材、纸与纸板、玻璃、陶瓷、金属、塑料、复合材料以及辅助包装材料等。

第一节　传统包装材料及容器

一、金属包装材料及容器

金属包装材料对光、气、水及水蒸气等具有完全的阻隔性，可为内装食品提供优良的保护性能；金属材料加工适应性好，具有良好的抗拉、抗压、抗弯强度、韧性及硬度，作为食品包装容器可适应工业生产和流通中的各种机械振动和冲击，有利于加工和包装过程中的机械化操作和控制；金属材料具有良好的耐高低温性和导热性，能够满足包装食品的冷热加工、高温杀菌等加工需要。金属作为包装材料也存在缺点，如化学稳定性差，不耐酸碱腐蚀，易被锈蚀，不透明，价格较高等。

食品包装容器制造常用的金属材料主要有镀锡薄钢板、镀铬薄钢板、铝合金板和铝箔等。

(一) 镀锡薄钢板

镀锡薄钢板也称镀锡板，镀锡薄板，是两面镀有纯锡的低碳薄钢板，用于制造包装食品的各种容器，也可为由其他材料制成的容器配制容器盖或底。

1. 镀锡薄钢板的结构

镀锡板是将低碳钢（C<0.13%）轧制成约 2mm 厚的钢带，然后经酸洗、冷轧、电解清洗、退火、平整、剪边加工，再经清洗、电镀、软熔、钝化处理、涂油后剪切成镀锡板材成品。镀锡板结构由五部分组成，如图 4-2-1 所示。由内向外依次为钢基板、锡铁合金层、锡层、氧化膜和油膜。镀锡板各构成部分的厚度、成分和性能如表 4-2-1 所示。

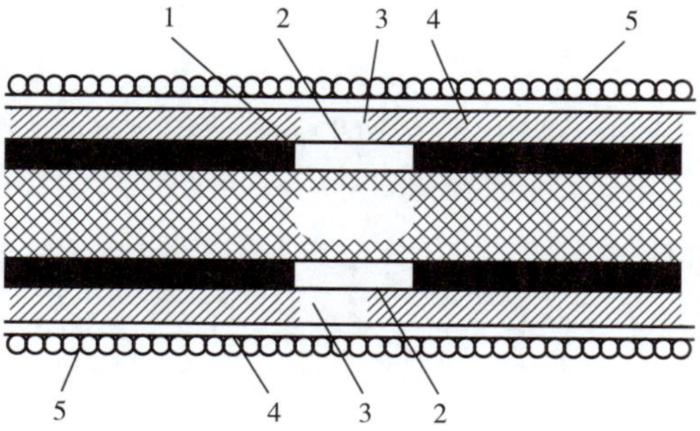

图 4-2-1　镀锡薄钢板断面图

1—钢基板　2—锡铁合金层　3—锡层　4—氧化膜　5—油膜

表 4-2-1　　镀锡板各构成部分的厚度、成分及性能

结构名称	厚度指标		结构成分		包装性能特点
	热浸镀锡板	电镀锡板	热浸镀锡板	电镀锡板	
油膜	20mg/m^2	2~5mg/m^2	棕榈油	棉籽油或癸二酸二辛酯	润滑和防锈
氧化膜	3~5mg/cm^2（单面）	1~3mg/m^2（单面）	氧化亚锡	氧化亚锡、氧化锡、氧化铬、金属铬	电镀锡板表面钝化膜是经化学处理生成的，具有防锈、防变色和防硫化斑作用
锡层	22.4~44.8g/m^2	5.6~22.4g/m^2	纯锡	纯锡	美观、易焊、耐腐蚀，且无毒害
锡铁合金层	5g/m^2	<1g/m^2	锡铁合金结晶	锡铁合金结晶	耐腐蚀，如过厚，加工性能和可焊性不良
钢基板	制罐用 0.2~0.3mm	制罐用 0.2~0.3mm	低碳钢	低碳钢	加工性能良好，制罐后具有必要的强度

2. 镀锡薄钢板的性能指标

（1）机械力学性能　影响镀锡板机械力学性能的因素很多，如钢基板成分，冶炼、轧制方法及质量，制板加工的退火处理及平整加工工艺质量等。工业上通常采用调质度作为镀锡板综合力学性能的指标，包括强度、硬度、塑性、韧性等。镀锡板的调质度以其表面洛氏硬度值 HR30T 表示，按照 HR30T 的大小，可将调质度分为几个等级，等级符号以大写字母 T 以及数字组成，如 T50。镀锡板的硬度与调质度等级成正对应关系，调质度越大，硬度越大，相应的镀锡板的韧性和调质度成负对应关系。镀锡板的具体调质度等级与其机械力学的关系及用途，如表 4-2-2 所示。

表 4-2-2　　常用镀锡板调质度类别及其力学性能和用途

生产方法		ISO 国际标准		美国 AISI 标准		极限抗拉强度/MPa	性能及用途
		类别	HR30T	类别	HR30T		
一次冷轧	箱式退火	T50	≤52	T1	≤52	330	可塑性很好，适于深度拉伸或多次拉伸容器
		T52	48~56	T2	50~60	350	拉伸性能中等，稍有刚性
		T57	53~61	T3	54~60	370	一般用途，随硬度提高，用于浅的拉伸三片罐罐身、罐头底盖、大直径瓶盖
		T61	57~65	T4	58~64	415	一般用途，刚性稍高，用于刚性好的三片罐罐身、罐底盖较大的容器
		T65	61~68	T5	62~68	450	刚性高，用于刚性好的三片罐罐身、罐底、罐盖
		T70	66~73	T6	67~73	530	刚性很强，用于啤酒或充气罐罐底、罐盖
	连续退火	CA61	57~65	T. 4 CA	58~64	410	拉伸性能中等，综合性能好，用于瓶盖、三片罐罐身、罐底、罐盖
		CA65	61~70	T. 5 CA	62~68	425	一般用途，用于三片罐罐身、罐底、罐盖
		CA70	66~73	T. 6 CA	67~73	530	刚性很高，用于啤酒或充气饮料罐罐底、罐盖
二次冷轧		DR550	70~76	DR-8	73	550±70	小直径三片罐罐身、罐底、罐盖
		DR620	73~79	DR-9	70	620	强度大、硬，用于大直径三片罐罐身、罐底、罐盖
		DR660	74~80	CD-9M	77	660±70	啤酒或充气饮料罐的罐底、罐盖

注：一次冷轧镀锡板的抗拉强度及二次冷轧镀锡板的表面硬度均为近似值，不是标准中的项目；二次冷轧板的抗拉强度是指 $\sigma_{0.2}$（屈服强度）。

（2）耐腐蚀性能　镀锡板的耐腐蚀性能与构成镀锡板每一结构层的耐腐蚀性都有关。

①钢基板：钢基板的耐腐蚀性能主要取决于钢基板的成分、表面状态和非金属杂质的含量。一般情况下，减少钢基板中非金属杂质的含量、提高表面纯净度，可以提高钢基板的耐腐蚀性。

酸浸时滞值是评价钢基板耐腐蚀性的指标，即钢基板浸入盐酸时至溶解反应速度恒定时所需要的时间。酸浸时滞值越小，钢基板的耐腐蚀性越好。通常耐腐蚀性好的镀锡板，酸浸时滞值应<10s。

②锡层：锡层的耐腐蚀性主要与锡层的连续性有关，要求镀锡完全覆盖钢基板表面，但实际镀锡层存在许多暴露出钢基板的孔隙，即露铁点。镀锡板上的露铁点在有腐蚀性溶液存在的条件下将发生电化学腐蚀。

锡的纯度和锡层晶粒大小也会对锡层的耐腐蚀性有影响，一般情况下锡层晶粒越大，镀锡板的耐腐蚀性越好。

③锡铁合金层：处于钢基板和锡层之间的锡铁合金层的主要成分是锡铁金属化合物 $FeSn_2$，提高锡铁合金层的连续性和致密性可以有效提高镀锡板的耐腐蚀性能。

④氧化膜：镀锡板表面的氧化膜有两种：一种是锡层本身氧化形成的 SnO_2 和 SnO；另一种是镀锡板钝化处理后形成的含铬化合物钝化膜。SnO_2 比 SnO 稳定，因此两者形成量的多少将影响镀锡板的耐腐蚀性。合理控制温度，形成 SnO_2 层可提高镀锡板的耐腐蚀性。

⑤油膜：镀锡板表面的油膜将板与腐蚀性环境隔开，防止锡层被氧化锈蚀。此外，油膜在镀锡板使用过程中起润滑剂作用，可有效防止加工、运输过程中的锡层被擦伤破损。

（3）镀锡板的镀锡量　镀锡量是衡量镀锡层厚度的指标，是选用镀锡板的重要参数。镀锡量以单位面积上所镀锡的质量（g/m^2）表示。另一种表示方法是以 1 基准箱镀锡板两面镀锡总量（lb）乘以 100 后所得数字为镀锡量的标号，如 1 磅/1 基准箱的镀锡量标为#100（相当于 11.2g/m^2）。标号数值越大，镀锡层越厚。对两面镀锡量不等的镀锡板，用两种数据分别表示两面的镀锡量，如#100/#25 即 11.2/2.8g/m^2。

3. 镀锡板的分类及代号

镀锡板的分类方法及产品代号，如表 4-2-3 所示。

表 4-2-3　　镀锡板分类及代号

分类方法	类别	代号
按镀锡量	等厚镀锡 E1、E2、E3、E4	E
	差厚镀锡 D1、D2、D3、D4、D5、D6、D7	D
按硬度等级	T50、T52、T61、T65、T70	T
按表面状况	光面	G
	石纹面	S
	麻面	M
按钝化方式	低铬钝化	L
	化学钝化	H
	阳极电化学钝化	Y
按涂油量	轻涂油	Q
	重涂油	Z
按表面质量	一组	I
	二组	Ⅱ

（二）无锡薄钢板

1. 镀铬薄钢板（tin-free-steel，TFS）

（1）镀铬板的结构　镀铬板是由钢基板、金属铬层、水合氧化铬层和油膜构成，各结构层的成分、厚度及性能特点如表 4-2-4 所示。

表 4-2-4　　镀铬板各层成分、厚度及性能特点

各层名称	成分	厚度	性能特点
油膜	癸二酸二辛酯	22mg/m²	防锈、润滑
水合氧化铬层	水合氧化铬	7.5～27mg/m²	保护金属铬层，便于涂料和印铁，防止产生孔眼
金属铬层	金属铬	32.3～140mg/m²	有一定耐腐蚀性，但比纯锡差
钢基板	低碳钢	制罐用 0.2～0.3mm	提供板材必需的强度，加工性良好

（2）镀铬板的技术规格　镀铬板的机械性能与镀锡板相差不大，其综合机械性能也以调质度表示，各等级调质度镀铬板的相应表面硬度，如表 4-2-5 所示。

表 4-2-5　　镀铬板的调质度及相应的洛氏硬度

调质度	HR30T	调质度	HR30T	调质度	HR30T
T-1	46～52	T-4-CA	58～64	DR-9	73～79
T-2	50～56	T-5-CA	62～68	KR-10	77～83
T-2.5	52～58	T-6-CA	67～73		
T-3	54～60	DR-8	70～76		

镀铬板的规格尺寸，如表 4-2-6 所示。

表 4-2-6　　镀铬板的规格尺寸

规格尺寸	成张镀铬板	成卷镀铬板
厚度/mm	0.16～0.38	0.16～0.38
宽度/mm	508～940	508～940
长度/mm	480～1100	—

（3）镀铬板的使用性能　镀铬板的耐腐蚀性比镀锡板稍差，铬层和氧化层对柠檬酸、乳酸、乙酸等弱酸、弱碱有很好的抗腐蚀作用，但不能抗强酸、强碱的腐蚀，所以镀铬板通常在施加涂料后使用。

镀铬板的加工成型性能与镀锡薄板大致相同，但由于镀铬层韧性较差，在冲拔、盖封加工时表面铬层易损伤破裂，故不能适应冲拔、减薄、多级拉伸加工。镀铬板不能焊锡，制罐时接缝需采用熔接或黏接。镀铬板表面涂料的施涂加工性好，涂料在板面附着力强，比镀锡板表面涂料附着力高 3～6 倍，适宜用于制造罐底、盖和二片罐，而且可采用较高温度烘烤。

2. 镀锌薄钢板

镀锌薄钢板俗称白铁皮，是在低碳钢基板上镀 0.02mm 以上厚度的锌层制成的。致密的锌层可使钢基板的防腐能力大大提高。根据镀锌工艺不同分为热镀锌板和电镀锌板两种。

3. 低碳薄钢板

低碳薄钢板指含碳量<0.25%，厚度为0.25~4mm的普通碳素钢或优质碳素结构钢的钢板。塑性性能好，易于容器的成型加工和接缝的焊接加工，制成的容器具有较好的强度和刚性，而且价格较低。低碳薄钢板经表面涂料后可用于罐装饮料或其他食品包装。

(三)铝质包装材料

铝质包装材料主要是指铝合金薄板和铝箔。工业上把铝含量在99.00%以上的铝称为纯铝，由于其强度低且价格昂贵，在包装上只用于制造铝箔。包装用铝材一般采用铝合金薄板，其机械力学性能和化学性能取决于组成铝材的合金类型，其中所含的金属元素主要有锰、镁、铜、锌、铁、硅、铬等。

(四)金属罐的制造与封口

1. 三片罐的制造

三片罐（three-piece can）的制造主要包括罐身制造、罐盖制造、罐身与罐底盖卷封等工序。罐身纵缝加工采用高频电阻熔焊法、压接法和黏接法。

（1）电阻焊三片罐　将待焊接的两层金属薄板重叠置于连续转动的两滚轮电极之间，通电后靠高频电阻产生的高热量使滚轮之间的搭接缝金属接近熔化状态，并在滚轮碾压下连成一体而形成焊缝。电阻焊的优点在于可以避免锡焊带来的铅、锡等贵金属对罐内食品的污染；焊缝薄、平直、光滑，密封性好且强度高；焊缝重叠宽度≤1mm，节约原材料，而且便于翻边和卷封。

（2）压接三片罐　这类罐大都是手工或半自动化方式生产的，罐形态有方形、圆形、椭圆形、多边形等多种。由于采用整版印刷制罐，罐面图案完整美观。

（3）黏接三片罐　无锡钢板的焊接性差，可用有机黏结剂（主要是耐高温的聚酰胺树脂系列黏结剂）黏结罐身纵缝，这是一种具有很好发展前景的制罐方法，与电阻焊制罐工艺相比，黏结罐外观更为美观，包装成本较低，但黏结罐不能用于高温杀菌食品的包装，为保证足够的强度，罐身搭接缝宽度较大（约5mm）。

2. 二片罐的制造

二片罐（two-piece can）的罐身与罐底为一体，没有罐身纵缝和罐底卷边。二片罐生产周期短，工艺简单，密封性好，广泛应用于啤酒及含气饮料的包装。由于罐身成型工艺不同，目前二片罐主要包括变薄拉伸罐（冲拔罐DWI）和拉伸罐（深冲罐DRD）两种。

（1）冲拔罐　冲拔罐（draw and wall ironed can，DWI）的制作要经过预冲压和多次变薄拉伸，故称变薄拉伸罐。冲拔罐的最大特点是罐的长径比很大（一般为2∶1，最大可达5∶1），罐壁经多次拉伸后变薄，因此，这种罐身结构很适合含气饮料的包装，由于内压的存在而可支撑罐壁。冲拔罐的制罐材料主要为铝或马口铁板材，只能成型圆形罐而不适合制作异形罐。

（2）深冲罐　深冲罐（drawn and redrawn can，DRD）是将板材经连续多次变径冲模而成的二片罐。制罐时几次连续冲杯使罐身越来越小（一般为2次），如果冲杯一次成型，即称为浅拉伸罐。

3. 金属罐的封口

金属罐普遍采用二重卷边封口，二重卷边结构，如图4-2-2所示。

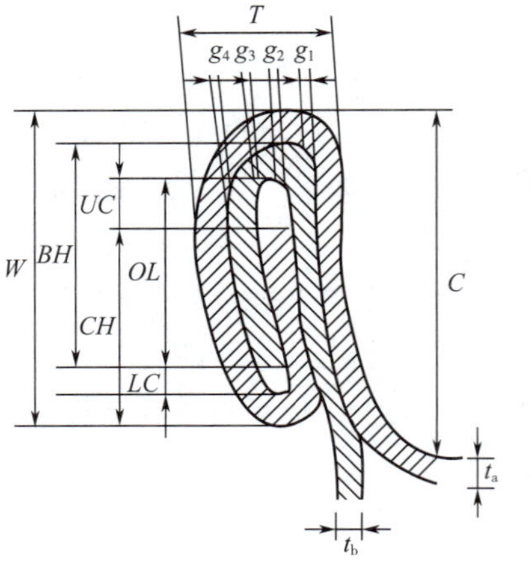

图 4-2-2　二重卷边结构

t_a—罐盖板厚　t_b—罐身板厚　T—卷边厚度　W—卷边宽度　CH—盖钩长度　BH—身钩长度
UC—盖钩空隙　LC—身钩空隙　C—埋头度　$g_1 \sim g_4$—罐身、罐盖板间间隙　OL—叠接长度

二重卷边外观应平整、光滑，不允许出现波纹、折叠、快口、切罐、突唇、牙齿、假卷、断封、密封胶挤出等现象（图 4-2-3），以免影响罐的密封性及外观。

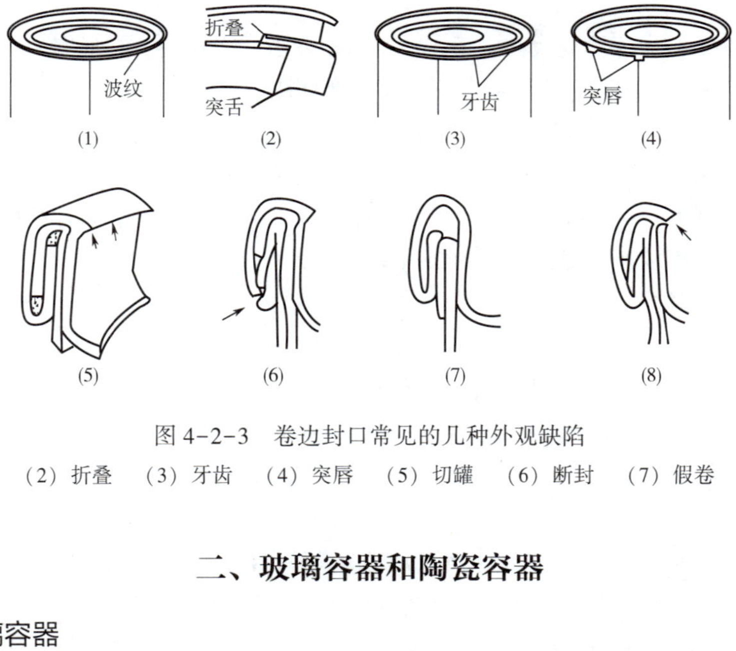

图 4-2-3　卷边封口常见的几种外观缺陷

（1）波纹　（2）折叠　（3）牙齿　（4）突唇　（5）切罐　（6）断封　（7）假卷　（8）断封

二、玻璃容器和陶瓷容器

（一）玻璃容器

玻璃具有光亮透明、化学稳定性好、阻隔性优良、易成型的优点，但也存在重量大、易破碎的缺点。

1. 玻璃包装材料

玻璃的种类很多，用于食品包装的是氧化物玻璃中的钠—钙—硅系玻璃，常见食品包装用玻璃的化学组成，如表 4-2-7 所示。

表 4-2-7　　几种食品包装玻璃瓶罐的化学组成　　单位：%

品种	SiO_2	Na	K_2O	CaO	Al_2O	Fe_2O	MgO	BaO
棕色啤酒瓶（硫碳着色）	72.50	13.23	0.07	10.40	1.85	0.23	1.60	—
绿色啤酒瓶	69.98	13.65		9.02	3.00	0.15	2.27	—
香槟酒瓶	61.38	8.51	2.44	15.76	8.26	1.30	0.82	—
汽水瓶（淡青）	69.00	14.50		9.60	3.80	0.50	2.20	0.20
罐头瓶（淡青）	70.50	14.90	7.50	3.00	0.40	3.60	0.30	—

2. 玻璃容器的发展

（1）轻量化　玻璃包装的轻量化是指在保证强度的情况下，减轻玻璃瓶质量，轻量化程度用重容比表示，即容器的质量 w（g）与其容量 c（mL）之比，轻量瓶的重容比一般在 0.15~0.8。容器的重容比越小，则其壁厚越薄，通常轻量瓶的壁厚为 2~2.5mm。玻璃容器的轻量化可降低运输费用、减少食品杀菌时的能耗、提高生产效率、增加包装品的美感。

（2）强化　为提高玻璃容器的抗张强度和冲击强度，采取一些强化措施使玻璃容器的强度得以明显提高，若强化措施用于轻量瓶，则可获得高强度轻量瓶。

（二）陶瓷容器

陶瓷是以黏土、长石、石英等天然矿物为主要原料，经粉碎、混合和塑化，按用途成型，并经装饰、涂釉，然后在高温下烧制而成的制品。

陶瓷包装容器具有耐火、耐热、隔热、耐酸、阻隔性好等特点，可制成形状各异的瓶、罐、缸、坛等，主要用于酒类、咸菜以及传统食品和风味食品的包装。陶瓷容器的卫生安全性主要体现在釉陶瓷表面釉层中重金属铅或镉的溶出，我国对陶瓷容器铅、镉溶出量允许极限，如表 4-2-8 所示。

表 4-2-8　　我国对陶瓷包装容器铅、镉溶出量的允许极限

溶出物	指标/(mg/L)
铅（Pb）	≤1.0
镉（Cd）	≤0.10

注：采用 GB/T 3534—2002《日用陶瓷铅、镉溶出量的测定方法》标准规定的方法测定。

三、纸类包装材料及容器

纸类包装材料分为纸和纸板两大类，通常情况下，凡定量在 225g/m^2 以下的称为纸，定量在 225g/m^2 以上的则称纸板。

（一）包装用纸

1. 牛皮纸（kraft paper）

牛皮纸因其坚韧结实似牛皮而得名，是用硫酸盐木浆抄制的高级包装用纸，具有高施胶度，机械强度高，富有弹性、抗水性、防潮性，定量在 30~100g/m^2。根据其外观有单面光、双面光和条纹等品种。

2. 羊皮纸（parchment paper）

羊皮纸又称植物羊皮纸或硫酸纸，定量为 $45g/m^2$、$65g/m^2$，是用未施胶的高质量化学浆纸，在 15~17℃浸入 72%的硫酸中处理后，经洗涤并用 0.1%~0.4%碳酸钠碱液中和残留酸，再用甘油浸渍塑化，形成的质地紧密坚韧的半透明乳白色双面平滑纸张。羊皮纸具有良好的防潮性、气密性、耐油性，适用于油性食品、冷冻食品、糖果点心等的包装。

3. 鸡皮纸（wrapping paper）

鸡皮纸是一种单面光的平板薄型包装纸，其生产过程和单面光牛皮纸相似，定量为 $40g/m^2$，有较高的耐破度和耐折度，且具有一定的抗水性。用于食品包装的鸡皮纸不得使用对人体有害的化学助剂。

4. 半透明纸（semitransparent paper）

半透明纸是一种柔软的薄型纸，定量为 $31g/m^2$，用漂白硫酸盐木浆、经长时间的高黏度打浆及特殊压光处理而制成的双面光纸。质地坚韧，具有半透明、防油、防水、防潮等性能，可用于马铃薯片、糕点等脱水食品的包装，也可作为奶油、糖果等油脂食品的包装。

5. 茶叶袋滤纸（tea bag paper）

茶叶袋滤纸是一种低定量专用包装纸，用于袋泡茶的包装，要求纤维组织均匀，无折痕皱纹，无异味，具有较大的湿强度和一定的过滤速度，耐沸水冲泡，同时应有适应袋泡茶自动包装机包装的干强度和弹性。

（二）包装用纸板

白纸板可分为单面白纸板和双面白纸板，是一种高级的销售包装材料，具备良好的印刷性能、加工性能和包装性能，可制成各种类型的纸盒、箱，起着保护商品、装潢美化的促销作用，也可用作制作吊牌、衬板和吸塑包装的底板。

标准纸板是一种经压光处理，适用于制作精确特殊模压制品以及重要制品的包装纸板，颜色为纤维本色。

箱纸板是以化学草浆或废纸浆为主的纸板，以本色居多，表面平整、光滑，纤维紧密、纸质坚挺、韧性好，具有较好的耐压、抗拉、耐撕裂、耐刺穿、耐折叠和耐水性能，印刷性能好。

瓦楞纸板是由瓦楞原纸轧制成屋顶瓦片状波纹，然后将瓦楞纸与两面箱板纸黏合制成的。瓦楞波纹相互并列支撑可形成类似三角的结构体，既坚固又富有弹性，能承受一定重量的压力。

瓦楞的型号种类以楞型表示，按 GB/T 6544—2008《瓦楞纸板》规定，所有楞型的瓦楞形状均采用 UV 形，其分类，如表 4-2-9 所示。

表 4-2-9　我国瓦楞纸板楞型标准及其用途

瓦楞楞型	名称	瓦楞高度/mm	瓦楞个数（每 300mm）	特性
A	大瓦楞	4.5~5	34±2	缓冲性能强，适于包装较轻的易碎物品
B	小瓦楞	2.5~3	50±2	刚性好，适于包装较重和较硬物品，如罐头、瓶装食品等

续表

瓦楞楞型	名称	瓦楞高度/mm	瓦楞个数（每 300mm）	特性
C	中瓦楞	3.5~4	38±2	足够的刚度，缓冲性能良好，适于包装易碎制品、柔软的产品等
E	微小瓦楞	1.1~2	96±4	表面平坦，平面刚度高，适用于高质量的印刷和装潢，大量用于食品的销售包装

瓦楞纸按其材料的组成可分为单面瓦楞纸板（瓦楞芯纸的一侧贴有面纸），常用作缓冲材料和固定材料；双面瓦楞纸板（瓦楞芯纸的两侧均贴以面纸，又称单瓦楞纸板），目前多使用这种纸板；双芯双面瓦楞纸板（双层瓦楞芯纸贴以面纸制成，又称双瓦楞纸板），多用于制造易损、重且需要长期保存的食品，如新鲜果蔬等的包装纸箱；三芯双面瓦楞纸板（三层瓦楞纸芯制成，又称三瓦楞纸板），用以包装重物品以代替木箱，一般与托盘或集装箱配合使用。

(三) 纸制包装容器

纸箱与纸盒是主要的纸制包装容器，主要包括纸箱、纸盒、纸罐等，纸盒、纸罐一般体积较小，多用于销售包装，纸箱体积较大，多用于运输包装。

1. 瓦楞纸箱

瓦楞纸箱由瓦楞纸板制作而成，纸板结构为 60%~70% 中空，具有良好的缓冲减震性能，大量用于商品运输包装。

通用瓦楞纸箱的国家标准（GB/T 6543—2008《瓦楞纸板》）适用于运输包装用单瓦楞纸箱和双瓦楞纸箱。按照使用不同瓦楞纸板种类、内装物最大质量及纸箱内径尺寸，瓦楞纸箱可分为三种型号，如表 4-2-10 所示。其中，一类箱主要用于出口及贵重物品的运输包装；二类箱主要用于内销产品的运输包装；三类箱主要用于短途、价廉商品的运输包装。

表 4-2-10　瓦楞纸箱的分类

种类	内装物最大质量/kg	最大综合尺寸/mm	代号			
			纸板结构	一类	二类	三类
单瓦楞纸箱	5	700	单瓦楞	BS-1.1	BS-2.1	BS-3.1
	10	1000		BS-1.2	BS-2.2	BS-3.2
	20	1400		BS-1.3	BS-2.3	BS-3.3
	30	1750		BS-1.4	BS-2.4	BS-3.4
	40	2000		BS-1.5	BS-2.5	BS-3.5
双瓦楞纸箱	15	1000	双瓦楞	BD-1.1	BD-2.1	BD-3.1
	20	1400		BD-1.2	BD-2.2	BD-3.2
	30	1750		BD-1.3	BD-2.3	BD-3.3
	40	2000		BD-1.4	BD-2.4	BD-3.4
	55	2500		BD-1.5	BD-2.5	BD-3.5

2. 包装纸盒及其他纸制包装容器

此外，纸制包装容器还包括纸桶、纸罐、纸袋、纸杯、纸质托盘等，均在食品包装行业中得到广泛应用。

第二节　塑料包装材料及容器

塑料具有质量轻、阻隔性好、化学稳定性好、加工成型性能和装饰性能优良等优点，大量取代了玻璃、金属、纸类等传统包装材料，成为食品销售包装的主要材料。随着科学技术的发展，以塑料为主要原料开发的新型复合包装材料，大大提高了食品包装保护商品的功能。

一、食品包装常用塑料

（一）聚乙烯（polyethylene，PE）

聚乙烯树脂是由乙烯经加工聚合而成的高分子化合物，根据其聚合方法和密度不同分为低密度聚乙烯（LDPE）、高密度聚乙烯（HDPE）、线型低密度聚乙烯（LLDPE）。

1. 低密度聚乙烯（low density polyethylene，LDPE）

LDPE 具有分支较多的线型大分子结构，结晶度较低，密度为 0.91~0.94g/cm^3，阻气阻油性差，机械强度低，但延伸性、抗撕裂性和耐冲击性好，透明度高，热封性和加工性能好，主要以薄膜形式应用于包装要求较低的食品上。因其具有透气性好的特点，可用于生鲜果蔬的保鲜包装，也可用于冷冻食品的包装，但不宜单独用于有隔氧要求的食品包装。由于其热封性、卫生安全性好，常用作复合包装材料的热封层。

2. 高密度聚乙烯（high density polyethylene，HDPE）

HDPE 大分子呈直链线型结构，分子结合紧密，结晶度高达 85%~95%，密度为 0.94~0.96g/cm^3，阻隔性、强度和耐热性均高于 LDPE，但柔软性、透明性、热成型加工性能有所下降。大量用于食品包装薄膜，也可制成瓶、罐容器和中间性散货容器。与 LDPE 相比，相同包装强度条件下可节省原材料。由于其耐高温性较好，也可作为复合材料的热封层用于高温杀菌（110℃）食品的包装。

3. 线型低密度聚乙烯（linear density polyethylene，LLDPE）

LLDPE 大分子的支链长度和数量均介于 LDPE 和 HDPE 之间，抗拉强度比 LDPE 高 50% 左右，且柔韧性比 LDPE 好，可不加增塑剂吹塑成型，主要制作薄膜，用于包装肉类、冷冻食品和乳制品，但其阻气性较差，不能满足较长时间的保质要求。

（二）聚丙烯（polypropylene，PP）

聚丙烯由丙烯单体聚合而成，为线型结构，密度为 0.90~0.91g/cm^3，是目前最轻的食品包装用塑料。PP 的阻隔性优于 PE，水蒸气透过率和氧气透过率与 HDPE 相似，但阻气性仍较差。机械性能好，强度、硬度、刚性都高于 PE，化学稳定性良好，耐高温性优良，可在 100~120℃长期使用，耐低温性比 PE 差。成型加工性能良好，制品收缩率较大，热封性比 PE 差。

PP 主要制成薄膜材料包装食品，适宜包装含油食品，还可制成热收缩膜进行热收缩包装，以及制成透明的瓶、罐等。

（三）聚苯乙烯（polystyrene，PS）

PS 由苯乙烯单体加聚合成，因大分子主链上带有苯环侧基，所以结构不规整，不易结晶，柔顺性很低。PS 阻湿、阻气性能低于 PE，机械性能好，具有较高的刚性，但脆性大，耐冲击性能很差。化学稳定性差，只能耐受一般酸、碱、盐、有机酸、低级醇的腐蚀，易受有机溶剂如烃类、酯类的侵蚀甚至发生溶解。透明度高达 88%～92%，耐热性差，而低温性能良好。在食品包装中，PE 主要用于制作透明食品盒、水果盘、小餐具等，以及热收缩包装材料。PS 制成的发泡材料还可作为包装中的保温材料及缓冲材料。

（四）聚氯乙烯（polyvinyl chloride，PVC）

聚氯乙烯是以聚氯乙烯为主体，添加增塑剂、稳定剂等混合组成的材料，根据增塑剂的加入量不同可获得不同品种的 PVC 塑料，增塑剂量达树脂量的 30%～40%时构成软质 PVC，增塑剂量小于 5%时构成硬质 PVC。PVC 树脂本身无毒，但其中残留的单体氯乙烯有麻痹和致畸致癌作用，对人体安全限量为<1mg/kg 体重，因此 PVC 用作食品包装应严格控制材料中的氯乙烯单体残留量。软质 PVC 增塑剂含量大，卫生安全性较差，一般不用于直接接触食品的包装，但可制成弹性拉伸膜和热收缩膜；硬质 PVC 中不含或少量含有增塑剂，可直接用于食品包装。

（五）聚酰胺（polyamide，PA）

PA 又称尼龙（nylon），是分子主链上含有大量酰胺基团结构的线型结晶型高聚物，为极性分子，分子间结合力强，大分子易结晶。PA 塑料化学稳定性良好，具有很高的强度和阻气性，但阻湿性差，吸水性强。机械性能良好，强韧而耐磨，但热封性较差。PA 薄膜制品大量用于食品包装，为提高其包装性能，可使用拉伸 PA 薄膜，并与 PE、PVDC 等复合，可提高防潮阻湿和热封性能，可用于无菌包装和深度冷冻包装。

（六）聚酯（polyethylene terephthalate，PET）

PET 是聚对苯二甲酸和乙二酯的简称，因其大分子主链含有苯环而具有高强韧性，因有柔性醚键而仍有较好的柔顺性。PET 的透明度高，光泽度好，具有优良的阻气、阻湿、阻油和保香功能。机械性能好，抗拉强度是 PE 的 5～10 倍，是 PA 的 3 倍，抗冲击强度也很高，还具有良好的耐磨和耐折叠性，且能在较宽的温度范围内保持其优良的物理机械性能，正常使用温度为-70℃～120℃，短期使用可耐受 150℃的高温。化学稳定性好，卫生安全，但不易加工成型，热封性差。

PET 塑料薄膜用于食品包装主要有四种形式：一是无晶型未定向透明薄膜，其抗油脂性很好，可包装含油食品，也可作食品桶、罐等容器的内衬；二是双向拉伸收缩膜，具有突出的强度和良好的热收缩性，可用作肉制品的收缩包装；三是结晶型定向拉伸膜，具有综合包装性能；四是以 PET 为基材的复合膜，用于高温杀菌食品的包装。PET 制作的成型容器，大量用于饮料的包装。

（七）聚碳酸酯（polycarbonate，PC）

聚碳酸酯是分子链中含有碳酸酯的一类高分子材料，具有很好的低温抗冲击性能，又具有优良的耐热性和透明性，是非常优良的包装材料，但价格高使其应用受到一定限制。

PC 可注塑成型为盆、盒，吹塑成型为瓶、罐，吸塑成型为各种容器，这些制品或材料的突出优点是抗冲击韧性高，透明性好，耐热又耐寒，可在 100~120℃下进行高温杀菌处理。PC 薄膜具有极好的透明度和光泽性，拉伸强度高，耐高温也耐低温，耐油性好，透气、透湿性大于 PET 膜，且保香性优良，适用于高温蒸煮杀菌和微波杀菌。

（八）聚偏二氯乙烯（polyvinylidene chloride，PVDC）

PVDC 塑料由 PVDC 树脂添加少量增塑剂和稳定剂制成，为一种高阻隔性包装材料。PVDC 大分子结合力强，结构对称、规整，结晶性高，加工性能较差，制成薄膜材料时一般需加入稳定剂和增塑剂。PVDC 树脂用于食品包装具有许多优异的包装性能，如阻隔性高，化学稳定性好，受环境温度的影响小，耐高低温性良好，适用于高温杀菌和低温冷藏包装。制成收缩薄膜后的收缩率可达 30%~60%。但其热封性较差，常与其他材料复合制成高性能复合包装材料。

二、食品包装塑料薄膜

目前，大多数国家对塑料薄膜和片材的区分是以厚度为标准的，厚度<0.25mm 为薄膜，厚度>0.25mm 为片材。

1. 普通塑料薄膜

普通塑料膜是指采用挤出吹塑成型、T 型模法成型、溶液流延法成型及压延法成型的未经拉伸处理的一类薄膜，其包装性能取决于树脂品种。常用的单一塑料薄膜性能，如表 4-2-11 所示。

表 4-2-11　　常用单一塑料薄膜性能比较

种类	性能															
	透明性	光泽度	拉伸强度	延伸率	撕裂强度	阻气性	阻湿性	耐油性	耐化学性	耐低温性	耐高温性	耐热变形性	防静电性	机械适应性	印刷性	热封合性
LDPE	△	△	○	☆	○	×	○	×	○	☆	×	☆	×	×	△	☆
HDPE	△	△	○	△	△	×	○	△	○	☆	○	☆	×	×	△	☆
CPP（流延聚丙烯）	○	○	○	☆	☆	×	○	△	○	△	☆	☆	×	△	△	○
OPP（邻苯基苯酚）	☆	☆	☆	△	×	×	○	○	○	☆	○	△	×	○	△	×
PVC（软）	☆	☆	△	☆	☆	△	△	△	○	△	×	○	×	×	○	○
PVC（硬）	☆	☆	☆	×	×	○	○	○	☆	×	△	○	△	○	☆	×
PS	☆	☆	☆	×	×	×	×	△	○	△	○	×	×	☆	○	×
OPS（定向聚苯乙烯）	☆	☆	☆	×	×	×	×	○	○	○	○	○	×	☆	○	×
PET	☆	☆	☆	○	○	○	○	☆	☆	☆	☆	○	×	○	○	×
OPET	☆	☆	☆	×	○	○	☆	☆	☆	☆	☆	○	×	☆	○	×
NY_6	○	○	☆	○	☆	○	×	☆	☆	○	☆	☆	×	○	○	○

续表

种类	性能															
	透明性	光泽度	拉伸强度	延伸率	撕裂强度	阻气性	阻湿性	耐油性	耐化学性	耐低温性	耐高温性	耐热变形性	防静电性	机械适应性	印刷性	热封合性
ONY_6	☆	○	☆	×	☆	○	×	☆	☆	☆	☆	○	×	○	○	×
PVDC	○	○	○	△	○	☆	☆	☆	☆	○	△	☆	×	×	×	△
EVA（乙烯-乙酸乙烯共聚物）	○	○	○	○	○	×	○	○	△	☆	×	☆	×	×	△	○
PVA	○	☆	△	☆	☆	○	×	☆	○	×	△	☆	☆	×	○	—
PT（玻璃纸）	☆	☆	○	×	×	○	×	☆	×	×	○	☆	☆	☆	☆	×
KPT（防潮型涂布玻璃纸）	☆	☆	☆	×	×	○	☆	☆	△	△	○	☆	☆	☆	△	○
Al（箔）	×	☆	○	×	△	☆	☆	☆	×	☆	☆	☆	☆	○	△	×
纸	×	×	○	×	○	×	×	×	×	○	○	☆	△	☆	☆	×

注：☆——优；○——良；△——尚可；×——差。

2. 定向拉伸塑料薄膜

定向拉伸塑料薄膜是将普通塑料薄膜在其玻璃化至熔点的某一温度条件下拉伸到原长度的几倍，然后在拉伸紧张状态下，在高于其拉伸温度而低于熔点的温度区间某温度内保持几秒进行热处理定型，最后急速冷却至室温制得的薄膜。经过定向拉伸的薄膜，其抗拉强度、阻隔性能、透明度等都有很大的提高。

定向拉伸薄膜的包装性能除取决于塑料品种、相对分子质量大小、结晶度等材料因素外，与拉伸程度、拉伸和热处理温度、时间等工艺条件密切相关。拉伸薄膜的机械力学性能、阻透性能和耐寒耐热性能随拉伸率的增大、分子定向程度的提高而增大；双向拉伸薄膜的机械强度高于单向拉伸薄膜。

定向拉伸薄膜的延伸率较低，热封性能差，独立使用时不易封口，需要与其他热封性能好的薄膜复合。

食品包装上目前使用的单向拉伸薄膜有单向拉伸聚丙烯薄膜（OPP）、单向拉伸聚苯乙烯薄膜（OPS）、单向拉伸聚酯薄膜（OPET）、单向拉伸聚偏二氯乙烯薄膜（OPVDC）等，双向拉伸薄膜有双向拉伸聚丙烯薄膜（BOPP）、双向拉伸聚乙烯薄膜（BOPE）、双向拉伸聚苯乙烯薄膜（BOPS）、双向拉伸尼龙（BOPA）等。

3. 热收缩薄膜

未经热处理定型的定向拉伸薄膜称为热收缩薄膜。拉伸薄膜聚合物大分子的定向分布状态是不稳定的，在高于拉伸温度和低于熔点温度的条件下，分子热运动使大分子从定向分布状态恢复到无规则线团状态，这导致拉伸薄膜沿拉伸方向收缩还原。热收缩薄膜对被包装食品具有很好的保护性、商品展示性和经济实用性。目前使用较多的热收缩薄膜有 PVC、PE、PP、PVDC、PET、EVA 等。

4. 弹性（拉伸）薄膜

弹性（拉伸）薄膜具有较大的延伸率而又有足够的强度，其包装过程是利用包装机回绕物品将薄膜拉伸，通过其弹性使其缠绕物品，其接头可自黏，主要用于托盘、瓶、罐、管等物品的弹性包装。弹性薄膜耐低温性较好，但耐热性能差，在日光直接暴晒或环境温度较高时，因聚合物大分子存在热运动可使薄膜松弛，导致包装松动。

目前用于食品包装的弹性薄膜主要有 EVA、PVC、LDPE、LLDPE，其中 EVA 和 LLDPE 薄膜弹性和自黏性好，是理想的材料。

三、复合软包装材料

所谓复合软包装材料是指由两层或两层以上不同品种的挠性材料，通过一定技术组合而成的“结构化”多层材料，所用复合基材有塑料薄膜、铝箔、纸等。

食品包装复合材料应满足如下结构要求：①内层要求无毒、无味、耐油、耐化学性好，具有热封性和黏合性，常用的有 PE、CPP、EVA 及离子型聚合物等热塑性塑料。②外层要求光学性能好、印刷性好、耐磨、耐热，具有较高的强度和刚性。常用的有 PA、PET、BOPP、PC、铝箔及纸类等材料。③中间层要求具有高阻隔性，常用铝箔和 PVDC。

（一）常用复合包装薄膜

食品包装常用复合薄膜的构成及用途，如表 4-2-12 所示。

表 4-2-12　　食品包装用复合薄膜的构成及用途

复合薄膜构成	特性										用途
	防湿性	阻气性	耐油性	耐水性	耐煮性	耐寒性	透明性	防紫外线	成型性	封合性	
PT/PE	☆	☆	○	×	×	×	☆	×	×	☆	方便面、糕点
OPP/PE	☆	○	○	☆	☆	☆	☆	×	○	☆	干菜、方便面、糕点、冷冻食品
PVDC 涂 PT/PE	☆	☆	○	☆	☆	○	☆	○~×	×	☆	豆酱、腌菜、火腿、饮料粉、鱼类加工品
OPP/CPP	☆	○	☆	☆	○	○	☆	×	○	☆	糕点
PT/CPP	☆	☆	☆	×	×	×	☆	×	×	☆	糕点
OPP/PT/PP	☆	☆	☆	☆	☆	☆	☆	×	×	☆	豆酱、腌菜、酱制品
OPP/K 涂 PT/PE	☆	☆	○	☆	☆	○	☆	○~×	×	☆	肉类食品、豆制品、汤料
OPP/PVDC/PE	☆	☆	☆	☆	☆	☆	☆	○~×	×	☆	火腿、红肠、鱼糕
PET/PE	☆	☆	☆	☆	☆	☆	☆	○~×	○	☆	蒸煮食品、冷冻食品、饮料粉、汤料

续表

复合薄膜构成	特性										用途
	防湿性	阻气性	耐油性	耐水性	耐煮性	耐寒性	透明性	防紫外线	成型性	封合性	
PET/PVDC/PE	☆	☆	☆	☆	☆	☆	☆	○~×	☆	☆	豆酱、鱼糕、冷冻食品、熏制食品
NY/PE	○	○	☆	☆	☆	☆	☆	×	○	☆	鱼糕、汤料、冷冻食品、饮料粉
NY/PVDC/PE	☆	☆	☆	☆	☆	☆	☆	○~×	○	☆	鱼糕、汤料、冷冻食品、饮料粉
OPP/PVA/PE	☆	☆	☆	☆	○	○	☆	×	○	☆	豆酱、饮料
OPP/EVOH/PE	☆	☆	☆	☆	○	○	☆	×	○	☆	气密性小袋（饮料粉）
PC/PE	○	×	○	☆	☆	☆	☆	○~×	○	☆	切片火腿、饮料粉
Al/PE	☆	☆	☆	☆	○	○	×	☆	×	☆	糕点
PT/Al/PE	☆	☆	☆	×	×	○	×	☆	×	☆	糕点、茶叶、方便食品
PET/Al/PE	☆	☆	☆	☆	☆	☆	×	☆	×	☆	蒸煮食品、焖制食品
PT/纸/PVDC	☆	☆	☆	×	×	○	×	☆	×	☆	干菜、茶叶、干制品
PT/PE/纸/PE	☆	☆	○	×	×	○	×	☆	×	☆	茶叶、汤料、豆粉、乳粉

注：☆——好；○——一般；×——差。

(二)高阻隔性薄膜

所谓高阻隔性薄膜是指厚度在25.4μm以下，22.8℃条件下的透气度为10mL/(654cm^2·24h·0.1MPa）以下的薄膜，按此规定，目前只有EVOH、PVDC和聚丙烯腈可称为高阻隔性材料，但实际上，PA和PET通常也称作高阻隔材料。

1. EVOH薄膜

EVOH称为乙烯-乙烯醇共聚物膜，最为突出的性能是其具有极好的阻气性，用以包装食品可大大提高包装的保香性和延长保质期。EVOH膜具有较高的机械强度及耐磨、耐气候性，且有好的光泽和透明度，具有高度耐油、耐有机溶剂能力，是所有高阻性材料中热稳定性最好的一种。由于EVOH分子结构中有亲水基团，易吸附水分而影响其高阻气性，故一般用作复合膜的中间层。

2. 涂硅膜

涂硅膜是透明的蒸涂SiO_2或SiO的高阻隔薄膜材料。适合涂硅的基材有PET、OPP、BOPA等，涂层厚度为4~10μm，光和微波可通过，适合微波加热，且在高温、高湿下可不脱层，故可用在有特殊气密性要求的高温蒸煮杀菌食品的包装中。涂硅层不耐弯曲，易出现针孔，一般与其他材料复合应用或采用涂层来弥补这一缺点。涂硅膜比PVDC具有更高的阻隔性和耐高温特性。

3. 镀铝膜

镀铝膜即真空镀铝膜，除具有高阻隔性外，还具有遮光特性，能较好地保护食品避免光、氧的综合腐败作用。

（三）高温蒸煮袋用复合薄膜

高温蒸煮袋是一类具有特殊耐高温要求的复合包装材料，按其杀菌时使用的温度可分为高温蒸煮袋（121℃杀菌 30min）和超高温蒸煮袋（135℃杀菌 30min）。制作高温蒸煮袋的复合薄膜有透明和不透明两种，透明复合薄膜可用 PET 或 PA 等薄膜为外层（高阻隔型透明袋使用 K 涂 PET 膜），CPP 为内层，中间层可用 PVDC 或 PVA；不透明复合薄膜中间层为铝箔，其典型薄膜结构为 PET（12μm）或 PA6（12μm）/Al（9μm）/PO（70μm），其中，PO 为聚乙烯或聚丙烯，总称为聚烯烃薄膜。

四、常用食品包装塑料容器及制品

塑料通过各种加工手段，可制成具有各种性能和形状的包装容器及制品，食品包装上常用的有塑料中空容器、热成型容器、塑料箱、钙塑瓦楞箱、塑料包装袋等。

（一）塑料瓶

目前食品包装上应用的塑料瓶品种及其特性，如表 4-2-13 所示。

表 4-2-13　各种塑料瓶使用性能比较

性能	聚乙烯		聚丙烯		PC 瓶	PET 瓶	PS 瓶	PVC 瓶
	LDPE 瓶	HDPE 瓶	拉伸 PP 瓶	普通 PP 瓶				
透明性	半透明	半透明	半透明	半透明	透明	透明	透明	透明
水蒸气透过性	低	极低	极低	极低	高	中	高	中
透氧性	极高	高	高	高	中～高	低	高	低
CO_2 透过性	极高	高	中～高	中～高	中～高	低	高	低
耐酸性	○～★	○～★	○～★	○～★	○	○～☆	○～☆	☆～★
耐乙醇性	○～★	☆	☆	☆	○	☆	○	☆～★
耐碱性	☆～★	☆～★	★	★	×～○	×～○	☆	☆～★
耐矿物油	×	○	○	○	☆	☆	○	☆
耐溶剂性	×～○	×～○	×～☆	×～☆	×～☆	☆	×	×～☆
耐热性	○	○～☆	☆	☆	★	×～○	○	×～☆
耐寒性	★	★	×～○	★	☆	☆	×	○
耐光性	○	○	○～☆	○～☆	☆	☆	×～○	×～☆
热变形温度/℃	71～104	71～121	121～127	121～127	127～138	38～71	93～104	60～65
硬度	低	中	中～高	中～高	高	中～高	高～中	高～中
价格	低	低	中	中～高	极高	中	中	中

续表

性能	聚乙烯		聚丙烯		PC 瓶	PET 瓶	PS 瓶	PVC 瓶
	LDPE 瓶	HDPE 瓶	拉伸 PP 瓶	普通 PP 瓶				
主要用途	小食品	牛乳、果汁、食用油	果汁、小食品	饮料、果汁	婴儿奶瓶、牛乳、饮料	碳酸饮料、食用油	调料、食用油	调料、食用油

注：★——极好；☆——好；○—— 一般；×——差。

(二)塑料周转箱

塑料周转箱所用材料大多是 PP 和高密度聚乙烯（HDPE）。HDPE 周转箱的耐低温性能较好；PP 周转箱的抗压性能较好，更适于需长期堆垛贮存的食品。由于周转箱经日晒雨淋以及环境的影响，易老化脆裂，制造时应对原料进行选择并选用适当的添加剂，另外需加入抗氧剂、颜料、紫外线吸收剂等改性，以提高周转箱的使用年限。

(三)钙塑瓦楞箱

钙塑材料是在 PP、PE 树脂中加入大量填料，如碳酸钙、硫酸钙、滑石粉等，及少量助剂而形成的一种复合材料（一般含树脂 50%和 $CaCO_3$ 等 50%），具有防潮防水、高强度等优点，可在高湿环境下用于冷冻食品、水产品、畜肉制品的包装，能体现出质轻、美观整洁、耐用及尺寸稳定的优点。但钙塑材料表面光洁易打滑，减震缓冲性较差，且堆叠稳定性不佳，成本也相对较高。用于食品包装的钙塑材料助剂应满足食品卫生要求，即应无毒或有毒成分应在规定的范围剂量内。

(四)塑料袋

1. 单层薄膜袋

单层薄膜袋是由各类 PE、PP 薄膜制成的。LDPE 吹塑薄膜具有柔软、透明、防潮性能好、热封性能良好等优点；HDPE 吹塑薄膜的力学性能优于 LDPE 吹塑薄膜，且具有挺括、易开口的特点，但透明度差；LLDPE 吹塑薄膜具有优良的抗穿刺性和良好的焊接性，即使在低温下仍具有较高的韧性；PP 吹塑薄膜透明度高。

2. 复合薄膜袋

为满足高阻隔、高强度、高温灭菌、低温保存保鲜等方面的食品包装要求，可采用多层复合塑料膜制成的包装袋。

五、热收缩和热成型包装

(一)热收缩包装

热收缩包装（heat shrink packaging）是用热收缩塑料薄膜裹包产品或包装件，然后加热至一定温度使薄膜自行收缩紧贴裹住产品或包装件的一种包装方法。热收缩包装的形式主要有以下三种。

（1）两端开放式的套筒收缩包装　将包装件放入管状收缩膜或用对折薄膜挤接热封成套

筒状，套筒膜两端应比包装件长出30~50mm，收缩后包装件两端留有一圆形小孔。

（2）一端开放式的罩盖式收缩包装　用收缩膜覆盖在装有食品的盒或托盘容器口上，其边缘比容器口部边缘长出20~50mm，经加热收缩，可紧紧包裹住容器口部边缘。

（3）全封闭式收缩包装　可满足包装品的密封、真空、防潮等包装要求。

（二）常用热收缩膜的种类及特性

收缩包装在加热收缩前，需要对裹包薄膜搭接边进行热压封合，因此，要求收缩薄膜具有良好的热封性能，即低的热封温度和足够的热封强度。

热收缩薄膜具有的热收缩性、收缩温度范围及热封性能主要取决于收缩薄膜的种类、制膜工艺及薄膜质量。表4-2-14列出了几种常用热收缩膜的热收缩性能。

表4-2-14　　几种热收缩薄膜的典型收缩率、收缩温度和热封温度

薄膜类型	典型收缩率/%	收缩温度/℃（空气）	热封温度/℃
PET	35	171	135
PE	30	177	135
PP	60	218	177
PVC	60	163	107
氯化氢橡胶	45	149	121
PVDC	45	177	138
PS	50	149	121

（三）热成型包装

热成型包装（heat forming packaging）是指用热塑性塑料片材经热成型技术制成容器，并定量充填灌装食品，然后用薄膜覆盖容器口并封合的包装方法。

热成型包装用塑料片材按厚度一般分为3类：厚度<0.25mm为薄片，厚度在0.25~0.50mm为片材，厚度>1.50mm为板材。塑料薄片及片材用于连续加热成型容器，如泡罩、浅盘、杯等小型食品包装容器。目前常用于热成型包装的材料主要有如下几种：PE、PP、PS、PV及复合材料等。

六、软塑包装容器的热压封合

（一）普通热压封口

普通热压封口，如图4-2-4所示，主要有以下几种。

1. 板封

将加热板加热到一定温度，把塑料薄膜压合在一起即完成热封。此法结构和原理都很简单，热合速度快，应用很广，适合于聚乙烯薄膜，但对于遇热易收缩或分解的聚丙烯、聚氯乙烯等薄膜不适用。

2. 辊封

能高效连续封接，适用于复合材料及不易热变形的薄膜材料的封合。为了防黏，可以在热辊外表面涂一层聚四氟乙烯。

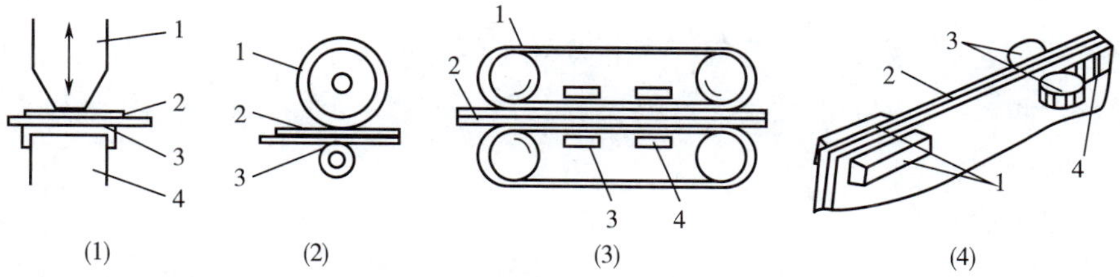

图 4-2-4　普通热压封合法

（1）板封：1—加热板　2—薄膜　3—绝热层　4 承压台

（2）辊封：1—加热辊　2—薄膜　3—耐热橡胶圆盘

（3）带封：1—钢带　2—薄膜　3—加热部　4—冷却部

（4）滑动夹封：1—加热板　2—薄膜　3—加压辊　4—封接部分

3. 带封

钢带夹着薄膜运动，并在两侧对薄膜加热、加压和冷却，以实现封口。这种装置结构较复杂，可对易热变形的薄膜进行连续封接，专门用于袋的封口。

4. 滑动夹封

薄膜先从一对加热板中间通过，进行加热，然后由加压辊压合。特点是结构简单，能连续封接热变形大的薄膜，适用于自动包装机。

(二) 熔断、脉冲、超声波和高频封合

熔断、脉冲、高频和超声波封合，如图 4-2-5 所示。

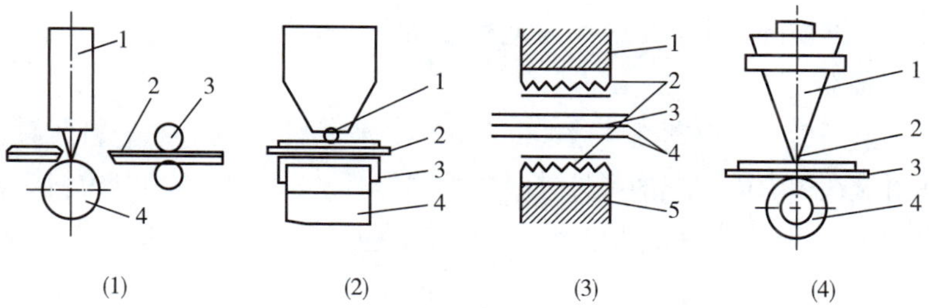

图 4-2-5　其他几种形式的封合

（1）熔断封合：1—热刀　2—薄膜　3—薄膜引出辊　4—胶辊

（2）脉冲封合：1—镍铬合金电热丝　2—薄膜　3—绝热层　4—橡胶缓冲层

（3）高频封合：1—压板　2—高频电极　3—焊缝　4—薄膜　5—承压台

（4）超声波封合：1—振动头　2—尖端触头　3—薄膜　4—橡胶辊

1. 熔断封合

利用热刀把薄膜切断，同时完成封接，因没有较宽的封合带，所以强度低。

2. 脉冲封合

在薄膜和压板之间置一扁形镍铬合金电热丝，并瞬间通以大电流，使薄膜加热黏合，然后冷却，防黏材料一般用聚四氟乙烯织物。这种封接方法的特点是封口强度高，适用于易热变形的薄膜，但冷却时间长，封接速度慢。

3. 高频封合

薄膜被压在上、下高频电极之间，当电极通过高频电流时，薄膜因有感应阻抗而发热熔化。由于是内部加热，中心温度高，薄膜表面不会过热，封口强度高，适用于聚氯乙烯之类感应阻抗大的薄膜。

4. 超声波封合

由磁致换能器发出的超声波，经指数曲线形振幅扩大输出，传到薄膜上，使之从内到外发热，薄膜内部温度较高，适用于易热变形薄膜的连续封接。

第三节　食品包装辅助材料

一、缓 冲 材 料

缓冲材料是指能吸收外力作用能量，然后在较长时间内缓慢释放，以防止产品遭受损坏而使用的保护材料。按材料来源可分为普通缓冲材料和合成缓冲材料，一般都具有高度的压缩性能和复原性能。

1. 泡沫塑料

合成树脂经过发泡处理可以制成不同性能的泡沫塑料，主要有聚乙烯泡沫塑料、聚氯乙烯泡沫塑料、聚苯乙烯泡沫塑料、聚氨酯泡沫塑料、聚丙烯泡沫塑料等热塑性树脂泡沫塑料。同时，各种热固性酚醛树脂、脲醛树脂、环氧树脂等也能制成泡沫塑料。泡沫塑料的性能除决定于其本身材质外，主要取决于发泡程度和泡沫性质。

2. 气泡塑料薄膜

气泡塑料薄膜是指在两层塑料薄膜之间封入空气形成多个气泡的塑料薄膜，一般采用聚乙烯薄膜，利用封入气泡内空气的弹性来吸收冲击能量。这种缓冲材料的相对密度很小，在 $0.008g \sim 0.030g/cm^3$，具有良好的防潮性能，但不宜包装质量较大、负荷集中的尖锐产品。

3. 蜂窝纸板

蜂窝纸板又称蜂窝夹层纸板，是根据蜂巢结构原理制作的。以牛皮纸、再生纸等为原料，通过专用设备将原料制成类似蜂窝状的网芯，再在其两面黏合面纸，即可制成纸制板材。与瓦楞纸板相比，具有重量轻、强度高、用材少的优点，在包装上主要用于缓冲衬垫、托盘、角撑、护棱、隔衬、夹衬挡板和包装箱等方面。

二、包装用涂覆材料

包装用涂覆材料即包装涂料，是一种含颜料或不含颜料，用树脂及油等制成的黏状物质，将其涂覆在包装材料或容器表面可形成牢固附着的连续、均匀的薄层保护膜。

（一）金属罐外壁涂料

金属罐外壁涂料一般根据食品加热温度的不同而采用不同品种。不需加热的金属罐外涂料可选用普通的油墨，如饼干桶、糖果罐等。需加热杀菌的罐头要求选用耐热外涂料。100℃以下杀菌的罐头其底涂料采用环氧氨基醇树脂涂料，罩光涂料采用氨基醇酸树脂涂料；

100℃以上高温杀菌罐头，其底涂料也采用环氧氨基醇酸树脂涂料，罩光涂料则采用耐热不泛黄，适当高温杀菌的丙烯酸树脂涂料。这种涂料干燥性能好，光泽、硬度适宜，附着力强，耐污染性好。

(二)塑料包装用涂料

1. 防静电涂料

塑料易带静电，如不清除，会使包装操作开口困难，而且在包装干燥粉状食品时会因存在静电而使袋口吸附粉尘。防静电涂料能吸附空气中的水分子而在涂层表面形成极薄的水膜以利导电。

可制作防静电涂料的物质多为有机表面活性剂或高极性聚合物，用于食品包装的防静电剂有烷基胺环氧乙烷加聚物；烷基苯酚环氧乙烷加聚物；硬脂酸聚乙二醇酯；山梨糖醇酐月桂酯的环氧乙烷加聚物。

2. 防雾滴涂料

防雾滴涂料由甘油单脂肪酸酯、三乙醇胺脂肪酸盐、聚氧化乙烯型表面活性剂等制成，涂布在塑料膜表面，可增大塑料膜的表面张力，使之与水相接近，当水蒸气遇冷凝结时，在塑料表面形成连续的、极薄的水膜而非水滴，从而达到防止产生雾滴的目的。

(三)涂蜡包装材料

用石蜡或液体石蜡涂覆纸、纸容器、塑料薄膜及其复合材料，具有防潮、防水、耐油的优点，目前已广泛应用于食品包装上。蜡本身是性能良好的封缄材料，还可用作食品的被膜剂和复合包装材料的黏合剂等。

(四)树脂涂料

树脂涂料成膜物质只有树脂，广泛用于纸与纸板，也用于塑料薄膜、金属包装材料包括铝箔及玻璃等的涂覆，以增加其防潮阻隔性、耐腐蚀性、热封性、印刷性和机械强度等性能。

第四节　中型散货包装容器

一、概念与分类

中型散货包装容器（intermediate bulk container，IBC）又称复合中型散装容器，是指用于装运液体，带有刚性塑料内容器的复合式中型散装容器，通常带有金属外框保护，是为满足机械化装卸、节省堆放空间，根据集装箱的构造特点专门设计的新一代工业包装容器，主要应用于各种液体产品的包装，也可用于干散货的包装。IBC的长度和宽度取决于相关国家托盘的尺寸，某些IBC具有利于叉车运输的托盘状底部。大多数IBC可以垂直堆放。

IBC通常分为刚性和柔性两类。

(一)刚性IBC

1. 塑料IBC

塑料IBC，由高密度聚乙烯注塑成型，大型的塑料IBC需要外加钢制护栏，如图4-2-6

所示。

图 4-2-6 塑料 IBC

2. 钢制 IBC

钢制 IBC 采用碳钢制造，内涂 314 或 316 树脂，常具有较大容量（如 200L 等），主要用于流态食品或某些干食品（常有内包装）的运输包装。容量 200L 的钢桶，一般直径为 500mm，高度为 900mm。

3. 不锈钢 IBC

不锈钢 IBC，主要用于食品和药品的散货包装，如制造酸乳所使用的果粒、果酱等水果制品。

（二）柔性 IBC

柔性中间性散货容器（flexible intermediate bulk container，FIBC）是用于贮存和运输干燥、可流动散货的大型袋状容器，常用于淀粉、谷物、油料作物等的包装。FIBC 以厚聚乙烯或聚丙烯的无纺布制造，根据需要可以涂覆塑料。标准直径为 110cm，高度为 100～200cm，容量为 1000kg，也可设计更大的包装。

二、组成、特点与灌装物料

（一）IBC 容器的组成

IBC 容器是由框架、桶体、桶盖总成、排液阀、托盘、标牌 6 个部分组成。

1. 框架

框架是一个焊接件，材料处理要求热镀锌，主要起支撑作用，其堆积负载重量为 4300kg。

2. 桶体

桶体用于盛装液体物料，是 IBC 容器的关键部件之一。桶体、桶口及底口的加工要求较高，特别是在做低温跌落试验时不允许内装物有损失。

3. 桶盖总成

总体而言，桶盖总成包括大盖（有 $\Phi140$，$\Phi220$ 两个规格，可适合不同的灌装物）、大盖密封圈、保险盖、小盖密封圈、小盖、减压阀、缓冲盖 7 个零件。其中，减压阀要求具有双向排气功能，以防止内部气压增大或热灌装时桶体变形。

4. 排液阀

有球阀 DUN50 和蝶阀 DN50/80/180 两种规格。球阀主要用于排放液体，蝶阀适用于排放黏滞型物质或含颗粒物料。

（二）IBC 容器的特点

1. 适用领域广泛

桶体采用 HDPE 原料，具有刚性大、耐蠕变、抗磨损、安全性好、耐环境应力开裂的特点，可广泛应用于石油、医药、建筑、化工、食品等行业的液体包装、储存、周转。

2. 节省包装原材料

包装同样数量的液体产品，IBC 所用的塑料原料和钢材只是相同容积塑料桶或钢桶的60%和 80%。

3. 装载效率高

IBC 容器一般为立方体，在同样的面积下可以比圆柱体的容器运输更多的物料，能够充分利用集装箱的容积，装载效率比通常规格的 200L 圆桶可提高 15%以上，同时 IBC 附有托盘，方便机械化装卸，可节省堆放空间。

4. 组装式结构设计

IBC 容器采用生产配件进行组装，结构合理、牢固，可用铲车直接装卸，构件更换方便，可反复使用，大大降低包装成本。

5. 生产复杂性高

IBC 的生产包含塑料加工和金属加工两个行业，生产工艺复杂，特别是金属配件，生产难度较大。

6. 安全性好

桶盖内装的高效减压阀，既适合各类易产生气体物质的装运，也适合热灌装要求，使用安全可靠。

7. 使用方便

桶体底部设计排液槽，且与排液阀相通，确保液体残留量<3%，使排放液体不但方便、迅速、彻底，也更便于清洗与反复使用。

（三）IBC 容器常见灌装物料种类

1. 非危险品

灌装物料非危险品，如水、食品添加剂等，灌装温度≤70℃。

2. 危险品

（1）有机酸类　浓度为 98%的甲酸、浓度为 98%的乙酸、浓度为 98%的丙酸、浓度为98%的丁酸、浓度为 98%的戊酸、浓度为 5%及 15%的过氧乙酸。

（2）无机酸类　浓度为 98%的硫酸、浓度为 36%的盐酸、浓度为 60%的氢氟酸、浓度为50%的氟硼酸、浓度为 55%的硝酸。

（3）碱液　浓度为 50%的氢氧化钠或氢氧化钾、浓度为 1%的过氯酸钾、浓度为 20%的液态氨。

（4）氧化物　浓度为 60%的过氧化氢、浓度为 15%的过氧乙酸等。

所有灌装危险品必须做化学反应试验，该项试验由生产内装物厂家申请做，并且试验结果应得到相关部门认可。

第三章

CHAPTER 3

食品包装与食品质量的关系

[学习指导]

理解环境因素如光照、氧、温度、湿度、微生物等对包装食品质量的影响，掌握包装食品的质量变化及控制措施。

第一节　环境因素对包装食品质量的影响

一、光照对包装食品质量的影响

光照能促进食品内部发生一系列的变化，因为光具有很高的能量。光照下食品中对光敏感的成分能迅速吸收并转换成光能，从而能激发食品内部发生变质的化学反应。食品对光能吸收量越多、转移传递越深，食品变质越快、越严重。

减少或避免光线对食品品质影响的防护方法主要是通过包装将光线遮挡、吸收或反射，减少或避免光线直接照射食品；同时防止某些有利于光催化反应的因素，如水分和氧气透过包装材料，从而起到间接的防护效果。不同材料的透光率不同，且在不同光波波长范围内也有不同的透光率。大部分紫外线可被包装材料有效阻挡，而可见光能大部分能透过包装材料。同一种材料内部结构不同时透光率也不同。材料越厚，透光率越小，遮光性能越好。

食品包装时，可根据食品和包装材料的吸光特性，选择一种具有良好遮光效果的材料作为该食品的包装材料，可有效避免光对食品的影响。也可以通过对包装材料进行必要的处理来改善其遮光性能，如采用加色处理或在包装材料表面涂覆遮光层的方法改变其遮光性能。

二、氧对包装食品质量的影响

食品因氧气发生的品质变化程度与食品包装及贮存环境中的氧分压有关，例如，油脂氧化速率会随氧分压的升高而加快。在氧分压和其他条件相同时，食品与氧的接触面积越大，氧化速度越高。某些新鲜果蔬在贮运流通过程中仍在呼吸，以维持其正常的代谢作用，故需要吸收一定的氧而放出二氧化碳和水。因此，除某些食品需要一定氧气以满足特定要求外，多数食品特别是对氧气敏感的食品，都要求采取脱氧和隔氧包装以达到保藏目的。

三、温度和湿度对包装食品质量的影响

(一)温度的影响

引起食品变质的原因主要在于生物和非生物两个方面，温度对这两方面都有非常重要的影响。一般情况下，在一定温度（10~38℃）下，食品在恒定水分条件下温度每升高 10℃，许多酶促和非酶促的化学反应速率加快 1 倍，其腐败变质的速度加快 4~6 倍。食品过度受热也会破坏食品的组织结构，并造成营养成分的损失。

采用食品冷藏技术和食品流通中的低温防护技术，可以有效减缓温度对食品品质的不良影响，但温度并非越低越好，过度低温和冻结也会破坏食品组织结构和品质。

(二)水分和湿度的影响

食品中的自由水含量在某种程度上决定了微生物对某种食品的侵袭而引起食品变质的程度，用水分活度（A_w）表示。通常，食品可根据 A_w 分为三大类：$A_w>0.85$ 的食品称为湿食品，A_w 在 0.6~0.85 的食品称为中等水分食品，$A_w>0.6$ 的食品称为干食品。食品具有的 A_w 值越低，相对越不易发生由水带来的生物生化性变质，但吸水性越强，食品对环境湿度越敏感，因此，控制包装食品环境湿度是保证食品品质的关键。

四、微生物对包装食品质量的影响

作为食品原料的动植物在自然界的生活环境中，本身已经带有微生物，这就是食品微生物的一次污染。食品原料在运输、加工、贮存、流通和销售过程中所受到的微生物污染，称为食品的二次污染。由于大气环境中存在着大量的游离菌，这些微生物很容易污染食品，大部分食品根据其来源、化学成分、物理性质及加工处理的条件，分别形成了各自独特的微生物相，并在食品贮存期间，因微生物群中某一特定菌种有适合其繁殖的环境条件从而可使食品腐败变质。

光、氧、水分、温度及微生物对食品品质的影响是相辅相成、共同存在的。采用科学有效的包装技术和方法避免或减缓不良影响，可保证食品在加工流通过程中的质量稳定，能更有效地延长食品保质期。这是食品包装科学研究的主要内容。

第二节　包装食品的品质变化及其控制

一、包装食品贮运中的品质变化

(一)包装食品的褐变及变色

食品色泽的变化往往伴随着食品中维生素、氨基酸、油脂等营养成分及香味的变化，因此，食品包装必须能有效地控制食品色泽的变化。食品褐变是指食品在加工或贮存时，食品

或原料失去原有色泽而变为褐色或发暗的过程，分为酶促褐变和非酶促褐变。影响食品褐变及变色的主要因素有光、氧、水分、温度、pH、金属离子等。

(二)包装食品的香味变化

包装食品香味变化的原因非常复杂，图 4-3-1 显示了包装食品异味产生的主要途径。

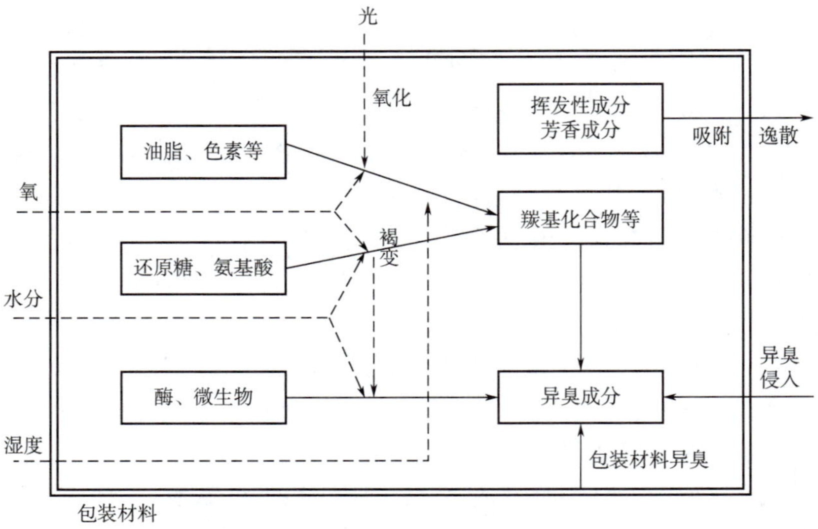

图 4-3-1　包装食品香味变化示意图

1. 包装食品在贮运过程中的气味变化

包装食品贮运过程中，油脂、色素、碳水化合物等食品成分的氧化或羰氨反应褐变等化学变化产生的异味会导致食品风味劣化。微生物的滋生与繁殖使食品腐败变质也会产生异臭。

包装材料本身的异臭是引起食品风味劣变的严重问题，特别是塑料及其复合包装材料产生的异味。应严格控制直接接触食品的包装材料质量，并控制包装操作过程中由于塑料过热分解所产生的异味异臭污染食品。

2. 塑料包装材料渗透性引起的食品异味

塑料包装材料都具有不同程度的透氧性，氧气的渗入，会引起食品发生氧化和褐变等化学变化而产生异味。

不同品种塑料薄膜对挥发性物质的渗透性存在很大差异，采用塑料薄膜包装香精后，利用人体器官功能判断气味的残留情况，可以测定各种塑料薄膜对各种香精的渗透性情况（表 4-3-1），可见，PE 及 PA 薄膜对香气的渗透性很大，而 PET、PC 薄膜保香性较好。

表 4-3-1　　各种薄膜的香气渗透性

香精种类	LDPE	HDPE	PP	氯化乙烯基	PA	PET	PC	PVC	防潮玻璃纸
华尼拉（香草）香精	○	○	★	△	○	●	★		○
熏制香精	○	○	★	★	○	●	●	★	○

续表

香精种类	LDPE	HDPE	PP	氯化乙烯基	PA	PET	PC	PVC	防潮玻璃纸
杨梅（草莓）香精	○	○	★	★	○	△	★	★	○
橘子香精	○	○	★	★	○	○	★	○	○
柠檬香精	○	○	★	★	○	★	●	○	○
咖喱香精	○	○	△	△	○	△	●	△	△
姜香精	○	★	△	△	○	★	●	★	○
大蒜香精	○	○	○	△	○	●	●	★	★
咖啡香精	○	○	★	★	○	●	●	△	●
可可茶香精	★	★	△	△	○	●	●	★	●
辣椒油香精	○	○	★	△	○	△	★	★	○
酱油香精	○	○	★	★	○	△	★	★	○
咸辣椒	○	○	○	★	○	●	△	★	★

注：○——1h 内；★——1d 内；△——1 周内；●——2 周以上。

3. 异臭的侵入和香味的逸散

包装食品受环境的异臭影响也是因薄膜对挥发性物质的渗透造成的。若食品附近有异臭源，或者把包装食品放置在有异臭的仓库、冷库、货车等场所，常会由于异臭成分的侵入和香味的逸散而引起食品风味下降。

(三) 包装食品的油脂氧化

包装食品中的油脂氧化，不仅使食品产生异臭和失去食用价值，而且其氧化生成物对人体具有一定毒害作用。

根据氧化的条件和机理，油脂氧化可分为自动氧化、热氧化和酶促氧化。自动氧化是油脂在常温下放置在空气中发生的氧化现象；热氧化是油脂在与空气中氧接触状态下进行加热时所产生的氧化现象；酶促氧化是由于酶的作用产生的特异氧化现象，所涉及的氧化酶为脂肪氧化酶。油脂的氧化与油脂种类、氧、光、水分、温度、金属离子及放射线密切相关。

(四) 包装食品的物性变化

包装食品的物性变化主要是因水分变化而引起，食品脱湿或吸湿，其物性就会发生了变化，干燥时会出现开裂和破碎现象，吸湿时会发生潮解和固化现象，两者都会引起食品品质风味下降。一般情况下，含 35%以上水分的食品，会因脱湿产生物性变化而使食品品质劣变。如采用包装材料进行包装，可在一定时间内保持食品原有水分含量和新鲜状态。

二、包装食品的质量控制措施

针对包装食品在贮运过程中可能发生的品质变化，采用适宜的包装技术可以有效防止包装食品的品质劣变。

(一) 防潮包装

防潮包装是采用具有一定隔绝水蒸气能力的防潮包装材料对食品进行包封，隔绝外界湿度对产品的影响，同时使食品包装内的相对湿度满足产品要求的包装方式。

防潮性能最好的材料是玻璃、陶瓷和金属包装材料，这些材料的透湿度可视为零。塑料包装材料中适用于防潮包装的单一材料品种有 PP、PE、防潮玻璃纸等。在食品包装中常用复合薄膜材料进行防潮包装，复合薄膜比单一材料具有更优越的防潮及综合包装性能，能满足各种食品的防潮和高阻隔要求。表 4-3-2 列出了几种常用复合薄膜的透湿度。

表 4-3-2　几种常用防潮复合薄膜的透湿度（40℃、90%RH）

序号	复合薄膜组成	透湿度/[$g/(m^2 \cdot 24h)$]
1	玻璃纸（$30g/m^2$）/聚乙烯（20~60μm）	12~35.3
2	防潮玻璃纸/聚乙烯	10.5~18.6
3	拉伸聚乙烯（18~20μm）/聚乙烯（10~70μm）	4.3~9.0
4	聚酯（12μm）/聚乙烯（50μm）	5.0~9.0
5	聚碳酸酯（20μm）/聚乙烯（27μm）	16.5
6	玻璃纸（$30g/m^2$）/纸（$70g/m^2$）/聚偏二氯乙烯（$20g/m^2$）	2.0
7	玻璃纸（$30g/m^2$）/铝箔（7μm）/聚乙烯（20μm）	<1.0

当防潮包装要求高时，必须采用透湿度小的防潮包装材料，并在包装内封入吸潮剂。

(二)避光包装

利用包装材料对一定波长范围内光波具有阻隔性，可防止光线对包装食品的影响，选用的包装材料既不失内装食品的可视性，又能阻挡紫外线等对食品的影响。例如，能阻挡 400nm 以下光的包装材料，适用于油脂食品的包装，用于含有类胡萝卜素及花色素类的食品也有效。对于长时间暴露于光照下的食品，可对包装材料着色或印刷红、橙、黄褐色等色彩，可有效阻挡光线对食品品质的影响。采用阻光阻氧阻气兼容的高阻隔包装材料，如铝箔、金属罐等可防止光、氧对食品的联合影响，可大大延长食品的保质期。

(三)真空包装和充气包装

1. 真空包装

真空包装是把被包装食品装入具有气密性的包装容器，在密闭之前抽真空，使密封后的容器内达到预定真空度的包装方法，该方法目的在于减少包装内氧气的含量，防止包装食品的腐败变质，以保持食品原有的色、香、味。真空包装常用的包装容器有金属罐、玻璃罐、塑料及其复合薄膜等软包装容器。

2. 充气包装

充气包装是在包装内充填一定比例理想气体的包装方法，通过破坏微生物赖以生存繁殖的条件，减少包装内部的含氧量及充入一定量理想气体来减缓包装食品的生物生化变质过程。充气包装既能有效保全包装食品的质量，又能解决真空包装存在的不足，使内外压力趋于平衡而保护内装食品，并使其保持包装形体的美观。

充气包装常用的充填气体主要有二氧化碳、氮气、氧及其混合气体。根据包装食品的性能特点，可选用单一气体或将由不同气体组成的理想气体充入包装内，以达到理想的保质效果。一般情况下，氮气的稳定性最好，可单独用于食品的充气包装而保持干燥食品的色、香、味；对于那些有一定水分活度、易发生霉变等生物性变质的食品，通常采用二氧化碳和氮气的混合气体充填包装；对于有一定保鲜要求的生鲜食品，则需用有一定氧气浓度的理想气体充填包装。

氧常与二氧化碳和氮混合成理想气体，用于生鲜果蔬的充气包装，即果蔬气调保鲜包装（CAP）技术，其作用是维持生鲜食品内部细菌一定的活性，延缓其生命过程，保持生鲜食品仍具有一定程度的生鲜状态。

(四)脱氧包装

脱氧包装是指在密封的包装容器内封入能与氧起化学作用的脱氧剂，从而除去包装内的氧气，使被包装食品在氧浓度很低，甚至在几乎无氧的条件下保存的包装技术。常用的脱氧剂种类有铁系脱氧剂、亚硫酸盐系脱氧剂、葡萄糖氧化酶有机脱氧剂和铂、钯、铑等加氢脱氧剂等。

目前，封入脱氧剂包装主要用于对氧敏感的易变质食品，如点心、茶叶、咖啡粉，水产加工品和肉制品等的保鲜包装。食品在接近无氧环境中贮藏，可有效抑制油脂、色素、维生素、氨基酸、芳香物质等成分的氧化，能较好地保持产品原有的品质。

用于封入脱氧剂包装的材料要求具有很高的气密性，特别是对氧的隔绝性能要好，在25℃时其透氧度要$<20mL/(m^2 \cdot 24h \cdot 0.1MPa)$，多采用复合薄膜，如KOPP/PE、KONY/PE、KPET/PE、PETP/Al箔/PE等，以及金属、玻璃、陶瓷等包装容器。

思考题

1. 简述食品包装的概念及主要功能。
2. 列举常见的食品传统包装材料及容器，对比各自的材料特性和使用特性。
3. 食品包装设计应遵循哪些基本原则，请举例说明。
4. 常见应用于食品包装的塑料材料有哪些种类？举例说明复合包装材料的组成及其在食品包装中的应用。
5. 影响包装食品质量的主要因素有哪些？如何有效控制包装食品的质量安全？

主要参考文献

[1] 赵征，张民. 食品技术原理［M］. 2版. 北京：中国轻工业出版社，2014.

[2] 李代明. 食品包装学［M］. 北京：中国计量出版社，2008.

[3] 张琳，黄俊彦，王鑫，等. 食品包装［M］. 北京：印刷工业出版社，2009.

[4] R. J. 赫恩南德兹，S. E. M. 塞尔克，J. D. 卡尔特尔. 塑料包装［M］. 北京：化学工业出版社，2004.

[5] Emeritus. Food Science and Technology［M］. New York：A John Wiley & Sons，Ltd.，Publication，2008.

第五篇
食品货架期及其预测技术

第一章 食品货架期

CHAPTER 1

[学习指导]

通过本篇的学习，掌握食品货架期、保质期与保存期的概念，了解保质期与保存期的区别与联系；分析并掌握影响食品货架期的各因素及条件；了解食品货架期基本数学模型，掌握温度效应方程及货架期加速试验，熟悉分子移动性理论在食品货架期中的研究与应用，了解食品货架期预测技术。

第一节 概　　述

一、食品货架期的概念

人们希望所购得的食品在购买后直至消费前这段时间内能维持较高的质量，要求食品具有食用安全性，而且食品的感官特性基本不变，因而产生了食品货架期的概念。

货架期（shelf-life），又称保质期、有效期等。英国食品科学与技术学会（Institute of Food Science & Technology，IFST）给食品货架期的定义为：食品自出厂之日起，经过各流通环节直至到达消费者手的过程中，它所能保持质量不变的时间段。这个概念包含了多层含义：

（1）食品是安全的；

（2）在此期间，该食品的理化指标、感官特性、微生物含量必须保持在一个可接受的范围内；

（3）这个时间段应与商品标签上所标明的保质期相吻合。

食品货架期是指当食品被贮藏在推荐的条件下，能够保持安全；确保理想的感官、理化和微生物特性；保留标签声明的任何营养值的一段时间。

二、保质期与保存期

我国有两个与“食品货架期”相对应的术语，即“保质期”与“保存期”。GB/T 15091—1994《食品工业基本术语》中规定：

保质期（date of minimum durability）：同义词为最佳食用期，是指在标签上规定的条件下，保持食品质量（品质）的期限。在此期限，食品完全适于销售，并符合标签上或产品标准中所规定的质量（品质）；超过此期限，在一定时间内，食品仍然是可以食用的。

保存期（use-by date）：同义词为推荐的最终食用期，是指在标签上规定的条件下，食品可以食用的最终日期。超过此期限，产品质量（品质）可能发生变化，因此食品不再适于食用。

保质期与保存期二者虽一字之差，但本质概念和含义完全不同，其法律意义和作用效应也大相径庭。由于食品的成分比较复杂，较难确定严格准确的保质期和保存期，有的根据经验或实验确定，所以一般作为推荐的期限，通常食品保存期的时限比保质期要长。根据我国2012年实施的GB 7718—2011《食品安全国家标准　预包装食品标签通则》取消了保存期的定义，提供给消费者的预包装食品标签和非直接提供给消费者的预包装食品标签上只出现保质期，原则上由生产企业提供（附注在食品标签或标志上随食品转移），并对此负责、承担由此而引起的相关法律责任。

因为保存期难以直接与食品质量挂钩，只能间接反映食品质量，而保质期本身直接体现食品质量，使用起来更直接、一目了然。当前国际上许多国家对食品采用保质期的概念而不采用保存期，在食品监管过程中采用保质期明显比保存期更恰当、规范和科学。

第二节　食品货架期的影响因素

美国食品药物监督局认为食品的“保质期”是指食品保持其所期待的外观和安全食用的时间段。这个时间段的长短取决于产品的类型、如何使用以及如何存储。食品在贮存过程中所发生的质量变化极其复杂，主要有以下几种。

（1）食品成分发生化学变化或不同成分之间发生化学反应引起的质量变化；

（2）食品中酶促反应引起质量变化；

（3）鲜活食品因呼吸作用引起的多种变化；

（4）微生物在食品中活动引起的多种变化；

（5）食品中水分因蒸发、吸附、解吸、转移、凝结等引起的质量变化；

（6）因食品相变化而引起的质量变化。

发生上述各种变化，不仅会引起食品色、香、味、形、质的变化，还会导致食品营养价值和卫生质量的变化，从而影响食品货架期。这些变化归纳为以下几类。

一、微生物的影响

在食品贮藏过程中，微生物的生长主要依赖于以下因素：食品贮藏的初始阶段微生物的原始数目；食品的理化性质，例如pH、水分活度（A_w）；食品所处的外在环境，如温度、湿度；食品加工过程中使用的处理方法等。表5-1-1列出了一些关键的内在和外在因素对常见致病菌和腐败菌的影响。值得注意的是在表5-1-1中所反映的影响效果只是单个因素对某微生物产生的效果。当多种因素存在时，它们的相互作用可能会改变这些数值。

表5-1-1　常见微生物的最低生长条件

微生物类型	pH	A_w	厌氧生长	培养温度/℃
沙门氏菌	4.0	0.94	是	6
金黄色葡萄球菌	4.0	0.83	是	6
蜡样芽孢杆菌	4.4	0.91	是	<4
李斯特菌	4.3	0.92	是	0
大肠杆菌	4.4	0.95	是	7.0
副溶血弧菌	4.8	0.94	是	5
小肠结肠炎耶尔森菌	4.2	0.96	是	-2
大肠杆菌O157	4.5	0.95	是	-6.5
假单胞菌	5.5	0.97	否	<0
产气肠杆菌	4.4	0.94	是	2
乳酸菌	3.8	0.94	是	4
微球菌	5.6	0.90	否	4
酵母菌	1~5	0.80	是	-5
霉菌	<2.0	0.60	否	<0

二、物理作用的影响

在对食品品质产生影响的物理作用中，水分迁移是比较重要的影响因素。因存在水分的丢失，人们可以很容易观察到由它引起的食品变化。例如，干面包片、饼干等脆性食品会因外界环境的水分迁移而失去它们的脆性。沙拉食品同样可以由于水分存在从蔬菜到拌料的迁移而发生品质改变。冷冻食品贮藏中发生的干耗也是冻结食品在贮存过程中，因食品中水分蒸发及升华而出现的食品质量劣变现象。对于包装食品来说，随着时间的延长，外界气体和水分因渗透作用可渗入包装材料内，从而改变包装内部气体的成分和相对湿度，引起食品的化学变化和微生物变化。另外，包装材料中的化学物质也可迁移到食品表面，引起食品的污染。以上情况都会对食品的货架期产生严重的不良影响，缩短食品的保质期。

三、化学作用的影响

食品品质会随着食品内部化学反应的加剧而发生变化。食品中脂肪的变化就是一个典型的例子。脂肪在贮藏过程中会发生一些反应机理非常复杂的反应。例如，水解、脂肪酸的氧化、聚合等变化，其反应生成的低级醛、酮类物质会使食品发生变色、酸败、发黏等现象，致使滋味和气味恶化。

此外，在食品贮藏过程中，酶的作用是缩短货架期的重要原因。非酶反应也可以导致食品发生褐变。光线的照射会破坏某些维生素，特别是维生素 B_2、维生素 A、维生素 C，而且还能使某些食品中的天然色素褪色，改变它们的色泽。

众多的影响因素可分为内在因素和外在因素。内在因素有水分活度、pH 和总酸度、酸的类型、氧化还原电势、有效含氧量、菌落总数、在食品配方中使用防腐剂等；外在因素有在贮藏和分配过程中的相对湿度、温度、微生物控制、在加工过程中的时间-温度曲线关系、包装过程中的气体成分、消费者的处理操作和热处理的顺序等。

在影响食品货架期的诸多因素中，温度是最重要的影响因素之一，会影响食品发生的化学变化和酶催化的生物化学变化，包括鲜活食品的呼吸作用（例如未加控制的低温引起果蔬的“冷害”）和后熟作用、肌肉的僵直和解僵过程、微生物的生长繁殖、食品中水分变化及其他物理变化，简而言之，温度影响着食品在贮存过程中的质量变化，从而影响食品的货架期。

第二章 食品货架期的预测技术

CHAPTER 2

第一节　食品货架期的基本数学模型

在食品行业中，货架期是十分重要的质量指标。一方面，食品生产企业为了提高市场竞争力、增加效益，会大力开发新产品，利用新工艺、新配方或者是新的包装等来延长食品的货架期。另一方面，随着消费者对食品质量要求的不断提高，在原来必须满足安全的基础上，消费者还提出了食品在货架期内应保留营养价值、感官变化最小等新的要求。因此，对食品货架期的研究，包括食品在货架期内的品质变化、如何延长食品货架期和快速预测食品货架期的方法等都成为了近年来的研究热点。

一、食品质量变化的数学模型

食品质量劣变的数学模型是预测食品货架期的基础。对于食品品质在加工贮存过程中的变化，有许多学者进行了研究，Saguy 和 Karel 曾指出对食品品质劣变降解的分析研究应包括动力学数学模型，此模型包括质量与能量平衡方程、热力学方程、传递方程、物性数据及一些系数。此模型是一组非线性的、耦合的偏微分方程组，其分析解或是不存在，或是非常复杂。他们提出动力学研究可用过程速率来表示，并将其简化为只与环境因素及组分因素相关，从而简化该方程组，这样，描述食品体系质量劣变的一般化方程，如式（5-2-1）所示。

$$R_Q = -\frac{\mathrm{d}Q}{\mathrm{d}t} = f(C_i,\ E_j) \tag{5-2-1}$$

式中　R_Q——食品质量劣变速率；

Q——某种质量指标（参数）；

t——时间，min；

C_i——组分因素（$i=1,\ \cdots,\ m$）；

E_j——环境因素（$j=1,\ \cdots,\ n$）。

在此，C_i 为组分因素，如反应物浓度、无机催化物、酶、反应抑制剂、pH、水分活度，以及微生物量等；E_j 代表环境因素，如温度、相对湿度、总压力和不同气体分压，以及光照等。为便于分析，先暂不考虑或忽略环境因素，假定各环境因素均保持不变，仅用组分因素来表达式（5-2-1），则得式（5-2-2）：

$$-\frac{\mathrm{d}Q}{\mathrm{d}t}=kc_1^{n_1}c_2^{n_2}\cdots c_i^{n_i}(i=1,\ \cdots,\ m) \tag{5-2-2}$$

式中　k——反应速率常数。

环境因素为定值时，k 为常数。c_i 为 i 组分的浓度，n_1，n_2，$\cdots n_i$ 是指数，表示反应级数，如 $n_1=1$ 表示反应对 c_1 而言是一级反应。总的反应级数 n 是各指数的和，即 $n=\sum n_i$。在食品质量变化过程中，往往有几种反应同时进行，但一种反应是主要的，其余的是次要的。这时可舍去次要反应而集中于一个主要反应进行简化处理，如式（5-2-3）所示。

$$-\frac{\mathrm{d}Q}{\mathrm{d}t}=kc^n \tag{5-2-3}$$

式中　c——反应物浓度，如食品中营养成分的浓度。

反应级数是根据实验结果确定的常数，通常为正整数，如 0、1、2、…，但也有分数如 1/2、3/2、…，甚至负数。反应级数与其对应的动力学方程及半衰期，如表 5-2-1 所示。

表 5-2-1　　质量损失速率方程及半衰期

反应级数	动力学方程微分式	动力学方程积分式	半衰期
0	$\frac{-\mathrm{d}Q}{\mathrm{d}t}=k$	$c=c_0-kt$	$\frac{c_0}{2k}$
1	$\frac{-\mathrm{d}Q}{\mathrm{d}t}=kc$	$\ln c=\ln c_0-kt$	$\frac{\ln 2}{k}$
2	$\frac{-\mathrm{d}Q}{\mathrm{d}t}=kc^2$	$\frac{1}{c}=\frac{1}{c_0}+kt$	$\frac{1}{(kc_0)}$
n（$n\neq1$）	$\frac{-\mathrm{d}Q}{\mathrm{d}t}=kc^n$	$c^{1-n}={c_0}^{1-n}+(n-1)kt$	$\frac{(2^{n-1}-1)c_0^{1-n}}{[k(n-1)]}$

注：表中动力学方程积分式是指 k 与 t 无关的情况。

对零级反应，反应速率与浓度无关，将反应物浓度 c 对时间 t 作图是一条直线，其斜率即为 k。典型的零级反应包括非酶褐变及许多冷冻食品的质量损失。

对一级反应，反应速率与浓度的一次方成正比，将浓度 c 对时间 t 作图是一条曲线，而 $\ln c$ 对 t 标绘则为直线，直线的斜率即为 k。典型的一级反应包括维生素的损失、微生物生长/死亡以及氧化褪色反应等。

对 n 级反应（$n\neq1$），将 c^{n-1} 对 t 作图是一条直线，直线的斜率即为 k。

必须指出，所谓的一级反应和零级反应并不是真正意义上的单分子反应和“零分子反应”，它们实际上有相对复杂的机理，而只是在总反应上呈现出一级和零级。例如，零级反应只表明反应物浓度 c 作为时间 t 的函数标绘成直线时相关性系数很高，存在统计意义上的关系。

反应级数的确定是十分重要的，它反映浓度是如何影响反应速率的，从而可通过调整浓度来控制反应速率，且有助探讨反应的机理，了解反应的真实过程。确定反应级数的方法有如下几种：微分法、半衰期法、积分法（作图试差法、积分方程式试差法）。

二、温度效应方程

到目前为止，食品质量变化动力学模型是在环境因素保持不变，仅考虑食品组分因素的情况下建立的。实际上，食品在贮存过程中，环境因素是十分重要的影响因子，很多环境因素很难保持为恒定的常数，它们显著影响反应速度，从而影响食品的货架期。当环境因素变化时，式（5-2-3）中的反应速率常数 k 不再是定值，它是 E_j 的函数，即：$k=f(E_j)$。

在前面提及的温度、相对湿度、总压力及不同气体分压，以及光照等环境因素中，温度是研究最多，也是最重要的环境因素。因为温度因素不像其他环境因素，在某种程度上可通过包装进行控制，所以温度不仅显著地影响反应速率，而且是唯一不受包装的控制而直接影响食品货架期的因素。研究人员已经找到了多种适合反映温度与食品品质变化关系的模型，阿伦尼乌斯方程是其中之一。

(一)温度对食品质量变化速度的影响

常使用 Q_{10} 和阿伦尼乌斯（Arrhenius）方程来表示温度与反应速度之间的关系。

1. 范托夫（Van' t Hoff）定律

反应温度每升高 10℃，化学反应的速度增加 2~4 倍。在生物和食品科学中，范托夫定律常用 Q_{10} 表示，并称为温度系数（temperature coefficient），即式（5-2-4）所示。

$$Q_{10}=\frac{v_{(T+10)}}{v_T} \tag{5-2-4}$$

式中 $v_{(T+10)}$ 和 v_T——在（T+10）和 T 温度时的反应速率。

由于温度对反应物的浓度和反应级数没有影响，仅影响反应的速度常数，故式（5-2-4）又可写为式（5-2-5）。

$$Q_{10}=\frac{k_{(T+10)}}{k_T} \tag{5-2-5}$$

式中 $k_{(T+10)}$ 和 k_T——在 T+10 和 T 温度时的反应速度常数。

食品在贮存过程中所发生的化学变化，其 Q_{10} 的数值一般在 2~4，有些生化反应 Q_{10} 则大得多，如蛋白质的热变性中 Q_{10} 可达 600 左右。

如果温度变化范围不是很大，Q_{10} 可被看成常数。$T+10n$ 和 T 温度时的反应速度常数之比，如式（5-2-6）所示。

$$Q_{10}^n=\frac{k_{(T+10n)}}{k_T} \tag{5-2-6}$$

式（5-2-6）可用来估计食品在不同温度下贮存所发生的化学变化在程度上的差异和贮存期的长短。

例如，富含脂肪的食品常因脂肪氧化酸败而变质，其贮存期的长短取决于脂肪的氧化速度。设在实验温度范围内，脂肪氧化的 Q_{10} 为定值，若高温（T_1）试验贮存期为 t_1，则在室温（T_2）中的贮存期 t_2 可用式（5-2-7）做粗略估算：

$$t_2=t_1Q_{10}^{\frac{(T_2-T_1)}{10}} \tag{5-2-7}$$

2. 阿伦尼乌斯（Arrhenius）方程

k 与温度有关，T 增大，一般 k 也增大。阿伦尼乌斯（Svante August Arrhenius）总结出反应速率对温度的依赖关系——阿伦尼乌斯方程，其指数形式如式（5-2-8）所示。

$$k = k_0 e^{-\frac{E_a}{RT}} \tag{5-2-8}$$

式中 k——反应速率常数；

k_0——指数因子（频率因子）；

E_a——活化能（J/mol）；

T——热力学温度，K；

R——理想气体常数，8.3144J/(mol·K)。

阿伦尼乌斯方程是反映化学反应速率常数随温度变化关系的经验公式，应用十分广泛。其中，k_0 和 E_a 都是与反应系统物质本性有关的经验常数。可见，k 与 T 的关系不是线性的。

将式（5-2-8）两边同时取对数，得到式（5-2-9）所示。

$$\ln k = \ln k_0 - \frac{E_a}{RT} \tag{5-2-9}$$

由式（5-2-9）可见，$\ln k$ 与 $1/T$ 呈线性关系，直线的斜率为 $-E_a/R$，截距为 $\ln k_0$。

由阿伦尼乌斯方程可定义活化能（activation energy）E_a，其表达式：

$$\frac{\mathrm{d}\ln k}{\mathrm{d}T} = \frac{E_a}{RT^2} \tag{5-2-10}$$

则：

$$E_a = RT^2 \frac{\mathrm{d}\ln k}{\mathrm{d}T} \tag{5-2-11}$$

活化能 E_a 与水分活度、固形物含量、pH 及其他因素相关。当反应机理随温度改变时，活化能也随之改变。文献报道维生素 B_1 的 E_a 为 83.86~123.00kJ/mol，其他维生素的活化能值均<125.52kJ/mol。表 5-2-2 给出了大多数食品中劣变反应的活化能范围。

表 5-2-2 食品中劣变反应的活化能范围

反应类型	酶	水解	脂肪氧化	颜色和质地改变	非酶褐变	蛋白质变性
活化能 E_a/(kJ/mol)	10~30	15	10~15	10~30	25~50	80~120

Labuza 和 Riboh 列举了产生非线性阿伦尼乌斯曲线的可能原因，它们包括物理状态的变化（如相变化）、水分活度或水分的变化、温度对关键反应的影响、pH 随温度而变化、由于温度升高导致的氧气溶解量减少（减缓氧化反应）、反应物在两相间的分配、冷却时反应物的浓缩程度。故在使用阿伦尼乌斯方程时要考虑这些因素。

阿伦尼乌斯方程不仅能说明温度对反应速度的影响，而且能表明温度、活化能两者与反应速度的关系，经推导可得：

$$\ln Q_{10} = \frac{E_a}{R} \frac{10}{T \cdot (T+10)} \tag{5-2-12}$$

以 R=8.3144J/(mol·K) 代入式（5-2-12），并将自然对数转变为常用对数，可得：

$$\lg Q_{10} = \frac{2.77E_a}{T \cdot (T+10)} \tag{5-2-13}$$

式（5-2-13）表明，在一定的温度下，活化能 E_a 越大，Q_{10} 就越大；并且，在不同的温度范围内，活化能不同，Q_{10} 就不相同。

（二）温度对食品酶活性的影响

酶是生物体内的一种特殊蛋白质，具有高度的催化活性。绝大多数食品都来源于生物，尤其是生鲜食品中含有多种酶类，这导致许多反应在食品中能够发生，有些酶促反应会使食品的质量劣变。

就一般情况而言，当温度低于 30~40℃时，酶催化的反应和一般化学反应一样，随着温度升高而加速。当温度达到 80~90℃时，几乎所有的酶都失去了活性。由酶催化的生化反应的最适宜温度范围是 30~40℃，食品贮藏的温度一般都低于这个温度范围。所以，食品在贮藏过程中，酶促反应会随着温度的升高而加速，其温度系数 Q_{10} 一般在 2~3。

例如，肉类的成熟过程是由体内酶，分解蛋白质和 ATP，从而使肉的持水性提高并产生肉的气味和滋味的，这一变化与温度的关系十分密切。当温度为 2~3℃时，完成牛肉的成熟需要 12~13d；12℃时，需要 5d；18℃时，需要 2d。

（三）温度对果蔬采收后呼吸的影响

水果和蔬菜采收后的呼吸，一方面有利于其抗病能力的提高，另一方面，也消耗了其本身的营养物质。前者有利于提高果蔬的耐贮性，后者则不利于果蔬的贮存。

呼吸的实质是有机物在呼吸酶系的作用下发生的生物氧化过程。在一定的温度范围内，随着温度的升高，酶的活性会增加，反应的速度会加快，果蔬的呼吸就加速。温度每升高 10℃，呼吸强度要增大到原来的 2~4 倍，它们之间的关系也用温度系数 Q_{10} 表示。表 5-2-3 为几种蔬菜在不同温度区间的 Q_{10} 值。

表 5-2-3　　几种蔬菜在不同温度区间的 Q_{10} 值

温度/℃	菜豆	菠菜	黄瓜	豌豆	胡萝卜	马铃薯
0.5~10	5.1	3.2	4.2	3.9	3.3	2.1
10~24	2.5	2.6	1.9	2.0	1.9	2.2

在温度较低的区间里，温度系数 Q_{10} 较大的原因可由式（5-2-13）解释，因 $\lg Q_{10}$ 与［$T\cdot(T+10)$］成反比，在活化能相同的情况下，温度低时，Q_{10} 就比较大。

在实践过程中，确定果蔬的贮藏温度时，既要注意要能维持果蔬正常的呼吸，以利于其抗病性的提高，又要尽量降低其呼吸强度，以减少其体内营养物质的消耗，延长其贮藏期。

应该注意的是，果蔬是有生命的，而且因种类、品种、原产地和栽培条件等因素的不同，各有自己最适合的贮藏温度，温度高了会加速呼吸，温度过低则会造成冻害或冷害，因此，果蔬贮藏必须在不干扰其正常新陈代谢的前提下，尽可能选择较低的温度。

（四）温度对微生物生长繁殖的影响

微生物的生命活动是在酶催化下的各种物质代谢的结果，而酶的活性受温度的影响，因此，微生物要进行正常的代谢必须有最适宜的温度，这样，体内的各种生化反应才能协调进行。由于不同的酶催化不同的生化反应，其活化能（E_a）不同，根据式（5-2-13），温度系数 Q_{10} 也不相同。因此，环境温度下降，不同生化反应会按照各自的温度系数减慢，由于减慢的速度不同，破坏了各生化反应原有的协调性和一致性，且导致了微生物生理活动的失调，温度下降的幅度越大，失调就越严重，从而破坏了微生物的新陈代谢，使其生长繁殖受到抑制。

在一定的温度范围内，微生物的生长速度与温度的关系也以温度系数 Q_{10} 表示，定义为温度每升高 10℃，微生物的生长速度与原来生长速度的比值。多数微生物的 Q_{10} 在 1.5~2.5。

三、食品货架期的预测模型

温度是引起食品质量损失的最主要的环境因素，由式（5-2-8）可知，指数因子或频率因子（k_0）与温度无关，结合食品质量变化式（5-2-3），可得式（5-2-14）。

$$-\frac{dQ}{dt}=[k_0e^{-\frac{E_a}{RT}}]c^n \tag{5-2-14}$$

准确地预测食品的货架期需要精确估计方程式（5-2-14）中的参数。可采用两种方法估计这些参数。一种是二步线性最小二乘法，这是传统方法也是应用最广泛的方法。第一步是在每个温度下，回归估算质量损失速率方程，如表 5-2-1 所示中反应速率常数 k 和初始浓度 c_0，由 c_0 的估算偏差可以侧面说明模型的准确度。第二步是将由第一步得到的不同温度下的反应速率常数 k，通过 $\ln k$ 对 $1/T$ 进行回归（线性拟合），得到一条斜率为 $-E_a/R$、常数项为 $\ln k_0$ 的直线，即得到了反应速率与温度的关系。用速率常数对热力学温度的倒数作图（采用半对数坐标）通常称为阿伦尼乌斯图，如图 5-2-1 所示。

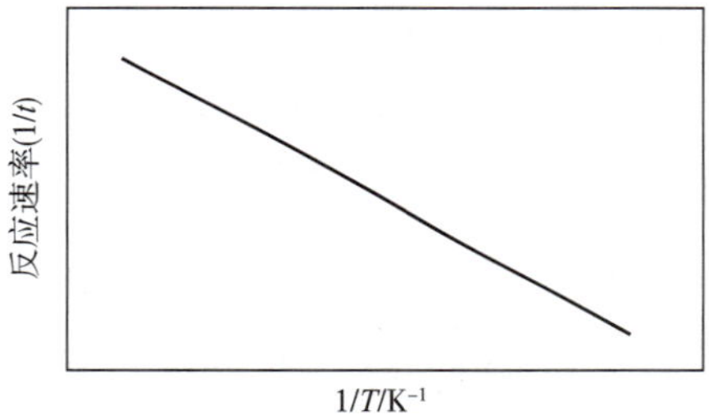

图 5-2-1　典型阿伦尼乌斯图

这种直线图表明了该系统遵循阿伦尼乌斯动力学方程，可以采用式（5-2-8）和式（5-2-14）表示。在货架期研究中，可以在高温条件下采集数据，然后用外推的方法求得在较低温度下的货架期。即可以结合货架期加速试验（accelerated shelf-life test，ASLT），利用高温作为加速条件，预测得到常温或低温条件下产品的货架期。

另一种估算方法为非线性最小二乘法，即所有实验数据进行一次非线性回归以估算 E_a/R 和 C_0，而不必计算各温度下的反应速率，又称一步法。

第二节　食品货架期的加速试验

尽管食品体系非常复杂，但是通过对食品劣变机制的系统研究，仍可以找到确定食品货架期的方法。一般可采用两种基本的方法来预测货架期，一种方法是把食品置于某种特别恶劣的条件下贮藏，然后每隔一定时间进行品质检验（可采用感官评定的方法检验品质），重复几次，最后，将试验结果外推（合理的推测）以预测正常贮藏条件下的货架期。另一种方法是根据适用于食品体系的反应动力学原理，科学地设计和实施有效的货架期试验，达到以最少的时间、最小的花费获得最大量信息的目的。这可以通过应用 Labuza 和 Schmidl 提出的货架期加速试验方法来实现。

货架期加速试验就是针对货架期预测时间长、效率低、耗资大的实际问题而发展起来的一种方法。通过应用加速手段在短期内预测出产品的真正货架期。在食品上使用的加速手段主要有提高温度、增加湿度和光照等。其中，温度加速试验使用较为广泛。最广泛使用的加速预测模型是应用阿伦尼乌斯模型，用来描述温度对反应速度的影响。通常，货架期加速试验主要应用在以下两个方面。一是在产品开发阶段，通过货架期加速试验可快速估计出该产品的货架期。二是在产品投入市场时，为实际的货架期预测收集动力学参数。当然，也可以利用货架期加速试验，达到改进加工工艺、改善包装及贮藏条件的目的。

要进行食品货架期加速实验，首先应了解研究对象食品的性质，了解预测食品的货架期内主要发生的变化和因素影响；然后，选择合适的方法和模型进行预测。因此，设计货架期加速试验是一个经过深刻理解食品相关机理，综合应用食品工程、食品化学、食品微生物学、分析化学、物理化学以及食品相关法律法规等多方面知识的实验技术。其基本步骤包括以下几点：

（1）评估影响食品微生物安全性的各因素，全面分析食品各组分、贮存的过程与条件，确定显著影响食品货架期的生物或物化反应及其影响因素。通过分析，如果还没有进行实验就发现食品存在严重安全隐患而达不到所要求的货架期，则必须考虑改进产品设计以提升产品品质，如改进配方或工艺流程。

（2）为货架期试验选择合适的包装。冷藏、冷冻和罐头食品可在其最终产品实际包装所用的容器中进行试验，脱水食品应贮存于密封玻璃罐中或不能透过水汽的包装袋中进行试验，以保持产品特定的湿度和 A_w。

（3）确定实验用贮藏温度条件，包括测试组温度和对照组温度，根据不同食品类型进行选择，可参照表 5-2-4 进行。

表 5-2-4　　可选加速贮藏实验温度条件

产品	测试温度/℃	对照温度/℃
罐藏食品	25，30，35，40	4
脱水食品	25，30，35，40，45	-18
冷藏食品	5，10，15，20	0
冷冻食品	-5，-10，-15	<-40

（4）根据食品预期货架期、处理温度以及 Q_{10} 等这些有用的信息，计算所选各温度下的测试时间。若没有 Q_{10} 的可靠资料，应该选择至少三个温度进行试验。

（5）确定测试方法以及在每个温度下的测试频率　在低于最高试验温度的任何温度下，两次测试之间的时间相隔，如式（5-2-15）所示。

$$f_2 = f_1 Q_{10}^{\Delta T/10} \tag{5-2-15}$$

式中 f_1——最高试验温度 T_1 时每次测试之间的时间间隔（如天数，周数）；

f_2——较低试验温度 T_2 时每次测试之间的时间间隔；

ΔT——T_1-T_2，℃。

这样，如果一种罐藏食品在 40℃ 贮存时每月必须测试一次，那么根据上式的计算，在 35℃（即 $\Delta T=5$℃）和 $Q_{10}=3$ 贮存时，应每隔 1.73 个月测试一次。在不能确切知道 Q_{10} 时需要多次测试。每个贮存条件至少要有 6 个数据点，以最大限度地减少统计上的误差。

（6）针对每个实验贮藏条件，收集数据绘图确定反应级数。

（7）由各实验贮藏条件下的反应级数和反应速率，制作恰当的阿伦尼乌斯图，估算 E_a/R 和 k_0，并预测食品在预期贮藏条件下的货架期。当然，也可以将食品贮藏在预期贮藏条件下，确定货架期并验证预测模型的有效性。不过，在食品工业上，由于时间与成本的限制，很少这样做。

第三节　食品货架期的其他预测技术

一、微生物生长预测模型

对于主要由微生物引起腐败变质的食品来说，货架期预测的核心是确定特定腐败菌（specific spoilage organism，SSO），并建立相应的生长模型。在此基础上，通过预测 SSO 的生长趋势就可以成功预测食品的货架期。目前，世界上已开发了多种食品微生物生长模型预测软件。

二、水分敏感型食品防潮包装模型

对于对水分敏感的食品来说，预测货架期需要建立等温吸湿模型。等温吸湿模型取决于食品中水分的状态，可以划分为三个范围，如表 5-2-5 所示。这三个范围的存在导致各种等温吸湿曲线方程的不同，食品吸湿研究中常见的方程见表 5-2-6 所示。

表 5-2-5　食品中水分活度与水的物理状态之间的关系

A_W	食品中水的物理状态	A_W	食品中水的物理状态
0.00~0.35	单分子层吸收	0.60~1.00	伴随可溶性成分溶解水凝结到毛细孔中
0.35~0.60	多分子层吸收		

表 5-2-6　食品吸湿研究中常见的方程

方程名称	等温吸湿曲线	注释
BET	$\frac{A_w}{(1-A_w)M}=\frac{1}{M_m k_1}+\frac{A_w(k_1-1)}{M_m k_1}$	通常适用范围是 $0.05\leqslant A_W\leqslant 0.45$
Halsey	$A_w=e^{\left[\frac{-k_1}{RT\left(\frac{M}{M_m}\right)^{k_2}}\right]}$	通常适用范围是 $0.1\leqslant A_W\leqslant 0.8$

续表

方程名称	等温吸湿曲线	注释
Henderson	$1-A_w=e^{-(k_1Mk_2)}$ $\ln[-\ln(1-A_w)]=k_2\ln M+\ln k_1$	经验等式，给出的直线 $\ln[-\ln(1-A_w)]$ 对应水吸收量
Iglesias and Chirife	$\ln(M+\sqrt{M^2+M_{0.5}})=k_1(A_w)+k_2$	经验等式，从高糖食品发展而来
Mizrahi	$A_w=\dfrac{k_1+M}{k_2+M}$	从脱水甘蓝得来，适用于 $0.05\leqslant A_W\leqslant0.55$
GAB	$M=\dfrac{k_1k_2M_mA_w}{(1-k_2A_w)(1-k_2A_w+k_1k_2A_w)}$ $k_1=k_{01}e^{(\frac{\Delta H_1}{RT})}\quad k_2=k_{02}e^{(\frac{\Delta H_2}{RT})}$ $\Delta H_1=H_m-H_n\quad \Delta H_2=H_1-H_n$	通常适用范围：$0\leqslant A_W\leqslant0.9$

注：M_m 为单分子层湿含量，$M_{0.5}$ 为当 $A_W=0.5$ 时的湿含量，H_m 为单分子层吸湿热，H_1 为蒸汽冷凝热，H_2 为多层吸附的剩余热。

需要注意的是，不同水分活度（A_w）的食品，要使用不同的模型来描述各自的吸湿等温特性。如 BET 模型适合 A_w 在 0.05~0.45 的食品，GAB 模型适合 A_w 在 0.1~0.9 的食品。

三、应用统计学方法的预测模型

由于一些食品体系具有复杂性或者指标的多样性，往往会遇到多个指标反而更难清晰地反映食品在贮藏过程中的品质变化情况。这时，需要借助统计学的方法。例如，采用相关矩阵分析（correlation matrices）的方法来研究两组及两组以上变量间的相关程度；采用主成分分析（factor analysis）的方法，将繁杂的多指标问题转化成少数几个独立变量的问题，从而简化问题的分析过程等。并且，这些分析方法大多都可以通过计算机软件完成。

四、分子移动性理论模型

分子移动性（molecular mobility，M_m）又称分子流动性，是分子的旋转移动和平动移动的总度量（不包括分子的振动）。物质处于完全而完整的结晶状态下，其 M_m 值为 0；物质处于完全的玻璃态（无定形态）时，其 M_m 值接近于 0；物质处于其他状态时（除晶态和玻璃态），其 M_m 值大于 0。食品本身是由各种分子组成的，大部分食品含有无定形组分，并且是以介稳定或非平衡状态（即玻璃态）存在的。虽然平衡态（热力学平衡）可使食品具有最大的稳定性，但食品的很多品质是取决于食品的介稳状态的，而不是取决于食品稳定的平衡状态。食品加工和贮藏的主要目标就是使加工的食品在非平衡状态下能达到人们可接受的稳定性，而最大限度地使食品具有人们所期望的品质。因此，对很多食品而言，可利用分子移动性理论来预测加工食品的货架期，这是一种预测食品货架期的新思路、新方法。

五、预测食品货架期的其他方法

货架期对食品生产企业和消费者至关重要。目前，国内外对食品货架期预测均有研究，建立了接近实际的预测产品货架期的数学模型，还开发了多种简便、快速的预测方法。因此，未来对食品货架期预测的研究，可能会更多地借助仪器和计算机，向着数据采集迅速合理、分析模式接近实际、预测结果快速准确的方向发展。

思考题

1. 说明食品货架期概念。
2. 说明保质期与保存期的区别与联系。
3. 讨论影响食品货架期的因素。
4. 举例说明温度如何影响食品货架期，主要表现在哪些方面？
5. 说明预测食品货架期基本数学模型及主要影响因素。
6. 解析食品品质变化的动力学模型。
7. 说明货架期加速试验（ASLT）方法的主要步骤。
8. 收集文献，了解食品货架期其他预测技术。

主要参考文献

[1] 赵晋府. 食品技术原理 [M]. 北京：中国轻工业出版社，2007.

[2] 赵征，张民. 食品技术原理 [M]. 2 版. 北京：中国轻工业出版社，2014.

[3] David Kilcast，Persis Subramaniam. The stability and shelf-life of food [M]. London：Woodhead publishing limited，2000：6-13.

[4] Kenneth J. Valentas，Enrique Rotstein，R. Paul Singh. Handbook of Food Engineering Practice [M]. Florida：CRC Press，1997.

[5] 曹悦，陆利霞，熊晓辉. 食品货架期预测新技术进展 [J]. 食品研究与开发，2009，30（5）：165-168.

[6] Theodore P，Labuza. The search for shelf life [J]. Food Testing and Analysis. 2000，6（2）：26-36.

[7] 曹平，于燕波，李培荣. 应用 Weibull Hazard Analysis 方法预测食品货架寿命 [J]. 食品科学，2007，28（8）.

[8] Owen R. Fennema. 王璋，许时婴，江波，等译. 食品化学 [M]. 3 版. 北京：中国轻工业出版社，2003.

[9] Hagiwara T，Hartel R W. Effect of sweetener，stabilizer，mad storage temperature on ice recrystallization in ice cream [J]. Journal of Dairy Science，1996（79）：735-744.

[10] 刘宝林，华泽创，许建俊. 草莓冻结玻璃化保存的实验研究 [J]. 上海理工大学学报，1999（2）：180-183.

[11] Fujikawa. H，Hob. T. Thermal inactivation analysis of mesophiles using the Arrhenius model and Z-value models [J]. J. Food. Prot，1998，61（7）：910-912.

[12] Jonsson V，Sngag B. G. Testing models for temperature dependence of the inactivation rate

of bacillus spores [J]. J. Food. Sci. , 1997, 42 (5): 1251-1252.

[13] Nourian F, Ramaswamy H. S. , Kushalappa A. C. Kinetics of quality change associated with potatoes stored at different temperatures [J]. Leben smittel-Wissenschaftundtechnologic, 2003, 36 (1): 49-65.

[14] 张晓华，张东星，刘远方，等. 电子鼻对苹果货架期质量的评价 [J]. 食品与发酵工业，2007，33 (6): 20-23.

[15] 郭奇慧，白雪，康小红. 应用电子鼻区分不同货架期的纯乳 [J]. 乳业科学与技术，2008，31 (2): 68-69.

[16] 汪东风. 高级食品化学 [M]. 北京：化学工业出版社，2009.

[17] 李娟，张丽萍，张蕾. 动力学理论预测食品包装货架寿命模型的研究 [J]. 包装工程，2009，30 (12): 118-120.

[18] 佟懿，谢晶. 时间—温度指示器响应动力学模型的研究 [J]. 安徽农业科学，2008，36 (22): 9341-9343，9348.

第六篇
饮料加工工艺

第一章 概述

CHAPTER 1

[学习指导]

本章应重点掌握水质对饮料的影响及饮料用水的基本要求；同时了解饮料的概念与分类。

第一节　饮料的概念及分类

一、饮料的定义

饮料定义为：“经过加工制造供饮用的液体，如酒、茶、汽水、橘子水等”。所以许多资料中将其说成是经过加工制造的、能使人愉快的，供人们消耗性消费的任何液体饮品。

二、饮料的分类

（一）按国家标准分类

我国标准 GB/T 10789—2015《饮料通则》中规定：饮料是经过定量包装的，供直接饮用或按一定比例用水冲调或冲泡饮用的，乙醇含量（质量分数）≤0.5%的制品，可为饮料浓浆或固体形态。

按原料或产品性状进行分类，将饮料分为碳酸饮料类、果汁和蔬菜汁类、蛋白饮料类、饮用水类、茶饮料类、咖啡饮料类、植物饮料类、风味饮料类、特殊用途饮料类、固体饮料类、其他饮料类共 11 大类，各大类的基本定义与分类如下：

1. 碳酸饮料（汽水）类

碳酸饮料类饮料是在一定条件下充入二氧化碳气体（CO_2）的饮料，不包括由发酵法自身产生二氧化碳气体的饮料。要求 CO_2 含量不小于 1.5 倍（20℃时同体积饮料中溶解的 CO_2 的体积倍数）。碳酸饮料又分为果汁型碳酸饮料、果味型碳酸饮料、可乐型碳酸饮料和其他型碳酸饮料四类。

2. 果汁和蔬菜汁类

果汁和蔬菜汁类饮料是用水果和（或）蔬菜（包括可食的根、茎、叶、花、果实）等为原料，经加工或发酵制成的饮料。它分为果汁（浆）和蔬菜汁（浆）、浓缩果汁（浆）和浓缩蔬菜汁（浆）、果汁饮料和蔬菜汁饮料、果汁饮料浓浆和蔬菜汁饮料浓浆、复合果蔬汁（浆）及饮料、果肉饮料、发酵型果蔬汁饮料、水果饮料和其他果蔬汁饮料共九类。

3. 蛋白饮料类

蛋白饮料类饮料是以乳或乳制品或有一定蛋白质含量的植物果实、种子或种仁等为原料，经加工或发酵制成的饮料。按加工原料不同分为含乳饮料、植物蛋白饮料和复合蛋白饮料三类。

4. 饮用水类

饮用水类饮料是指密封于容器中可直接饮用的水。有饮用天然矿泉水、饮用天然泉水、其他天然饮用水、饮用纯净水、饮用矿物质水和其他饮用水六类。

5. 茶饮料类

茶饮料类饮料以茶叶的水提取液或其浓缩液、茶粉等为原料，经加工制成的饮料。它又分为茶饮料（茶汤）、茶浓缩液、调味茶饮料和复（混）合茶饮料四类。

6. 咖啡饮料类

咖啡饮料类饮料是指以咖啡的水提取液或其浓缩液、速溶咖啡粉为原料，经加工制成的饮料。根据咖啡因含量的不同分为浓咖啡饮料、咖啡饮料和低咖啡因咖啡饮料三种。

7. 植物饮料类

植物饮料类饮料是以植物或植物抽提物（水果、蔬菜、茶、咖啡除外）为原料，经加工或发酵制成的饮料。根据加工用原料的不同分为食用菌饮料、藻类饮料、可可饮料、谷物饮料和其他植物饮料五类。

8. 风味饮料类

风味饮料类饮料是以食用香精（料）、食糖和（或）甜味剂、酸味剂等作为调整风味主要手段，经加工制成的饮料。根据添加物料及风味的不同又分为果味饮料、乳味饮料、茶味饮料、咖啡味饮料和其他风味饮料五类风味饮料。

9. 特殊用途饮料类

特殊用途饮料类饮料是通过调整饮料中营养素的成分和含量，或加入具有特定功能成分的适应某些特殊人群需要的饮料。根据用途不同分为运动饮料、营养素饮料和其他特殊用途饮料。

10. 固体饮料类

固体饮料类饮料是用食品原料、食品添加剂等加工制成粉末状、颗粒状或块状等固态料的供冲调饮用的制品。如果汁粉、豆粉、茶粉、咖啡粉、果味型固体饮料、固态汽水（泡腾片）、姜汁粉。要求稀释冲调后，应达到相应种类的基本技术要求。

11. 其他饮料类

以上分类中未能包括的饮料。

各类饮料的主要基本技术指标均按表 6-1-1 所示。

表 6-1-1　　饮料基本技术要求

分类		项目	指标或要求
碳酸饮料类	果汁型碳酸饮料	CO_2 含量（20℃时同体积饮料中溶解的 CO_2 的体积倍数）	≥1.5
		果汁含量/%	≥2.5
	果味型、可乐型、其他型碳酸饮料	CO_2 含量（20℃时同体积饮料中溶解的 CO_2 的体积倍数）	≥1.5
果汁和蔬菜汁类	果汁（浆）和蔬菜汁（浆）		具有原水果果汁（浆）和蔬菜汁（浆）的色泽、风味和可溶性固形物含量（为调整风味添加的糖不包括在内）
	浓缩果汁（浆）和浓缩蔬菜汁（浆）	可溶性固形物的含量和原汁（浆）的可溶性固形物含量之比	≥2
	果汁饮料	果汁（浆）含量/%	≥10
	蔬菜汁饮料	蔬菜汁（浆）含量/%	≥5
	果汁饮料浓浆和蔬菜汁饮料浓浆	按标签标示的稀释倍数稀释后，其果汁（浆）和蔬菜汁（浆）含量	不低于本表对果汁饮料和蔬菜汁饮料的规定
	复合果蔬汁		应符合调兑时使用的单果汁（浆）和蔬汁（浆）的指标要求
	复合果蔬汁饮料	复合果汁饮料中果汁（浆）总含量/%	≥10
		复合蔬菜汁饮料中蔬菜汁（浆）总含量/%	≥5
		复合果蔬汁饮料中果汁（浆）蔬菜汁（浆）总含量/%	≥10
	果肉饮料	果浆含量/%	≥20
	水果饮料	果汁含量/%	5~10
蛋白饮料类	配制型含乳饮料	乳蛋白质含量/%	≥1.0
	发酵型含乳饮料	乳蛋白质含量/%	≥1.0
		未杀菌型，出厂检验乳酸菌活菌数量/(cfu/mL)	$\geq 1\times10^6$
	乳酸菌饮料	乳蛋白质含量/%	≥0.7
		未杀菌型，出厂检验乳酸菌活菌数量/(cfu/mL)	$\geq 1\times10^6$
	植物蛋白饮料	蛋白质含量/%	≥0.5
	复合蛋白饮料	蛋白质含量/%	≥0.7

续表

分类		项目	指标或要求
茶饮料类	茶饮料（茶汤）	茶多酚含量/(mg/kg)	≥300
	果汁茶饮料	茶多酚含量/(mg/kg)	≥200
		果汁茶饮料果汁含量/%	≥5.0
	奶茶饮料	茶多酚含量/(mg/kg)	≥200
		奶茶饮料中乳蛋白含量/%	≥0.5
	碳酸茶饮料	茶多酚含量/(mg/kg)	≥100
		CO_2 含量（20℃时同体积饮料中溶解的 CO_2 的体积倍数）	≥1.5
	其他调味茶饮料	茶多酚含量/(mg/kg)	≥150
	复合茶饮料	茶多酚含量/(mg/kg)	≥150
咖啡饮料类	浓咖啡饮料	咖啡因含量/(mg/kg)	≥400
	咖啡饮料	咖啡因含量/(mg/kg)	200~400
	低咖啡因咖啡饮料	咖啡因含量/(mg/kg)	≤50
固体饮料类			稀释冲调后，应达到本表中相应种类的基本技术要求

(二)按加工工艺分

按饮料的加工工艺，可以将其分为如下四类。

1. 采集型

采集天然资源，不加工或经简单过滤、杀菌等处理的产品，如天然矿泉水。

2. 提取型

天然水果、蔬菜或其他植物经破碎、压榨或浸提、抽提等工艺制取的饮料，如果汁、菜汁或其他植物性饮料。

3. 配制型

以天然原料和添加剂配制而成的饮料，包括充二氧化碳的汽水。

4. 发酵型

以酵母、乳酸菌等发酵制成的饮料，包括杀菌的和不杀菌的饮料。

第二节　饮料生产用水

一、水质对饮料的影响

水质的好坏对饮料的品质影响很大，水中各种杂质的影响各不相同。

(1) 浊度　使水质混浊的原因是由于水中含有微生物、泥沙、铁，锰等。这些物质会升到瓶颈处或从饮料中沉淀出来，导致瓶颈积垢，出现称为“絮状沉淀”的蓬松黏性微粒，或者在瓶底沉淀。另外，在生产汽水时，它们还会在装瓶时使 CO_2 迅速消耗，使得瓶内汽水的高度不一致，一般用混凝过滤法除去。

（2）色　天然水中的着色成分，多为腐殖酸等植物分解的生成物以及铁、锰离子等。这种杂质不但影响饮料的外观，还会影响产品的味道，一般可用活性炭进行吸附处理。

（3）臭气及味　消毒自来水中残留下来的余氯，即使是1mg/L也会被人品尝到，土壤化合物中的硫化氢（H_2S）溶于水会产生一种类似坏蛋的臭味，从水管上溶下来的铁和铜会产生一种金属味。这些物质都会影响饮料的香气和味道，有时也会导致沉淀的发生，影响饮料的外观。因此，对饮料用水必须脱臭脱味。脱臭脱味的方法多种多样，由气体引起的可用脱气处理；由还原性物质引起的可用氯或臭氧氧化处理；因铁、锰引起的可作除铁、锰处理。如果只是微量的臭气及味可用活性炭吸附处理。

（4）碱度　水中含有的氢氧化物、碳酸盐、重碳酸盐使水带有碱性。碱性如果不清除，就会中和成品饮料中的酸，从而改变酸性饮料的特殊酸味，同时也就影响了饮料的香味。茶饮料生产中，$pH>8$ 就会引起茶中儿茶素的褐变，从而影响茶饮料的外观色泽；红茶茶汤在 $pH>5$ 时，色泽就会加深，pH还会影响茶汤中茶黄素和茶红素的含量，使两者的比例改变，从而间接影响茶汤的色泽，表6-1-2为几种茶汤中茶黄素（TF）和茶红素（TR）比例与色泽的关系。

表6-1-2　红茶、乌龙茶茶汤中茶黄素（TF）和茶红素（TR）比例与茶汤色泽的关系

TF/TR	65.2	13.5	11.4	7.5	4.0
色泽	很深、混浊	浅灰暗	亮、金黄色	很亮、金黄色	很亮、强金黄色

一般可用石灰软化法除去水中的碱度。

（5）硬度　水中含有钙和镁会使水的硬度增大。在洗瓶机中，水的硬度会和洗瓶所用的苛性碱溶液起反应，导致在洗瓶机内的冲洗射口处和冲洗套袋处形成水垢。一旦形成水垢，洗瓶效率就会降低，因此，就要用更多的水和苛性碱溶液，而且会使机器的磨损也比较快，最后瓶子会得不到有效的洗涤和冲洗。此外，还会使瓶子蒙上一层水垢，既影响瓶子的外观也会引起饮料灌装时起泡。

水中的钙镁离子对茶汤的色泽有不利影响。一般认为，当 Ca^{2+} 含量>60mg/L时，红茶茶汤明亮度和彩度下降，产生茶乳酪；当 Ca^{2+} 含量<25mg/L时，可得到较好的茶汤水色。

茶用水的总硬度影响茶汤澄清透明度，当茶用水的总硬度<1.07mg/L时，无沉淀生成；当茶用水的总硬度>1.07mg/L时，有明显的沉淀生成。红茶、绿茶和乌龙茶三者中以乌龙茶对 Ca^{2+}、Mg^{2+} 最为敏感，可通过结合反应生成沉淀。Mg^{2+} 对绿茶茶汤浊度无影响，Ca^{2+} 对包种茶茶汤浊度无影响。

Ca^{2+}、Mg^{2+} 还会影响到茶汤的滋味，当 Ca^{2+} 含量达到4mg/L时，茶汤发苦；当 Mg^{2+} 含量达到2mg/L时，茶汤滋味变淡。

可用软化法除去水中的硬度。

（6）铁和锰　一般地表水中的铁、锰含量很低，而地下水中的铁、锰含量较高。铁的化

合物存在于天然水中是以 Fe^{2+} 和 Fe^{3+} 形式存在的。在地下水中，由于溶解的氧少，而且又含有游离碳酸，因此只有 Fe^{2+} 以溶解的、无色的重碳酸亚铁形式存在。有的地下水中 Fe^{2+} 含量很大，可达 10mg/L 以上，一旦其与空气接触，Fe^{2+} 就会被氧化成 Fe^{3+}，生成难溶的氢氧化铁［$Fe(OH)_3$］，从而使水带有黄褐色，并且变得混浊。

锰是许多岩石及土壤的微量组成成分，它常与铁同时存在于水中。在地下水中，锰常以重碳酸亚锰形式存在。

铁和锰的存在会使饮料着色、带异味、产生沉淀，如当 Fe^{3+} 含量达到 0.1mg/L 时，茶汤的色泽会变深，当 F_e^{3+} 含量达到 5mg/L 时，茶汤色泽变黑；Fe^{3+} 不仅影响茶汤的汤色而且对茶汤组分还有助氧化作用；水中过量的 Fe^{3+} 会使茶汤产生似黄铜的、粗涩的金属味。因此，饮料用水对铁、锰要求比较严格。

除去水中铁的方法是，把亚铁盐通过曝气或用氯气氧化成为氧化铁盐后，用凝集沉淀和过滤的方法将其除去。用石灰软化法可以除去水中的铁与锰。另外，当水中的铁、锰含量高时，可用专门除铁除锰的设备将其除去。

（7）余氯　消毒自来水中会有残留的余氯，用石灰软化法处理的水中也会有余氯。氯是强氧化剂，会使软饮料的颜色和味道都发生变化。一般可用活性炭法进行吸附处理。

（8）微生物　微生物超标，会影响饮料的保质期，严重时会使饮料在几天之内变坏，致使饮料的外观和味道都受到影响。

水中的微生物可用氯消毒法、紫外线、臭氧消毒法处理。

二、饮料用水的基本要求

饮料厂用水的水质要求视水的用途而异。通常饮料工厂用水按用途可分为一般用水、饮料生产用水和冷却用水三大类，各类用途的水质要求有所不同。

1. 一般用水

一般用水用于饮料原料和包装容器（玻璃瓶、金属罐、塑料容器等）的清洗、一般饮料的调配、设备及附属器具的清洗等，用量最多。这种水必须符合饮用水标准，要求清洁卫生、无色透明、无味无臭，不含有害离子，细菌数在允许范围内。

2. 饮料生产用水

饮料生产用水，不仅要符合饮用水标准，有时还要求应用软化水，需要除去其中溶解的盐类。例如碳酸饮料，水中溶解的盐类会影响饮料的组织和风味，需要采用离子交换等方法将其去除。另外，果蔬中的花色素、单宁等物质受 Ca^{2+}、Mg^{2+} 等金属离子影响而带有颜色，故在清洗、热烫果蔬时要注意水质对原材料的影响。还有茶和咖啡浸提用水的水质对其浸提液的色泽和风味也会产生影响。因此，饮料生产用水除应符合我国 GB 5749—2022《生活饮用水卫生标准》外，还应符合表 6-1-3 所列的指标。饮用水与饮料生产用水在主要指标上的差异如表 6-1-4 所示。

表 6-1-3　　一般饮料用水标准

项目名称	指标
浊度/(°)	<2
色度/(°)	<5

续表

项目名称	指标
味及臭	无味无臭
总固形物/(mg/L)	<500
总硬度（以 $CaCO_3$ 计）/(mg/L)	<100
铁（以 Fe 计）/(mg/L)	<0. 1
锰（以 Mn 计）/(mg/L)	<0. 1
高锰酸钾消耗量/(mg/L)	<10
总碱度（以 $CaCO_3$ 计）/(mg/L)	<50
游离氯/(mg/L)	<0. 1
细菌总数/(个/mL)	<100
大肠菌群/(个/L)	<3
霉菌/(个/mL)	≤1
致病菌	不得检出

注：* 在微生物指标中，从质量角度考虑，有将酵母指标列入者，数值为 1mL 不表现，或≤5 个/100mL。

表 6-1-4　　饮用水与饮料生产用水在指标上的差异

指标	饮用水	饮料用水
浊度/(°)	<3	<2
色度/(°)	<15	<5
溶解性总固体/(mg/L)	<1000	<500
总硬度（以 $CaCO_3$ 计)/(mg/L)	<450	<100
铁（以 Fe 计)/(mg/L)	<0. 3	<0. 1
高锰酸钾消耗量/(rag/L)	—	<10
总碱度（以 $CaCO_3$ 计)/(mg/L)	—	<50
游离氯/(mg/L)	≥0. 3	<0. 1
致病菌	—	不得检出

3. 冷却用水

对冷却用水的水质没有严格要求，冷却用水只要不混入饮料内，其水质就不需要达到饮用水的标准。硬水易结垢，可以考虑将其软化，但没有必要去除其色泽和气味等。

思考题

1. 说明饮料的概念及其种类。
2. 简要说明饮料工厂用水的分别及其要求。
3. 饮料生产用水对饮料的品质有什么影响？

CHAPTER 2

第二章

果汁和果蔬汁饮料

[学习指导]

本章应在了解澄清型果蔬汁、混浊型果蔬汁、浓缩果蔬汁、发酵果蔬汁饮料特点及基本生产工艺的基础上，重点掌握各类饮料的加工关键技术。

第一节　果蔬汁及其饮料

果蔬汁饮料是指以新鲜果蔬为原料，经过物理方法（如压榨、浸提等）提取得到的汁液，或以该汁液为原料，加入水、糖、酸及香精色素等而制成的产品。产品中含有果蔬中所含有矿物质、维生素、糖、酸等的多种可溶性营养成分和一些膳食纤维等不溶性物质，是一种具有果蔬的芳香，营养丰富，风味良好，十分接近天然果蔬的饮品，深受广大消费者欢迎，也是饮料中保持强劲发展势头的饮品之一。

饮料的种类很多，不同种类的果蔬汁饮料不仅营养成分有所不同，其状态及风味也有差异，如澄清型饮料澄清透明，混浊型饮料果肉细微均匀、浓郁。不同种类饮料的特有加工方法赋予了它们特有的风味。

一、澄清型果蔬汁饮料生产工艺

(一) 基本生产工艺

澄清型果汁及其饮料的特点就是在整个保存期内要保持该类果汁特有的澄清透明度，要保证这一点，在生产澄清型果汁生产过程中要除去新鲜榨出汁中的全部悬浮物，还要除去容易产生沉淀的胶粒，这需要特定的澄清过滤工艺来实现，这也是这类饮料的技术关键。在此仅介绍澄清型果汁基本生产工艺。

1. 澄清型果蔬汁生产工艺

(1) 澄清型果蔬汁基本工艺流程　澄清型果蔬汁基本工艺流程如图 6-2-1 所示。

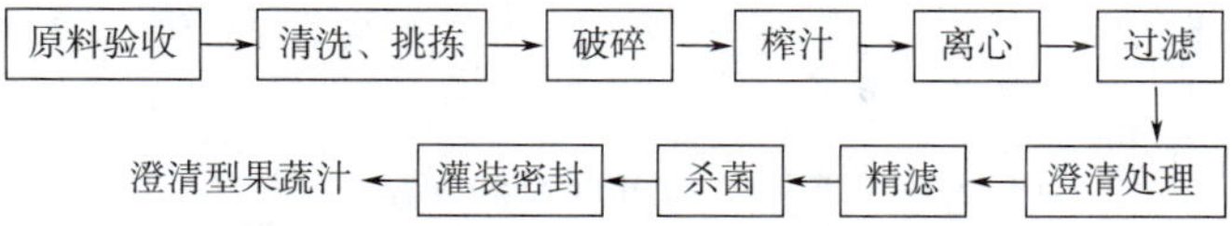

图 6-2-1　澄清型果蔬汁基本工艺流程

（2）工艺要点

①原料选择：果蔬汁加工时应该选用多汁、糖酸比适宜、芳香纯正浓郁、色泽鲜艳、风味宜人、出汁率高、成熟、清洁、新鲜和健康的原料。采用干果为原料时，干果应该无霉烂或不是虫蛀果。

②清洗：原料的清洗是果蔬汁加工的必须工序，清洗可以去除果蔬表面的尘土、泥沙、微生物、农药残留以及携带的枝叶等。生产时经常需要对果蔬原料进行多次清洗，对于农药残留较多的原料可用1%柠檬酸或0.1%~0.2%脂肪酸系洗涤剂浸泡清洗，然后再用清水强力喷淋冲洗。果蔬的清洗方法可分为手工清洗和机械清洗两大类。为提高果蔬原料的清洗消毒效果与效率，已经可以应用臭氧、超声波等技术加强清洗效果。

果蔬原料的清洗用水经过滤和适当的消毒处理，可以循环利用。但必须指出，对于浆果类水果的加工不需要清洗这道工序。

③破碎：由于果蔬的汁液都存在于果蔬的组织细胞内，只有打破细胞壁，细胞中的汁液和可溶性固形物才能出来，因此取汁之前，必须对果蔬进行破碎处理，以提高出汁率，尤其是果皮较厚、果肉致密的果蔬原料破碎工序更为重要。

原料的破碎程度要适宜，过大或过小均会对后续工序或饮料质量产生不良影响。破碎物料的块太大出汁率低；破碎过度果块太小，造成压榨时外层的果汁会很快地被压榨，形成一层厚皮，使内层果汁流出困难，也会降低出汁率，同时会使榨汁时间延长，榨汁压力增高，而且汁中浑浊物质含量大，会给澄清操作带来困难。

原料的破碎程度要根据果蔬品种、取汁的方式和设备以及汁液的性状和要求而定。采用压榨取汁的果蔬，例如苹果、梨、菠萝、芒果、番石榴以及某些蔬菜，其破碎颗粒以3~5mm为宜；草莓和葡萄等以2~3mm、樱桃以5mm为合适。破碎时由于果肉组织接触氧气，会发生氧化反应，会破坏果蔬汁的色泽、风味和营养成分等，需要采用一些措施防止氧化反应的发生，如破碎时喷雾加入维生素C或异维生素C等。榨汁前对破碎后的果蔬原料进行热处理也可提高出汁率和产品的品质。因为加热可使细胞原生质中的蛋白质凝固，改变细胞结构，同时使果肉软化，果胶部分水解，降低果蔬汁黏度；另外，加热可抑制多种酶类，如果胶酶、多酚氧化酶、脂肪氧化酶、过氧化氢酶等的活性，从而不使产品发生分层、变色产生异味等不良变化；对于一些含水溶性色素的果蔬，加热有利于色素的提取，如杨梅、山楂、红葡萄等；柑橘类果实中宽皮柑橘加热有利于去皮，橙类有利于降低精油含量，胡萝卜等具有不良风味的果蔬，加热有利于其去除不良风味。

果蔬经破碎后，为了提高出汁率，生产中有时需要加入酶制剂对果蔬浆料进行处理，以分解果胶。

④取汁：果蔬的取汁工序是果蔬汁饮料加工中的又一道重要工序，取汁方式不但影响出汁率，而且还影响果蔬汁产品的品质和企业的生产效益。果蔬取汁的方式视原料的品种、质构特性而异，一般如苹果、梨等多汁的果蔬原料采用压榨法取汁法，而山楂等少汁且果胶含

量高的果蔬以及干果常采用浸提法取汁。果蔬的出汁率可按式（6-2-1）和式（6-2-2）计算：

$$出汁率=汁液重量/果蔬重量\times 100\%（压榨法） \qquad (6-2-1)$$

$$出汁率=\frac{汁液重量\times 汁液可溶性固形物}{果蔬重量\times 果蔬可溶性固形物}\times 100\%（浸提法） \qquad (6-2-2)$$

⑤粗滤：粗滤是除去分散于果蔬汁中的较大颗粒或悬浮粒的过程。除打浆法之外，其他方法得到的果蔬汁液中含有大量的悬浮颗粒，如果肉纤维、果皮、果核等，它们的存在会影响产品的外观质量和风味，需要及时将其去除，粗滤可在榨汁过程中进行或单机操作，生产中通常使用振动筛，进行粗滤，果蔬汁一般通过0.5mm孔径的滤筛即可达到粗滤要求。对果蔬汁粗滤后还需澄清与过滤，对于混浊汁和带肉饮料则需要均质与脱气。

⑥杀菌：果蔬汁的杀菌目前仍然以热杀菌为主。加热杀菌可以改善饮料品质和特性、提高饮料中营养成分的可消化性和可利用率、延长饮料贮藏期，是保证饮料安全的最重要手段。饮料加热杀菌条件是否适当，直接关系到饮料的质量。必须根据饮料的种类及配料中关键组分的耐热性等具体情况选定合理热杀菌条件。

热杀菌方法有常压杀菌、高温杀菌和超高温杀菌等多种方式。常压杀菌指饮料经100℃以下的杀菌处理，主要应用于pH<4.5的酸性饮料的杀菌。饮料的高温杀菌指饮料经100℃以上的杀菌处理，主要应用于pH>4.5的低酸性饮料的杀菌。这类饮料因酸度较低，能被各种致病菌、芽孢菌、产毒菌及其他腐败菌污染变质。考虑到这些有害菌其芽孢的耐热性较强，故必须采用高温杀菌的手段进行杀菌。超高温杀菌通常的杀菌温度在135℃以上，时间在3~15s，根据具体的饮料品种而定。

⑦灌装密封：果蔬汁及其饮料通常有热灌装和冷灌装两种灌装方法。

热灌装是指将物料先按工艺要求进行热杀菌（根据物料的具体状况可采用UHT杀菌或HTST杀菌），然后在一定的温度下趁热灌装密封的工艺。热灌装按灌装时的温度的不同又分为中温灌装和热罐装两种工艺：热罐装通常要求热杀菌后的物料在85~90℃下进行灌装、密封，然后倒瓶，再冷却；中温灌装一般要求在70~80℃下进行灌装、密封。密封后的饮料可以根据需要进行二次杀菌、冷却，也可以采用倒瓶1min后直接冷却的工艺。

热灌装工艺具有高效、节能的效果，而且多采用超高温瞬时（UHT）或高温短时间（HTST）杀菌方式，升温和降温迅速，可有效地减少产品的受热时间，最大限度地保存产品风味和营养成分。

采用热灌装工艺时要特别注意容器的耐温性，尤其是热灌装用的塑料容器，其耐热程度不能低于灌装温度；在灌装前包装容器须经过清洗和消毒；热灌装后必须及时密封，以保证热灌装效果。

采用热灌装工艺的饮料在常温下流通销售，产品保质期可达1年以上。

冷灌装广义的概念是灌装温度低于40℃的灌装工艺，它包括常温灌装和无菌冷灌装。常温灌装即物料在灌装前不进行杀菌，在自然温度下灌装、密封后再进行杀菌和冷却，即传统的非碳酸饮料灌装方式。无菌冷灌装是指物料先进行热杀菌（多采用UHT杀菌）并立即冷却到工艺要求的温度（一般为25℃），然后在无菌条件下进行灌装密封的方式。

无菌冷灌装是目前最为先进的一种灌装技术，其技术关键在于保证灌装封口后的饮料达到商业无菌的要求。为保证无菌冷灌装的效果，必须满足三个无菌状态的基本要求，即物料经过超高温瞬时杀菌达到商业无菌后保持无菌状态；包装材料和密封容器要处于无菌状态；灌装设备达到无菌状态。使热杀菌后的物料输送、灌装和封盖工序均必须在无菌环境下完成。

(二)典型澄清型果蔬汁饮料生产

苹果清汁是最典型的澄清型饮料，也是这类产品中产量最大的饮料，下面以苹果清汁为例介绍澄清型果蔬汁饮料的生产工艺。

1. 工艺流程

苹果清汁生产工艺流程如图 6-2-2 所示。

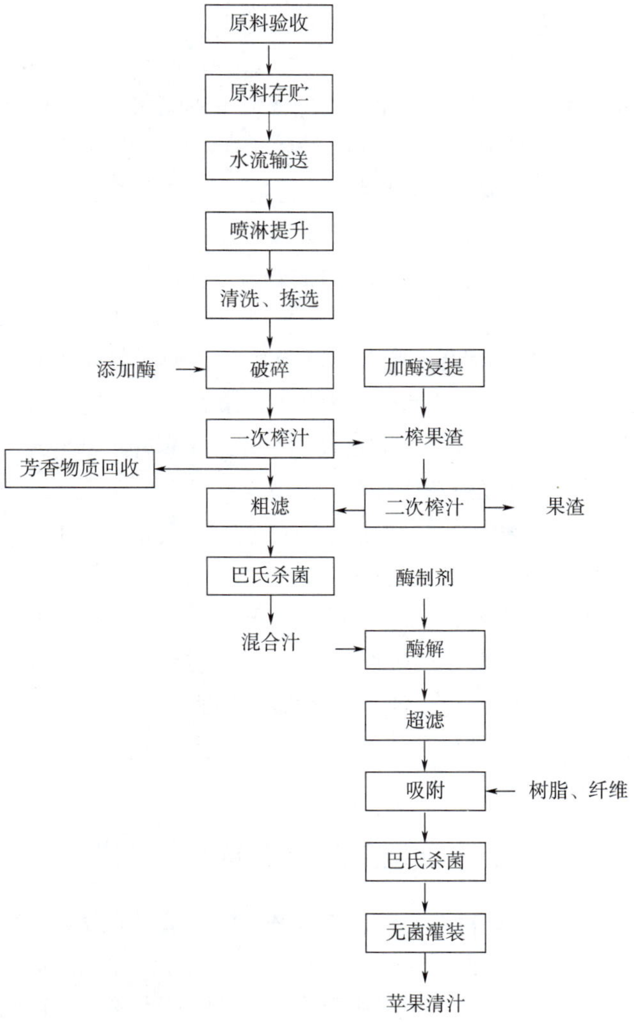

图 6-2-2 苹果清汁生产工艺流程

2. 技术要点

（1）原料验收 参照 GB/T 10651—2008《鲜苹果》“品质基本要求”的规定，根据苹果供需合同或协议进行验收，选用符合要求的苹果。

（2）清洗、输送与挑选 苹果通过果槽（渠）依靠水的流动输送，同时使苹果得到充分的浸泡，并在具有一定压力的水喷淋处得以初步清洗；将苹果提升至拣选台，在拣选台上随着苹果的滚动将霉烂果、变质果、杂质拣选挑出，捡出的烂苹果等杂质用螺旋提升机输送出车间。此工序保证拣选之后的烂果率在2%以下。让合格苹果在浮洗机中随水流动翻转，得以充分的浸泡、清洗后，让苹果进入消毒池进行消毒清洗。可用质量浓度为5~8mg/L二氧化氯消毒，将消毒后的原料果放在滚杠输送机上用高压喷淋水冲淋洗净。

（3）破碎　将清洗干净的苹果用破碎机破碎为3~5mm的果浆粒，根据工艺需要添加果浆酶。用泵通过不锈钢管道将果浆输送进入果浆罐。

（4）压榨　对破碎后的果浆进行一次压榨，压榨后果蔬汁进入一级过滤工序，果渣在本机内进行加水萃取并进行二级压榨、粗滤。将两次压榨过滤后的混浊汁送入原汁罐备用。

（5）预巴氏杀菌　原汁在（98±2）℃（或按工艺通知单执行）的巴氏灭菌装置中维持30s，以杀灭半部分微生物、钝化酶的活性以防止褐变、使淀粉糊化利于淀粉酶的作用。

（6）酶解澄清　杀菌后的原汁冷却至50~55℃后送至酶解罐中，按工艺要求加酶进行60~90min酶解。以碘试剂做淀粉检测、酒精做果胶检测，根据检测结果（检测为阴性）判定酶解终点。

（7）精滤　酶解彻底后的果汁先经120目的管道过滤器进行二次过滤，并泵入超滤原汁罐备用。

（8）超滤　将二次过滤后的果汁通过超滤膜进行精滤，超滤装置的膜孔径≤0.02μm。经过超滤除去果汁中的水不溶性物质和分子大于0.02μm的物质包括微生物等。过滤后的果汁浊度≤0.4NTU，澄清、透明无杂质。将超滤后的果汁泵入超滤清汁罐备用。

（9）吸附脱色　超滤清汁通过树脂柱吸附除去果蔬汁中的单宁、酚类物质等物质，以提高清汁色值、避免后混浊。吸附终点清汁指标：色值>65%、酸度<0.04%。经过树脂吸附脱色后的清汁被泵入暂存罐备用。

（10）巴氏杀菌　将吸附脱色后的清汁送入巴氏灭菌装置，在（96±2）℃（工艺通知单的要求）的温度下，维持6s以上（通过控制泵速，泵速控制在≤1500r/h）以杀灭细菌、大肠菌群、致病菌。灭菌后的清汁经管道送入冷却装置迅速降至灌装要求温度。

（11）无菌灌装　待灌装清汁经过300目的金属管道过滤器送入无菌灌装机进行无菌灌装。检验合格后贴标入库。

二、混浊型果蔬汁饮料生产工艺

混浊型果汁及其饮料含有一定的果肉，要求果肉均匀稳定的分散在果汁中，并在整个保存期内保持均一的稳定状态，要保证这一点，不仅要在配方设计时添加一定的稳定剂，还需要通过均质等特殊工艺来实现，这也是混浊型饮料生产的技术关键。在此仅介绍混浊型果蔬汁及其饮料的基本生产工艺过程。

（一）基本生产工艺

1. 混浊型果蔬汁基本工艺流程

混浊型果蔬汁及其饮料的基本工艺流程，如图6-2-3所示。

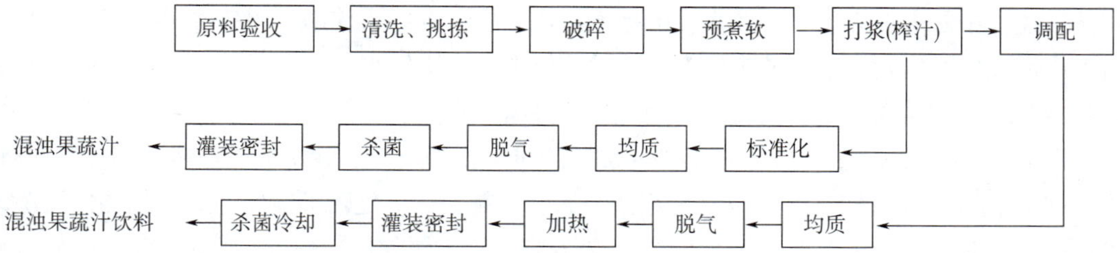

图 6-2-3　混浊型果蔬汁及其饮料的生产工艺流程

2. 工艺要点

(1) 原料选择、清洗挑选和破碎　原料选择、清洗挑选和破碎的要求参见澄清型果蔬汁技术要点。

(2) 取汁　生产混浊型果蔬汁时，取汁的方法有压榨和打浆两种方式。根据成品饮料的要求及原料的特性选择取汁方法。压榨取汁的具体内容参见澄清型饮料的操作要点。

打浆是通过打浆机将破碎的果蔬原料刮磨粉碎并分离出果核、果籽、薄皮等而获得果(蔬)原浆的过程。原浆的细度可以通过选用不同的打浆机筛网的孔径实现。在果蔬汁的加工过程中，这种方法适用于果蔬浆和果肉饮料的生产，如草莓汁、芒果汁、桃汁、山楂汁等。果蔬原料经过破碎后需要立即在预煮机中进行预煮，以钝化果蔬中酶的活性，防止褐变，然后进行打浆工序，生产中一般采用三道打浆工序，筛网孔径的大小依次为 1.2mm、0.8mm、0.5mm，经过打浆后果肉颗粒变小有利于进行均质处理。如果采用单道打浆，筛眼孔径不能太小，否则容易堵塞网眼。

(3) 离心　混浊型果蔬汁要求含有一定的果肉，常用离心机分离多余的果肉，以保证混浊型果蔬汁的品质。一般通过卧式螺旋离心机来完成，利用离心力的原理来实现果蔬汁与果肉的分离。

(4) 调配　生产混浊型果蔬汁饮料时，根据成品果蔬汁含量的要求要按照工艺配方进行调配。

物料调配是饮料生产中决定饮料口味、色泽等品质的关键工序，必须严格按工艺要求进行操作与检验。物料调配的方法与过程及调配物料的品质参数视饮料的种类而异，但其基本要求是一致的，主要要求有：调配用水必须符合饮料用水标准；固体原辅料需先过筛、溶解和过滤后方可使用；要根据饮料的品种严格按工艺配比进行调配，如果汁饮料中果汁的含量、防腐剂等食品添加剂的含量等；调配应分批进行，每批调配量视饮料品种而异，如果蔬汁饮料生产一般一次配料 500~2000kg；每批物料在调配过程中都需要进行在线品质指标如糖度、酸度等参数的检测及口味、色泽等感官品质的鉴定，检验合格才能送入下工序；调配时注意调配均匀，同时要避免混入过多空气而影响后道工序操作，如使果汁饮料的脱气操作时间延长等。在调配时要特别注意调配顺序，物料调配通常遵循以下几个原则：调配量大的先调入，如糖液、水等；配料容易发生化学反应的应分别加入，如酸和防腐剂；黏度大、起泡性原料较迟调入，如乳浊剂、稳定剂等；挥发性的原料最后调入，如香精、香料。一般添加顺序为：糖液、适量水、防腐剂液、甜味剂液、酸味剂液、果汁、色素、香精，最后加水定容。

(5) 均质　均质是混浊型果蔬饮料生产的特有操作、必需工序，不经均质的混浊饮料，由于果蔬汁中的悬浮果肉颗粒较大，产品不稳定，故在重力的作用下果肉会逐渐沉淀而使饮料失去混浊度，影响产品的外观质量。均质的效果与均质压力、均质温度、均质次数、物料的特性及一级均质阀和二级均质阀压力的分配等因素有关，需要根据原料的特性而定。一般均质压力为18~20MPa，均质温度为50~65℃，可多次均质，实际生产中最多采用2次均质。

（6）脱气　脱气操作就是脱除果蔬汁中的氧、氮和二氧化碳等气体。这些气体的脱除既可以减少和防止果汁中色素、维生素C、香气成分和其他物质的氧化，防止产品品质下降；又因为除去附着于果汁中悬浮微粒上的气体，抑制微粒上浮，使果汁保持良好的外观；还能防止或减少装罐和杀菌时产生气泡，保证杀菌效果；对于采用金属包装的饮料来说，还可以有效减少对金属罐内壁的腐蚀。脱气时易造成挥发性芳香物质的损失，因此，必要时可进行芳香物质的回收。

脱气方法主要有真空脱气法、酶法脱气（加入葡萄糖氧化酶等）法和加入抗氧化剂法等。在生产中最常用的是真空脱气法。

（二）典型混浊型果蔬汁饮料生产

橙浊汁是最典型的混浊型饮料，也是最受消费者欢迎的大众饮料，下面以橙浊汁为例介绍混浊型饮料的生产工艺。

1. 工艺流程

橙浊汁生产工艺流程，如图6-2-4所示。

2. 技术要点

（1）原料选择　制汁用鲜橙可参照锦橙国家标准NY/T 697—2003《锦橙》中的规定，或根据鲜橙供需合同或协议进行验收，选用符合要求的鲜橙。

一般感官上要求选用同一品种或相似品种，果形呈椭圆形，果蒂完整，果蒂平齐，形状整齐；果面清洁，果实新鲜饱满，无萎蔫现象；肉质细嫩，种子平均数小于八粒，风味正常；无腐果、裂果、重伤果；理化指标要求果肉松脆，汁液丰富，出汁率高，滋味浓重，糖、酸含量高。如国家标准NY/T 697—2003《锦橙》中规定了鲜橙的质量要求：可溶性固形物（%）≥9.5，固酸比≥8∶1。

（2）清洗、输送与挑选　橙通过果槽（渠）依靠水的流动输送，同时使橙得到充分的浸泡并在具有一定压力（喷淋压力3×10^5Pa）的水喷淋工序中得以清洗；螺旋提升机将橙提升至拣选台上。在拣选台上随着橙的滚动将霉烂果、变质果、杂质拣选挑出，此工序要保证拣选之后烂果率被控制在2%以下。挑选合格的橙在浮洗机中随水流动翻转，得以充分的浸泡、清洗后，被送入消毒池进行消毒清洗。可用质量浓度为5~8mg/L的二氧化氯消毒，原料果经消毒后在滚杠输送机上用高压喷淋水冲淋洗净。

（3）压榨

①一极压榨：甜橙、柠檬柚、柠檬严格分级后用FMC压榨机和布朗锥汁机取汁，宽皮橘用螺旋压榨机、刮板式打浆机及安迪生特殊压榨机取汁。

②二级压榨：取汁后，残留的果渣占果实质量的40%~50%，这些残渣中含有丰富的可溶性糖、酸、果胶、粗脂肪、粗纤维、维生素、氨基酸和矿物质等营养成分，然而，迄今为止中国柑橘果渣利用相对较少，除极少量柑橘果渣用于陈皮（凉果）等加工外，柑橘果渣多作为废弃物处理，既浪费了资源，又污染环境。果渣经果胶酶处理后，可进行二次压榨，可提高柑橘出汁率，减少资源浪费和环境污染。酶用量为200μg/L，酶解时间为120min，酶解

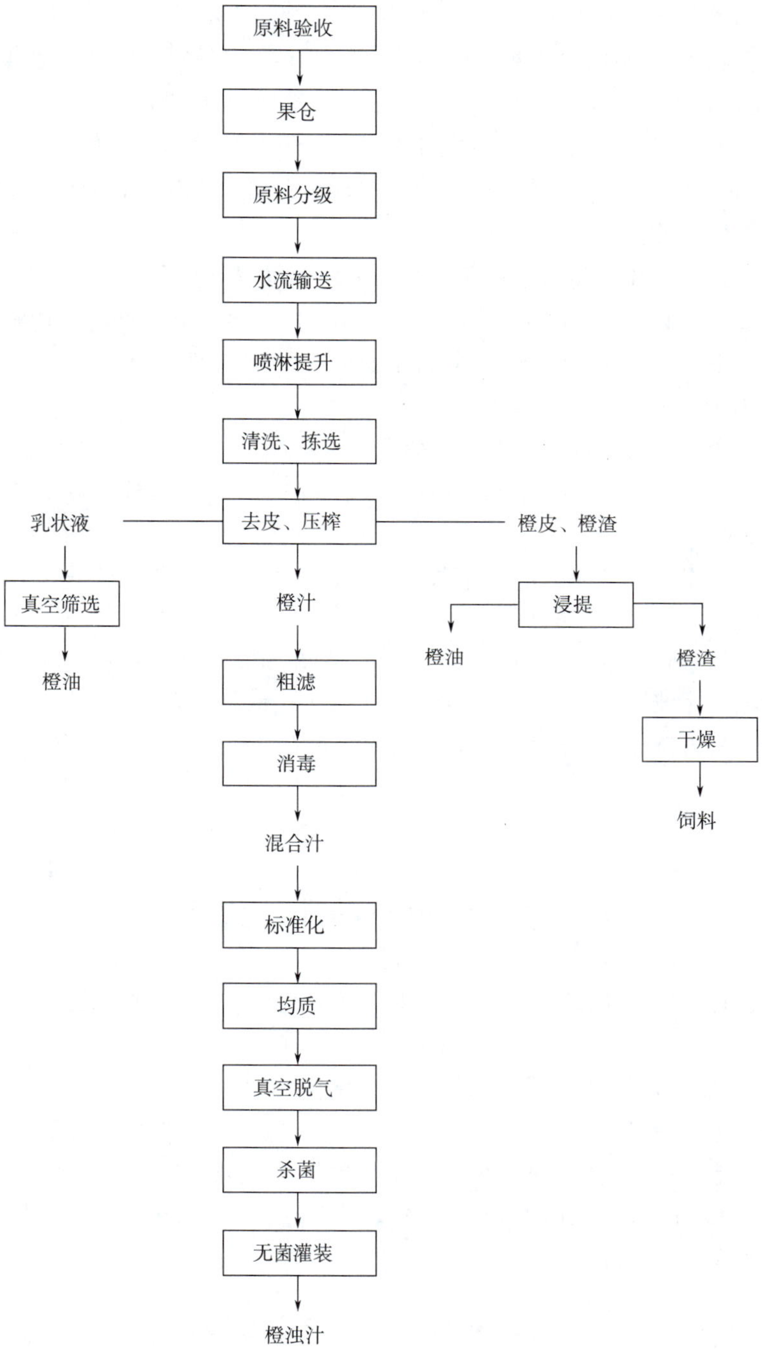

图 6-2-4　橙浊汁生产工艺流程

温度 53℃，渣水比 1：1。

③果渣排放：二级压榨后的果渣由螺旋输送器送出车间，连续排放后，运出工厂作为生产高蛋白发酵饲料、生物酶制剂、乙醇等。

④粗滤：一次压榨汁和二次压榨汁混合后经 0.3mm 筛孔进行粗滤，要求果蔬汁中含果浆 3%~5%，果浆太少，色泽浅，风味平淡；果浆太多，则容易产生沉淀。

（4）调整混合　按混浊果蔬汁饮料标准调整，原汁添加量为12%～15%，白砂糖用量为10%左右，复合酸（柠檬酸和苹果酸）添加量为0.15%左右，还原胶0.1%，CMC－Na 0.1%，最终产品中可溶性固形物含量为12%～14%，含酸量0.15%～0.2%。

（5）均质　均质是柑橘汁加工的必需工艺，均质压力为20MPa左右。

（6）脱油和脱气　柑橘汁经脱油和脱气后，应保持精油含量在0.15%～0.25%，脱油和脱气可设计同一台设备。

（7）无菌灌装　采用FBR无菌灌装机，果蔬汁经管道输送至无菌灌装机，利用灌装机灌装头腔室温度≥95℃的灭菌条件将果蔬汁灌入无菌包装容器中，灌装重量通过质量流量计来控制。要求：下线产品温度≤25℃；灌装净重量符合JJF 1070—2005《定量包装商品净含量计量检验规则》净重要求。

（8）贴标、铅封　每桶灌装满后，用蘸有75%酒精的干净毛巾擦干净无菌袋表面的水珠，操作工检查合格后，折叠好无菌袋和保护袋，盖上桶盖，对包装进行铅封。在钢桶外壁的标识框内贴上标签。

（9）贮存　包装好的产品贮存在≤5℃洁净卫生的库房，并在产品堆放点放有明确的标识牌。

（10）出厂前检查　产品出厂前由市场二部，目视检查包装物是否干净卫生、包装容器应平整、无掉漆、无破损、无锈迹、无碰痕、无污物；包装有无破损、果蔬汁渗漏，桶圈、铅封是否齐全，是否有标签字迹不清晰、位置不端正等不合格情况。

第二节　浓缩果蔬汁（果浆）

浓缩果蔬汁是采用物理方法从果蔬汁中除去一定比例的水分，加水复原后具有果蔬汁应有特征的制品。由于部分水分的脱除使浓缩果蔬汁具有了体积小、包装和运输费用省、产品质量稳定和不添加防腐剂却具有较长的保藏期的特点，这使得其在饮料中的生产比例日益增大，尤其是饮料生产加工向主剂化生产方向发展后，浓缩果蔬汁的需要也随之增加。在国际贸易中，浓缩果蔬汁也比较受欢迎，生产量和贸易量也在逐年增加。常见的果蔬浓缩汁产品有浓缩苹果汁（70～72°Bx）、浓缩橙汁（65°Bx）、浓缩菠萝汁（65°Bx）、浓缩葡萄汁（65～70°Bx）、浓缩胡萝卜汁（30°Bx）以及浓缩番茄浆（28～30°Bx）等。

一、浓缩果蔬汁生产工艺

1. 浓缩果蔬汁基本生产工艺

浓缩果蔬汁基本工艺流程，如图6-2-5所示。

由图6-2-5所示浓缩果蔬汁生产工艺流程可知，浓缩果蔬汁生产浓缩前的工序与前面所述果蔬汁生产一样。具体内容参照前述两类饮料的生产工艺。

2. 典型浓缩果汁生产

浓缩苹果清汁是我国农产品加工的关键产业，浓缩苹果清汁的主要工艺路线，如图6-2-6所示。

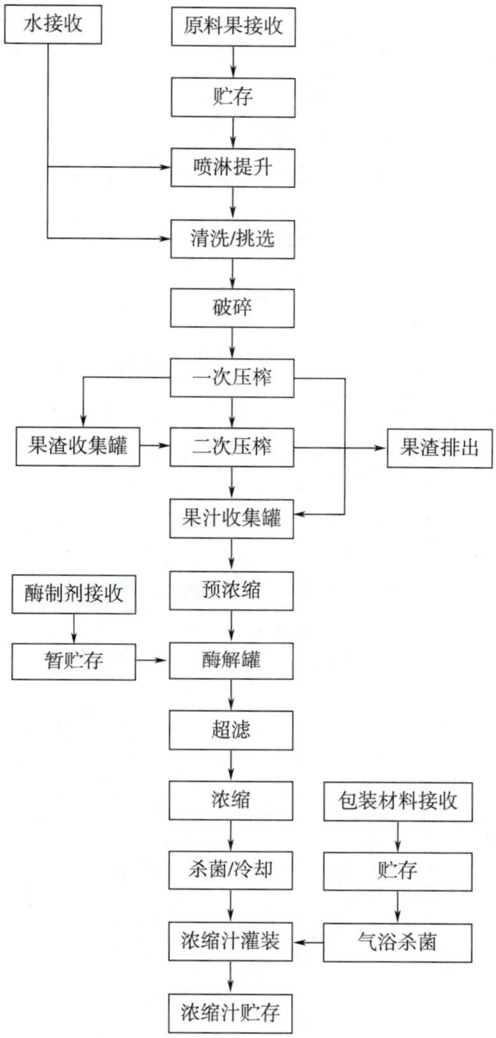

图 6-2-5　浓缩果蔬汁生产工艺流程

（1）原料验收　参照 GB/T 10651-2008《鲜苹果》“品质基本要求”的规定，或根据苹果供需合同或协议进行验收，选用符合要求的苹果。

（2）清洗、输送与挑选　苹果通过果槽（渠）依靠水的流动输送，同时可使苹果得到充分的浸泡，并在具有一定压力的水喷淋工序中得以初步清洗后；苹果提升至拣选台，在拣选台上随着苹果的滚动将霉烂果、变质果、杂质拣选挑出，拣出的烂苹果等杂质用螺旋提升机输送出车间。此工序保证拣选之后烂果率控制在 2%以下。合格苹果在浮洗机中随水流动翻转，被充分的浸泡、清洗后，苹果进入消毒池进行消毒清洗。可用质量浓度为 5~8mg/L 的二氧化氯消毒，原料果经消毒后被放在滚杠输送机上用高压喷淋水冲淋洗净。

（3）破碎　将清洗干净的苹果用破碎机破碎为 3~5mm 的果浆粒，根据工艺需要添加果浆酶。用泵通过不锈钢管道将果浆输送进入果浆罐。

（4）压榨　对破碎后的果浆进行一次压榨，压榨后果蔬汁进入一级过滤工序，果渣将在本机内进行加水萃取并进行二级压榨、粗滤。将两次压榨过滤后的混浊汁送入原汁罐备用。

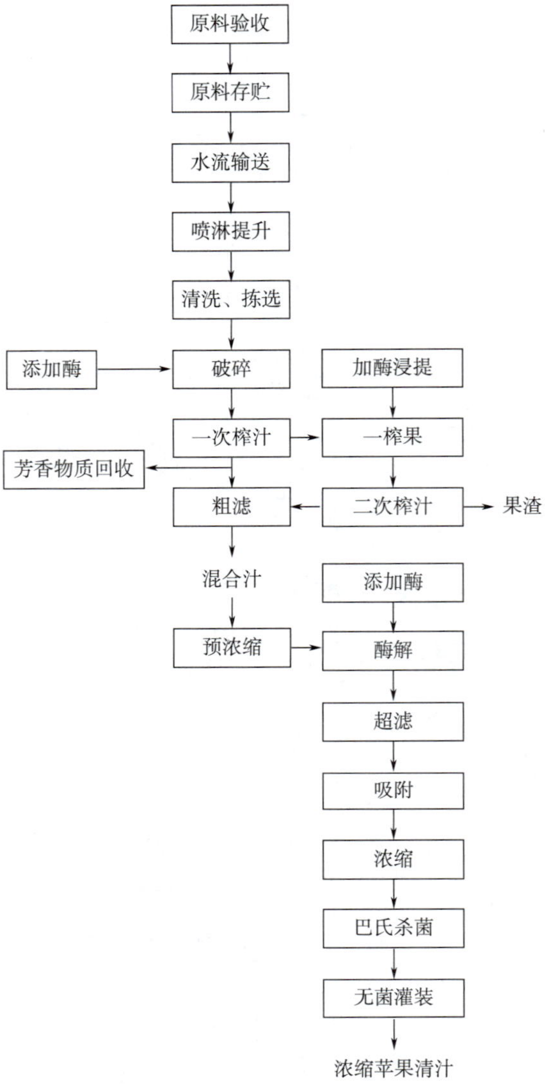

图 6-2-6　浓缩苹果清汁工艺流程简图

（5）预浓缩　将两次压榨过滤后的混浊汁进行适度浓缩。

（6）酶解澄清　预浓缩后的果汁被送至酶解罐，按工艺要求加酶进行 60~90min 酶解。以碘试剂做淀粉检测、酒精做果胶检测，根据检测结果（检测为阴性）判定酶解终点。

酶解彻底后的果汁先经 120 目的管道过滤器进行二次过滤，之后泵入超滤原汁罐备用。

（7）超滤　二次过滤后的果汁通过超滤膜内进行精滤，超滤装置的膜孔径≤0.02μm。经过超滤除去果汁中的水不溶性物质和分子>0.02μm 的物质，包括微生物等。过滤后的果汁浊度≤0.4NTU，澄清、透明无杂质。将超滤后的果汁泵入超滤清汁罐备用。

超滤清汁通过树脂柱吸附以除去果蔬汁中的单宁、酚类物质等物质，从而提高清汁色值、避免后混浊。吸附终点清汁指标：色值>65%、酸度<0.04%。经过树脂吸附脱色后的清汁被泵入暂存罐备用。

（8）浓缩　脱色后果汁进入五效管式或四效板式蒸发器进行浓缩，浓缩至可溶性固形物为 70.0~70.4°Bx。

（9）杀菌、冷却　浓缩后的果汁按工艺要求进行杀菌和冷却，一般巴氏杀菌条件为≥85℃的条件下保持 30s，使所有致病微生物含量达到标准要求。

（10）灌装密封　浓缩苹果清汁包装材料有无菌袋、塑料袋、钢桶。经相关部门检验合格后使用。

采用无菌袋灌装，无菌灌装温度应控制在≤35℃；钢桶用螺丝紧固，应密封完好无渗漏，符合 GB/T 325.1—2018《包装容器钢桶　第 1 部分：通用技术要求》标准，经检验合格后贴标入库。

二、浓缩果浆生产工艺

（一）基本生产工艺

1. 浓缩果浆基本工艺流程

浓缩果浆工艺流程如图 6-2-7 所示。

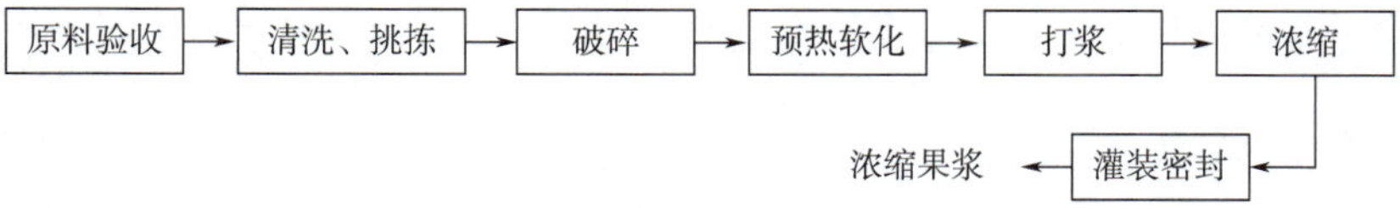

图 6-2-7　浓缩果浆工艺流程简图

2. 工艺要点

由图 6-2-7 流程可知浓缩果浆的生产工艺是经混浊果汁的前处理获得果浆后再加以浓缩而制成的过程，所以在此不再重复表述。

浓缩果浆的浓缩程度一般不如浓缩清汁高，具体浓缩程度视原料鲜果的特性、成分组成等而异，如浓缩杏浆浓缩 2~3 倍。

（二）典型浓缩果浆生产

1. 浓缩桃浆工艺流程

浓缩桃浆工艺流程如图 6-2-8 所示。

2. 工艺要点

（1）原料验收　选用符合相关标准或合同要求的清洁的新鲜桃。

（2）清洗　清水清洗以去除或减少原料桃表面的微生物、尘埃、残存农药及泥土等。注意清洗用水的卫生。

（3）挑选　剔除霉变、腐烂、病虫害等果实。

（4）去核　挑选合格的桃进行去核。可用去核机也可采用人工去核。

（5）破碎　将去核后的桃肉进行破碎（3~5mm），以便后续预热、打浆操作。

（6）预热　将破碎后的桃肉进行预热，一般预热温度为 90~95℃，时间为 15~30s。

（7）打浆　预热后的桃肉被立即送入打浆机进行打浆处理，一般采用双道打浆、细度为 0.5mm、0.8mm。

（8）浓缩　多采用双效真空浓缩，浓缩至工艺规定的程度，如浓缩黄桃浆一般的浓缩终点应控制在可溶性固形物达到 30~32°Bx。

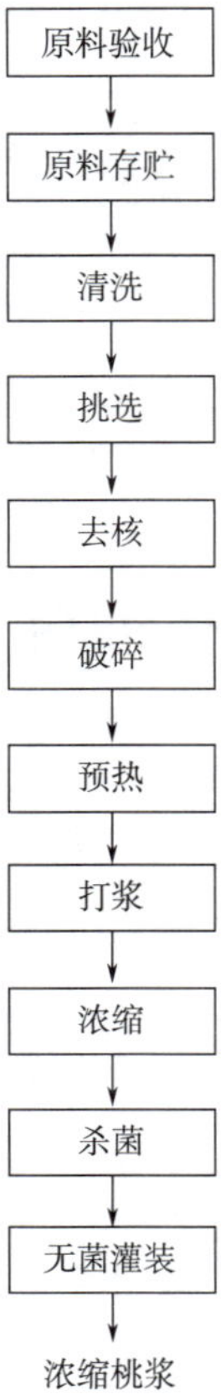

图 6-2-8　浓缩桃浆工艺流程

（9）杀菌冷却　浓缩后的桃浆多采用管式换热器加热，经 102~105℃，10~30s 杀菌，并急速冷却至 38~40℃，然后输送至无菌灌装工序。

（10）无菌灌装　浓缩桃浆与其他浓缩产品一样，多采用无菌大包装。灌装是要保证无菌效果。灌装后要及时进行外包装。

第三节　发酵果蔬汁饮料

一、发酵果蔬汁饮料生产工艺

发酵果蔬汁饮料是指以新鲜果蔬为主要原料，用压榨或浸提等方法取得的汁液，该汁液为基质通过接种有益微生物发酵再经过调配而获得的饮品。发酵果蔬汁饮料不仅含有果蔬汁中原有营养与疗效成分，而且赋予了发酵制品特有的风味及功能，越来越受到消费者的青睐。

（一）发酵果蔬汁饮料加工常用的微生物

发酵果蔬汁饮料加工常用的微生物主要有细菌和酵母菌。

1. 发酵饮料生产中常使用细菌

细菌主要包括乳酸菌和醋酸菌两类发酵菌种。乳酸菌以在发酵过程中产生乳酸而得名。发酵饮料中常用的乳酸菌有乳酸杆菌、链球菌和明串珠菌以及双歧乳杆菌。醋酸菌有周生鞭毛醋酸杆菌和极生鞭毛醋酸杆菌两类。前者能把乙醇氧化成乙酸，并进一步把乙酸氧化成二氧化碳和水；后者只能把乙醇氧化成乙酸。

2. 酵母菌生产果蔬汁发酵饮料

酵母菌生产果蔬汁发酵饮料所使用的酵母菌要求产酒精能力低，一般不使用普通的酵母菌，而使用特种酵母菌，目前使用的主要是克鲁维酵母属的乳酸克鲁维酵母和脆壁克鲁维酵母。这类酵母产生酒精的能力很低，产品风味好。这些克鲁维酵母可以单独使用也可以混合使用。

(二) 果蔬汁乳酸发酵饮料的生产工艺

1. 工艺流程

果蔬汁发酵饮料的生产工艺流程如图 6-2-9 所示。

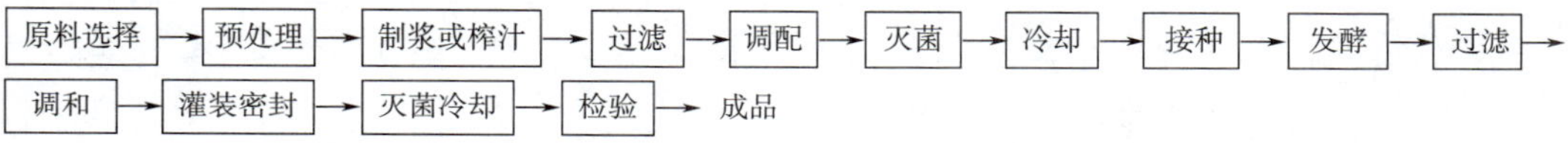

图 6-2-9　果蔬汁发酵饮料工艺流程

2. 工艺要点

(1) 原料要求　用于制汁的原料应是成熟度高、新鲜度好、气味芳香、色泽稳定、汁液丰富、取汁容易且出汁率高、酸味适度、无病虫害、无霉变的果蔬原料。同时，为了提高发酵果蔬汁成品的风味，增强营养价值，应选择几种质地、色泽相近的果蔬混合制汁进行发酵。例如，可将胡萝卜、番茄与南瓜混合制汁；将萝卜、甘蓝与冬瓜混合制汁；将芹菜、苹果与豆角混合制汁等。可以变换原料互相搭配调和营养，而且易于乳酸菌发酵。

(2) 原料预处理　原料预处理主要包括清洗、破碎、加热和酶处理等过程，要求与方法同前所述，请参阅本章第一节。要特别注意的是通常蔬菜种类多、食用部位及物理特性各异，形状及表面状况复杂多变，清洗较清洗水果困难一些。清洗设备也要根据原料的性质、形状适当选择设备，如胡萝卜可采用滚筒式洗涤机洗涤。

(3) 调配　为保证发酵效果，对于营养组成不足的果蔬汁要进行合理调配，调配方式可以选择直接添加相应的营养素，如葡萄糖、脱脂乳粉以补充碳源和氮源；也可通过果蔬汁的混合实现。

(4) 灭菌　果蔬汁在发酵前必须进行加热灭菌，以杀灭杂菌，保证果蔬汁的发酵效果。加热温度一般不低于 90℃，灭菌后的果蔬汁应急速冷却降至发酵温度。

(5) 接种与发酵　按工艺要求在无菌的状态下接入工作发酵剂进行发酵，接种量一般为果蔬汁总量的 4%～5%。发酵温度一般在 30～40℃，具体以所选用的菌种而定。发酵终点通常控制在发酵液的酸度达到 1.5%左右。

(6) 调和　调和的目的在于使果蔬汁发酵饮品具有一定品质，通过合理调和可以改进风味、改善色泽、增加营养，以适应消费者的口味、满足消费者的需求。常用的调和用添加物是糖、酸、着色剂、稳定剂等，具体视发酵汁状态与特性、成品发酵饮料的规格与要求而定。

（7）灌装与杀菌　对于非活菌型发酵果蔬汁饮料的灌装和杀菌与其他非碳酸饮料一样，可以采用先杀菌后热灌装（中温灌装、热灌装）的方式，也可采用常温灌装后热杀菌的方式，或采用无菌灌装工艺。参考杀菌条件为：酸性和高酸性果蔬汁，80～85℃，保持 30min，或高温瞬时杀菌，快速加热至汁温达（93±2）℃，维持 15～30s；低酸性果蔬汁，可采用超高温瞬时杀菌，在 120℃以上保持 3～5s。

对于活菌型发酵果蔬汁饮料与活菌型饮料相似，灌装密封后放入 4℃以下的环境中冷藏保存。

二、典型发酵果蔬汁饮料

以发酵芹菜复合饮料为例，介绍发酵果蔬汁饮料的基本生产工艺。

1. 生产工艺

发酵芹菜复合饮料基本工艺流程如图 6-2-10 所示。

芹菜 → 挑选、清洗 → 分切 → 热处理 → 压榨 → 初滤 → 发酵 → 过滤 → 澄清 → 调配 → 加热灌装 → 杀菌 → 冷却 → 检验 → 包装 → 成品

图 6-2-10　发酵芹菜复合饮料工艺流程图

2. 工艺要点

（1）原料与处理　选择叶茎完整的新鲜芹菜清洗干净，沥水后进行热烫。

（2）榨汁　热榨后的芹菜添加适量水进行二次榨汁，合并芹菜汁后过滤。

（3）发酵　过滤后的芹菜汁添加适量蔗糖后加热杀灭杂菌后，冷却至 40℃，接种，发酵 24h。

（4）调配　发酵芹菜汁添加量 30%～50%，再配以适量果汁（如苹果汁 10%～20%），再以蔗糖、柠檬酸等调整至适宜的糖酸比即可。

（5）杀菌、灌装和冷却　90℃杀菌 10s 即刻热灌装、密封冷却。

思考题

1. 简要说明果蔬汁加工中取汁的方法、特点和应用。

2. 简述澄清型果蔬汁、混浊型果蔬汁的特点及其生产工艺上的主要差异。

3. 请说明澄清型果蔬汁、混浊型果蔬汁生产的关键技术，并提出保证其产品特色与品质的措施。

4. 简述果蔬汁浓缩的主要方法及其特点与应用。

5. 简述发酵果蔬汁饮料加工常用的发酵剂种类与特点。

6. 如何保证发酵果蔬汁饮料的特色与品质？

CHAPTER 3

第三章 碳酸饮料

[学习指导]

本章应掌握碳酸饮料一次灌装法、二次灌装法的基本工艺流程及其特点。

第一节 碳酸饮料的工艺类型

一、现调式碳酸饮料工艺

碳酸饮料俗称汽水，也就是在一定条件下充入二氧化碳气的饮料，其在饮料中占有很大的比例。碳酸饮料的生产有现调式和预调式两种，现调式工艺是先将配好的调味糖浆灌入包装容器中，然后再灌装碳酸水调和制成汽水的方法。其工艺流程如图 6-3-1 所示。

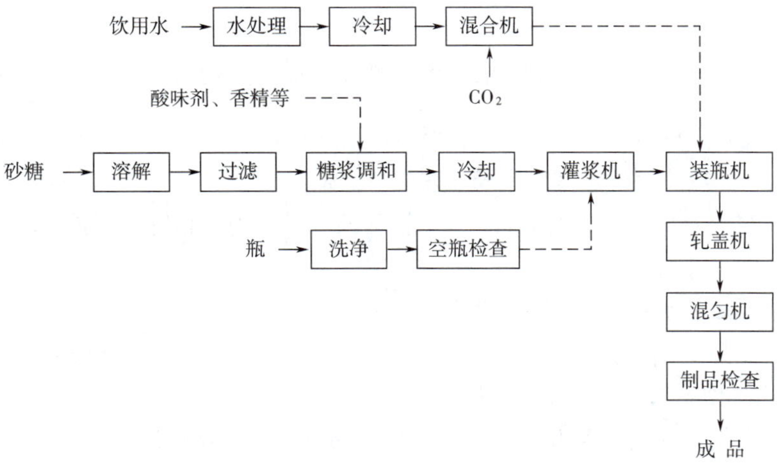

图 6-3-1 现调式碳酸饮料生产工艺流程

二、预调式碳酸饮料工艺

预调式工艺是将调味糖浆和水先按一定比例混合，再经冷却碳酸化后一次灌入包装容器中的生产工艺。其工艺流程如图 6-3-2 所示。

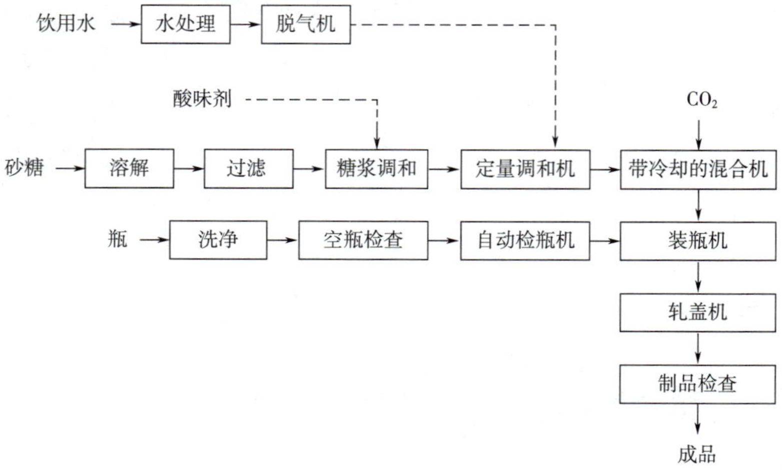

图 6-3-2　预调式碳酸饮料生产工艺流程

从图中可以看出，在装瓶前有三条支线，即水处理和碳酸化、调味糖浆制备及空瓶处理。从上述两种工艺流程看，现调式工艺需灌装两次（碳酸水与调味糖浆分别灌装），所以也称二次灌装工艺；而预调式只需灌装一次（碳酸水与调味糖浆事先按比例调和后灌装），所以也称一次灌装工艺。

第二节　碳酸饮料的工艺特点

一、现调式碳酸饮料的工艺特点

现调式工艺是一种古老的调和方式，但目前仍在使用，但使用比较少，一般用于制作含有果肉的汽水产品或应用于小型生产线。它的特点是：

（1）设备结构简单　现调式用的是加料机而预调式需用调和机，加料机比调和机结构简单得多。

（2）糖浆、碳酸水各有自己的管路，易于清洗。

（3）糖浆损失少　在灌装机有漏水的情况下，只漏掉碳酸水而不损失糖浆。

（4）灌碳酸水时容易起泡沫　因为通常糖浆的温度高于碳酸水。

（5）汽水含气量降低　因为灌装比例为 1∶4 或 1∶5，当糖浆与碳酸水混合成汽水后总容量增加而二氧化碳量不变，所以，含气量自然就降低。

（6）汽水的质量有差异　因为现调式，每瓶灌入的糖浆是定量的，而碳酸水则是以灌到瓶口的某一高度为准，这样由于瓶子容量不一致，或灌装液面高低控制不一致等都会导致汽水的质量有差异。如液面高了，碳酸水相对灌得就多，汽水的色、味就淡。

二、预调式碳酸饮料的工艺特点

预调式工艺是目前汽水厂尤其是大型汽水厂采用的生产工艺，它的特点是：

（1）糖浆和水的比例失误小，准确度高，产品质量一致。

（2）灌装时起泡小。

（3）只需控制一次含气量。

（4）应用有局限性，不适合带果肉的汽水生产。

除上述两种生产工艺外，为了采用预调式而又要解决带果肉汽水堵塞喷嘴的问题，人们设计了各种组合方式。主要有：

（1）按一般预调式组合各机，当灌装带果肉汽水时，则在调和机上装一个旁通管，使糖浆按比例泵入另一管线（不与水混合），与碳酸化后的碳酸水在混合机末端连接，再进行灌装。

（2）按一般预调式组合各机，但在调和机以后（即水与糖浆调和好后）加一个旁通，采用注射式混合器进行碳酸化（冷却可在脱气罐中加一个易清洗的冷却器），然后进行灌装。

（3）只使用调和机的比例泵部分，不进行调和。水以注射式混合器进行预碳酸化，然后与糖浆共同进入易清洗的碳酸化罐进行最后的碳酸化，再进行灌装。

（4）水先在混合机中进行碳酸化，然后与糖浆分别放入调和机中，按比例调和后进行灌装。

思考题

1. 简述碳酸饮料生产的工艺类型。
2. 说明一次灌装法、二次灌装法的特点及其应用。
3. 比较一次灌装法、二次灌装法的基本工艺流程的异同。

CHAPTER 4

第四章 其他饮料

[学习指导]

本章应该在了解配制型含乳饮料和发酵型含乳饮料的概念、熟悉这两类含乳饮料基本生产工艺的基础上掌握配制型、发酵型含乳饮料生产的关键技术；在了解营养素饮料概念、熟悉常用营养素及其功能的基础上掌握营养素饮料生产中应该注意的主要问题；在了解固体饮料的分类、基本生产工艺的基础上掌握固体饮料生产关键技术。

第一节 蛋白饮料

一、含乳饮料

(一)配制型含乳饮料基本生产工艺

配制型含乳饮料的主要品种有咖啡乳饮料、可可乳饮料、果汁乳饮料、巧克力乳饮料、红茶乳饮料、蛋乳饮料、麦精乳饮料、配制乳酸饮料等。各种配制型含乳饮料的生产工艺相似，图 6-4-1 为其基本生产工艺流程。

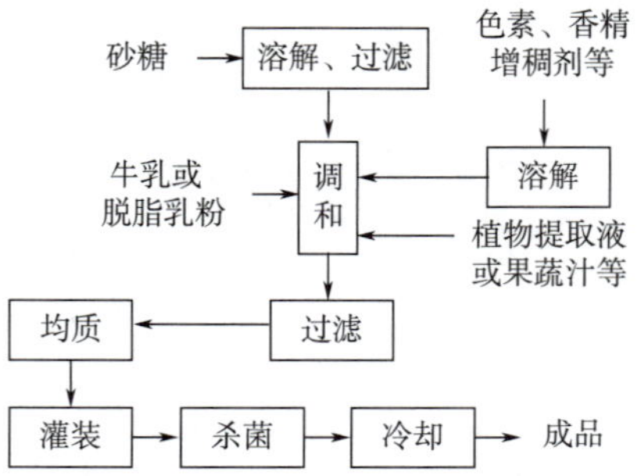

图 6-4-1 配制型含乳饮料基本生产工艺流程

(二) 发酵型含乳饮料基本生产工艺

发酵型含乳饮料是指以乳或乳制品为原料，经乳酸菌等有益菌培养发酵制得的乳液中加入水以及食糖和（或）甜味剂、酸味剂、果汁、茶、咖啡、植物提取液等一种或几种调制而成的乳蛋白质含量≥1%的饮料。

1. 工艺流程

其基本工艺流程如图 6-4-2 所示。

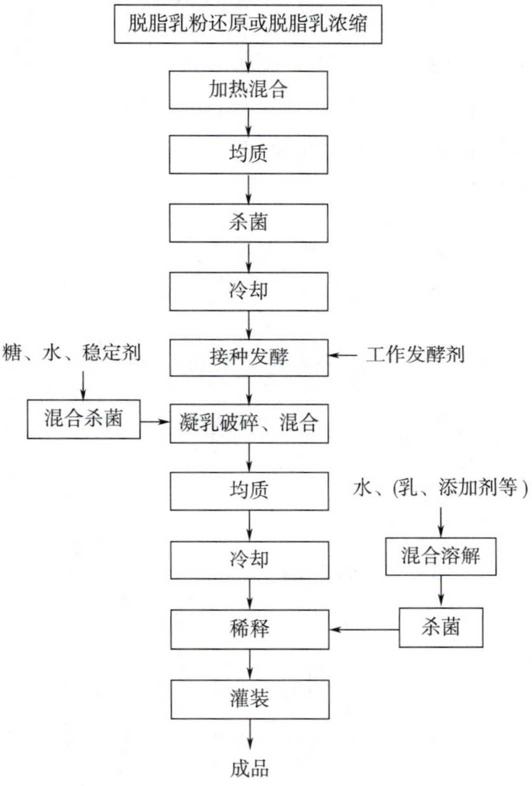

图 6-4-2 发酵型活菌型含乳饮料（活菌型乳酸菌饮料）生产工艺流程

2. 技术关键

（1）物料的杀菌与冷却 发酵型乳饮料在原料选择及混合后首先进行杀菌操作，以杀灭原料乳中的杂菌，确保乳酸菌的正常生产和繁殖，钝化原料乳中对发酵菌有抑制作用的天然抑制物，使牛乳中的乳清蛋白变性，以达到改善组织状态，提高黏稠度和防止成品乳清析出的目的，杀菌条件一般为：90~95℃，5min。

杀菌后的乳应马上降温到 45℃左右，以便接种发酵剂。接种量根据菌种活力、发酵方法、生产时间的安排和混合菌种配比而定。一般生产发酵剂，其产酸活力在 0.7%~1.0%，此时接种量应为 2%~4%。加入的发酵剂应事先在无菌操作条件下搅拌成均匀细腻的状态，不应有大凝块，以免影响成品质量。

（2）物料发酵 物料发酵是发酵型乳饮料生产的典型而又重要的工序，是发酵型乳饮料生产的又一关键技术。要根据所用选择的菌种特性，严格物料发酵操作，按工艺要求恒定发酵温度，保证发酵时间，控制好发酵终点，确保发酵效果。一般用保加利亚乳杆菌与嗜热链球菌的混合发酵剂时，发酵温度保持在 41～42℃，培养时间为 2.5～4.0h（2%～4%的接种量）。达到凝固状态时即可终止发酵。一般发酵终点可依据如下条件来判断：①滴定酸度达到 80°T 以上；②pH 低于 4.6；③表面有少量水痕；④乳变黏稠。发酵应注意避免振动，否则会影响组织状态；发酵温度应恒定，避免忽高忽低；掌握好发酵时间，防止酸度不够或过度以及乳清析出。

二、植物蛋白饮料

植物蛋白饮料是以富含蛋白质的植物如黄豆、葵花籽、杏仁等为主要原料加工而成的，不仅蛋白质含量较高，而且还富含不饱和脂肪、磷脂、矿物质、多种维生素以及特殊营养成分，受到越来越多消费者的青睐，发展速度较快。

(一) 植物蛋白饮料生产工艺

1. 工艺流程

植物蛋白饮料的生产工艺流程如图 6-4-3 所示。

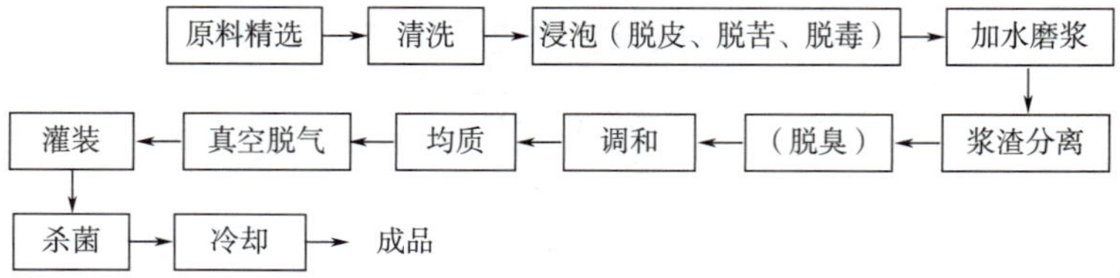

图 6-4-3　植物蛋白饮料的生产工艺流程

2. 工艺要点

（1）原辅料选择　原料质量的好坏与最终产品质量的优劣密切相关，首先要选好原料。要选择符合原料相关质量标准要求的无虫蛀、无霉变、清洁度高的新鲜或干制原料，如黄豆、杏仁等。

辅料中乳化剂、稳定剂的选择至关重要，必须根据产品的类型（酸性、中性或低酸性）选择适宜的乳化剂、稳定剂并通过实验确认其最佳添加量。在选用时注意乳化剂和稳定剂的协调使用。

（2）原料的预处理　原料的预处理通常包括清洗、浸泡、脱皮、脱苦、脱毒等。清洗是为了去除表面附着的尘土和微生物。浸泡的目的是软化组织，以利于蛋白质有效成分的提取。脱皮的目的是减轻异味，提高产品白度，从而提高产品品质。不同的植物蛋白饮料，应针对其原料性质采用适当的预处理措施。例如大豆，一般须经浸泡、脱皮；花生须经烘烤、去皮后再浸泡；而杏仁浸泡时对水的 pH 还有较严格的要求。

（3）磨浆与分离　原料经浸泡、去皮等预处理后，加入适量的水直接磨浆，浆体通常经离心等操作进行浆渣分离。一般要求浆体的细度应有 90%以上的固形物通过 150 目滤网。

（4）调配　对于植物蛋白饮料来说，调配过程要确保配料的准确，以保证饮料的蛋白质含量、饮料的色香味感官品质及产品的稳定性。使用稳定剂时要特别注意：事先加适量的水以充分的溶解或分散，可以采用适度加热或用胶体磨、高速剪切机等加速溶解过程。

（5）杀菌　植物蛋白饮料和其他饮料一样目前多采用热杀菌，确定杀菌温度时除了要考虑蛋白质存在变性外，还须注意所用稳定剂的热稳定性，以免温度过高而使稳定剂变性，从而达不到预期的稳定效果。参考杀菌工艺参数为110~120℃，10~15s。

(二)典型植物蛋白饮料生产

1. 豆乳生产工艺

（1）豆乳的生产工艺流程　如图6-4-4所示。

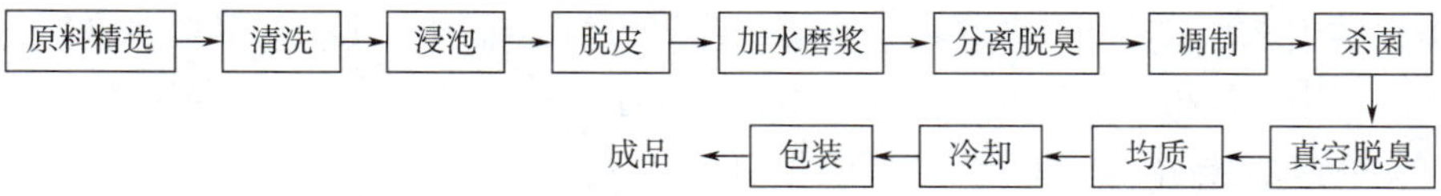

图6-4-4　豆乳的生产工艺流程图

（2）工艺要点

①原料选择：优质的原料是豆乳质量的保证。一般选用优质新鲜全大豆为加工原料，要求：色泽光亮、籽粒饱满、无霉变、虫蛀、病斑，贮存条件良好。

②清洗、浸泡：清洗是为了去除表面附着的尘土和微生物。浸泡的目的是软化大豆组织，利于蛋白质有效成分的提取。通常大豆与水的比例为1∶3。不同浸泡温度所需时间不同：70℃，0.5h；30℃，4~6h；20℃，6~10h；10℃，14~18h。浸泡前需用95~100℃的水热烫1~2min或在浸泡液中加入0.3%浓度的$NaHCO_3$，以钝化酶的活性，减少豆腥味，软化大豆组织。

③脱皮：脱皮的目的是为了减轻豆腥味，提高产品白度，从而提高豆乳品质。常用脱皮方法有以下几种。a. 湿法脱皮。大豆浸泡后去皮。b. 干法脱皮。大豆脱皮常用凿纹磨，使多数大豆裂成2~4瓣，用重力分选器或吸气机除去豆皮。脱皮后需及时加工，以免脂肪氧化，产生豆腥味。

④磨浆与分离：大豆经浸泡去皮后，加入适量的水直接磨浆，浆体通常采用离心操作进行浆渣分离。一般要求浆体的细度应有90%以上的固形物通过150目滤网。采用粗磨、细磨两次磨浆可以达到这一要求。磨浆后，脂肪氧化酶在一定温度、含水量和氧气存在条件下，会迅速催化脂肪酸氧化产生豆腥味，所以磨浆前应采取必要的抑酶措施。

⑤调配：调配的目的是生产各种风味的豆乳产品，同时有助于改善豆乳的稳定性和质量。豆乳的调配是在带有搅拌器的调料锅内进行的，应按照产品配方和标准要求，加入各种配料，充分搅匀或再加水稀释到一定比例即可。通常可添加稳定剂、甜味剂、赋香剂和营养强化剂等。

⑥均质：均质可提高豆乳的口感和稳定性，增加产品的乳白度。豆乳均质的效果取决于均质的压力、物料温度和均质次数。生产上常用的均质压力为20~25MPa，物料温度为80~90℃，均质次数2次。均质工序可放在杀菌前也可放在杀菌后，均质放在杀菌后，豆乳的稳定性高，但生产线需采用无菌包装系统，以防杀菌后的二次污染。

⑦杀菌、脱臭：杀菌的目的是杀灭部分微生物，破坏抗营养因子，钝化残存酶的活性，同时可提高豆乳温度，有助于脱臭。调配好的豆乳应立即进行杀菌处理，杀菌常用的工艺参数为110~120℃，10~15s。灭菌后，及时将豆乳送入真空脱臭器进行脱臭处理，真空度为

0.03~0.04MPa，不宜过高，以防气泡冲出。

⑧灌装密封：豆乳的包装形式很多，常用的有玻璃瓶包装、复合袋包装及无菌包装等。可根据计划产量、成品保藏要求、包装设备费用、杀菌方法等因素统筹考虑、权衡利弊，最后选定合适的包装，根据灌装工艺进行灌装。

三、营养素饮料

营养素饮料是一种添加适量食品营养强化剂，以补充某些人群所需营养素的饮料。该饮料采用多种维生素、矿物质、氨基酸、膳食纤维等作为强化剂，其中维生素多以复配的形式应用，单品应用得较少。此类饮料品种很多，每一品种营养素饮料除与一般的饮料功能类似外，还有其特有的功能，如消除疲劳等的作用。

目前随着饮料产业迅速发展，消费者的营养观念也在不断加强，在营养素饮料品种、产量不断增加的同时，人们也看到了在饮料中应用营养素的拓展及营养素加工特性的改善，如应用微胶囊技术提高维生素 C 和 β-胡萝卜素的水溶性，以改变其在油溶性配料体系中稳定性较差的状况。

(一) 几种新型营养素

1. 低聚糖

低聚糖应用到饮料后能达到清凉、排毒的作用，并及时补充能量，加快体内维生素的合成。

2. 谷氨酰胺

谷氨酰胺是肌肉和血浆中最为丰富的氨基酸，它为白细胞快速提供能量，同时也是合成核苷的重要原料。可外源性补充谷氨酰胺，并预防人体在长时间运动后，免疫功能受到的损害。

3. 大豆多肽

经生物工程水解并通过超滤精制后获得的大豆多肽，其氨基酸组成几乎与大豆蛋白质一样，必需氨基酸比例平衡。大豆多肽具备易于消化吸收的特点，同时其抗还原性低，可双向调节血糖，又有降低血压、抑制胆固醇等作用，因此在运动营养方面，大豆多肽具有增强肌肉运动力，加速肌红细胞恢复、抗氧化、迅速供能、加速运动人群肌肉疲劳恢复的功能。利用大豆多肽对血糖的双向调节作用，可生产出适合运动人群需求的饮料或固体饮品，解决长时间运动后出现的低血糖问题；并可以将大豆多肽抗氧化的特性运用到运动食品中，从而有效消除疲劳。

4. 其他多肽

白蛋白多肽可以补充大豆肽的甲硫氨酸不足，并有效维持运动者的体液平衡，帮助改善氧的代谢；胶原蛋白肽则对于经常从事越野及游泳的运动人群而言，是很好的皮肤生长因子，它能够有效抑制酪氨酸的活性，减少皮肤色素沉着，保持皮肤水分，增加皮肤和肌腱的弹性；乳清肽则可有效帮助中老年人群预防骨质疏松。

5. 功能性油脂

功能性油脂是指一类具有特殊生理功能的油脂，是为人类营养所需要的，并对人体的健康有促进作用的一类脂溶性物质。主要有亚油酸、亚麻酸、花生四烯酸、二十碳五烯酸（EPA）和二十二碳六烯酸（DHA）以及卵磷脂、脑磷脂、肌醇磷脂等。此外，一些新的结构脂质、脂肪改性产品和脂肪替代品也可归入其中。其作用随着产品组成成分的不同发挥着不同的作用，主要有免疫调节、改善心血管疾病及干预某些炎症发生、发展的作用。

(二)营养素饮料生产中要注意的问题

1. 口味与营养性

有些营养素具有特殊的口味，甚至是令人不太愉快的味道，使饮料的可接受性受到影响，因此要注意营养素的选用和用量，另外可采用复配的方式来减少或掩盖不好的口味。

2. 营养素的加工特性和稳定性

在使用营养素前应了解所应用营养素的特性，尤其是加工特性。

有些营养素本身带有颜色，在进行饮料配方设计时要考虑合理利用营养素自身颜色或通过配伍恰当调整其色泽。有些营养素对光敏感，除了在加工过程中要注意避光外，在选用包装时也应选用棕色瓶、铝箔复合袋等避光包装物。

有些营养素如维生素本身对加热、光照、酸碱都敏感，应用于饮料生产，在加工过程中不可避免会有所损失，在保藏过程中也可能会有所损失，因此，在设计配方时需要把这些损失量考虑在内，以保证成品饮料中含有应该含有的营养素含量。

第二节　固体饮料

一、概　　述

固体饮料（powdered drink）是用食品原料、食品添加剂等加工制成的粉末状、颗粒状或块状等固态料供冲调饮用的制品（不包括烧煮型咖啡），如果汁粉、豆粉、茶粉、咖啡粉、果味型固体饮料、固态汽水（泡腾片）、姜汁粉等。

固体饮料是相对饮料的物理状态而言的，是饮料中的一个特殊品种。与液体饮料相比，固体饮料重量轻，体积小，运输与携带方便，易冲溶，特别因其含水量低，故具有良好的保藏性。固体饮料种类很多，分类方法也有很多种，依据原料组成可分为果香型、蛋白型和其他型三大类固体饮料。果香型固体饮料是以糖、果汁（或不加果汁）、食用香精、着色剂等主要原辅材料制成的制品。蛋白型固体饮料是以糖、乳制品、蛋白粉或植物蛋白等为主要原辅材料制成的制品。其他型固体饮料是以糖为主，配以咖啡、可可、乳制品和食用香精等，或配以茶菊花等制成的制品。依据成品形态分，可分为粉末型固体饮料、颗粒性固体饮料、片剂性固体饮料和块状性固体饮料四类。依据成品溶于水时起泡与否，可分为起泡型固体饮料和非起泡型固体饮料。

二、固体饮料生产工艺

固体饮料一般有两种生产工艺，即分料法和成型干燥法。

分料法又称合料法，是将多种粉末原料粉碎成一定细度，并按照配方进行混合的方法。这一方法的特点是操作简单，合料是全部操作的唯一工序，生产设备是高效粉碎机和混合机。将各种原料粉碎，并在干燥条件下按配方进行混合，即可得到所需产品。目前，国内生产的固体饮料一般在合料后还需进一步成型和烘干。

成型干燥法是将多种原料按配方混合、成型后干燥、过筛或粉碎过筛而成。

(一) 固体饮料生产工艺流程

1. 固体饮料的分料法生产工艺流程

分料法生产工艺流程如图 6-4-5 所示。

原料粉 → 筛检 → 合料 → 成型 → 干燥 → 过筛 → 检验 → 包装 → 成品

图 6-4-5　分料法生产工艺流程

果香型固体饮料多采用分料法生产工艺。

2. 成型干燥法工艺流程

成型干燥法生产工艺流程如图 6-4-6 所示。

化糖、配浆 → 混合 → 均质 → 脱气 → 分盘 → 干燥 → 轧碎 → 检验 → 包装 → 成品

图 6-4-6　成型干燥法生产工艺流程

蛋白型固体饮料常采用此法生产。

(二) 固体饮料生产关键技术

在固体饮料的生产过程中，合料、造粒成型、干燥是基本工序。在干燥的同时，饮料的香气成分会随水分部分被蒸发，因此在干燥过程中，香气成分的保持也尤为重要。

1. 合料

合料是分料法中的首要工序，各种经过筛分细度要求（过 100 目）的原辅料按配方投料后被充分混合均匀，通常由混合机混合。合料的用水量应被严格控制，一般不得超过全部投料量的 5%~7%，全部用水包括果蔬汁中的含水量，用以溶解食用色素和溶解柠檬酸的水，也包括溶解香精的水，用水过多，则成型机不好操作，并且颗粒坚硬，影响质量；用水过少，则产品不能形成颗粒，只能成为粉状，不合乎质量要求，如用果蔬汁取代香精，则果蔬汁浓度必须尽量高，并且绝对不能加水合料。

2. 成型

成型即造粒，将混合均匀、干湿适当的坯料放进颗粒成型机造型，使产品成颗粒状。颗粒的大小通过合理选用成型机筛网孔眼大小实现，一般以 6~8 目筛网为宜。造型后成颗粒状的坯料，从成型机出口进入盛料盘。

3. 干燥

颗粒坯料放入烘盘后，被轻轻摊匀摊平，放进干燥箱干燥。要求控制温度在 80~85℃。使产品保持良好的色、香、味。这种烘箱应配以真空系统，以便尽快排除水分。也可采用沸腾干燥，将颗粒料置于筛板上，热风由筛板下吹出，使颗粒料在热风中悬浮、翻滚，从而得以干燥，这种设备叫沸腾床干燥器。如果混合料中含有较多量果蔬汁，则其中所含有的许多维生素对温度很敏感，因此，在选择干燥工艺条件时，应选择受热时间较短的工艺，以减少营养素的损失，例如，沸腾干燥设备就比较适合。

蛋白型固体饮料常采用真空干燥法，一般要经过四个阶段，即升温、恒速干燥、发泡成型、冷却固化。发泡成型操作是在物料中混入空气或添加碳酸铵之类的物质使之产生泡沫，

先进行低真空干燥，使物料在减压条件下存在气体膨胀形成泡沫层，待干燥到一定程度后，物料会形成较稳定的蜂窝状，之后提高真空度进行强化干燥，在干燥后可得到组织疏松、速溶性好的物料。

4. 过筛

干燥后的产品有的发生粘连，须将大颗粒及结块颗粒除去，可使其再通过6~8目筛，以保持产品颗粒基本一致。

5. 包装

将通过检验合格的产品，摊晾至室温后包装，再用包装机进行包装。如在品温较高的情况下包装，则容易回潮，引起一系列质变。包装如不紧密，也会引起产品的回潮变质。其常用设备有薄膜袋包装机、金属罐包装机等。

思考题

1. 简述配制型含乳饮料生产的基本工艺。
2. 如何保持和保证发酵型含乳饮料的品质与特色？
3. 举例说明植物蛋白饮料加工的关键技术。
4. 试比较配制型含乳饮料和植物蛋白饮料生产工艺的异同点。
5. 简述常用营养素及其作用，并说明营养素饮料生产中应注意的主要问题。
6. 固体饮料生产有哪两种生产工艺？说明这两种工艺的特点及其应用。
7. 简述固体饮料生产的三道基本工序及其对固体饮料品质的影响。

主要参考文献

[1] 赵晋府. 食品工艺学［M］. 2版. 北京：中国轻工业出版社，2008.
[2] 邵长富，赵晋府. 软饮料工艺学［M］. 北京：中国轻工业出版社，1987.
[3] 赵晋府. 饮料生产技术问答［M］. 北京：中国轻工业出版社，1990.
[4] 萧家捷. 果汁和蔬菜汁生产工艺学［M］. 北京：中国轻工业出版社，1987.
[5] 徐怀德. 天然产物提取工艺学［M］. 北京：中国轻工业出版社，2009.

第七篇
乳制品加工工艺

CHAPTER 1

第一章 概述

[学习指导]

通过本篇的学习，使学生明确乳品的概念、种类，熟悉大宗乳制品的主要加工特点，掌握乳制品加工中的主要工艺过程，并能把生物化学、微生物学和化工原理等的知识与乳品加工特性结合起来，理解各类乳制品在加工过程中的变化机理，掌握分析和解决乳品加工基本问题的方法，为从事乳品方面的生产实践和科学研究奠定基础。

第一节　乳的概念及分类

一、乳的概念

乳是哺乳动物分娩后，从乳腺中分泌出的一种白色或稍带黄色的不透明的具有胶体特性的生物学液体。乳含有幼畜生长所需的全部营养成分，也是哺乳动物出生后，最适于消化吸收的全价食物。

从化学组成来看，乳是多种物质的混合物，主要包括水分、脂肪、蛋白质、乳糖、盐类以及维生素、酶类、气体等。但实际上，它是一种复杂的具有胶体特性的生物学液体，具有复杂的分散系。其中，磷酸盐的一部分和无机盐、柠檬酸盐、乳糖等以分子或离子状态存在，形成真溶液；二磷酸盐、三磷酸盐的一部分、酪蛋白、乳白蛋白、乳球蛋白都以乳胶体状态分散；乳牛中的脂肪在常温下呈液态微球状分散在乳中，以乳浊液的状态存在。

二、乳的分类

乳牛泌乳期由于受生理因素的影响，乳的成分会发生变化，可分为以下几类。

1. 初乳

产犊后一周之内分泌的乳称为初乳，其特点是：

（1）色黄浓厚并有特殊气味。

（2）干物质高　尤以蛋白质、盐类含量高，乳清蛋白含量更高，但乳糖低。

（3）酸度较高，稳定性差、易凝固、不宜作普通乳制品原料，但可作功能食品。

2. 末乳

末乳又称老乳，是干乳前两周所产的乳汁，其特点是：

（1）成分　除脂肪外，其余成分均较常乳高。

（2）风味　苦微咸、解脂酶含量多，故常有油脂氧化味，不宜作加工原料。

3. 常乳

分娩后一周至干乳前两周的乳汁，常乳的化学成分相对稳定，是乳制品加工的主要原料。

第二节　牛乳的成分及其性质

一、牛乳的化学成分及其性质

（一）水分

水分是乳中的主要组成成分，占87%～89%。水中溶解有有机质、矿物质和气体。牛乳中的水分可分为以下四部分成分。

（1）自由水　牛乳中绝大部分的水以游离的形式存在，可以自由流动，称为自由水，是牛乳中的分散剂。

（2）结合水　结合水占2%～3%，以氢键和蛋白质的亲水基或和乳糖及某些盐类结合存在，无溶解其他物质的特性，但在通常水结冰的温度下并不结冰。

（3）膨胀水　膨胀水存在于凝胶粒结构的亲水性胶体内，由于胶粒膨胀程度不同，含量各异，影响膨胀程度的主要因素为中性盐类、酸度、温度以及凝胶的挤压程度。

（4）结晶水　在生产乳粉、炼乳以及乳糖等产品时，乳糖结晶时会形成含有一分子水的乳糖结晶。

（二）干物质

乳干燥至恒重时所得到的残渣称为乳的干物质。常乳中含有11%～13%干物质，其中含有乳的全部乳固体。干物质实际上表示了乳的营养价值，在生产中计算制品的产率时，都需要用到干物质（或无脂干物质）。乳的相对密度、含脂率和干物质含量密切相关，它们之间的关系式由式（7-1-1）表示：

$$T = 0.25L + 1.2F \pm K \tag{7-1-1}$$

式中　T——干物质含量，%；

F——含脂率，%；

L——牛乳比重计度数；

K——系数（根据各地情况试验求得，一般为0.14）。

(三)乳脂肪

乳脂肪是牛乳的主要成分之一，含量一般为3%~5%，对牛乳风味起着重要作用。乳脂肪以脂肪球的形式分散在乳中。

1. 脂肪球

脂肪球呈球形或椭圆球形分散状态于乳中，表面被脂肪球膜所覆盖，使脂肪在乳中保持稳定的乳浊液状态。通常直径在0.1~10μm，平均为3μm。每毫升牛乳中有20亿~40亿个脂肪球。

2. 乳脂肪球膜

乳脂肪表面被一层5~10nm厚的膜所覆盖，称为脂肪球膜。脂肪球膜主要由蛋白质、磷脂、高熔点甘油三酯、固醇、维生素、金属离子、酶类及结合水等复杂的化合物所构成。其中起主导作用的是卵磷脂-蛋白质络合物。

3. 乳脂肪的化学组成

乳脂肪主要由甘油三酯（98%~99%）、少量的磷脂（0.2%~1.0%）、固醇等（0.25%~0.40%）组成。

4. 乳脂肪的理化特性

乳脂肪的组成与结构决定了其理化性质，表7-1-1为乳脂肪的理化特性。

表7-1-1　乳脂肪的理化特性

项目	指标	项目	指标
相对密度	0.935~0.943	赖克特迈斯尔值[①]	21~36
熔点/℃	28~38	波伦斯克值[②]	1.3~3.5
凝固点/℃	15~25	酸值/[KOH/(mg/g)]	0.4~3.5
折射率	1.4590~1.4620	丁酸值/(mg/g)	16~24
皂化率/%	218~235	不皂化率/%	0.31~0.42
碘值/(g/100g)	26~36（30左右）		

注：①水溶性挥发性脂肪酸值。
②非水溶性挥发性脂肪酸值。

(四)磷脂

从其化学成分来看，磷脂很接近脂肪，属于脂肪类物质。由甘油、脂肪酸、磷酸和含氮物组成，在乳中平均含0.072%~0.086%。磷脂的主要组成是卵磷脂、脑磷脂与神经鞘磷脂，比例为48：37：15。

(五)固醇

乳中固醇的最主要部分是胆固醇，含量很低（每100mL牛乳中含7~17mg），
主要存在于脂肪球膜上。

(六)乳糖

1. 乳糖是乳汁中的碳水化合物

乳糖占总碳水化合物的99.8%以上，其他碳水化合物虽然也存在，但含量极微。乳糖是一种从乳腺中分泌的特有的化合物，其他动植物的组织中不含有乳糖。乳糖属双糖类，分子

式为 $C_{12}H_{22}O_{11}$，牛乳中约含 4.5%，占干物质的 38%~39%。乳糖可分为：α-乳糖和β-乳糖两类，其中，α-乳糖又可与一分子水结合成为 α 水合物，所以实际上乳糖可以分为三种异构体。

（1）α-乳糖水合物　即普通乳糖。通常在 93.5℃以下的水溶液中结晶而成，其他种类的乳糖当温度在 93.5℃以下且含有少量的水时也会转变成 α-乳糖水合物（α-lacyose monohydrate），这种乳糖在常温下最为稳定。市售乳糖一般为 α-乳糖水合物。

（2）α-乳糖无水物　将 α-乳糖水合物在真空中缓慢加热到 65℃以上或在 120℃~125℃迅速加热，使乳失去结晶水而形成的产物。α-乳糖无水物（α-lacyose anhydride）很不稳定，吸湿性很强，易吸收空气中的水分而转变为 α-乳糖水合物。

（3）β-乳糖　在 93.5℃以上的水溶液中结晶而成。β-乳糖以无水物的形式存在，比 α-乳糖更易溶于水，且较甜。将其溶解于水中放置时，与 α-乳糖溶解于水中放置时一样，α-型与 β-型的比例成为平衡状态。

2. 乳糖溶解度

（1）最初溶解度　乳糖投入水中即刻溶解的那部分达到饱和状态时的溶解度，为 α-乳糖的最初溶解度。

（2）最终溶解度　将 α-乳糖溶液继续振荡，α-乳糖可转变为 β-乳糖，最后达到的饱和点，即 α-乳糖与 β-乳糖平衡时的溶解度。

（3）过饱和溶解度　继续将饱和乳糖溶液于饱和温度以下冷却时，可形成过饱和溶液，此时如果冷却操作比较缓慢，则结晶不会析出，而会形成过饱和状态。

（七）乳蛋白质

乳蛋白质包括酪蛋白、乳清蛋白及少量脂肪球膜蛋白。

1. 酪蛋白

温度在 20℃时，调节脱脂乳的 pH 至 4.6，沉淀出来的一类蛋白质称为酪蛋白（casein），占乳蛋白总量的 80%~82%。酪蛋白不是单一的蛋白质，而是由 α-酪蛋白，β-酪蛋白，γ-酪蛋白，κ-酪蛋白组成的。α-酪蛋白含磷多，故又称磷蛋白。

2. 酪蛋白的性质

乳中的酪蛋白与钙结合可生成酪蛋白胶束状态，再与胶体状的磷酸钙结合可形成酪蛋白酸钙-磷酸钙复合体，以微胶粒的形式存在于牛乳中。酪蛋白胶束以亚酪蛋白胶束混合构成，直径为 10~15nm（$1nm=10^{-9}m$），不同的酪蛋白胶束所含有的 α-酪蛋白、β-酪蛋白和 κ-酪蛋白也不是均匀一致的。乳清蛋白是指溶解于乳清中的蛋白质，占乳蛋白质的 18%~20%。乳清蛋白包括对热不稳定的乳白蛋白、乳球蛋白及对热稳定的小分子蛋白和胨。

（八）乳中酶类

1. 脂酶

牛乳中的脂酶至少有两种，一种是吸附于脂肪球膜间的膜脂酶，它在末乳中含量高。另一种是存在于脱脂乳中的、大部分与酪蛋白相结合的乳浆脂酶。其主要从乳腺进入，荧光性细菌及霉菌产生。乳脂肪在脂酶的作用下水解会产生游离脂肪酸，从而使牛乳有脂肪分解的酸败味。

2. 磷酸酶

牛乳中的磷酸酶有两种：主要是碱性磷酸酶，少部分是酸性磷酸酶。其中，碱性磷酸酶经62.8℃，30min或72℃，15s加热而被钝化，利用这种性质可来检验巴氏杀菌乳杀菌是否彻底。采用这种方法，即使在巴氏杀菌乳中混入0.5%的原料乳也能被检出。这就是著名的磷酸酶试验。

3. 过氧化氢酶

牛乳中的过氧化氢酶主要来自白细胞的细胞成分，特别在初乳和乳房炎乳中含量较多。利用对过氧化氢酶的测定作为检验乳房炎乳的手段之一。此酶经75℃，20min加热可全部钝化。

4. 过氧化物酶

过氧化物酶是最早从乳中发现的酶，它能促使过氧化氢分解产生活泼的新生态氧，使多元酚、芳香胺及某些无机化合物氧化。过氧化物酶主要来自于乳腺白细胞的细胞成分。其钝化温度为70℃，150min；75℃，25min；80℃，2.5s。可通过测定过氧化物酶的活性来判断乳是否经过了热处理及热处理的程度。

5. 还原酶

还原酶是挤乳后进入的微生物的代谢产物之一。还原酶能促使甲基蓝（美蓝）变为无色。乳中还原酶的量与微生物污染的程度成正比，因此，微生物检验中常用还原酶试验来判断乳的新鲜程度，即所谓还原酶实验（如美蓝实验）。

二、牛乳的物理性质

(一)牛乳的热学性质

1. 冰点

牛乳冰点为-0.550~-0.515℃，平均为-0.540℃。利用冰点的变动可推算掺水率。

2. 沸点

在101.33kPa下约为100.55℃，牛乳的沸点受其固形物含量影响。浓缩到原体积的一半时，沸点上升到101.05℃。

3. 比热容

各种成分比热的总和，约为3.89kJ/(kg·℃)，常用于加热量和制冷量的计算。

(二)牛乳的电学性质

1. 电导率

由于乳中含有盐类，可以传导电流，因此具有导电性。正常牛乳的电导率在25℃时为0.4~0.5S/m。利用电导率可快速鉴定出乳房炎乳。

2. 氧化还原电势

一般牛乳的氧化还原电势Eh为+0.23~+0.25V。乳经过加热，则产生还原性强的硫基化合物，而使Eh降低；而微生物污染后，随着氧的消耗和产生还原性代谢产物，可使Eh降低；由于铜离子的存在，可使Eh上升。此原理可用于微生物污染程度的检验。

(三)牛乳的滋味与气味

牛乳中含有挥发性脂肪酸及其他挥发性物质，这些物质是牛乳滋味和气味的主要构成成分。牛乳除了具有原有的香味之外，还很容易吸收外界的各种气味，所以挤乳过程中必须注意周围环境的清洁。新鲜纯净的乳稍带甜味，这是由于乳中含有乳糖的缘故。乳中除甜味外，因其中含有氯离子，所以也稍带咸味。

（四）牛乳的密度与相对密度

牛乳的相对密度是指牛乳在15℃时的质量与同容积水在15℃时的质量之比。正常牛乳的相对密度以15℃下的值为标准，平均为 $D_{15}^{15}=1.032$。

牛乳的密度是指牛乳在20℃时的质量与同容积水在4℃时的质量之比。正常牛乳的密度平均为 $D_{4}^{20}=1.030$。我国乳品厂都采用这一标准。

（五）牛乳的酸度与pH

1. 吉尔涅尔度（°T）

测定方法：取10mL牛乳，用20mL蒸馏水稀释，加入0.5%的酚酞指示剂0.5mL，以0.1mol/L氢氧化钠（NaOH）溶液滴定，将所消耗的NaOH毫升数（*V*）乘以10，即为中和100mL牛乳所需的0.1mol/L NaOH毫升数，每毫升为1°T。正常的酸度为16~18°T。

2. 乳酸度（乳酸%）

用乳酸量表示的酸度。按上述方法测定后用式（7-1-2）计算：

$$\text{乳酸}(\%)=\frac{V\times 0.009}{\text{供试牛乳质量}(g)}\times 100 \tag{7-1-2}$$

3. 乳的pH

正常新鲜牛乳的pH为6.4~6.8，一般酸败乳或初乳的pH在6.4以下，乳房炎乳或低酸度乳的pH在6.8以上。

第二章 液态乳

CHAPTER 2

第一节　概　　述

(一)液态乳的定义

液态乳为：仅以生牛（羊）乳为原料，在连续流动的状态下，加热到至少132℃并保持很短时间的灭菌，再经无菌灌装等工序制成的液体产品，包括巴氏杀菌纯牛（羊）乳、巴氏杀菌调味乳、灭菌纯牛（羊）乳及灭菌调味乳，不包括炼乳和酸乳。

(二)液态乳的种类

液态乳种类繁多，通常采用以下几种方法进行分类。

1. 根据热处理方法分类

根据产品在生产过程中采用的热处理方式的不同，可将液态乳分为以下几类。

（1）巴氏杀菌乳；

（2）超高温灭菌乳；

（3）保持式灭菌乳。

经不同热处理制成的液态乳产品保质期如表7-2-1所示。

表7-2-1　　不同加热处理方法生产的液态乳制品的保质期

液态乳	热处理	最低温度	最少时间	保质期	流通模式	工艺要求
巴氏杀菌乳（美国）	巴氏杀菌	72℃	15s	7~14d	冷	净化灌装机
ESL乳（英国）	巴氏杀菌	90℃	5s	14~30d	冷	超净化灌装机
ESL乳（美国）	超高温巴氏杀菌	138℃	2s	45~60d	冷	超卫生灌装机
灌装灭菌乳	加压高温灭菌	120℃	20min	90~180d	室温	净化灌装机及高压灭菌锅系统

续表

液态乳	热处理	最低温度	最少时间	保质期	流通模式	工艺要求
超高温灭菌乳	瞬时超高温灭菌	140℃ 149℃	4s 2s	90~180d	室温	无菌灌装生产线

注：ESL（extent shelf life）为延长货架期。

2. 根据脂肪含量分类

为了满足不同消费者的需求，常生产不同脂肪含量的液态乳。不同国家对按脂肪含量分类的产品的标准并不相同。我国和德国生产的液态乳产品，依据产品中脂肪含量的不同，分类情况如表 7-2-2 所示。

表 7-2-2　液态乳的几种类型及脂肪质量分数

产品类型	脂肪质量分数/%	
	中国	德国
全脂乳	≥3.1	≥3.5
部分脱脂乳	1.0~2.0	1.5~1.8
脱脂乳	≤0.5	≤0.4

3. 根据营养成分或特性分类

液态乳依据营养成分或特性也可分为以下几类。

（1）纯牛乳　以生鲜牛乳为原料，不添加任何其他食品原料，产品保持了牛乳所固有的营养成分。

（2）复原乳　以乳粉、奶油等为原料，加水还原而制成的与鲜乳组成、特性相似的乳产品。我国规定，再制乳必须在产品包装上予以标注。

（3）调味乳　以生鲜牛乳为主要原料，同时添加其他的调味成分，如添加巧克力、咖啡、各种谷物成分等制成的产品。产品的风味与纯牛乳有较大的不同，这类产品一般含有80%以上的牛乳。

（4）营养强化乳　在生鲜牛乳的基础上，添加其他的营养成分，如维生素、不饱和脂肪酸等对人体健康有益的营养物质而制成的液态乳制品。

（5）含乳饮料　在牛乳中添加水和其他调味成分而制成的含乳量在 30%~80%的产品，根据国家标准，乳饮料中蛋白质的含量应在 1.0%以上。

第二节　液态乳加工工艺

液态乳的种类较多，但这类产品的加工工艺大致相近，基本加工工艺流程如图 7-2-1 所示。

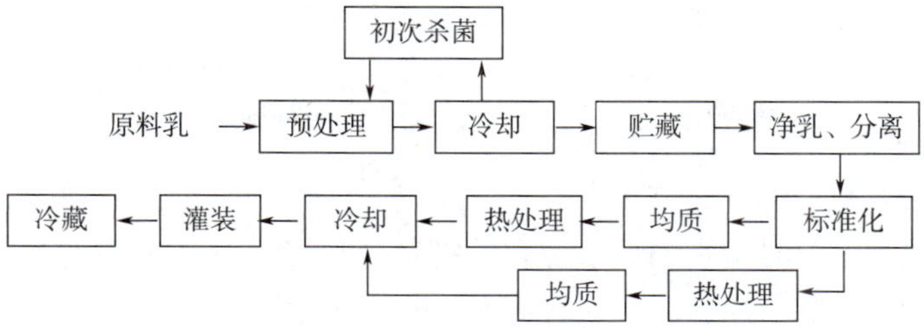

图 7-2-1　液态乳加工的一般工艺流程

(一)巴氏杀菌乳

1. 巴氏杀菌乳的定义

GB 19645—2010《食品安全国家标准　巴氏杀菌乳》中定义巴氏杀菌乳（pasteurized milk）为：仅以生牛（羊）乳为原料，经巴氏杀菌等工序制得的液体产品。通常巴氏杀菌乳又称市乳（market milk），它是以新鲜牛乳为原料，经过离心净乳、标准化、均质、杀菌、冷却、以液体状态灌装，直接供给消费者饮用的商品乳。

2. 巴氏杀菌乳的加工工艺

一般在巴氏杀菌乳的加工过程中，冷却、离心净乳和杀菌是必需的。大部分国家在加工巴氏杀菌乳时采用均质工艺，但也有些国家希望加工后产品表面有一层脂肪层，并视之为优质产品，故不采用均质工艺。脱气是在牛乳中空气含量较高或当产品中存在挥发性异味的情况下使用的。巴氏杀菌乳的加工工艺流程如图 7-2-2 所示。

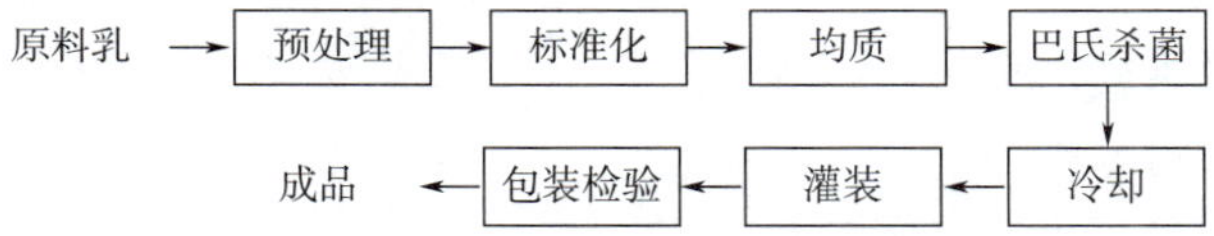

图 7-2-2　巴氏杀菌乳的加工工艺流程

3. 巴氏杀菌乳的生产控制

（1）原料乳验收和分级　通常在牧场中仅对牛乳的质量作一般的评价，在牛乳到达乳品厂后，需对原料乳的质量，包括感官、理化和卫生质量进行测定，以便按质论价和分级使用。

（2）预处理

①脱气：刚挤出的牛乳含 5.5%~7.0%的气体；经过贮存、运输和收购后，一般其气体含量在 10%以上，而且绝大多数为非结合的分散气体。这些气体对乳品加工过程和产品质量会产生影响。所以，在牛乳处理的不同阶段进行脱气是非常必要的。首先，要在乳槽车上安装脱气设备，以避免泵送牛乳时影响流量计的准确度；其次，应在乳品经过乳品厂收乳间流量计之前安装脱气设备。但是，上述两种方法对乳中细小的分散气泡是不起作用的。因此，在进一步处理牛乳的过程中，还应使用真空脱气罐，以除去细小的分散气泡和溶解氧。一般脱气的牛乳在 60℃条件下进行分离、标准化和均质，然后进入杀菌机进行杀菌。

②过滤、净化：过滤、离心分离或净化的目的是去除混入原料乳中的机械杂质中的部分微生物。

（3）标准化　标准化的主要目的是使生产出的产品符合质量标准要求，同时使生产的每批产品质量均匀一致。过去常较多考虑脂肪含量的标准化，按照我国巴氏杀菌乳的国家标准，尚需对蛋白质和非脂乳固体进行标准化。

①标准化方法：目前标准化方法主要有 3 种。

预标准化。预标准化是指在巴氏杀菌之前把部分全脂乳分离成稀奶油和脱脂乳的过程。如果标准化乳的含脂率高于原料乳，则需将稀奶油按计算比例与原料乳在罐中混合以达到要求的含脂率；如果标准化乳的含脂率低于原料乳，则需将脱脂乳按计算比例与原料乳在罐中混合以达到要求的脂肪含量。

后标准化。后标准化是在巴氏杀菌之后进行的，方法同上，它与预标准化不同的是二次污染的可能性增大。

直接标准化。又称在线标准化，牛乳经分离成为脱脂乳和稀奶油两部分，然后通过再混合过程，控制脱脂乳和稀奶油的混合比例，使混合后的牛乳脂肪、蛋白质等指标符合产品要求。将牛乳加热至 55~65℃，然后按预先设定好的脂肪含量，分离出脱脂乳和稀奶油，并且根据最终产品的脂肪含量要求，由设备自动控制回流到脱脂乳中稀奶油的流量，多余的稀奶油将会流向稀奶油巴氏杀菌机。

预标准化和后标准化都需要使用大型的、等量的混合罐，分析和调整的工作费时费工。而直接标准化的主要特点为快速、稳定、精确、与分离机联合运作、单位时间内处理量大。

②标准化计算：标准化过程的计算可根据标准化前后的脂肪含量相等建立等式，如式（7-2-1）所示。

$$(m_1 + m_2) \times w_3 = m_1 \times w_1 + m_2 \times w_2 \qquad (7-2-1)$$

式中　m_1——原料的质量，kg；

m_2——添加物的质量，kg；

w_1——原料中脂肪的含量，%；

w_2——添加物中脂肪的含量，%；

w_3——标准化后料液中脂肪的含量，%。

或者依据标准化前后脂肪与非脂乳固体的比例相等而计算，如式（7-2-2）所示。

$$\frac{(m_1 + m_2) \times w_3}{(m_1 + m_2) \times n_3} = \frac{m_1 \times w_1 + m_2 \times w_2}{m_1 \times n_1 + m_2 \times n_2} \qquad (7-2-2)$$

式中　m_1——原料的质量，kg；

m_2——添加物的质量，kg；

w_1——原料中脂肪的含量，%；

w_2——添加物中脂肪的含量，%；

w_3——标准化后料液中脂肪的含量，%；

n_1——原料中非脂乳固体的含量，%；

n_2——添加物中非脂乳固体的含量，%；

n_3——标准化后料液中非脂乳固体的含量，%。

（4）均质　自然状态的牛乳，其脂肪球直径大小不均匀，在 1~10μm，一般为 2~5μm。如经均质，脂肪球直径可控制在 1μm 左右，这时乳脂肪的表面积增大，浮力下降。另一方面，经均质后的牛乳脂肪球直径减小，易被消化吸收。在巴氏杀菌乳的生产过程中，一般均质机的位置处于杀菌机的第一热回收段；在间接加热的超高温灭菌乳生产中，均质机应位于灭菌之前；在直接加热的超高温灭菌乳生产中，均质机应位于灭菌之后，因此应使用无菌均质机。但是当脂肪含量高于6%，蛋白质含量相应增加时，均质后的脂肪球会很容易聚结在一起，此时即使是使用间接灭菌机，也应使用后置无菌均质机。脂肪含量在1%~5%的原料乳，大多数采用二级均质机进行均质处理，控制二级均质压力在5MPa左右，再调节总均质压力为18~25MPa，进行均质处理。

（5）杀菌　巴氏杀菌的目的首先是杀死引起人类疾病的所有致病微生物，同时杀灭牛乳中能影响产品风味和保质期的绝大多数其他微生物以及酶类，以保证产品质量并提高产品的贮藏稳定性。同时，牛乳中也存在一些致敏因子，牛乳的热处理可以降低过敏性反应等。

从杀死微生物的观点来看，牛乳的热处理强度是越强越好。但是，强烈的热处理对牛乳外观、味道和营养价值均会产生不良影响。例如，牛乳中的蛋白质在高温下会变性；强烈的加热会使牛乳味道改变，首先是出现“蒸煮味”，然后是焦味。因此，时间和温度组合的选择必须考虑到杀灭微生物和保持产品质量两方面，才能达到最佳效果。表7-2-3是巴氏杀菌乳常用的一些杀菌方法。

表7-2-3　　巴氏杀菌主要的热处理方法

杀菌方法	温度/℃	时间
初次杀菌	63~65	15s
低温长时间巴氏杀菌	63	30min
高温短时间巴氏杀菌（牛乳）	72~75	15~20s
高温短时间巴氏杀菌（稀奶油等）	> 80	1~5s
超巴氏杀菌	125~138	2~4s

（6）冷却　经过杀菌的牛乳，必须迅速冷却到7℃以下，抑制残留微生物的生长和繁殖，同时，低温贮藏对产品品质的保持也是十分有利的。

目前对巴氏杀菌乳的冷却，通常在板式热交换器中完成，其特点是能回收利用热能。杀菌后的高温牛乳先进入预热阶段，同进入该段的冷藏牛乳进行热交换，使前者得以降温，后者得以升温预热。在该段的热交换中，热量得以回收利用。经预热段降温后的杀菌乳，进入冷却段，进行最后的冷却。该段使用冰水作冷却介质，将杀菌乳冷却至4~5℃，然后从杀菌器中排出，通过出料管，连续送往灌装机。

（7）灌装　就目前而言，我国巴氏杀菌乳的包装形式主要有玻璃瓶、塑料袋、复合纸包装等。

（8）冷藏、运输　巴氏杀菌乳在贮存、运输和销售过程中，必须保持冷链的连续性。乳品厂至商店的运输过程及产品在商店的贮存过程是冷链的两个最薄弱环节，要特别引起重视。表7-2-4是瑞典乳业协会的调查结果，该结果表明产品在装车、运输、卸车，最后运至商店的整个过程中，时间不应超过3h，而且应该选用保温密封车甚至冷藏车进行运输。

表 7-2-4　　运输条件与产品温度之间的关系　　单位：产品升温℃/h

运输车	产品温度	
	20℃	10℃
非冷藏、非保温帐篷车	3	1.5
非冷藏、非保温密封车	1	0.5
非冷藏、保温密封车	1	0.5
冷藏、保温密封车	0.5~1	0

巴氏杀菌乳在冷藏和运输过程中的具体要求包括：①产品必须贮藏在4℃以下；②巴氏杀菌乳必须在6℃以下贮藏和运输；③产品应尽量在避光条件下贮藏、运输和销售；④产品应尽量在密闭条件下销售。

第三章 发酵乳

CHAPTER 3

第一节 概　　述

（一）发酵乳的定义

根据 GB 19302—2010《食品安全国家标准　发酵乳》，“发酵乳”的定义为：以生牛（羊）乳或乳粉为原料，经杀菌、发酵后制成的 pH 降低的产品。“风味发酵乳”是以 80%以上生牛（羊）乳或乳粉为原料，添加其他原料，经杀菌、发酵后 pH 降低，发酵前或发酵后添加或不添加食品添加剂、营养强化剂、果蔬、谷物等制成的产品。“酸乳”是以生牛（羊）乳或乳粉为原料，经杀菌、接种嗜热链球菌和保加利亚乳杆菌（德氏乳杆菌保加利亚亚种）发酵而制成的产品。“风味酸乳”是以 80%以上生牛（羊）乳或乳粉为原料，添加其他原料，经杀菌、接种嗜热链球菌和保加利亚乳杆菌（德氏乳杆菌保加利亚亚种）发酵前或发酵后添加或不添加食品添加剂、营养强化剂、果蔬、谷物等制成的产品。

最原始的发酵乳是利用乳中污染的乳酸菌将乳糖转化成乳酸制作而成的产品。目前，工业化生产是以乳酸菌为主的特定微生物作发酵剂接种到杀菌后的原料乳中，在一定温度下乳酸菌增殖产生乳酸，同时伴有一系列的生化反应，使乳发生化学、物理和感官变化。

（二）发酵乳的形成及营养

在发酵过程中，由于乳酸菌发酵产生的蛋白质水解酶，使原料乳中部分蛋白质发生水解，从而使酸乳中含有比原料乳更多的肽和比例更合理的人体所需的必需氨基酸，因此，使酸乳中的蛋白质更易被机体所利用。

（三）发酵剂

1. 发酵剂概述

发酵剂是制造干酪、奶油及发酵乳制品所用的特定的微生物培养物，此培养物一般为液状或固形粉末状。用于直接制造产品的发酵剂称为工作发酵剂，为了制备生产用发酵剂预先制备的发酵剂称为母发酵剂或种子发酵剂。

2. 发酵剂的种类

（1）单一发酵剂　这一类型发酵剂生产时，一般是将每一种菌株单独活化，生产时再将各菌株混合在一起。

（2）混合发酵剂　这一类型的发酵剂是将保加利亚乳杆菌（德氏乳杆菌保加利亚亚种）和嗜热链球菌按 1∶1 或 1∶2 比例混合的酸乳发酵剂，且两种菌比例的改变越小越好。

（3）补充发酵剂　为了增加酸乳的黏稠度、风味或增强产品的保健目的，一般可将补充发酵剂单独培养或混合培养后加入乳中。

第二节　发酵乳加工工艺及质量控制

一、发酵乳的加工工艺

(一) 凝固型发酵乳

凝固型发酵乳的工艺流程如图 7-3-1 所示。

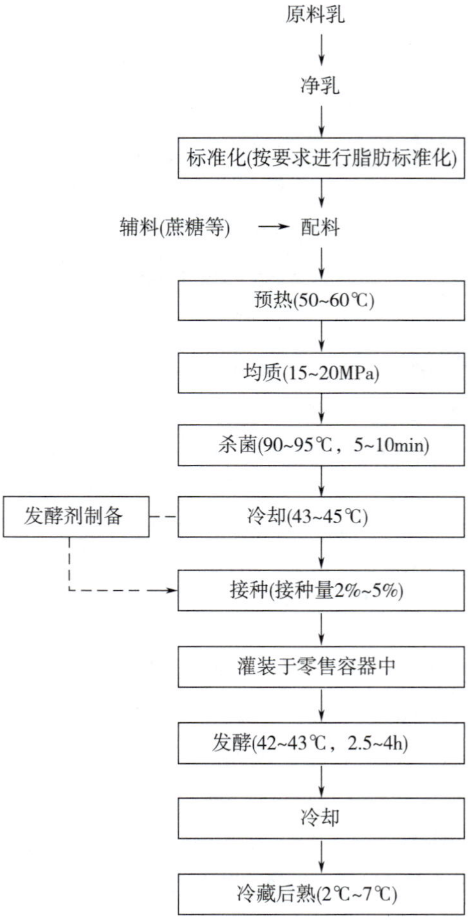

图 7-3-1　凝固型发酵乳的工艺流程

(二)搅拌型发酵乳

搅拌型发酵乳的工艺流程如图 7-3-2 所示。

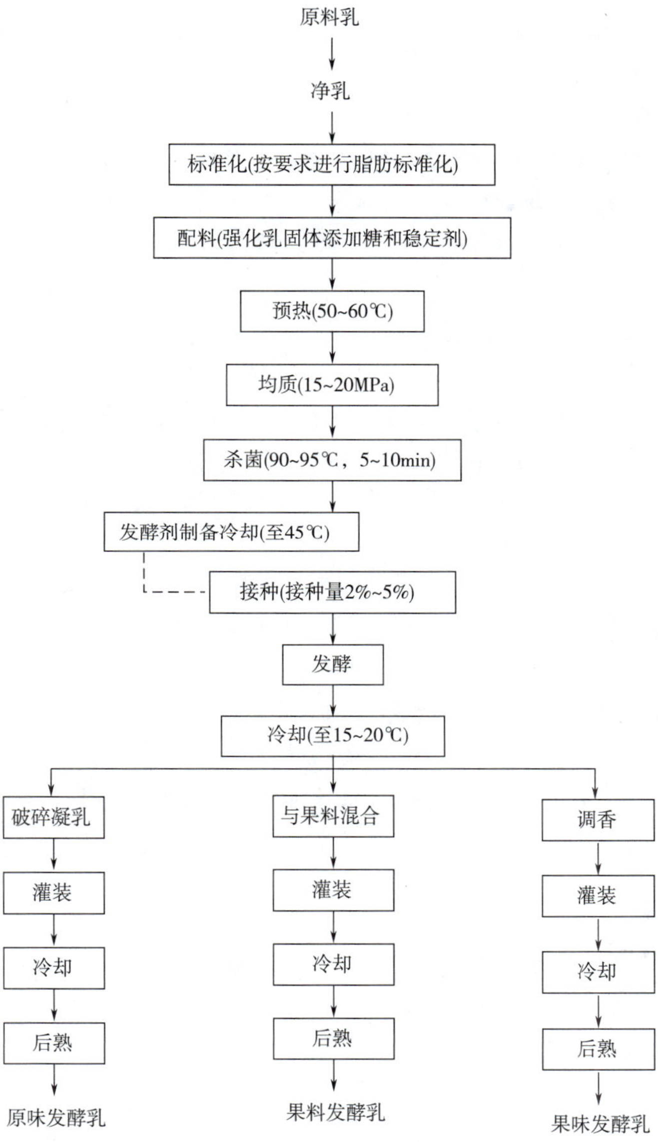

图 7-3-2　搅拌型发酵乳的工艺流程

二、发酵乳生产的质量控制

(一)凝固型发酵乳常见缺陷及控制方法

1. 凝固不良或不凝固的主要原因

(1) 原料乳质量　乳中含有抗生素、防腐剂会抑制乳酸菌的生长，影响正常发酵，从而导致发酵乳凝固性差；原料乳掺水，使乳的总干物质含量降低；原料乳因变酸而掺碱中和等，都会造成发酵乳凝固不好。因此，必须把好原料验收关，杜绝使用含有抗生素、农药、防腐剂及掺碱、掺水的牛乳生产发酵乳。对于物质含量低的牛乳，可适当添加脱脂乳粉，以提高其总干物质含量。

（2）发酵温度与时间　发酵温度与时间低于乳酸菌发酵的最适温度与时间，会使乳酸菌凝乳能力降低，从而导致发酵乳凝固性降低。另外，发酵室温度不均匀也会造成发酵乳凝固性降低。因此，生产中一定要控制好发酵温度与时间，并尽可能保持发酵室的温度恒定。

（3）发酵剂活力　发酵剂活力减弱或接种量过少都会使发酵乳凝固性差。

（4）加糖量　加糖量过大会产生高渗透压，抑制乳酸菌的生长繁殖，也会使发酵乳不能很好凝固。实际生产中要选择最佳的加糖量，既能给产品带来良好的风味，又不影响乳酸菌的生长。

2. 乳清析出的主要原因

（1）原料乳热处理不当　温度低或时间不够，不能使大量乳清蛋白变性。变性乳清蛋白与乳中酪蛋白结合可形成复合物，可容纳更多的水分，就不会出现乳清分离现象了。

（2）发酵时间　发酵时间过长或过短，都会使乳出现乳清分离现象。发酵时间过长，酸度过大会破坏乳蛋白质已经形成的胶体结构，使乳清分离出来；发酵时间过短，胶体结构还未充分形成，也会导致乳清析出。

（3）其他　如原料乳总干物质含量低、接种量过大、机械振动等也会导致乳清析出。生产中，添加适量的 $CaCl_2$，可减少乳清的析出量，也可赋予产品一定的硬度。

3. 风味不良

由于菌种选择及操作工艺不当可造成产品风味不良。菌种混合比例应选择适当，任何一方占优势都会导致产香不足，风味变劣。高温短时发酵或发酵过度也会使发酵乳出现芳香味不足，酸甜不适口等风味缺陷。过度热处理或添加了风味不良的乳粉、炼乳也会导致发酵乳风味不良。

4. 表面霉菌生长

发酵乳贮藏时间过长或温度过高时，往往在表面会出现霉菌。黑斑点易被察觉，而白色霉菌则不易被注意。这种发酵乳被人误食后，轻者有腹胀感觉，重者会引起腹痛下泻。因此，要严格保证卫生条件，并根据市场情况控制好贮藏时间和贮藏温度。

（二）搅拌型发酵乳常见缺陷及控制方法

1. 砂状组织

发酵乳在组织外观上有许多砂状颗粒存在，不细腻。砂状结构的产生有多种原因，在生产搅拌型发酵乳时，应选择适宜的发酵温度，避免原料乳受热过度，减少乳粉用量，避免干物质过多和较高温度下的搅拌。

2. 乳清分离

发酵乳搅拌速度过快、搅拌过度或泵送造成空气混入产品，将导致出现乳清分离现象。此外，发酵乳发酵过度、冷却温度不适及干物质含量不足也可造成乳清分离现象。因此，应选择合适的搅拌器搅拌并注意降低搅拌温度。同时可选用适当的稳定剂，以提高酸乳的强度，防止乳清分离，其用量为 0.1%~0.5%。

3. 风味不正

除了与凝固型发酵乳的相同因素外，在搅拌过程中因操作不当会混入大量空气，造成酵母和霉菌的污染。发酵乳较低的 pH 虽然能抑制几乎所有细菌的生长，但酵母和霉菌却可以生长，造成发酵乳的变质和不良风味的产生。

4. 色泽异常

在生产中因加入的果蔬处理不当而引起变色、褪色等现象时有发生。应根据果蔬的性质及加工特性与发酵乳进行合理的搭配和制作。

第四章 乳粉

CHAPTER 4

第一节 概　　述

(一) 乳粉的定义

根据 GB 19644—2010《食品安全国家标准　乳粉》，乳粉是以生牛（羊）乳为原料，经加工制成的粉状产品，即以新鲜乳（包括羊乳等）为原料，用冷冻或加热的方法去除乳中几乎所有的水分，得到的干燥粉末状产品。广义乳粉中包括添加或不添加食品添加剂和（或）食品营养强化剂等辅料，经脱脂或不脱脂、浓缩干燥或干混合的粉末状产品，产品中乳干物质应不低于 70%。乳粉除可供婴儿、患者、老人等饮用外，还可作为原料供制造糖果、冷饮、糕点等其他食品加工企业应用。

乳粉中保持了鲜乳中的大部分营养成分，水分含量很低，使微生物细胞和周围环境的渗透压差增大。乳粉中几乎保持了鲜乳的全部营养成分，而且冲调容易，食用方便，便于运输，可以调节产乳的淡、旺季节和地区间供应的不平衡。因此，乳粉在我国的乳制品结构中仍然占据着重要的位置。

(二) 乳粉的种类和组成

1. 乳粉的种类

目前我国生产的乳粉主要有全脂乳粉、全脂加糖乳粉、婴儿乳粉及少量保健乳粉等，婴儿乳粉的产量正在逐步上升。根据乳粉的特征、所用原料、原料处理及加工方法的不同，乳粉可以分为以下几种。

（1）全脂乳粉（whole milk powder）　全脂乳粉是以新鲜牛乳为原料，添加或不添加食品营养强化剂，经标准化、杀菌、浓缩、干燥而制得的蛋白质含量不低于非脂乳固体的 24%，脂肪不低于 26%的粉末状产品。根据是否加糖又可将其分为全脂淡乳粉和全脂甜乳粉。

（2）脱脂乳粉（skimmed milk powder）　脱脂乳粉为将新鲜牛乳，添加或不添加食品营养强化剂，经预热、离心分离获得脱脂乳，再经杀菌、浓缩、干燥而制得的，脂肪不高于 1.75%的粉末状产品。因为脂肪含量少，保藏性较全脂乳粉要好。

（3）配制乳粉（formula powder）　配制乳粉为在牛乳中添加目标消费对象所需的各种营养素，经杀菌、浓缩、干燥而制得的粉末状产品。目前市场配方乳粉主要包括以下几种。

①婴幼儿配方乳粉：以新鲜牛乳为原料，以母乳中的各种营养元素的种类和比例为基准，添加适量的乳清蛋白、多不饱和植物脂肪酸、乳糖、复合维生素和复合矿物质等物质，达到乳粉的蛋白质母乳化、脂肪酸母乳化、碳水化合物母乳化和维生素、矿物质母乳化的目的，将各种原料混匀后经均质、杀菌、浓缩、干燥等工艺而制得的粉末状产品。根据婴幼儿出生时间的不同分为：0~6个月婴儿乳粉、6~12个月较大婴儿乳粉和12~36个月幼儿成长乳粉。

②儿童学生配方乳粉：以新鲜牛乳为主要原料，添加一定量儿童、学生生长发育所必需的营养物质，经杀菌、浓缩、干燥等工艺而制得的粉末状产品。

根据食用对象的不同分为儿童配方乳粉、中学生配方乳粉和大学生配方乳粉。

③中老年配方乳粉：以新鲜牛乳或脱脂乳为主要原料，添加一定量的蛋白质、碳水化合物以及中老年人容易缺乏的维生素和矿物质，混匀后经杀菌、浓缩、干燥等工艺而制得的粉末状产品。

④特殊配方乳粉：以新鲜牛乳为主要原料，根据特定人群特殊的营养需求和功能需求，添加一定量特殊人群所需要的营养元素、功能性成分或因子，将配料混合均匀后，经杀菌、浓缩、干燥等工艺而制得的粉末状产品，如降乳糖乳粉、高钙助长乳粉等。

（4）速溶乳粉（instant milk powder）　速溶乳粉为在制造乳粉过程中采取特殊的造粒工艺或喷涂卵磷脂而制成的溶解性、冲调性极好的粉末状产品。

（5）乳清粉（whey powder）　将生产干酪排出的乳清经脱盐、杀菌、干燥而制成的粉末状产品即乳清粉。乳清中含有易消化、有生理价值的乳白蛋白、球蛋白及非蛋白态氮化合物、其他有效物质，用以制造育儿用配制乳粉及点心、面包等的原料。根据用途有无脂、含脂及调整灰分的乳清粉。

（6）酪乳粉（butter milk powder）　以酪乳为原料，经浓缩、干燥加工而成的粉状物。其中含有较多的卵磷脂。用于制造点心及复原乳。

（7）奶油粉（cream powder）　在稀奶油中添加一部分鲜乳，经干燥加工而成的粉末状产品。产品因含乳脂高，所以易被氧化。

（8）麦精乳粉（malted milk powder）　在鲜乳中加入麦芽糖、可可、蛋类、乳制品等，经干燥加工制成。

（9）强化乳粉（modified milk powder）　是指在鲜乳中加入一定量的维生素、无机盐及其他一些营养成分，经浓缩、干燥加工而成的产品，以满足不同人群的营养需要。

（10）其他专用乳粉

①焙烤专用乳粉：根据饼干等焙烤行业的特殊营养需求和生产加工工艺的特殊功能需要，要求专用乳粉可替代焙烤行业中使用的通用型乳粉，具有理想的水合性、乳化性、起泡性、发泡性和凝胶性。

②冰淇淋专用乳粉：根据冰淇淋行业的特殊营养需求和冰淇淋生产工艺的特殊功能需要，要求专用乳粉可以替代冰淇淋行业中使用的通用型乳粉，具有理想的起泡性、发泡性和乳化性。

③酸乳粉：根据目前发酵乳制品采用复原乳和发酵剂的要求，将乳粉和粉末状发酵剂采用特殊的加工工艺进行制备，可达到两者物理和化学的良好混合，使生产厂商只需要复原酸乳粉即可完成良好发酵乳制品的制造。

④巧克力专用乳粉：根据巧克力行业的特殊营养需求和巧克力生产工艺的特殊功能需要，要求专用乳粉可以替代巧克力行业中使用的通用型乳粉，具有理想的起泡性、乳化性和较高的游离脂肪酸含量。

随着乳品工业的发展和科学技术的进步，能满足各种不同要求的许多乳粉新品种不断出现，现在世界上乳粉生产已进入了新的时代。近年来，由于人工营养育儿用乳粉需要量的急剧增加，特殊调制的婴儿乳粉在某些国家已成为主要婴儿乳制品品种，目前有嗜酸菌乳粉、高蛋白低脂肪乳粉、低苯丙氨酸乳粉、蛋白分解乳粉、低钠乳粉和乳糖分解乳粉等。

2. 乳粉的功能特性

作为食品配料，乳粉能提供多种功能特性，主要来自乳蛋白质。牛乳提供的功能特性包括溶解性、乳化性、凝胶性、水合性、掼打/起泡性、黏性、褐变以及风味。乳粉中的乳糖有助于食品的发色，还可用作充填剂。

（1）溶解性　乳蛋白质的功能性取决于配料在溶液中的溶解性。酪蛋白和乳清蛋白在自然状态下，在食用和饮料体系中有高度的溶解性，溶解之后，可发挥乳化作用和掼打起泡作用。但是，过度热处理会导致蛋白质变性，从而降低其溶解性。乳粉的溶解性不佳（较高的不溶解度指数）是由于牛乳、浓缩乳受到高温热处理造成的。

就全脂乳粉而言，游离脂肪在粉粒表面会形成一层疏水性膜，使可湿性问题更为严重。正是出于这个原因，人们常常在干燥过程中加入卵磷脂来帮助改善乳粉的溶解性能。

速溶化处理，包括在干燥的同时进行附聚处理，可增强乳粉在冷水中的复原性，因此，应改善如下一种或多种性能：可湿性、沉降性、分散性、水合速度和溶解性。

（2）乳化作用　食品乳浊液一般多为水包油体系。水-油界面的形成是高能量的动力学过程。表面活性剂吸附在水-油界面，起到保护作用。但随着乳液液滴的重新聚合，表面活性剂来不及保护新形成的表面，而丢失部分界面。

乳粉中的蛋白质作用于油-水界面，对乳浊液的形成和稳定有良好的效果。通过控制蛋白质的变性可以强化这种乳化特性。随着温度的升高，蛋白质扩散到新形成的油水界面中的速度、蛋白质分子的伸展和吸附速度都有所提高，从而可促进乳浊液液滴的形成和稳定。乳蛋白稳定乳化体系的能力受水相的 pH 和离子强度的影响。乳脂肪中存在的卵磷脂也有助于乳粉的乳化性能。

（3）成胶性　乳蛋白质在未变性状态下，能够形成刚性的、热诱导的不可逆凝胶，结合水分和脂肪，提供结构支撑。

第二节　乳粉加工工艺

一、乳粉的一般加工工艺

乳粉的工艺流程如图 7-4-1 所示。

在乳粉生产过程中，原料乳的验收、预处理以及标准化过程与液态乳的生产流程一样。在乳粉生产过程中，除了少数几个品种（如全脂乳粉、脱脂乳粉）外，大多数乳粉都要经过

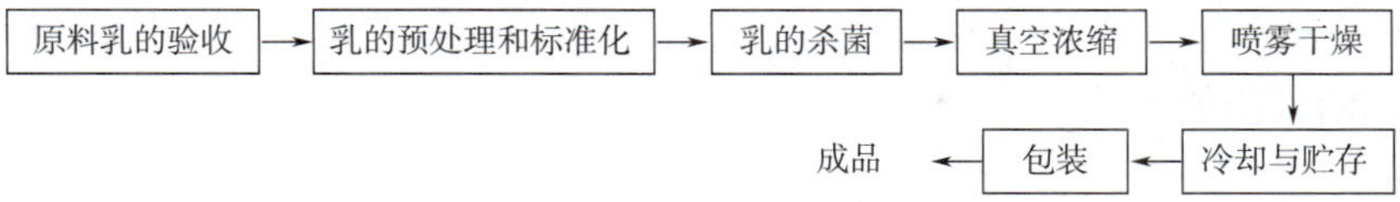

图 7-4-1 乳粉的工艺流程

配料工序，其配料比例依产品要求而定。配料时所用的设备主要有配料缸、水粉混合器和加热器。生产全脂乳粉、全脂甜乳粉以及脱脂乳粉时一般不必经过均质操作，但在乳粉的配料中加入植物油或其他不易混匀的物料时，就需要进行均质操作。均质时的压力一般控制在 14~21MPa，温度控制在 60℃为宜。均质后乳中的脂肪球变小，从而可以有效地防止脂肪上浮，并使其易于被消化吸收。不同的产品可根据本身的特性选择合适的杀菌方法。目前最常见的是采用高温短时灭菌法，因为使用该方法牛乳的营养成分损失较小，乳粉的理化特性较好。

牛乳经杀菌后应立即泵入真空蒸发器并进行减压（真空）浓缩，除去乳中大部分水分（65%），然后送入干燥塔中进行喷雾干燥，以利于产品质量和降低成本。一般要求原料乳浓缩至原体积的 1/4，乳的干物质达到 45%左右。浓缩后乳温一般为 47~50℃。不同的产品浓缩程度如下：全脂乳粉的浓度 11.5~13°Bé，相应乳固体含量 38%~42%；脱脂乳粉的浓度 20~22°Bé，相应乳固体含量 35%~40%；全脂甜乳粉浓度 15~20°Bé，相应乳固体含量 45%~50%，生产大颗粒乳粉时，浓缩乳浓度应提高。

浓缩乳中仍然含有较多的水分，必须经喷雾干燥后才能得到乳粉。乳粉应经冷却工序以防脂肪分离，然后过筛（20~30 目）后即可包装。

二、速溶乳粉

(一) 速溶乳粉的定义

速溶乳粉比普通喷雾乳粉具有颗粒大而疏松、润湿性好、分散度高的特性，用水冲调复原时，即使用冷水冲调，也能迅速溶解而不结块，所以受消费者欢迎。

速溶乳粉的特性，来自特殊的工艺条件，因全脂速溶乳粉含有较多的脂肪，脂肪的疏水性对润湿性有很大影响，所以其生产工艺较脱脂速溶乳粉复杂。因此，只是在近些年才有所发展。

速溶乳粉是采用某种特殊的工艺及设备所制成的粉末状制品，它有以下特点：

①速溶乳粉的颗粒直径大，一般为 100~800μm。

②速溶乳粉的溶解性、可湿性、分散性等性能都得到极大改善，当用不同温度的水冲调时，只需搅拌一下，即可迅速溶解，不结块，无须先调浆再冲调，减少了消费者冲饮的麻烦，即使用冷水直接冲调也能迅速溶解。

③速溶乳粉中的乳糖是呈结晶状的含水乳糖，在包装和保存过程中不易吸潮结块。

④由于速溶乳粉的直径大而均匀，减少了制造、包装及使用过程中粉尘飞扬的程度，避免了不应有的损失。

⑤速溶乳粉的比容大，表观密度低，所以，包装容器的容积要相应增大，这在一定程度上增加了包装费用。

⑥速溶乳粉的水分含量较高，不利于保藏，对脱脂速溶乳粉而言，其易于褐变，并具有

一种粮谷的气味。

(二)速溶乳粉的加工

1. 复湿工艺

复湿工艺又称二次制造法，即将全脂乳粉再处理成团粒化的方法。复湿处理法的速溶乳粉的结晶乳糖量取决于湿润及再干燥时间的长短。复湿工艺分四个阶段将全脂乳粉或脱脂乳粉进行速溶化，即附聚—再干燥—冷却—整粒，其工艺流程如图 7-4-2、图 7-4-3 所示。

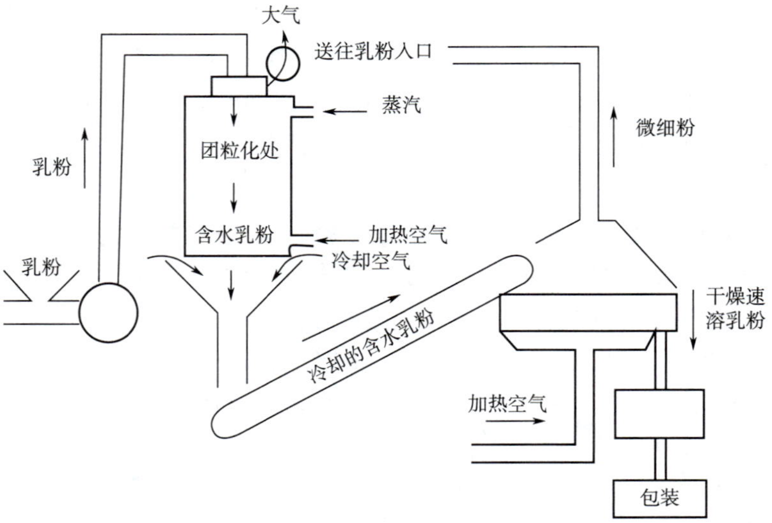

图 7-4-2　复湿处理法生产速溶乳粉的工艺流程示意图

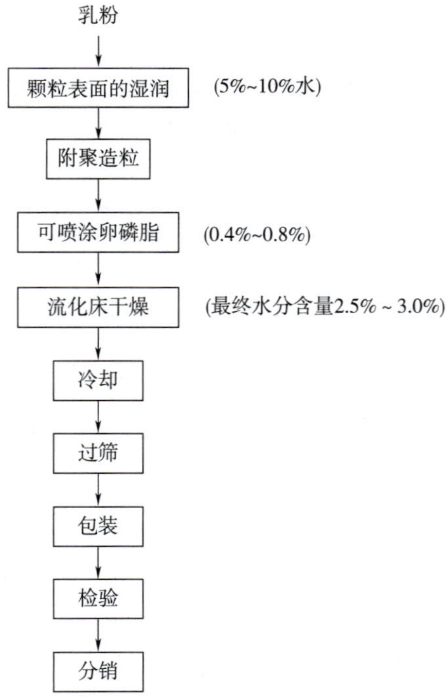

图 7-4-3　复湿处理法生产速溶乳粉的工艺流程

乳粉粒子在管或箱内由湿润气流均匀分散、浮游，控制吹入的二次蒸汽量以调换温度与湿度进行附聚、团粒化，最终使乳粉水分含量达到 8%~25%。乳粉由于湿润进行团粒化，可以认为乳糖为主要的黏合剂，蛋白质起辅助作用。然后进行再干燥、冷却过筛或滚压整粒，或两者并用将粒子标准化为成品。

2. 直接附聚工艺

直接附聚工艺已得到了广泛应用，即在喷雾干燥过程中，将旋风分离器收集下来的细粉，通过罗茨鼓风机吹入喷雾干燥塔塔顶与雾化浓乳乳滴附聚，或吹入流化床入口与塔内下来的乳粉附聚，如图 7-4-4 所示。

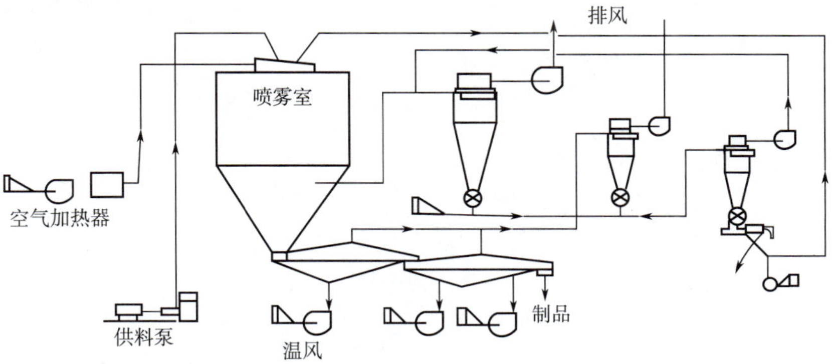

图 7-4-4　直接附聚法生产速溶乳粉的工艺流程图

直接附聚常结合二次干燥工艺，为了提高干燥效率，不应在塔内进行降速第二段干燥，控制干燥塔出粉水分含量为 6%，进入流化床后可以与来自旋风分离器的细粉进行附聚，在流化床内进行二次干燥，使最终水分含量控制在 3%以下。

另外，现代企业已采用团粒化及卵磷脂涂层的速溶全脂乳粉工艺，如图 7-4-5 所示。全脂乳粉由筒仓用温风或从干燥塔下来的乳粉被送到第一流化床。在第一、第二流化床之间喷洒卵磷脂涂层，用调节阀调节卵磷脂的供给量。

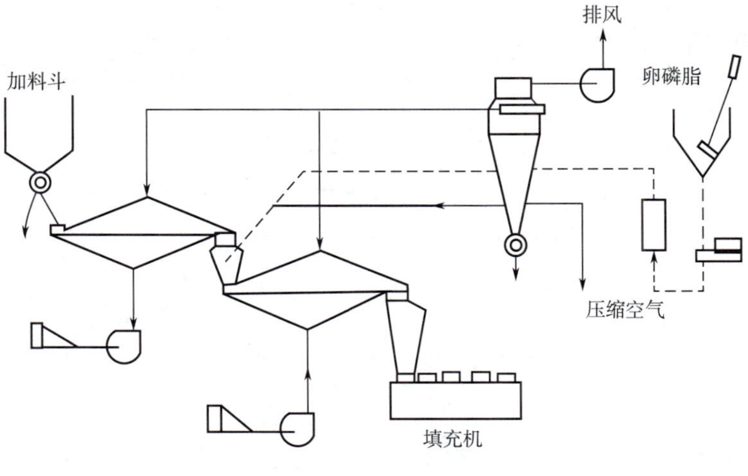

图 7-4-5　卵磷脂处理装置的流程图

第五章

CHAPTER 5

干酪

第一节 概　　述

（一）干酪的概念及分类

1. 干酪的概念

联合国粮食及农业组织和世界卫生组织（FAO/WHO）制定的干酪定义为：干酪是以乳、稀奶油、脱脂乳或部分脱脂乳、酪乳或这些产品的混合物为原料，经凝乳酶或其他凝乳剂凝乳，并排除乳清而制得的新鲜或发酵成熟的产品。根据我国标准 GB 5420—2021《食品安全国家标准　干酪》，干酪是成熟或未成熟的软质、半硬质、硬质或特硬质、可有涂层的乳制品，其中，乳清蛋白/酪蛋白的比例不超过牛乳中的相应比例。

2. 干酪的分类

国际上通常把干酪扩展为三大类，即天然干酪、融化干酪和干酪食品，这三类干酪的主要规格如表 7-5-1 所示。

表 7-5-1　　天然干酪、融化干酪和干酪食品的主要规格

名称	规格
天然干酪	以乳、稀奶油、部分脱脂乳、酪乳和混合乳为原料，经凝固后，排出乳清而获得的新鲜或成熟的产品，允许添加天然香辛料以增加香味和滋味
融化干酪	用一种或一种以上的天然干酪，添加食品卫生标准所允许的添加剂（或不加添加剂），经粉碎、混合、加热融化、乳化后而制成的产品，含乳固体 40%以上
干酪食品	用一种或一种以上的天然干酪或融化干酪，添加食品卫生标准所规定的添加剂（或不加添加剂），经粉碎，混合、加热融化而成的产品，产品中干酪比例须占 50%以上

我国标准 GB 5420—2021《食品安全国家标准　干酪》中把干酪分为三类。

（1）成熟干酪　生产后不能马上使（食）用，应在一定温度下储存一定时间，以通过生化和物理变化产生该类干酪特性的干酪。

（2）霉菌成熟干酪　主要通过干酪内部和（或）表面的特征霉菌生长来促进其成熟的

干酪。

（3）未成熟干酪　未成熟干酪（包括新鲜干酪）是指生产后不久即可使（食）用的干酪。

（二）凝乳酶

生产干酪所用的凝乳酶，一般以皱胃酶为主。使用前需测定凝乳酶的活力。凝乳酶的主要作用是促进乳的凝结，并为乳清的排出创造条件。皱胃酶是最常用的凝乳酶，由于凝乳酶的来源及成本等原因，其代用酶也被应用于干酪的实际生产中。根据来源，代用酶分为植物性、动物性及微生物代用凝乳酶，但还没有达到完全代替的程度。

1. 皱胃酶

皱胃酶的等电点为4.45~4.65，凝乳作用的最适pH为4.8左右，最适温度为40~41℃，皱胃酶在弱碱（pH 9）、强酸、热、超声波的作用下易失活，制造干酪时的凝固温度通常为30~35℃，时间20~40min。如果加过量的皱胃酶、温度上升过高或时间过长，则会出现凝块且变硬。储藏温度在20℃以下或50℃以上，则凝乳酶活性会减弱。

皱胃酶的活力单位是指皱胃酶在35℃条件下，使牛乳40min凝固时，单位重量（通常为1g）的皱胃酶能使牛乳凝固的倍数。即1g（或1mL）皱胃酶在一定温度（35℃），一定时间（40min）内所能凝固牛乳的毫升数。

一般的测定方法是：将100mL脱脂乳（若想得到较好的再现性，应取脱脂乳粉9g配成100mL的溶液），调整酸度为0.18%，用水浴加温至35℃，添加10mL 1%的皱胃酶食盐水溶液，迅速搅拌均匀，准确记录从开始加入酶液到凝乳时所需的时间（s）。按式（7-5-1）计算活力：

$$\text{酶活力}=\frac{\text{供试乳数量}}{\text{邹胃酶}}\times\frac{2400\ (\text{s})}{\text{凝乳时间}\ (\text{s})} \tag{7-5-1}$$

式中　2400——测定皱胃酶活力时所规定的时间（40min），活力确定后可计算皱胃酶的用量。

2. 皱胃酶的代用凝乳酶

除皱胃酶外，很多蛋白质分解酶也具有凝乳作用。由于皱胃酶来源于犊牛的第四胃，其成本高且根据目前肉牛的生产实际情况等原因，很多代用凝乳酶已应用到干酪的生产中。代用酶按其来源可分为动物性凝乳酶、植物性凝乳酶、微生物凝乳酶及基因工程凝乳酶（皱胃酶）等。

（1）动物性凝乳酶　动物性凝乳酶主要是胃蛋白酶，这种酶以前就已经被作为皱胃酶的代用酶而应用到干酪的生产中了，其性质在很多方面与皱胃酶相似，因胃蛋白酶的蛋白质分解力强，如果单独使用，制作的干酪成品会略带苦味，会使产品产生一定的缺陷。

如果将胃蛋白酶与皱胃酶等量混合添加，可以减少胃蛋白酶单独使用的缺陷。另外，某些主要蛋白质分解酶，如胰蛋白酶和胰凝乳蛋白酶，蛋白质分解力强，凝乳硬度差，产品略带苦味。

（2）植物性凝乳酶　包括无花果蛋白酶、木瓜蛋白酶、菠萝蛋白酶等。

（3）微生物凝乳酶　微生物凝乳酶可分为霉菌、细菌、担子菌三种来源。在生产中得到应用的主要是霉菌性凝乳酶，如从微小毛霉菌中分离出的凝乳酶，蛋白质分解力比皱胃酶强，但比其他的蛋白质分解酶蛋白质分解力弱，对牛乳的凝固作用强。

以微生物来源的凝乳酶生产干酪时缺陷主要是在凝乳作用强的同时，蛋白质分解力比皱胃酶高，干酪的得率较皱胃酶生产的干酪低，成熟后会产生苦味。另外，微生物凝乳酶的耐热性高，会给乳清的利用带来不便。

（4）基因工程皱胃酶　皱胃酶的各种代用酶在干酪的实际生产中的缺陷，迫使人们利用新的技术和途径来寻求犊牛以外的皱胃酶来源。美国和日本等国利用基因工程技术，将控制犊牛皱胃酶合成的 DNA 分离出来，导入微生物细胞内，利用微生物来合成皱胃酶获得成功，并得到美国注射用药协会（PDA）的认定和批准（1990 年）。

第二节　天然干酪

（一）天然干酪的分类及特性

国际乳品联合会（IDF）规定了天然干酪的分类标准，如表 7-5-2 所示。

表 7-5-2　　天然干酪的分类方法

原料乳	干酪类型	内部特征	外观	组成
牛乳	硬质干酪	大圆孔	硬、干外皮	脂肪占干物质中含量（FDM）
绵羊乳	半硬质干酪	中圆孔	硬、油性外皮	
山羊乳	软质干酪	小圆孔	软、油性外皮	水分
水牛乳	半软质干酪	不规则孔	软、白霉外皮	水分占无脂肪含量（MNFM）
	酸凝干酪	无孔	软、绿霉外皮	
	乳清干酪	青纹	软外皮、外涂石蜡	
		白霉	无外皮	
		加香料		
		加植物		

按照凝乳方法的不同，干酪可分为酸凝干酪和酶凝干酪两种，酸凝干酪和酶凝干酪的主要区别在于在酸和热的作用下，酶凝干酪更富弹性和伸缩性，水分含量较少，保质期较长。

按照是否成熟来分，干酪可分为新鲜干酪和成熟干酪，其中未经发酵成熟的产品称为新鲜干酪，经长时间发酵成熟而制成的产品称为成熟干酪，国际上将这两种干酪统称为天然干酪。

（二）干酪的一般加工技术

通常干酪由下述方法获得：在凝乳酶或其他适当的凝乳剂的作用下，使乳、脱脂乳、部分脱脂乳、稀奶油、乳清稀奶油、酪乳中一种或几种原料的蛋白质凝固或部分凝固，排出凝块中的部分乳清而得到干酪。这个过程是乳蛋白质（特别是酪蛋白部分）的浓缩过程，即干酪中蛋白质的含量显著高于所用原料中蛋白质的含量。

半硬质及硬质干酪加工技术基本相同，其工艺流程如图 7-5-1 所示。

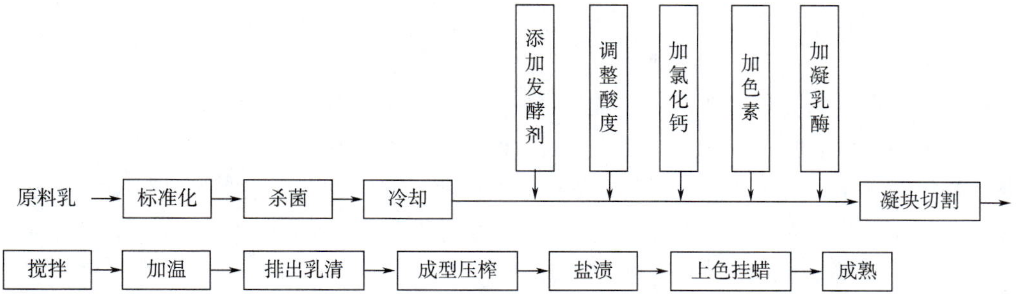

图 7-5-1　半硬质及硬质干酪加工工艺流程

1. 原料乳的验收

按照标准进行验收，不得使用含有抗生素的牛乳。

2. 标准化

（1）测定牛乳的脂肪含量。

（2）根据式（7-5-2）、式（7-5-3）计算。

$$酪蛋白含量（\%）=0.4F+0.9 \quad (7-5-2)$$

$$或酪蛋白含量（\%）=（F-3）\times 0.4+2.1 \quad (7-5-3)$$

$$确定\ C/F=0.70$$

式中　F——脂肪含量；

C——酪蛋白含量。

3. 原料乳的杀菌和冷却

杀菌的条件直接影响着产品的质量。若杀菌温度过高、时间过长，则蛋白质热变性量增多，用凝乳酶凝固时，凝块松软，且收缩后也较软，往往能形成水分过多的干酪。所以多采用 63℃，30min 或 71~75℃，15s 的杀菌方法。将杀菌后的牛乳冷却到 30℃左右，放入干酪槽中，依次加入氯化钙、发酵剂、硝酸钾、色素、凝乳酶。

4. 凝块的形成及处理

凝乳酶凝乳过程与酸凝固不同，是先将酪蛋白变成副酪蛋白后，再与钙离子反应而使乳凝固。乳酸发酵及加入氯化钙有利于凝块的形成。牛乳凝固后，当凝块达到适当硬度时，用干酪刀切成 7~10mm 的小立方体。

5. 搅拌及加温

在干酪槽内，切割后的小凝块易粘在一起，所以应不停地搅拌。开始时徐徐搅拌，防止将凝块碰碎。大约 15min 后，搅拌速度可逐渐加快，同时在干酪槽的夹层中通入热水，使温度逐渐上升。温度升高速度为：开始时每隔 3min 升高 1℃，以后每隔 2min 升高 1℃，最后使槽内温度达 42℃。加温的时间按乳清的酸度而定，酸度越越低加温时间越长，酸度越高则可缩短加温时间。通常加温温度越高，排出的水分越多，干酪越硬。如果加温速度过快，会使干酪粒表面结成硬膜，影响乳清排出，最后成品水分含量过高。

6. 排除乳清

凝块粒子收缩时必须立即将乳清排出。乳清排出的时间对产品质量也有影响。当乳清酸度过高时，会使干酪过酸且过于干燥；酸度不够时则会影响干酪成熟。

乳清的排出可分几次进行。为了保证在干酪槽中均匀地处理凝块，要求每次排出同样数量的乳清，一般为牛乳体积的35%~50%，排放乳清可在不停搅拌下进行。

7. 成型压榨

乳清排除后，将干酪粒堆积在干酪槽的一端，用带孔的不锈钢板压5min，使其成块，并继续压出乳清，然后将其切成砖状小块，装入模中，成型5min。压榨可使干酪成形，同时进一步排出乳清。干酪可以通过自身的重量和通过压榨机的压力进行长期和短期压榨。为了保证成品质量，压力、时间、酸度和温度等参数应保持在规定值内。压榨用的干酪模必须是多孔的，以便将乳清从干酪中压榨出来。

8. 加盐

在干酪制作过程中，加盐可以改善干酪风味、组织状态和外观，调节乳酸发酵程度，抑制腐败微生物生长，还能够降低水分，起到控制产品最终水分含量的作用。

干酪的加盐方法，通常有下列四种：

（1）将盐撒在干酪粒中，并在干酪槽中混合均匀；

（2）将食盐涂布在压榨成形后的干酪表面；

（3）将压榨成型后的干酪取下包布，置于盐水池中浸渍，盐水的浓度，第一天到第二天保持在17%~18%，以后保持在22%~23%。为防止干酪内部产生气体，盐水温度应保持在8℃左右，腌渍一般为4d；

（4）以上几种方法的混合。

9. 干酪的成熟

干酪的成熟是指在一定条件下，干酪中包含的脂肪、蛋白质及碳水化合物等在微生物和酶的作用下分解并发生其他生化反应，形成干酪特有风味、质地和组织状态的过程。这一过程通常在干酪成熟室中进行。不同种类的干酪对成熟室内的温度和湿度要求不同，成熟的时间也各不相同。一般来说，成熟温度为5~15℃，室内空气相对湿度为65%~90%，成熟时间为2~8个月。

（三）天然干酪的加工工艺

天然干酪的加工工艺如图7-5-2所示。

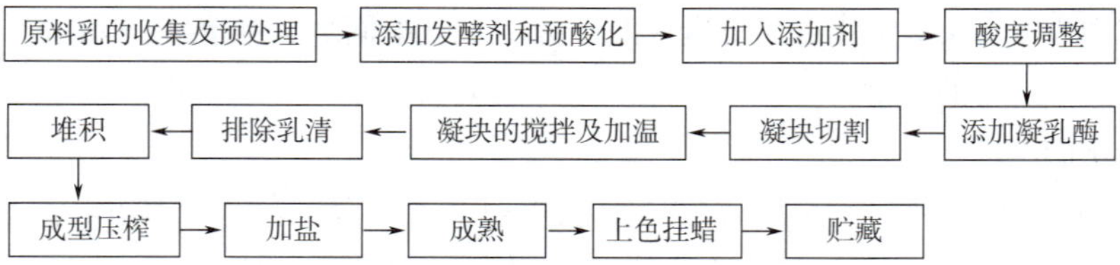

图7-5-2 干酪加工工艺流程

1. 原料乳的预处理

干酪的原料必须是健康牛产的新鲜质优的牛乳，经过感官检查、酸度测定或酒精试验，必要时进行抗生素试验，检查合格后，进行相应原料乳的预处理。

（1）净乳　某些形成芽孢的细菌，在巴氏杀菌时不能被杀灭，对干酪的生产和成熟会造成很大危害，用离心除菌机进行净乳处理，不仅可以除去乳中大量杂质，而且可以将乳中90%的细菌除去，尤其对相对密度较大的菌体芽孢特别有效。

（2）标准化　为了保证每批干酪的质量均一、组成一致、偏差减少，在加工之前要对原料乳进行标准化处理。生产干酪时要对原料乳进行标准化，首先要准确测定原料乳的乳脂率和酪蛋白的含量，调整原料乳中的脂肪和非脂乳固体之间的比例，使其比值符合产品要求。

（3）原料乳的杀菌　实际生产中多采用 63℃、30min 杀菌或 71~75℃、15min 的高温短时杀菌。为了确保杀菌效果，防止和抑制丁酸菌等产气芽孢菌，在生产中应添加适量的硝酸盐（硝酸钠或硝酸钾）或过氧化氢。硝酸盐的添加量应特别注意，过多的硝酸盐不但能抑制发酵剂的正常发酵，还会影响干酪的成熟和成品的风味。加热杀菌可使部分白蛋白凝固，留存于干酪中，可以增加干酪的产量。

2. 添加发酵剂和预酸化

原料乳经杀菌后，可直接泵入到干酪槽中。干酪槽有保温（加热或冷却）夹层及搅拌器（手工操作时为干酪铲和干酪耙）。将干酪槽中的牛乳冷却到 30~32℃，然后按操作要求加入发酵剂。

（1）发酵剂的作用　通过添加发酵剂，发酵乳糖可产生乳酸，提高凝乳酶的活性缩短凝乳时间；促进切割后凝块中乳清排除；发酵剂在成熟过程中，利用本身的各种酶类促进干酪的成熟；防止杂菌的繁殖。

（2）干酪发酵剂的种类　用于生产干酪的乳酸发酵剂，随干酪种类而异。最主要的菌种有乳酸链球菌、乳油链球菌、干酪杆菌、丁二酮链球菌、嗜酸乳杆菌、保加利亚乳杆菌（德氏乳杆菌保加利亚亚种），以及噬柠檬酸明串珠菌等。通常选取其中两种以上的乳酸菌配成混合发酵剂，加入到杀菌乳中。

（3）发酵剂的加入方法　首先应根据制品的质量和特征，选择合适的发酵剂种类和组成。取原料乳量 1%~2%作发酵剂，边搅拌边加入，并在 30~32℃条件下充分搅拌 3~5min。为了促进凝固和正常成熟，加入发酵剂后应进行短时间的发酵，以保证乳酸菌的数量，此过程为预酸化。经 10~15min 的预酸化后，取样测定酸度，酸度为 0.18%~0.22%。

3. 加入添加剂

为了改善凝固性能，提高产品质量，可在 100kg 原料乳中添加 5~20g 的 $CaCl_2$（先配成 10%的溶液），改变盐类平衡，促进凝块的形成。为了使产品的色泽一致，需在原料乳中加胡萝卜素等色素物质，现多使用胭脂树橙的碳酸钠抽出液，通常每 1000kg 原料乳中加 30~60g。为防止和抑制产气菌，可同时加入适量的硝酸盐。

4. 酸度调整

添加发酵剂并经 30~60min 发酵后，酸度为 0.18%~0.22%，但该发酵酸度很难控制。为使干酪成品质量一致，可用 1mol/L 的盐酸调整酸度，一般调整酸度到 0.21%左右。具体的酸度值应根据干酪的品种而定。

5. 添加凝乳酶

通常按凝乳酶效价和原料乳的量计算凝乳酶的用量。用 1%的食盐水将酶配成溶液，并在 28~32℃下保温 30min。然后加入到乳中，充分搅拌均匀（2~3min）。

6. 凝块切割

用刀在达到适当硬度的凝乳表面切割深为 2cm 长 5cm 的切口，称其为凝块切割。

7. 凝块的搅拌及二次加温

开始操作时注意动作轻稳，防止将凝块碰碎。经过 15min 后，搅拌速度可加快。与此同时，在干酪槽的夹层中通入热水，使温度逐渐升高。升温的速度应严格控制，初始时每3~5min升高1℃，当温度升至35℃时，则每隔3min升高1℃。当温度达到最终要求（具体由干酪品种而定）时，停止加热并维持一段时间，并不停地搅拌。

8. 排除乳清

在搅拌升温的后期，乳清酸度为0.17%~0.18%时，凝块收缩至原来的一半大小，这时可根据经验用手检查凝乳颗粒的硬度和弹性以决定是否马上排出乳清。此时应将干酪粒堆积在干酪槽的两侧，以促进乳清的进一步排出。

9. 堆酿

乳清排除后，将干酪粒堆积在干酪槽的一端或专用的堆积槽中，上面用带孔不锈钢板压5~10min，压出乳清使其成块，这一过程即为堆酿。

10. 成型压榨

将堆积后的干酪块切成方砖形或小立方体，装入成型器中进行压榨。压榨结束后，从成型器中取出的干酪称为生干酪。

11. 加盐

加盐可以改进干酪的风味组织和外观，延缓乳酸发酵的进行，抑制腐败微生物的生长，同时排出内部乳清或水分，增加干酪硬度。加盐的量应按成品的含盐量确定，一般在1%~3%。加盐的方法有三种。

（1）干盐法　在定型压榨前，将所需的食盐撒布在干酪粒中，或者将食盐涂布于生干酪表面。

（2）湿盐法　将压榨后的生干酪浸于盐水池中腌制，盐水浓度第1~2d为17%~18%，以后保持20%~23%的浓度。为了防止干酪内部产生气体，盐水浓度应控制在8℃左右，浸盐时间4~6d。

（3）混合法　是指在定型压榨后先涂布食盐，过一段时间后再浸入食盐水中的方法。

12. 干酪的成熟

将生鲜干酪置于一定温度（10~12℃）和湿度（相对湿度85%~90%）条件下，经一定时期（3~6个月）。干酪的成熟通常在成熟室内，成熟时低温比高温好，一般为5~15℃；成熟硬质和半硬质干酪相对湿度为85%~95%，而软质干酪及霉菌成熟干酪需20~30d。

13. 上色挂蜡

为了防止霉菌生长和增加美观，将前期成熟后的干酪清洗干净后，用食用色素染成红色（也有不染色的）。待色素完全干燥后，在160℃的石蜡中进行挂蜡。为了食用方便和防止形成干酪皮，现多采用食用塑料膜进行热缩密封或真空包装。

第三节　融化干酪

将同一种类或不同种类的两种以上的天然干酪，经粉碎、加乳化剂、加热搅拌、分乳化、浇灌包装而制成的产品，称为融化干酪，又称再制干酪。

(一)融化干酪的生产工艺

融化干酪的生产工艺如图 7-5-3 所示。

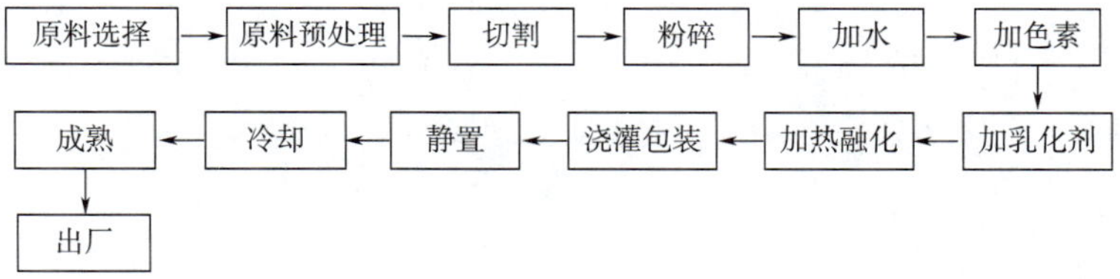

图 7-5-3　融化干酪的生产工艺

其中，融化、乳化是融化干酪的关键过程。在熔融釜中加入适量的水，通常为原料干酪重的 5%~10%。成品的含水量为 40%~55%，但还应防止加水过多造成脂肪含量的下降，按配料要求加入适量的调味料、色素等，然后加入预处理粉碎后的原料干酪，开始向熔融釜的夹层中通入蒸汽进行加热。当温度达到 50℃左右，可以加入乳化剂，如磷酸钠、柠檬酸钠、偏磷酸钠和酒石酸钠等。

这些乳化剂可以单用，也可以混用。最后将温度升至 60~70℃，保温 20~30min，使原料干酪完全融化。加乳化剂后，如果需要调整酸度时，可以用乳酸、柠檬酸、乙酸等，也可以混合使用。磷酸盐能提高干酪的保水性，以形成光滑的组织状态；柠檬酸钠有保持颜色和风味的作用。乳化终了时，应检测水分、风味等，然后抽真空进行脱气。

(二)融化干酪的缺陷

1. 砂状结晶

砂状结晶中 98%是以磷酸三钙为主的混合磷酸盐。这种缺陷产生的原因是混入粉末乳化剂时分布不均匀，乳化时间短等。此外，当原料干酪的成熟度过高或蛋白质分解过度时，容易产生难溶的氨基酸结晶。因此，采取乳化剂全部溶解后再使用、乳化时间充分、乳化时搅拌均匀、追加成熟度低的干酪等措施可以克服这种缺陷。

2. 脂肪分离

表现为干酪表面有明显的油珠渗出，这与乳化时处理温度和时间有关，由长时间存放组织发生变化和过度低温贮放干酪冻结而引起。

3. 过硬或过软

过硬的主要原因是所用的原料干酪成熟度低，酪蛋白的分解少，补加水分少和 pH 过低，以及脂肪含量不足，熔融乳化不完全，乳化剂的配比不当；过软是由于原料干酪的成熟度、加水量、pH 及脂肪含量过高而产生的。

4. 膨胀和产生气孔

刚加工之后产生气孔，是由于乳化不足引起的，在保藏过程中产生了气孔及膨胀，其原因是污染了酪酸菌等产气菌。因此，应尽可能地使用高质量干酪作为原料，提高乳化温度，采用可靠的杀菌手段。

5. 产生异味

产生异味的主要原因是原料干酪质量差，加工工艺控制不严格，保藏措施不当。因此，在加工过程中，要保证不使用质量差的原料干酪，正确掌握工艺操作，成品在冷藏条件下保藏。

思考题

1. 简述牛乳的基本成分，牛乳的酸度如何表示？
2. 异常乳包括哪些？
3. 淡炼乳和甜炼乳在生产工艺中的相同点和不同点。
4. 分别写出灭菌乳和 UHT 乳的生产工艺流程并说出其不同之处。
5. 说明原料乳检测的项目，重点说明酒精试验的方法。
6. 说明酪蛋白的理化性质对于发酵乳制品的影响。
7. 论述婴儿配制乳粉的设计原理。
8. 简述提高全脂乳粉溶解度的措施。

主要参考文献

[1] 蔡长霞．绿色乳制品加工技术［M］．北京：中国环境科学出版社，2006.
[2] 曾寿瀛．现代乳与乳制品加工技术［M］．北京：中国农业出版社，2002.
[3] 郭本恒．乳品微生物学［M］．北京：中国轻工业出版社，2001.
[4] 张兰威．乳与乳制品工艺学［M］．北京：中国农业出版社，2016.
[5] 詹现璞．乳制品加工技术［M］．北京：中国科学技术出版社，2012.
[6] 顾瑞霞．乳与乳制品工艺学［M］．北京：中国计量出版社，2006.
[7] 王建．乳制品加工技术［M］．北京：中国社会出版社，2009.

第八篇
果蔬制品加工工艺

第一章 概述

CHAPTER 1

[学习指导]

本章应重点掌握果蔬采收与加工产品之间的关系；了解果蔬加工产品的分类。

第一节 果蔬制品的分类

目前，国内外果蔬加工产品主要有果蔬罐头、果蔬汁、脱水蔬菜、速冻果蔬、果蔬脆片、冻干果蔬、鲜切果蔬、功能型果蔬制品等。

1. 果蔬罐头

果蔬罐头是指以新鲜果蔬为原料，经过整理（去皮、去囊衣、切分等）、罐装、杀菌等加工处理后得到的罐藏果蔬产品。果蔬罐头食品是国际市场近百年来久盛不衰的大众食品，由于携带和食用方便，产品贮存时间长，企业能很好地调节市场和淡旺季节，因此，备受世界各国消费者的青睐。

2. 果蔬汁

果蔬汁是指以新鲜果蔬为原料，经过物理方法（如压榨、浸提等）提取得到的汁液。作为绿色健康食品的果蔬汁，一直受到消费者的追捧，世界范围的果蔬饮料消费总量在不断增加，果汁饮料、功能性饮料等越来越受到更多消费者的青睐。果蔬汁加工的品种有浓缩果汁、鲜榨果蔬汁、复合果蔬汁、果肉饮料等。

3. 脱水蔬菜

脱水蔬菜又称复水菜，是将新鲜蔬菜经过洗涤、烘干等加工制作，脱去蔬菜中大部分水分后而制成的一种干菜。蔬菜原有色泽和营养成分基本保持不变，既易于贮存和运输，又能有效地调节蔬菜生产淡旺季节。食用时只需将其浸入清水中即可复原，可基本保留蔬菜原来的色泽、营养和风味。

4. 速冻果蔬

速冻果蔬是将新鲜果蔬在-25℃以下迅速冻结，在-18℃或更低温度条件下贮藏运输，并可长期保存的一种果蔬产品。由于其加工的原料均为新鲜果蔬，速冻形成的冰晶小，可最大限度地保持天然食品原有的新鲜程度、色泽、风味及营养成分。

5. 果蔬脆片

果蔬脆片是将新鲜果蔬经真空油炸脱水等工艺生产的一种果蔬深加工产品。由于在加工过程中存在真空，使果蔬脱水时可以在相对较低的温度下进行，从而保证了食品的营养成分不受高温破坏。真空低温油炸脱水的特定工艺，使果蔬脆片以松脆的口感、天然成分、宜人的口味、丰富的营养，引起消费者的喜爱。

6. 冻干果蔬

冻干果蔬是将新鲜果蔬先进行冻结，再在真空条件下实现升华（冰直接变成气）脱水而获得的干制果蔬产品。冻干果蔬因是在低温和真空条件下生产的，所以具有极其优良的品质，形、色、味、营养成分都基本与鲜品相似，复水性好。冻干果蔬不需要冷藏，经密封包装后，可在常温下长期贮存、运输和销售。

7. 鲜切果蔬

鲜切果蔬是指新鲜蔬菜和水果原料经清洗、修整、鲜切等工序后用塑料薄膜袋或以塑料托盘盛装并外覆塑料膜包装，供消费者立即食用的一种新型果蔬加工产品。

8. 功能型果蔬制品

比较有代表性的功能型果蔬制品有复合保健浆果粉、营养酸橙粉、干燥李子酱、果蔬提取物补充剂、天然番茄复合物、水果低热量甜味料等。

9. 果蔬综合利用

果蔬深加工已成为国内外果蔬加工的发展趋势，在果蔬深加工过程中，往往有大量废弃物产生，如风落果、不合格果以及大量的下脚料，如果皮、果核、种子、叶、茎、花、根等，这些废弃物中含有较为丰富的营养成分，对这些废弃物加以利用即为果蔬的综合利用。

第二节　果蔬原料的加工特点

果蔬原料的种类和品种繁多，不同品种的果蔬原料理化性质不同，适宜的加工方法也各不相同。根据原料特性进行合理加工，是保证资源得到最有效利用的途径。优良产品的产生由加工品本身的制作要求和原料本身的特性共同决定。原料和加工制品的适用性如表 8-1-1 所示。

表 8-1-1　　加工制品和原料之间的关系

加工制品种类	加工原料特性	果蔬原料种类
果汁及果酒类产品	汁液丰富，容易取汁，可溶固形物高，酸度适宜，风味芳香独特，色泽良好及果胶含量少的种类和品种	葡萄、柑橘、苹果、梨、菠萝、番茄、黄瓜、芹菜、大蒜、胡萝卜等

续表

加工制品种类	加工原料特性	果蔬原料种类
干制品	干物质含量较高、水分含量较低、可食部分多、粗纤维少、风味及色泽好的种类和品种	大枣、花茶、山楂、龙眼、杏、胡萝卜、木耳及大部分食用菌等
罐藏、果脯、冷冻制品	质地紧密，可食用部分大，肉厚，糖酸比适当、色香味好的种类和品种	大多数果蔬均适合此类加工
果酱制品	果胶物质含量丰富、有机酸含量较高、风味和香气浓郁	草莓、山楂、杏等
蔬菜腌制品	水分含量低、干物质较多、肉质厚、有独特风味、粗纤维少	较好的腌制原料有芥菜类，根菜类，榨菜，黄瓜等

1. 果品的采收

果蔬原料的成熟度和采收期在后期加工处理过程中对产品质量有直接影响。一般来讲，果蔬的成熟度分为三个阶段，可采成熟度、加工成熟度（又称食用成熟度）和生理成熟度。

可采成熟度是指果实充分膨大长成，但风味还未达到顶点时，果实的状态。此时采收的果实，适宜贮运或者经成熟后方可达到加工要求。需要长期储存和运输的果实以及果脯类产品的原料如香蕉、苹果、桃等水果可以在此状态下采收。部分工厂为了延长加工期也常在此时采收果实，以备日后加工用。

加工成熟度是指果实已具备该品种应有的加工特性的状态，又可分为适当成熟与充分成熟。根据加工类别的不同，要求的成熟度也不同。如制造果汁类，要求原料充分成熟，色泽好且香味浓，糖酸比适中，榨汁容易，损耗低；制造干制品类，果实也要求充分成熟，否则会缺乏应有的果香味，制品质地坚硬，而且，有的果实若青绿色未褪尽，干制后会因仍含有叶绿素而分解变成暗褐色，影响外观品质；制造果脯、罐头类则要求原料成熟适当，主要因果胶物质较多，组织比较坚硬，可以经受高温煮制；果糕、果冻类加工时，要求原料具有适当的成熟度，其目的是利用果胶含量高，使制成品具有凝胶特性。

生理成熟度是指果实变软、过老化，营养价值降低的状态，一般称这个阶段为过熟。这种果实除了可被制成果汁和果酱外，一般不适宜加工为其他产品。

以上三种成熟度的范围和界限其实很难划分，但仍可参考这些范围，结合不同的目的、要求，确定果蔬的采收成熟度。

2. 蔬菜的采收

蔬菜供食用的器官不同，它们在田间生长发育过程变化很大，因此，选择恰当的采收期对加工至关重要。例如，蘑菇子实体生长到1.8~4.0cm时采收制作清水蘑菇罐头为优，过大、开伞后的蘑菇，菌柄空心，外观欠佳，只可制作干制蘑菇。金针菇以花蕾充分膨大还未开放时生产罐头和干制品为优，花蕾开放后，易折断，品质变劣。

青豌豆、菜豆等罐头用原料，以初熟期采收为宜。青豌豆开花后17~18d采收品质最好，糖分含量高，膳食纤维少，表皮柔嫩，制成的罐头甜、嫩、不混汤。如采收过早，果实发育不充分，难于加工，产量也低；若选择在成熟期后采收，则籽粒已变老，糖类转化成淀粉，失去了加工的价值。

青菜头、萝卜和胡萝卜等要充分膨胀大，在尚未抽薹时采收为宜，此时的原料膳食纤维少；过老者，其组织会木质化或出现糠心，不适宜鲜食。马铃薯、藕富含淀粉，以地上茎开始枯萎时采收为宜，此时淀粉含量较高。

叶菜类与大部分果实类不同，一般要在生长期采收，此时膳食纤维少，品质好。对于某些果菜类如进行酱腌的黄瓜，则要求选择幼嫩的乳黄瓜或小黄瓜进行采摘。

3. 原料的新鲜度

原料越新鲜，加工的品质越好，损耗率也越低。果品蔬菜多属易腐产品，因此，从采收到加工过程应尽量缩短时间。大部分果蔬原料贮存期短、易破损、易被微生物感染，在采收、运输过程中，易出现机械损伤。因此，加工需及时，否则会造成原料严重腐烂，损耗增加，将影响企业的经济效益。

应采取一切措施缩短从采收到加工的时间，如玉米、豌豆、青刀豆及叶菜类采收后最好立即进行预冷处理；蘑菇等食用菌要腌渍保藏；桃子、李子、番茄、苹果等最好用冷藏库贮存。在采收、运输过程中也要注意减少机械损伤、日晒、雨淋及冻伤等，以保证原料的新鲜度。

思考题

1. 简述果蔬加工产品分为哪些种类。
2. 简述果蔬成熟度与加工的关系。
3. 简述原料的新鲜度与加工的关系。

第二章 果蔬速冻

CHAPTER 2

[学习指导]

本章应重点掌握速冻对果蔬的影响机制，了解冷冻引起果蔬发生的物理和化学变化，了解解冻对速冻果蔬品质的影响，掌握速冻生产的一般工艺。

果蔬速冻就是将经过处理的果蔬原料用快速冷冻的方法使水分变成固态冰晶结构，并在低温条件下（通常-20～-18℃）保存的过程。果蔬速冻有利于抑制果蔬内部的理化指标变化和微生物的破坏作用，从而使其得以较长期保藏。果蔬速冻比其他加工方法更能保持新鲜果蔬原有的色泽、风味和营养价值，是现代先进的加工方法。在商品供应上一般以速冻蔬菜为主。

第一节 果蔬速冻工艺

近年来，我国的果蔬速冻工艺技术有了许多重大发展。首先是速冻果蔬的包装形式由整体的大包装转向经过加工鲜切处理的小包装；其次是冻结方式开始广泛使用以空气为介质的吹风式冻结装置、管架冻结装置、可连续生产的冻结装置、流态化冻结装置等，使冻结温度更加均匀，生产效益更高；再次是作为冷源的制冷装置也有新的突破，如利用液态氮、液态二氧化碳等直接喷洒冻结，使冻结的温度显著降低，冻结速度大幅度提高，使速冻果蔬的质量全面提升。在速冻设备方面，我国已开发出螺旋式速冻机、流态化速冻机等设备，能满足国内速冻行业的部分需求。

一、速冻果蔬的生产工艺

1. 工艺流程

原料选择→采收运输→整理（清洗、挑选、整理、切分）→烫漂或浸渍→冷却→沥水→装盘（或直接进入传送网带）→预冷→速冻→包装→冻藏→运输、销售

2. 操作要点

（1）原料选择　要求原料品种优良，成熟度适当，规格整齐，无农药和微生物污染等。原料品质是决定速冻果蔬品质的重要因素，因此，要注意选择适宜速冻加工的品种。水果、蔬菜品种不同，对冷冻的承受能力也有差别。一般含水分和纤维多的品种，对冷冻的适应能力较差，而含水分少、淀粉多的品种，对冷冻的适应能力较强。

（2）采收运输　采收原料要细致，避免受机械损伤。蔬菜采收后应立即运往加工地点，在运输中要避免剧烈颠簸，防日晒雨淋。

（3）原料整理　蔬菜原料应当日采摘、当日加工，必要时可采用冷藏保鲜，但时间不宜过长，以免鲜度减退或果蔬变质。为避免微生物污染，应加速处理，并在各个环节多加注意。原料应充分清洗干净，加工所用的冷却水要经过消毒，工作人员、工具、设备、场所的清洁卫生的标准要求要高，加工车间要有隔离措施。速冻果蔬属于方便食品，加工过程中并没有充分的灭菌措施，因此，微生物检测指标要求较严格。挑选原料时应剔除病虫害、机械伤、成熟度过高或过低的原料。有些品种需要去皮、去核、去筋等及适当切分（有些品种也可以整个加工）。为防止原料在去皮或切分后变色，可用清水浸泡或浸泡在含 0.2%亚硫酸氢钠、1%食盐、0.5%的柠檬酸溶液中。速冻后会减弱果蔬的脆性，可以将原料浸入 0.5%～1%的碳酸钙（或氯化钙）溶液中，浸泡 10～20min，以增加其硬度和脆性。有些蔬菜如花椰菜、西蓝花、菜豆、豆角等，要在 2%～3%的盐水中浸泡 15～30min，以驱出内部的小虫，浸泡后应再漂洗。盐水与原料的质量比不低于 2∶1，浸泡时随时调整盐水浓度，若浓度太低，则幼虫不能被驱逐出来；若浓度太高，虫会被腌死。

（4）烫漂　一般用于速冻蔬菜，主要目的是钝化酶的活性。常用的热烫方法有沸水法和蒸汽法两种，温度为 95～100℃，热烫过程中要保持水温稳定。为提高护色效果，沸水热烫还可加入 0.2%的碳酸氢钠（绿色蔬菜如青豆荚）或 0.1%柠檬酸（浅色蔬菜如马铃薯）等。热烫时间可根据果蔬种类、形状、大小等而定，以钝化酶的活性为目的，尽量缩短时间（通常为 2～5min，也有的只有几秒钟）。原料热烫后应迅速冷却，一般有水冷和空气冷却方法，可以用浸泡、喷淋、吹风等方式进行冷却。最好能冷却至 5～10℃，最高不应超过 20℃。经过烫漂和冷却的原料带有水分，可采用振动筛或离心机脱水，沥干水分，以免产品在冻结时黏结成堆。

（5）浸渍糖液　考虑到热烫对速冻水果品质的影响，可采用浸渍糖液，并添加柠檬酸、抗坏血酸或异抗坏血酸的方法，抑制酶的活性，防止产品变色和氧化。也可以采用拌干糖粉的办法，不同品种水果的加糖量不同，一般控制在 30%～50%，柠檬酸为 0.3%～0.5%，抗坏血酸或抗坏血酸为 0.1%左右。

（6）预冷与速冻　经过前处理的原料，可预冷至 0℃，这样有利于加快冻结。许多速冻装置设有预冷设施，或者在进入速冻前先在其他冷库预冷，然后陆续进入冻结状态。冻结速度往往由于果蔬品种不同、块形大小、堆料厚度、入冻时品温、冻结温度等不同而有差异，必须在工艺条件上及工序安排上紧凑配合。经过前处理的果蔬应尽快进行冻结，速冻温度在 -35～-30℃，风速应保持在 3～5m/s，这样才能保证冻结以最短的时间（<30min）通过最大冰晶生成区，使冻品的中心温度尽快达到-18～-15℃。只有这样才能使 90%以上的水分在原来位置上结成细小冰晶，均匀分布在细胞内，从而获得品质新鲜、营养和色泽保存良好的速冻果蔬。

(7) 包装 冻结后的产品经包装后入库冻藏，可加快冻结速度，多数果蔬冻品采用先冻结后包装的方式。但有些产品如叶菜类为避免破碎可采用先包装后冻结的方式。包装前，应按批次进行质量检查及微生物指标检测。为防止产品氧化褐变和干耗，在包装前应对某些产品如蘑菇应镀冰衣，即将产品倒入水温低于5℃的镀冰槽内，入水后迅速捞出，使产品外层镀包一层薄薄的冰衣。速冻果蔬的包装有大、中、小各种形式，包装材料有纸、玻璃纸、聚乙烯薄膜（或硬塑）及铝箔等。为避免产品干耗、氧化、污染，可采用透气性能低的包装材料，还可以采用抽真空包装或抽气充氮包装，此外，还应有外包装（大多用纸箱），每件重10~15kg。包装大小可按消费需求而定，半成品或厨房用料产品，可用大包装。家庭用及方便食品要用小包装（袋、小托盘、盒、杯等）。分装应保证在低温下进行。工序要安排紧凑，在最短时间内完成，再重新入库。一般冻品在-4~-2℃时，即会发生重结晶，所以应在-5℃以下包装。

(8) 冻藏 速冻果蔬的长期贮存，要求将贮藏温度控制在-18℃以下，冻藏过程应保持稳定的温度和相对湿度。若在冻藏过程中库温上下波动，会导致重结晶，增大冰晶体，这些大的冰晶体对果蔬组织细胞的机械损伤更大，解冻后产品的汁液流失增多，严重影响产品品质。注意不应与其他有异味的食品混藏，最好采用专库贮藏。速冻果蔬产品的冻藏期一般可达10~12月，如贮藏条件好的可达2年。

(9) 运输销售 在运输时，要应用有制冷及保温装置的汽车、火车、船、集装箱等专用设施，运输时间长的要将温度控制在-18℃以下，销售时也应有低温货架或货柜。整个商品的供应程序采用“冷冻链”系统，使冻藏、运输、销售及家庭贮存始终处于-18℃以下，以保证速冻果蔬的品质。

二、速冻果蔬产品品质控制

速冻果蔬的产品品质是否良好，与加工过程的各个环节有直接关系，其主要影响因素有原料品质、速冻前的加工处理工艺、速冻过程中影响品质的各种因素及速冻后的冻藏、运输、销售及家庭贮存等环节。

1. 原料品质

一般原料的初始品质越好，新鲜度越高，其冻结加工后的产品品质也就越好。对于果蔬类食品，采摘期、采摘方式、虫害、农药及成熟度等是影响果蔬初始品质的主要因素。果蔬的收获时间过早或过晚、虫害和农药污染严重、采摘时造成机械损伤等都不利于冻结加工后的产品品质。

2. 加工处理

果蔬速冻加工处理包括原料挑选、整理、清洗、切分、漂烫、冷却、冻结等环节。对每一环节必须认真操作，任何操作不当都会影响冻结品质，如在挑选、整理原料时，不能食用的部分是否可剔除，大小是否均匀；清洗是否符合卫生标准；切分是否整齐；漂烫时间、温度是否达到要求；冷却温度的高低及冻结前需要包装的食品，其包装是否严密等。

酶的活性对于果蔬类食品的冻结及冻藏品质的影响尤为重要，不经过漂烫直接进行冷冻不可能完全使其失活。为了使酶失活，对具体的果蔬品种应控制其相应的漂烫时间及温度。个别品种因工艺要求也可不经漂烫而被直接冻结。由于国外消费者对头发、小金属片、小虫之类等杂质非常敏感，因此，外商对速冻产品的杂质控制较严格。预处理工序是操作人员与原料接触最频繁的环节，要求操作人员进入车间前要戴帽子（罩住所有头发），穿好工作服，洗手消毒，并通过风淋，吹去附着在身上的毛发。产品中混进的小金属片可通过专用金属探测仪检测。车间可采用电子杀虫器驱虫。冻结速度是影响速冻果蔬品质的关键因素，冻结速度越快，产品品质越好。提高冻结速度的工艺措施有：①冻结前尽量降低初温和沥干水分；②尽量降低冻结温度和提高风速；③尽可能切分和减少堆放厚度；④采用单体冻结（IQF）。

3. 包装

包装材料的选择，最重要的是尽量降低水蒸气和气体的透过性（水蒸气的透过性是由于冻结时，果蔬中的水分逸散到空气中而产生干耗；气体透过性是由于空气的接触而使产品氧化）；其次是在低温时，包装材料的物理耐冲击性要强。在低温时，包装材料变脆，易受物理冲击而破损，失去包装效果。另外，包装袋内部的空隙越大，果蔬的干耗就越高，氧化就越严重，所以，最好采用真空包装，使包装材料紧贴产品。如果是冻结前包装，则应留适量空隙，以防果蔬冻结后产品体积膨胀而胀破包装袋。

4. 冻藏的温度和时间

速冻果蔬的早期品质是优良的，但经过各个环节到达消费者手中时，最终的产品品质会有差异。在冻藏中，产品品质会发生变化，其变化大小主要取决于冻藏的温度和时间，冻藏温度越低，品质变化越小；在相同温度下，冻藏期越长，变化越大，品质越差。

通过大量试验及生产总结，速冻果蔬从生产、贮存至流通，其品质优劣主要是由“早期质量”与“最终质量”来决定的。

早期质量得出称为“P. P. P”的概念，即原料（product）、加工处理（processing）和包装（package），就是说早期质量是由原料鲜度、冻结前的预处理、速冻条件和包装等因素决定的。

最终质量则称为“T. T. T”概念，即温度（temperature）、时间（time）、容许限度（tolerance），就是说速冻果蔬产品的早期质量虽好，但要经过各个流通环节才能到达消费者手中，最终质量还要取决于贮运温度与冻藏期的长短。

从以上两个概念可知，速冻与冻藏是获得贮存期长且品质优良的速冻商品的关键环节。任何一个环节出现问题都不会得到高品质的产品。因此，采用优质的原料、科学的加工处理和贮藏、良好的包装材料，才能获得优质的速冻果蔬产品。

危害分析与关键控制点（HACCP）是一个保证食品安全的预防性技术管理体系。它运用食品工艺学、微生物学、化学和物理学、质量控制和危险性评估等方面的原理和方法，对整个食品链，即原料的种植、收获、加工、流通和消费过程中实际存在和潜在的危害进行危险性评估，找出涉及最终产品品质的关键控制点，并采用相应的预防措施，在危害发生前就对其进行控制，从而使产品具有较高的安全性。因此，为保证速冻果蔬产品品质，最好能实施 HACCP 质量管理体系。

三、解冻对速冻果蔬品质的影响

解冻是速冻果蔬在食用前或进一步加工前的必经步骤。对于小包装的速冻蔬菜和水果，家庭中常用结合烹调和自然条件下融化两种典型的解冻方式。解冻过程对于加工原料来说，不仅直接关系到解冻原料的组织结构，而且对加工后产品的品质和风味等都有直接影响。

解冻是指冻结时食品中形成的冰晶还原融化成水的过程，可视为冻结的逆过程。一般解冻食品在-5~0℃停留的时间长，会使食品变色、产生异味，所以解冻时希望产品能快速通过此温度带。解冻终温由解冻食品的用途所决定，用作加工原料的冻品，半解冻即至中心温度达-5℃就可以了，以能用刀切割为准，此时汁液流失也少。一般解冻介质的温度不宜过高，以不超过15℃为宜。通常，低温缓慢解冻比高温快速解冻时汁液流失少，但蔬菜和调理冷冻食品的快速解冻比缓慢解冻要好。速冻蔬菜的食用方法与新鲜蔬菜基本相同，可根据蔬菜品种和食用习惯稍加解冻，即可进行烹调。速冻水果一般在解冻后即可食用，浆果类水果大多用于糕点、冰淇淋、果酱或蜜饯的生产，这些水果虽然经过冷冻加工，但其品质变化不大。

第二节　果蔬速冻生产实例

一、草　　莓

草莓浆果柔软多汁，味美爽口，适合速冻保鲜贮藏。草莓速冻后，可以保持原有的色、香、味，既便于贮藏，又便于外销。速冻草莓通常可贮藏18个月，具有良好的市场前景。

1. 工艺流程

选料→清洗→装盒、加糖（草莓：糖=2：1）→速冻（-40~-30℃）→包装

2. 操作要点

（1）原料的挑选、清洗　选择新鲜、果面呈红色或浅红色，果实整齐、成熟一致的草莓，剔除不合格的果实。然后将果实倒入水槽中，用自来水缓缓冲洗，以除去果叶及泥沙等杂质。注意洗果时间不能太长，以15~20min为宜，防止变质变味。捞出后应认真检查。

（2）装盒、加糖　清洗后的草莓应被迅速装入盒或桶中，并加入干糖（干糖中先加入适量的抗坏血酸，混合均匀），草莓与糖的比例为2：1。拌匀后送入速冻装置进行速冻。

（3）速冻、冷藏　将装盒加糖后的草莓送入速冻间速冻，在-40~-30℃条件下速冻20min，使中心温度下降到-18℃。草莓速冻多采用流态化冻结法，采用这种方法冻结的草莓应该立即装盒或者包装，在-18℃冷藏库中保存。冷藏时要使用专用库，不能与肉、鱼或者有异味的蔬菜等食品共用一个冷库。

二、荔　　枝

荔枝原产于我国，是亚热带名贵水果，色美、味香、营养丰富，主要产地为广东、福建，荔枝采收的季节气候炎热，采后极易腐烂变质，是最难储藏的果品之一。目前，荔枝主要采用15℃下气调的中短期贮存和低温速冻后的长期贮存结合，速冻贮存为主要保存方式。

1. 工艺流程

原料→验收与挑选→清洗→护色→速冻→包装→检验

2. 操作要点

（1）原料验收与挑选　选择供速冻加工的荔枝在成熟度八至九成时采收，果皮呈鲜红色

或暗红色，果实饱满，果肉洁白，肉质致密，嫩脆，味甜微酸，香气浓郁。原料进厂后，应仔细挑选，剔除有病虫害、腐烂、破裂、褐变、未熟、过熟以及直径大小不合格的果实。

（2）清洗、消毒　将经验收符合规格及质量要求的果实，倒入流动水中洗去果皮黏附着的泥沙杂质等，再放入0.1%高锰酸钾溶液中浸泡3~5min，然后用流动水冲洗干净。

（3）护色　多采用硫处理护色，方法是用2%亚硫酸钠、1%柠檬酸和2%氯化钠溶液浸果2min后，进一步吹风降温，并使果皮干爽，而后立即速冻。

（4）速冻　荔枝在冷冻过程中，果实的组织结构会受到影响，荔枝细胞膜中的胶体溶液因出现不可逆的脱水而使其改变渗透性和弹性。解冻后失去坚实度，呈泥软状态。还有的在冻结过程中失去水分，解冻后水分不能全部被吸收，致使果实失去新鲜多汁的风味。

（5）包装　包装必须在-5℃下低温环境中进行，温度在-4~-1℃时，速冻荔枝会发生重结晶现象，极大地降低了速冻荔枝的品质。包装材料在包装前必须在-10℃以下低温间预冷，内包装可用耐低压、透气性差、不透水、无异味、无毒性、厚度为0.06~0.08mm聚乙烯袋，有条件的可采用真空包装。

外包装用瓦楞纸箱，每箱净重10kg，纸箱外面必须涂油，内衬清洁蜡纸，外用胶带纸封口。

（6）检验　对每批次生产的速冻荔枝，需随机抽样检验，抽样数量按中华人民共和国国家标准进行，待检样品应随机抽取。检验包括感官检验、卫生检验及理化检验。

（7）冷藏　将检验符合质量标准的速冻荔枝迅速放入冷藏库中冷藏，冷藏温度-20~-18℃，温度波动范围应尽可能小，一般控制在±1℃。速冻荔枝冷藏时应存入专用库。

三、菜　　花

菜花属十字花科芸薹属，又称花菜。菜花营养十分丰富，含有蛋白质、脂肪、碳水化合物、膳食纤维、多种维生素和钙、磷、铁等矿物质。

1. 工艺流程

原料处理→清洗→烫漂冷却→速冻→包装→成品冷藏

2. 操作要点

（1）原料预处理　选择新鲜优质菜花作原料。对原料要求外形完好，茁壮丰满，大小整齐，保持鲜菜本色，表面有蜡质光泽；菜的组织结构紧密，无破损，质地脆嫩，含纤维少、糖分多；蔬菜成熟度70%~90%为佳，尽量缩短从收获到加工的时间，防止过熟变软；无病虫害及腐烂现象，严禁选用次菜加工。原料进厂首先经过品管部检验，检验达到标准方能投入生产。应对检验合格的产品进行预处理，人工挑选出不合格产品，将合格产品集中进行清洗。

（2）清洗　清洗主要是除去原料表面附着的灰尘、泥沙、异物、微生物及部分残留农药，以保证产品的清洁卫生。

（3）烫漂冷却　烫漂冷却是速冻菜花生产的重要环节。烫漂目的：①破坏菜花中过氧化酶的活性，防止在冻结、冷藏过程中产生黄色和出现异味，以保持菜花的营养成分；②杀灭原料表面的微生物、虫卵；③减少农药残留；④除去细胞组织内部的空气和水分，使产品组织柔软，体积缩小，利于产品包装，可提高成品品质。操作过程中烫漂时间及温度对产品有很大影响。烫漂温度95℃以上，时间80~120s，烫漂后应迅速冷却，冷却至品温为5~

10℃，最好使用5℃的冷却水，冷却要彻底。

（4）速冻　菜花冻结温度在-35℃以下，以保证冻品不黏块，冻结良好。冻品中心温度在-18℃以下。冻结中途不得频繁进出货，否则会导致跑冷多，温度波动大，延长冻结时间，造成慢冻，影响产品品质。

（5）包装　速冻后必须在低温（-5℃）包装车间内装袋、称重，并通过金属检测器检查，然后封口、装箱等。装箱时，剔除破碎、变形、变色等不良品。装袋量要足，不得出现负误差。袋口须封紧，不能出现褶皱、歪斜、开口等现象。包装材料的选择：内包装必须是无毒、无味、耐低温、透气性低的0.06~0.08mm聚乙烯薄膜袋；外包装用双瓦楞纸箱，表面涂防潮油层，内衬一层清洁蜡纸。

（6）成品冷藏　速冻的菜花必须在专用冷藏库内贮藏，不能与其他蔬菜混存，以免引起污染，影响菜花的风味和口感。冷藏温度和冻结温度基本保持恒定，温度的波动幅度为±1℃。如温度波动太大，会使菜花细胞中原来快速冻结所形成的微小冰晶体，在温度上升时反复溶化而重结晶，破坏微小冰晶体的结构，慢慢形成大的冰晶体，使产品品质下降。冷藏库的相对湿度控制在95%~100%，变动幅度在5%以内。

思考题

1. 冷冻过程可导致果蔬发生哪些物理变化?
2. 冷冻过程中果蔬会发生哪些化学变化?
3. 冷冻对果蔬中酶的活性有哪些影响?
4. 简述冷冻对微生物的影响。
5. 解冻对速冻果蔬品质有哪些影响?

第三章 果蔬干制

CHAPTER 3

[学习指导]

本章应重点掌握果蔬干制的方法和操作要点。

第一节 概　　述

果蔬的干制在我国历史悠久。古代人们利用日晒进行自然干制，大大延长了果蔬的保藏期。随着社会的进步、科技的发展，人工干制技术也有了较快发展，从技术、设备、工艺上都日趋完善。尽管如此，自然干制技术在某些产品上仍有用武之地，特别是我国地域广，经济发展不平衡，自然干制在近期仍占重要地位。在甘肃、新疆等地，由于气候干燥，采用自然干制法加工的葡萄干，不仅质量好，而且成本低。还有一些落后山区对野菜的干制仍采用自然干制法。

果蔬干制是指脱出一定水分，而将可溶性物质的浓度提高到微生物难以利用的程度，同时保持果蔬原来风味的果蔬加工方法。制品通常是果干或菜干，它是一种既经济而又大众化的加工方法，其优点有以下几点。

（1）干制设备可简可繁，简易的生产技术较易被掌握，生产成本低，可就地取材，就地加工。

（2）干制品水分含量少，若有包装，则容易保存，而且体积小、重量轻、携带方便，容易进行运输与贮藏。

（3）由于干制技术的提高，干制的果蔬品质量已有显著改进，食用方便。

（4）可以调节果蔬生产淡旺季，有利于解决果蔬终年供应问题。

综上所述，干制果蔬品对勘测、航海、旅游、军需等方面都具有重要意义。

第二节　果蔬干制工艺

一、原料处理

要获得品质优良的干制品，减少原料消耗，降低生产成本，必须注意原料的选择和处理。果蔬干制对原料的要求：果品干物质含量高，纤维素含量低，风味好，核小皮薄；蔬菜原料要求肉质厚，组织致密，粗纤维少，新鲜饱满，色泽好，废弃部分少。

大部分果蔬均可进行干制，只有少数种类由于化学成分或组织结构的关系不适宜干制：如芦笋干制后会失去脆嫩品质；黄瓜干制后会失去柔嫩松脆的质地；番茄除可用喷雾干燥法制造番茄粉外，因水分含量高，在加工过程中汁液损失较大，成品吸湿性又很强，容易变质，不宜用一般方法进行干制。

果蔬种类和品种繁多，在原料选择和处理方面有不同的要求，表8-3-1是对几种果蔬干制原料的要求和处理方法。

表8-3-1　不同果蔬干制原料的要求和处理方法

果蔬名称	原料要求	原料处理	适宜干制的品种
苹果	果型中等，肉质致密、皮薄，单宁含量少，干物质含量高，充分成熟	去皮、去籽巢，切分（片或丁），熏硫10～20min，漂烫2～4min，再熏硫3～5h	金帅、国光、秦冠等
梨	肉质柔韧细嫩，细胞少，含糖量高，香气浓，果心小	切成两半，去籽巢，漂烫15～25min，在SO_2为3%的熏室中熏3～5h	巴梨、香梨、茄梨等
桃	果型大的离核种，含糖量高，纤维素少，肉质细密而少汁液，果肉金黄色具香气的为佳，以充分成熟为宜	切半，去核，在1.0%～2.5% NaOH热碱液中30～60s去皮，冲洗，烫漂5min，熏硫1h	黄甘桃等
柿	果型大，圆形、无沟纹、肉质致密，含糖量高。核小或无核品种，充分成熟，色变红但肉坚实而不软时采收	脱涩，去皮，去萼片，最好切分为两半	牛心柿、尖柿等
枣	皮薄，肉质肥厚致密，含糖量高，核小	挑选分级，沸水烫漂5～10min	金丝小枣、义乌大枣等
葡萄	皮薄，肉质柔软，含糖量在20%以上，无核，充分成熟	挑选，用1.5%～4%NaOH液处理1～5s，薄皮品种可用0.5%NaOH处理3～6s冲洗干净	无核葡萄、秋马奶子等

续表

果蔬名称	原料要求	原料处理	适宜干制的品种
杏	果型大，颜色深浓，含糖量高水分少，纤维少，有香气，充分成熟	切半、去核，切面向上摆入供盘中熏硫 3～4h，有的在熏硫前用3%的盐水喷洒	铁吧嗒，荥阳大梅等
甘蓝	结球大，紧密，皱叶，心部小，干物质含量不低于9%，糖分不少于4.5%	除去外叶及短缩茎，切成宽 3～5mm 的细条。用0.2%亚硫酸盐溶液漂烫 2～3min，沥干水分	大平头、尖头种皱叶甘蓝等
洋葱	中或大型鳞茎，结构紧密，颈部细小，肉色为均匀的白色或淡黄色，青皮少或无，无心腐病及机械伤，辛辣味强，干物质不低于14%	洗净，除去外部鳞片，切成厚 3～5mm 的片块	南京黄皮、天津黄皮、南港白球等
马铃薯	块节大，圆形或椭圆形，表皮薄，芽眼浅而少，肉色白或淡黄色，干物质不低于21%，其中淀粉含量不超过18%，干制品复水率不低于3倍	清洗去皮，在80～100℃水中烫漂 10～20min，成片条或块，用0.3%～1.0%亚硫酸盐溶液处理 2～3min	白玫瑰、青山、卵圆、爱尔兰等
胡萝卜	中等大小，钝头，表面光滑，少须根，皮肉均呈橙红色，心髓部不明显，成熟充分而未木质化，胡萝卜素含量高，干物质含量不低于11%，糖分不低于4%	剥去叶簇，洗净、去皮，切分为条、片、块，蒸汽热烫 5～6min	大将军、无敌、长橙等
番茄	用喷雾干燥法制粉，果型大小无一定要求，以较大者为好，果皮红色，果肉色深，肉质厚，种腔小，种子少，含固形物3%～4%	洗净去皮或不去皮，切片厚 5～7mm，熏硫 20～30min 或用亚硫酸盐处理	粉红甜肉，早雀钻、特罗皮克等
南瓜	老熟南瓜，表面光滑，皮较硬，肉质呈橘红色，固形物含量高	对切、去皮，去瓢和种子，切片或刨丝，烫漂 10～25min，熏硫 20～30min	大磨盘、骆碗脖等
金针菜	花蕾大，黄色或橙黄色，待花蕾充分发育未开放时采摘，含糖量10%以上，含水量低	采摘后立即烫漂 20～25min 沥干水分，熏硫 20～30min	荆州花，茶子花，大乌嘴等
菜豆	长7cm 以上，鲜嫩，青绿色，肉质肥厚无荚，肉种子未形成或仅具雏形，干物质含量不低于85%，糖分不低于2%	豆荚洗净、切成 20～30mm 的片段，除去不良部分，沸水烫漂 5～10min，沥干水分	蓝湖，嫩绿，大型无筋等

续表

果蔬名称	原料要求	原料处理	适宜干制的品种
食用菌	菇面直径为3~5cm以下，肉厚，白色不带韧性，菌伞边缘向内卷略具菌褶或不具菌褶	洗净、挑选分级，整理，用0.03%~0.05%的焦亚硫酸钠溶液处理，漂烫8~10min沥干水分	猴头、毛木耳、香菇等

二、干制方法

食品干制方法分为天然干燥法和自然干燥法两类。天然干燥法是利用太阳的辐射使食品中的水分蒸发出去，或者利用寒冷天气使食品中的水分冻结，再通过冻融循环而除去食品中水分的干燥方法。人工干燥法则是利用特殊的装置调节干制工艺条件，使食品的水分脱除的干燥方法。人工干燥方法依热交换方式和水分除去方式不同，又可分成常压对流干燥法、真空干燥法、辐射干燥法和冷冻干燥法等。

1. 自然干制

自然干制法包括晒干和风干等自然方法。

晒干是指直接利用太阳光的辐射能进行干燥的过程。风干是指利用湿物料的平衡水蒸气压与空气中的水蒸气压的压差进行脱水干燥的过程。晒干过程中通常包含风干作用。

晒干过程物料的温度低于或等于空气温度，炎热干燥和通风良好的气候环境条件适宜晒干。晒干和风干方法可用于固态食品物料的干燥（如果、蔬、鱼、肉），尤其适于以湿润水分为主的物料的干燥（如粮谷类等）。

食品晒干可采用悬挂架式，或用竹、木制成的晒盘、晒席作为干燥支撑物。物料不宜直接铺在场地上晾晒应保证食品的卫生品质。晒干需要较多场地，场地宜选在向阳，光照时间长，通风位置并远离家畜厩棚、垃圾堆和养蜂场的地方，场地应便于排水，以防止灰尘及其他污染。

为加速并保证食品均匀干燥，晒干时应注意控制物料层厚度。物料层不宜过厚，并注意定期翻动物料。晒干时间随食品物料的种类和气候条件而异，一般为2~3d，长则10多天，甚至更长的时间。

2. 人工干制

人工干制方法是利用特殊的装置来调节干燥工艺条件，去除食品中水分的干燥方法。按其干燥原理、工艺、流程，大致分为空气对流干燥、接触干燥、冷冻干燥以及利用辐射能干燥。

第三节　干制果蔬生产实例

果蔬原料种类繁多，干制方法也较多，干制产品的品质要求也不尽相同。果蔬干制品加工工艺流程可简单归纳为：原料的预处理→干制→包装前处理→包装→贮运。果蔬干制的方法，因干燥时所使用的热量来源不同，可分为自然干制法和人工干制法两类，目前多采用人工干制法。人工干制的方法很多，不同的果蔬根据其性质的不同采用各种不同的干制工艺。下面着重介绍各种适用于相应果蔬的干燥工艺。

一、苹　果

苹果、梨、蓝莓、蘑菇这类果实有较高的水分含量，其干燥工艺采用渗透脱水法。现以苹果果实为例，简要介绍脱水渗透干燥的工艺流程。

（一）工艺流程

原料选择→清洗→去皮→切片→护色→渗透脱水→干燥→回软→分级→包装→成品

（二）操作要点

1. 原料选择

宜选用肉质致密，皮薄心小，单宁含量少，干物质含量高，酸甜度适中，充分成熟，果型中等的品种，以晚熟或中熟品种为宜，如金冠、小国光、大国光、金帅、红星等。

2. 去皮

采用手工、机械去皮或者碱液去皮。碱液去皮时，氢氧化钠为8%~12%，碱液的温度为90~95℃，碱液处理1~2min。

3. 切片

先将苹果对半剖开、去心后，横切成5~7mm的薄片。

4. 护色

将苹果薄片迅速浸入3%~5%的盐水或立即用0.2%~0.3%亚硫酸钠溶液护色，以防止氧化变色。然后用清水洗净，然后摊到竹筛上沥干水分。

5. 渗透脱水

将苹果置于50~70°Bx蔗糖溶液中，处理温度40~60℃，高渗透液持续用中速搅拌，以使高渗透液的浓度和温度在各处均匀一致。渗透液和果实的质量比为8∶1。处理2~3h，使苹果的含水量下降到50%左右。

6. 干燥

将沥干水分的苹果片置于微波真空冷冻干燥机中进行干燥。切片产品水分质量分数应控制在20%以下。

7. 回软

为使干制苹果各部分含水量均衡，质地呈适宜柔软状态，可将苹果在贮藏室的密闭容器内堆放14~21d。

8. 分级

应根据产品的质量分为优级、一级、二级等。

9. 包装

苹果干可用木箱、纸箱、塑料薄膜食品袋进行包装，谨防受潮。

二、葡　萄　干

对于生产大批量且对干燥产品含湿量要求不严格的产品，如葡萄干、柿饼、金针菇等，可应用箱式或者隧道式干燥法。

以葡萄干的箱式干燥和隧道式干燥介绍其工艺流程。

生产葡萄干的原料必须是成熟的果实，葡萄干内的含水量只有15%~25%，其果糖的含量高达60%，非常甜。葡萄干的生产在我国已有悠久的历史，是畅销国内外的著名产品。它的优点是重量大为减轻，体积显著减小，便于运输，可长期保存，食用方便，营养丰富，很受勘探、航海及旅游者的欢迎。

(一)工艺流程

原料选择→洗果→干制→包装

(二)操作要点

1. 原料选择

干制的葡萄鲜果，宜选择固形物含量高，风味色泽好，酶褐变不严重，成熟度适宜，果粒皮薄，肉质软，含糖量在20%以上的无核品种。

2. 洗涤去污

一般用1.5%~4.0%的氢氧化钠溶液洗涤，洗除果皮上所附着的蜡质、有害微生物，同时又可消毒，并使果皮出现细小的裂缝，以利于水分蒸发，促进干燥。

3. 干制

必须具有良好的加热保温、通风散水设备，同时还要有良好的卫生条件，这样可大大缩短干燥时间。

三、香　　菇

脱水果蔬作为一种新兴的食品种类越来越受到人们的青睐。在日本、美国等国家，此类食品已成为一种适应现代人快节奏、高频率生活方式的方便食品。采用冷冻干燥技术加工水果和蔬菜可以使果蔬长期保存且便于长途运输，并具有很高的营养价值、复水性好等特点。近10年来，国内外市场上冻干脱水蔬菜的需求量逐年增加，而我国的冻干水果和蔬菜加工业也正是在这种需求持续大幅增长的促动下得到迅猛发展的。

以食用菌——香菇为例，介绍冷冻干燥的加工工艺。采用真空冷冻干燥技术加工香菇，克服了传统方法干制香菇存在的产品不卫生、不美观、营养物质损失严重的缺陷，能较好地保存香菇的色、香、味、形及营养成分，产品复水性好。

(一)工艺流程

香菇原料→预处理→冻结升华→干燥解析→出机→包装→入库

(二)操作要点

1. 预处理

新鲜的香菇采摘后首先应按分级标准进行验收分级，然后进行防褐变处理，通常可以进行漂烫，或在柠檬酸或者亚硫酸钠稀溶液中浸泡2min，然后沥干切片，厚度为6~10mm。

2. 共晶点和共熔点的测定

在冻干前，采用电阻测量装置测定香菇的共晶点和共熔点。开启前箱冷冻电磁阀，启动压缩机，香菇的温度下降，当温度降至-22℃时，电阻突然增大，此时为共晶点温度，表示香菇水分几乎全部被冻结为冰。之后，给加热管通电，当温度上升至-18℃左右，电阻值突然减小，此时为香菇的共熔点。

3. 冻结

冻结速度是一个重要的工艺参数，冻结速度不同会产生不同粒度的冰晶，直接影响升华干燥速度和风味物质的保留。香菇平均冻结速度应为 1℃/min 左右，冻结时间约为 90min，冻结终了温度在-30℃左右，确保无液体存在。否则，干燥过程会出现营养流失、体积缩小等不良现象。

4. 升华干燥

升华干燥时加热温度不能过快或者过量，否则香菇温度会过高，超过共熔点，冰晶融化，会影响质量，一般控制香菇料温度在-25～-20℃，时间为 4～5h。

5. 解析干燥

升华干燥后，香菇中仍含有少部分的结合水，较牢固，必须提高温度才能达到产品所要求的水分。

6. 包装

因干香菇含水量极低，易吸潮，所以出机后应及时进行真空包装或者充氮气包装。

思考题

1. 果蔬干制对原料的要求有哪些？
2. 果蔬干制的优点是什么？
3. 简述果蔬干制的一般加工工艺流程。

第四章

CHAPTER 4

果蔬糖制

[学习指导]

本章应重点掌握蜜饯生产中常用糖的种类、用法；掌握果蔬糖制的加工工艺和质量控制方法。

第一节　概　　述

果蔬糖制是以果蔬为原料，用糖或蜂蜜腌制的加工方法。果蔬糖制品主要指蜜饯类产品。

一、蜜饯品种

蜜饯的品种很多，可以大致分为以下几类。

（1）糖渍蜜饯类　原料经糖渍蜜制后，成品浸渍在一定浓度的糖液中，略有透明感，如蜜金橘、糖桂花、化皮榄等。

（2）返砂类　原料经糖渍糖煮后，成品表面干燥，附有白色糖霜，如糖冬瓜条、金丝蜜枣、金橘饼等。

（3）果脯类　原料以糖渍糖制后，经过干燥，成品表面不黏不燥，有透明感，无糖霜析出，如杏脯、菠萝（片、块、芯）、姜糖片、木瓜（条、粒）等。

（4）凉果类　原料在糖渍或糖煮过程中，添加甜味剂、香料等，成品表面呈干态，具有浓郁香味，如八珍梅、梅味金橘等。

（5）甘草制品　原料采用果坯，配以糖、甘草和其他食品添加剂浸渍处理后，进行干燥，成品有甜、酸、咸等风味，如话梅、甘草榄、九制陈皮、话李。

（6）果糕　原料加工成酱状，经浓缩干燥，成品呈片、条、块等形状，如山楂糕、开胃金橘、果丹皮等。

也有人将原料经过处理、糖煮，干燥成为果脯、蜜饯，色泽呈棕色、金黄色或琥珀色，鲜亮透明，表面干燥，稍有黏性。含水量在20%以下的糖制果蔬称为果脯，而将经蜜或糖煮不经干燥工序，表面湿润柔软，含水量在30%以下的糖制果蔬称为蜜饯。但近年来，这种产品只有一些前店后厂的自产自销的商店生产，因为它不易储存和运输。

二、蜜饯的营养价值

蜜饯中含糖量可达35%以上，而转化糖的含量可占总糖量的10%左右，从营养角度来看，它容易被人吸收利用。另外，还含有果酸、矿物质和维生素C，由此可见，蜜饯是营养价值较高的食品。虽然蜜饯浓缩了水果的养分，提供给消费者酸甜适口的口感，但有些不耐热的营养成分会在加工过程中被破坏，且一些不合格产品中经常会出现添加剂超标等问题，这些对健康不利，消费者在购买时应小心谨慎。

第二节　果蔬糖制加工的原辅材料

一、原　　料

水果蜜饯原料为各类水果，包括仁果类、核果类、柑橘果类、热带亚热带果类、柿枣类、瓜果类、坚果类等；蔬菜蜜饯原料为各类蔬菜，包括根菜类、茎菜类、茄果类、瓜豆类、多年生菜类等；薯类蜜饯原料包括红薯、马铃薯、山药等。在选购原料时要注意选择大小和成熟度一致的新鲜原料，剔除霉烂变质、生虫的次品，按不同制品的要求，进行去皮、去核、切分等处理，以利糖煮时糖的渗入。

二、糖

制作蜜饯所用的糖主要有以下几种，如表8-4-1所示。

表8-4-1　制作蜜饯用糖种类及性状

糖种类	性状
白砂糖	白砂糖中蔗糖含量在99%以上，为颗粒状晶体，根据晶粒大小可将白砂糖分为粗砂、中砂和细砂三种
饴糖	饴糖又称米稀或麦芽糖浆。可用高粱、米、大麦、粟、玉米等淀粉质的粮食为原料，经淀粉酶或大麦芽的作用，把淀粉水解为糊精、麦芽糖及少量葡萄糖。色泽淡黄而透明，能代替部分白砂糖使用，可起到防止晶析的作用。饴糖甜度为蔗糖的50%左右
淀粉糖浆	淀粉糖浆又称葡萄糖浆或化学稀。它是由淀粉加酸或加酶水解制成，其主要成分是葡萄糖、麦芽糖、高糖和糊精。甜度是蔗糖的50%~80%。也可起到防止晶析的作用

续表

糖种类	性状
果葡糖浆	果葡糖浆是由植物淀粉经酶法水解和异构化制成的淀粉糖晶，甜度是蔗糖的 80%～100%，是一种完全可以替代蔗糖的重要的甜味剂。广泛应用在食品及饮料行业。果葡糖浆的甜度接近于同浓度的蔗糖，风味有点类似天然果汁，由于果糖的存在，具有清香、爽口的感觉。果葡糖浆在 40℃以下时具有冷甜特性，甜度随温度的降低而升高。部分替代蔗糖时，由于果糖、葡萄糖与蔗糖甜味的协同增效，总甜度仍与同浓度的蔗糖相同
蜂蜜	蜂蜜主要成分是果糖和葡萄糖，两者占总量的 66%～77%。甜度与蔗糖相近。蜂蜜中除了葡萄糖、果糖之外还含有各种维生素、矿物质和氨基酸。由于其价格昂贵，只在特种制品中使用

三、甜　味　剂

甜味剂指能赋予食品甜味的非糖类食品添加剂。主要包括人工合成甜味剂、糖醇类甜味剂和非糖天然甜味剂 3 类。天然的糖醇类化合物其甜度与蔗糖差不多，热值较低，和葡萄糖有不同的代谢过程，主要品种有山梨糖醇、甘露醇、麦芽糖醇、木糖醇等。但因其成本较人工合成甜味剂高，故常用于某些特殊功能产品的开发中使用而较少在蜜饯生产中使用。非糖类甜味剂包括天然甜味剂和人工合成甜味剂，一般甜度很高，用量极少，热值很小，有些又不参与代谢过程，常称为非营养性或低热值甜味剂，是甜味剂的重要品种。天然甜味剂的主要产品有甜菊糖、甘草、甘草酸二钠、甘草酸三钠（钾）、竹芋甜素等。人工合成甜味剂的主要产品有糖精、糖精钠、环己基氨基磺酸钠（甜蜜素）、天冬氨酰苯丙氨酸甲酯（甜味素或阿斯巴甜）、乙酰磺胺酸钾（安赛蜜）、三氯蔗糖等。其中糖精（钠）和安赛蜜是蜜饯生产中最常用的甜味剂。GB 2760—2014《食品安全国家标准　食品添加剂使用标准》规定：安赛蜜在蜜饯中的最大用量为 0.3g/kg；糖精在蜜饯中的最大使用量为 0.15g/kg。

四、酸　味　剂

酸味剂分为有机酸和无机酸。食品中天然存在的酸主要是有机酸，如柠檬酸、酒石酸、苹果酸和乳酸等。目前作为酸味剂使用的主要也是这些有机酸。最近用发酵法或人工合成制取的延胡索酸、琥珀酸和葡萄糖酸-δ-内酯等也广泛用于食品调味。无机酸主要是磷酸，一般认为其风味不如有机酸好，应用较少。

柠檬酸是酸味剂中最温和、可口的，在食品工业中应用最广，需要量也最大。适量的柠檬酸可以促进糖的转化，在生产中按需要量添加。

五、二氧化硫

二氧化硫是在蜜饯生产工艺中一种熏硫黄或浸泡亚硫酸盐的手段，其主要目的是使蜜饯看上去色彩鲜艳，一般情况下，熏蒸使用在杏脯、苹果脯等蜜饯中。

六、防　腐　剂

虽然蜜饯食品由于其具有较高的含糖量能够抑制大多数微生物生长，但一些耐糖性微生物仍会生长繁殖导致产品腐败变质，且在产品包装流通等过程中也可能导致产品的再次污染。防腐剂能够抑制微生物的生长，蜜饯中常用的防腐剂包括苯甲酸钠、山梨酸钾等。

七、着　色　剂

着色剂是一类人工合成或天然色素或可以给食品着色的产品，主要用来增加产品的色彩，部分合成色素有一定的毒性。蜜饯中常用的着色剂包括苋菜红、胭脂红、赤藓红、新红、柠檬黄、日落黄、靛蓝、亮蓝等人工合成色素。

第三节　果蔬糖制工艺

一、蜜饯加工工艺流程

不同的蜜饯根据原料特点在个别步骤略有不同，但大体上遵循以下加工流程。

原料选择→去皮→切分→硬化处理→漂洗→预煮→加糖→煮制→烘干→包装

二、操 作 要 点

1. 原料的选择、清洗、去皮和切分

要求原料含水量少，固形物含量高，肉质紧密，成熟度不宜过高，多在坚熟期采收。应选择大小和成熟度一致的新鲜原料。

按不同制品的要求进行去皮、去核、切分等处理，以利糖煮时糖的渗入。

2. 硬化处理

原料的硬化处理是为了提高果肉的硬度，增加耐煮性，防止其软烂。常用的硬化剂有消石灰、氯化钙、明矾、亚硫酸氢钙、葡萄糖酸钙等稀溶液。其原理是上述物质中的金属离子能与果蔬中的果胶物质生成不溶性的果胶酸的盐类，使果肉组织致密坚实，耐煮制。

硬化剂使用时要防止过量而引起部分纤维素的钙化，导致制品质地粗糙。根据需要，在糖煮前应加以漂洗，除去剩余的硬化剂。

3. 硫化处理

为了使糖制品色泽明亮，常在糖煮之前进行硫化处理，既可防止制品氧化变色，又能促进原料对糖液的渗透。方法是使用0.1%~0.2%的硫黄熏蒸处理或使用0.1%~0.15%的亚硫酸溶液浸泡处理数分钟即可。

经硫化处理的原料，在糖煮前应充分漂洗脱硫，以除去剩余的亚硫酸溶液，防止过量引起金属的腐蚀。

4. 染色

某些蜜饯类和作为配色用的制品（如青红丝、红云片等），常需人工染色，以提高制品的感官品质。染色的方法是将原料浸于色素液中着色，或将色素溶于稀糖液中，在糖煮同时完成染色。为提高染色效果，常用明矾作为媒染剂。

5. 果坯腌制

为避免新鲜原料的腐烂变质，常将新鲜原料腌渍为果坯保存，以延长其加工时间。腌渍程度以果实呈半透明为准，取出晒制成干坯或仍以水坯保存。原料经腌制后，所含成分会发生很大变化，只适用于少数蜜饯，如凉果。

果坯的腌制过程为腌渍、暴晒、回软和复晒。

6. 加糖煮制

加糖煮制是蜜饯加工的主要工序，其作用是使糖分能更好地渗透到果实里。煮制时间的长短、加糖的浓度和次数应以果实的种类、品种的不同而异。煮制技术的好坏直接影响到产品的品质和产量。

煮制分常压煮制和真空煮制两种方法。常压煮制又分为一次煮成和多次煮成。

（1）一次煮成法　将处理过的原料入锅后经一次煮成成品。苹果脯、蜜枣、藕脯、糖姜片等均采用一次煮成法。煮制时，先配好 40%～50% 的糖液于锅中，将处理好的果实倒入，加大火使糖液沸腾，将果实水分逐渐排出，将糖液浓度稀释，然后逐渐分次加入砂糖，使糖液浓度缓慢增高至 65% 以上。制冬瓜、番茄等蜜饯，煮制前须用石灰水进行硬化处理，石灰水的浓度为 0.25%～0.60%。分次加糖的目的是保持果实内外糖液浓度差异不至于过大，使糖分逐渐均匀渗透到果肉中，这样煮成的制品透明饱满。

一次煮成法虽然快速省工，但加热持续时间较长，若处理不当，果实易软烂，色香味及维生素损失较多，糖分渗入不易均衡，影响产品品质。

（2）多次煮成法　将预处理过的原料经过多次糖煮和浸渍后才能成为产品。此法适用于果蔬组织柔软或含水量多易煮烂的原料，如桃、杏、梨等。将处理过的原料投入 30%～40% 的沸糖液中，热烫 2～5min 煮至柔软后，连同糖液倒入缸中浸渍 10h 左右，使糖液缓慢渗入果肉中。再将糖液浓度提高到 50%～60%，沸煮几分钟至十几分钟，连同糖液进行第二次浸渍。如需要可将果实捞出烘烤除去部分水分后进行第三次煮制，直到果实透明为止。

这种方法的缺点是加工周期过长，为改变其缺点，又发明了速煮法和连续扩散法。不过，二者仍属于多次煮成法。

（3）速煮法　此法是将果实在糖液中交替加热和冷却，使果实内部水蒸气产生的压力迅速消除，加速糖液渗透。操作时将原料放在稀糖液中热煮数分钟，随即捞出放入 15℃ 左右的糖液中，然后提高糖液浓度重复此操作 4～5 次，即可完成煮制过程。

（4）连续扩散法　此法是用由淡到浓的几种糖液，对一组扩散器内的果实连续进行多次浸渍以逐渐提高糖浓度的方法。操作时先将果实密封在真空扩散器内，排除果肉组织内的空气，而后加入 95℃ 的热糖液，待糖分扩散渗透后，将糖液顺序转入另一扩散器内，再在原来的扩散器内加入较高浓度的热糖液，如此连续进行几次，果实即可达到所要求的糖液浓度。由于此法采用真空处理，煮制效果较好，又因采用一组扩散器，可连续化操作。

（5）真空煮制法　其原理是利用在真空条件下，降低果实内部的压力，然后减压，借放入空气时果实内外压力之差，促进糖液渗入到果肉中。这种煮制和渗糖方法所需温度低，渗糖快，能较好地保持果实的色香味和维生素 C 等。一般真空煮制时真空度控制在 83.5kPa 或更高些，温度为 55～70℃。

7. 烘烤与上糖衣

蜜饯制品需要在糖煮以后进行烘烤。将果实从浸渍的糖液中捞出，沥干糖液，铺散在竹篦或烘盘中，送入50~60℃的烘房内烘干。烘房内温度不宜过高，以防糖分结块或焦化。烘干后的果脯蜜饯应保持完整和饱满状态，不皱缩、不结晶、质地致密柔软，不黏手，水分为18%~20%。

如制糖衣果脯蜜饯，可在干燥后上一层糖衣。方法是用过饱和的糖液在蜜饯表面裹上一层透明态糖质薄膜。糖衣蜜饯保藏性强，可减少在保存期间吸湿、黏结等不良现象。上糖衣用的过饱和溶液，常以三份砂糖、一份淀粉糖浆和二份水配合而成，将混合浆液加热至113~114.5℃，离火冷却到93℃，即可使用。将欲上糖衣的蜜饯浸入以上糖液中约1min，立即取出散置在筛面上，于50℃温度下晾干，即能形成一层透明的糖质薄膜。如将干燥蜜饯浸于1.5%的果胶溶液中，取出后在50℃温度下干燥2h，则会形成一层透明的胶质薄膜。

8. 整理与包装

蜜饯在干燥过程中往往由于收缩而变形，甚至破裂，干燥后需加以整理（形），如蜜枣、橘饼等形体扁平的制品，在干燥后期需压扁，外观整齐一致，也便于包装。

蜜饯包装以防潮防霉为主。液态果脯以罐头食品包装为宜，经20~25min、90℃杀菌即可。成品可溶性固形物含量应达68%，糖分不低于60%，亚硫酸残留量低于0.1%。

对于不杀菌的蜜饯制品，其可溶性固形物应达70%~75%，糖分不低于65%，使用纸板箱包装也可，真空或充气包装则会更加有利于制品的保存和品质的保持。

第四节　果蔬糖制生产实例

一、水果蜜饯

(一)蜜枣

1. 工艺流程

原料选择→分级→切缝→熏硫→糖煮→糖渍→烘烤→整形→回烤→包装

2. 工艺要点

原料选择：选用果形大、果肉肥厚疏松、果核小、无虫蛀、无破损的枣。在果实由青变白时采收，过熟则制品色暗。

切缝：按枣果大小分级分别加工。为使糖液易于渗入，在果面上切缝。切缝要透彻且整齐，不要重复。

熏硫：切缝后的枣果装筐，入熏硫室（硫黄用量为果实质量的0.3%）熏30~40min。以青枣全部发黄、挤出的汁液为乳白色、枣果柔韧即可，也可用含二氧化硫0.3%~0.6%的亚硫酸溶液浸泡2~3h。

糖煮、糖渍：配制浓度为50%的糖液35~40kg，与枣50~60kg同时下锅煮沸，加枣汤（上次浸枣剩余的糖液）2.5~3.5kg，煮沸3~4min后，再浇入50%的糖液2.5~3.5kg。如此反复3次后，开始加糖。第1~3次，每次加糖5kg和枣汤2kg，第4~5次，每次加糖7~8kg，第6次加糖约10kg。每次加糖（枣汤）均在沸腾时进行。最后一次加糖后，继续煮约20min，而后连同糖液倒入缸中浸渍，使枣充分吸收糖液。全部煮制时间为1.5~2h，浸渍48h后，取出沥干。

烘烤：将枣捞出，沥干糖液，摊放于烘盘或竹帘上，送入烘房（60~70℃）烘烤或阳光下晒干，烘至枣韧性增强，不粘手，即可出烘房。此时枣脯含水量为20%~25%。

整形、回烤：待果肉变软后整形，将枣捏成扁平状成为整齐的长椭圆形，再放到烘盘上继续干燥。在65℃温度下烘24h。

包装：冷却后以塑料食品袋分级包装。最好用抽真空包装，保质期可达10个月。

(二) 苹果脯

1. 工艺流程

原料预处理→去皮→切分→去心→硫化处理和硬化→糖煮→糖渍→烘干→整理包装

2. 操作要点

原料选择：选用果形圆整、果心小、肉质疏松和成熟度适宜的原料，如红玉、国光等。

去皮：按损伤程度分级后，削去果皮，挖去损伤部位的果肉。

切分、去心：沿缝合线对半切开，挖去果心。

硫化与硬化：将果块放入0.1%氯化钙和0.2%~0.3%亚硫酸氢钠混合液中浸泡4~8h，固液比为（1.2~1.3）：1。浸泡时上压重物，防止原料上浮。浸后捞起，用清水漂洗2~3次，沥干水分。

糖煮：40%的糖液25kg，加热煮沸，倒入果块30kg，旺火煮沸后添加上次浸渍后剩余糖液5kg，煮沸，如此重复三次，占用30~40min，以后每隔5min加糖一次。前两次分别加砂糖5kg，第三第四次加入砂糖5.5kg，第五次加入砂糖6kg，第六次加入砂糖7kg，各煮20min。加糖总量为果实质量的2/3。全部糖煮过程需要1~1.5h。果块透明即可出锅。

糖渍：趁热起锅，将果块连同糖液倒入缸中浸渍24~28h。

烘干：将果坯捞出，铺在竹帘或烘盘上，送入烘房，在50~60℃下烘烤36h。也可晒干。

整理包装：烘干后用手将其捏成扁圆形，剔除黑点、斑疤等再包装。

二、蔬菜蜜饯

(一) 南瓜脯

1. 工艺流程

原料预处理→去皮去籽瓤、切分→漂洗→糖渍→糖煮→烘烤→整理包装

2. 操作要点

原料选择：选用成熟而不过熟、无腐烂、无坏斑、无病害的南瓜。

去皮去籽瓤、切分：对开切成2瓣，掏净籽瓤，切成约6mm厚的大片，再切成0.8~1cm宽的小片。

烫漂：将瓜片投入沸水中，每次投入的瓜片不宜过多，以便投料后1~2min锅内水能重新沸腾，重新沸腾后约2min即可捞出瓜片，沥干。此步骤是使组织软化，便于渗糖。

糖渍：将瓜片趁热投进30%~35%的糖液缸中冷渍12h后捞出。

糖煮：然后将瓜片投入煮沸的糖液中煮制。每隔15min加糖1次，第1次加糖后，糖液

浓度为38%；第2次加糖后糖液浓度为45%；第3次加糖后糖液浓度为52%。3次加糖后计算总用糖量，然后加进总用糖量0.8%的柠檬酸，继续煮至糖液浓度达58%~60%时出锅，出锅后瓜片再在糖液中浸泡24h。

烘烤：然后将瓜片送入烘房烘制20~24h，中间翻动一次，温度掌握在65~70℃。

包装：烘干后用无毒玻璃纸包装后装箱。

（二）糖姜片

1. 工艺流程

原料选择 → 去皮切片 → 煮制 → 糖渍 → 糖煮 → 烘干 → 撒糖粉 → 整理包装

2. 操作要点

原料选择：选用纤维尚未硬化，又具有生姜辛辣味的嫩姜。

去皮切片：剥去薄皮，切成0.5cm厚薄片。

煮制：洗净后放入沸水中煮至半熟，稍显透明状时取出，放进水中冷漂，捞出，沥干。

糖渍、糖煮：装入陶瓷缸，按100kg生姜用白糖35kg分层糖渍24h后，把姜片连同糖液倒进铜锅内，再加白糖30kg，熬煮1h，又把姜片和糖浆倒回缸中，冷却24h后；再把姜片和糖浆倒进锅中，加白糖30kg煮沸浓缩至糖浆可拉成丝状时捞出，沥去糖浆，晾干后放进木盆中。

烘干：将姜片置于烘箱中50~60℃烘干。

撒糖粉：另将10kg白砂糖烘干，碾碎成粉，拌进姜片中，用筛子筛去多余糖粉即成。

整理包装：选择大小均匀的姜片，称重并进行包装。

思考题

1. 果蔬糖制对原材料和辅料有何要求？
2. 简述果蔬糖制的工艺流程和操作工艺。
3. 简述糖制时烘烤和上糖的工艺方法和注意事项。

第五章

CHAPTER 5

蔬菜腌制

[学习指导]

了解腌制菜的分类和常用腌制方法；了解腌制菜的辅料的特性；掌握咸菜、泡菜和酱菜的加工工艺。

第一节　概　　述

我国用食盐腌制蔬菜，历史悠久，早在两千多年前的周朝时期就有这方面的文字记载："中田有庐，疆场有瓜，是剥是菹，献之皇祖"（《小雅·信南山》）。这里的"菹"就是指腌菜。长期以来，经过劳动人民的不断改进，又出现了不少的加工方法和品种繁多的腌渍蔬菜，可谓咸、酸、甜、辣，应有尽有，充分满足了不同口味的人群的需要。我国的蔬菜腌渍品在世界上享有盛誉，世界著名的三大名腌菜即榨菜、酱菜、泡酸菜均起源于我国，日本的酱菜、德国的酸菜也源于我国，榨菜乃是世界上的独特产品。我国各地都有驰名的蔬菜腌渍品，各具特色，如天津冬菜，扬州酱菜，重庆榨菜，四川的冬菜、芽菜、大头菜，广东酥姜，江浙糖醋菜，云南大头菜，贵州独山盐酸菜等。

一、蔬菜腌制品的分类

因蔬菜原料、辅料、工艺条件及操作方法不同或不完全相同，而生产出各种各样风味不同的产品，因此，腌制品分类方法也各异。一般是按照生产工艺进行分类的，所以在此仅介绍按生产工艺分类（表 8-5-1）。

表 8-5-1　　腌制品分类

种类	产品
盐渍菜类	盐渍黄瓜、盐渍白菜，榨菜、萝卜干，霉干菜
酱渍菜类	扬州酱瓜、北京八宝菜、天津什锦酱菜等

续表

种类	产品
糖醋渍菜类	糖醋萝卜、糖醋大蒜
盐水渍菜类	四川泡菜、酸菜、酸黄瓜等
清水渍菜类	酸白菜等
菜酱类	辣椒酱、蒜蓉辣酱等

二、常用的腌制方法

蔬菜通常采用盐腌法，按照用盐方式不同，可分为干腌法、湿腌法和混合腌制法。湿腌法比干腌法腌制的产品，含盐量较少而含水量多。

1. 干腌法

干腌法是将食盐直接撒于食品原料表面，利用食盐产生的高渗透压使原料脱水，同时，食盐溶化为盐水并渗透到食品组织内部，或者以重物压在食品顶部以加速盐水渗透并使其在原料内部分布均匀的方法。

干腌法的特点：干腌法的优点是所用的设备简单，操作方便，用盐量较少，腌制品含水量低且利于储存，蛋白质和浸出物等食品营养成分流失较别的方法少；其缺点是食盐撒布不均匀而影响食品内部盐分的均匀分布，其产品脱水量大，减重多。当盐卤不能浸没原料时，易引起蔬菜出现长膜、生花和发霉等劣变。

干腌法的用盐量：干腌法的用盐量因食品原料和季节而异。干腌蔬菜时，用盐量一般为7%~10%，夏季为14%~15%；腌渍酸菜时，由于乳酸发酵产生乳酸，其用盐量控制在4%~6%。为了利于乳酸菌繁殖，需将蔬菜原料以干盐揉搓，然后装坛、捣实和封坛，防止好气性微生物的繁殖所造成的产品劣变。

2. 湿腌法

湿腌法是将食品原料浸没在盛有一定浓度食盐溶液的容器中，利用溶液的扩散和渗透作用使食盐溶液均匀地渗入原料组织内部的方法。当原料组织内外溶液浓度达到动态平衡时，即完成了湿腌的过程。

湿腌法的特点：湿腌法的优点是食品原料完全浸没在浓度一致的盐溶液中，既能保证原料组织中盐分的均匀分布，又能避免原料接触空气出现氧化变质现象；其缺点是用盐量多，易造成原料营养成分较多流失，并因制品含水量高，不利于储存，此外，湿腌法需用容器设备多，工厂占地面积大。湿腌法采用的盐水浓度在不同的食品原料中是不一样的。蔬菜腌制时的盐水含量一般为5%~15%，以10%~15%为宜。

3. 混合腌制法

混合腌制是采用干腌法和湿腌法相结合的一种腌制方法。湿腌法混合加工可增加贮藏时的稳定性，可防止产品过度脱水，避免营养物质过分损失。这种方法应用得最为普遍。

第二节　蔬菜腌制品的原辅材料

一、腌制蔬菜的主要原料

我国蔬菜资源十分丰富，蔬菜种类和品种繁多，但并不是所有蔬菜均适合制作腌制菜。制作腌制品以根菜类和茎菜类为主。尚有部分叶菜类和果菜类由于取用部位不同，要求各异，差异很大，无法统一规格。但腌制用蔬菜必须新鲜健壮，无病虫害，肉质紧密而脆嫩，粗纤维少，在适当的发育程度时采收为宜。各种不同的蔬菜，其规格制品的质量必须充分考虑。

1. 根菜类

主要食用其各种形态肥大、肉质的根，此种蔬菜有十字花科的萝卜、根用芥菜（大头菜）、芜菁、辣根、伞形科的胡萝卜。如萝卜品种有河南洛阳露头青、湖北黄州萝卜、广州火车头萝卜、济南算盘子、南京皇城小萝卜、成都白玉春、天津张窝萝卜；成都大头菜、四川内江红缨子大头浆、浙江慈溪板叶大头荣、济南疙瘩菜、昆明油菜叶大头菜、湖北大花叶大头菜；浙江温州盘菜，北京光头蔓蔷等。

2. 茎菜类

包括青菜头、莴苣、大蒜、生姜、北京紫叶莴苣等。青菜头的优良品种有涪丰 14 号、永安小叶、倍杂 1 号等。北京紫叶莴苣，上海大圆叶莴苣。川蛾眉姜、湖北来凤姜等。

3. 叶菜类

白菜类：甘蓝类、普通白菜，如洋白菜（结球甘蓝）、花椰菜（菜花）、苤蓝（球茎甘蓝）等。

雪里蕻：要求菜质新鲜，分枝多，色泽深绿，组织脆嫩，无病虫害，无黄叶老叶。

紫苏：紫苏可食用部分为叶和微枝，紫苏叶是盐渍菜的原料之一。

4. 瓜果菜类

菜瓜：绿熟期时采收。

黄瓜：新鲜而脆嫩，乳熟期时采收。

辣椒：根据采收成熟度的不同分青椒与红辣椒两档。青椒在绿熟期时采收，红椒在完全着色时采收，采摘时带有果柄。

苦瓜：苦瓜按果实的形状可分为三种类型，短圆形苦瓜，长圆形苦瓜，条形苦瓜；按皮色可分为白色、绿白色和青绿色三种。

豇豆：依其颜色分为青、白和红三种。

二、蔬菜腌制的辅料

蔬菜腌制需要添加各种辅料，以增进产品的色香味形，提高腌制的质量，所用辅料包括食盐、调味品、着色剂、香辛料、防腐剂等。

1. 食盐

食盐是蔬菜腌制的主要辅料之一。腌制用食盐要求质纯而少杂质，含氯化钠应在 98% 以上，无可见的外来杂物，颜色洁白、无苦涩味、无异味。

2. 调味品

蔬菜腌制使用的调味品有酱类、酱油类、食糖、食醋、味精等。

（1）豆酱　豆酱又称黄酱，是酱腌制菜生产的主要辅料。用蒸熟的黄豆混合生面粉后制成豆曲，再将豆曲加盐水制成酱醅，经日晒而成。豆酱应具有红褐色或棕褐色，鲜艳有光泽；有酱香和酯香味，无其他不良气味，咸淡适口，味鲜而醇厚，无焦苦和酸味及其他异味；体态黏稠适度，不稀，无霉花和杂质。

（2）面酱　以小麦粉为主要原料，经制曲发酵配制而成，分甜面酱、稀甜面酱两种。甜面酱是烹调与佐餐的调料，稀甜面酱是制作法菜的主要辅料，滋味鲜甜，为我国民间传统调味料。

（3）酱油　为我国传统调味品。以黄豆、豆饼、面粉、麸皮为主要原料。按发酵类型可分天然酿造和纯种发酵两种，天然酿造的酱油色泽红褐、酱香味浓、滋味鲜美，最适于酱菜使用。人工纯种发酵酱油质量良莠不齐。酱油感官质量要求为红褐色或棕褐色，鲜而有光泽，不发乌，酱香味和酯香味浓，无其他不良气味；咸甜适口，味鲜美而醇厚，无苦、涩、酸、霉等异味，体态澄清，浓度适当，无沉淀、霉衣浮膜。

（4）味精　味精是谷氨酸钠的商品名称。使用味精可增加产品的鲜味。味精在酸性介质中容易生成不溶性的谷氨酸，从而降低鲜味，故在一般酸泡菜类中不用，主要用于酱菜中。

（5）食醋　食醋是具有芳香气味的酸性调味料。著名的山西老陈醋、镇江米醋、保宁麸醋、天津独流醋以及其他用传统工艺酿制的食醋，都适用于制作酱腌菜和糖醋渍菜的调味料。要求呈琥珀色或红棕色，具有食醋特有的香气，无其他不良气味，酸味柔和，稍有甜味，不涩无异味，体态澄清，浓度适当，无悬浮物和沉淀物，无霉花浮膜和乙酸等杂质。

（6）甜味料　生产上除稀甜面酱使用甜味料外，尚有蔗糖、蛋白糖、安赛蜜等甜味剂，主要用于干制酱菜和卤性酱菜，以增加甜味。

3. 着色料

蔬菜腌渍制品多数不用着色，但干制酱菜常使用着色料以增加色泽，同时可改善酱菜的外观和风味。着色料主要有酱色、姜黄以及酱油、食醋、红糖等，它们在增加制品风味的同时，也能改善制品的色泽。

4. 防腐剂

一般情况下，食品在贮存时，为延长贮存期，常使用少量的防腐剂，以抑制细菌、酵母、霉菌等微生物的繁殖生长。但必须要严格遵守 GB 2760—2014《食品安全国家标准　食品添加剂使用标准》，限量使用。

（1）苯甲酸钠　苯甲酸钠为白色颗粒和结晶状粉末，易溶于水和乙醇。它在酸性环境中防腐作用较强，对很多微生物有效，尤其是对霉菌和酵母菌作用较强，但对产酸菌作用较弱，在酱菜中最大使用量为 0.5g/kg。

（2）山梨酸钾　山梨酸钾是较好的防腐剂，为无色至白色的鳞片状或粉末状结晶，对霉菌、酵母菌及好气性细菌均有抑制作用，但对厌气性芽孢菌和嗜酸乳杆菌作用弱，最大使用量为 0.5g/kg。

（3）脱氢乙酸钠　脱氢乙酸钠为白色或淡黄色，无臭、无味，易溶于水，难溶于乙醇等有机物，是一种安全性高、抗菌范围广、抗菌能力强的抗菌剂，抗菌效力受食品中酸碱度的影响小。其抗菌能力优于苯甲酸钠、山梨酸钾、丙酸钙等，耐光、耐热性好。什锦酱菜中最大用量为 0.8g/kg。

5. 香辛料

用于腌制加工使用的香辛料种类很多，有些蔬菜如洋葱、大蒜、辣椒、生姜、香芹等本身就有香料的作用，香辛料多是植物组织的一部分，经干燥而成。

起赋香作用的香辛料主要有甘椒、大茴香、月桂叶、老鼠瓜、小豆蔻、芹菜籽、肉桂、丁香、香菜、小茴香、茴香、大蒜、姜、豆蔻皮、薄荷、肉豆蔻、洋葱、洋芫荽、迷迭香、鼠尾草、茵陈蒿、百里香、姜黄、香草等。

起矫味作用的香料主要有甘椒、月桂叶、丁香、香菜籽、茴香、大蒜、姜、豆蔻皮、肉豆蔻、洋葱、胡椒、迷迭香、鼠尾草、八角茴草、百里香等。

起辛辣作用的香辛料主要有辣椒末、红椒、姜、豆蔻皮、芥菜籽、肉豆蔻、洋葱、姜黄、花椒、山葵等。

起着色作用的香料主要有胭脂木、红椒、姜、芥末、罂粟子（油）、番红花、姜黄等。

第三节　蔬菜腌制工艺

我国蔬菜腌制品种类多样，生产工艺更是各有千秋。以咸菜、泡菜、酱菜三种产量较大的腌制菜为例，说明基本的加工工艺流程。

一、咸菜加工工艺

咸菜是最常见的腌制品，种类繁多，各地每年均有大量加工生产，一年四季均可进行，以冬季为主，加工方式各有千秋。适于做咸菜的蔬菜有芥菜、雪里蕻、白菜、萝卜、辣椒等，尤以前三种最常用。国内外知名的有榨菜、冬菜、芽菜、大头菜、霉干菜等。榨菜是以茎用芥菜为原料的腌制品，1898 年，因现重庆涪陵邓炳臣腌青菜头用木榨压去菜块水分得名。目前，我国出口的低盐榨菜是四川坛装榨菜（高盐）经过脱盐、杀菌制成的新型方便食品，销往东南亚、美国、日本等地，年出口达 2000t。冬菜，因在 10 月下旬到 11 月上旬腌制而得名，有四川冬菜和天津冬菜两种。前者以芥菜（俗称青菜头）为原料，主产区在南充和资中；后者以大白菜为主要原料，工艺简单，色金黄，清香，风味独特，可以生吃，也可以在汤的制作过程中使用。

(一) 工艺流程

原料处理 → 晾晒 → 盐渍 → 倒菜 → 渍制

(二) 操作要点

1. 原料处理

腌制蔬菜于每年小雪前后采收，削去菜根，剔除边皮黄叶，备用。

2. 晾晒

经处理的菜在日光下晒 1~2d，减少部分水分，并使菜质变软，便于操作。

3. 盐渍

将晾晒后的净菜依次排入缸（池）内，按每 100kg 净菜加食盐 6~10kg 制作。加盐量依保藏时间的长短和所需口味的咸淡而定。腌制按一层菜一层盐的方式，并层层搓揉或踩踏，进行腌制。

4. 倒菜

为了使食盐均匀地接触菜体，使上下菜渍制均匀，并尽快散发腌制过程中产生的不良气味，刚开始腌制的 3~5d，每天倒菜 1~2 次。

5. 渍制

经倒菜后进行封缸，进入渍制，冬季为 1 个月左右，以腌至菜梗或片块呈半透明而无白心为标准。成品色泽嫩黄，鲜脆爽口。一般可贮藏 3 个月。

二、泡菜加工工艺

世界上喜食泡菜的人群数量非常庞大，且所喜食风味差异很大，因此，泡菜种类也非常多，名称很杂。根据其风味特征，大体上可分为三种：①保持原有风味的一般泡菜；②酸度较高者，通常称为酸泡菜；③具有甜味或淡甜味的甜泡菜。可用来腌制泡菜的蔬菜甚多，如萝卜、白菜、葛芭、竹笋、黄瓜、茄子、甜椒及嫩姜等，可以不受时间季节限制。我国大部分地区都使用泡菜坛（又称水上坛）制作泡菜，其特点是抗酸、抗碱、抗盐，能密封、隔离空气和自动排气，使坛内出现一种嫌氧状态，既利于乳酸菌活动，又能防止外界杂菌的侵入，能使泡菜长期保存。国外多用木桶，现多改用钢制容器。泡菜可直接食用，也可作为配菜，经杀菌处理后可长期保存。

（一）工艺流程

原料预处理→腌制→水洗→沥干→配料→装缸→成熟→制品

（二）操作要点

1. 原料处理

若原料体积过大，要进行切分口。

2. 盐水配制

取硬度较高的水使用，可更好地保持脆度。也可适度加入保脆剂。盐水含盐 6%~8%，另可加入 2.5%白酒，2.5%黄酒，1%甜醪糟，2%红糖及 3%干红辣椒。也可加入其他香料，以使制品具有更诱人的风味。

3. 入坛泡制

原料入坛泡制后，应注意坛口的密封性。

4. 泡菜成熟

20~25℃下 2~3d 即可食用，冬天则需较长时间。泡菜盐水可继续使用，且时间越长久、使用次数越多，泡菜品质越好。传说民间使用泡菜水有达数十年之久的，并可作为女儿出嫁的嫁妆。

泡菜的管理：要注意坛上水槽内水不能干枯，在发酵初期会有大量气体从坛内逸出，使坛内形成利于乳酸菌活动的厌氧条件。在泡菜成熟后，取食时期在卤水表面会生成白膜（俗称生花），这是因酵母繁殖所致，此菌能分解乳酸，降低泡菜酸度，甚至导致腐败菌的生长，使泡菜败坏。处理办法是把菌膜捞出，加少量白酒或酒精，或切碎的洋葱或生姜片，将菜和盐水加满，密封几天，菌膜即可消失。

三、酱菜加工工艺

酱菜的种类很多，口味不一，但制造过程和操作方法基本一致。一般是取腌渍后的咸坯菜，去咸排卤后酱渍。酱渍包括用酱或酱油进行加工。用酱腌制的酱菜在腌制期间可耐久存；而用酱油腌制的酱菜则可快速腌制成且易调味。我国各地方的名产酱菜多用甜酱腌制，而近年来罐装酱菜及一般酱菜多用酱油腌制。北方酱菜多用甜酱，成品略带甜味；南方酱菜多用豆酱，咸味略重。各地酱菜均有传统制品，北京“六必居”酱菜、扬州什锦酱菜等皆为名品。优良的酱菜除带有所用酱料的色、香、味外，还应保持蔬菜固有的形态和品质。

酱菜的生产工艺分盐腌及酱渍两大工序。

（一）工艺流程

原料预处理→盐腌→清水浸泡脱盐→沥干→酱渍→成熟→制品

（二）盐腌

原料经预处理后进行盐腌处理。含水量较多的蔬菜直接用14%～16%干盐混合后腌制，称为干腌。含水量低的原料则用25%的盐水进行腌制，称为湿腌。盐腌时间为17～20d，视原料而定。

（三）酱渍

用于酱渍的盐腌菜坯需先进行脱盐处理，达2%～2.5%为宜，一般为清水浸泡脱盐，沥干水后进行酱渍。酱渍方法有三：其一是将菜坯直接浸没在酱缸内；其二是一层酱一层菜，层层相间进行酱渍；其三是部分蔬菜不经盐腌而直接进行酱渍，如草食蚕、嫩姜等。

一般酱的用量与菜坯相同，酱的比例一般最少不低于3∶7，即酱为3，菜为7。通常酱渍是在常压下不断搅拌完成的，时间长，酱油耗量大。如采用真空-压缩速制酱菜新工艺，可缩短周期10倍以上，即在渗透缸内抽真空，随即吸入酱料，再加压注入净化空气，维持一定的压力和温度，在短时间内即可完成酱渍过程。

四、糖醋渍菜类加工工艺

糖醋菜是将选用的蔬菜原料先用稀盐或清水进行一定时间的乳酸发酵，以利于排除原料中不良风味，以逐步提高食盐浓度浸渍及增强蔬菜组织的透性。大多数糖醋菜含乙酸1%以上，并与糖、香料配合调味，因此可以较长时间保存，如糖醋大蒜、糖醋酥姜等。

思考题

1. 腌制菜的分类和常用腌制方法有哪些？
2. 腌制菜的辅料有哪些？它们各有何特性？
3. 简述咸菜、泡菜和酱菜的加工工艺。

CHAPTER 6

第六章 果蔬其他制品加工

[学习指导]

掌握鲜切果蔬的加工工艺和质量控制方法；了解超微粉碎的原理、特点和一般加工工艺；了解气流膨化果蔬粉的加工工艺。

第一节 概　　述

鲜切果蔬（fresh-cut fruits and vegetables）又称最少加工（minimally processed）处理果蔬、半成品加工（partially processed）果蔬、轻度加工（lightly processed）果蔬、预制（pre-prepared）果蔬等。它是指新鲜果蔬原料经过分级、整理、挑选、清洗、整修、去皮、切分、包装等一系列步骤，使产品保持生鲜状态，然后用塑料薄膜袋或以塑料托盘盛装、外覆塑料薄膜包装，消费者购买这类产品后不需要前处理就可直接食用或烹饪的一种新式果蔬产品。其特点是自然、新鲜、卫生、方便、安全、环保等。

鲜切果蔬作为一种新兴食品工业产品，20 世纪 50 年代起源于美国，当时主要供应餐饮业，后来进入零售业，20 世纪 60 年代开始产业化生产，主要用于速食业。20 世纪 80 年代后，在加拿大、欧洲和日本等国家也相继得到了迅速发展。从 20 世纪 90 年代起，在欧洲特别是法国和英国，鲜切果蔬市场迅速增大。在我国，鲜切果蔬的生产在 20 世纪末才真正起步，但加工规模较小，在广州、上海、北京等城市的一些超级市场中可以看到鲜切果蔬产品，也深受广大消费者欢迎。目前，工业化生产的鲜切果蔬品种主要有甘蓝、胡萝卜、生菜、韭菜、芹菜、马铃薯、苹果、梨、桃、菠萝、草莓等。

第二节　鲜切果蔬加工工艺

一、鲜切果蔬工艺流程

原料来源及选择 → 田间处理 → 运输 → 分级、修整 → 清洗、冷却 → 去皮、切分 → 清洗、脱水 → 保鲜处理 → 包装 → 冷藏 → 销售

二、主要的单元操作

1. 原料来源及选择

鲜切果蔬原料必须新鲜、饱满、健壮、无异味、无腐烂、成熟度适中、大小均匀。目前，用于鲜切果蔬加工的原料种类主要有胡萝卜、洋葱、甘蓝、马铃薯、芹菜、白菜、韭菜、生菜、苹果、菠萝、草莓、梨、桃等。不是所有品种都适合鲜切加工，只有选择色、香、味浓，易于清洗和去皮的优良品种才能产生出优质的鲜切产品。

鲜切果蔬原料的新鲜度、成熟度对加工产品品质和货架期非常重要。甜玉米、菜花等通常在生理发育早期采收。大蒜、马铃薯、冬瓜等适宜在发育晚期采收，跃变型果实的采收成熟度决定了加工品的货架期和食用品质。过早采收加工果实不能正常后熟，果实品质差；过晚采收果实极易软化，贮藏性差。

2. 分级、修整

进厂的原料绝大部分含有杂质，且大小、成熟度有一定差别，果蔬原料分级的主要目的在于剔除不合乎加工的个体和利于以后各项工艺过程的顺利进行。最普遍的分离方式是手工对果蔬进行挑选和分级。按大小和成熟度分级，分级的同时剔除不符合要求的原料。但是，也有许多机械和电子挑选装置用来分离，色泽的不同可以用光电管探测，光线照射透过蛋品可探测血斑，通过不同大小的筛、孔或槽可以容易地达成按大小自动分离的目的。

原料挑选后要经过适当的修整，如去皮、去根、除去不能食用部分等，将大部分绿叶和核心区的所有无用的部分剔除。这种操作会对果蔬造成伤害，而使用非常锋利的刀可以最大限度地减少这种伤害。

3. 清洗、冷却

清洗是清理并洗去污物和杂质，如枝条、果柄、沙粒、泥土、昆虫、残留的杀虫剂和化肥等。清洗水中应加入食品加工允许使用的杀菌剂，如氯气、次氯酸钙，可以达到较好的杀菌效果。清洗宜采用4℃冷却水，同时冷却产品，充分排除田间热和采后损害刺激的呼吸热，将细胞的呼吸代谢及各种生理活动减到最低。

4. 去皮、切分

去皮方式依照原料种类和表皮结构而定，可以采用机械去皮法、手工去皮法、物理去皮法或化学去皮法。去皮时应注意：只要求去掉不可使用或影响制品品质的部分，不可过度，

否则会增加原料消耗，且使产品质量低下。切分时可根据原料的特点和产品的规格，将原料切成丁、块、片、条、丝等。切分大小是影响鲜切果蔬品质的重要因素之一，切分越细、切分面积越大，保存性越差。刀刃情况与所切果蔬的保存时间也有很大关系，采用锋利的道具切分的果蔬保持时间长，钝刀造成的创伤面容易发生褐变。

5. 清洗、脱水

为保证鲜切果蔬的洁净，切分后可再次清洗，除去表面细胞汁液并减少微生物数量，防止氧化。清洗用水须符合饮用水标准，温度最好低于5℃，也可采取专门的护色措施来防止褐变。如果切分前充分清洗并消毒处理，后续加工过程卫生条件控制好，切分后也可不清洗。切分清洗后的果蔬应立即进行脱水处理，否则比不洗的更易变坏或老化。通常使用离心机进行脱水，离心机转数与脱水时间要适宜。

6. 包装

良好的包装是鲜切果蔬必不可少的条件。包装本身可作为直接栅栏起阻隔作用，防止微生物的侵染，同时调节果蔬微环境，控制湿度与气体成分。要选择厚度适宜的包装材料来控制合适的透气率或合适的真空度，以便保持最低限度的有氧呼吸并创造低 O_2 高 CO_2 环境，延长鲜切果蔬的货架期。工业上使用最多的包装薄膜是聚氯乙烯（PVC）、聚丙烯（PP）和聚乙烯（PE）。复合包装薄膜通常用乙烯-乙酸共聚物（EVA），可以满足不同的透气速率。

鲜切果蔬的包装方法主要有自发调节气体包装（MAP）、减压包装（MVP）、涂膜包装和活性包装（AP）。MAP 结合冷藏能显著延长贮藏期，在实际生产中其应用具有一定的局限性。因为目前还没有找到足够透气性的包装材料，只能采用在包装材料上打孔的办法来控制适宜的气体指标。MVP 是目前比较常用的方法，可改善青椒、番茄切片等的微生物活性情况，提高杏和黄瓜的感官质量等。涂膜包装材料主要有多聚糖、蛋白质、纤维素衍生物，由于其具有方便、卫生、可食用等优点，近年来多被应用。AP 是指包含各种气体吸收剂和发散剂的包装，其作用机制在于它能影响产品呼吸活性、微生物活力及植物激素的作用浓度。

7. 冷藏及销售

鲜切果蔬经包装后应立即放入冷库中贮存，贮存时应单层摆放，否则产品中心温度不易冷却，放入纸箱中贮存的更应注意。过低的温度容易给鲜切果蔬造成冷害，特别是不耐低温的热带、亚热带果蔬容易遭受冷害。一般贮存适宜温度为4℃。鲜切果蔬产品从生产、运输、销售都需要在低温环境等条件下进行，这样才能有效保证产品质量和货架期。

三、质量控制

鲜切果蔬产品的货架期一般为3~10d，有的可长达30d甚至数月。产品贮藏过程中的质量问题主要是微生物的繁殖、褐变、异味、腐败、失水、组织结构软化等。为保证质量和获得足够的货架期，从原料、前处理、加工、包装到最后的配送，每一步都要有正确的考虑并进行正确的操作，可从以下方面加以控制。

选择优质的加工原料，采用适宜切割用途的水果、蔬菜品种及正确的栽培、采收和贮藏条件。采用严格的卫生要求及执行良好操作规范（GMP），运用危害分析与关键控制点（HACCP）管理技术方法管理。果蔬处理时，注意切分的大小要适宜和刀刃的状况。果蔬清洗要彻底，控水方式适当，通常是用离心机脱水，但过分脱水容易使鲜切果蔬干燥枯萎，故离心脱水时间要适宜。使用优质的加工用水，为防止褐变或微生物污染，洗涤用水中可以添加适量的添加剂。使用正确的包装材料和包装方法，在包装时应进行包装适用性试验，以便确定合适的包装材料或真空度。食品生产链各环节要保持低温状态，实施冷链操作。

第三节　鲜切果蔬生产实例

一、鲜切马铃薯

马铃薯采收后贮藏于3~5℃冷库，选择大小一致，芽眼小，淀粉含量适中，含糖量少，无病虫害，未发芽或变绿的马铃薯鲜切加工。采用化学去皮、机械去皮或人工去皮，去皮后立即浸渍于清水或0.1%~0.2%的焦亚硫酸钠溶液中护色。用切割机将马铃薯切分成所需的形状，随即投入含有0.2%维生素C、0.1%柠檬酸、0.2%次氯酸钙的溶液中，浸泡15~20min进行护色处理。将护色后的原料捞起沥干，立即用PA/PE复合袋抽真空包装，真空度为0.07MPa，然后将其送入预冷装置中预冷至3~5℃。预冷后的产品再用塑料箱包装，送到冷库冷藏或配送销售，温度仍控制在3~5℃。

二、鲜 切 菠 萝

选择成熟度八九成、新鲜、无病虫害、无机械损伤的菠萝，用清水洗去附着在果皮表面的泥沙和微生物等，按果实的大小进行分级处理。用机械去皮去芯，刀筒和筒口径要与菠萝大小相适应。用不锈钢刀去净残皮和果上斑点，然后用水冲洗干净。根据要求切分，把切分后的原料用含有40%~50%蔗糖、0.5%柠檬酸、0.1%山梨酸钾、0.1%氯化钙的糖液浸渍15~20min。捞起用PE袋包装，按果肉与糖液之比为4：1的比例加入糖液。送至预冷装置预冷至5~6℃。产品装箱后在5~6℃的冷库中贮存或在5~6℃的环境下销售。

三、鲜切胡萝卜

选择含水量低，新鲜采收或贮藏期不超过2个月的原料，去除染病部位，冲洗干净。用金刚砂去皮机去皮后，放置在温度为5℃，含0.01%次氯酸钠的溶液中浸渍30~60s。切成3mm厚的胡萝卜条，用清水喷洗，再离心脱水。用厚度为0.04mm、30cm×26cm大小的定向拉伸打孔聚丙烯薄膜袋包装，每袋装1kg，打孔密度65个/m^2，孔径0.35mm。装袋后充入5%O_2、5%CO_2和90%N_2的混合气体，立即密封，于5℃温度下贮藏。

四、鲜切大白菜

选取新鲜采收或贮藏不超过3个月的大白菜，除去不可食和受微生物污染的外叶。用旋转式切菜机将大白菜切成5mm厚的菜条。置于温度为5℃，含有0.01%次氯酸钠的溶液中浸渍30s，捞出后离心脱水。采用30cm×28cm大小的打孔定向拉伸聚丙烯薄膜袋包装，每袋装

1kg，孔密度为 90 个/m^2，孔径 0.35mm。装袋后充入 5%O_2、5%CO_2 和 90%N_2 的混合气体，立即密封，于 5℃温度下贮藏。

第四节　超微果蔬粉

一、超微粉体的定义

超微粉体加工技术是近几十年来发展起来的一项新兴技术。通过该技术，使得被加工的颗粒物细微化，从而使被加工物质的物理化学性能发生特殊变化。由于有了这些性能的特殊变化，超微粉体就具有了某些特殊的性能。超微粉体加工技术已被广泛用于化工、轻工、食品、冶金、电子、陶瓷、复合材料、核工业、生物医药及国防等领域。

超微粉体的概念和定义尚未有准确一致的表述，关于它的概念，国内外仍有争议。国外对“超微”使用的词也不一致，有 ultra fine，super fine 和 very fine 等。有人定义粒径<100μm 的粉体为超微粉体，有人定义粒径<10μm 或<30μm 的粉体为超微粉体，也有人定义<1μm 的粉体为超微粉体。目前，国外对此概念定义得较严格，并被较多采用的是粒度<3μm 的粉体，称为超微粉体。我国对超微粉体的称谓也不尽相同，名词使用也不一致，有人用“超细”，有人用“超微”，也有人用“超细微”。这些名词的来历都是从英文名称翻译而来的，由于英文名称本身不统一，在汉语中也很难对其词义进行严格区别。超微粉体通常又分为微米级、亚微米级及纳米级粉体。粒径>1μm 的粉体称为微米材料，粒径在 1~0.1μm 的粉体称为亚微米材料，粒径处于 0.001~0.1μm（即 1~100nm）的粉体称为纳米材料。

对于食物来说，粉碎物的粒度并不是越细越好，粉碎太细，则在人体中存留的时间很短，而且相应食物的口感也会缺失。一般情况下，食品微粒粒径>25μm，粉碎类型为微粉碎（<100μm 或细粉碎=0.1~5nm），但由于不同行业、产品对成品粒度要求不同，因此，在加工时，应根据物料特性及其用途不同来确定成品粒度。

二、超微粉的特点与意义

将新鲜果蔬加工成果蔬粉，其水分含量<6%，能大大降低在贮藏、运输、包装等方面的费用。果蔬制粉对原料的要求不高，特别是对可食性的皮、核均可利用，拓宽了果蔬原料的应用范围。果蔬粉具有保存和食用方便、可调性强及营养丰富等特点，它保持了原有水果蔬菜的营养风味以及果蔬皮和核的营养成分，且无任何添加剂和色素，可被用于各种加工食品的主料和配料；可提高产品的营养成分、改善产品的色泽和风味等，主要可用于面食制品、膨化食品、肉制品、固体饮料、乳制品、婴幼儿食品、调味品、糖果制品、焙烤制品、方便面等。

超微粉碎产品细度可高达 2000 目，比表面积大，孔隙率高，包容性强，充分改善了其内在质量，自然风味可得以进一步发挥，同时，物料的溶解吸附性、消化吸收性及原料的利用率都得到了大大提高。

超微果蔬粉具有以下意义：较大程度地保持了物料原有的生物活性和营养成分，并有利于营养物质的消化吸收；使得食品有很好的固相性、分散性和溶解性，可改善食品的口感；由于空隙增加，微粉孔腔中可容纳一定量的 CO_2 和 N_2，可延长食品保鲜期；使原来不能吸收或利用的原料得以重新利用，节约了资源，提高了资源利用率；可配制和加工成各种功能食品，丰富了食品品种。

三、超微果蔬粉加工工艺

果蔬粉的生产在我国起步较晚，是果品蔬菜加工中一个很好的工艺。传统工艺是果蔬原料先干燥脱水，再进一步粉碎；或先打浆，均匀后再进行喷雾干燥。

果蔬粉加工的一般工艺：原料的选择→清洗→预处理→压榨→打浆（护色）→干燥→粉碎→包装→成品检验。

1. 原料选择

应选择无病虫害的新鲜果蔬或果蔬加工产品的下脚料，并剔除腐烂变质部分。

2. 清洗

选好的原料先用10g/L NaCl水溶液浸泡，再用旋转式洗涤机将其喷射洗涤干净。

3. 压榨

清洗后的原料在压力机或离心机中榨尽汁液，经消毒浓缩，用于生产果蔬汁饮料。

4. 打浆

采用切割式破碎设备或螺旋推进装置将原料粉碎，制成浆状物，在加工过程中可加0.02%的维生素C进行护色。

5. 干燥

可采用不同形式的干燥方法，脱去水分。

6. 粉碎

将干燥后的颗粒状物体放入粉碎机中粉碎成粉末。粒度在20目以下，可以根据要求进行超微粉碎。

7. 包装

按重量等级分批用复合塑料包装，密封。

第五节　气流膨化果蔬食品工艺

一、概　　述

气流膨化食品的代表果蔬脆片，其生产技术20世纪80年代初期起源于我国台湾，其母体技术是真空干燥技术。20世纪80年代中期，台湾几家从事果蔬脆片研究的公司开始改进真空干燥技术，并将新技术应用到了果蔬食品深加工中，形成了独特的果蔬脆片生产技术——真空低温油炸技术。但是，随着食品加工技术的发展，非油炸果蔬膨化技术日益成熟，生产出来的果蔬产品绿色健康，越来越受消费者的欢迎。非油炸膨化果蔬被国际食品界誉为“21世纪食品”，是继传统果蔬干燥产品、真空冷冻干燥产品、真空低温油炸果蔬脆片之后的新一代果蔬干燥产品。其中以气流果蔬膨化技术最为成熟。

气流膨化技术又被称为低温真空膨化技术，膨化过程是通过原料组织在高温高压下瞬间泄压时内部产生的水蒸气剧烈膨胀来完成的，干燥是将膨化的原料在真空（膨化）状态下抽除水分的过程。与挤压膨化工序有很大区别，如表8-6-1所示。气流果蔬膨化产品具有以下特点：一是绿色天然。气流果蔬膨化产品一般都是直接进行烘干、膨化制成的，在加工过程中不添加色素和其他食品添加剂等，纯净天然；二是品质优良。膨化果蔬产品有很好的酥脆性，日感好；三是营养丰富。气流果蔬膨化产品不经过破碎、榨汁、浓缩等工艺，保留并浓缩了鲜果的多种营养成分，如维生素、纤维素、矿物质等。经过干燥后的产品，具有果蔬固有的低热量、低脂肪特点，与果蔬汁、用果蔬汁制成的果蔬粉相比，能保留果蔬中更多的营养成分；四是食用方便。气流果蔬膨化产品可用来生产新型、天然的绿色膨化小食品，携带方便，易于食用；五是易于贮存。膨化果蔬产品的含水量一般在7%以下，不利于微生物生长繁殖，可以长期保存。另外，该工艺生产的产品克服了低温真空油炸果蔬产品仍含有少量油脂的缺点，不易引起油脂酸败等不良品质变化。

表8-6-1　挤压膨化与气流膨化的区别

项目	气流膨化	挤压膨化
原料	主要为粒状原料，水分和脂肪含量高时，仍可进行生产	粒状、粉状原料均可，脂肪与水分含量高时，挤压加工和产品的膨化率会受到影响，一般不适合高脂肪原料加工
加工过程中的剪切力和摩擦力	无	有
加工过程中的混炼均质效果	无	有
热能来源	外部加热	外部加热和摩擦生热
压力的形成	气体膨胀，水分汽化所致	主要是螺杆与套筒间空间结构变化所致
产品外形	球形	可以是各种形状
使用范围	窄	广
产品风味和质构	调整范围小	调整范围大
膨化压力	小	大

二、气流膨化食品加工工艺

苹果在我国水果中占有重要地位，营养丰富，含有多种人体所需成分。以前的苹果脆片生产技术是利用真空油炸方法，将果蔬脱水膨化。在生产过程中产品虽经脱油，但产品仍有10%~20%的含油率，口感有明显的油腻味，影响了产品的风味和销售。应用气流膨化技术生产出的苹果脆片具有苹果的天然色泽、风味及脆片的酥脆性、不含色素、无防腐剂，是一种新型的高级休闲清淡营养食品。

(一)工艺流程

原料选择→清洗→去皮、核→切分→热烫→干燥→膨化→老化→冷却→包装

操作要点：

1. 原料

选用果形完整、果心小、果肉疏松、七八成熟的国光、红玉等品种。

2. 去皮核与切片

将清洗的苹果去皮、去核，沿径向切成厚5mm，厚度均匀的同心圆薄片。

3. 热烫

将果片放入温度为85℃的热水中热烫15min，热烫后果片应迅速冷却到20℃。

4. 干燥

将果片铺在烘盘上，送入干燥箱中干燥。温度控制在75℃，干燥到含水量为12%即可，此时果片表面干而不黏，有韧性。

5. 膨化、老化

将干果片放入膨化机内，打开蒸汽阀对果片进行加热升至75℃，维持1h，使果片内外温度一致，组织变软，并有水分开始汽化。打开真空阀，使膨化室内形成真空，对果片进行脱水膨化，真空度为0.085MPa。直到果片水分在5%时，关闭真空阀及蒸汽阀。对果片进行老化处理，当温度降低到65℃时（大约为1h），脆片组织老化定型后，破除真空，取出物料。

6. 冷却、包装

将脆片倒在操作台上，对产品进行整形并挑出不合格的产品，待果片冷到室温后，称量、装袋，进行真空充氮包装。

(二)产品质量标准

1. 感官指标

色泽：脆片内外淡黄色、色泽均匀一致；

形态：同心圆片形基本完整，厚度大致均为一致，无明显变形，无肉眼可见外杂质，内部呈多孔状组织；

口感：酸甜适中，具有苹果应有香味，无异味，酥脆可口。

2. 理化指标

水分5%~6%，总糖10.5%，酸（以苹果酸计）1.2%，砷（以砷计）≤0.5mg/kg，铅（以铅计）≤0.5mg/mg。

3. 微生物指标

细菌总数≤1000个/g，大肠菌群≤30个/100g，致病菌不得检出。

思考题

1. 简述鲜切果蔬的加工工艺和质量控制方法。
2. 简述超微粉体加工技术的特点和意义。
3. 何为气流膨化食品？它与挤压膨化有何区别？

主要参考文献

[1] 夏文水. 食品工艺学［M］. 北京：中国轻工业出版社，2007.

[2] 叶兴乾. 果品蔬菜加工工艺学［M］. 3 版. 北京：中国农业出版社，2008.

[3] 尹明安. 果品蔬菜加工工艺学［M］. 北京：化学工业出版社，2010.

[4] 曾名湧. 食品保藏原理与技术［M］. 北京：化学工业出版社，2007.

[5] 曾庆孝. 食品加工与保藏原理［M］. 北京：化学工业出版社，2003.

[6] 刘玉冬. 果脯蜜饯及果酱制作与实例［M］. 北京：化学工业出版社，2008.

[7] 陆兆新. 果蔬贮藏加工及质量管理技术［M］. 北京：中国轻工业出版社，2004.

[8] 马长伟. 食品工艺学导论［M］. 北京：中国农业大学出版社，2002.

[9] 孟宪军. 食品工艺学概论［M］. 北京：中国农业大学出版社，2006.

[10] 太田静田，著. 吴光红，涂梦溪，译. 烟熏食品［M］. 上海：上海科学技术出版社，1993.

[11] 谭兴和. 新版酱腌泡菜与脱水菜配方［M］. 北京：中国轻工业出版社，2004.

[12] 王如福，李汴生. 食品工艺学概论［M］. 北京：中国轻工业出版社，2008.

[13] 西山隆造，安乐丰满，著. 梁燕，译. 图解食品加工［M］. 北京：科学出版社，1997.

第九篇
肉制品加工工艺

第一章 概述

CHAPTER 1

[学习指导]

本章应重点掌握各种肉制品的概念和分类，熟悉中西式肉制品、高低温肉制品，了解肉制品分类的依据。

第一节　肉制品的概念

肉制品是指用畜禽肉或其可食副产品为主要原料，添加或不添加辅料，经腌、腊、卤、酱、煮、蒸、熏、烤、烘焙、干燥、油炸、成型、发酵、调制等有关工艺加工而成的生或熟的肉类制品，主要包括香肠、火腿、培根、酱卤肉、烧烤肉、肉干、肉脯、肉丸、调理肉串、肉饼、腌腊肉、水晶肉等。

第二节　肉制品的分类

根据肉制品的主要加工工艺特点，我国肉制品可分为以下九大类：腌腊肉制品、酱卤肉制品、熏烧焙烤肉制品、干肉制品、油炸肉制品、肠类肉制品、火腿肉制品、调理肉制品及其他类肉制品（表 9-1-1）。

表 9-1-1　　我国肉制品分类

序号	类别	产品
1	腌腊肉制品	咸肉类、腊肉类、腌制肉类
2	酱卤肉制品	酱卤肉类、糟肉类、白煮肉类、肉冻类

续表

序号	类别	产品
3	熏烧焙烤肉制品	熏烤肉类、烧烤肉类、焙烤肉类
4	干肉制品	肉干、肉松等
5	油炸肉制品	炸肉排、炸鸡翅、炸肉串、炸肉丸、炸乳鸽等
6	肠类肉制品	火腿肠类、熏煮香肠类、中式香肠类、发酵香肠类、调制香肠类、其他肠类（如台湾烤肠）
7	火腿肉制品	中式火腿类、熏煮火腿类
8	调理肉制品	咖喱肉、各种肉丸、肉卷、肉糕、肉排、肉串等
9	其他类肉制品	上述未涵盖的肉制品

另外，根据加工温度不同，肉制品又可分为高温肉制品和低温肉制品。高温肉制品是指经过121℃高温蒸煮的包装肉制产品，其由于高温蒸煮而消毒彻底，在常温下有较长的保质期，保质期一般为3~6个月或更长，但产品营养会产生一定损失。低温肉制品是相对于高温肉制品而言的，是指采用较低的杀菌温度进行巴氏杀菌的肉制品，即将肉制品中心温度达到68~72℃保持30min生产的肉制品。因其杀菌温度较低，保质期较短，所以要求在冷链条件下流通与销售。

根据历史渊源与加工工艺不同，肉制品可分为中式肉制品和西式肉制品，但两者之间尚无明确定义。

目前，中式肉制品是指通过传统的工艺，或酱或煮，或烘或烤等制作的肉制品，通常在热加工时采用比较高的温度（95°C以上）。中式肉制品主要包括中式火腿、中式香肠、腌腊制品、酱卤制品、熏烧焙烤制品、干制肉制品、调理肉制品等。

与之相比，所谓西式肉制品一般是指以欧美生产工艺为代表生产的肉制品，工艺流程比较工业化，一般都经过原料肉解冻、初步整理、盐水注射、真空滚揉、腌制、入炉蒸煮、熏制、干燥等，再经切块包装或整体包装、杀菌、外包装等工序生产。引入我国的主要品种有火腿类（如盐水火腿、熏制火腿）、灌肠类（如蒸煮肠、火腿肠）、发酵肠类（如色拉米）等。西式肉制品的特点是工业化程度高、工艺标准化、产品标准化、可以大规模生产。

随着我国肉制品工业化的不断发展，我国传统肉制品也大量采用现代工业化，采用机械化生产代替手工作坊，并不断结合西方工艺和风味，形成了我国肉制品产品以中为主、中西结合的层次结构，提升了我国肉制品的发展水平。

思考题

1. 简述肉制品的概念。
2. 简述中式肉制品的概念。
3. 简述高低温肉制品的异同。
4. 根据肉制品加工工艺特点，我国肉制品可以分为几类？
5. 中西式肉制品有哪些异同？

第二章 中式肉制品

CHAPTER 2

[学习指导]

本章应重点掌握各种中式肉制品的概念，金华火腿传统和现代加工工艺，腌腊肉制品中咸肉和板鸭的加工、酱卤制品中酱牛肉和烧鸡的加工；熟悉各种中式肉制品加工的工艺流程和具体的操作要点；了解中式肉制品加工的配方和最终产品的质量标准。

第一节 中式香肠

一、概　　述

肠类肉制品是以畜禽肉或其可食副产品为主要原料，经腌制（或不腌制）、绞切、斩拌、乳化，添加相关辅料后，充填入肠衣（或模具中）成型，再经烘烤、蒸煮、烟熏、发酵、干晾等工艺制成的肉制品，主要分为中式香肠类、火腿肠类、熏煮香肠类、发酵香肠类、调制香肠类等，这里仅介绍中式香肠，其他肠制品在西式肉制品中介绍。

二、中式香肠

中式香肠俗称腊肠，是指以肉类为原料，经切块、绞碎、配以辅料腌制、灌入肠衣，经过成熟干制而成的生干肠制品，是我国传统腌腊肉制品的一类。传统生产在冬季气温较低时进行，现在已实现全年工业化生产。中式香肠根据地域不同一般分为广东腊肠、四川腊肠、北京香肠、哈尔滨风干肠等，根据包装物不同，可分为腊肠、腊香肚等。各种腊肠除了用料略有分别外，制法是大致相同的。

(一) 工艺流程

选料→切丁→配料→灌制→漂洗→日晒或烘烤→成熟→成品

（二）工艺要点

1. 原材料的选择

猪肉：以新鲜猪后腿瘦肉为主，夹心肉次之（冷冻肉不用），肉膘以背膘为主，腿膘次之。

2. 切丁

剥皮剔骨，除去结缔组织，各切成体积<1cm³ 的肉丁，分开放置，硬膘用温开水洗去浮油后沥干待用。

3. 配料

将瘦肉、肥膘比例为 7∶3 的肉丁放入容器中，另将其余配料用少量 50℃左右温开水溶化，并加入肉馅中充分搅拌均匀，使肥、瘦肉丁均匀分开，不出现黏结现象，静置片刻即可用以灌肠。

以广式香肠为例（100kg），瘦肉 70kg、肥膘 30kg、60 度大曲酒 2.5~3kg、硝酸钠 50g、白酱油 2.5~3kg、精盐 2kg、白砂糖 6~7kg、味精 0.2kg，清水按肉量的 15%~20%加入。

4. 灌制

将上述配制好的肉馅用灌肠机灌入肠内，每灌到 12~15cm 时，即可用麻绳结扎，待肠衣全灌满后，用细针戳洞，以便于水分和空气外泄。

5. 漂洗

灌好结扎后的湿肠，放入温水中漂洗几次，洗去肠衣表面附着的浮油、盐汁等污物。

6. 日晒、烘烤

将水洗后的香肠分别挂在竹竿上，放到日光下晒 2~3d。应将工厂生产的香肠送入烘房烘烤，温度在 50~60℃（用炭火为佳），每次烘烤 6h 左右，应进行上下调头换尾，以使烘烤均匀，烘烤 48h 后，香肠色泽红白分明，鲜明光亮，没有发白现象，即为烘制完成。

7. 成熟

将日晒或烘烤后的香肠，放到通风良好的场所凉挂成熟，穿挂好后凉挂 30d 左右，此时为最佳食用时期。成品率约为 60%。规格为每节长 13.5cm，直径为 1.8~2.1cm，色泽鲜明，瘦肉呈鲜红色或枣红色，肥膘呈乳白色，肠体干爽结实，有弹性，指压无明显凹痕，咸度适中，无肉腥味，略有甜香味。

8. 成品

成熟后的肠体在 10℃下可保藏 4 个月。

（三）产品质量标准

产品质量应符合 GB/T 23493—2009《中式香肠》的要求，具体如表 9-2-1、表 9-2-2 所示。

表 9-2-1　　中式香肠感官要求

项目	要求
色泽	瘦肉呈红色、枣红色，脂肪呈乳白色，外表有光泽
香气	腊香味纯正浓郁，具有中式香肠（腊肠）固有的风味
滋味	滋味鲜美，咸甜适中
形态	外形完整，均匀，表面干爽呈现收缩后的自然皱纹

表 9-2-2　　中式香肠理化指标

项目		要求		
		特级	优级	普通级
水分/(g/100g)	≤	25	30	38
氯化物（以 NaCl 计）/(g/100g)	≤	—	8	—
蛋白质/(g/100g)	≥	22	18	14
脂肪/(g/100g)	≤	35	45	55
总糖（以葡萄糖计）/(g/100g)	≤	—	22	—
过氧化值（以脂肪计）/(g/100g)	≤	按 GB 2730—2015《食品安全国家标准 腌腊肉制品》的规定执行		
亚硝酸钠（以 $NaNO_2$）/(mg/kg)	≤	按 GB 2730—2015《食品安全国家标准 腌腊肉制品》的规定执行		

第二节　腌腊肉制品

一、概　　述

腌腊肉制品是指以畜禽肉或其可食副产品为原料，添加或不添加辅料，经原料整理、腌制或酱渍、清洗造型、晾晒风干（或不晾晒）或烘烤干燥（或不烘烤）等工序加工而成的一类生肉制品。

腌腊制品的显著特点主要如下：①在较为简单的条件下也可制作，易被加工生产；②不同产品具有消费者喜爱的传统腌腊味和独特风味；③在其加工过程中一般都经干燥脱水，因此重量轻，易于运输；④可贮性佳，即使在非制冷条件下也能被较长期贮存，有的产品货架期可长达 6~8 个月。

腌腊肉制品通常可分为 4 类：①咸肉类，如咸猪肉等；②腊肉类，如腊猪肉、板鸭、腊兔等腊肉类；③酱肉类，如清酱肉、酱鸭等；④风干肉类，如风鹅、风干肉等。

二、咸　肉　类

咸肉又称腌肉，是指原料经过腌制加工而成的生肉类制品，食用前需熟化。咸肉类腌肉的主要特点是成品肥肉呈白色，瘦肉呈玫瑰红或红色，具有独特的腌制滋味，味稍咸。咸肉在冬季生产，耐久藏贮，常年应市。主要品种有咸猪肉、咸牛肉、咸羊肉、咸水鸭、腌鸡等。咸肉特点是盐分高，不经过干燥脱水和烘熏过程，腌制是主要加工步骤。

(一) 工艺流程

以咸猪肉为例，介绍其生产工艺：

选料→整修→盐制→成品

（二）工艺要点

1. 选料

咸肉原料分为带骨和不带骨两种。带骨加工的咸肉，按原料肉的部位不同，分别连片、小块、蹄腿取料。连片指去头、尾和腿后的片体；小块指每块 2.5kg 左右长方形肉块；腿脚指带爪的猪腿。

2. 整修

整修即为整理剔除碎肉、污血、淋巴、碎油等工序。为使食盐渗透，必须在肉块上每隔 2~6cm 划一刀，深度一般为肉质的 1/3。刀口大小、深浅多少，根据气温和肌肉厚薄而定。如气温在 15℃以上时，刀口应大些、多些，以加快腌制速度，15℃以下时则可小些、少些。60kg 以下的猪，也可分成前夹、中片、后座整体腌制。

3. 盐制

猪肉 100kg，用盐量 4~16kg。操作方法：一般分 3 次擦盐，第 1 次为初盐，第 2 次为大盐，第 3 次为覆盐。初盐即在原料肉的表面，均匀地敷上一层盐。次日接着上大盐，擦盐要均匀，在刀口处塞进适量新盐，并整齐地将其堆叠成垛。经 4~5d 翻倒，上下层调换位置，并补撒适量的新盐。覆盐 7d 左右后，应及时翻堆，继续敷少量食盐。三次擦盐约 25d 后即可制成成品。

4. 成品

咸肉可堆放在零下 5℃的冷库中保藏，也可浸没在 24~25°Bé 的盐水中，当盐水混浊并出现异味时，说明盐卤变质，必须将盐卤重新煮沸后再用。

（三）产品质量要求

加工后的咸肉，要求外观清洁，刀工整齐，肌肉坚实，青面无黏液，切面的色泽鲜红，肥膘稍有黄色。若肉色发暗，脂肪发红，即出现了腐败现象。

三、腊　肉　类

腊肉是指肉经腌制后再经过烘烤（或日光下暴晒）的过程所制成的加工品。腊肉的防腐能力强，能延长保存时间，并可为其增添特有的风味，这是与咸肉的主要区别。产品特点：刀口整齐、不带碎肉、外表有光泽、肥肉金黄、瘦肉深红、香味浓郁。

腊肉品种很好，按产地可分为广东腊肉、湖北腊肉、四川腊肉、云南腊肉等，按原料可分为腊猪肉、腊牛肉、腊羊肉、腊禽等。制作工艺大体相同，略有差异，主要分为备料、腌渍、熏制、包装四个步骤。以广式腊肉和南京板鸭为例，介绍其生产工艺。

（一）广式腊肉

1. 工艺流程

选料→整理→配料→腌制→烘烤→成品

2. 工艺要点

（1）选料　选用卫检合格、皮薄肉嫩的鲜肋条猪肉。

（2）整理　剔去肋骨、乳脯、碎肉，然后切成长 33~38cm、宽 1.5~2cm 的肉条，在肉条上端刺一个小孔，以备穿绳悬挂。

（3）配料　主料：猪肉 100kg。辅料：细盐 3kg，白糖 4kg，红酱油 3kg，白酒 2kg，茴香

200g，桂皮 200g，花椒 200g，硝酸钠 25g。

（4）腌制 将切好的肉条用 40~45℃温水浸泡，冲淡浮油、污物，沥干水分，将其放入大容器内。将盐、糖、酱油、白酒等辅料按比例混合，与肉条拌和均匀，放入大缸中腌制。每隔 2h，上下翻动一次，使其腌制均匀。经 8~10h，即可腌好。

（5）烘烤 将腌好的肉条取出后，在穿孔处结绳，依次挂在竹竿上，每条肉保持 3~4cm 的距离，统一送入烘烤房进行烘烤。烘房温度保持在 45~50℃，并采用先高温而后逐渐降低。烘烤时应每隔几小时，进行位置调换，使烘烤均匀。经 3d 左右时间的烘烤，便可制成腊肉制品，成品率为 72%~75%。若不用烘房烘烤，也可放在日光下暴晒，一直晒到腊肉表面流油时为止。

（6）成品 将烘好的腊肉冷却后，从竹竿上取下，另用麻绳将腊肉串起捆成小扎，每扎约 2.5kg。然后将其悬挂在木架上，置于干燥通风处贮藏。

(二)板鸭

板鸭是以鸭子为原料的腌腊食品。全国有四大品牌板鸭分别是江苏南京板鸭、福建建瓯板鸭、江西南安板鸭、四川建昌板鸭，以南京板鸭最为有名。南京板鸭是用盐卤腌制风干而成，分腊板鸭和春板鸭两种。因其肉质细嫩紧密，像一块板似的，故名板鸭。

1. 工艺流程

板鸭从加工工艺也归类于腊肉类。

选鸭→屠宰→干腌→卤制→叠胚→晾胚→成品

2. 工艺要点

（1）选鸭 选择在 1.5kg 以上的当年生鸭，宰杀前要经过育肥，以稻谷育肥为佳，育肥后鸭皮肤呈白色，肌肉充实而细嫩，脂肪熔点高。

（2）屠宰 宰前断食 18~20h，充分饮水，并进行宰前检验。用电麻法将活鸭致晕，采用颈部宰杀或口腔宰杀法放血。刺杀的刀口以 1cm 为宜，如刀口过小则放血不净，刀口过大则会因伤口浸血使宰后颈部变红。宰杀后将鸭子放入 60~64℃热水中，进行烫毛，接着拔大毛、去小毛。将毛除净后，齐肩膀处切去两翅，再沿膝关节割下两脚。在右翅下开一道 5~8cm 的月牙形口，摘除内脏。除内脏后，再用冷水浸泡，清洗，最后将鸭仰放，用手紧压胸部，把胸部的前三叉骨压扁，使胴体呈现正规的长方形，既保持外形美观，又便于腌制。

（3）干腌 按鸭重的 6.25%称取食盐。将盐的 3/4 从颈部切口中装入，在工作台上反复翻揉，务必使盐均匀地黏满腹腔各部。其 1/4 的盐擦于体外，应以胸肌、小腿肌和口腔为主。擦盐后依次码在缸中，经盐渍 12h 后取出，提起后翅，撑开肛门，使腔中盐水全部流出，这被称为抠卤。然后再叠于缸中，经 8h 左右进行第二次抠卤。

（4）卤制 第二次扣卤后，用预先处理过的老卤，从肋部切口灌满后再依次浸入卤缸中。所浸数量不宜太多，以免腌制不均。码好后，用竹签制的棚形盖盖上，并压上石头，使鸭全部浸于卤中。复腌的时间按季节而定，平均复腌 20~24h。

盐卤的配制分为新卤和老卤。

①新卤：将除去内脏后浸泡鸭用的血水，加入精盐 38%，煮沸，使盐全部溶解成饱和盐水。除去上浮的泡沫污物，待澄清后取清液倒入缸中，另加生姜片 0.02%，整粒茴香 0.01%，整根葱 0.03%，冷却后即成新卤。

②老卤：由于老卤中含有一定量的萃取物质和蛋白质的中间分解物（如氨基酸等），故由老卤制成的板鸭，风味比新卤制成的板鸭好。卤水经复腌后即有血水流出，致成浅红色，

易引起鸭子腐败发臭，故每经复腌3~4次后，则需烧卤一次。烧卤一方面是灭菌，另一方面是将其中的可溶性蛋白质加热凝固后除去。

待鸭子复腌到标准时间后，工作人员依次取掉鸭铊和鸭盖，将复腌好的鸭子从老卤汤里捞出，四只一组分挂于老卤槽上方的鸭钩上，晾置30min左右，当鸭子不再向下滴水时，将鸭子送入冷风间进行叠胚工序。

（5）叠胚　叠胚是在冷风间里进行的，是板鸭制作过程中最重要的一个环节。叠胚时，将冷风间的温度调整在-4℃左右，再将复腌后的鸭子送进冷风间，采用撒一层盐，码一层鸭子的办法交替进行，这样连续码数层。叠胚用普通的精盐就可以了。每一层撒盐的厚度约8cm，码鸭子时将鸭子腹部朝上，放平放正，头尾相对地码放，码放完成后在上面再盖上一层15cm的精盐。这样就形成了一个立体的鸭垛，利用盐的压力，让鸭子自行叠压，自然形成板块状。同时通过精盐的覆盖，可以将复腌后的鸭子体内的水分进一步去除，达到入味的效果。叠胚的时间大概需要18d。

叠胚完成后，将鸭子从光鸭垛上拿下，拿鸭时要轻轻地将鸭上面的精盐抖下来，留着下次叠胚时继续用。拿下光鸭后需送进清洗车间进行再次清洗，这次的清洗是要将光鸭身上的精盐洗掉，然后挂在清洗池上方，沥干水分，接下来就要进行晾胚了。

（6）晾胚　鸭子经过沥水后就可以进入晾挂车间进行晾挂，这个过程称为晾胚。这是生产板鸭的最后一道工序，也是比较关键的一道工序，晾挂是在常温下进行的，晾挂车间要保持通风、干燥。晾挂车间的晾挂架分上下两层，每层固定三根粗细相当的横木，并在每根横木上等距离地钉上钢针。晾挂时，将鸭子两个一组分挂在钢针上。板鸭在常温下晾挂21d，当体表发白，光滑无皱纹，肌肉收缩发硬，胸骨突起时就晾挂完成。

（7）成品　南京板鸭经晾胚后，就可以进行包装了。南京板鸭的包装采用的是无菌真空包装，包装后就可以投放市场销售了。在0~9℃环境中，南京板鸭的保质期为6个月，宜低温避光贮存。

3. 产品质量指标

具体技术指标见NY/T 628—2002《板鸭》要求。

四、酱　肉　类

酱肉是指肉经食盐、酱料（甜酱或酱油）腌制、酱渍后，再经脱水（风干、晒干、烘干或熏干等）加工而成的生肉类制品，食用前需经熟化加工。代表产品有北京清酱肉、广东酱封肉等。现以北京清酱肉为例，介绍其生产工艺。

（一）产品配方

猪肉50kg，细盐2.5~4kg，硝酸钠25g，花椒50g，大料50g，小茴香50g，甘草（用细布过滤）50g，酱油适量。

（二）工艺流程

选料→腌制→酱制→煮制→成品

（三）工艺要点

1. 选料

清酱肉要选用薄皮猪的后臂尖肉，要35~40mm厚的带肥膘肉，割去碎头，将肉切成椭圆形，不要碰破骨膜，每块 3. 5kg 左右。

2. 腌制

将细盐 1. 5~2. 5kg 加硝酸钠，分七次撒在肉坯上（每天 1 次），挤出血水，共腌 7~10d，每隔 12h 倒翻、摊晾各 1 次，然后从边沿穿绳，上挂内干 1d。

3. 酱制

将腌好的肉坯加其余全部调料放入大缸内酱制 8d，每天倒缸一次，然后捞出，挂在通风处晾干，到翌年 2 月（约 100d）放入净缸或密封室内存放。

4. 煮制

到霜降前后，将肉坯取出，用清水浸泡 1d，用碱水刷洗干净，开水下锅，以适当火候煮制 1h 左右，即为成品。

(四)产品质量标准

酱肉具有独特的酱香味，肉色棕红。产品色泽酱红，肉丝分明，入口酥松，清香鲜美，利口不腻，肥肉薄片，晶莹透明，瘦肉片则不柴不散，风味独特。

第三节　酱卤制品

一、概　　述

酱卤类肉制品是以各种肉为原料，添加调味料和香辛料，以水为介质，加热煮制而成的熟肉类制品，是我国比较传统的肉制品，其关键加工环节为调味和煮制。传统工艺加工的酱卤肉制品出品率不高，一般在 50%~60%，这可导致产品的成本很高。现代酱卤制品大多融入了西式肉制品生产工艺，即注射工艺、滚揉工艺。

酱卤肉制品的肉块一般较大，通过注射，可以加快食盐、亚硝酸钠、白糖、葡萄糖、复合磷酸盐等的扩散，加速盐溶蛋白（肌原纤维蛋白）的提取，提高产品的保水性，增加产品的出品率。另外，注入一些肉蛋白以外的其他动、植物蛋白，如大豆分离蛋白、花生蛋白、奶蛋白、酪蛋白等可以提高产品的营养价值，同时改善产品的嫩度。

滚揉又称按摩，是通过翻滚、碰撞、挤压、摩擦来完成的。滚揉后，原组织结构受破坏，部分纤维断裂，肌肉松弛，质地柔软，有利于盐水的渗透和盐溶蛋白的析出，在肉的表面可形成网状结构，且在煮制过程中盐溶蛋白会遇热变性，发生凝固，从而起到保持内部水分不流失的作用。

酱卤肉制品依据加工过程中所用的配料和操作条件的不同，一般分为 3 种：白煮肉类、酱卤肉类和糟肉类。

二、白煮肉类

白煮肉类是原料肉经（未经）腌制后，在水（盐水）中煮制而成的一类熟肉类制品。该方法最大限度地保持原料肉固有的色泽和风味是其主要特点，一般在食用时才调味。其代表品种有盐水鸭、白切鸡、白切猪肚、白切肉。

白斩鸡又称白切鸡或白灼鸡，是一种在岭南地区和长江流域常见的以鸡作为原料的菜式。这种菜式，在我国南方较为流行。南方人比北方人更喜爱吃白斩鸡，有两个主要的原因：一是吃白斩鸡注重“皮滑肉嫩”。北方气温比南方低，鸡的饲养生长期比南方要长，鸡的肉质不如南方鸡细嫩，用白斩的方法加工烹制，吃起来口感不好；二是白斩鸡是凉菜，食用时的环境温度，与食用效果有很大的关系。食用白斩鸡的环境温度，以23~30℃最为相宜。

（一）工艺流程

选料→备料→焯制→热烫→冷浸→切盘→调料→成品

（二）工艺要点

1. 选料

制作白斩鸡要选用生长期短的肥嫩母鸡，体重选2.5kg左右为宜。若在食用前能以芳香性食料（如花生枯饼）混合其他饲料笼养15~30d，则更理想。

2. 备料

宰杀时要将血放尽，否则肉质会发红并有血腥味。除毛浸烫的水温和时间要适度，烫松毛孔即可，浸烫过头或不够都易伤鸡皮。毛除尽后在肛门处扩孔掏出内脏，扭折脚骨将鸡爪插入孔内。另取瓷调羹一把，将瓷羹小头从嗉囊（俗称食袋）取出孔插入腹腔。洗净滤干血水备用。

把鸡爪塞入肛门开孔内和在取嗉囊处插入瓷羹，其目的是防止孔洞闭塞，以形成取嗉囊—腹腔—肛门孔的通道，以利浸烫时水的环流，使内外加热均匀，减少浸烫时间。

3. 焯制

把鸡在沸水中略焯紧缩，以清除血水和异味。焯的时间以1min左右为宜。焯过鸡的水应倒掉不用。

4. 热烫

把至少相当于鸡体积3~4倍量（从理论上讲，水量越多越好）的清水烧沸，下鸡后以猛火烧至复滚，迅即控火保持水面冒鱼眼小泡即可不必开大火，8~12min即熟（鸡肉已熟而鸡腿骨内还带红色为最好）。烫时可把鸡稍作翻动，使之受热均匀。鸡烫熟后，将其捞起吹凉，浸烫水凉置备用。

5. 冷浸

把凉透的鸡复浸入凉透的浸烫水中，一般浸30min左右。冷浸的目的是使鸡肉变得更细嫩鲜美。

6. 切盘

冷浸后捞起滤干水，在表面刷上一层极薄的熟花生油，可使鸡皮光滑晶莹，又可减少食用前水分的挥发，保持鸡肉的细嫩。白斩鸡同样对刀工有严格要求，要利刀快斩，下刀的先后和斩件的大小均有讲究。斩好后按鸡的原形拼装入盘。若以殷红饯果和翠绿香菜叶进行装饰点缀，更可赏心悦目。

7. 调料

中国菜重调料，是一种特有的文化现象，调料并不在多，加上一点，便有奇效。调料是菜肴的一个重要组成部分。

白斩鸡的调料之多，难于统计，一般有油质和水质两种，味道有咸、酸、甜、辣，采用的原料有姜、沙姜、葱、韭、蒜、香菜、辣椒、酸橘、盐、糖、味精、生抽、醋、花生油、芝麻油、山茶油等。

从白斩鸡的淡雅风味来看，不宜选用过于浓烈的调味料，以免冲淡和掩盖白斩鸡本来的清香和鲜味，选用姜、葱、盐、味精调熟花生油较为合适。

三、酱卤肉类

酱卤肉类是指在水中加食盐或酱油等调味料和香辛料一起煮制而成的一类熟肉类制品。色泽鲜艳、味美、肉嫩是酱卤肉的主要特点。产品的色泽和风味主要由调味料和香辛料决定。酱卤肉类主要有酱牛肉、卤鸭、卤肉、烧鸡等。

以酱牛肉为例，介绍酱卤肉类生产工艺。

（一）酱牛肉生产工艺

解冻→修整→盐水注射→真空滚揉→煮制→包装→杀菌→成品

（二）工艺要点

1. 解冻

原料肉须放在干净卫生的解冻池中解冻，牛肉应完全浸没在流动的清水中解冻，水温应控制在1~5℃，室温控制在15℃以下，解冻视气温的情况而定，必须完全解冻，要求肉中心无冻块和硬块。

2. 修整

剔除筋膜、腱、软骨、淋巴、瘀血、脂肪、污物等，把原料肉修割成0.5kg左右的肉块，再用清水冲洗表面的血污。沥干水分后备用。

3. 盐水注射

盐水注射机在使用前用清水冲洗干净，如长期未用应采取相应的消毒措施，调整压力和链条转速，保证注射率达到30%，也可采用2次注射。注射后应立即清洗盐水注射机，以避免盐水堵塞针头。

注射液配制：将亚硝酸钠用水化开，磷酸盐用温水溶解，加入规定量的水中，然后将白糖、蛋白、食盐、味精、卡拉胶、淀粉等辅料加入其中，搅拌溶解均匀。

配方：冰水80kg，三聚磷酸钠3kg，味精300g，异抗坏血酸400g，白糖4kg，亚硝酸钠30g，精盐5kg，卡拉胶600g，分离蛋白3kg，葡萄糖1kg，变性淀粉3kg。

4. 真空滚揉

在滚揉桶内装入注射好的牛肉，注意装的量不要过大，最好装桶容量的2/3。滚揉方式为：滚揉20min，休息10min，滚揉总时间为8h。将滚揉好的牛肉放在0~4℃的冷藏库中放置，时间为8~12h。

5. 煮制

采用夹层锅煮制，这样煮的时候不会糊锅。将水加热，先将红曲米水溶，再加入葱段、姜片、大料包，再把盐、糖、酱油放入锅中。大火煮开水，把腌好的牛肉块放入锅中煮，保持沸腾状态30min，改为小火煮制40min，再保持水温90℃，焖制时间为100min。注意在煮制过程中不断捞取表面的浮膜和血污。

煮制液的配方：牛肉50kg、精盐1kg、葱段500g、茴香100g、砂仁100g、草果100g、陈皮 150g、白糖 150g、桂皮 250g、花椒 50g、红曲米 600g、酱油 3kg。

6. 包装

撇去表面的脂肪和异物，在通风处晾干，时间为 2h 左右。使肉块的中心温度达到常温即可，之后用高阻隔袋进行真空包装。

7. 杀菌

在 90~100℃温度下蒸煮杀菌 20min，杀菌后冷藏放置。

8. 产品质量标准

酱牛肉目前仍无国家标准，具体质量指标可参照 GB 2726—2016《食品安全国家标准 熟肉制品》。

思考题

1. 金华火腿传统和现代加工工艺有哪些异同？
2. 简述腌腊肉制品的特点及分类。
3. 简述板鸭的加工工艺。
4. 风鹅传统生产工艺及工业化生产工艺的不同之处有哪些？
5. 何为酱卤制品？包括哪几种？
6. 酱牛肉加工工艺中真空滚揉的作用是什么？

第三章 西式肉制品

CHAPTER 3

[学习指导]

本章应重点掌握西式肉制品的分类及特点，各种西式火腿、西式香肠、培根的加工工艺；熟悉西式肉制品加工的工艺流程和操作要点；了解西式肉制品加工的配料。

第一节 概　　述

一、西式肉制品的分类

西式肉制品起源于欧洲，在北美及其他西方国家广为流行。通常根据原辅料及加工工艺，可分为西式火腿、西式香肠和培根三大类。

根据加工熟制温度，又可分为低温肉制品和高温肉制品。高温肉制品一般指高温高压加工的肉制品，加热杀菌温度在115℃以上。高温肉制品伴有过熟味，会失去固有的风味，但保质期可长达4个月以上；低温肉制品是肉制品中心温度达75~85℃的肉制品。肉蛋白质适度变性，基本会保持原有弹性，在品质上明显优于高温肉制品，但货架期短，不便长途运输和保存。低温肉制品已风靡欧美市场，成为世界性产品。

二、西式肉制品的特点

西式肉制品有如下特点：

（1）从畜禽养殖、屠宰，到加工、销售建立了严格的管理体系，确保了质量安全。

（2）产品鲜嫩、口感细腻、风味各具特色，营养丰富、易于消化吸收。

（3）肉制品研究科研水平高，科研成果转化率一般为60%~80%（我国30%~40%），新工艺技术被广泛应用。

（4）企业规模大，工业化程度高，品种多，HACCP、GMP管理和ISO认证被广泛采用，生产规范，产品质量稳定。

第二节　西式火腿

一、火腿的分类

西式火腿（western pork ham）一般由猪肉加工而成的，因与我国传统火腿的形状、加工工艺、风味等不同，习惯上称其为西式火腿，包括带骨火腿（regular ham）、去骨火腿（boneless boiled ham）、盐水火腿、压制火腿、灌肠火腿等。西式火腿中除带骨火腿在食用前需熟制外，其他种类的火腿均是可直接食用的熟制品。

二、西式火腿的基本工艺

西式火腿（蒸煮火腿或熟火腿）是欧美各国人民最喜爱的肉制品之一，也是西式肉制品中具有代表性的产品之一。西式火腿一般是采用猪肉加工而成的，有时会辅以牛肉、鸡肉等，大多数是去骨（或同时去皮）的熟制品。西式火腿是经过原料肉的选择和整形、腌制、嫩化、滚揉、充填或装模、烟熏蒸煮及冷却包装等工艺，经检验合格后最终制成的肉制品。

1. 原料肉的选择及修整

在西式火腿的加工过程中，原料肉的选择是非常严格和重要的。原料肉必须严格符合卫生检验要求，不存在任何隐患，原料要求以瘦肉为主，无碎骨和皮下脂肪；原料肉的选择，原则上仅选用猪的臀腿肉和背腰肉，而猪前腿肉品质稍差；若选用热鲜肉作为原料，需要将原料充分冷却，直至其中心温度为0~4℃；若选用冷冻肉，宜在0~4℃的冷库环境下进行解冻。欧洲各国要求原料肉的pH应在5.8~6.3，质软、渗水、pH低的PSE肉、干硬的DFD肉等均不能作为原料肉，德国则以瘦肉率分级为标准选择原料肉。

选择原料肉后即进行原料肉的修整。首先，剔除内层的筋、腱、大血管、淋巴结等，外层的皮下脂肪和瘀血斑，不允许存在杂质和碎骨。筋、腱等结缔组织属于非全价蛋白，其往往会导致火腿保水性差、坚硬，食用后难以消化。其次，根据产品的规格和品种，还得对原料肉进行分切、称重，以便精确控制盐水的注射量或腌制用盐量。分切整理时，应按照肌纤维的方向对原料肉进行分切，且尽量保证肌肉块的完整性，以利于盐水注射和避免盐水的大量外流，缩短腌制或滚揉时间。原料的选择和修整，要求操作间温度保持在10℃左右，环境卫生、整洁。

2. 腌制

腌制一般有干腌法、湿腌法和注射法，目前常用的腌制方法为干腌法或肌肉注射法。腌制剂的成分一般是食盐、硝酸盐或亚硝酸盐（如亚硝酸钠）、大豆分离蛋白、抗坏血酸等；根据不同的产品、不同的工艺，有些腌制过程会加入发色助剂（如异抗坏血酸钠、柠檬酸、抗坏血酸、烟酰胺）和品质改良剂，还有些会添加一些香辛料、调味料等。

干腌法是将腌制剂拌于原料肉中或涂抹于原料肉上，在低温环境中进行腌制的方法，腌制途中需要定时翻倒和涂抹腌制剂。此种方法简便，但腌制不均匀，只适合于小块肉的腌制。

湿腌法即是将整理完的原料肉浸于已配制好的腌制液中，在0~4℃的条件下，根据不同重量的原料肉腌制不同时间（一般是2d/kg），腌制过程中定时翻倒，以使腌制均匀。湿腌法腌制得均匀，产品质地柔软、嫩而多汁，但蛋白质等营养物浸出物损失较大。

注射法是利用盐水注射机将配制好的腌制液均匀注射到已修整的组织中，从而达到腌制目的的。注射用的腌制液，主要成分是食盐、亚硝酸盐、糖类、柠檬酸、抗坏血酸钠、烟酰胺、磷酸盐等。腌制液的配制：一般采用0~4℃的软化水充分溶解并过滤腌制液，应根据注射量来调制，调制后用多针头盐水注射器将其均匀注入肌肉中。注射量为肉重的20%~30%，盐水温度为8~10℃。注射法缩短了腌制时间，提高了腌制质量，增加了产品的得率，改善了产品质量。

3. 嫩化及滚揉

盐水注射的肉需进行嫩化处理。嫩化是利用嫩化机在肉上切割开许多15mm左右深的刀痕。肉内部的筋腱组织被切开，肉的表面积会增加。

盐水注射剂工作过程也能作用于肌肉组织，从而起到嫩化作用。只有用注射法注射过的大块肉才需要嫩化，湿腌的小块肉无须嫩化。

滚揉分为连续式滚揉和间歇式滚揉。连续式即连续滚揉4h，然后在5℃以下冷库中腌制12h。间歇式滚揉即滚揉20min，间歇40min，滚揉处理总时间16h，滚揉时间5h，滚揉温度要求在8℃以下。

所用设备有真空滚揉机和开放式滚揉机。真空滚揉可使肉得到均匀的机械处理，从而避免了由于存在死角而使肉的温度升高的情况，同时，可以破坏肉块表面的微小气泡，避免了加工过程中因存在空气膨胀而破坏产品结构的情况，真空法还有助消除氧化的影响，改善肉的外观颜色。

4. 装模成型

除卷火腿及生熏火腿外，压制火腿（包括盐水火腿）和肠型火腿的成型一般采用圆形、方形或椭圆形的铝合金包装容器、模具和肠衣。处理后的肉料应迅速装入垫有一层白布（便于脱模）的模具中，抽真空加盖，避免肉料内有气泡，产品切片时会出现气孔现象，同时也避免了常温下蛋白质因温度升高而出现黏度降低，影响肉块间黏着力的现象。肠型火腿则是通过充填机，将肉料灌入肠衣中，然后拉紧、打扣、结扎成型的，有时借助于收缩网袋施加一定压力，使产品组织严密。装模后即可进行烟熏、蒸煮。

5. 烟熏及蒸煮

根据工艺要求，可对肉料进行烟熏处理。烟熏在专门的烟熏柜或烟熏室中进行，处理时既可直接烟熏，也可用烟熏液调味，或采用烟熏液加热使其挥发，包附在制品上。经前处理的制品首先在50℃左右的温度下进行干燥，干燥时间根据肉块大小而定，然后在60℃左右的温度下进行热熏处理，促进熏烟渗入（肠型火腿的包装材料则需要具有一定的透气性，如动物肠衣、纤维肠衣或胶原肠衣）。除生熏类火腿外，其他火腿制品（经过烟熏或不经过烟熏）都必须蒸煮熟化，进而杀灭微生物，同时赋予肉制品特有的风味、口感，便于保存、运输和食用。

蒸煮又称熟制，此工序在蒸煮锅（槽）内进行，加热蒸煮的方式一般有水煮和蒸汽加热两种。常温条件下贮存销售的火腿，包装必须具有良好的密封性，包装材料必须有良好的耐热性，需经过 121℃高温灭菌处理；而一般大多数火腿为保证火腿的颜色、组织形态、风味和切片性能，在火腿的熟制和热杀菌过程中，往往采用巴氏杀菌法，为低温制品，火腿中心温度到达 68~72℃即可。温度过高往往导致蛋白质变性收缩剧烈，老化、失水严重，鲜嫩度遭到较大程度的破坏，产品的出品率降低。因此，在保证产品安全、有效杀灭有害微生物的前提下，按标准，煮制水温不能低于 75℃，蒸制温度不低于 80℃，产品中心温度需保持在 65℃以上 30min，或最终温度达到 72℃，甚至 82℃。在生产操作过程中，常采用“变动式”加热方法与“Δt 式”加热协同处理。“变动式”加热方法即先采用 90~100℃的温度煮制 30min，然后再降温至 70~75℃，并保持恒温至终点；“Δt 式”加热方法即差温温度调节法，是调节加热温度使预制品中心温度始终保持一种固定差值的方法。研究证实，在 Δt 调节为 5~25℃时，产品蒸煮损失可最大限度地降低，这显著地改善了产品的品质，最终可获得较高的经济效益。

6. 冷却

蒸煮后的火腿理论上应立即进行冷却，以防止模具内部产生大量水蒸气而导致出品率下降。但仍然建议采用缓慢冷却法进行冷却处理，以保证肉块间有良好的黏着性。现在大多采用二段式冷却法，即首先在操作间采用符合卫生要求的冷却水冲淋或浸浴 30~50min，然后将火腿转至冷库中，使得产品中心温度降至 0~4℃。采用水浴蒸煮法加热的产品，应采用流动水冷却，冷却到产品中心温度 40℃以下即可；采用蒸汽加热的产品，采用喷淋冷却水冷却，水温要求在 10~12℃，冷却至产品中心温度为 27℃左右。产品冷却至所需温度后，即可送入冷却间继续冷却。

7. 脱模及包装

采用模具生产的火腿制品，冷却后即可脱模和包装。包装车间要求有良好的卫生环境，可防止微生物污染，对工作人员及器具应严格消毒，温度应控制在 0~4℃，不允许存在较大的温度波动。包装可根据产品特点和市场需求进行，并根据产品确定贮藏与运输方式。

三、盐水火腿加工工艺

盐水火腿是以猪精肉为主要加工原料，经过严格的工艺，制成的一种西式定型包装熟肉制品。盐水火腿属于高水分低温肉制品，产品特性主要取决于嫩化工艺赋予肉质的高保水性，因此，加工出品率高，产品纹理清晰、口感鲜嫩多汁。盐水火腿作为西式肉制品中的主要代表之一，已成为目前国内开发的主要西式产品。

（一）工艺流程

原料肉的选择、整理 → 盐水配制 → 注射 → 嫩化、滚揉 → 充填灌装 → 蒸煮与冷却 → 脱模包装 →成品

（二）工艺要点

1. 原料肉的选择、整理

选择适宜的原料肉是保证盐水火腿质量的首要因素。对于高档产品应以 100%猪后腿肉为原料，而一般则以新鲜的腿肉、肩肉、脊肉等为原料，原料肉的肌肉有光泽、纹理细腻、肉质柔软，pH 在 5.8~6.4 最为适宜，原料肉 pH 太低，会使原料对后一环节结着力不强，使产品表面或断面太湿，影响火腿的发色和风味，并且影响出品率。

原料肉处理的主要目的是保证每块肉都达到均衡一致的结合力，即使小块肉也能很好地黏结在一起。选好的原料肉排血后，要冷却至0℃左右进行修整，再去除皮、骨、结缔组织膜、脂肪和筋腱，使其成为纯精肉，处理时应注意，应尽可能少地破坏肌肉的纤维组织，刀痕不能划得太大、太深，并尽量保持肌肉的自然生长块型。分割修整后，原料肉必须称重，以确定盐水注射量。

2. 盐水配制

注射腌制所用的盐水，主要组成成分包括食盐、亚硝酸钠、糖、磷酸盐、抗坏血酸钠及防腐剂、香辛料、调味料等。盐水配制的3个要点：一是根据产品类型及出品率要求，准确计算盐水中各添加剂量；二是保证各添加剂能充分溶于水中；三是控制盐水于较低温度。

配制盐水应按需配制，现用现配。配制方法一般是首先将不溶性香辛料熬煮后过滤，取其香料水，冷却至2℃左右，溶入复合磷酸盐，再依次加入糖、食盐、卡拉胶、植物蛋白、亚硝酸钠、抗坏血酸钠等。产品生产过程中的配方计算是一个关键的技术过程，盐水的组成和注射量是相互关联的两个因素。在一定量的肉块中注入不同浓度和不同注射量的盐水，所得制品的产率和制品中各种添加剂的浓度不同。

3. 注射

配制的盐水应及时注入肉块中，注射2~3次，直至全部盐水注射到肉块中。注射压力大小根据肉块的大小调节，以保证盐水充分进入肉块。盐水注射机的针头应保持锋利、卫生，否则易撕裂肉块表面、污染肉块，使肉块变色，影响注射效果，降低贮藏性。

4. 嫩化、滚揉

注射后嫩化是出品率高于130%的产品必不可少的工序。嫩化肉纤维被切断，使得肌肉纤维充分涨润，增加了盐溶蛋白的萃取和肉块的软化，嫩化过程会大大提高肉的保水性，并使盐水分布更加均匀，成品切片性和出品率都有较大提高。嫩化要注意切碎不要过度，溢出的盐水要一起加入到滚揉工序中，以保证整个配料的稳定性。

滚揉温度一般在4℃左右，滚揉时肉块温度不应超过8℃，当温度较高时会减缓提取肉蛋白的效率，导致肉块间黏附力差并会促进微生物生长与繁殖。滚揉的同时可添加一定量的大豆分离蛋白、淀粉、调味料，有时还可添加10%左右经腌制斩拌的肉糜，以提高结着性和出品率。

5. 充填灌装

腌制后的肉块可采用肠衣、收缩膜或金属容器、模具充填灌装。如果选用肠衣灌装，应采用易剥纤维的肠衣。但选用真空收缩膜对保证产品质量更为有益，在蒸煮、冷却及贮存阶段，收缩膜紧贴于肉上，产生的机械压力有助于防止水分析出或胶质分离，也可有效预防再污染、延长保存期，并且可在袋上直接印制产品说明和商标，减少二次包装，节省包装材料，易于产品贮存运输。方、圆火腿要装模，模盖带弹簧，装好后加盖压紧。充填、装模要求紧实，并排出空气。

6. 蒸煮与冷却

金属模具火腿多用水煮加热，充入肠衣内的火腿多在全自动烟熏室内完成熟制。充填后的盐水火腿，除使用纤维素肠衣包装的产品可进行烟熏外，其他产品均无法直接进行烟熏。如需要生产烟熏制品，可选择在配料中添加1%~4%的烟熏液。一般单件产品每千克约需煮制1h，加热至中心温度68~72℃，维持30min即可。

盐水火腿蒸煮后应尽快进行冷却，使中心温度迅速越过30~40℃这一微生物具极强生长势能的温度限，直至降至27℃以下，以保证产品具有可贮性。如果蒸煮器无自动冷淋系统，应立即将其移入淋浴室，最好是采用间歇式淋浴法，以10℃左右冷水冲淋。当产品中心温度降至27℃后，则应停止淋浴，间隔一段时间，使表面水分蒸发后再移入冷却室。产品在冷室内应放置12h以上，冷至中心温度2℃，以便使肉蛋白质与残余水分达到最佳结合状态，再脱模进行包装。

四、灌肠火腿加工工艺

灌肠火腿与压制火腿的不同点是：用肉馅和碎肉块混合搅拌并加辅料制馅，肉块与肉馅的比例依品种而异。此外，原料腌制后经绞制或斩拌，采用肠衣灌制。

（一）半干型灌肠火腿

半干型灌肠火腿的原料一般为猪颈部肉、肩部肉及背部脂肪。瘦肉与脂肪的比例是7∶3或1∶1；瘦肉切成长3cm、宽2cm、厚1cm的肉块，再加0.01%亚硝酸钠、0.1%硝酸钠、3%精盐进行混合，然后转入0~4℃冷库中进行隔夜腌制。待背部脂肪在冷却变硬后，用孔径1mm的绞肉机绞碎，然后放入热水中（瞬间）以溶去软脂肪，立即取出以冷水冲洗，沥水后放入冷库进行冷却。这样处理后，可以避免制品在干燥后软脂肪漏出，但会损失10%左右的脂肪。

将30%~40%腌制后的瘦肉，以3mm孔径绞肉机绞碎，与其余的瘦肉块一起放入搅拌机中，加入漂烫过的脂肪，再按肉量加入0.4%胡椒，0.3%生蒜，1%优质酱油等调料，充分混合搅拌后加入0.1%罗望子多糖胶，以促进黏结作用。

灌制后即可进行吊挂，小型肠衣制品可直接吊挂，大型肠衣制品须用细绳捆扎后吊挂。稍微干燥后，首先采用干锯末进行冷熏，温度范围为10~15℃，时间为10h左右。熏后用75℃热水煮制40min，再用洁净的流水冷却30min，最后将制品吊挂在通风良好处进行干燥。根据干燥程度（干燥1~2d、1周、2周以上）可分几种类型，半干燥型灌肠火腿属于干燥1周左右的类型。

当制品需要长时间保藏时，可用山梨酸的丙二醇溶液涂抹于制品表面，待表面溶液干燥后，选择非透气性薄膜进行真空包装，在80℃下杀菌30min，然后冷藏，以防止发霉。

（二）混合型灌肠火腿

混合型火腿是日本开发的一种具有特色的肉制品，其原料可选用生产高档火腿和培根时的碎猪肉，而且还可以用牛肉、仔牛肉、马肉、山羊肉、兔肉和鸡肉。

混合型灌肠火腿一般采用20%~40%的小肉块（包括内脏），充分混入60%~80%斩拌的肉糜，经灌制等工序制成。混合型灌肠火腿属于压制火腿与灌肠中间类型产品。

各种肉料的配比为猪上等肉30%、猪下等肉20%、马下等肉20%、羊下等肉20%、猪脂肪10%，各种配料配比：白胡椒0.25%、百味胡椒0.05%、姜0.07%、洋葱0.10%、芫荽0.05%；或肉豆蔻仁0.05%、调味料0.30%、玉米淀粉5.00%、冰水10.00%。

先将原料切成小块，按压制火腿原料的腌制方法腌制，在0~4℃下腌制2~3d；待肉料充分呈色后用绞肉机将其绞成肉馅，再用斩拌机斩拌，斩拌同时加入调味料、香辛料等，边斩拌边加冰水，直至黏性出现为止。再将火腿原料肉（猪上等肉）按压制火腿工艺切成小块，充分搅拌加入3%肉量的混合盐，转入0~4℃低温室中腌制2~3d，待肉块充分呈色后，用混合机将腌制后的小肉块与斩拌的肉糜充分混匀。混匀后的馅料填充于天然肠衣或人造纤维素肠衣中。

充填后将制品吊于烟熏架上移入烟熏室，在50℃左右干燥30~60min，使肠衣干燥，表面形成孔洞，以利于烟熏成分的渗入。干燥后，在60℃左右烟熏2~3h，而后在75℃水中煮，达中心温度65℃后，保持30min，再以冷水冷却。

第三节　西式香肠

一、西式香肠的分类

西式香肠是以鲜（冻）畜、禽、鱼肉为原料，经腌制（或不经腌制）、绞碎或绞碎后斩拌使肉成为块状、丁状或肉糜状态，再配以其他调味料、香辛料等辅料，经搅拌后，填充于天然肠衣或人造肠衣中，经烘烤、熟制和烟熏，冷却或发酵等工序而制成的灌肠制品。灌肠最早起源于公元前15世纪的古代巴比伦和中国，是最老的成型食品之一。西式香肠制品的种类繁多，据报道法国有1500多个品种，我国各地生产的香肠品种至少也有数百种。香肠分类方法很多。

(1) 按原料肉切碎的程度，可分为绞肉型和肉糜型肠；

(2) 按原料肉腌制程度，可分为鲜肉型和腌肉型肠；

(3) 按制品加热程度，可分为生肠和熟肠；

(4) 按熏烟程度，可分为烟熏和不烟熏肠；

(5) 按发酵程度，可分为发酵和不发酵肠；

(6) 按添加填充料，可分为纯肉和非纯肉肠；

(7) 按所用原料肉，可分为猪肉肠、牛肉肠、兔肉肠、混合肉肠等。

至今世界各国还没有统一的分类方法，其中美国的分类比较具有代表性，它将香肠制品分为生鲜香肠、生熏肠、熟熏肠和熟制香肠、干和半干香肠（发酵香肠）四大类。

二、西式香肠加工工艺

（一）西式熏煮类香肠工艺

西式熏煮类香肠是世界上产量最大，品种最多的一类，在欧美一些国家占总数的30%~50%。有的产品烟熏工序在蒸煮后进行。有些产品不经烟熏，仅进行蒸煮，也被称为熟香肠。这类产品大多属于乳化性香肠。

1. 工艺流程

原料肉的选择及整理→腌制→绞肉→斩拌→搅拌→充填→熏烤→煮制→冷却→成品

2. 加工要点

(1) 原料、辅料和肠衣的选择　香肠使用的原料范围很广，包括猪肉、牛肉、羊肉、兔肉、马肉、禽肉、鱼肉等，以及它们的内脏、脂肪、舌头、血液等均可作为香肠的原料。原料肉经修整，可剔去碎骨、污物、筋、腱及结缔组织，然后按肌肉组织的自然块形分开，并切成长条或肉块备用。

内脏、血、肝等副产品比肉易腐败，在下屠宰生产线后，应立即用冷水冲洗干净，尽快冷却，应仔细去除猪肚和牛胃（前胃）内容物，洗净胃黏膜；食道上的黏膜尽快除净后，用冷水冲淋干净。

用于加工香肠的血，在肉畜屠宰收集和贮存阶段，需要保持良好的卫生条件；而受污染的血中微生物含量较高，加工的产品贮存短，味差。现在一般采用血液采集装置收集鲜血。这种方法是用消过毒的空心刀刺入被宰杀的牛或猪咽喉主动脉内，血液流出通过与之相连接的橡皮管进入收集桶，装置具真空抽吸作用，此法放血时间短，放血完全，收集的血污染少。收集血时往往添加柠檬酸钠等抗凝剂，以防血液凝集。收集的血应及时冷却备用。

辅料是指为改善香肠制品的色香味及组织形态，增加营养和延长保存期，而添加到香肠中的调味料、香辛料、填充料、着色剂、抗氧化剂等。

（2）水　水是蒸煮香肠加工过程中必不可少的添加成分，水的添加比例和水质对保证产品质量至关重要。水的添加量往往取决于原料中的瘦肉所占比例。蒸煮香肠配方中瘦肉量可因不同产品类型及原料肉结合水的能力而异，但至少要30%，最高可达50%。

在实际生产中，一般是通过产品蛋白质总量来计算水的添加量，添加标准是蛋白质：水＝1：4，蛋白质含量越高，添加的水越多。例如，某一类型的蒸煮香肠产品常规成分值为：水分62.2%、脂肪23.2%、矿物质1.8%、蛋白质12.8%，则添加水量为：产品含水量－（产品蛋白质含量×4）＝62.2－（12.8×4）＝11%，加工时即以产品的11%作为水的标准添加量。

添加的水应是卫生纯净的饮用水。含菌量高的水会影响产品的卫生质量及可贮性；而使用漂白粉较多的消毒灭菌水，由于氯的含量较高，往往会抑制蒸煮香肠肉的发色，从而严重影响到产品的感官色泽，尤其是小香肠，肠馅极易出现褐色斑点。

（3）绞肉、斩拌、制馅

将修割并切成块的瘦肉与腌制盐混合，腌制后或不经腌制直接经绞肉机绞碎，即可进入斩拌机斩拌，制作肉馅。根据不同的产品有直接斩拌法、腌制后斩拌、一次斩拌法、依次斩拌法、肥瘦肉分离斩拌法、细斩肉糜加入肉块法等多种方法。可将这几种方法相结合，具体应用于不同香肠产品加工时的肉馅制作。绞肉或斩拌肉在搅拌机内搅拌，使瘦肉和肥肉颗粒均匀分散，同时也有助于盐溶蛋白的提取和脂肪颗粒的包裹，并通过添加所需的辅料获得理想质地和均匀一致的成分。

斩拌时间不宜过长，一般以10~20min为宜。斩拌温度最高不宜超过10℃，斩拌温度过高往往会发生“跑油”现象，在斩拌过程中加入冰水或冰屑，斩拌的投料顺序为：牛肉→猪肉（先瘦肉后肥肉）→其他肉类→冰水→调料等。

（4）充填灌装

肉馅通过灌装机填入天然肠衣（猪肠衣、牛小肠衣、羊肠衣）或人工肠衣；小香肠则是用20~30mm的羊肠衣、人工羊肠衣；粗型和特大型产品可用牛肠衣或粗口径人工肠衣填充灌装。在填充灌装时，肉馅充入肠衣时的压力对成品切片性和结实程度影响较大，粗型蒸煮香肠必须有填充管接头，并尽可能利用机械扭结，小香肠可人工进行扭结。

（5）熏烤

填充结扎后，香肠送入熏烤室进行熏制。在此阶段，热、湿及熏烟成分会起到干燥、发色、微生物等综合作用。其中，热、熏对香肠特有外观、香气和味道的形成和改善的作用尤为重要。熏烤控制的关键条件是温度、相对湿度、熏烟浓度和气流速度。熏烤后的产品嫩脆可口、表面光泽均衡稳定、外形美观漂亮。

对于小香肠来说，可先采用接近60℃的温度快速脱水和发色，然后烟熏，可选用三角形挂杆悬挂小香肠并将其放置于熏烤架上，这样可使香肠与挂杆接触面最小，最大限度地减小了烟熏不全的面积；对于粗型香肠，若是应用可控型熏制蒸煮设备，则可先采用较高湿度发色，通常是此阶段调控的温度越高，相对湿度也越高，以减少熏烤失重；发色后应立即快速干燥和熏制。

高浓度、快速烟熏熏制的香肠，外部烟熏度高，产品中心烟熏香味不足；采用干熏法熏烤的香肠失重大，产品色泽稳定性差；采用相对湿度为60%~80%的湿熏法，可有效防止失重，保证色泽稳定性，但应注意水汽易在肠体表面凝集成水滴，影响烟熏效果。在生产上，可以根据产品类型来选用不同的熏烤方法，现已有可满足不同需要的熏烤设备供选择使用，其中可使生产较为合理的通用型设备是集干燥、发色、烟熏、蒸煮和冷却为一体的熏烤蒸煮炉。

（6）蒸煮

烘烤熏制后的灌肠应立即蒸煮，不宜搁置太久，否则容易酸败变质。蒸煮香肠的蒸煮方法有饱和蒸汽蒸制和热水煮制，无论采取何种方法，均需蒸煮至中心温度达72~75℃，以使香肠在达到所需感官和食用特性的同时，除了细菌的芽孢不能被杀死外，致病菌和腐败菌均能杀死。对此，适宜的杀菌设备和香肠中心温度的准确测定尤为重要。

（7）冷却

大多数蒸煮香肠在蒸煮后应立即冷却，但少数产品在蒸煮后还需要进行微烟熏以增加风味，冷却方法可用淋浴或冷水浸泡。蒸煮后的及时冷却对抑菌防腐十分重要，另外还可以避免肠体表面过度干燥，可有效防止肠衣紧绷状态时皱纹的产生。间隙式冷水淋浴可加速香肠的凉透同时又可节约用水，香肠在冷水中慢慢收缩，使肠馅和肠衣紧密贴在一起，如果在冷水中放置太久，将使用天然肠衣灌装的产品色泽减退，而且使调味料香味减弱。此外，成品香肠还会因表面水分活度值提高而利于微生物的繁殖，影响产品的贮藏性。若香肠冷却后仍有皱纹，可将香肠放入热水中短暂浸渍，即可消除皱纹。

香肠中心温度冷却低于28℃后，产品应在-1~5℃的冷库内避光贮存，相对湿度以75%左右为佳。

（二）生鲜类香肠工艺

生鲜香肠是将生鲜肉和脂肪用食盐和香料混合，然后填充于动物小肠的肠衣中。较高品质的生鲜香肠主要由瘦肉和脂肪组成，有些也会采用一些非肉类填充剂。香肠在加工时不需热处理，一般食用前可按照自身要求进行烘烤、蒸煮、煎炸或其他热处理。

生鲜香肠的原料可来自不同种类的动物（猪、牛、鸡、鱼等），肉的品种和瘦肉与脂肪比例可根据传统或喜好而定。多数生鲜香肠为细斩产品，原料剔除骨头、腱和结缔组织；同时只能添加固体脂肪（猪背脂或牛脂肪），且脂肪含量一般不超过25%，以免在后期油炸或等热处理时，体积过度收缩。传统配方中，由于不要求成品呈红色，生鲜香肠不使用腌渍用盐，用食用盐（10~15g/kg）即可；生鲜香肠常用的香辛料为辣椒、豆蔻香料、茴香等，有时也可添加大蒜、洋葱、姜。

生鲜香肠的制作：将瘦肉和脂肪切成小块，然后再与食盐、香辛料和其他非肉类成分混合，在刀盘孔径为4~6mm的绞肉机中将混合料绞碎；绞碎之后将混合肉料填充到可食性的小口径或中口径的天然肠衣中，通过扭结的方式将其分成所需大小的香肠；不需蒸煮等处理，直接转入冷库。

（三）烟熏生香肠

这类香肠与生香肠相似，不同点是原料大多采用腌制工序，经绞肉、斩拌或不斩拌，灌制后经过烟熏处理，但不进行熟制加工，需冷藏。消费者在食用前要进行熟制处理。如起源于捷克、斯洛伐克的生鲜熏基尔巴萨肠是一种浓调味料的香肠，是由粗绞的猪肉和牛肉或羊肉制作的，并经烟熏但不熟制。其他的还有熏制农家风味肠、默特肠、意大利肠等。

（四）发酵香肠工艺

发酵香肠是指在自然或人工控制条件下，利用微生物发酵作用，使香肠产生特殊风味、色泽和质地，使肉制品的pH降低，并经低温脱水使A_w下降，且具有较长保存期的肉制品。因此，准确地讲应称其为发酵干香肠制品。发酵香肠的种类很多，可以根据肉馅的形态、发酵方法、发酵酸度、香肠水分含量等进行分类。按照产品在加工过程中失去水分的多少，将其分为干香肠、半干香肠和不干香肠等，其在相应加工过程中的失重分别为30%以上、10%~30%和10%以下。这种分类方法虽然不很科学，但却被业内人士和消费者普遍接受。发酵香肠是以猪肉或猪牛肉混合为主要原料，经绞碎或粗斩成颗粒，添加食盐、（亚）硝酸盐、糖等辅料，填充入可食性肠衣内，再经烟熏、干燥和长期发酵等工艺制作而成的肉制品。发酵香肠通常属于耐贮性生食类香肠制品，在加工工序中需经过发色工艺，在常温下可长期贮存。

1. 工艺流程

原料肉→绞碎→斩拌→接种霉菌或酵母菌→灌肠→发酵→成熟干燥→成品

2. 加工要点

（1）原料肉　原料肉一般需经过预冷却或部分冻结（-4~0℃），脂肪则应处于冻结状态（-8℃），以避免水的结合和脂肪的熔化。

微生物的发酵作用，在香肠发酵过程中扮演着重要的角色，可将其分为益生菌和不利菌。原料肉在严格卫生条件下的预处理是保证产品质量的首要要求。加工车间、器具和设备需定时消毒杀菌，不能用木制器具，也不能使用在卫生条件差的条件下屠宰分割、初始菌含量高的肉作为原料。

原料肉一般需经过预冷却或部分冻结（-4~0℃）。肥肉直接影响香肠的发酵和干燥过程，对产品结实性和味道产生决定性影响。脂肪的分解在肉畜被屠宰后不久即开始，最好是热剔骨分割后立即将肥肉于0℃下迅速冷透，这样可以大大延缓此后脂肪的分解，并可使其含水量降低3%~4%，冷透后切为小薄块置于盘内，呈薄层于-30℃下速冻，速冻可使肥肉中形成的冰晶极小，不会损害脂肪细胞，冻结时间为2~3d，然后用于制馅。

（2）绞肉与斩拌　为保证质量，要求绞碎、斩拌肠馅温度控制在-2~0℃，有的还将肉馅于0~5℃下腌制3d再充填以改善产品风味。斩拌时首先将精瘦肉和脂肪倒入斩拌机中，稍加混匀，然后将食盐、腌制剂、发酵剂和其他的辅料均匀地倒入斩拌机中斩拌均匀。肉馅在灌制前应尽可能除净其中的氧气，因为氧的存在会对产品最终的色泽和风味不利，这可以通过使用真空搅拌机实现。斩拌时间取决于产品的类型，一般肉馅中脂肪的颗粒直径为1~

2mm 或 2~4mm。生产上应用的乳酸菌发酵剂多为冻干菌，使用时通常将发酵剂在室温下活化 18~24h，接种量一般为 10^6~10^7cfu/g。

(3) 灌肠　发酵香肠在充填时要求肉馅温度应控制在 0~1℃，不应超过 2℃。灌制时，要求充填均匀、肠坯松紧适度。为了避免气泡的混入，最好利用真空灌肠机灌制。

肠衣须具透气性，天然、人工均可，如纤维肠衣、胶原蛋白肠衣、布织肠衣等。肠衣的类型对霉菌发酵香肠的品质有重要影响。利用天然肠衣灌制的发酵香肠具有较大的菌落并有助于酵母菌的生长，成熟的更为均匀且风味较好。无论选用何种肠衣，其必须具有允许水分通透的能力，并在干燥过程中随肠馅的收缩而收缩。德国用牛直肠加工高档发酵香肠，意大利色拉米多用马小肠，法国 90%的发酵香肠均是用天然肠衣生产的。对肠衣直径的要求因产品的不同而异，如在德国最常使用 35mm 肠衣，切片产品多用 65~90mm 肠衣，霉菌发酵型以 35~40mm 肠衣为宜，细径肠衣有利于表面霉菌发酵物渗入肠体内部以形成特有的风味。

(4) 接种霉菌或酵母菌　肠衣外表面霉菌或酵母菌的生长不仅对于干香肠的食用品质具有非常重要的作用，而且能抑制其他杂菌的生长，预防光和氧对产品的不利影响，并代谢产生过氧化氢酶。

生产中常用的霉菌有纳地青霉和产黄青霉，常用的酵母有汉逊德巴利酵母和法马塔假丝酵母。商业上应用的霉菌和酵母发酵剂多为冻干菌种，使用时，将酵母和霉菌的冻干菌用水制成发酵剂菌液，然后将香肠浸入菌液中即可。但必须注意，配制接种菌液的容器应当是无菌的，以免二次污染肉制品。

(5) 发酵　发酵温度以产品类型不同而有所不同。通常对于要求 pH 迅速降低的产品，所采用的发酵温度较高。据认为，发酵温度每升高 5℃，乳酸生成的速率将提高一倍。但提高发酵温度也会带来致病菌，特别是存在金黄色葡萄球菌生长的危险。发酵温度对于发酵中产物的组成（乳酸和乙酸的相对比例）也有影响，较高的发酵温度有利于乳酸的形成。当然，发酵温度越高，发酵时间也越短。一般涂抹型香肠的发酵温度为 22~30℃，发酵时间为最长 48h；半干香肠的发酵温度为 30~37℃，发酵时间为 14~72h；干发酵香肠的发酵温度为 15~27℃，发酵时间为 24~72h。意大利和匈牙利的发酵香肠多采用持续 15℃的较长时间发酵法加工。

在发酵过程中，乳酸菌发酵碳水化合物可形成乳酸，使香肠的最终 pH 降低到 4.5~5.5，这一较低的 pH 可使得肉中的盐溶性蛋白质变性，形成具有切片性的凝胶结构。较低的 pH 与由添加的食盐和干燥过程降低的水分活度共同作用，可保证产品的稳定性和安全性。

发酵间的湿度控制要做到既能保证香肠缓慢稳定地被干燥，又能避免香肠表面形成一层干的硬壳，对于接种霉菌和酵母菌的香肠还要预防表面霉菌和酵母菌的过度生长。采用高温短时发酵时，相对湿度应控制在 98%，采用较低温度发酵时，相对湿度应低于香肠内部湿度 5%~10%。发酵结束时，香肠的酸度因产品而异。对于半干香肠，其 pH 应低于 5.0，美国生产的半干香肠的 pH 更低，德国生产的干香肠的 pH 为 5.0~5.5。

(6) 干燥与成熟　干燥的程度是影响产品的物理化学性质、食用品质和储藏稳定性的主要因素。在香肠干燥过程中，控制香肠表面水分的蒸发速度，水分从香肠表面蒸发的速率，使其与水分从香肠内部向表面转移的速率相等。在半干香肠中，干燥损失少于其失重的 20%，干燥温度为 37~66℃。温度高，干燥时间短，温度低时，可能需要几天的干燥时间。高温干燥可以一次完成，也可以逐渐降低湿度分段完成。

干香肠的干燥温度较低，一般为12~15℃，干燥时间主要取决于香肠的直径。商业上应用的干燥程序按照下列的模式进行：

①16℃，相对湿度88%~90%（24h）→24~26℃，相对湿度75%~80%（48h）→12~15℃，相对湿度70%~75%（17d）→成品。

②25℃，相对湿度85%（36~48h）→16~18℃，相对湿度77%（48~72h）→9~12℃，相对湿度75%（25~40d）→成品。

许多类型的半干香肠和干香肠在干燥的同时进行烟熏，烟熏的目的主要是使香肠表面进一步干燥并沉积一些具有抗菌作用的酚类、羰基化合物和低级酸等物质等，抑制表面霉菌的生长，同时提高香肠的适口性。烟熏工序多在发酵后期进行，并要求烟熏应适当控制于以不影响香肠中益生菌生长为宜。对于半干香肠，特别是接种霉菌和酵母的干香肠，在干燥过程中会发生许多复杂的化学变化，也就是成熟。在某些情况下，干燥过程是在一个较短的时间内完成的，而成熟则一直要持续到上架为止，通过成熟形成发酵香肠的特有风味。

完成成熟和干燥后的干香肠，其水分含量一般在35%左右或更低，水分活性较低，能有效地抑制大多数有害微生物和腐败菌的生长。

（7）包装　为了便于运输和储藏，保持产品的颜色和避免脂肪氧化，成熟以后的香肠通常要进行包装。真空包装是最常用的包装方法。不足之处是真空包装后由于产品中的水分会向表面扩散，打开包装后，会导致表面霉菌和酵母菌快速生长。

第四节　培　　根

一、培根的种类及规格

培根（bacon）又称腌肉，其原意是烟熏肋条肉（即方肉）或烟熏咸背脊肉。根据原料部位分为：大培根（又称丹麦式培根，成品规格为7~10kg）、排培根（成品规格：带皮2~4kg，去皮2~2.5kg）、乳培根（成品规格，带皮2~4kg，去皮2~4kg）、颊肉培根、肩肉培根、侧培根、通脊培根等。此外，还有熏猪舌、熏牛舌等；另外，还有猪心、猪肠、猪脾等烟熏制品。其中，大培根、排培根、乳培根为主要的3种培根，为半成品，食用前需熟制。

培根带有适口的咸味外，还具有浓郁的烟熏香味。外皮油润呈金黄色，皮质坚硬，用手指弹有轻度的“卜卜”声，瘦肉呈深棕色，切开后肉色鲜艳。

二、西式培根加工工艺

（一）工艺流程

原料选择→整形→腌制→浸泡、清洗→剔骨修割→二次整形→熏制→成品

（二）操作要点

1. 原料选择

选料应选经兽医卫生部门检验合格的中等肥度猪，经屠宰后吊挂预冷。大培根坯料取自

整片带皮猪的胴体中段，即前端从第三肋条骨处斩断，后端从腰脊椎之间斩断，去骨、割除乳脯肉。排培根和乳培根各有带皮和去皮两种。前端从白条肉的第五肋骨处斩断，后端从后两节脊椎骨处斩断，去掉乳脯，再沿背脊 13~14cm 处分为两段，上段为排培根，下为乳培根的坯料。

2. 整形

修整坯料，使四边基本各成直线，并去掉腰肌和横膈膜。

3. 腌制

腌制分干腌、湿腌两步。腌制室温度维持在 0~4℃。食盐（内含 1%硝酸钠）撒在肉坯表面，用手揉搓均匀，大培根肉坯用盐约为 200g，排培根和乳培根约为 100g；堆叠后腌制 20~24h；再用 16~17°Bé 的食盐液浸泡干腌后的肉坯，盐液用量约为肉质量的三分之一；湿腌时间与肉块厚薄和温度有关，一般为 2 周左右；湿腌期间需要翻缸 3~4 次，目的是改变肉块受压部位，并松动肉组织，以加快腌制液的渗透和肌肉发色，使咸度均匀。

4. 浸泡、清洗

将腌制好的肉坯用 25℃左右清水浸泡 30~60min，目的是使肉片温度升高，表面油污溶解，便于清洗和修刮，使肉质软化从而更易剔骨和整形；经过浸泡，可使咸度降低，避免烟熏干燥后表面出现白色“盐花”，影响外观。

5. 剔骨修割

对培根的剔骨要求很高，只允许用刀尖划破骨表面的骨膜，然后用手将骨轻轻取出，刀尖不得刺破肌肉（否则生水进入导致肉坯不耐保藏），应刮尽残毛和皮上的油腻。而经过初步整形的坯肉，在腌制过程中，因堆压使肉坯的形状改变，故要再次整形。

6. 二次整形

把不成直线部分的边肉修理整齐，使肉的四边成直线，至此便可穿绳、吊挂、沥水 6~8h，随即可进行烟熏；在挂架时，不可左右靠得太近，以免影响烟熏上色。

7. 熏制

选用硬质木预热烟熏室，待室内平均温度升至所需烟熏温度后，加入木屑，挂进肉坯；烟熏室温度一般保持在 60~70℃，烟熏时间在 8h 左右；烟熏结束自然冷却后即为成品。

8. 包装贮存

宜用白蜡纸盒薄尼龙袋包装。如不包装，吊挂和平摊存放，一般可保存 1~2 月。

思考题

1. 简述西式肉制品的分类及特点。
2. 简述西式火腿加工中腌制的方法。
3. 简述整熏火腿几种主要腌制方法的异同。
4. 简述西式火腿出现的问题及原因。
5. 按照不同的分类方法，香肠可分为哪几类？
6. 灌肠生产中常见的质量问题有哪些？

CHAPTER 4

第四章 水产制品

[学习指导]

本章应重点掌握水产腌制品、水产品干制品、水产速冻品、鱼糜及鱼糜制品的加工艺主要流程及即食水产品预煮速冻工艺，了解水产品腌制的主要方法、水产品干制品的加工方法、水产速冻品的分类及主要特点、鱼糜及鱼糜制品加工过程中的工艺要求。

第一节 水产腌制品

一、水产品腌制方法

1. 干盐渍法

干盐渍法又称干腌法，即利用鱼体中渗出的水分和干盐（结晶状态的食盐）形成食盐溶液而进行盐渍的方法。该方法是将食盐在容器中均匀地散布于各层被腌制的鱼体之间进行盐渍。在食盐的渗透压及吸湿性的条件下，食盐首先吸收鱼体的水分再溶于水中，于是就形成了食盐溶液，此溶液在生产上称为自然盐水（又称鱼卤）。

2. 盐水盐渍法

盐水盐渍法又称湿腌法，即将鱼体浸入食盐水中进行腌制。通常在坛、桶等容器中将食盐配成溶液，再将鱼体放入其中浸腌。相对于干盐渍法中的“自然盐水”，此时食盐溶解于水得到的盐溶液在生产上称为“人工盐水”。

该方法是将鱼体浸没于盐水中，在食盐均匀浸入鱼体的同时，可使鱼体避免与空气接触，防止了脂肪的氧化，避免了“油烧”现象的产生。这种方法适用于多脂鱼和大型鱼类。应注意的是，在盐渍过程中，盐水渗透速度较快，易出现盐溶液被稀释的问题，需要及时补充盐量。故该法耗盐量大，对腌制容器要求也较高。

3. 混合盐渍法

混合盐渍法是将干盐渍法和盐水盐渍法相结合，即将敷有干盐的鱼体排列在底部盛有人工盐水的坛或桶等容器中，以层盐层鱼的方式叠堆放好，在最上层再撒上一层盐，盖上盖板再压上重石进行腌制，以防止鱼体在盐渍时盐液浓度被稀释。采用这种方法，可以迅速形成盐水，食盐的渗透均匀，能很好地抑制鱼体被脂肪氧化，制品的外观也较好。

4. 低温盐渍法

（1）冷却盐渍法　是利用碎冰或制冷设备将温度控制在0~5℃的盐渍方法。冷却盐渍法的用盐量应按照加冰量的多少而定，因为冰融化时会稀释盐水的浓度，在确定用盐量时，必须将冰融化为水的因素考虑在内。容器下部所用的冰、盐量占总量的15%~20%，中部占30%~40%，上部占40%~45%。此种盐渍方法的目的是在盐渍过程中阻止鱼肉组织中的自溶作用和细菌作用过程的进行，以保证鱼品的质量。

（2）冷冻盐渍法　将鱼体冷冻后进行盐渍。冷冻盐渍一般在操作技术上都是将经过冷冻的鱼体，再放上食盐逐层置于容器中，利用干盐法盐渍。冷冻盐渍法在鱼体冻结情况下盐渍，随着鱼体解冻盐分逐渐渗入鱼体内。冷冻盐渍的目的是为了防止在盐渍过程中鱼肉深处发生变质，因为大型而肥壮的鱼体，其盐渍过程很慢。所以冷冻盐渍法只适用于制造熏制或干制的半成品，或用于盐渍大型而肥壮的贵重鱼品。

二、主要腌制品加工工艺

1. 水产品腌制基本工艺

原料筛选→清洗、整理→擦盐、塞盐→入池→封盐、压石→成熟→出料→成品

2. 根据不同的腌制方法，具体工艺有所改进，以下是利用水产品不同腌制方法进行腌制的工艺实例。

（1）咸带鱼

原料筛选→清洗、整理→擦盐、塞盐→入池→封盐、压石→成熟→出料→出卤→成品

捕获后的新鲜带鱼，经筛选选择腹部未破裂者，用海水冲洗附着的泥沙等杂物，先在清洁的腌鱼池底部撒布约2cm厚的食盐，然后将鱼体整理，用盐擦敷鱼体外部并将食盐塞入鳃盖，将鱼排列于池中。排列时，鱼头紧靠池壁，鱼腹向上鱼背向下，倾斜安放于池底，以此层铺层叠至池口为止。在最上层的鱼体上面遍洒食盐，使其盖没过鱼体，覆以木板等物，上压石块，至3d后卤汁渗出上升至池面为止，约2周时间完成。

（2）海蜇

分割（海蜇头与伞体）→清洗、整理→头矾→去红衣、沥水→二矾→沥卤→三矾→提干→成品

海蜇是用鲜海蜇加工制成的产品。鲜海蜇分为半球状钟形伞体和口腕（头）两部分，一般是将这两部分分开加工，加工后，伞体部分称为海蜇皮，口腕部分叫海蜇头。通过盐矾加工后，海蜇含水的凝胶状组织可转变成具有弹性的松脆结构。其中，明矾能降低海蜇产品的pH，起着消毒剂与收敛（硬化）剂的作用，使海蜇中的蛋白质沉积并保持一种紧密结构；食盐则可辅助减少水分，降低其水分活度，使产品具有耐贮性。加工海蜇总的原则是矾的使

用量应由多到少，盐的用量逐步由少到多。先用明矾和食盐混合液进行盐渍，迅速脱去一部分水分，然后用矾或盐矾反复盐渍，使海蜇继续均匀脱水，同时使蛋白质等有机质凝固。加工海蜇时原料应来源于无明显污染的海域，不得有腐败变质或被污染的现象。加工过程中所用食盐、明矾等食品添加剂的品种及用量应符合国家有关的规定。整个加工过程分为头矾、二矾、三矾和提干等步骤进行。

①头矾海蜇皮：头矾海蜇皮是在海上捕获时进行加工的。捕获海蜇后，沿海蜇伞体腹面将颈部与头部割下，在割颈时，落刀要平，以保持蜇皮厚度一致，割去颈根肉，削去红墩，刮去血衣膜和背面黏液。血衣膜与黏液要去除干净，否则色黄，影响外观，处理干净后将其放入舱内的盐矾液中，至浸满为止。盐矾液用海水溶解食盐，使之达到16°Bé，并溶入约0.6%的明矾。经头矾处理过的蜇体质量减轻50%~60%。

②二矾海蜇皮：削去红衣，注意不能撕裂海蜇皮。经1~2h沥去海蜇皮中的水分后，按每50kg加盐矾混合剂12%~15%（盐50kg，矾1.5~2kg）的比例下池进行腌制。经7d左右，从头矾海蜇皮加工成二矾海蜇皮的得率约为35%。

③三矾海蜇皮：将二矾海蜇皮置于篓中沥卤1h后，按每50kg加盐矾混合剂12%~15%（盐50kg，矾0.75kg）的比例置于桶中腌制约半个月，其得率为二矾海蜇皮的55%~60%。此时的制品应体质坚韧、色白亮或带浅黄。

④提干：将三矾海蜇皮从大桶中移至篓中，平摊沥卤，提干一周后（其间翻动2~3次）即为“三矾提干海蜇皮”，其得率为三矾海蜇皮的65%~68%。

腌海蜇的关键在于明矾的用量，用量太少，不能达到迅速脱水和收敛作用，并与蛋白质组成松软的易溶性化合物，不能使海蜇的沉积蛋白保持一种既有韧性又松脆的结构，成品肉薄，不脆口，成品率低；用量太多，由于只在海蜇体表过速收敛、凝固缩成硬壳，会影响离子继续向组织中渗透，妨碍海蜇体内层继续脱水和凝固，因此，成品缺乏弹性，食之涩口，贮藏期短。此外，还易出现“酥矾”现象，即制品极易被拎碎、扯碎。

（3）盐渍淡水鱼

原料→剖割→去内脏→清洗、整理→盐渍→出卤→干燥→成品

青鱼、草鱼和鲤鱼均属淡水鱼类，形体较大，产量很高。在长成后捕捞季节，除鲜销外，部分施行盐渍后作为盐干品的原料。原料运到加工厂后，用3%的盐水洗除表面附着的黏液，用刀自胸起至臀止的肉面上纵划切成两条，以便于盐分的渗透，除去全部内脏及鱼鳃，如用作干制品的原料，即制成半成品者，最多用相当于原料20%~25%的盐量撒于腹腔、肉面及鳃盖切口等处；用力敷擦盐分，再将鱼体肉面并合好，于表面敷盐后，背部斜向下面整齐排列于大缸或大桶中，依照普通盐渍法装满至桶口为止，撒盐加压。即用石压三四日后再加重压10d左右，待盐渍过程完毕时即行取出，于原卤中或浓厚盐水中洗涤一次，沥水后悬空吊晒或风干。

第二节　水产干制品

一、水产干制品加工方法

1. 天然干燥法

天然干燥法又称日光干燥法，即利用太阳辐射和风力对水产品进行干燥的一种方法。在干燥过程中，太阳辐射可促使水产品的水分蒸发，风力可把水产品周围的水蒸气不断带走，最终达到干燥的目的。天然干制的特点是方法简单、操作简便、生产费用低，节省能耗，能就地加工。但天然干制法干燥缓慢，存在很多难以控制的因素（如温度、风速），难以制成品质优良的产品；需要有大面积晒场和大量劳动力，劳动生产率极低；容易遭受灰尘、杂质、昆虫等污染和鸟类、啮类动物等的侵袭，既不卫生，又有损耗。

2. 人工干燥法

（1）鼓风干燥法　鼓风干燥法分为热风干燥法和冷风干燥法，均是利用流动循环的空气带走原料表面的湿空气层而达到干燥目的的。热风循环可以提高原料的温度，促进水分蒸发，但是容易对原料品质造成不良影响。冷风干燥避免了这一情况，将温度控制在15~30℃，此温度段不易造成脂肪氧化和美拉德反应引起的褐变，适用于高附加值鱼类的干燥，产品的色泽良好。

（2）真空冷冻干燥法　又称升华干燥，原料在冻结后置于真空状态下，使冰直接升华为水蒸气而逸出，已达到干燥的目的。真空冷冻干燥因干燥温度低，对水产品的组织结构和营养成分破坏较少，复水性和色泽香味良好。但设备费用较贵，干燥周期长，以使产品成本较高，多用于虾类等经济价值高而个体形态较小的制品。

（3）辐射干燥　辐射干燥法是利用电磁波作为热源使食品脱水的方法。根据使用的电磁波的频率，辐射干燥法可分为红外线干燥和微波干燥两种方法。

①红外线干燥法是利用红外线作为热源，直接照射到水产品原料上，使其温度升高，引起水分蒸发而干燥的方法。红外线干燥法干燥速率快，干燥时间仅为热风干燥的10%~20%；由于食品表层和内部同时吸收红外线，因此干燥较均匀，品质较好。

②微波干燥是将微波直接与原料接触，将高频电磁波转化为热能的过程。微波一方面能转化为使原料升温的热能而对原料加热，又能与原料中的生物活性成分或微生物等相互作用，使其活性受到抑制。

二、主要干制水产品

水产干制品的种类很多，大致可分为生干品、煮干品、盐干品和调味干制品四大类。

1. 生干品

生干品是指原料不经盐渍、调味或煮熟处理而直接干燥的制品。生干品的原料，不宜采用大型原料，大多选体型小、肉质薄、易于迅速干燥的水产品，如墨鱼、鱿鱼、鱼卵、鱼肚（鱼胶）、小杂鱼虾、紫菜、海带等。

生干品的主要优点：①在良好的干燥条件下，原料组成、结构的性质变化较少，因此复水性好；②原料组织中的水溶性营养物质流失少，基本上能保持原有品种的良好风味，并有较好的色泽。

生干品的主要缺点：①原料没有经过盐渍、预煮等预处理，其水分含量较高，鱼体微生物和组织中酶类仍有活性；②某些水产品在干燥过程中常引起色泽、风味的变化。

（1）真空冷冻干鱼片加工工艺

挑选→沥水→装盘→冻结、干燥→检验→回软→压块→后干燥→成品

选取鲜度较好的新鲜鱼类，去鳞、去鳍、去内脏，切除肋刺后，清洗沥水，注意沥水时间不宜太长，以防鱼片鲜度降低。装盘后，在-25℃条件速冻1~2h，待鱼片中水分冻硬后，迅速将其送入干燥室，进行干燥。干燥后，待鱼片吸收一定量水分后，使其手捏不碎，表面不发黏，进行压块，二次干燥，去除回软水分，包装。

（2）海带加工工艺

海带收割→晒菜→理菜→分级→复晒→包装→成品

海带收割：成熟后要据天气情况及时收割。收割时必须在海区荡洗一次，去除杂质，洗净后运至晒场或腌制场所，要尽量避免在运输或放置地再黏附泥沙。晒菜：收割后应尽量争取当天晒干，晒场要选择石地、水泥地、石砾地，晒场条件差的地区可进行搭架晒、铺晒或挂晒。晒时叶体不重叠，及时翻晒，可使之干燥均匀。理菜：必须在叶体回软后进行，这样易于清除杂质，避免叶体折断破碎。除杂时，把海带逐叶平放在木板或石板上，手持棕丝或刷子将叶体刷擦干净。分等级：按国家等级规格质量标准进行分级。要随理随分，同级每10~12棵在海带基部扎成一小捆，以便复晒。

2. 煮干品

煮干品是以新鲜原料经煮熟后进行干燥的制品。制品具有较好的味道、色泽，食用方便，能较长时间地贮藏，如鱼干、虾皮、虾米、海参干、鱼翅等。

煮干品有以下几个特点。①原料在煮熟过程中脱去一部分水分，从而降低原料中的水分含量，也就是减少了水产品在干燥过程中所需蒸发的水分，大大缩短制品的干燥时间，提高了干燥设备的利用率，也节省了人工和燃料。同时由于加热产生了灭菌作用，使制品在干燥过程中不易腐败变质。②由于煮熟加热作用对鲜水产品的各种酶类有破坏作用，可以阻止或减少干燥过程中的自溶反应和制品保藏中某些色泽、气味上的变化。③由于加热，可使肌肉蛋白质凝固和组织收缩。④制品质量较好，贮藏时间长，食用方便，其中不少是经济价值高的制品。⑤原料经水煮后，部分可溶性物质可溶解到煮汤中，影响制品的风味和成品率。⑥干燥后的成品复水性差，组织坚韧，不易咀嚼。⑦煮过的鱼虾，皮层和肌肉组织容易崩溃，在干燥过程中容易引起断头、破腹或破碎，故水煮时应按不同品种，掌握水煮的温度、时间，既要煮透，又不可过熟。例如，干贝加工工艺：

煮熟、去壳→摘贝柱→盐水炊煮→晒干→成品

①去壳：将鲜活贝表面的泥沙等污物用海水洗刷干净，用圆头刀插入壳缝，贴壳壁的一边，把贝柱的一端切下，去掉一面壳，摘下内脏和外套膜（即贝边），留作副产品处理。再用刀沿另一面壳的内壁将贝柱完整地切下来。②洗涤：将贝柱用清洁的海水洗净，沥干水分进行水煮。③水煮：用海水煮不需加盐，用淡水煮可加盐3%，原料与水的比例为1∶4。先

把水烧开，再将洗净的贝柱盛在竹筐中放入锅内，进行转动，使之受热均匀。当水沸腾时，除去浮沫，2min 后即将筐端出（煮久易碎），用海水或 3%的盐水洗去污沫，沥水后出晒。④出晒：将煮好洗净的原料放在竹筐中架晒，或在洁净的席子上摊晒，贝柱不要相互叠压或紧靠，每日轻轻翻动 2 次，中午前后须将其移至阴凉通风处，以免烈日晒裂。晒至全干后入库，半月左右再出风一次即可包装。出成率一般为鲜贝的 3%左右。

3. 盐干品

盐干品是经过盐渍和漂洗后干燥的制品。一般都用于不宜进行生干和煮干的大、中型鱼类的加工和来不及进行煮干的小杂鱼的加工。较主要的制品有鱼鲞、鳗鲞和盐干小杂鱼。盐干品加工是指把腌制和干制结合起来，利用食盐和干燥的防腐作用来防止制品在加工贮藏过程中发生腐败变质的加工方式，可以在鱼货来不及处理或者阴雨天无法干燥的情况下，先行腌渍保藏后待天晴时再进行晒干。优点是加工操作比较简便，适合于高温和阴雨季节期间的加工，制品的保藏期限较长。缺点是不经漂淡处理的制品味道太咸，而漂淡干燥品的肉质干硬，复水性差，缺乏风味，容易油哈，但一般在原料新鲜、用盐量少、腌渍时间短、及时出池漂淡干燥的制品还是好的。

盐干鱼加工工艺：

挑选→剖割→去内脏和鳃→清洗→盐渍→脱盐→干燥→成品

4. 调味干制品

调味干制品是指原料经调味料拌和或浸渍后干燥的制品，也可以是先将原料干燥至半干后浸调味料再干燥的制品。

调味干制品的原料一般可用中上层鱼类、海产软体动物或鲜销不太受欢迎的低值鱼类，如鳘鱼、小杂鱼、马面鱼等。这种加工方法对充分利用水生资源具有一定积极意义。调味干制品有一定的保藏性能，产品大部分可直接使用，携带方便，是一种价廉物美、营养丰富、口感良好的产品。

例如，鱿鱼丝加工工艺：

原料→解冻→三去→清洗→剖片→蒸煮→冷却→调味→复水→烘烤→拉丝→调味→渗透→烘干→成品

除去不新鲜的原料，冷冻原料应先放入水池解冻，时间控制在 2h 以内，去头和内脏，小心墨囊中墨汁的流出，先用清水洗去鱼体上附着的污物，然后脱皮。脱皮的方法主要有两种：一种是机器脱皮，把胴体推入脱皮机的转动刀口即可撕下外面的皮层；另一种则是蛋白酶脱皮，将鱿鱼胴体放入酶液中处理一段时间，取出后用手工脱皮。在接近沸腾的夹层锅中放入鱿鱼胴体，蒸煮。取出蒸煮后的鱿鱼胴体，用常温下的自来水浇淋降温，然后再将其放入滚筒式的冰水槽内冷却，温度在 10℃ 左右。用清水洗去附着的碎皮和碎软骨等。用食盐、糖、味精和一系列添加剂配制好调味液，将胴体放入充分搅拌，然后于冷却室放置一夜，让调味液充分渗入到胴体内。将调味后的胴体平摊在金属网片上，然后放入烘车逐层放置在架上烘干，烘干过程分两个阶段进行。第一阶段先在 35℃ 的烘干房中放置 7～8h，第二阶段是在 30℃ 中放置 12h，此时鱿鱼片的含水量为 45%～50%。应让其在 -18℃ 的冷冻室冷藏一夜，平衡水分。取出冻鱿鱼在室温下解冻，然后，将鱿鱼片放入温水箱中，将鱿鱼片水分恢复到规定的范围内并调整 pH 至中性，然后取出沥水，再进行焙烤，温度控制在90～120℃，时间为4～8min，此时鱿鱼片的含水量大约在30%。进行压片，将烤干后的鱿鱼片送入上下两个滚筒之间进行滚压，通过滚压，把较硬的鱿鱼片轧松，然后由拉丝机拉丝。将鱿鱼丝放入调味转筒中，加入糖、淀粉等调味料，充分搅拌调匀后，放入盘内，加盖，送入到渗透室内进行渗透，一般放置一夜，让调味料充分渗透。渗透完后再进行干燥，采用隧道式蒸汽烘干法，将鱿鱼丝放入烘干机的自动输送带上，控制一定的温度烘10min左右即可，此时产品的水分含量在22%～28%，将鱿鱼丝放入小塑料盘中。放入干燥剂，再放入塑料袋内封口包装，最后放入纸箱内，标出品名、规格、出厂编号、生产企业等。

第三节　水产速冻品

一、水产速冻品特点

水产品速冻技术是将新鲜的水产品原料与配料经过加工后，利用速冻装置使其在-30℃及其以下进行快速冻结，使产品中心温度在20～30min从-1℃降至-5℃，然后再降到-18℃，并经包装后在-18℃及其以下的条件进行冻藏和流通。

速冻水产品的特点有以下几点：①能最大限度地保持水产品原有的新鲜度，体现出"色、香、味、形、劲"俱佳，而且解冻后汁液流失少。②贮藏期长。因为速冻制品的温度已降低到-18℃，并且在-18℃以下冻藏，食品内的微生物已经完全停止生长繁殖，酶的活性已经严重受到抑制，水产品内的生物化学反应速度明显减弱以致基本停止，从而可达到长期贮藏保鲜的目的。③速冻水产品卫生、运输方便，食用方便省时。

二、速冻虾及虾制品的加工工艺

1. 速冻虾的工艺

原料虾保鲜→冲洗→分类挑选→分等级规格→洗涤→控水→称重→摆盘→冻前检验→入库速冻→制作冰被（分两次灌水）→脱盘→镀冰衣→包装前测温→包装→检验→冷藏

2. 虾仁、虾球的工艺

原料虾保鲜→冲洗→分类挑选→剥皮→去肠腺→控水→称重→摆盘→灌水（冰水）→翻盘控水→冻前半成品检验→入库速冻→制作冰被（分两次灌水）→脱盘（淋水法）→镀冰衣→包装前测温→包装→检验→冷藏

3. 工艺要点

（1）带头虾加工　将按规格选出的带头虾原料仔细洗净，要保证末遍水是澄清的，防止"红底虾"和"混底虾"的出现。要轻淘轻洗，不得损伤虾体。将洗后的虾放入漏水的容器中控水5min，以待称重。

（2）去头虾加工

①掐头：洗涤干净的原料虾去头时，分别用两手的拇指和食指捏住对虾的头胸部和腹部，向相反的方向扯离。用力要适度，严防虾头带出鳃肉，更不要带掉腹部的第一节虾壳。

②洗涤：以洗至鳃肉带白色为佳，不得附有任何杂质。洗涤时采用圆形小罗马尼亚筐，以使左右旋转，得以充分洗涤，水洗槽采用“长流水三连桶”排列，在水中要加入机制冰，降温至 0~5℃。

③挑选分级：按去头虾规格标准进行挑选分级，不得混等串级，工作台上不应过多积压原料，气温高时应加冰降温。分级后的虾，再度清洗一次，放入洁净的筛盘内控水 5min，以待称重。

（3）虾仁加工

①凡不能达到出口去头虾标准的原料虾，均可作冻虾仁原料。加工虾仁首先剥掉外壳，除去肠腺。去除肠腺时，左手持虾仁，使其背部向上，右手持尖刀，沿背部中线浅割一道小口，然后用尖刀将露出的肠腺挑除。

②将去掉肠腺的虾仁在冰水中洗净，再按虾仁规格要求分级。

③分级后的虾仁再清洗一次，放入筛盘内控水 10min 后称重。

④凡新鲜度达到要求，而虾体残缺不全的均可作冻虾球原料。加工时首先去掉外壳和肠腺，去掉泥沙和品质不良的肉，形状不限，但不得少于两节腹部，在冰水中清洗干净，放入筛盘内控水 10min，即可称重。

（4）摆盘　不同虾产品摆盘方式略有不同：

带头对虾：直身顺摆、层层排列，头向外，尾交叉，下层背斜向上。要求表面平整美观，不过密或过稀。

去头对虾：横摆，每 454g 在 30 只以内的分层摆，虾颈向外，尾交叉，下层背斜向下，上层背斜向上；每 454g 在 31~40 只的虾只摆上、下层，上、下两层各摆三层。下层摆法：先靠盘的一边同时摆两排，尾相交叉，第三排的尾搭在中间一排的颈部。上层摆法：先摆盘的一边摆一排，颈部向外，然后同时摆第二排和第三排、尾交叉，第二排的颈部压在第一排的尾部上；每 454g 在 41 只以上的不排列，只要摊平即可。

虾仁：横摆，虾体平铺略带弯形，每 454g 在 30 只以内的分层摆；每 454g 在 31~40 只的只摆上、下两层；每 454g 在 41 只以上的不排列，只要装的平坦即可。

虾球：不分只数，不排列，按要求装小盘或小盒，使其平整。

（5）冷冻　对虾的冷冻时间越短越好，一般要求在 12h 以下。当虾体的中心温度达到 -18℃时，即可出速冻间脱盘。

（6）托盘、镀冰衣

①经过冻结后出速冻间的虾块，应及时脱盘。脱盘方法以淋水法为宜，不应采取过水脱法，操作时间不宜过长，水温不要过高（一般不超过 20℃为好）、以防冰被融化；磕盘时要轻磕轻放，避免损伤冰被和铁盘。

②包装前的冰块，必须加镀冰衣，加镀冰衣要在低温库内操作，一般是随脱盘工序同时进行。加镀冰衣的方法，以过水法为最佳，水温应是 0~4℃，浸水时间为 3~5s。镀冰衣后的冰块，中心温度回升不得超过 3℃，用水要清洁卫生，以提高冰衣的透明度。

（7）包装及冷藏　包装最好在 0~10℃的库房中进行，并将其及时存入冷藏库内。冷藏库一般保持在-20℃以下。冻对虾库存有效期为 4 个月。

第四节　即食水产品预煮速冻工艺

预煮速冻食品是通过温和的热处理后进行冷冻的食品。基于食品的充分煮食然后在冰点以上（0~3℃）的低温下快速冷却和保藏，随后在消费之前充分加热的餐饮体系。预煮或温和热处理是预煮速冻加工的重要步骤，其要求巴氏杀菌产品紧接包装盒冷却。该技术的开发着眼于预煮食品、半成品食品和方便食品。其使用非完全使污染的微生物失活技术，在保藏过程中产品的安全性取决于在特定时期的恰当的冷藏贮存，这样可以抑制任何会危及食品安全的有害微生物的生长。为了确保消费者的安全，冷藏贮存时期一般限制在 5d 之内。

加工工艺为：

原料前处理→预煮→冷却→冷藏→配送→二次加热→成品

原材料通常在 65~95℃预煮。煮后的产品应迅速冷却到 0~3℃，最好是在离开蒸煮器 30min 达到此温度。但是欧洲各国对冷却所需时间规定有差异，例如，比利时和荷兰协定冷却应在热处理后立刻进行，而芬兰和法国允许在热处理后 120min 内产品温度降至 10℃。丹麦允许在 180min 内将温度由 65℃降至 10℃，在挪威，要求 240min 内温度由 60℃降至 7℃。较新的方法是用射频加热法处理在真空包装的沙丁鱼和鳕鱼，进行快速巴氏杀菌。研究结果表明 1~2min 的加热时间可能将温度升至 75℃，产品的货架期可在 4℃下超过 10d。包装是构成预煮速冻加工所必需的部分，软包装常用于预煮速冻食品。在完成加工后，在消费者食用前，进行二次加热即可。

新鲜白鲳鱼预煮速冻工艺：

新鲜白鲳鱼→去头和内脏→浸泡 10%的 NaCl 溶液 1h→沥干→蒸煮 15min→15min 冷却到 2℃→聚乙烯包装→3℃保藏

虾预煮速冻工艺：

新鲜虾→去皮和抽静脉→浸泡 10%（*w/v*）的 NaCl 溶液 1h→沥干→浸泡于 5%的 TTP→沥干→蒸煮 15min→15min 冷却到 2℃→聚乙烯包装→3℃保藏

去皮和抽去背部静脉的虾在 10%的盐水中浸渍 1h，干燥，然后用 5%的三聚磷酸盐（TTP）处理 5min。盐渍样品在开放蒸汽中暴露 15min，然后将其快速冷却到（3±0.5）℃，用聚乙烯树脂包装，并在此温度范围内贮藏。通过微生物和感官的评价，该产品货架期可达 25d。

第五节　鱼糜及鱼糜制品

鱼糜制品是以鱼肉为主要原料，将鱼肉绞碎，经加盐擂溃，成为黏稠的鱼浆（鱼糜），再经调味混匀，做成一定形状后，进行水煮、油炸、焙烤、烘干等加热或干燥处理而制成的具有一定弹性的水产食品。鱼糜制品的主要品种有鱼丸、虾饼、鱼糕、鱼香肠、鱼卷、模拟虾蟹肉、鱼面等。一些以碎鱼肉为原料，不经擂溃或加热，也不具弹性的制品，如鱼肉汉堡包、生鱼面、虾片等也被视为广义的鱼糜制品。

一、冷冻鱼糜加工工艺

1. 工艺流程

原料前处理→清洗→采肉→漂洗→脱水→精滤→搅拌→称量→包装→冻结→成品

2. 工艺要求

（1）原料预处理　鱼种和鲜度不同会影响原料的耐冻性。在生产冷冻鱼糜时，决定产品质量最重要的因素就是原料的鲜度，最好采用处于僵硬期或僵硬前的鱼作为原料，原料鱼收购后，应及时用冰水浸渍冷却。

（2）清洗　将原料冲洗干净，分等级、分类。人工或机械除鳞、去头、去内脏，再洗涤，除去污物。对个体大的原料，采用去头、开两片或开三片后再洗涤。除尽腹腔内壁黑膜，避免夹带到产品中引起色泽下降及夹杂物的增加。

（3）采肉　采肉方法以采肉效率高的大型滚筒式采肉机为主。采肉程度则应根据产品等级适当调整，在采肉机进行采肉时勿使鱼体过分挤搓（加鱼过多）。沙丁鱼、鲐鱼等红肉鱼的采肉可用水压式采肉法。

（4）漂洗　漂洗是生产冷冻鱼糜的特殊工艺技术，也是生产优质冷冻鱼糜必不可少的技术手段。它对提高冷冻鱼糜的质量及其保藏性能，扩大生产冷冻鱼糜适用原料鱼种，都起到了很重要的作用。漂洗可以除去鱼肉中的有色物质、气味、脂肪、残余的皮及内脏碎屑、血液、水溶性蛋白质、无机盐类等物。用漂洗后的鱼肉制成的鱼糜制品，如鱼糕、鱼圆，弹性增强，白度也提高。但鱼肉经过漂洗后，损耗也很大，一般有20%~30%的漂洗流失。漂洗的方法有清水漂洗和碱盐水漂洗两类。碱盐水漂洗适用于青皮红肉鱼类的沙丁鱼、鲐鱼。以白色鱼类为原料时主要采用清水漂洗法。清水漂洗法在鱼肉中加入3倍量左右冷却水（10℃以下为宜），慢速搅拌2~5min，静置沉析，弃去表层漂洗液，再加水漂洗、搅拌、静置、倾析，反复2~3次。漂洗用水量的多少，影响到漂洗鱼肉的质量，适当增加水量，能提高产品质量，但损耗增大。工业上，常采用回转筛预脱水后再经螺旋压榨脱水机脱水的方法，使鱼肉的水分含量控制在80%左右。

（5）精滤　精滤的目的是除去残留在鱼肉中的黑膜、鱼皮、筋、小骨刺、鳞等夹杂物，以提高产品质量。过滤后的脱水鱼肉，应尽可能保持在10℃以下。

（6）搅拌　脱水后的鱼肉使用冷却式搅拌混合机或高速斩拌机，将鱼肉和添加剂混合均匀。对无盐鱼糜而言，用搅拌混合机混合时需要15min左右，用高速混合机需8min左右，而高速斩拌机需3min左右即可。加盐鱼糜则使用斩拌机，混合5~8min。

（7）包装　混合后的鱼糜由双螺旋式充填机装入0.05mm厚的有色聚乙烯袋成型，每袋装10kg。包装后由传送带通过金属检测器检查，确保产品中无金属杂物混入。

（8）冻结和贮藏　鱼糜应尽早冻结。通常使用平板冻结机，冻结温度为-35℃，时间为3~4h，使鱼糜的中心温度降至-20℃。然后转入-18℃的冷库贮藏。冷冻鱼糜要贮藏一年以上时，冷藏温度至少应在-20℃以下，尽可能采用-25℃。

二、鱼糜制品加工的辅料和添加剂

鱼糜制品在生产上常用的辅料及添加剂主要有淀粉、植物蛋白、油脂、蛋清、明胶、糖类、多磷酸盐、调味料等。

三、鱼糜制品加工工艺

1. 工艺流程

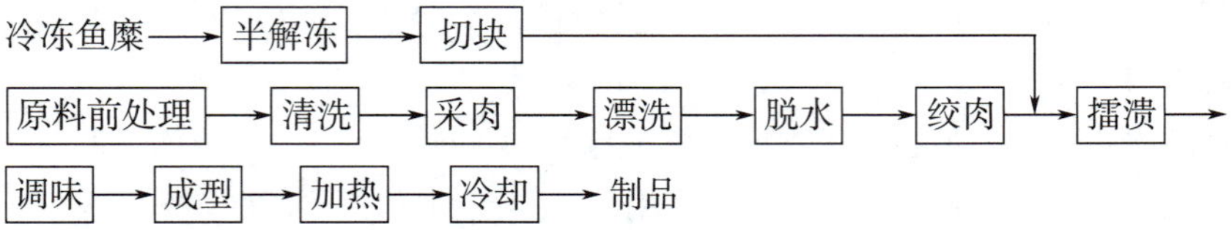

2. 工艺要求

（1）解冻　在以冷冻鱼糜作原料生产制品时，应预先将冷冻鱼糜从冷库中取出，码放在原料车间内解冻，控制鱼糜在使用时处于-3～0℃的半解冻状态。然后，人工或用切块机将半解冻鱼糜切成厚1～2cm厚的薄块。

（2）擂溃（斩拌）　擂溃工序是鱼糜制品生产的一个很重要的工序。擂溃一般可分为空擂、盐擂、调味擂溃三个阶段。

空擂：将绞碎的鱼肉放入擂溃机内擂溃，进一步破坏鱼肉组织。空擂的时间可以根据各厂家及原料的情况来定，一般原料为冷冻鱼糜，空擂时间可以长一点，鱼肉的温度必须上升到0℃以上，否则加盐会使鱼肉进一步冻结，影响擂溃质量。

盐擂：空擂后的鱼肉要加鱼肉量1%～3%的食盐继续擂溃，此时鱼肉逐步变得黏稠，鱼肉中的盐溶性蛋白质渐渐溶出，这一工序称为盐擂。对鱼糜制品的弹性形成来说，此工序是关键的工序，擂溃时间一般为20～30min。加食盐是为了盐溶性蛋白的溶解，摩擦、气温等因素会使鱼肉的温度升高，蛋白质变性可导致弹性减弱，所以为防止鱼肉温度上升，常可以使用带冷却装置的擂溃机及在控温室内进行擂溃等。

调味擂溃：砂糖、调味料、防腐剂、淀粉等辅料在盐擂后加入。辅料的使用方法与生产厂家、产品等有关，从某种程度上说，通过这个工序的调味还可给产品带来独特的风味。一般防腐剂等用量很少的添加物要事先溶于水中再加入产品中，这样容易使之分布均匀。像淀粉一类容易飞扬的辅料最好也预先与水混合后加入。但加水后容易分解生成酸性物质的葡萄糖酸内酯、能促进盐擂鱼肉凝胶化的溴化钾、氯化钾等弹性增强剂应该在最后加入。蛋清也可以最后加入。

（3）成型　擂溃结束后，鱼肉呈黏稠的糊状，利用其黏接性、可塑性，可制成各种不同的形状。最初的成型加工主要依靠人工，后来逐渐开发出了各类成型设备代替人工，大大提高了劳动生产率，降低了工人的劳动强度，如鱼圆成型机、鱼糕成型机、天妇罗万能成型机、鱼卷成型帆、鱼香肠充填结扎机等。成型时不能有空气混入，一旦有残留空气，就会引起加热时制品破裂、变形，降低了制品的商品价值，同时也是内部腐败的原因。

擂溃结束后的鱼糜长时间放置于室温下，就会逐渐失去黏稠性而发生不可逆的凝胶化。鱼糜一旦凝胶化后就不能再成型，即使再去擂溃也不会产生黏稠的鱼糜，产品的弹性也将显著下降。因此，擂溃结束后的鱼糜应尽快成型。虽然不同的鱼种，其凝胶化速度有差别，但一般温度越高，凝胶化越快。所以，擂溃后的鱼糜应尽可能保存在低温条件下。

（4）加热　加热和擂溃一样，是鱼糜制品生产过程中的重要环节。通过加热凝胶化的鱼糜会成为有弹性的不溶性凝胶，即制品，同时杀灭混入其中的细菌，既达到了食用卫生目的，也延长了制品保藏期。鱼糜制品的加热方法有很多，应用最广泛的基本方法有蒸、烤、煮、炸四种，此外，还有远红外加热、微波加热等，但很少使用。

蒸煮：模拟蟹肉及多数板鱼糕都采用蒸煮加热。小规模蒸煮办法有直接置于炉火加热的、置于蒸锅中和置于通入蒸汽的蒸箱中加热的方式。近年来广泛应用的有自动蒸机和置于输送带上移入蒸汽室内进行连续蒸煮加热的方法。

焙烤：烤鱼卷、烤鱼糕均用焙烤方式加热。烤鱼糕是一道使得蒸煮过的鱼糕表面带有焙烤色的工序。以前是用炭火烤，目前使用电炉或燃气炉焙烤，将制品置于炉上方的输送带上加热焙烤。焙烤制品会因水分蒸发而味道变浓厚，同时可使焙烤制品产生芳香气味及有利于贮藏。缺点是热传导效率差，容易烤焦，有的制品不适合采用焙烤加热。

水煮：鱼圆、鱼肉香肠等产品采用水煮。水煮加热时热传导快，温度易于控制。但是对于没有经过包装的品种，有呈味成分易于溶出、吸水变软的缺点。

油炸：油炸是用油代替水的加热法。常用的油有大豆油、菜油、花生油，有的地区也用猪油。当油温达 160~200℃时，为了防止制品表面焦煳，加热时间就必须短，因此要求制品的个体形状要小，或是呈扁平状。对于体积大的制品要采用油炸，宜首先用水煮或蒸煮的方法加热后，再用短时间油炸上色的加热方式。

（5）冷却　加热结束的制品应尽可能快速冷却。对于鱼香肠一类需长时间常温保藏的包装制品而言，应将其置于冷水中冷却。对于一般的鱼糜制品，可以采用逆风冷却。但这种冷却方法冷却速度慢，有细菌二次污染的问题。近年来采用空调辅助冷却、冷风快速冷却的方法逐渐增多。有条件的工厂可采用除菌空气进行冷却。

思考题

1. 水产品加工技术主要包括哪几个方面？
2. 简述冷冻保藏水产品时采用快速深度冻结的意义。
3. 简述鱼糜及鱼糜制品加工过程中的工艺要求。
4. 简述水产干制品加工方法的分类及每种加工方法的优缺点。
5. 水产品腌制加工的原理及主要工艺流程有哪些？
6. 设计一种即食水产品预煮速冻的加工工艺，并简述其技术要点和产品的优点。

主要参考文献

［1］周光宏. 肉品加工学［M］. 北京：中国农业出版社，2009.

［2］乔晓玲. 肉类制品精深加工实用技术与质量管理［M］. 北京：中国纺织出版社，2009.

［3］孔保华，韩建春. 肉品科学与技术［M］. 北京：中国轻工业出版社，2011.

［4］蔡惠平，陈黎敏. 肉制品包装［M］. 北京：化学工业出版社，2004.

［5］朱维军. 肉品加工技术［M］. 北京：高等教育出版社，2007.

［6］李秀娟. 食品加工技术［M］. 北京：化学工业出版社，2008.

［7］浮吟梅，吴晓彤. 肉制品加工技术［M］. 北京：化学工业出版社，2008.

［8］周光宏，张兰威，李洪军，等. 畜产食品加工学［M］. 北京：中国农业大学出版社，2002.

［9］［美］A. M. Pearson，T. A. Gillett，等. 张才林，等，译. 肉制品加工技术［M］. 北京：中国轻工出版社，2004.

［10］张柏林，裴家伟，于宏伟，等. 畜产品加工学［M］. 北京：化学工业出版社，2008.

［11］周映霞. 我国肉类加工的现状与研究［J］. 肉类研究，2009（2）：3-6.

［12］彭增起. 肉制品配方原理与技术［M］. 北京：化学工业出版社，2007.

［13］宾冬梅. 西式肉制品及加工新技术浅述［J］. 畜禽业，2002（11）：44-45.

［14］竺尚武. 火腿加工原理与技术［M］. 北京：中国轻工业出版社，2009.

［15］刘丽莉，夏延斌，杨协立. 发酵西式火腿的研制［J］. 肉类工业，2004（1）：13-15.

［16］黄德智. 新版肉制品配方［M］. 北京：中国轻工业出版社，2002.

［17］王卫. 现代肉制品加工实用技术手册［M］. 北京：科技文献出版社，2002.

［18］顾恩特尔·海因茨，彼得·雷辛吉. 刘洪霞，译. 中小规模肉类加工企业生产技术手册［M］. 北京：中国农业出版社，2009.

第十篇
粮谷食品加工工艺

粮谷食品是食品中最重要的部分，粮谷食品主要是植物性食品，它和动物性食品几乎构成了人类的全部食品，在我国的饮食结构中，粮谷食品占主导地位。谷类主要指稻米、小麦、玉米、大麦、燕麦、黑麦、粟、黍、高粱、薏苡等禾本科植物的种子，其中粟、黍、薏苡等又称杂谷。习惯上双子叶植物的豆类和荞麦（蓼科植物）也算作谷类。农作物中谷物种植面积占世界总耕地面积70%以上。世界各国饮食习惯差异较大，但绝大多数地区人们的主食仍以小麦和大米为主原料。我国稻谷、小麦生产量已占世界第一位，其中稻谷占世界总产量的30%左右。以大米为主食的国家有：中国、日本和东南亚一带的国家，人口约占世界人口的54%。在全球谷物生产中，小麦面积约$2.27\times10^6 km^2$，约占世界谷物总量的32%。从各大洲的分布看，小麦生产相对集中，主要在亚洲，面积约占世界小麦面积的45%，其次是欧洲，占25%，美洲占15%，非洲、大洋洲和南美洲各占5%左右。小麦消费范围较广，除亚洲有部分外，欧洲、美洲、澳洲的很多国家，都以小麦为主食，约占世界人口的35.5%。

粮谷类食物具有以下特征。

①营养丰富：是提供热量的主要来源；也是蛋白质的供给源（谷类也含有适量的蛋白质）；还含有除三大营养素之外的许多维生素、矿物质和功能性生物活性物质成分。

②常食不厌、供应充足：谷类无论从味道、食用形态，还是从营养成分来看，都适宜作主食，而且三餐不厌。主食的另一条件是生产效率高，谷类显然满足这些条件。

③成本较低、便于流通：无论从贮藏、包装，还是从运输、贸易上讲，谷物比其他食品群都有着方便、易行的优势。

④可以转化为动物性食品：谷类是优质配合饲料的重要成分，因此，畜、禽甚至水产品的生产都离不开谷类原料。

第一章

CHAPTER 1

米、面制品

[学习指导]

本章重点掌握挂面、方便面、通心粉的加工工艺，了解加工过程中质量控制方法；了解米制方便食品的分类，掌握方便米饭的加工工艺。

第一节 面条制品

面条是工业化生产的传统食品，种类很多，主要有挂面和方便面两大类。

挂面是由湿面条挂在面杆上干燥而得名的，又称卷面、筒子面等。挂面是我国目前生产量最大、销售范围最广的面食品种。挂面的花色品种很多，一般按面条的宽度或按使用的面粉等级或添加的辅料来命名。目前，已有主食型、风味型、营养型、保健型等，并有了不同的色彩变化。

一、挂　面

(一) 原料和辅料

1. 面粉

挂面生产用粉的湿面筋含量不宜低于26%，最好采用面条专用粉，并经“伏仓”处理（指新磨小麦粉在粉仓中存放一段时间）。

2. 水

我国对制面水质尚未作统一规定，一般应使用硬度$<10°$的饮用水。

3. 面质改良剂

面质改良剂主要有食盐、增稠剂（如羧甲基纤维素钠、古尔胶、魔芋精粉、变性淀粉）、氧化剂（如偶氮甲酰胺、维生素C）、乳化剂（如单甘酯、蔗糖酯、硬脂酰乳酸钠）和谷朊粉等，应根据需要添加。生产鲜销的湿切面，可添加食碱。

（二）工艺流程

原辅料预处理→和面→熟化→压片→切条→湿切面→干燥→切断→计量→包装→检验→成品挂面

和面又称合面、揉面、打粉、搅拌。和面操作要求“四定”，即：面粉、食盐、回机面头和其他辅料要按比例定量添加；加水量应根据面粉的湿面筋含量确定，一般为 25%～32%，面团含水量≥31%；加水温度宜控制在 30℃左右；和面时间 15min，冬季宜长，夏季较短。和面结束时，面团呈松散的小颗粒状，手握可成团，轻轻揉搓能松散复原，且断面有层次感。和面设备以卧式直线搅拌器和卧式曲线搅拌器效果较好。近年来，国外已出现先进的真空和面机，但价格昂贵。

熟化是进一步改善面团的加工性能，提高产品质量的重要环节之一。所谓熟化即自然成熟的意思，也就是借助时间的推移来改善原料、半成品或者成品品质的过程。面团的熟化过程为：将和面后的面团（松散的小颗粒状）放入一个低速搅拌的容器中，在低温、低速搅拌下完成熟化，熟化是合面过程的延续。工业上采用圆盘式熟化机或卧式单轴熟化机对面团进行熟化、贮料和分料，时间一般为 10～15min，要求面团的温度、水分不能与和面后相差过大。

压片就是将和面熟化后的面团通过多道滚压形成符合要求的面片的过程。一般采用复合压延和异径辊轧的方式进行，影响压片的主要因素是压延比和压延速率。

压延比是指轧延前后面片厚度之差与轧延前面片厚度的百分比。较理想的压延比依次为 50%、40%、30%、25%、15%和 10%。如式（10-1-1）所示。

$$压延比=（轧前面片厚-轧后面片厚）/轧前面片厚\times100\% \qquad (10-1-1)$$

压延道数就是在整个压延设备中所配置的轧辊对数。压延道数与压延比有密切关系，当压延前后片厚度一定时，压延道数少，则压延比大；压延道数多，则压延比小。轧延道数以 6～8 道为好。

压延速率。面团压延过程中，面带的线速度称为压延速率。轧辊的转速过高，面片被拉伸速度过快，易破坏已形成的面筋网络，且使面带光洁度差。转速低，面片紧密光滑，但影响产量。一般面片的线速度在 20～35m/min 为宜。压延速率受两方面的影响，一是每对辊的转速大小，二是各道轧辊的压延比匹配。如果各道辊的转速或压延比匹配不合理，则在生产中会出现两道轧辊间面带被拉断或积料的现象，影响连续化生产的进行。各道轧辊的配备方法是：首先确定末道轧辊的转速和压延比，然后根据物料平衡的原则依次调节前道轧辊的转速和压延比。

切条成型由面刀完成，面刀的加工精度和安装使用往往与面条出现毛刺、疙瘩、扭曲、并条及宽、厚不一致等缺陷有关。面刀有整体式和组合式，形状多为方形，基本规格分为 1.0mm、1.5mm、2.0mm、3.0mm、6.0mm 五种。目前，国内已开发出圆形或椭圆形面刀，解决了条型单一的问题。面刀下方设有切断刀，作用是将湿面条横向切断，其转速可以根据每杆湿挂面的长度调节。

挂面干燥是整个生产线中投资最多、技术性最强的工序，与产品质量和生产成本有极为重要的关系。生产中发生的酥面、潮面、酸面等现象，都是由于干燥设备和技术不合理造成的，因此必须予以高度的重视。现行挂面干燥工艺一般分为三类。

高温快速干燥法：这种方法是我国的传统工艺，最高干燥温度为50℃左右，距离为25~30m，时间为2.0~2.5h。具有投资小、干燥快等优点。缺点是温湿度难以控制、产品质量不稳定、容易产生酥面等，已逐渐被其他方法取代。

低温慢速干燥法：是20世纪80年代从日本引进的挂面烘干法，最高干燥温度≤35℃，距离为400m左右，时间长达7~8h。此法的特点是模仿自然干燥，生产稳定，产品质量可靠。不足之处是投资大、干燥成本高、维修麻烦等，仅适于一些大中型厂使用。

中温中速干燥法：针对高温快速法和低温慢速法的优点和不足，我国于20世纪80~90年代研究成功了中温中速干燥法。这种方法具有投资较少、能耗低、生产效率高、产品质量好的特点，已在国内推广。中温中速法的技术参数，如表10-1-1所示。

表10-1-1　　中温中速法干燥技术参数

干燥阶段	温度/℃	湿度/%	风速/(m/s)	占总干燥时间/h
预干燥	25~35	80~85	1.0~1.2	15~20
主干燥	35~45	75~80	1.5~1.8	40~60
完成干燥	20~25	55~65	0.8~0.1	20~25

中温中速法适于多排直行和单排回行烘干房使用，前者运行长度宜在40~50m，后者回行长度宜在200m左右，烘干时间大约为4h。

切断一般采用圆盘式切面机和往复式切刀。前者传动系统简单，生产效率高，但整齐度较差，断损较多；后者整齐度好、断损少、效率稍低、传动装置较复杂。

计量、包装：传统的圆筒形纸包装仍广泛采用人工包装，这种方法较难实现机械化。新型的塑料密封包装已实现自动计量包装，主要在引进设备的厂家中使用，是今后发展的方向。面头处理，湿面头应即时回入和面机或熟化机中。干面头可采用浸泡或粉碎法处理，然后返回和面机。半干面头一般采用浸泡法，或晾干后与干面头一起粉碎。浸泡法效果好，采用较广泛，但易发酸变质。粉碎法要求面头粉细度与面粉相同，且回机量≤15%。少数厂家采用打浆机，使干面头受到粉碎和浸泡双重作用，效果很好，且较卫生。

(三)酥面产生的原因

酥面是挂面出现的明显断裂和龟裂纹。一般酥面脆而易断，弹性差，外观毛糙呈灰白色，折断时断面为锯齿形，水煮时即断成小块。一般分为两种：干酥面，水分在10%~11%或更低时，会产生酥条现象；潮酥面，即挂面外干内湿。

面粉中面筋质含量过低或使用虫蚀、霉变、冻伤的小麦粉或未后熟的面粉，这类原料容易产生酥面。和面、熟化和轧片时未按工艺要求，急于求成，未做到“四定”，即定量、定水、定时、定温；使面团吃水不足，面片厚薄不匀，水分渗透不匀，熟化程度不够，都容易产生酥面。在烘房升温阶段，挂面内部水分向表面扩散转移和表面水分的蒸发是同时进行的，但两者速率不同。表层水分首先汽化并收缩，收缩程度以长度方向最大，宽度方向其次，厚度方向最小。由于内外及各个方向上的收缩程度不同，将会产生一种应力，使挂面组织的机械强度减小。这种收缩会使挂面中的毛细管直径变小，特别是当升温过快，表层水分下降较多时，毛细管收缩较快。毛细管直径变小，会阻碍内部水分的外移和蒸发，这样使内外扩散的水分呈不平衡状态，从而产生不均匀的收缩，导致挂面产生裂纹和酥条现象。

（四）预防产生酥面的措施

（1）合理安排和掌握烘房各区段的温度、相对湿度、干燥介质流动的方向、速度和排湿量，使挂面内部水分的外移速率和表层水分的蒸发速率趋于一致。

（2）采用间歇烘干的方法，即在烘干过程中，适当安排一个或两个不失水的缓苏段。挂面缓苏段的水分基本不蒸发，而内部水分却在湿度梯度的作用下，向外扩散转移，使水分重新分配，既能防止挂面表面硬结，又有利于阶段干燥，可有效地防止酥面的产生。

（3）加入某些添加剂，改善挂面的烘干特性，加速挂面内部水分的外移或减慢表面水分的蒸发，减少或防止酥面的产生。例如：在复合压延时，在两面带之间均匀加入少量淀粉，可提高挂面内部水分外移速率；在和面时加入适量食盐，可增强挂面强度，改变吸湿特性，能使挂面表面边界内的水分蒸气压下降，从而降低表面水分的蒸发速率。

（4）挂面的冷却速度不宜太快，刚出炉的挂面温度不能太高，一般以接近室温为宜，避免热面遇冷风而造成酥面。因此，在冷却前采用一段时间的缓苏和适当延长低温冷却时间是防止产生酥面的有效措施之一。

二、方　便　面

方便面又称“速食面”“即席面”，是指以小麦粉、荞麦粉、玉米粉、绿豆粉、米粉等为主要原料，添加食盐或食品添加剂，加适量水调制、压延、成型、汽蒸后，经油炸或干燥处理，达到一定熟度的方便食品。根据生产工艺的不同分为油炸方便面和非油炸方便面。油炸方便面是指经食用油脂煎炸、脱水的方便面（简称油炸面）；非油炸方便面是指经速冻、微波、真空和热风等方法干燥的方便面（简称非油炸面）。按包装方式可分为袋装、杯装和碗装三种。我国以袋装为主。袋装成本低，易于贮存和运输，食用时需另备餐具，因此其方便性不如碗装、杯装的产品。碗装和杯装方便面由于本身有餐具，具有更好的方便性，而且这类产品一般都有两包以上的汤料，营养丰富。但由于包装容器较贵，会造成产品的成本较高，包装材料的回收率低，会造成环境污染。按产品风味分若干种，如中国风味的酱油炒面、葱油虾味面、日本风味的咖喱面、盐味面等。

（一）各类方便面的生产工艺

油炸方便面由于干燥速度快，淀粉 α 化程度高，面条膨松、有微孔，复水性好，口感好，因此在国内外市场上颇受欢迎，由于含油量高，具有宜人的油炸香味。由于产品含有20%~24%的油脂，成本高。另外，尽管使用饱和脂肪酸含量较高的棕榈油，但经一段时期贮存，仍然会产生氧化酸败现象，产生油腻味，使产品口感和滋味明显下降，所以油炸方便面贮存期较短。非油炸方便面（热风干燥方便面）是将蒸煮糊化的湿面条在70~90℃温度下进行脱水干燥的，由于不使用油脂，因此造价低，不易氧化酸败，保存时间长。由于干燥温度低，因此干燥时间长，糊化度低（α 化度>80%），面条内部多孔性差，食用时复水时间长，方便性较差。

各类型的方便面生产工艺流程如下所示。

面粉、辅料、水、添加剂 → 和面 → 熟化 → 复合 → 轧片 → 切条折花 → 蒸煮 → 定量切割 → 折叠 → 入模 → 油炸 → 脱模 → 冷却 → 检查 → 整列 → 包装（汤料）→ 入库

面粉、辅料、水、添加剂 → 和面 → 熟化 → 复合 → 轧片 → 切条折花 → 蒸煮 → 定量切割 → 热风干燥 → 检查 → 整列 → 包装 → 入库

方便面生产工艺的前半部分基本上与挂面生产相同，面粉、辅料及各种经加水和面、熟化、轧片、切条后所得的湿面条，在生产方便面时通常需要折花成波纹面，然后经蒸煮、定量切割后，用油炸或热风干燥方式脱水、经冷却包装后制成制品。本节主要介绍不同于挂面加工的一些工序。

(二) 方便面的主要工序操作说明

1. 切条折花

折花的作用是折花成型的波纹，其波峰竖起，彼此紧靠，形状美观；条状波纹之间的空隙大，使面条脱水及成熟速度快，不易黏结；油炸固化后面块结构结实，在贮藏和运输中不易破裂；食用时复水速度快。面条的波纹形成通常是由波纹成型机来完成的，如图 10-1-1 所示。

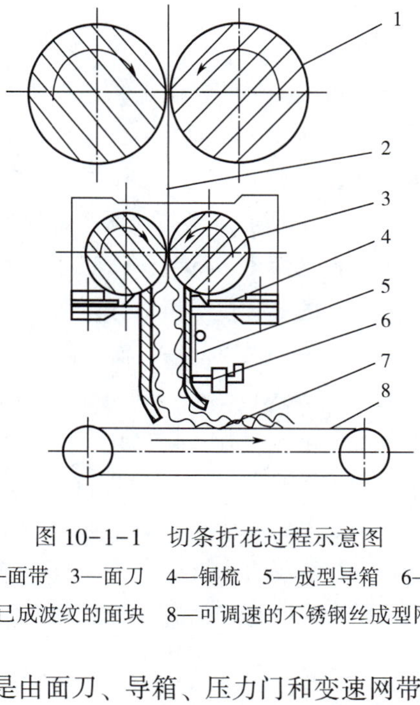

图 10-1-1 切条折花过程示意图

1—末道轧辊 2—面带 3—面刀 4—铜梳 5—成型导箱 6—调整压力的重锤 7—已成波纹的面块 8—可调速的不锈钢丝成型网带

切条折花成型设备主要是由面刀、导箱、压力门和变速网带所组成的，导箱前壁用铰链装着可活动的压力门，在压力门上装有钩子可以悬挂螺帽，以螺帽的多少和大小来调节压力

门的大小，也可在压力门上焊接一根螺杆，上加螺帽，以螺帽的进退来调节压力的大小。导箱下部是变速网带，其速度可调。当切成条的面条进入导箱后，与导箱的前后壁发生碰撞，所遇到的抵抗阻力，可使面条卷曲起来，同时，由于变速网带的速度大大低于未折花面条的速度，会限制面条的伸展，于是在导箱这一区域，会形成一个阻碍面条质点做直线运动的阻力面，迫使面条不得不发生弯曲，折叠而成为细小波浪形花纹状，连续移动变速网带，就可连续形成花纹。

2. 蒸面工序

蒸面就是使波纹面层在一定温度下适当加热，在一定时间内使生面条中的淀粉糊化，蛋白质产生热变性的过程。蒸面后面条外观会发生变化，如体积膨胀 110%～130%；颜色变深成微黄色，表面产生光泽；黏弹性增强。所谓淀粉糊化，就是把 β 化状态的淀粉变成 α 化状态的淀粉。糊化后的淀粉是可以逆转的，它可以在贮存过程中使 α 化淀粉又变成 β 化淀粉，这就是淀粉的“回生”或“老化”现象。减少方便面在贮藏过程中的“回生”速度，保证产品具有良好的复水性，首先就要尽量提高蒸面时的糊化率，然后迅速脱水使糊化后的淀粉结构固定下来。在一定范围内，脱水速度越快，糊化的淀粉“回生”速度越低。固定“糊化”状态的面条具有较好的复水性，用沸水浸泡一段时间，能够恢复到原来蒸熟时的状态，即可食用。蒸面工序要求尽量提高产品的糊化度，油炸方便面要求 α 化度>85%，非油炸方便面要求 α 化度>80%。

3. 定量切断

定量切断工艺的作用有四个方面，首先将从蒸面机出来的波纹面连续切断以便包装，并以面块长度定量，这样可将复杂的质量定量系统变成长度定量系统，有利于设备的简化。然后将面块折叠为两层，最后分排输出。定量切断的工艺要求是定量基本准确，折叠整齐，进入热风干燥机或自动油炸机时落盒基本准确。

4. 脱水干燥

干燥的目的是除去水分，固定组织和形状，便于保存。对于方便面来说，干燥的首要作用是通过快速脱水，固定 α 化淀粉结构，防止面条回生，有利于提高其复水性。蒸熟的面条如不迅速脱水干燥，让其逐渐冷却，它就会产生“回生”现象。面条“回生”后，食用时不易复水，就失去了“方便”意义。方便面干燥与挂面干燥的主要区别是它们的干燥机理不同。方便面经过蒸面后面条中的淀粉已糊化，蛋白质已变性，为使方便面能够有很好的复水性并有良好的口感，应尽快固定面条的 α 化度，所以方便面在干燥时的干燥参数与挂面干燥时的参数不同，方便面的干燥温度高、干燥时间短，而挂面的干燥温度低、干燥时间长。

油炸干燥就是把定量切断的面块放入自动油炸机的链盒中，使之连续通过高温的油槽，面块被高温的油包围起来，本身温度迅速上升，其中所含水分会迅速汽化。原来在面条中存在的水会迅速逸出，使面条中形成多孔性结构，同时也进一步增加了面条中淀粉的糊化率。另外，由于油炸的快速干燥，固定了蒸熟后淀粉的糊化状态，大大降低了方便面在贮运期间的老化速度，在面块浸泡时，热水很容易进入这些微孔，所以油炸方便面的复水性能好。油炸方便面的水分含量低，有利于贮存。

油炸的工艺要求是油炸均匀、色泽一致、面块不焦不枯，含油少、复水性良好，其他指标符合有关质量标准。

热风干燥是生产非油炸方便面的干燥方法。由于方便面已经过 90℃以上的高温糊化，所以其中所含淀粉已大部分糊化，由蛋白质所组成的面筋已变性凝固，组织结构已基本固定，面条已是一种凝胶体，已具有良好的烹调性能，蒸过的面条不像挂面那样会产生“酥面”现象，因此不必采用“保湿干燥”，能够在较高温度、较低湿度下在较短时间内进行烘干。热风干燥的工艺要求干燥介质的温度尽可能高一些，干燥时间尽可能短一些。干燥后的方便面要求水分含量<12.0%。

5. 冷却工序

油炸方便面经过油炸后有较高的温度，输送至冷却机时，温度一般还在 80~100℃。热风干燥方便面从干燥机出来的面条达到冷却机时，其温度还在 50~60℃，这些面块在不冷时直接包装会使面块及汤料不耐贮存，若冷却达不到预定的标准，也会使包装内产生水汽而造成产品吸湿发霉，因此对产品进行冷却是必要的。冷却方法有自然冷却法和强制冷却法。自然冷却法就是利用面块温度高于室温的特点，把被冷却的面块放在室内，使周围空气吸收其热量，借助时间的推移而缓缓地进行冷却。这种冷却方法不适用于连续生产。

强制冷却的原理与自然冷却的原理一样，是利用被冷却物体与冷却介质的温差制冷的方法。但具体方法不同，强制冷却是借助于鼓风机，促使空气加强流动，使被冷却物体通过冷却隧道，在冷风的作用下，迅速降温散热的过程。冷却工艺的要求是冷却后的面块温度接近室温或高于室温 5℃左右。

第二节　通　心　粉

通心粉又称通心面，在国外是极普通的面制品之一，我国上海、广州、天津等地也有少量生产。通心粉的种类很多，一般都是选用淀粉质丰富的粮食经粉碎、胶化、加味、挤压、烘干而制成的各种各样口感良好、风味独特的面类食品。通心粉分长通心粉和短通心粉两大类。长通心粉分空心和实心两种，断面圆形，空心外径 4mm、内径 2mm；实心的 2mm。长度在 220~250mm。原料多用小麦粉，用玉米粉和大米粉时需经预糊化工序；短通心粉是在生产长粉的设备上改变模头和切刀速度而制成的异形产品，其中有：短面管，长 20~30mm，外表光或压有条纹，中空成直管或弯管状；螺壳粉，外观极似扇形贝壳并有条纹；桂花粉，压成桂花形状，直径 10mm 左右，厚度 0.8~2.0mm，是环状粉，外形呈圆环状或车轮形，也可做成各种数字模样。这类产品可以做汤煮食用也可以调味炒后食用。此外，还有油炸食品，它与短通心粉制造类似，只是在淀粉中加入一些鲜汁调味和面，经通心粉机挤压成型，而后干燥、过油将其炸成香酥可口的食品。

一、原料的选择和要求

生产通心粉对原料有特殊要求，欧洲通常都选用杜伦小麦作原料，其颗粒较硬，适宜被磨制成粗颗粒，蛋白质含量为 14%，麦胚乳中含类胡萝卜素高，而脂肪氧化酶的活性较低。粉粒粗细对通心粉制品的色泽及品质有很大的影响，一般要求控制在 150~500μm，粒度小于 350μm 的粉更容易被加工成品质优良的通心粉。在允许的范围内，粒度应尽可能小一些，这样便于和面时吸水均匀，形成紧密而均匀的面团。粒度对提高制品品质至关重要。没有杜伦小麦时，则应采用硬质的一级精白粉，最好使用高筋度面粉。

和面时水温应控制在32~35℃，面粉与水按质量100∶28配比。辅料一般用鲜蛋或蛋粉，每50kg面粉配蛋粉1.7kg或鲜蛋10kg，生产螺壳粉时，每50kg面粉配蛋粉1.3kg或鲜蛋7.5kg。

二、通心粉的生产工艺

面粉在一次搅拌机（双轴）中加水混合5~10min，湿面粉进入二次搅拌机（单轴）混合7~8min。经混合好的湿面粉由垂直螺旋输送器送入通心粉挤压机内，挤压机的缸壁是双层的，夹腔内通水冷却。在缸套出口端装有成型模，湿面粉从模孔挤出并被旋转切刀切成湿通心粉，一般挤压机的压力控制在2.9~9.8MPa为宜。挤压制成的产品自动落入预干燥机，经预干机预干燥后自动落入远红外线烘干机，经干燥后，自动落入冷却装置，冷却后即为成品。

第三节　米制方便食品

以大米为主料的方便食品有方便米饭、方便米粉、方便米粥、膨化米制品及米制小食品等，方便米饭是工业化食品中研究历史最长、也较为成功的大米食品，方便米饭是经热水浸泡或短时间加热后便可食用的米制品，其主要品种有α化米饭、罐头米饭、蒸煮袋米饭、杯装米饭、速冻米饭等。

方便米饭是随着世界经济的发展，人们生活节奏的加快而产生的，早在20世纪70年代初便首先出现在发达国家市场上，消费量连年递增，经久不衰。方便米饭品种繁多，我国市场上后续相继推出五香牛肉饭、咖喱鸡肉饭、香菇鸡丝饭、鱼香肉丝饭及速冻米饭等。方便米饭品种多，生产工艺也各异。目前，市场上主要以软罐头米饭为主，它不仅能很好地保留米饭原有的营养成分和风味，而且便于食用和保存，深受消费者的欢迎。

一、罐头米饭生产工艺

罐头米饭是将一定量的大米与水置于罐头容器中，蒸煮后进行抽气，卷边封盖，加热杀菌制成的制品。罐头米饭是加工米饭中最早问世的产品，第二次世界大战期间，国外已将其作为军用食品，20世纪70年代开始在市场上销售，我国于20世纪60年代前后开始进行小批量生产。罐头米饭含水量约60%，常温下可以贮存5年，于开水中加热或汽蒸5~15min即可食用。罐头米饭大致可分为白米饭罐头和菜饭混装米饭罐头。也可根据包装类型的不同分为金属罐罐头米饭（即通常说的罐头米饭）、软罐头米饭和无菌包装米饭。

（一）工艺流程

1. 金属罐罐头米饭（即罐头米饭）生产工艺流程

大米淘洗 → 水浸泡1h → 沥干 → 加热水(1:1)蒸饭(40min) → 拌匀 → 装罐 → 排气 → 杀菌 → 冷却 → 成品

2. 一般菜饭罐头的工艺流程

在一般米饭罐头工艺流程的拌匀工序中加入预制副食，其他工艺相同。这种米饭的风味好，深受消费者喜爱。

大米淘洗→水浸泡1h→沥干→加热水(1:1)蒸饭 (40min)→拌匀→装罐→排气→杀菌→冷却→成品

（拌匀工序加入：配菜、调味品）

3. 经预处理后的米饭罐头工艺流程

大米淘洗 → 浸泡 → 沥干 → 高温预处理 → 加热水蒸饭 → 拌匀 → 装罐 → 排气 → 杀菌（15min～60min～10min/121℃）→冷却→成品

4. 软罐头米饭生产工艺流程

大米淘洗→浸泡→预煮→拌匀→装袋密封→装盘蒸煮杀菌→蒸煮袋表面擦干→装箱入库

（拌匀工序加入：配菜、调味品）

5. 无菌包装米饭生产工艺流程

无菌包装米饭与软罐头米饭的生产在包装上有所不同，其他则完全相同。大米被炊煮成米饭后，于无菌室内进行包装、密封即成为无菌包装米饭。

大米淘洗→浸泡→预煮→拌匀→无菌包装→成品

（二）工艺流程说明

浸泡用水为酸性，可以使米粒的白度增加。浸泡后用油乳化液漂洗可以减少米粒相互黏结，米黏结主要是因为米同水一起加热成米饭时，淀粉溶出造成的，可使用乳化剂三梨聚糖油酸单酯抵抗这种作用，黄油和氢化植物油也有类似的作用。加乳化剂还可以防止米饭的回生，抵抗回生（抗老化）作用的乳化剂主要有单甘酯。对淀粉进行交联改性也可以提高米粒的耐热性和耐酸性，从而提高米饭罐头的稳定性。

1. 罐头米饭（金属罐罐头米饭）主要工艺流程说明

（1）淘洗　将清选后的原料在淘洗机中用水淘洗，将附着在大米表面的霉菌等微生物和其他附着物淘洗除去。

（2）浸泡　浸泡是大米吸水并使自身体积膨胀的过程。淀粉全部糊化时，水分必须在30%以上。如果大米吸水不足，水分低于30%，则蒸煮过程中大米会蒸不透，影响米饭质量。因此，浸泡的目的是使大米充分吸收水分，为淀粉糊化创造必要条件。

大米浸泡可分为常温浸泡和高温浸泡两种方法。浸泡方式分为间歇式和连续式。

①常温浸泡：常温浸泡时，可以将大米倒入容器或水槽中，浸泡后随即捞起，将温米堆起，进行焖米，使水分逐渐向大米内部渗透，被籽粒吸收；也可以将大米置于池槽内浸泡一定时间，然后进行蒸煮。

②高温浸泡：高温浸泡是预先将水加热到 80～90℃，然后放入大米进行浸泡。浸泡过程中水温保持在 70℃，浸泡 20min 左右，可避免大米发酵带来的不利影响。

（3）加热水蒸饭　利用各种热源对大米进行加热处理，使其在水和热的作用下，吸收一定量的水分，使可溶性营养成分向内部转移，并使大米淀粉产生凝胶化（糊化）。蒸煮大米可使淀粉 α 化，从而使大米熟化。蒸煮时间和加水量对成品质量有很大影响。每一个品种的大米都有最佳蒸煮时间和加水比例。增加加水比例有利于提高米粒的熟透速率。缩短蒸煮时间，尤其是在开始蒸煮的10min左右，会明显影响米粒熟透速率。

一般蒸煮只要求米饭基本熟透即可，若蒸煮过度，时间过长，米粒膨大、弯曲甚至表面开裂，会降低质量和出品率。淀粉糊化度的大小反映了米饭成熟度的高低，它对成品品质和口感以及能否符合商品标准等都有较大的影响。糊化度>85%时，米饭即可被视为已成熟。经过浸泡后的米粒沥干水分，用蒸汽蒸熟、糊化成为α化米板，将α化米饭再次浸泡后蒸煮，可使米饭含水量达61.4%，糊化度达89.5%。

（4）杀菌　米饭中残留着相当数量的微生物，由于方便米饭中有动、植物食品原料（即套餐化），因此要达到长期保存的目的，除经过密封包装阻止外界微生物的继续污染外，还必须有严格的杀菌处理。要求在对每一个具体食品品种、规格制定出一个合理的杀菌条件时，既要保证杀死抗热力最强、危害性最大的微生物，同时还要最大限度地保留食品的色、香、味和营养物质。因此，必须找出不同产品的杀菌对象和一个可靠的最低热力强度。嗜温厌氧芽孢杆菌中的梭状芽孢杆菌和肉毒梭菌可作为罐头米饭的杀菌对象菌。方便米饭属于低酸性食品，应按照高温杀菌公式进行杀菌。

罐头米饭食品在杀菌前，加入富含植物杀菌素的蔬菜或调料，如葱、辣椒、蒜、胡萝卜、大黄、芥末，可以抑制食品中微生物的生长繁殖，从而缩短杀菌时间。某些高等植物的汁液和它分泌出的挥发性物质对微生物具有抑制或杀菌作用，这类物质被称为植物杀菌素。某些植物的成分是在加热之后才具有杀菌作用的。另外，罐头米饭中若添加蔬菜、调味品等副食，则需要在拌匀步骤中加入，由此可能会引起杀菌公式的改变。

2. 加工过程中的注意事项

（1）蒸饭时先加总水量的70%~80%，剩余部分在蒸后混合拌匀时加入，米饭拌匀后再装罐；

（2）如果加入含水量大的副食品种，应先进行炒制后再加入；

（3）为了防止米饭黏结，可加适量的油脂、乳化剂等；

（4）原料米品种质量是影响米饭质量的因素。

二、米粉生产工艺

米粉是以大米为原料制成的条状、丝状米制品，是一种经济、方便、可口的食品，只要经过简单的煮沸或煸炒，加上调料，即可食用。米粉质地柔韧、富有弹性、水煮不糊、干炒不易断，食用爽口、易消化，既可作主食，也可作小吃，深受消费者欢迎，在我国南方及东南亚一带有很大的消费市场。米粉的名称和种类十分繁杂，仅我国大陆地区有米粉名称近百个，这些名称地域性强，命名规则各异，缺乏一定的规范性。米粉根据成型工艺分为切粉（切条成型）和榨粉（挤压成型）两种，所有米粉最终都可归结于这两种米粉。

（一）米粉的种类

根据米粉的加工和食用方式，可分为湿米粉、干米粉、速冻米粉和方便米粉。方便米粉又可分为方便米线、方便卷粉、保鲜方便米粉。

湿米粉是以大米为原料，经磨浆、糊化、成型、冷却等生产工序加工，并未经干燥的米粉，按产品外形可将湿米粉分为扁粉和圆粉，如桂林米粉、常德米粉、过桥米线、米面、沙河粉等。

干米粉是加工后的湿米粉，经脱水干燥能长期保存的米粉。食用时需用开水煮熟，如直条米粉、米排粉等。

速冻米粉是加工后的湿米粉，在-30℃快速冷冻，然后在0℃以下长期保存的米粉，如速冻调理米粉。

方便米粉，又称即食米粉，是加工后的湿米粉，经脱水干燥后（或不脱水保鲜包装）能够长期保存，且食用时用热水冲泡3~5min能够马上食用的米粉；根据形状可分为方便米线（米粉）和方便卷粉（河粉）。

（二）米粉的生产工艺流程

挤压成型和切条成型两种米粉生产的工艺流程，如下所示。

挤压成型：

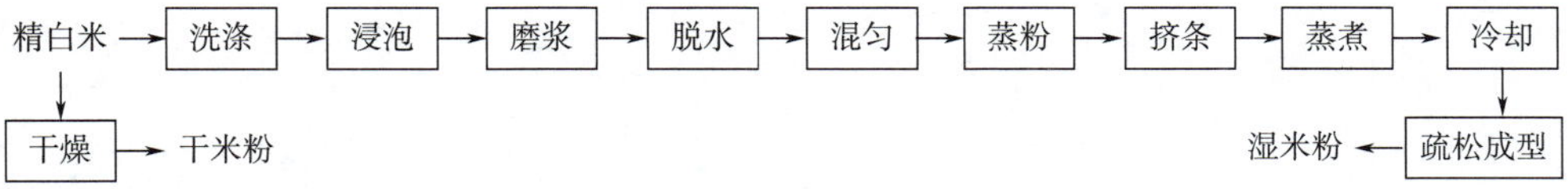

切条成型：

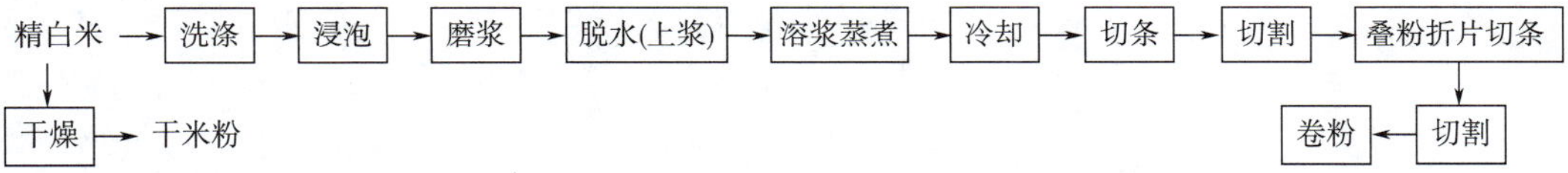

操作要点：

原料应选择精白米，不能选用糙米。糙米外层含有较高的油脂和蛋白质，这些成分对淀粉凝胶不利。

洗涤的目的是除去表面的杂物和糖分，洗涤至洗涤水澄清不浑浊为准。

洗净的大米用足量的水浸泡1~4h，水分可达35%~40%，使米粒胚乳结构疏松便于磨浆。温度较高时，为防止大米酸败，应每小时换水。

磨浆时，浆液的浓度应控制在相对密度为1.208~1.261，粒度控制在全部通过CB42绢筛，水分为50%~60%。

磨好的浆可以直接倾倒在蒸粉机的帆布带上，形成一定厚度的均匀薄层，以利于蒸粉时受热糊化得均匀。米浆层厚度一般控制在0.8~1.2mm，蒸粉时间与粉层厚度有关，多为60s，如粉层较薄，40s也能使米粉充分α化。

经过蒸煮后的粉皮，糊化度可达75%~80%，具有较高的强度和韧性，经适当冷却后，可将其送入挤压成型机或切条机进行成型操作。通常为保证切条能顺利进行，还需将粉皮进行预干燥，目的是适当降低粉皮的水分，初步固定米粉的α化结构，进一步使粉皮定型。预干燥的工艺条件为热风温度为70~80℃，干燥时间为15~20min，水分含量为16%~20%。

经预干燥的粉皮具有良好的韧性，可以根据需要切成8~10mm宽的扁长条，得湿切粉。挤压成型是将粉皮经一带有若干圆形模孔的模头挤压成直径为0.8~2.5mm的圆长条。挤压成型后通常还需复蒸，使糊化度达到90%~95%，以进一步提高米粉的黏合力。复蒸可用蒸气蒸煮，时间为10~15min。

制成干米粉，需将成型的米粉进行干燥，使其含水量降至13%左右。此过程干燥速度非常重要。一般可将干燥室内温度控制在比环境温度高10~15℃的状态下，例如，气温为25℃

时，干燥温度可以选 35~40℃。无论挤压成型的米粉还是切条成型的米粉，采用低温长时间的干燥工艺对保证制品质量有利。

在米粉加工过程中，为改善米粉制品的品质和加工特性，可以适量添加食用油脂，用量约为原料大米的 1%，可以增加制品的表面润滑性，便于松散，减少相互粘连的现象，同时赋予制品油脂风味。食用油以花生油为好。

第二章

膨化食品

CHAPTER 2

[学习指导]

本章重点掌握挤压技术的特点和膨化原理，掌握挤压谷物食品的加工工艺，了解工艺条件对挤压膨化产品质量的影响；了解组织化植物蛋白的加工工艺。

膨化食品（puffing food）是近年来世界上发展起来的一种新型食品，国外又称挤压食品、喷爆食品、轻便食品等。我国在 GB 17401—2014《食品安全国家标准　膨化食品》中明确将膨化食品定义为以谷类、薯类、豆类、果蔬类或坚果籽类等为主要原料，采用膨化工艺制成的组织疏松或松脆的食品。同时将膨化食品分为烘烤型、油炸型、直接挤压型、花色型和其他型（采用微波、气流或真空等方式膨化制成的膨化食品）五类。

第一节　早餐谷物生产工艺

理论上，任何食物都可以作为早餐，但是传统习惯上人们在早晨更倾向于食用谷物。早餐谷物食品是市场上十分流行的食品，在商业上占比很大。从表 10-2-1 中可以看出，15%的食品是直接由挤压加工制得的。若考虑到表中另两类占比例最多的食品——薄片状或喷射爆熟状谷物食品是通过挤压成型（通常是挤压蒸煮）来完成的，就可在某种程度上说早餐谷物中有一半以上产品是与挤压技术相关。

表 10-2-1　早餐谷物产品分类

产品种类	所占试产比例/%
薄片状产品（包括挤压成型）	35
喷射爆熟状产品（包括挤压成型）	26
直接挤压产品	15

续表

产品种类	所占试产比例/%
整粒谷物产品	8
普通谷物产品	7
其他类型产品	9

一、挤压技术生产早餐谷物食品

用挤压技术生产早餐谷物食品，使原料配方更为广泛，可以使用单一的或混合的原料，可添加营养强化剂、蛋白质或膳食纤维等。产品可以是直接膨化的或不膨化的。用挤压机生产的不膨化产品，被制成直径为 5~8mm 的小丸后再轧片、烘烤即可食用。

用双螺杆挤压机生产早餐谷物食品的工艺流程如下所示。

水 ↓ 原料 → 混合 → 挤压、蒸煮、成型（↑抽真空） → 造粒 → 轧片 → 烘烤 → 冷却 → 包装

流程说明：

谷物原料经磨粉、混合后送入蒸煮挤压机，在挤压机的物料入口部位加水，使物料的总含水量在 30% 左右。物料在挤压机中被充分糊化。为了使产品在通过模头时不发生膨化，在离挤压机模头适当位置的机筒上有一开孔与真空系统联结。处于挤压机中高温高湿并经糊化的食品被螺杆输送到机管真空部位时，因具有闪蒸效果而使物料部分脱水，温度迅速下降到该操作压力下的水蒸气饱和温度，物料经过模具时因压力较低，故不会膨化。

二、非膨化挤压食品生产工艺及产品膨化

此类食品一般采用 2 台挤压机串联进行加工。第一台挤压机起蒸煮物料的作用，称为蒸煮挤压机（也可采用其他蒸煮设备）；第二台挤压机起成型的作用，称为成型挤压机。产品如要膨化，则可在干燥之后通过油炸和烘烤来实现。工艺流程如下所示。

水 ↓ 原料 → 混合 → 蒸煮挤压 → 切割 → 成型挤压 → 切割 → 预干燥 → 包装 →

油炸或烘烤 → 调味 → 包装

流程说明：

原料一般为面粉或大米粉，还可添加玉米淀粉、盐、糖、大豆粉等。各种组分的原料应充分混合后送入蒸煮挤压机，在挤压机的物料入口处加足量水，以调到总水分含量为 30% 左右。物料在蒸煮挤压机中被完全糊化，然后通过模头并被快速旋转到切刀处将其切成不规则的薄片，经成型挤压机挤压成组织紧密、具有特定形状的非膨化食品。干燥之前进行预干燥的目的是为了防止产品的互相粘连。干燥后包装即为成品。若要使产品膨化，可经 160℃ 烘烤或 180~200℃ 油炸，喷涂调味后即可包装。

第二节　典型早餐谷物食品生产实例

一、片状早餐谷物制品

片状早餐谷物制品典型生产工艺流程主要说明如图 10-2-1 所示。

原料筛选和混合→蒸煮→成型

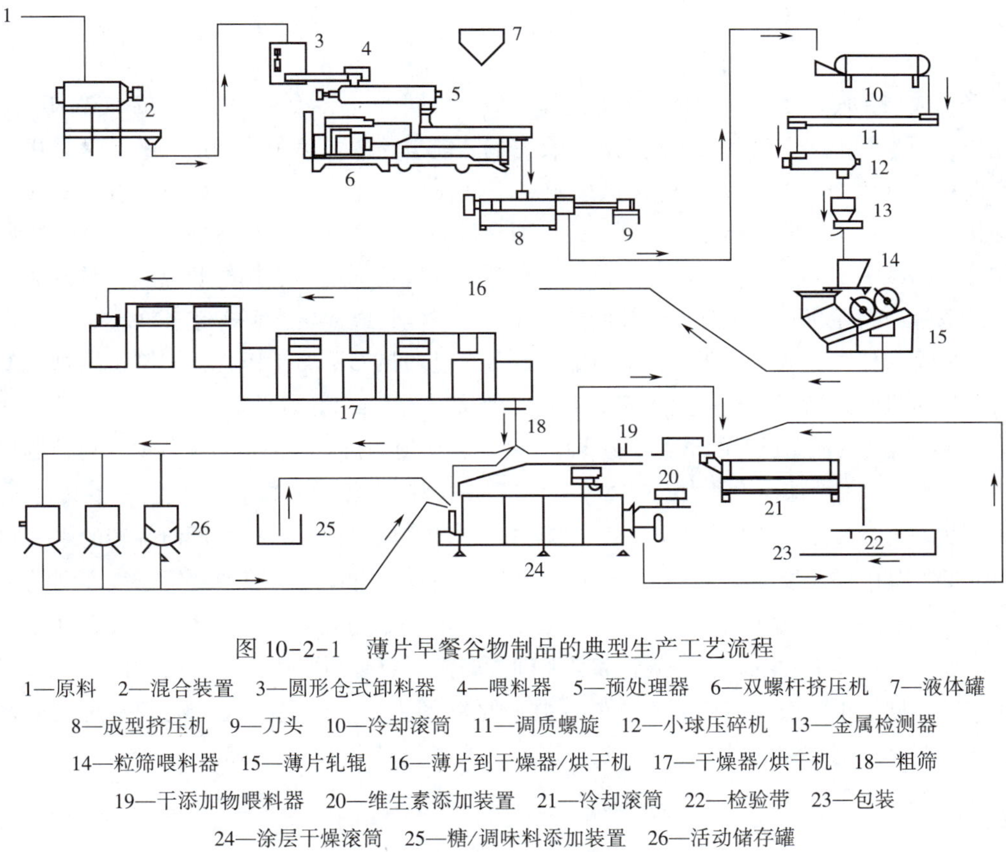

图 10-2-1　薄片早餐谷物制品的典型生产工艺流程

1—原料　2—混合装置　3—圆形仓式卸料器　4—喂料器　5—预处理器　6—双螺杆挤压机　7—液体罐　8—成型挤压机　9—刀头　10—冷却滚筒　11—调质螺旋　12—小球压碎机　13—金属检测器　14—粒筛喂料器　15—薄片轧辊　16—薄片到干燥器/烘干机　17—干燥器/烘干机　18—粗筛　19—干添加物喂料器　20—维生素添加装置　21—冷却滚筒　22—检验带　23—包装　24—涂层干燥滚筒　25—糖/调味料添加装置　26—活动储存罐

操作说明：

1. 原料筛选和混合

谷物产品的各种配料都必须经过某种振动或螺旋筛选机正确地进行测定和计量，筛选机能分离出任何大小的配料颗粒或异物，以防混入混合料并防异物进入后道加工工序中。混合操作采用混合机或翻腾箱装置，使原料混合成均匀的基础配料。它还可作为贮存和供给翻腾的容器，这些装置的尺寸必须满足后续设备的需要。

2. 蒸煮

(1) 预蒸煮　预蒸煮的主要功能是在物料进入蒸煮挤压机前，先将液体、浆料和蒸汽适当地进行混合。具体用时取决于使用的特定配方。加水必须在预处理器的初段，通过喷嘴以提高水或溶液添加剂溅散的比表面积，从而提高它们的扩散速率。然后，将蒸汽喷入预处理器内。干颗粒从最初接触水到与喷入的蒸汽接触的时间可以很短，但由于是动态环境，混合将是充分的。

（2）蒸煮挤压　挤压机的前段作为喂料段移送预处理物料进入挤压段，然后将物料加工均匀。在这阶段，通过减小螺旋间距和剪切节流件后提供流动阻力，促进物料压缩的。物料输送经过位于套筒内的螺旋叶片和叶形剪切节流件后，进一步受到压缩、混合和加热。湿物料温度在最后 2~5s 内快速升高，物料在挤压套筒内的总时间为 35~40s。大多数热能从机械能转化而来，机械能通过筒内挤压与螺旋相互作用可部分转化为热能。不足的热能可通过直接喷射蒸汽到挤压套筒内或在套筒外壁的夹套内通入循环热流体来补充。薄片产品在出口处的水分含量为 20%~30%。

3. 成型

挤压成型工序一般紧接于挤压蒸煮工序之后，由同一挤压机内分成独立的加热和冷却段来完成这两个阶段的工序。为了达到具有良好的、能单独的加热和冷却的目的，常采用更长的套筒（L/D 为 24∶1 左右），这两区段由一个排气口隔开，在排气口处由于有水蒸气蒸发冷却作用，故能迅速降低产品的温度。这有两个目的：①蒸煮反应在达到所希望的最终温度时骤冷；②减少了成型段中的冷却负荷。双螺杆挤压机特别适用于排气和分段。虽然适应性更广的双螺杆挤压机具有优越而有效的热传递特性，但其成型功能则略逊于单螺杆挤压机。

在成型操作时，成型挤压机重新压缩已经蒸煮过的热而湿的挤压物，控制挤压物温度将物料在挤压机中逐渐折叠或揉捏压缩成为密实的挤压物，最后通过模具形成具有波纹珠泡的小球，再经辊轧制成高质量的早餐谷物薄片。在对较均匀的挤压产品进行压片时，可仿制自然的谷物外观。为了增加与辊子表面的摩擦，干燥后的物料应当在压片前稍微润湿一下其表面。

片状谷物食品生产机械的“心脏”是压片辊，压片辊是由一对平行反向旋转的水平圆筒体组成的，其中间安装间隙很小。从上面喂进的产品颗粒进入此间隙即被辊子表面间的摩擦破碎（图 10-2-2）。为了能压片，产品颗粒必须要有一定的流动性，可从辊子咬合处流出而不致形成一种连续的片状。产品颗粒和辊子间的摩擦系数必须要达到足够大，以便颗粒能通过咬合处。硬而干的产品表面会使颗粒浮在咬合处的上方而不被咬入。辊子表面不必太光滑，通常要有一定毛糙度以便能顺利咬住产品颗粒。

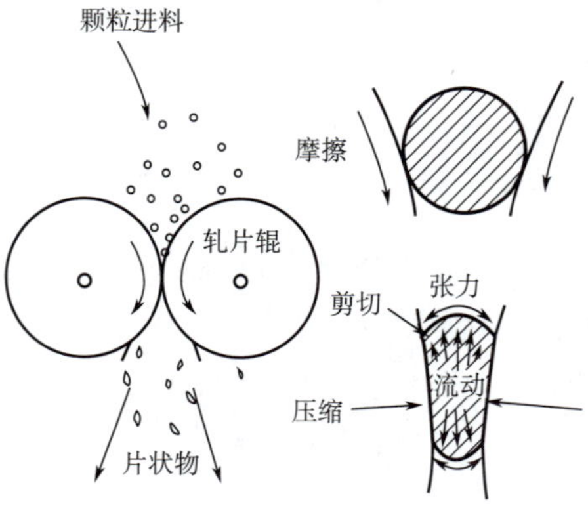

图 10-2-2　轧片机工作原理图

二、挤压膨化的早餐谷物

直接挤压膨化早餐谷物制品的典型生产工艺流程如图 10-2-3 所示。其中经高温糊化的、以谷类为主的物料会从挤压机模孔中出来，进入常压状态，这会使物料中的水分迅速汽化而使物料膨化。挤压膨化谷物产品一般要求采用具有较长停留时间的挤压机，并利用除了机械能以外的其他形式能量进行补充加热。在任何一种情况下，用于膨化的最终温度应当在 150~200℃，并且含水量应低于 20%。

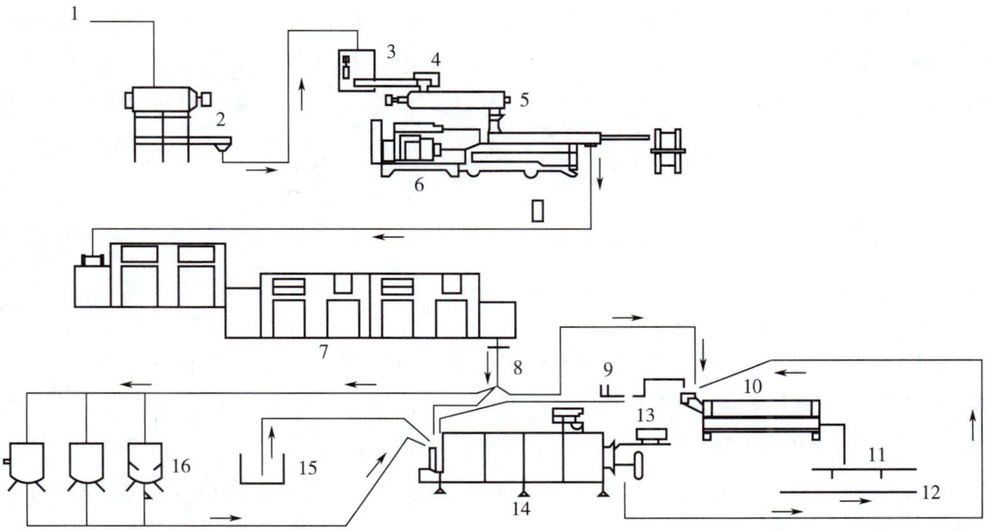

图 10-2-3　直接膨化早餐谷物制品的典型生产工艺流程

1—原料　2—混合装置　3—圆形仓式卸料器　4—喂料器　5—预处理器　6—双螺杆挤压机　7—干燥器/烘干机　8—粗筛　9—干添加物喂料器　10—冷却滚筒　11—检验带　12—包装　13—维生素添加装置　14—涂层干燥滚筒　15—糖/调味料添加装置　16—活动储存罐

第三节　组织化植物蛋白生产工艺

一、大豆蛋白组织化工艺

组织化植物蛋白一般是指大豆经加工后，其蛋白质发生变性，蛋白质分子重新排列定向，形成具有同方向的新组织结构同时凝固后形成的纤维状蛋白。

1. 组织蛋白的生产工艺（一次膨化法）

原料粉、碱、盐、添加物→加水搅和→挤压膨化→切割成型→干燥冷却→拌香着色（添加剂）→成品包装

大豆组织蛋白的典型生产工艺为经过粉碎的蛋白质粉料经贮罐、定量绞龙、封闭阀、由

压缩机送入集粉器后，流到膨化机。必要时在喂料绞龙内调节粉中的水分，以适应膨化机进料要求，加水量应视机型与原料不同而有所改变。

2. 二次膨化工艺

二次膨化工艺是指将预处理好的大豆蛋白粉，经过第一级膨化后，立即排除水分然后进入二次膨化机采取高温、快速膨化的过程。这样的产品从口感与营养价值上更近似于肉制品，因此，广泛用于仿肉制品的生产。但相应地也带来动力消耗大，操作要求高等问题。

3. 大豆蛋白的产品质量标准

大豆中蛋白质含量约为40%，脂肪含量约为20%，碳水化合物含量约为25%，纤维素及灰分含量等约占5%，水分及其他成分约占10%，淀粉含量很少，蛋白质营养价值较高。大豆加工过程中的关键技术是去除豆腥味，大豆挤出后的产品豆腥味明显减少。大豆中含有干扰蛋白质消化或影响健康的干扰营养因子，挤压也可以使这类化合物的数量或降低其活性。

二、大豆蛋白组织化的加工条件

组织蛋白是指大豆经加工后，其蛋白质发生变性，蛋白质分子重新定向，形成的新组织结构。

1. 水分含量

在脱脂大豆的组织化挤出过程中，原料中的水添加量对挤压过程起着重要作用。水一方面对物料的流变与输送起着塑化作用；另一方面与蛋白质分子的相互作用，可导致蛋白质分子主键构片段的运动性增强。随着含水率的增加，物料的流动性也增加，黏度明显下降，物料受剪切作用减弱，在机头处作用的压力也较小，相应地也会影响到产品的成型与组织化。原料最佳含水率在30%~45%。

2. 机筒温度

物料在挤出过程中的热量变化反映在机筒加热、螺杆剪切所产生的热量、物料物理化学变化所吸收的热量上，在挤出过程中，三者处于平衡状态。在不同的挤出阶段，大豆蛋白的组织化需要不同的机筒温度分布。

3. 蛋白质

（1）蛋白质含量对挤出物的影响　全脂大豆粉含蛋白质约40%，脱脂大豆含蛋白质约50%，大豆分离蛋白含蛋白质约90%。同时可在脱脂大豆粉中添加不同比例的大豆分离蛋白来调整挤压原料的蛋白质含量，随着蛋白质含量的提高，挤出物的组织化和纤维化程度会提高，口感会变好。

（2）蛋白质种类对挤出物的影响　大豆蛋白的主要成分是球蛋白，此球蛋白约占蛋白总量的90%，直接使用这种球状大豆蛋白的缺点是产品强度低，缺乏应有的组织化结构，感官质量很难达到要求。

经过组织化处理后，无定形的球蛋白可充分伸展并在强剪切、高热、高压的作用下发生取向排列，形成了一种类似于动物肌蛋白特有的结构和纤维组织的物质，这种物质复水后即成为具有一定的强度、弹性和质构的新型大豆蛋白制品。复水后，新型大豆蛋白制品具有一定的强度、弹性和咀嚼感，具有适当的膨化度，有利于吸水软化，可提高蛋白质的消化吸收性和营养价值。

（3）蛋白质的变性对挤出物的影响　蛋白质的氮溶解指数可显著影响挤出物的性质，随着脱脂大豆粉烘烤时间的增加，蛋白质的变性程度增加，氮溶解指数减小，容重增加，持水性减少。挤压原料的氮溶解指数在降低到一定程度后，已无法再挤压成型和组织化了。

（4）组织化对营养价值的影响　大豆蛋白在组织化的过程中都伴有不同程度的膨化，内部形成微孔气室，在加工过程中可以吸收水分和大量风味物质，以便于调味增香处理。另一方面因组织化过程的热作用和剪切作用，消除了大豆中的抗营养因子，提高了消化吸收率，所以组织化过程能使大豆蛋白的营养价值提高。

4. 油脂

为改善挤出产品的口感和风味，可在脱脂大豆粉中添加一定量的油脂。油脂对蛋白质的主要影响是乳化作用。

5. 豆腥味的去除

口感和风味是食品加工的重要参数，对于脱脂大豆蛋白的组织化来说，重要的指标是其内部是否形成了纤维结构，挤出产品的豆腥味是否已去除。通过挤压膨化的方法，可以使挥发性成分挥发，以驱除产品中散发豆腥味的物质。

6. 对产品的评价

挤压测定中的重要指标有感官特性、外观、风味、质构等，它们均是主观评定项目。

思考题

1. 膨化食品如何分类？挤压膨化技术的特点是什么？
2. 影响挤压膨化食品加工的工艺条件有哪些？这些条件对加工过程有何影响？
3. 组织化植物蛋白生产工艺？水分在组织化蛋白生产中起什么作用？

CHAPTER 3

第三章 焙烤食品

[学习指导]

本章应重点掌握焙烤食品常用各原辅材料的加工性能与功用，熟悉面包生产工艺流程及配方，重点掌握面包、饼干及糕点加工关键技术，包括各原辅材料处理的原则与方法；面团调制（机制、影响因素及控制方法）；面团发酵（机制、影响因素及控制方法）；成型（各工序目的、控制措施）；烘烤（机制）；冷却与包装（目的、措施）。

第一节 概 述

一、焙烤食品的概念

焙烤食品是指以小麦粉等各种粮谷及其半成品为基本原料，与油、糖等多种辅料相调配，或经过发酵或直接经高温烘焙、油炸等熟制加工的可以直接食用的一大类固体食品。可归结为 GB 15091—1994《食品工业基本术语》中所列的烘焙食品（bakery），烘焙（baking）指将食品原料或半成品进行烤制，使之脱水、熟化的过程。

饼干、面包、糕点等焙烤食品具有较高的营养价值，便于携带，应时适口，是人们生活所必需的。这类食品有的历史久远，有的则是近几十年才出现的。在世界上绝大多数国家中，无论是主食还是副食品，焙烤食品都占有十分重要的位置。

二、焙烤食品的类别

焙烤食品所使用的基础原料非常广泛，包括小麦、玉米、各种米等粮谷类及豆类，辅料就更为丰富，有各种糖、油原料，尤其是馅料原料种类繁多，包括各种果蔬、畜禽及水产品等，焙烤食品已发展出了品种多样、丰富多彩的食品，故分类工作复杂而困难。通常可根据所使用的主要原料类别、制作方法、制品特性及产地等进行分类。

按生产工艺特点可分为以下几类。

（1）面包类　主食面包、点心面包、硬质面包等；

（2）饼干类　酥性饼干、苏打饼干、韧性饼干等；

（3）糕点类　蛋糕、月饼等。

本章介绍以小麦粉为主要原料，并已经实现工业化生产的面包、饼干和糕点等焙烤制品的加工原理及工艺要点。

第二节　面　　包

一、面包加工工艺

面包是焙烤食品中历史最悠久、消费量最大、品种繁多的一大类，它是以小麦粉、酵母、盐和水为基本原料，添加适量糖、油脂、乳品、蛋及蛋品、果料及添加剂等，经面团调制、发酵、成型及烘烤等工序制成的组织蓬松的发酵面制品。发展到今天，生产面包有许多不同的方法。其特定的方法取决于许多因素，包括传统习惯、生产使用的能源价格与类型、面粉的类型、所要求的面包类型及从烘烤到食用之间的存放时间等。

面包加工包括和面（面团调制）、发酵及烘烤三个基本工序，面包加工方法大多以发酵方式进行分类。传统而经典的发酵方法包括一次发酵法、二次发酵法。

一次发酵法又称直捏法（图 10-3-1）。该法是将所有原辅料一次混合成成熟的面团，然后进行发酵（在发酵期间翻揉面团一次或数次），再将发酵好的面团分块、揉圆、成型、醒发，以达到所要求的尺寸后进行烘烤的方法。具体的操作过程因品种和原料而异，如标准一次发酵法、后加盐法等。

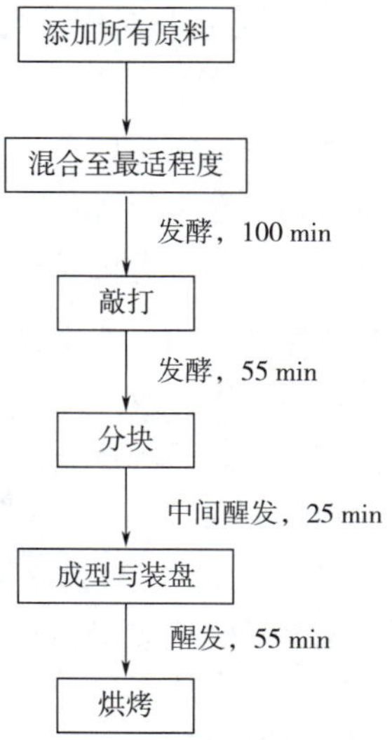

图 10-3-1　一次发酵法面包烘焙工艺流程图

通常一次发酵法制成的面包具有良好的咀嚼感，风味好，但蜂窝壁厚，结构较粗糙，易老化。该工艺对时间相当敏感，大批量生产时，其敏感性可能会使其在生产过程难于处理，因为同一批面团先烤制的发酵很合适，而后烤制的容易发酵过度。此方法多用于花色面包、法式面包以及油炸面包圈等产品。

规模加工面包常用二次发酵法，也称中种法、预发酵法或分醪法（图 10-3-2），该方法几乎适用于所有的面包品种。该方法的操作过程是先将部分面粉（30%~70%）、部分水和全部酵母调成的面团（酵头，sponge），在 28~30℃发酵 3~5h，然后将其与剩下的配方原辅料混合，调制成成熟面团后，静置醒发 30min，使面团松弛后再如直捏法那样将其分块、成型和醒发。中种法生产的面包柔软、蜂窝壁薄，面包体积大，老化速度慢，其最大的优点是不大受时间和其他条件的影响，缺点是生产所需时间较长。

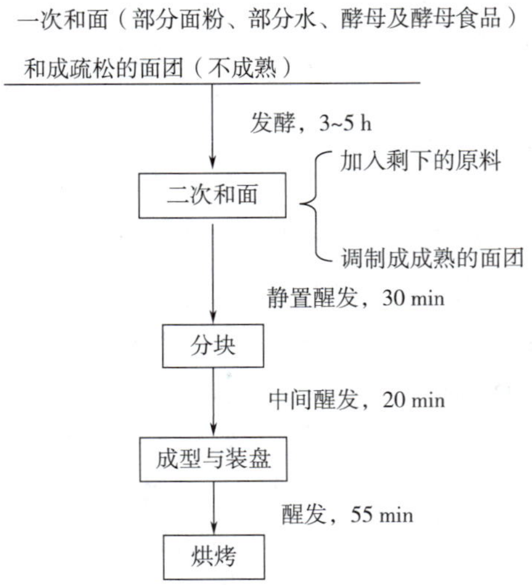

图 10-3-2　二次发酵法面包烘焙工艺流程图

三次发酵法就是三次调粉三次发酵，用酒花引子制面包时一般都采用三次发酵法，此外，利用乳酸菌、酸面团法等制作面包时，需要经三次、甚至五、六次的面团调制与发酵，由于生产周期长，效率低，面包酸度大，在规模生产中较少使用。但此方法制出的面包无论外形、体积、内部结构都较好，且带有各自独特的香味，深受消费者的喜爱。

液体发酵法、连续面包制造法及短时烘焙法等可看作是经典一次发酵法和二次发酵法的改进与发展。液体发酵法即先将酵母进行液体培养，制成液状发酵醪后再与面粉、砂糖、油脂等原料调制成面团进行一次发酵或二次发酵的方法。连续面包制造法在某种意义上就是液体法。该法是在大量制作液体发酵醪的同时，通过热交换器和液体输送泵，连续不断地将一定温度的发酵成熟的液体发酵醪送至连续调粉机，与主要原料面粉捏合成面团，面团在较高的温度下长时间调制成熟后挤出进入分割、整形等工序的发酵法。这种连续生产方法在欧美十分流行，用于制作主食白面包和掺有黑麦粉的黑面包。与其他方法相比，该法是经济的，可节省人力和时间。

短时烘焙法在英国和澳大利亚已得到普及。在英国，Chorleywood 法的使用约占 80%，它是以机械作用为基础的新方法，又称机械面团起发法。该法是参照美国连续面团制造法，应用快速搅拌产生能量促进面团起发的原理设计的。该法在面团中加入大量酵母和氧化剂，通过强烈的机械搅拌，把调粉和发酵两个工序结合在一起，可在调粉过程中完成发酵而无须再单独进行发酵。这种方法是经济的，所生产的面包也是符合要求的。在澳大利亚，也采用短时法，但不同于 Chorleywood 法，它是一种使用较多化学膨松剂的不发酵法。

冷冻面团法是 20 世纪 50 年代以来发展起来的面包制作新方法，该法增加了面团冷冻工艺，将面包烘烤环节与面团制作过程分离出来，可随吃随烤，给消费者提供了“即烤”型面包，冷链的不断完善，特别是耐冻性面包酵母的开发并投入商业化生产，使冷冻面团技术得到了迅速的普及。

二、面包加工要点

(一) 配料

面包配方中最基本的原料是面粉、酵母、水和食盐，辅料有油脂、糖、乳及乳制品、蛋及蛋品、氧化剂和各种酶制剂（包括发芽谷物粉）、表面活性剂和预防霉菌的添加剂等。配方中每一种成分在面包生产中都起着一定的作用。

磨制面粉的小麦是做面包的主要谷物，因为只有它含有合适的谷蛋白和麦醇溶蛋白组分，当面粉和以水时才能形成具有持气性的黏弹性面团。酵母的主要作用是将可发酵的糖转化为二氧化碳和酒精，转化所产生的二氧化碳气体可使面团发起，生产出柔软蓬松的面包，此外，酵母对面团的流变学特性有显著作用。同时还可以赋予面包特殊的风味，增加面包的营养价值。酵母菌分为鲜酵母和干酵母两类，若用干酵母替代配方中的鲜酵母，则用量约为鲜酵母量的 40%。水是一种增塑剂和溶剂，无水就无法形成面团。它可使面筋蛋白质吸水胀润形成面筋网络，构成制品的骨架。使淀粉吸水糊化，有利于人体消化吸收。还可作为传热介质和化学、生物反应的介质，以及作为溶剂；调节和控制面团的温度和软硬度；延长制品的货架期。食盐可以增强筋力，改善面包风味。

油脂是面包生产中的重要辅料，使面包瓤心的蜂窝结构更为均匀细密而且疏松，并使面包外皮光亮美观而增加食欲。还可延长面包保鲜期，增加面包体积。糖在面包加工中可供给酵母食料，改善发酵条件；并可调节面包风味，改良烘烤特性，使外皮色泽美观。乳及乳制品、蛋及蛋品是面包中常用的营养辅料，可补充植物蛋白质中所缺乏的营养物质，并可提高风味和改善色泽，并使面包瓤心组织细腻、柔软、疏松而富有弹性。

氧化剂诸如偶氮甲酰胺和过氧化钙等，能改善面团的筋力，使面包具有较好的体积和组织。正常小麦粉中，α-淀粉酶含量很低，通常添加真菌 α-淀粉酶来改善面包组织。为促进酵母生长添加酵母的营养剂（铵盐）。添加表面活性剂可延缓面包老化，最常用的有 α-甘油一酸酯，一般用量为面粉重的 0.5%。其他表面活性剂如硬脂酰乳酸钠（SSL）、羟乙基甘油一酸酯（EMG）等用作面团增强剂（dough strengtheners），有助于面团在生产实践中经受住机械作用，用量也约为面粉重的 0.5%。目前这些添加剂常以复配形式添加，方便使用。面包加工使用最普遍的霉菌抑制剂是丙酸及丙酸盐。

面包配方关系到产品的营养价值和工艺性能。在拟定面包配方时，各种原辅料都要有一定的比例，这些比例又因面包品种规格、各地区气候、农作物、饮食习惯等不同而有很大差异。这里选择具有代表性的各种面包的配方列于表 10-3-1 中，以供参考。

表 10-3-1　　各种面包的原辅料配方实例　　单位：kg

品种	全麦主食面包	甜味面包	咸味面包	奶味面包	蛋味面包
全麦面粉	100	—	60	—	—
面包粉	—	100	40	100	100
白砂糖	3	6	0.5	20	16
糖浆	2	12	3	4	8
酵母	0.6	0.8	1	2.2	2
食盐	1.5	1.2	2.5	0.6	0.4
全蛋	1	2	—	6	12
乳粉	1	1	—	8	—
植物油	0.5	0.5	1.5	2	2
起酥油	1	1	0.6	5	4

(二) 原辅料处理

在面包生产中，原辅料处理是一个重要工序。为了使原辅料符合工艺和产品质量要求，面包生产中除了使用合格的原辅料外，还必须对它们进行处理。原则上凡属于液体的原辅料，都要过滤后使用；凡属于粉质的原辅料，不需要加水溶解的都要过筛后使用。凡需溶解（或溶化）的固态原料，溶解所用水量均需从配料总水量中扣除。

1. 小麦面粉

制作面包通常需要选择面筋蛋白质含量高，工艺性能好的高筋粉。使用前必须过筛，以清除杂质、打碎团块，从而起到调节粉温作用，同时使面粉中混入一定量空气，以利于酵母的生长繁殖。大型面包加工厂通常采用风送面粉，并在过筛装置中安装有磁铁以除去金属杂质。

2. 酵母

根据酵母种类，分别依照规定称量和处理，并测定其发酵力，根据发酵力大小、面粉面筋的性能和辅料的多少来确定酵母用量。发酵力强的酵母用量可减少一些；面粉筋力强及辅料多的，酵母用量要增加。

（1）压榨鲜酵母　是将很多单体酵母压缩成的块形物。每克压榨酵母含有单体酵母 50 亿~100 亿个。酵母一定要在适宜的温度和营养条件下生存繁殖。新鲜酵母在冷藏中处于休眠状态，因此，使用前需将其活化。将鲜酵母放在 24~30℃（不超过 30℃）温水中，加少量糖，最好在搅拌机中将其搅拌均匀，静置 20~30min，当表面出现大量气泡时即可投入生产。不可将未经活化的酵母块直接加入干面粉中，更不可将酵母块放入浓的糖或盐溶液中。

（2）活性干酵母　由压榨鲜酵母在低温真空条件下脱水而制成的。此种干酵母处于休眠状态，使用前也需活化，具体方法是：1kg 活性干酵母，500g 砂糖，用 7kg，27~30℃ 温水调成液状，发酵 30~45min 即可使用。

3. 水

面包生产用水应是透明、无色、无异味、符合饮用水卫生标准，中等硬度 8~12 度，pH 略小于 7.0 的水。调制面包面团的用水量各不相同，主要根据原料的状况、产品的配方和季节而定。当使用面筋蛋白质含量高的面粉，或增加乳粉的用量时应适当增加水的用量；反之，当糖、蛋、油脂的用量增加时，或夏季空气湿度大时应适当减少用水量。注意，水质的软硬度、pH 和温度对面包质量影响极大。

硬度过大或极软的水都不适于生产面包。硬度过大的水会增强面筋的韧性，延长发酵时间，使面包口感粗糙，此时可加入碳酸钠经沉淀降低硬度后使用；极软的水会使面团过于柔软、发黏，会缩短发酵时间，使面包塌陷。对极软的水，可添加微量的磷酸钙或硫酸钙以增加其硬度，或增加食盐用量，这样可达到良好效果。

面包酵母的最适 pH 5.0~5.8，微酸性水质有助于面包发酵，但酸度不能过高，当 pH 过低时，可用碳酸钠中和。理想的水质 pH 应略小于 7，发酵好的面团 pH 应控制在 5~6 为宜。当水的 pH 高时，可用乳酸中和。

水温是控制面团温度的一个重要手段。发酵面团一般要求温度控制在 28~30℃，这个温度不仅适于酵母的生长繁殖，而且也有利于面团中面筋的形成。为使面团达到适宜的温度，一般都用水温来调节。例如，冬季室内温度约 20℃，水温宜在 30~40℃（不超过 50℃）；夏季室内温度在 30℃以上时，水的温度应控制在 15℃为宜。

4. 食盐

须溶解成盐水经过滤后使用。若采用后盐法调粉，精制盐应直接与面团混合。

5. 几种辅料的处理

（1）油脂　液态油脂容易调匀可直接使用。而固态油脂须在 30~40℃环境下自然熔化成半固体或液状后使用，注意不宜直接在火上熔化后马上使用，以防止油温过高而损伤面团中的酶活力或烫熟面粉。

（2）砂糖和糖浆　砂糖需溶化成糖液，且糖液、糖浆均需过滤使用。如果用砂糖作面包表面塑面，一定要选用粗的白砂糖颗粒，在面包坯进入烤炉前撒在面包坯表面上。面包生产用糖有蔗糖、饴糖、淀粉糖浆、果葡糖浆和蜂蜜等。使用量因品种而异，一般主食面包用糖量为 4%~6%，甜面包 15%~20%，特殊点心面包 25%~30%。

（3）乳品　乳粉不可直接投入调粉机中，以免乳粉吸水结块而影响面团的均匀性。应用适量的水将乳粉调成乳状液使用。鲜牛乳或炼乳可直接加入搅拌机中调制面团，但所含的水分也应在配料总水量中扣除。

（三）面包面团调制技术

面包面团调制与面团发酵是互相紧密联系的两道工序。一般是将处理好的原辅料，根据面团发酵方法依次投料，将面团调制成适合加工的面团。为得到工艺性能较佳的面团，调制时应注意以下几点。

1. 调粉设备

在面包面团搅拌过程中，必须使面团伸展、折叠、卷起、压延、揉打，如此反复不断地进行，使原辅料被充分揉匀并与空气接触，从而发生氧化，应尽量避免对面团有拉裂、切断、摩擦的动作。根据这样的要求，可设计和选择搅拌机械。调粉机有立式、卧式之分，卧式以曲臂直辊、三向直辊以及双桨卧式调粉机最适宜调制面包面团，它们有利于面筋的形成；立式以推动缸桶的立式调粉机（又称象鼻子调粉机）最适宜，其搅拌桨对面团具有翻揉功能。搅拌中为控制面团的温度，应多采用夹层调粉缸，用水浴保温。此外，有条件可选用部分真空的调粉设备，使产品组织细软。

不论立式还是卧式调粉机，调粉缸大小要适当，一般以面团体积占调粉缸容积的30%~65%为适当。调粉机速度可调：低速25~50r/min，中速50~80r/min，高速100~300r/min，超高速1000~3000r/min。调制面包面团一般采用低速和中速。

2. 投料次序

投料时设法避开糖、油脂不良的影响，让水直接与面粉接触，使蛋白质充分吸水而形成面筋。油脂的影响较显著，故一般在面粉吸水成团后加入油脂。

3. 加水适量

面团加水量要根据面粉吸水能力和面粉中蛋白质含量而定。加水量一般在面粉量的45%~55%范围内（其中包括液体辅料）。加水量多会造成面团过软，给工艺操作带来困难；加水量过少，会使面团发硬，延迟发酵时间，并使制品内部组织粗糙。

4. 搅拌适度

搅拌不足，面筋没有充分形成，面团的工艺性能不良；搅拌过度，会破坏面团的工艺性能。

(四)面团发酵技术

1. 控制温湿度

当面团发酵时，主要控制温度、湿度，以利于酵母的正常生命活动。因为酵母的最适生长温度是28~30℃，故发酵温度一般也控制在此温度范围；为防止面团表面水分蒸发结皮而影响发酵，需控制相对湿度为80%~90%。

2. 翻揉（撳粉）

随着发酵的进行，气体产生量会增多，面团中的气泡越来越大，翻揉（撳粉）能将大气泡分成许多更小的气泡。虽有大量的二氧化碳释放出去，但重要的是产生了新的小气泡。同时，可以补充新鲜空气，有利于有氧呼吸；另外酵母细胞在面团中没有流动性，翻揉（撳粉）可使酵母和可发酵物质再次接触，使各物料混合均匀，并使各部位温度一致。

翻揉（撳粉）的时间一般选择在面团总发酵时间的2/3~3/4时为宜。如总发酵时间为2h，发酵进行至1.5h翻揉为宜。总发酵时间为3h，则在发酵2h后翻揉为宜。

3. 发酵时间（发酵终点）

多数是凭经验确定的。一般是视面团起发到一定高度后，面团的表面向下塌陷时即为发酵成熟。也有的将手插入面团的顶端，待手拔出后被压凹的面团不立即膨起，仅是坑的四周略微下落，则表示面团发酵成熟；如果立即弹回原形，则发酵不足；如果四周都塌下去，则发酵过度。还有用手将面团撕开的方法，如果内部是丝瓜瓤子状，则说明面团已成熟。或用手握面团法，若手感发硬、黏手属于面团嫩；如果手感柔软且不黏手是成熟适度；如果面团表面有裂纹或很多气孔，说明面团发酵过度了。

(五)成型

将发酵成熟的面团制成一定形状的面团坯称为成型。成型包括切块、称量、搓圆、静置、压片、整形、入模或装盘等工序。在成型期间，面团仍继续着发酵过程，因此操作室最好设空调，温度控制在25~28℃，相对湿度控制在65%~70%。

1. 分块和称量

一般是在自动定量称量机上完成的，按照成品的重量要求，将面团分块和称重，因面包坯经过烘烤后有7%~13%重量损耗，故在分块称量时要把烘烤重量损耗考虑在内。同时，由于面团中的气体含量、相对密度和面筋的结合状态等都在发生变化，因此最初的面团和分块完成后的面团的物理性质是有差异的，即应在尽量短的时间内完成分块工序。

2. 搓圆和静置

搓圆是将不规则的小面块搓成圆形，排出部分二氧化碳，使其结构均匀，芯子结实，表面光滑。搓圆一般由搓圆机完成，我国常用伞形、锥形和圆筒形三种形式的搓圆机。

静置又称中间醒发，目的是使面筋恢复弹性，使酵母适应新的环境恢复活力，使面包坯外形端正，表面光亮。中间醒发时间一般为12~18min，温度为27~29℃，相对湿度为75%，在中间醒发机中进行。中间醒发机有带式、箱式和盘式等几种。

3. 压片和整形

压片是把面团中原来的不均匀大气泡排除掉，使中间醒发时产生的新气体在面团中均匀分布，使面包内部组织均匀细腻的过程。它是提高面包质量，改善面包纹理结构的重要手段，可采用擀面棒、手压和压片机完成压片工序，大型面包加工厂采用机械压片法，中小型面包厂多采用手工与压片机结合的方法进行。

整形是把压片后的面团薄块做成产品所需要的形状，使面包外观一致、式样整齐的过程，也分为手工或机械两种方式。我国大多数面包厂采用手工或半手工、半机械化整形方法。一般情况下，花色和特殊形状面包的制作多用手工成型。主食面包形状简单，产量大的品种多用机械成型。

4. 入模或装盘

即把整形后的面团装入烤盘或模具内，然后送去醒发室醒发。

面包坯在烤盘或模具中的摆放方法有许多种，无论何种方法都要注意面团的间距，以及烤盘和模具的预处理（刷油、预冷等）。装盘装模方法分为手工和机械两种。

（六）醒发

成型好的面包坯，要经过醒发才能烘烤。醒发目的是清除在成型中产生的内部应力，增强面筋的延伸性，使酵母进行最后一次发酵，使面坯膨胀到所要求的体积，以使制品松软多孔。

醒发时，温度一般控制在36~38℃，最高不超过40℃，温度过高，会使面包皮干燥，并且影响酵母的发酵；相对湿度控制在80%~90%，以85%为最佳，不能低于80%，湿度过低易使面包表皮过硬，面包坯不易膨起；时间控制在40~60min。醒发程度的判断一般也靠经验，当面包坯膨胀到原来体积的2~3倍时为宜。

入炉前在面包坯上刷一层蛋液或葡萄糖浆，这样，烤出的面包表皮光亮，丰润美观。

（七）面包的烘烤

烘烤是保证面包质量的关键工序，俗语说："三分作，七分烤"，这说明了烘烤的重要性。面包坯在烘烤过程中，受炉内高温作用由生变熟，并使组织蓬松，富有弹性，表面呈金黄色，产生发酵制品特有的香味。

在入烤炉的开始几分钟，面团体积膨胀迅速，这被称为烤炉最佳期（oven-spring）。烤炉最佳期的特征有：气体受热，体积增大；由于温度上升，二氧化碳可溶性降低；由于温度升高（只要不是太高），酵母变得相当活跃；其他物质（例如乙醇和水的混合物）的汽化。一般情况下，烤炉最佳期不超过10min。

烘烤速率实际上是由热量向面团内渗透的速度决定的，提高炉温可提供较大的温度梯度（ΔT），但那仅能稍微加快烘烤速率。较高的炉温可在面包中产生较大的温、湿梯度，但不能有效地改变面包中心达到理想温度所需的时间。

面包全面发生褐变的时期为烘烤后期，这是因为褐变在脱水物中才能快速进行，主要是由美拉德反应所引起的，而焦糖化作用是次要的。

(八)面包的冷却与包装

经过烘烤的面包，要进行冷却与包装，才能作为成品出售。

刚出炉的面包温度很高，其中心温度约为98℃，皮硬瓤软没有弹性，经不起压，如果立即进行包装，受到挤压，面包容易破碎或变形；并且，由于热蒸汽不易散发，遇冷会产生冷凝水，吸附在面包或包装纸上，给微生物的繁殖提供了条件，使面包容易霉坏变质。故面包必须进行冷却后才能包装。

冷却方法有自然冷却法和吹风冷却法。自然冷却法需时较长，对环境卫生条件要求高；吹风冷却法一般在面包冷却后期使用，如果面包出炉后马上强制用吹风冷却，会使面包变形，并且会使面包底部吸附冷凝水，包装后容易使面包发霉变质。不论采用哪种方法冷却，都要使面包的中心冷至接近室温时才可进行包装。包装材料一般用蜡纸或塑料袋，要注意包装材料必须无毒。包装环境为：温度22~26℃，相对湿度75%~80%。

第三节　饼　　干

一、饼干加工工艺

饼干是以小麦粉、糖、油脂等为主要原料，经面团调制、辊轧、成型、烘烤等工序制成的方便食品。口感酥松，营养丰富，水分含量少，体积轻，块形完整，便于包装和携带，且耐贮存。饼干已作为军需、旅行、野外作业、航海、登山等的重要主食品。

饼干的品种很多，分类方法也有多种。在饼干生产制造工艺上，一般根据工艺的特性有两种分类方法：一种是以原料配比来分类，另一种是以成型方法与油糖用量来分类。二者既有区别又有联系，初学者应注意将二者很好地结合起来，才能较透彻地理解各类饼干的生产工艺。

由于原料如砂糖、面粉、油脂等之间的数量比不同，饼干大体上可分为五大类（表10-3-2）。原料配比与生产工艺是密切相关的，有时在配方主要原辅料配比不变情况下，又多使用了另外一些辅料如奶油、蛋品、乳粉等，这就有可能改变饼干的品种，并可能要在生产工艺上有相应变化。

表10-3-2　按原料的配比分类

种类	油糖比	油糖与面粉比	品种
粗饼干	0：10	1：5	硬饼干、发酵硬饼干等
韧性饼干	1：2.5	1：2.5	低档甜饼干，如动物、什锦、玩具饼干等
酥性饼干	1：2	1：2	一般甜饼干，如椰子、橘子、乳脂饼干等
甜酥性饼干	1：1.35	1：1.35	高档甜酥饼干，如桃酥、椰蓉酥、奶油酥等
苏打饼干	10：0	1：5	中、高档式苏打饼干

图10-3-3至图10-3-5分别为韧性饼干、酥性饼干和苏打饼干的生产工艺流程。

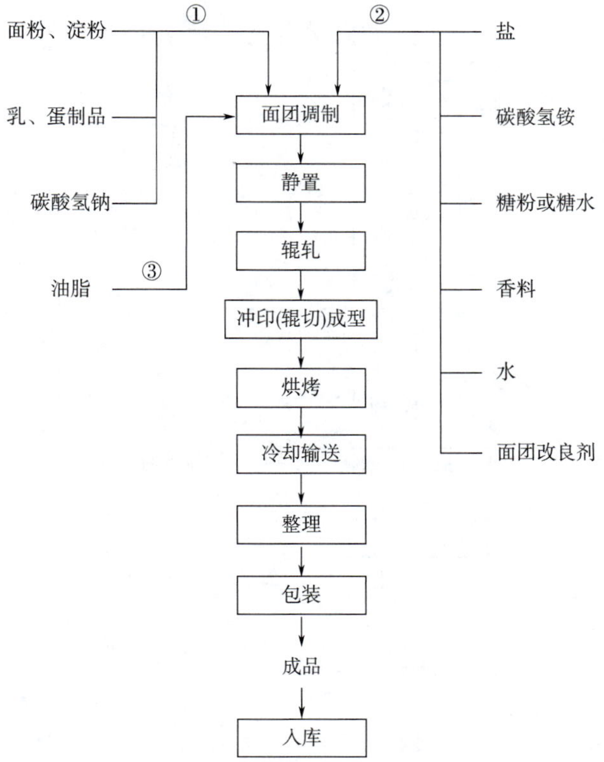

图 10-3-3　韧性饼干生产工艺流程

注：图中标注①②③为投料次序。

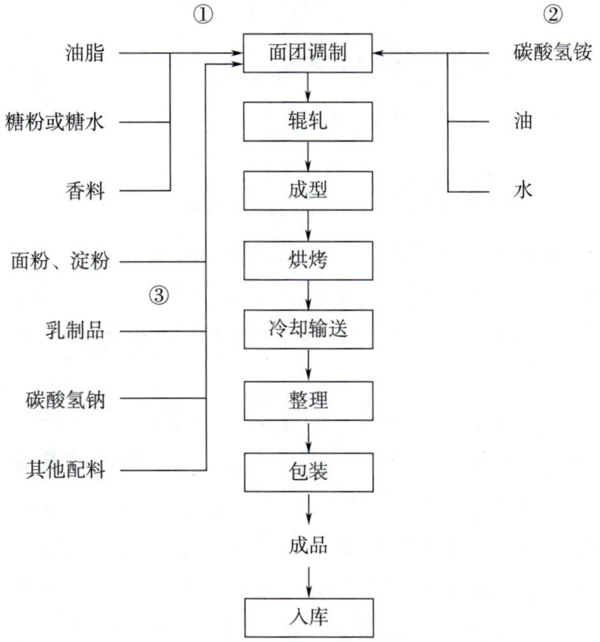

图 10-3-4　酥性饼干生产工艺流程

注：1. 图中标注①②③为投料次序。

2. 辊印成型时流程中删去辊压工序配料、面团调制后即辊印成型。

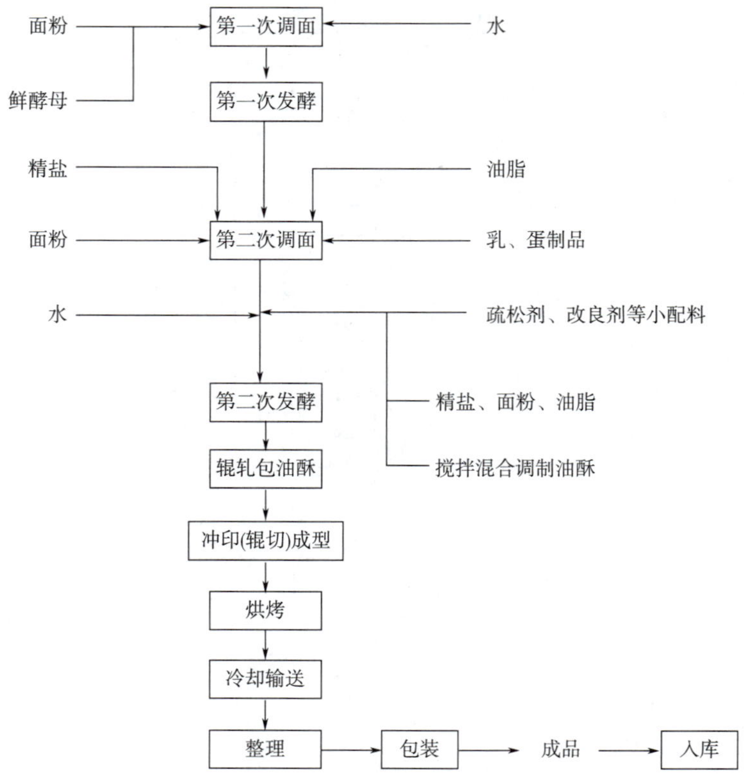

图 10-3-5　苏打饼干生产工艺流程

二、饼干加工要点

饼干一般用软麦生产，其特点是配方中糖和起酥油含量高，含水分较低。饼干品种之间的差异很大，不仅配方不同，而且制作方式也不一样。

(一)配料

面粉是饼干配方中最基本的原料，由于各类饼干生产工艺和要求各不相同，因此，用什么样的面粉还得看饼干的具体品种。但就大体上来说，除发酵苏打饼干酵头用的面粉选用面筋含量高或中等、面筋弹性强或适中外，其余饼干生产用面粉均宜选用面筋弹性中等或弱、延伸性好、面筋含量较低的面粉。目前，国外饼干生产中，根据不同品种的需要，都有其专用面粉。

糖是甜饼干中的主要原料之一。糖的种类很多，在饼干中以蔗糖使用最多，饴糖次之，葡萄糖浆、蜂蜜只在少数品种使用。糖除使制品具有糖味、调节咸味食品口味、改进饼干表面色泽和增加香味、供给酵母发酵时糖源的作用外，还具有反水化作用，可调节面团中面筋的胀润度。此外，糖还可改进饼干的组织状态，例如，用糖过少的酥性饼干，常因反水化作用不充分，面团会形成大量的面筋，饼干胚容易出现韧缩变形，导致口感僵硬；而用糖量过多的酥性饼干，烘烤时饼干胚容易向四面摊开来，饼干口感会变得硬脆。

油脂是饼干生产中又一重要原料，它可提高饼干的营养价值，提高饼干酥性程度，改善饼干的风味，并可调节饼干面团的胀润度。

为阻止饼干中油脂的氧化，延长保质期，有效的方法是添加抗氧化剂。目前常用的有以下几类：①醇溶性，如没食子酸丙酯（PG）、丁基羟基茴香醚（BHA）；②油溶性，如二丁基羟基甲苯（BHT）；③水溶性，如维生素 C、维生素 E 等。

化学疏松剂主要应用于酥性、韧性和苏打饼干，生物疏松剂则适用于发酵的苏打饼干。饼干中常用的化学疏松剂有碳酸氢钠、碳酸氢铵等，一般习惯将二者配合使用，这样既有利于控制疏松程度，又不至于使饼干内有残留过多的碱性物质。现又有将碳酸氢钠与有机酸和酸性盐类等物质混合成复合疏松剂使用的方法，该方法具有分解完全、调节气体产生速度均匀或产生气泡均匀的特点。韧性饼干面团中常用焦亚硫酸钠等带有 SO_2 基团的无机化合物作为面团改良剂，来调节面筋胀润度和控制面筋的弹性强度。考虑到 SO_2 的残留，发达国家有的尝试用蛋白酶和半胱氨酸来代替亚硫酸氢钠作面团改良剂。

大豆磷脂作为天然的乳化剂和抗氧化剂，主要应用于酥性饼干面团，也可应用于韧性面团。它有助于脂肪均匀混合，降低黏性，防止黏辊、黏帆布、黏印模等；还可增加饼干酥松度、增加色泽，延长产品保质期。

饼干中还常使用食用香精和食用色素，来调节饼干的风味和色泽，以增加人们的食欲。表 10-3-3 是饼干基本配方实例。

表 10-3-3　　饼干的基本配方　　单位：kg

原料	粗饼干	韧性饼干	酥性饼干（冲印）	甜酥性饼干（辊印）		苏打饼干
标准粉	100	—	—	—	—	—
富强粉	—	90	100	100	96	100
淀粉	—	10	6	—	4	—
油脂	—	10	15	40	30	16
磷脂	—	1	1	—	—	—
白砂糖	10~15	28	32	40	45	—
淀粉糖浆	—	—	—	—	6	—
全脂乳粉	—	4	—	8	4	2
鸡蛋	—	—	5	6	2	4
食盐	0.35	—	0.5	—	0.5	1
磷酸氢钠	0.7~0.8	0.7	0.5	0.4	0.2	0.5
鲜酵母	2	—	—	—	—	0.5
碳酸氢铵	0.5~0.6	0.4	0.2	0.2	0.1	—
饴糖	—	4	4	6	—	—
焦亚硫酸钠	—	<0.17	—	—	—	—
香料	—	适量	适量	适量	适量	—
香油	—	—	—	—	0.1（g）	—
抗氧化剂	—	—	—	—	0.6（g）	0.8（g）
柠檬酸	—	—	—	—	1.6（g）	1.6（g）

配方中，有些饼干使用了抗氧化剂、增效剂等化学添加剂。这些食品添加剂必须按国家有关规定，严格控制用量。抗氧化剂用量应在油脂用量的 0.01%以内，焦亚硫酸钠的用量（以 SO_2 计）按国家规定不得超过 0.3g/kg。

（二）原辅料预处理

原辅料备齐之后，必须对各种原材料作适当的处理才能投入生产使用，这样有利于调粉和保证成品的质量。处理方法参见上节中内容。

（三）面团调制

面团调制是饼干生产中非常重要的一道工序，面团调制得是否恰当，直接关系到成品的外形、花纹、酥松度、表面光滑程度以及内部结构等性能，也关系到调制后的面团能否顺利成型等问题。关于面团形成的基本原理及影响因素见上节中内容，下面简要介绍几种饼干面团的调制要点。

1. 韧性面团

俗称“热粉”，这种面团要求具有较强的延伸性、适度的弹性、柔软而光润，并要有一定程度的可塑性。要得到理想的韧性面团，面团调制时要控制好以下两个阶段：第一阶段，是使面粉在适宜的条件下充分胀润；第二阶段，是要使已形成的面筋在机桨的不断撕裂、切割和翻动下，逐渐超越其弹性限度而使其弹性降低，使面筋吸收的水分部分析出，因此，面团变得较为柔软，具有一定的可塑性。

2. 酥性面团

因其温度接近或略低于常温，比韧性面团温度低得多，因此，常被称作“冷粉”。酥性面团要求具有较大程度的可塑性和有限的弹性，在操作中面皮要具有足够的结合力而不致断裂，不黏辊筒和模型，成型后的饼坯不会收缩变形，烘烤时具有一定的胀发力，成品有清晰的花纹。为此，酥性面团在调制中必须遵循有限胀润的原则，这就是要适当控制面筋性蛋白质的吸水率，使面团获得有限的弹性。

3. 甜酥性面团

这种面团的调制大体上与酥性面团的调制相似。因甜酥性面团在配料中油糖用量更高，且面团的弹性要求更低一些，因此在调制时加水量极少，一般不用或极少用糖浆，甜味料以糖粉为主。油脂由于用量较大而不能使用液态油脂，这是因为液态油脂流散性大，易使饼干面团“走油”，而使面团在成型时完全无结合力。要避免“走油”现象的发生，不仅要使用固态油脂，且要求面团温度保持在 19~24℃，以使面团中油脂呈凝固状态。

4. 苏打面团

苏打饼干是一种发酵饼干，它利用酵母的发酵作用和油酥的起酥效果，使成品质地特别酥松，其断面具有清晰的层次结构。

苏打饼干配料中不能像酥性和甜酥性饼干那样含有较多的油脂和糖分，因高糖高油会明显影响酵母的发酵力。高糖所形成的高渗透压会使酵母细胞质壁分离甚至死亡。高油脂可在酵母细胞外形成油膜，隔绝空气而影响酵母的呼吸作用。另外，酵母发酵所产生的二氧化碳要靠面团面筋的保气能力存于面团中，为此，要尽量选择面筋含量高、品质好的小麦粉。面团的调制与发酵一般采用两次发酵法。有关苏打饼干面团的调制和发酵可参考前节面包面团的调制与发酵部分内容，这里仅列出了需注意的两个问题。

（1）油脂用量　出于对苏打饼干酥松度的要求，配料中需使用较多的油脂，而多用油脂，对酵母的存活是不利的，特别是当使用液态油脂时，影响就更大。为此，一般要将一部分油脂在和面时加入，另一部分油脂则与少量面粉、食盐拌成油酥，在辊轧面团时加入面片中。

（2）食盐用量　咸苏打饼干中所加入的食盐是调节口味的主料，其食盐的加入量占面粉总量的1.0%~2.0%。加入食盐除了口味的需要外，它还可以改善面团的物理性能，增强面筋的弹性和筋力，提高面团的保气能力。食盐又是淀粉酶的活化剂，少量食盐的加入可加快淀粉转化为糖的速度。盐的渗透作用，对杂菌也有一定的抑制作用，但过多的盐对酵母也有抑制作用，故常将配方中用盐量的30%加入面粉中调制面团，而其余70%的盐要加入到油酥中。

（四）面团的辊轧

辊轧（压面）工序可以排除面团中部分气泡，改善制品内部组织；使疏松的面团经辊轧后，形成具有一定黏结力的坚实面片，不易断裂，同时也可提高面品表面光洁度；重要的是可将面团辊压成形状规则、厚度符合成型要求的面片，便于成型操作。由于饼干类型不同，辊轧的目的和要求也各不同，如韧性饼干的特征要求表面光滑，断面结构有层次，韧性面团又具有较强的延伸性和适度的弹性，因此韧性面团如果单靠成型机上的二至三对轧筒进行简单的辊轧是不够的，必须经过细致的辊轧工序。而酥性面团辊轧是为给成型工序创造有利条件，以获得表面光滑、平整、厚度符合成型要求的面片。由于酥性面团中油、糖配合比较高，面团质地较软，弹性极小，塑性较大，长时间辊轧会使面片韧缩，因此，酥性面团单依靠成型机上的二至三对辊筒将面团压成面片就够了，不必经过多次辊轧工序。

面团的辊轧与产品的质量密切相关，辊轧时应注意以下几点。

1. 压延比

辊轧时压延比应不超过1∶3，若压延比过大，会影响饼干的膨松性；若压延比过小，势必增加辊轧次数，否则会使“头子”与新鲜面团掺和不均匀，致使制品表面色泽不均匀，出现花斑。苏打饼干面团辊轧时，面片夹油酥后，更应注意压延比，一般要求压延比在1∶3~1∶2。压延比太大，会造成面带表面破裂，油酥外露，胀发力差，饼干色泽不均。

2. 头子的添加

饼干冲印和辊切成型中产生的头子，一部分是在面团调制过程中加入的，一部分是在面团辊轧时加入的。当面团结合力较差时，掺入适量的头子会提高面团的连续力，有利于成型。但头子加入量过多，就会增加面带的硬性及弹性。头子的用量最好掌握在新鲜面团的三分之一左右，并且头子与新鲜面团之间的温差也不能太大，否则就可影响整个面团的温度。

加入头子时，要把头子均匀地铺在面带表面，经辊轧、折叠、辊轧，使面带变薄、结构更均匀。如果头子铺得不匀，就会造成压延后的面带软硬不均、厚薄不匀、颜色不一致，使整个面带的弹性、结合力变劣，影响成型，使成品质量下降。

3. 多次轧压

需要进行多次轧压时，为使面团内部张力分布均匀，要在辊轧中多次将面片转90°方向。

（五）饼干成型

饼干成型方法大体分为两大类：一类是面团成型，另一类是面浆成型。面团成型方式较多，有冲印、辊印、辊切、挤条成型等。面浆成型有上浆、挤浆成型等。

1. 冲印成型

冲印成型是将面团辊轧成连续的面带后，用印模将面带冲切成饼干坯的方法。此方法成型时要求面带黏性不大、厚薄均匀连续，饼坯花纹清晰、表面光洁，落饼无卷曲现象，头子分离顺利。这种成型方法适应性广，可用于多种品种的生产。印模基本分两大类。一类是带有针柱的凹花印模，可以用于酥性饼干、韧性饼干、苏打饼干。另一类是不带针柱的凸花印模，只适用于酥性饼干而不适于韧性饼干和苏打饼干。

2. 辊印成型

辊印成型就是把调制好的面团置于成型机的加料斗中，在喂料槽辊及花纹辊的相对运转中，面团首先在槽辊表面形成一层结实的薄层，然后将面团压入花纹辊的凹模中，花纹辊中的饼坯受到包着帆布的橡胶辊的吸力会脱模。

辊印成型法适于高油脂品种的产品，还适用于面团中加有芝麻、花生、桃仁、杏仁及粗砂糖等小型块状品种的产品。其特点是没有头子，省略了许多机械动作，也减少了很多生产管理环节。

3. 辊切成型

辊切成型是将面团辊轧成连续的面带后，面带先经花纹辊压出饼坯的花纹，然后面带前进，再用后方的刀口辊将印好花纹的面带切成饼坯，与此同时产生了头子。再由斜帆布分去头子，重新调面或压延。此成型方法特点是集冲印成型和辊印成型于一体，具有广泛的适应性。

4. 其他成型方法

（1）杏元饼干的成型　是将配好的浆料用挤浆的方式滴加在烤炉载体（钢带）上，一次成型，进炉烘烤。其生产设备主要有两种形式：一是以烤盘为载体的间歇挤出滴加式成型机，二是以钢带为载体的连续挤出滴加式成型机。前一种被逐渐淘汰，而连续生产机逐渐得到推广。

（2）蛋卷饼干的成型　是将调制好的浆料通过上浆板，把浆料涂在高温制皮辊筒上，烘烤成软皮后，经制卷系统将软皮卷成一定螺旋角度的蛋卷圆筒，再冷却后将其切断成规定长度，即可制成酥脆的蛋卷饼干。制皮辊筒可由电火或煤气火加热。

（3）威化饼干的成型　有半机械化和连续化两种方式。国内生产的成型机是半机械化的，是将浆料加在转盘式威化制片机的模板上，合上上模板后，经加热，使浆料成熟为威化饼干片，再将制出的威化薄片经切片、加馅、切块，可制成多层次的威化饼干。

此外，还有共挤出法生产的带馅的曲奇饼。它是用一台挤出机加工两种不同的物料，挤出物为带馅的长圆柱状，然后切片制成的产品，挤出机有两个同心的挤压头。

（六）饼干的烘烤

成型后的饼坯被送入烤炉，经短时间加热，会发生一系列物理、化学及生物变化，包括饼坯中水分的蒸发、淀粉的熟化、蛋白质的变性、酵母的死亡以及饼坯内各种气体的挥发、膨胀等，使饼坯由生变熟，体积增大，产生鲜明的颜色、诱人的香味和酥松可口的内部结构。

1. 水分的变化

烘烤前，饼坯含有较高的水分，其水分含量随配方、饼干类别的不同而不同。酥性饼干坯的含水量为16%~20%，韧性饼干坯的含水量为20%~24%。烘烤结束出炉时，饼干的含水量约8%，即经烘烤使水分含量降低了8%～16%，冷却后饼干含水量为3%～4%。若以饼坯到成品饼干的总失水量为100%计算的话，则烘烤过程中失水量约为75%，另有25%左右的水分在冷却过程中蒸发。

烘烤过程中水分的变化大体上分为三个过程：开始阶段的饼坯表面出现冷凝水到缓慢汽化，少量蒸发的过程；中间阶段的快速脱水过程；最后阶段的恒速蒸发过程。结合水在饼坯内存在，游离水容易排除，胶粒吸附水次之，结合水的排除最难。烘烤前阶段排除的水分主要是游离水和吸附水，中间阶段排除的水分除游离水和吸附水外，尚有少量结合水，后阶段主要是结合水。

此外，蛋白质在烘烤过程中，还会由于温度升高而促使其在面团调制过程中吸收的水分释放出来，释出的水分被急剧膨胀的淀粉粒吸收，在饼坯内形成短暂的水分重分配。不过这种情况只在饼坯内部存在，饼坯表面由于升温迅速、脱水剧烈，所以这种情况并不明显。

2. 厚度的变化

在烘烤过程中，饼坯有一定程度的胀发，主要是厚度明显增加。烘烤完毕，饼干成品和生坯相比，酥性类饼干一般增长160%～250%，韧性饼干增长200%～300%。胀发力主要来自疏松剂受热分解和饼坯内部水分的蒸发两方面，饼坯的胀发率与面团的软硬度、面筋的抗胀力、疏松剂的产气性能、炉温、炉膛内湿度等多种因素有密切关系。

3. 色泽变化

烘烤后期，水分的蒸发已经极微弱，表面温度上升至140℃以上时，饼坯表面颜色会转变为金黄色或棕黄色，这就是饼干的“上色”。这主要是由焦糖化和美拉德反应两种作用形成的。

目前，广泛采用的平炉是过去隧道式烤炉的发展，炉膛内的加热元件是管状的，燃料可用重油、煤油、煤气或电热。载体主要有钢带和网带两种，钢带宜采用表面光洁的冷轧低碳合金钢带，根据需要又分为有孔、无孔两种。有孔钢带适于酥性饼干，用它烘烤出来的饼干底部有均匀的“砂状底”。无孔钢带适于烘烤浆料之类的杏元饼及高油脂饼干，如掌握得好，同样也能得到“砂状底”，但掌握不好，易造成饼干“黏底”和“凹底”。黏底变形的原因是多方面的，如饼干过于酥松、进炉温度过低、面筋形成量过少等，但钢带本身不光洁和无逸气孔也是变形的原因。钢带不适宜烘烤苏打饼干，主要是前阶段温度低，升温慢，又无逸气孔（有孔的也不似网带那样孔隙大），不利于胀发，易造成产品僵硬。网带是用镀锌铁丝制成的，网带的优点在于能使饼干底部的气体得以散失，烘烤时不会发生“油摊”或“凹底”，特别是几乎不发生饼干黏带现象。使用中，如果某一部分被损坏，可抽去穿心铁线，换上新的，不必将网带全部调换，网带使用寿命会较长。网带的最大缺点是热容量大，耗能多。从炉内带出热量多，车间的温度较高，尤其在夏天，这种情况就更加突出。

（七）冷却与包装

刚出炉的饼干，其表面温度约180℃，中心层温度也在110℃左右，含水量为8%～10%，质地非常柔软，此时若立即进行包装势必影响饼干内热量的散失和水分的继续蒸发，缩短饼干保质期。因此，必须将其冷却到38～40℃时，才能进行包装。

冷却过程中还需要注意两点：

1. 冷却与形态

刚出炉的饼干非常柔软，特别是油、糖用量高的甜酥性饼干更软，略受外力的影响就容易变形。因此，在冷却过程中，要求饼干铺在平整的冷却运输带上，不要互相重叠，并避免剧烈的翻动或碰撞，以免饼干弯曲变形。

2. 冷却与裂缝

刚出炉的饼坯若立即置于低温、低湿的环境中，或用鼓风机吹，对饼干品质是有害的。因为骤然降温，强烈的热量交换和水分的急剧蒸发，会使饼干内部产生内应力，当应力超过一定限度时，饼干就会出现裂缝。所以，饼干出炉后不能骤然冷却，要避免用鼓风机吹，必要时需在冷却带上加装罩子，以免冷却速度过快。

目前较长的烤炉，一般在烤炉的后区域即停止加热、开始降温，这样可防止饼干出炉后突然遇冷而产生内应力，造成裂缝或变形。不过，饼干在炉内降温时间不宜太长，因为饼干过度冷却、变硬，会造成饼干出炉后刮饼困难。

饼干出现裂缝的情形在当天难以发现，到第二天裂缝才会逐渐明显，裂缝大多都在饼干中间形成，渐向边缘伸展。此种现象当然不只有冷却方面的因素，也与面筋形成量、加水量、烘烤温度等多方面因素有关，然而冷却是其中较重要的一环。

冷却至适宜温度的饼干，应立即进行包装、贮藏和上市出售。饼干包装必须符合国家卫生标准，具体可参考下节内容。注意，饼干最适贮存温度为 18℃ 以下，相对湿度不宜超过 75%，应避光保存。

第四节　糕　　点

一、糕点加工工艺

糕点是以面、油、糖等为主料，配以蛋品、果仁等辅料、调味品，经过调制加工、熟制加工而精制成的食品。它具有营养丰富、造型精美、味美适口、食用方便等特点。糕点也是食品行业中生产年代最久的食品之一。

不同糕点的生产工艺和方法不同，不过，总的加工工艺流程如下所示。

原料的选择与配比 → 调制面团（糊）→ 成型 → 熟制 → 冷却 → 装饰 → 成品

二、糕点加工要点

1. 调制面团（糊）

调制面团又称搅拌、和面、打粉，是将面粉或米粉与油、蛋、糖、水等调合成适合加工各种糕点的面团或面糊，通称为面团（dough）的过程。它是糕点制作中的一道重要工序，与产品质量密切相关。面团的形成，一般有胀润、糊化、吸附和黏结四种方式。

（1）胀润　分布在面粉中的面筋性蛋白质吸水胀润后形成面筋，经过搅拌形成面筋网络，糖、油脂、淀粉等分布在网络中可成为面团。面团胀润过程是逐步由游离水变为水化水的过程，可以明显地感觉到面团逐渐变软、黏性逐渐减弱、体积随之膨胀、弹性不断增强。

（2）糊化　面粉中淀粉在常温条件下吸水率很低。在水温 30℃ 时，淀粉只能结合 30% 左右水分，颗粒也不膨胀，大体上仍保持硬粒状态。但水温升至 50℃ 以上时，淀粉的物理性质就会发生明显变化，即开始膨胀糊化，水温达60℃以上时，淀粉颗粒大量吸水，其体积比常温条件下增大几至几十倍，颗粒破裂并相互结合可形成有黏性的糊精，可黏结其他成分而形成面团。

（3）吸附　调制酥蛋面包的酥皮料时，油酥酥皮由于使用较多的油脂和面粉调拌，不能形成面筋，也不糊化，而是凭借油脂对面粉颗粒、水对面粉颗粒的表面吸附而形成面团，但这种油酥面团没有黏性，属于粉质状的面团。

（4）黏结　调制酥蛋面包使用的蛋质酥皮料，主要原料是面粉、鸡蛋和糖。蛋和糖液是胶状物质，对面粉起黏结作用，因此，能调制成散粒状的面团。

因糕点品种繁多，面团的种类十分复杂，各种面团所用原料、方法及用途各不相同，所以，制作时要根据具体品种要求调制具有相应加工性能的面团。

2. 馅料制作

馅料俗称馅心，从口味上可分为咸馅、甜馅和甜咸馅三种。制作馅心的原料极为丰富，由于馅的用料多样，制馅方法多样，糕点的风味及花样也多种多样。馅的重量一般占糕点重量的40%~45%，馅料的种类、质量对成品的品种及色、香、味、形都有很大的影响。

馅料制作一般包括炒制馅和擦制馅两种方法。炒制馅（frying filling）是指经加热炒制的馅料，如豆蓉、枣泥、莲蓉馅等。擦制馅（mixing filling）是指不经加热拌合而成的馅料，如五仁、椒盐馅等。虽然馅的种类较多，用料上也各有差别，但操作方法基本相同。制馅时应注意以下问题：

（1）制馅所用的面粉要求熟制，以破坏面筋蛋白质，使馅心经烘烤后松酥、爽口，并可防止制品的内心不熟，入口发黏。为保持馅心的理想色泽，熟制时最好蒸制。

（2）制咸味馅用猪油为好，制甜味馅用花生油、香油为佳。使用豆油、葵花油、菜籽油，必须熬炼，以去其异味，在冷却后使用。

（3）制馅所用的糖应加工粉碎，过箩后使用。这样不但便于操作，而且口感绵软，一般糖、熟面、油的比例是1：1：0.6。

（4）馅内使用的小料，应根据情况，加工精选。为防止料与料之间味道排斥，一定要依品种要求来选择小料，如玫瑰与南桂不得同时使用；麻盐馅中不得使用花椒面、大葱；咸馅（椒盐、麻盐）中不得使用带有酸味的果脯、瓜干。而芝麻、花生米等应烘烤粉碎后使用。

（5）严格控制加水量，使馅心不得过软。馅内的少量用水最好与油一起加入，搅拌均匀，防止糖化。

3. 糖膏和油膏调制

糕点表面装饰有糖膏和油膏，它不仅可使制品外观美丽诱人，而且能改进制品风味。

（1）白马糖（semi-inverted sugar）　又称白马糖膏、马牙糖、风糖，是指糖、水煮沸后加入转化剂再煮沸、冷却、搅拌成乳白色的半转化糖。白马糖大多用于蛋糕裱花，面包、大干点夹心装饰，也用于小干点夹心，既可增加点心甜度，又可装饰外观。

白马糖洁白细腻、不粗糙，软硬适中，柔软有光。加工白马糖时，要防其返砂，搅拌拉白时应注意温度不要高，以防糖膏粗糙。但温度太低又不易拉白。

（2）蛋白膏（egg white icing）　简称蛋白，是由蛋白、糖和其他辅料经搅打而成的膏状物，可用于蛋糕裱花、面包、饼干夹心等。

蛋白膏色泽洁白有光泽、气孔细密、软而不塌，裱花时，拉出的条子花纹清晰、棱角分明，制作糕点时蛋白膏以新鲜的为佳，若用蛋白干，在冬天可用温水浸泡过滤后使用，不宜放置过久，否则蛋白会分解变臭；制造蛋白膏的工具必须清洁，不得有油，否则，蛋白无法打发。

（3）奶油膏　又称白脱淇淋，复制奶油。奶油膏色泽光亮细腻、软硬适度，用于裱花软而不塌，花纹清晰，入口肥厚而爽润，奶味浓郁。

制作奶油膏时，将奶油倒入容器内，搅拌至发泡细腻后，再将过筛的糖粉分多次搅入奶油中，搅至呈细腻黏稠的油膏为止。如果需要着色，则可将其分装于几个容器中，分别调入不同的颜色，搅匀即可使用。注意夏天需将奶油放在冰箱中，要当天制作当天使用，制品应及时冷却。

4. 糕点成型

糕点的品种多样，相应的成型方法也有多种，如手工的搓、卷、包、捏、擀、挤及印模成型等。近年来糕点产业发展很快，许多大型糕点厂改变了以前以手工操作为主的生产方式，自己设计制造或从国外引进先进的机械设备，使一些销量较大的产品实现了机械化生产和自动化生产。采用的机器，如蛋糕机、自动包馅机等。

5. 熟制加工

熟制加工包括烘烤、油炸、蒸制、烙制、煮制等。这些熟制方法，是根据品种的质量要求，而采取的不同加热方式。成熟方法恰当，工艺条件合理，不仅可以提高制品色、香、味和外观质量，也可达到理想的组织状态。因此，成熟工序是保证产品质量的重要工序。

熟制加工的关键是必须根据制品特点严格控制熟制的温度和时间，此相辅相成的两个方面，使制品既可达到熟制要求，又能满足酥脆等口感需要。

6. 熬浆与挂浆

熬浆与挂浆主要是针对油炸制品的一道工序。浆，即是糖浆，是砂糖加适量水，经过加热使糖溶化，而熬成的一种具有黏性的液体。熬浆是制作方法，挂浆是装饰方法。

糖浆可分为亮浆、砂浆、粘浆三种：

（1）亮浆　又称明浆、晶浆，这种糖浆挂涂在制品上光亮透明，不粘手、不返砂，不脱落，制品如沙琪玛。

（2）砂浆　又称翻浆，在糖浆内不添加转化剂，砂浆易返砂，经过翻拌，粘到制品上很快就会返砂，不透明，色泽洁白，不散碎，表面呈现细粒状，如江米条。

（3）粘浆　与亮浆相同。制品挂浆后，再在表面粘一层糖霜、芝麻等，如麻球。

在已炸好或烤熟了的制品表面上涂一层糖衣，称为挂浆。挂浆的方法分为浇浆、拌浆、捞浆三种：

（1）浇浆　将熬好的糖浆浇到制品表面上的过程，又称淋浆。浇浆法适用于酥脆制品，如千层酥、千层散子。

（2）拌浆　将半成品放入糖浆内进行拌合的过程，又称上浆、挂浆。产品如江米条。

（3）捞浆　将半成品放入糖浆中浸泡的过程，也称为透浆、浸浆。产品如蜜三刀、蜜果等。

7. 冷却、包装与贮运

烘烤完毕的糕点要经过冷却、包装、保管、运输和销售等几个环节。糕点质量的好坏，取决于原辅料的合理配备，面团调制的程度，操作的精细程度，熟制加工的程度。但冷却、包装、贮存、运输和销售环节若被忽视，常常严重影响糕点的质量，甚至会造成不应有的损失。

在高温下，由于刚刚熟制后的糕点中存在油、糖、水的相互作用，会使制品发软，此时的制品最怕挤压。糕点一定要凉透方可包装，这样不仅能使制品保持特有的造型，而且能杜绝糕点的霉变。

包装时，应根据产品的不同特性，选择各种形式的包装物，产品应完整包装，最好严密封口，并在外包装上贴标签。贮放时制品要轻拿轻放，码放整齐，应保持清洁、干燥。贮运中应注意下列问题：

（1）成品不得存放时间过长，不要堆放过高，不能露天保管。要做到先进先出。

（2）要根据不同产品的特点，将其放在适当的库房内保管，并要采取相应的措施和方法来保存。例如，饼干类、酥类、茶酥类含水量少，制品最易吸收水分。因此，要将其放在干燥、通风处，以防产品吸潮，出现变形、发韧现象。而蛋糕类、肥面类由于本身含水量大，不宜放在干燥的通风处，要防制品过早干硬。

（3）保管过程中要注意卫生。防止虫咬鼠嗑，不要和有异味的东西放在一起。

（4）应尽量做到当地生产、当地销售，不进行长途运输，以防颠簸使产品破碎。

（5）搬动时应轻拿轻放。包装物上，不应坐人或压以重物，并应盖好苫布，防止污染或雨淋。

思考题

1. 结合面筋性蛋白质吸水特性，说明面包面团形成过程。
2. 说明膨松面团的种类及各自膨松机理。
3. 阐述打蛋原理及制作蛋糕对设备的要求。
4. 简述快速发酵法制作面包工艺流程及面团调制工序操作要点。
5. 分析酥性饼干制作实验中饼干产品发生变形的主要原因。
6. 画出小麦籽粒结构简图，并说明各部分加工特点。
7. 阐述油脂在焙烤制品中的功用，并举例说明油脂的选择原则。
8. 简述饼干生产中，辊轧工序的作用。
9. 试述面包面团发酵机理及技术关键。
10. 试比较酥性面团与韧性面团的加工特性，分别说明配料与调制的关键技术。
11. 试述饼干冷却与其质量间的关系，可采取的防止措施是什么。

主要参考文献

［1］陆启玉．粮油食品加工工艺学［M］. 北京：中国轻工业出版社，2005.

［2］Karel Kulp Joseph G. Ponte. Jr Handbook of Cereal Science and Technology：2nd Edition［M］. New York：Marcel Dekker Inc.，2000.

［3］陆启玉．挂面生产工艺与设备［M］．北京：化学工业出版社，2007.

［4］Harry T. Lawless，Hildegrade Heyann. Sensory Evaluation of Food Principles and Practices［M］. Berlin：Springer，1998.

［5］Duncan Manley. Technology of biscuits，crackers and cookies：3rd edition［M］. Florida：CRC Press LLC，2000.

［6］R. 卡尔·霍斯尼，著．李庆龙，译．谷物科学与工艺学原理［M］．北京：中国食品出版社，1989.

［7］李里特，江正强．焙烤食品工艺学［M］．北京：中国轻工业出版社，2010.

［8］阿曼德拉，著．徐书鸣，译．面包师手册［M］．北京：中国轻工业出版社，2000.

［9］王森．面包制作入门［M］．北京：中国轻工业出版社，2009.

［10］陆启玉．米制方便食品［M］．北京：化学工业出版社，2008.

第十一篇
糖果加工工艺

第一章 糖果

CHAPTER 1

[学习指导]

本章应了解糖果生产工艺发展进程、糖果的共有属性、糖果的分类、熟悉各类糖果的特点及代表产品；重点掌握硬糖的主要特征（物态与质构、发烊与返砂、平衡相对湿度）、硬糖的组成及各组分的功用、硬糖的生产原理、工艺流程及品质控制关键；掌握充气糖果的主要特征、基本组成及其生产关键。

第一节 概　　述

一、糖果的概念

糖果是以白砂糖、淀粉糖浆（或其他食糖）、糖醇或允许使用的其他甜味剂为主要原料，经相关工艺制成的固态、半固态或液态甜味食品。GB/T 23823—2009《糖果分类》中，糖果不再局限于固态食品。

二、糖果的类别

糖果的花色品种繁多，分类方法也不统一。消费者通常按软硬度分：硬糖（含水量<2%），半软糖（含水量5%~10%），软糖（含水量>10%）。GB/T 23823—2009《糖果分类》中将糖果分为硬质糖果（硬糖类）、酥质糖果（酥糖类）、焦香糖果（太妃糖类）、凝胶糖果、奶糖糖果（奶糖类）、胶基糖果、充气糖果、压片糖果、流质糖果、膜片糖果、花式糖果及其他糖果十二大类，每大类又按原料、质地等分成若干小类，如硬糖类又包括砂糖、淀粉糖浆型硬质糖果，砂糖型硬质糖果，夹心型硬质糖果，包衣、包衣抛光型硬质糖果，无糖型硬质糖果及其他型硬质糖果6个小类。

为便于学习糖果加工工艺，通常根据相同或相似的工艺特点，将糖果归纳为以下几种主要类别。

1. 熬煮糖果（high boiled sweets）

这类糖果经高温熬煮而成，含有很高的干固物和较低的残留水分，质构坚脆，故也称硬性糖果，简称硬糖（hard candies）。

熬至规定浓度的硬糖膏经不同的加工处理又可分为透明、丝光、结晶、膨松等次类，每一次类又可因香味、外观、形态、添加料、包装等不同而分为若干品种花式。

2. 焦香糖果（caramelized confections）

这类糖果富含乳品和脂肪，也经高温熬煮制成，物料在高温区可产生独特的焦香风味物质，故称焦香糖果，在国内也称乳脂糖。按其质构分为韧质（chewy）和砂质（grain）两类。卡拉蜜尔糖与太妃糖属于前者，福奇糖属于后者。同样，每一次类又可因香味、外观、形态、添加料和包装等不同而分为若干品种花式。

3. 充气糖果（aerated confections）

这类糖果一般经机械搅擦在糖体内充入无数细密的气泡，或通过定向的机械拉伸作用形成充气质构的甜体。根据物料的浓度、密度和充气程度的差异，可分为高度充气、中度充气和低度充气等次类。第一次类以马希马洛糖（棉花糖）为代表，第二次类以牛轧糖为代表，第三次类以明胶乳糖和求斯糖（chews candy）为代表。

充气的糖果又可分成韧性和脆性两种类型，每一种类型根据香味、形态、外观、添加料和包装等的不同又可分为若干品种花式。

4. 凝胶糖果（gelatinized confection）

凝胶糖果是一类以不同凝胶剂为基本组成的质地柔嫩稠黏的糖果，又称软糖。按凝胶剂的类型不同，可分为若干次类，如淀粉、琼脂、果胶、明胶、树胶等。不同类型的凝胶糖果按其含水量和质构特征又可分为冻胶类（jellies）和凝胶类（gums）两种类型。每种不同类型的凝胶糖果也同样可分为若干品种花式。

5. 胶基糖果（gum base candy）

胶基糖果又称胶姆糖，是将胶基、白砂糖或其他甜味料、香料等原辅料经机械加工而成的可咀嚼或吹泡的糖果。其最大的特点是具有咀嚼性，可缓解紧张情绪、保护牙齿、清洁口腔、美容脸部。

胶基糖主要有口香糖（chewing gum）和泡泡糖（bubble gum）两大类。

6. 巧克力制品（chocolate products）

巧克力制品基本上可分成巧克力和巧克力糖果两个主要的次类。

巧克力类型包括纯的、含乳的、花式的等。纯巧克力含可可成分较高，香味浓烈、色泽深褐，故也称为深色巧克力，包括苦的、半甜的、甜的等类型；各种牛奶巧克力中含有不同比例的乳制品，兼有可可与乳的优美风味，色泽鲜明；在巧克力内添加麦精、咖啡、各种果仁或果脯等辅料，可制出不同香味和口感的制品，称为花式巧克力。

巧克力糖果是指巧克力和各类糖果或甜食制成的混合型制品，有不同的外观、形态、质构、香味和包装，是一个多样的类别体系。

7. 其他

糖果还有多种大类产品，如夹心糖果（filled confections）、涂衣糖果（coated confections)、结晶糖果（crystallized confections)、粉质糖果（tablets，lozenges）膏质糖果（liquorice paste）等。每一类型的糖果均有其各自的工艺和品质特点。

第二节　熬 煮 糖 果

一、熬煮糖果工艺流程

根据生产工艺水平不同，熬煮糖果工艺历史中先后出现了常压熬煮生产工艺、真空熬糖生产工艺和连续铸模成型三种生产工艺流程，其加工工艺如图 11-1-1 至图 11-1-3 所示。

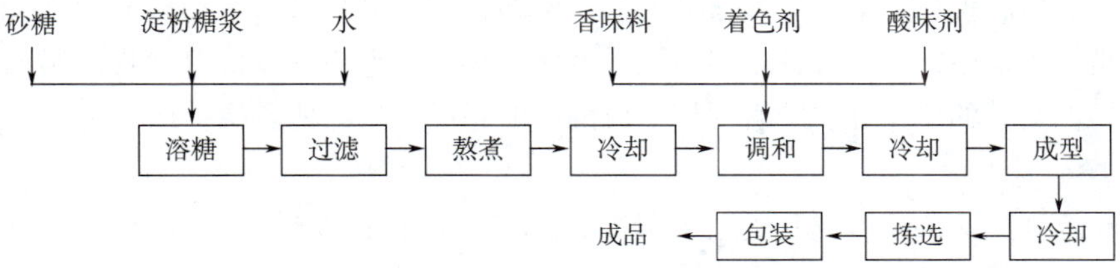

图 11-1-1　硬糖常压熬煮生产工艺

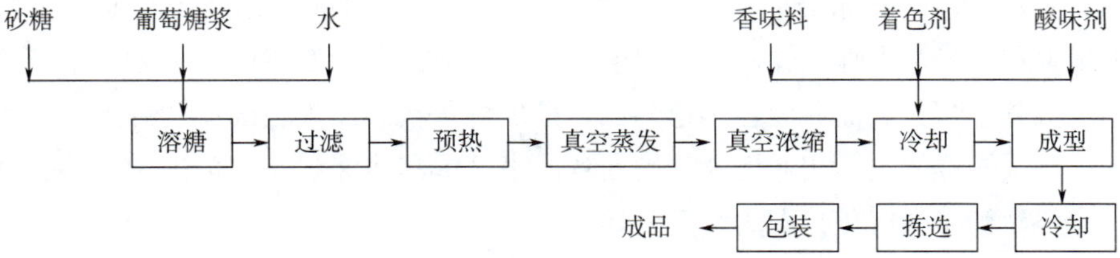

图 11-1-2　硬糖真空熬煮生产工艺

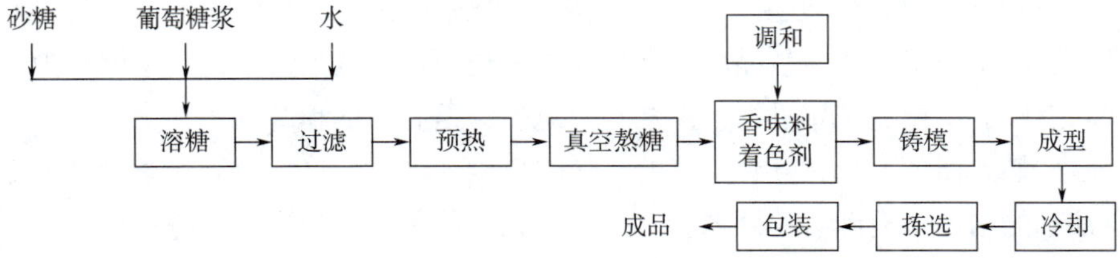

图 11-1-3　硬糖真空熬煮连续铸模生产工艺

二、熬煮糖果加工要点

(一) 硬糖的特性

1. 物态与质构

硬糖是由多种糖类（碳水化合物）高度浓缩制成，在常温下是一种坚硬而易脆裂的固体物质。从化学角度看，硬糖基体实际上是一种过冷的、过饱和的固体溶液。在这种过饱和溶液中，一切可溶性物质在水介质中基本上都处于分子分散态，只有部分相对分子质量很高的多糖类和微量蛋白质处于溶胶状态，微量盐类则处于分子或离子分散态。所有这些基本组成构成了一种均匀的连续相，该连续相具有溶液的一切特征，硬糖高度透明的无定形体就是溶液的属性之一。

硬糖也常添加油脂、乳制品、可可、咖啡和果仁等辅料。这些辅料在硬糖中处于乳浊的、悬浮的或粗粒的分散状态，使硬糖的物态构成一种多相分散体系。但是，硬糖的基体仍是一种过冷的、过饱和的固体溶液。

硬糖质构是一种类似玻璃的无定形固体，没有固定的熔点。当硬糖膏处于150℃高温时，物料具有流体的特征，黏稠但易流散；随着温度的降低，物料黏度增大，物料变得滞厚而具有可塑性；低于60℃时，物态会固化成为透明的无定形固体，光滑而致密。硬糖质构不稳定，易随外界温度和湿度条件的变化而变化。

硬糖的质构可根据工艺条件的不同，形成以下不同的物理状态：透明状态（clear）、丝光状态（pulled）、结晶状态（grained）和蓬松状态（brittle）。不同的质构状态可使硬糖产生不同的物理和口感特性，如无定形硬糖透明而坚脆；丝光硬糖外观洁白并有丝光光泽，质构硬而嚼时略带疏松感；结晶硬糖坚实而微显透明；膨松硬糖外观混浊，质构膨脆而嚼时有疏松感。除以上常见的质构外，随着硬糖组成的改变还可产生其他质构特征。

2. 发烊和返砂

发烊和返砂是糖果质量变化的主要问题，尤其是硬糖，发烊、返砂会降低其商品价值。控制产品发烊和返砂的速度也是衡量工艺技术水平的重要内容。

（1）发烊　硬糖透明似玻璃状的无定形基体无保护地暴露在湿度较高的空气中时，由于其自身具有吸水汽性，开始吸收周围的水汽分子，在一定时间后，糖体表面逐渐发黏和混浊，这种现象称为轻微发烊。如空气的湿度不变或增加，开始发黏的硬糖就会继续吸收周围空气中的水汽分子，其表面黏度会迅速降低，呈现溶化状态而失去固有的外形，这种现象就称为发烊。持续发烊的过程实质上就是硬糖从原来过饱和溶液状态变为饱和与不饱和溶液状态的过程，至硬糖完全溶化，即为严重发烊。

（2）返砂　硬糖的返砂是指其组成中糖类从无定形状态重新恢复至结晶状态的现象。一般的规律是，经吸收水汽而呈发烊的硬糖表面，在周围相对湿度降低时，其表面的水分子会获得重新扩散到空气中去的机会，水分扩散会导致表面溶化的糖类分子重新排列形成结晶体，这是一层细小而坚实的白色晶粒，硬糖原有的透明性会消失，这种现象就称为返砂。

发烊和返砂可以反复交替进行，发烊导致返砂，返砂后的糖体在一定条件下又可继续发烊，再返砂，如此循环不止，直到硬糖的整体完全返砂为止。这一过程由表及里地进行，形成一层层细小的结晶，返砂后的硬糖会失去原来光滑的舌感，其质构变得粗糙。

发烊和返砂是硬糖常见的质变现象。这表明无定形状态的硬糖具有不稳定的双重性：第一，吸水汽性；第二，重结晶性。这是一个问题的两个方面，阻止或推迟这两种倾向一直是无定形硬糖工艺中一项重要课题。

但是，在非透明硬糖或其他糖果的制作工艺过程中要求产生的糖体结晶现象不能一概视作变质现象，相反，还应在规定的技术条件下控制进行。

（二）配料

所有硬糖基本上都是由甜体和香味体两部分组成的。甜体包含砂糖（蔗糖）和各种糖浆，由此可产生一个甜的基体。香味料包含香料、调味料和辅料，由此可产生不同的色香味。两种结合就形成了具有不同特色的硬糖。

从糖果工艺的角度，蔗糖是一种结晶物质，各种糖浆是非结晶物质，当两者在加工过程中经过高温熬煮而构成一种透明的无定形状态的硬糖甜体时，实际上各种糖浆在熬煮过程中起着抗结晶的作用，可抑制蔗糖在过饱和状态下产生重结晶。

糖浆在糖果内所起的抗结晶作用基于以下两个主要因素：

（1）提高甜体内溶液的溶解度和饱和系数；

（2）增大甜体内溶液的黏度。

第一个主要因素是通过糖浆所含还原糖的数量和类型来体现的，第二个主要因素是通过糖浆所含多聚糖的数量和类型来体现的。淀粉糖浆兼有这两个主要因素，因此能发挥很好的抗结晶作用。

然而，生产实践表明，当硬糖甜体所包含的糖浆干固物比例过大时，虽能有抑制蔗糖在过饱和状态下重结晶的倾向，但同时也不同程度地增加了硬糖甜体的吸湿性，使其变得非常黏稠，这使最终的产品容易发烊变质，且在风味和质构上发生很大的变化。

因此，当确定硬糖甜体中结晶和抗结晶物质的比例时，必须充分考虑这两类物质的特性和可能产生的后果，同时也要充分考虑产品在加工和保藏过程中的各种具体情况。例如，硬糖甜体所含砂糖和淀粉糖浆的比值受熬煮方式的制约，表 11-1-1 列出了采用常规淀粉糖浆（42D. E）时砂糖与糖浆的比例关系［D. E（dextrose equivalent value）称为葡萄糖当量，是指还原糖（以葡萄糖计）在淀粉糖浆中所占的百分数（以干物质计）］。

表 11-1-1　　硬糖组成中的砂糖与糖浆比例

硬糖熬煮方式	砂糖与淀粉糖浆比值
常压熬煮（明火）	75/25~70/30
真空熬煮	65/35~60/40
连续真空熬煮	60/40~50/50

以上的比例关系是针对硬糖的加工和保藏条件处于正常的情况而言的，当客观条件异常时，则上述的比值应做相应的变动。一般说来，硬糖甜体中结晶和抗结晶物质的比值应服从最终产品应有的质量标准。硬糖主要质量标准之一就是产品所含的总还原糖量。硬糖的总还原糖量一般应控制在 12%~20%。若能严格控制加工过程中生成的还原糖量，且产品的包装和保藏条件良好，则最终产品的总还原糖含量可适度偏高，但以不超过 25%为宜。如产品采用转化糖浆为基本组成，则总还原糖应控制得较低为宜，并应严格控制加工过程中生成的还原糖量。

因此，确定硬糖甜体中结晶和抗结晶物质的比值时，应全面衡量下列因素：

（1）砂糖和糖浆的类型、质量水平和供应状况；

（2）物料在加热熬煮过程中的浓度、黏度、pH、温度、时间、加热方式等情况；

（3）产品的包装、保藏和销售等条件；

（4）产品的质量标准和商品要求。

(三)化糖

化糖工序就是以适量的水在最短时间内将砂糖完全溶化，彻底破坏蔗糖的晶相结构，使之与糖浆组成均一状态的工序。

化糖时，加水量一般随着不同类型的糖果产品所具有的特性而异。就硬糖而言，加水量一般为配方物料总干固物的 30%～35%。若加水量不足，则在较短时间内难以将砂糖晶粒全部溶化，晶粒的存在会给糖果带来“返砂”的危险。反之，若过量加水，则将加重熬煮负荷，造成糖的过量转化并浪费能源。显然，这两种结果都是在生产上力求避免的。

在考虑加水量的同时，还要考虑溶化速度和溶化方式。在硬糖实际生产中，常通过提高温度来加快糖的溶化速度，同时适度降低加水量。

（四）熬糖

熬糖是硬糖工艺中的关键步骤。通过熬糖过程把糖液中大部分水重新蒸发除去，使终产品达到很高的干固物浓度。糖液的蒸发和浓缩过程具有其自身的特点。

（1）糖液黏度随浓度的增大而迅速提高，因此，采用一般的加热蒸发方法，很难去除糖膏中最后的多余水分；

（2）糖液的蒸发浓缩必须在一个持续加热过程中完成，以形成硬糖所要求的玻璃状无定形的质构特征。

熬煮糖膏最终的浓度和残留水分构成了产品的基本特征，在整个熬煮过程中，物料受两个因素的制约，即糖液的组成和比例、熬煮工艺条件。其中，熬煮工艺条件对糖膏的影响更显著，通常有常压熬糖与减压（真空）熬糖两种方式。

1. 常压熬糖

正常大气压强下，水在 100℃ 沸腾，而饱和蔗糖溶液约在 105℃ 沸腾。如果大气压强条件不变，要提高蔗糖溶液的浓度，就必须提高蔗糖溶液的沸腾温度。即只有不断提高糖液的沸腾温度，才能不断脱除糖液中水分，这就是常压熬糖的实际含义。糖液的沸腾温度与浓度的相对关系，如表 11-1-2 所示。

表 11-1-2　蔗糖溶液沸点与浓度的关系

糖液沸点/℃	糖液浓度/%	残留水分/%
104	65.0	35.0
106	72.4	27.6
108	77.2	22.8
110	80.9	19.1
112	83.4	16.6
114	85.7	14.3
116	87.4	12.6
118	89.0	11.0
120	90.4	9.6
122	91.6	8.4
124	92.8	7.2
126	93.7	6.3
128	94.6	5.4
130	94.9	5.1
138	96.0	4.0
150	97.0	3.0
160	98.0	2.0

在早期的糖果生产中，硬糖甜体完全是砂糖，在常压熬煮条件下，可利用蔗糖自身的转化完成生产。后来，人们在硬糖的甜体中增加了淀粉糖浆，这使糖液的组成发生了变化。由不同糖类组成的糖液，在同一浓度下，其沸腾温度是不同的（表 11-1-3）。

表 11-1-3　不同糖类的沸点比较（67.1%溶液）

糖液类型	沸点/℃
蔗糖溶液	104.8
转化糖液	105.6
淀粉糖浆（42D.E）	102.9

由表中可以看出，糖液所含的糖类分子质量越大，其沸点越低；所含糖类分子质量越小，则在同样浓度下，达到的沸点越高。由此可见，糖液在标准大气压下进行蒸发和浓缩时，其沸点会随着浓度的提高而相应提高。若要求糖液最终浓度达到 98%，残留水分为 2%，则根据表 11-1-2 可查明熬糖温度应提高至 160℃。由于配料中包含一定量的淀粉糖浆，故实际沸点可能略低，或在同一沸腾温度下，其最终浓度将略高。

在熬糖过程中，蔗糖会随糖液 pH 的不同而不同程度地分解为转化糖，而转化糖具有强烈的吸湿性，若转化糖含量过高会导致产品在生产及保藏期间发烊变质，故必须控制糖液的 pH 以控制蔗糖的转化。此外，熬煮温度也是促使蔗糖分解的重要原因。当糖液温度达 140℃以上时，其色泽会逐渐转深，这表明糖液在高温下会发生化学分解，分解速度随温度升高而加剧。可用下式表示此化学分解过程：

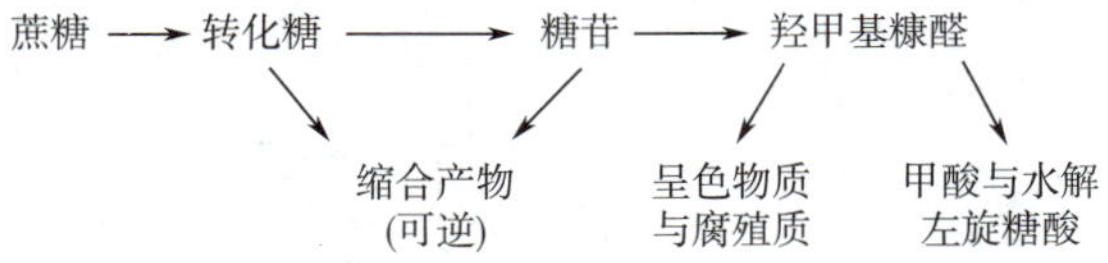

以上分解生成的物质呈色极深、吸湿性强且味苦，这是在常压下熬糖不加控制的结果，在生产过程中应力求避免发生这些问题。因此，在常压下熬糖应严格控制引起蔗糖分解的各种条件，其中特别要注意糖液的 pH、熬煮温度和熬煮时间。

2. 真空熬糖

真空熬糖可降低糖液的沸点，减少受热，从而避免由温度而引起的化学变化。不同熬糖条件下浓度和沸点的关系，如表 11-1-4 所示。

表 11-1-4　不同熬糖条件下浓度和沸点的关系

硬糖的干固物含量/%	常压熬煮沸点/℃	真空熬煮	
		沸点/℃	真空度/kPa
96	143.4	129.5	84.26
97	150.0	135.0	91.06
98	160.1	140.6	94.39

真空熬糖过程一般分为三个阶段，即预热、真空蒸发和真空浓缩。熔化好的糖液浓度为 75%~80%，温度为 115~118℃。预热是将糖液浓度提高至 86%~88%，温度为 115~118℃，

从而可减少真空熬糖的周期。真空蒸发阶段的真空度一般保持在 33.33kPa，以蒸发除去物料中的大量水分。糖液的沸腾温度可达 120℃以上。真空浓缩阶段应将液面的真空度提高到 93.33kPa 以上，以去除最后的少量水分。物料的温度下降至 110～115℃，真空熬糖完成。

由真空熬糖取得的产品，色泽浅，风味纯正，在保藏期间品质较稳定。在真空熬糖工艺的基础上又发展出了连续真空熬糖工艺和连续真空薄膜熬糖工艺。

真空熬糖过程主要由加热熬煮蒸发和真空浓缩两部分组成，装置如图 11-1-4 所示。物料通过一组蛇形管加热器，在短时间内温度升至 140℃左右，浓度可达 96%，随后物料进入蒸发室，物料产生的二次蒸汽由风扇排出，此过程即为加热熬煮与蒸发过程。浓糖浆随后进入蒸发室下部的真空浓缩室，室中保持 93.33kPa 以上的真空度，可除去物料内存在的少量水分，物料浓度进一步提高到 97%以上，物料的温度下降至 115℃左右，至此，真空熬糖过程完成。

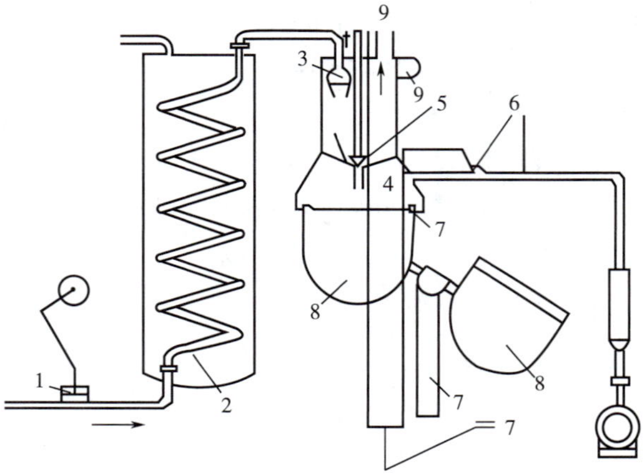

图 11-1-4　真空熬糖装置

1—糖浆泵　2—蛇管加热器　3—糖浆入口　4—真空浓缩室　5—针状阀　6—真空系统
7—卸料控制系统　8—转锅　9—二次蒸汽排除系统

连续真空薄膜熬糖具有热交换速度更快、熬糖周期更短、产品质量更好等特点，其装置如图 11-1-5 所示，工艺过程如下：①达到相当浓度的糖浆被送入装有高速旋转刮板的加热蒸发室，受离心力的作用，糖浆从顶部沿着加热壁面以 1mm 厚度的薄膜流下，形成一种湍流状薄膜。②液层薄膜与加热壁面迅速进行热交换，使水分汽化迅速。③糖浆产生的二次蒸汽被蒸发室顶部的风扇排除，浓缩的糖浆落到底部并进入连接的混合室。④糖浆在真空的减压条件下脱除大量水分，最后与计量吸入的色素及酸溶液混合。⑤物料经泵被移送至另一混合器，与香料混合。⑥以上蒸发过程的周期为 8s。

连续真空薄膜熬糖克服了其他熬糖设备的某些缺点，尤其在采用连续浇模成型工艺与装备时，这一技术显示了极大的优越性。

（五）成型

熬制好规定浓度的糖膏，经过适度冷却，添加色素、调味料和香料，混合均匀，即可成型。硬糖有多种成型方法，但基本上可分为塑压成型和连续浇模成型两种方式。

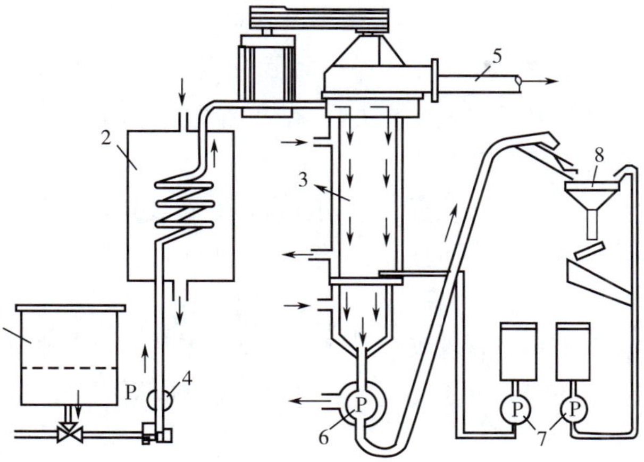

图 11-1-5　连续真空薄膜熬糖装置

1—糖浆贮缸　2—预热器　3—薄膜熬糖装置　4—糖浆泵　5—真空泵　6—卸料泵
7—色素、香料计量泵　8—混合器

1. 塑压成型

刚熬好的糖膏仍具有液体的一切特性，黏度较低并有一定的流动性。但在冷却和不断翻拌后，糖膏的温度下降，黏度增大，流动性减小。当糖膏温度降到 80~70℃时，糖膏状态介于液态和固态之间，具有半固体或似固体的特征，此时的可塑性最大，塑压成型就是利用糖膏在此瞬间具有可塑性进行的。

具有可塑性的糖膏在机械作用下，经翻动和拉伸可形成均匀大小的糖条，这一工序被称为匀条。大小均匀的糖条随即进入成型机，在两个相对的铜铸模型的连续冲压下形成整齐而均一的糖粒，并立即经风冷至固化状态。硬糖的硬化温度为 56~58℃，冷却要及时，否则糖粒容易变形。冷却时，温度要保持在 38℃左右，糖粒宜放置在传送带上，带面应宽且运转速度应较慢。

2. 连续浇模成型

连续浇模成型是将熬好的处于流变状态的液态糖浆定量浇注入连续运行的模型盘内，然后予以迅速冷却和定型，最后从模盘内脱落分离的过程。图 11-1-6 是硬糖连续浇模成型生产线的整个装置示意图。

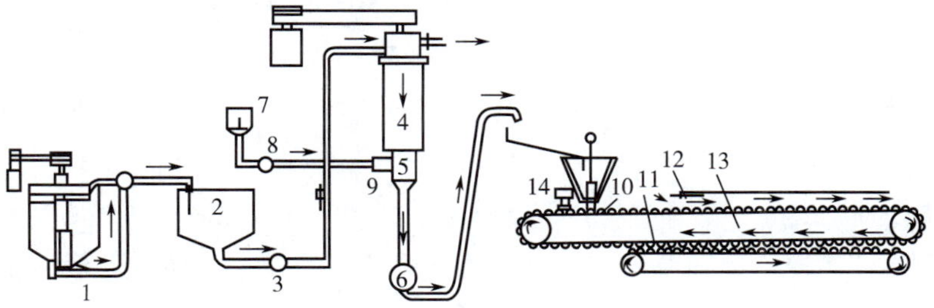

图 11-1-6　硬糖连续浇模成型生产线装置示意图

1—糖液制备　2—贮缸　3、6—泵　4—真空熬煮室　5—香味料混合室　7—酸、香料、色素液容器　8—计量泵
9—吸入头　10—模型盘　11—卸料点　12—模盘上方气流　13—模盘下方气流　14—润滑剂喷雾器

（六）包装

包装对于糖果来说是一种不可缺少的保护手段。硬糖是一类含水量低且很容易吸潮的糖果，吸潮后易发烊、返砂，从而降低或丧失其商品价值。试验证明，当硬糖与外界空气完全隔绝时，保藏数年的硬糖品质变化很小。

采用金属罐或玻璃瓶密封包装能较长时间保存硬糖，使用其他保护性较强的包装形式，如塑料薄膜袋、透明纸、涂蜡层的纸等，也能在一定时间内延缓硬糖的变质，但不能长久贮藏。

目前，一般都采用包装机进行糖果包装。包装机类型甚多，性能也不尽相同。注意，包装应在一定的温湿度条件下进行。实践表明，包装室温度应保持在25℃，相对湿度在50%以下，才能顺利进行机械包装。

三、生产实例

（一）水果硬糖

水果硬糖是糖果中最坚硬的一种，经过高温熬制而成，含水量最低。其最明显的特征是坚脆与透明，似玻璃状。硬糖按其工艺、形态、包装和色香味的不同而分成不同的类别，而水果硬糖则是以其香味命名的。由于水果品种繁多，相应的水果硬糖也不计其数，已形成了一个系列。

1. 配方

白砂糖10kg，淀粉糖浆6kg，柠檬酸120g，水果香精30mL，色素适量。

2. 工艺流程

参考硬糖真空熬煮生产工艺（图11-1-2）。

3. 操作要点

（1）按白砂糖量的25%~30%加水进行溶糖，边搅拌边加热至沸腾并保持片刻，以促使白砂糖充分溶解，同时防止焦底。溶糖水温不宜太高，否则会使糖液迅速沸腾，水分大量蒸发，从而导致物料溶解不充分。溶糖过程和存放时间均不宜过长，应防止色泽变深，所以，成品的质量难以控制。溶化后的糖液必须经80~100目筛过滤除杂。

（2）按真空连续熬糖工艺程序进行，要求最终熬制温度为138~142℃，真空度达0.093MPa以上。熬制时间不宜过长，一般在3min之内。要定期检查真空系统，杜绝低真空度现象，同时要定期用碱液清洗加热室中紫铜管，并用热水冲洗至干净为止。

（3）正确掌握调和时糖膏的温度，即此时温度为120℃，操作时应避免物料散失在台面上，防止物料与台面发生粘连现象。冷却程序中应反复将糖膏的冷却面向里折叠，并防止气泡的产生，直至糖膏具有良好的可塑性为止。

（4）在调香时应适量添加一些柠檬酸或苹果酸，用量一般控制在糖体的1%~3%。

（5）成型工艺是使硬糖颗粒均匀、形态整齐美观的关键。糖坯要进行保温，温度要适中，不要过高或过低，拉条要拉成粗细均匀的圆条，冲压成型的模头要用冷风吹拂，避免糖条发热黏附模头造成阻塞。最好在室温25℃、相对湿度60%以下的环境下操作。

（6）包装前，需将糖粒冷却后出现的次品剔除，不要积压，包装间应安装空调，糖粒要用商标纸包裹紧密、端正，不能混入糖屑或裸糖。

(二)润津糖

润津糖是一种保健型硬糖，是把中草药中可直接食用的罗汉果、乌梅、海藻、白芍、绿茶和薄荷等药材加工成的浸膏，参照硬糖制造工艺进行加工而制成的产品。它具有润喉、生津、消口臭、护嗓之功能，清凉爽口、酸甜适中，深受文艺工作者、教师等消费者青睐。

1. 配方

白砂糖 10kg，淀粉糖浆 5kg，柠檬酸 15g，色素适量，薄荷脑 7g，罗汉果浸膏 17g，海藻浸膏 8g，白芍浸膏 8g，绿茶浸膏 7g，乌梅浸膏 17g。

2. 工艺流程

工艺流程如图 11-1-7 所示。

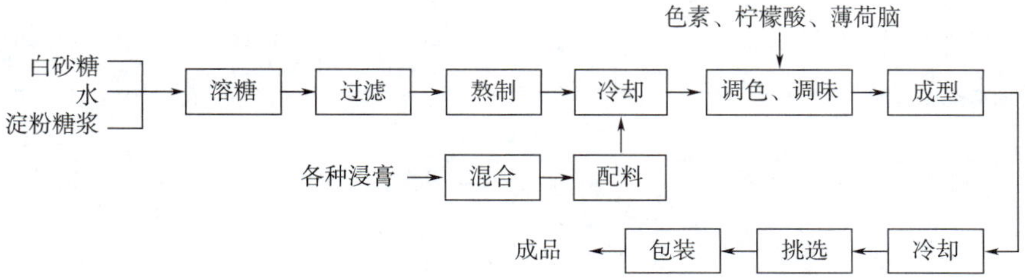

图 11-1-7　润津糖工艺流程

3. 操作要点

(1) 配料中的各种浸膏均由纯物料加工而成，未添加任何其他物料，按照加工浸膏的要求将各物料进行清洁、浸泡、熬煮，直至形成固形物在 70%以上的膏状为止。

(2) 制得的上述配料（配方规定的量）可供 10kg 硬糖糖坯混合使用。

(3) 按照硬糖工艺流程进行制作。熬制后冷却，待糖膏温度降至约 100℃时，便可将各种浸膏依次加入并翻叠数次，使其充分混合，然后待糖膏温度进一步降低到约 80℃时即可调色、调味。

(4) 成型可采用冲压成型机，也可采用滚压成型机，成型拉条时糖条应均匀，无论冲压成型还是滚压成型，喂糖要足以减少残次品。

(5) 调色时应注意，应先将少许的色素用糖浆调制成有一定流变性的色浆，然后再添加到糖膏中，此时的糖膏温度不宜过低，否则将会使成品颜色深浅不均匀，影响感官指标。

(6) 该产品系糖果中的精品，大多采用圆形小铁听或小纸盒包装，要严密防湿。

第三节　充气糖果

一、充气糖果工艺流程

图 11-1-8 为蛋白糖加工工艺流程，图 11-1-9 为奶糖加工工艺流程，图 11-1-10 为棉花糖加工工艺流程。

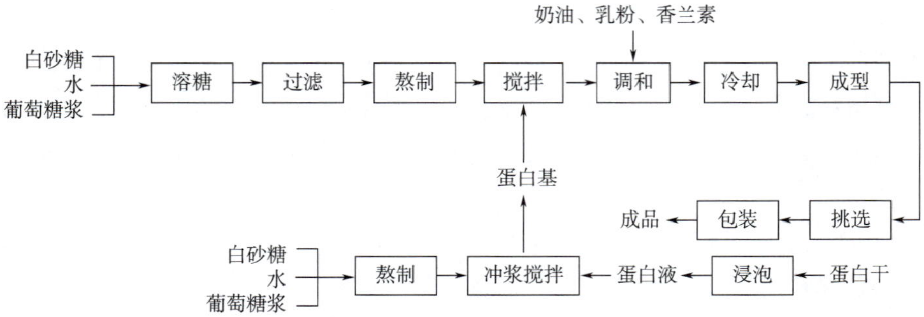

图 11-1-8　蛋白糖工艺流程

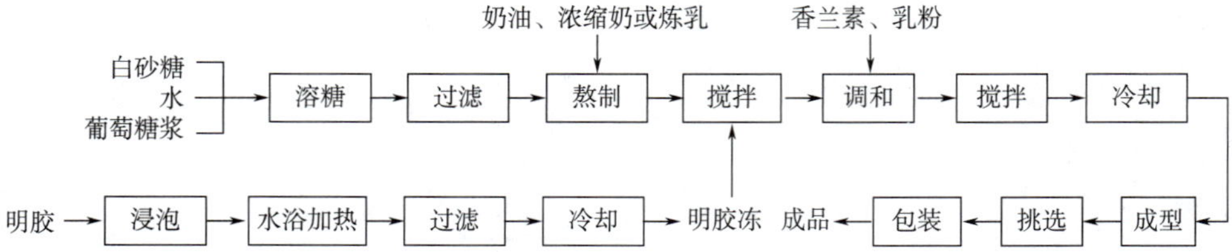

图 11-1-9　奶糖工艺流程

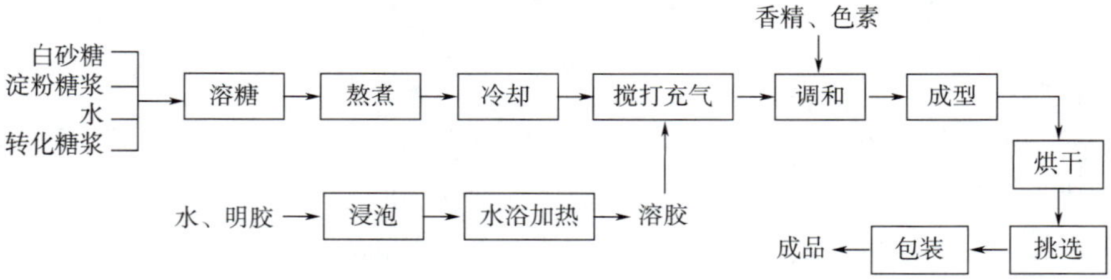

图 11-1-10　棉花糖工艺流程

二、充气糖果加工要点

(一)充气糖果的特性

充气糖果的物态是一类复杂的多相分散体系，从胶体化学角度看，它由糖浆组成的连续相和充入气体的分散相组成，此外，在伴随充气的过程中，必须添加高相对分子质量的胶体物质如卵蛋白、变性蛋白和明胶等，以达到起泡、增稠或稳定的功能作用，而且为了改善充气糖果的风味与口感，很多制品还可添加糖的微晶体、可可粉等各种粉料、果仁或果脯颗粒等辅料，这些第三种固体相以悬浮体在整个体系中成为第二种分散相。为了有利于糖果后期成型的挤压作用或切割作用，很多充气糖果也添加了固体脂肪以发挥润滑作用。包括最后添加微量的香味料在内，充气糖果的最终物态体系实际上都可视为相对稳定且复杂的多相分散体系。

充气糖果的甜体被不同程度充气后可形成一种异于其他糖果的特殊质构，气泡的存在与分布改变了糖溶液的光学特性，原有的透明性消失，糖溶液变得洁白并略带光泽；气泡的存在也改变了糖体原有的密度，使糖体变得疏松并有弹性；气泡的存在也改变了糖体的黏度、硬度和流变性，这使充气糖果能产生一系列的异常质构特征。

根据加工方式的不同，充气糖果又分为韧性和脆性两种类型。韧性充气糖果嚼时不易断裂，耐咀嚼；脆性充气糖果添加了糖的微小晶体，咀嚼时易断裂，并有逐渐返砂的倾向。甜体中添加的各种细小的粉粒或粗大的颗粒辅料作为为第三固相，既增加充气糖果的坚实性，又使其具有愉快的咀嚼性质，适量的油脂则能使充气糖果产生润滑感。

各种充气糖果的具体物料组成、充气方式、加工程序等不尽相同，其最终制品的质构和香味特征也各有特色。相对密度随充气不同可分为三种类型：低度（1.0~1.4）、中度（0.9~1.15）、高度（0.5 以下）。

(二)配料

充气糖果的基本组成包括蔗糖、各种糖浆、蛋白质等发泡剂及果仁等填充料等，如表 11-1-5 所示。

表 11-1-5　　充气糖果的基本组成

物料组成		高度（棉花糖）	中度（蛋白糖）	低度（奶糖）
蔗糖		15~60	30~40	20~30
淀粉糖浆		20~70	30~60	40~60
转化糖浆		20~35	—	—
发泡剂	蛋白质	1.5~7	2~4	—
	明胶	—	—	1.5~3
填充料	果仁	—	10~20	—
	非脂乳固体	—	—	4~10
总脂肪		—	2~8	3~10
水分		15~19	5~9	5~9

(三)充气作业

充气糖果工艺过程需要解决的重要课题就是气泡的产生、形成和稳定。这一通过机械作用而形成的充气过程被称为充气作业。由气体分散形成的小气泡作为分散相分布在甜体的胶体分散系统内，包围密集气泡的糖液是由液相和分子态固相构成的连续相，大大小小气泡的直径在 1~100μm，这就是充气糖果含有无数气泡的甜体特征。

气体经剧烈搅擦并分散在液体中会形成大大小小的气泡，具有不稳定的倾向。因为纯粹的液体或含糖液体都不能形成稳定的气泡膜层，气液分界处存在着表面张力的影响，气泡的存在是短暂而不稳定的，气泡产生得快，消失得也快。因此，要使通过机械搅擦作用形成的气泡保持相对的稳定，必须在这一体系内增加第三种成分即发泡剂。发泡剂的表面活性作用可以有效地降低界面间的表面张力，同时在气体-液体界面被很快地吸附，并产生凝聚作用，这样，在每个气泡周围可产生一层保护膜，因此，形成稳定的气泡。

在充气过程中，气泡是不断产生也不断消失的，气泡的破坏速率若超过形成速率，气泡层是不能形成的。当气泡的形成速率大大超过破坏速率时，气泡将越积越多，终于产生并形成一个相对稳定的气泡层。

充气方法主要有一步充气法、二步充气法。

1. 一步充气法

一步充气法是指一批物料或近似全部组成在一次充气过程中形成有稳定泡沫体糖果的充气工艺过程。大规模连续进行的充气作业大多采用一步法。此生产工艺的特点是预先批量制备可贮放的糖-气泡基。然后将连续熬煮到规定浓度的糖液与其他配料组成，按比例和计量的糖-气泡基进行混合，即能获得品质稳定的充气糖果甜体。

将发泡剂的溶液直接与90%浓度的糖液在高速的机械搅擦作用下搅擦可制备出一种浓度较高的含糖气泡基，其含水量为25%~35%，相对密度为0.35~0.45。因此，糖-气泡基有较高的稳定性，一般可贮放8h。如糖的浓度提高，制备出的相对密度为0.55的糖-气泡基，其稳定期甚至可达一星期。在稳定期间，随用随取。

一般以体积百分比浓度来表示糖-气泡基的充气程度，体积百分比浓度受以下因素制约：

（1）消耗在整个体系中的动能；

（2）干固物含量；

（3）碳水化合物类型；

（4）发泡剂的类型和浓度；

（5）搅擦过程中的温度。

2. 二步充气法

二步充气法是传统的充气工艺方法。先将卵蛋白或植物蛋白发泡粉溶液放置于搅擦机内，以高速打擦制成一种细密洁白的泡沫体，备用。然后，将熬到规定浓度的糖液缓缓地冲入泡沫体中，形成疏松的泡沫体糖坯，最后加入香料和辅料混合均匀，冷却成型。

此工艺方法的特点是先制备蛋白泡沫体，再制成疏松糖体，因此称为二步法。由于蛋白泡沫体的含水量高达45%以上，相对密度在0.08~0.20，生成的气泡稳定性较低，在较短时间内，气泡逐渐消失。每批数量较少，操作程序繁杂，且不易被控制，不能适应大批量与高速度的工业化生产，二步法的充气工艺在现代化的糖果工厂中已逐渐不采用。

三、生产实例

（一）蛋白糖

蛋白糖又称牛轧糖、鸟结糖，它起源于法国，因最早应用鸡蛋蛋白作为发泡剂制作而得名，又因客观存在的物料配比和工艺操作上的差异，形成了产品结构不尽相同的各种类别。本例介绍蛋白糖的基础品种，其不仅质地蓬松、细腻、有弹性，而且具有浓郁的乳香味，与用明胶作为发泡剂的奶糖极为相似，但没有奶糖那种较强的韧性。

1. 配方

白砂糖10kg，葡萄糖浆15kg，乳粉2kg，奶油1kg，香兰素20g，蛋白干120g（或植物蛋白发泡粉80g）。

2. 工艺流程

参见蛋白糖工艺流程（图11-1-8）。

3. 操作要点

（1）蛋白基的制备　用2~3倍的温水在生产前8h浸泡蛋白干，使其全部溶化成蛋白液备用。将配料中的白砂糖和葡萄糖浆按糖果熬制工艺程序加热熬至116℃左右，缓缓冲入装有蛋白液的搅拌机锅内，中速搅拌片刻，待混合浆液呈白色后改快速搅拌，直至形成坚实的白色泡沫组织为止，有时为了增强其机械稳固性可添加少量的明胶冻。另外，还可以将葡萄糖浆直接冲入装有蛋白液的搅拌机锅内，快速搅拌来制备蛋白基，此法制取的蛋白基所产生的蛋白糖色泽很好。无论哪种方法，都必须注意浸泡水不能用硬水，蛋白液不能沾上油污，搅拌不能过度，不能有酸碱物质混入，这些都会影响发泡度。蛋白基的制备量应根据生产需要制取，并要求即用即制。

（2）蛋白糖熬制工艺可参照硬糖常压熬制工艺　最终含水量应控制在5%~8%，最终温度应根据配料、工艺、季节、气候等条件而定。采用一步法熬制冲浆的一般温度控制在128~136℃。

（3）搅拌冲浆形成白色糖膏后便可加入奶油、乳粉和香兰素等辅料，为了避免调料时因搅拌而造成辅料四溅状况，可事先将其调制成膏状物再加入，同时应注意控制搅拌速度。如辅料中油脂较多，可添加适量的单甘酯和卵磷脂等乳化剂。

（4）因蛋白糖具有多孔性气泡组织，散热性较差，所以要求冷却迅速、均匀、适中，以使糖坯具有良好的可塑性。

（5）冷却适度的糖坯经刀平车或拉条成型机制取所需要的方形或圆柱形糖粒。

（6）经挑选的糖粒可采取蜡纸双扭结包装或采用复合塑料枕式包装，要求包装严密。

（二）奶糖

奶糖以具有纯正的乳香味、诱人的色泽和良好的咀嚼性在糖果中独树一帜。其组织结构和外观与蛋白糖相似，但较蛋白糖更有弹力、韧性和坚实的组织状态，更富有营养价值。近年来，奶糖产业发展很快，花式品种繁多，深受人们的喜爱。

1. 配方

白砂糖 10kg，葡萄糖浆 20kg，炼乳 6kg，奶油 2kg，乳粉 2kg，明胶 0.5kg 或明胶冻 1.5kg，香兰素 15g。

2. 工艺流程

参见奶糖工艺流程（图 11-1-9）。

3. 操作要点

（1）明胶冻的制备　明胶冻的制备是奶糖生产的关键，直接影响奶糖质构体系的形成。不能直接用明胶生产奶糖，必须进行预处理。制造奶糖应选择凝冻强度为160~200的中等黏度明胶，用两倍的水浸泡使其胀润，然后用水浴或隔层加热水蒸，使其全部溶化成胶液，过滤后再冷却成胶冻。最好采用真空溶胶法制备。具体的操作是：在配料桶里，用1.5倍的热水淋泡明胶，搅拌至无未胀润的胶粒，然后将其置于真空锅内，在真空度0.06~0.09MPa状态下，加热约60min，温度调至50~54℃，使胶粒全部溶化成溶胶，最后经过过滤冷却成胶冻。

（2）奶糖的配比各物料的组成必须合理，一般为：蔗糖30%~35%、还原糖14%~20%、脂肪6%~8%、非脂乳固体10%~15%、明胶蛋白1.5%~2.0%、水分5%~8%。

（3）按奶糖一般工艺程序进行溶糖后最好采用高压均质机将油、糖、乳、水充分混合呈匀一状态，熬制温度应视物料的组成、工艺特点、当时的气候条件而定，一般最终熬制温度在118~126℃。该产品因用较多的炼乳、奶油使搅拌时间较长，熬制温度为118℃左右，搅拌则应快速搅拌40min，其间应不断地检查糖膏的黏度和软硬度，搅拌至糖膏呈洁白、疏松状、不黏牙即可。奶糖含胶量较多，故在冷却时应注意防止糖条的收缩。回掺糖头不宜过多，冷却要均匀适中。成型时糖条要拉匀，不能粗细不一，必要时糖条可长点，让其预收缩，然后切割成圆柱形糖粒，或者切割成方块形。包装宜在室温为24℃左右、相对湿度为60%以下的条件下进行，同时，应趁糖粒微热时包装。

（4）奶糖的甜度不宜大宁可偏低一些，如发现甜度较高的情况，则应调整配方或改进搅拌方式，提高充气程度。总之，奶糖产品应低甜度、具有浓香味，组织细腻、富有弹性和韧性，有良好的咀嚼性。

（三）胶质型棉花糖

胶质型棉花糖又称马希马洛糖，是一种高度充气糖，密度仅为0.3~0.5g/cm^3。它用明胶作为发泡剂，经高速搅打充气可形成柔韧、富有弹性、洁白、光滑等质构特征。可浇注淀粉模或通过挤压切割成型，亦可进一步加工涂布巧克力，形成系列产品。糖品按质构特征分为胶质、砂质和夹心型。

1. 配方

白砂糖40kg，淀粉糖浆27kg，转化糖浆11kg，明胶2.5kg，香精、色素适量。

2. 工艺流程

参见棉花糖工艺流程（图11-1-10）。

3. 操作要点

（1）用3份温水将1份明胶预先浸泡2~3h，使用时隔水加热（水浴法）使其熔融成胶体溶液。制取棉花糖一般选择冻力值为200~260的中等或高黏度明胶。

（2）按溶糖、熬煮工艺要求，将白砂糖、淀粉糖浆和转化糖浆熬至115℃后，冷却至70~80℃。

（3）将冷却的混合糖液和明胶液放置到搅拌锅内，先以低速搅拌，使物料呈稠厚状后再快速搅打，搅打至形成白色的疏松糖-气泡体为止。然后，加入香精和色素，搅拌均匀。

（4）采用人工或机械将上述糖-气泡体注入淀粉模内成型，并移入烘房进行干燥。烘房温度不宜过高，一般在40℃左右为宜。干燥时间应视产品的规格大小正确掌握，使最终产品水分含量为12%~16%。

（5）本产品如果采用连续充气机生产，效果更好。

思考题

1. 简述古典甜食与现代糖果的差异。
2. 糖果的共有属性有哪些，如何定义糖果？
3. 阐述硬糖的组成及各组成的功用。
4. 简述糖果的分类，说明各类糖果特点及代表产品。
5. 简述硬糖的主要特征，分析硬糖主要品质问题及预防措施。
6. 试说明硬糖的生产原理、工艺流程及品质控制关键。
7. 试分别说明焦香糖果、充气糖果及胶基糖果的主要特征、基本组成及其生产关键。

第二章 巧克力制品

CHAPTER 2

[学习指导]

本章应重点掌握巧克力制品的主要特征；了解巧克力的基本组成及其功用；掌握巧克力浆处理技术关键及其机理。

第一节 概　述

一、巧克力的基本组成

巧克力的主要成分是可可，并在其中添加了砂糖、乳制品、香料、麦芽、表面活性剂及其他物料，这补充和丰富了巧克力的香气，使其具有独特的香气和苦味。巧克力制品的类型、品种、等级甚多，因此其组成复杂而多变。表 11-2-1 和表 11-2-2 列出了几种常见巧克力的基本组成。

表 11-2-1　　深色巧克力的基本组成

基本组成	苦巧克力	半甜巧克力	甜巧克力	深色巧克力（涂外衣用）
可可料/%	67~72	44~50	35~40	35~40
可可脂/%	—	10~12	14~16	16~18
蔗糖/%	30~35	32~42	40~50	40~50
总油脂量/%	35~38	33~35	34~36	36~38

表 11-2-2　　牛乳巧克力的基本组成

基本组成	牛乳巧克力（一级）	牛乳巧克力（高档）	牛乳巧克力（涂外衣用）
可可料/%	10~12	11~13	10~12
可可脂/%	22~28	22~30	22~30
蔗糖/%	43~55	40~45	44~48
乳固体/%	10~12	15~20	13~15
总油脂量/%	30~38	32~40	35~40

（一）糖类

糖在巧克力及其制品中主要起着稳定基体和调节风味两大作用。砂糖在巧克力配方中与可可液块和可可粉的比例应相对平衡，添加量过高，会使巧克力过于甜腻；添加量过低，则会影响巧克力的硬度、黏度和熔化性。牛乳巧克力除砂糖外还含有3%~10%的乳糖，乳糖甜度比砂糖低得多，因此，乳糖主要起调节风味的作用。同时，它又是巧克力精炼过程中产生焦香风味反应的重要参与物质。葡萄糖的甜度仅为砂糖的2/3，其熔化时吸热，所以添加在巧克力中能使其口感凉爽，同时也能起到湿润作用。但因葡萄糖性质偏软，不宜高比例使用，所以，一般为砂糖用量的1/3。目前，为了开发低甜度巧克力，应用结晶麦芽糖、低聚糖、固体糖醇来替代砂糖。

（二）可可制品

作为各种巧克力制品的主要组成——可可液块、可可脂和可可粉都是可可豆的产品或初级产品。可可豆是世界上重要的热带经济作物，品质优良的可可豆在收获后需要经过发酵和干燥，未经发酵的豆肉呈蓝灰色，香味低劣。发酵过程是一个复杂的生物化学变化过程，微生物和多种酶会参与到这一过程的变化中，发酵过程赋予了可可豆浓郁而独特的香味前体，并使其组织结构趋于成熟。

可可豆发酵期长短视豆的品种而异，一般薄皮豆的发酵期短些，最短为2~3d。西非和巴西的可可豆皮厚，发酵期一般需要5~7d。发酵过程中的温度变化要控制得当，初始3d，发酵温度控制在38℃以上，到最后3d，其发酵温度应上升到50~51℃。在可可豆的发酵过程中，人们发现可可碱的含量降低了，可可碱是可可风味的主要来源，具有能被接受的苦味。在发酵过程中，人们还发现部分可可碱转变为了乙酸，发酵后果肉的pH达到3.8~4.0（加纳豆）。发酵后可可含有的果胶质的量增加了，但单宁质的量降低了。发酵并经干燥的可可豆在干燥过程中失重约40%。

1. 可可液块

可可液块又称可可料（cocoa mass）或苦料。可可豆经焙炒去壳成豆肉，再经研磨成酱体，在温热状态下具有液体的流散性，冷却后则凝固成块，故称可可液块。可可液块呈褐棕色，香味浓，略有苦涩味。再加热可重新变为熔化状态，可反复熔化。可可液块可被制成10~20kg的大块，是一种半成品原料。可可液块含脂量在55%以上，低于45%就不符合规格要求，含水量应低于4%。在贮存期间，可可液块很容易长霉、虫蛀、组织疏松、香气散失、产生酒味和不愉快的陈宿气味，故不宜长久贮存，其贮藏温度以10℃为宜。

可可液块是赋予巧克力色香味基本特征的主要来源，其品质的好坏决定了巧克力品质的好坏。它是可可脂和可可粉混合料所不能替代的。

2. 可可脂

从可可液块内取出的油脂称为可可脂，是一种淡黄色的天然植物脂肪。它是多种甘油三酯的混合物，其中既有对称型的甘油三酯，也有不对称的甘油三酯。正是由于甘油酯多类型的并存，导致形成了多晶型特性，这一特性是巧克力加工过程中调温和成型工艺的基础，也影响了巧克力在贮藏过程中的品质变化。可见，可可脂在巧克力制品的加工过程中不仅能赋予巧克力良好的香味，还起着极为重要的作用。

3. 可可粉

可可液块压榨去油脂的残粕称为可可饼（cocoa cake），饼粕经粉碎磨细为可可粉。可可粉既是产品又是中间原料。可可粉的加工方法分一般处理和碱处理，碱处理的目的是为了使其色泽趋向棕红色。可可粉按其含脂量可分成高脂可可粉、中脂可可粉和低脂可可粉。高脂可可粉含脂量22%~24%，中脂可可粉含脂量10%~12%，低脂可可粉含脂量则为5%~7%。

可可粉除了能赋予巧克力良好的香味外，还提高了巧克力的营养价值，因为可可粉不但含有高热量的脂肪，还含有丰富的蛋白质和碳水化合物。可可粉中还含有一定量的生物碱、可可碱和咖啡因，这使得巧克力成为了具有扩张血管、促进人体血液循环功能的健康食品。

（三）类可可脂与代可可脂

由于原料生产受到气候条件等的严格限制，天然可可脂的产量远不能满足巧克力生产发展的需要，为此人们一直在寻求可可脂的代用品。自20世纪50年代以来，可可脂代用品发展极其迅速。目前，世界上可可脂代用品品种繁多，概括起来可分为类可可脂与代可可脂两类。

1. 类可可脂（CBE）

类可可脂是一类由天然植物油脂制得的一类人造的高级专用脂肪。除香味以外，在化学组成和物理特性方面，均与天然可可脂相似或一致。目前，一些国家使用牛油、坚果脂、棕榈油、双罗果脂、婆罗脂、芒果脂等生产类可可脂，经过分馏提纯和配合可制成类可可脂。我国采用乌桕脂，其三甘油酯的脂肪酸组成与天然可可脂极为接近。

类可可脂与可可脂的互溶性极好。在各种温度下，二者都可以以任意比例相混合，类可可脂在巧克力制品生产中的应用不受工艺的限制，二者工艺技术是一致的。在制作巧克力时，类可可脂也需要进行调温，故也称之为调温型硬脂。类可可脂所制的巧克力在黏度、硬度、脆度、膨胀收缩性、流动性及涂布性等方面，与天然可可脂制品几乎没有区别。尤其在30~35℃，二者几乎完全一致。

2. 代可可脂（CBS）

代可可脂是一类能迅速熔化的人造硬脂。代可可脂的脂肪酸组成、三甘油酯类型与天然可可脂完全不同，但在物理性能上，却接近天然可可脂。二者的熔化曲线没有显著差别，在20℃时都很硬，到25~35℃都能迅速熔化。可采用不同类型的原料油脂加工制造代可可脂，目前，常见的有以下两种。

（1）月桂酸型硬脂　即以月桂酸系油脂经选择性氢化，再分别提出其中接近天然可可脂的物理性能的部分，如硬化棕榈仁油或酯化棕榈仁油和椰子油。这类油脂的三甘油酯中，脂肪酸以月桂酸为主，含量可达 45%～52%，不饱和脂肪含量低，饱和度高，其碘值为 2～6，皂化值为 240～250。其优点是在 20℃条件下具有很好的硬度、脆性和收缩性，且有良好的涂布性与口感；在制作巧克力时无须调温，结晶快。但其缺点也很明显，代可可脂的变形温度比天然可可脂低，制得的巧克力在高温下易变形；与天然可可脂的相溶性差，若代可可脂比例过高，则使巧克力硬度降低，产品易冒霜发花，味道清淡，熔点变宽，制成的巧克力有蜡状感。

（2）非月桂酸型硬脂　由非月桂酸系油脂如大豆油、棉籽油、米糠油等，通过氢化或选择性氢化形成硬脂，再用溶剂结晶，提取其物理性能与天然可可脂接近的部分，经脱催化剂和脱臭处理制得。这类硬脂具有与可可脂相似的硬度、脆性、收缩性和涂布性能，无须经过调温加工过程，与天然可可脂的相溶性虽不好，但优于月桂酸型硬脂，且没有产生肥皂味的风险，耐热性好；但由于油酸氢化形成的异构体扩大了甘油酯的熔距范围，熔点范围较宽且在口内熔化较慢，制成的巧克力有蜡状感，并且结晶时收缩性小，脆性较差。

有统计资料表明，类可可脂价格大约是天然可可脂的 70%，而代可可脂的价格大约是天然可可脂的 50%。

（四）其他配料

1. 乳固体

乳固体包括全脂乳粉、脱脂乳粉、乳清粉，在巧克力制造中起着填充料的作用，它主要能赋予巧克力细腻的组织结构和优美的香气滋味。

2. 表面活性剂

表面活性剂的主要作用是有效地降低巧克力物料相界面的张力，从而有效降低巧克力物料的黏度，增强其流变性，便于巧克力的制造。巧克力制造中，常用的表面活性剂有单甘酯、卵磷脂、大豆磷脂、蔗糖酯、吐温 80 以及聚甘油酯类乳化剂。

3. 香味料

香味料通常用的是香兰素和麦芽酚，在巧克力中不但不损害巧克力原有的香味特征，而且起着衬托、完善和丰满巧克力香气的作用。

二、巧克力的质构特点

巧克力是一种以油脂为分散介质，以糖、可可、乳固体及少量的水和空气为分散相的复杂的多相分散体系。其组织细腻滑润，是一种热敏性食品。在常温下，巧克力有坚实的质构特征，外界温度越低，巧克力就变得越坚硬且带脆性。当温度接近 35℃时就会发软甚至熔化。巧克力的颜色源于可可原料中存在的天然色素——可可棕色和可可红色，光泽源于可可脂形成的细小稳定晶体及蔗糖细小晶粒的光学特性。巧克力特殊的香气和滋味源于可可豆的品种和加工条件，香味物质的形成与可可物料中游离氨基酸的类型和含量变化有关。此外，物料中的可可碱、咖啡因、多元酚、有机酸和乳固体等物质也影响巧克力的风味。巧克力的黏度在一定的温度下，与其可可脂的含量有关，含量越高流变性越好，表面活性剂——磷脂能有效地降低巧克力的黏度。

第二节　巧克力加工工艺

一、巧克力工艺流程

纯巧克力与代可可脂巧克力加工工艺流程如图 11-2-1、图 11-2-2 所示。

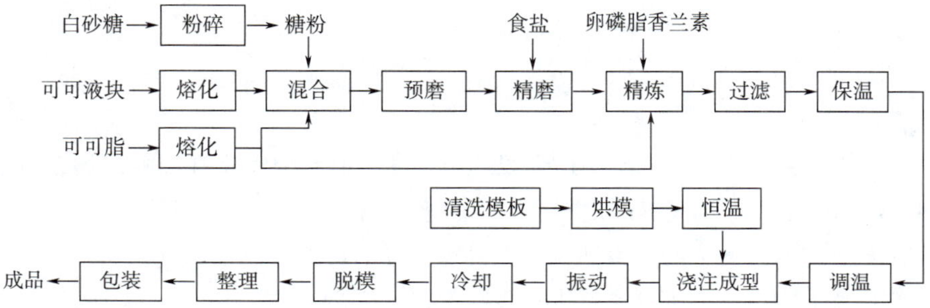

图 11-2-1　纯巧克力加工工艺流程

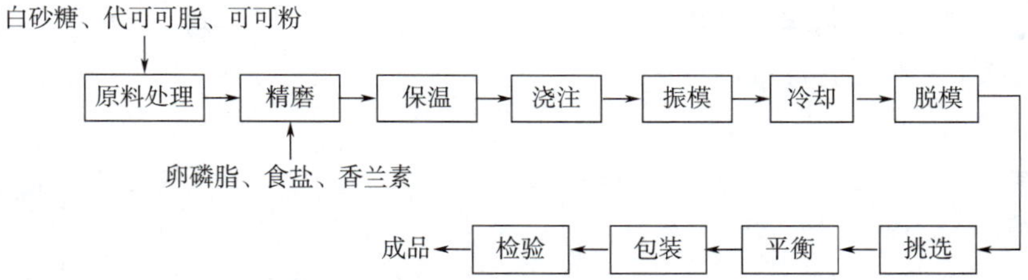

图 11-2-2　代可可脂巧克力加工工艺流程

二、巧克力加工要点

巧克力的加工必须有原辅料预处理、混合、精磨、精炼、调温、铸模成型和包装等工序。

(一)原辅料预处理与混合

可可液块和可可脂在常温下均为固体原料，应在夹层锅或保温槽内加热熔化，熔化后的可可酱液和可可脂的温度一般不超过 60℃，保温时间不宜太长。为了加快熔化速度，可先将大块原料分切成小块。另外，原料中的砂糖应先被加工成糖粉，然后再投料。

在精磨前进行混合处理，可以缩短巧克力的精磨时间，提高设备利用率，降低设备的磨损率，延长其使用寿命，同时，使巧克力酱料研磨细度更加均匀。

(二)精磨

精磨的主要作用就是把巧克力中各物料研磨到所要求的细度，感官经验和物理测试方法均表明磨得很细的巧克力物料，其平均细度应不超过 25μm，而大部分质粒的粒径在 15~

20μm 的效果尤其好。

在精磨过程中，如果物料温度保持一定，精磨得很细的物料就会显得稠厚，物料黏度增加，流动性降低。这是因为作为巧克力分散介质的油脂数量不变，分散质粒的增多必然影响物料黏度的变化。因此，在精磨过程中，需要对巧克力酱料进行稀释和乳化，同时，精磨过程会有效地降低巧克力酱料中的水分含量，使之具有良好的流变性。

此外，通过精磨可使各种物料混合均匀，可构成巧克力高度均一状态的分散体系，并能有效地挥发除去巧克力研磨过程中产生的不愉快气味，便于巧克力的增香和调香，使其香气和滋味更加舒适。

巧克力精磨的方式有多种，常用的有辊磨、球磨、筒式精磨等。典型的精磨设备有三辊和五辊精磨机、球磨机、筒式精磨机（精磨缸）。

（三）精炼

1. 精炼的作用

经过精磨的巧克力物料固然已经达到很细的程度，但质构还不够细腻滑润，香味还不够优美醇和，精炼就是整理和完善的过程。归纳起来，精炼过程可起以下几种作用：

（1）使巧克力物料更为细腻滑润，使之具有良好的口感；

（2）使巧克力物料中的水分含量进一步降低；

（3）促使巧克力物料的黏度降低，使物料变得较为稀薄和容易流散；

（4）驱除巧克力物料中残留的、不需要的可挥发性酸类物质；

（5）巧克力的香味效果更加优美；

（6）巧克力的外观色泽提高。

2. 精炼过程的变化

（1）物料颗粒的变化　巧克力物料经精磨后，大部分都可达到或接近细度标准要求，但一部分质粒仍嫌粗糙，因而将影响最终产品的口感效果。在显微镜下观察可知，通过研磨辊筒的巧克力物料颗粒形态是不规则的，边缘锋利而多棱角，这样的物料产生的舌感缺少光滑感。精炼的作用是使较大颗粒变小并变得均匀。此外，通过精炼设备的机械作用可将颗粒的多角体磨平，使其变成光滑的球体，弥补了精磨过程带来的不足。

表 11-2-3 表明，通过精炼，巧克力物料的颗粒变小；但时间过长，颗粒微小化的倾向就减少了。

表 11-2-3　　精炼过程巧克力物料颗粒的变化

测定结果	精磨后	精炼 24h	精炼 48h
巧克力颗粒大小（<15μm）	54.0%	60.0%	60.0%

（2）物态的变化　在精炼过程中，物料颗粒变得较小和光滑，同时可均匀地分散在液态油脂的连续相内，在不断推撞和摩擦作用下，在物料内乳化剂的表面活性作用下，可降低颗粒间的界面张力，使油脂由球体变成膜状，膜状油脂又均匀地把糖、可可及乳固体包裹起来，彼此紧紧地吸附在一起，形成高度均一的物态分散体系，物态的这种乳浊状态在冷固后具有高度的稳定性。

（3）水分和黏度的变化　在巧克力生产过程中，物料黏度是一个重要因素，影响巧克力料黏度有多种原因，如物料的成分、细度、含脂量、磷脂添加量和物料温度等。此外，物料的含水量也直接影响物料的黏度。水分使巧克力物料内的胶体因水化而膨胀，从而使物料变得稠厚，使操作异常困难。

精炼过程可使物料的含水量减少，加热和机械运动的作用加快了物料水分的蒸发。表11-2-4为精炼过程中水分的变化。

表11-2-4　　巧克力物料在精炼过程的水分变化

测定内容	精磨后	精炼24h	精炼48h
物料含水量/%	1.19	0.96	0.91

由表11-2-5可见，物料在精炼过程中黏度随着水分降低而有明显的降低，但长时间的作用后，物料黏度有所增加，但与开始相比，物料黏度仍是降低的。

表11-2-5　　巧克力物料在精炼过程的黏度变化

测定内容	精磨后	精炼24h	精炼48h	精炼72h
物料黏度（Pa·s，40℃）	7.6	5.0	4.7	5.3

为此，可在精炼后期添加磷脂。磷脂是一种表面活性剂，在巧克力物料中除起乳化作用外，还起着非常重要的稀释作用。一方面可改变液固两相间的界面张力，另一方面又能减少物料内胶团水化作用的发生和强化，也就阻碍了冻胶的形成。这是磷脂使巧克力物料从稠厚变得稀薄的重要原因，从而可以减少一定数量的可可脂。磷脂添加量一般为0.3%~0.5%。此外，磷脂还具抗氧化作用，以防止油脂氧化。

（4）色香味的变化　巧克力物料色香味在精炼过程中也发生着变化。经过精炼，物料的色泽会变得柔和，这可能是高度乳化的结果。经过精炼，也明显地改善了巧克力的香味，未经精炼的巧克力物料存在着某些使人不愉快的气味。精炼过程使物料的香味组成发生了变化，并可去除物料内产生刺激性气味的物质，使巧克力的香味更为醇美。经过精炼，物料内的有机酸含量会降低，见表11-2-6所示。

表11-2-6　　巧克力物料在精炼过程挥发性酸的变化

精炼时间/h	挥发酸/%	总酸/%
0	0.089	0.67
24	0.079	0.61
48	0.071	0.51
72	0.058	0.42

经过精炼，由于物料颗粒变小，表面积增大，新的表面与空气接触会产生氧化作用，促使红色单宁质和水溶性氮发生质的变化，因此，可改善巧克力的味觉效果。经过精炼，物料在较高温度下长时间运动，同样也促进了糖和蛋白质的焦香化反应，能产生令人愉快的甜香风味。

总的来说，精炼过程一方面可除去原有物料中的不愉快气味，一方面又能增进新的香味，从而使香味效果更趋完善。

3. 精炼的技术条件

精炼方式有液态精炼、干-液态精炼和干相、塑相、液相三阶段精炼三种方式。

（1）液态精炼　又称液相精炼，是指在精炼过程中巧克力物料在加热保温状态下始终保持液化状态，通过滚轮旋转做长时间往返运动，巧克力物料经不断摩擦翻动与外界空气接触，使水分减少，苦味渐渐消失的过程，可获得完美的巧克力香味；同时，巧克力也能得到均化，使可可脂围绕在每个细小颗粒的周围形成油脂膜，提高了巧克力的润滑性和熔融性。这是最初的传统精炼方式，现在已经很少采用。

（2）干-液态精炼　在这一过程中，巧克力物料先后经过两个阶段：干态和液化阶段，也就是将干炼和液炼两个阶段结合在一起进行的精炼过程。干炼阶段：巧克力物料处于干粉状态，总脂肪含量为25%～26%，这一阶段主要是增强摩擦、翻动和剪切，使水分和挥发性物质挥发。液炼阶段：添加油脂和磷脂，使巧克力物料处于液态，通过进一步均化物料，使质粒变得更加细小光滑，可增进香味和口感。

（3）干相、塑相、液相三阶段精炼　干相精炼阶段：水分和不需要的化合物成分减少，如可可豆中残留的挥发性酸、醛、酮会挥发，使其含量达到不影响最后巧克力口味生成的理想程度。塑相精炼阶段：除了消除聚结在一起的物料以外，也可产生如传统精炼提高口感质量的作用。液相精炼阶段：最后精炼阶段，进一步提高前段精炼效果，在最佳流动性下形成最适宜的香味。

精炼过程对巧克力的品质起着相当重要的作用，但要达到巧克力的品质要求，精炼必须达到一定的时间要求，一般的周期需要24～72h，时间过短，无法取得明显效果。同时，精炼过程要保持一定的温度，这一技术条件随产品品种而变化，深色巧克力一般精炼温度保持在55～85℃，牛乳巧克力一般为45～60℃。

（四）调温

1. 调温的作用

控制巧克力物料中可可脂晶型变化的过程称为调温。其作用是控制巧克力物料在不同温度下相态的转变，使物料产生稳定的晶型，并使稳定的结晶在整个过程达到一定的比例，从而达到调质的作用，使巧克力获得稳定的质构。

调温可提高巧克力物料在成型过程中的收缩性能，利于脱模。未经调温或调温不好制成的巧克力，外观黯淡无光，质构粗糙松软。贮藏日久，产品将变得更为粗劣，而完全丧失商品价值。

2. 调温过程的变化

巧克力物料在整个调温过程的变化，实质上是可可脂多晶型特性的变化。当可可脂从液态转变为固态时，随着物料温度下降，会产生晶核，最先出现的是γ结晶，周期很短，瞬息即逝，以后转变为α晶型，这是一种针状发亮的结晶。γ和α晶型都是不稳定的晶型，熔点很低，这类不稳定的晶型对巧克力的品质是不利的。随着物料温度的继续降低，并保持在较低温度时，α晶型又转变为棱形的较暗的结晶，形成这种晶型的周期较长，熔点也较高，这就是β'晶型。但是β'晶型还是不稳定的晶型。如果继续保持较低温度，β'晶型会继续转变为β晶型，这是一类稳定的晶型，熔点也高。巧克力内含有β晶型的结晶比例越高，则品质也就越稳定。

3. 调温的技术条件

巧克力的调温过程包含晶核形成和晶体成长的整个过程，需要一定的温度和一定的时间才能完成。经过精炼的巧克力料一般在45℃以上，物料中不存在油脂的任何晶型。因此，精炼后的物料最好先在贮缸内冷却一段时间后，再进行调温。调温的第一阶段，物料从40℃冷却至29℃，温度的下降是逐渐进行的，使油脂能产生晶核，并转变成其他晶型。调温的第二阶段，物料从29℃继续冷却至27℃，使稳定晶型的晶核逐渐形成结晶，结晶的比例增大。调温的第三阶段，物料从27℃再回升至29~30℃。这一过程中，在干物料内已经存在多种晶型状态，提高温度的作用是使熔点低于29℃的不稳定晶型重新熔化，而把稳定的晶型保留下来。图11-2-3是巧克力物料在调温过程中物料温度的变化。

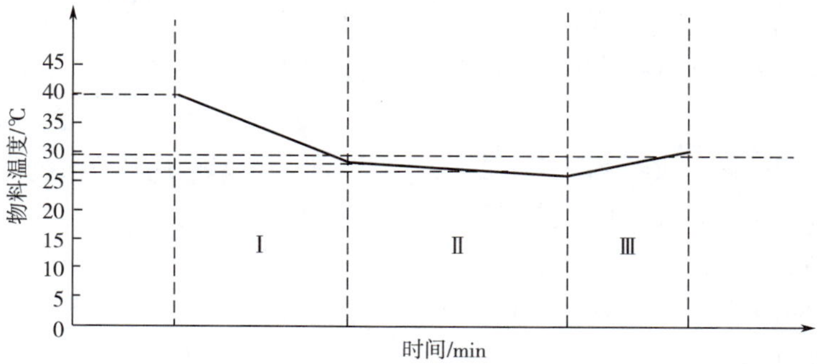

图11-2-3　巧克力物料调温过程物料温度变化

调温过程是一种细致的工艺过程，对温度的调节和变化控制要求十分严格。巧克力的比热容较低，18℃时为1.59~1.67kJ/(kg·K)，这也就说明同质量的巧克力物料在吸收或放出一定热量时所引起的温度变化要比水大。所以，一般采用手工操作来调节物料的温度变化时，需要非常谨慎。过度的加热或过度冷却，都会引起物料温度很快波动，从而影响或破坏油脂在调温过程中的规律性，最后失去调温的意义。薄膜式连续调温机就是按物料在调温过程的变化规律设计的，这对巧克力生产的连续进行是极为重要的。

(五)成型

1. 浇模成型

浇模成型是把液态的巧克力物料浇注入定量的模型盘内，移去一定的热量，使物料温度下降至可可脂的熔点以下，使油脂已经形成的晶型按严格的结晶规律排列，从而形成致密的质构状态，产生明显的体积收缩，变成固态的巧克力的过程，最后从模型内顺利地脱落出来，这一过程也就是浇模成型过程。因此，浇模成型要能顺利进行，必须有各种条件的配合，这些条件如下所述。

(1) 处于良好状态下的巧克力酱料，已达到调温工艺要求，并具有良好的黏度和流散性；

(2) 性能正常的浇注器，在浇铸过程中能保持物料具有应有的温度并具有分配物料的准确性；

(3) 符合浇注要求的模型盒，并保持洁净；

(4) 使物料冷却、凝结、固化成型过程得以进行的低温区，并能满足温度变化的工艺要求。

2. 连续浇模成型

巧克力连续浇模成型生产线是把原来间歇的断续的操作程序放在完整的循环的装置系统上进行的生产线，包括定量浇模、模盘振动、预冷、冷却硬化、脱模、模具再热等工序，是整体连续机械装置。连续浇模成型生产线可使生产速度和劳动生产率大大提高，产品质量稳定，食品卫生条件变好，是巧克力生产工艺的一大进步。

近年来，人们又研制出了巧克力夹心连续浇模成型生产线，这类设备有更高的工艺技术要求。

（1）外衣和内芯的物料应有较低黏度和良好的流散性，以适应物料输送、浇注和分配的要求；

（2）内芯物料要求在较低温度和较短时间内能快速凝结，并且不影响夹心巧克力的收缩特性。夹心巧克力连续浇模成型机组设备更为复杂，操作要求更高。

3. 涂衣成型

涂衣成型又称吊排或挂皮成型，就是在各种心子外面涂布一层巧克力外衣，产品称为夹心巧克力。夹心巧克力涂衣成型工艺一般有四个主要程序。

（1）制成可供涂衣用的涂衣巧克力；

（2）制成具有一定形态的糖食心子；

（3）在心子外面均匀涂上一层熔化的涂衣巧克力；

（4）经冷却凝固成一种光亮而可口的巧克力制品。

在选择一种涂布巧克力外衣的心子时，应充分考虑巧克力外衣和心子的协调性，无论从形态、质构、香气和滋味等方面，都应配合恰当。

涂衣成型一般既可手工进行，也可以在涂衣机上进行，应严格控制以下条件。

（1）控制涂布用巧克力物料的温度和黏度，在循环使用时若产生差异，应能随时调节；

（2）控制心子温度，一般低于巧克力外衣温度5℃左右；

（3）控制产品的冷却硬化速度，涂衣成型机组的冷却温度保持7~12℃；冷风速度不超过7m/s；冷却时间为15~20min；冷却后期要求产品保持较低的相对湿度。

（六）包装

要经久保持巧克力制品应有的外观、质构和香味特征，除了要提供适宜的保藏条件，包装也起着不可忽视的作用，如应具有防热、防水气侵袭、防香气逸失、防油脂析出、防霉和虫蛀、防污染等。包装也应力求美观。

要达到以上包装要求，用一般包装纸是做不到的。巧克力制品常用的包装材料有铝箔、聚乙烯、聚丙烯等，也可采用金属与塑料复合的薄膜材料。根据巧克力制品不同质构和形态等方面的要求，可选用不同类型的包装机进行包装。巧克力包装室温度应控制17~19℃，相对湿度不超过50%。

三、生产实例

（一）纯巧克力

纯巧克力的典型品种有黑巧克力、香草巧克力、牛奶巧克力、奶油巧克力、白巧克力、果味巧克力、脆米巧克力、果仁巧克力、麦芽糖醇巧克力（无糖型）和乳糖醇巧克力。在此介绍黑巧克力的加工过程。

1. 配方

白砂糖 40kg，可可液块 50kg，可可脂 10kg，卵磷脂 0.3kg，香兰素 50g，食盐 300g。

2. 工艺流程

参见纯巧克力加工工艺流程（图 11-2-1）。

3. 操作要点

（1）化油（化酱）　分别将可可脂、可可液块在夹层锅或保温槽等加热设备中进行熔化，熔化温度≤60℃。熔化后的可可脂和可可液块要尽快使用。使用前，可可脂用 120 目筛网过滤，可可液块用 60 目筛网过滤。

（2）巧克力料精磨

①混合：调整卧式混合机的夹套保温在 40~50℃，打开机盖，放好筛板，按混合配方投料。加入白砂糖、可可脂（总配方量的 30%左右），充分混合。根据实际情况掌握混合时间，待物料黏度适宜时方可出料。

②预磨：打开二辊机（或三辊机）的电源及油泵开关，使混合物料经过螺旋推进器或钢带输送系统进入二辊机（或三辊机）的进料斗，辊筒的压力和间隙应按照设备操作规程执行。控制物料的进料量，使物料能均匀分布，并且使出料符合工艺要求（75~85μm）。待物料达到细度要求后，方可由螺旋推进器或钢带输送系统将预磨料送入五辊机的进料槽。

③精磨：打开五辊机的电源和空气开关，严格按照五辊机设备的操作规程执行。上辊分布物料要均匀，精磨温度应控制在 40~50℃，不得超过 50℃。调整好辊筒之间的压力和间隙，使出料细度平均在 15~18μm。达到细度的物料由输送带或钢带输送系统及时送入精炼缸。

（3）巧克力料精炼　打开立式精炼机的电源开关和慢速搅拌开关，打开夹套保温进出水阀，在操作控制面板上设定精炼机夹套的保温温度，使精炼机进入工作状态。精磨后达到细度要求的粉体物料由输送系统送入精炼缸，进入量可根据物料的干粒状态，按配方设计要求（2/3 剩余可可脂中的 20%）送入。空缸时，应适当补充底油和少量乳化剂，一边连续输送，一边慢速搅拌，待进料完毕后（一般进料时间需要 1.5~2.5h，进料时间不宜太长），开启排风装置。继续干式精炼，需 1~1.5h。关闭慢速搅拌开关和排风装置，打开快速搅拌开关。使物料进入液化精炼阶段，20~30min 后加入一次可可脂（总配方量的 35%左右），此时方可开启精炼机中的提升机，使酱体进入缸底的入口。提升机与旋转的滚柱接触，可产生拍击作用，如此循环，可使物料迅速液化。在液化精炼的中后阶段，可将剩余的可可脂平均分 1~2 次加入，并开启排风装置。精炼结束前 1h 可加入剩余的乳化剂和香料。精炼完毕后，将巧克力酱经 80 目筛过滤，方可送入中转保温罐内储存，并开启搅拌装置。保温罐的温度应保持在 42~43℃。

（4）巧克力料调温　采用自动调温机工序：设定巧克力保温罐的进料温度为 38~40℃，调温参数为 38~40℃→29℃，29~27℃，27℃→29.5℃→30.5℃。

（5）巧克力成型　选好相应的模板和分配板，打开总电源开关，并开启水泵，看是否有水压（200~400kPa）。装入分配板，加热烘模，保证浇注时模板温度为 27~28℃。打开模板振动器开关和制冷开关，并设置好隧道冷风温度。生产时，保证料斗的实际温度为 29~31℃。当料斗的巧克力酱料液位超过搅拌器轴的中心线时，即可开始浇模。先按产品净含量要求调整好浇注量，打开模板开关，可根据振动脱气情况及时调整好振动器的频率，以使巧克力酱料的浇模振动能达到最好效果。经浇注、振动后的巧克力模板自动进入冷却隧道，经

25~30min 巧克力固化后可自动脱模，由输送带送出。冷却隧道温度应控制在 5~10℃。巧克力经整理后，再送入平衡或包装工序。

巧克力成型车间的温度应控制在 18~22℃，相对湿度≤50%，以确保巧克力在脱模后表面具有良好的光泽度。

(二) 代可可脂巧克力

代可可脂巧克力的典型品种有黑巧克力、香草巧克力、牛奶巧克力、奶油巧克力、白巧克力、果味巧克力、脆米巧克力、果仁巧克力、麦芽糖醇巧克力和乳糖醇巧克力。在此介绍代可可脂黑巧克力加工工序。

1. 配方

白砂糖 35kg，代可可脂 30kg，可可粉 35kg，卵磷脂 0.3kg，香兰素 50g，食盐 300g。

2. 工艺流程

参见代可可脂巧克力加工工艺流程（图 11-2-2）。

3. 操作要点

（1）精磨　按配方准确称取各种原料。白砂糖预先粉碎，过 100~120 目筛。代可可脂预先熔化，熔化温度≤55℃。预留约 5%的油脂在精磨结束前 1h 与卵磷脂、食盐和香兰素一起加入。精磨过程中的巧克力酱料温度≤50℃，并应保持缸内气体在精磨过程中不断流动，精磨时间为 18~22h，酱料细度应控制在 25μm 以下，精磨机电机的电流不应超过 25A。

（2）调质保温　将精磨后的巧克力酱料置于保温缸内调质保温，控制酱料温度为 35~40℃，出缸时用 80 目筛子过滤。

（3）成型　机器成型时，选好模板和分配板，并且装好分配板，设定浇注斗及分配板的浇注温度在 35~38℃。开启烘模及振动装置，按产品要求调节好浇注量及振动频率。若采用手工成型，模板温度应略低于浇注温度 1~2℃。跳台振动为无级调节，以巧克力酱料在振动过程中的脱气效果良好为宜，确保产品表面无直径 1mm 以上的气孔存在。

巧克力成型车间的温度应控制在 18~22℃，以相对湿度≤50%为宜，以确保脱模后的巧克力表面光泽度良好。

（4）冷却　手工冷却，冷却室温度在 2~5℃，冷却时间为 25~30min。隧道冷却有两种形式。一个冷却温区：冷却温度一般设定在 5~6℃，冷却时间为 25~30min。三个冷却温区：预冷风区、冷却风区、回温风区，冷却周期为 25~30min。

思考题

1. 简述巧克力制品“只溶在口，不溶在手”的原理。
2. 说明牛乳巧克力制品呈色原因。
3. 阐述巧克力的基本组成及其功用。
4. 简述精磨工序过程中巧克力料物态变化、精磨作用及其技术条件。
5. 简述精炼过程中巧克力物料的变化及其品质控制措施。
6. 试分析巧克力料调温作用、影响因素、调温方式及技术条件。

主要参考文献

［1］张忠盛，赵发基. 糖果巧克力生产技术问题［M］. 北京：中国轻工业出版社，2009.

［2］刘玉德. 糖果巧克力配方与工艺［M］. 北京：化学工业出版社，2008.

［3］蔡云升，张文治. 糖果巧克力生产工艺与配方［M］. 北京：中国轻工业出版社，1999.

［4］李书国. 新型糖果加工工艺与配方［M］. 北京：科学技术文献出版社，2002.

［5］苑函，马越，李晓燕. 巧克力中可可脂与代可可脂的 GC-MS 分析与营养比较［J］. 湖北农业科学，2015，54（7）：1707-1709.

第十二篇
罐藏食品加工工艺

第一章 概述

CHAPTER 1

[学习指导]

本章应重点掌握罐头食品的概念以及分类，熟悉软包装罐头的优点，了解各种罐头包装材料的特性。

第一节 罐头食品的概念

罐头食品（canned food）定义为原料经调制、装罐、排气、封罐、杀菌等工序加工而成的包装食品。

第二节 罐头食品的分类

罐头的品种有很多，分类方法各不相同，通常有以下几种分类方法。

1. 按罐藏原料分类

这是外贸部门和商业部门普遍采用的分类方法。

（1）畜类罐头　主要是以猪、牛、羊肉及内脏为原料，其中猪肉罐头最多，有原汁猪肉、红烧猪肉、清蒸牛肉、咖喱羊肉、清炖猪肚、五香牛杂、羊舌等一百多种罐头。

（2）禽类罐头　主要是以鸡、鸭、鹅肉及内脏为原料，有红烧鸡、纸包鸡、冬菇鸭、烤鸭、鸭四宝、焖鹅掌等数十种罐头，也包括火鸡、鸽子、野鸡、野鸭、麻雀罐头在内，品种有去皮去骨火鸡、红烧野鸭、油炸禾花雀等。

（3）水产品罐头　主要是以鱼、虾、蟹、贝类为原料，其中鱼类罐头最多，有红烧带鱼、五香黄鱼、五香海螺、原汁鲍鱼等约200种罐头。

（4）水果类罐头　主要以水果为原料，有糖水橘子、糖水苹果、糖水什锦水果、干装白梨、糖浆山楂、草莓酱、荔枝汁、酸梅汁等一百多种罐头，加糖较多的瓜类、姜类罐头也被包括在内，品种有糖水银瓜、糖水香瓜、姜糖等。

（5）蔬菜类罐头　主要是以蔬菜为原料，还有一部分食用菌类，有青豆、青刀豆、菜花、红色辣椒、原汁鲜笋、美味黄瓜、凉拌菜、番茄酱、盐水马铃薯、蘑菇等近百种罐头。

（6）其他类罐头　不属于上述各类的，列入其他类罐头，有花生米、五香杏仁、八宝饭等几十种罐头。

2. 按加工方法分类

（1）清蒸类罐头　这类罐头以保存原料食品特有的色香味为主，只加入少许食盐（或稀盐水）和调料（如月桂叶、胡椒粒等），如清蒸猪肉、清蒸羊肉、白烧鸡、白烧鸭、清蒸鲑鱼、清蒸对虾、清水笋、盐水胡萝卜、清水莲藕等罐头。

（2）调料类罐头　原料食品加入各种配料、调味品进行初步加工，或是将原料先装入罐内，再注入调味液和配料，使成品具有浓郁的香气和滋味，以适应消费者的口味和要求的罐头，如糖醋排骨、五香带鱼等罐头。

（3）油浸类罐头　先将食品原料进行初步加工，如蒸煮、油炸或熏制，而后将其装入罐内。注入精炼的植物油，油分与原料混合，色泽调和，具有特殊的香气和滋味，如油浸黄鱼、油浸鲢鱼等罐头。

（4）糖水、糖浆类罐头　这类罐头的主要原料是水果，也有少部分用蔬菜做原料。原料经过加工处理，预热处理，装入罐内，再注入一定浓度的糖水，开罐时糖度为14%~22%，称为糖水罐头，有糖水菠萝、糖水梨、糖水桃子等。若将原料放进糖浆中熬煮后装罐，并注入浓度很高的糖浆，开罐时糖度为55%~65%，称为糖浆罐头，或液态蜜饯罐头，如糖浆金橘、糖浆草莓等罐头。

（5）果酱类罐头　这类罐头使用水果和茄果类蔬菜作为原料，经过切碎，打成酱泥，去皮去籽，加糖熬煮成浓稠状（蔬菜类不加糖），然后装罐，如草莓酱、番茄酱等。

（6）果汁类罐头　这类罐头主要是用水果和番茄作为原料，洗净后经过挑选、整理，在压榨机中榨出汁液，过滤，加糖（有的不加糖），浓缩，然后装罐，如山楂汁、桃子汁、柠檬汁等罐头。

3. 按罐藏容器分类

（1）铁盒罐头　用马口铁皮制成罐盒，有高圆形，平圆形、方形等。马口铁盒与玻璃瓶对比，它有以下优点：

①铁皮柔软，易于弯曲、拉伸、冲压、密闭；

②机械强度大，不易破碎断裂，便于携带、运输和贮藏，破损率小；

③重量较轻，为同一容积的玻璃瓶的1/5~1/4，有利于装卸搬运；

④热导率高，$\lambda=62\text{W}/(\text{m}^2\cdot\text{K})$，比玻璃大80倍，杀菌和冷却时间短，遇冷热急剧变化，不易破裂。

（2）玻璃瓶罐头　罐身是透明无色的玻璃，罐盖用马口铁皮或硬塑料制成，有胜利瓶、四旋瓶、螺丝口瓶等几种。玻璃瓶与马口铁盒对比，它有以下优点：

①化学性质稳定，抗酸性强，不与罐内食物发生作用而产生变质；

②瓶身透明，可以看到内容物的色泽、形状，便于消费者选购；

③旧瓶回收，可以多次使用；

④生产玻璃的原料丰富，价格便宜。

（3）软包装罐头　用复合材料薄膜袋做容器，又称软罐头。它是由聚酯/黏合剂/铝箔/黏合剂/高密度聚乙烯（或聚丙烯）复合而成的，各层之间的黏合剂耐高温，并有紧密的黏合能力。另一塑料薄膜袋的中间不夹铝箔、透明，可以直接看到内容物的形态和色泽，但其保存性能差。

软包装罐头的优点有以下几点。

（1）能经受121℃高温杀菌，包装物料不变性、不破裂、密封性能好，使食材与外界空气、水分、光线隔绝，可以长期保存内容物质量；

（2）内容物受热面积大，热传导快，与同等容积的硬罐头相比，杀菌时间短，可避免食品香气消失和质地软烂，能保存食品原有的风味；

（3）包装物料重量轻，可减少运输装卸费用，携带方便，开袋可食，也可原封不动的地投入热水中加热，而后热食；

（4）所使用的材料符合卫生要求，对人体无毒害。

思考题

1. 简述罐头食品的概念。
2. 按照加工方法分，罐头可分为哪几类？
3. 果酱类罐头和果汁类罐头的区别有哪些？
4. 铁盒罐头、玻璃瓶罐头各自的优点是什么？
5. 软包装罐头的优点有哪些？

第二章 果蔬罐头

CHAPTER 2

[学习指导]

本章应重点掌握果蔬罐头加工中水果的分选、热烫、杀菌等工艺，熟悉糖水桃罐头、草莓酱罐头的加工工艺及操作要点，了解果蔬罐头原料配比及质量要求。

第一节 概　　述

果蔬类罐头是指以果实（包括水果和干果）、蔬菜为原料，经过预处理后装入罐藏容器或软包装，经排气、密封、杀菌、冷却等工艺加工而成的可以长期贮存的罐头制品。我国地大物博，果蔬种类繁多、资源丰富，有发展果蔬罐头的基本工业条件。改革开放以来，罐头行业发生了很大变化，但水果罐头仍在整个罐头食品中居产量之首，其次是蔬菜罐头，两者合计占罐头总量的70%以上。

糖水水果罐头是目前市场上较为畅销的罐头食品之一，其中以糖水菠萝、糖水桃子、糖水橘子等罐头销量更好。

(一) 糖水水果罐头加工工艺

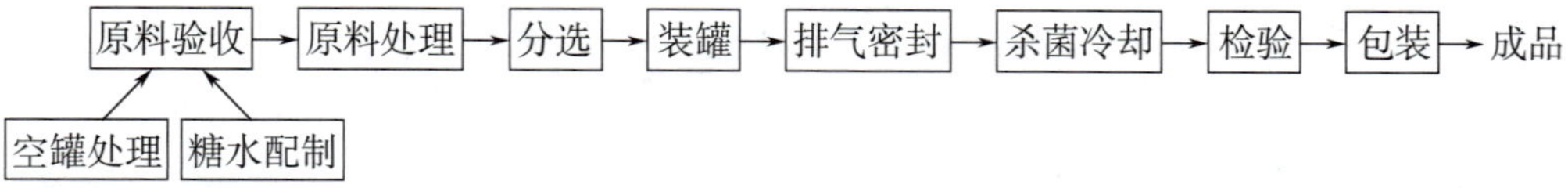

水果原料在装罐前必须除去不可食的部分及皮、去核，经切割和预煮等预处理过程。

1. 分选与洗涤

(1) 投料温度　水果罐头的生产过程中，酶的活性与致死温度非常重要。从冷库或低湿度的贮藏室中取出的果实，在加工投料时，使果心达到一定温度是十分必要的。若原料的果心温度过低，不能保证加工质量和成品色泽，且抽空时不易抽净，烫漂时酶的致死时间会相应延长，影响色泽。

(2) 水果的分选　水果的分选对果实罐头来说相当重要，分选包括选剔和分级。选剔是指剔除腐烂霉变、畸形、病虫害、成熟度不足或过度成熟的不合格原料。分级指按制定出的级别、等级的标准，根据水果的成熟度、糖酸比、生青腐烂果实所占的比例来将水果分开为若干等级。

原料的分级除手工操作外，多采用振动筛式及滚筒式分级机。分级方法可按大小和品种分级。

水果的分选方式：一是在果园内采收时分选，二是在果实进厂后进行分选。水果在果园内的分选，应按种类、品种进行采收，分别存放。避免日光暴晒和雨淋，不要把生青腐烂果带进厂。水果进厂后应分级加工，对于那些腐烂果应在剔削后再进行加工。这样做有利于提高产品的质量。经分选出来的腐烂果，用刀具把腐烂部分削去，带有果核的水果，用刀具把果核挖去，这样有利于加工，但所使用的刀具是不锈钢或铜制品，不可用铁制刀具。因水果中的单宁可与铁结合，生成单宁铁蓝黑色物质，影响水果罐头的色泽和质量。

(3) 水果的洗涤　水果进厂分选后，首先要经过洗涤，然后才能进行加工。洗涤的目的是将水果表面的泥沙、杂物和残留农药及大量的微生物洗掉。

水果的洗涤方法有漂洗法、喷洗法及转筒滚沉法，浆果类原料（如葡萄、草莓等）应采用小批淘洗，以防止机械损伤及浸泡过久，从而影响水果的色泽和风味。

水果的洗涤用水，应符合酿造用水指标，否则不能使用。对于残留农药较多的水果，要采用一些洗涤剂来洗涤水果。

2. 去皮与修整

有些果实表皮粗厚、坚硬、具有不良风味或在加工中容易引起不良后果，这样的果实应根据需要去皮。水果去皮的方法有很多，如机械去皮法、热力去皮法、碱液去皮法等。

机械去皮法：一般采用去皮机进行去皮，方式大致两种：一种是利用机械作用，使原料在刀下转动去皮的旋去机，适用于苹果、梨等；另一种是利用涂有金刚砂、表面粗糙的转筒或滚轴，借摩擦的作用除去表皮的擦皮机，适用于马铃薯、荸荠等。

热力去皮法：一般采用高压蒸汽或开水短时间加热，使果实表皮突然受热松软，与内部果肉脱离，然后迅速冷却的去皮方法。适用于成熟度高的桃子、番茄、枇杷等。

碱液去皮法：通常用氢氧化钠溶液去皮，适用于桃（成熟度较低）、杏、李，因为桃、杏、李的表皮细胞抗碱力较强，当碱液渗透到果实表皮下面的薄膜细胞中时，细胞与细胞之间的胶合物质（即果胶物质）会被碱液所分解，表皮与果肉就会分离。碱液去皮法的碱液浓度和处理时间要控制好，处理得太轻，果皮去不净；处理得过度，会导致果块外表粗糙，损耗原料较多。

桃子（采用淋碱法）：氢氧化钠浓度为13%～16%，温度80～85℃，时间50～80s。

杏子：氢氧化钠浓度为8%～14%，温度95～98℃，时间50～60s。

李子：氢氧化钠浓度为6%～10%，温度98～100℃，时间80～120s。

果实去皮后要迅速用清水冲洗或再用0.1%～0.3%稀盐酸液洗涤中和，以洗除残余碱液，防止变色。另外，果实的去皮方法还有红外线辐射去皮法、火焰去皮法、冷冻去皮法、酶法去皮法等。有些果实不需要去皮。只需去蒂柄或适当修整即可。

3. 热烫与漂洗

有些果实在装罐前需要热烫（或称预热）处理，所谓热烫是将果实放入沸水或蒸汽中进行短时间的加热处理，其目的主要有以下几点：

（1）破坏酶的活性，稳定色泽，改善风味与组织；

（2）软化组织，便于装罐，脱除水分，保持开罐时固形物的稳定；

（3）杀死部分附着于原料中的微生物，并对原料起一定的洗涤作用；

（4）排除原料组织中的空气，可减弱空气中氧对镀锡薄板罐的腐蚀。

果实热烫的方法，有热水处理和蒸汽处理两种。热水热烫的温度通常在沸点或沸点以下。此法的优点是设备简单，物料受热均匀，最大的缺点是可溶性物质的流失量较大。蒸汽热烫通常是指在密闭的情况下，借蒸汽喷射来进行的热烫。热烫温度在100℃左右。此法的优点是果实可溶性物质流失少，但要有一定的设备。

热烫的温度和时间应根据果实的种类、块形大小、工艺要求等条件来定。一般在不低于90℃的温度下热烫2~5min，烫至果实半生半熟，组织比较透明，失去鲜果的硬度，但又不像煮熟后柔软即可。通常以果中过氧化物酶活性全部破坏为结束。

4. 抽空

水果内部含有一定量的空气，其含量依品种、栽培条件、成熟度不同而异。例如，桃子所含空气量占其体积的3%~4%，莱阳梨为3%~5%，杏子为6%~8%，海棠为10%~15%，国光苹果为18%~25%。

水果含有空气，不利于罐头加工，容易造成内容物变色、破裂、煮烂、组织松软、装罐困难、腐蚀罐壁、降低罐内真空度等问题。因此，一些含空气较多或易变色的水果如苹果、梨等，在装罐前必须先抽去空气，即将果块放在密闭容器中，利用真空泵等机械制造真空状态，使果实细胞间隙中的空气释放出来，并使糖水或盐水渗入果肉组织中。

抽空方法分干抽和湿抽两种，如下所述。

干抽法：将处理好的果块装于密闭容器中，进行抽真空，使真空度达到90.66kPa以上，15min，抽去果肉组织中的空气，然后注入规定浓度的糖水（或盐水），使其淹没果肉。

湿抽法：将处理好的果块装于密闭容器中，浸于抽空液中，抽空液与果块之比约为1∶1.2。在抽空液内采用真空抽气系统进行抽真空，使果块透明度达3/4以上。抽空液有以下三种。

（1）水　适用于变色缓慢的品种，果块生装，风味浓郁，但大型果装罐困难。如糖水苹果的抽空糖水浓度为18%~25%。

（2）食盐水　适用于较易变色的品种。抽空后再用清水（或添加0.10%~0.15%柠檬酸）预煮漂洗，如糖水莱阳梨的抽空食盐水浓度为2%。

（3）护色液　适用于变色极快的品种，抽空后用清水预煮漂洗。糖水长把梨的护色液配比如下：食盐2%，柠檬酸0.2%，焦亚硫酸钠（有效SO_2含量50%~61%）0.02%~0.06%。有些果实罐头的抽空液中要加入氯化钙或乳酸钙，如糖水草莓罐头，可使果胶酸与钙结合，形成不溶于水的果胶酸钙，从而使草莓硬度增加，减轻了糖水草莓罐头在杀菌过程中的煮溶现象。

经过上述预处理过程后，糖水水果罐头一般还有糖液配制、装罐等工序。

5. 糖液的配制

（1）糖液的浓度　装罐时需用的糖液浓度，一般根据水果的种类、品种和产品的质量标准要求而异。我国目前生产的各类水果罐头，除芒果、杨梅、金橘和杏子等少数产品外，均要求产品开罐后糖液浓度为14%~18%。

（2）糖液配制时的注意事项　配制糖液用的砂糖应选优质蔗糖，并符合GB/T 317—2018《白砂糖》的要求。砂糖溶解调配时，必须煮沸过滤，糖液加酸必须做到随用随加，必须防止积压，避免蔗糖转化为转化糖使果肉色泽变红。一般要求，注罐时的糖液温度为85℃。但荔枝和梨用的糖液加热煮沸后如迅速冷却到40℃再加酸，对防止果肉变红有明显效果。另外，水的品质也要注意，尤其是水中硝酸根离子的含量。防止罐内壁溶锡腐蚀的发生。

（3）糖液配制方法　有直接法和稀释法两种。

①直接法：根据装罐需要的糖液浓度，直接称取砂糖和水在溶糖锅内加热搅拌，使砂糖溶解并煮沸过滤，校正浓度后备用。

②稀释法：先配制高浓度的浓糖液，称为母液，装罐时再根据需要的浓度以水稀释。

（4）糖液浓度的测定　测定糖液浓度的仪器，一般采用折光计，包括手提折光计和阿贝折光计，也可采用白利糖表、贝林糖表、波美表。使用时，应注意对各种糖度表的换算和对糖液温度的校正。

6. 装罐

按产品标准要求，剔除变色、软烂、斑点和病虫害等不合格果，并按大小、成熟度分开装罐。每一罐中要求水果大小、色泽、形态大致均匀。有个（块）数要求的产品，应控制每罐装入的水果个（块）数。每罐装入果实重量，应根据开罐固形物量要求（按规定净重计），结合原料品种成熟度等条件，通过试装决定。每罐加入糖水量，一般控制在比规定净重稍高的量，以防止果肉露出液面。使用电镀素铁罐的产品，为防止罐内产生液面氧化圈及空罐腐蚀，糖液应加满。

（二）果酱类罐头加工工艺

工艺流程：

[原料处理（选果、去皮、去核等）]→[加热软化]→[打浆（泥状酱）或取汁（果冻）]→[配料浓缩]→[装罐密封]→[杀菌冷却]→[检验]→[包装]→成品

1. 原料的选择

生产果酱类制品用的原料要求果酸和果胶含量高，水果芳香浓郁，成熟度较高，品质优良，其中又以果胶和果酸含量最为重要。因此，各种果实原料又根据其果胶和酸的含量，分为以下5种。

（1）果胶和果酸丰富的原料　山楂、杏、苹果（含酸量高的品种）等。

（2）含果胶量高、含酸量低的原料　无花果、甜樱桃、桃子、香蕉、番石榴等。

（3）含果胶和酸中等的原料　葡萄、枇杷、成熟度高的苹果等。

（4）含果胶量少、含酸量高的原料　酸樱桃、菠萝、杨梅、芒果等。

（5）含果胶和酸都少的原料　成熟的桃子、洋梨、草莓等。

当采用含果胶和果酸少的果实生产果酱类制品时，需要外加果胶和果酸，也可通过加入

另一种富含果胶的果实来弥补果胶含量的不足。

2. 原料的处理

（1）原料预处理　剔除霉烂的、成熟度低的不合格果实，然后按成品种类的不同要求及成熟度的高低进行分级清洗，再根据需要分别进行去皮、去核、切块，最后进行修整，彻底修除斑点、虫害等部分。去皮切块后易变色的水果，应将其及时浸入食盐水或其他护色液中，并尽快加热软化，破坏其酶的活性。

（2）加热软化　处理好的果块根据需要加水或稀糖液加热软化，也有一小部分果实可不经软化而直接浓缩（如草莓）。加热软化的主要目的有：

①破坏酶的活性，防止变色和果胶的水解。

②软化果肉组织，便于打浆和糖液的渗透。

③促使果肉中的果胶溶出。

④脱除一部分水分，缩短浓缩时间。

加热软化时升温要快，沸水投料，每批的投料量不宜过多。加热时间根据原料的种类及成熟度加以控制，以防止过长时间的加热影响原料的风味和色泽。

（3）打浆与取汁　生产泥状果酱的果块，软化后要趁热打浆。打浆机孔径一般为0.5mm。生产果冻的果块软化后需先榨出果汁，再经过滤、澄清处理。柑橘类一般选果肉榨汁，残渣再用少量的水加热软化，抽取果胶液与果汁混合使用。

3. 果酱的配方

（1）配方　果酱的配方按原料种类及成品标准要求而定，一般果肉（汁）占总配料量的40%~50%，砂糖占45%~60%（其中可用淀粉糖浆代替20%的砂糖）。当原料的果胶和果酸含量不足时，应添加适量的柠檬酸和果胶或琼脂，使成品的含酸量达到0.5%~1.0%，果胶含量达到0.4%~0.9%。

（2）配料的准备　所有的固体配料使用前都应先配成浓溶液后，过滤备用。

糖：配成70%~75%的溶液。

柠檬酸：配成50%溶液。

果胶粉：果胶粉不易溶于水，可先与比果胶粉重4~6倍的砂糖粉充分混合均匀，再以10~15倍的水在搅拌下加热溶解。使用果胶粉时，要注意所用果胶粉的胶凝度。例如：1g果胶能与150g糖形成具有上述强度和质量的凝胶，则这种果胶粉的胶凝度就为150。标准果胶的胶凝度为100~150。

琼脂：琼脂俗称洋菜或冻粉，是果酱类制品生产常用的一种增稠剂，使用时应先用约50℃的温水将其软化，清洗后再以20~24倍的水加热溶解，过滤后备用。

4. 果酱的浓缩

生产泥状果酱时，将处理好的果浆投入到浓缩锅中，加入浓糖液即可加热浓缩。若生产块状果酱，则应先将果肉加热软化10~15min，以使果肉软化透，再加入浓糖液加热浓缩。待浓缩至接近终点时，再依次加入果胶液或琼脂液、淀粉糖浆、柠檬酸等，充分搅拌均匀，至可溶性固形物含量达到65%即可。

由于大部分水果原料属热敏性较强的物料，故浓缩的方法、条件及操作等都将直接影响制成品的质量。在生产中，应根据实际情况合理选择浓缩的方法，尽量做到既要提高浓缩效率，又要最大限度地保存水果原有的色、香、味。目前常用的浓缩方法主要有以下两种。

（1）常压浓缩　将物料置于夹层锅中于常压下加热蒸发水分，以达到浓缩的目的。

（2）真空浓缩　将物料置于真空浓缩装置中，在减压条件下进行蒸发浓缩。真空浓缩由于浓缩温度较低，制成品的色、香、味等品质都较常压浓缩的产品要好。

5. 装罐密封

酱类制品为热装产品，出锅后必须迅速将制品装入事先清洗消毒好的空罐中，即刻密封。每锅酱自出锅到分装完毕不得超过30min，以20min为佳，封口温度不得低于180℃。同时要注意果酱不得污染罐边或玻璃瓶口，若有污染，应用消毒湿布及时将其擦净，以免成品在贮藏过程中发霉变质。

酱类制品除极个别品种如椰子酱用素铁罐灌装外，一般采用玻璃瓶或抗酸涂料罐。当采用玻璃瓶时，要注意保持瓶温，以免装罐时玻璃瓶遇热果酱瓶炸裂。

6. 杀菌冷却

果酱经加热浓缩后，所含的大部分微生物已被杀死，且由于酱体的糖度高，pH低（pH 3~4），一般装罐密封后残留于罐内的微生物极少，不易生长繁殖。故在卫生条件好的情况下，果酱密封后只需倒罐或倒瓶数分钟进行罐盖消毒即可，不用再进行杀菌处理。但也发现一些果酱罐头，特别是玻璃瓶装的果酱罐头有长霉和发酵的现象，因此，为确保罐头质量，密封后的果酱罐头还需再进行常压杀菌处理。杀菌条件视品种及罐型而定，一般为100℃杀菌5~15min。杀菌后的罐头应迅速冷却至38℃左右。玻璃瓶罐头应采用热水分段冷却法，并严格控制好各段的温度，以防炸瓶。

第二节　果蔬罐头生产实例

一、糖水桃罐头工艺流程

1. 工艺流程

原料选择→分级→切分→去核→去皮→预煮→冷却→修整→装罐注糖水→加热排气→封罐杀菌→冷却→成品

2. 操作要点

（1）原料选择与分级　选择新鲜、无过度成熟又无过生的桃子，剔除有外伤、腐烂和表面呈青白色的果实。然后进行分级，果实横径要求在50mm以上。

（2）切分去皮核　洗净泥沙和桃毛，用不锈钢刀沿着缝合线切分，然后用圆形挖核圈挖去桃核（去核后的桃块应立即放入稀盐水中护色），最后将桃瓣反扣，淋碱去皮；氢氧化钠溶液浓度为13%~16%，温度为80℃~85℃，时间为50~80s。淋碱后迅速搓去果皮，再以流水冲洗，除去果表面残留的碱液。

（3）预煮与冷却　将桃块放在95℃~100℃的热水中煮4~8min，以煮透为度。预煮前先在水中加入0.1%柠檬酸，待水煮沸后再倒入桃块。煮后应迅速冷却，以冷透为止。

（4）修整　对经水煮、冷却的桃块进行修整，割除表面斑点及部分残桃皮，使切口无边毛，桃凹光滑。果块呈半圆形。

（5）装罐、注糖水　修整好的桃用折光计测定其可溶性固形物，并调制糖水。装罐时要注意桃块核窝朝下。称量要准确，装罐后将罐倒放片刻，沥去果片带入的水分，保证糖水浓度。桃块装 330g，注入 28%的糖水 180mL，以接近装满为止。

（6）加热排气　在排气箱中放置 12min，使罐中心温度达 75℃即可。

（7）封罐、杀菌　趁热封罐，封罐后在热水中煮 10~20min 杀菌。

（8）冷却　玻璃罐用 60℃和 40℃温水逐级冷却，擦干后于 30℃~32℃库中放 3~5d 后检查。如表 12-2-1 所示。

表 12-2-1　糖水浓度调节表

桃块可溶性固形物/%	糖水浓度/%		
	净重 423g	净重 567g	净重 822g
7	28.8	37	30.6
8	27.4	37	29.0
9	26.0	37	27.4
10	24.5	37	24.1
11	23.1	37	22.5
13	20.3	37	20.5
14	19.0	37	19.4
15	17.5	37	16.7

3. 质量检查

糖水桃罐头的质量要求有以下几点。

（1）呈白色或青白色，同一罐中大小果块和色泽基本一致，在果尖、核凹及合缝处不带微红色，糖水较透明，允许有少量不引起浑浊的果肉碎片。

（2）具有桃子的香气、风味，无异味。

（3）桃块组织柔软、完整，允许有毛边，同一罐头内桃肉果块大小比较均匀，不带机械损伤和病虫斑点。

（4）果重不低于净重的 60%，糖水浓度有 14%~16%和 18%~22%两种。

二、番茄酱罐头工艺流程

1. 工艺流程

原料验收 → 选料清洗 → 修整 → 破碎脱籽 → 预热 → 打浆 → 真空浓缩 → 加热 → 装罐 → 密封 → 杀菌冷却 →成品

2. 工艺要点

（1）原料处理及要求

选料：严格剔除霉烂及成熟度不足的果。将番茄均匀投入进料水槽预洗。拣去杂质，再经鼓泡式洗涤机将番茄表面彻底洗干净。

修整：洗涤后有专人将青果、烂果剔除，并将病虫害、裂果部分修割干净。

破碎和脱籽、预热：番茄进入破碎脱籽机脱籽（网眼孔径 1.2mm），脱籽后通过管式加热器预热到 75~80℃。

打浆：预热后通过三道打浆机打浆。打浆机筛板孔径为：第一道 1.0mm，第二道 0.5mm，第三道 0.4mm，要求进料均匀，浆渣畅通。使打出的浆流入带搅拌器的贮罐中。

（2）浓缩

采用双效真空浓缩技术。当酱体浓度达到 28.5%~29.5%时，将酱加热至 90~95℃消毒（也可采用抽气密封），之后立即装罐。酱温保持 80~85℃，洗涤罐外。

（3）密封装罐

罐号及番茄酱的装罐量，如表 12-2-2 所示。

表 12-2-2 罐号及番茄酱的装罐量

罐号	净重/g	番茄酱/g
539	70	70
668 或 5104	198	198
10114	1000	1000
15173	3000	3000
15267	5000	5000

（4）杀菌及冷却

净重 70g 杀菌式：5~15（min）/100℃（水）；

净重 198g 杀菌式：5~20（min）/100℃（水）；

净重 1000g 杀菌式：5~40（min）/100℃（水）；

净重 3000g 杀菌式：5~30（min）/100℃（水）；

冷重 5000g 杀菌式：5~35（min）/100℃（水）；或 7~25~7（min）/104℃。

杀菌后及时冷却。

（5）说明及注意事项

①低浓度番茄酱是指可溶性固形物含量为 22%的番茄酱，高浓度番茄酱是指可溶性固形物含量为 28%的番茄酱。

②注意原料的品种，一般要求型大、整齐、表面光洁、单产高、色大红、干物质含量高、皮薄、肉厚、籽少。

③注意选成熟、红透的果实，柄蒂周围的绿色应削尽。

④严格控制真空浓缩工艺，这是保证质量的关键工艺。

⑤趁热装罐，提高顶隙部分的真空度，减少顶隙度，防止变色及维生素 C 的氧化。

⑥尽量缩短工艺流程，加工过程中应防止与铁器接触。

⑦空罐一般选用抗酸涂料铁罐（三涂二烘或补涂）或高锡带罐。

⑧常压杀菌法可采用常压连续杀菌机，严格控制加热时间和温度，以防番茄红素因长时间加热而氧化变色。

⑨贮藏温度在 20℃以下。

思考题

1. 简述果蔬罐头的概念。
2. 简述水果罐头加工过程中水果去皮的方法有哪些。
3. 简述水果罐头加工过程中热烫的作用。
4. 简述果酱罐头加工过程中加热软化的目的。
5. 简述果蔬罐头杀菌条件选择的依据。

第三章

CHAPTER 3

肉禽类罐头

[学习指导]

本章应重点掌握原汁猪肉罐头、午餐肉罐头、红烧扣肉罐头的加工工艺，熟悉肉禽类罐头加工工艺的操作要点，了解肉禽类罐头加工中常见质量问题。

家禽、家畜含有大量的全价蛋白质、脂肪、浸出物、矿物质及维生素等营养素，是人们日常生活必不可少的主要食品，也是罐头食品的主要原料之一。牛肉、羊肉、猪肉和家禽肉以及屠宰副产品等都可以用于制造肉类罐头。肉类罐头按加工及调味方法可分为以下几类。

（1）清蒸类罐头　即原料经过初加工，不经烹调而直接装罐制成的罐头。这类产品最大限度地保持了原料的特有风味，如清蒸猪肉、原汁猪肉、白烧鸡、白烧鸭罐头等。

（2）调味类罐头　即将原料整理后，经预煮、油炸或烹调之类的加工，或于装罐后加入调味汁液而制成的罐头。因调味方式不同，产品会各具特有风味，如各种红烧肉类、红烧鱼类、五香酱鸭等罐头，加注调味番茄汁的茄汁鱼类、茄汁黄豆猪肉、茄汁兔肉罐头等。

（3）腌制类罐头　即处理后的原料，经食盐、亚硝酸钠、砂糖等按一定的配比组成的混合料腌制后，再加工制成的罐头，如午餐肉、咸牛肉、咸羊肉、猪肉火腿等。

（4）烟熏类罐头　即处理后的原料经腌制、烟熏后制成的罐头，如火腿肉、烟熏肋肉等。

（5）香肠类罐头　即肉经腌制后，加香辛料斩拌，制成肉糜，直接装入肠衣，再经烟熏、预煮、装罐制成的罐头。

（6）内脏类罐头　即猪、牛、羊的内脏及副产品，经处理调味或腌制加工后制成的罐头，如猪舌、牛舌、猪肝酱、牛尾汤、卤猪杂等罐头。

第一节　清蒸原汁类罐头

清蒸原汁罐头能最大限度地保持各种原料肉原有风味的特点，其生产工艺也比较简单。

制作时将经过处理的原料肉直接装罐，再加入食盐（或先将肉和食盐拌匀）、胡椒、洋葱、月桂叶、猪皮胶等配料后，经排气密封、杀菌冷却而制成，如原汁猪肉、清蒸牛肉、白烧鸡等。

一、原汁猪肉罐头工艺流程

1. 工艺流程

原料验收→解冻→去毛污→处理（剔骨、去皮、整理、分段）→切块→复验→

拌料→装罐→排气密封→杀菌冷却→揩罐入库

↑

猪皮胶熬制

2. 工艺要点

（1）原料　采用合格的猪肉，肉肥膘不宜过厚。最好采用肥膘厚度为 1~3cm，即商品等级为 1 级或 2 级的猪肉。

（2）解冻　以冷冻肉为原料时，须先进行解冻。解冻后的肉富有弹性，无肉汁析出，肉色鲜红，气味正常。

（3）毛污处理　洗除解冻后猪肉表面的污物，去除残毛、血污肉、糟头（脖颈）、碎肉等。肥膘太厚者应将其片除，控制肥膘厚度在 1cm 左右。

（4）切块、复验　将整理后的肉按部位切成长宽各为 3.5~5cm 的小块，每块重 50~70g。切块后的肉逐块进行一次复验，除去一切杂质，并注意保持肉块的完整性，较小的肉块应单独分放作搭配添称用。

（5）拌料　各部位肉块分别按以下比例进行拌料：肉块 100kg、精盐 1.3kg、白胡椒粉 0.05kg，分别按比例拌匀后便可搭配装罐。

（6）装罐　净重 397g 的 962 空罐，每罐装肉 360g，猪皮胶液 37g。为保证原汁猪肉罐头质量符合油加肥肉重不超过净重 30%的要求，除在原料处理时控制肥膘厚度在 1cm 左右外，在装罐时须进行合理搭配。一般后腿与肋条肉，前腿与背部大排肉搭配装罐。每罐内的添称小块肉不宜过多，一般不允许超过两块。

（7）排气密封　真空密封，真空度为 53.3kPa；加热排气密封应先经预封，排气后罐内中心温度不低于 65℃，密封后立即杀菌。

（8）杀菌冷却　原汁猪肉需采用高温高压法杀菌，杀菌温度为 121℃，杀菌时间在 90min 左右。

962 罐杀菌式为：15~60~20min/121℃ 或 15~70min/121℃，反压冷却，反压力为 0.11~0.13MPa。

二、去骨鸡罐头工艺流程

1. 工艺流程

原料验收→解冻→处理→预煮→拆骨切块→装罐→排气密封→杀菌冷却→揩罐入库

2. 工艺要点

（1）原料　用于罐藏的鸡肉应是表层呈淡黄色的新鲜鸡或冷冻鸡，表皮不正常或出现青皮、黄骨或严重烫伤者不得使用。投料时，公鸡、母鸡各一半或以 4∶6 比例投料。

（2）处理　在25℃以下解冻，经解冻后的鸡，逐只拔净所有的毛，头和翅膀的毛可不拔。如遇隐毛密集时可局部去皮，但面积不允许超过2cm^2。绒毛可用火焰烧除，烧时注意不要烧焦表皮。用刀割去头部、颈、尾尖，沿膝关节切下鸡爪。剖腹取出内脏、血管、气管、食管等，用清水洗净并逐只检查。

（3）预煮　按公鸡与母鸡、老鸡与嫩鸡分开，分别进行预煮。预煮时，加水量以淹没鸡只为度，并加入适量洋葱。预煮时间，嫩鸡一般不超过30min，老鸡一般不超过60min，以达到易去骨为准。若采用生拆骨工艺，应先将处理后的生鸡拆除骨头，并切成4~6cm或6~8cm的小块。在进行预煮时，预煮时间按公鸡6~8min，母鸡8~9min，碎鸡肉2~3min进行，沸水下料。每锅预煮汤汁浓度达到2%~4%（以折光计）时，将汤汁取出过滤，以备装罐用。

（4）拆骨切块　预煮后的鸡趁热拆骨，拆骨时应注意保持肉块的完整且不破皮，去骨干净。将去骨后的鸡块切成4~6cm（采用747号罐型装）或6~8cm（采用962号罐型装）的小块，块形力求整齐，皮肉连接在一起，并再次检查碎骨、黑皮、血管等杂质。

（5）装罐　采用抗硫涂料罐，在罐内定量装入精盐、胡椒粉以及称重时已搭配在盘内的鸡块。装罐时鸡皮向底盖摆放，添称小块等夹在中间。装罐量如表12-3-1所示。

表12-3-1　去骨鸡罐头的装罐量　单位：g

罐型	净重	鸡肉重	精盐	白胡椒粉	鸡汤
747	142	120	1.5	0.15	30
962	383	210	4.0	0.2	180

装罐时，可根据鸡只的肥瘦情况适当添加一些鸡油，但不宜过多，也不可使用贮藏过久的鸡油，否则会因鸡油被氧化，产生油哈味。

（6）排气密封　真空密封排气，真空度控制在53.3kPa；加热排气时，罐中心温度在55℃以上（净重142g），净重383g者中心温度不低于65℃。

（7）杀菌冷却　杀菌条件：

142g装热排气，10~60~10min/118℃；

383g装热排气，10~60~10min/121℃；

真空密封排气，升温杀菌延长5min。

杀菌后立即冷却到40℃左右。

第二节　腌制、烟熏类罐头

一、午餐肉罐头工艺流程

1. 工艺流程

原料验收→解冻→处理（分段、剔骨、去皮、修整）→分级切块→腌制→绞肉→斩拌→真空搅拌→装罐→真空密封→杀菌冷却→揩罐入库

2. 工艺要点

（1）原料及辅料　午餐肉生产用原料应采用健康良好，宰前宰后经兽医检查肉质合格，经冷却成熟的1~2级肉或冻藏不超过6个月的肉。不得使用冷冻两次或冷冻贮藏不善，质量不好的肉。午餐肉生产中的辅料主要有淀粉、盐、大豆蛋白、香辛料、糖、亚硝酸钠等。淀粉应洁白细腻，无杂质，含水量不超过20%，pH为6.0~8.0。盐应采用洁白干燥，含氯化钠98.5%以上的精盐。香辛料应使用干燥无粗粒的粉末，无夹杂物，有浓郁香味，无霉变虫蛀。亚硝酸钠为干燥、白色结晶状细粒，纯度在90%以上。砂糖应洁白干燥，纯度在99%以上。猪油采用健康猪的板油或肥膘熬成，洁白无杂质，酸价不超过2.5mg KOH/g，水分不超过0.3%。为改善制品质量，可添加三聚磷酸盐或焦磷酸盐等。

（2）解冻　冻猪肉应先进行解冻，解冻完毕的肉温以肋条肉不超过7℃，腿肉不超过4℃为宜。

（3）预处理　解冻后的肉要及时进行预处理。先去除肉表面的污物、修净残毛，在分段机上将肉片分成前腿、中腿和后腿三部分，再剔骨去皮，然后进行整理，修尽碎骨、软骨、淋巴结、血管、筋膜、淤血肉等；再次检查表面污物、猪毛、杂质等。将前、后腿刮去肥膘做成净瘦肉，严格控制肥膘在10%以下。肋条部分去除乳脯，背部肥膘留0.5~1cm，多余的肥膘应被去除，作为肥瘦肉。肥瘦肉中含肥肉量不得超过60%，否则过肥易使脂肪析出。净瘦肉与肥瘦肉的比例为5∶3。处理好的肉应逐块检查，直至无骨无毛、无杂质等，方可将肉块送往切条机（或手工切）切成3~5cm的条，再腌制。在整个加工处理过程中原料不得积压，操作要迅速，肉温应保持在15℃以下，生产车间的温度不宜过高，应控制在25℃以下。

（4）腌制　处理好的肉立即拌上混合盐腌制。混合盐配比为精盐98%，砂糖1.5%，亚硝酸钠0.5%。净瘦肉和肥瘦肉应分开腌制，每100kg肉添加混合盐2.25kg，用拌和机或经人工拌匀后定量装入不锈钢桶中，在0~4℃冷藏库中腌制48~72h。腌制好的肉色泽应是鲜艳的亮红色，气味正常，肉块捏在手中应有滑黏而坚实的感觉。要注意标注腌制时间，先腌先用。注意腌制桶、腌制库地面等处的清洁卫生，腌制桶要及时刷洗，运输推车要保持干净。

（5）斩拌　腌制后的肉进行绞碎和斩拌。将肥瘦肉在有7~12mm孔径绞板的绞肉机上绞碎得到粗绞肉；将瘦肉在斩拌机上斩成肉糜状，同时加入其他调味料。瘦肉斩拌的操作过程为：先开动斩拌机，将净瘦肉均匀地放入斩拌机的圆盘中，然后放入冰屑、淀粉、香辛料，斩拌3~5min，斩拌后的肉糜要有弹性，抹涂时无肉粒出现。

（6）真空搅拌　将斩拌后的肉糜倒入真空搅拌机中，再加入80kg粗绞肥瘦肉，在真空度为67.7~80kPa的条件下搅拌2~4min，使粗绞肉和细斩肉糜充分拌和均匀，同时抽出半成品肉糜中的空气，防止成品产生气泡并出现氧化反应，防止产生物理性胀罐。

（7）装罐　真空搅拌后肉糜取出后应立即送往装罐机进行装罐。装午餐肉的空罐最好使用脱膜涂料罐。若采用抗硫涂料罐，在空罐清洗、消毒后沥干水，然后用猪油在罐内壁涂抹，使罐内壁形成一层油膜，以防止粘罐现象的出现。装罐时，肉糜温度不超过13℃。要注意装罐紧密，称量准确，重量符合标准。装罐称重后应将表面抹平，使中心略凹。非脱膜涂料罐应再涂一薄层猪油，随即封口。

（8）密封及杀菌冷却　午餐肉罐头采用真空密封，真空度为60~67kPa。密封后的罐头应逐个检查封口质量，合格者经温水清洗后再装笼（篮）杀菌。杀菌温度为121℃，杀菌时间按罐型不同而不同。杀菌条件如表 12-3-2 所示。

表 12-3-2　　几种罐型的午餐肉罐头杀菌条件

罐型	净质量	杀菌公式
306	198g	15~50min/121℃，反压冷却
304	340g	15~55min/121℃，反压冷却
962	397g	15~70min/121℃，反压冷却
10189	1588g	15~130min/121℃，反压冷却

反压冷却时前三种罐型采用 0.15MPa 的反压力，1588g 为 0.11MPa 的反压力。冷却后的罐头及时擦罐，入库保温。

二、午餐肉罐头常见的质量分析

1. 脂肪析出与胶冻析出

脂肪析出与胶冻析出是午餐肉生产中容易出现的问题，出现这种问题的罐头肉表面有明显的白色脂肪薄层，在罐底有半透明胶冻物凝聚。其主要原因是肉的质量不好，持水性、结着性差，在加工过程中不能将水分和脂肪保持住；或是肥肉比例过大。为解决这一问题，应采取以下措施：严格控制原料肉的质量、解冻和腌制的条件、肥肉的含量；保证半成品不积压，一般腌制肉原料出库至装罐不超过 20min，装罐至封口时长不超过 10min，封口至杀菌时长不超过 30min；控制好车间的温度，以 20℃为宜；保证斩拌刀的锋利程度；还可以添加适量的多聚磷酸盐。

2. 弹性不足

弹性不足通常与胶冻析出同时出现。产生这一问题的主要原因是肉的质量不好、持水性、结着性差。所以，在生产过程中应严格控制原料的新鲜度、解冻条件和腌制条件，并保证绞肉刀、斩拌刀的锋利，确保肉糜温度不超过 10℃，可有效防止这一问题的出现。

3. 物理性膨胀

物理性膨胀产生的原因主要有两个，一是肉糜中存在较多的空气；二是装填过多。要解决这一质量问题，首先要严格装罐、抽真空搅拌操作，同时要检查空罐容积是否符合规定，密封真空度是否达到要求，另外，采用反压冷却，这样可有效防止假胖听的产生。

4. 表面发黄、切面变色快

该问题是制品表面接触空气氧化而造成的。解决这一问题的关键是提高罐头的真空度，减少罐内残存的空气量。所以要控制搅拌真空度在 67~80kPa，封口真空度在 67kPa 以上。

第三节　调味类罐头

调味类罐头是肉类罐头中品种、数量最多的一类。它是以我国传统的烹调技艺为基础的，注重配料，讲究色、香、味，成品具有原料肉和配料经特殊烹调后才出现的特有风味。

根据烹调方法和加入的配料不同，又可分为红烧、五香、茄汁、咖喱等，各个品种都具有各自的特色。

一、调味类罐头常用的调味料

在调味类罐头的生产过程中，调味辅料起着极其重要的作用，各种不同的调味品种是通过添加不同的调味辅料并加上特有的调味方式而制成的。常用的调味辅料除盐、糖外，还包括许多香辛料、调味料、着色料、增稠料等。

1. 香辛料

香辛料是指某些植物的果实、花、皮、营、茎、叶、根等，这些物质具有一定的气味和滋味，能赋予食物一定的风味，具有抑制和矫正食物的不良风味、提高风味的作用，而且能增进食欲，促进消化。用于调味类罐头生产的香辛料主要有胡椒、辣椒、花椒、蒜、大葱、姜、洋葱、桂皮、肉豆蔻、小茴香、八角茴香、麝香草、月桂叶、荷兰芹等。所用香辛料要求无霉变、无虫蛀、无杂质、气味与色泽正常。

2. 调味料

调味料中用得最多的是盐、糖，此外，作调味料使用的有酱油、味精、酒、醋、豆豉、番茄酱等。酱油应使用酿造酱油，相对密度不低于 1.1787（22°Bé），氯化钠含量不超过 18%，鲜味浓，无酸苦涩味及不正常的气味；味精应洁白无异味，谷氨酸钠含量在 80%以上，水分不超过 1.5%；黄酒应色黄澄清，味醇正，酒精含量在 12%以上；白酒应无色透明，味醇正。

3. 着色料

肉禽类罐头生产过程中只允许使用天然色素，如甜红辣椒粉、番茄酱、焦糖等。焦糖也叫糖色、酱色，是砂糖或葡萄糖或淀粉糖浆在高温下加热制成的，是红烧类罐头的主要着色料。

4. 增稠料

用于罐头生产的增稠料主要有淀粉、琼脂、明胶、面粉等，要求纯净、无霉变、无虫蛀、无杂质、无异味。

二、红烧扣肉工艺流程

1. 工艺流程

原料 → 解冻 → 去杂质 → 预煮 → 上色 → 油炸 → 切块 → 复炸 → 装罐 → 加调味液 → 排气、密封 → 杀菌、冷却 → 揩罐入库

2. 工艺要点

（1）原料处理　剔骨后的肋条肉割去乳脯，要求靠近脊背部肥膘厚度控制在 2~3cm、靠近腰部的五花肉总厚度要在 2.5cm 以上，以防止过肥影响产品质量或过薄影响块形。将肉块表皮污物刮净，剔除肋条肉上残留的碎骨、碎肉、淋巴、瘀血、拔净猪毛，清洗干净。

（2）预煮　沸水预煮，预煮时间为 35~55min，以煮至肉皮发软带有黏性、肉块中心无血水为度。预煮时，每 100kg 肉加鲜葱和拍碎的鲜姜各 200g（葱、姜均用纱布包好）；加水量与肉量之比为 2∶1，肉块必须全部浸没水中。预煮得率约为 90%。预煮是形成红烧扣肉表

皮皱纹的重要工序，必须严格控制。

（3）上色　将预煮的肉表皮水分揩干，在皮面上涂抹一层上色液，稍停几秒钟，再抹一次，以使着色均匀。上色液配方：黄酒 6kg，饴糖 4kg，酱色 1kg。上色操作时注意不要涂到瘦肉的切面上，以免炸焦。

（4）油炸　上色后立即油炸，当油温到 200~220℃时，将上色过的肉块投入油锅中，油炸时间为 45~60s，炸至肉皮呈棕红色、发脆，瘦肉转黄色即可捞起，稍滤油后再将其投入冷水中，冷却 1~2min，待肉皮回软后捞出，时间不宜过长，以免降低成品的油炸风味。

（5）切块、复炸　962 罐型 397g 装，切成长 8~10cm、宽 1. 2~1. 5cm 的块；854 罐型 227g 装，切成长 6~8cm，宽 12~1. 5cm 的块。切块时，要求厚薄均匀、块形整齐、皮肉不分离，并修去焦煳边缘。边角碎料修成长 2~4cm、宽 1cm 的小块肉作添秤用。切块得率为 96%。将切块肉倒入油温为 180~190℃ 的油锅中复炸 30s 左右，复炸时要小心翻动。炸后，立即放入冷水中浸 1min 左右，可避免肉块黏结。冲去焦屑，沥干水分，送去装罐。

（6）加调味料　装罐前配制好调味液，调味液中骨汤要先准备好。

①骨汤熬制：肉骨头 150kg、猪皮 30g，加水 300kg 焖煮，时间不少于 4h，经过滤后备用。骨汤要求澄清不混浊。

②调味液配方：3%骨汤 100kg，酱油 20. 6kg，精盐 2. 1kg，砂糖 6kg，味精 0. 15kg，黄酒 4. 5kg，切碎生姜 0. 45kg。

③调味液配制方法：除黄酒、酒精外，其他各料放入夹层锅中（香辛料用纱布包好）煮沸 5min，出锅前加入黄酒和味精，搅拌过滤备用。

（7）装罐　962 罐型，每罐装肉块 7~9 块，854 罐型每罐装肉块 6~8 块，每罐可添加带皮或不带皮小块肉 1~2 块，用调味液注满。装罐时，肉块大小和色泽要大致均匀，肉块皮面向上，排列整齐，添秤肉可衬在底部。

（8）排气、密封、杀菌冷却　加热排气，罐头中心温度应达 65℃以上；真空密封，真空度为 47~53kPa。密封后应尽快进行杀菌，杀菌条件：10~65min/121℃，反压冷却，反压力 0. 12MPa。杀菌后立即冷却到 40℃以下。

三、香菇肉酱工艺流程

1. 工艺流程

原料验收 → 解冻 → 去皮去骨 → 整理 → 切丁 → 烹调 → 调味 → 装罐 → 密封 → 杀菌冷却 → 揩罐入库

2. 工艺要点

（1）原料验收

①香菇：采用无苦味、无霉变、无虫蛀、气味正常的干香菇或鲜香菇，鲜香菇应呈褐色，干香菇允许带黑色。

②豆瓣酱：发酵完全，豆瓣呈赤褐色，里外一致，氯化钠含量为 16%~20%，氨基酸含量在 0. 5%以上，组织松软，无硬心，鲜味浓，无焦苦味，无霉变和其他异味。

③蒜：结实饱满，不瘪粒，不抽薹，辣味浓。

（2）猪肉处理　合格的新鲜猪肉经成熟，冻猪肉经解冻，去皮去骨、去除瘀血、淋巴等后分成腿肉、五花肉和肥膘三部分。

（3）切丁　将肉分别切成10~12mm的肉丁，肉层薄的应切成15~20mm的小块。

（4）辅料处理

①香菇：干香菇在清水中浸泡约15min，并不断地搅动，待香菇完全变软后洗净捞出。去除菇蒂后将香菇切成5mm宽的丝条，以清水漂洗两次后捞出备用。

②青葱：切去绿叶，清洗沥干后切碎，投入140℃的油中，在120℃油温下炸3~5min，至浅黄色捞出沥油，控制脱水率在50%~55%。

③蒜头：切去两端，去除外膜，捣碎后与青葱一样在油中炸1.5~2min，脱水率控制40%~45%。

④豆瓣酱：去除杂质，搅匀后绞细，马上使用，以免色泽变暗。

⑤酱油：过滤后备用。

⑥砂糖：溶解于番茄酱中用纱布过滤后使用。

（5）配料调味　配料表如表12-3-3所示。

表12-3-3　香菇肉酱配料表

原辅料名称	用量/kg	备注	原辅料名称	用量/kg	备注
腿肉	75		砂糖	28.66	
五花肉	15		番茄酱	13	浓度为12%
肥膘	10		辣椒粉	0.5	
豆瓣酱	71		辣椒油	10	
香菇	3	干香菇	猪油	15	
蒜头	4	未油炸	调味酱油	2.5	
青葱	33	未油炸	味精	0.28	
精盐	调整至成品含盐量6%~8%				

（6）装罐、密封　采用750空罐，净重150g。装搅拌均匀的肉酱155g后，即刻密封。密封时，肉酱的温度不能低于65℃。

（7）杀菌冷却　杀菌条件：10min~20min~10min/110℃。杀菌后急速冷却至约40℃后擦罐入库。

思考题

1. 肉类罐头按加工及调味方法可分为哪几类？
2. 原汁猪肉罐头及去骨鸡罐头杀菌的条件是什么？
3. 简述午餐肉罐头加工过程中真空搅拌的作用。
4. 午餐肉罐头常见有哪些质量问题？
5. 调味类罐头常用的调味料有哪些？

第四章 水产罐头

CHAPTER 4

[学习指导]

本章应重点掌握清蒸类水产罐头、茄汁类水产罐头、其他调味水产罐头、油浸类水产罐头的加工工艺，熟悉水产类罐头加工工艺的操作要点，了解水产类罐头加工过程中调味液的配比。

水产罐头的种类繁多，根据加工方法的不同，可分为清蒸、油浸、鲜炸、茄汁、熏鱼等类型。

第一节　清蒸类水产罐头

清蒸罐头又称原汁罐头，其特点是以保持原料特有的风味色泽为主。以鲜度良好的水产品为原料，经过初步加工，以生鲜状态或经预热处理后装罐，调味品只加少量盐、糖、解腥辅料等，然后加热杀菌而制成。脂肪多、水分少、新鲜肥满、肉质坚密的鱼类，如海鳗、鲐鱼、鲳鱼、马鲛鱼、金枪鱼等，都可作为清蒸鱼罐头的原料。除鱼类外，头足类的墨鱼、贝类中的蛤蜊、牡蛎以及虾、蟹等都可被加工成清蒸类罐头。清蒸水产罐头的生产过程中，要求特别注意原料的新鲜度以及要采取适当的杀菌温度与时间，以尽量保持水产品原料特有的风味和色泽。

（一）清蒸鲭鱼罐头

1. 原料处理

鲜鱼冲洗，冻鱼解冻至半冻状态，去头尾、内脏，修整腹肉，用流动水洗净腹腔黑膜、血污，剔除鲜度差、有机械伤及不合格的原料。

2. 切块

按罐头尺寸决定，块装鱼段切成5~5.5cm，尾部直径>2cm。

3. 盐渍

将配制好的饱和盐水稀释至鱼块盐渍所规定的浓度，冻鱼块与盐水之比为1∶1，其中鲜鲭鱼，盐渍时间可增加2~3min。盐渍过程要求鱼块全部浸没在盐水中。

4. 装罐

空罐用80℃热水清洗消毒，装罐量按每罐净含量区分：589号156g罐装140~150g，763号200g罐装180~195g，7116号425g罐装385~400g；以上为冻鱼装罐量，若为鲜鱼则增加5~10g。

5. 脱水

采用98~100℃蒸汽蒸煮脱水，脱水时间：156g罐为7~14min，200g罐为7~14min，425g罐为16~22min。以鱼体基本蒸熟、骨肉分离为准。将罐头取出后倒置控尽水分。

6. 复磅、加香料盐汤

净含量156g者复磅要求鱼块125g，加盐汤35g；净含量200g者复磅鱼块160g，加盐汤45g；净含量425g者复磅鱼块355g，加盐汤75g。

7. 排气及密封

真空抽气的真空度，589号罐为0.051~0.055MPa，763号罐为0.04~0.046MPa，7116号罐为0.027~0.033MPa。

8. 杀菌及冷却

589号、763号罐：10min~50min~10min/118℃；7116号罐：10min~55min~10min/118℃。杀菌后及时冷却至40℃左右，取出擦罐入库。

第二节　茄汁类水产罐头

以鱼类等水产品为原料，处理后经盐渍脱水生装后加注茄汁，或生装经蒸煮脱水后加注茄汁，或经预煮脱水后装罐加茄汁，或经油炸后装罐加茄汁，然后经排气、密封、杀菌等过程而制成的一类罐头。它兼具鱼肉及茄汁的风味，并宜经过贮藏成熟，待色、香、味调和后食用。我国的茄汁配制，主要用料为番茄酱、砂糖、精盐、精制植物油、味精等。茄汁水产罐头为国际流行的产品。日本的主要品种是茄汁沙丁鱼。英、美和北欧，一般采用体型小脂肪含量低的鱼类。对茄汁鱼类罐头的一般质量要求是：肉色正常，茄汁为橙红色、鱼皮呈自然色泽。茄汁风味浓郁，咸淡适中，无异味。组织紧密适度，块形完整不碎散，大小均匀，鱼块应竖装排列整齐。

（一）茄汁沙丁鱼罐头

1. 原料处理

新鲜的或是冷冻的体长为10~21cm的沙丁鱼，冷冻鱼须用20℃以下的冷水解冻，然后去净鱼鳞、去鳍、去头、去内脏，用清水洗净腹腔内的血污，沥水。

2. 盐渍

将鱼体浸没于10~15°Bé盐水中，鱼体与盐水之比为1∶1，盐渍时间为10min左右，盐渍时应间断翻动鱼体。盐水可使用3次，但在每次盐渍后，应调整其至规定的浓度。将盐渍后的鱼捞起，用清水漂洗一次，沥水。

3. 茄汁的配制

配方：番茄酱（20%）42kg，砂糖10kg，精盐1.2kg，味精0.3kg，精制植物油15kg，冰醋酸0.08kg，清水约31kg，油炸洋葱1.0kg，配成总量100kg。

4. 蒸煮脱水

将生鱼装罐，采用603号、604号抗硫涂料罐，将鱼背朝上整齐排列，注满1°Bé盐水，加热使罐头中心温度达80℃以上。经倒置沥净汤汁，及时加入茄汁，趁热密封。

5. 排气及密封

真空封罐时，真空度为0.048~0.053MPa，密封后倒罐装杀菌篮（车）。

6. 杀菌及冷却

净含量340g/罐，杀菌公式15min~80min~20min/118℃；净含量198g罐，杀菌公式：15min~75min~20min/118℃。将杀菌后的罐冷却至40℃左右，取出擦罐入库。

(二)茄汁鲢鱼罐头

1. 原料处理

用新鲜或冷冻的鲢鱼或鲤鱼作原料。将新鲜鱼用清水洗净，冷冻鱼在不超过20℃的水中解冻洗净。将洗净的鱼去鳞、去头尾、去鳍、剖腹去内脏，洗净腹腔内的黑膜及血污，切成长5~6cm的鱼块。

2. 盐渍

将鱼块浸没于3~5°Bé盐水中，鱼与盐水比为1∶1，盐渍时间为5~8min，视鱼块大小而定，盐渍后用清水漂洗一次，沥干。

3. 油炸

将鱼块放入170~180℃油中，油炸时间为2~4min，炸至鱼块表面呈金黄色时即可捞起沥油。

4. 茄汁的配制

配方：番茄酱（20%）35kg，砂糖6.5kg，精盐3.5kg，味精0.015kg，精制植物油16.5kg，红甜椒粉0.021kg，黄酒3.2kg，冰醋酸0.1~0.4kg，清水或香料水约3.3kg，油炸洋葱31.5kg，胡椒粉0.1kg，蒜泥0.35kg，配成总量100kg。

5. 装罐

采用860号抗硫涂料罐，净含量256g。将空罐清洗消毒后，先在罐底放月桂叶0.5~1片，胡椒2粒，装鱼块170~185g，鲢鱼每罐不超过4块，鲤鱼每罐不超过5块，竖装，应大小搭配均匀，排列整齐。加茄汁71~86g，汁温保持于75℃以上。

6. 排气及密封

将罐预封后热排气时，罐头中心温度达75℃以上。趁热密封，真空封罐时，真空度为0.047~0.053MPa。

7. 杀菌及冷却

热排气杀菌公式：10min~70min~反压冷却/118℃。真空抽气杀菌公式：15min~70min~反压冷却/118℃。将杀菌后的罐头冷却40℃左右，取出擦罐入库。

第三节　调味水产罐头

以鱼类等水产品为原料，在生鲜状态下或经加热脱水后装罐，加调味液后密封杀菌而制成的一类水产罐头。其特点是注重调味液的配方及烹饪技术，使产品各具独特风味，可满足消费者的不同爱好。调味罐头有红烧、五香、烟熏、葱烤、鲜炸、糖醋、豆豉等多种品种，体现了我国烹饪技术的传统特色。

（一）五香凤尾鱼罐头

1. 原料处理

将鱼体完整带子，鱼鳞光亮，鳃呈红色，体长在 12cm 以上的冰鲜或冷冻凤尾鱼，用流动水清洗，去尽附着于鱼体上的杂物，剔除变质、无子、破腹等不合格鱼。然后摘除鱼头，同时拉出鱼鳃及内脏，力求鱼体完整、保留下颚、鱼腹带子饱满不破损。得率为 83%~85%。按鱼体大小分为大、中、小三档，分开装盆。

2. 油炸

按档次分别进行油炸，鱼油之比为 1∶10，油温为 200℃左右，油炸时间为 2~3min。要保证油炸后的鱼体无弯曲、断尾或没炸透现象。油炸得率为 55%~58%。

3. 调味

将油炸后的凤尾鱼捞起，稍沥油，随即趁热将其浸没于调味液中，浸渍时间为 1min 左右，捞出后沥去鱼体表面的调味液，将其放置回软。

调味液配方：酱油 75kg，砂糖 25kg，黄酒 25kg，高粱酒 7.5kg，精盐 2.5kg，味精 0.075kg，生姜 1kg，八角茴香 0.19kg，桂皮 0.19kg，陈皮 0.19kg，月桂叶 0.125kg，水 50kg。先将生姜、桂皮、八角茴香、陈皮、月桂叶等加入煮沸 1h 以上，捞去料渣，再加入其他配料，再次煮沸，最后加酒并过滤，用开水调整至总量为 100kg 调味液备用。

4. 装罐

采用抗硫涂料 401 号、602 号、962 号罐，净含量均为 184g，各装凤尾鱼 184g；500mL 罐头瓶，净含量为 250g。

5. 排气及密封

真空抽气真空度为 0.053MPa，冲拔罐为 0.035~0.037MPa，装罐后及时送真空封口机抽气及密封。

6. 杀菌及冷却

杀菌公式：10~55~反压冷却/118℃，取出擦罐入库。

7. 说明及注意事项

（1）严格控制炸鱼的油温，如油温过高，易使鱼尾变暗红色；油温过低，易造成鱼体弯曲变暗。

（2）封罐后应尽快杀菌。

（3）冲拔罐在杀菌终了时须先用 70℃热水降温，降温要缓慢，以防止突角和瘪罐，出锅后应将其放入水池中冷却至 40℃左右。

(二)红烧鲤鱼罐头

1. 原料处理

将鲜鲤鱼去鳞、去头尾、去鳍、剖腹去内脏，然后刷洗干净，横切成约 5.5cm 长的鱼块，再清洗。

2. 盐渍

鱼按大小分级，并分别浸没于 3%的盐水中，鱼块与盐水之比为 1 : 1，盐渍时间 5~10min，捞出沥干。

3. 油炸

将鱼块投入 180~210℃的油锅中，鱼块与油之比为 1 : 10，油炸时间为 3~6min，炸至鱼块呈金黄色为止。

4. 调味液的配制

配方：砂糖 6kg，精盐 3.5kg，味精 0.045kg，琼脂 0.36kg，水 88kg，花椒 0.05kg，五香粉 0.08kg，鲜姜 0.5kg，洋葱 1.5kg，酱油 10kg。将香辛料加水于夹层锅内煮沸 30min，过滤去渣后，再加入糖、盐等其他配料煮沸、溶解、过滤，最后加入味精，用开水调整至总量为 110kg 调味液备用。

5. 装罐

采用 860 号罐，净含量为 256g，装鱼肉 150g，鱼块不多于 3 块且竖装排列整齐，加麻油 0.45g，调味液 106g，调味液温保持在 80℃以上。

6. 排气及密封

热排气罐头中心温度达 80℃以上，趁热密封；真空封罐真空度为 0.053MPa。

7. 杀菌及冷却

杀菌公式：15min~90min~15min/116℃。杀菌后冷至 40℃左右，取出擦罐入库。

第四节　油浸类水产罐头

油浸类水产罐头是采用油浸调味方法制成的一类罐头食品。精制植物油的注入，有鱼块生装后直接加注的方法；有生装经蒸煮脱水后加注的方法；有先预煮再装罐后加注的方法；也有经油炸装罐后加注的方法，这与茄汁罐头加注茄汁的情况类似。注入精制油后经排气、密封、杀菌等过程制成。产品具有独特香味与风味。存放成熟待色香味匀和之后食用，风味尤佳。以油浸鲭鱼罐头为例介绍。

1. 原料处理

选用鱼体完整、肌肉有弹性、条重在 0.4kg 以上的冰鲜或冷冻鲭鱼。选冰鲜或半解冻的鲭鱼，用流水洗净鱼体，去头、去内脏，流水洗净腹腔黑膜及血污，沥水后切成 4.8~5.2cm 的鱼段。

2. 盐渍

用盐含量为 22%的盐水进行盐渍，盐水和鱼的比例为 1 : 1，盐渍时间为 25min。盐渍完毕，用清水冲洗并沥干。

3. 装罐

采用抗硫涂料罐860号，装入鲭鱼段260~275g，将鱼段竖装，排列整齐。

4. 脱水

在温度为100℃条件下，历时30~50min，脱水后倒罐沥尽汤汁，趁热加注精制植物油40g。

5. 真空密封

真空度在0.053MPa以上。杀菌公式：10min~70min~15min/118℃。杀菌后冷却到40℃左右，取出擦净。

思考题

1. 根据加工方法，水产罐头可分为哪几类？
2. 茄汁类水产罐头加工过程中对原料盐渍的作用是什么？
3. 茄汁类罐头加工中排气的目的？
4. 简述五香凤尾鱼罐头加工中需注意的事项。
5. 各类水产罐头杀菌条件为何不同？

第五章 软罐头

CHAPTER 5

[学习指导]

本章应重点掌握软罐头的概念、分类及加工工艺；熟悉各类软罐头加工工艺的操作要点；了解软罐头包装的容器以及软罐头生产中常见质量问题。

第一节 概　　述

一、软罐头的概念与特点

软罐头由英文 retort pouch food 意译而来。从广义上讲，软包装食品分为袋装食品（透明袋、铝箔袋两种）、盘装食品（透明盘、铝箔盘两种）、结扎食品三类。从狭义上讲，是以聚酯、铝箔、聚烯烃等薄膜复合而成的包装材料制成的耐高温蒸煮袋为包装容器，并经密封、杀菌而制得的能长期保存的袋装食品，简称 RP-F。该食品的生产原理和过程与普通的罐头生产过程大致相同，只是采用软质的包装材料，故称作软罐头。

二、软罐头的容器

软罐头的容器主要是蒸煮袋。蒸煮袋是由多层复合材料制成的具有一定尺寸的袋。蒸煮袋可按如下方法分类：按其材料构成及内容物的保存性可分为透明普通型、透明隔绝型、铝箔隔绝型和高温杀菌用袋。按其承受杀菌温度的能力，可以分为耐 121℃ 杀菌的普通蒸煮袋（RP-F）、耐 135℃ 高温的高温蒸煮袋（HRP-F）及耐 150℃ 高温的超高温蒸煮袋（URP-F）；按袋的容量大小可分为 100g 以下的小袋、100～500g 装的一般袋和 1000g 以上的大袋。按袋的外表形态可分为四方封口的平袋和能竖放的直立袋。

第二节　软罐头的加工工艺

一、软罐头工艺流程

1. 工艺流程

软罐头生产工艺流程与一般罐头的基本相同，只是罐装、密封和杀菌冷却工艺有所不同，现列工艺流程图如下：

原料验收 → 处理（清洗、预煮、调味等） → 装填 → 排气 → 密封 → 杀菌冷却 → 干燥 →

卷材复合薄膜 → 制袋（开袋←预制袋） → 包装 → 封口检查

2. 工艺要点

（1）原料验收与预处理　此操作与一般罐头的操作相同。

（2）装填、排气　在软罐头生产中装填、排气和密封是关键操作。装填的食品有固体的、液体的也有固体和液体混合的，无论装填那种食品都要求装填量精确，不能污染袋口；装填速度快，抽气效果好，密封结构要牢固。

二、软罐头生产实例

以鱼翅汤软罐头为例介绍。

1. 工艺流程

原料验收 → 清蒸鱼翅 → 分拆肉翅 → 鸡丝过油 → 制汤 → 拌料 → 称量 → 填充封口 →

灭菌冷却 → 擦袋入库

2. 工艺要点

（1）原辅材料

①鱼翅：采用经刮沙、拆骨后的干燥鱼翅，呈微黄色，无虫蛀及腐烂现象。

②玉兰片：干燥、微黄色、根小、肉厚、体长在 70～120mm，无霉变、褐变、黑心，复水后不软不烂。

③鸡脯肉：采用来自非疫区、健康良好、宰前宰后经检验并附合格证的鸡脯肉，经急速冷冻，表皮呈白色或黄白色。表皮及肉质紫色、红色、深色的两次解冻的鸡不得使用。

④鸡架：健康鸡只屠宰后（或冷冻鸡）去头、爪、内脏、皮及肉所得的鸡架，用于煮汤。鸡架色泽正常不得有异味，每只质量不得低于 400g。

⑤排骨：脊柱骨或棒骨皆可。肌肉新鲜有弹性，色泽正常，不得带血肉，不得使用二次解冻、有异味，不新鲜的原料。

⑥鸭：采用来自非疫区，新鲜或冷冻，健康良好，宰前宰后经检验合格的鸭只，肥度可采用三级品（每只不低于 1.5kg）。表皮色泽不正常及冷冻两次的鸭只不得使用。若采用处理后的鸭只，不得带有头、爪、内脏、气管、食管、嗉囊、色素肉、瘀血等。

⑦淡口酱油：要求色味纯正，无黏稠感。

其他所用辅料花生油、味精、食盐、白胡椒粉、淀粉、鲜姜、大葱、大蒜等均须符合罐藏要求。

（2）原料处理

①鱼翅：将去沙拆骨的干鱼翅用清水冲洗干净后，在 70~80℃热水中浸泡 30min。

②玉兰片：将干玉兰片用清水浸泡清洗，泡软后放入夹层锅中煮 15min，使二氧化硫被充分蒸发，然后再长流水下漂洗至质软色白、无异味为止。捞出沥干，切成 30~40mm 长、2~3mm 厚的细丝。

③鸡丝：将鸡胸脯肉充分解冻，清洗干净，去除鸡皮、白筋，切成 30~40mm 长，2~3mm 厚的细丝。

（3）清蒸鱼翅　将泡软的鱼翅置于没过鱼翅的清水中，于蒸锅中蒸 30min，出锅后用冷水清洗，然后在夹层锅中烧开水，投入葱、姜，将鱼翅投入开水氽一下，以去掉腥臭味，捞出浸在清水中。

（4）分拆肉翅　将鱼翅用手工拆成单翅细丝，洗净待用。

（5）鸡丝过油　将油加热，放入蒜丝、姜丝（均切成 1mm 宽、10mm 长的细丝），煸炒片刻，然后把用油拌过的鸡肉丝、笋丝投入油中煸炒，至肉色变白后，出锅备用。

（6）制汤　先将鸡架、排骨、鸭只清洗干净，加水及葱、姜熬汤。熬制时使汤微开，以免浑浊，熬至收量为止。捞出固形物，再加入食盐、淡色酱油、味精、随后加入调好的淀粉，开锅后加入胡椒粉，出锅过滤备用。

（7）拌料　将处理好沥干水分的鱼翅丝与过油的鸡丝、笋丝混合均匀。

（8）装袋密封

蒸煮袋：取用三层复合袋（PET/AL/PP），规格 130mm×170mm。

装入固形物 42g，汤汁 145g。

采用全自动包装机，用热装排气法，汤汁温度须在 80℃以上。热封温度为 170~175℃。封口不良的袋要拆开重装。

鱼翅拌料至装填封口这个过程的间隔时间不得超过 30min。

（9）杀菌　用高压锅进行杀菌，杀菌公式为 20min/121℃，反压 176.5kPa。

（10）入库　杀菌后冷却至 37℃以下，小心取出，擦干袋外水分，点数入库。袋子必须平整码放，不得折损。

三、软罐头常见的质量分析

1. 装填时袋口污染

袋口污染是软罐头生产过程中容易出现的问题，而袋口污染又会导致一系列质量问题的出现。如在封口部分有液汁、水滴附着，热封使封口部分（内层）产生蒸汽压，当封口外压力消除时，就会瞬时产生气泡而使封口部分膨胀，导致封口不紧密；如果在封口部分污染上油和纤维等物质，就会使部分地方不能密封，从而造成在加压杀菌及冷却时的二次污染，在贮藏、运输过程中的渗漏。所以在装填密封过程中要严格避免袋口污染。为防止袋口污染可采用以下措施：

①严格控制装袋量，内容物离袋口至少 3~4mm，并要加强检查，发现污染后应立即擦净。

②根据产品特性合理选用装填器，如使用活塞式定量装填器、螺旋推进机齿轮泵装填器。

③在灌装液汁时，尽量使漏斗伸入袋口，使翼状的保护片插入袋口内，以保护内层封口表面不受污染。

④严格控制撑开袋口的工序，使用夹钳或抓手来定向；使用空气喷射的辅助设备以充分张开袋口；用托架夹住袋子至正确位置。

⑤采用合理的抽真空方法　可采用两次抽真空，第一次抽真空可稍低一些（74~80kPa），第二次抽真空可高一些（80~93kPa），这样可以避免真空过高而将内容物抽出进而污染袋口。

软罐头生产过程中另一个常出现的问题是封口时封口部分会产生褶皱。一般有两种类型的褶皱：

①由于熔合封口时局部区域一个封口表面长于另一封口表面而产生的折叠，俗称打褶。有这种褶皱的产品为不合格产品，应报废；

②由于在热熔封口时接触面的不平整引起的一面凹下去另一面高起来的现象。这种褶皱一般不会超过封口宽度的1/2，不会形成槽状，不会渗漏，故允许存在，或再进行一次热熔封口和冷却。第二种褶皱还包括在封口部分的材料还没有很好地冷却前，产品就从真空状态转移到大气压状态而造成的袋周围的塌陷。

防止褶皱产生的措施主要有以下几种：

①封口时袋口相对的两个表面必须平整和并行，两面没有长短差异。

②封口机压模两面要平整并保持平行。

③内容物块形不要太大，装填量不要太多，应严格控制产品的总容量、总厚度。

2. 杀菌冷却中的破袋

软罐头生产中的破袋主要原因如下所述：

（1）内容物本身带骨或装填过多。

（2）袋内残存气体多　在高温高压杀菌时，由于袋内空气及内容物会受热膨胀，所以部分液体汽化而产生内压力，软罐头容器不像金属和玻璃罐那样能承受这种压力，生成的压力和体积的增加使罐头呈膨胀状态，以致袋破裂。

（3）热杀菌操作不当　在杀菌冷却过程中压力掌握不好，会使袋内外压力差过大，超过袋所能承受的压力就会导致袋破裂。软罐头破袋率与杀菌锅压力之间的关系如表12-5-1所示。

表12-5-1　　软罐头破袋率与杀菌锅压力之间的关系

批次	1	2	3	4	5	6	7
加反压力/kPa	0	4.9	9.81	19.6	29.4	39.4	49.0
121℃杀菌锅表压/kPa	103	108	113	123	132	142	152
软罐头	95%破	30%破	20%破	0	0	0	0

从上述破袋原因就可知防止和减少破袋的主要措施有以下几种：

（1）严格控制袋装量，尤其是带骨的食品。

（2）尽可能减少袋内残存的空气量，保证软罐头的真空度。

（3）掌握好杀菌冷却过程中的反压力，保证在整个杀菌过程中袋内外压力差始终小于袋所能承受的压力。尤其在冷却阶段，必须加入足够的压缩空气，使杀菌锅中的压力始终大于软罐头袋内的压力，直到冷却结束。

思考题

1. 简述软罐头的概念及特点。
2. 软罐头的容器有哪几类？
3. 软罐头生产中，如何防止装袋时袋口污染？
4. 简述软罐头生产中，杀菌冷却时破袋的原因。
5. 简述软罐头和其他罐头的异同。

第六章 其他类罐头

CHAPTER 6

[学习指导]

本章应重点掌握坚果类罐头、粥类罐头的加工工艺，熟悉坚果类罐头、粥类罐头加工的具体工艺流程，了解粥类罐头的原料配比。

第一节　坚果类罐头

在罐头分类标准中，按不同加工方法和要求把一些特殊类别的罐头单独列出，称为其他类罐头。其中包括：坚果类罐头，如花生米、核桃仁、什锦干果罐头等；粥类罐头，如八宝粥、莲子粥等罐头；汤类罐头，如牛尾汤、猪肚汤，水鱼汤等罐头。

一、坚果类罐头概述

坚果类罐头包括符合要求的坚果、干果原料，经挑选、去皮（壳），油炸拌盐（糖或上糖衣）后装罐而制成的罐头产品。

二、坚干果罐头的生产实例

1. 花生米工艺流程

原料验收→原料分选→烘焙脱衣→分选→油炸→拌盐→分选装罐→排气密封

工艺要点：

（1）原料分选　用分级筛进行大小分级后，再筛出泥沙杂质及过小的花生米。

（2）烘焙脱衣　将花生米在水中瞬间浸润后送入烘房在 80~90℃下，鼓风 9~10h，使花生米的水分含量达到 2%以下，使其易于去衣为止。在干燥的条件下进行急速冷却，及时用机械或手工去衣。

（3）分选油炸 剔除碎片、僵仁、干瘪、断裂、有氧化味及未去干净内衣的不合格花生米，然后按大小分别进行油炸。油温 150~160℃，时间 9~11min，花生米呈黄色，酥脆后即刻捞出甩油，再冷却至 85℃以下。

（4）分选拌盐 剔除存在颜色过深、花斑、严重畸形、走油、碎瓣等情况的不合格花生米，并将半粒花生瓣单独放置；色泽浅的花生米应再进行复炸。合格的整粒花生米和半粒花生米分别拌盐，每 10kg 花生米拌入烘干粉碎后的盐粉 100g，充分拌匀。

（5）装罐 采用 889 空罐，净重 227g。空罐用沸水消毒，烘干后，再以 75%酒精消毒；罐盖打印后经里外消毒。整粒装要求颗粒完整，色泽呈均匀的淡黄色至黄色，无焦斑及白斑，大小均匀；半粒装要求色泽、大小基本均匀。

（6）排气密封 采用真空密封排气，真空度 73~80kPa。

2. 琥珀桃仁

（1）工艺流程

原料挑选→水煮→甩水→挑选→上糖液→油炸→冷却→甩油→装罐→抽气密封

（2）工艺要点

①原料挑选：核桃仁通过 0. 8cm 孔径的振动筛，筛除碎桃仁、碎皮、杂质，挑选出虫食、霉变的不合格桃仁。

②水煮：沸水煮 2~4min，立即以清水冷却完全、漂洗，除去涩味，预煮水要经常更换。

③甩水：水煮漂洗后将桃仁装入布袋内，在离心机内甩 2min 左右，以去除多余的水分。

④上糖液：将甩干的核桃仁浸泡在 50%蔗糖液中。

⑤油炸：将桃仁放入 150~160℃的油中炸 2~4min，炸透呈琥珀色，不焦煳。立即捞起、摊开，迅速冷却至 60~70℃，翻动以免粘连，冷却至 50℃以下，再在离心机中甩油 1min，使之脱去表面余油。取出分选，选除焦煳、颜色过深、发黏、有碎块和杂质的桃仁。

⑥装罐、抽气密封：按色泽、大小粒分开装罐，要求色泽、大小均匀。琥珀桃仁不进行杀菌，故对加工过程的卫生和个人卫生要求很严格。装罐后抽气密封，真空度为 53kPa。

第二节 粥类罐头

一、粥类罐头的种类和特点

粥是以谷类如大米等为基础原料，再辅以豆类、干果等其他原料加工而成的一种半流体食品，其种类很多，但至今没有统一的分类方法。一般常以主原料或粥中的某一特色原料来命名分类，如薏米粥、莲子粥等；也有的以所用原料的种数来命名，如八宝粥等。粥的名称基本上可反映出这种粥的特色。

二、粥类罐头的工艺流程

1. 原料及其基本要求

粥类罐头生产用的原料种类、品种很多，主要有以下五类：

（1）谷类　主要有糯米、粳米、稻谷等。

（2）豆类　主要有红小豆、绿豆、芸豆等。

（3）干果　桂圆、红枣、莲子等。

（4）杂粮　大麦仁、小米、薏米、黑米等。

（5）其他　银耳、花生米、枸杞子、桂花等。

生产粥类罐头用的谷物、豆类、干果、杂粮等原料应颗粒饱满、色泽正常、无虫蛀、无霉变、无杂质、无污染，符合有关标准的要求。

2. 原料的预处理

（1）选料、清洗　挑选剔除糯米、薏仁、麦仁、红豆、绿豆、芸豆、花生、莲子、葡萄干等原辅料中虫蛀、破损、发霉等不良粒及杂物。然后用清水清洗，充分清洗去除表面杂物、灰尘及残留农药。

（2）浸泡复水　桂圆肉、红枣等原料在装罐前应以适量的水进行适度浸泡复水。

（3）预煮　红小豆、芸豆、花生等辅料筛选清洗后进行适度预煮（煮至八成熟，手感略硬即可）。

3. 常见质量问题

（1）粥粒不完整、成糜状　原因为：米、水等配比不当，水的比例过高；加工工艺不当，米淘洗过度、熟化过度。

（2）分层、粥体不均匀、不黏稠　原因为：主原料如大米品种选择不当或两种米的比例不当；米、水等的比例不当，米量过少；加工工艺不当，如分次加水等。

（3）干硬、无流动性　原因为：米、水等的比例不适当，米量过高。

三、粥类罐头的生产实例

八宝粥是指以 8 种以上的谷类、豆类、干果、杂粮等（不包含糖水）为原料加工而成的粥，是我国粥中最受欢迎的一类。以八宝粥类罐头和黑米八宝粥罐头作为粥类罐头的加工实例。工艺流程：

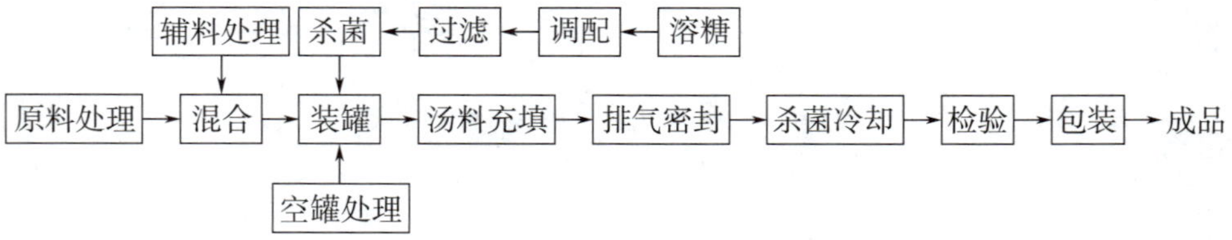

工艺要点

（1）原料配方（1200 只）　糯米 20kg，红豆 10kg，薏仁 4kg，花生 4kg，珍珠米 2kg，绿豆 10kg，桂圆肉干 5kg，麦片 2kg，红枣 2400 粒，汤料 400kg。

（2）原料的选择　无虫蛀、无破损、无霉变的优质糯米、薏仁米、绿豆、红枣、珍珠米、桂圆肉、麦仁、花生米。

（3）原料处理

①糯米、薏仁米、珍珠米：筛选、清洗、浸泡。

②红枣：挑选、浸泡、清洗。

③桂圆：清洗、浸泡，浸泡水过滤后用于汤汁制备，桂圆肉挑选后备用。

④豆类、花生米：筛选、清洗、预煮。

（4）配汤　按工艺要求配制好糖液，为增强风味应加入桂圆滤液。

（5）装罐　经处理的糯米、薏仁、珍珠米、绿豆、麦片、花生等原辅料按一定的比例混合后，用自动定量装罐机装罐；红枣、桂圆人工控制装罐，最后再加入汤料。953 型铁罐，每罐装混合料 110g，汤料 240g。

（6）排气密封

①排气箱排气：93℃，6~8min，罐中心温度达 80℃即刻密封。

②真空排气密封：真空度 67kPa。

（7）杀菌冷却　净质量 340g，8min~38min~15min/119℃，冷却至 38~40℃。

思考题

1. 坚果类罐头包括哪几种？
2. 坚果类罐头生产中分选油炸的作用？
3. 简述粥类罐头的种类和特点。
4. 粥类罐头生产用的原料主要有哪几类？
5. 粥类罐头常见质量问题有哪些？

主要参考文献

[1] 马长伟．食品工艺学导论［M］．北京：中国农业大学出版社，2004.

[2] 沈月新．水产食品学［M］．北京：中国农业出版社，2001.

[3] 汪之和．水产品加工与利用［M］．北京：化学工业出版社，2003.

[4] 梁文珍．罐头生产［M］．北京：化学工业出版社，2011.

[5] 赵良．罐头食品加工技术［M］．北京：化学工业出版社，2007.

[6] 江建军．罐头生产技术［M］．北京：中国轻工业出版社，2006.

[7] 赵秀丽．罐头制品质量安全与卫生操作规范［M］．北京：中国计量出版社，2010.

第十三篇
调味品工艺

第一章 概述

CHAPTER 1

[学习指导]

本章应重点掌握调味品的概念及分类。

第一节　调味品的概念

调味品是指在食品加工或烹调中能够调整或调和食物口味的食品加工辅料或添加剂。在国家标准 GB/T 20903—2007《调味品分类》中，调味品的定义为："在饮食、烹饪和食品加工中广泛应用的，用于调和滋味和气体并具有去腥、除膻、解腻、增香、增鲜等作用的产品"。它的主要功能是增进菜品质量，满足消费者的感官需要，从而刺激食欲，增进人体健康。

调味品又称调料，主要是指香草和香料。香草是各种植物的叶子。它们可以是新鲜的、风干的或磨碎的。香料是植物的种子、花蕾、果实、花朵、树皮和根。香料的味道比香草浓烈得多。有些情况下，一种植物既能用于生产香草又能用于生产香料。有些调味品由多种香料混合而成（例如红辣椒粉），或者由多种香草混合而成（例如调味袋）。调味品种类繁多，它不仅能够赋予食品一定的气味和滋味，还能改善食品的质感和色泽。只有了解调味品的属性和调味原理，掌握调味品的应用方法、相互作用及使用量等，才能加工出色、香、味俱全的美味食品。

第二节　调味品的分类

调味品大致可以分为甜味料、酸味料、咸味料、辣味料和香味料等。这些调味品的成分大多数为人体所必需或无害于人体。所以，调味品的添加不但不能影响食物中的营养素，反而应具有补充效果及作用。但调味品的用量也不能过度，否则会产生副作用。

中国研制和食用调味品具有悠久的历史和丰富的知识，调味品品种众多。其中有属于东方传统的调味品，也有引进的调味品和新兴的调味品品种。对于调味品的分类，目前尚无定论，从不同角度可以对调味品进行不同的分类。

1. 按来源分

调味品可分为动物性（鸡精）；植物性（黑胡椒、芥末、姜）；矿物性（食盐）；化学合成类。

2. 按加工过程分

（1）酿造类　酿造类调味品是以含有较丰富的蛋白质和淀粉等成分的粮食为主要原料，经过处理后进行发酵，即借有关微生物酶的作用产生一系列生物化学变化，将其转变为各种复杂有机物的调味品。此类调味品主要包括酱油、食醋、酱、豆豉、豆腐乳等。

（2）腌渍类　腌渍类调味品是将蔬菜加盐腌制，通过有关微生物及鲜菜细胞内酶的作用，将蔬菜体内的蛋白质及部分碳水化合物等转变成氨基酸、糖分、香气及色素，且具有特殊风味的调味品。其中有加淡盐水浸泡发酵而成的湿态腌菜，也有经脱水、腌渍发酵而成的半湿态腌菜。此类调味品主要包括榨菜、冬菜、霉干菜、泡姜、泡辣椒等。

（3）鲜菜类　鲜菜类调味品主要是以新鲜植物制作而成的。此类调味品主要包括葱、姜、蒜、辣椒、辣根、香椿等。

（4）干品类　干品类调味品大都是根、茎、果干制成的，含有特殊的辛香或辛辣味道。此类调味品主要包括花椒、胡椒、干辣椒、八角、芥末、桂皮、姜粉等。

（5）水产类　水产类调味品是以水产中的部分动植物经干制或加工而成，蛋白质含量较高，具有特殊鲜味，习惯用于调味的食品。此类调味品主要包括鱼露、虾米、虾皮、虾酱、虾油、蟹制品、淡菜、紫菜等。

（6）其他类　不属于前面各类的调味品，主要包括食盐、味精、糖、黄酒、咖喱粉、芝麻油、花生辣酱等。

3. 按状态分

调味品可分为液态（食醋、卤水汁）；油态（鲜虾油）；粉状（胡椒粉、大蒜粉、鸡粉）；糊状；膏状（沙茶酱、酸梅酱）。

4. 按味感分

调味品可分为咸味调味品（食盐、酱油、豆豉）；甜味调味品（蔗糖、蜂蜜）；酸味调味品（食醋、茄汁、山楂酱）；鲜味调味品（味精、虾油、鱼露）；酒类调味品（黄酒）；辛香料调味品（花椒、葱）；复合及专用调味品（甜面酱、花椒盐）。

5. 按人们的口味和习惯分

（1）单味调味品　如醋、糖、盐等。

（2）基础调味品　如酱油、味精、面酱、辣椒油等。

（3）复合调味品　如辣椒酱、蛋黄酱、番茄酱、烤肉酱、沙茶酱、调味醋等。

6. 按调味品的性质、来源等分

调味品可分为化学调味料、复合调味料、核苷酸调味料、天然调味料、原始辛香调味料、西式调味料和酿造调味料 8 类。

7. 按主要用途分

调味品可分为快餐调味料、复合调味料、西式调味料、方便食品调味料、膨化食品调味料、火锅调味料、海鲜品调味料及速冻食品调味料等。

思考题

1. 什么是调味品？
2. 简述调味品的分类方法。
3. 按加工过程分，调味品分为哪些类？
4. 调味品按味感分为哪些？

第二章 酱油、酱类和腐乳

CHAPTER 2

[学习指导]

本章应重点掌握酱油的概念及分类、酱油的酿造工艺；酱的分类及豆酱和面酱的酿造工艺；了解腐乳生产的原辅料、掌握其生产工艺流程和操作要点。

第一节 酱 油

酱油起源于中国，是一种古老的传统调味品，是以豆、麦、麸皮等为原料酿造的液体调味品，色泽为红褐色，有独特酱香味，滋味鲜美，可促进食欲。

一、概 述

（一）酱油的概念

酱油是以富含蛋白质的豆类和富含淀粉的谷类及其副产品为主要原料，在微生物酶的催化作用下分解成熟并经浸滤提取的调味汁液。

（二）酱油的分类

1. 按行业标准分类

在最新的 GB 2717—2018《食品安全国家标准 酱油》中，将原来的“酿造酱油”修订称为“酱油”，而原有的“再制酱油”则归类为复合调味料，不能称之为“酱油”了。酱油的定义为“以大豆和（或）脱脂大豆、小麦和（或）小麦粉和（或）麦麸为主要原料，经微生物发酵制成的具有特殊色、香、味的液体调味品”。分类如下所述。

（1）高盐发酵酱油 是指原料在生产过程中，应用高盐发酵工艺酿制的调味汁液。可供调味及复制用，其还可以细分为以下几类：①高盐固态发酵酱油是指原料在发酵阶段采用高盐度、小水量固态制醅工艺，然后在适当条件下再稀释浸取的调味汁液。②高盐固稀发酵酱油是指原料在发酵阶段采用高盐度、小水量固态制醅工艺，然后在适当条件下再稀释成醪，继续分解、成熟制取的调味汁液。③高盐固稀发酵酱油是指原料在发酵阶段采用高盐度、多水量稀态制醪工艺，分解成熟后直接滤取或适当稀释滤出的调味汁液。

（2）低盐发酵酱油　指原料在生产过程中应用低盐发酵工艺酿制的调味汁液。产品通常用于调味及复制，可细分为以下两类：①低盐固态发酵酱油是指原料在发酵阶段采用低盐度、小水量固态制醅工艺，分解成熟后再稀释浸取的调味汁液。②低盐固稀发酵酱油是指原料在发酵阶段采用低盐度、小水量固态制醅工艺，然后在适当条件下再以一定浓度盐水稀释成，并继续分解成熟制取的调味汁液。

（3）无盐发酵酱油　指原料在生产过程中不添加食盐，采用固态发酵工艺进行酿制的调味汁液。产品通常用于调味及复制。

2. 商业流通中的酱油分类

在商业流通中，有的按生产方法分类，有的按添加风味物质分类，还有的按形态分类，常见种类如下所述。

（1）抽油　古法提取酱油时，用有蜂眼的管子插入酱缸中，让酱油渗入管内，然后抽取而出，故称之为抽油。第一次抽取的汁液质量最好，称“头抽”；第二次抽取的质量次之，称“二抽”；第三次抽取的质量最差，称“三抽”。

（2）生抽　是一种不用焦糖色素调色、增色的酱油。一般以精选的黄豆（7 份）和面粉（3 份）为原料，用曲霉制曲，经曝晒、发酵、成熟后提取而成的酱油，并以提取次数的先后分为特级、一级、二级。其风味、使用方法与普通酱油基本相同，尤其适用于色泽要求较浅的食品。

（3）老抽　是在生抽中加入用红糖熬制成的焦糖，再经加热搅拌、冷却、澄清而制成的浓色酱油。按生抽的级别相应分为特级、一级、二级。其风味、使用方法与普通酱油基本相同，尤其适用于色泽要求较深的食品。

（4）复制红酱油　是在酱油中加入红糖、八角、山柰、草果等调味品，用微火熬制，冷却后加入香味剂制成的酱油。可用于冷菜及面食的调味。

（5）白酱油　是未经调酱色或酱色较浅的化学酱油。风味与普通酱油相同，只是色泽呈浅黄色或无色。多用于要求保持原料原色的菜肴及食品，如白蒸、白煮、白拌等。

（6）甜酱油　是以黄豆制成酱醅，添加红糖、饴糖、食盐、香料、酒曲等酿造而成的酱油，色泽酱红、质地黏稠、香气浓郁、咸甜兼备、咸中偏甜、鲜美可口。用法同普通酱油，尤以浇拌凉菜为宜。

（7）美极鲜酱油　用大豆、面粉、食盐、糖色、鲜贝提取物等加工制成的浅褐色酱油，其味极鲜，多用于清蒸、白煮、白焯等菜肴的浇蘸佐食或用于凉拌菜肴。

（8）辣酱油　是在酱油中加入辣椒、生姜、丁香、砂糖、红枣、鲜果及上等药材，经加热、浸泡、熬煎、过滤而成的酱油。其色酱红，具有咸、鲜、辣、甜、酸、香等多种味感，多用于蘸食及调拌冷菜。另外在西餐中较多使用。

（9）加料酱油　此类酱油是在酿造过程中加入动物或植物性原料，制成的具有特殊风味的酱油，如草菇老抽、香菇酱油、虾子酱油、蟹子酱油、五香酱油等。

二、酱油酿造工艺

1. 酱油的酿造工艺

酱油的酿造工艺如图 13-2-1 所示。

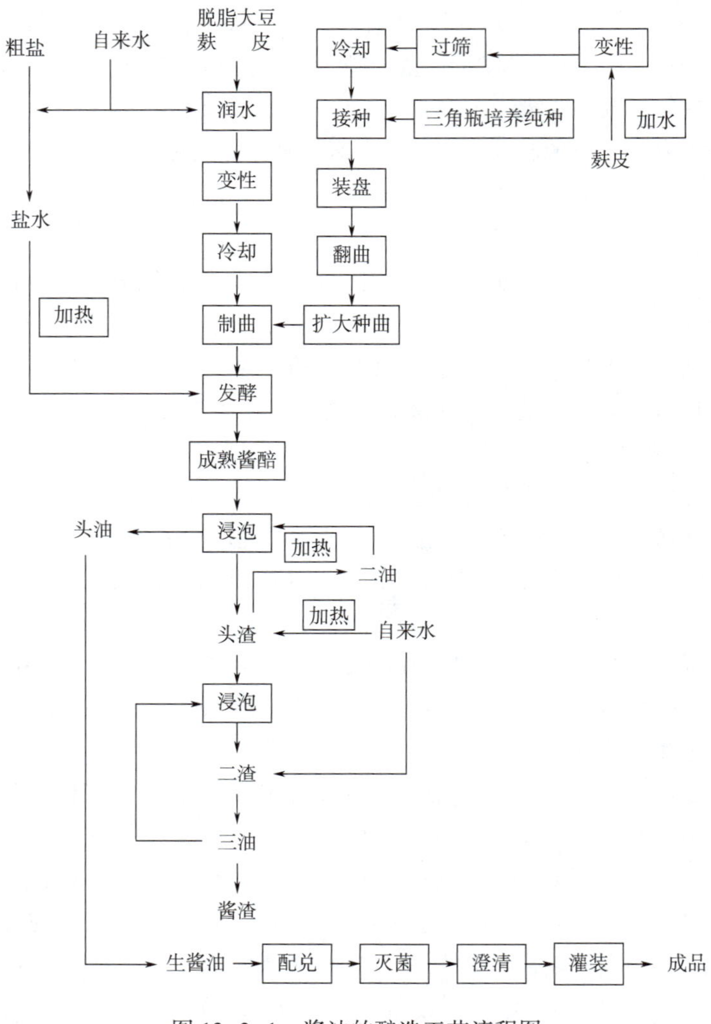

图 13-2-1　酱油的酿造工艺流程图

2. 操作步骤

（1）原料验收　对所有原辅料如豆粕、麸皮等进行感官、理化及卫生学等方面的检验，合格者方可用于生产。

（2）粉碎　粉碎的目的是使原料有适当的粒度，便于润水和蒸煮，增加米曲霉的繁殖面积和酶的作用面积，有利于原料成分的充分分解。豆饼或豆粕的粉碎可采用适当的粉碎设备，例如锤式粉碎机、多功能粉碎机。粉碎后再通过筛分，使豆粕的细碎度达到标准要求。

（3）混合　制曲原料的配比，各地不一。既要考虑酱油的质量，又要照顾各地区酱油的风味特点。由于酱油的鲜味主要来源于原料中蛋白质分解生成的氨基酸，而酱油的香甜主要来源于原料中淀粉分解生成的葡萄糖及醇类，醇与有机酸结合可生成酯类，形成香味。所以，若需酿制鲜味较浓并带香甜的酱油，在原料配比中需适当增加蛋白质原料；如需酿制出香甜味浓并带有鲜味、体态黏稠的酱油，在原料配比中需适当增加淀粉质原料。常用的原料配比为豆饼（豆粕）：麸皮为8∶2或7∶3或6∶4或5∶5。粉碎后的豆饼与麸皮应按一定比例充分拌匀。

（4）润水　润水是指给原料加入适量的水分，使原料均匀且能完全吸收水分的工艺过程。

①原料润水的目的：使原料均匀地吸收一定水分，使其膨胀、松软，有利于蒸煮时蛋白质达到适度变性，使淀粉充分糊化，溶出曲霉生长所需的营养成分，同时也为曲霉生长提供所需的水分。

②原料润水的方式：目前润水的方式有三种，即人工翻拌润水、螺旋输送机润水、旋转式蒸煮锅润水。

人工翻拌润水是在蒸锅附近筑一平台，周围稍砌高畦，以防翻拌润水过程中存在水分流失。加水时，在平台上用铲翻拌，可使水与原料充分接触，均匀吸水。加水后堆积一段时间，让水分自然浸润，使原料均匀而完全吸收水分的过程。螺旋输送机润水是将原料送入螺旋输送机内，边加水、边混合，使原料与水充分接触，然后再堆积一段时间，让原料自然润湿的过程。旋转式蒸煮锅润水是将原料装入蒸煮锅内，在蒸锅进行回转运动的同时按一定比例喷入水分，并使水分尽可能分布均匀并渗入料粒内部的操作过程。

（5）加水量　加水量对制曲、原料利用率及氨基酸生产率影响很大。加多少水为适宜的量必须根据原料的性质及配比制曲的条件、制曲的季节而定。原料品质好，加工设备先进，操作环境卫生洁净，操作过程不易为杂菌浸染，加水量宜多些，反之加水量宜少些。据日本有关资料报道，豆饼加水量从70%增至160%过程中，原料全氮利用率和氨基酸生产率会随加水量增加而逐渐提高。

（6）原料的蒸煮及冷却　蒸煮是使原料中的蛋白质适度变性、淀粉糊化，有利于被酶水解的过程，可杀灭原料中的有害及致病微生物。蒸熟后的原料应立即降温到接种温度，常压蒸料可采用摊冷法或扬凉法，旋转式蒸煮锅蒸料可用扬送机扬凉，刮刀式蒸煮锅蒸料可将熟料缓慢送入凉料机中进行风冷。不论哪一种冷却方式都应注意卫生，防止二次污染影响酱油质量，同时打碎团块，有利于下一步的操作。

（7）制曲　制曲是在熟料中加入种曲，创造曲霉生长繁殖的适宜条件，使之能充分繁殖，同时产生酱油酿造时所需各种酶类的过程。产生的主要酶类有蛋白酶、淀粉酶、脂肪酶、纤维素酶等。制曲是酿制酱油最关键的环节，成曲的好坏对酱油的产量、质量起决定性作用。要制好成曲，一是要制出优良的种子曲；二是做好原料的选择、配比及处理工作；三是在制曲时要做到科学管理。

（8）发酵　酱油发酵是利用成曲中曲霉、酵母、细菌所分泌的各种酶类，对曲料中的蛋白质、淀粉等物质进行分解，形成酱油独有的色、香、味成分的过程。在成曲中，拌入多量的盐水，使其呈浓稠的半流动状态的混合物称为酱醪；在成曲中拌入少量的盐水，使其呈不流动状态的混合物称为酱醅。酱油发酵的方法很多，根据醪和醅状态的不同，可分为稀醪发酵、固态发酵及固稀发酵；根据加盐量不同，可分为高盐发酵、低盐发酵和无盐发酵；根据发酵时加温情况不同，又可分为日晒夜露发酵及保温速酿发酵。无论何种发酵方式，其目的都是为了创造酶促反应的有利条件，避免有害杂菌的污染，使酱醅（醪）能顺利、正常地发酵与成熟。

（9）酱油的浸出（提取） 浸出是指在酱醅成熟后，利用浸泡及过滤的方式，将有效成分从酱醅中分离出来的过程。浸出包括浸泡和过滤两个工序。浸出法代替了传统的压榨法，节省了烦琐而沉重的压榨设备，减少了占地面积，改善了劳动条件，提高了生产效率及原料利用率。浸出原则是尽可能地将固体酱醅中的有效成分溶解出来，溶解到液相中，并保持绝大部分浸提成分被快速分布到成品中去。浸出方式有原池浸出和移池浸出两种方式。

（10）酱油的后处理

①加热处理：其作用是杀灭产品中的有害及致病微生物，钝化各种酶类，调和香气及风味，改善酱油色泽，脱除热凝固物，促进酱油澄清，提高酱油的保藏稳定性及食用安全性。

②热处理方法：采用间歇式加热法，应将成品酱油加热到70℃，并保持30min。如采用连续式加热法，应将酱油加热至80~85℃，维持5~10min。有条件的可采用超高温瞬时灭菌法（UHT法），可最大限度地保留产品中的热敏性营养物质。

（11）产品的调配

①风味的调整：添加某些风味成分对酱油风味进行调整。鲜味成分有谷氨酸钠（味素）、鸟苷酸、肌苷酸等；甜味成分有砂糖、甘草、饴糖等；芳香成分有花椒、丁香、桂皮（浸提液）等；色素成分有焦糖色素、酱色等；防腐成分有苯甲酸钠、山梨酸钾等。

②理化指标的调整：一般对全氮含量、氨基酸态氮含量、盐的含量、无盐固形物的含量进行检测和调整，可使产品符合相应标准规定。

③澄清与防腐：澄清是将杀菌后的酱油迅速冷却，在无菌条件下自然放置4~7d，使热凝固物沉淀并凝聚、沉降到下层，从而获得上清液的过程。也可以采用过滤器进行过滤澄清；酱油防腐可采用防腐剂法进行防腐，常用的防腐剂有苯甲酸钠、山梨酸钾，其最大用量不能超过0.1%。

（12）灌装、封口、检验及储存 采用玻璃瓶、聚酯瓶或塑料薄膜袋对酱油进行包裹，包装材料应符合食品卫生要求，无毒无味，不透气，不透水，不透油、灌装封口操作尽量采用无菌灌封技术，以保证产品不被二次污染。产品应该按照国家有关酱油质量标准的要求进行检验，合格者方可出厂，成品酱油应当在10~15℃、阴凉、干燥、避光、避雨处存放。

第二节 酱 类

一、概 述

酱是以富含蛋白质的豆类和富含淀粉的谷类及其副产品为主要原料，利用米曲霉为主要微生物，经发酵而制成的糊状调味品。酱经过发酵具有独特的色、香、味，含有较高的蛋白质、糖、多肽及人体必需的氨基酸，还含有钠、氯、硫、磷、钙、镁、钾、铁等离子。酱不但营养丰富，而且容易被人体消化吸收，它既可被作为菜肴，又可被作为调味品，能保持特有的色、香、味、体，价格也便宜，因此，是一种很受欢迎的大众化调味副食品。酱是我国传统的咸味调味品，因其原料不同，工艺差异，品种也有所不同，现将市售品种分类介绍如下。

1. 豆酱

豆酱是以豆类为主要原料，经过曲菌酶分解，使其发酵、成熟的酱类。

（1）黄豆酱　以黄豆为主要原料加工酿制的酱类。

①干态黄豆酱：指原料在发酵过程中有较少水量，使成品外观是干涸状态的黄豆酱。

②稀态黄豆酱：指原料在发酵过程中加大用水量，使成品外观呈稀稠状态的豆酱。

（2）蚕豆酱　以蚕豆为主要原料加工酿制的酱类，分为生料蚕豆酱和熟料蚕豆酱。

（3）杂豆酱　以豌豆或其他豆类及其副产品为主要原料加工酿制的酱类。

2. 面酱

面酱是以谷类为主要原料，经过曲菌酶分解，使其发酵熟成的酱类，可直接佐餐和供复制用，或作为制作酱菜的腌制料。

（1）小麦面酱　以小麦为主要原料加工酿制的酱类。

（2）杂面酱　以其他谷类淀粉及其副产品为主要原料加工酿制的酱类。

3. 复合酱

复合酱指以豆、面等酱为基料，添加其他辅料混合制成的酱类，可供佐餐用，如郫县豆瓣、辣面酱等。消费者在选购酱类时，应注意，优质面酱应为黄褐色或红褐色，色泽鲜艳，有光泽，具酱香和酯香，无不良气味；入口咸鲜甜浓，醇厚，无苦味、焦煳味、酸味及其他异味；体态黏稠适度，无霉变、杂质。优质豆酱基本同面酱，并具有浓郁豆香，甜度较低。面酱含盐量大于等于7%，豆酱含盐量大于等于12%。使用时，应注意折算合理的添加量。另外，若以酱作味碟蘸食，一定要蒸或炒后食用，否则可能引起肠胃疾病。

二、大豆酱酿造工艺

(一) 传统豆酱生产工艺

1. 工艺流程

大豆 → 除杂 → 浸泡 → 蒸熟 → 制曲 → 豆瓣曲（← 食盐水）→ 发酵 → 成品

2. 操作要点

（1）大豆浸泡　先将大豆清洗，再浸渍，浸渍时间：冬季4~5h，夏季2~3h，以豆粒胀起无皱纹为度，淋干备用。

（2）蒸煮　蒸煮适度的大豆熟透而不烂，用手捻时以豆皮脱落，豆瓣分开为宜。

（3）制曲　将蒸煮好的大豆冷却，在木盘或竹匾上摊平，放于通风处，几天后，豆子上长满0.5~1cm厚的黄毛，则制曲完成。

（4）发酵　将制好的豆瓣曲加食盐水（食盐添加量为40%），拌匀。将酱醅耙平，轻轻压实，再用塑料布封口，加盖。此后开始保温发酵，分别于第5d、第10d翻酱醅，15d左右即可发酵成熟。

(二) 现代豆酱生产工艺

传统方法制酱，周期长，劳动强度大，而且豆酱容易污染杂菌，因此，豆酱的现代化生产非常重要。豆酱的现代化工艺主要表现在制曲工艺上，已实现人工接种，制曲和发酵的管理更加科学、合理和可控。

1. 制曲

（1）工艺流程

大豆→洗净→浸泡（←水）→蒸熟→冷却→混合（←面粉）→接种（←种曲（或曲精））→厚层通风培养→大豆曲

（2）操作要点

①原料配比：大豆 100kg，标准粉 40~60kg，种曲量为 0.15%~0.3%。

②大豆清洗：大豆中混有泥土、沙砾和其他杂物，因此有必要将这些杂物除去。方法是：将大豆置于清水中，利用人工或机械不断搅拌，使豆荚、浮豆及其他较轻的杂物浮在水面上，沙砾等重物沉积在底部，泥土等会把水弄浑浊，弃去上层和沉底的物质，并连续冲洗数次，大豆便可洗涤清洁。

③大豆的浸泡：将洗净的大豆加水浸泡。浸渍程度为豆粒胀起无皱纹，豆内无白心，并能在指间被压成两瓣为宜。大豆浸水要透，否则蛋白质吸水不够，蒸料时很难蒸熟，影响蛋白质完成一次性变质，从而会降低成品质量和原料利用率。大豆经浸泡沥干后，一般重量增至 2.1~2.15 倍，容重增至 2.2~2.25 倍。

④蒸煮：目的是使大豆组织充分软烂，使其中所含的蛋白质变性，易被水解，同时部分碳水化合物被水解为糖和糊精，以利于曲霉的利用。大豆蒸煮的方法，因设备不同而被分为常压和加压两种。将浸泡好的大豆放入蒸桶和蒸锅内，通入蒸汽，待蒸汽全部从面层冒出后加盖。若以常压煮豆，则加盖后维持 2h 左右，焖 2h 出锅；若以加压蒸豆，待蒸汽全部从面层冒出后，密闭盖子，通蒸汽至压力达到 4.9×10^4Pa，再放出冷气，继续通蒸汽至压力达到 9.8×10^4~1.47×10^5Pa，维持 30~60min 即可。

⑤面粉处理：面粉可采用炒焙的方法或干蒸的方法，也可加少量水后蒸熟，但经过蒸后面粉的水分增加，不利于制曲。因此，现在有些工厂已直接利用面粉而不采取任何处理了。将蒸熟的大豆冷却至 80℃，与面粉拌和。

⑥接种：当熟料降温至 38~40℃时，接入种曲，接种量为 0.3%，接种后混合拌匀，为了使豆酱中不含麸皮，种曲最好在分离出孢子后使用。料曲水分要适宜，水分过少，米曲霉生长困难；水分过大，会引起杂菌污染，且在制曲过程中，有效成分的损失过多。

⑦制曲：为了给米曲霉繁殖创造最佳的生长条件，使其分泌大量的酶类，作为发酵的动力，需要制曲。目前有通风制曲和制盒曲两种形式。通风制曲可用机械通风代替人工倒盒，劳动强度低，曲质量也相对稳定，被大多数工厂所采用，小型工厂则用木盘、竹匾等制盒曲，曲室要求有保温、降温、保湿措施，还要定期灭菌。曲料接种完毕，接入菌槽，进行培养。曲室温度为 26~28℃，干温差 1~2℃。曲料入槽品温 30℃左右，料层厚度约 30cm，入槽培养 8~10h，为米曲霉孢子生长的发芽期，此时期静置培养，当品温升至 36~37℃时，通风降温至品温 35℃以下。培养 14~16h，米曲霉进入菌丝生长期，应持续通风，使品温不超过 35℃。曲料出现结块时，进行第一次翻曲，此后，米曲霉进入菌丝繁殖期，品温上升迅速，应持续通风，使品温不超过 35℃。当曲料层面产生裂缝全部发白时，可以进行第二次翻曲。培养 20~22h，米曲霉开始着生孢子，进入孢子着生期。此时期内，米曲霉蛋白酶分泌最为旺盛。为了不影响蛋白酶的分泌，应严格控制品温不超过 35℃，还要求通湿风（相对湿度 90%左右），或者用喷雾器喷洒一定量的凉水，并要连续通风。此时期品温应控制不超过

35℃。孢子着生期进行两次产曲。此后，米曲霉逐渐成熟，品温下降至 30~32℃，孢子呈淡绿色，总培养时间为 30~36h，可以出曲。

2. 制酱

（1）工艺流程

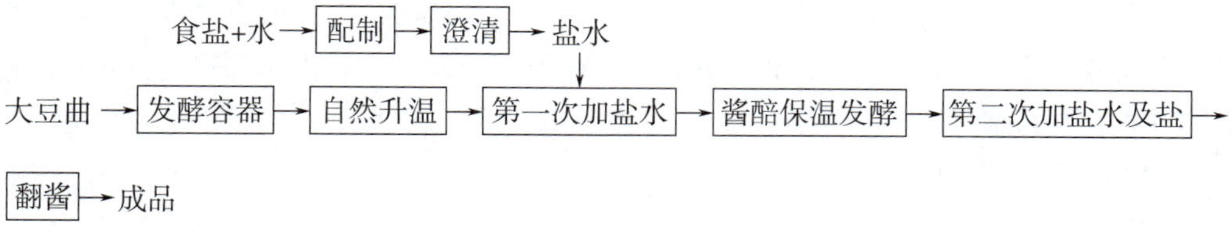

（2）操作要点

①盐水的制备：由于制酱方法现在采用的有一般发酵法和固态低盐发酵法，其所需浓度不同，又因酱的种类不同，制醅发酵所需盐水浓度也有差异，经常需要配制 14. 5°Bé、15°Bé、19°Bé、23°Bé 及 24°Bé 等不同浓度的盐水，澄清后，吸取其清液供不同酱品使用。

②发酵：豆酱的发酵过程是利用米曲霉及其他微生物所分泌的各种酶的生理作用，在适宜的条件下，使原料中的物质进行一系列的复杂的生物化学反应，从而形成豆酱特有的色、香、味、体。小型工厂都使用缸、桶，都有保温设施。大型工厂可使用有水浴保温的水泥池。豆酱的发酵可分为高盐发酵和低盐发酵法两种。

高盐发酵（豆片曲制酱）需豆片曲 100kg，19%盐水 150kg。先将豆片曲预热至 40℃，盐水预热至 50℃，拌匀。发酵容器底部预先加入盐水少量，以免酱醅粘底变质。成曲拌盐时，底部盐水量可少一些，以后逐渐增多，最后把剩余盐水全部浇至面层，使其缓慢渗入。最后耙平，轻轻压实，表面铺盖聚乙烯薄膜及加盖。此后开始保温发酵过程。初期发酵 1~5d，品温维持 44~46℃，主要是蛋白质水解酶水解蛋白质。第 5d 进行第一次翻醅。发酵 6~10d，品温升至 46~48℃，仍以蛋白质分解为主，也伴有淀粉水解。第 10d 进行第二次翻醅。发酵 11~15d，品温升至 50~52℃，此期间主要是淀粉的水解。15d 以后，酱醅发酵成熟，加入 0. 1%苯甲酸钠（先溶于沸水中），再利用压缩空气或翻酱机翻拌均匀，即得成品。

低盐发酵（大豆曲制酱）时，需大豆曲 100kg，14. 5%盐水 90kg，24%盐水 40kg，再制盐 10kg。先将成曲倒入发酵容器内，表面耙平，稍微压实。其目的有二：一是使盐水逐渐缓慢渗入，曲与盐水的接触时间增长，二是避免底部盐水积得过多，同时面曲层也充分吸收盐水。压实后成曲会自然升温至 40℃左右，再将 14. 5%盐水加热至 60~65℃，浇至面层，使之逐渐全部渗入曲内，最后面层加再制盐一层，并将盖盖好。成曲加入热盐水后，醅温即可达到 45℃左右。如果酱醅温度不低于 40℃，成品可以保持正常 pH（pH 6 左右）。平时每天检查温度 1~2 次。10d 后，酱醅成熟，补加 24%盐水和剩余食盐，翻拌均匀，可使食盐全部溶化。置室温下再发酵 4~5d，可改善风味。

三、面酱酿造工艺

面酱也称甜酱、甜面酱，是以面粉为主要原料的一种酱类，由于其味道咸中带甜而得名。它利用米曲霉分泌的淀粉酶，将面粉经蒸熟而糊化的大量淀粉分解为糊精、麦芽糖及葡萄糖。曲霉菌丝繁殖越旺盛，则糖化程度越强。此项糖化作用，在制曲时已开始进行，在酱醅发酵期间则进一步加强。同时面粉中的少量蛋白质，也经曲霉分泌的蛋白酶的作用，将其分解成为各种氨基酸，而使甜酱又稍有鲜味，成为特殊滋味的产品。该产品已经远销日本和其他国家，是烤鸭必备的调味品，也是烹调中的调味佳品。

在面酱生产过程中，有两种不同的做法，即南酱园做法和京酱园做法，又简称为南做法和京做法。它们之间的一个区别在于一个是死面的，一个是发面的。南酱园的做法是发面的，即将面蒸成馒头，之后制曲拌盐水发酵。京酱园是死面的，即将面粉拌入少量的水撮成麦穗形，而后再蒸，蒸完后降温接种制曲，拌盐水发酵。发面的特点是利口，味正。死面的特点甜度大，发黏。

（一）传统曲法制面酱

1. 制曲

（1）工艺流程

种曲（或曲精）↓

面粉+水 → 拌和 → 蒸熟 → 冷却 → 接种 → 厚层通风培养 → 面糕曲

（2）操作要点

①原料处理：用和面机将面粉与水充分拌和均匀（100kg 面粉加水 28～30kg），将其做成细长条形或蚕豆大小的颗粒，然后及时放入常压蒸锅中，当最后一包碎面块入蒸锅后，将面层翻拌，待全部冒气后即可。蒸熟的标准是以面粉呈玉色，入嘴嚼时不粘牙齿且稍有甜味为适度。或者可以用拌和机将面粉与水充分拌和成碎面块后，立即连续放入蒸料机内，蒸熟的面糕也就连续出料，效果良好。

②冷却接种：当蒸熟的面糕冷却至 40℃时，按 100kg 的面粉种曲 0.3kg 的比例，将与面粉拌和后的种曲均匀撒在面糕表面，再混合拌匀。为了保证面酱细腻无渣，接种的种曲以分离出的孢子（曲精）为宜。

③制曲：将曲料疏松平整的装入曲箱，料层厚 25cm，曲料入箱后立即通风，使曲料品温均衡在 30～32℃，静置培养 6h 左右，曲料品温逐渐上升，开始间断输入循环风，使料温保持 33℃左右。6～8h，曲料表面出现白色绒毛状菌丝，内部有菌丝繁殖，曲料结块，间断通风，品温难以下降时，进入制曲第二阶段。

当料曲温度持续上升，曲料结块，料呈白色，立即输入冷风，使曲料品温降至 30℃左右，翻曲一次，继续通风。品温保持在 35℃左右，经 8h 通风培养，曲料二次结块，再进行一次翻曲即进入第三阶段。

二次翻曲时，曲料品温上升缓和，曲料表层菌丝体顶端开始有孢子产生，并随着时间的延长，曲料颜色逐渐变黄，此时应连续向曲箱输入循环风，并调节室温和相对湿度，品温保持在 35℃左右，18h 左右，孢子由黄变绿，曲料结成松软的块状，即为成曲。成曲应呈黄绿色，有曲香，手感柔软，有弹性，没有硬曲，花曲，烧曲，无酸臭气及其他不良气味。

2. 制酱

（1）工艺流程

食盐+水 → 配制 → 澄清 → 盐水 → 加热 → 面糕曲 → 发酵容器 →

自然升温 → 加盐水 → 酱醅保温发酵 → 成熟酱醪

（2）操作要点

①配合比例：面糕曲 100kg，14°Bé 盐水 100kg。

②制醪发酵：发酵时食盐对于淀粉酶、蛋白酶的活力有显著的抑制作用。根据试验测定，一般当氯化钠含量在 10%时，米曲霉的糖化力要比无盐时降低 50%。同时，产品中若盐分含量高，在舌觉上甜味被遮盖，也影响成品质量。因此，面酱的发酵方法一般采用低盐发酵。盐水的浓度只要求 14°Bé，而且盐水用量少，它的总含盐量比较低。这种低盐发酵的优点是成熟快，甜味足，色泽和香气也都很好，它既能防腐，又能及时成熟，并能获得较好的甜味。

发酵方法有两种。一种是先将面糕曲送入发酵容器内，耙平后自然升温，并随即从面层四周徐徐一次注入制备好的 14°Bé 热盐水（加热至 60~65℃，并经澄清除去沉淀），让它逐渐全部渗入曲内，最后将面层压实，加盖保温发酵。品温维持在 53~55℃，每天搅拌一次，至 4~5d 面糕曲吸足盐水进而糖化。7~10d 后酱醅成熟，变成浓稠带甜的酱醪。另一种操作是先将 14°Bé 盐水加热到 65~70℃，同时将面糕曲堆积升温至 45~50℃，第一次盐水用量为面粉的 50%，用制醅机将面糕曲与盐水充分拌和后，送入发酵容器内，此时要求品温达到 53℃以上。拌种入发酵容器完毕，应迅速将其耙平，面层用再制盐封好后加盖，品温维持在 53~55℃，发酵时间为 7d。发酵完毕后，第二次加入沸盐水中。最后利用压缩空气翻匀后，即得浓稠带甜的酱醪。

发酵温度要求为 53~55℃，需要严格掌握。如果发酵温度低，不但面酱糖分降低、质量变劣，而且容易发酸，若发酵温度过高，虽可促使酱醪成熟加快，缩短生产周期，但接触发酵容器壁的酱醪往往因温度过高而变焦，产生苦味。

面酱成熟后，一般当室温在 15℃以下时，可以将其移至室外储存容器中保存，如果室温在 15℃以上时，则贮藏时必须经过加热处理和添加防腐剂，以防止酵母发酵而变质。

（二）酶法制面酱

酶法制酱是在传统的曲法制酱的基础上改进而来的。面酱糕不制曲，只加入少量特制的粗酶液进行水解。此法不仅可以减少杂菌污染，还可以缩短生产周期，提高出品率，但生产的面酱风味较差。

1. 工艺流程

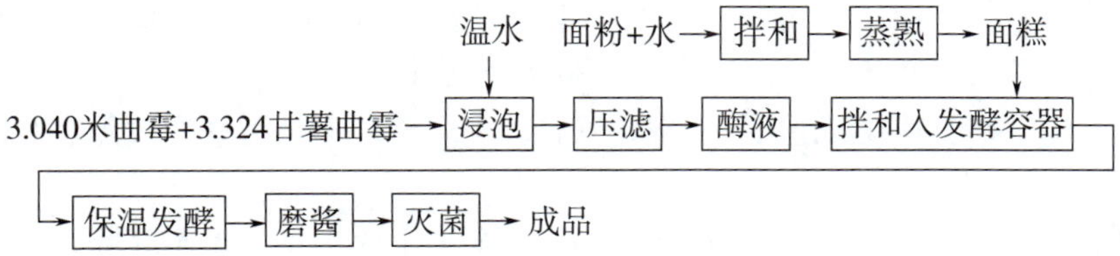

2. 操作要点

（1）菌种的选择　酶法制面酱选用的菌种主要是 3. 324 甘薯曲霉及沪酿 3. 040 米曲霉。

3. 324 甘薯曲霉所制得的麸曲（简称黑曲霉）特点是：它的糖化型淀粉酶比米曲霉的糖化型淀粉酶的耐热性强，在 60℃时，糖化的效果较好，到 65℃稍为减退，在 30~58℃时则有较持久的耐力，生产过程中主要就是利用这个特点。其次，3. 324 甘薯曲霉能产生有机酸，可将面酱的风味调和而增强适口性。3. 324 甘薯曲霉的缺点是在制曲时，如果曲料水分大，时间控制不当，则孢子容易产生黑色素。如果用这样的麸曲萃取曲液，不但糖化型淀粉酶的活力低，而且会影响面酱的色泽，降低了面酱的质量，这是必须引起注意的一个环节。

3.040 米曲霉的菌株是从温州得到的，它的糖化力相当强，而持续性则比较差，但是酱的色泽与风味都比较好，现在同时采用 3.324 与 3.040 两种菌种所生产的麸曲，能发挥各自的特点。

（2）3.324 黑麸曲的制备

①试管培养：培养基为 6°Bé 左右的饴糖液 100mL，蛋白胨 0.5g，琼脂 2.5g，分装于试管后，加压 9.8×10^4Pa，灭菌 30min，然后制成斜面。无菌检查试验 3d 后接种，30～32℃培养 3～5d 孢子老熟，即可应用。

②三角瓶培养：麸皮 80g，面粉 20g，水 100mL，拌匀过筛，250mL 三角瓶内装入 20g，压力 9.8×10^4Pa，灭菌 30min，冷却后接种，置于 30～32℃恒温箱内培养。18～22h 后菌丝生长，温度上升，开始结块，摇瓶一次，第三天菌丝大量生长，即可扣瓶。孢子由黄色变成黑色就可应用。培养时间为 4～5d。

③通风制曲：多次试验的结果证明，固体曲所分泌的糖化型淀粉酶的条件颇为复杂，虽为同一菌种也因原料不同而不同。即使菌种及原料相同，当培养温度及培养 pH 改变时，酶的产量及组成比也有很大的变化。因此，必须严格控制制曲期间的各个环节，以求产酶的稳定。

利用麸皮制曲，菌体长得较好，酶活力也较高，所以采用麸皮为制酶的主要原料。原料处理是麸皮 250kg，加水 65%。充分拌匀，常压蒸 50min，焖 30min（加压蒸料达到 9.8×10^4Pa 时，维持 15min），送入通风曲池内，冷却至 40℃，接入三角瓶扩大培养 0.3%，接种完毕通风一次，使料层品温上下一致，6～7h 后品温上升，即可间歇通风，使品温维持在 32℃左右，不应使其超过 38℃，若品温继续上升不易控制，则可翻曲一次，经过 26～30h，菌丝生长旺盛，呈微黄色，糖化酶活力达到高峰，就可出曲，摊晾备用。

④通风制曲的几点注意事项。

a. 温度与发芽的关系：实践证明，在 25℃的低温下，曲霉要 9h 才能发芽，30℃条件下 6.5h 发芽，35℃时则 6h 就能发芽。所以，为了缩短制曲时间应适当控制温度，促使曲霉提前发芽。

b. 制曲温度：若曲料水分在 51%，料层厚度 20cm 左右，温度一般能稳定在 30～35℃。

c. 制曲时间：视曲料水分、培养温度、接种量等条件不同，一般制曲时间为 24～28h，当菌丝生长旺盛、孢子呈微黄色时，出曲为最佳。如果孢子完全老熟变成黑色时出曲，则极不适宜。

d. 成曲贮存：3.324 黑麸曲以新鲜应用为宜。如果不能一次用完，可放在阴凉干燥通风处，其水分不得超过 13%。

（3）3.040 黄麸曲的制备

①试管及三角瓶培养：同 3.324 菌种培养。

②种曲培养：如果三角瓶扩大曲用量过多，大批培养就有困难，应制造种曲。原料配比为麸皮 10kg，加水 60%～80%。

③通风制曲：原料配比及其处理、料层厚薄、制曲管理及成曲贮存等均可参照 3.324 的通风制曲过程。唯制曲时间应比 3.324 黑麸曲长，为 32～38h，曲呈淡黄色即可。

（4）酶液的萃取　将麸曲按投入原料重量的13%（其中沪酿3.040黄麸曲10%，3.324黑麸曲3%），加2.5倍40℃温水浸泡1.5~2h，搅拌促使酶能溶出，然后装入布袋压榨，也可用离心机使液渣分离。最简单的萃取方法是在木桶或缸内设一假底，再开一小洞，待曲浸泡后即可将其放出，这样循环套淋2~3次就可测定酶活力，一般每毫升的酶液活力为45U左右（糖化酶活力）就可备用。浸出酶液热天易变质，要严加防止，必要时可适当加入食盐。

（5）原料处理　原料处理主要是将面粉蒸熟。蒸面糕操作可参照一般面酱生产操作，但拌和面粉的水量应掌握在28%，即比原来减少2%，其细度也要比原来细些，尽可能做到越细越好。在正常情况下，蒸熟后面糕水分为36%~38%。酶法面酱生产用料配比如表13-2-1所示。

表13-2-1　　酶法面酱生产用料配比

面粉/kg	蒸熟后面糕重量/kg	3.040黄麸曲/kg	3.324黑麸曲/kg	食盐/kg	水（包括酶液）/kg
600	828	60	18	96	400

（6）拌料下缸及保温发酵　面糕蒸熟后冷却到60℃左右下缸，按原料配比加入麸曲浸出液，同时补足食盐量，充分拌匀后压实，此时品温要求达到45℃左右，以便使各种酶能迅速地起作用。24h以后，发酵容器四周已经出现液化现象，有液体渗出，面糕开始膨胀软化，这时即可进行翻酱，并维持酱温在45~50℃。第7d后即可升温到55~60℃，第8d可视面酱色泽的深浅调节温度到65℃，出酱前最好升温到70℃，这对防止成品变质有一定的作用，必要时按规定添加苯甲酸钠。酱温达到70℃后要注意立刻出酱，以免糖分焦化变黑，影响质量，每100kg面粉能生产面酱200kg左右。

在此过程中，应注意以下几点：

①酶浸出液数量要掌握好，宜少不宜多。酶液少，浓度高，还可加水；酶液多，浓度低则难处理。

②面糕出锅温度在80~90℃，因此不能立即与酶液混合，一定要冷却到所要求的温度，以保证酶的活力。

③要认真检查酶浸出液的变质情况，如已变质就不能应用。

第三节　腐　　乳

一、腐乳的品种

腐乳又称豆腐乳，其口味鲜美、风味独特、质地细腻、营养丰富，是我国著名的传统酿造调味品之一，至今已有一千余年的历史。古籍中常见有酱腐乳、糟腐乳、白腐乳的记载，清朝初期人们又创造了青腐乳（臭豆腐）的制造方法，创造了腐乳中风味独特的产品。我国现代腐乳的种类很多，大体上可分为红腐乳、白腐乳、青腐乳、酱腐乳及各种花色腐乳，主要是以表面的颜色、原材料的配方以及酿造后呈现出来的不同风味来区分，生产工艺过程大致相同。制造腐乳的原料主要是大豆，也有用脱脂大豆的。辅料的种类很多，主要有食盐、黄酒（或其他酒类）、红曲、面膏、食糖及各种香辛料。

腐乳的营养价值很高，含蛋白质14%以上、脂肪5%以上、碳水化合物6%以上，每100g热量为544kJ，并含有较多的B族维生素，尤其是维生素 B_{12}，100g红腐乳中维生素 B_{12} 含量为0.7mg，而青腐乳中每100g含量为1.88~9.80mg。其蛋白质在微生物酶的作用下能生成低分子肽及氨基酸，尤其是必需氨基酸含量较为丰富。

二、腐乳生产的原辅材料

酿造腐乳的常用原辅材料主要有以下几种。

1. 蛋白质原料

豆腐乳的蛋白质原料有大豆、冷榨豆片及豆粕三种。

（1）大豆　大豆是酿造豆腐乳的最好原料。因大豆未经提油处理，所以制成的腐乳柔、糯、细，口感好。

（2）冷榨豆片　冷榨豆片是大豆经低温榨油后的豆饼。其脂肪含量已显著减少，而蛋白质、糖分等所占比例相对增加。由于在榨油过程中受到温度等理化因素的影响，其中蛋白质已部分变性。因此，用冷榨豆片制造的豆腐在质量和产量上都受到一定的影响。

（3）豆粕　大豆经软化轧片处理，用溶剂萃取脱脂的产物称为豆粕。用于腐乳生产的豆粕要求采用低温真空脱溶法（80℃以下），使豆粕中保留较高比例的水溶性蛋白质，以提高原料的利用率和品质。

2. 水

对水质有一定的要求：一是要符合饮用水的质量标准；二是要求水的硬度越小越好。因为硬度大的水会使蛋白质沉降，影响豆腐的得率。表13-2-2所示不同硬度的水质对豆腐质量的影响。

表13-2-2　　浸泡水质对豆腐品质的影响

水质	豆浆中含蛋白质/%	豆浆制豆腐得率/%
软水	3.71	45.0
纯水	—	47.5
300mg钙/L硬水	2.49	26.5
300mg镁/L硬水	2.00	21.5

3. 凝固剂

凝固剂是能使大豆蛋白质凝聚的物质，制豆腐乳时常用盐卤和石膏。

4. 食盐

腐乳腌坯时需要适量的食盐。食盐在腐乳中有多种作用，如使产品具有咸味，与氨基酸结合能增加鲜味，抑制某些微生物生长，防止豆腐乳变质等。对食盐的质量要求是干燥且含杂质少。

5. 调味料

调味料的主要作用是改变豆腐乳的风味，增加花色品种。

6. 黄酒

黄酒具有酒度低、性醇和、香味浓的特点，酿造时适量加入，可增加豆腐乳香气成分和特殊风味，提高豆腐乳的档次。

7. 红曲

红曲是红曲霉菌在米粒上繁殖而成的曲米，红曲色素由红曲霉红素（$C_{22}H_{24}O_5$）和红曲霉黄素（$C_{17}H_{22}O_4$）组成。红曲霉红素和红曲霉黄素微溶于水，易溶于乙醇、乙酸、丙酮等有机溶剂，芳香无异味，稀溶液呈鲜红色，浓度增大后呈红褐色，经光照会褪色。酿造腐乳时，添加红曲色素可把坯表面染成鲜红色。

8. 面曲

面曲即面糕曲，是制面酱的半成品。腐乳酿造时，使用晒干的面曲可给后发酵增加酶源，使成品中糖分含量增加。

9. 糟米

糟米也称酒酿糟，是制糟方的主要辅料。糟方腐乳外形美观、饱满，风味别致，糟香扑鼻，可促进食欲。

腐乳生产中使用的调味料，还有花椒、红辣椒、茴香、陈皮、大蒜、葱、姜等。

三、腐乳生产工艺

(一) 腐乳生产的工艺流程

腐乳的种类不同，其生产工艺也会有所不同。发酵方式也有天然发酵和人工接种发酵等多种形式。腐乳的生产过程是将大豆浸泡，经磨浆、滤浆、煮浆、点脑、压榨、切块制成豆腐白坯，再经过接种、前期培菌、搓毛、盐渍成盐坯（也有不经盐渍成盐坯的），再将配制好的汤料与盐坯一同装入坛中密封，经自然或保温发酵而成。下面以北方常见的工业化生产的红方腐乳为例，介绍腐乳的生产工艺，其工艺流程如图 13-2-2 所示。

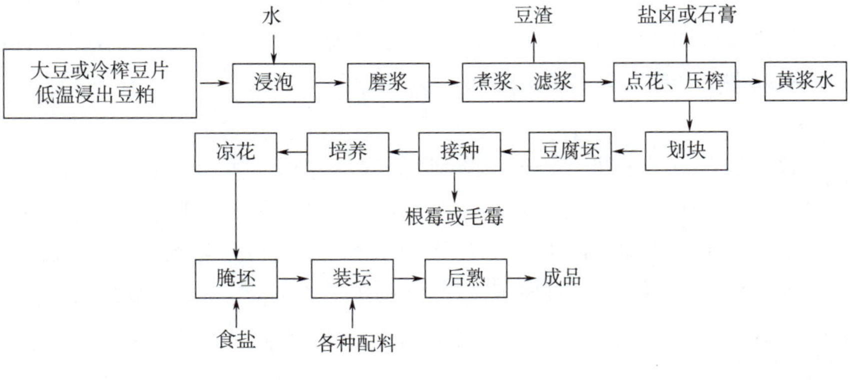

图 13-2-2　腐乳生产工艺流程

(二) 豆腐坯制造工艺

1. 浸泡

（1）大豆浸泡　大豆 100kg 加水 200~250kg，一般冬季水温在 5℃时，浸泡 24h；春秋季节水温在 10~20℃，浸泡 12~18h；夏季水温在 30℃，浸泡 6h 即可。浸泡直至大豆的两瓣分开，就可进入下道工序。

（2）豆饼浸泡　冷榨豆片时用稀碱液浸泡，每 100kg 豆片配制 400kg、pH 9~10 的稀碱液。豆片在稀碱液中翻拌均匀，然后每半小时搅拌一次，直至浸泡结束（pH 一般在 7.0 左右）。浸泡时间根据气温高低而异，至豆片柔软为止。

2. 磨浆

磨浆可采用砂轮磨、钢磨等。砂轮磨的细度比较均匀。但砂轮磨有利于豆浆和豆渣的分离。钢板磨产量高，但豆粉颗粒呈圆颗粒状，容易堵住筛眼，过筛较困难；而有的豆粉过细会穿过筛孔混入豆浆，从而影响豆腐质量。如果进料控制恰当，可得较好效果。磨浆过程中，应均匀加水，1kg 浸泡的大豆需添加 2.8kg 左右的水。

3. 滤浆

滤浆是利用离心机或滤浆机将豆浆与豆渣分离。一般每 100kg 大豆可得头浆 475kg 左右，以后分四次洗涤豆渣，第一次加水 80kg 左右（水温 80~90℃），稀释过滤，以后每次加水 80kg 左右（水温 60~70℃），最后结果是 100kg 大豆滤出 5.5~6.0Bé 的豆浆 1100kg 左右。滤浆时如果泡沫较多，会影响过滤，可以加入少许油脚，使泡沫散失。

豆渣的重量为大豆的 110%左右，大致成分为含水 90%、蛋白质 1.5%、脂肪 0.4%、粗纤维 5%、碳水化合物 6%。

4. 煮浆

煮浆又称冲浆，即将过 100 目筛的豆浆加热到 95~100℃，放入缸中。

5. 点浆

点浆又称点花。控制点浆速度很重要，需掌握如下三个环节（以盐卤为例）。

（1）点浆温度在 82℃左右为宜，当煮沸过筛的豆浆冷却到 85℃时即开始下卤。

（2）点浆时豆浆的 pH 应调节到 6.8~7.0。

（3）盐卤可加水冲淡成 15~160Bé（100kg 大豆制成的豆浆需 280Bé 浓盐卤 10kg）。

点浆的方法是将盐卤以细流缓缓滴入热浆中，边滴边缓缓搅动豆浆，使容器内豆浆上下翻动旋转。下卤流量要均匀一致，并注意豆花的凝聚状态。在即将成脑时搅动应适度减慢，至全部形成凝胶时方可停止。最后再把淡卤轻轻地甩在豆腐脑面上，使表面凝固得更好。从点脑至全部凝固成型，一般应掌握在 5min 左右。

6. 蹲脑

豆浆点花后需静置一段时间，俗称"蹲脑"。因点浆后，蛋白质联结仍在进行，组织结构也在形成之中，需经过一段时间，才能完全凝固。蹲脑可使蛋白质充分凝聚成网状结构。蹲脑时间的长短与豆腐品质和出品率关系密切。时间短，蛋白质组织结构不牢固，未凝固的蛋白质会随黄浆水流失，产出的豆腐弹性差，出品率低；反之，时间过长，温度低，凝固物热结合能力弱，黄浆水不易析出，压榨成型困难。一般蹲脑时间为 20~30min。在此期间，尚需注意保温。

7. 压榨

蹲脑结束应立即进行压榨。压榨的过程如下所述。

（1）清洗压榨工具，防止杂菌污染。

（2）蹲脑后豆腐脑下沉，黄浆水澄清，把竹滤器放入浆水中，按先轻后重加压，将 60%

的黄浆水从滤器上吸出。

（3）把豆腐脑加入高1.6~1.8cm、内铺疏布的木框（可两个叠放，多组同时进行）中，加满后把框外余布向内折叠覆盖于豆腐脑上，待黄浆水沥出后，用压榨机压榨，进一步使豆腐脑中的余水排出。压榨开始时可先用力，以后减缓。压榨去水的程度可根据豆腐坯所需要的水分含量来决定，随品种和季节而异。

压成的豆腐坯要厚薄均匀，软而有弹性，色泽正常，无气泡及麻皮现象。压榨完毕的坯温一般控制在60~70℃，可防止微生物污染（要求杂菌数在500个/g以下），压榨后应及时进行划块。

8. 划块

用切块机将压榨好的豆腐坯按各地区品种规格要求切成小块。划块有热划、冷划两种。如果趁热划块，则划时要适当放大，使划成的豆腐坯冷却后的大小符合规格；冷划是待豆腐坯冷却、水分散发、体积已缩小后，再按原定的规格大小划块。

豆腐坯制成后，应立即接种，并进行培养。

（三）前期培菌

1. 接种

（1）取生长良好的新鲜克氏瓶斜面，每瓶加入冷开水750~1000mL（热天适当减少）。用接种环洗下孢子，用纱布过滤后，制成的孢子悬液可用于接种。

（2）将豆腐坯摆入笼格或框内，侧面竖立放置，均匀排列，其竖立两块之间需留有一块大的空隙。将孢子悬液按每100kg大豆使用两只克氏瓶孢子的比例（夏天加倍），喷雾到豆腐坯上，在豆腐坯的前、后、左、右、上五面喷洒均匀。

2. 培养

豆腐坯接种后，将笼格或框置于培养室内叠放，上层加盖。

培养的室温要求保持在260℃，在20h后才见菌丝生长，可进行一次翻笼（上下笼格调换）以调节上下温差，使生长速度一致；28h后菌丝已大部分生长成熟，进行第二次翻笼；44h后进行第三次翻笼，此时菌丝生长较快，较密；52h后菌丝基本上长好，开始适当降温；68h后散开笼格冷却。

夏天气温较高，如无降温设备，豆腐坯接菌种后，表面水分要吹干才可进入培养室。入室后须使水分再度挥发才能盖布。10h后可见菌丝生长，13h、20h、25h后分别进行第一次、第二次和第三次翻笼，28h后菌丝已基本长好；32h后散开笼格降温，前期发酵即可结束。

降温时间应在菌种全面长好时进行，过早降温将影响菌丝的生长繁殖，过晚降温则因温度升高而影响产品质量。降温一方面使菌丝成熟，增强酶的活性，另一方面可迅速冷却，延长产酶期。

（四）后期发酵

1. 腌坯

前期发酵结束即可进行腌坯。腌坯的操作是在离缸底18~20cm处铺放圆形木板一块，中心有直径约15cm的孔，把豆腐毛坯放在木板上沿缸壁外周逐渐排至中心，每圈相互排紧。在排列时，未长菌丝的一面应靠边，勿朝下，以防止成品变形。

在排毛坯的过程中，先在底部木板上撒上薄层食盐，再按分层加盐的办法将盐撒到坯上，并逐层增加，最后在缸面铺上较厚的盐层。食盐的用量是按每万块（4.1cm×4.1cm×

1.6cm）春秋季为60kg，冬季为57.5kg，夏季为62.5~65kg较适宜。腌坯3~4d后要压坯，即加入食盐水（或毛花卤，即腌坯后的盐水），超过腌坯面，使上层增加咸度。腌坯时间冬季为13d，春秋季节为11d，夏季为8d。腌坯结束，抽出盐水，放置过夜，使豆腐乳坯干燥收缩。

2. 装坛

配料与装坛是腐乳后熟的关键。腐乳的品种很多，各地区根据豆腐坯的厚薄及配料的不同，可制出不同的品种。

配料前先把缸内腌坯取出，块块搓开，再点块计数，装入洗净的干燥坛内，根据不同品种给予不同配料。现以小红方、小油方、小糟方、小醉方、青方及小白方为例，说明豆腐乳的生产方法。

（1）小红方　每万块（4.1cm×4.1cm×1.6cm）用酒总量为100kg，酒精含量为15%~16%（体积分数），面曲2.8kg，红曲4.5kg，糖精15g。一般每坛为280块，每万块可盛36坛。

①染坯红曲卤配制：红曲1.5kg，面曲0.6kg，黄酒6.25kg，浸泡2~3d，磨碎至细腻成浆后再加入黄酒18kg，搅匀备用。

②装坛红曲卤配制：红曲3kg，面曲1.2kg，黄酒12.5kg，浸泡2~3d，磨碎细腻成浆后再加入黄酒57.8kg，糖精15g（用热开水溶化），搅匀备用。

红方装坛方法是腌坯先在染坯红曲卤中染红，块块搓开，要求六面染到，不留白点。染好后装入坛内，然后将红曲卤灌入，至液面超出腐乳约1cm即可。每坛再按顺序加入面曲150g，荷叶1~2张，封面食盐150g，最后加封面土烧酒150g。

（2）小油方　每万块（4.1cm×4.1cm×1.6cm）用酒总量为100kg，腌坯装坛后灌酒卤超过腐乳1cm，然后每坛面上加砂糖250g，顺序加荷叶1~2张，封面食盐150g，封面再加土烧酒150g，油方灌卤全部为混合酒［酒精含量为16%（体积分数）左右］，并将糖精50g用热开水溶化，再混合在混合酒内。

（3）小糟方　每万块（4.1cm×4.1cm×1.6cm）用酒总量为95kg（包括糟米中加酒），均为混合酒，酒精含量为14%（体积分数）左右，糟米折合糯米为20kg，即每坛平均放0.5kg糟米。糟方的装坛方法是装一层腌坯加一小碗糟酒，每坛面上撒封面食盐150g，但不加封面酒。

（4）小醉方　每万块（4.1cm×4.1cm×1.6cm）用酒总量为105kg，腌坯装块后，先加花椒一小撮（约10粒），全部用黄酒灌卤，灌至超出腐乳面1cm，按顺序加荷叶1~2张，封面食盐150g，封面土烧酒150g。

（5）青方　青方（4.2cm×4.3cm×1.8cm）一般在春夏季节生产，要求水分为75%~76%，腌坯后含氯化物在14%以下。装坛时，使用的灌卤液为8~8.5°Bé卤液，是由冷开水450kg（每万块）、黄浆水75kg再加毛花卤及盐水配制而成的。青方卤要当天配料当天应用，灌卤至封口为止，每坛加封面土烧酒50g。

（6）小白方　小白方（3.1cm×3.1cm×1.8cm）一般在秋天和冬天生产，冬天供应。豆腐坯要求水分约为82%。毛坯直接在坛内腌坯4d，每坛装350块，腌坯用盐0.6kg，灌卤盐水和新鲜毛花卤加冷开水配成8~8.50Bé，灌至坛口为宜。每坛加封面黄酒0.25kg。卤的配制一般是毛花卤，鲜味好，但易使腐乳色青带臭味，如盐水多则腐乳色也呈白色，但鲜味较差。

3. 包装与贮藏

将腐乳按品种配料装入坛内后，擦净坛口，加盖，再用水泥或猪血封口；也可用猪血拌和石灰粉末，搅拌成糊状物封口。

腐乳的后期发酵主要是在贮藏期间进行的。由于豆腐坯上生长的微生物与配料中的微生物，在贮藏期内可引起复杂的生化作用，从而可促使豆腐乳成熟。

腐乳的成熟期因品种、配料不一而有速度快慢的不同，一般在常温下 6 个月可以成熟。糟方与油方因糖分高，宜于冬天生产，以防变质。青方与白方因含水量大、氯化物低、酒精度少，所以成熟快，但保质期短。青方 1~2 个月成熟，小白方 30~45d 成熟，均不宜久藏。

4. 成品

腐乳贮藏到一定时间，当感官鉴定舌觉细腻而柔糯，理化检验符合标准要求时，即为成熟产品。

思考题

1. 酱油是如何分类的？
2. 酿造酱油和再制酱油有何区别？
3. 抽油、生抽、老抽的概念分别是什么？
4. 说明酱油酿造的基本工艺过程。
5. 市售酱主要分为哪几类？各有什么特点？
6. 论述豆酱和面酱的酿造工艺和主要区别。

第三章 醋

CHAPTER 3

[学习指导]

本章应掌握一般固体发酵制醋工艺、酶法液化通风回流制醋工艺、生料酿醋工艺、表面发酵法酿醋工艺、速酿醋工艺和液体深层发酵工艺。

第一节 概 述

食醋是我国传统的酸性调味品，主要成分为乙酸，此外还含有氨基酸、糖分、脂类等物质，酸、甜、鲜、咸协调适口，清香纯正。

我国食醋的品种很多，生产工艺在世界上独具一格。流传着不同酿醋技艺，生产出了如山西老陈醋、镇江香醋、四川保宁麸醋、福建红曲醋、江浙玫瑰米醋、上海米醋等产品。这些食醋不仅是人们喜爱的调味佳品，还有多种营养保健和药用功能。食醋能防止和解除疲劳；能增强肝脏机能和肾功能，防治便秘及肾、胆、膀胱及尿路结石等疾病；对病原菌有很强的杀灭效力，可防治多种传染病；常食其能防止体液呈酸性，有降血压、预防动脉硬化的功能；还具有预防衰老、美容及减肥等作用。依乙酸发酵分类，可分为固态发酵和液态发酵及液固结合发酵三大类。

第二节　制 醋 工 艺

一、固态法食醋生产工艺

1. 一般固态发酵制醋工艺

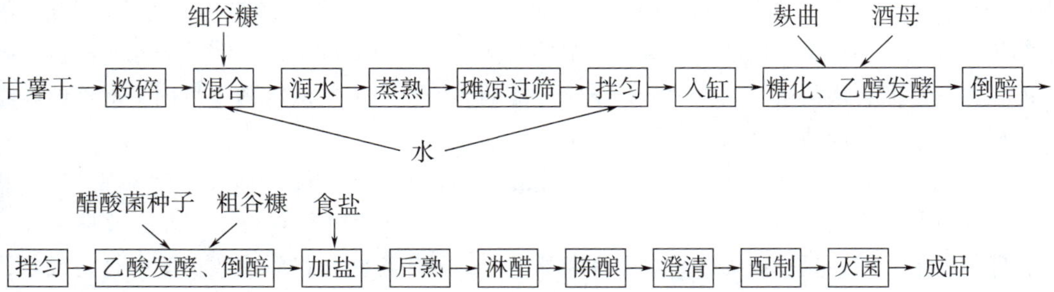

2. 操作方法

（1）原料配比　甘薯干（或碎米）100kg、细谷糠（统糠）175kg，蒸料前加水 275kg，蒸料后加水 125kg，麸曲 50kg，酒母 40kg，粗谷糠 50kg，醋酸菌种子 40kg，食盐 3. 75~7. 5kg（夏多冬少）。

（2）原料处理　甘薯干先经粉碎制成甘薯干粉，或将碎米粉碎成米粉。将细谷糠（统糠）摊平在拌料场上，取甘薯粉或米粉倒在细谷糠上，混合均匀。在料上第一次加水，随翻随加，使水与原料充分拌匀吸透。润水完毕，装锅上蒸 1h（加压蒸料为 0. 15MPa，40min），蒸熟后，将熟料取出放在干净的拌料场上，过筛，以基本上消除糊粒，同时翻拌及排风冷却。

（3）添加麸曲及酒母　熟料要求夏季降温至 30~33℃，冬季降温至 40℃以下后，再第二次撒入冷水，翻拌一次，再行摊平。将经细碎的麸曲铺于面层，再将经搅匀的酒母均匀地撒上，然后进行一次彻底翻拌，即可装入缸内。入缸醋醅的水分含量以在 60%~62%为宜。

（4）淀粉糖化及乙醇发酵　醋醅入缸后，摊平，一般每缸装醋醅 160kg 左右，检查醅温应在 24~28℃，冬季不得低于 24℃，夏季不得高于 28℃。缸口盖上草盖，室温保持在 28℃左右。当醅温上升至 38℃时，进行倒醅，一般不应超过 40℃。倒醅方法是每 10~20 个缸留出一个空缸，将已升温的醋醅移入空缸内，再将下一缸倒在新空出的缸内，依次将所有醋醅倒一遍。再经过 5~8h，醅温又上升到 38~39℃，再行倒醅一次。此后，正常醋醅醅温在 38~40℃之间，经过 48h 后逐渐降低，每天倒醅一次。至第 5d 醅温降低至 33~35℃，表明糖化及乙醇发酵已完成。此时，醋醅的酒精含量达到 8%左右。

（5）乙酸发酵　乙醇发酵结束后，每缸拌入粗谷糠 10kg 左右及醋酸菌种子 8kg。粗谷糠的用量要根据气温的不同适量增减，夏季适当减少，冬季适当增加。拌和粗谷糠及醋酸菌种子的方法为上下分拌法：先将粗谷糠及醋酸菌种子一半撒在缸内，用双手将上半缸醋醅拌匀，倒入空缸内；再将余下的一半粗谷糠及醋酸菌种子加入下半缸醋醅内，拌匀，合并成一缸。加入粗谷糠及醋酸菌种子后，第 1d 醅温不会很快升高，第 2~3d 醅温就会很快升高，这时醅温最好掌握在 39～41℃，一般不超过 42℃。每天倒醅一次。经 12d 左右，醅温开始下降，每天取样测定乙酸含量。冬季掌握乙酸含量在 7.5%以上，夏季掌握在 7%以上，而醅温下降至 38℃以下时，表明乙酸发酵结束，应及时加盐。

（6）加盐及后熟　乙酸发酵完毕时，应立即加盐。一般每缸醋醅夏季加食盐 3kg，冬季只需 1.5kg。加盐方法是先将食盐一半撒在醋醅上，用长把铲翻拌上半缸醋醅，拌匀后移入另一缸内；次日再把余下的一半食盐拌入剩下的下半缸内，拌匀，合并成一缸。加盐后，再放置 2d，作为后熟阶段。

（7）淋醋　淋醋所用的设备在小型厂用缸，在大型厂用耐蚀涂料的水泥池。采用淋缸三套循环法，如甲组淋缸放入成熟醋醅，用乙组淋缸淋出的醋倒入甲组缸内浸泡 20～24h，淋下的称为头醋，乙组缸内的醋渣是淋过头醋的头渣，用丙组缸淋下的三醋放入乙组缸内，淋下的作为套二醋；丙组淋缸内的醋渣是淋过二醋的二渣，用清水放入丙组缸内，淋出的就是套三醋。丙组缸的醋渣残酸仅 0.1%，可用作饲料。

（8）陈酿　陈酿有两种方法。一是醋醅陈酿，将加盐后熟的醋醅移入院中缸内砸实，其上盖一层食盐，用泥土封顶，放置 15～20d，中间倒醅一次再进行封缸。一般存放期为一个月，即行淋醋，但在夏季尚须防止烧醅现象的发生。另一方法是将醋液放在院中缸内或坛子内，上口加盖，陈酿时间为 1～2 个月。此法当乙酸含量低于 5%以下时，醋容易变质，不宜采用。陈酿后醋的质量显著提高，色泽鲜艳，香味醇厚。

（9）灭菌及配制成品　头醋移入澄清池沉淀并调整质量标准。除现销产品及高档醋不需添加防腐剂外，一般食醋均应加入 0.1%苯甲酸钠作为防腐剂。生醋用蛇管热交换器进行灭菌，灭菌温度在 80℃以上。最后定量装坛封泥，即为成品。每 100kg 甘薯粉或米粉能产 5%乙酸含量的食醋 700kg 左右。

二、液态法食醋生产工艺

液态发酵法酿醋工艺，在我国常用的有表面液体发酵工艺、速酿醋工艺、浇淋法酿醋工艺、液体深层发酵工艺等，一些名优醋如江浙玫瑰香醋、福建红曲醋等，也采用液体发酵工艺。

1. 表面发酵法酿醋工艺

表面发酵法依原料及前道工序的操作不同，又可分为白醋（或酒醋）、糖醋和米醋等。

（1）白醋（酒醋）生产工艺　白醋的生产方法为在敞口容器中置醋种（一般为上批的成熟醋），加入酒液（如将白酒加水冲淡，稀释至酒精含量为 3%的稀释溶液）及少量的营养物质（如豆腐水）盖上缸盖，在自然气温或在 30℃的保温室内自然发酵。此时，醋酸菌在液面上形成一层薄菌膜，借液面与空气接触，空气中的氧溶解于溶液内。发酵周期视气温情况而定，在 30℃左右时经约 20d，发酵即结束。温度低时需延长发酵周期。成熟醋液清澈无色，乙酸含量为 2.5～3g/100mL。

（2）糖醋生产工艺　糖醋是北京地区以饴糖为原料生产的一个品种。其生产过程是在接种醋母后，用纸封缸进行发酵，保持室温 30℃左右，约 30d 成熟。成品醋乙酸含量为 3～4.5g/100mL。

（3）米醋生产工艺　米醋是以大米为原料进行液态表面发酵所得的制品。有的在大米饭中接种米曲霉后直接制成米曲，再加水糖化，或加曲对大米饭进行糖化；有的以小麦面粉接种米曲霉制成面曲，与大米饭一起加水进行糖化，制成糖化液后，接种酵母进行酒精发酵，再接入醋酸菌进行表面发酵；有的加酒饼于大米饭中边糖化边发酵，然后加入醋中进行表面发酵。米醋口味纯正，乙酸含量 3~5g/100mL。

2. 速酿醋工艺

速酿醋是以白酒为原料，在速酿塔中经醋酸菌的氧化作用，将乙醇氧化成乙酸，再经陈酿而成，所以速酿醋又称塔醋。速酿醋呈无色或稍带微黄色，体态澄清透明，醋香味较纯正。我国生产塔醋始于 20 世纪 40 年代，现在塔醋生产主要在东北地区。

3. 液体深层发酵工艺

液体深层发酵制醋是一项先进的新工艺，其设备可用标准发酵罐或自吸式发酵罐，其特点是发酵周期短，劳动生产率高，占地面积小，不用稻壳等填充料，能显著减轻工人劳动强度。液体深层发酵制醋新工艺的出现使我国古老的酿醋行业朝着机械化生产前进了一大步，由于该工艺酿醋周期很短，风味上尚有不足之处，需继续改进。

思考题

1. 固态发酵法制醋和液态发酵法制醋的主要异同点有哪些？
2. 酶法液化通风回流制醋工艺与生料酿醋工艺有何不同？
3. 简述表面发酵法酿醋工艺。
4. 说明速酿醋工艺的工艺流程及操作方法。
5. 阐述液体深层发酵工艺的工艺流程及工艺要点。

主要参考文献

[1] 葛向阳，田焕章，梁运祥．酿造学 [M]．北京：高等教育出版社，2005.
[2] 李志江．传统发酵食品工艺学 [M]．北京：化学工业出版社，2010.
[3] 王传荣．发酵食品生物技术 [M]．北京：科学出版社，2010.
[4] 陶兴无．发酵产品工艺学 [M]．北京：化学工业出版社，2008.
[5] 李里特．大豆加工与利用 [M]．北京：化学工业出版社，2003.
[6] 朱海涛，董贝森．调味品及其应用 [M]．济南：山东科学技术出版社，1999.

第十四篇
中央厨房设计和 3D 打印食品

CHAPTER 1

第一章 中央厨房设计

[学习指导]

本章应重点掌握中央厨房的定义和功能，了解中央厨房的加工特点。

中央厨房是20世纪70年代从国外发展起来的一种餐饮行业的集中制作模式，其主要任务是将食品原料制作成为预制主食和菜肴的半成品或成品配送到各个餐饮连锁店进行二次加热或组合后提供给消费者。

第一节　中央厨房的定义

按照原国家食品药品监督管理局制定的《中央厨房许可审查规范》中的定义，中央厨房是指由餐饮连锁企业建立的，具有独立场所及设施设备，能集中完成食品成品或半成品加工制作，并能直接配送给餐饮服务行业的经营者。

餐饮服务行业是集加工制作、商业销售和服务于一体，向消费者专门提供各种饮食消费场所和设施的食品生产经营行业，主要包括餐馆，连锁餐饮店，快餐店，方便店，超市餐饮部，盒饭供应商，面对学校、企事业单位、部队及旅游等团体人群以及养老院、医院、幼儿园等福祉设施的食堂或餐厅等。

一、中央厨房的主要功能

中央厨房主要功能，概括起来主要有以下几点：

（1）信息处理功能　中央厨房是连锁餐饮企业发展的核心发动机，企业的信息计划部是中央厨房的业务流程枢纽中心、控制与协调中心，相当于中心厨房的“CPU”，以计划为运作龙头，向各业务部门发出执行指令，如采购指令单、领料指令单、生产指令单、配送指令单等。

（2）集中采购功能　各餐饮门店、食堂或便利店等统一向中央厨房下达订货指令单，结合中央厨房仓库库存和各供应商供应情况制定采购指令单，向采购部下达采购指令。

（3）生产加工功能　中央厨房要按照统一的品种规格和质量要求，将大批量采购回来的原辅材料加工成成品或半成品。

（4）检验功能　企业的品控部对到货的原辅材料、包装材料等进行质量检验，对供应商资质进行核查，不符合收货标准的原辅材料、包装材料不入库；品控部对生产过程进行全程检验和管控，不符合产成品标准的半成品或成品不入成品库。

（5）统一包装功能　企业的研发部在研发过程对产品的包装材料、包装规格提出具体要求，并根据企业形象识别（CIS）系统要求统一设计内包装或外包装，对各种半成品或成品进行统一包装。

（6）冷冻贮藏功能　中央厨房设有原料、半成品、成品冷库，用来贮存蔬菜、冻品、禽蛋等原材料和车间内部待用或待发货的净料、半成品及成品。

（7）配送运输功能　中央厨房根据产品特性及贮存运输要求，应配备常温或冷藏运输车辆，根据各店的订货指令单，按时按量将产品送到连锁门店。

二、中央厨房的主要特征

中央厨房是一种由设备设施硬件系统和管理软件系统组成的有机载体，体现了集约化、标准化、专业化、产业化的生产特征，实行量化生产的工业化、多元化的食物加工系统及运营模式（图 14-1-1）。

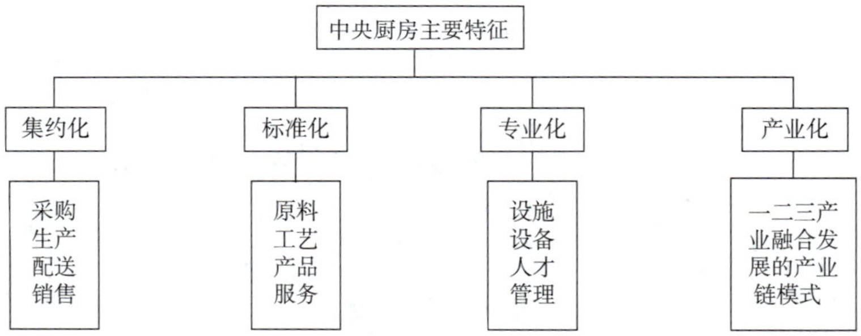

图 14-1-1　中央厨房的主要特征

第二节　中央厨房的设计理念

一、中央厨房的设计程序

中央厨房的设计程序必须从被服务对象所需的终端产品结构的设计入手，确定生产规模、原料采购及储存形式、产品的物流配送消费方式之后，设计其工艺流程，再根据工艺流程选择和配置设备、集成生产线；依据生产线的配置状况进行厂房的建筑设计并完善附属配套设施（图14-1-2）。切忌在不了解终端产品和工艺流程的情况下，先建设厂房，再安装设备，这样的设计流程往往会使硬件设施不能与加工工艺流程相匹配。

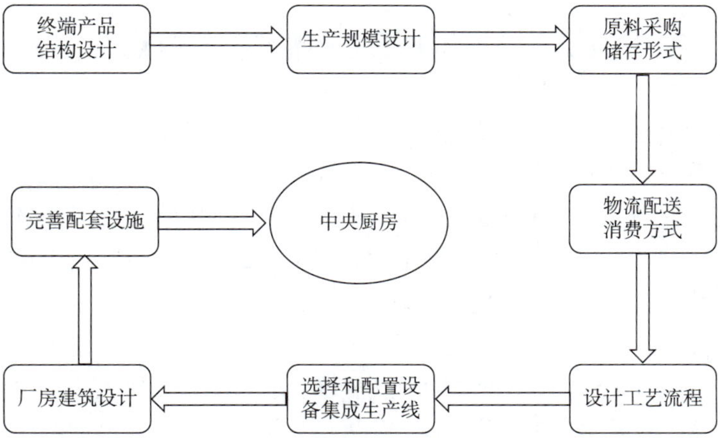

图14-1-2　中央厨房的设计程序

二、中央厨房的功能设计

中央厨房的设计原则不求大而全，但求具有实用性并能被高效利用。克服盲目追求庞大生产规模、强调齐全的加工功能和提倡独家的经营模式等弊端，以免重复建设、低负荷运转、亏损经营和浪费资源，但基本的功能必须具备（图14-1-3）。

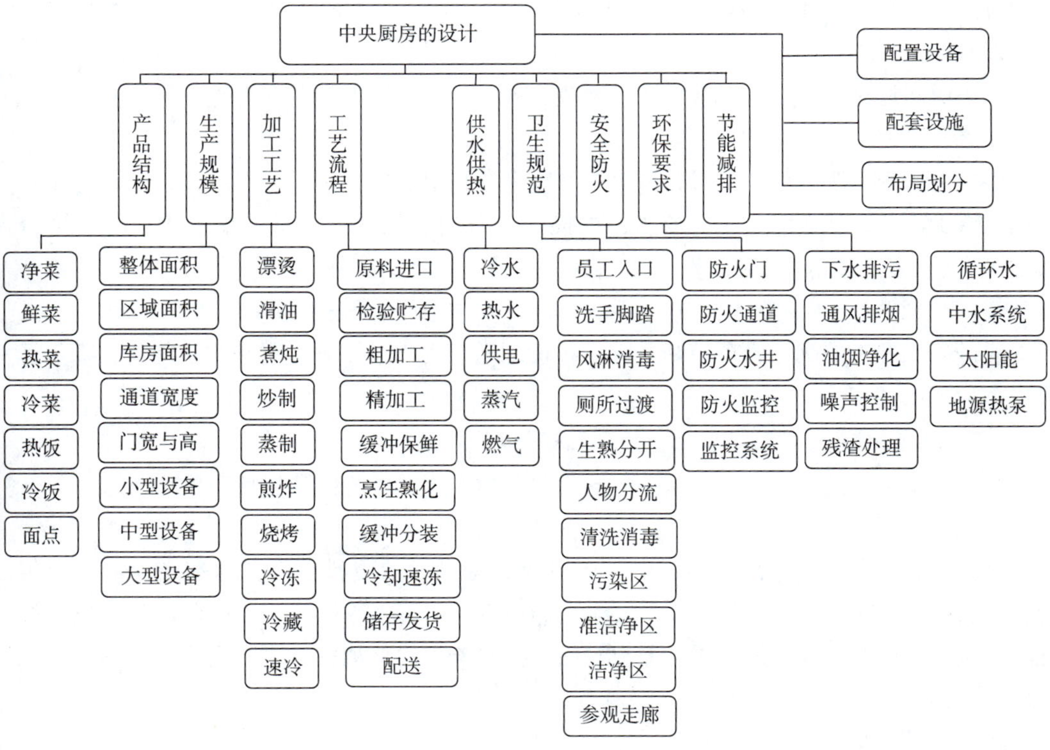

图14-1-3　中央厨房的功能设计

第三节　中央厨房的生产特点

中央厨房实际上是预制主食和菜肴的工业化应用于餐饮行业的实施载体。预制主食和菜肴是指将谷物、薯类、果蔬、畜禽产品和水产品等食品原料经过清洗、分切成型或热处理、调味、包装及冷藏（或速冻）或杀菌等工艺预先加工而成的即食食品或经过简单的加热或简单的再调理即可食用的半成品或成品。预制主食和菜肴的工业化则指应用现代科学技术和先进装备，以定量化、标准化、机械化、自动化加工代替传统手工制作方式，实现工业化生产的过程。通过工业化的手段，可使传统的手工操作变为机械化生产，使人为控制变为自动控制，使模糊性变为定量定性化，使随意性变为标准化，从而实现餐饮烹饪的规模化、标准化和自动化生产。这不仅是厨房工程的革命，将人们从烦琐的厨房劳动中解脱出来，而且对提高餐饮产品的标准化制作水平和产品质量及人们的饮食健康水准，加速构建我国餐饮食品工业化体系的发展具有特别重要的意义。

中央厨房是由装备、设施硬件系统和管理软件系统所组成的，是一种工业化、多元化、规模化的食物加工系统及运营模式，具有集约化、标准化、专业化、产业化的生产特点。

(一) 集约化特点

中央厨房生产实现了食品从生产到餐桌的原辅料采购、加工、配送、销售等环节的有机统一，通过采用“统一采购、统一生产、统一配送、统一销售、统一核算”的连锁经营管理模式，与传统餐饮行业相比，具有集约化生产经营的特点。其集约化特点主要体现在以下几点。

1. 统一采购

中央厨房通过统一采购，减少中间环节，可显著降低加工成本，使产品具有价格优势。

2. 统一生产

中央厨房采用统一生产模式，可提高原料综合利用能力，边角余料可以通过再加工进行使用，减少浪费，从而降低原料成本；可提高设备的利用效率，降低投资成本与人力资源成本。

3. 统一管理

通过采用先进的统一管理控制系统，实现配送、销售、核算、服务的智能化，降低运营成本。

(二) 标准化特点

中央厨房生产的标准化特点主要体现为原料标准化、工艺标准化和产品标准化。

1. 原料标准化

为实现原料的标准化，中央厨房企业一般都有专门的原料生产基地和指定的原料供应商，通过制定统一的原料规格、质量要求、储运方式、验收等标准，以保证原料品质的统一性与稳定性。同时，通过统一采集原料样品，按照统一的检测标准进行食品安全检测，以提高原材料的安全性。

2. 工艺标准化

中央厨房生产通过采用现代食品加工技术与装备，将中式餐饮业预制主食和菜肴加工过程中复杂的分拣、清洗、切配、烹饪等加工环节进行标准化流程优化，制定统一的原料种类、数量和加工顺序，加工中的温度、湿度、提取率或得率、速度、纯度，以及物料消耗定额和能量消耗定额等工艺参数，以保证产品质量的稳定性。

3. 产品标准化

随着科学技术的发展，集采购、加工、检验、包装、冷冻、储藏和运输调控为一体的中央厨房打破了传统中式快餐无法标准化快速复制的瓶颈，通过对各种菜品进行深入研究，制定了统一的菜品品质标准，以保证滋味和风味的统一。预制主食和菜肴标准通常以食谱的形式列出用料配方，制定加工程序，明确装盘形式和盛器规格，指明菜肴的质量标准、口味特点以及菜品的成本、毛利率和售价等。

(三)专业化特点

专业化是现代工业的先进组织形式，具有良好的经济效果。组织大批量集中生产同类产品，通过采用先进的专用设备和确定的工艺，配置专业的操作工人、工程技术人员和管理人员，有利于提高劳动生产率和专业化管理水平，有利于更快地发展新产品、提高质量和降低成本。中央厨房生产的专业化集中体现在设施的专业化、装备的专业化、人才的专业化和管理的专业化四个方面。

1. 设施的专业化

中央厨房的设施专业化很强，主要包括原料库、制作车间、分装与配送间、成品库、餐具清洗与干燥消毒间、餐余垃圾处理间、更衣室、洗手消毒区、厕所及办公场所和附属设施等。车间地面要使用不透水、易清洗消毒的材料铺设，分餐间、食品包装间和成品间采用干地板方式，以防室内湿度过高导致产品发生霉变；食品制作间、分餐间和成品间的天花板要平坦无缝，防止结露、尘埃蓄积，并应便于清扫；墙壁和门窗要具有防护食品不受污染的功能，关闭紧密，防鼠防虫。供水设施方面，不与食品接触的非饮用水（如冷却水和废水）管道系统与食品制作用水管路系统应用颜色加以区分；照明设施要保持有足够的亮度，并能防止尘埃蓄积。设置的通风设施要求分餐间及食品包装间等清洁区的气压高于准清洁区，准清洁区的气压高于污染区，严防空气倒流。依据中央厨房的作业流程需要设置相应的卫生设施，相关配置应有序而整齐，避免出现交叉污染；设置安全设施，如配电防水、适当场所设有消防器材等。

2. 装备的专业化

随着食品加工技术装备水平的不断提升，中央厨房的装备也日趋专业化。专业化的中央厨房生产装备有利于保持食品原有营养品质特性、改善和提高食品的食用品质，能满足人们的不同需求或不同人群的需求，提高食品的营养价值、利用价值和经济价值。选购中央厨房装备时，其工作部件及技术参数应充分考虑原料的加工适应性，并符合最终产品的加工要求；同时，应考虑加工装备结构设计的合理性，防止机械对原料及最终产品的损伤；中央厨房装备要易拆卸、易清洗，以保证食品的卫生安全；装备的设计、制造、安装、检验等技术条件应满足相关技术标准，能保证装备的使用性能和产品质量；装备技术指标既要先进合理又要切实可行；进行装备选择时还应高度重视能耗和能源利用效率等问题，尽量选择节水、节电、节气、节热等节能装备。

3. 人才的专业化

中央厨房通过选拔、培训和考评等绩效机制，根据岗位职责配置专业人才。配置中央厨房的相关人才时，应综合考虑经营规模、岗位设置、装备自动化程度、加工产品的种类等因素，合理配置采购、加工、配送、销售、财务核算等岗位人数和技术要求；根据不同岗位职责，选聘具有相关专业知识与经验的人员配置到相应的岗位，以保证经营目标的顺利实现。

4. 管理的专业化

中央厨房管理是一个系统而完整的体系，主要由供应链管理、生产系统管理和运营管理三大体系组成。供应链管理是指将供应商、制造商、仓储、配送中心和连锁门店及其他客户等有效地组织在一起来进行原料供应、产品转运及销售的管理方法，可使整个供应链系统管理成本最小化。生产管理系统负责对预制主食和菜肴的产品制作、产品质量、产品成本、制作工艺流程进行管理，制定标准菜谱、菜单，对产品加工、配餐和烹调等的规格进行标准化。加工原料遵循先进先出原则，各种半成品、成品和调味品需按检验规程检查质量是否合格；根据市场需求的变化和顾客对菜品提出的要求，对现有产品不断进行改进，研发新产品。运营管理则主要包括企业文化、市场开拓、价格定位、品牌管理、运营督导、人力资源、服务管理和信息管理等方面。

（四）产业化特点

中央厨房生产与传统的餐饮业运营模式不同，它是一种标准化、工业化的集中生产运营模式，它体现了集团化采购、标准化操作、集约化生产、工厂化配送、专业化运营和科学化管理的新时代下餐饮业发展的特征，形成了包括原料生产基地、农业合作社或家庭农场、产品加工、产品配送、门店配送和销售的从农田到餐桌的完整产业链，实现了资源共享，具有显著的产业化特点。中央厨房生产模式拥有完整的原料供应及物流配送体系，涉及原料生产基地、农业合作社、屠宰、初加工、食品加工企业或配餐加工企业及物流企业；有健全的营销体系，主要营销模式有“加工企业+餐饮门店”“加工企业+连锁专卖店”“团餐企业+终端客户”“加工企业+社区商超网点”以及“加工企业+零售商”等。围绕中央厨房产业所形成的装备生产、物流配送、安全检测等产业集群也日趋成熟。

第四节 中央厨房加工工艺特点

依据中央厨房加工工艺的不同，可将中央厨房分为冷链型中央厨房、热链型中央厨房和冷热链混合型中央厨房等。

一、冷链型中央厨房

冷链型中央厨房是指食品制作烹饪完成后，在冷藏（4~10℃）、冰温（-3~0℃）或冷冻（-18℃）下贮藏运输和销售的过程食用食品时，应采用微波加热或其他复热装备将食品快速加热至中心温度到75℃以上。冷链型中央厨房的基本工艺流程如下：原物料或净料验收→贮存→初/精加工→烹饪制作→快速冷却→分装→冷藏、冰温或冷冻储存→相应的冷链配送→门店销售（二次复热）→客户食用。

最常用且最经济的冷链方式是冷藏，即制作烹饪完成的预制主食和菜肴产品采用自然冷却或真空冷却等方式，将产品中心温度在2h或更短的时间内降至4~10℃，并保证在10℃以下的冷链条件储存和配送至消费者手中。配送时，采用4℃冷藏车或冷藏箱配送，保证产品配送过程中，产品的中心温度始终低于10℃。由于微生物在20~60℃内最容易繁殖，产品冷却时，需将产品温度快速通过此危险温度带，以减少微生物繁殖、降低污染，从而延长产品保质期。真空预冷是最常用的食品快速冷却方式，在真空条件下，水分迅速在真空处理室内以较低的温度蒸发，水在蒸发过程中带走较多的热量，在没有外界热源的情况下，便会在真空室内产生降低温度的效果，从而使产品被迅速冷却。在发达国家的食品生产过程中，真空冷却技术已经得到了较为广泛的应用。冷藏、冰温和冷冻条件下的冷链配送方式可不同程度地延长产品的保质期，拓宽配送范围，提高产品品质，降低食品安全隐患与风险，选择哪一种方式需根据产品保质期要求、配送距离和客户需求加以确定。

二、热链型中央厨房

热链型中央厨房是指在预制主食和菜肴制作完成后，将其置入保温存储设备中暂存，配送时采用保温车或保温箱配送，使产品在从制作完成到送达消费者手中的过程中，产品的中心温度不低于65℃，保温总时间不应超过2h。热链型中央厨房的基本工艺流程如下：原物料或净料验收→储存→初/精加工→烹饪制作→分装→保温（不低于65℃）→分装→保温配送（不低于65℃）→客户食用。

目前，我国的热链配送技术较为落后，基本采用保温配送方式，仅适合较短距离范围内的配送。同时，由于中式食品热加工工艺较多，加工过程中营养成分易损失，若配送过程中温度得不到有效控制，不仅使食品营养成分损失增大，食品品质也下降较快。同时，过长时间的保温或温度的变化还存在较大的食品安全隐患。

三、冷热链混合型中央厨房

冷热链混合型中央厨房是指预制主食和菜肴制作烹饪完成后，先采用冷链方式将食品配送至各物流分中心进行暂时冷藏。然后，各物流分中心依据客户订单，将冷藏食品二次加热至中心温度高于65℃之后，再采用保温车或保温箱配送至客户端。冷热链混合型中央厨房的基本工艺流程如下：原物料或净料验收→储存→初/精加工→烹饪制作→快速冷却→分装→低温冷链配送→物流分中心低温储存→二次加热（不低于65℃）→保温配送→客户食用。

冷热链混合型中央厨房与单纯热链配送相比，配送距离得到了拓展；同时，各物流分中心将食品集中复热后再进行短距离配送，可以减少复热装备及设施的投入，提高门店的供餐速度。

思考题

1. 中央厨房有何功能？
2. 基于加工工艺特点中央厨房如何分类？

第二章

CHAPTER 2

3D 打印食品

[学习指导]

本章应了解 3D 打印食品的技术原理、材料和性质。

3D 打印，又称增材制造（additive manufacturing，AM），是一种使用计算机辅助设计（computer-aided design，CAD）软件控制，指示数字化制造机器通过逐层添加材料的方式塑造三维物体的技术。目前消费者对食品的关注主要集中在营养、口味、外观和方便性等方面。3D 打印技术被引入营养健康食品加工领域，采用多品种的原料混合复配，使蛋白质、脂肪、碳水化合物、维生素、矿物质及其他功能因子等营养素成分按照需求比例被配制平衡，在满足原料 3D 加工适宜性的前提下，可打印出营养均衡、美味可口、外观优美、食用方便的新型食品，实现了对团体人群或个性化精准营养的配餐供应，应用前景十分广阔。

第一节 3D 食品打印技术的原理

3D 打印技术是通过材料层层打印构建结构的。3D 打印技术以三维设计模型为蓝本，通过计算机软件设计出产品的数字程序，将信息传达给 3D 打印机，使用 AM 方法制成产品。目前，3D 打印的食品材料，按物料供应分类为：液体、粉末和细胞培养。液体基材料的打印可以通过挤压和喷墨方式进行。粉末基材料是由激光或热空气打印或由颗粒黏合剂应用打印的。细胞培养可打印组织或器官，其与食品领域中的食物成分不同，属于生物组织工程领域的 3D 打印技术。3D 打印主要工艺技术有熔融沉积成型（fused deposition modelling，FDM）、立体光固化成型（stereo lithography apparatus，SLA）、选择性烧结成型（selective laser sintering，SLS）、液体结合成型（liquid binding，LB）、三维打印（3D printing，3DP）、生物打印（bio-printing，BP）。目前，技术最成熟且应用较广泛的是 SLA，但其在食品领域的应用未见报道，而 SLS 技术已被应用于一些食品设计。LB 技术用于打印糖果、巧克力等具有流动性的打印原材料。

第二节　3D食品打印的材料和性质

在打印过程中，食品原料应具有流动性（液体或粉末），在打印过程中或打印后能支撑其结构。多组分体系中，碳水化合物、蛋白质和脂肪组分的变化将会影响食品材料在3D打印过程中的熔融行为、玻璃态和塑化性。

1. 碳水化合物

食品体系的玻璃化转变温度（glass-transition temperature，T_g）与碳水化合物的组成有极大的关系。碳水化合物组成可以是单糖（如葡萄糖）、双糖（如蔗糖、乳糖）或多分支低聚糖（如麦芽糊精）。有报道称，糖对食品体系的T_g有不同影响，玻璃化转变温度的调控对打印材料在打印后支撑其自身结构有重要作用。构建3D打印平台内糖的粉末流动性与粉末的润湿性是液体原料3D打印技术的关键参数。当粉末扩散时，流动性起着重要作用，适合形成薄层。低流动性会导致涂层不充分，而高流动性会导致粉层不稳定。颗粒的润湿性也很重要，因为分散到粉床上的黏合剂的体积和被颗粒吸收的黏合剂的数量控制着构造的分辨率和机械结构特性。在食品领域，可选择水性黏合剂，因为聚合物黏合剂可能会导致食品出现安全问题。

2. 蛋白质

食物蛋白由含有正负电荷官能团的氨基酸组成。蛋白质聚合物的正负性取决于溶液中蛋白质的pH和等电点（pI）。在pI时，蛋白质聚集，所以液体原料更适合3D打印技术。酶可改变食物蛋白质的构象，可将谷氨酰胺转氨酶作为食品添加剂应用于3D打印技术中。在打印之前，将肉泥与适量转谷氨酰胺酶混合在一起，可使其保持流变性能。存在于肉泥中的蛋白质可通过酶交联在一起，形成有自我支撑力的凝胶。明胶是胶原蛋白纤维结构不可逆转裂解（碱或酸处理）产生的衍生蛋白，明胶凝胶具有独特的口感，可作为3D打印原料的组成成分。

3. 脂肪

脂肪的组成和结构可以影响3D打印材料的配方和功能特性。比如，肉类的质地、色泽和保质期与脂肪组成密切相关。3D打印技术有助于生产高品质的以肉类为基础的产品，通过调整脂肪的含量，可开发出能满足特殊消费人群口感要求的食物，例如适合老人和儿童食用的食物。

第三节　3D食品打印技术在各类食品中的应用

3D食品打印原料多为粉末或浆液，能提供新鲜的食物又能保证营养，同时设备体积小，节省空间。随着食品打印技术的不断完善，可用于3D打印的原料不断丰富。

1. 3D 食品打印技术在甜点中的应用

3D 食品打印技术最早在打印蛋糕、糖果方面获得成功，使用 3D 技术打印出以糖为原料的自定义形状的产品。在甜点领域，3D 打印发展最好的还是以巧克力为材料的打印，巧克力具有良好的口感和风味，并且含有多种营养成分，已经逐渐成为一种营养、健康、高档的消费品。3D 巧克力打印机出现之后，消费者可以利用它自行设计、制造个性化的巧克力产品（图 14-2-1），这使得巧克力的生产不再局限于工厂，也使得巧克力的消费进入了一个全新的阶段。丹麦的 Cubenizer 公司制作出了一个由糖果打印机和智能 App 组成的系统，可以将配套糖果原料按消费者兴趣和喜好制作成任何形状、颜色和口味的糖果。

图 14-2-1　巧克力为原料的打印产品

2. 食品打印技术在肉制品中的应用

3D 打印人造肉可满足人们对肉制品的各种需求，消费者对原料的搭配可以根据所需营养的比例，根据对肉制品的形态和质构的需求来对 3D 模型进行调整。3D 打印的肉制品，不仅可以是鱼、鸡等大众食物，还可以是高档紧缺的菜系。既可以打印出适合于儿童、青少年、老人、孕妇和患者等所需要的具有营养性、科学性、美观性，又能让人产生食欲的肉制品，同时又能降低厨余垃圾对环境的危害，如图 14-2-2 所示。

图 14-2-2　肉制品的 3D 打印

在 3D 打印食材过程中，添加食品添加剂可以改善原材料的属性、储藏情况和加工特性。

研究发现，在扇贝肉泥和火鸡肉泥中添加转谷氨酰胺酶，可将其打印成半球形，经煮制，成品可达到期望的良好球形。该研究还表明在使用简单的添加剂和修改传统食谱之后可以打印出复杂的几何形状，经过煮制后，成品成型完好。此外还可以打印出具有凝胶芹菜夹心的土耳其肉饼，肉饼形状可保持立方体，且内部的凝胶夹心也能被完好保留并无露馅。人们可以开辟全新的食物材料，比如富含蛋白质的昆虫、植物蛋白等，运用 3D 打印机将其制成营养健康的人造肉。打印成的食品或许可以缓解与粮食产量相关的食品供应问题，开辟一种粮食生产和食品来源的新途径。

思考题

1. 3D 打印食品技术的原理是什么？
2. 3D 打印食品所用原料有哪些？如何进行 3D 打印操作？

主要参考文献

［1］王琪，李慧，王赛. 3D 打印技术在食品行业中的应用研究进展［J］. 粮食与油脂，2019，32（1）：16-19.

［2］陈妮. 3D 打印技术在食品行业的研究应用和发展前景［J］. 农产品加工（学刊），2014，8：57-60.

［3］刘倩楠，张春江，张良. 食品 3D 打印技术的发展现状［J］. 农业工程学报，2018，34（16）：265-273.

［4］张泓. 中央厨房导论［M］. 北京：科学出版社，2020.